동아출판

수매씽

MATHING

확률과 통계

동아출판

MATHING

등업을 위한 강력한 한 권!

0 실력과 성적을 한번에 잡는 유형서

- 최다 유형, 최다 문항, 세분화된 유형
- 교육청·평가원 최신 기출 유형 반영
- 다양한 타입의 문항과 접근 방법 수록

수매씽 확률과 통계

집필진	구명석(대표 저자)
	김민철, 문지웅, 안상철, 양병문, 오광석, 유상민, 이지수, 이태훈, 장호섭
발행일	2022년 9월 10일
인쇄일	2022년 9월 1일
펴낸곳	동아출판㈜
펴낸이	이욱상
등록번호	제300-1951-4호(1951. 9. 19.)
개발총괄	김영지
개발책임	이상민
개발	김기철, 김성일, 장희정, 윤찬미, 김민주, 김다은, 이화정
디자인책임	목진성
표지 디자인	이소연
표지 일러스트	심건우, 이창호
내지 디자인	김재혁
대표번호	1644-0600
주소	서울시 영등포구 은행로 30 (우 07242)

수
매 MATHING
씽

확률과 통계

Structure

STEP 1 핵심 개념 이해

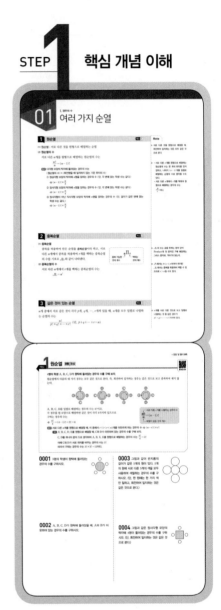

● 중단원의 개념을 정리하고, 핵심 개념에서 중요한 개념을 도식화하여 직관적인 이해를 돕습니다.
핵심 개념에 대한 설명을 **동영상 강의**로 확인할 수 있습니다.

STEP 2 유형 학습

● **기초 유형** 이전 학년에서 배운 내용을 유형으로 확인합니다.

● **실전 유형 / 심화 유형** 세분화된 최적의 내신 출제 유형으로 구성하고, 유형마다 최신 **교육청·평가원 기출문제**를 분석하여 수록하였습니다.

또, 유형 중 출제율이 높은 빈출유형, 여러 개념이나 유형이 복합된 복합유형은 별도 표기하였습니다. 고난도 문항과 신경향 문항도 확인할 수 있습니다.

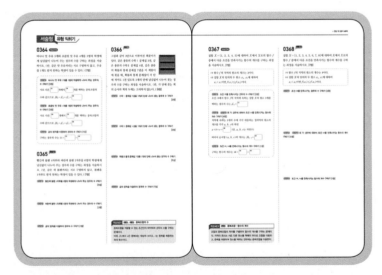

● **서술형 유형 익히기** 내신 빈출 서술형 문제를 **대표문제 – 한번 더 – 유사문제**의 set 문제로 구성하여 서술형 내신 대비를 철저히 할 수 있습니다. 핵심 KEY 에서 서술형 문항을 분석한 내용을 담았습니다.

등급 up! 실전에 강한 유형서

STEP 3 실전 완벽 대비

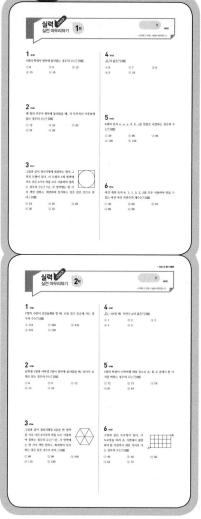

● 시험에 꼭 나오는 예상 기출문제를 선별하여 1회/2회로 구성하였습니다. 실제 시험과 유사한 문항 수로, 문항별 배점을 제시하여 실제 시험처럼 제한된 시간 내에 문제를 해결하고 채점해 봄으로써 자신의 실력을 확인할 수 있습니다.

정답 및 풀이 "꼼꼼하게 활용해 보세요."

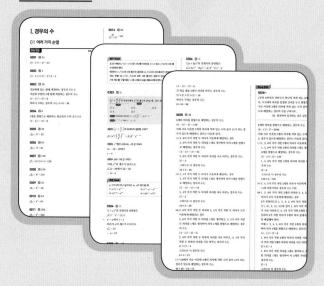

● 유형의 대표문제를 분석하여 단서를 제시하고 단계별 풀이를 통해 문제해결에 접근할 수 있습니다.
다른 풀이 , 개념 Check , 실수 Check , Tip , 참고 등을 제시하여 이해하기 쉽고 친절합니다.
상수준의 어려운 문제는 +Plus문제 를 추가로 제공하여 내신 고득점을 대비할 수 있습니다.

● 서술형 문제는 단계별 풀이 외에도 실제 답안 예시/오답 분석을 통해 다른 학생들이 실제로 작성한 답안을 살펴볼 수 있습니다. 또, 부분점수를 얻을 수 있는 포인트를 부분점수표로 제시하였습니다.
실전 중단원 마무리 문제는 출제의도와 문제해결 방안을 확인할 수 있습니다.

Contents ^{차례}

확률과
통계

여러 가지 순열 01

01 여러 가지 순열

1 원순열

핵심 1

(1) **원순열** : 서로 다른 것을 원형으로 배열하는 순열

(2) **원순열의 수**

서로 다른 n개를 원형으로 배열하는 원순열의 수는

$$\frac{n!}{n}=(n-1)!$$

참고 다각형 모양의 탁자에 둘러앉는 경우의 수는

(원순열의 수)×(회전했을 때 일치하지 않는 기준 위치의 수)

① 정삼각형 모양의 탁자에 n명을 앉히는 경우의 수 (단, 각 변에 앉는 학생 수는 같다.)

➡ $(n-1)!\times\dfrac{n}{3}$

② 정사각형 모양의 탁자에 n명을 앉히는 경우의 수 (단, 각 변에 앉는 학생 수는 같다.)

➡ $(n-1)!\times\dfrac{n}{4}$

③ 정사각형이 아닌 직사각형 모양의 탁자에 n명을 앉히는 경우의 수 (단, 길이가 같은 변에 앉는 학생 수는 같다.)

➡ $(n-1)!\times\dfrac{n}{2}$

> **Note**
>
> 서로 다른 것을 원형으로 배열할 때, 회전하여 일치하는 것은 모두 같은 것으로 본다.
>
> • 서로 다른 n개를 원형으로 배열하는 원순열의 수는 한 개의 위치를 먼저 정하고, 나머지 $(n-1)$개를 일렬로 배열하는 순열의 수로 생각할 수도 있다.
> • 서로 다른 n개에서 r개를 택하여 원형으로 배열하는 경우의 수는 $\dfrac{{}_n\mathrm{P}_r}{r}$이다.

2 중복순열

핵심 2

(1) **중복순열**

중복을 허용하여 만든 순열을 **중복순열**이라 하고, 서로 다른 n개에서 중복을 허용하여 r개를 택하는 중복순열의 수를 기호로 ${}_n\Pi_r$와 같이 나타낸다.

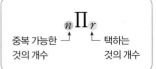

중복 가능한 것의 개수 — ${}_n\Pi_r$ — 택하는 것의 개수

(2) **중복순열의 수**

서로 다른 n개에서 r개를 택하는 중복순열의 수는

$$_n\Pi_r=n^r$$

> ${}_n\Pi_r$의 Π는 곱을 뜻하는 영어 단어 Product의 첫 문자인 P에 해당하는 그리스 문자로, '파이'라 읽는다.
>
> ${}_n\mathrm{P}_r$에서는 $0\le r\le n$이어야 하지만 ${}_n\Pi_r$에서는 중복을 허용하여 택할 수 있으므로 $r>n$일 수도 있다.

3 같은 것이 있는 순열

핵심 3

n개 중에서 서로 같은 것이 각각 p개, q개, $\cdots$, r개씩 있을 때, n개를 모두 일렬로 나열하는 순열의 수는

$$\frac{n!}{p!\times q!\times\cdots\times r!} \ (단, \ p+q+\cdots+r=n)$$

> n개를 서로 다른 것으로 보고 일렬로 나열하는 것 중 같은 경우가 $p!\times q!\times\cdots\times r!$가지씩 있다.

1 원순열 유형 1~4

핵심

동영상 강의

01

4명의 학생 A, B, C, D가 원탁에 둘러앉는 경우의 수를 구해 보자.

원순열에서 다음의 네 가지 경우는 모두 같은 것으로 본다. 즉, 회전하며 일치하는 경우는 같은 것으로 보고 중복하여 세지 않는다.

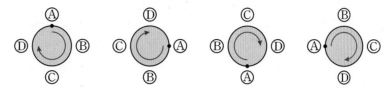

A, B, C, D를 일렬로 배열하는 경우의 수는 4!이고,
각 경우를 원 모양으로 배열하면 같은 것이 각각 4가지씩 있으므로
구하는 경우의 수는

➡ $\dfrac{4!}{4}=(4-1)!=3!=6$

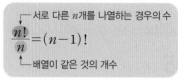

서로 다른 n개를 나열하는 경우의 수

$\dfrac{n!}{n}=(n-1)!$

배열이 같은 것의 개수

참고 서로 다른 n개를 원형으로 배열할 때, 이 중에서 r $(1<r<n)$개를 이웃하게 하는 경우의 수 ➡ $(n-r)!\times r!$

예 A, B, C, D, E를 원형으로 배열할 때, C와 D가 이웃하여 앉는 경우의 수를 구해 보자.

C, D를 하나의 문자 X로 생각하여 A, B, X, E를 원형으로 배열하는 경우의 수는 $\dfrac{4!}{4}=3!$

이때 C와 D가 서로 위치를 바꾸는 경우의 수는 2!

따라서 구하는 경우의 수는 $3!\times2!=12$이다.

0001 5명의 학생이 원탁에 둘러앉는 경우의 수를 구하시오.

0003 그림과 같이 반지름의 길이가 같은 5개의 원이 있다. 5개의 원에 서로 다른 5개의 색을 모두 사용하여 색칠하는 경우의 수를 구하시오. (단, 한 원에는 한 가지 색만 칠하고, 회전하여 일치하는 것은 같은 것으로 본다.)

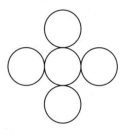

0002 A, B, C, D가 원탁에 둘러앉을 때, A와 B가 이웃하여 앉는 경우의 수를 구하시오.

0004 그림과 같은 정사각형 모양의 탁자에 4명이 둘러앉는 경우의 수를 구하시오. (단, 회전하여 일치하는 것은 같은 것으로 본다.)

핵심 2 중복순열 유형 5~8

동영상 강의

1, 2, 3, 4 중에서 중복을 허용하여 3개의 수를 택하여 세 자리 자연수를 만드는 경우의 수를 구해 보자.

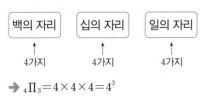

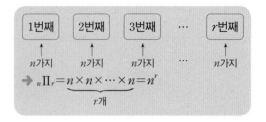

[0005~0006] 다음 값을 구하시오.

0005 $_5\Pi_2$

0006 $_3\Pi_4$

[0007~0008] 6개의 숫자 1, 2, 3, 4, 5, 6을 사용하여 세 자리 자연수를 만들려고 한다. 다음을 구하시오.

0007 중복을 허용하지 않을 때의 경우의 수

0008 중복을 허용할 때의 경우의 수

[0009~0011] 4개의 숫자 1, 2, 3, 4로 중복을 허용하여 만들 수 있는 자연수의 개수를 구하려고 한다. 다음을 구하시오.

0009 두 자리 자연수의 개수

0010 세 자리 자연수의 개수

0011 네 자리 자연수의 개수

핵심 3 같은 것이 있는 순열 유형 9~15

동영상 강의

a, a, a, b를 일렬로 나열하는 경우의 수를 구해 보자.

a, a, a, b에서 a를 순서대로 a_1, a_2, a_3이라 하면

$$
\left.\begin{array}{l}
(a_1,\ a_2,\ a_3,\ b) \\
(a_1,\ a_3,\ a_2,\ b) \\
(a_2,\ a_1,\ a_3,\ b) \\
(a_2,\ a_3,\ a_1,\ b) \\
(a_3,\ a_1,\ a_2,\ b) \\
(a_3,\ a_2,\ a_1,\ b)
\end{array}\right\} = (a,\ a,\ a,\ b)
$$

└ a_1, a_2, a_3을 나열하는 경우를 한 가지로 생각한다.

같은 방법으로 하면
$(a,\ a,\ b,\ a)$,
$(a,\ b,\ a,\ a)$,
$(b,\ a,\ a,\ a)$
가 있다.

a, a, a, b를 일렬로 나열하는 경우의 수는
$$\frac{4!}{3!} = 4$$

[0012~0013] 다음 문자를 일렬로 나열하는 경우의 수를 구하시오.

0012 a, b, b, b

0013 a, a, b, b, b

0014 흰 깃발 2개, 파란 깃발 3개, 빨간 깃발 1개를 모두 일렬로 나열하여 만들 수 있는 신호의 개수를 구하시오.
(단, 같은 색의 깃발끼리는 서로 구별하지 않는다.)

기출 유형 check
실전 준비하기

📍 **16유형, 132문항**입니다.

01

기초유형 **0** 순열 | 고등수학

순열 : 서로 다른 n개에서 $r\,(0<r\leq n)$개를 택하여 일렬로 나열하는 경우의 수

→ $_n\mathrm{P}_r=\underbrace{n(n-1)(n-2)\times\cdots\times(n-r+1)}_{r개}$

$\quad=\dfrac{n!}{(n-r)!}$

0015 대표문제

5개의 문자 a, b, c, d, e를 일렬로 나열할 때, a가 한쪽 끝에 오도록 나열하는 경우의 수를 구하시오.

0016 ▪▫▫ Level 1

등식 $_{n-1}\mathrm{P}_2+_{n+1}\mathrm{P}_2=42$를 만족시키는 자연수 n의 값을 구하시오. (단, $n>3$)

0017 ▪▫▫ Level 1

holiday에 있는 7개의 문자를 일렬로 나열할 때, 모음끼리 이웃하도록 나열하는 경우의 수를 구하시오.

0018 ▪▫▫ Level 1

5개의 숫자 1, 2, 3, 4, 5를 일렬로 나열할 때, 짝수끼리 이웃하지 않도록 나열하는 경우의 수를 구하시오.

실전유형 **1** 원탁에 둘러앉는 경우의 수 빈출유형

서로 다른 n개를 원형으로 배열하는 원순열의 수

→ $\dfrac{n!}{n}=(n-1)!$

(1) 특정한 집단을 이웃하게 배열하는 경우
 ❶ 이웃하는 집단을 묶어서 하나로 본다.
 ❷ 이웃하는 집단의 구성원끼리의 자리를 바꾼다.
(2) 특정한 집단을 이웃하지 않게 배열하는 경우
 ❶ 이웃해도 되는 구성원 먼저 배열한다.
 ❷ 그 사이사이에 이웃하면 안 되는 구성원을 배열한다.

0019 대표문제

7명의 사람이 원탁에 둘러앉을 때, 특정한 세 사람이 모두 이웃하여 앉는 경우의 수는?

① 96 ② 120 ③ 144
④ 168 ⑤ 192

0020 ▪▫▫ Level 1

서로 다른 5개의 접시를 원탁에 일정한 간격을 두고 원형으로 놓는 경우의 수를 구하시오.

0021 ▪▪▫ Level 2

6명의 학생 중에서 4명이 원탁에 둘러앉는 경우의 수는?

① 30 ② 60 ③ 90
④ 120 ⑤ 150

0022

●il Level 2

진로 상담을 하기 위하여 선생님 3명과 학생 3명이 원탁에 둘러앉을 때, 선생님과 학생이 교대로 앉는 경우의 수는?

① 10　　　　② 12　　　　③ 14

④ 16　　　　⑤ 18

0023

●il Level 2

보드 게임을 하기 위하여 남학생 2명, 여학생 4명이 모두 원탁에 둘러앉을 때, 남학생끼리는 이웃하지 않도록 앉는 경우의 수를 구하시오.

0024

●il Level 2

부모를 포함하여 8명의 가족이 원탁에 둘러앉을 때, 부모가 마주 보고 앉는 경우의 수는?

① 180　　　　② 360　　　　③ 540

④ 720　　　　⑤ 900

0025

●il Level 2

여학생 3명, 남학생 5명이 원탁에 같은 간격으로 둘러앉으려고 한다. 여학생 사이사이에 각각 적어도 한 명의 남학생이 앉는 경우의 수는?

(단, 회전하여 일치하는 것은 같은 것으로 본다.)

① 1200　　　　② 1320　　　　③ 1440

④ 1560　　　　⑤ 1680

0026

●il Level 2

A, B, C, a, b, c, d의 7개의 문자를 같은 간격으로 원 모양으로 배열할 때, 대문자 사이사이에 각각 소문자가 적어도 한 개 있도록 배열하는 경우의 수는?

① 72　　　　② 108　　　　③ 144

④ 180　　　　⑤ 216

다음은 이 유형에서 출제된 최근 교육청·평가원 기출문제입니다.

0027 ·교육청 2021년 3월

Level 2

어느 고등학교 3학년의 네 학급에서 대표 2명씩 모두 8명의 학생이 참석하는 회의를 한다. 이 8명의 학생이 일정한 간격을 두고 원 모양의 탁자에 모두 둘러앉을 때, 같은 학급 학생끼리 서로 이웃하게 되는 경우의 수는?

(단, 회전하여 일치하는 것은 같은 것으로 본다.)

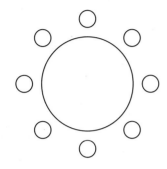

① 92 ② 96 ③ 100
④ 104 ⑤ 108

0028 고난도 ·평가원 2022학년도 6월

Level 3

1부터 6까지의 자연수가 하나씩 적혀 있는 6개의 의자가 있다. 이 6개의 의자를 일정한 간격을 두고 원형으로 배열할 때, 서로 이웃한 2개의 의자에 적혀 있는 수의 곱이 12가 되지 않도록 배열하는 경우의 수를 구하시오.

(단, 회전하여 일치하는 것은 같은 것으로 본다.)

+ **Plus 문제**

실전
유형 **2** 평면도형을 색칠하는 경우의 수

평면도형을 색칠하는 경우의 수를 구할 때는
(기준이 되는 영역) ➡ (나머지 영역)
의 순서로 색칠하는 경우의 수를 구한다.

0029 대표문제

그림과 같이 원을 4등분 한 영역을 빨강, 분홍, 노랑, 연두, 파랑, 보라의 6가지 색 중에서 서로 다른 4가지 색을 골라 칠하려고 한다. 4가지 색을 모두 사용하여 칠하는 경우의 수는?

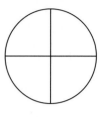

(단, 각 영역에는 한 가지 색만 칠하고, 회전하여 일치하는 것은 같은 것으로 본다.)

① 30 ② 60 ③ 90
④ 120 ⑤ 150

0030

Level 1

그림과 같이 정오각형을 5등분 한 영역을 서로 다른 5가지 색을 모두 사용하여 칠하는 경우의 수를 구하시오.

(단, 각 영역에는 한 가지 색만 칠하고, 회전하여 일치하는 것은 같은 것으로 본다.)

0031

그림과 같이 정육각형을 6등분 하여 6개의 영역을 빨강, 파랑을 포함한 6개의 색을 모두 사용하여 칠하려고 한다. 빨간색을 칠한 영역과 파란색을 칠한 영역이 이웃하도록 칠하는 경우의 수는?

(단, 각 영역에는 한 가지 색만 칠하고, 회전하여 일치하는 것은 같은 것으로 본다.)

① 40 ② 48 ③ 56
④ 64 ⑤ 72

0032

그림과 같이 정팔각형을 8등분 하여 8개의 영역을 노랑, 보라를 포함한 8개의 색을 모두 사용하여 칠하려고 한다. 노란색을 칠한 영역 맞은편에 보라색을 칠하는 경우의 수는? (단, 각 영역에는 한 가지 색만 칠하고, 회전하여 일치하는 것은 같은 것으로 본다.)

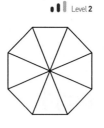

① 540 ② 600 ③ 660
④ 720 ⑤ 780

0033

그림과 같이 정사각형과 정사각형의 각 변의 중점을 연결하여 만든 정사각형으로 이루어진 5개의 영역을 서로 다른 5가지 색을 모두 사용하여 칠하는 경우의 수를 구하시오. (단, 각 영역에는 한 가지 색만 칠하고, 회전하여 일치하는 것은 같은 것으로 본다.)

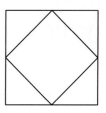

0034

그림은 중심이 같은 두 원 사이를 4등분 하여 만든 도형이다. 이 도형의 5개의 영역을 서로 다른 6가지 색 중에서 5가지 색을 사용하여 칠하는 경우의 수는? (단, 각 영역에는 한 가지 색만 칠하고, 회전하여 일치하는 것은 같은 것으로 본다.)

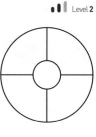

① 120 ② 150 ③ 180
④ 210 ⑤ 240

0035

Level 2

5가지 색 중 3가지 색만을 사용하여 그림과 같은 도형의 중앙 부분과 합동인 4개의 날개 부분을 모두 칠하려고 한다. 인접한 중앙 부분과 날개 부분은 서로 다른 색으로 칠하기로 할 때, 칠할 수 있는 경우의 수는? (단, 각 영역에는 한 가지 색만 칠하고, 회전하여 일치하는 것은 같은 것으로 본다.)

① 30   ② 60   ③ 90

④ 120   ⑤ 150

0036

Level 3

그림과 같이 두 대각선의 교점이 같고 넓이가 다른 두 개의 정사각형을 정사각형의 각 변을 수직이등분하는 두 개의 직선을 이용하여 8개의 영역으로 나누었다. 각 영역을 서로 다른 8가지 색을 모두 사용하여 칠하는 경우의 수는? (단, 각 영역에는 한 가지 색만 칠하고, 회전하여 일치하는 것은 같은 것으로 본다.)

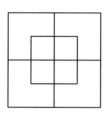

① $8!$ ② $\dfrac{8!}{2}$ ③ $\dfrac{8!}{3}$

④ $\dfrac{8!}{4}$ ⑤ $\dfrac{8!}{5}$

+Plus 문제

다음은 이 유형에서 출제된 최근 교육청·평가원 기출문제입니다.

0037 · 교육청 2020년 3월

Level 2

그림과 같이 반지름의 길이가 같은 7개의 원이 있다.

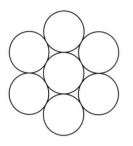

7개의 원에 서로 다른 7개의 색을 모두 사용하여 색칠하는 경우의 수를 구하시오. (단, 한 원에는 한 가지 색만 칠하고, 회전하여 일치하는 것은 같은 것으로 본다.)

0038 · 교육청 2020년 3월

Level 3

그림과 같이 합동인 9개의 정사각형으로 이루어진 색칠판이 있다.

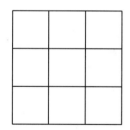

빨간색과 파란색을 포함하여 총 9가지의 서로 다른 색으로 이 색칠판을 다음 조건을 만족시키도록 칠하려고 한다.

> ㈎ 주어진 9가지의 색을 모두 사용하여 칠한다.
> ㈏ 한 정사각형에는 한 가지 색만을 칠한다.
> ㈐ 빨간색과 파란색이 칠해진 두 정사각형은 꼭짓점을 공유하지 않는다.

색칠판을 칠하는 경우의 수는 $k \times 7!$이다. k의 값을 구하시오. (단, 회전하여 일치하는 것은 같은 것으로 본다.)

(1) 입체도형을 색칠하는 경우의 수를 구할 때는
　　　(밑면) ➡ (옆면)
　의 순서로 색칠하는 경우의 수를 구한다.
(2) 정다면체는 어느 면을 밑면으로 하여도 모양이 같으므로
　밑면에 한 가지 색을 칠하고 이를 고정시킨다.

0039 대표문제

그림과 같은 정오각뿔의 각 면에 서로 다른 6가지 색을 모두 사용하여 칠하는 경우의 수는? (단, 각 면에는 한 가지 색만 칠하고, 회전하여 일치하는 것은 같은 것으로 본다.)

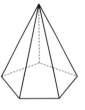

① 120　　　　② 132　　　　③ 144
④ 156　　　　⑤ 168

0040

Level 1

그림과 같은 정사각뿔의 각 면에 서로 다른 5가지 색을 모두 사용하여 칠하는 경우의 수는? (단, 각 면에는 한 가지 색만 칠하고, 회전하여 일치하는 것은 같은 것으로 본다.)

① 30　　　　② 60　　　　③ 90
④ 120　　　　⑤ 150

0041

Level 2

그림과 같은 정오각뿔의 각 면에 빨강, 주황, 노랑, 초록, 파랑, 남색, 보라의 7가지 색 중에서 서로 다른 6가지 색을 사용하여 칠하는 경우의 수는? (단, 각 면에는 한 가지 색만 칠하고, 회전하여 일치하는 것은 같은 것으로 본다.)

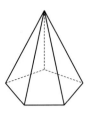

① 432　　　　② 576　　　　③ 730
④ 864　　　　⑤ 1008

0042

Level 2

그림과 같이 밑면이 정삼각형이고 옆면이 합동인 삼각뿔대가 있다. 서로 다른 5가지 색을 모두 사용하여 칠하는 경우의 수를 구하시오. (단, 각 면에는 한 가지 색만 칠하고, 회전하여 일치하는 것은 같은 것으로 본다.)

0043

Level 2

그림과 같은 정사면체의 각 면에 서로 다른 4가지 색을 모두 사용하여 칠하는 경우의 수는? (단, 각 면에는 한 가지 색만 칠하고, 회전하여 일치하는 것은 같은 것으로 본다.)

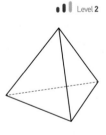

① 2　　　　② 4　　　　③ 6
④ 8　　　　⑤ 10

0044

• 정답 및 풀이 **12쪽**

●❚❚ Level 2

그림과 같은 정육면체의 각 면에 서로 다른 6가지 색을 모두 사용하여 칠하는 경우의 수는? (단, 각 면에는 한 가지 색만 칠하고, 회전하여 일치하는 것은 같은 것으로 본다.)

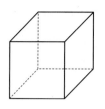

① 30   ② 60   ③ 90

④ 120   ⑤ 150

0045 고난도

●❚❚ Level 3

그림과 같이 합동인 정삼각형 2개와 합동인 등변사다리꼴 6개로 이루어진 팔면체가 있다. 팔면체의 각 면에는 한 가지의 색을 칠한다고 할 때, 서로 다른 8가지 색을 모두 사용하여 팔면체의 각 면을 칠하는 경우의 수는?

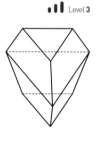

(단, 회전하여 일치하는 것은 같은 것으로 본다.)

① 6520   ② 6620   ③ 6720

④ 6820   ⑤ 6920

실전유형 4 여러 가지 모양의 탁자에 둘러앉는 경우의 수

n명이 다각형 모양의 탁자에 둘러앉는 경우의 수
→ $(n-1)! \times$ (회전했을 때 일치하지 않는 기준 위치의 수)

0046 대표문제

그림과 같은 직사각형 모양의 탁자에 6명이 둘러앉는 경우의 수는? (단, 회전하여 일치하는 것은 같은 것으로 본다.)

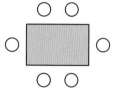

① 60   ② 90   ③ 120

④ 240   ⑤ 360

0047

●❚❚ Level 2

그림과 같은 정삼각형 모양의 탁자에 6명이 둘러앉는 경우의 수는? (단, 회전하여 일치하는 것은 같은 것으로 본다.)

① 200   ② 220

③ 240   ④ 260

⑤ 280

0048

학급 대표 회의를 하기 위하여 그림과 같은 정사각형 모양의 탁자에 8명이 둘러앉는 경우의 수가 $n \times 7!$일 때, 상수 n의 값은? (단, 회전하여 일치하는 것은 같은 것으로 본다.)

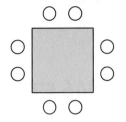

① 1   ② 2   ③ 3

④ 4   ⑤ 5

0049

그림과 같은 사다리꼴 모양의 탁자에 5명이 둘러앉는 경우의 수를 구하시오. (단, 회전하여 일치하는 것은 같은 것으로 본다.)

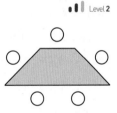

0050

그림과 같은 직사각형 모양의 탁자에 8명이 둘러앉는 경우의 수는? (단, 회전하여 일치하는 것은 같은 것으로 본다.)

① $7!$ ② $2 \times 7!$ ③ $3 \times 7!$

④ $4 \times 7!$ ⑤ $5 \times 7!$

0051

그림과 같은 정육각형 모양의 탁자에 12명이 둘러앉는 경우의 수는? (단, 회전하여 일치하는 것은 같은 것으로 본다.)

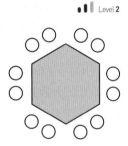

① $11!$ ② $2 \times 11!$

③ $3 \times 11!$ ④ $12!$

⑤ $2 \times 12!$

0052

Level 2

그림과 같은 직사각형 모양의 탁자에 부모를 포함한 가족 8명이 둘러앉으려고 한다. 부모는 직사각형의 긴 변의 자리에 이웃하여 앉는다고 할 때, 둘러앉는 경우의 수는?

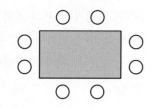

(단, 회전하여 일치하는 것은 같은 것으로 본다.)

① 1360　　　　② 1400　　　　③ 1440

④ 1480　　　　⑤ 1520

0053

Level 2

지호와 아버지, 어머니가 외식을 하기 위하여 어느 식당에 갔다. 그림과 같이 정사각형 모양의 탁자에 놓인 4개의 의자 중 3개를 택하여 앉는 경우의 수를 구하시오.

(단, 회전하여 일치하는 것은 같은 것으로 본다.)

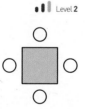

0054

Level 2

A, B를 포함한 6명의 학생이 그림과 같이 6개의 의자가 일정한 간격으로 놓인 정육각형 모양의 탁자에 둘러앉으려고 한다. A와 B가 마주 보고 앉게 되는 경우의 수는?

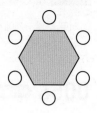

(단, 회전하여 일치하는 것은 같은 것으로 본다.)

① 24　　　　② 26　　　　③ 28

④ 30　　　　⑤ 32

0055

Level 2

세 쌍의 부부 6명이 그림과 같이 정사각형 모양의 탁자에 배열된 8개의 의자에서 두 개의 의자는 비워 두고 앉으려고 한다. 부부끼리 정사각형의 같은 변 쪽에 서로 이웃하도록 6명이 모두 의자에 앉는 경우의 수는?

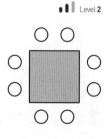

(단, 회전하여 일치하는 것은 같은 것으로 본다.)

① 42　　　　② 45　　　　③ 48

④ 51　　　　⑤ 54

서로 다른 n개에서 r개를 택하는 중복순열의 수
→ $_n\Pi_r = n^r$

0056 대표문제

서로 다른 6개의 과자를 4명의 학생에게 남김없이 나누어
주려고 한다. 특정한 한 명이 받은 과자가 2개가 되도록 나
누어 주는 경우의 수는?

　　(단, 과자를 한 개도 받지 못하는 학생이 있을 수 있다.)

① 1095　　　　② 1125　　　　③ 1155
④ 1185　　　　⑤ 1215

0057　　　　　•❚❚ Level 1

세 통의 편지 a, b, c를 네 개의 우체통 A, B, C, D에 넣는
경우의 수는? (단, 빈 우체통이 있을 수 있다.)

① 36　　　　② 50　　　　③ 64
④ 78　　　　⑤ 92

0058　　　　　•❚❚ Level 1

6명의 학생이 두 편의 영화 A, B 중에서 한 편을 관람하기
로 하였을 때, 관람하는 경우의 수는?

　　　　(단, 한 명도 관람하지 않는 영화가 있을 수 있다.)

① 36　　　　② 50　　　　③ 64
④ 78　　　　⑤ 92

0059　　　　　•❚❚ Level 1

4명의 학생이 방과 후 수업으로 개설된 배드민턴, 탁구, 수
영 중에서 한 가지를 택하는 경우의 수는?

　(단, 한 명도 선택하지 않는 방과 후 수업이 있을 수 있다.)

① 15　　　　② 20　　　　③ 24
④ 64　　　　⑤ 81

0060　　　　　•❚❚ Level 2

서로 다른 6개의 볼펜을 3명에게 남김없이 나누어 주는 경
우의 수와 서로 다른 3개의 볼펜을 n명에게 남김없이 나누
어 주는 경우의 수가 같을 때, n의 값은?

　　　　(단, 볼펜을 한 개도 받지 못하는 학생이 있을 수 있다.)

① 6　　　　② 7　　　　③ 8
④ 9　　　　⑤ 10

0061

●Ⅰ Level 2

동아리 반장 선거에 출마한 A, B, C 3명 중 한 명에게 5명의 학생이 기명으로 투표할 때, A의 득표수가 2인 경우의 수는? (단, 기권이나 무효는 없다.)

① 64   ② 80   ③ 81

④ 125   ⑤ 160

0062

●Ⅰ Level 2

전체집합 $U=\{1,\ 2,\ 3,\ 4,\ 5,\ 6\}$의 두 부분집합 A, B에 대하여 $A\cup B=U$, $n(A\cap B)=2$를 만족시키는 두 집합 A, B의 모든 순서쌍 $(A,\ B)$의 개수는?

(단, $n(A)$는 집합 A의 원소의 개수이다.)

① 210   ② 220   ③ 230

④ 240   ⑤ 250

0063

●Ⅰ Level 2

다음은 어느 학급의 대학수학능력시험 고사장 준비를 위한 시설 점검표이다. 각 목록의 상태에 따라 ○, △, × 중 한 개를 표시할 때, ○가 2개 이상 표시되는 경우의 수를 구하시오.

목록	상태
책상	
의자	
조명	
음향	

0064 신경향

●Ⅰ Level 3

다음은 어느 고속 철도의 노선도이다. 이 고속 철도에 A, B, C를 포함한 7명이 서울역에서 탑승하여 하차하는 역을 임의로 정한다. A, B, C 모두 서로 다른 역에서 하차하는 경우의 수가 $a\times 6^5$일 때, 상수 a의 값을 구하시오.

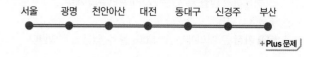

서울   광명   천안아산   대전   동대구   신경주   부산

+Plus 문제

01

다음은 이 유형에서 출제된 최근 교육청·평가원 기출문제입니다.

0065 · 평가원 2016학년도 6월

●Ⅰ Level 1

서로 다른 종류의 연필 5자루를 4명의 학생 A, B, C, D에게 남김없이 나누어 주는 경우의 수는?

(단, 연필을 받지 못하는 학생이 있을 수 있다.)

① 1024   ② 1034   ③ 1044

④ 1054   ⑤ 1064

(1) 1, 2, 3, ⋯, $n(1 \le n \le 9)$의 n개의 숫자에서 중복을 허용하여 만들 수 있는 r자리 자연수의 개수
  → $_n\Pi_r = n^r$

(2) 0, 1, 2, 3, ⋯, $n(1 \le n \le 9)$의 $(n+1)$개의 숫자에서 중복을 허용하여 만들 수 있는 r자리 자연수의 개수
  → $n \times {}_{n+1}\Pi_{r-1}$

주의 가장 큰 자리에는 숫자 0이 올 수 없음에 주의한다.

0066 대표문제

다섯 개의 숫자 1, 2, 3, 4, 5에서 중복을 허용하여 만들 수 있는 네 자리 자연수 중에서 짝수의 개수는?

① 150   ② 200   ③ 250

④ 300   ⑤ 350

0067   Level 1

네 개의 숫자 1, 2, 3, 4에서 중복을 허용하여 만들 수 있는 세 자리 자연수의 개수를 구하시오.

0068   Level 1

다섯 개의 숫자 1, 2, 3, 4, 5에서 중복을 허용하여 만들 수 있는 네 자리 자연수 중에서 5의 배수의 개수는?

① 115   ② 120   ③ 125

④ 130   ⑤ 135

0069   Level 2

다섯 개의 숫자 1, 2, 3, 4, 5에서 중복을 허용하여 만들 수 있는 네 자리 이하의 자연수의 개수는?

① 760   ② 770   ③ 780

④ 790   ⑤ 800

0070   Level 2

세 개의 숫자 1, 2, 3에서 중복을 허용하여 만들 수 있는 네 자리 자연수 중에서 1을 포함하는 자연수의 개수는?

① 50   ② 55   ③ 60

④ 65   ⑤ 70

0071   Level 2

네 개의 숫자 0, 1, 2, 3에서 중복을 허용하여 만들 수 있는 세 자리 자연수 중에서 0을 포함하는 자연수의 개수는?

① 21   ② 23   ③ 25

④ 27   ⑤ 29

0072

Level 2

세 개의 숫자 1, 2, 3에서 중복을 허용하여 만들 수 있는 네 자리 자연수를 작은 수부터 차례로 나열할 때, 50번째 수 는?

① 2321   ② 2322   ③ 2323

④ 2331   ⑤ 2332

0073

Level 2

각 자리 숫자의 배열을 거꾸로 나열하였을 때, 처음과 같은 자연수를 '대칭수'라 한다. 예를 들어 12321, 11211은 대칭 수이다. 네 개의 숫자 1, 2, 3, 4에서 중복을 허용하여 만들 수 있는 다섯 자리 자연수 중에서 대칭수의 개수는?

① 56   ② 60   ③ 64

④ 68   ⑤ 72

0074

Level 2

네 개의 숫자 0, 1, 2, 3, 4에서 중복을 허용하여 만들 수 있 는 다섯 자리 자연수 중에서 4의 배수의 개수를 구하시오.

● 정답 및 풀이 17쪽

다음은 이 유형에서 출제된 최근 교육청·평가원 기출문제입니다.

0075 · 교육청 2020년 3월

Level 2

숫자 0, 1, 2, 3 중에서 중복을 허용하여 네 개를 선택한 후, 일렬로 나열하여 만든 네 자리 자연수가 2100보다 작은 경 우의 수는?

① 80   ② 85   ③ 90

④ 95   ⑤ 100

0076 · 교육청 2021년 4월

Level 2

숫자 1, 2, 3, 4, 5 중에서 중복을 허용하여 5개를 택해 일 렬로 나열하여 만든 다섯 자리의 자연수 중에서 다음 조건 을 만족시키는 N의 개수는?

(가) N은 홀수이다.
(나) $10000 < N < 30000$

① 720   ② 730   ③ 740

④ 750   ⑤ 760

두 집합 X, Y의 원소의 개수가 각각 r, n일 때,
X에서 Y로의 함수의 개수

→ $_n\Pi_r = n^r$

참고 X에서 Y로의 일대일함수의 개수는 $_n\mathrm{P}_r$ (단, $1 \le r \le n$)

0077 대표문제

두 집합 $X=\{a, b, c, d\}$, $Y=\{1, 2\}$에 대하여 X에서 Y로의 함수 중에서 공역과 치역이 일치하는 함수의 개수를 구하시오.

0078   Level 1

두 집합 $X=\{1, 2, 3\}$, $Y=\{1, 2, 3, 4\}$에 대하여 X에서 Y로의 함수의 개수를 a, X에서 Y로의 일대일함수의 개수를 b라 할 때, $a+b$의 값은?

① 80   ② 84   ③ 88

④ 92   ⑤ 96

0079   Level 1

두 집합 $X=\{a, b, c\}$, $Y=\{1, 2, 3, \cdots, n\}$에 대하여 X에서 Y로의 함수의 개수가 216일 때, 자연수 n의 값은?

① 6   ② 7   ③ 8

④ 9   ⑤ 10

0080   Level 2

집합 $X=\{m, a, t, h\}$에서 집합 $Y=\{d, o, n, g, a\}$로의 함수 f 중에서 $f(m)=d$인 함수의 개수는?

① 125   ② 250   ③ 375

④ 500   ⑤ 625

0081   Level 2

두 집합 $X=\{1, 2, 3, 4\}$, $Y=\{a, b, c, d, e\}$에 대하여 X에서 Y로의 함수 f 중에서 $f(1) \neq a$인 함수의 개수는?

① 125   ② 250   ③ 375

④ 500   ⑤ 625

0082   Level 2

두 집합 $X=\{p, q, r\}$, $Y=\{m, a, t, h\}$에 대하여 X에서 Y로의 함수 f 중에서 $f(p)=m$ 또는 $f(q)=a$인 함수의 개수를 구하시오.

0083

∎∎∎ Level 2

두 집합 $X=\{1, 2, 3, 4\}$, $Y=\{1, 2, 3, 4, 5\}$에 대하여 X에서 Y로의 함수 f 중에서 $f(1) \times f(2) \times f(3) \times f(4)$의 값이 짝수인 함수의 개수는?

① 540　　　② 544　　　③ 548

④ 552　　　⑤ 556

0084

∎∎∎ Level 2

집합 $X=\{-4, -2, 0, 2, 4\}$에 대하여 X에서 X로의 함수를 f라 하자. X의 모든 원소 x에 대하여 $f(x)+f(-x)=0$을 만족시키는 함수 f의 개수는?

① 19　　　② 21　　　③ 23

④ 25　　　⑤ 27

다음은 이 유형에서 출제된 최근 교육청 · 평가원 기출문제입니다.

0085 · 교육청 2021년 3월

∎∎∎ Level 3

두 집합

　　$X=\{1, 2, 3, 4, 5\}$, $Y=\{2, 4, 6, 8, 10, 12\}$

에 대하여 X에서 Y로의 함수 f 중에서 다음 조건을 만족시키는 함수의 개수는?

> (가) $f(2)<f(3)<f(4)$
> (나) $f(1)>f(3)>f(5)$

① 100　　　② 102　　　③ 104

④ 106　　　⑤ 108

+ **Plus 문제**

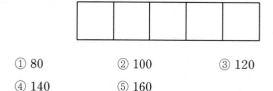

(1) 서로 다른 n개에서 r개를 택하여 신호를 만드는 중복순열의 수
　➡ $_n\Pi_r=n^r$

(2) 서로 다른 n개에서 1개 이상 r개 이하를 택하여 신호를 만드는 중복순열의 수
　➡ $_n\Pi_1+_n\Pi_2+_n\Pi_3+\cdots+_n\Pi_r$

0086 대표문제

그림의 각각의 빈 칸(□)에 세 기호 ☆, ♡, ○ 중에서 하나를 그려 신호를 만들 때, ☆를 그린 칸의 개수가 2인 신호의 개수는?

① 80　　　② 100　　　③ 120

④ 140　　　⑤ 160

0087

∎∎∎ Level 1

그림과 같은 전자 회로 기판에 설치된 6개의 램프는 각각 켜지거나 꺼질 수 있다. 6개의 램프 중에서 동시에 켜지거나 꺼져서 만들 수 있는 신호의 개수를 구하시오. (단, 모든 램프가 꺼진 경우는 신호에서 제외한다.)

0088

∎∎∎ Level 2

그림의 각각의 빈 칸(□)에 두 기호 ◇, △ 중에서 하나를 그리고 각 그림 안을 빨간색 또는 파란색 중에서 하나의 색을 칠하여 신호를 만들 때, 만들 수 있는 신호의 개수를 구하시오.

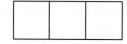

0089

Level 2

일렬로 나열된 전구 n개를 각각 켜거나 꺼서 만들 수 있는 서로 다른 신호의 개수가 100 이상이 되도록 하는 자연수 n의 최솟값은?

(단, 모든 전구가 꺼진 경우는 신호에서 제외한다.)

① 6   ② 7   ③ 8

④ 9   ⑤ 10

0090

Level 2

두 모스 부호 •, ─를 일렬로 나열하여 신호를 만들려고 한다. 두 모스 부호를 2개 이상 4개 이하로 사용하여 만들 수 있는 신호의 개수는?

① 26   ② 28   ③ 30

④ 32   ⑤ 34

0091

Level 2

흰 깃발과 검은 깃발이 각각 한 개씩 있다. 깃발을 한 번에 한 개씩 들어 올려 신호를 만든다고 할 때, 깃발을 1번 이상 n번 이하로 들어 올려서 28개 이상의 신호를 만들려고 한다. 자연수 n의 최솟값을 구하시오.

실전유형 9 같은 것이 있는 순열 – 문자의 나열   **빈출유형**

n개 중에서 서로 같은 것이 각각 p개, q개, …, r개씩 있을 때, n개를 일렬로 나열하는 경우의 수

$$\rightarrow \frac{n!}{p! \times q! \times \cdots \times r!} \ (\text{단, } p+q+\cdots+r=n)$$

0092 **대표문제**

8개의 문자 a, a, a, a, b, b, b, c를 일렬로 나열할 때, 양 끝에 같은 문자가 오는 경우의 수는?

① 90   ② 95   ③ 100

④ 105   ⑤ 110

0093

Level 2

7개의 문자 a, b, b, b, c, c, d를 일렬로 나열할 때, 양 끝에 서로 다른 문자가 오는 경우의 수는?

① 320   ② 340   ③ 360

④ 380   ⑤ 400

0094

Level 2

icecream에 있는 8개의 문자를 일렬로 나열할 때, 모음끼리 이웃하도록 나열하는 경우의 수는?

① 640   ② 660   ③ 680

④ 700   ⑤ 720

0095

ıl Level **2**

balloon에 있는 7개의 문자를 일렬로 나열할 때, 2개의 l끼리는 이웃하지 않도록 나열하는 경우의 수를 구하시오.

0096

ıl Level **2**

9개의 문자 a, a, b, b, b, c, c, c, c를 일렬로 나열할 때, $abccbccba$와 같이 앞에서부터 읽은 것과 뒤에서부터 읽은 것이 같도록 나열하는 경우의 수를 구하시오.

0097

ıl Level **2**

5개의 문자 a, a, b, c, d를 일렬로 나열할 때, c와 d 사이에 홀수 개의 문자가 있도록 나열하는 경우의 수는?

① 12   ② 15   ③ 18
④ 21   ⑤ 24

0098

ıl Level **3**

collect에 있는 7개의 문자를 일렬로 나열할 때, c끼리 또는 l끼리 이웃하도록 나열하는 경우의 수는?

① 360   ② 480   ③ 600
④ 720   ⑤ 840

다음은 이 유형에서 출제된 최근 교육청 · 평가원 기출문제입니다.

0099 · 평가원 2019학년도 6월

ıl Level **2**

세 문자 a, b, c 중에서 중복을 허용하여 4개를 택해 일렬로 나열할 때, 문자 a가 두 번 이상 나오는 경우의 수를 구하시오.

0100 · 교육청 2020년 10월

ıl Level **2**

A, B, B, C, C, C의 문자가 하나씩 적혀 있는 6장의 카드가 있다. 이 6장의 카드 중에서 5장의 카드를 택하여 이 5장의 카드를 왼쪽부터 모두 일렬로 나열할 때, C가 적힌 카드가 왼쪽에서 두 번째의 위치에 놓이도록 나열하는 경우의 수는?

(단, 같은 문자가 적힌 카드끼리는 서로 구별하지 않는다.)

A B B C C C

① 24   ② 26   ③ 28
④ 30   ⑤ 32

같은 것이 포함된 숫자를 사용하여 만들 수 있는 자연수의 개수는 다음과 같은 순서로 구한다.
❶ 주어진 조건에 따라 기준이 되는 자리부터 먼저 숫자를 나열한다.
❷ 나머지 자리에 남은 숫자들을 나열한 후, 같은 것이 있는 순열의 수를 이용하여 자연수의 개수를 구한다.

0101 대표문제

일곱 개의 숫자 1, 1, 2, 2, 2, 3, 3에서 4개를 사용하여 만들 수 있는 네 자리 자연수 중에서 3의 배수의 개수는?

① 22   ② 24   ③ 26

④ 28   ⑤ 30

0102   ﹒❙❙ Level 1

다섯 개의 숫자 0, 1, 1, 2, 2를 모두 사용하여 만들 수 있는 다섯 자리 자연수의 개수는?

① 18   ② 20   ③ 22

④ 24   ⑤ 26

0103   ﹒❙❙ Level 1

다섯 개의 숫자 1, 2, 3, 3, 3에서 4개를 사용하여 만들 수 있는 네 자리 자연수의 개수를 구하시오.

0104   ﹒❙❙ Level 2

여섯 개의 숫자 0, 1, 2, 2, 3, 3을 모두 사용하여 만들 수 있는 여섯 자리 자연수 중에서 홀수의 개수는?

① 72   ② 74   ③ 76

④ 78   ⑤ 80

0105   ﹒❙❙ Level 2

일곱 개의 숫자 1, 2, 2, 2, 3, 3, 5에서 5개를 사용하여 만들 수 있는 다섯 자리 자연수 중에서 5의 배수의 개수는?

① 30   ② 32   ③ 34

④ 36   ⑤ 38

0106   ﹒❙❙ Level 2

여섯 개의 숫자 1, 2, 2, 3, 3, 3을 모두 사용하여 만들 수 있는 여섯 자리 자연수 중에서 230000보다 큰 자연수의 개수는?

① 40   ② 42   ③ 44

④ 46   ⑤ 48

0107

••• Level 2

여섯 개의 숫자 1, 2, 2, 3, 4, 4를 모두 사용하여 만들 수 있는 여섯 자리 자연수 중에서 70번째로 큰 수는?

① 341224   ② 341242   ③ 341422

④ 342124   ⑤ 342142

0108

••• Level 3

세 개의 숫자 2, 4, 8에서 중복을 허용하여 3개 또는 4개를 선택한 후, 일렬로 나열하여 만들 수 있는 자연수 중 각 자리의 숫자의 합이 12인 자연수의 개수는?

① 10   ② 12   ③ 14

④ 16   ⑤ 18

+Plus 문제

다음은 이 유형에서 출제된 최근 교육청 · 평가원 기출문제입니다.

0109 고난도 · 교육청 2021년 10월

••• Level 3

숫자 1, 2, 3 중에서 모든 숫자가 한 개 이상씩 포함되도록 중복을 허용하여 6개를 선택한 후, 일렬로 나열하여 만들 수 있는 여섯 자리의 자연수 중 일의 자리의 수와 백의 자리의 수가 같은 자연수의 개수를 구하시오.

실전유형 **11** 순서가 정해진 순열

서로 다른 n개를 일렬로 나열할 때, 특정한 $r(0 < r \le n)$개 사이에 순서가 정해져 있는 경우에는 순서가 정해진 r개를 같은 것으로 생각하여 같은 것이 r개 포함된 n개를 일렬로 나열하는 경우의 수를 구한다.

0110 대표문제

8개의 숫자 1, 2, 2, 2, 3, 4, 4, 5를 일렬로 나열할 때, 홀수는 크기가 작은 것부터 순서대로 나열하는 경우의 수는?

① 500   ② 530   ③ 560

④ 590   ⑤ 620

0111

••• Level 2

4개의 문자 a, b, c, d를 일렬로 나열할 때, a가 b보다 앞에 오도록 나열하는 경우의 수는?

① 8   ② 10   ③ 12

④ 14   ⑤ 16

0112

Level 2

5개의 숫자 1, 1, 2, 3, 5를 일렬로 나열할 때, 5를 세 번째 또는 네 번째에 오도록 나열하는 경우의 수는?

① 9　　　　② 12　　　　③ 24

④ 60　　　　⑤ 120

0113

Level 2

soccer에 있는 6개의 문자를 일렬로 나열할 때, 모음은 알파벳 순서대로 나오도록 나열하는 경우의 수는?

① 120　　　　② 150　　　　③ 180

④ 210　　　　⑤ 240

0114

Level 2

7개의 문자 A, B, C, d, e, f, g를 일렬로 나열할 때, 대문자 중 가장 왼쪽에 있는 글자는 A가 되고, 소문자 중 가장 오른쪽에 있는 글자는 g가 되도록 나열하는 경우의 수는?

① 380　　　　② 400　　　　③ 420

④ 440　　　　⑤ 460

0115

Level 2

6개의 문자 a, b, c, d, e, f를 일렬로 나열할 때, a는 b보다 앞에 오고, c는 d보다 앞에 오도록 나열하는 경우의 수는?

① 180　　　　② 195　　　　③ 210

④ 225　　　　⑤ 240

0116

Level 2

POOLPULL에 있는 8개의 문자를 일렬로 나열할 때, 모든 자음이 모든 모음보다 앞에 오도록 나열하는 경우의 수는?

① 20　　　　② 25　　　　③ 30

④ 35　　　　⑤ 40

다음은 이 유형에서 출제된 최근 교육청·평가원 기출문제입니다.

0117 · 교육청 2021년 7월

Level 3

3개의 문자 A, B, C를 포함한 서로 다른 6개의 문자를 모두 한 번씩 사용하여 일렬로 나열할 때, 두 문자 B와 C 사이에 문자 A를 포함하여 1개 이상의 문자가 있도록 나열하는 경우의 수는?

① 180　　　　② 200　　　　③ 220

④ 240　　　　⑤ 260

+ **Plus 문제**

심화 유형 **12** 같은 것이 있는 순열의 활용

같은 종류의 사물 또는 도형의 수를 파악하고, 같은 것이 있는 순열의 수를 이용한다.

0118 대표문제

국어 문제집 3권, 영어 문제집 2권, 수학 문제집 3권을 책꽂이에 일렬로 꽂을 때, 국어 문제집은 서로 이웃하지 않도록 꽂는 경우의 수는?

(단, 같은 과목의 문제집끼리는 서로 구별하지 않는다.)

① 200   ② 220   ③ 240
④ 260   ⑤ 280

0119   ▫▫▫ Level 1

그림이 그려져 있는 6장의 카드 ♠, ♥, ♥, ♣, ♣, ♣를 일렬로 나열하는 경우의 수는? (단, 같은 그림이 그려져 있는 카드끼리는 서로 구별하지 않는다.)

① 60   ② 70   ③ 80
④ 90   ⑤ 100

0120   ▫▫▫ Level 2

파란 화분 5개와 흰 화분 5개를 일렬로 나열할 때, 양 끝에 파란 화분이 오도록 나열하는 경우의 수는?

(단, 같은 색의 화분끼리는 서로 구별하지 않는다.)

① 52   ② 56   ③ 60
④ 64   ⑤ 68

0121   ▫▫▫ Level 2

모양과 크기가 같은 검은 구슬 4개, 흰 구슬 7개를 일렬로 나열할 때, 그림과 같이 좌우가 대칭이 되도록 나열하는 경우의 수는?

① 6   ② 7   ③ 8
④ 9   ⑤ 10

0122   ▫▫▫ Level 2

그림과 같은 7개의 마스크 걸이에 흰 마스크 3개, 검은 마스크 2개, 노란 마스크 1개를 거는 경우의 수는? (단, 같은 색의 마스크는 서로 구별하지 않으며, 각 마스크 걸이에는 한 개의 마스크만 건다.)

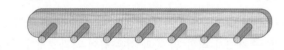

① 410   ② 420   ③ 430
④ 440   ⑤ 450

0123   ▫▫▫ Level 2

주머니 A에 들어 있는 모양과 크기가 같은 흰 공 6개를 주머니 B로 모두 옮겨 담으려고 한다. 한 번에 한 개 또는 두 개씩 꺼내어 옮겨 담는 경우의 수를 구하시오.

0124

Level 2

부장 교사, 담임 교사, 남학생 2명, 여학생 3명이 역사 탐방을 위해 기차에 탑승하려고 한다. 다음 조건을 만족시키며 탑승하는 순서를 정하는 경우의 수는?

> (가) 부장 교사는 남학생 2명이 모두 탑승한 뒤에 탑승한다.
> (나) 담임 교사는 여학생 3명이 모두 탑승한 뒤에 탑승한다.

① 280   ② 350   ③ 420

④ 490   ⑤ 560

다음은 이 유형에서 출제된 최근 교육청·평가원 기출문제입니다.

0125 · 교육청 2017년 4월

Level 2

그림과 같이 주머니에 숫자 1이 적힌 흰 공과 검은 공이 각각 2개, 숫자 2가 적힌 흰 공과 검은 공이 각각 2개가 들어 있고, 비어 있는 8개의 칸에 1부터 8까지의 자연수가 하나씩 적혀 있는 진열장이 있다.

 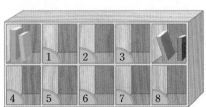

숫자가 적힌 8개의 칸에 주머니 안의 공을 한 칸에 한 개씩 모두 넣을 때, 숫자 4, 5, 6이 적힌 칸에 넣는 세 개의 공에 적힌 수의 합이 5이고 모두 같은 색이 되도록 하는 경우의 수를 구하시오. (단, 모든 공은 크기와 모양이 같다.)

0126 · 교육청 2020년 4월

Level 3

매주 월요일부터 수요일까지 총 4주에 걸쳐 서로 다른 세 종류의 봉사활동 A, B, C를 반드시 하루에 한 종류씩 다음 규칙에 따라 신청하려고 한다.

봉사활동 신청서			
	월요일	화요일	수요일
첫째 주			
둘째 주			
셋째 주			
넷째 주			

- 봉사활동 A, B, C를 각각 3회, 3회, 6회 신청한다.
- 첫째 주에는 봉사활동 A, B, C를 모두 신청한다.
- 같은 요일에는 두 종류 이상의 봉사활동을 신청한다.

다음은 봉사활동을 신청하는 경우의 수를 구하는 과정이다.

> 규칙에 따라 봉사활동을 신청하는 경우는
> 첫째 주에 봉사활동 A, B, C를 모두 신청한 후
> '(i) 첫째 주를 제외한 3주간의 봉사활동을 신청하는 경우'
> 에서 '(ii) 첫째 주에 봉사활동 C를 신청한 요일과 같은 요일에 모두 봉사활동 C를 신청하는 경우'를 제외하면 된다.
> 첫째 주에 봉사활동 A, B, C를 모두 신청하는 경우의 수는 3!이다.
> (i)의 경우 :
>   봉사활동 A, B, C를 각각 2회, 2회, 5회 신청하는 경우의 수는 ☐(가) 이다.
> (ii)의 경우 :
>   첫째 주에 봉사활동 C를 신청한 요일과 같은 요일에 모두 봉사활동 C를 신청하는 경우의 수는 ☐(나) 이다.
> (i), (ii)에 의하여
> 구하는 경우의 수는 3!×(☐(가) − ☐(나))이다.

위의 (가), (나)에 알맞은 수를 각각 p, q라 할 때, $p+q$의 값은?

① 825   ② 832   ③ 839

④ 846   ⑤ 853

실전유형 **13** 같은 것이 있는 순열 복합유형
– 방정식과 부등식에의 활용

방정식의 정수인 해의 순서쌍은 다음과 같은 순서로 구한다.
❶ 주어진 방정식을 만족시키는 수의 조합을 찾는다.
❷ 같은 것이 있는 순열의 수를 이용하여 각각의 순서쌍의 개수를 구한다.

0127 대표문제

방정식 $a+b+c+d=6$을 만족시키는 네 자연수 a, b, c, d의 순서쌍 (a, b, c, d)의 개수는?

① 8   ② 9   ③ 10

④ 11   ⑤ 12

0128 ◦❚❚ Level 1

방정식 $x+y+z=6$을 만족시키는 세 자연수 x, y, z의 순서쌍 (x, y, z)의 개수는?

① 8   ② 9   ③ 10

④ 11   ⑤ 12

0129 ◦❚❚ Level 2

부등식 $x+y+z \leq 5$를 만족시키는 세 자연수 x, y, z의 순서쌍 (x, y, z)의 개수를 구하시오.

0130 ◦❚❚ Level 2

다음 조건을 만족시키는 세 자연수 x, y, z의 순서쌍 (x, y, z)의 개수는?

> (가) $x+y+z=10$
> (나) x, y, z는 짝수이다.

① 6   ② 7   ③ 8

④ 9   ⑤ 10

0131 ◦❚❚ Level 3

다음 조건을 만족시키는 네 자연수 a, b, c, d의 순서쌍 (a, b, c, d)의 개수는?

> (가) $a+b+c=4d$
> (나) a, b, c, d는 4 이하의 자연수이다.

① 10   ② 12   ③ 14

④ 16   ⑤ 18

다음은 이 유형에서 출제된 최근 교육청 · 평가원 기출문제입니다.

0132 ◦ 교육청 2017년 3월 ◦❚❚ Level 2

다음 조건을 만족시키는 네 자연수 a, b, c, d로 이루어진 모든 순서쌍 (a, b, c, d)의 개수를 구하시오.

> (가) $a+b+c+d=6$
> (나) $a \times b \times c \times d$는 4의 배수이다.

그림과 같은 도로망에서 A 지
점에서 출발하여 B 지점까지
최단 거리로 가는 경우의 수

$$\rightarrow \frac{(p+q)!}{p! \times q!}$$

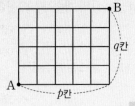

0133 대표문제

그림과 같은 도로망이 있다. A
지점에서 출발하여 P 지점을 거
쳐 B 지점까지 최단 거리로 가는
경우의 수는?

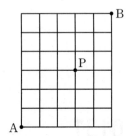

① 150   ② 175

③ 200   ④ 225

⑤ 250

0134

Level 1

그림과 같은 도로망이 있다. A 지점
에서 출발하여 B 지점까지 최단 거리
로 가는 경우의 수는?

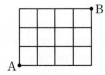

① 25   ② 30

③ 35   ④ 40

⑤ 45

0135

Level 2

그림과 같은 도로망이 있다.
A 지점에서 출발하여 B 지점
까지 최단 거리로 갈 때, P 지
점과 Q 지점을 모두 거쳐서
가는 경우의 수는?

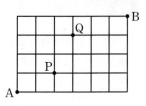

① 28   ② 32   ③ 36

④ 40   ⑤ 44

0136

Level 2

그림과 같은 도로망이 있다. A 지점
에서 출발하여 B 지점까지 최단 거리
로 갈 때, P 지점을 거치지 않고 가는
경우의 수를 구하시오.

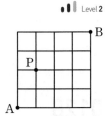

0137

Level 2

그림과 같은 도로망이 있다. A 지점
에서 출발하여 P 지점 또는 Q 지점
을 거쳐 B 지점까지 최단거리로 가는
경우의 수는?

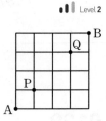

① 56   ② 60

③ 64   ④ 68

⑤ 72

0138

그림과 같은 도로망이 있다. A 지점에서 출발하여 B 지점까지 최단 거리로 갈 때, P 지점은 지나고 Q 지점은 지나지 않는 경우의 수를 구하시오.

Level 2

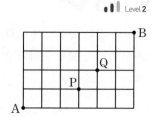

0139

Level 3

그림과 같이 크기가 같은 정육면체 24개를 쌓아 올려 만든 직육면체가 있다. 정육면체의 모서리를 따라 꼭짓점 A에서 꼭짓점 B까지 최단 거리로 가는 경우의 수는?

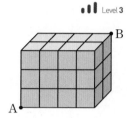

① 1020   ② 1080   ③ 1140

④ 1200   ⑤ 1260

다음은 이 유형에서 출제된 최근 교육청 · 평가원 기출문제입니다.

0140 · 교육청 2021년 3월

Level 2

그림과 같이 직사각형 모양으로 연결된 도로망이 있다. 이 도로망을 따라 A 지점에서 출발하여 P 지점을 지나 B 지점까지 최단 거리로 가는 경우의 수는?

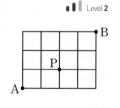

① 12   ② 14   ③ 16

④ 18   ⑤ 20

심화유형 15 같은 것이 있는 순열
– 변형된 경로에서 최단 거리로 가는 경우의 수

변형된 경로에서 최단 거리로 가는 경우의 수는 다음과 같은 순서로 구한다.

❶ 최단 거리로 가기 위해 반드시 지나야 하는 중간 지점을 찾는다.
❷ 각 중간 지점을 지나 최단 거리로 가는 경우의 수를 구한다.

01

0141 대표문제

그림과 같은 도로망이 있다. A 지점에서 출발하여 B 지점까지 최단 거리로 가는 경우의 수는?

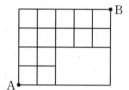

① 78   ② 80

③ 82   ④ 84

⑤ 86

0142

Level 1

그림과 같은 도로망이 있다. A 지점에서 출발하여 B 지점까지 최단 거리로 가는 경우의 수는?

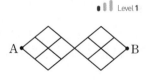

① 16   ② 25   ③ 36

④ 49   ⑤ 64

0143

그림과 같은 도로망이 있다. A 지점에서 출발하여 B 지점까지 최단 거리로 가는 경우의 수는?

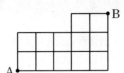

① 44 ② 45
③ 46 ④ 47
⑤ 48

0145 고난도

그림과 같은 도로망이 있다. A 지점에서 출발하여 C 지점과 D 지점을 모두 지나지 않으면서 B 지점까지 최단 거리로 가는 경우의 수는?

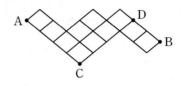

① 21 ② 28 ③ 36
④ 42 ⑤ 48

+ Plus 문제

다음은 이 유형에서 출제된 최근 교육청·평가원 기출문제입니다.

0144

그림과 같은 도로망이 있다. A 지점에서 출발하여 B 지점까지 최단 거리로 가는 경우의 수는?

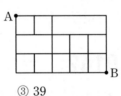

① 35 ② 37 ③ 39
④ 41 ⑤ 43

0146 신경향 · 교육청 2021년 4월

그림과 같이 직사각형 모양으로 연결된 도로망이 있다. 이 도로망을 따라 A 지점에서 출발하여 P 지점을 지나 B 지점으로 갈 때, 한 번 지난 도로는 다시 지나지 않으면서 최단 거리로 가는 경우의 수는?

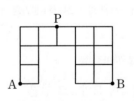

① 78 ② 82 ③ 86
④ 90 ⑤ 94

서술형 유형 익히기

0147 대표문제

두 집합 $X=\{a, b, c\}$, $Y=\{1, 2\}$에 대하여 X에서 Y로의 함수 중에서 공역과 치역이 일치하는 함수의 개수를 구하는 과정을 서술하시오. [6점]

> **STEP 1** X에서 Y로의 함수의 개수 구하기 [2점]
> 집합 Y의 원소 1, 2의 2개에서 중복을 허용하여 3개를 택하여 집합 X의 원소 a, b, c에 대응시키면 되므로 X에서 Y로의 함수의 개수는 $_2\Pi_3=$ [(1)⎕]
>
> **STEP 2** 공역과 치역이 일치하지 않는 함수의 개수 구하기 [3점]
> 치역이 $\{1\}$인 함수의 개수는 [(2)⎕]
> 치역이 $\{2\}$인 함수의 개수는 [(3)⎕]
> 따라서 공역과 치역이 일치하지 않는 함수의 개수는 [(4)⎕] 이다.
>
> **STEP 3** 함수의 개수 구하기 [1점]
> 구하는 함수의 개수는 [(5)⎕] $-$ [(6)⎕] $=$ [(7)⎕]

0148 한번 더

두 집합 $X=\{1, 2, 3, 4, 5\}$, $Y=\{a, b\}$에 대하여 X에서 Y로의 함수 중에서 공역과 치역이 일치하는 함수의 개수를 구하는 과정을 서술하시오. [6점]

> **STEP 1** X에서 Y로의 함수의 개수 구하기 [2점]

> **STEP 2** 공역과 치역이 일치하지 않는 함수의 개수 구하기 [3점]

> **STEP 3** 함수의 개수 구하기 [1점]

0149 유사 1

두 집합 $X=\{a, b, c, d\}$, $Y=\{1, 2, 3, 4\}$에 대하여 X에서 Y로의 함수 중에서 치역의 모든 원소의 합이 5인 함수의 개수를 구하는 과정을 서술하시오. [7점]

0150 유사 2

두 집합 $X=\{a, b, c, d\}$, $Y=\{1, 2, 3, 4, 5\}$에 대하여 X에서 Y로의 함수 중에서 치역의 원소의 개수가 3인 함수의 개수를 구하는 과정을 서술하시오. [8점]

핵심 KEY 유형 7 **중복순열 - 함수의 개수**

중복순열을 이용하여 공역과 치역이 일치하는 함수의 개수를 구하는 문제이다. 이 유형의 문제는 다음과 같은 순서로 해결한다.
❶ 중복순열을 이용하여 모든 함수의 개수를 구한다.
❷ 치역과 공역이 일치하지 않는 함수의 개수를 구한다.
❸ ❶에서 ❷를 뺀다.

0151 대표문제

7개의 문자 A, A, A, B, B, C, D를 일렬로 나열할 때, C, D가 서로 이웃하도록 나열하는 경우의 수를 구하는 과정을 서술하시오. [6점]

STEP 1 C, D를 하나로 묶어 나열하는 경우의 수 구하기 [3점]

C, D가 이웃하므로 C, D를 한 문자 X로 생각하여 6개의 문자 A, A, A, B, B, X를 일렬로 나열하는 경우의 수는

$$\frac{6!}{3! \times \boxed{(1)}!} = \boxed{(2)}$$

STEP 2 C, D를 나열하는 경우의 수 구하기 [2점]

C와 D가 서로 자리를 바꾸는 경우의 수는 $\boxed{(3)}$

STEP 3 경우의 수 구하기 [1점]

구하는 경우의 수는 $\boxed{(4)} \times 2 = \boxed{(5)}$

0152 한번 더

9개의 문자 A, A, A, A, B, B, C, D, E를 일렬로 나열할 때, C, D, E가 서로 이웃하도록 나열하는 경우의 수를 구하는 과정을 서술하시오. [6점]

STEP 1 C, D, E를 하나로 묶어 나열하는 경우의 수 구하기 [3점]

STEP 2 C, D, E를 나열하는 경우의 수 구하기 [2점]

STEP 3 경우의 수 구하기 [1점]

0153 유사 1

REFERENCE에 있는 9개의 문자를 일렬로 나열할 때, C, F는 서로 이웃하고, 2개의 R끼리는 서로 이웃하지 않도록 나열하는 경우의 수를 구하는 과정을 서술하시오. [7점]

0154 유사 2

그림과 같이 각 칸에 공을 1개씩 넣을 수 있는 10개의 칸으로 이루어진 보관함이 있다. 이 보관함에 빨간 공 3개, 노란 공 2개, 파란 공 1개, 검은 공 1개를 넣을 때, 노란 공과 파란 공은 이웃하는 3개의 칸에 넣는 경우의 수를 구하는 과정을 서술하시오.

(단, 같은 색의 공은 서로 구별하지 않는다.) [8점]

핵심 KEY   유형 9 . 유형 12   같은 것이 있는 순열

'이웃하는' 조건을 포함한 같은 것이 있는 순열의 수를 구하는 문제이다. 이웃하는 것을 한 개로 생각하여 접근한다.

이때 이웃하는 것끼리 나열하는 경우의 수를 구하는 것을 놓치지 않도록 주의한다.

0155 대표문제

세 개의 숫자 1, 2, 3으로 중복을 허용하여 만들 수 있는 네 자리 자연수 중에서 각 자리의 숫자의 합이 6인 자연수의 개수를 구하는 과정을 서술하시오. [6점]

> **STEP 1** 4개의 숫자의 합이 6인 경우 구하기 [1점]
>
> 4개의 숫자의 합이 6이 되는 경우는 1, 1, 1, 3 또는 1, 1, 2, 2
>
> **STEP 2** 각각의 경우에 대하여 자연수의 개수 구하기 [4점]
>
> (i) 1, 1, 1, 3을 일렬로 나열하는 경우의 수는
>
> $$\frac{4!}{\boxed{(1)}\,!}=\boxed{(2)}$$
>
> (ii) 1, 1, 2, 2를 일렬로 나열하는 경우의 수는
>
> $$\frac{4!}{2!\times\boxed{(3)}\,!}=\boxed{(4)}$$
>
> **STEP 3** 자연수의 개수 구하기 [1점]
>
> (i), (ii)에서 구하는 자연수의 개수는
>
> $$\boxed{(5)}+\boxed{(6)}=\boxed{(7)}$$

0156 한번 더

세 개의 숫자 1, 2, 3으로 중복을 허용하여 만들 수 있는 네 자리 자연수 중에서 각 자리의 숫자의 합이 8인 자연수의 개수를 구하는 과정을 서술하시오. [8점]

> **STEP 1** 4개의 숫자의 합이 8인 경우 구하기 [1점]

> **STEP 2** 각각의 경우에 대하여 자연수의 개수 구하기 [6점]

> **STEP 3** 자연수의 개수 구하기 [1점]

0157 유사 1

네 개의 숫자 1, 2, 3, 4로 중복을 허용하여 만들 수 있는 네 자리 자연수 중에서 각 자리의 숫자의 합이 8의 배수인 자연수의 개수를 구하는 과정을 서술하시오. [8점]

0158 유사 2

집합 $X=\{a,\ b,\ c,\ d,\ e\}$에서 집합 $Y=\{1,\ 2,\ 3,\ 4,\ 5\}$로의 함수 f 중에서 $f(a)+f(b)+f(c)+f(d)+f(e)=22$인 함수의 개수를 구하는 과정을 서술하시오. [9점]

> **핵심 KEY** 유형 10 같은 것이 있는 순열 – 자연수의 개수
>
> 같은 것이 있는 순열의 수를 이용하여 각 자리의 숫자의 합이 주어진 자연수의 개수를 구하거나 이를 변형하여 함숫값의 합이 주어진 함수의 개수를 구하는 문제이다. 주어진 숫자의 합이 되는 경우를 빠짐없이 찾는 것이 중요하다.

1 0159

4명의 학생이 원탁에 둘러앉는 경우의 수는? [3점]

① 6 ② 9 ③ 12

④ 15 ⑤ 18

2 0160

세 쌍의 부부가 원탁에 둘러앉을 때, 각 부부끼리 이웃하게 앉는 경우의 수는? [3점]

① 12 ② 16 ③ 20

④ 24 ⑤ 28

3 0161

그림과 같이 정사각형에 내접하는 원이 그려진 도형이 있다. 이 도형의 5개 영역에 서로 다른 5가지 색을 모두 사용하여 칠하는 경우의 수는? (단, 각 영역에는 한 가지 색만 칠하고, 회전하여 일치하는 것은 같은 것으로 본다.) [3점]

① 24 ② 26 ③ 28

④ 30 ⑤ 32

4 0162

$_2\Pi_3$의 값은? [3점]

① 6 ② 7 ③ 8

④ 9 ⑤ 10

5 0163

6개의 문자 a, a, a, b, b, c를 일렬로 나열하는 경우의 수는? [3점]

① 30 ② 60 ③ 90

④ 120 ⑤ 150

6 0164

여섯 개의 숫자 0, 1, 1, 2, 2, 2를 모두 사용하여 만들 수 있는 여섯 자리 자연수의 개수는? [3점]

① 50 ② 60 ③ 70

④ 80 ⑤ 90

7 0165

남학생 4명과 여학생 3명이 원탁에 둘러앉을 때, 여학생끼리 이웃하지 않도록 앉는 경우의 수는? [3.5점]

① 140   ② 144   ③ 148

④ 152   ⑤ 156

8 0166

그림과 같이 육각형 모양의 탁자에 8명의 학생이 둘러앉는 경우의 수가 $n \times 7!$일 때, n의 값은? (단, 회전하여 일치하는 것은 같은 것으로 본다.)

[3.5점]

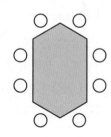

① 3   ② 4

③ 5   ④ 6

⑤ 7

9 0167

그림과 같은 정삼각형 모양의 탁자에 한 자리를 비워둔 채 5명이 둘러앉는 경우의 수는? (단, 회전하여 일치하는 것은 같은 것으로 본다.) [3.5점]

① 200   ② 220   ③ 240

④ 260   ⑤ 280

10 0168

4개의 숫자 1, 2, 3, 4에서 중복을 허용하여 만들 수 있는 네 자리 자연수 중에서 3300보다 작은 자연수의 개수는?

[3.5점]

① 145   ② 150   ③ 155

④ 160   ⑤ 165

11 0169

4개의 숫자 1, 2, 3, 4에서 중복을 허용하여 만들 수 있는 다섯 자리 자연수 중에서 1이 두 번 이상 나타나는 수의 개수는? [3.5점]

① 360   ② 364   ③ 368

④ 372   ⑤ 376

12 0170

두 집합 $X=\{1,\ 2,\ 3,\ 4,\ 5,\ 6,\ 7\}$, $Y=\{a,\ b\}$에 대하여 X에서 Y로의 함수 중에서 치역과 공역이 같은 함수의 개수는? [3.5점]

① 118   ② 120   ③ 122

④ 124   ⑤ 126

13 0171

일렬로 나열된 전구 n개를 각각 켜거나 꺼서 만들 수 있는 서로 다른 신호의 개수가 100 이상 500 이하가 되도록 하는 모든 자연수 n의 값의 합은?

(단, 모든 전구가 꺼진 경우는 신호에서 제외한다.) [3.5점]

① 13   ② 15   ③ 17

④ 19   ⑤ 21

14 0172

크기가 서로 다른 검은 공 3개와 같은 종류의 흰 공 2개를 일렬로 나열할 때, 검은 공은 작은 것부터 큰 순서로 나열되는 경우의 수는? (단, 흰 공끼리는 서로 구별하지 않는다.)

[3.5점]

① 10   ② 12   ③ 14

④ 16   ⑤ 18

15 0173

야구공 3개, 축구공 2개, 농구공 1개를 6명의 학생에게 각각 한 개씩 나누어 주는 경우의 수는?

(단, 같은 종류의 공끼리는 서로 구별하지 않는다.) [3.5점]

① 30   ② 60   ③ 90

④ 120   ⑤ 150

16 0174

그림과 같은 도로망이 있다. A 지점에서 출발하여 P 지점을 거쳐 B 지점까지 최단 거리로 가는 경우의 수는? [3.5점]

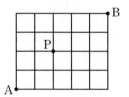

① 30   ② 45

③ 60   ④ 75

⑤ 90

17 0175

그림과 같은 정사각뿔의 각 면을 6가지 색 중에서 서로 다른 5가지 색을 사용하여 칠 하는 경우의 수는? (단, 각 면에는 한 가지 색만 칠하고, 회전하여 일치하는 것은 같 은 것으로 본다.) [4점]

① 150   ② 180   ③ 210

④ 240   ⑤ 270

18 0176

6개의 문자 a, a, a, b, b, c 중에서 3개를 택하여 일렬로 나열할 때, 서로 다르게 나열하는 경우의 수는? [4점]

① 19   ② 21   ③ 23

④ 25   ⑤ 27

19 0177

6 이하의 자연수가 각각 하나씩 적힌 6장의 카드를 일렬로 나열하여 여섯 자리 자연수를 만들려고 한다. 짝수가 적힌 카드는 왼쪽부터 크기가 작은 순서대로 나열할 때, 만들 수 있는 홀수의 개수는? [4점]

① 30   ② 60   ③ 90

④ 120   ⑤ 150

20 0178

전체집합 $U = \{1, 2, 3, 4, 5, 6\}$의 두 부분집합 A와 B가 서로소일 때, 두 집합 A, B의 모든 순서쌍 (A, B)의 개수는? [4.5점]

① 9   ② 27   ③ 81

④ 243   ⑤ 729

21 0179

A, B, C, D, E, F의 6명의 학생을 다음 조건을 만족시키 도록 일렬로 세우는 경우의 수는? [4.5점]

⑺ A는 B보다 왼쪽에 세우고, C는 B보다 오른쪽에 세 운다.
⑻ D, E는 서로 이웃한다.

① 30   ② 35   ③ 40

④ 45   ⑤ 50

22 0180

그림과 같이 정사각형을 4등분 한 영역을 서로 다른 6가지 색 중 4가지 색을 사용하여 각 영역이 구분되도록 색을 칠하는 경우의 수를 구하는 과정을 서술하시오. (단, 각 영역에는 한 가지 색만 칠하고, 회전하여 일치하는 것은 같은 것으로 본다.) [6점]

23 0181

7개의 문자 A, A, A, B, B, C, D를 일렬로 나열할 때, C와 D가 서로 이웃하지 않도록 나열하는 경우의 수를 구하는 과정을 서술하시오. [6점]

24 0182

집합 $X=\{1,\ 2,\ 3,\ 4,\ 5\}$에 대하여 다음 조건을 만족시키는 함수 $f: X \longrightarrow X$의 개수를 구하는 과정을 서술하시오.

[7점]

> ㈎ $f(2) \times f(4)$의 값은 홀수이다.
> ㈏ $f(1) \times f(3) \times f(5)$의 값은 소수이다.

25 0183

그림과 같은 도로망이 있다. 이 도로망을 따라 A 지점에서 출발하여 P 지점을 지나지 않고 B 지점까지 최단 거리로 가는 경우의 수를 구하는 과정을 서술하시오. [7점]

실력 _{check}
실전 마무리하기 **2**회

점 / **100**점

1 0184

7명의 사람이 강강술래를 할 때, 손을 잡고 둥글게 서는 경우의 수는? [3점]

① 144   ② 288   ③ 432
④ 576   ⑤ 720

2 0185

남학생 3명과 여학생 3명이 원탁에 둘러앉을 때, 남녀가 교대로 앉는 경우의 수는? [3점]

① 6   ② 9   ③ 12
④ 15   ⑤ 18

3 0186

그림과 같이 정육각형을 6등분 한 영역을 서로 다른 6가지의 색을 모두 사용하여 칠하는 경우의 수는? (단, 각 영역에는 한 가지 색만 칠하고, 회전하여 일치하는 것은 같은 것으로 본다.) [3점]

① 80   ② 90   ③ 100
④ 110   ⑤ 120

4 0187

$_n\Pi_3 = 64$일 때, 자연수 n의 값은? [3점]

① 1   ② 2   ③ 3
④ 4   ⑤ 5

5 0188

4명의 학생이 수학여행 희망 장소로 A, B, C 중에서 한 가지를 택하는 경우의 수는? [3점]

① 72   ② 75   ③ 78
④ 81   ⑤ 84

6 0189

그림과 같은 도로망이 있다. 이 도로망을 따라 A 지점에서 출발하여 B 지점까지 최단 거리로 가는 경우의 수는? [3점]

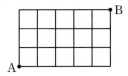

① 40   ② 48   ③ 56
④ 64   ⑤ 72

7 0190

그림과 같은 정육면체의 각 면을 빨강, 주황, 노랑, 초록, 파랑, 보라의 6가지 색을 모두 사용하여 색을 칠하려 한다. 빨간색으로 칠해진 면과 노란색으로 칠해진 면 이 서로 마주 보도록 칠하는 경우의 수는? (단, 각 면에는 한 가지 색만 칠하고, 회전하여 일치하는 것은 같은 것으로 본다.) [3.5점]

① 6   ② 8   ③ 10
④ 12   ⑤ 14

8 0191

그림과 같은 부채꼴 모양의 탁자에 5명의 학생이 둘러앉는 경우의 수는? (단, 회전하여 일치하는 것은 같은 것으로 본다.)

[3.5점]

① 110   ② 120   ③ 130
④ 140   ⑤ 150

9 0192

그림과 같은 직사각형 모양의 탁자에 5명이 둘러앉는 경우의 수는? (단, 회전하여 일치하는 것은 같은 것으로 본다.) [3.5점]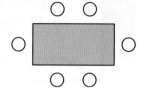

① 120   ② 180   ③ 240
④ 300   ⑤ 360

10 0193

두 집합 $X=\{a,\ b,\ c,\ d\}$, $Y=\{1,\ 2,\ 3\}$에 대하여 X에서 Y로의 함수 f 중에서 $f(a)=1$, $f(b)\neq2$인 함수의 개수는? [3.5점]

① 15   ② 18   ③ 21
④ 24   ⑤ 27

11 0194

coffee에 있는 6개의 문자를 양 끝에 모음이 오도록 일렬로 나열하는 경우의 수는? [3.5점]

① 24   ② 30   ③ 36
④ 42   ⑤ 48

12 0195

다음 조건을 만족시키는 네 자리 자연수의 개수는? [3.5점]

> ㈎ 각 자리의 숫자는 0이 아니다.
> ㈏ 각 자리의 숫자의 합은 6이다.

① 10   ② 12   ③ 14
④ 16   ⑤ 18

13 0196

6개의 숫자 1, 2, 2, 3, 4, 5를 일렬로 나열할 때, 모든 홀수는 짝수 번째 자리에 나열하고, 모든 짝수는 홀수 번째 자리에 나열하는 자연수의 개수는? [3.5점]

① 12   ② 14   ③ 16
④ 18   ⑤ 20

14 0197

pineapple에 있는 9개의 문자를 자음과 모음이 교대로 나오도록 일렬로 나열하는 경우의 수는? [3.5점]

① 160   ② 180   ③ 200
④ 220   ⑤ 240

15 0198

3개의 대문자 A, B, C와 3개의 소문자 d, e, f를 일렬로 나열할 때, A는 d, e, f보다 왼쪽에 나열하는 경우의 수는?

[3.5점]

① 90   ② 120   ③ 150
④ 180   ⑤ 210

16 0199

그림과 같은 도로망이 있다. 이 도로망을 따라 A 지점에서 출발하여 B 지점까지 최단 거리로 갈 때, P 지점과 Q 지점을 모두 거쳐서 가는 경우의 수는? [3.5점]

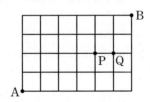

① 45   ② 60   ③ 75
④ 90   ⑤ 105

17 0200

6개의 숫자 1, 2, 3, 4, 5, 6에서 중복을 허용하여 만들 수 있는 네 자리 자연수 중에서 3 또는 6이 나온 개수의 합이 2인 경우의 수는? [4점]

① 368   ② 384   ③ 400

④ 416   ⑤ 432

18 0201

두 집합 $X=\{1,\ 2,\ 3,\ 4,\ 5,\ 6\}$, $Y=\{a,\ b,\ c\}$에 대하여 함수 $f:X\longrightarrow Y$ 중에서 다음 조건을 만족시키는 함수의 개수는? [4점]

> $p\in X$, $q\in X$에 대하여 $p+q=5$이면 $f(p)=f(q)$이다.

① 72   ② 75   ③ 78

④ 81   ⑤ 84

19 0202

그림과 같은 도로망이 있다. 이 도로망을 따라 A 지점에서 출발하여 B 지점까지 최단 거리로 가는 경우의 수는? [4점]

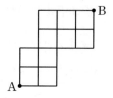

① 36   ② 42

③ 48   ④ 54

⑤ 60

20 0203

서로 다른 5개의 볼펜을 3명의 학생에게 남김없이 나누어 줄 때, 볼펜을 받지 못하는 학생이 없도록 나누어 주는 경우의 수는? [4.5점]

① 132   ② 141   ③ 150

④ 159   ⑤ 168

21 0204

집합 $A=\{1,\ 2,\ 3,\ 4\}$에 대하여 A에서 A로의 함수 중에서 치역의 모든 원소의 합이 7인 함수의 개수는? [4.5점]

① 45   ② 50   ③ 55

④ 60   ⑤ 65

서술형

22 0205

서로 다른 종류의 사탕 7개를 5명의 학생 A, B, C, D, E 에게 남김없이 나누어 주려고 한다. 학생 A는 1개, 학생 B 는 2개의 사탕만 받도록 나누어 주는 경우의 수를 구하는 과정을 서술하시오. (단, 사탕을 하나도 받지 못하는 학생이 있을 수 있다.) [6점]

23 0206

다섯 개의 숫자 0, 1, 1, 2, 2 중에서 4개를 택하여 만들 수 있는 네 자리 자연수의 개수를 구하는 과정을 서술하시오.

[6점]

24 0207

1학년 학생 3명, 2학년 학생 3명, 3학년 학생 3명이 모두 원탁에 다음 조건을 만족시키며 둘러앉는 경우의 수를 구하는 과정을 서술하시오. [7점]

㉮ 1학년 학생끼리는 서로 이웃하여 앉는다.
㉯ 2학년 학생끼리는 서로 이웃하지 않도록 앉는다.

25 0208

3 이하의 자연수 a, b, c, d에 대하여 $a+b+c+d$의 값이 4의 배수가 되도록 하는 a, b, c, d의 모든 순서쌍 (a, b, c, d)의 개수를 구하는 과정을 서술하시오. [7점]

엣지나

모난 그릇에는

무얼 담든 모가 난다.

내 성격은 이 모난 그릇과 같아서

무얼 담아도

엣지 있어.

중복조합과 이항정리 02

02 중복조합과 이항정리

1 중복조합   핵심 **1**

(1) **중복조합** : 중복을 허용하여 만든 조합을 **중복조합**이라 하고, 서로 다른 n개에서 중복을 허용하여 r개를 택하는 중복조합의 수를 기호로 $_n\mathrm{H}_r$와 같이 나타낸다.

$$\underset{\substack{\uparrow \\ \text{서로 다른} \\ \text{것의 개수}}}{}\,n\mathrm{H}\,\underset{\substack{\uparrow \\ \text{택하는} \\ \text{것의 개수}}}{r}$$

(2) **중복조합의 수** : 서로 다른 n개에서 r개를 택하는 중복조합의 수는

$$_n\mathrm{H}_r={}_{n+r-1}\mathrm{C}_r$$

(3) **순열, 중복순열, 조합, 중복조합의 비교**

	순서를 생각하지 않음	순서를 생각함
중복을 허용하지 않음	$_n\mathrm{C}_r$ (조합)	$_n\mathrm{P}_r$ (순열)
중복을 허용함	$_n\mathrm{H}_r$ (중복조합)	$_n\Pi_r$ (중복순열)

> **Note**
>
> ● $_n\mathrm{H}_r$의 H는 서로 같은 종류를 뜻하는 영어 단어 Homogeneous의 첫 글자이다.
>
> ● $_n\mathrm{C}_r$에서는 중복하여 택할 수 없으므로 $0 \le r \le n$이어야 하지만 $_n\mathrm{H}_r$에서는 중복하여 택할 수 있기 때문에 $r > n$일 수도 있다.

2 이항정리   핵심 **2~3**

(1) **이항정리**

자연수 n에 대하여 $(a+b)^n$의 전개식은 다음과 같고, 이것을 **이항정리**라 한다.

$$(a+b)^n={}_n\mathrm{C}_0a^n+{}_n\mathrm{C}_1a^{n-1}b+\cdots+{}_n\mathrm{C}_ra^{n-r}b^r+\cdots+{}_n\mathrm{C}_nb^n$$

이때 $(a+b)^n$의 전개식에서 각 항의 계수 $_n\mathrm{C}_0$, $_n\mathrm{C}_1$, $\cdots$, $_n\mathrm{C}_r$, $\cdots$, $_n\mathrm{C}_n$을 **이항계수**라 하고, $_n\mathrm{C}_ra^{n-r}b^r$을 $(a+b)^n$의 전개식의 일반항이라 한다.

(2) **이항계수의 성질**

① $_n\mathrm{C}_0+{}_n\mathrm{C}_1+{}_n\mathrm{C}_2+\cdots+{}_n\mathrm{C}_n=2^n$

② $_n\mathrm{C}_0-{}_n\mathrm{C}_1+{}_n\mathrm{C}_2-{}_n\mathrm{C}_3+\cdots+(-1)^n{}_n\mathrm{C}_n=0$

③ $_n\mathrm{C}_0+{}_n\mathrm{C}_2+{}_n\mathrm{C}_4+\cdots={}_n\mathrm{C}_1+{}_n\mathrm{C}_3+{}_n\mathrm{C}_5+\cdots=2^{n-1}$

> **참고** $(1+x)^n$의 전개식의 양변에 $x=1$ 또는 $x=-1$을 대입하여 ①~③의 식을 얻을 수 있다.

> ● **합의 기호 $\sum$** 수학 I
>
> 수열 $\{a_n\}$의 첫째항부터 제n항까지의 합을 기호 $\sum$를 사용하여
> $$a_1+a_2+\cdots+a_n=\sum_{k=1}^{n}a_k$$
> 와 같이 나타낸다.
>
> ➡ $(a+b)^n=\sum_{r=0}^{n}{}_n\mathrm{C}_ra^{n-r}b^r$
>
> ● $_n\mathrm{C}_r={}_n\mathrm{C}_{n-r}$이므로 $(a+b)^n$의 전개식에서 $a^{n-r}b^r$의 계수와 a^rb^{n-r}의 계수는 같다.

3 파스칼의 삼각형   핵심 **4**

자연수 n에 대하여 $(a+b)^n$의 전개식에서 이항계수를 다음과 같이 배열한 것을 **파스칼의 삼각형**이라 한다.

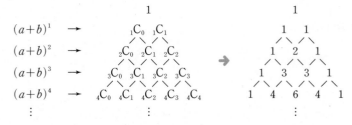

> ● 파스칼의 삼각형에서
>
> (1) $_n\mathrm{C}_0={}_n\mathrm{C}_n=1$이므로 각 행의 양 끝에 있는 수는 모두 1이다.
>
> (2) $_n\mathrm{C}_r={}_n\mathrm{C}_{n-r}$이므로 각 행의 배열은 좌우대칭이다.
>
> (3) $_{n-1}\mathrm{C}_{r-1}+{}_{n-1}\mathrm{C}_r={}_n\mathrm{C}_r$이므로 각 행에서 이웃하는 두 수의 합은 다음 행의 두 수의 중앙에 있는 수와 같다.

1 핵심 중복조합 유형 1~8

동영상 강의

2개의 문자 a, b에서 중복을 허용하여 4개를 택하는 경우의 수를 구해 보자.

문자 종류의 각 경계를 나타내는 $(2-1)$개의 ▌와 문자를 나타내는 4개의 ○를 일렬로 나열하는 경우의 수와 같다.

→ $_2H_4 = _{(2-1)+4}C_4 = _{2+4-1}C_4 = _5C_4 = 5$

$a\ a\ a\ a \rightarrow$ ○○○○▌ ← a와 b 사이의 경계
$a\ a\ a\ b \rightarrow$ ○○○▌○
$a\ a\ b\ b \rightarrow$ ○○▌○○
$a\ b\ b\ b \rightarrow$ ○▌○○○
$b\ b\ b\ b \rightarrow$ ▌○○○○

[0209~0210] 다음 값을 구하시오.

0209 $_5H_3$

0210 $_3H_5$

[0211~0212] 다음 등식을 만족시키는 자연수 n 또는 r의 값을 구하시오.

0211 $_4H_6 = _nC_6$

0212 $_7H_r = _{11}C_5$

0213 서로 다른 네 종류의 볼펜 중에서 중복을 허용하여 5개를 택하는 경우의 수를 구하시오.

0214 서로 다른 5개의 필통에 똑같은 4개의 볼펜을 넣는 경우의 수를 구하시오. (단, 빈 필통이 있을 수도 있다.)

2 핵심 이항정리 유형 9~12

동영상 강의

$(x+2)^5$에서 x^3의 계수를 구해 보자.

전개식의 일반항 구하기 → x^3이 만들어지도록 전개식의 일반항에서 적당한 r의 값 찾기

$(x+2)^5$의 전개식의 일반항
→ $_5C_r x^{5-r} 2^r$

$r=2$를 대입하면 $_5C_2 x^{5-2} 2^2 = 40x^3$
따라서 x^3의 계수는 40

[0215~0216] 이항정리를 이용하여 다음 식을 전개하시오.

0215 $(a+b)^3$

0216 $(x-2y)^5$

0217 $\left(a - \dfrac{1}{a}\right)^6$의 전개식에서 상수항을 구하시오.

02

핵심 **3** 이항계수의 성질 유형 13

(1) $_5C_0 + _5C_1 + _5C_2 + _5C_3 + _5C_4 + _5C_5 = 2^5 = 32$

(2) $_5C_0 - _5C_1 + _5C_2 - _5C_3 + _5C_4 - _5C_5 = 0$

(3) $_5C_0 + _5C_2 + _5C_4 = _5C_1 + _5C_3 + _5C_5 = 2^{5-1} = 2^4 = 16$

0218 $_nC_1 + _nC_2 + _nC_3 + \cdots + _nC_n = 1023$을 만족시키는 자연수 n의 값을 구하시오.

0219 $\displaystyle\sum_{k=1}^{5} {}_{10}C_{2k}$의 값을 구하시오.

핵심 **4** 파스칼의 삼각형 유형 14

동영상 강의

● 파스칼의 삼각형

$$
\begin{array}{ccccccc}
& & & 1 & & & \\
(a+b)^1 \to & & {}_1C_0 & & {}_1C_1 & & \\
(a+b)^2 \to & {}_2C_0 & & {}_2C_1 & & {}_2C_2 & \\
(a+b)^3 \to & {}_3C_0 & {}_3C_1 & {}_3C_2 & {}_3C_3 & \\
(a+b)^4 \to & {}_4C_0 & {}_4C_1 & {}_4C_2 & {}_4C_3 & {}_4C_4 \\
(a+b)^5 \to & {}_5C_0 & {}_5C_1 & {}_5C_2 & {}_5C_3 & {}_5C_4 & {}_5C_5 \\
\vdots & & & \vdots & & &
\end{array}
$$

$$
\to \quad
\begin{array}{ccccccc}
& & & 1 & & & \\
& & 1 & & 1 & & \\
& 1 & & 2 & & 1 & \\
& 1 & 3 & & 3 & & 1 \\
1 & & 4 & & 6 & & 4 & & 1 \\
1 & 5 & 10 & 10 & 5 & 1 \\
& & & \vdots & & &
\end{array}
$$

● 파스칼의 삼각형의 성질

각 행에서 이웃하는 두 수의 합은 그 두 수의 중앙 아래쪽에 위치한 수와 같다.

$$
\begin{array}{cc}
{}_{n-1}C_{r-1} & {}_{n-1}C_r \\
& {}_nC_r
\end{array}
$$

즉, $_{n-1}C_{r-1} + _{n-1}C_r = _nC_r$

[0220~0221] 파스칼의 삼각형을 이용하여 다음 식을 전개하시오.

0220 $(a+b)^5$

0221 $(x-y)^4$

[0222~0223] 다음을 $_nC_r$ 꼴로 나타내시오.

0222 $_6C_2 + _6C_3 + _7C_2$

0223 $_5C_0 + _5C_1 + _6C_2 + _7C_3$

기출 유형 check
실전 준비하기

02

기초 유형 0-1 조합 | 고등수학

서로 다른 n개에서 순서를 생각하지 않고 r개를 택하는 조합의 수

➡ $_n\mathrm{C}_r = \dfrac{n!}{r!(n-r)!}$ (단, $0 \le r \le n$)

0224 대표문제

8개의 축구팀이 리그에서 다른 팀과 각각 같은 수의 경기를 치른다. 전체 경기 수가 84일 때, 각 팀이 다른 한 팀과 치르는 경기 수는?

① 1 　　　② 2 　　　③ 3
④ 4 　　　⑤ 5

0225

Level 1

그림과 같이 4개의 평행한 직선과 6개의 평행한 직선이 서로 만난다. 이 평행한 직선으로 만들 수 있는 평행사변형의 개수는?

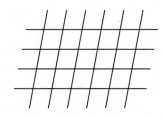

① 24 　　　② 40 　　　③ 60
④ 90 　　　⑤ 120

0226

Level 1

다음 조건을 모두 만족시키는 자연수 n, r에 대하여 $n+r$의 값은?

$$_n\mathrm{P}_r = 210, \quad _n\mathrm{C}_r = 35$$

① 8 　　　② 9 　　　③ 10
④ 11 　　　⑤ 12

0227

Level 1

모양과 크기가 다른 사과 6개와 배 3개 중에서 사과 3개, 배 2개를 뽑아 5개의 과일을 일렬로 나열하는 방법의 수를 m이라 할 때, $\dfrac{m}{100}$의 값은?

① 36 　　　② 48 　　　③ 60
④ 72 　　　⑤ 84

0228

Level 2

그림과 같이 정삼각형의 변 위에 같은 간격으로 놓인 점 9개가 있다. 세 점을 꼭짓점으로 하는 삼각형의 개수를 m, 두 점을 지나는 직선의 개수를 n이라 할 때, $m-n$의 값을 구하시오.

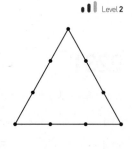

(1) $_nC_0=1$, $_nC_n=1$
(2) $_nC_r=_nC_{n-r}$ (단, $0 \leq r \leq n$)

0229 대표문제

등식 $_8C_{3r}=_8C_{10-2r}$를 만족시키는 자연수 r의 값은?

① 1   ② 2   ③ 3
④ 4   ⑤ 5

0230

●▮▮ Level 1

등식 $_{10}C_n=_{10}C_{2n-8}$을 만족시키는 자연수 n의 값을 모두 구하시오.

0231

●▮▮ Level 1

$_4C_0+_4C_1+_4C_2+_4C_3+_4C_4$의 값을 2^n이라 할 때, n의 값은?

① 1   ② 2   ③ 3
④ 4   ⑤ 5

서로 다른 n개에서 중복을 허용하여 r개를 택하는 조합의 수
➜ $_nH_r=_{n+r-1}C_r$

참고 $_nC_r$에서는 $0 \leq r \leq n$이어야 하지만
$_nH_r$에서는 $r > n$인 경우도 가능하다.

0232 대표문제

자연수 n, r에 대하여 $_4H_3=_nC_r$일 때, $n+r$의 값은?

① 7   ② 8   ③ 9
④ 10   ⑤ 11

0233

●▮▮ Level 1

$_4H_r=_7C_3$일 때, 자연수 r의 값은?

① 3   ② 4   ③ 5
④ 6   ⑤ 7

0234

●▮▮ Level 1

$_3C_2+_3H_2$의 값은?

① 5   ② 6   ③ 7
④ 8   ⑤ 9

0235

●‖‖ Level 1

$_nH_2=15$일 때, 자연수 n의 값은?

① 5 　　　　② 6 　　　　③ 7

④ 8 　　　　⑤ 9

0236

●‖‖ Level 1

자연수 r에 대하여 $_3H_r={_7}C_2$일 때, $_4H_r$의 값을 구하시오.

다음은 이 유형에서 출제된 최근 교육청·평가원 기출문제입니다.

0237 · 교육청 2021년 3월

●‖‖ Level 1

$_3H_6$의 값은?

① 24 　　　　② 26 　　　　③ 28

④ 30 　　　　⑤ 32

실전유형 2 중복조합의 수

(1) 서로 다른 n개에서 중복을 허용하여 r개를 택하는 경우의 수
　→ $_nH_r$

(2) 서로 다른 n개에서 중복을 허용하여 각각 a개를 택하고 b개를 택하는 경우의 수
　→ 곱의 법칙을 이용하여 $_nH_a$와 $_nH_b$를 곱한다.

0238 대표문제

모양과 크기가 같은 사탕 3개와 초콜릿 5개를 서로 다른 4개의 바구니에 나누어 담는 경우의 수는?
(단, 사탕과 초콜릿이 한 개도 없는 바구니가 있을 수 있다.)

① 1040 　　　　② 1080 　　　　③ 1120

④ 1160 　　　　⑤ 1200

0239

●‖‖ Level 1

3명의 학생에게 같은 종류의 과자 8개를 나누어 주는 경우의 수는? (단, 과자를 받지 못하는 학생이 있을 수 있다.)

① 40 　　　　② 45 　　　　③ 50

④ 55 　　　　⑤ 60

0240
Level 1

사과, 배, 복숭아의 세 종류의 과일만을 판매하는 가게에서 6개의 과일을 구매하는 경우의 수를 구하시오.

(단, 구매하지 않는 종류의 과일이 있을 수 있다.)

0241
Level 1

4명의 후보가 출마한 선거에서 10명의 유권자가 한 명의 후보에게 각각 무기명으로 투표할 때, 개표 결과에서 나올 수 있는 경우의 수는? (단, 기권이나 무효는 없다.)

① 268   ② 274   ③ 280

④ 286   ⑤ 292

0242
Level 2

서로 구별되지 않는 공 8개를 A, B, C 3명에게 남김없이 나누어 주려고 한다. A가 공을 2개만 받도록 나누어 주는 경우의 수를 구하시오.

(단, 공을 1개도 받지 못하는 사람이 있을 수 있다.)

0243
Level 2

빨간 풍선, 파란 풍선, 검은 풍선 중에서 n개를 구매하는 경우의 수가 55일 때, n의 값은? (단, 같은 색의 풍선은 서로 구별하지 않고, 구매하지 않은 색의 풍선이 있을 수 있다.)

① 7   ② 8   ③ 9

④ 10   ⑤ 11

0244
Level 2

서로 다른 종류의 음료 4개, 같은 종류의 떡 6개를 같은 종류의 쟁반 3개에 다음 조건을 만족시키도록 나누어 담는 경우의 수는?

> ㈎ 음료는 각 쟁반에 한 개씩 담는다.
> ㈏ 떡이 한 개도 없는 쟁반이 있을 수 있다.

① 106   ② 108   ③ 110

④ 112   ⑤ 114

0245
Level 2

같은 종류의 빵 5개와 서로 다른 종류의 우유 2개를 3명의 학생에게 남김없이 나누어 주는 경우의 수는?

(단, 아무것도 받지 못하는 학생이 있을 수 있다.)

① 153   ② 162   ③ 171

④ 180   ⑤ 189

0246 고난도

!! Level 3

빨간 컵 4개, 노란 컵 4개, 파란 컵 4개, 흰 컵 4개 중에서 6개의 컵을 구매하는 경우의 수는? (단, 같은 색의 컵은 서로 구별하지 않고, 구매하지 않는 색의 컵이 있을 수 있다.)

① 68   ② 72   ③ 76

④ 80   ⑤ 84

실전 유형 3 중복조합의 수   빈출유형
– '적어도' 조건이 있는 경우

서로 다른 n개에서 중복을 허용하여 r $(n \le r)$개를 택할 때, 서로 다른 n개가 적어도 한 개씩 포함되도록 택하는 경우의 수

→ $_n\mathrm{H}_{r-n}$

0248 대표문제

커피, 주스, 탄산음료 중에서 8병을 구매하려 할 때, 각 음료를 적어도 한 병 이상 구매하는 경우의 수는?

(단, 같은 종류의 음료는 서로 구별하지 않는다.)

① 21   ② 22   ③ 23

④ 24   ⑤ 25

다음은 이 유형에서 출제된 최근 교육청·평가원 기출문제입니다.

0247 · 교육청 2021년 4월

!! Level 2

빨간색 볼펜 5자루와 파란색 볼펜 2자루를 4명의 학생에게 남김없이 나누어 주는 경우의 수는? (단, 같은 색 볼펜끼리는 서로 구별하지 않고, 볼펜을 1자루도 받지 못하는 학생이 있을 수 있다.)

① 560   ② 570   ③ 580

④ 590   ⑤ 600

0249

!! Level 2

빨간 튤립, 노란 튤립, 파란 튤립 중에서 20송이를 구매하려고 할 때, 세 가지 색의 튤립을 각각 4송이 이상씩 구매하는 경우의 수는?

(단, 같은 색의 튤립은 서로 구별하지 않는다.)

① 27   ② 36   ③ 45

④ 54   ⑤ 63

0250

Level 2

3종류의 피자 중에서 중복을 허용하여 n개를 택하는 경우의 수가 15이다. 각 종류의 피자를 적어도 하나씩 포함하여 n개를 택하는 경우의 수를 구하시오.

(단, 같은 종류의 피자는 서로 구별하지 않는다.)

0251

Level 2

같은 종류의 탁구공 12개를 4개의 상자 A, B, C, D에 나누어 담으려고 한다. 상자 A에는 3개 이상의 탁구공을 담고, 상자 B에는 4개 이상의 탁구공을 담는 경우의 수는?

(단, 빈 상자가 있을 수 있다.)

① 50   ② 56   ③ 62
④ 68   ⑤ 74

0252

Level 2

같은 종류의 빵 10개, 같은 종류의 우유 5개를 3명에게 남김없이 나누어 주려고 한다. 3명에게 각각 빵을 적어도 2개씩, 우유는 적어도 1개씩 나누어 주는 경우의 수는?

(단, 같은 종류의 빵과 우유는 서로 구별하지 않는다.)

① 86   ② 88   ③ 90
④ 92   ⑤ 94

0253

Level 3

서로 다른 종류의 한과 3개와 같은 종류의 약과 7개를 같은 종류의 접시 3개에 다음 조건을 만족시키도록 남김없이 나누어 담는 방법의 수는?

> (가) 각 접시에 한과를 각각 1개씩 놓는다.
> (나) 각 접시에 약과를 각각 1개 이상씩 놓는다.

① 11   ② 12   ③ 13
④ 14   ⑤ 15

0254 고난도

Level 3

같은 종류의 사탕 6개를 4명의 학생에게 1개 이상씩 나누어 주고, 같은 종류의 껌 6개를 1개의 사탕을 받은 학생에게만 1개 이상씩 나누어 주는 경우의 수는?

(단, 같은 종류의 사탕과 껌은 서로 구별하지 않는다.)

① 30   ② 40   ③ 50
④ 60   ⑤ 70

+ Plus 문제

다음은 이 유형에서 출제된 최근 교육청·평가원 기출문제입니다.

0255 · 교육청 2021년 10월

Level 2

같은 종류의 공책 10권을 4명의 학생 A, B, C, D에게 남김없이 나누어 줄 때, A와 B가 각각 2권 이상의 공책을 받도록 나누어 주는 경우의 수는?

(단, 공책을 받지 못하는 학생이 있을 수 있다.)

① 76   ② 80   ③ 84

④ 88   ⑤ 92

0256 · 교육청 2021년 3월

Level 2

같은 종류의 연필 6자루와 같은 종류의 지우개 5개를 세 명의 학생에게 남김없이 나누어 주려고 한다. 각 학생이 적어도 한 자루의 연필을 받도록 나누어 주는 경우의 수는?

(단, 지우개를 받지 못하는 학생이 있을 수 있다.)

① 210   ② 220   ③ 230

④ 240   ⑤ 250

0257 · 교육청 2018년 7월

Level 2

서로 같은 8개의 공을 남김없이 서로 다른 4개의 상자에 넣으려고 할 때, 빈 상자의 개수가 1이 되도록 넣는 경우의 수를 구하시오.

심화유형 4 중복조합 – 방정식의 해의 개수

방정식 $x_1+x_2+x_3+\cdots+x_n=r$ (n, r는 자연수)에서
(1) 음이 아닌 정수인 해의 개수 ➔ $_n\mathrm{H}_r$
(2) 자연수인 해의 개수 ➔ $_n\mathrm{H}_{r-n}$ (단, $r \geq n$)

0258 대표문제

방정식 $x+y+z=17$을 만족시키는 자연수 x, y, z에 대하여 x는 홀수, y와 z는 짝수인 모든 순서쌍 (x, y, z)의 개수는?

① 28   ② 30   ③ 32

④ 34   ⑤ 36

0259

Level 1

방정식 $a+b+c=7$을 만족시키는 음이 아닌 정수 a, b, c의 모든 순서쌍 (a, b, c)의 개수는?

① 36   ② 45   ③ 63

④ 84   ⑤ 96

0260

Level 1

방정식 $a+b+c=6$을 만족시키는 자연수 a, b, c의 모든 순서쌍 (a, b, c)의 개수는?

① 6   ② 7   ③ 8

④ 9   ⑤ 10

0261

il Level 2

$x \geq 2$, $y \geq 2$, $z \geq 1$일 때, 방정식 $x+y+z=11$을 만족시키는 자연수 x, y, z의 모든 순서쌍 (x, y, z)의 개수를 구하시오.

0262

il Level 2

방정식 $x+y+z=5$를 만족시키는 -1 이상인 정수 x, y, z의 모든 순서쌍 (x, y, z)의 개수는?

① 30   ② 35   ③ 40
④ 45   ⑤ 50

0263

il Level 2

자연수 n에 대하여 방정식 $x+y+z=n$을 만족시키는 음이 아닌 정수 x, y, z의 모든 순서쌍 (x, y, z)의 개수를 $f(n)$이라 할 때, $\sum\limits_{n=1}^{10} f(n)$의 값은?

① 270   ② 275   ③ 280
④ 285   ⑤ 290

0264

il Level 3

다음 조건을 만족시키는 자연수 a, b, c, d의 모든 순서쌍 (a, b, c, d)의 개수가 120일 때, n의 값을 구하시오.

(단, n은 10 이상의 자연수이다.)

> (가) $a \geq 2$, $b \geq 3$, $c \geq 4$
> (나) $a+b+c+d=n$

0265

il Level 3

연립방정식 $\begin{cases} x+y+z+3w=14 \\ x+y+z+w=10 \end{cases}$ 을 만족시키는 음이 아닌 정수 x, y, z, w의 모든 순서쌍 (x, y, z, w)의 개수는?

① 30   ② 35   ③ 40
④ 45   ⑤ 50

0266

il Level 3

다음 조건을 만족시키는 음이 아닌 정수 a, b, c의 모든 순서쌍 (a, b, c)의 개수를 구하시오.

> (가) $a+b+c=11$
> (나) $2^a \times 9^b$은 12의 배수이다.

+Plus 문제

다음은 이 유형에서 출제된 최근 교육청·평가원 기출문제입니다.

0267 · 2022학년도 대학수학능력시험

il Level 3

다음 조건을 만족시키는 자연수 a, b, c, d, e의 모든 순서쌍 (a, b, c, d, e)의 개수는?

> (가) $a+b+c+d+e=12$
> (나) $|a^2-b^2|=5$

① 30   ② 32   ③ 34
④ 36   ⑤ 38

심화유형 5 중복조합 – 부등식의 해의 개수

부등식 $x_1+x_2+x_3+\cdots+x_n \le r$ (n, r는 자연수)에서

(1) 음이 아닌 정수인 해의 개수

➡ 방정식 $x_1+x_2+x_3+\cdots+x_n+x_{n+1}=r$의 음이 아닌 정수인 해의 개수

즉, ${}_{n+1}\mathrm{H}_r$

(2) 자연수인 해의 개수

➡ 방정식 $x_1+x_2+x_3+\cdots+x_n+x_{n+1}=r$의 자연수인 해의 개수 (단, x_{n+1}은 음이 아닌 정수)

즉, ${}_{n+1}\mathrm{H}_{r-n}$ (단, $r \ge n$)

0268 대표문제

부등식 $a^2+b+c+d<9$를 만족시키는 음이 아닌 정수 a, b, c, d의 모든 순서쌍 (a, b, c, d)의 개수는?

① 310   ② 320   ③ 330

④ 340   ⑤ 350

0269 Level 1

부등식 $x+y \le 4$를 만족시키는 음이 아닌 정수 x, y의 모든 순서쌍 (x, y)의 개수는?

① 10   ② 15   ③ 20

④ 25   ⑤ 30

0270 Level 1

부등식 $x+y \le 8$을 만족시키는 양의 정수 x, y의 모든 순서쌍 (x, y)의 개수를 구하시오.

0271 Level 2

부등식 $x+y \le n$을 만족시키는 음이 아닌 정수 x, y의 모든 순서쌍 (x, y)의 개수가 55일 때, 자연수 n의 값을 구하시오.

0272 Level 2

부등식 $x+y+z \le 5$를 만족시키는 음이 아닌 정수 x, y, z의 모든 순서쌍 (x, y, z)의 개수는?

① 52   ② 54   ③ 56

④ 58   ⑤ 60

0273 Level 3

다음 조건을 만족시키는 음이 아닌 정수 a, b, c, d의 모든 순서쌍 (a, b, c, d)의 개수는?

> (개) $b+c+3d=6$
>
> (내) $a+b+c \le 8$

① 50   ② 52   ③ 54

④ 56   ⑤ 58

0274 신경향

Level 3

사과, 귤, 감의 세 종류의 과일만을 판매하는 가게에서 8개 이하의 과일을 구매하는 경우의 수는? (단, 이 가게에서 판매하는 과일의 개수는 충분하고, 구매하지 않는 종류의 과일은 없다.)

① 52   ② 54   ③ 56
④ 58   ⑤ 60

0275

Level 3

다음 조건을 만족시키는 자연수 x, y, z의 모든 순서쌍 (x, y, z)의 개수는?

> (가) x, y, z는 홀수이다.
> (나) $x+y+z \leq 11$

① 31   ② 33   ③ 35
④ 37   ⑤ 39

다음은 이 유형에서 출제된 최근 교육청·평가원 기출문제입니다.

0276 · 평가원 2018학년도 9월

Level 3

다음 조건을 만족시키는 음이 아닌 정수 x, y, z의 모든 순서쌍 (x, y, z)의 개수는?

> (가) $x+y+z=10$
> (나) $0<y+z<10$

① 39   ② 44   ③ 49
④ 54   ⑤ 59

+Plus 문제

심화유형 6 중복조합 – 대소 관계가 주어진 경우

a, b, c, m, n이 음이 아닌 정수일 때

(1) $m \leq a \leq b \leq n$을 만족시키는 a, b의 모든 순서쌍 (a, b)의 개수
  ➡ $_{n-m+1}\mathrm{H}_2$

(2) $m \leq a \leq b \leq c \leq n$을 만족시키는 a, b, c의 모든 순서쌍 (a, b, c)의 개수
  ➡ $_{n-m+1}\mathrm{H}_3$

(3) $m \leq a \leq b < c \leq n$을 만족시키는 a, b, c의 모든 순서쌍 (a, b, c)의 개수
  ➡ $m \leq a \leq b \leq c \leq n$을 만족시키는 a, b, c의 모든 순서쌍 (a, b, c)의 개수에서 $m \leq a \leq b = c \leq n$을 만족시키는 a, b, c의 모든 순서쌍 (a, b, c)의 개수를 빼면 된다.
  ➡ $_{n-m+1}\mathrm{H}_3 - {}_{n-m+1}\mathrm{H}_2$

0277 대표문제

$1 < a \leq b < c \leq d < 11$을 만족시키는 정수 a, b, c, d의 모든 순서쌍 (a, b, c, d)의 개수는?

① 310   ② 320   ③ 330
④ 340   ⑤ 350

0278

Level 1

$1 \leq a \leq b \leq 5$를 만족시키는 자연수 a, b의 모든 순서쌍 (a, b)의 개수는?

① 10   ② 15   ③ 20
④ 25   ⑤ 30

0279

‖‖ Level 1

$0 \le a \le b \le c \le 7$을 만족시키는 정수 a, b, c의 모든 순서쌍 (a, b, c)의 개수는?

① 105   ② 120   ③ 135

④ 150   ⑤ 165

0280

‖‖ Level 2

한 개의 주사위를 4번 던져서 나오는 눈의 수를 차례로 a, b, c, d라 할 때, $a \le b \le c \le d$인 경우의 수는?

① 108   ② 117   ③ 126

④ 135   ⑤ 144

0281

‖‖ Level 2

$2 < |a| \le b < 11$을 만족시키는 정수 a, b의 모든 순서쌍 (a, b)의 개수는?

① 60   ② 64   ③ 68

④ 72   ⑤ 76

0282

‖‖ Level 2

$11 \le a \le b \le c \le n$을 만족시키는 홀수 a, b, c의 모든 순서쌍 (a, b, c)의 개수가 120이 되도록 하는 모든 자연수 n의 값의 합을 구하시오.

0283

‖‖ Level 2

세 정수 a, b, c에 대하여 $1 \le |a| \le |b| \le |c| \le 6$을 만족시키는 모든 순서쌍 (a, b, c)의 개수는?

① 440   ② 444   ③ 448

④ 452   ⑤ 456

0284

‖‖ Level 3

다음 조건을 만족시키는 세 자연수 a, b, c의 모든 순서쌍 (a, b, c)의 개수는?

> ㈎ 세 수 a, b, c의 합은 짝수이다.
> ㈏ $a \le b \le c \le 10$

① 100   ② 110   ③ 120

④ 130   ⑤ 140

0285

Level 3

다음 조건을 만족시키는 자연수 a, b, c, d의 모든 순서쌍 (a, b, c, d)의 개수는?

> (가) $a \times b \times c \times d$는 짝수이다.
> (나) $1 < a < b < 10 \leq c \leq d \leq 15$

① 544   ② 546   ③ 548

④ 550   ⑤ 552

+Plus 문제

다음은 이 유형에서 출제된 최근 교육청·평가원 기출문제입니다.

0286 고난도 · 평가원 2020학년도 6월

Level 3

다음 조건을 만족시키는 음이 아닌 정수 x_1, x_2, x_3의 모든 순서쌍 (x_1, x_2, x_3)의 개수를 구하시오.

> (가) $n = 1$, 2일 때, $x_{n+1} - x_n \geq 2$이다.
> (나) $x_3 \leq 10$

실전 유형 **7** 중복조합 – 다항식의 전개식에서 서로 다른 항의 개수

다항식 $(x_1 + x_2 + x_3 + \cdots + x_n)^r$ (n, r는 자연수)의 전개식에서 서로 다른 항의 개수는

➜ $_n\mathrm{H}_r$

0287 대표문제

다항식 $(x + y + z)^6$의 전개식에서 서로 다른 항의 개수는?

① 21   ② 28   ③ 35

④ 42   ⑤ 49

0288

Level 1

다항식 $(a + b)^3$의 전개식에서 서로 다른 항의 개수는?

① 3   ② 4   ③ 5

④ 6   ⑤ 7

0289

Level 1

다항식 $(a + b + c + d)^5$의 전개식에서 서로 다른 항의 개수는?

① 44   ② 48   ③ 52

④ 56   ⑤ 60

0290

정답 및 풀이 **53**쪽

Level 2

다항식 $(a+b+c)^n$의 전개식에서 서로 다른 항의 개수가 21일 때, 자연수 n의 값을 구하시오.

0291

Level 2

다항식 $(x+y+z)^4$의 전개식에서 x를 인수로 갖는 서로 다른 항의 개수는?

① 6   ② 8   ③ 10
④ 12   ⑤ 14

0292

Level 2

다항식 $(a+b+c+d+e)^6$의 전개식에서 a는 포함하고 e는 포함하지 않는 서로 다른 항의 개수는?

① 56   ② 58   ③ 60
④ 62   ⑤ 64

0293

Level 2

다항식 $(a+b)^4(x+y+z)^5$의 전개식에서 서로 다른 항의 개수를 구하시오.

심화유형 8 중복조합 – 함수의 개수   복합유형

두 집합 X, Y의 원소의 개수가 각각 r, n일 때,
$f : X \longrightarrow Y$에서
(1) $x_1 < x_2$이면 $f(x_1) < f(x_2)$를 만족시키는 함수 f의 개수
  → $_n\mathrm{C}_r$
(2) $x_1 < x_2$이면 $f(x_1) \leq f(x_2)$를 만족시키는 함수 f의 개수
  → $_n\mathrm{H}_r$

0294 대표문제

두 집합 $X = \{1, 2, 3, 4, 5\}$, $Y = \{1, 2, 3, 4\}$에 대하여 X에서 Y로의 함수 f 중에서 $f(1) \leq f(2) \leq f(3)$을 만족시키는 함수의 개수는?

① 310   ② 320   ③ 330
④ 340   ⑤ 350

0295

Level 2

두 집합 $X = \{1, 2, 3\}$, $Y = \{4, 5, 6, 7\}$에 대하여 X에서 Y로의 함수 f 중에서 다음 조건을 만족시키는 함수의 개수는?

> 집합 X의 임의의 두 원소 x_1, x_2에 대하여
> $x_1 < x_2$일 때, $f(x_1) \leq f(x_2)$이다.

① 16   ② 18   ③ 20
④ 22   ⑤ 24

0296

集合...

집합 $X=\{1, 2, 3, 4\}$에 대하여 X에서 X로의 함수 f 중에서 $f(1)\geq f(2)\geq f(3)\geq f(4)$를 만족시키는 함수의 개수는?

① 15   ② 20   ③ 25

④ 30   ⑤ 35

0297

집합 $X=\{1, 2, 3, 4, 5, 6\}$에 대하여 X에서 X로의 함수 f 중에서 다음 조건을 만족시키는 함수의 개수는?

> (가) $f(1)\times f(6)=6$
>
> (나) $f(1)\geq f(2)\geq f(3)\geq f(4)\geq f(5)\geq f(6)$

① 121   ② 126   ③ 131

④ 136   ⑤ 141

0298

집합 $X=\{1, 2, 3, 4, 5\}$에 대하여 X에서 X로의 함수 f 중에서 다음 조건을 만족시키는 함수의 개수는?

> (가) $f(3)$은 2의 배수이다.
>
> (나) 집합 X의 임의의 두 원소 x_1, x_2에 대하여 $x_1<x_2$이면 $f(x_1)\leq f(x_2)$이다.

① 60   ② 65   ③ 70

④ 75   ⑤ 80

0299

두 집합 $X=\{1, 2, 3, 4, 5\}$, $Y=\{1, 2, 3, 4, 5, 6, 7, 8\}$에 대하여 X에서 Y로의 함수 f 중에서 다음 조건을 만족시키는 함수의 개수는?

> (가) $f(1)+f(2)+f(3)=10$
>
> (나) $f(4)\times f(5)$는 홀수이다.
>
> (다) $f(4)\leq f(5)$

① 340   ② 360   ③ 380

④ 400   ⑤ 420

0300

두 집합 $X=\{a, b, c, d, e\}$, $Y=\{1, 2, 3, 4\}$에 대하여 X에서 Y로의 함수 f 중에서

$$f(a)\leq f(b)<f(c)\leq f(d)<f(e)$$

를 만족시키는 함수의 개수는?

① 6   ② 7   ③ 8

④ 9   ⑤ 10

다음은 이 유형에서 출제된 최근 교육청·평가원 기출문제입니다.

0301 · 교육청 2018년 10월

Level **2**

집합 $X=\{1,\ 2,\ 3,\ 4,\ 5,\ 6,\ 7\}$에 대하여 다음 조건을 만족시키는 함수 $f: X \longrightarrow X$의 개수를 구하시오.

> ㈎ 함수 f의 치역의 원소의 개수는 3이다.
> ㈏ 집합 X의 임의의 두 원소 x_1, x_2에 대하여
> $x_1 < x_2$이면 $f(x_1) \leq f(x_2)$이다.

0302 · 교육청 2020년 7월

Level **3**

집합 $X=\{1,\ 2,\ 3,\ 4,\ 5,\ 6\}$에 대하여 $f: X \longrightarrow X$ 중에서 다음 조건을 만족시키는 함수 f의 개수를 구하시오.

> ㈎ $f(3) \times f(6)$은 3의 배수이다.
> ㈏ 집합 X의 임의의 두 원소 x_1, x_2에 대하여
> $x_1 < x_2$이면 $f(x_1) \leq f(x_2)$이다.

실전유형 9 $(a+b)^n$의 전개식   빈출유형

> (1) $(a+b)^n$의 전개식의 일반항 : ${}_n C_r a^{n-r} b^r$
> (2) $(a+x)^n$의 전개식에서 x^r의 계수 : ${}_n C_r a^{n-r}$

02

0303 대표문제

$\left(x^3 + \dfrac{k}{x^2}\right)^5$의 전개식에서 x^{10}의 계수가 20일 때, 상수 k의 값은?

① 1   ② 2   ③ 3
④ 4   ⑤ 5

0304

Level **1**

$(1+x)^n$의 전개식에서 x의 계수가 12일 때, 자연수 n의 값은?

① 11   ② 12   ③ 13
④ 14   ⑤ 15

0305

Level **1**

$\left(x - \dfrac{2}{x}\right)^5$의 전개식에서 x^3의 계수를 구하시오.

0306

.ıl Level 1

$(2x+5y)^5$의 전개식에서 x^2y^3의 계수는?

① 4000   ② 4500   ③ 5000

④ 5500   ⑤ 6000

0307

.ıl Level 2

$(4-x)^5$의 전개식에서 x^2의 계수를 a, x^4의 계수를 b라 할 때, $\dfrac{a}{b}$의 값은?

① 30   ② 32   ③ 34

④ 36   ⑤ 38

0308

.ıl Level 2

$(k+2x)^6$의 전개식에서 x^4의 계수와 x^2의 계수가 같을 때, 양수 k의 값은?

① 1   ② 2   ③ 3

④ 4   ⑤ 5

0309

.ıl Level 2

$(x+3)^n$의 전개식에서 상수항이 81일 때, x^2의 계수는?

(단, n은 자연수이다.)

① 54   ② 60   ③ 66

④ 72   ⑤ 78

0310

.ıl Level 2

$\left(ax+\dfrac{1}{x}\right)^6$의 전개식에서 x^2의 계수가 240일 때, 상수항은? (단, $a>0$)

① 120   ② 140   ③ 160

④ 180   ⑤ 200

0311

.ıl Level 2

$\left(x^3-\dfrac{2}{x^2}\right)^n$의 전개식에서 0이 아닌 상수항이 존재하기 위한 자연수 n의 최솟값을 구하시오.

다음은 이 유형에서 출제된 최근 교육청·평가원 기출문제입니다.

0312 · 2022학년도 대학수학능력시험
Level 1

다항식 $(x+2)^7$의 전개식에서 x^5의 계수는?

① 42   ② 56   ③ 70

④ 84   ⑤ 98

0313 · 교육청 2021년 4월
Level 2

다항식 $(x+2a)^5$의 전개식에서 x^3의 계수가 640일 때, 양수 a의 값은?

① 3   ② 4   ③ 5

④ 6   ⑤ 7

0314 · 교육청 2018년 4월
Level 2

$\left(\dfrac{x}{2}+\dfrac{a}{x}\right)^6$의 전개식에서 x^2의 계수가 15일 때, 양수 a의 값은?

① 4   ② 5   ③ 6

④ 7   ⑤ 8

실전유형 10 $(a+b)(c+d)^n$의 전개식   빈출유형

$(a+b)(c+d)^n$의 전개식의 일반항을 구할 때는
$(a+b)(c+d)^n=a(c+d)^n+b(c+d)^n$임을 이용한다.

02

0315 대표문제

$(x+2)(x+1)^5$의 전개식에서 x^2의 계수는?

① 20   ② 25   ③ 30

④ 35   ⑤ 40

0316
Level 1

$(3x-1)(x+2)^5$의 전개식에서 x^3의 계수는?

① 160   ② 200   ③ 240

④ 280   ⑤ 320

0317
Level 1

$(1+x)(1-2x)^7$의 전개식에서 x^3의 계수는?

① -196   ② -98   ③ 0

④ 98   ⑤ 196

0318

•❙❙ Level 1

$(1+x^2)(2x-3)^5$의 전개식에서 x의 계수는?

① 800   ② 810   ③ 820

④ 830   ⑤ 840

0319

•❙❙ Level 2

$(3x-y)(x+2y)^5$의 전개식에서 x^3y^3의 계수는?

① 200   ② 240   ③ 280

④ 320   ⑤ 360

0320

•❙❙ Level 2

$(2+x)\left(x+\dfrac{1}{x^2}\right)^6$의 전개식에서 상수항은?

① 20   ② 25   ③ 30

④ 35   ⑤ 40

0321

•❙❙ Level 2

$\left(x+\dfrac{1}{x}\right)(x^2+2x)^6$의 전개식에서 x^{10}의 계수는?

① 160   ② 164   ③ 168

④ 172   ⑤ 176

0322

•❙❙ Level 2

x에 대한 다항식 $(x+8)^n$의 전개식에서 x^{n-1}의 계수와 $(x^2-4)(x+2)^n$의 전개식에서 x^{n-1}의 계수가 서로 같을 때, 자연수 n의 값을 구하시오. (단, $n \geq 3$)

0323

•❙❙ Level 2

$(2x+a)\left(x-\dfrac{2}{x}\right)^5$의 전개식에서 x의 계수가 120일 때, 상수 a의 값은?

① 1   ② 2   ③ 3

④ 4   ⑤ 5

0324

Level 2

$(5x^3+ax)(3x+2)^5$의 전개식에서 x^4의 계수가 -960일 때, 상수 a의 값은?

① -2 ② -1 ③ 0

④ 1 ⑤ 2

다음은 이 유형에서 출제된 최근 교육청·평가원 기출문제입니다.

0325 · 평가원 2019학년도 6월

Level 1

다항식 $(1+2x)(1+x)^5$의 전개식에서 x^4의 계수를 구하시오.

0326 · 평가원 2020학년도 6월

Level 2

$\left(x^2-\dfrac{1}{x}\right)\left(x+\dfrac{a}{x^2}\right)^4$의 전개식에서 x^3의 계수가 7일 때, 상수 a의 값은?

① 1 ② 2 ③ 3

④ 4 ⑤ 5

실전유형 11 $(a+b)^m(c+d)^n$의 전개식   빈출유형

$(a+b)^m$의 전개식의 일반항 : $_m\mathrm{C}_r a^{m-r}b^r$
$(c+d)^n$의 전개식의 일반항 : $_n\mathrm{C}_s c^{n-s}d^s$
$(a+d)^m(c+d)^n$의 전개식의 일반항은 $(a+b)^m$과 $(c+d)^n$의 전개식의 일반항을 각각 곱하여 구한다.
➔ $_m\mathrm{C}_r \times {_n\mathrm{C}_s} a^{m-r}b^r c^{n-s}d^s$

0327 대표문제

$\left(x+\dfrac{1}{x^3}\right)^4(x-2)^5$의 전개식에서 x^4의 계수는?

① -72 ② -60 ③ -48

④ -36 ⑤ -24

0328

Level 1

$(x+1)^2(x+2)^4$의 전개식에서 x^5의 계수는?

① 10 ② 12 ③ 14

④ 16 ⑤ 18

0329

Level 1

$(1+x)^5(1+x^2)^{10}$의 전개식에서 x^2의 계수를 구하시오.

02

0330

Level 1

$(x+2)^5\left(x+\dfrac{1}{x}\right)^2$의 전개식에서 x^3의 계수는?

① 151   ② 156   ③ 161

④ 166   ⑤ 171

0331

Level 1

$\left(x^2+\dfrac{2}{x}\right)^3\left(x+\dfrac{1}{x^2}\right)^5$의 전개식에서 x^{-10}의 계수는?

① 50   ② 52   ③ 54

④ 56   ⑤ 58

0332

Level 2

$(x-1)^3(x+a)^6$의 전개식에서 x의 계수가 0일 때, 양수 a의 값은?

① 1   ② 2   ③ 3

④ 4   ⑤ 5

0333

Level 2

$(x+a)^4(x+1)^2$의 전개식에서 x^5의 계수가 14일 때, 상수 a의 값을 구하시오.

0334

Level 2

$(1+x)^6(1+x^3)^n$의 전개식에서 x^5의 계수가 96일 때, 자연수 n의 값은?

① 4   ② 5   ③ 6

④ 7   ⑤ 8

다음은 이 유형에서 출제된 최근 교육청·평가원 기출문제입니다.

0335 · 평가원 2020학년도 9월

Level 1

다항식 $(2+x)^4(1+3x)^3$의 전개식에서 x의 계수는?

① 174   ② 176   ③ 178

④ 180   ⑤ 182

0336 · 교육청 2020년 4월

Level 1

$\left(x^2-\dfrac{1}{x}\right)^2(x-2)^5$의 전개식에서 x의 계수는?

① 88   ② 92   ③ 96

④ 100   ⑤ 104

02

실전유형 **12** $(1+x)^n$의 전개식의 활용

$(1+x)^n = {}_nC_0 + {}_nC_1x + {}_nC_2x^2 + \cdots + {}_nC_nx^n$

에서 x에 적당한 수를 대입하면 좌변과 우변 사이의 관계식을 얻을 수 있다.

0337 대표문제

${}_{20}C_0 + 3 \times {}_{20}C_1 + 3^2 \times {}_{20}C_2 + \cdots + 3^{20} \times {}_{20}C_{20}$의 값은?

① 2^{30} ② 2^{35} ③ 2^{40}

④ 2^{45} ⑤ 2^{50}

0338   ▮▮ Level 1

${}_{10}C_0 + 2 \times {}_{10}C_1 + 2^2 \times {}_{10}C_2 + \cdots + 2^{10} \times {}_{10}C_{10}$의 값은?

① 2^{11} ② 2^{12} ③ 3^{10}

④ 3^{11} ⑤ 3^{12}

0339   ▮▮ Level 2

$10 < {}_nC_0 + {}_nC_1 \times 2 + {}_nC_2 \times 2^2 + \cdots + {}_nC_n \times 2^n < 1000$을 만족시키는 모든 자연수 n의 값의 합을 구하시오.

0340   ▮▮ Level 2

$\log_2({}_{20}C_0 + 7 \times {}_{20}C_1 + 7^2 \times {}_{20}C_2 + \cdots + 7^{20} \times {}_{20}C_{20})$의 값은?

① 40   ② 50   ③ 60

④ 70   ⑤ 80

0341   ▮▮ Level 2

$3^{11} \times {}_{12}C_1 + 3^{10} \times {}_{12}C_2 + 3^9 \times {}_{12}C_3 + \cdots + 3 \times {}_{12}C_{11}$의 값은?

① $4^{12} - 1$ ② $4^{12} + 1$

③ $4^{12} - 3^{12} - 1$ ④ $4^{12} - 3^{12} + 1$

⑤ $7^{12} - 1$

0342   ▮▮ Level 2

21^{20}을 400으로 나누었을 때의 나머지는?

① 1   ② 21   ③ 101

④ 201   ⑤ 301

0343

다음은 어느 해 10월의 달력의 일부이다.

일	월	화	수	목	금	토
24	25	26	27	28	29	30
31						

10월

이 해의 10월 25일로부터 8^{10}일 후의 요일은?

① 월요일   ② 화요일   ③ 수요일

④ 목요일   ⑤ 금요일

0344

Level 2

11^{20}의 백의 자리, 십의 자리, 일의 자리의 숫자를 각각 a, b, c라 할 때, $a+b+c$의 값을 구하시오.

실전유형 13 이항계수의 성질   빈출유형

(1) $_nC_0+_nC_1+_nC_2+\cdots+_nC_n=2^n$

(2) $_nC_0-_nC_1+_nC_2-\cdots+(-1)^n{_nC_n}=0$

(3) $_nC_0+_nC_2+_nC_4+\cdots=_nC_1+_nC_3+_nC_5+\cdots=2^{n-1}$

0345 대표문제

서로 다른 11자루의 볼펜 중 6자루 이상의 볼펜을 뽑는 경우의 수는? (단, 볼펜을 뽑는 순서는 고려하지 않는다.)

① 2^8 ② 2^9 ③ 2^{10}

④ 2^{11} ⑤ 2^{12}

0346

Level 1

$_6C_0+_6C_1+_6C_2+_6C_3+_6C_4+_6C_5+_6C_6$의 값은?

① 62   ② 63   ③ 64

④ 65   ⑤ 66

0347

Level 1

$_8C_2+_8C_4+_8C_6+_8C_8$의 값을 구하시오.

0348

●‖ Level 2

부등식 $100 < {}_nC_1 + {}_nC_2 + {}_nC_3 + \cdots + {}_nC_n < 1000$을 만족시키는 모든 자연수 n의 값의 합은?

① 24 　　② 26 　　③ 28
④ 30 　　⑤ 32

0349

●‖ Level 2

${}_{16}C_1 - {}_{16}C_2 + {}_{16}C_3 - {}_{16}C_4 + \cdots + {}_{16}C_{15}$의 값은?

① -2 　　② -1 　　③ 0
④ 1 　　⑤ 2

0350

●‖ Level 2

$\dfrac{{}_{10}C_1 + {}_{10}C_3 + {}_{10}C_5 + {}_{10}C_7 + {}_{10}C_9}{{}_{20}C_1 - {}_{20}C_2 + {}_{20}C_3 - {}_{20}C_4 + \cdots + {}_{20}C_{19}} = 2^n$일 때, 자연수 n의 값은?

① 5 　　② 6 　　③ 7
④ 8 　　⑤ 9

0351

●‖ Level 2

자연수 n에 대하여

$$f(n) = \sum_{k=1}^{n} ({}_{2k}C_2 + {}_{2k}C_4 + \cdots + {}_{2k}C_{2k})$$

일 때, $f(3) + f(4) + f(5)$의 값은?

① 858 　　② 866 　　③ 874
④ 882 　　⑤ 890

0352

●‖ Level 2

집합 $U = \{1, 2, 3, \cdots, 10\}$에 대하여 다음 조건을 만족시키는 U의 부분집합 A의 개수를 구하시오.

> (가) $n(\{1, 2, 3\} \cap A) = 2$
> (나) 집합 A의 원소의 개수는 홀수이다.

다음은 이 유형에서 출제된 최근 교육청·평가원 기출문제입니다.

0353 · 교육청 2021년 4월

●‖ Level 2

자연수 n에 대하여 $f(n) = \sum_{k=1}^{n} {}_{2n+1}C_{2k}$일 때, $f(n) = 1023$을 만족시키는 n의 값은?

① 3 　　② 4 　　③ 5
④ 6 　　⑤ 7

파스칼의 삼각형에서
$_{n-1}C_{r-1} + _{n-1}C_r = _nC_r$ (단, $1 \leq r < n$)

$$_{n-1}C_{r-1} \quad _{n-1}C_r$$
$$_nC_r$$

0354 대표문제

다항식 $(1+x) + (1+x)^2 + (1+x)^3 + \cdots + (1+x)^{12}$의 전개식에서 x^2의 계수는?

① 286　　　② 288　　　③ 290

④ 292　　　⑤ 294

0355

Level 1

$_nC_r + _nC_{r+1} = _8C_4$를 만족시키는 자연수 n, r에 대하여 $n+r$의 값은?

① 8　　　② 9　　　③ 10

④ 11　　　⑤ 12

0356

Level 2

그림의 색칠한 부분에 있는 수의 합은?

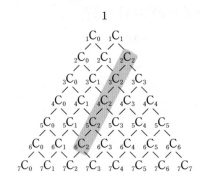

① 31　　　② 32　　　③ 33

④ 34　　　⑤ 35

0357

Level 2

$_4C_1 + _4C_2 + _5C_3 + _6C_4 + _7C_5 + _8C_6 + _9C_7$의 값은?

① 90　　　② 100　　　③ 110

④ 120　　　⑤ 130

0358

Level 2

$_2C_2 + _3C_2 + _4C_2 + \cdots + _{10}C_2$의 값은?

① 160　　　② 165　　　③ 170

④ 175　　　⑤ 180

0359

∎‖ Level 2

2 이상의 자연수 n에 대하여 다항식 $(1+x^3)^n$의 전개식에서 x^6의 계수를 a_n이라 할 때, $\sum\limits_{n=2}^{9} a_n$의 값은?

① 100　　　　② 120　　　　③ 140

④ 160　　　　⑤ 180

0360

∎‖ Level 2

$\sum\limits_{k=1}^{10} ({}_k C_{k-1} + {}_k C_k)$의 값을 구하시오.

0361

∎‖ Level 2

그림의 색칠한 부분에 있는 수의 합은?

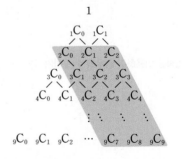

① 170　　　　② 171　　　　③ 172

④ 173　　　　⑤ 174

0362

∎‖ Level 2

서로 다른 5종류의 과일 중에서 중복을 허용하여 n개의 과일을 택하는 경우의 수를 $f(n)$이라 할 때, $f(1)+f(2)+f(3)+f(4)+f(5)$의 값을 구하시오.

(단, 모든 종류의 과일은 충분히 많이 있다.)

0363

∎‖ Level 2

$(1+2x)+(1+2x)^2+(1+2x)^3+\cdots+(1+2x)^{10}$의 전개식에서 x^3의 계수는?

① 2600　　　　② 2620　　　　③ 2640

④ 2660　　　　⑤ 2680

0364 대표문제

바나나 맛 우유 5개와 초콜릿 맛 우유 4개를 3명의 학생에게 남김없이 나누어 주는 경우의 수를 구하는 과정을 서술하시오. (단, 같은 맛 우유끼리는 서로 구별하지 않고, 우유를 1개도 받지 못하는 학생이 있을 수 있다.) [7점]

STEP 1 바나나 맛 우유 5개를 3명의 학생에게 나누어 주는 경우의 수 구하기 [3점]

서로 다른 $\boxed{}^{(1)}$ 개에서 $\boxed{}^{(2)}$ 개를 택하는 중복조합의

수와 같으므로 $_3H_5 = {_7C_5} = {_7C_2} = \boxed{}^{(3)}$

STEP 2 초콜릿 맛 우유 4개를 3명의 학생에게 나누어 주는 경우의 수 구하기 [3점]

서로 다른 $\boxed{}^{(4)}$ 개에서 $\boxed{}^{(5)}$ 개를 택하는 중복조합의

수와 같으므로 $_3H_4 = {_6C_4} = {_6C_2} = \boxed{}^{(6)}$

STEP 3 곱의 법칙을 이용하여 경우의 수 구하기 [1점]

구하는 경우의 수는 $21 \times \boxed{}^{(7)} = \boxed{}^{(8)}$

0365 한번 더

빨간색 볼펜 4자루와 파란색 볼펜 2자루를 6명의 학생에게 남김없이 나누어 주는 경우의 수를 구하는 과정을 서술하시오. (단, 같은 색 볼펜끼리는 서로 구별하지 않고, 볼펜을 1자루도 받지 못하는 학생이 있을 수 있다.) [7점]

STEP 1 빨간색 볼펜 4자루를 6명의 학생에게 나누어 주는 경우의 수 구하기 [3점]

STEP 2 파란색 볼펜 2자루를 6명의 학생에게 나누어 주는 경우의 수 구하기 [3점]

STEP 3 곱의 법칙을 이용하여 경우의 수 구하기 [1점]

0366 유사 1

그림과 같이 3단으로 이루어진 책꽂이가 있다. 같은 종류의 수학 I 문제집 3권, 같은 종류의 수학 II 문제집 4권, 같은 종류의 확률과 통계 문제집 7권을 이 책꽂이에 꽂을 때, 확률과 통계 문제집이 각 단에 적어도 1권 있도록 3개의 단에 남김없이 나누어 꽂는 경우의 수를 구하는 과정을 서술하시오. (단, 각 단에 꽂는 책의 순서와 책의 두께는 고려하지 않는다.) [8점]

STEP 1 수학 I 문제집 3권을 3개의 단에 나누어 꽂는 경우의 수 구하기 [2점]

STEP 2 수학 II 문제집 4권을 3개의 단에 나누어 꽂는 경우의 수 구하기 [2점]

STEP 3 확률과 통계 문제집 7권을 3개의 단에 나누어 꽂는 경우의 수 구하기 [3점]

STEP 4 곱의 법칙을 이용하여 경우의 수 구하기 [1점]

핵심 KEY 유형2 , 유형3 중복조합의 수

중복조합을 적용할 수 있는 조건인지 파악하여 경우의 수를 구하는 문제이다.
이때 $_nH_r$에서 n은 중복되는 대상의 수이고, r는 중복을 허용하는 최대 횟수이다.

0367 대표문제

집합 $X=\{1, 2, 3, 4, 5\}$에 대하여 X에서 X로의 함수 f 중에서 다음 조건을 만족시키는 함수의 개수를 구하는 과정을 서술하시오. [7점]

> ㈎ 함수 f의 치역의 원소의 개수는 3이다.
> ㈏ 집합 X의 임의의 두 원소 x_1, x_2에 대하여
> $x_1 < x_2$이면 $f(x_1) \le f(x_2)$이다.

STEP 1 조건 ㈎를 만족시키는 경우의 수 구하기 [2점]

조건 ㈎에서 함수 f의 치역에 속하는 집합 X의 원소 3개를

택하는 경우의 수는 $_5C_3=$ ⁽¹⁾ ☐

STEP 2 **STEP 1** 의 각 경우에 대하여 조건 ㈏를 만족시키는 함수의 개수 구하기 [4점]

치역에 속하는 3개의 수에 각각 대응하는 정의역의 원소의 개수를 각각 a, b, c라 하면

$a+b+c=$ ⁽²⁾ ☐ (단, a, b, c는 자연수)

따라서 순서쌍 (a, b, c)의 개수는 $_3H_{5-3}=$ ⁽³⁾ ☐

STEP 3 조건 ㈎, ㈏를 만족시키는 함수의 개수 구하기 [1점]

구하는 함수의 개수는 $10 \times$ ⁽⁴⁾ ☐ $=$ ⁽⁵⁾ ☐

0368 한번 더

집합 $X=\{1, 2, 3, 4, 5, 6, 7, 8\}$에 대하여 X에서 X로의 함수 f 중에서 다음 조건을 만족시키는 함수의 개수를 구하는 과정을 서술하시오. [7점]

> ㈎ 함수 f의 치역의 원소의 개수는 4이다.
> ㈏ 집합 X의 임의의 두 원소 x_1, x_2에 대하여
> $x_1 < x_2$이면 $f(x_1) \le f(x_2)$이다.

STEP 1 조건 ㈎를 만족시키는 경우의 수 구하기 [2점]

STEP 2 **STEP 1** 의 각 경우에 대하여 조건 ㈏를 만족시키는 함수의 개수 구하기 [4점]

STEP 3 조건 ㈎, ㈏를 만족시키는 함수의 개수 구하기 [1점]

핵심 KEY 유형8 **중복조합 – 함수의 개수**

조합과 중복조합의 차이를 구별하여 함수의 개수를 구하는 문제이다. 치역의 원소는 서로 다른 원소를 택해야 하므로 조합을 이용하고, 중복을 허용하여 원소를 택하는 경우에는 중복조합을 이용한다.

0369 유사 1

집합 $X=\{1,\ 2,\ 3,\ 4,\ 5,\ 6\}$에 대하여 X에서 X로의 함수 f 중에서 다음 조건을 만족시키는 함수의 개수를 구하는 과정을 서술하시오. [8점]

> ㈎ 함수 f의 치역의 원소의 합은 8이다.
> ㈏ 집합 X의 임의의 두 원소 $x_1,\ x_2$에 대하여
> $x_1<x_2$이면 $f(x_1){\leq}f(x_2)$이다.

0370 유사 2

집합 $X=\{1,\ 2,\ 3,\ 4,\ 5,\ 6\}$에 대하여 X에서 X로의 함수 f 중에서 다음 조건을 만족시키는 함수의 개수를 구하는 과정을 서술하시오. [8점]

> ㈎ $f(1)f(2)f(3)=12$
> ㈏ $f(4){\leq}f(5){\leq}f(6)$

0371 대표문제

9^{10}을 64로 나누었을 때의 나머지를 구하는 과정을 서술하시오. [6점]

> STEP 1 이항정리를 이용하여 $(1+x)^{10}$의 전개식 구하기 [2점]
> $(1+x)^{10}={}_{10}\mathrm{C}_0+{}_{10}\mathrm{C}_1x+{}_{10}\mathrm{C}_2x^2+\cdots+{}_{10}\mathrm{C}_{10}x^{10}$
>
> STEP 2 x에 적당한 수 대입하기 [1점]
> 위 식의 양변에 $x=\boxed{}^{(1)}$을 대입하면
> $(1+8)^{10}={}_{10}\mathrm{C}_0+{}_{10}\mathrm{C}_1\times8+{}_{10}\mathrm{C}_2\times8^2+$
> $\qquad\qquad\cdots+{}_{10}\mathrm{C}_9\times8^9+{}_{10}\mathrm{C}_{10}\times8^{10}$
>
> STEP 3 나머지 구하기 [3점]
> ${}_{10}\mathrm{C}_2\times8^2+{}_{10}\mathrm{C}_3\times8^3+\cdots+{}_{10}\mathrm{C}_9\times8^9+{}_{10}\mathrm{C}_{10}\times8^{10}$은 $\boxed{}^{(2)}$
> 로 나누어떨어지므로 9^{10}을 64로 나누었을 때의 나머지는
> ${}_{10}\mathrm{C}_0+{}_{10}\mathrm{C}_1\times8$을 64로 나누었을 때의 나머지와 같다.
> 이때 ${}_{10}\mathrm{C}_0+{}_{10}\mathrm{C}_1\times8=1+80=64+\boxed{}^{(3)}$이므로
> 구하는 나머지는 $\boxed{}^{(4)}$이다.

핵심 KEY 유형 12 $(1+x)^n$의 전개식의 활용

$(1+x)^n$의 전개식을 활용하여 나머지를 구하는 문제이다.
이때 $a=b{\times}q+r$ (a, b는 자연수, q, r는 0 이상의 정수)이면 a를 b로 나눈 나머지는 r를 b로 나눈 나머지와 같음을 이용한다.

0372 ^{한번 더}

12^{20}을 121로 나누었을 때의 나머지를 구하는 과정을 서술하시오. [6점]

STEP 1 이항정리를 이용하여 $(1+x)^{20}$의 전개식 구하기 [2점]

STEP 2 x에 적당한 수 대입하기 [1점]

STEP 3 나머지 구하기 [3점]

0373 ^{유사 1}

일요일인 어느 날로부터 8^{15}일 후의 요일을 구하는 과정을 서술하시오. [7점]

0374 ^{유사 2}

일요일인 어느 날로부터 13^7일 후의 요일을 구하려 한다. 다음 물음에 답하시오. [10점]

(1) 이 날로부터 14^7일 후의 요일을 구하는 과정을 서술하시오. [3점]

(2) 위 (1)의 결과를 이용하여 이 날로부터 13^7일 후의 요일을 구하는 과정을 서술하시오. [7점]

1 0375

$_6H_2$의 값은? [3점]

① 19   ② 20   ③ 21

④ 22   ⑤ 23

2 0376

방정식 $x+y+z=15$를 만족시키는 자연수 x, y, z가 모두 홀수인 모든 순서쌍 (x, y, z)의 개수는? [3점]

① 22   ② 24   ③ 26

④ 28   ⑤ 30

3 0377

$1 \leq x \leq y \leq z \leq 10$을 만족시키는 자연수 x, y, z의 모든 순서쌍 (x, y, z)의 개수는? [3점]

① 215   ② 220   ③ 225

④ 230   ⑤ 235

4 0378

다항식 $(a+b)^4(x+y+z)^5$의 전개식에서 서로 다른 항의 개수는? [3점]

① 90   ② 95   ③ 100

④ 105   ⑤ 110

5 0379

다항식 $(3x+2y)^5$의 전개식에서 x^2y^3의 계수는? [3점]

① 710   ② 720   ③ 730

④ 740   ⑤ 750

6 0380

$\log_4 (_{16}C_1 + {}_{16}C_2 + \cdots + {}_{16}C_{16} + 1)$의 값은? [3점]

① 8   ② 12   ③ 16

④ 20   ⑤ 24

7 0381

그림의 색칠한 부분의 모든 수의 합은? [3점]

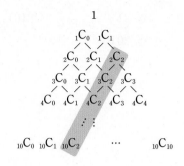

① $_{11}C_6$ ② $_{11}C_7$ ③ $_{11}C_8$

④ $_{11}C_9$ ⑤ $_{11}C_{10}$

8 0382

같은 종류의 구슬 5개를 4명의 학생 A, B, C, D에게 남김없이 나누어 줄 때, A가 1개 이하의 구슬을 받는 경우의 수는? (단, 구슬을 받지 못하는 학생이 있을 수 있다.) [3.5점]

① 28   ② 30   ③ 32

④ 34   ⑤ 36

9 0383

같은 종류의 텀블러 9개를 4명의 학생 A, B, C, D에게 나누어 줄 때, A가 적어도 2개의 텀블러를 받도록 나누어 주는 경우의 수는?

(단, 텀블러를 받지 못하는 학생이 있을 수 있다.) [3.5점]

① 90   ② 120   ③ 150

④ 180   ⑤ 210

10 0384

모양과 크기가 같은 7개의 공을 다음 규칙에 따라 5개의 상자 A, B, C, D, E에 남김없이 넣는 경우의 수는?

(단, C, D, E 상자는 비어 있을 수 있다.) [3.5점]

> ㈎ A 상자에는 홀수 개의 공을 넣는다.
> ㈏ B 상자에는 적어도 1개의 공을 넣는다.

① 75   ② 80   ③ 85

④ 90   ⑤ 95

11 0385

집합 $X=\{1,\ 2,\ 3,\ 4,\ 5\}$에 대하여 X에서 X로의 함수 f 중에서 다음 조건을 만족시키는 함수의 개수는? [3.5점]

> (가) $f(2)<f(4)$
> (나) $f(1)\leq f(3)\leq f(5)$

① 350 ② 365 ③ 380
④ 395 ⑤ 410

12 0386

$(x^2+x)\left(x+\dfrac{1}{x}\right)^5$의 전개식에서 상수항은? [3.5점]

① 6 ② 8 ③ 10
④ 12 ⑤ 14

13 0387

$(1+x)^5(2+x)^4$의 전개식에서 x^2의 계수는? [3.5점]

① 340 ② 344 ③ 348
④ 352 ⑤ 356

14 0388

21^{21}을 400으로 나누었을 때의 나머지는? [3.5점]

① 1 ② 21 ③ 101
④ 121 ⑤ 201

15 0389

$_{101}C_{51}+_{101}C_{52}+_{101}C_{53}+\cdots+_{101}C_{100}+_{101}C_{101}$의 값은? [3.5점]

① $2^{50}-1$ ② 2^{50} ③ $2^{50}+1$
④ $2^{100}-1$ ⑤ 2^{100}

16 0390

$\displaystyle\sum_{k=0}^{8} {}_3H_k={}_nC_r$일 때, $n+r$의 값은? (단, r는 홀수이다.)

[3.5점]

① 11 ② 12 ③ 13
④ 14 ⑤ 15

17 0391

서로 다른 종류의 바지 4벌과 같은 종류의 셔츠 6벌을 같은 종류의 3개의 옷장에 남김없이 나누어 넣으려고 한다. 각 옷장에 바지가 각각 1벌 이상씩 들어가도록 나누어 넣는 경우의 수는? [4점]

① 152　　　② 156　　　③ 160
④ 164　　　⑤ 168

18 0392

부등식 $a^2+b+c+d \le 7$을 만족시키는 음이 아닌 정수 a, b, c, d의 모든 순서쌍 (a, b, c, d)의 개수는? [4점]

① 222　　　② 224　　　③ 226
④ 228　　　⑤ 230

19 0393

모양과 크기가 같은 흰 바둑돌 4개와 검은 바둑돌 5개를 세 사람에게 남김없이 나누어 주려고 한다. 세 사람이 각각 적어도 1개의 바둑돌을 받도록 나누어 주는 경우의 수는?

[4.5점]

① 222　　　② 224　　　③ 226
④ 228　　　⑤ 230

20 0394

다음 조건을 만족시키는 음이 아닌 정수 a, b, c, d의 모든 순서쌍 (a, b, c, d)의 개수는? [4.5점]

> (가) $a+b+c+d=10$
> (나) $a \ge 2$, $d \le 5$

① 140　　　② 145　　　③ 150
④ 155　　　⑤ 160

21 0395

두 집합 $X=\{1, 2, 3, 4, 5\}$, $Y=\{1, 2, 3, 4, 5, 6, 7, 8\}$에 대하여 X에서 Y로의 함수 f 중에서 다음 조건을 만족시키는 함수의 개수는? [4.5점]

> (가) $f(1) \times f(3)=6$
> (나) 집합 X의 임의의 두 원소 x_1, x_2에 대하여
> 　　$x_1 < x_2$이면 $f(x_1) \le f(x_2)$이다.

① 72　　　② 74　　　③ 76
④ 78　　　⑤ 80

22 0396

같은 종류의 연필 4자루를 3명의 학생에게 남김없이 나누어 주는 경우의 수를 a, 서로 다른 종류의 연필 4자루를 3명의 학생에게 남김없이 나누어 주는 경우의 수를 b라 할 때, a, b의 값을 구하는 과정을 서술하시오. (단, 연필을 1자루도 받지 못하는 학생이 있을 수 있다.) [6점]

23 0397

다항식 $(a+b+c)^3(x+y+z)^3$의 전개식에서 서로 다른 항의 개수를 구하는 과정을 서술하시오. [6점]

24 0398

$\left(x^2+\dfrac{a}{x}\right)^5$의 전개식에서 $\dfrac{1}{x^2}$의 계수와 x의 계수가 같을 때, 양수 a의 값을 구하는 과정을 서술하시오. [6점]

25 0399

그림과 같이 일정한 간격으로 놓여 있는 10개의 흰 바둑돌 중에서 4개를 검은 바둑돌로 바꾸려고 한다. 이때 검은 바둑돌끼리 이웃하지 않도록 바꾸는 경우의 수를 구하는 과정을 서술하시오. [8점]

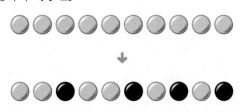

• 선택형 21문항, 서술형 4문항입니다.

1 0400

같은 종류의 공책 8권을 4명의 학생에게 남김없이 나누어
주는 경우의 수는?
(단, 공책을 1권도 받지 못하는 학생이 있을 수 있다.) [3점]

① 135   ② 150   ③ 165
④ 180   ⑤ 195

2 0401

같은 종류의 연필 2자루, 같은 종류의 볼펜 4자루, 사인펜
1자루를 3명에게 남김없이 나누어 주는 경우의 수는?
  (단, 필기구를 1자루도 받지 못하는 학생이 있을 수 있다.)
[3점]

① 270   ② 285   ③ 300
④ 315   ⑤ 330

3 0402

부등식 $x+y+z \leq 7$을 만족시키는 음이 아닌 정수 x, y, z
의 모든 순서쌍 (x, y, z)의 개수는? [3점]

① 80   ② 100   ③ 120
④ 140   ⑤ 160

4 0403

$1 \leq a \leq b \leq c \leq 7$을 만족시키는 자연수 a, b, c의 모든 순서
쌍 (a, b, c)의 개수는? [3점]

① 81   ② 82   ③ 83
④ 84   ⑤ 85

5 0404

두 집합 $X=\{1, 2, 3\}$, $Y=\{4, 5, 6, 7, 8\}$에 대하여 X에
서 Y로의 함수 f 중에서 다음 조건을 만족시키는 함수의 개
수는? [3점]

> 집합 X의 임의의 두 원소 x_1, x_2에 대하여
> $x_1 < x_2$이면 $f(x_1) \leq f(x_2)$이다.

① 30   ② 35   ③ 40
④ 45   ⑤ 50

6 0405

다항식 $(1+2x)^4$의 전개식에서 x^2의 계수는? [3점]

① 20 ② 22 ③ 24

④ 26 ⑤ 28

7 0406

x에 대한 다항식 $(a+x)^5$의 전개식에서 x^3의 계수가 40일 때, 양수 a의 값은? [3점]

① 1 ② 2 ③ 3

④ 4 ⑤ 5

8 0407

같은 종류의 생수 10병, 같은 종류의 주스 5병을 3명에게 남김없이 나누어 주려고 한다. 모든 학생이 생수는 2병 이상, 주스는 1병 이상씩 받도록 나누어 주는 경우의 수는?

[3.5점]

① 45 ② 60 ③ 75

④ 90 ⑤ 105

9 0408

같은 종류의 스낵 7개, 같은 종류의 초콜릿 3개, 음료수 1병을 3명의 학생에게 남김없이 나누어 주는 경우의 수는?
(단, 각 학생은 1개 이상의 스낵을 받고, 초콜릿과 음료수는 받지 못하는 학생이 있을 수 있다.) [3.5점]

① 360 ② 390 ③ 420

④ 450 ⑤ 480

10 0409

방정식 $a+b+c+4d=11$을 만족시키는 자연수 a, b, c, d의 모든 순서쌍 (a, b, c, d)의 개수는? [3.5점]

① 16 ② 18 ③ 20

④ 22 ⑤ 24

11 0410

모양과 크기가 같은 3개의 흰 바둑돌과 8개의 검은 바둑돌을 일렬로 나열할 때, 흰 바둑돌이 서로 이웃하지 않도록 나열하는 경우의 수는? [3.5점]

① 80 ② 82 ③ 84

④ 86 ⑤ 88

12 0411

$(x+y+z)^6$의 전개식에서 xyz를 인수로 갖는 서로 다른 항의 개수는? [3.5점]

① 10   ② 12   ③ 14

④ 16   ⑤ 18

13 0412

집합 $X=\{1,\ 2,\ 3,\ 4,\ 5\}$에 대하여 X에서 X로의 함수 f 중에서 다음 조건을 만족시키는 함수의 개수는? [3.5점]

$x_1 \in X$, $x_2 \in X$에 대하여
$x_1 < x_2 < 3$이면 $f(x_1) \geq f(x_2)$이고,
$3 \leq x_1 < x_2$이면 $f(x_1) \leq f(x_2)$이다.

① 505   ② 510   ③ 515

④ 520   ⑤ 525

14 0413

다항식 $(x+2)(2x+k)^6$의 전개식에서 x^6의 계수가 -64일 때, 상수 k의 값은? [3.5점]

① -2 ② -1 ③ 0

④ 1   ⑤ 2

15 0414

$_nC_0 + {_nC_1} \times 2 + {_nC_2} \times 2^2 + \cdots + {_nC_n} \times 2^n = 729$일 때, 자연수 n의 값은? [3.5점]

① 5   ② 6   ③ 7

④ 8   ⑤ 9

16 0415

$\sum_{r=1}^{n-1} {_nC_r} = 2046$을 만족시키는 n의 값은? [3.5점]

① 9   ② 10   ③ 11

④ 12   ⑤ 13

17 0416

각 자리의 숫자의 합이 10 미만인 네 자리 자연수의 개수는? [4점]

① 480   ② 495   ③ 510

④ 525   ⑤ 540

18 0417

다항식 $(x+2)^2+(x+2)^3+(x+2)^4+(x+2)^5+(x+2)^6$ 의 전개식에서 x^3의 계수는? [4점]

① 201   ② 203   ③ 205

④ 207   ⑤ 209

19 0418

$\left(x^3+\dfrac{2}{x^2}\right)^n$ 의 전개식에서 x^2항이 존재하도록 하는 모든 자연수 n을 크기가 작은 것부터 차례로 n_1, n_2, n_3, $\cdots$이라 하자. $n=n_2$일 때, x^2의 계수는? [4.5점]

① 4008   ② 4016   ③ 4024

④ 4032   ⑤ 4040

20 0419

$$a_n={}_n\mathrm{C}_0+\frac{1}{5}{}_n\mathrm{C}_1+\left(\frac{1}{5}\right)^2{}_n\mathrm{C}_2+\cdots+\left(\frac{1}{5}\right)^n{}_n\mathrm{C}_n,$$

$$b_n={}_n\mathrm{C}_0-\frac{2}{5}{}_n\mathrm{C}_1+\left(\frac{2}{5}\right)^2{}_n\mathrm{C}_2-\cdots+\left(-\frac{2}{5}\right)^n{}_n\mathrm{C}_n$$

일 때, $\displaystyle\sum_{n=1}^{10}\frac{a_n}{b_n}$의 값은? [4.5점]

① 2044   ② 2046   ③ 2048

④ 2050   ⑤ 2052

21 0420

자연수 n에 대하여 $f(n)={}_{2n}\mathrm{C}_1+{}_{2n}\mathrm{C}_3+{}_{2n}\mathrm{C}_5+\cdots+{}_{2n}\mathrm{C}_{2n-1}$ 이라 할 때, $f(n+1)-f(n)>810$을 만족시키는 n의 최솟값은? [4.5점]

① 4   ② 5   ③ 6

④ 7   ⑤ 8

서술형

22 0421

서로 다른 5종류의 꽃에서 7송이의 꽃을 택하여 꽃다발을 만들려고 한다. 세 종류의 꽃을 적어도 한 송이씩 포함하여 꽃다발을 만드는 경우의 수를 구하는 과정을 서술하시오. (단, 각 종류의 꽃은 7송이 이상 있고, 같은 종류의 꽃은 서로 구별하지 않는다.) [6점]

23 0422

$\left(x+\dfrac{1}{x^n}\right)^{10}$의 전개식에서 상수항이 존재하도록 하는 모든 자연수 n의 값의 합을 구하는 과정을 서술하시오. [6점]

24 0423

다항식 $(1+x)^3+(1+x)^4+(1+x)^5+\cdots+(1+x)^{10}$의 전개식에서 x^3의 계수를 구하는 과정을 서술하시오. [6점]

25 0424

다음 조건을 만족시키는 자연수 x_1, x_2, x_3, x_4, x_5의 모든 순서쌍 $(x_1,\ x_2,\ x_3,\ x_4,\ x_5)$의 개수를 구하는 과정을 서술하시오. [8점]

> (가) $x_1+x_2+x_3+x_4+x_5=12$
>
> (나) $x_i\leq6\ (i=1,\ 2,\ 3,\ 4,\ 5)$

자존감 샤워

자존감이 떨어질 때마다

다시 끌어올리기 위해 만든

주문이 있다.

"나는 샤워할 때 물 온도를

세상에서 제일 잘 맞춘다!"

확률의 뜻과 활용 03

Ⅱ. 확률

03 확률의 뜻과 활용

1 시행과 사건 핵심 1

(1) **시행** : 같은 조건에서 반복할 수 있고 그 결과가 우연에 의하여 결정되는 실험이나 관찰

(2) **표본공간** : 어떤 시행에서 일어날 수 있는 모든 결과의 집합

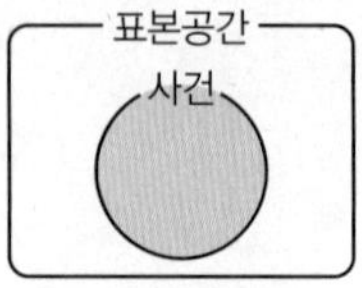

주의 표본공간은 반드시 일어나는 사건이므로 공집합이 아닌 경우만 생각한다.

(3) **사건** : 표본공간의 부분집합

(4) **근원사건** : 표본공간의 부분집합 중에서 한 개의 원소로 이루어진 집합

(5) **전사건** : 어떤 시행에서 반드시 일어나는 사건

(6) **공사건** : 어떤 시행에서 절대로 일어나지 않는 사건

2 합사건, 곱사건, 배반사건, 여사건 핵심 1

표본공간 S의 두 사건 A, B에 대하여

(1) **합사건** : A 또는 B가 일어나는 사건을 합사건이라 하고, $A \cup B$로 나타낸다.

(2) **곱사건** : A와 B가 동시에 일어나는 사건을 곱사건이라 하고, $A \cap B$로 나타낸다.

(3) **배반사건** : A와 B가 동시에 일어나지 않을 때, 즉 $A \cap B = \varnothing$일 때,
A와 B는 서로 **배반사건**이라 한다.

(4) **여사건** : A가 일어나지 않는 사건을 A의 **여사건**이라 하고, A^C로 나타낸다.

참고 위의 사건을 벤다이어그램으로 나타내면 다음과 같다.

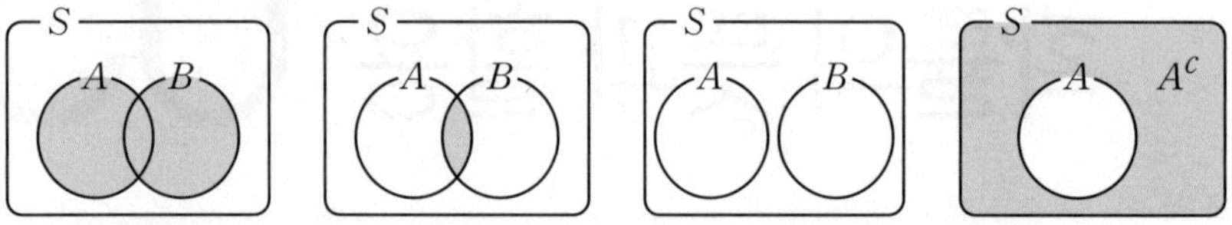

$A \cup B$ $A \cap B$ 배반사건 여사건

3 확률 핵심 2

(1) **확률** : 어떤 시행에서 사건 A가 일어날 가능성을 수로 나타낸 것을 사건 A의 확률이라 하고, $\mathrm{P}(A)$로 나타낸다.

(2) **수학적 확률** : 표본공간이 S인 어떤 시행에서 각 근원사건이 일어날 가능성이 같다고 할 때, 사건 A가 일어날 확률 $\mathrm{P}(A)$를

$$\mathrm{P}(A) = \frac{n(A)}{n(S)} = \frac{(\text{사건 } A\text{가 일어나는 경우의 수})}{(\text{일어날 수 있는 모든 경우의 수})}$$

로 정의하고, 이것을 표본공간 S에서 사건 A가 일어날 **수학적 확률**이라 한다.

Note

- 표본공간(sample space)은 일반적으로 S로 나타낸다.
- 사건은 시행의 결과이다.
- 전사건은 표본공간과 같다.
- 공사건은 $\varnothing$과 같이 나타낸다.
- • $A \cap A^C = \varnothing$이므로 사건 A와 여사건 A^C는 서로 배반사건이다.
  • $A^C = S - A$
- $\mathrm{P}(A)$의 P는 확률을 뜻하는 영어 단어 probability의 첫 글자이다.
- 특별한 언급이 없으면 어떤 시행에서 각 근원사건이 일어날 가능성은 모두 같은 정도로 기대된다고 생각한다.

(3) **통계적 확률**: 같은 시행을 n번 반복할 때 사건 A가 일어난 횟수를 r_n이라 하면 n이 충분히 커짐에 따라 상대도수 $\dfrac{r_n}{n}$은 일정한 값 p에 가까워지며, 이 값 p를 사건 A의 **통계적 확률**이라 한다.

참고 **기하적 확률**: 연속적인 변량을 크기로 갖는 표본공간의 영역 S 안에서 각각의 점을 택할 가능성이 같은 정도로 기대될 때, 영역 S에 포함되어 있는 영역 A에 대하여 영역 S에서 임의로 택한 점이 영역 A에 속할 확률 $\mathrm{P}(A)$를

$$\mathrm{P}(A)=\frac{(\text{영역 } A\text{의 크기})}{(\text{영역 } S\text{의 크기})}$$

로 정의하고, 이것을 기하적 확률이라 한다.

Note

• 시행 횟수 n을 충분히 크게 하면 사건 A가 일어나는 상대도수 $\dfrac{r_n}{n}$은 사건 A가 일어날 수학적 확률에 가까워진다.

• 실제로 시행 횟수 n을 한없이 크게 할 수 없으므로 n이 충분히 클 때의 상대도수 $\dfrac{r_n}{n}$을 통계적 확률로 생각한다.

4 확률의 기본 성질   핵심 3

표본공간이 S인 어떤 시행에서

(1) 임의의 사건 A에 대하여 $0\le\mathrm{P}(A)\le 1$

   참고 표본공간 S의 임의의 사건 A에 대하여 $\varnothing\subset A\subset S$이므로

$$0\le n(A)\le n(S),\ 0\le\frac{n(A)}{n(S)}\le 1$$

$$\therefore\ 0\le\mathrm{P}(A)\le 1$$

(2) 반드시 일어나는 사건 S에 대하여 $\mathrm{P}(S)=1$

(3) 절대로 일어나지 않는 사건 $\varnothing$에 대하여 $\mathrm{P}(\varnothing)=0$

▶ 표본공간 S는 반드시 일어나는 사건이다.

▶ $A=S$이면 $\mathrm{P}(S)=\dfrac{n(S)}{n(S)}=1$

$A=\varnothing$이면 $\mathrm{P}(\varnothing)=\dfrac{n(\varnothing)}{n(S)}=0$

5 확률의 덧셈정리   핵심 4

표본공간 S의 두 사건 A, B에 대하여

(1) 사건 A 또는 사건 B가 일어날 확률은

$$\mathrm{P}(A\cup B)=\mathrm{P}(A)+\mathrm{P}(B)-\mathrm{P}(A\cap B)$$

   참고 $n(A\cup B)=n(A)+n(B)-n(A\cap B)$이므로

$$\frac{n(A\cup B)}{n(S)}=\frac{n(A)}{n(S)}+\frac{n(B)}{n(S)}-\frac{n(A\cap B)}{n(S)}$$

$$\therefore\ \mathrm{P}(A\cup B)=\mathrm{P}(A)+\mathrm{P}(B)-\mathrm{P}(A\cap B)$$

(2) 두 사건 A, B가 서로 배반사건이면

$$\mathrm{P}(A\cup B)=\mathrm{P}(A)+\mathrm{P}(B)$$

▶ 두 사건 A, B가 서로 배반사건이면 $A\cap B=\varnothing$이므로 $\mathrm{P}(A\cap B)=\mathrm{P}(\varnothing)=0$

6 여사건의 확률   핵심 4

표본공간 S의 사건 A에 대하여 여사건 A^C의 확률은

$$\mathrm{P}(A^C)=1-\mathrm{P}(A)$$

   참고 표본공간 S의 임의의 사건 A와 그 여사건 A^C는 서로 배반사건이므로 확률의 덧셈정리에 의하여

$$\mathrm{P}(A\cup A^C)=\mathrm{P}(A)+\mathrm{P}(A^C)$$

이때 $\mathrm{P}(A\cup A^C)=\mathrm{P}(S)=1$이므로 $1=\mathrm{P}(A)+\mathrm{P}(A^C)$

$$\therefore\ \mathrm{P}(A^C)=1-\mathrm{P}(A)$$

▶ '적어도 하나가 ~일', '~가 아닐', '~ 이상일', '~ 이하일' 사건의 확률을 구할 때는 여사건의 확률을 이용하면 편리하다.

1 시행과 사건 유형 1

핵심

한 개의 주사위를 던지는 시행에서 표본공간을 S, 짝수의 눈이 나오는 사건을 A, 홀수의 눈이 나오는 사건을 B라 하면
$$S=\{1,\ 2,\ 3,\ 4,\ 5,\ 6\},\ A=\{2,\ 4,\ 6\},\ B=\{1,\ 3,\ 5\}$$
(1) 두 사건 A와 B의 합사건 $A\cup B=\{2,\ 4,\ 6\}\cup\{1,\ 3,\ 5\}=\{1,\ 2,\ 3,\ 4,\ 5,\ 6\}$이다.
(2) 두 사건 A와 B의 곱사건 $A\cap B=\{2,\ 4,\ 6\}\cap\{1,\ 3,\ 5\}=\varnothing$이다.
(3) $A\cap B=\varnothing$이므로 두 사건 A와 B는 서로 배반사건이다.
(4) A의 여사건은 B이고, B의 여사건은 A이다.

[0425~0430] 한 개의 주사위를 한 번 던지는 시행에서 다음을 구하시오.

0425 표본공간

0426 홀수의 눈이 나오는 사건

0427 근원사건

0428 두 사건 $\{1,\ 2,\ 3\}$과 $\{3,\ 5,\ 6\}$의 합사건

0429 두 사건 $\{1,\ 2,\ 3\}$과 $\{3,\ 5,\ 6\}$의 곱사건

0430 사건 $\{1,\ 2,\ 3\}$의 여사건

0431 표본공간 S의 임의의 두 사건 A, B에 대한 설명으로 옳은 것에는 ○표, 옳지 않은 것에는 ×표를 하시오.

(1) 전사건(S)의 여사건은 공사건($\varnothing$)이다. ( )
(2) 두 사건 A와 B는 배반사건이다. ( )
(3) 두 사건 A와 A^C의 합사건은 전사건(S)이다. ( )
(4) 두 사건 A와 B가 서로 배반사건이면 A^C와 B^C도 서로 배반사건이다. ( )

2 확률의 뜻 유형 2~13, 23

핵심

(1) 한 개의 주사위를 던질 때, 3 이상의 눈이 나올 수학적 확률은
$$\rightarrow \frac{(3\ \text{이상의 눈이 나오는 경우의 수})}{(\text{일어날 수 있는 모든 경우의 수})}=\frac{4}{6}=\frac{2}{3}$$
(2) 한 개의 윷짝을 300번 던졌더니 평평한 면이 120번 나왔다고 할 때, 윷짝을 한 번 던져서 평평한 면이 나올 통계적 확률은
$$\rightarrow \frac{(\text{평평한 면이 나온 횟수})}{(\text{전체 시행 횟수})}=\frac{120}{300}=\frac{2}{5}$$

[0432~0434] A, B, C, D의 4명을 일렬로 세울 때, 다음을 구하시오.

0432 C를 가장 앞에 세울 확률

0433 B, C를 이웃하게 세울 확률

0434 A, D를 이웃하지 않게 세울 확률

0435 다음 표는 어느 야구 선수의 1년 동안 타석의 기록을 나타낸 것이다. 이 선수가 임의로 치른 한 타석에 대하여 홈런일 확률을 구하시오.

타석	홈런	안타	볼넷	아웃
400	20	160	40	180

3 확률의 기본 성질 유형 **14**

한 개의 주사위를 던지는 시행에서
(1) 6 이하의 눈이 나오는 사건을 A라 하면
　$A=\{1, 2, 3, 4, 5, 6\}$, 즉 $P(A)=1$이므로 사건 A는 전사건이다.
(2) 7의 눈이 나오는 사건을 B라 하면
　$B=\varnothing$, 즉 $P(B)=0$이므로 사건 B는 공사건이다.

[0436~0437] 흰 구슬 5개, 검은 구슬 8개가 들어 있는 주머니에서 임의로 한 개의 구슬을 꺼낼 때, 다음을 구하시오.

0436 흰 구슬 또는 검은 구슬이 나올 확률

0437 빨간 구슬이 나올 확률

0438 표본공간을 S, 절대로 일어나지 않을 사건을 $\varnothing$이라 할 때, 임의의 두 사건 A, B에 대하여 옳은 것에는 ○표, 옳지 않은 것에는 ×표를 하시오.

(1) $0 \leq P(A) \leq 1$　　　　　　　　　　(　)
(2) $0 \leq P(A)+P(B) \leq 1$　　　　　(　)
(3) $P(S)+P(\varnothing)=1$　　　　　　　(　)

4 확률의 덧셈정리와 여사건의 확률 유형 **15~22**

● **확률의 덧셈정리**

　두 사건 A, B에 대하여

　① $P(A)=\dfrac{1}{4}$, $P(B)=\dfrac{1}{3}$, $P(A \cap B)=\dfrac{1}{12}$일 때

　　$P(A \cup B)=P(A)+P(B)-P(A \cap B)=\dfrac{1}{4}+\dfrac{1}{3}-\dfrac{1}{12}=\dfrac{6}{12}=\dfrac{1}{2}$

　② $P(A)=\dfrac{1}{4}$, $P(B)=\dfrac{1}{3}$이고, 두 사건 A, B가 서로 배반사건일 때

　　$P(A \cup B)=P(A)+P(B)=\dfrac{1}{4}+\dfrac{1}{3}=\dfrac{7}{12}$

● **여사건의 확률**

　두 개의 동전을 동시에 던지는 시행에서 두 개 모두 뒷면이 나오는 사건을 A라 하면

　$P(A)=\dfrac{1}{4}$이므로 적어도 한 개가 앞면이 나올 확률은

　➔ $P(A^c)=1-P(A)=\dfrac{3}{4}$

0439 두 사건 A, B에 대하여 $P(A)=\dfrac{1}{2}$, $P(B)=\dfrac{2}{3}$,

$P(A \cup B)=1$일 때, $P(A \cap B)$를 구하시오.

0440 두 사건 A, B가 서로 배반사건이고 $P(A)=\dfrac{2}{3}$,

$P(A \cup B)=\dfrac{3}{4}$일 때, $P(B)$를 구하시오.

0441 1부터 20까지의 자연수가 각각 하나씩 적힌 20개의 공이 들어 있는 주머니에서 임의로 한 개의 공을 꺼낼 때, 꺼낸 공에 적힌 수가 5의 배수가 아닐 확률을 구하시오.

0442 한 개의 동전을 세 번 던질 때, 적어도 한 번은 뒷면이 나올 확률을 구하시오.

기초유형 0-1 사건이 일어날 확률 | 중2

사건 A가 일어날 확률 p는

→ $p = \dfrac{(\text{사건 } A\text{가 일어나는 경우의 수})}{(\text{일어날 수 있는 모든 경우의 수})}$

0443 대표문제

1부터 30까지의 자연수가 각각 하나씩 적힌 30장의 카드 중에서 한 장을 뽑을 때, 4의 배수 또는 9의 배수가 적힌 카드를 뽑을 확률은?

① $\dfrac{7}{30}$ ② $\dfrac{1}{3}$ ③ $\dfrac{11}{30}$

④ $\dfrac{17}{30}$ ⑤ $\dfrac{2}{3}$

0444   Level 1

남학생이 14명, 여학생이 16명인 학급에서 반장 한 명을 뽑을 때, 남학생이 반장으로 뽑힐 확률은?

① $\dfrac{2}{15}$ ② $\dfrac{3}{10}$ ③ $\dfrac{7}{15}$

④ $\dfrac{8}{15}$ ⑤ $\dfrac{17}{30}$

0445   Level 1

0, 1, 2, 3, 4의 숫자가 각각 하나씩 적힌 5장의 카드 중에서 2장을 뽑아 두 자리 자연수를 만들 때, 그 수가 24보다 작을 확률은?

① $\dfrac{3}{16}$ ② $\dfrac{5}{16}$ ③ $\dfrac{7}{16}$

④ $\dfrac{9}{16}$ ⑤ $\dfrac{11}{16}$

0446   Level 1

A, B, C, D, E 5명의 학생을 한 줄로 세울 때, A와 B가 이웃하여 서게 될 확률은?

① $\dfrac{1}{5}$ ② $\dfrac{2}{5}$ ③ $\dfrac{3}{5}$

④ $\dfrac{4}{5}$ ⑤ 1

0447   Level 1

남학생 5명, 여학생 5명 중에서 대표 2명을 뽑을 때, 남학생과 여학생이 1명씩 뽑힐 확률을 구하시오.

0448   Level 2

A 상자에는 흰 바둑돌이 3개, 검은 바둑돌이 2개 들어 있고, B 상자에는 흰 바둑돌이 6개, 검은 바둑돌이 4개 들어 있다. 두 상자에서 바둑돌을 한 개씩 꺼낼 때, 모두 흰색이 나올 확률을 m, 모두 검은색이 나올 확률을 n이라 하자. $m+n$의 값은?

① $\dfrac{1}{25}$ ② $\dfrac{1}{5}$ ③ $\dfrac{9}{25}$

④ $\dfrac{13}{25}$ ⑤ $\dfrac{17}{25}$

기초유형 **0-2** 사건이 일어나지 않을 확률 | 중2

사건 A가 일어날 확률을 p라 하면
➡ (사건 A가 일어나지 않을 확률)$=1-p$

참고 (적어도 ~일 확률)$=1-$(모두 ~가 아닐 확률)

0449 대표문제

시험에 출제된 5개의 ○, × 문제에 임의로 답할 때, 적어도 한 문제는 맞힐 확률을 구하시오.

0450

.ıl Level 1

어느 시험에서 A, B, C 세 사람이 합격할 확률이 각각 $\dfrac{1}{2}$, $\dfrac{5}{6}$, $\dfrac{4}{5}$일 때, 다음을 구하시오.

(1) 세 명이 모두 합격할 확률
(2) 세 명이 모두 불합격할 확률
(3) 세 명 중 적어도 한 명은 합격할 확률

0451

.ıl Level 2

공을 던져서 장난감을 맞힐 확률이 각각 $\dfrac{3}{5}$, $\dfrac{1}{3}$인 A, B 두 사람이 하나의 장난감을 향해 동시에 공을 한 개씩 던질 때, 이 장난감이 공에 맞을 확률은?

① $\dfrac{1}{15}$ ② $\dfrac{4}{15}$ ③ $\dfrac{7}{15}$

④ $\dfrac{11}{15}$ ⑤ $\dfrac{13}{15}$

실전유형 **1** 시행과 사건

표본공간 S의 두 사건 A, B에 대하여 다음 사건은 집합 기호를 이용하여 나타낸다.
(1) 합사건 ➡ $A \cup B$
(2) 곱사건 ➡ $A \cap B$
(3) 배반사건 ➡ $A \cap B = \varnothing$
(4) 여사건 ➡ A^c, B^c

0452 대표문제

주사위 한 개를 던지는 시행에서 서로 배반사건인 것끼리 짝 지어진 것은?

> A : 짝수의 눈이 나오는 사건
> B : 소수의 눈이 나오는 사건
> C : 3의 배수의 눈이 나오는 사건
> D : 4의 약수의 눈이 나오는 사건

① A와 B ② A와 C ③ B와 C
④ B와 D ⑤ C와 D

0453

.ıl Level 1

한 개의 동전을 두 번 던지는 시행에서 표본공간을 S, 앞면이 한 번 나오는 사건을 A라 할 때, $n(S-A)$의 값은?

① 1 ② 2 ③ 3
④ 4 ⑤ 5

0454

동전 세 개를 동시에 던지는 시행에서 표본공간을 S라 할 때, $n(S)$의 값은?

① 4 　　　　② 5 　　　　③ 6
④ 7 　　　　⑤ 8

0455

•▮▮ Level 1

주사위 한 개를 던지는 시행에서 소수의 눈이 나오는 사건을 A라 할 때, 사건 A의 여사건 A^C는?

① {1} 　　　　② {4} 　　　　③ {6}
④ {4, 6} 　　　　⑤ {1, 4, 6}

0456

•▮▮ Level 2

주사위 한 개를 던지는 시행에서 홀수의 눈이 나오는 사건을 A라 할 때, 사건 A와 서로 배반인 사건의 개수는?

① 4 　　　　② 5 　　　　③ 6
④ 7 　　　　⑤ 8

0457

•▮▮ Level 2

각 면에 2, 3, 5, 7, 8, 9가 각각 하나씩 적힌 정육면체를 던지는 시행에서 바닥에 닿은 면에 적힌 수가 3의 배수인 사건을 A, 2의 배수인 사건을 B, 소수인 사건을 C라 할 때, 〈보기〉에서 서로 배반사건인 것만을 있는 대로 고른 것은?

─────〈 보기 〉─────
ㄱ. A와 B　　　　ㄴ. A와 C　　　　ㄷ. B와 C

① ㄱ 　　　　② ㄴ 　　　　③ ㄷ
④ ㄱ, ㄴ 　　　　⑤ ㄱ, ㄷ

0458

•▮▮ Level 2

그림은 표본공간이 $S=\{1,\ 2,\ 3,\ 4,\ 5,\ 6\}$인 세 사건 A, B, C를 벤다이어그램으로 나타낸 것이다. 〈보기〉에서 사건 A와 서로 배반사건인 것만을 있는 대로 고른 것은?

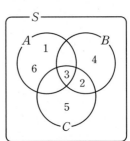

─────〈 보기 〉─────
ㄱ. $B \cap C$　　　　ㄴ. $B^c \cap C$　　　　ㄷ. $B \cap C^c$

① ㄴ 　　　　② ㄱ, ㄴ 　　　　③ ㄱ, ㄷ
④ ㄴ, ㄷ 　　　　⑤ ㄱ, ㄴ, ㄷ

0459

‖‖ Level 2

1부터 10까지의 자연수가 각각 하나씩 적힌 10장의 카드 중에서 임의로 한 장의 카드를 뽑을 때, 뽑은 카드에 적힌 수가 2의 배수인 사건을 A, 소수인 사건을 B라 하자. 두 사건 A, B 모두와 배반인 사건의 개수는?

① 2   ② 3   ③ 4

④ 5   ⑤ 6

0460

‖‖ Level 2

주사위를 한 번 던져서 나오는 눈의 수가 홀수인 사건을 A, n의 배수인 사건을 B_n이라 하자. 두 사건 A와 B_n이 서로 배반사건이 되도록 하는 자연수 n의 개수는? (단, $n \leq 6$)

① 1   ② 2   ③ 3

④ 4   ⑤ 5

0461

‖‖ Level 2

주머니 속에 1부터 6까지의 자연수가 각각 하나씩 적힌 구슬 6개가 들어 있다. 이 주머니에서 임의로 1개의 구슬을 꺼내 구슬에 적힌 수를 확인하고 다시 주머니에 넣는 시행을 2회 반복한다. 이때 구슬에 적힌 수를 차례로 a, b라 할 때, ab가 8의 약수인 사건을 A, $a+b=k$ ($k=2$, 3, $\cdots$, 12)인 사건을 B_k라 하자. 두 사건 A와 B_k가 서로 배반사건이 되도록 하는 자연수 k의 최댓값과 최솟값의 합을 구하시오.

실전유형 2 수학적 확률   **빈출유형**

표본공간 S의 각 근원사건이 일어날 가능성이 모두 같은 정도로 기대될 때, 사건 A가 일어날 수학적 확률은

$$\rightarrow P(A) = \frac{n(A)}{n(S)} = \frac{(\text{사건 } A\text{가 일어나는 경우의 수})}{(\text{일어날 수 있는 모든 경우의 수})}$$

0462 대표문제

서로 다른 두 개의 주사위를 동시에 던질 때, 나오는 두 눈의 수의 합이 5의 배수일 확률은?

① $\dfrac{5}{36}$ ② $\dfrac{1}{6}$ ③ $\dfrac{7}{36}$

④ $\dfrac{2}{9}$ ⑤ $\dfrac{1}{4}$

0463

‖‖ Level 1

1부터 10까지의 자연수가 각각 하나씩 적힌 10장의 카드 중에서 한 장을 꺼낼 때, 3의 배수가 나올 확률은?

① $\dfrac{1}{10}$ ② $\dfrac{1}{5}$ ③ $\dfrac{3}{10}$

④ $\dfrac{2}{5}$ ⑤ $\dfrac{1}{2}$

0464

●❙❙ Level 1

세 지점 A, B, C를 잇는 도로망이 그림과 같다. A 지점에서 C 지점으로 갈 때, B 지점을 거쳐서 갈 확률을 구하시오. (단, 한 번 지난 지점은 다시 지나지 않는다.)

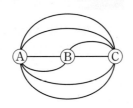

0465

●❙❙ Level 2

한 개의 주사위를 두 번 던져서 나오는 눈의 수를 차례로 a, b라 할 때, x에 대한 이차방정식 $x^2+ax+b=0$이 중근을 가질 확률은?

① $\dfrac{1}{18}$ ② $\dfrac{1}{9}$ ③ $\dfrac{1}{6}$

④ $\dfrac{2}{9}$ ⑤ $\dfrac{5}{18}$

0466

●❙❙ Level 2

네 개의 수 1, 3, 5, 7 중에서 임의로 선택한 한 개의 수를 a라 하고, 네 개의 수 4, 6, 8, 10 중에서 임의로 선택한 한 개의 수를 b라 하자. $1<\dfrac{b}{a}<4$일 확률은?

① $\dfrac{1}{2}$ ② $\dfrac{9}{16}$ ③ $\dfrac{5}{8}$

④ $\dfrac{11}{16}$ ⑤ $\dfrac{3}{4}$

0467

●❙❙ Level 2

3명의 학생이 각자 쪽지에 자신의 이름을 하나씩 적어 상자에 넣고 섞은 후 다시 하나씩 뽑아서 나누어 가질 때, 자신의 이름이 적힌 쪽지를 가진 학생이 한 명도 없을 확률을 구하시오.

0468

●❙❙ Level 2

한 개의 주사위를 두 번 던져서 나오는 눈의 수를 차례로 a, b라 하고, 실수 x에 대한 두 조건 p, q는 다음과 같다. 조건 p가 조건 q이기 위한 충분조건이 될 확률은?

$$p: x^2-(a+1)x+a\leq 0, \quad q: x^2-(b+2)x+2b\leq 0$$

① $\dfrac{1}{36}$ ② $\dfrac{1}{18}$ ③ $\dfrac{1}{12}$

④ $\dfrac{1}{9}$ ⑤ $\dfrac{5}{36}$

0469

●❙❙ Level 3

한 개의 주사위를 두 번 던져서 나오는 눈의 수를 차례로 a, b라 하자. 이차함수 $f(x)=x^2-8x+15$에 대하여 $f(a)f(b)<0$이 성립할 확률을 구하시오.

+ **Plus 문제**

다음은 이 유형에서 출제된 최근 교육청·평가원 기출문제입니다.

0470 · 평가원 2022학년도 9월

Level 1

네 개의 수 1, 3, 5, 7 중에서 임의로 선택한 한 개의 수를 a 라 하고, 네 개의 수 2, 4, 6, 8 중에서 임의로 선택한 한 개의 수를 b라 하자. $a \times b > 31$일 확률은?

① $\dfrac{1}{16}$ ② $\dfrac{1}{8}$ ③ $\dfrac{3}{16}$

④ $\dfrac{1}{4}$ ⑤ $\dfrac{5}{16}$

0471 · 2019학년도 대학수학능력시험

Level 2

주머니 속에 2부터 8까지의 자연수가 각각 하나씩 적힌 구슬 7개가 들어 있다. 이 주머니에서 임의로 2개의 구슬을 동시에 꺼낼 때, 꺼낸 구슬에 적힌 두 자연수가 서로소일 확률은?

① $\dfrac{8}{21}$ ② $\dfrac{10}{21}$ ③ $\dfrac{4}{7}$

④ $\dfrac{2}{3}$ ⑤ $\dfrac{16}{21}$

0472 · 교육청 2021년 7월

Level 2

한 개의 주사위를 세 번 던져서 나오는 눈의 수를 차례로 a, b, c라 할 때, $(a-2)^2 + (b-3)^2 + (c-4)^2 = 2$가 성립할 확률은?

① $\dfrac{1}{18}$ ② $\dfrac{1}{9}$ ③ $\dfrac{1}{6}$

④ $\dfrac{2}{9}$ ⑤ $\dfrac{5}{18}$

실전유형 3 순열을 이용하는 확률 빈출유형

서로 다른 n개에서 r개를 택하여 일렬로 나열하는 경우의 수는

$$\rightarrow {}_nP_r = n \times (n-1) \times (n-2) \times \cdots \times (n-r+1)$$
$$= \frac{n!}{(n-r)!} \ (단, \ 0 < r \leq n)$$

0473 대표문제

남학생 3명, 여학생 4명을 일렬로 세울 때, 남학생끼리 이웃하게 서 있을 확률은?

① $\dfrac{1}{14}$ ② $\dfrac{1}{7}$ ③ $\dfrac{8}{35}$

④ $\dfrac{2}{7}$ ⑤ $\dfrac{13}{35}$

0474

Level 2

7 이하의 자연수 중에서 임의로 서로 다른 세 개의 수를 택하여 세 자리 자연수를 만들 때, 만든 수가 짝수일 확률은?

① $\dfrac{1}{7}$ ② $\dfrac{2}{7}$ ③ $\dfrac{3}{7}$

④ $\dfrac{4}{7}$ ⑤ $\dfrac{5}{7}$

0475

●●| Level 2

1부터 7까지의 자연수가 각각 하나씩 적힌 7장의 카드를 일렬로 나열할 때, 짝수가 적힌 카드끼리는 서로 이웃하지 않게 나열될 확률을 구하시오.

0476

●●| Level 2

남학생 3명과 여학생 3명을 일렬로 세울 때, 남학생과 여학생이 교대로 서 있을 확률을 구하시오.

0477

●●| Level 2

수학 문제집 2권과 국어 문제집 3권을 책꽂이에 일렬로 꽂을 때, 양 끝에 국어 문제집이 꽂힐 확률은?

(단, 모든 문제집은 서로 구별된다.)

① $\dfrac{1}{10}$ ② $\dfrac{1}{5}$ ③ $\dfrac{3}{10}$

④ $\dfrac{2}{5}$ ⑤ $\dfrac{1}{2}$

0478

●●| Level 2

0부터 4까지의 숫자가 각각 하나씩 적힌 5장의 카드가 있다. 이 5장의 카드를 일렬로 나열하여 다섯 자리 자연수를 만들 때, 이 수가 32000보다 클 확률을 구하시오.

0479

●●| Level 2

6개의 문자 b, a, k, e, r, y를 일렬로 나열할 때, 모음 사이에 2개의 자음이 있을 확률은?

① $\dfrac{1}{10}$ ② $\dfrac{1}{5}$ ③ $\dfrac{3}{10}$

④ $\dfrac{2}{5}$ ⑤ $\dfrac{1}{2}$

0480

●●| Level 2

어느 영화 상영관에 9개의 좌석이 일렬로 배치되어 있다. 4명의 학생이 이 좌석 중에서 4개의 좌석을 임의로 선택하여 앉을 때, 서로 이웃하지 않도록 앉을 확률은?

① $\dfrac{1}{9}$ ② $\dfrac{5}{42}$ ③ $\dfrac{10}{63}$

④ $\dfrac{5}{21}$ ⑤ $\dfrac{1}{3}$

다음은 이 유형에서 출제된 최근 교육청·평가원 기출문제입니다.

0481 · 교육청 2017년 10월

◦❙❙ Level 2

일렬로 나열된 6개의 좌석에 세 쌍의 부부가 임의로 앉을 때, 부부끼리 서로 이웃하여 앉을 확률은?

① $\dfrac{1}{15}$　　② $\dfrac{2}{15}$　　③ $\dfrac{1}{5}$

④ $\dfrac{4}{15}$　　⑤ $\dfrac{1}{3}$

0482 · 2021학년도 대학수학능력시험

◦❙❙ Level 2

문자 A, B, C, D, E가 하나씩 적혀 있는 5장의 카드와 숫자 1, 2, 3, 4가 하나씩 적혀 있는 4장의 카드가 있다. 이 9장의 카드를 모두 한 번씩 사용하여 일렬로 임의로 나열할 때, 문자 A가 적혀 있는 카드의 바로 양옆에 각각 숫자가 적혀 있는 카드가 놓일 확률은?

① $\dfrac{5}{12}$　　② $\dfrac{1}{3}$　　③ $\dfrac{1}{4}$

④ $\dfrac{1}{6}$　　⑤ $\dfrac{1}{12}$

실전 유형 **4** 원순열을 이용하는 확률

서로 다른 n개를 원형으로 배열하는 원순열의 수는

➡ $\dfrac{n!}{n} = (n-1)!$

0483 대표문제

A, B, C를 포함한 7명이 원탁에 둘러앉을 때, A, B, C 중에서 어느 두 명도 이웃하지 않게 앉을 확률은?

(단, 회전하여 일치하는 것은 같은 것으로 본다.)

① $\dfrac{1}{5}$　　② $\dfrac{3}{10}$　　③ $\dfrac{2}{5}$

④ $\dfrac{1}{2}$　　⑤ $\dfrac{3}{5}$

0484

◦❙❙ Level 1

자녀 3명과 부모로 구성된 5명의 가족이 원탁에 둘러앉을 때, 부모가 이웃하게 앉을 확률은?

(단, 회전하여 일치하는 것은 같은 것으로 본다.)

① $\dfrac{1}{3}$　　② $\dfrac{5}{12}$　　③ $\dfrac{1}{2}$

④ $\dfrac{7}{12}$　　⑤ $\dfrac{2}{3}$

0485

◦❙❙ Level 2

4쌍의 부부가 식사를 하기 위해 원탁에 둘러앉을 때, 각 부부끼리 이웃하여 앉을 확률은?

(단, 회전하여 일치하는 것은 같은 것으로 본다.)

① $\dfrac{1}{105}$　　② $\dfrac{2}{105}$　　③ $\dfrac{1}{35}$

④ $\dfrac{4}{105}$　　⑤ $\dfrac{1}{21}$

0486

Level 2

남학생 4명과 여학생 4명이 원탁에 둘러앉을 때, 남학생과 여학생이 교대로 앉을 확률을 구하시오.

(단, 회전하여 일치하는 것은 같은 것으로 본다.)

0487

Level 2

그림과 같이 6등분 한 원판의 각 영역에 1부터 6까지의 자연수를 각각 하나씩 쓰려고 한다. 각 영역에 서로 다른 수를 쓸 때, 1과 6이 맞은편에 쓰일 확률은?

(단, 회전하여 일치하는 것은 같은 것으로 본다.)

① $\dfrac{1}{10}$　　　② $\dfrac{1}{5}$　　　③ $\dfrac{2}{5}$

④ $\dfrac{1}{2}$　　　⑤ $\dfrac{3}{5}$

0488

Level 2

7개의 의자가 같은 간격으로 놓여 있는 원탁에 선생님 2명, 남학생 2명, 여학생 3명이 둘러앉을 때, 남학생은 남학생끼리, 여학생은 여학생끼리 이웃하게 앉을 확률은?

(단, 회전하여 일치하는 것은 같은 것으로 본다.)

① $\dfrac{1}{20}$　　　② $\dfrac{1}{10}$　　　③ $\dfrac{3}{20}$

④ $\dfrac{1}{5}$　　　⑤ $\dfrac{1}{4}$

0489 고난도

Level 3

A, B를 포함한 10명이 그림과 같은 직사각형 모양의 탁자에 둘러앉을 때, A와 B가 직사각형의 동일한 변에 놓인 의자에 이웃하여 앉을 확률을 구하시오.

(단, 회전하여 일치하는 것은 같은 것으로 본다.)

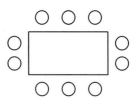

다음은 이 유형에서 출제된 최근 교육청·평가원 기출문제입니다.

0490 · 교육청 2018년 7월

Level 1

A, B를 포함한 6명이 원탁에 일정한 간격을 두고 앉을 때, A, B가 이웃하여 앉을 확률은?

(단, 회전하여 일치하는 것은 같은 것으로 본다.)

① $\dfrac{1}{5}$　　　② $\dfrac{3}{10}$　　　③ $\dfrac{2}{5}$

④ $\dfrac{1}{2}$　　　⑤ $\dfrac{3}{5}$

실전유형 **5** 중복순열을 이용하는 확률

서로 다른 n개에서 중복을 허용하여 r개를 택하는 중복순열의 수는

➜ $_n\Pi_r = n^r$

0491 대표문제

4명의 학생 A, B, C, D가 a, b, c 세 가지의 메뉴 중에서 임의로 하나씩 고를 때, 4명 모두 같은 메뉴를 고를 확률은?

① $\dfrac{1}{27}$ ② $\dfrac{2}{27}$ ③ $\dfrac{1}{9}$

④ $\dfrac{4}{27}$ ⑤ $\dfrac{5}{27}$

0492 ‖‖‖ Level 2

3명의 학생이 4개의 수학여행 코스 중에서 임의로 각각 한 곳을 택할 때, 세 명이 서로 다른 코스를 선택할 확률을 구하시오.

0493 ‖‖‖ Level 2

1, 2, 3의 숫자가 각각 하나씩 적힌 공 3개를 1, 2, 3의 숫자가 각각 하나씩 적힌 상자 3개 중에서 하나에 임의로 넣을 때, 공에 적힌 숫자와 다른 숫자가 적힌 상자에 넣을 확률은? (단, 빈 상자가 있을 수 있다.)

① $\dfrac{4}{27}$ ② $\dfrac{2}{9}$ ③ $\dfrac{8}{27}$

④ $\dfrac{10}{27}$ ⑤ $\dfrac{4}{9}$

0494 ‖‖‖ Level 2

세 개의 숫자 1, 2, 3에서 중복을 허용하여 4개를 뽑아 네 자리 자연수를 만들 때, 만든 수가 짝수일 확률은?

① $\dfrac{1}{9}$ ② $\dfrac{1}{7}$ ③ $\dfrac{1}{5}$

④ $\dfrac{1}{3}$ ⑤ $\dfrac{1}{2}$

0495 ‖‖‖ Level 2

1부터 9까지의 숫자 중에서 중복을 허용하여 3개를 뽑아 세 자리 자연수를 만들 때, 각 자리 숫자의 곱이 홀수일 확률은?

① $\dfrac{35}{243}$ ② $\dfrac{110}{729}$ ③ $\dfrac{115}{729}$

④ $\dfrac{40}{243}$ ⑤ $\dfrac{125}{729}$

0496 ‖‖‖ Level 2

3명의 학생이 빨강, 노랑, 파랑, 보라 네 가지 색깔 중에서 임의로 하나씩 고를 때, 3명 모두 같은 색깔을 고를 확률은?

① $\dfrac{1}{16}$ ② $\dfrac{1}{8}$ ③ $\dfrac{3}{16}$

④ $\dfrac{1}{4}$ ⑤ $\dfrac{5}{16}$

0497
Level 2

한 개의 주사위를 세 번 던져서 나오는 눈의 수를 차례로 a, b, c라 하자. $ab+c$의 값이 짝수일 확률을 구하시오.

0498
Level 2

국어, 영어, 수학, 과학, 사회 5과목의 참고서가 각각 1권씩 있다. 이 5권의 참고서를 A, B, C의 3명에게 남김없이 나누어 줄 때, 국어 참고서와 영어 참고서는 A가 받을 확률은? (단, 참고서를 1권도 받지 못한 사람이 있을 수 있다.)

① $\dfrac{1}{9}$ ② $\dfrac{2}{9}$ ③ $\dfrac{1}{3}$

④ $\dfrac{4}{9}$ ⑤ $\dfrac{5}{9}$

다음은 이 유형에서 출제된 최근 교육청·평가원 기출문제입니다.

0499 · 평가원 2022학년도 6월
Level 2

숫자 1, 2, 3, 4, 5 중에서 중복을 허락하여 4개를 택해 일렬로 나열하여 만들 수 있는 모든 네 자리의 자연수 중에서 임의로 하나의 수를 선택할 때, 선택한 수가 3500보다 클 확률은?

① $\dfrac{9}{25}$ ② $\dfrac{2}{5}$ ③ $\dfrac{11}{25}$

④ $\dfrac{12}{25}$ ⑤ $\dfrac{13}{25}$

실전유형 6 같은 것이 있는 순열을 이용하는 확률   빈출유형

n개 중에서 같은 것이 각각 p개, q개, $\cdots$, r개씩 있을 때, n개를 일렬로 나열하는 순열의 수는

→ $\dfrac{n!}{p! \times q! \times \cdots \times r!}$ (단, $p+q+\cdots+r=n$)

0500 대표문제

5개의 숫자 1, 1, 2, 2, 3을 일렬로 나열하여 다섯 자리 자연수를 만들 때, 이 수가 홀수일 확률은 $\dfrac{q}{p}$이다. $p+q$의 값을 구하시오. (단, p와 q는 서로소인 자연수이다.)

0501
Level 2

7개의 문자 a, a, b, b, c, d, e를 일렬로 나열할 때, 자음과 모음이 교대로 나올 확률은?

① $\dfrac{1}{35}$ ② $\dfrac{2}{35}$ ③ $\dfrac{3}{35}$

④ $\dfrac{4}{35}$ ⑤ $\dfrac{1}{7}$

0502
Level 2

5개의 숫자 1, 2, 3, 4, 5를 일렬로 나열할 때, 홀수는 큰 수부터 나열될 확률은?

① $\dfrac{1}{18}$ ② $\dfrac{1}{9}$ ③ $\dfrac{1}{6}$

④ $\dfrac{2}{9}$ ⑤ $\dfrac{5}{18}$

0503

●❙❙ Level 2

STARTER에 있는 7개의 문자를 일렬로 나열할 때, S가 두 개의 T 사이에 있을 확률은?

(단, 두 개의 T 사이에 다른 문자가 있어도 된다.)

① $\dfrac{1}{6}$ ② $\dfrac{1}{3}$ ③ $\dfrac{1}{2}$

④ $\dfrac{2}{3}$ ⑤ $\dfrac{5}{6}$

0504

●❙❙ Level 2

6명의 학생 A, B, C, D, E, F가 모두 임의로 일렬로 설 때, C가 A와 B보다 뒤에 설 확률은?

(단, A, B와 C 사이에 다른 학생이 있어도 된다.)

① $\dfrac{1}{36}$ ② $\dfrac{1}{18}$ ③ $\dfrac{1}{12}$

④ $\dfrac{1}{9}$ ⑤ $\dfrac{1}{3}$

0505

●❙❙ Level 2

그림과 같이 직사각형 모양으로 연결된 도로망이 있다. A 지점에서 출발하여 B 지점까지 최단 거리로 갈 때, 선분 PQ를 거쳐서 갈 확률은?

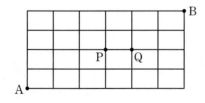

① $\dfrac{4}{35}$ ② $\dfrac{6}{35}$ ③ $\dfrac{8}{35}$

④ $\dfrac{2}{7}$ ⑤ $\dfrac{12}{35}$

● 정답 및 풀이 **83**쪽

다음은 이 유형에서 출제된 최근 교육청·평가원 기출문제입니다.

0506 · 평가원 2018학년도 9월

●❙❙ Level 2

A, A, A, B, B, C의 문자가 하나씩 적혀 있는 6장의 카드가 있다. 이 카드를 모두 한 번씩 사용하여 일렬로 임의로 나열할 때, 양 끝 모두에 A가 적힌 카드가 나오게 나열될 확률은?

① $\dfrac{3}{20}$ ② $\dfrac{1}{5}$ ③ $\dfrac{1}{4}$

④ $\dfrac{3}{10}$ ⑤ $\dfrac{7}{20}$

0507 · 2021학년도 대학수학능력시험

●❙❙ Level 2

한 개의 주사위를 세 번 던져서 나오는 눈의 수를 차례로 a, b, c라 할 때, $a \times b \times c = 4$일 확률은?

① $\dfrac{1}{54}$ ② $\dfrac{1}{36}$ ③ $\dfrac{1}{27}$

④ $\dfrac{5}{108}$ ⑤ $\dfrac{1}{18}$

서로 다른 n개에서 r개를 택하는 조합의 수는

$$\rightarrow {}_n\mathrm{C}_r = \frac{{}_n\mathrm{P}_r}{r!} = \frac{n!}{r!(n-r)!} \quad (\text{단}, 0 \le r \le n)$$

0508 대표문제

A와 B를 포함한 7명 중에서 2명의 대표를 뽑을 때, A는 대표로 뽑히고 B는 대표로 뽑히지 않을 확률은?

① $\dfrac{1}{21}$　　　② $\dfrac{1}{7}$　　　③ $\dfrac{5}{21}$

④ $\dfrac{1}{3}$　　　⑤ $\dfrac{3}{7}$

0509
●❙❙ Level 1

1부터 8까지의 자연수가 각각 하나씩 적힌 8개의 공이 들어 있는 주머니에서 임의로 두 개의 공을 동시에 꺼낼 때, 꺼낸 공에 적힌 수의 곱이 홀수일 확률은?

① $\dfrac{1}{7}$　　　② $\dfrac{3}{14}$　　　③ $\dfrac{2}{7}$

④ $\dfrac{5}{14}$　　　⑤ $\dfrac{3}{7}$

0510
●❙❙ Level 1

빨간 구슬 3개, 파란 구슬 5개가 들어 있는 주머니에서 임의로 4개의 구슬을 동시에 꺼낼 때, 빨간 구슬 2개, 파란 구슬 2개가 나올 확률을 구하시오.

0511
●❙❙ Level 2

n개의 당첨 제비를 포함하여 10개의 제비가 들어 있는 주머니에서 임의로 2개의 제비를 동시에 뽑을 때, 2개의 제비가 모두 당첨 제비일 확률이 $\dfrac{2}{15}$이다. 이때 n의 값을 구하시오.

0512
●❙❙ Level 2

25명으로 이루어진 어느 학급에서 임의로 대표 2명을 뽑을 때, 서로 다른 성별의 대표가 뽑힐 확률이 $\dfrac{1}{2}$이다. 여학생이 남학생보다 더 많을 때, 여학생 수는?

① 15　　　② 16　　　③ 17

④ 18　　　⑤ 19

0513
●❙❙ Level 2

1부터 8까지의 자연수 중에서 임의로 서로 다른 두 수를 선택할 때, 선택한 두 수의 곱이 6의 배수일 확률은?

① $\dfrac{1}{7}$　　　② $\dfrac{3}{14}$　　　③ $\dfrac{2}{7}$

④ $\dfrac{5}{14}$　　　⑤ $\dfrac{3}{7}$

0514

.ıl Level 2

1부터 11까지의 자연수가 각각 하나씩 적힌 11개의 공이 들어 있는 주머니에서 임의로 동시에 꺼낸 4개의 공에 적힌 수를 a, b, c, d $(a<b<c<d)$라 할 때, $c=6$일 확률은?

① $\dfrac{1}{11}$ ② $\dfrac{4}{33}$ ③ $\dfrac{5}{33}$

④ $\dfrac{2}{11}$ ⑤ $\dfrac{7}{33}$

0515

.ıl Level 2

두 주머니 A와 B에는 숫자 1, 2, 3, 4가 각각 하나씩 적힌 4장의 카드가 각각 들어 있다. 갑은 주머니 A에서, 을은 주머니 B에서 각자 임의로 두 장의 카드를 동시에 꺼낸다. 갑이 꺼낸 두 장의 카드에 적힌 수의 합과 을이 꺼낸 두 장의 카드에 적힌 수의 합이 같을 확률을 구하시오.

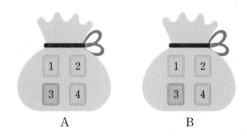

A   B

0516

.ıl Level 3

1부터 9까지의 자연수 중에서 임의로 서로 다른 4개의 수를 선택할 때, 선택한 4개의 수의 최댓값과 최솟값을 각각 M, m이라 하자. $M+m=12$일 확률은?

① $\dfrac{11}{126}$ ② $\dfrac{13}{126}$ ③ $\dfrac{5}{42}$

④ $\dfrac{17}{126}$ ⑤ $\dfrac{19}{126}$

0517 고난도

.ıl Level 3

1부터 10까지의 자연수 중에서 임의로 서로 다른 두 수를 선택할 때, 선택한 두 수의 합이 3의 배수일 확률은?

① $\dfrac{11}{45}$ ② $\dfrac{13}{45}$ ③ $\dfrac{1}{3}$

④ $\dfrac{17}{45}$ ⑤ $\dfrac{19}{45}$

+Plus 문제

다음은 이 유형에서 출제된 최근 교육청 · 평가원 기출문제입니다.

0518 · 평가원 2022학년도 6월

.ıl Level 3

주사위 2개와 동전 4개를 동시에 던질 때, 나오는 주사위의 눈의 수의 곱과 앞면이 나오는 동전의 개수가 같을 확률은?

① $\dfrac{3}{64}$ ② $\dfrac{5}{96}$ ③ $\dfrac{11}{192}$

④ $\dfrac{1}{16}$ ⑤ $\dfrac{13}{192}$

서로 다른 n개에서 중복을 허용하여 r개를 택하는 중복조합의 수는

$\rightarrow {}_n\mathrm{H}_r = {}_{n+r-1}\mathrm{C}_r$

0519 대표문제

한 개의 주사위를 3번 던져서 나오는 눈의 수를 차례로 a, b, c라 할 때, $a+b+c=6$일 확률은 $\dfrac{q}{p}$이다. $p+q$의 값을 구하시오. (단, p와 q는 서로소인 자연수이다.)

0520 ⑴⑴ Level 2

같은 종류의 연필 6자루를 3명의 학생 A, B, C에게 임의로 나누어 줄 때, A는 연필을 한 자루도 받지 못할 확률은?

① $\dfrac{3}{14}$ ② $\dfrac{1}{4}$ ③ $\dfrac{2}{7}$

④ $\dfrac{9}{28}$ ⑤ $\dfrac{5}{14}$

0521 ⑴⑴ Level 2

방정식 $x+y+z=8$을 만족시키는 음이 아닌 정수 x, y, z의 순서쌍 (x, y, z) 중에서 임의로 하나를 택할 때, $xyz \neq 0$일 확률은?

① $\dfrac{1}{15}$ ② $\dfrac{1}{5}$ ③ $\dfrac{1}{3}$

④ $\dfrac{7}{15}$ ⑤ $\dfrac{3}{5}$

0522 ⑴⑴ Level 2

어느 고등학교 동아리 회장 선거에 세 후보 A, B, C가 출마하였다. 10명이 무기명으로 A, B, C 중에서 한 명에게 임의로 투표할 때, A가 5표 이상 득표할 확률은?

(단, 기권이나 무효는 없다.)

① $\dfrac{5}{22}$ ② $\dfrac{7}{22}$ ③ $\dfrac{9}{22}$

④ $\dfrac{1}{2}$ ⑤ $\dfrac{13}{22}$

0523 ⑴⑴ Level 2

한 개의 주사위를 3번 던져서 나오는 눈의 수를 차례로 a, b, c라 할 때, $a \leq b \leq c$일 확률은?

① $\dfrac{11}{54}$ ② $\dfrac{2}{9}$ ③ $\dfrac{13}{54}$

④ $\dfrac{7}{27}$ ⑤ $\dfrac{5}{18}$

0524

같은 종류의 초콜릿 13개를 5명의 학생에게 임의로 나누어 줄 때, 5명이 받은 초콜릿의 개수가 모두 홀수일 확률은?

① $\dfrac{1}{34}$　　　② $\dfrac{1}{17}$　　　③ $\dfrac{3}{34}$

④ $\dfrac{2}{17}$　　　⑤ $\dfrac{5}{34}$

0525

네 자리 자연수 중에서 임의로 한 개를 택할 때, 각 자리의 숫자들의 합이 9일 확률은?

① $\dfrac{1}{200}$　　　② $\dfrac{1}{120}$　　　③ $\dfrac{7}{600}$

④ $\dfrac{3}{200}$　　　⑤ $\dfrac{11}{600}$

0526

한 개의 주사위를 4번 던져서 나오는 눈의 수를 차례로 a, b, c, d라 하자. $a \le b < c \le d$일 확률이 $\dfrac{q}{p}$일 때, $p+q$의 값을 구하시오. (단, p와 q는 서로소인 자연수이다.)

심화 유형 9 조합을 이용하는 확률 – 묶음으로 나누는 경우

서로 다른 n개를 p개, q개, r개 $(p+q+r=n)$의 세 묶음으로 나누는 경우의 수는

(1) p, q, r가 모두 다른 수일 때

→ $_nC_p \times _{n-p}C_q \times _{n-p-q}C_r = _nC_p \times _{n-p}C_q \times _rC_r$

(2) p, q, r 중 어느 두 수가 같을 때

→ $_nC_p \times _{n-p}C_q \times _{n-p-q}C_r \times \dfrac{1}{2!} = _nC_p \times _{n-p}C_q \times _rC_r \times \dfrac{1}{2!}$

(3) p, q, r가 모두 같은 수일 때

→ $_nC_p \times _{n-p}C_q \times _{n-p-q}C_r \times \dfrac{1}{3!} = _nC_p \times _{n-p}C_q \times _rC_r \times \dfrac{1}{3!}$

0527　대표문제

현수와 정은이를 포함한 6명의 학생을 임의로 2명씩 세 팀으로 나눌 때, 현수와 정은이가 같은 팀이 될 확률은?

① $\dfrac{1}{10}$　　　② $\dfrac{1}{5}$　　　③ $\dfrac{3}{10}$

④ $\dfrac{2}{5}$　　　⑤ $\dfrac{1}{2}$

0528

수연이와 은호를 포함한 6명의 학생을 임의로 3명씩 두 팀으로 나눌 때, 수연이와 은호가 같은 팀이 될 확률은?

① $\dfrac{1}{10}$　　　② $\dfrac{1}{5}$　　　③ $\dfrac{3}{10}$

④ $\dfrac{2}{5}$　　　⑤ $\dfrac{1}{2}$

0529

A와 B를 포함한 8명의 학생을 임의로 4명씩 두 팀으로 나눌 때, A와 B가 서로 다른 팀이 될 확률을 구하시오.

0530

어느 학급에서 번호가 1번부터 6번까지인 6명의 학생을 임의로 2명씩 세 모둠으로 나눌 때, 각 모둠에 속한 두 학생의 번호의 합이 모두 홀수일 확률은?

① $\dfrac{1}{5}$ ② $\dfrac{4}{15}$ ③ $\dfrac{1}{3}$

④ $\dfrac{2}{5}$ ⑤ $\dfrac{7}{15}$

0531

Level 2

남학생 4명, 여학생 4명을 임의로 2명씩 네 팀으로 나눌 때, 남학생은 남학생끼리, 여학생은 여학생끼리 팀이 이루어질 확률은?

① $\dfrac{1}{35}$ ② $\dfrac{2}{35}$ ③ $\dfrac{3}{35}$

④ $\dfrac{4}{35}$ ⑤ $\dfrac{1}{7}$

0532

Level 2

배드민턴 대회에 출전한 남학생 4명, 여학생 4명을 임의로 2명씩 네 팀으로 나눌 때, 남성 복식 1팀, 여성 복식 1팀, 혼성 복식 2팀으로 이루어질 확률은?

① $\dfrac{18}{35}$ ② $\dfrac{4}{7}$ ③ $\dfrac{22}{35}$

④ $\dfrac{24}{35}$ ⑤ $\dfrac{26}{35}$

0533

Level 2

A, B, C, D, E, F의 6명의 학생을 임의로 2명씩 세 팀으로 나눌 때, A와 B는 같은 팀에 속하고 C와 D는 다른 팀에 속하게 될 확률을 구하시오.

0534

Level 3

남학생 5명, 여학생 5명을 2명씩 5개의 팀으로 임의로 나눌 때, 다섯 팀 모두 남녀 1명씩으로 이루어질 확률은?

(단, 다섯 팀은 서로 구별하지 않는다.)

① $\dfrac{2}{21}$ ② $\dfrac{1}{9}$ ③ $\dfrac{8}{63}$

④ $\dfrac{1}{7}$ ⑤ $\dfrac{10}{63}$

+ Plus 문제

0535 고난도

Level 3

1부터 8까지의 자연수가 각각 하나씩 적힌 8개의 공을 서로 구별이 되지 않는 상자 두 개에 4개씩 나누어 담을 때, 각 상자에 들어 있는 공에 적힌 네 수의 합이 모두 짝수일 확률은?

① $\dfrac{17}{35}$ ② $\dfrac{18}{35}$ ③ $\dfrac{19}{35}$

④ $\dfrac{4}{7}$ ⑤ $\dfrac{3}{5}$

03

실전유형 **10** 가위바위보에서의 확률

세 명의 학생 A, B, C가 가위바위보를 한 번 할 때
(1) 모든 경우의 수는 $_3\Pi_3 = 3^3 = 27$
(2) 오직 A만 이기는 경우의 수는 $_3C_1 = 3$
(3) 한 명이 이기는 경우의 수는 $_3C_1 \times _3C_1 = 3 \times 3 = 9$
(4) 두 명이 이기는 경우의 수는 $_3C_2 \times _3C_1 = 3 \times 3 = 9$
(5) 비기는 경우의 수는 세 명 모두 같은 것을 내거나 세 명 모두 다른 것을 내는 경우의 수를 더하면 되므로
   $3 + 3! = 3 + 6 = 9$

0536 대표문제

세 명의 학생 A, B, C가 가위바위보를 한 번 할 때, 오직 A만 이길 확률은?

① $\dfrac{1}{9}$　　　② $\dfrac{2}{9}$　　　③ $\dfrac{1}{3}$

④ $\dfrac{4}{9}$　　　⑤ $\dfrac{5}{9}$

0537　　　Level 1

두 명의 학생 A, B가 가위바위보를 한 번 할 때, 비길 확률을 구하시오.

0538　　　Level 2

세 명이 가위바위보를 한 번 할 때, 이기는 사람이 단 한 명 나올 확률은?

① $\dfrac{1}{9}$　　　② $\dfrac{2}{9}$　　　③ $\dfrac{1}{3}$

④ $\dfrac{4}{9}$　　　⑤ $\dfrac{5}{9}$

0539　　　Level 2

세 명이 가위바위보를 한 번 할 때, 두 명이 이길 확률은 $\dfrac{n}{m}$ 이다. $m+n$의 값을 구하시오.

(단, m과 n은 서로소인 자연수이다.)

0540　　　Level 2

세 명이 가위바위보를 한 번 할 때, 비길 확률은?

① $\dfrac{1}{9}$　　　② $\dfrac{2}{9}$　　　③ $\dfrac{1}{3}$

④ $\dfrac{4}{9}$　　　⑤ $\dfrac{5}{9}$

0541　　　Level 2

네 명이 가위바위보를 한 번 할 때, 비길 확률은?

① $\dfrac{7}{27}$　　　② $\dfrac{1}{3}$　　　③ $\dfrac{11}{27}$

④ $\dfrac{13}{27}$　　　⑤ $\dfrac{5}{9}$

집합 $A=\{1, 2, 3, \cdots, n\}$에 대하여
(1) A의 부분집합의 개수는 2^n
(2) A의 부분집합 중 k개의 원소를 반드시 포함하는 부분집합의 개수는 2^{n-k}
(3) A의 부분집합 중 k개의 원소를 반드시 포함하지 않는 부분집합의 개수는 2^{n-k}

0542 대표문제

집합 $A=\{1, 2, 3, 4, 5\}$의 부분집합 중에서 임의로 하나의 집합을 택하여 X라 할 때, $n(X)=2$일 확률은?

① $\dfrac{1}{16}$　② $\dfrac{1}{8}$　③ $\dfrac{3}{16}$

④ $\dfrac{1}{4}$　⑤ $\dfrac{5}{16}$

0543

Level 1

집합 $A=\{a,\ e,\ i,\ o,\ u\}$의 부분집합 중에서 임의로 하나의 집합을 택하여 X라 할 때, $a\in X$이고 $n(X)=3$일 확률은?

① $\dfrac{1}{16}$　② $\dfrac{1}{8}$　③ $\dfrac{3}{16}$

④ $\dfrac{1}{4}$　⑤ $\dfrac{5}{16}$

0544

Level 1

집합 $A=\{a,\ b,\ c,\ d,\ e\}$의 부분집합 중에서 임의로 하나의 집합을 택하여 X라 할 때, $\{a,\ b\}\subset X$일 확률은?

① $\dfrac{1}{16}$　② $\dfrac{1}{8}$　③ $\dfrac{3}{16}$

④ $\dfrac{1}{4}$　⑤ $\dfrac{5}{16}$

0545

Level 2

집합 $A=\{2,\ 3,\ 5,\ 7,\ 11,\ 13\}$의 부분집합 중에서 임의로 하나의 집합을 택하여 X라 할 때, 집합 X가 집합 $\{2,\ 3,\ 5\}$와 서로소일 확률은? (단, $X\neq\varnothing$)

① $\dfrac{5}{64}$　② $\dfrac{7}{64}$　③ $\dfrac{9}{64}$

④ $\dfrac{11}{64}$　⑤ $\dfrac{13}{64}$

0546

Level 2

집합 $A=\{10,\ 20,\ 30\}$의 공집합이 아닌 모든 부분집합 중에서 임의로 서로 다른 두 집합을 택할 때, 두 집합이 서로소일 확률을 구하시오.

0547

Level 2

집합 $A=\{1,\ 2,\ 3,\ 4,\ 5\}$의 부분집합 중에서 임의로 하나의 집합을 택하여 X라 할 때, $\{1,\ 2\}\cap X\neq\varnothing$일 확률은?

① $\dfrac{1}{4}$　② $\dfrac{3}{8}$　③ $\dfrac{1}{2}$

④ $\dfrac{5}{8}$　⑤ $\dfrac{3}{4}$

0548

$\bullet\,\!\!\!\bullet\,\!\!\!\bullet$ Level 2

집합 $A=\{S,\,E,\,O,\,U,\,L\}$의 부분집합 중에서 임의로 하나를 택할 때, 그 부분집합이 모음을 2개만 포함할 확률을 구하시오.

다음은 이 유형에서 출제된 최근 교육청·평가원 기출문제입니다.

0549 신경향

· 평가원 2021학년도 9월

$\bullet\,\!\!\!\bullet\,\!\!\!\bullet$ Level 3

집합 $X=\{1,\,2,\,3,\,4\}$의 공집합이 아닌 모든 부분집합 15개 중에서 임의로 서로 다른 세 부분집합을 뽑아 임의로 일렬로 나열하고, 나열된 순서대로 A, B, C라 할 때, $A\subset B\subset C$일 확률은?

① $\dfrac{1}{91}$ ② $\dfrac{2}{91}$ ③ $\dfrac{3}{91}$

④ $\dfrac{4}{91}$ ⑤ $\dfrac{5}{91}$

0550

· 교육청 2020년 10월

$\bullet\,\!\!\!\bullet\,\!\!\!\bullet$ Level 3

집합 $\{x\,|\,x$는 10 이하의 자연수$\}$의 원소의 개수가 4인 부분집합 중 임의로 하나의 집합을 택하여 X라 할 때, 집합 X가 다음 조건을 만족시킬 확률은?

집합 X의 서로 다른 세 원소의 합은 항상 3의 배수가 아니다.

① $\dfrac{3}{14}$ ② $\dfrac{2}{7}$ ③ $\dfrac{5}{14}$

④ $\dfrac{3}{7}$ ⑤ $\dfrac{1}{2}$

심화 유형 **12** 함수의 개수와 확률 복합유형

두 집합 X, Y의 원소의 개수가 각각 r, $n\,(r\leq n)$일 때, X에서 Y로의 함수 f 중에서

(1) 함수의 개수: $_n\Pi_r$

(2) 일대일함수의 개수: $_n\mathrm{P}_r$

(3) $x_1 < x_2$이면 $f(x_1) < f(x_2)$인 함수의 개수: $_n\mathrm{C}_r$

(4) $x_1 < x_2$이면 $f(x_1) \leq f(x_2)$인 함수의 개수: $_n\mathrm{H}_r$

0551 대표문제

두 집합 $X=\{1,\,2,\,3,\,4\}$, $Y=\{4,\,5,\,6,\,7\}$에 대하여 X에서 Y로의 함수 f 중에서 임의로 하나를 택할 때, 함수 f가 다음 조건을 만족시킬 확률은?

(개) $f(2)=5$
(내) 집합 X의 임의의 서로 다른 두 원소 x_1, x_2에 대하여 $x_1 < x_2$이면 $f(x_1) \leq f(x_2)$이다.

① $\dfrac{3}{64}$ ② $\dfrac{5}{64}$ ③ $\dfrac{7}{64}$

④ $\dfrac{9}{64}$ ⑤ $\dfrac{11}{64}$

0552

$\bullet\,\!\!\!\bullet\,\!\!\!\bullet$ Level 1

두 집합 $X=\{a,\,b,\,c,\,d\}$, $Y=\{1,\,2,\,3,\,4,\,5\}$에 대하여 X에서 Y로의 함수 f 중에서 임의로 하나를 택할 때, 함수 f가 일대일함수일 확률은?

① $\dfrac{3}{128}$ ② $\dfrac{24}{625}$ ③ $\dfrac{15}{128}$

④ $\dfrac{24}{125}$ ⑤ $\dfrac{1}{5}$

0553
●❙❙ Level 1

두 집합 $X=\{a, b, c\}$, $Y=\{1, 2, 3, 4, 5\}$에 대하여 X에서 Y로의 함수 f 중에서 임의로 하나를 택할 때, $f(a) \leq f(b) \leq f(c)$일 확률은?

① $\dfrac{1}{5}$ ② $\dfrac{7}{25}$ ③ $\dfrac{9}{25}$

④ $\dfrac{11}{25}$ ⑤ $\dfrac{13}{25}$

0554
●❙❙ Level 1

두 집합 $X=\{a, b, c\}$, $Y=\{1, 2, 3, 4\}$에 대하여 X에서 Y로의 함수 f 중에서 임의로 하나를 택할 때, $f(a) < f(b) < f(c)$일 확률은?

① $\dfrac{1}{16}$ ② $\dfrac{1}{8}$ ③ $\dfrac{3}{16}$

④ $\dfrac{1}{4}$ ⑤ $\dfrac{5}{16}$

0555
●❙❙ Level 2

두 집합 $X=\{a, b, c\}$, $Y=\{5, 6, 7, 8\}$에 대하여 X에서 Y로의 함수 f 중에서 임의로 하나를 택할 때, 집합 X의 원소 x_1, x_2에 대하여 $x_1 \neq x_2$이면 $f(x_1) \neq f(x_2)$를 만족시킬 확률을 구하시오.

0556
●❙❙ Level 2

두 집합 $X=\{a, b, c\}$, $Y=\{1, 2, 3, 4\}$에 대하여 X에서 Y로의 함수 f 중에서 임의로 하나를 택할 때, $f(a) > f(b)$, $f(a) > f(c)$일 확률은?

① $\dfrac{5}{32}$ ② $\dfrac{7}{32}$ ③ $\dfrac{9}{32}$

④ $\dfrac{11}{32}$ ⑤ $\dfrac{13}{32}$

0557
●❙❙ Level 2

두 집합 $X=\{1, 2, 3\}$, $Y=\{1, 2, 3, 4, 5\}$에 대하여 X에서 Y로의 함수 f 중에서 임의로 하나를 택할 때, 함수 f의 치역의 원소의 개수가 2일 확률은?

① $\dfrac{2}{5}$ ② $\dfrac{11}{25}$ ③ $\dfrac{12}{25}$

④ $\dfrac{13}{25}$ ⑤ $\dfrac{14}{25}$

0558
●❙❙ Level 2

두 집합 $X=\{a, b, c, d\}$, $Y=\{1, 2, 3, 4, 5, 6\}$에 대하여 X에서 Y로의 함수 f 중에서 임의로 하나를 택할 때, 함수 f가 다음 조건을 만족시킬 확률을 구하시오.

> ㈎ $f(a) \times f(d) = 6$
> ㈏ $f(a) \leq f(b) \leq f(c) \leq f(d)$

0559

.ıl Level 3

두 집합 $X=\{a, b, c, d\}$, $Y=\{1, 2, 3, 4, 5, 6\}$에 대하여 X에서 Y로의 함수 f 중에서 임의로 하나를 택할 때, $f(a) \times f(b) \times f(c) \times f(d)=12$일 확률은?

① $\dfrac{1}{36}$　　② $\dfrac{1}{18}$　　③ $\dfrac{1}{12}$

④ $\dfrac{1}{9}$　　⑤ $\dfrac{5}{36}$

0560

.ıl Level 3

두 집합 $X=\{a, b, c\}$, $Y=\{4, 5, 6\}$에 대하여 X에서 Y로의 함수 f 중에서 임의로 하나를 택할 때, $f(a)+f(b)+f(c)=14$일 확률은?

① $\dfrac{7}{24}$　　② $\dfrac{5}{27}$　　③ $\dfrac{2}{9}$

④ $\dfrac{7}{27}$　　⑤ $\dfrac{8}{27}$

+**Plus 문제**

다음은 이 유형에서 출제된 최근 교육청·평가원 기출문제입니다.

0561 [고난도] · 평가원 2021학년도 6월

.ıl Level 3

집합 $A=\{1, 2, 3, 4\}$에 대하여 A에서 A로의 모든 함수 f 중에서 임의로 하나를 택할 때, 이 함수가 다음 조건을 만족시킬 확률은 p이다. $120p$의 값을 구하시오.

(개) $f(1) \times f(2) \geq 9$
(내) 함수 f의 치역의 원소의 개수는 3이다.

실전 유형 **13** 통계적 확률

같은 시행을 n번 반복할 때 사건 A가 일어난 횟수를 r_n이라 하면 n이 충분히 커짐에 따라 상대도수 $\dfrac{r_n}{n}$이 일정한 값 p에 가까워지는데 이 값 p를 사건 A의 통계적 확률이라 한다.

0562 [대표문제]

빨간 구슬 2개, 노란 구슬 x개, 파란 구슬 4개가 들어 있는 주머니에서 임의로 한 개의 구슬을 꺼내어 색을 확인하고 다시 넣는 시행을 1000번 반복했을 때 노란 구슬이 400번 나왔다. 이때 x의 값은?

① 1　　② 2　　③ 3

④ 4　　⑤ 5

0563

.ıl Level 1

다음 표는 어느 고등학교의 휴대 전화를 사용하는 학생들을 대상으로 통신사를 조사한 것이다.

통신사	A	B	C
사용자 수(명)	200	100	50

이 고등학교의 휴대 전화를 사용하는 학생들 중 임의로 택한 한 명이 C 통신사를 사용할 확률은?
(단, 모든 학생은 각각 한 통신사만 사용한다.)

① $\dfrac{1}{7}$　　② $\dfrac{3}{14}$　　③ $\dfrac{2}{7}$

④ $\dfrac{5}{14}$　　⑤ $\dfrac{3}{7}$

0564

Level 1

다음 표는 어느 고등학교 학생들을 대상으로 급식 만족도를 조사한 것이다.

만족도	매우 불만족	불만족	보통	만족	매우 만족	합계
학생 수 (명)	5	25	100	60	10	200

이 조사에 참여한 학생 중에서 임의로 한 명을 택할 때, 이 학생의 급식 만족도가 '만족' 또는 '매우 만족'일 확률은?

① $\dfrac{1}{20}$　　　　② $\dfrac{3}{20}$　　　　③ $\dfrac{1}{4}$

④ $\dfrac{7}{20}$　　　　⑤ $\dfrac{9}{20}$

0565

Level 1

다음 표는 어느 고등학교 2학년 학생 300명의 확률과 통계의 지필평가 점수를 조사한 것이다.

점수	학생 수(명)
50점 미만	30
50점 이상 60점 미만	50
60점 이상 70점 미만	70
70점 이상 80점 미만	80
80점 이상 90점 미만	50
90점 이상 100점 이하	20
합계	300

이 고등학교 2학년 학생 중에서 한 명을 임의로 택할 때, 이 학생의 확률과 통계의 지필평가 점수가 70점 이상 90점 미만일 확률은?

① $\dfrac{11}{30}$　　　　② $\dfrac{2}{5}$　　　　③ $\dfrac{13}{30}$

④ $\dfrac{7}{15}$　　　　⑤ $\dfrac{1}{2}$

0566

Level 1

어느 공장에서는 제품 A, B를 생산한다. 제품 A는 1000개 중 2개 꼴로 불량품이 발생했고, 제품 B는 10000개 중 3개 꼴로 불량품이 발생했다고 한다. 이 공장에서 생산된 제품 A와 B를 임의로 각각 한 개씩 뽑아 검사할 때, 불량품일 확률을 각각 p, q라 하자. 이때 $\dfrac{q}{p}$의 값은?

① $\dfrac{1}{20}$　　　　② $\dfrac{1}{10}$　　　　③ $\dfrac{3}{20}$

④ $\dfrac{1}{5}$　　　　⑤ $\dfrac{1}{4}$

0567

Level 1

어느 회사의 입사 시험은 1차 서류 평가, 2차 필기 시험, 3차 면접의 총 3단계를 거쳐 최종 합격자를 선발한다. 이 회사 입사 시험에 응시한 지원자 수 및 단계별 합격자 수가 다음 표와 같을 때, 1차에 합격한 남성 지원자가 최종 합격할 확률을 구하시오.

	남성	여성
지원자 수(명)	7000	8000
1차 합격자 수(명)	1200	1500
2차 합격자 수(명)	250	300
최종 합격자 수(명)	100	100

0568

Level 2

다음 표는 어느 농구 선수의 자유투 기록을 나타낸 것이다.

	1월	2월
자유투 시도 횟수(회)	40	60
자유투 성공 확률	$\dfrac{4}{5}$	$\dfrac{9}{10}$

이 선수의 1월과 2월의 자유투 성공 확률은?

① $\dfrac{7}{10}$　　② $\dfrac{37}{50}$　　③ $\dfrac{39}{50}$

④ $\dfrac{41}{50}$　　⑤ $\dfrac{43}{50}$

0569

Level 2

어느 인터넷 쇼핑몰의 구매 후기를 작성한 고객의 비율은 다음과 같다.

	39세 이하 고객	40세 이상 고객
고객 수(명)	200	100
구매 후기 작성 비율(%)	80	60

이 쇼핑몰을 이용한 고객 중에서 임의로 한 명을 택할 때, 구매 후기를 작성했을 확률은?

① $\dfrac{2}{3}$　　② $\dfrac{7}{10}$　　③ $\dfrac{11}{15}$

④ $\dfrac{23}{30}$　　⑤ $\dfrac{4}{5}$

실전유형 14 확률의 기본 성질

표본공간이 S인 어떤 시행에서

(1) 임의의 사건 A에 대하여 $0 \le P(A) \le 1$

(2) 반드시 일어나는 사건 S에 대하여 $P(S)=1$

(3) 절대로 일어나지 않는 사건 $\varnothing$에 대하여 $P(\varnothing)=0$

0570 대표문제

표본공간 S의 두 사건 A, B에 대하여 〈보기〉에서 옳은 것만을 있는 대로 고른 것은?

〈보기〉
ㄱ. $P(\varnothing)=0$
ㄴ. $P(A \cap B)=0$이면 $P(A)=0$ 또는 $P(B)=0$이다.
ㄷ. 두 사건 A, B가 서로 배반사건이면
　$P(A \cup B)=P(A)+P(B)$이다.

① ㄱ　　② ㄴ　　③ ㄷ

④ ㄱ, ㄴ　　⑤ ㄱ, ㄷ

0571

Level 2

표본공간 S의 두 사건 A, B에 대하여 〈보기〉에서 옳은 것만을 있는 대로 고른 것은?

〈보기〉
ㄱ. $1-P(S)=P(\varnothing)$
ㄴ. $P(A \cup B)=P(A)+P(B)$
ㄷ. 두 사건 A, B가 서로 배반사건이면
　$P(A)+P(B)=1$이다.

① ㄱ　　② ㄴ　　③ ㄷ

④ ㄱ, ㄴ　　⑤ ㄱ, ㄷ

0572

〈보기〉 Level 2

표본공간 S의 두 사건 A, B에 대하여 〈보기〉에서 옳은 것만을 있는 대로 고르시오.

―――〈보기〉―――
ㄱ. $P(A)+P(B) \leq 1$
ㄴ. $0 \leq P(A)P(B) \leq 1$
ㄷ. $A \cap B = \varnothing$이면 $P(A)+P(B)=1$이다.

0573

Level 2

표본공간 S의 두 사건 A, B에 대하여 〈보기〉에서 옳은 것만을 있는 대로 고른 것은?

―――〈보기〉―――
ㄱ. $0 \leq P(A \cup B) \leq 1$
ㄴ. $P(A \cup B) \leq P(A)+P(B)$
ㄷ. $P(A)<P(B)$이면 $A \subset B$이다.

① ㄱ   ② ㄱ, ㄴ   ③ ㄱ, ㄷ
④ ㄴ, ㄷ   ⑤ ㄱ, ㄴ, ㄷ

0574

Level 2

표본공간 S의 두 사건 A, B에 대하여 〈보기〉에서 옳은 것만을 있는 대로 고른 것은?

―――〈보기〉―――
ㄱ. $P(A)+P(A^C)=1$
ㄴ. $P(A \cup B)=1$이면 $B=A^C$이다.
ㄷ. $P(A \cup B) \geq P(A)+P(B)$이면 두 사건 A와 B는 서로 배반사건이다.

① ㄱ   ② ㄱ, ㄴ   ③ ㄱ, ㄷ
④ ㄴ, ㄷ   ⑤ ㄱ, ㄴ, ㄷ

0575

Level 2

표본공간 S의 두 사건 A, B에 대하여 〈보기〉에서 옳은 것만을 있는 대로 고른 것은?

―――〈보기〉―――
ㄱ. $P(A \cap B)=0$이면 두 사건 A와 B는 서로 배반사건이다.
ㄴ. $P(A)+P(B)=1$이면 두 사건 A와 B는 서로 배반사건이다.
ㄷ. $P(A \cup B)=P(A)+P(B)$이면 두 사건 A와 B는 서로 배반사건이다.

① ㄱ   ② ㄱ, ㄴ   ③ ㄱ, ㄷ
④ ㄴ, ㄷ   ⑤ ㄱ, ㄴ, ㄷ

0576

Level 2

표본공간 S의 두 사건 A, B에 대하여 〈보기〉에서 옳은 것만을 있는 대로 고른 것은?

―――〈보기〉―――
ㄱ. $0 \leq P(A)+P(B) \leq 2$
ㄴ. $P(A)=P(B)$이면 $A=B$이다.
ㄷ. $A \cup B=S$이면 $P(A)+P(B)=1$이다.

① ㄱ   ② ㄴ   ③ ㄷ
④ ㄱ, ㄷ   ⑤ ㄴ, ㄷ

실전유형 **15** 확률의 덧셈정리와 여사건의 확률의 계산 빈출유형
– 배반사건이 아닌 경우

표본공간 S의 두 사건 A, B에 대하여

(1) $P(A \cup B) = P(A) + P(B) - P(A \cap B)$

(2) $P(A^c) = 1 - P(A)$

0577 대표문제

두 사건 A, B에 대하여

$$P(A) = \frac{1}{4}, \ P(B) = \frac{1}{2}, \ P((A \cap B)^c) = \frac{7}{8}$$

일 때, $P(A \cup B)$는?

① $\frac{7}{8}$ ② $\frac{13}{16}$ ③ $\frac{3}{4}$

④ $\frac{11}{16}$ ⑤ $\frac{5}{8}$

0578 Level 2

두 사건 A, B에 대하여

$$P(A) = \frac{1}{2}, \ P(B) = \frac{2}{3}, \ P(A \cup B) = \frac{5}{6}$$

일 때, $P(A \cap B^c)$는?

① $\frac{1}{6}$ ② $\frac{1}{4}$ ③ $\frac{1}{3}$

④ $\frac{5}{12}$ ⑤ $\frac{1}{2}$

0579 Level 2

두 사건 A, B에 대하여

$$P(A) = P(B^c) = \frac{1}{3}, \ P(A \cap B) = \frac{1}{6}$$

일 때, $P(A^c \cap B^c)$는?

① $\frac{1}{6}$ ② $\frac{1}{4}$ ③ $\frac{1}{3}$

④ $\frac{5}{12}$ ⑤ $\frac{1}{2}$

0580 Level 2

두 사건 A, B에 대하여

$$P(A) = \frac{2}{3}, \ P(B) = \frac{1}{2}, \ P(A - B) = \frac{1}{2}$$

일 때, $P(A \cup B)$는?

① $\frac{1}{3}$ ② $\frac{1}{2}$ ③ $\frac{2}{3}$

④ $\frac{5}{6}$ ⑤ 1

0581 Level 2

두 사건 A, B에 대하여

$$P(A) = 0.8, \ P(B) = 0.5, \ P(A \cap B^c) = 0.3$$

일 때, $P(B \cap A^c)$를 구하시오.

0582

두 사건 A, B에 대하여 $P(A)=\dfrac{1}{2}$, $P(B)=\dfrac{3}{5}$,

$P(A\cap B^c)+P(A^c\cap B)=\dfrac{1}{5}$일 때, $P(A\cup B)$는?

① $\dfrac{11}{20}$ ② $\dfrac{3}{5}$ ③ $\dfrac{13}{20}$

④ $\dfrac{7}{10}$ ⑤ $\dfrac{3}{4}$

0583

두 사건 A, B에 대하여

$$\dfrac{1}{2}\leq P(A)\leq\dfrac{5}{8},\ P(A\cap B)=\dfrac{1}{4},\ P(A\cup B)=\dfrac{7}{8}$$

일 때, $P(B)$의 최댓값은 $\dfrac{q}{p}$이다. $p+q$의 값을 구하시오.

(단, p와 q는 서로소인 자연수이다.)

다음은 이 유형에서 출제된 최근 교육청·평가원 기출문제입니다.

0584 · 평가원 2021학년도 6월

두 사건 A, B에 대하여

$$P(A\cup B)=1,\ P(B)=\dfrac{1}{3},\ P(A\cap B)=\dfrac{1}{6}$$

일 때, $P(A^c)$는? (단, A^c는 A의 여사건이다.)

① $\dfrac{1}{3}$ ② $\dfrac{1}{4}$ ③ $\dfrac{1}{5}$

④ $\dfrac{1}{6}$ ⑤ $\dfrac{1}{7}$

표본공간 S의 두 사건 A, B에 대하여
두 사건 A, B가 서로 배반사건이면
(1) $P(A\cup B)=P(A)+P(B)$
(2) $P(A\cap B)=0$

0585 대표문제

표본공간 S의 두 사건 A, B가 서로 배반사건이고

$$S=A\cup B,\ P(B)=\dfrac{1}{4}$$

일 때, $P(A)$는?

① $\dfrac{1}{4}$ ② $\dfrac{3}{8}$ ③ $\dfrac{1}{2}$

④ $\dfrac{5}{8}$ ⑤ $\dfrac{3}{4}$

0586

두 사건 A, B가 서로 배반사건이고

$$P(A)=\dfrac{1}{4},\ P(A\cup B)=\dfrac{3}{4}$$

일 때, $P(B)$를 구하시오.

0587

두 사건 A, B가 서로 배반사건이고

$$P(A)-P(B)=\dfrac{1}{2},\ P(A)P(B)=\dfrac{5}{64}$$

일 때, $P(A\cup B)$는?

① $\dfrac{1}{2}$ ② $\dfrac{9}{16}$ ③ $\dfrac{5}{8}$

④ $\dfrac{11}{16}$ ⑤ $\dfrac{3}{4}$

0588

.ıl Level 2

두 사건 A, B가 서로 배반사건이고

$$P(A \cap B^c) = \frac{1}{2}, \ P(A^c \cap B) = \frac{3}{10}$$

일 때, $P(A^c \cap B^c)$는?

① $\dfrac{1}{10}$ ② $\dfrac{1}{5}$ ③ $\dfrac{3}{10}$

④ $\dfrac{2}{5}$ ⑤ $\dfrac{1}{2}$

0589

.ıl Level 2

두 사건 A, B가 서로 배반사건이고 다음 조건을 만족시킬 때, $P(B)$의 최댓값을 M, 최솟값을 m이라 하자. $M-m$ 의 값을 구하시오.

(가) $\dfrac{1}{4} \leq P(A) \leq \dfrac{1}{3}$ (나) $P(A \cup B) = \dfrac{5}{6}$

다음은 이 유형에서 출제된 최근 교육청·평가원 기출문제입니다.

0590 · 2019학년도 대학수학능력시험

.ıl Level 2

두 사건 A, B에 대하여 A와 B^c는 서로 배반사건이고

$$P(A) = \frac{1}{3}, \ P(A^c \cap B) = \frac{1}{6}$$

일 때, $P(B)$는? (단, A^c는 A의 여사건이다.)

① $\dfrac{5}{12}$ ② $\dfrac{1}{2}$ ③ $\dfrac{7}{12}$

④ $\dfrac{2}{3}$ ⑤ $\dfrac{3}{4}$

실전유형 **17** 확률의 덧셈정리 – 배반사건이 아닌 경우

두 사건 A, B에 대하여 A 또는 B가 일어날 확률은
➡ $P(A \cup B) = P(A) + P(B) - P(A \cap B)$

03

0591 대표문제

A, B를 포함한 5명 중에서 임의로 2명을 동시에 뽑을 때, A 또는 B가 뽑힐 확률은?

① $\dfrac{2}{5}$ ② $\dfrac{1}{2}$ ③ $\dfrac{3}{5}$

④ $\dfrac{7}{10}$ ⑤ $\dfrac{4}{5}$

0592

.ıl Level 1

1부터 100까지의 자연수가 각각 하나씩 적힌 100장의 카드 중에서 임의로 한 장을 택할 때, 카드에 적힌 수가 2의 배수 이거나 5의 배수일 확률은?

① $\dfrac{2}{5}$ ② $\dfrac{1}{2}$ ③ $\dfrac{3}{5}$

④ $\dfrac{7}{10}$ ⑤ $\dfrac{4}{5}$

0593
Level 1

어느 고등학교에서 야구를 좋아하는 학생은 전체 학생의 $\frac{1}{2}$, 축구를 좋아하는 학생은 전체 학생의 $\frac{2}{3}$, 둘 다 좋아하는 학생은 전체의 $\frac{1}{3}$이다. 이 학교의 학생 중에서 한 명을 임의로 택할 때, 이 학생이 야구 또는 축구를 좋아하는 학생일 확률을 구하시오.

0594
Level 2

두 집합 $X=\{a,\ b,\ c\}$, $Y=\{1,\ 2,\ 3,\ 4\}$에 대하여 X에서 Y로의 함수 f 중에서 임의로 하나를 택할 때, 이 함수가 $f(a)=1$ 또는 $f(b)=2$를 만족시킬 확률은?

① $\frac{3}{8}$　　　② $\frac{7}{16}$　　　③ $\frac{1}{2}$

④ $\frac{9}{16}$　　　⑤ $\frac{5}{8}$

0595
Level 2

각 면에 1부터 6까지의 자연수가 각각 하나씩 적힌 정육면체 모양의 주사위 A와 각 면에 1부터 8까지의 자연수가 각각 하나씩 적힌 정팔면체 모양의 주사위 B가 있다. 두 주사위 A, B를 동시에 던져서 바닥에 닿은 면에 적힌 수를 각각 a, b라 하자. $a+b$가 11 이상이거나 6의 배수일 확률을 구하시오.

0596
Level 2

주머니 속에 1부터 8까지의 자연수가 각각 하나씩 적힌 공 8개가 들어 있다. 이 주머니에서 임의로 1개의 공을 꺼내 공에 적힌 수를 확인하고 다시 주머니에 넣는 시행을 2회 반복한다. 공에 적힌 수를 차례로 a, b라 할 때, $a+b$가 짝수이거나 5의 배수일 확률은 $\frac{q}{p}$이다. $p+q$의 값을 구하시오.

(단, p와 q는 서로소인 자연수이다.)

0597
Level 2

한 개의 주사위를 세 번 던져서 나오는 눈의 수를 차례로 a, b, c라 할 때, $(b-a)(b-2c)=0$을 만족시킬 확률은?

① $\frac{11}{72}$　　　② $\frac{13}{72}$　　　③ $\frac{5}{24}$

④ $\frac{17}{72}$　　　⑤ $\frac{19}{72}$

다음은 이 유형에서 출제된 최근 교육청 · 평가원 기출문제입니다.

0598 · 평가원 2021학년도 6월
Level 3

한 개의 주사위를 두 번 던져서 나오는 눈의 수를 차례로 a, b라 할 때, $|a-3|+|b-3|=2$이거나 $a=b$일 확률은?

① $\frac{1}{4}$　　　② $\frac{1}{3}$　　　③ $\frac{5}{12}$

④ $\frac{1}{2}$　　　⑤ $\frac{7}{12}$

실전유형 18 확률의 덧셈정리 – 배반사건인 경우 　**빈출유형**

두 사건 A, B에 대하여 A, B가 동시에 일어나지 않을 때, 즉 A, B가 서로 배반사건이면 A 또는 B가 일어날 확률은

➡ $P(A \cup B) = P(A) + P(B)$

0599 대표문제

빨간 공 4개, 파란 공 6개가 들어 있는 상자에서 임의로 3개의 공을 동시에 꺼낼 때, 3개의 공이 모두 같은 색일 확률은?

① $\dfrac{1}{10}$　　　② $\dfrac{1}{5}$　　　③ $\dfrac{3}{10}$

④ $\dfrac{2}{5}$　　　⑤ $\dfrac{1}{2}$

0600　　　　　　　　　　　　　　　　●❚❙ Level 1

1부터 20까지의 자연수가 각각 하나씩 적힌 20장의 카드 중에서 임의로 한 장을 택할 때, 카드에 적힌 수가 20의 약수이거나 3의 배수일 확률은?

① $\dfrac{9}{20}$　　　② $\dfrac{1}{2}$　　　③ $\dfrac{11}{20}$

④ $\dfrac{3}{5}$　　　⑤ $\dfrac{13}{20}$

0601　　　　　　　　　　　　　　　　●❚❙ Level 1

각 면에 1부터 8까지의 자연수가 각각 하나씩 적힌 정팔면체 모양의 주사위를 두 번 던져서 바닥에 닿은 면에 적힌 수의 합이 5이거나 차가 5일 확률은?

① $\dfrac{1}{8}$　　　② $\dfrac{9}{64}$　　　③ $\dfrac{5}{32}$

④ $\dfrac{11}{64}$　　　⑤ $\dfrac{3}{16}$

0602　　　　　　　　　　　　　　　　●❚❙ Level 2

남학생 5명, 여학생 3명으로 구성된 동아리에서 대표 3명을 임의로 선발할 때, 여학생이 남학생보다 많이 선발될 확률은?

① $\dfrac{2}{7}$　　　② $\dfrac{17}{56}$　　　③ $\dfrac{9}{28}$

④ $\dfrac{19}{56}$　　　⑤ $\dfrac{5}{14}$

0603　　　　　　　　　　　　　　　　●❚❙ Level 2

한 개의 주사위를 4번 던져서 나오는 눈의 수를 차례로 천의 자리, 백의 자리, 십의 자리, 일의 자리의 숫자로 하는 네 자리 자연수를 만들 때, 2000보다 작거나 6000보다 클 확률은 $\dfrac{q}{p}$이다. $p+q$의 값을 구하시오.

(단, p와 q는 서로소인 자연수이다.)

0604

Level 2

1부터 9까지의 자연수가 각각 하나씩 적힌 9개의 공이 들어 있는 상자에서 임의로 4개의 공을 동시에 꺼낼 때, 꺼낸 공에 적힌 네 수의 합이 홀수일 확률은?

① $\dfrac{10}{21}$ ② $\dfrac{11}{21}$ ③ $\dfrac{4}{7}$

④ $\dfrac{13}{21}$ ⑤ $\dfrac{2}{3}$

0605

Level 2

각 면에 1부터 4까지의 자연수가 각각 하나씩 적힌 정사면체 모양의 주사위 A와 각 면에 1부터 8까지의 자연수가 각각 하나씩 적힌 정팔면체 모양의 주사위 B가 있다. 두 주사위 A, B를 동시에 던져서 바닥에 닿은 면에 적힌 수를 각각 a, b라 하자. $a+b$가 6의 배수이거나 ab가 6의 배수일 확률은?

① $\dfrac{11}{32}$ ② $\dfrac{3}{8}$ ③ $\dfrac{13}{32}$

④ $\dfrac{7}{16}$ ⑤ $\dfrac{15}{32}$

0606

Level 2

5명의 학생 A, B, C, D, E가 그림과 같은 모양의 좌석에 임의로 앉을 때, A와 B가 같은 줄에서 이웃하게 앉을 확률이 $\dfrac{q}{p}$이다. $p+q$의 값을 구하시오.

(단, p와 q는 서로소인 자연수이다.)

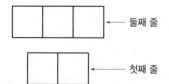

0607 · 교육청 2017년 7월

다음은 이 유형에서 출제된 최근 교육청·평가원 기출문제입니다.

Level 2

흰 공 6개와 빨간 공 4개가 들어 있는 주머니가 있다. 이 주머니에서 임의로 4개의 공을 동시에 꺼낼 때, 꺼낸 4개의 공 중 흰 공의 개수가 3 이상일 확률은?

① $\dfrac{17}{42}$ ② $\dfrac{19}{42}$ ③ $\dfrac{1}{2}$

④ $\dfrac{23}{42}$ ⑤ $\dfrac{25}{42}$

0608 · 평가원 2020학년도 9월

Level 2

1부터 7까지의 자연수 중에서 임의로 서로 다른 3개의 수를 선택한다. 선택된 3개의 수의 곱을 a, 선택되지 않은 4개의 수의 곱을 b라 할 때, a와 b가 모두 짝수일 확률은?

① $\dfrac{4}{7}$ ② $\dfrac{9}{14}$ ③ $\dfrac{5}{7}$

④ $\dfrac{11}{14}$ ⑤ $\dfrac{6}{7}$

실전유형 19 여사건의 확률 – '적어도'의 조건이 있는 경우

'적어도 하나가 A인 사건'은 '모두 A가 아닌 사건'의 여사건이다.
→ (적어도 하나가 A일 확률)$=1-$(모두 A가 아닐 확률)

0609 대표문제

theater에 있는 7개의 문자를 일렬로 나열할 때, 적어도 한쪽 끝에 자음이 올 확률은?

① $\dfrac{2}{7}$　　　② $\dfrac{3}{7}$　　　③ $\dfrac{4}{7}$

④ $\dfrac{5}{7}$　　　⑤ $\dfrac{6}{7}$

0610 　Level 1

서로 다른 세 개의 주사위를 동시에 던질 때, 적어도 한 개의 주사위의 눈의 수가 3 이상일 확률은?

① $\dfrac{22}{27}$　　　② $\dfrac{23}{27}$　　　③ $\dfrac{8}{9}$

④ $\dfrac{25}{27}$　　　⑤ $\dfrac{26}{27}$

0611 　Level 1

3명의 학생이 월요일, 화요일, 수요일, 목요일, 금요일, 토요일 중 특정 요일마다 스터디 카페에 가기로 했다. 3명이 각각 임의로 하나의 요일을 정할 때, 적어도 2명이 같은 요일에 스터디 카페에 가게 될 확률을 구하시오.

0612 　Level 1

5개의 문자 a, b, c, d, e를 일렬로 나열할 때, 모음 사이에 적어도 한 개의 자음이 올 확률은?

① $\dfrac{3}{10}$　　　② $\dfrac{2}{5}$　　　③ $\dfrac{1}{2}$

④ $\dfrac{3}{5}$　　　⑤ $\dfrac{7}{10}$

0613 　Level 2

6개의 문자 a, b, b, c, c, c를 일렬로 나열할 때, 적어도 한쪽 끝에 c가 올 확률은?

① $\dfrac{2}{5}$　　　② $\dfrac{1}{2}$　　　③ $\dfrac{3}{5}$

④ $\dfrac{7}{10}$　　　⑤ $\dfrac{4}{5}$

0614 　Level 2

주머니 속에 12개의 공이 들어 있고, 공의 색깔은 빨간색 또는 파란색이다. 이 주머니에서 임의로 2개의 공을 동시에 꺼낼 때, 빨간 공을 적어도 1개 꺼낼 확률이 $\dfrac{15}{22}$이다. 이 주머니 속에 들어 있는 파란 공의 개수를 구하시오.

0615

Level 2

흰 공 n개, 검은 공 4개가 들어 있는 주머니에서 임의로 2개의 공을 동시에 꺼낼 때, 흰 공을 적어도 1개 이상 꺼낼 확률이 $\dfrac{5}{7}$이다. n의 값은?

① 3   ② 4   ③ 5

④ 6   ⑤ 7

0616

Level 2

은지, 지혜, 연희를 포함한 7명의 학생을 일렬로 세울 때, 은지, 지혜, 연희 세 학생 중에서 적어도 2명이 이웃할 확률은?

① $\dfrac{11}{21}$ ② $\dfrac{4}{7}$ ③ $\dfrac{13}{21}$

④ $\dfrac{2}{3}$ ⑤ $\dfrac{5}{7}$

0617

Level 2

4명의 학생이 각자 자신의 휴대 전화를 상자 속에 넣고 섞은 다음 임의로 하나씩 꺼낼 때, 적어도 한 명은 자신의 휴대 전화를 꺼낼 확률은?

(단, 각 휴대 전화를 꺼낼 확률은 모두 같다.)

① $\dfrac{11}{24}$ ② $\dfrac{1}{2}$ ③ $\dfrac{13}{24}$

④ $\dfrac{7}{12}$ ⑤ $\dfrac{5}{8}$

0618

Level 3

선생님 3명, 남학생 1명, 여학생 3명이 모두 원탁에 일정한 간격으로 놓인 의자 7개에 임의로 앉을 때, 남학생이 적어도 1명의 선생님과 이웃하여 앉을 확률은?

(단, 회전하여 일치하는 것은 같은 것으로 본다.)

① $\dfrac{1}{2}$ ② $\dfrac{3}{5}$ ③ $\dfrac{7}{10}$

④ $\dfrac{4}{5}$ ⑤ $\dfrac{9}{10}$

다음은 이 유형에서 출제된 최근 교육청·평가원 기출문제입니다.

0619 · 평가원 2020학년도 6월

Level 1

검은 공 3개, 흰 공 4개가 들어 있는 주머니가 있다. 이 주머니에서 임의로 3개의 공을 동시에 꺼낼 때, 꺼낸 3개의 공 중에서 적어도 한 개가 검은 공일 확률은?

① $\dfrac{19}{35}$ ② $\dfrac{22}{35}$ ③ $\dfrac{5}{7}$

④ $\dfrac{4}{5}$ ⑤ $\dfrac{31}{35}$

0620 · 평가원 2019학년도 6월

Level 2

어느 지구대에서는 학생들의 안전한 통학을 위한 귀가도우미 프로그램에 참여하기로 하였다. 이 지구대의 경찰관은 모두 9명이고, 각 경찰관은 두 개의 근무조 A, B 중 한 조에 속해 있다. 이 지구대의 근무조 A는 5명, 근무조 B는 4명의 경찰관으로 구성되어 있다. 이 지구대의 경찰관 9명 중에서 임의로 3명을 동시에 귀가도우미로 선택할 때, 근무조 A와 근무조 B에서 적어도 1명씩 선택될 확률은?

① $\dfrac{1}{2}$ ② $\dfrac{7}{12}$ ③ $\dfrac{2}{3}$

④ $\dfrac{3}{4}$ ⑤ $\dfrac{5}{6}$

실전 유형 20 여사건의 확률 – '이상', '이하'의 조건이 있는 경우

(1) 'k 이상인 사건'은 'k 미만인 사건'의 여사건이다.
　➔ (k 이상일 확률)＝1－(k 미만일 확률)
(2) 'k 이하인 사건'은 'k 초과인 사건'의 여사건이다.
　➔ (k 이하일 확률)＝1－(k 초과일 확률)

0621 [대표문제]

흰 공 5개, 검은 공 4개가 들어 있는 주머니에서 임의로 4개의 공을 동시에 꺼낼 때, 검은 공이 3개 이하일 확률은?

① $\dfrac{13}{14}$ 　　② $\dfrac{119}{126}$ 　　③ $\dfrac{121}{126}$

④ $\dfrac{41}{42}$ 　　⑤ $\dfrac{125}{126}$

0622　Level 1

서로 다른 두 개의 주사위를 동시에 던질 때, 나오는 눈의 수의 합이 3보다 클 확률은?

① $\dfrac{7}{12}$ 　　② $\dfrac{2}{3}$ 　　③ $\dfrac{3}{4}$

④ $\dfrac{5}{6}$ 　　⑤ $\dfrac{11}{12}$

0623　Level 1

9개의 숫자 1, 1, 1, 1, 2, 2, 3, 3, 3 중에서 임의로 2개를 택할 때, 택한 두 수의 합이 5 이하일 확률은?
　　　　　　　　　(단, 택하는 순서는 생각하지 않는다.)

① $\dfrac{7}{12}$ 　　② $\dfrac{2}{3}$ 　　③ $\dfrac{3}{4}$

④ $\dfrac{5}{6}$ 　　⑤ $\dfrac{11}{12}$

0624　Level 2

파란 공 5개, 빨간 공 4개가 들어 있는 주머니에서 임의로 4개의 공을 동시에 꺼낼 때, 파란 공이 3개 이하일 확률은 $\dfrac{q}{p}$이다. 이때 $p+q$의 값을 구하시오.
　　　　　　　　　(단, p와 q는 서로소인 자연수이다.)

0625　Level 2

빨간 공, 노란 공, 파란 공이 각각 4개, 3개, 5개 들어 있는 주머니에서 임의로 3개의 공을 동시에 꺼낼 때, 두 가지 이상의 색깔의 공이 나올 확률은?

① $\dfrac{3}{4}$ 　　② $\dfrac{35}{44}$ 　　③ $\dfrac{37}{44}$

④ $\dfrac{39}{44}$ 　　⑤ $\dfrac{41}{44}$

0626　Level 2

여섯 개의 숫자 1, 2, 3, 4, 5, 6에서 서로 다른 네 개를 사용하여 만든 네 자리 자연수가 5400 이하일 확률은?

① $\dfrac{19}{30}$ 　　② $\dfrac{2}{3}$ 　　③ $\dfrac{7}{10}$

④ $\dfrac{11}{15}$ 　　⑤ $\dfrac{23}{30}$

0627

Level 2

서로 다른 세 개의 주사위를 동시에 던져서 나오는 눈의 수의 합이 5 이상일 확률은?

① $\dfrac{49}{54}$　　② $\dfrac{25}{27}$　　③ $\dfrac{17}{18}$

④ $\dfrac{26}{27}$　　⑤ $\dfrac{53}{54}$

0628

Level 2

남학생 4명, 여학생 n명 중에서 임의로 3명을 선발할 때, 선발된 남학생이 2명 이하일 확률이 $\dfrac{31}{35}$이다. n의 값을 구하시오.

다음은 이 유형에서 출제된 최근 교육청·평가원 기출문제입니다.

0629 · 2022학년도 대학수학능력시험

Level 2

1부터 10까지 자연수가 하나씩 적혀 있는 10장의 카드가 들어 있는 주머니가 있다. 이 주머니에서 임의로 카드 3장을 동시에 꺼낼 때, 꺼낸 카드에 적혀 있는 세 자연수 중에서 가장 작은 수가 4 이하이거나 7 이상일 확률은?

① $\dfrac{4}{5}$　　② $\dfrac{5}{6}$　　③ $\dfrac{13}{15}$

④ $\dfrac{9}{10}$　　⑤ $\dfrac{14}{15}$

실전유형 **21** 여사건의 확률 – '아닌'의 조건이 있는 경우 빈출유형

'조건 p가 아닌 사건'은 '조건 p인 사건'의 여사건이다.
→ (조건 p가 아닐 확률)＝1－(조건 p일 확률)

0630 대표문제

서로 다른 두 개의 주사위를 동시에 던져서 나오는 눈의 수의 곱이 5의 배수가 아닐 확률은?

① $\dfrac{11}{18}$　　② $\dfrac{23}{36}$　　③ $\dfrac{2}{3}$

④ $\dfrac{25}{36}$　　⑤ $\dfrac{13}{18}$

0631

Level 1

1부터 50까지의 자연수가 각각 하나씩 적힌 50개의 공이 들어 있는 주머니에서 임의로 한 개의 공을 꺼낼 때, 꺼낸 공에 적힌 수가 8의 배수가 아닐 확률은?

① $\dfrac{16}{25}$　　② $\dfrac{18}{25}$　　③ $\dfrac{4}{5}$

④ $\dfrac{22}{25}$　　⑤ $\dfrac{24}{25}$

0632

Level 2

3개의 문자 a, a, b와 4개의 숫자 1, 2, 2, 2를 일렬로 나열할 때, 3개의 문자가 모두 이웃하지 않게 나열할 확률은?

① $\dfrac{2}{7}$　　② $\dfrac{3}{7}$　　③ $\dfrac{4}{7}$

④ $\dfrac{5}{7}$　　⑤ $\dfrac{6}{7}$

0633

서로 다른 색깔의 티셔츠 4벌과 서로 다른 색깔의 바지 2벌이 있다. 이 6벌의 옷을 임의로 2벌씩 서로 구별이 되지 않는 바구니 3개에 나누어 담을 때, 바지를 같은 바구니에 담지 않을 확률은?

① $\dfrac{3}{5}$ ② $\dfrac{2}{3}$ ③ $\dfrac{11}{15}$

④ $\dfrac{4}{5}$ ⑤ $\dfrac{13}{15}$

0634

한 개의 주사위를 세 번 던져서 나오는 눈의 수를 차례로 a, b, c라 할 때, abc가 소수가 아닐 확률은?

① $\dfrac{61}{72}$ ② $\dfrac{7}{8}$ ③ $\dfrac{65}{72}$

④ $\dfrac{67}{72}$ ⑤ $\dfrac{23}{24}$

0635

두 집합 X, Y에 대하여

$X=\{2,\ 4,\ 6,\ 8,\ 10,\ 12,\ 14,\ 16\}$,

$Y=\{2,\ 2^2,\ 2^3,\ 2^4,\ 2^5,\ 2^6,\ 2^7,\ 2^8,\ 2^9\}$

이라 하자. 집합 X의 원소 중에서 임의로 한 원소를 택하고, 집합 Y의 원소 중에서 임의로 한 원소를 택하여 각각 x, y라 할 때, $x+y$가 3의 배수가 아닐 확률은?

① $\dfrac{11}{24}$ ② $\dfrac{13}{24}$ ③ $\dfrac{5}{8}$

④ $\dfrac{17}{24}$ ⑤ $\dfrac{19}{24}$

다음은 이 유형에서 출제된 최근 교육청·평가원 기출문제입니다.

0636 · 2019학년도 대학수학능력시험

숫자 1, 2, 3, 4가 하나씩 적혀 있는 흰 공 4개와 숫자 4, 5, 6이 하나씩 적혀 있는 검은 공 3개가 있다. 이 7개의 공을 임의로 일렬로 나열할 때, 같은 숫자가 적혀 있는 공이 서로 이웃하지 않게 나열될 확률은 $\dfrac{q}{p}$이다. $p+q$의 값을 구하시오. (단, p와 q는 서로소인 자연수이다.)

0637 신경향 · 평가원 2021학년도 9월

1부터 6까지의 자연수가 하나씩 적혀 있는 6장의 카드가 들어 있는 주머니가 있다. 이 주머니에서 임의로 두 장의 카드를 동시에 꺼내어 적혀 있는 수를 확인한 후 다시 넣는 시행을 두 번 반복한다. 첫 번째 시행에서 확인한 두 수 중 작은 수를 a_1, 큰 수를 a_2라 하고, 두 번째 시행에서 확인한 두 수 중 작은 수를 b_1, 큰 수를 b_2라 하자. 두 집합 A, B를

$A=\{x\,|\,a_1\le x\le a_2\}$, $B=\{x\,|\,b_1\le x\le b_2\}$

라 할 때, $A\cap B\ne\varnothing$일 확률은?

① $\dfrac{3}{5}$ ② $\dfrac{2}{3}$ ③ $\dfrac{11}{15}$

④ $\dfrac{4}{5}$ ⑤ $\dfrac{13}{15}$

사건 A가 일어나는 경우의 수를 구하는 것보다 A의 여사건 A^c가 일어나는 경우의 수를 구하는 것이 더 간단한 경우 $P(A)=1-P(A^c)$임을 이용한다.

0638 대표문제

세 개의 주사위를 동시에 던져서 나오는 눈의 수를 각각 a, b, c라 할 때, abc가 짝수일 확률은?

① $\dfrac{3}{8}$ ② $\dfrac{1}{2}$ ③ $\dfrac{5}{8}$

④ $\dfrac{3}{4}$ ⑤ $\dfrac{7}{8}$

0639 　　　　　　　　　Level 2

1부터 9까지의 자연수가 각각 하나씩 적힌 9개의 공이 들어 있는 주머니에서 임의로 3개의 공을 동시에 꺼낼 때, 꺼낸 공에 적힌 세 수의 곱이 짝수일 확률을 구하시오.

0640 　　　　　　　　　Level 2

각 면에 1부터 8까지의 자연수가 각각 하나씩 적힌 정팔면체 모양의 주사위를 세 번 던져서 바닥에 닿은 면에 적힌 수를 차례로 a, b, c라 할 때, $(a-b)(b-c)(c-a)=0$일 확률은?

① $\dfrac{11}{32}$ ② $\dfrac{3}{8}$ ③ $\dfrac{13}{32}$

④ $\dfrac{7}{16}$ ⑤ $\dfrac{15}{32}$

0641 　　　　　　　　　Level 2

크기가 서로 다른 흰 공 4개와 크기가 서로 다른 검은 공 2개가 있다. 이 6개의 공을 임의로 2개씩 서로 구별이 되지 않는 상자 3개에 나누어 넣을 때, 검은 공을 서로 다른 상자에 넣을 확률은?

① $\dfrac{4}{15}$ ② $\dfrac{2}{5}$ ③ $\dfrac{8}{15}$

④ $\dfrac{2}{3}$ ⑤ $\dfrac{4}{5}$

0642 　　　　　　　　　Level 2

여섯 개의 문자 A, U, G, U, S, T를 일렬로 나열할 때, A가 G보다 왼쪽에 오거나 G가 S보다 왼쪽에 오도록 나열될 확률은?

① $\dfrac{7}{12}$ ② $\dfrac{2}{3}$ ③ $\dfrac{3}{4}$

④ $\dfrac{5}{6}$ ⑤ $\dfrac{11}{12}$

0643 　　　　　　　　　Level 2

집합 $S=\{1, 2, 3, 4, 5, 6, 7\}$의 원소가 2개 이상인 부분집합 중에서 임의로 한 개를 택할 때, 이 부분집합의 모든 원소의 곱이 짝수일 확률은 $\dfrac{q}{p}$이다. 이때 $p+q$의 값을 구하시오. (단, p와 q는 서로소인 자연수이다.)

0644 · 교육청 2017년 10월

●|| Level 2

A, B를 포함한 8명의 요리 동아리 회원 중에서 요리 박람회에 참가할 5명의 회원을 임의로 뽑을 때, A 또는 B가 뽑힐 확률은?

① $\dfrac{17}{28}$ ② $\dfrac{19}{28}$ ③ $\dfrac{3}{4}$

④ $\dfrac{23}{28}$ ⑤ $\dfrac{25}{28}$

0645 · 교육청 2021년 10월

●|| Level 2

한 개의 주사위를 두 번 던져서 나오는 눈의 수를 차례로 a, b라 할 때, 두 수 a, b의 최대공약수가 홀수일 확률은?

① $\dfrac{5}{12}$ ② $\dfrac{1}{2}$ ③ $\dfrac{7}{12}$

④ $\dfrac{2}{3}$ ⑤ $\dfrac{3}{4}$

0646 고난도 · 평가원 2022학년도 6월

●|| Level 3

숫자 1, 2, 3이 하나씩 적혀 있는 3개의 공이 들어 있는 주머니가 있다. 이 주머니에서 임의로 한 개의 공을 꺼내어 공에 적혀 있는 수를 확인한 후 다시 넣는 시행을 한다. 이 시행을 5번 반복하여 확인한 5개의 수의 곱이 6의 배수일 확률이 $\dfrac{q}{p}$일 때, $p+q$의 값을 구하시오.

(단, p와 q는 서로소인 자연수이다.)

+ **Plus 문제**

길이, 넓이, 도형의 성질 등을 이용하여 확률을 구한다.

0647 대표문제

그림과 같이 원 위에 8개의 점이 일정한 간격으로 놓여 있다. 이 8개의 점 중에서 임의로 3개의 점을 택하여 만든 삼각형이 직각삼각형일 확률은?

① $\dfrac{11}{28}$ ② $\dfrac{3}{7}$

③ $\dfrac{13}{28}$ ④ $\dfrac{1}{2}$

⑤ $\dfrac{15}{28}$

0648

●|| Level 1

그림과 같이 원 위에 6개의 점이 일정한 간격으로 놓여 있다. 이 6개의 점 중에서 임의로 3개의 점을 택하여 만든 삼각형이 정삼각형일 확률은?

① $\dfrac{1}{20}$ ② $\dfrac{1}{10}$

③ $\dfrac{3}{10}$ ④ $\dfrac{2}{5}$

⑤ $\dfrac{1}{2}$

0649

●|| Level 2

좌표평면 위에 두 점 O$(0, 0)$, R$(10, 0)$이 있다. 한 개의 주사위를 2번 던져서 나오는 눈의 수를 차례로 a, b라 할 때, 점 S의 좌표를 (a, b)라 하자. 삼각형 ORS가 이등변삼각형일 확률은?

① $\dfrac{5}{36}$ ② $\dfrac{1}{6}$ ③ $\dfrac{7}{36}$

④ $\dfrac{2}{9}$ ⑤ $\dfrac{1}{4}$

0650

Level 2

한 개의 주사위를 던져서 나오는 눈의 수를 a라 하자. 함수 $f(x)=x^2-3x+a\left(x\geq\dfrac{3}{2}\right)$의 그래프와 그 역함수 $y=f^{-1}(x)$의 그래프가 만날 확률은?

① $\dfrac{1}{6}$ ② $\dfrac{1}{3}$ ③ $\dfrac{1}{2}$

④ $\dfrac{2}{3}$ ⑤ $\dfrac{5}{6}$

0651

Level 2

그림과 같이 평행한 두 직선 l, m 사이의 거리는 2이다. 직선 l 위에 이웃하는 두 점 사이의 거리가 1인 3개의 점이 있고, 직선 m 위에 이웃하는 두 점 사이의 거리가 1인 4개의 점이 있다. 이 7개의 점 중에서 임의로 택한 3개의 점을 꼭짓점으로 하는 삼각형을 만들 때, 삼각형의 넓이가 2 이상일 확률은 $\dfrac{q}{p}$이다. 이때 $p+q$의 값을 구하시오.

(단, p와 q는 서로소인 자연수이다.)

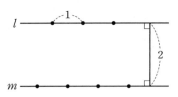

0652

Level 2

한 개의 주사위를 3번 던져서 나오는 눈의 수를 차례로 a, b, c라 하자. 두 집합 $A=\{(x,\ y)\,|\,ax+by+1=0\}$, $B=\{(x,\ y)\,|\,cx+ay+1=0\}$에 대하여 $n(A\cap B)=1$일 확률을 구하시오.

0653

Level 2

그림과 같이 한 모서리의 길이가 1인 정육면체가 있다. 정육면체의 꼭짓점 중에서 임의로 택한 서로 다른 두 점을 연결한 선분의 길이가 무리수일 확률은?

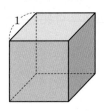

① $\dfrac{1}{7}$ ② $\dfrac{2}{7}$ ③ $\dfrac{3}{7}$

④ $\dfrac{4}{7}$ ⑤ $\dfrac{5}{7}$

다음은 이 유형에서 출제된 최근 교육청·평가원 기출문제입니다.

0654 · 평가원 2020학년도 9월

Level 2

다음 조건을 만족시키는 좌표평면 위의 점 $(a,\ b)$ 중에서 임의로 서로 다른 두 점을 선택할 때, 선택된 두 점 사이의 거리가 1보다 클 확률은?

> (가) a, b는 자연수이다.
> (나) $1\leq a\leq 4$, $1\leq b\leq 3$

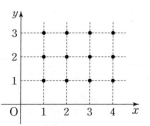

① $\dfrac{41}{66}$ ② $\dfrac{43}{66}$ ③ $\dfrac{15}{22}$

④ $\dfrac{47}{66}$ ⑤ $\dfrac{49}{66}$

서술형 유형 익히기

0655 대표문제

1, 2, 3, 4, 5의 숫자가 각각 하나씩 적힌 5개의 공이 들어 있는 주머니에서 임의로 한 개의 공을 꺼내어 공에 적힌 수를 확인하는 시행을 한다. 이와 같은 시행을 3번 반복하여 확인한 공에 적힌 수를 꺼낸 차례로 a, b, c라 할 때, $a+bc$가 짝수일 확률을 구하는 과정을 서술하시오.

(단, 꺼낸 공은 주머니에 다시 넣지 않는다.) [6점]

> **STEP 1** a, b, c의 모든 순서쌍 (a, b, c)의 개수 구하기 [1점]
>
> a, b, c의 모든 순서쌍 (a, b, c)의 개수는 $_5\mathrm{P}_3=$ [(1)   ]
>
> **STEP 2** $a+bc$가 짝수인 순서쌍 (a, b, c)의 개수 구하기 [4점]
> $a+bc$가 짝수인 a, b, c의 순서쌍 (a, b, c)는 다음과 같다.
> (ⅰ) (홀수, 홀수, 홀수)인 경우
>
> 순서쌍 (a, b, c)의 개수는 $3\times2\times1=$ [(2)   ]
>
> (ⅱ) (짝수, 홀수, 짝수)인 경우
>
> 순서쌍 (a, b, c)의 개수는 $2\times3\times$ [(3)] $=6$
>
> (ⅲ) (짝수, 짝수, [(4)   ])인 경우
>
> 순서쌍 (a, b, c)의 개수는 $2\times1\times3=6$
> (ⅰ)~(ⅲ)에서 $a+bc$가 짝수인 a, b, c의 순서쌍 (a, b, c)의
>
> 개수는 [(5)   ]이다.
>
> **STEP 3** 확률 구하기 [1점]
>
> 구하는 확률은 [(6)]

0656 한번 더

1, 2, 3, 4, 5, 6, 7의 숫자가 각각 하나씩 적힌 7개의 공이 들어 있는 주머니에서 임의로 한 개의 공을 꺼내어 공에 적힌 수를 확인하는 시행을 한다. 이와 같은 시행을 3번 반복하여 확인한 공에 적힌 수를 꺼낸 차례로 a, b, c라 할 때, $a+bc$가 짝수일 확률을 구하는 과정을 서술하시오.

(단, 꺼낸 공은 주머니에 다시 넣지 않는다.) [7점]

> **STEP 1** a, b, c의 모든 순서쌍 (a, b, c)의 개수 구하기 [1점]

> **STEP 2** $a+bc$가 짝수인 순서쌍 (a, b, c)의 개수 구하기 [5점]

> **STEP 3** 확률 구하기 [1점]

0657 유사 1

5개의 숫자 1, 2, 3, 4, 5에서 중복을 허용하여 세 자리 자연수를 만들려고 한다. 백의 자리, 십의 자리, 일의 자리의 숫자를 각각 a, b, c라 할 때, $(a+b)c$가 홀수일 확률을 구하는 과정을 서술하시오. [7점]

핵심 KEY **유형 3** . **유형 5** 순열 또는 중복순열 이용하는 확률

순열 또는 중복순열을 이용하여 확률을 구하는 문제이다.
주어진 조건을 만족시키는 경우를 빠짐없이 잘 찾아내는 것이 핵심 요소이다.

0658 대표문제

1부터 8까지의 자연수가 각각 하나씩 적힌 8개의 공을 A, B 두 사람에게 임의로 4개씩 나누어 줄 때, 각각 받은 공에 적힌 수의 합이 짝수일 확률을 구하는 과정을 서술하시오. [6점]

> **STEP 1** 8개의 공을 두 사람에게 4개씩 나누어 주는 모든 경우의 수 구하기 [1점]
>
> 8개의 공을 두 사람에게 4개씩 나누어 주는 경우의 수는
>
> $_8C_4 \times _4C_4 = $ (1)[ ]
>
> **STEP 2** 두 사람이 각각 받은 공에 적힌 수의 합이 짝수인 경우의 수 구하기 [4점]
>
> $(1+2+\cdots+8)$이 짝수이므로 A가 받은 공에 적힌 수의 합이 짝수이면 B가 받은 공에 적힌 수의 합도 (2)[ ]이다. 이 때 A가 받은 공에 적힌 수의 합이 짝수인 경우는 다음과 같다.
>
> (i) 홀수가 적힌 공이 2개, 짝수가 적힌 공이 2개인 경우의 수는 $_4C_2 \times _4C_2 = $ (3)[ ]
>
> (ii) 홀수가 적힌 공이 4개인 경우의 수는 $_4C_4 \times _4C_0 = $ (4)[ ]
>
> (iii) 짝수가 적힌 공이 4개인 경우의 수는 $_4C_0 \times _4C_4 = $ (5)[ ]
>
> **STEP 3** 확률 구하기 [1점]
>
> 구하는 확률은 $\dfrac{36+1+1}{70} = $ (6)[ ]

0659 한번 더

1이 적힌 공이 2개, 2가 적힌 공이 2개, 3이 적힌 공이 2개 들어 있는 상자에서 임의로 3개의 공을 동시에 꺼낼 때, 꺼낸 공에 적힌 세 수의 합과 상자에 남은 공에 적힌 세 수의 합이 모두 홀수일 확률을 구하는 과정을 서술하시오. [6점]

> **STEP 1** 6개의 공 중에서 3개의 공을 꺼내는 모든 경우의 수 구하기 [1점]

> **STEP 2** 꺼낸 공에 적힌 세 수의 합과 상자에 남은 공에 적힌 세 수의 합이 모두 홀수인 경우의 수 구하기 [4점]

> **STEP 3** 확률 구하기 [1점]

0660 유사 1

12의 양의 약수가 각각 하나씩 적힌 6개의 공을 서로 구별이 되지 않는 두 개의 상자에 나누어 담을 때, 각 상자에 담긴 공에 적힌 수의 합이 모두 짝수일 확률을 구하는 과정을 서술하시오. (단, 빈 상자가 없도록 나누어 담으며, 한 개의 공이 담긴 경우 그 공에 적힌 수를 합으로 한다.) [8점]

0661 유사 2

12 이하의 자연수가 각각 하나씩 적힌 12개의 공을 서로 구별이 되지 않는 세 개의 상자에 각각 4개씩 나누어 담을 때, 각 상자에 담긴 공에 적힌 수의 합이 모두 짝수일 확률을 구하는 과정을 서술하시오. [9점]

핵심 KEY 유형 9 조합을 이용하는 확률 – 묶음으로 나누는 경우

묶음으로 나누는 경우의 수를 이용하여 확률을 구하는 문제이다.
서로 다른 공을 같은 개수씩 나눌 때, 구별이 되는 상황에서 나누는 경우의 수와 구별이 되지 않는 상황에서 나누는 경우의 수가 다름에 주의해야 한다.

0662 대표문제

sunday에 있는 6개의 문자를 일렬로 나열할 때, 두 모음 사이에 적어도 한 개의 자음이 있을 확률을 구하는 과정을 서술하시오. [6점]

STEP 1 6개의 문자를 일렬로 나열하는 모든 경우의 수 구하기 [1점]

6개의 문자를 일렬로 나열하는 경우의 수는 $\boxed{}^{(1)}!=720$

STEP 2 여사건의 확률 구하기 [4점]

두 모음 u, a 사이에 적어도 한 개의 자음이 있는 사건을 A 라 하면 A^C는 두 모음 u, a가 이웃하는 사건이다.

u, a를 한 개의 문자로 생각하고 일렬로 나열하는 경우의 수 는 $\boxed{}^{(2)}!=120$

u, a가 서로 자리를 바꾸는 경우의 수는 $\boxed{}^{(3)}$

$\therefore \mathrm{P}(A^C)=\dfrac{120\times 2}{720}=\boxed{}^{(4)}$

STEP 3 확률 구하기 [1점]

구하는 확률은

$\mathrm{P}(A)=1-\mathrm{P}(A^C)=1-\boxed{}^{(5)}=\boxed{}^{(6)}$

0663 한번 더

student에 있는 7개의 문자를 일렬로 나열할 때, 두 모음 사이에 적어도 한 개의 자음이 있을 확률을 구하는 과정을 서술하시오. [6점]

STEP 1 7개의 문자를 일렬로 나열하는 모든 경우의 수 구하기 [1점]

STEP 2 여사건의 확률 구하기 [4점]

STEP 3 확률 구하기 [1점]

0664 유사 1

calculus에 있는 8개의 문자를 일렬로 나열할 때, 적어도 두 개의 모음이 이웃하는 확률을 구하는 과정을 서술하시오. [8점]

0665 유사 2

8개의 숫자 1, 1, 1, 2, 2, 3, 4, 4를 일렬로 나열할 때, 이웃하는 두 수의 합이 짝수인 곳이 적어도 한 곳 있도록 나열하는 확률을 구하는 과정을 서술하시오. [8점]

핵심 KEY 유형 19 여사건의 확률 – '적어도'의 조건이 있는 경우

여사건을 이용하여 확률을 구하는 문제이다.
'적어도'의 조건이 있는 경우 일반적으로 여사건을 이용하여 계산하는 것이 더 간단하다. 주어진 사건에 대한 여사건이 무엇인지 나타내고, 여사건이 일어나는 경우의 수를 구해 본다.

1 0666

1부터 12까지 자연수가 각각 하나씩 적힌 12장의 카드 중에서 임의로 한 장의 카드를 뽑을 때, 뽑은 카드에 적힌 수가 12의 약수인 사건을 A, 소수인 사건을 B, 5의 배수인 사건을 C라 하자. 〈보기〉에서 서로 배반사건인 것만을 있는 대로 고른 것은? [3점]

〈보기〉

ㄱ. A와 B ㄴ. A와 C ㄷ. B와 C

① ㄱ   ② ㄴ   ③ ㄷ
④ ㄱ, ㄴ   ⑤ ㄴ, ㄷ

2 0667

서로 다른 세 개의 주사위를 동시에 던질 때, 나오는 눈의 수의 합이 6일 확률은? [3점]

① $\dfrac{1}{216}$ ② $\dfrac{1}{108}$ ③ $\dfrac{1}{36}$
④ $\dfrac{5}{108}$ ⑤ $\dfrac{7}{108}$

3 0668

한 개의 주사위를 두 번 던져서 나오는 눈의 수를 차례로 a, b라 할 때, $a<b$일 확률은? [3점]

① $\dfrac{1}{12}$ ② $\dfrac{1}{6}$ ③ $\dfrac{1}{4}$
④ $\dfrac{1}{3}$ ⑤ $\dfrac{5}{12}$

4 0669

1부터 10까지의 자연수 중에서 서로 다른 세 수를 택하여 작은 수부터 차례로 나열할 때, 이 세 수가 나열된 순서대로 등비수열을 이룰 확률은? [3점]

① $\dfrac{1}{90}$ ② $\dfrac{1}{45}$ ③ $\dfrac{1}{30}$
④ $\dfrac{2}{45}$ ⑤ $\dfrac{1}{18}$

5 0670

6개의 문자 N, U, M, B, E, R를 일렬로 나열할 때, 양 끝에 모음이 올 확률은? [3점]

① $\dfrac{1}{30}$ ② $\dfrac{1}{15}$ ③ $\dfrac{1}{10}$
④ $\dfrac{2}{15}$ ⑤ $\dfrac{1}{6}$

6 0671

8개의 문자 Z, O, O, M, B, O, O, M을 일렬로 나열할 때, 모든 모음이 이웃할 확률은? [3점]

① $\dfrac{1}{14}$ ② $\dfrac{1}{7}$ ③ $\dfrac{3}{14}$

④ $\dfrac{2}{7}$ ⑤ $\dfrac{5}{14}$

7 0672

4명의 학생 A, B, C, D가 주사위를 한 번씩 던질 때, 다음 조건을 만족시킬 확률은? [3점]

㈎ 홀수의 눈 1, 3, 5는 나오지 않는다.
㈏ 짝수의 눈 2, 4, 6은 모두 적어도 한 번 나온다.

① $\dfrac{1}{36}$ ② $\dfrac{1}{18}$ ③ $\dfrac{1}{12}$

④ $\dfrac{1}{9}$ ⑤ $\dfrac{5}{36}$

8 0673

다음은 어느 반 학생들이 태어난 계절을 조사한 표이다.

계절	봄	여름	가을	겨울
학생 수(명)	11	9	4	6

이 학급에서 임의로 한 학생을 택할 때, 그 학생이 태어난 계절이 겨울일 확률은? [3점]

① $\dfrac{3}{20}$ ② $\dfrac{1}{5}$ ③ $\dfrac{3}{10}$

④ $\dfrac{7}{20}$ ⑤ $\dfrac{2}{5}$

9 0674

두 사건 A, B에 대하여

$$\mathrm{P}(A)+\mathrm{P}(B)=\frac{7}{10},\ \mathrm{P}(A\cap B)=\frac{1}{5}$$

일 때, $\mathrm{P}(A\cup B)$는? [3점]

① $\dfrac{2}{5}$ ② $\dfrac{1}{2}$ ③ $\dfrac{11}{20}$

④ $\dfrac{3}{5}$ ⑤ $\dfrac{7}{10}$

10 0675

6개의 문자 a, a, b, b, c, d를 일렬로 나열할 때, 같은 문자끼리는 서로 이웃하지 않을 확률은? [3점]

① $\dfrac{2}{5}$ ② $\dfrac{13}{30}$ ③ $\dfrac{7}{15}$

④ $\dfrac{1}{2}$ ⑤ $\dfrac{8}{15}$

11 0676

각 면에 1부터 4까지의 자연수가 각각 하나씩 적힌 두 개의 정사면체 모양의 주사위 A, B를 던졌을 때, 바닥에 닿은 면에 적힌 수를 각각 a, b라 하자. 두 직선 $y=ax+2$, $y=\dfrac{b}{2}x+1$이 평행할 확률은? [3점]

① $\dfrac{1}{8}$ ② $\dfrac{1}{4}$ ③ $\dfrac{3}{8}$

④ $\dfrac{1}{2}$ ⑤ $\dfrac{5}{8}$

12 0677

빨간 공 1개, 노란 공 2개, 파란 공 3개, 검은 공 4개가 들어 있는 주머니에서 임의로 3개의 공을 동시에 꺼낼 때, 공의 색이 모두 다를 확률은? [3.5점]

① $\dfrac{1}{6}$　　　　② $\dfrac{1}{3}$　　　　③ $\dfrac{5}{12}$

④ $\dfrac{1}{2}$　　　　⑤ $\dfrac{7}{12}$

13 0678

6 이하의 자연수가 각각 하나씩 적힌 6장의 카드를 3명의 학생 A, B, C에게 임의로 2장씩 나누어 줄 때, A가 받은 2장의 카드에 적힌 두 수가 서로소일 확률은? [3.5점]

① $\dfrac{7}{15}$　　　　② $\dfrac{8}{15}$　　　　③ $\dfrac{3}{5}$

④ $\dfrac{2}{3}$　　　　⑤ $\dfrac{11}{15}$

14 0679

방정식 $x+y+z=11$을 만족시키는 음이 아닌 정수 x, y, z의 모든 순서쌍 (x, y, z) 중에서 임의로 한 개를 선택할 때, x, y, z가 모두 홀수일 확률은? [3.5점]

① $\dfrac{3}{26}$　　　　② $\dfrac{5}{26}$　　　　③ $\dfrac{7}{26}$

④ $\dfrac{9}{26}$　　　　⑤ $\dfrac{11}{26}$

15 0680

세 자리 자연수 $N=a\times 10^2+b\times 10+c$ $(a, b, c$는 0 이상 9 이하의 정수, $a\neq 0)$에 대하여 $a\leq b\leq c$일 확률은? [3.5점]

① $\dfrac{11}{60}$　　　　② $\dfrac{13}{60}$　　　　③ $\dfrac{1}{4}$

④ $\dfrac{17}{60}$　　　　⑤ $\dfrac{19}{60}$

16 0681

집합 $A=\{1, 2, 3, 4, 5, 6, 7\}$의 부분집합 중에서 임의로 하나의 집합을 택하여 X라 할 때, 집합 X가 다음 조건을 만족시킬 확률은? [3.5점]

> (가) $n(X)=4$
> (나) $\{1, 2\}\cap X\neq\varnothing$

① $\dfrac{11}{64}$　　　　② $\dfrac{3}{16}$　　　　③ $\dfrac{13}{64}$

④ $\dfrac{7}{32}$　　　　⑤ $\dfrac{15}{64}$

17 0682

한 개의 주사위를 두 번 던져서 나오는 눈의 수를 차례로 a, b라 할 때, $(a-3)(b-4)>0$이 성립할 확률은? [3.5점]

① $\dfrac{1}{3}$　　② $\dfrac{7}{18}$　　③ $\dfrac{4}{9}$

④ $\dfrac{1}{2}$　　⑤ $\dfrac{5}{9}$

18 0683

주머니에 1, -1, i, $-i$가 각각 하나씩 적힌 공 4개가 들어 있다. 이 주머니에서 임의로 한 개의 공을 꺼내어 공에 적힌 수를 확인하고 다시 주머니 속에 넣은 다음 또 한 개의 공을 꺼내어 공에 적힌 수를 확인한다. 차례로 꺼낸 두 개의 공에 적힌 수의 곱이 실수일 확률은? (단, $i=\sqrt{-1}$) [4점]

① $\dfrac{1}{2}$　　② $\dfrac{9}{16}$　　③ $\dfrac{5}{8}$

④ $\dfrac{11}{16}$　　⑤ $\dfrac{3}{4}$

19 0684

A, B를 포함한 6명의 학생을 임의로 2명씩 세 팀으로 나눌 때, A와 B가 다른 팀으로 이루어질 확률은? [4점]

① $\dfrac{8}{15}$　　② $\dfrac{3}{5}$　　③ $\dfrac{2}{3}$

④ $\dfrac{11}{15}$　　⑤ $\dfrac{4}{5}$

20 0685

1부터 6까지의 자연수가 각각 하나씩 적힌 6개의 의자가 있다. 여학생 2명과 남학생 4명이 임의로 이 의자에 각각 한 명씩 앉을 때, 적어도 한 여학생이 좌석 번호가 짝수인 의자에 앉을 확률은? [4점]

① $\dfrac{2}{5}$　　② $\dfrac{1}{2}$　　③ $\dfrac{3}{5}$

④ $\dfrac{7}{10}$　　⑤ $\dfrac{4}{5}$

21 0686

정육각형 ABCDEF의 네 꼭짓점을 택하여 만든 사각형이 직사각형일 확률은? [4점]

① $\dfrac{1}{10}$　　② $\dfrac{1}{5}$

③ $\dfrac{3}{10}$　　④ $\dfrac{2}{5}$

⑤ $\dfrac{1}{2}$

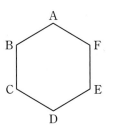

22 0687

검은 공 6개와 흰 공 4개가 들어 있는 주머니에서 임의로 3개의 공을 동시에 꺼낼 때, 흰 공이 적어도 한 개 포함될 확률을 구하는 과정을 서술하시오. [6점]

24 0689

집합 $X=\{1,\ 2,\ 3,\ 4\}$에 대하여 X에서 X로의 함수 f 중에서 임의로 하나를 택할 때, $f(1)+f(2)+f(3)=7$일 확률을 구하는 과정을 서술하시오. [8점]

23 0688

상자에 1부터 5까지의 자연수가 각각 하나씩 적힌 5장의 카드가 들어 있다. 이 상자에서 임의로 카드를 한 장씩 두 번 꺼내어 꺼낸 카드에 적힌 수를 차례로 a, b라 하자. 확률의 덧셈정리를 이용하여 $10a+b$가 홀수이거나 3의 배수일 확률을 구하는 과정을 서술하시오.

(단, 꺼낸 카드는 상자에 다시 넣지 않는다.) [7점]

25 0690

서로 다른 5개의 초콜릿을 남김없이 4명의 학생 A, B, C, D에게 임의로 나누어 줄 때, A는 2개만 받고, B는 1개 이상 받도록 나누어 줄 확률을 구하는 과정을 서술하시오.

(단, 초콜릿을 하나도 받지 못하는 사람이 있을 수 있다.)

[9점]

1 0691

주사위 한 개를 던지는 시행에서 3의 배수의 눈이 나오는 사건을 A라 할 때, 사건 A와 서로 배반인 사건의 개수는?

[3점]

① 8   ② 10   ③ 12
④ 14   ⑤ 16

2 0692

한 개의 주사위를 던져서 나오는 눈의 수를 a라 할 때, 이차부등식 $(a-2)(a-5)<0$이 성립할 확률은? [3점]

① $\dfrac{1}{6}$ ② $\dfrac{1}{3}$ ③ $\dfrac{1}{2}$
④ $\dfrac{2}{3}$ ⑤ $\dfrac{5}{6}$

3 0693

a, b, c, d, e의 5명이 원탁에 둘러앉을 때, a와 b가 이웃하여 앉을 확률은?

(단, 회전하여 일치하는 것은 같은 것으로 본다.) [3점]

① $\dfrac{1}{2}$ ② $\dfrac{1}{3}$ ③ $\dfrac{1}{4}$
④ $\dfrac{1}{5}$ ⑤ $\dfrac{1}{6}$

4 0694

1, 2, 3, 4, 5의 숫자가 각각 하나씩 적힌 5장의 카드가 들어 있는 상자에서 임의로 3장의 카드를 동시에 꺼낼 때, 카드에 적힌 수의 합이 홀수일 확률은? [3점]

① $\dfrac{1}{10}$ ② $\dfrac{1}{5}$ ③ $\dfrac{3}{10}$
④ $\dfrac{2}{5}$ ⑤ $\dfrac{1}{2}$

5 0695

두 사건 A, B는 서로 배반사건이고

$$\mathrm{P}(A)=2\mathrm{P}(B),\ \mathrm{P}(A^c \cap B^c)=\dfrac{1}{6}$$

일 때, $\mathrm{P}(B)$는? [3점]

① $\dfrac{1}{18}$ ② $\dfrac{1}{9}$ ③ $\dfrac{1}{6}$
④ $\dfrac{2}{9}$ ⑤ $\dfrac{5}{18}$

6 0696

한 개의 주사위를 세 번 던질 때, 같은 눈의 수가 적어도 두 번 나올 확률은? [3점]

① $\dfrac{1}{9}$ ② $\dfrac{2}{9}$ ③ $\dfrac{1}{3}$
④ $\dfrac{4}{9}$ ⑤ $\dfrac{5}{9}$

7 0697

두 개의 주사위를 동시에 던져서 나오는 눈의 수를 각각 a, b라 할 때, $(a-1)(b-1) \geq 1$이 성립할 확률은? [3점]

① $\dfrac{7}{12}$ ② $\dfrac{11}{18}$ ③ $\dfrac{23}{36}$

④ $\dfrac{2}{3}$ ⑤ $\dfrac{25}{36}$

8 0698

한 개의 주사위를 세 번 던져서 나오는 눈의 수를 차례로 a, b, c라 할 때, x에 대한 이차방정식 $ax^2+2bx+c=0$이 중근을 가질 확률은? [3.5점]

① $\dfrac{1}{27}$ ② $\dfrac{2}{27}$ ③ $\dfrac{1}{9}$

④ $\dfrac{4}{27}$ ⑤ $\dfrac{5}{27}$

9 0699

서로 다른 소설책 2권과 서로 다른 만화책 4권을 책꽂이에 나란히 꽂을 때, 소설책 2권이 이웃하게 될 확률은? [3.5점]

① $\dfrac{1}{5}$ ② $\dfrac{1}{3}$ ③ $\dfrac{2}{5}$

④ $\dfrac{1}{2}$ ⑤ $\dfrac{3}{5}$

10 0700

남학생 3명, 여학생 3명이 원탁에 둘러앉을 때, 남녀가 번갈아 가며 앉을 확률은?

(단, 회전하여 일치하는 것은 같은 것으로 본다.) [3.5점]

① $\dfrac{1}{20}$ ② $\dfrac{1}{12}$ ③ $\dfrac{1}{10}$

④ $\dfrac{1}{9}$ ⑤ $\dfrac{1}{8}$

11 0701

빨간 공 3개, 노란 공 2개, 파란 공 1개가 들어 있는 주머니가 있다. 이 주머니에서 임의로 3개의 공을 동시에 꺼낼 때, 꺼낸 3개의 공의 색이 두 가지로 나올 확률은? [3.5점]

① $\dfrac{11}{20}$ ② $\dfrac{3}{5}$ ③ $\dfrac{13}{20}$

④ $\dfrac{7}{10}$ ⑤ $\dfrac{3}{4}$

12 0702

표본공간이 S인 임의의 두 사건 A, B에 대하여 〈보기〉에서 옳은 것만을 있는 대로 고른 것은? [3.5점]

〈보기〉
ㄱ. $\mathrm{P}(A) \leq \mathrm{P}(B)$이면 $A \subset B$이다.
ㄴ. 두 사건 A, B가 서로 배반사건이면
$\mathrm{P}(A \cup B) = \mathrm{P}(A) + \mathrm{P}(B)$이다.
ㄷ. $\mathrm{P}(A \cup B) \geq \mathrm{P}(A) + \mathrm{P}(B)$이면 두 사건 A, B가 서로 배반사건이다.

① ㄱ
② ㄱ, ㄴ
③ ㄱ, ㄷ
④ ㄴ, ㄷ
⑤ ㄱ, ㄴ, ㄷ

13 0703

주머니에 1부터 20까지의 자연수가 각각 하나씩 적힌 20개의 공이 들어 있다. 이 주머니에서 임의로 꺼낸 한 개의 공에 적힌 수가 20의 약수이거나 3의 배수일 확률은? [3.5점]

① $\dfrac{2}{5}$
② $\dfrac{1}{2}$
③ $\dfrac{11}{20}$
④ $\dfrac{3}{5}$
⑤ $\dfrac{7}{10}$

14 0704

1, 2, 3, 4가 각각 하나씩 적힌 정사면체 모양의 주사위를 두 번 던져서 바닥에 닿은 면에 적힌 수를 차례로 a, b라 할 때, x, y에 대한 연립방정식 $\begin{cases} x + ay = 2 \\ 2x + by = b \end{cases}$의 해가 존재할 확률은? [3.5점]

① $\dfrac{11}{16}$
② $\dfrac{3}{4}$
③ $\dfrac{13}{16}$
④ $\dfrac{7}{8}$
⑤ $\dfrac{15}{16}$

15 0705

한 개의 주사위를 세 번 던질 때, 나오는 눈의 수의 최댓값이 5일 확률은? [4점]

① $\dfrac{7}{27}$
② $\dfrac{61}{216}$
③ $\dfrac{11}{36}$
④ $\dfrac{71}{216}$
⑤ $\dfrac{19}{54}$

16 0706

3개의 숫자 1, 2, 3과 2개의 문자 A, B를 모두 일렬로 나열할 때, 2는 1과 3 사이에 놓이고, A는 B보다 왼쪽에 놓일 확률은? [4점]

① $\dfrac{1}{12}$
② $\dfrac{1}{6}$
③ $\dfrac{1}{4}$
④ $\dfrac{1}{3}$
⑤ $\dfrac{5}{12}$

17 0707

같은 종류의 사탕 8개를 A, B, C 3명에게 임의로 나누어 줄 때, 오직 한 명만 사탕을 받지 못할 확률은? [4점]

① $\dfrac{1}{3}$　　　② $\dfrac{2}{5}$　　　③ $\dfrac{7}{15}$

④ $\dfrac{8}{15}$　　　⑤ $\dfrac{3}{5}$

18 0708

두 집합 $X=\{a,\ b,\ c\}$, $Y=\{1,\ 2,\ 3,\ 4,\ 5,\ 6\}$에 대하여 X에서 Y로의 함수 f 중에서 임의로 하나를 택할 때, 함수 f가 다음 조건을 만족시킬 확률은? [4점]

> (가) $f(a)<f(b)<f(c)$
> (나) $f(b)\leq 4$

① $\dfrac{1}{18}$　　　② $\dfrac{7}{108}$　　　③ $\dfrac{2}{27}$

④ $\dfrac{1}{12}$　　　⑤ $\dfrac{5}{54}$

19 0709

한 개의 주사위를 세 번 던져서 나오는 눈의 수를 차례로 a, b, c라 할 때, $(a-b)(a-c)=0$이 성립할 확률은? [4점]

① $\dfrac{7}{36}$　　　② $\dfrac{1}{4}$　　　③ $\dfrac{11}{36}$

④ $\dfrac{13}{36}$　　　⑤ $\dfrac{5}{12}$

20 0710

그림과 같이 원 위에 6개의 점이 일정한 간격으로 놓여 있다. 이 6개의 점 중에서 임의로 3개의 점을 택하여 만든 삼각형이 직각삼각형일 확률은? [4점]

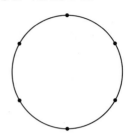

① $\dfrac{1}{2}$　　　② $\dfrac{11}{20}$　　　③ $\dfrac{3}{5}$

④ $\dfrac{13}{20}$　　　⑤ $\dfrac{7}{10}$

21 0711

남학생 4명, 여학생 4명을 2명씩 4개의 팀으로 임의로 나눌 때, 다음 조건을 만족시키도록 나눌 확률은?

(단, 네 팀은 서로 구별하지 않는다.) [4.5점]

> (가) 네 팀 모두 남녀 1명씩 팀을 이룬다.
> (나) 특정한 남학생 1명과 여학생 1명은 같은 팀을 이룬다.

① $\dfrac{2}{35}$　　　② $\dfrac{8}{105}$　　　③ $\dfrac{2}{21}$

④ $\dfrac{4}{35}$　　　⑤ $\dfrac{14}{105}$

서술형

22 0712

주머니에 1부터 12까지의 자연수가 각각 하나씩 적힌 공 12개가 들어 있다. 이 주머니에서 임의로 2개의 공을 동시에 꺼낼 때, 꺼낸 공에 적힌 수를 각각 a, b $(a<b)$라 하자. 이때 곡선 $y=x^2-ax+b$와 직선 $y=x-4$가 접할 확률을 구하는 과정을 서술하시오. [6점]

24 0714

두 집합 $X=\{1, 2, 3, 4\}$, $Y=\{5, 6, 7, 8\}$에 대하여 X에서 Y로의 함수 f 중에서 임의로 하나를 택할 때, 함수 f가 다음 조건을 만족시킬 확률을 구하는 과정을 서술하시오.

[6점]

(개) 집합 X의 임의의 서로 다른 두 원소 x_1, x_2에 대하여 $x_1<x_2$이면 $f(x_1) \leq f(x_2)$이다.
(내) 집합 X의 임의의 원소 a에 대하여 $f(a)=7$이다.

23 0713

집합 $A=\{1, 2, 3, 4, 5, 6\}$의 부분집합 중에서 임의로 하나의 집합을 택하여 X라 할 때, 집합 X가 다음 조건을 만족시킬 확률을 구하는 과정을 서술하시오. [6점]

(개) $n(X)=4$
(내) $n(\{2, 3, 5\} \cap X)=2$

25 0715

방정식 $a+b+c+d=8$을 만족시키는 음이 아닌 정수 a, b, c, d의 모든 순서쌍 (a, b, c, d) 중에서 임의로 한 개를 택할 때, 택한 순서쌍 (a, b, c, d)가 다음 조건을 만족시킬 확률을 구하는 과정을 서술하시오. [8점]

(개) $ab \neq 0$ (내) $c>3d$

용기란

두려움에 대한 저항이고,

두려움의 정복이다.

두려움이 없는 게 아니다.

– 마크 트웨인 –

조건부확률 04

04 조건부확률

II. 확률

핵심 1

1 조건부확률

(1) 표본공간 S의 두 사건 A, B에 대하여 확률이 0이 아닌 사건 A 가 일어났다는 조건 아래에서 사건 B가 일어날 확률을 사건 A가 일어났을 때의 사건 B의 **조건부확률**이라 하고, 기호로 $\mathrm{P}(B|A)$ 와 같이 나타낸다.

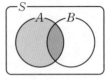

(2) 사건 A가 일어났을 때의 사건 B의 조건부확률은

$$\mathrm{P}(B|A) = \frac{\mathrm{P}(A \cap B)}{\mathrm{P}(A)} \ (\text{단, } \mathrm{P}(A) > 0)$$

참고 $\mathrm{P}(B|A) = \dfrac{n(A \cap B)}{n(A)} = \dfrac{\dfrac{n(A \cap B)}{n(S)}}{\dfrac{n(A)}{n(S)}} = \dfrac{\mathrm{P}(A \cap B)}{\mathrm{P}(A)}$

Note

- $\mathrm{P}(A \cap B)$는 표본공간 S에서 사건 $A \cap B$가 일어날 확률이고, $\mathrm{P}(B|A)$ 는 A를 새로운 표본공간으로 생각할 때 사건 $A \cap B$가 일어날 확률이다.

- 일반적으로 $\mathrm{P}(B|A)$와 $\mathrm{P}(A|B)$는 다르다.

2 확률의 곱셈정리

핵심 2

두 사건 A, B에 대하여 $\mathrm{P}(A) > 0$, $\mathrm{P}(B) > 0$일 때

(1) $\mathrm{P}(A \cap B) = \mathrm{P}(A)\mathrm{P}(B|A)$

(2) $\mathrm{P}(A \cap B) = \mathrm{P}(B)\mathrm{P}(A|B)$

- $\mathrm{P}(B|A) = \dfrac{\mathrm{P}(A \cap B)}{\mathrm{P}(A)}$의 양변에 $\mathrm{P}(A)$를 곱하면 $\mathrm{P}(A \cap B) = \mathrm{P}(A)\mathrm{P}(B|A)$

3 사건의 독립과 종속

핵심 3

(1) **독립** : 두 사건 A, B에서 한 사건이 일어나는 것이 다른 사건이 일어날 확률에 아무런 영향을 주지 않을 때, 즉

$$\mathrm{P}(B|A) = \mathrm{P}(B), \ \mathrm{P}(A|B) = \mathrm{P}(A)$$

일 때, 두 사건 A와 B는 서로 **독립**이라 한다.

참고 두 사건 A, B가 서로 독립이면 $\mathrm{P}(A) = \mathrm{P}(A|B) = \mathrm{P}(A|B^C)$

(2) **종속** : 두 사건 A와 B가 서로 독립이 아닐 때, 두 사건 A와 B는 서로 **종속**이라 한다.

(3) 두 사건 A와 B가 서로 독립이기 위한 필요충분조건은

$$\mathrm{P}(A \cap B) = \mathrm{P}(A)\mathrm{P}(B) \ (\text{단, } \mathrm{P}(A) > 0, \ \mathrm{P}(B) > 0)$$

- 두 사건 A, B가 서로 독립이면 A와 B^C, A^C와 B, A^C와 B^C도 각각 서로 독립이다.

- 두 사건 A와 B가 서로 종속이기 위한 필요충분조건은 $\mathrm{P}(A \cap B) \neq \mathrm{P}(A)\mathrm{P}(B)$ (단, $\mathrm{P}(A) > 0$, $\mathrm{P}(B) > 0$)

4 독립시행의 확률

핵심 4

(1) **독립시행** : 동일한 시행을 반복하는 경우에 각 시행에서 일어나는 사건이 서로 독립일 때 이와 같은 시행을 **독립시행**이라 한다.

(2) **독립시행의 확률** : 어떤 시행에서 사건 A가 일어날 확률이 $p \ (0 < p < 1)$일 때, 이 시행을 n회 반복하는 독립시행에서 사건 A가 r회 일어날 확률은

$${}_{n}\mathrm{C}_{r}\,p^{r}(1-p)^{n-r} \ (\text{단, } r = 0, 1, 2, \cdots, n)$$

- 독립시행의 확률은 각 시행에서 일어나는 사건의 확률을 곱하여 계산한다.
- $r = 0$일 때, $(1-p)^{n}$ $r = n$일 때, p^{n}

핵심 1 조건부확률 유형 1~6

동영상 강의

표본공간 $S=\{1, 2, 3, 4, 5, 6\}$**의 두 사건** $A=\{1, 2, 3, 4\}$, $B=\{2, 4, 6\}$**에 대하여** $\mathrm{P}(A\cap B)$, $\mathrm{P}(B|A)$**를 구해 보자.**

표본공간 S에서
사건 $A\cap B$가 일어날 확률

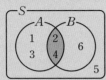

표본공간 : S
확률을 구하려는 사건 : $A\cap B$

→ $\mathrm{P}(A\cap B)=\dfrac{n(A\cap B)}{n(S)}=\dfrac{2}{6}=\dfrac{1}{3}$

표본공간이
S에서 A로 축소 →

A를 표본공간으로 생각할 때,
사건 $A\cap B$가 일어날 확률

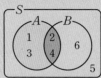

표본공간 : A
확률을 구하려는 사건 : $A\cap B$

→ $\mathrm{P}(B|A)=\dfrac{n(A\cap B)}{n(A)}=\dfrac{2}{4}=\dfrac{1}{2}$

0716 두 사건 A, B에 대하여 $\mathrm{P}(A)=0.4$, $\mathrm{P}(B)=0.7$, $\mathrm{P}(A\cap B)=0.3$일 때, $\mathrm{P}(A|B)$를 구하시오.

[0717~0720] 한 개의 주사위를 던지는 시행에서 소수의 눈이 나오는 사건을 A, 2의 배수의 눈이 나오는 사건을 B라 할 때, 다음을 구하시오.

0717 $\mathrm{P}(A)$ **0718** $\mathrm{P}(B)$

0719 $\mathrm{P}(A\cap B)$ **0720** $\mathrm{P}(B|A)$

핵심 2 확률의 곱셈정리 유형 8

동영상 강의

표본공간 $S=\{1, 2, 3, 4, 5, 6, 7\}$의 두 사건 $A=\{1, 3, 5\}$, $B=\{2, 3, 5, 7\}$에 대하여

$\mathrm{P}(A\cap B)=\mathrm{P}(A)\mathrm{P}(B|A)=\dfrac{3}{7}\times\dfrac{2}{3}=\dfrac{2}{7}$

$\mathrm{P}(A\cap B)=\mathrm{P}(B)\mathrm{P}(A|B)=\dfrac{4}{7}\times\dfrac{1}{2}=\dfrac{2}{7}$

→ $\mathrm{P}(A\cap B)=\mathrm{P}(A)\mathrm{P}(B|A)=\mathrm{P}(B)\mathrm{P}(A|B)$

[0721~0722] 두 사건 A, B에 대하여 $\mathrm{P}(A)=0.8$, $\mathrm{P}(B)=0.4$, $\mathrm{P}(A|B)=0.5$일 때, 다음을 구하시오.

0721 $\mathrm{P}(A\cap B)$

0722 $\mathrm{P}(B|A)$

[0723~0724] 흰 공 5개, 검은 공 3개가 들어 있는 주머니에서 갑, 을 두 사람이 갑, 을의 순서로 공을 임의로 한 개씩 꺼낼 때, 다음을 구하시오. (단, 꺼낸 공은 다시 넣지 않는다.)

0723 을이 검은 공을 꺼낼 확률

0724 을이 흰 공을 꺼낼 확률

핵심 3 사건의 독립과 종속 유형 11~12

● **독립**

두 사건 A, B에서 한 사건이 일어나는 것이 다른 사건이 일어날 확률에 영향을 주지 않을 때,

두 사건 A와 B가 서로 독립

→ $P(B|A)=P(B|A^C)=P(B)$

→ $P(A \cap B)=P(A)P(B)$ (단, $P(A)>0$, $P(B)>0$)

● **종속**

두 사건 A, B가 서로 독립이 아닐 때, 두 사건 A와 B가 서로 종속

→ $P(B|A) \neq P(B|A^C)$ 또는 $P(B|A) \neq P(B)$

→ $P(A \cap B) \neq P(A)P(B)$

$P(B)=P(B|A)$이면
$P(B)=P(B|A^C)$도
성립해.

[0725~0726] 두 사건 A와 B가 서로 독립이고

$P(A)=\dfrac{2}{5}$, $P(B)=\dfrac{1}{2}$일 때, 다음을 구하시오.

0725 $P(A|B)$ **0726** $P(A \cup B)$

0727 1부터 10까지의 자연수가 각각 하나씩 적힌 카드 10장이 있다. 이 중에서 임의로 카드 한 장을 뽑을 때, 카드에 적힌 수가 10의 약수인 사건을 A, 5보다 큰 수인 사건을 B라 하자. 이때 두 사건 A, B가 서로 독립인지 종속인지 말하시오.

핵심 4 독립시행의 확률 유형 17~22

한 개의 주사위를 3번 던질 때, 2의 눈이 1번 나올 확률을 구해 보자.
　　　　└→ $n=3$　　　　　└→ $r=1$

3번의 시행 중에서 2의 눈이 1번 나오는 경우의 수 : $_3C_1$

한 개의 주사위를 한 번 던져서 2의 눈이 나올 확률 : $\dfrac{1}{6}$

2 이외의 눈이 나올 확률 : $1-\dfrac{1}{6}=\dfrac{5}{6}$　└→ $p=\dfrac{1}{6}$

→ 구하는 확률은 $_3C_1\left(\dfrac{1}{6}\right)^1\left(\dfrac{5}{6}\right)^2=\dfrac{25}{72}$
　　└→ $_nC_rp^r(1-p)^{n-r}$

（○ : 2의 눈, × : 2 이외의 눈)

사건	확률
○, ×, ×	$\dfrac{1}{6}\times\dfrac{5}{6}\times\dfrac{5}{6}=\dfrac{1}{6}\times\left(\dfrac{5}{6}\right)^2$
×, ○, ×	$\dfrac{5}{6}\times\dfrac{1}{6}\times\dfrac{5}{6}=\dfrac{1}{6}\times\left(\dfrac{5}{6}\right)^2$
×, ×, ○	$\dfrac{5}{6}\times\dfrac{5}{6}\times\dfrac{1}{6}=\dfrac{1}{6}\times\left(\dfrac{5}{6}\right)^2$

3번의 시행 중에서 2의 눈이 1번 나오는 경우의 수 : $_3C_1$

[0728~0730] 어느 농구 선수의 자유투 성공률은 $\dfrac{2}{3}$라 한다. 다음을 구하시오.

0728 이 선수가 자유투를 3번 던질 때, 1번 성공할 확률

0729 이 선수가 자유투를 3번 던질 때, 2번 성공할 확률

0730 이 선수가 자유투를 3번 던질 때, 3번 성공할 확률

0731 한 개의 동전을 5번 던질 때, 앞면이 2번 나올 확률을 구하시오.

기출 유형 check
실전 준비하기

🔎 **23유형, 194문항**입니다.

**기초
유형 0** 두 사건 A와 B가 동시에 일어날 확률 | 중2

두 사건 A, B가 서로 영향을 끼치지 않을 때,
사건 A가 일어날 확률을 p, 사건 B가 일어날 확률을 q라 하면
(사건 A와 사건 B가 동시에 일어날 확률)$=p \times q$

0732 대표문제

주사위 1개와 서로 다른 동전 2개를 동시에 던질 때, 주사위는 홀수의 눈이 나오고 동전은 앞면이 2개 나올 확률을 구하시오.

0733 ●❙❙ Level 1

10개의 제품 중 3개의 불량품이 섞여 있다. 두 개의 제품을 연속하여 검사할 때, 두 개 모두 불량품일 확률은?
(단, 검사한 제품은 다시 검사하지 않는다.)

① $\dfrac{1}{15}$ ② $\dfrac{1}{5}$ ③ $\dfrac{1}{3}$

④ $\dfrac{7}{15}$ ⑤ $\dfrac{3}{5}$

0734 ●❙❙ Level 1

전국체전에 참가하고 있는 어느 양궁 선수는 평균 10발 중에서 9발을 명중시킨다고 한다. 이 양궁 선수가 2발을 쏘아 모두 명중시킬 확률을 구하시오.

0735 ●❙❙ Level 1

주머니 속에 흰 공이 3개, 파란 공이 4개 들어 있다. 두 번 연속하여 한 개씩 공을 꺼낼 때, 처음에 꺼낸 공은 흰 공이고, 두 번째 꺼낸 공은 파란 공일 확률을 구하시오.
(단, 꺼낸 공은 다시 넣지 않는다.)

0736 ●❙❙ Level 1

일기예보에 따르면 내일 비가 올 확률은 20 %, 미세 먼지가 나쁨 수준을 보일 확률은 40 %라 한다. 내일 비가 오지 않고 미세 먼지가 나쁨 수준을 보일 확률은?

① 4 % ② 8 % ③ 16 %

④ 32 % ⑤ 64 %

0737 ●❙❙ Level 1

세 명의 학생 A, B, C가 이번 수학 시험에서 100점을 맞을 확률이 각각 $\dfrac{3}{4}$, $\dfrac{2}{3}$, $\dfrac{2}{5}$라 할 때, 이번 수학 시험에서 A와 B는 100점을 맞고 C는 100점을 맞지 못할 확률은?

① $\dfrac{1}{10}$ ② $\dfrac{1}{5}$ ③ $\dfrac{3}{10}$

④ $\dfrac{2}{5}$ ⑤ $\dfrac{1}{2}$

두 사건 A, B에 대하여 사건 A가 일어났을 때의 사건 B의 조건부확률은

$$P(B|A) = \frac{P(A \cap B)}{P(A)} \text{ (단, } P(A) > 0\text{)}$$

0738 대표문제

두 사건 A, B에 대하여

$$P(A) = \frac{5}{6}, \ P(A \cap B^c) = \frac{1}{3}$$

일 때, $P(B|A)$는?

① $\frac{1}{5}$ ② $\frac{3}{10}$ ③ $\frac{2}{5}$

④ $\frac{1}{2}$ ⑤ $\frac{3}{5}$

0739   Level 1

두 사건 A, B에 대하여

$$P(A) = \frac{1}{3}, \ P(A \cap B) = \frac{1}{6}$$

일 때, $P(B|A)$는?

① $\frac{1}{6}$ ② $\frac{1}{3}$ ③ $\frac{1}{2}$

④ $\frac{2}{3}$ ⑤ $\frac{5}{6}$

0740   Level 1

두 사건 A, B에 대하여

$$P(A) = \frac{1}{5}, \ P(B|A) = \frac{5}{6}$$

일 때, $P(A \cap B)$를 구하시오.

0741   Level 2

두 사건 A, B에 대하여

$$P(B) = 0.5, \ P(A|B) = 0.4, \ P(B|A^c) = 0.5$$

일 때, $P(A)$는?

① 0.4   ② 0.5   ③ 0.6

④ 0.7   ⑤ 0.8

0742   Level 2

두 사건 A, B에 대하여

$$P(B) = \frac{1}{3}, \ P(A|B) = P(A^c|B)$$

일 때, $P(A \cap B)$를 구하시오.

0743   Level 2

두 사건 A, B에 대하여

$$P(A) = P(B) = \frac{3}{5}P(A \cup B)$$

일 때, $P(B|A)$는? (단, $P(A) \neq 0$)

① $\frac{1}{6}$ ② $\frac{1}{3}$ ③ $\frac{1}{2}$

④ $\frac{2}{3}$ ⑤ $\frac{5}{6}$

0744

〔Level 2〕

두 사건 A, B가 다음 조건을 만족시킬 때, $P(A)$를 구하시오.

> (가) $P(B) = \dfrac{1}{3}$, $P(A|B^C) = \dfrac{3}{8}$
>
> (나) 두 사건 A, B가 서로 배반사건이다.

다음은 이 유형에서 출제된 최근 교육청 · 평가원 기출문제입니다.

0745 · 평가원 2021학년도 9월

〔Level 2〕

두 사건 A, B에 대하여

$$P(A) = \frac{2}{5},\ P(B) = \frac{4}{5},\ P(A \cup B) = \frac{9}{10}$$

일 때, $P(B|A)$는?

① $\dfrac{5}{12}$ ② $\dfrac{1}{2}$ ③ $\dfrac{7}{12}$

④ $\dfrac{2}{3}$ ⑤ $\dfrac{3}{4}$

0746 · 2021학년도 대학수학능력시험

〔Level 2〕

두 사건 A, B에 대하여

$$P(B|A) = \frac{1}{4},\ P(A|B) = \frac{1}{3},\ P(A) + P(B) = \frac{7}{10}$$

일 때, $P(A \cap B)$는?

① $\dfrac{1}{7}$ ② $\dfrac{1}{8}$ ③ $\dfrac{1}{9}$

④ $\dfrac{1}{10}$ ⑤ $\dfrac{1}{11}$

실전유형 2 조건부확률 – 경우의 수를 이용하는 경우

사건 A가 일어났을 때, 사건 B가 일어날 확률은

$$P(B|A) = \frac{P(A \cap B)}{P(A)} \ (단,\ P(A) > 0)$$

이때 경우의 수를 이용하여 $P(B|A) = \dfrac{n(A \cap B)}{n(A)}$ 로 구할 수 있다.

04

0747 〔대표문제〕

서로 다른 두 개의 주사위를 동시에 던져서 나오는 두 눈의 수의 합이 5 이하일 때, 두 눈의 수가 모두 홀수일 확률은?

① $\dfrac{1}{10}$ ② $\dfrac{1}{5}$ ③ $\dfrac{3}{10}$

④ $\dfrac{2}{5}$ ⑤ $\dfrac{1}{2}$

0748

〔Level 1〕

한 개의 주사위를 던져서 나오는 눈의 수가 4의 약수일 때, 그 수가 2의 배수일 확률은?

① $\dfrac{1}{6}$ ② $\dfrac{1}{3}$ ③ $\dfrac{1}{2}$

④ $\dfrac{2}{3}$ ⑤ $\dfrac{5}{6}$

0749

〔Level 1〕

1부터 10까지의 자연수가 각각 하나씩 적힌 10장의 카드가 들어 있는 상자에서 임의로 꺼낸 1장의 카드에 적힌 수가 10의 약수일 때, 그 카드에 적힌 수가 홀수일 확률을 구하시오.

0750

Level 1

집합 $X=\{1, 2, 3, 4, 5\}$의 원소 중에서 임의로 택한 수가 홀수일 때, 그 수가 소수일 확률은?

① $\dfrac{1}{6}$ ② $\dfrac{1}{3}$ ③ $\dfrac{1}{2}$

④ $\dfrac{2}{3}$ ⑤ $\dfrac{5}{6}$

0751

Level 1

각 면에 8 이하의 자연수가 하나씩 적힌 정팔면체 모양의 주사위를 한 번 던져서 바닥에 닿은 면에 적힌 수가 6의 약수일 때, 그 수가 4의 약수일 확률을 구하시오.

0752

Level 1

1부터 12까지의 자연수가 각각 하나씩 적힌 12장의 카드가 들어 있는 상자에서 임의로 꺼낸 1장의 카드에 적힌 수가 12의 약수일 때, 그 카드에 적힌 수가 3의 배수일 확률은?

① $\dfrac{1}{6}$ ② $\dfrac{1}{3}$ ③ $\dfrac{1}{2}$

④ $\dfrac{2}{3}$ ⑤ $\dfrac{5}{6}$

0753

Level 2

한 개의 주사위를 두 번 던져서 나오는 눈의 수를 차례로 a, b라 하자. $a+b$가 3의 배수일 때, ab도 3의 배수일 확률은?

① $\dfrac{1}{6}$ ② $\dfrac{1}{3}$ ③ $\dfrac{1}{2}$

④ $\dfrac{2}{3}$ ⑤ $\dfrac{5}{6}$

다음은 이 유형에서 출제된 최근 교육청·평가원 기출문제입니다.

0754 · 2018학년도 대학수학능력시험

Level 2

한 개의 주사위를 두 번 던진다. 6의 눈이 한 번도 나오지 않을 때, 나온 두 눈의 수의 합이 4의 배수일 확률은?

① $\dfrac{4}{25}$ ② $\dfrac{1}{5}$ ③ $\dfrac{6}{25}$

④ $\dfrac{7}{25}$ ⑤ $\dfrac{8}{25}$

0755 · 교육청 2020년 7월

Level 2

서로 다른 두 개의 주사위를 동시에 던져서 나온 두 눈의 수의 곱이 짝수일 때, 나온 두 눈의 수의 합이 짝수일 확률은?

① $\dfrac{1}{12}$ ② $\dfrac{1}{6}$ ③ $\dfrac{1}{4}$

④ $\dfrac{1}{3}$ ⑤ $\dfrac{5}{12}$

실전유형 **3** 조건부확률 – 표가 주어진 경우 　　빈출유형

주어진 표에서 조건부확률은 다음과 같은 순서로 구한다.

❶ 주어진 표의 가로, 세로 항목을 보고 문제에서 구해야 하는 사건 A, B가 무엇인지 파악한다.

❷ 조건부확률 $P(B|A)$를 구할 수 있는 부분을 확인한다.

❸ $P(B|A) = \dfrac{P(A \cap B)}{P(A)} = \dfrac{n(A \cap B)}{n(A)}$ 를 이용하여 조건부 확률을 구한다.

0756 대표문제

어느 고등학교에서 수학 경시대회의 참가 여부를 조사한 결과는 다음과 같다. 이 고등학교 학생 중에서 임의로 택한 한 명이 수학 경시대회에 참가한 학생일 때, 이 학생이 여학생일 확률은?

(단위 : 명)

구분	남학생	여학생	합계
참가	70	120	190
불참	100	60	160
합계	170	180	350

① $\dfrac{11}{19}$ 　　② $\dfrac{12}{19}$ 　　③ $\dfrac{13}{19}$

④ $\dfrac{14}{19}$ 　　⑤ $\dfrac{15}{19}$

0757 　　●‖‖ Level 1

어느 동아리 학생의 학년과 성별을 조사한 결과는 다음과 같다. 이 동아리 학생 중에서 임의로 택한 한 명이 2학년일 때, 이 학생이 여학생일 확률은?

(단위 : 명)

구분	남학생	여학생
1학년	6	4
2학년	5	7

① $\dfrac{1}{4}$ 　　② $\dfrac{1}{3}$ 　　③ $\dfrac{5}{12}$

④ $\dfrac{1}{2}$ 　　⑤ $\dfrac{7}{12}$

0758 　　●‖‖ Level 1

어느 고등학교 3학년 전체 학생은 300명이고, 각 학생은 제 2외국어로 일본어와 중국어 중에서 하나를 선택하였다. 이 고등학교 3학년 학생 중에서 임의로 택한 한 명이 남학생일 때, 이 학생이 일본어를 선택한 학생일 확률은?

(단위 : 명)

구분	남학생	여학생
일본어	70	50
중국어	85	95

① $\dfrac{12}{31}$ 　　② $\dfrac{13}{31}$ 　　③ $\dfrac{14}{31}$

④ $\dfrac{15}{31}$ 　　⑤ $\dfrac{16}{31}$

0759 　　●‖‖ Level 1

14개의 공에 각각 검은색과 흰색 중 한 가지 색이 칠해져 있고, 자연수가 하나씩 적혀 있다. 각각의 공에 칠해져 있는 색과 적힌 수에 따라 분류한 공의 개수는 다음과 같다.

(단위 : 개)

구분	검은색	흰색	합계
홀수	5	3	8
짝수	4	2	6
합계	9	5	14

14개의 공 중에서 임의로 택한 한 개의 공이 검은색일 때, 이 공에 적힌 수가 짝수일 확률을 구하시오.

0760

● ı ı Level 1

어느 역사 동아리 학생 32명을 대상으로 박물관 A와 박물관 B에 대한 선호도를 조사하였다. 이 조사에 참여한 학생은 박물관 A와 박물관 B 중 하나를 선택하였고, 각각의 박물관을 선택한 학생 수는 다음과 같다.

(단위 : 명)

구분	1학년	2학년	합계
박물관 A	9	15	24
박물관 B	6	2	8
합계	15	17	32

이 조사에 참여한 학생 32명 중에서 임의로 택한 한 명이 박물관 A를 선택한 학생일 때, 이 학생이 1학년일 확률은?

① $\dfrac{3}{8}$ ② $\dfrac{5}{12}$ ③ $\dfrac{11}{24}$

④ $\dfrac{1}{2}$ ⑤ $\dfrac{13}{24}$

0761

● ı ı Level 1

두 주머니 A, B에 들어 있는 흰 공과 검은 공의 개수는 다음과 같다.

(단위 : 개)

구분	주머니 A	주머니 B
흰 공	21	14
검은 공	29	36
합계	50	50

두 주머니 A, B 중에서 임의로 택한 한 개의 주머니에서 임의로 한 개의 공을 꺼낸다. 꺼낸 공이 흰 공일 때, 이 공이 주머니 A에서 꺼낸 공일 확률은?

① $\dfrac{3}{10}$ ② $\dfrac{2}{5}$ ③ $\dfrac{1}{2}$

④ $\dfrac{3}{5}$ ⑤ $\dfrac{7}{10}$

0762

● ı ı Level 1

어느 고등학교 3학년 전체 학생 300명을 대상으로 영화와 연극에 대한 관람 희망 여부를 조사한 결과는 다음과 같다.

(단위 : 명)

연극 \ 영화	희망함	희망하지 않음	합계
희망함	90	50	140
희망하지 않음	120	40	160
합계	210	90	300

이 고등학교 3학년 학생 중에서 임의로 택한 한 명이 영화 관람을 희망한 학생일 때, 이 학생이 연극 관람도 희망한 학생일 확률은?

① $\dfrac{3}{14}$ ② $\dfrac{2}{7}$ ③ $\dfrac{5}{14}$

④ $\dfrac{3}{7}$ ⑤ $\dfrac{1}{2}$

다음은 이 유형에서 출제된 최근 교육청 · 평가원 기출문제입니다.

0763 · 평가원 2022학년도 6월

● ı ı Level 1

어느 동아리의 학생 20명을 대상으로 진로활동 A와 진로활동 B에 대한 선호도를 조사하였다. 이 조사에 참여한 학생은 진로활동 A와 진로활동 B 중 하나를 선택하였고, 각각의 진로활동을 선택한 학생 수는 다음과 같다.

(단위 : 명)

구분	진로활동 A	진로활동 B	합계
1학년	7	5	12
2학년	4	4	8
합계	11	9	20

이 조사에 참여한 학생 20명 중에서 임의로 선택한 한 명이 진로활동 B를 선택한 학생일 때, 이 학생이 1학년일 확률은?

① $\dfrac{1}{2}$ ② $\dfrac{5}{9}$ ③ $\dfrac{3}{5}$

④ $\dfrac{7}{11}$ ⑤ $\dfrac{2}{3}$

0764 · 2020학년도 대학수학능력시험 ●❙❙ Level 1

어느 학교 학생 200명을 대상으로 체험활동에 대한 선호도를 조사하였다. 이 조사에 참여한 학생은 문화체험과 생태연구 중 하나를 선택하였고, 각각의 체험활동을 선택한 학생의 수는 다음과 같다.

(단위 : 명)

구분	문화체험	생태연구	합계
남학생	40	60	100
여학생	50	50	100
합계	90	110	200

이 조사에 참여한 학생 200명 중에서 임의로 선택한 1명이 생태연구를 선택한 학생일 때, 이 학생이 여학생일 확률은?

① $\dfrac{5}{11}$ ② $\dfrac{1}{2}$ ③ $\dfrac{6}{11}$

④ $\dfrac{5}{9}$ ⑤ $\dfrac{3}{5}$

0765 · 2018학년도 대학수학능력시험 ●❙❙ Level 1

어느 고등학교 전체 학생 500명을 대상으로 지역 A와 지역 B에 대한 국토 문화 탐방 여부를 조사한 결과는 다음과 같다.

(단위 : 명)

지역 B \ 지역 A	희망함	희망하지 않음	합계
희망함	140	310	450
희망하지 않음	40	10	50
합계	180	320	500

이 고등학교 학생 중에서 임의로 선택한 1명이 지역 A를 희망한 학생일 때, 이 학생이 지역 B도 희망한 학생일 확률은?

① $\dfrac{19}{45}$ ② $\dfrac{23}{45}$ ③ $\dfrac{3}{5}$

④ $\dfrac{31}{45}$ ⑤ $\dfrac{7}{9}$

실전유형 4 조건부확률 – 표가 주어지지 않은 경우

문제에서 주어진 조건을 통해 표를 작성하면 좀 더 알아보기 쉽게 정리할 수 있다.

	B	B^C	합계
A	$n(A \cap B)$	$n(A \cap B^C)$	$n(A)$
A^C	$n(A^C \cap B)$	$n(A^C \cap B^C)$	$n(A^C)$
합계	$n(B)$	$n(B^C)$	$n(S)$

0766 대표문제

어느 프로 야구 경기의 관중 집계 결과 남성 관중은 10000명, 여성 관중은 8000명이었으며 남성 관중의 $\dfrac{4}{5}$, 여성 관중의 $\dfrac{7}{10}$이 성인이었다. 이 경기의 관중 중에서 임의로 택한 한 명이 성인일 때, 이 관중이 여성 관중일 확률은?

① $\dfrac{6}{17}$ ② $\dfrac{7}{17}$ ③ $\dfrac{5}{12}$

④ $\dfrac{1}{2}$ ⑤ $\dfrac{7}{12}$

0767 ●❙❙ Level 1

어느 고등학교 전체 학생 360명을 대상으로 아이돌 그룹 A와 B 중 선호하는 그룹을 조사하였다. 그룹 A를 선호하는 남학생과 여학생의 수는 각각 90, 70이고, 그룹 B를 선호하는 남학생과 여학생의 수는 각각 80, 120이다. 이 학교의 학생 중에서 임의로 택한 한 명이 그룹 A를 선호하는 학생일 때, 이 학생이 여학생일 확률은?

① $\dfrac{3}{8}$ ② $\dfrac{7}{16}$ ③ $\dfrac{1}{2}$

④ $\dfrac{9}{16}$ ⑤ $\dfrac{5}{8}$

0768

Level 2

남학생 12명과 여학생 8명으로 이루어진 어느 학급의 모든 학생들은 각자 인문학 특강, 인공지능 특강 중 하나를 신청하였다. 인문학 특강을 신청한 남학생은 5명이고, 인공지능 특강을 신청한 여학생은 4명이다. 이 학급의 학생 20명 중에서 임의로 택한 한 명이 인공지능 특강을 신청한 학생일 때, 이 학생이 남학생일 확률은?

① $\dfrac{3}{11}$ ② $\dfrac{4}{11}$ ③ $\dfrac{5}{11}$

④ $\dfrac{6}{11}$ ⑤ $\dfrac{7}{11}$

0769

Level 2

어느 고등학교 전체 학생은 남학생이 120명, 여학생이 130명이다. 이 학교의 모든 학생은 진로 탐구 과목으로 경제수학과 실용수학 중 반드시 하나만 희망한다고 한다. 남학생 중 경제수학을 희망한 학생은 50명, 여학생 중 실용수학을 희망한 학생은 60명이다. 이 학교의 학생 중에서 임의로 택한 한 학생이 실용수학을 희망하였을 때, 이 학생이 여학생일 확률을 구하시오.

0770

Level 2

어느 지역의 공원 신규 조성에 대하여 전화와 인터넷을 통하여 설문 조사를 하였다. 전화 응답자 1500명의 $\dfrac{1}{3}$이 공원 신규 조성에 반대하였으며 인터넷 응답자 1800명의 $\dfrac{4}{9}$가 공원 신규 조성에 찬성하였다. 설문 조사에 참여한 사람 중에서 임의로 택한 한 명이 공원 신규 조성에 찬성한 사람일 때, 이 사람이 인터넷 응답자일 확률은?
(단, 모든 응답자는 찬성과 반대 중에서 하나를 선택하였다.)

① $\dfrac{2}{9}$ ② $\dfrac{5}{18}$ ③ $\dfrac{1}{3}$

④ $\dfrac{7}{18}$ ⑤ $\dfrac{4}{9}$

0771

Level 2

남학생 수와 여학생 수의 비가 2 : 3인 어느 고등학교에서 전체 학생의 70 %가 SNS를 이용하고, 나머지 30 %는 SNS를 이용하지 않는다. 이 학교의 학생 중에서 임의로 택한 한 명이 SNS를 이용하는 남학생일 확률이 $\dfrac{1}{5}$이다. 이 학교의 학생 중에서 임의로 택한 한 학생이 SNS를 이용하지 않을 때, 이 학생이 여학생일 확률을 구하시오.

0772

●❙❙ Level 2

어느 회사 전체 사원의 60 %는 남성 사원이다. 대중교통을 이용하여 출근하는 남성 사원은 전체 사원의 20 %이며, 여성 사원의 30 %는 대중교통을 이용하여 출근한다고 한다. 이 회사 사원 중에서 임의로 택한 한 명이 대중교통을 이용하여 출근하는 사원일 때, 이 사원이 남성일 확률은?

① $\dfrac{3}{8}$ ② $\dfrac{7}{16}$ ③ $\dfrac{1}{2}$

④ $\dfrac{9}{16}$ ⑤ $\dfrac{5}{8}$

다음은 이 유형에서 출제된 최근 교육청·평가원 기출문제입니다.

0773 · 평가원 2019학년도 9월

●❙❙ Level 2

여학생이 40명이고 남학생이 60명인 어느 학교 전체 학생을 대상으로 축구와 야구에 대한 선호도를 조사하였다. 이 학교 학생의 70 %가 축구를 선택하였으며, 나머지 30 %는 야구를 선택하였다. 이 학교의 학생 중 임의로 뽑은 1명이 축구를 선택한 남학생일 확률은 $\dfrac{2}{5}$이다. 이 학교의 학생 중 임의로 뽑은 1명이 야구를 선택한 학생일 때, 이 학생이 여학생일 확률은? (단, 조사에서 모든 학생들은 축구와 야구 중 한 가지만 선택하였다.)

① $\dfrac{1}{4}$ ② $\dfrac{1}{3}$ ③ $\dfrac{5}{12}$

④ $\dfrac{1}{2}$ ⑤ $\dfrac{7}{12}$

실전유형 5 조건부확률 – 순열을 이용하는 경우

서로 다른 n개에서 r개를 택하는 순열의 수는 $_nP_r=\dfrac{n!}{(n-r)!}$ 임을 이용하여 사건 A가 일어났을 때의 사건 B의 조건부확률 $P(B|A)=\dfrac{P(A\cap B)}{P(A)}=\dfrac{n(A\cap B)}{n(A)}$를 구할 수 있다.

0774 대표문제

A, B를 포함한 5명의 학생이 그림과 같이 6개의 의자가 일정한 간격으로 놓인 정육각형 모양의 탁자에 둘러앉으려고 한다. A와 B가 이웃하지 않을 때, A와 B 모두 빈 의자 옆에 앉을 확률은? (단, 한 의자에는 각각 한 명씩만 앉고, 회전하여 일치하는 것은 같은 것으로 본다.)

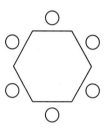

① $\dfrac{1}{24}$ ② $\dfrac{1}{12}$ ③ $\dfrac{1}{8}$

④ $\dfrac{1}{6}$ ⑤ $\dfrac{5}{24}$

0775

●❙❙ Level 2

1부터 7까지의 자연수를 일렬로 나열한다. 양 끝에 홀수가 나열됐을 때, 짝수가 모두 이웃할 확률은?

① $\dfrac{1}{10}$ ② $\dfrac{1}{5}$ ③ $\dfrac{3}{10}$

④ $\dfrac{2}{5}$ ⑤ $\dfrac{1}{2}$

04

0776

6명의 학생 A, B, C, D, E, F를 일렬로 세운다. A와 B가 이웃할 때, C와 D는 이웃하지 않을 확률은?

① $\dfrac{3}{5}$ ② $\dfrac{13}{20}$ ③ $\dfrac{7}{10}$

④ $\dfrac{3}{4}$ ⑤ $\dfrac{4}{5}$

0777

한 개의 주사위를 세 번 던질 때, 나오는 눈의 수를 차례로 a, b, c라 하자. $a+b+c$가 홀수일 때, abc가 홀수일 확률을 구하시오.

0778

5개의 숫자 1, 2, 3, 4, 5에서 중복을 허용하여 네 자리 자연수를 만든다. 각 자리의 숫자의 곱이 짝수일 때, 각 자리의 숫자의 합이 짝수일 확률은?

① $\dfrac{21}{68}$ ② $\dfrac{23}{68}$ ③ $\dfrac{25}{68}$

④ $\dfrac{27}{68}$ ⑤ $\dfrac{29}{68}$

0779

3개의 문자 a, i, r와 3개의 숫자 1, 1, 9를 일렬로 나열한다. 숫자가 작은 것부터 차례로 나열됐을 때, 모음이 이웃할 확률은?

① $\dfrac{1}{6}$ ② $\dfrac{5}{24}$ ③ $\dfrac{1}{4}$

④ $\dfrac{7}{24}$ ⑤ $\dfrac{1}{3}$

0780 고난도

그림과 같이 직사각형 모양으로 연결된 도로망을 따라 A 지점에서 출발하여 B 지점까지 최단 거리로 가는 경로를 임의로 택한다. 이 경로가 P 지점을 지나는 경로일 때, Q 지점을 지날 확률은?

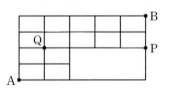

① $\dfrac{1}{7}$ ② $\dfrac{2}{7}$ ③ $\dfrac{3}{7}$

④ $\dfrac{4}{7}$ ⑤ $\dfrac{5}{7}$

실전
유형 **6** 조건부확률 – 조합을 이용하는 경우   빈출유형

서로 다른 n개에서 순서를 생각하지 않고 r개를 택하는 조합의 수는 $_nC_r = \dfrac{n!}{r!(n-r)!}$임을 이용하여 사건 A가 일어났을 때의 사건 B의 조건부확률

$$P(B|A) = \frac{P(A \cap B)}{P(A)} = \frac{n(A \cap B)}{n(A)}$$를 구할 수 있다.

0781 대표문제

흰 공 3개, 검은 공 4개가 들어 있는 주머니가 있다. 이 주머니에서 임의로 동시에 꺼낸 2개의 공의 색이 서로 같을 때, 꺼낸 2개의 공이 모두 흰색일 확률은?

① $\dfrac{1}{4}$
② $\dfrac{1}{3}$
③ $\dfrac{5}{12}$
④ $\dfrac{1}{2}$
⑤ $\dfrac{7}{12}$

0782

Level 2

1부터 8까지의 자연수가 각각 하나씩 적힌 8장의 카드가 들어 있는 상자에서 임의로 동시에 꺼낸 3장의 카드에 적힌 수의 합이 짝수일 때, 3장의 카드에 적힌 수가 모두 짝수일 확률을 구하시오.

0783

Level 2

빨간 색종이 2장, 노란 색종이 3장, 파란 색종이 5장이 들어 있는 상자에서 임의로 동시에 꺼낸 2장의 색종이의 색이 서로 다를 때, 꺼낸 2장의 색종이의 색이 노란색과 파란색일 확률을 구하시오.

0784

Level 2

주머니에 1, 2, 3, 4, 5의 숫자가 각각 하나씩 적힌 흰 구슬 5개와 6, 7, 8, 9의 숫자가 각각 하나씩 적힌 검은 구슬 4개가 들어 있다. 이 주머니에서 임의로 동시에 꺼낸 2개의 구슬에 적힌 두 수의 합이 짝수일 때, 이 두 구슬의 색이 서로 같을 확률은?

① $\dfrac{5}{16}$
② $\dfrac{3}{8}$
③ $\dfrac{1}{3}$
④ $\dfrac{1}{2}$
⑤ 1

0785

Level 2

1등 당첨 제비 1개, 2등 당첨 제비 3개를 포함하여 10개의 제비가 들어 있는 상자가 있다. 이 상자에서 임의로 동시에 2개의 제비를 뽑았더니 당첨 제비가 나왔을 때, 이 당첨 제비에 1등 당첨 제비가 포함되어 있을 확률을 구하시오.

0786

Level 3

집합 $X = \{1, 2, 3, 4, 5, 6, 7, 8\}$의 모든 부분집합 중에서 임의로 택한 한 집합의 원소의 개수가 5 이상일 때, 이 집합의 원소의 최댓값이 6일 확률은?

① $\dfrac{1}{31}$
② $\dfrac{2}{31}$
③ $\dfrac{3}{31}$
④ $\dfrac{4}{31}$
⑤ $\dfrac{5}{31}$

+ **Plus 문제**

0787 · 교육청 2018년 10월
Level 2

주머니에 1, 2, 3, 4의 숫자가 각각 하나씩 적힌 흰 공 4개와 3, 5, 7, 9의 숫자가 각각 하나씩 적힌 검은 공 4개가 들어 있다. 이 주머니에서 임의로 3개의 공을 동시에 꺼낸다. 꺼낸 3개의 공이 흰 공 2개, 검은 공 1개일 때, 꺼낸 검은 공에 적힌 수가 꺼낸 흰 공 2개에 적힌 수의 합보다 클 확률은?

① $\dfrac{11}{24}$　　　② $\dfrac{1}{2}$　　　③ $\dfrac{13}{24}$

④ $\dfrac{7}{12}$　　　⑤ $\dfrac{5}{8}$

0788 고난도 · 교육청 2021년 7월
Level 3

1, 2, 3, 4, 5의 숫자가 하나씩 적힌 카드가 각각 1장, 2장, 3장, 4장, 5장이 있다. 이 15장의 카드 중에서 임의로 2장의 카드를 동시에 선택하는 시행을 한다. 이 시행에서 선택한 2장의 카드에 적힌 두 수의 곱의 모든 양의 약수의 개수가 3 이하일 때, 그 두 수의 합이 짝수일 확률은 $\dfrac{q}{p}$이다.

$p+q$의 값을 구하시오. (단, p와 q는 서로소인 자연수이다.)

주어진 조건부확률을 미지수를 이용하여 나타내어 미지수를 구할 수 있다.

0789 대표문제

다음 표는 어느 고등학교 2학년 전체 학생 200명을 대상으로 방과 후 수업의 수강 여부와 석식의 신청 여부를 조사한 결과의 일부이다.

(단위 : 명)

석식 ＼ 방과 후 수업	수강함	수강하지 않음	합계
신청함	a	b	
신청하지 않음	c	d	40
합계		80	200

이 고등학교 2학년 전체 학생 중에서 임의로 택한 한 명이 석식을 신청한 학생일 때, 이 학생이 방과 후 수업을 수강한 학생일 확률이 $\dfrac{5}{8}$이다. $a+d$의 값은?

① 110　　　② 115　　　③ 120
④ 125　　　⑤ 130

0790
Level 1

다음 표는 어느 선택과목을 듣는 학생들의 학급과 성별을 조사한 것이다.

(단위 : 명)

구분	1반	2반
남학생	x	15
여학생	10	12

이 선택과목을 듣는 학생 중에서 임의로 택한 한 명의 학생이 남학생일 때, 이 학생이 1반의 학생일 확률은 $\dfrac{2}{7}$이다. x의 값은?

① 6　　　② 7　　　③ 8
④ 9　　　⑤ 10

0791

Level 2

다음 표는 어느 고등학교 영화 동아리 학생을 대상으로 영화 A와 영화 B에 대한 선호도를 조사한 것이다. 이 조사에 참여한 학생은 영화 A와 영화 B 중 하나를 선택하였다.

(단위 : 명)

구분	남학생	여학생
영화 A	5	x
영화 B	25	$x+12$

이 조사에 참여한 학생 중에서 임의로 택한 한 명의 학생이 여학생일 때, 이 학생이 영화 A를 선호할 확률은 $\frac{1}{6}$이다. x 의 값은?

① 1   ② 2   ③ 3

④ 4   ⑤ 5

0792

Level 2

다음 표는 어느 고등학교 학생 200명을 대상으로 급식에 대한 만족도를 조사한 결과의 일부이다.

(단위 : 명)

구분	만족	불만족	합계
남학생		20	
여학생	100		
합계			200

조사에 참여한 학생 중에서 임의로 택한 한 명이 '만족'이라고 했을 때, 이 학생이 여학생일 확률은 $\frac{2}{3}$이다. 이 학교의 여학생 수는?

① 115   ② 120   ③ 125

④ 130   ⑤ 135

0793

Level 2

110개의 공이 들어 있는 상자에서 각 공은 흰색 또는 검은색이고, 홀수 또는 짝수가 적혀 있다. 이 상자에 들어 있는 흰 공은 50개이고, 흰 공의 40 %에는 홀수가 적혀 있다. 또, 이 상자에 들어 있는 공 중에서 임의로 택한 한 개의 공에 홀수가 적혀 있을 때, 이 공이 검은 공일 확률은 $\frac{2}{3}$이다. 이 상자에 들어 있는 공 중에서 짝수가 적힌 공의 개수를 구하시오.

0794

Level 2

A는 흰 공 4개, 검은 공 1개를 가지고 있고, B는 흰 공 n 개, 검은 공 3개를 가지고 있다. 이 $(n+8)$개의 공을 상자에 모두 넣고 임의로 꺼낸 한 개의 공이 흰 공이었을 때, 이 공이 A가 가지고 있던 공일 확률이 $\frac{2}{3}$이다. n의 값을 구하시오.

0795

Level 2

어느 학교의 전체 학생은 360명이고, 각 학생은 체험 학습 A와 체험 학습 B 중 하나를 선택하였다. 이 학교의 학생 중 체험 학습 A를 선택한 학생은 남학생 90명과 여학생 70명이다. 이 학교의 학생 중에서 임의로 택한 한 명의 학생이 체험 학습 B를 선택한 학생일 때, 이 학생이 남학생일 확률은 $\frac{2}{5}$이다. 이 학교의 여학생 수는?

① 180   ② 185   ③ 190

④ 195   ⑤ 200

두 사건 A, B에 대하여
(1) $P(A \cap B) = P(A)P(B|A)$ (단, $P(A) > 0$)
(2) $P(A \cap B) = P(B)P(A|B)$ (단, $P(B) > 0$)

0796 대표문제

흰 공 4개와 검은 공 3개가 들어 있는 주머니에서 두 사람 A, B가 차례로 공을 1개씩 꺼낼 때, 두 명 모두 흰 공을 꺼낼 확률은? (단, 꺼낸 공은 다시 넣지 않는다.)

① $\dfrac{1}{7}$　　　　② $\dfrac{2}{7}$　　　　③ $\dfrac{3}{7}$

④ $\dfrac{4}{7}$　　　　⑤ $\dfrac{5}{7}$

0797　　　　　　　　　　　　Level 2

주머니 A에는 1, 2, 3, 4, 5의 숫자가 각각 하나씩 적힌 5개의 공이 들어 있고, 주머니 B에는 6, 7, 8, 9의 숫자가 각각 하나씩 적힌 4개의 공이 들어 있다. 한 주머니를 임의로 택하여 공 1개를 꺼낼 때, 주머니 A에 들어 있는 홀수가 적힌 공일 확률은?

① $\dfrac{1}{10}$　　　　② $\dfrac{1}{5}$　　　　③ $\dfrac{3}{10}$

④ $\dfrac{2}{5}$　　　　⑤ $\dfrac{1}{2}$

0798　　　　　　　　　　　　Level 2

n개의 당첨 제비를 포함한 7개의 제비가 들어 있는 주머니에서 두 사람이 차례로 제비를 1개씩 뽑을 때, 두 사람 모두 당첨 제비를 뽑을 확률이 $\dfrac{1}{7}$이다. 이때 자연수 n의 값을 구하시오. (단, 꺼낸 제비는 다시 넣지 않는다.)

0799　　　　　　　　　　　　Level 2

어느 축구팀이 경기에서 이겼을 때 다음 경기에서도 이길 확률은 $\dfrac{3}{4}$이고, 경기에서 졌을 때 다음 경기에서도 질 확률은 $\dfrac{2}{5}$이다. 이 축구팀이 첫 번째 경기에서 이겼을 때, 두 번째 경기는 지고 세 번째 경기는 이길 확률은?

(단, 비기는 경우는 없다.)

① $\dfrac{3}{20}$　　　　② $\dfrac{1}{5}$　　　　③ $\dfrac{1}{4}$

④ $\dfrac{3}{10}$　　　　⑤ $\dfrac{7}{20}$

0800　　　　　　　　　　　　Level 2

어느 회사의 남성 직원 수와 여성 직원 수의 비는 2 : 3이고 남성 직원의 30 %, 여성 직원의 20 %가 대중교통을 이용하여 통근을 한다. 이 회사의 직원 중에서 임의로 한 명을 택할 때, 대중교통을 이용하는 남성 직원일 확률은?

① $\dfrac{3}{25}$　　　　② $\dfrac{4}{25}$　　　　③ $\dfrac{1}{5}$

④ $\dfrac{6}{25}$　　　　⑤ $\dfrac{7}{25}$

0801　　　　　　　　　　　　Level 2

흰 공이 2개, 검은 공이 $(n+2)$개가 들어 있는 주머니에서 세 사람 A, B, C가 이 순서대로 임의로 공을 1개씩 꺼낼 때, B가 꺼낸 공의 색이 A와 C가 꺼낸 공의 색과 다를 확률이 $\dfrac{5}{21}$이다. 이때 자연수 n의 값을 구하시오.

(단, 꺼낸 공은 다시 넣지 않는다.)

0802

Level 2

어느 인터넷 강의 사이트에서 강좌를 수강한 경험이 있는 학생을 대상으로 조사한 결과, 수학 강좌를 수강한 경험이 있는 학생 수는 국어 강좌를 수강한 경험이 있는 학생 수의 4배이다. 또한, 수학 강좌를 수강한 경험이 있는 학생 중 $\frac{1}{5}$ 은 국어 강좌를 수강한 경험이 있다고 한다. 조사에 참여한 학생 중에서 임의로 택한 한 명이 국어 강좌를 수강한 경험이 있는 학생이었을 때, 이 학생이 수학 강좌를 수강한 경험이 있을 확률은?

① $\frac{2}{5}$ ② $\frac{1}{2}$ ③ $\frac{3}{5}$

④ $\frac{7}{10}$ ⑤ $\frac{4}{5}$

0803

Level 2

다음 표는 어느 도시 어떤 날의 날씨가 비가 내리거나 비가 내리지 않았을 때, 각각 그 다음 날의 날씨가 비가 내리거나 비가 내리지 않을 확률을 나타낸 것이다. 3월 1일 이 도시에 비가 내리지 않았을 때, 3월 2일부터 3월 4일까지 비가 내린 날이 하루일 확률은 $\frac{q}{p}$ 이다. $p+q$ 의 값은?

(단, p 와 q 는 서로소인 자연수이다.)

어떤 날 \ 다음 날	비가 내리지 않음	비가 내림
비가 내리지 않음	$\frac{3}{5}$	$\frac{2}{5}$
비가 내림	$\frac{1}{3}$	$\frac{2}{3}$

① 161 ② 163 ③ 165

④ 167 ⑤ 169

두 사건 A, E에 대하여
$$\mathrm{P}(E)=\mathrm{P}(A\cap E)+\mathrm{P}(A^c\cap E)$$
$$=\mathrm{P}(A)\mathrm{P}(E|A)+\mathrm{P}(A^c)\mathrm{P}(E|A^c)$$

0804 대표문제

어떤 의사가 암에 걸린 사람을 암에 걸렸다고 진단할 확률은 90 %이고, 암에 걸리지 않은 사람을 암에 걸렸다고 오진할 확률은 5 %이다. 암에 걸린 사람과 암에 걸리지 않은 사람의 비율이 각각 10 %, 90 %인 집단에서 임의로 한 사람을 택하여 이 의사가 진단했을 때, 그 사람을 암에 걸렸다고 진단할 확률이 $\frac{q}{p}$ 이다. $p+q$ 의 값은?

(단, p 와 q 는 서로소인 자연수이다.)

① 226 ② 227 ③ 228

④ 229 ⑤ 230

0805

Level 2

A, B 두 제품만을 생산하는 어느 공장에서 제품 A의 생산량은 전체 생산량의 60 %를 차지한다. 이 공장에서 전체 제품의 품질검사를 진행한 결과, 제품 A의 5 %가 불량품이었고, 제품 B의 10 %가 불량품이었다. 이 공장에서 생산된 제품 중에서 임의로 선택한 1개가 불량품일 확률은?

① $\frac{3}{100}$ ② $\frac{1}{25}$ ③ $\frac{1}{20}$

④ $\frac{3}{50}$ ⑤ $\frac{7}{100}$

04

0806

어느 분식점을 이용한 학생 100명 중에서 남학생은 40명, 여학생은 60명이고, 남학생의 40 %, 여학생의 80 %가 떡볶이를 먹은 학생이다. 이 100명의 학생 중에서 임의로 1명을 택할 때, 이 학생이 떡볶이를 먹은 학생일 확률은?

① $\dfrac{12}{25}$　　② $\dfrac{14}{25}$　　③ $\dfrac{16}{25}$

④ $\dfrac{18}{25}$　　⑤ $\dfrac{4}{5}$

0807

흰 구슬 2개와 검은 구슬 1개가 들어 있는 상자 A와 흰 구슬 2개, 검은 구슬 2개가 들어 있는 상자 B가 있다. 상자 A에서 임의로 1개의 구슬을 꺼내어 상자 B에 넣은 다음 상자 B에서 임의로 1개의 구슬을 꺼낼 때, 상자 B에서 꺼낸 구슬이 흰색일 확률은?

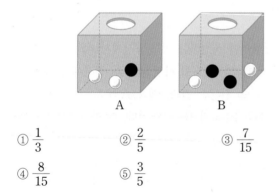

A　　　　　　B

① $\dfrac{1}{3}$　　② $\dfrac{2}{5}$　　③ $\dfrac{7}{15}$

④ $\dfrac{8}{15}$　　⑤ $\dfrac{3}{5}$

0808

어느 커피 감별사가 후각 검사를 통해 C 국가에서 생산된 커피 원두를 C 국가의 것으로 판정할 확률은 90 %, C 국가가 아닌 곳에서 생산된 커피 원두를 C 국가의 것으로 판정할 확률은 20 %로 각각 일정하다고 한다. 다음 표와 같이 12개의 커피 원두 샘플 중에서 임의로 1개의 커피 원두 샘플을 택해 후각 검사를 실시했을 때, C 국가의 것으로 판정할 확률은?

커피 원두 생산 국가	C 국가	E 국가	K 국가	합계
커피 원두 샘플의 개수	4	3	5	12

① $\dfrac{2}{15}$　　② $\dfrac{7}{30}$　　③ $\dfrac{1}{3}$

④ $\dfrac{13}{30}$　　⑤ $\dfrac{8}{15}$

0809

파란 공 3개, 노란 공 2개가 들어 있는 주머니에서 임의로 2개의 공을 동시에 꺼낼 때, 꺼낸 공의 색이 서로 같으면 3개의 동전을 동시에 던지고, 꺼낸 공의 색이 서로 다르면 2개의 동전을 동시에 던진다. 이 시행에서 앞면이 나온 동전의 개수가 2일 확률은?

① $\dfrac{1}{10}$　　② $\dfrac{3}{10}$　　③ $\dfrac{1}{2}$

④ $\dfrac{7}{10}$　　⑤ $\dfrac{9}{10}$

0810

∎∎∎ Level 2

주머니 안에 흰 바둑돌 5개와 검은 바둑돌 3개가 들어 있다. 이 주머니에서 임의로 바둑돌을 한 개씩 두 번 꺼낼 때, 두 번째 꺼낸 바둑돌이 흰색일 확률은?

(단, 꺼낸 바둑돌은 다시 넣지 않는다.)

① $\dfrac{31}{56}$ 　② $\dfrac{33}{56}$ 　③ $\dfrac{5}{8}$

④ $\dfrac{37}{56}$ 　⑤ $\dfrac{39}{56}$

0811

∎∎∎ Level 2

1, 2, 3, 4, 5의 숫자가 각각 하나씩 적힌 공 5개가 들어 있는 주머니가 있다. 한 개의 주사위를 한 번 던져서 6의 약수의 눈이 나오면 주머니에서 임의로 2개의 공을 동시에 꺼내고, 6의 약수가 아닌 눈이 나오면 주머니에서 임의로 3개의 공을 동시에 꺼낼 때, 꺼낸 공에 적힌 모든 수의 곱이 홀수일 확률을 구하시오.

0812

∎∎∎ Level 2

A 주머니에는 흰 공 2개, 검은 공 3개가 들어 있고, B 주머니에는 흰 공 3개, 검은 공 3개가 들어 있다. 한 개의 주사위를 한 번 던져서 나온 눈의 수가 3의 배수이면 A 주머니에서 2개의 공을 동시에 꺼내고 3의 배수가 아니면 B 주머니에서 2개의 공을 동시에 꺼낼 때, 꺼낸 2개의 공이 모두 같은 색일 확률을 구하시오.

사건 E가 일어났을 때 사건 A가 일어날 확률은

$$P(A|E)=\dfrac{P(A\cap E)}{P(E)}$$
$$=\dfrac{P(A\cap E)}{P(A\cap E)+P(A^c\cap E)}$$

참고 두 사건 $A\cap E$와 $A^c\cap E$는 서로 배반사건이다. 따라서 $E=(A\cap E)\cup(A^c\cap E)$와 확률의 덧셈정리에 의하여 $P(E)=P(A\cap E)+P(A^c\cap E)$이다.

0813 대표문제

어느 대학 신입생 중 남학생 수와 여학생 수의 비는 3 : 2이다. 신입생 남학생의 50 %가 수시모집으로 입학하였고, 신입생 여학생의 60 %가 수시모집으로 입학하였다. 이 대학의 수시모집으로 입학한 신입생 중에서 한 명을 임의로 택할 때, 이 학생이 남학생일 확률은?

① $\dfrac{1}{9}$ 　② $\dfrac{2}{9}$ 　③ $\dfrac{1}{3}$

④ $\dfrac{4}{9}$ 　⑤ $\dfrac{5}{9}$

0814

∎∎∎ Level 2

4개의 당첨 제비를 포함한 10개의 제비가 들어 있는 주머니에서 두 학생 A, B가 차례로 임의로 한 개씩 제비를 뽑는 시행을 하였다. B가 뽑은 제비가 당첨 제비였을 때, A도 당첨 제비를 뽑았을 확률은?

(단, 꺼낸 제비는 다시 넣지 않는다.)

① $\dfrac{1}{6}$ 　② $\dfrac{1}{3}$ 　③ $\dfrac{1}{2}$

④ $\dfrac{2}{3}$ 　⑤ $\dfrac{5}{6}$

0815
●Il Level 2

5장의 카드 중에서 2장의 카드에는 뒷면에 '당첨'이라 적혀 있다. 갑, 을 두 사람 중에서 갑이 먼저 카드를 1장 뒤집고, 뒤집힌 카드는 그대로 둔 채 을이 남은 4장의 카드 중에서 1장을 뒤집는 시행을 한다. 을이 '당첨'이라 적힌 카드를 뒤집었을 때, 갑도 '당첨'이라 적힌 카드를 뒤집었을 확률을 구하시오.

0816
●Il Level 2

철수가 받은 전자우편의 10 %는 제목이 '여행'이라는 단어를 포함한다. 제목이 '여행'을 포함한 전자우편의 50 %가 광고이고, '여행'을 포함하지 않은 전자우편의 20 %가 광고이다. 철수가 받은 한 전자우편이 광고일 때, 이 전자우편의 제목이 '여행'을 포함할 확률은?

① $\dfrac{5}{23}$　　② $\dfrac{6}{23}$　　③ $\dfrac{7}{23}$

④ $\dfrac{8}{23}$　　⑤ $\dfrac{9}{23}$

0817
●Il Level 2

주머니 A에는 흰 공 2개, 검은 공 3개가 들어 있고, 주머니 B에는 흰 공 3개, 검은 공 3개가 들어 있다. 한 개의 주사위를 던져서 4 이하의 눈이 나오면 주머니 A에서 1개의 공을 꺼내고, 5 이상의 눈이 나오면 주머니 B에서 1개의 공을 꺼내는 시행을 한다. 이 시행의 결과 흰 공이 나왔을 때, 이 공이 주머니 A에서 나왔을 확률을 구하시오.

0818
●Il Level 2

어느 코로나 바이러스 진단 시약이 코로나 바이러스에 걸린 사람을 양성으로 판정할 확률이 0.95, 코로나 바이러스에 걸리지 않은 사람을 음성으로 판정할 확률이 0.98이라 한다. 코로나 바이러스에 걸린 사람 100명과 걸리지 않은 사람 900명 중에서 임의로 한 명을 택하여 이 진단 시약을 사용하였더니 양성으로 판정되었다. 이 사람이 실제로 코로나 바이러스에 걸렸을 확률이 $\dfrac{q}{p}$일 때, $p+q$의 값을 구하시오.

(단, p와 q는 서로소인 자연수이다.)

0819
●Il Level 2

가수 A의 팬클럽 회원 150명과 가수 B의 팬클럽 회원 200명을 대상으로 스마트폰 앱 C에 대한 설치 여부를 조사하였다. 그 결과 가수 A의 팬클럽 회원 중에서 70 %, 가수 B의 팬클럽 회원 중에서 50 %가 스마트폰 앱 C를 설치하였다. 이 조사에 참여한 가수 A, B의 팬클럽 회원 350명 중에서 임의로 택한 한 명이 스마트폰 앱 C를 설치했을 때, 이 사람이 가수 A의 팬클럽 회원일 확률은?

① $\dfrac{21}{41}$　　② $\dfrac{22}{41}$　　③ $\dfrac{23}{41}$

④ $\dfrac{24}{41}$　　⑤ $\dfrac{25}{41}$

0820

어느 회사에서 전체 직원의 80 %가 남성이다. 이 회사의 남성 직원의 60 %가 태블릿 PC를 가지고 있고, 여성 직원의 40 %가 태블릿 PC를 가지고 있다. 이 회사의 직원 중에서 임의로 택한 한 명이 태블릿 PC를 가지고 있을 때, 이 직원이 남성일 확률은?

① $\dfrac{2}{7}$ ② $\dfrac{3}{7}$ ③ $\dfrac{4}{7}$

④ $\dfrac{5}{7}$ ⑤ $\dfrac{6}{7}$

0821 고난도

A, B, C 세 제품만을 생산하는 어느 공장에서 제품 A, B, C의 생산량은 각각 전체 생산량의 50 %, 30 %, 20 %를 차지한다. 이 공장에서 전체 제품의 품질검사를 진행한 결과, 제품 A의 5 %, 제품 B의 7 %, 제품 C의 8 %가 불량품이었다. 이 공장에서 생산된 제품 중에서 임의로 택한 한 개가 불량품이었을 때, 이 제품이 A일 확률은?

① $\dfrac{21}{62}$ ② $\dfrac{23}{62}$ ③ $\dfrac{25}{62}$

④ $\dfrac{27}{62}$ ⑤ $\dfrac{29}{62}$

+ **Plus 문제**

두 사건 A, B에 대하여
(1) $\mathrm{P}(A \cap B) = \mathrm{P}(A)\mathrm{P}(B)$ ➜ 독립
(2) $\mathrm{P}(A \cap B) \neq \mathrm{P}(A)\mathrm{P}(B)$ ➜ 종속

0822 대표문제

표본공간 $S=\{1, 2, 3, 4, 5, 6\}$의 세 사건 A, B, C에 대하여 $A=\{1, 2, 3\}$, $B=\{2, 5\}$, $C=\{1, 4, 6\}$일 때, 〈**보기**〉에서 두 사건이 서로 독립인 것만을 있는 대로 고른 것은?

〈 **보기** 〉
ㄱ. A와 B ㄴ. A와 C ㄷ. B와 C

① ㄱ ② ㄴ ③ ㄷ
④ ㄱ, ㄴ ⑤ ㄴ, ㄷ

0823

표본공간 $S=\{1, 2, 3, 4, 5, 6, 7, 8\}$의 사건 A에 대하여 $A=\{2, 3, 5, 7\}$일 때, 〈**보기**〉에서 사건 A와 서로 독립인 사건만을 있는 대로 고른 것은?

〈 **보기** 〉
ㄱ. $B=\{1, 3, 5, 7\}$
ㄴ. $C=\{2, 4, 6, 8\}$
ㄷ. $D=\{1, 2, 5, 8\}$

① ㄱ ② ㄴ ③ ㄷ
④ ㄱ, ㄴ ⑤ ㄴ, ㄷ

0824

표본공간 $S=\{1, 2, 3, \cdots, n\}$의 두 사건 A, B에 대하여 $A=\{1, 2, 3\}$, $B=\{2, 4\}$가 서로 독립일 때, n의 값을 구하시오. (단, $n \geq 5$)

0825

Level 1

한 개의 주사위를 던지는 시행에서 눈의 수가 소수인 사건을 A, 눈의 수가 짝수인 사건을 B, 눈의 수가 3의 배수인 사건을 C라 하자. 〈보기〉에서 두 사건이 서로 독립인 것만을 있는 대로 고른 것은?

───────────〈보기〉───────────

ㄱ. A와 B ㄴ. A와 C ㄷ. B와 C

───────────────────────────

① ㄴ   ② ㄷ   ③ ㄱ, ㄴ

④ ㄱ, ㄷ   ⑤ ㄴ, ㄷ

0826

Level 2

흰 공 2개, 검은 공 3개가 들어 있는 주머니에서 두 학생 A, B가 이 차례로 공을 한 개씩 꺼낼 때, A가 검은 공을 꺼내는 사건을 X, B가 검은 공을 꺼내는 사건을 Y라 하자. 〈보기〉에서 옳은 것만을 있는 대로 고른 것은?

(단, 꺼낸 공은 다시 주머니 안에 넣는다.)

───────────〈보기〉───────────

ㄱ. $P(X) = \dfrac{3}{5}$

ㄴ. $P(Y) = \dfrac{3}{5}$

ㄷ. 두 사건 X와 Y는 서로 독립이다.

───────────────────────────

① ㄱ   ② ㄱ, ㄴ   ③ ㄱ, ㄷ

④ ㄴ, ㄷ   ⑤ ㄱ, ㄴ, ㄷ

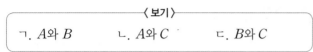

실전유형 12 사건의 독립과 종속의 성질

두 사건 A와 B가 서로

(1) 독립이면
$$P(B|A) = P(B|A^C) = P(B)$$
$$P(A|B) = P(A|B^C) = P(A)$$

(2) 종속이면
$$P(B|A) \neq P(B|A^C)$$
$$P(A|B) \neq P(A|B^C)$$

참고 두 사건 A와 B가 서로 독립이면
  (1) 두 사건 A와 B^C가 서로 독립이다.
  (2) 두 사건 A^C와 B가 서로 독립이다.
  (3) 두 사건 A^C와 B^C가 서로 독립이다.

0827 대표문제

$0 < P(A) < 1$, $0 < P(B) < 1$인 두 사건 A와 B가 서로 독립일 때, 〈보기〉에서 옳은 것만을 있는 대로 고른 것은?

───────────〈보기〉───────────

ㄱ. $P(A|B) = P(B|A)$

ㄴ. $P(A \cap B) = P(A)P(B)$

ㄷ. $P(A^C|B) = 1 - P(A|B)$

───────────────────────────

① ㄱ   ② ㄴ   ③ ㄷ

④ ㄱ, ㄴ   ⑤ ㄴ, ㄷ

0828

Level 1

$0 < P(A) < 1$, $0 < P(B) < 1$인 두 사건 A와 B가 서로 독립일 때, 〈보기〉에서 서로 독립인 것만을 있는 대로 고른 것은?

───────────〈보기〉───────────

ㄱ. A와 B^C

ㄴ. A^C와 B

ㄷ. A와 $A \cap B$

───────────────────────────

① ㄱ   ② ㄱ, ㄴ   ③ ㄱ, ㄷ

④ ㄴ, ㄷ   ⑤ ㄱ, ㄴ, ㄷ

0829

○○l Level 2

다음은 $0<P(A)<1$, $0<P(B)<1$인 두 사건 A와 B가 서로 독립일 때, 두 사건 A^c와 B^c도 서로 독립임을 증명한 것이다.

두 사건 A와 B가 서로 독립이므로

$P(A \cap B) = \boxed{\text{(가)}}$

$A^c \cap B^c = (\boxed{\text{(나)}})^c$에서

$P(A^c \cap B^c) = 1 - P(\boxed{\text{(나)}})$

$\qquad\qquad = 1 - \{P(A) + P(B) - P(\boxed{\text{(다)}})\}$

$\qquad\qquad = \{1 - P(A)\}\{1 - P(B)\}$

$\qquad\qquad = P(A^c)P(B^c)$

따라서 두 사건 A^c와 B^c도 서로 독립이다.

위의 과정에서 (가)~(다)에 알맞은 것을 차례로 적은 것은?

① $P(A|B)$, $A \cup B$, $A \cap B$

② $P(A|B)$, $A \cap B$, $A \cup B$

③ $P(A)P(B)$, $A \cup B$, $A \cap B$

④ $P(A)P(B)$, $A \cup B$, B

⑤ $P(A)P(B)$, $A \cap B$, $A \cup B$

0830

○○l Level 2

$P(A)>0$, $P(B)>0$인 두 사건 A와 B가 서로 독립일 때, 〈**보기**〉에서 옳은 것만을 있는 대로 고르시오.

〈 보기 〉

ㄱ. 두 사건 A와 B는 서로 배반사건이다.

ㄴ. $P(A \cup B) = P(A) + P(B)$

ㄷ. $P(A \cup B) = 1$이면 $P(A) = 1$ 또는 $P(B) = 1$이다.

0831

○○l Level 2

$P(A)>0$, $P(B)>0$인 두 사건 A, B에 대하여 〈**보기**〉에서 옳은 것만을 있는 대로 고른 것은?

〈 보기 〉

ㄱ. 두 사건 A와 B가 서로 독립이면
   $P(A|B) = P(A|B^c)$이다.

ㄴ. 두 사건 A와 B가 서로 독립이면
   $P(B) = P(A)P(B) + P(A^c)P(B)$이다.

ㄷ. 두 사건 A와 B가 서로 배반사건이면 두 사건 A와 B는 서로 독립이다.

① ㄱ   ② ㄱ, ㄴ   ③ ㄱ, ㄷ

④ ㄴ, ㄷ   ⑤ ㄱ, ㄴ, ㄷ

0832

○○l Level 2

$P(A)>0$, $P(B)>0$인 두 사건 A와 B가 서로 독립일 때, 〈**보기**〉에서 옳은 것만을 있는 대로 고른 것은?

〈 보기 〉

ㄱ. $P((A \cap B)^c) = 1 - P(A)P(B)$

ㄴ. $P(A \cap B^c) = P(A) - P(B)$

ㄷ. $P(A \cup B^c) = P(A) + P(A^c)P(B^c)$

① ㄱ   ② ㄱ, ㄴ   ③ ㄱ, ㄷ

④ ㄴ, ㄷ   ⑤ ㄱ, ㄴ, ㄷ

0833

Level 2

$P(A)>0$, $P(B)>0$인 두 사건 A와 B가 서로 독립일 때, 〈**보기**〉에서 옳은 것만을 있는 대로 고른 것은?

〈 보기 〉

ㄱ. $P(A^C|B)=1-P(A)$

ㄴ. $P(A\cup B)=P(A)+P(B)-P(A)P(B)$

ㄷ. $P(B)=P(A)P(B)+P(A^C)P(B)$

① ㄱ   ② ㄱ, ㄴ   ③ ㄱ, ㄷ

④ ㄴ, ㄷ   ⑤ ㄱ, ㄴ, ㄷ

0834

Level 2

$0<P(A)<1$, $0<P(B)<1$인 두 사건 A, B에 대하여 〈**보기**〉에서 옳은 것만을 있는 대로 고른 것은?

〈 보기 〉

ㄱ. $P(A|B)=1$이면 $B\subset A$이다.

ㄴ. $P(A|B^C)=0$이면 $P(A|B)=\dfrac{P(A)}{P(B)}$이다.

ㄷ. 두 사건 A와 B가 서로 독립이고

$P(A|B^C)=1-P(A|B)$이면 $P(A)=\dfrac{1}{2}$이다.

① ㄱ   ② ㄱ, ㄴ   ③ ㄱ, ㄷ

④ ㄴ, ㄷ   ⑤ ㄱ, ㄴ, ㄷ

실전유형 13 독립인 사건의 확률의 계산   빈출유형

두 사건 A와 B가 서로 독립이면

(1) $P(B|A)=P(B|A^C)=P(B)$

(2) $P(A\cap B)=P(A)P(B)$

(3) $P(A\cup B)=P(A)+P(B)-P(A)P(B)$

0835 대표문제

두 사건 A와 B는 서로 독립이고

$$P(A)=\frac{1}{2},\ P(B)=\frac{1}{4}$$

일 때, $P(A\cap B^C)$는?

① $\dfrac{1}{8}$ ② $\dfrac{1}{4}$ ③ $\dfrac{3}{8}$

④ $\dfrac{1}{2}$ ⑤ $\dfrac{5}{8}$

0836

Level 1

두 사건 A와 B는 서로 독립이고

$$P(A)=\frac{1}{3},\ P(B)=\frac{1}{2}$$

일 때, $P(A\cap B)$를 구하시오.

0837

Level 1

두 사건 A와 B는 서로 독립이고

$$P(A)=\frac{1}{2},\ P(B)=\frac{2}{5}$$

일 때, $P(A\cup B)$는?

① $\dfrac{3}{10}$ ② $\dfrac{2}{5}$ ③ $\dfrac{1}{2}$

④ $\dfrac{3}{5}$ ⑤ $\dfrac{7}{10}$

0838

●❙❙ Level 1

두 사건 A와 B는 서로 독립이고

$$P(A)=\frac{3}{4},\ P(A\cap B)=\frac{1}{2}$$

일 때, $P(B|A^c)$는?

① $\frac{5}{12}$ ② $\frac{1}{2}$ ③ $\frac{7}{12}$

④ $\frac{2}{3}$ ⑤ $\frac{3}{4}$

0839

●❙❙ Level 2

두 사건 A와 B는 서로 독립이고

$$P(A|B)=\frac{1}{3},\ P(B|A^c)=\frac{1}{2}$$

일 때, $P(A\cup B)$를 구하시오.

0840

●❙❙ Level 2

두 사건 A와 B는 서로 독립이고

$$P(A\cap B)=\frac{1}{8},\ P(A|B^c)+P(B^c|A)=\frac{3}{4}$$

일 때, $P(A\cap B^c)$는?

① $\frac{1}{8}$ ② $\frac{1}{4}$ ③ $\frac{3}{8}$

④ $\frac{1}{2}$ ⑤ $\frac{5}{8}$

다음은 이 유형에서 출제된 최근 교육청·평가원 기출문제입니다.

0841 · 2021학년도 대학수학능력시험

●❙❙ Level 1

두 사건 A와 B는 서로 독립이고

$$P(A|B)=P(B),\ P(A\cap B)=\frac{1}{9}$$

일 때, $P(A)$는?

① $\frac{7}{18}$ ② $\frac{1}{3}$ ③ $\frac{5}{18}$

④ $\frac{2}{9}$ ⑤ $\frac{1}{6}$

0842 · 교육청 2020년 10월

●❙❙ Level 2

두 사건 A와 B는 서로 독립이고

$$P(A^c)=\frac{2}{5},\ P(B)=\frac{1}{6}$$

일 때, $P(A^c\cup B^c)$는? (단, A^c는 A의 여사건이다.)

① $\frac{1}{2}$ ② $\frac{3}{5}$ ③ $\frac{7}{10}$

④ $\frac{4}{5}$ ⑤ $\frac{9}{10}$

0843 · 교육청 2019년 10월

●❙❙ Level 2

두 사건 A와 B는 서로 독립이고

$$P(A|B)=\frac{1}{3},\ P(A\cap B^c)=\frac{1}{12}$$

일 때, $P(B)$는? (단, B^c는 B의 여사건이다.)

① $\frac{5}{12}$ ② $\frac{1}{2}$ ③ $\frac{7}{12}$

④ $\frac{2}{3}$ ⑤ $\frac{3}{4}$

두 사건 A와 B가 서로 독립일 때,
$$P(A \cap B) = P(A)P(B)$$
임을 이용하여 미지수를 구한다.

0844 대표문제

남학생 24명과 여학생 16명으로 이루어진 어느 학급의 학생 중 안경을 쓴 남학생과 여학생은 각각 15명, n명이다. 이 학급의 학생 중에서 한 명을 임의로 택할 때, 그 학생이 남학생인 사건을 A, 안경을 쓴 학생인 사건을 B라 하자. 두 사건 A와 B가 서로 독립일 때, 자연수 n의 값은?

① 8   ② 9   ③ 10
④ 11   ⑤ 12

0845 Level 2

표본공간 S의 두 사건 A, B에 대하여
$$n(A \cap B^C) = 20, \quad n(A \cap B) = x,$$
$$n(A^C \cap B) = 40, \quad n(A^C \cap B^C) = 40$$
이다. 두 사건 A와 B가 서로 독립일 때, x의 값은?

① 10   ② 15   ③ 20
④ 25   ⑤ 30

0846 Level 2

두 사건 A와 B^C가 서로 독립이고
$$P(A \cup B) = 1, \quad P(A) = 2P(B) = x$$
일 때, 실수 x의 값을 구하시오.

0847 Level 2

다음 표는 어느 학교 남학생 90명과 여학생 50명을 대상으로 예능과 드라마 중에서 선호하는 TV 프로그램 장르를 조사한 것이다.

(단위 : 명)

학생 \ 선호 장르	예능	드라마
남학생	54	36
여학생	k	$50-k$

조사 대상 중에서 임의로 택한 한 명이 남학생인 사건과 예능을 선호하는 학생인 사건이 서로 독립일 때, k의 값은? (단, 조사 대상인 모든 학생은 예능과 드라마 중에서 한 가지만 택하였다.)

① 20   ② 25   ③ 30
④ 35   ⑤ 40

0848 Level 2

다음 표는 어느 회사에서 전체 직원 360명을 대상으로 재직 연수와 회사 합병에 대한 찬반 여부를 조사한 것이다.

(단위 : 명)

재직 연수 \ 찬반 여부	찬성	반대	합계
10년 미만	a	b	120
10년 이상	c	d	240
합계	210	150	360

이 회사 직원 중에서 임의로 택한 한 명이 재직 연수가 10년 미만인 사건과 회사 합병에 찬성하는 사건이 서로 독립일 때, $a+d$의 값은?

① 150   ② 160   ③ 170
④ 180   ⑤ 190

0849

●❙❙ Level **2**

다음 표는 어느 회사 전체 직원들을 대상으로 이번 여름 휴가지를 조사한 것이다.

(단위 : 명)

구분	국내	해외
남성 직원	$n+3$	9
여성 직원	20	n

이 회사 직원 중에서 임의로 택한 한 명이 여성 직원인 사건과 휴가지가 국내인 사건이 서로 독립일 때, 자연수 n의 값은?

① 11 　　　　② 12 　　　　③ 13

④ 14 　　　　⑤ 15

0850

●❙❙ Level **2**

어떤 학급의 전체 학생 36명을 대상으로 체육대회 반티 착용에 대한 찬성, 반대를 묻는 투표를 실시하였다. 이 학급의 여학생은 20명이고, 반티 착용에 찬성한 학생은 27명이다. 이 학급의 학생 중에서 임의로 택한 한 명이 여학생인 사건과 반티 착용에 찬성하는 사건이 서로 독립일 때, 이 학급의 학생 중에서 반티 착용에 찬성하는 여학생 수는? (단, 모든 학생들이 기권 없이 찬성과 반대 중에서 한 가지에 투표하였다.)

① 11 　　　　② 12 　　　　③ 13

④ 14 　　　　⑤ 15

0851

●❙❙ Level **2**

어느 서점에서 지난달에 판매된 서적 400권에 대한 조사를 한 결과 국내 서적은 130권이 판매되었고, 소설책은 160권이 판매되었다. 지난달에 판매된 서적 400권 중에서 임의로 택한 한 권이 국내 서적인 사건과 소설책인 사건이 서로 독립일 때, 지난달에 판매된 국내 소설책의 수는?

① 52 　　　　② 54 　　　　③ 56

④ 58 　　　　⑤ 60

0852

●❙❙ Level **2**

어느 회사의 전체 직원은 기혼 남성 6명, 미혼 남성 20명, 기혼 여성 36명, 미혼 여성 x명으로 이루어져 있다. 이 회사의 직원 중에서 임의로 택한 한 명이 남성인 사건과 미혼인 사건이 서로 독립일 때, x의 값을 구하시오.

0853

●❙❙ Level **2**

어느 고등학교의 전체 학생 360명 중에서 남학생은 150명이고, 인터넷 강의를 수강하는 학생은 240명이다. 이 학교 학생 중에서 임의로 택한 한 명의 학생이 남학생인 사건과 인터넷 강의를 수강하는 학생인 사건이 서로 독립일 때, 인터넷 강의를 수강하는 여학생 수는?

① 60 　　　　② 80 　　　　③ 100

④ 120 　　　　⑤ 140

주어진 문제에서 두 사건 A와 B가 서로 독립이면
$$P(A \cap B) = P(A)P(B)$$
임을 이용하여 확률을 구한다.

0854 대표문제

어느 농구 팀의 두 선수 A, B가 3점 슛을 성공시킬 확률이 각각 $\frac{2}{5}$, $\frac{1}{2}$이다. 두 선수 A, B가 각각 한 번씩 3점 슛을 시도할 때, 두 선수 중 한 명만이 3점 슛을 성공시킬 확률은? (단, 두 선수 A, B가 3점 슛을 성공시키는 사건은 서로 독립이다.)

① $\frac{1}{10}$　　　② $\frac{1}{5}$　　　③ $\frac{3}{10}$

④ $\frac{2}{5}$　　　⑤ $\frac{1}{2}$

0855 　　　　Level 1

한 개의 주사위를 세 번 던져서 나오는 눈의 수를 차례로 a, b, c라 할 때, abc의 값이 홀수일 확률은?

① $\frac{1}{8}$　　　② $\frac{1}{4}$　　　③ $\frac{3}{8}$

④ $\frac{1}{2}$　　　⑤ $\frac{5}{8}$

0856 　　　　Level 1

한 개의 동전과 한 개의 주사위를 동시에 던질 때, 동전은 앞면이 나오고 주사위의 눈의 수는 3의 배수일 확률을 구하시오.

0857 　　　　Level 2

주머니 A에는 흰 공이 3개, 검은 공이 6개 들어 있고, 주머니 B에는 흰 공이 6개, 검은 공이 3개 들어 있다. 두 주머니 A, B에서 각각 임의로 1개의 공을 꺼낼 때, 꺼낸 공이 모두 흰 공일 확률을 구하시오.

0858 　　　　Level 2

두 학생 A, B가 자유투를 성공시킬 확률이 각각 $\frac{3}{4}$, $\frac{4}{5}$이다. 두 학생 A, B가 각각 한 번씩 자유투를 시도할 때, 한 명만 성공할 확률은?

① $\frac{3}{10}$　　　② $\frac{7}{20}$　　　③ $\frac{2}{5}$

④ $\frac{9}{20}$　　　⑤ $\frac{1}{2}$

0859 　　　　Level 2

주머니 A에는 빨간 공 3개와 파란 공 4개가 들어 있고, 주머니 B에는 빨간 공 4개와 파란 공 6개가 들어 있다. 혜진이는 주머니 A에서 임의로 2개의 공을 동시에 꺼내고 진희는 주머니 B에서 임의로 2개의 공을 동시에 꺼낼 때, 두 사람 모두 서로 다른 색의 공을 꺼낼 확률은?

① $\frac{32}{105}$　　　② $\frac{34}{105}$　　　③ $\frac{12}{35}$

④ $\frac{38}{105}$　　　⑤ $\frac{8}{21}$

0860

남성 직원이 240명, 여성 직원이 210명인 어느 회사의 전체 직원을 대상으로 통근 수단을 조사한 결과 대중교통을 이용하는 직원이 150명, 승용차를 이용하는 직원이 300명이었다. 이 회사의 직원 중에서 임의로 택한 한 명이 남성 직원인 사건과 대중교통을 이용하는 직원인 사건이 서로 독립이다. 이 회사의 전체 직원 중에서 임의로 택한 한 명이 여성 직원일 때, 이 직원이 대중교통을 이용하는 직원일 확률은?

① $\dfrac{1}{3}$ ② $\dfrac{5}{12}$ ③ $\dfrac{1}{2}$

④ $\dfrac{7}{12}$ ⑤ $\dfrac{2}{3}$

0861

어떤 학급의 전체 학생 20명을 대상으로 방과 후 수업 신청 여부를 조사한 결과 이 학급의 여학생은 5명이고, 방과 후 수업을 신청한 학생은 12명이다. 또한, 이 학급의 학생 중에서 임의로 택한 한 명이 여학생인 사건과 방과 후 수업을 신청한 학생인 사건은 서로 독립이다. 이 학급의 전체 학생 중에서 임의로 택한 한 명이 남학생일 때, 이 학생이 방과 후 수업을 신청한 학생일 확률은?

① $\dfrac{1}{15}$ ② $\dfrac{2}{7}$ ③ $\dfrac{3}{5}$

④ $\dfrac{6}{7}$ ⑤ $\dfrac{13}{15}$

● 정답 및 풀이 148쪽

0862

두 학생 A, B가 2개의 동전을 동시에 던져서 먼저 2개의 동전이 모두 앞면이 나오면 이기는 시합을 했다. 1회에는 A, 2회에는 B, 3회에는 A, …의 순서로 번갈아 던질 때, 5회 이내에 학생 B가 이길 확률은?

① $\dfrac{71}{256}$ ② $\dfrac{73}{256}$ ③ $\dfrac{75}{256}$

④ $\dfrac{77}{256}$ ⑤ $\dfrac{79}{256}$

0863

주머니 A에서 임의로 꺼낸 한 개의 공이 흰 공일 확률은 $\dfrac{3}{5}$ 이고, 주머니 B에서 임의로 꺼낸 한 개의 공이 흰 공일 확률은 $\dfrac{3}{4}$ 이다. 주머니 A, B에서 임의로 각각 한 개의 공을 꺼낼 때, 적어도 한 개가 흰 공일 확률을 구하시오.

0864

월드컵 예선에 참가한 A, B, C 세 나라가 본선에 진출할 확률은 각각 $\dfrac{4}{5}$, $\dfrac{1}{3}$, $\dfrac{1}{2}$ 이라 한다. A, B, C 세 나라 중에서 적어도 두 나라가 본선에 진출할 확률은?

(단, A, B, C가 본선에 진출하는 사건은 서로 독립이다.)

① $\dfrac{17}{30}$ ② $\dfrac{3}{5}$ ③ $\dfrac{19}{30}$

④ $\dfrac{2}{3}$ ⑤ $\dfrac{7}{10}$

두 사건 A와 B가 서로 독립이면,
$$P(B|A)=P(B|A^c)=P(B),$$
$$P(A\cap B)=P(A)P(B)$$
임을 이용하여 사건의 개수를 구한다.

0865 대표문제

1부터 10까지의 자연수가 각각 하나씩 적힌 10개의 공이 들어 있는 상자에서 임의로 한 개의 공을 꺼내는 시행에서 공에 적힌 수가 짝수인 사건을 A라 하자. 이 시행의 사건 B에 대하여 다음 조건을 만족시키는 모든 사건 B의 개수는?

> (가) 두 사건 A와 B가 서로 독립이다.
> (나) $n(A\cup B)=7$

① 80 ② 85 ③ 90
④ 95 ⑤ 100

0866 ․᛫᛫ Level 1

표본공간 S와 두 사건 A, B에 대하여 $n(S)=8$, $n(A)=4$, $n(B)=4$이다. 두 사건 A와 B가 서로 독립일 때, $n(A\cap B)$의 값은?

① 0 ② 1 ③ 2
④ 3 ⑤ 4

0867 ․᛫᛫ Level 2

한 개의 주사위를 던지는 시행에서 눈의 수가 6의 약수인 사건을 A라 하자. 이 시행의 사건 B에 대하여 다음 조건을 만족시키는 모든 사건 B의 개수를 구하시오.

> (가) $P(A\cap B)=\dfrac{1}{3}$
> (나) 두 사건 A와 B가 서로 독립이다.

0868 ․᛫᛫ Level 2

표본공간 $S=\{1,\ 2,\ 3,\ \cdots,\ 8\}$의 두 사건 A_n, B에 대하여 $A_n=\{n,\ n+1\}$, $B=\{2,\ 3,\ 5,\ 7\}$일 때, 두 사건 A_n과 B가 서로 독립이 되도록 하는 모든 자연수 n의 값의 합은?

(단, $n\leq 7$)

① 22 ② 23 ③ 24
④ 25 ⑤ 26

0869 ․᛫᛫ Level 2

각 면에 12 이하의 자연수가 하나씩 적힌 정십이면체 모양의 주사위를 한 번 던져서 바닥에 닿은 면에 적힌 수가 3의 배수가 나오는 사건을 A라 하자. 이 시행의 사건 X에 대하여 사건 A와 서로 독립이고 $n(A\cap X)=2$를 만족시키는 사건 X의 개수는?

① 410 ② 420 ③ 430
④ 440 ⑤ 450

다음은 이 유형에서 출제된 최근 교육청·평가원 기출문제입니다.

0870 ·2019학년도 대학수학능력시험 ․᛫᛫ Level 2

한 개의 주사위를 한 번 던진다. 홀수의 눈이 나오는 사건을 A, 6 이하의 자연수 m에 대하여 m의 약수의 눈이 나오는 사건을 B라 하자. 두 사건 A와 B가 서로 독립이 되도록 하는 모든 m의 값의 합을 구하시오.

실전 유형 **17** 독립시행의 확률 – 한 종류의 시행 **빈출유형**

어떤 시행에서 사건 A가 일어날 확률이 $p\,(0<p<1)$일 때, 이 시행을 n회 반복하는 독립시행에서 사건 A가 r회 일어날 확률은

$$_n\text{C}_r\,p^r(1-p)^{n-r}\ (단,\ r=0,\ 1,\ 2,\ \cdots,\ n)$$

0871 대표문제

한 개의 주사위를 3번 던져서 나오는 모든 눈의 수의 곱이 3의 배수일 확률은?

① $\dfrac{19}{27}$ 　　② $\dfrac{20}{27}$ 　　③ $\dfrac{7}{9}$

④ $\dfrac{22}{27}$ 　　⑤ $\dfrac{23}{27}$

0872 ·ıı Level 1

한 개의 주사위를 6번 던질 때, 홀수의 눈이 5번 나올 확률은?

① $\dfrac{1}{16}$ 　　② $\dfrac{3}{32}$ 　　③ $\dfrac{1}{8}$

④ $\dfrac{5}{32}$ 　　⑤ $\dfrac{3}{16}$

0873 ·ıı Level 2

4개의 동전을 동시에 던지는 시행을 2번 했을 때, 모두 앞면이 나오는 횟수가 1일 확률은?

① $\dfrac{15}{128}$ 　　② $\dfrac{17}{128}$ 　　③ $\dfrac{19}{128}$

④ $\dfrac{21}{128}$ 　　⑤ $\dfrac{23}{128}$

0874 ·ıı Level 1

빨간 공 3개와 노란 공 4개가 들어 있는 주머니에서 임의로 한 개의 공을 꺼내어 색을 확인하고 다시 주머니에 넣는 시행을 5번 반복할 때, 빨간 공이 3번, 노란 공이 2번 나올 확률은?

① $_5\text{C}_1\left(\dfrac{3}{7}\right)\left(\dfrac{4}{7}\right)^4$ 　　② $_5\text{C}_2\left(\dfrac{3}{7}\right)^2\left(\dfrac{4}{7}\right)^3$ 　　③ $_5\text{C}_3\left(\dfrac{3}{7}\right)^3\left(\dfrac{4}{7}\right)^2$

④ $_5\text{C}_4\left(\dfrac{3}{7}\right)^4\left(\dfrac{4}{7}\right)$ 　　⑤ $_5\text{C}_5\left(\dfrac{4}{7}\right)^5$

0875 ·ıı Level 2

한 개의 동전을 8번 던질 때, 앞면이 n번 나올 확률이 $\dfrac{7}{32}$이 되도록 하는 모든 자연수 n의 값의 곱을 구하시오.

0876 ·ıı Level 2

5개의 숫자 1, 2, 3, 4, 5가 각각 하나씩 적힌 5개의 공이 들어 있는 상자에서 한 개의 공을 꺼내 숫자를 확인하고 상자에 다시 넣는 시행을 4번 반복할 때, 꺼낸 공에 적힌 네 수의 합이 짝수일 확률은?

① $\dfrac{311}{625}$ 　　② $\dfrac{313}{625}$ 　　③ $\dfrac{63}{125}$

④ $\dfrac{317}{625}$ 　　⑤ $\dfrac{319}{625}$

0877

Level 2

한 개의 동전을 5번 던질 때, 앞면이 나오는 횟수와 뒷면이 나오는 횟수의 곱이 6일 확률을 구하시오.

다음은 이 유형에서 출제된 최근 교육청·평가원 기출문제입니다.

0878 · 교육청 2020년 10월

Level 2

한 개의 동전을 6번 던져서 앞면이 2번 이상 나올 확률은?

① $\dfrac{51}{64}$ ② $\dfrac{53}{64}$ ③ $\dfrac{55}{64}$

④ $\dfrac{57}{64}$ ⑤ $\dfrac{59}{64}$

0879 · 2018학년도 대학수학능력시험

Level 2

한 개의 동전을 6번 던질 때, 앞면이 나오는 횟수가 뒷면이 나오는 횟수보다 클 확률은 $\dfrac{q}{p}$이다. $p+q$의 값을 구하시오.

(단, p와 q는 서로소인 자연수이다.)

실전유형 18 독립시행의 확률 – 두 종류의 시행   **빈출유형**

한 번의 시행에서 사건 A, B가 일어날 확률이 각각 p, q일 때,
m번의 시행에서 사건 A가 r_1번 일어나고
n번의 시행에서 사건 B가 r_2번 일어날 확률은

$${}_m C_{r_1} p^{r_1}(1-p)^{m-r_1} \times {}_n C_{r_2} q^{r_2}(1-q)^{n-r_2}$$

0880 [대표문제]

한 개의 주사위를 4번 던져서 소수의 눈이 나오는 횟수를 a라 하고, 한 개의 동전을 3번 던져서 앞면이 나오는 횟수를 b라 하자. $a=b=1$일 확률은?

① $\dfrac{1}{32}$ ② $\dfrac{3}{32}$ ③ $\dfrac{5}{32}$

④ $\dfrac{7}{32}$ ⑤ $\dfrac{9}{32}$

0881

Level 2

한 개의 주사위를 던져서 나온 눈의 수가 짝수이면 동전을 3번 던지고, 나온 눈의 수가 홀수이면 동전을 2번 던지기로 하였다. 이 시행에서 동전의 앞면이 한 번 나올 확률을 구하시오.

0882

Level 2

서로 다른 2개의 주사위를 동시에 던져서 나온 눈의 수가 서로 같으면 한 개의 동전을 4번 던지고, 나온 눈의 수가 서로 다르면 한 개의 동전을 2번 던지기로 하였다. 이 시행에서 동전의 앞면이 나온 횟수와 뒷면이 나온 횟수가 같을 확률은?

① $\dfrac{7}{16}$ ② $\dfrac{23}{48}$ ③ $\dfrac{25}{48}$

④ $\dfrac{9}{16}$ ⑤ $\dfrac{29}{48}$

0883
정답 및 풀이 **152**쪽

Level 2

흰 공 2개, 검은 공 3개가 들어 있는 상자에서 임의로 2개의 공을 꺼내어 같은 색의 공이 나오면 3개의 동전을 동시에 던지고, 다른 색의 공이 나오면 5개의 동전을 동시에 던지기로 하였다. 이 시행에서 앞면이 나온 동전의 개수가 3일 확률은?

① $\dfrac{1}{5}$　　　　② $\dfrac{17}{80}$　　　　③ $\dfrac{9}{40}$

④ $\dfrac{19}{80}$　　　　⑤ $\dfrac{1}{4}$

0884

Level 2

한 개의 주사위를 한 번 던져서 나온 눈의 수가 3의 배수이면 자유투를 2번 던지고, 나온 눈의 수가 3의 배수가 아니면 자유투를 3번 던지는 시행에서 자유투를 2번 이상 성공시키면 선물을 주는 게임이 있다. 자유투 성공률이 $\dfrac{4}{5}$인 정현이가 이 게임을 하여 선물을 받을 확률은?

① $\dfrac{302}{375}$　　　　② $\dfrac{304}{375}$　　　　③ $\dfrac{102}{125}$

④ $\dfrac{308}{375}$　　　　⑤ $\dfrac{62}{75}$

0885

Level 2

주사위 2개와 동전 3개를 동시에 던질 때, 주사위의 눈의 수의 합과 앞면이 나온 동전의 개수가 같을 확률은?

① $\dfrac{5}{288}$　　　　② $\dfrac{7}{288}$　　　　③ $\dfrac{1}{32}$

④ $\dfrac{11}{288}$　　　　⑤ $\dfrac{13}{288}$

다음은 이 유형에서 출제된 최근 교육청·평가원 기출문제입니다.

0886 · 2020학년도 대학수학능력시험

Level 2

한 개의 주사위를 5번 던질 때 홀수의 눈이 나오는 횟수를 a라 하고, 한 개의 동전을 4번 던질 때 앞면이 나오는 횟수를 b라 하자. $a-b$의 값이 3일 확률을 $\dfrac{q}{p}$라 할 때, $p+q$의 값을 구하시오. (단, p와 q는 서로소인 자연수이다.)

0887 · 교육청 2019년 10월

Level 2

한 개의 주사위와 6개의 동전을 동시에 던질 때, 주사위를 던져서 나온 눈의 수와 6개의 동전 중 앞면이 나온 동전의 개수가 같을 확률은?

① $\dfrac{9}{64}$　　　　② $\dfrac{19}{128}$　　　　③ $\dfrac{5}{32}$

④ $\dfrac{21}{128}$　　　　⑤ $\dfrac{11}{64}$

0888 · 평가원 2019학년도 9월

Level 2

동전 A의 앞면과 뒷면에는 각각 1과 2가 적혀 있고 동전 B의 앞면과 뒷면에는 각각 3과 4가 적혀 있다. 동전 A를 세 번, 동전 B를 네 번 던져 나온 7개의 수의 합이 19 또는 20일 확률은?

① $\dfrac{7}{16}$　　　　② $\dfrac{15}{32}$　　　　③ $\dfrac{1}{2}$

④ $\dfrac{17}{32}$　　　　⑤ $\dfrac{9}{16}$

주어진 점수를 획득하기 위한 사건 A가 일어나는 횟수를 구한다.

0889 대표문제

흰 공 3개, 검은 공 2개가 들어 있는 주머니에서 임의로 두 개의 공을 꺼내어 색을 확인한 뒤 다시 주머니에 공을 집어 넣는 시행을 하고 다음 규칙에 따라 점수를 얻는다.

> 같은 색의 공이 나오면 3점을 얻고, 다른 색의 공이 나오면 1점을 잃는다.

이 시행을 5번 반복하여 얻은 점수의 합이 10 이상일 확률이 p일 때, $5^5 p$의 값은?

① 272   ② 274   ③ 276

④ 278   ⑤ 280

0890   Level 2

한 개의 주사위를 던져서 소수의 눈이 나오면 200점을 얻고, 소수가 아닌 눈이 나오면 100점을 잃는다. 이 시행을 5번 반복하여 얻은 점수의 합이 700 이상일 확률은?

① $\dfrac{1}{8}$ ② $\dfrac{5}{32}$ ③ $\dfrac{3}{16}$

④ $\dfrac{7}{32}$ ⑤ $\dfrac{1}{4}$

0891   Level 2

한 개의 동전을 8번 던질 때, n번째 던진 동전이 앞면이 나오면 $a_n = 2$, 뒷면이 나오면 $a_n = -1$이라 하자. $a_1 + a_2 + a_3 + \cdots + a_8 = 1$일 확률은?

(단, n은 8 이하의 자연수이다.)

① $\dfrac{3}{32}$ ② $\dfrac{5}{32}$ ③ $\dfrac{7}{32}$

④ $\dfrac{9}{32}$ ⑤ $\dfrac{11}{32}$

0892   Level 2

50원짜리 동전 3개와 100원짜리 동전 2개를 동시에 던져서 앞면이 나온 동전의 금액의 합만큼 점수를 얻는 시행을 한 번 할 때, 200점을 얻을 확률을 구하시오.

0893   Level 2

한 개의 주사위를 사용하여 다음 규칙에 따라 점수를 얻는 시행을 한다.

> ㈎ 주사위를 한 번 던져서 나온 눈의 수가 3의 배수이면 A는 2점을 얻고, B는 1점을 잃는다.
> ㈏ 주사위를 한 번 던져서 나온 눈의 수가 3의 배수가 아니면 A는 1점을 얻고, B는 3점을 얻는다.

이 시행을 4번 반복할 때, B가 얻은 점수의 합이 A가 얻은 점수의 합보다 클 확률은?

① $\dfrac{13}{27}$ ② $\dfrac{14}{27}$ ③ $\dfrac{5}{9}$

④ $\dfrac{16}{27}$ ⑤ $\dfrac{17}{27}$

0894
● Level 2

각 면에 1, 1, 2, 2, 2, 2의 숫자가 하나씩 적힌 정육면체 모양의 상자를 던져서 상자가 바닥에 닿은 면에 적힌 수를 점수로 얻는다. 이 시행을 4번 반복하여 얻은 점수의 합이 6 이하일 확률은?

① $\dfrac{11}{27}$ ② $\dfrac{13}{27}$ ③ $\dfrac{5}{9}$

④ $\dfrac{17}{27}$ ⑤ $\dfrac{19}{27}$

다음은 이 유형에서 출제된 최근 교육청·평가원 기출문제입니다.

0895 · 교육청 2018년 10월
● Level 2

한 개의 동전을 사용하여 다음 규칙에 따라 점수를 얻는 시행을 한다.

한 번 던져 앞면이 나오면 2점, 뒷면이 나오면 1점을 얻는다.

이 시행을 5번 반복하여 얻은 점수의 합이 6 이하일 확률은?

① $\dfrac{3}{32}$ ② $\dfrac{1}{8}$ ③ $\dfrac{5}{32}$

④ $\dfrac{3}{16}$ ⑤ $\dfrac{7}{32}$

0896 · 교육청 2019년 10월
● Level 2

A, B, C 세 사람이 한 개의 주사위를 각각 5번씩 던진 후 다음 규칙에 따라 승자를 정한다.

㈎ 1의 눈이 나온 횟수가 세 사람 모두 다르면, 1의 눈이 가장 많이 나온 사람이 승자가 된다.
㈏ 1의 눈이 나온 횟수가 두 사람만 같다면, 횟수가 다른 나머지 한 사람이 승자가 된다.
㈐ 1의 눈이 나온 횟수가 세 사람 모두 같다면, 모두 승자가 된다.

A와 B가 각각 주사위를 5번씩 던진 후, A는 1의 눈이 2번, B는 1의 눈이 1번 나왔다. C가 주사위를 3번째 던졌을 때 처음으로 1의 눈이 나왔다. A 또는 C가 승자가 될 확률은?

① $\dfrac{2}{3}$ ② $\dfrac{13}{18}$ ③ $\dfrac{7}{9}$

④ $\dfrac{5}{6}$ ⑤ $\dfrac{8}{9}$

0897 고난도 · 교육청 2020년 10월
● Level 3

A, B 두 사람이 각각 4개씩 공을 가지고 다음 시행을 한다.

A, B 두 사람이 주사위를 한 번씩 던져 나온 눈의 수가 짝수인 사람은 상대방으로부터 공을 한 개 받는다.

각 시행 후 A가 가진 공의 개수를 세었을 때, 4번째 시행 후 센 공의 개수가 처음으로 6이 될 확률은 $\dfrac{q}{p}$이다. $p+q$의 값을 구하시오. (단, p와 q는 서로소인 자연수이다.)

주어진 점의 위치에 도달하기 위한 사건 A가 일어나는 횟수를 구한다.

0898 대표문제

좌표평면의 원점에 점 A가 있다. 한 개의 동전을 사용하여 다음 시행을 한다.

> 동전을 한 번 던져서 앞면이 나오면 점 A를 x축의 방향으로 1만큼, 뒷면이 나오면 점 A를 y축의 방향으로 1만큼 이동시킨다.

위의 시행을 5회 반복할 때, 점 A의 좌표가 (2, 3)일 확률은?

① $\dfrac{1}{4}$ ② $\dfrac{5}{16}$ ③ $\dfrac{3}{8}$

④ $\dfrac{7}{16}$ ⑤ $\dfrac{1}{2}$

0899　Level 1

수직선의 원점에 점 P가 있다. 한 개의 주사위를 던져서 나온 눈의 수가 1 또는 2이면 점 P를 1만큼, 그 이외의 눈의 수가 나오면 점 P를 −1만큼 이동시킨다. 한 개의 주사위를 4번 던졌을 때, 점 P의 위치가 원점일 확률은?

① $\dfrac{2}{9}$ ② $\dfrac{7}{27}$ ③ $\dfrac{8}{27}$

④ $\dfrac{1}{3}$ ⑤ $\dfrac{10}{27}$

0900　Level 2

수직선의 원점에 점 P가 있다. 한 개의 주사위를 던져서 나온 눈의 수가 5의 약수이면 점 P를 3만큼, 5의 약수가 아니면 점 P를 −2만큼 이동시킨다. 한 개의 주사위를 5번 던졌을 때, 점 P의 좌표가 5보다 클 확률은?

① $\dfrac{11}{243}$ ② $\dfrac{13}{243}$ ③ $\dfrac{5}{81}$

④ $\dfrac{17}{243}$ ⑤ $\dfrac{19}{243}$

0901　Level 2

좌표평면의 원점에 점 A가 있다. 한 개의 동전을 사용하여 다음 시행을 한다.

> (개) 동전을 한 번 던져서 앞면이 나오면 점 A를 x축의 방향으로 1만큼 이동시킨다.
> (내) 동전을 한 번 던져서 뒷면이 나오면 점 A를 x축의 방향으로 1만큼, y축의 방향으로 1만큼 이동시킨다.

위의 시행을 4회 반복하여 점 A의 좌표가 (a, b)가 되었을 때, $a+b$가 3의 배수일 확률은 $\dfrac{q}{p}$이다. $p+q$의 값을 구하시오. (단, p와 q는 서로소인 자연수이다.)

0902

●∎∎ Level 2

좌표평면의 원점에 점 P가 있다. 한 개의 동전을 사용하여 다음 시행을 한다.

> 동전을 한 번 던져서 앞면이 나오면 점 P를 x축의 방향으로 1만큼 이동시키고, 뒷면이 나오면 점 P를 y축의 방향으로 1만큼 이동시킨다.

위의 시행을 6회 반복하여 점 P를 이동시킨 점을 점 P′이라 하자. 점 A(4, 3)에 대하여 $\overline{\text{AP}'} < \sqrt{3}$일 확률은?

① $\dfrac{29}{64}$ ② $\dfrac{31}{64}$ ③ $\dfrac{33}{64}$

④ $\dfrac{35}{64}$ ⑤ $\dfrac{37}{64}$

0903

●∎∎ Level 2

좌표평면의 원점에 점 P가 있다. 빨간 공 2개, 파란 공 3개가 들어 있는 주머니에서 임의로 2개의 공을 동시에 꺼내어 다음 시행을 한다.

> ㈎ 꺼낸 두 공의 색이 서로 같으면 x축의 방향으로 2만큼, y축의 방향으로 -1만큼 이동시킨 후 꺼낸 공을 다시 주머니에 넣는다.
> ㈏ 꺼낸 두 공의 색이 서로 다르면 x축의 방향으로 -1만큼, y축의 방향으로 2만큼 이동시킨 후 꺼낸 공을 다시 주머니에 넣는다.

위의 시행을 5회 반복할 때, 점 P가 곡선 $y = -\dfrac{1}{5}x^2 + \dfrac{21}{5}$ 위에 있을 확률은?

① $\dfrac{67}{125}$ ② $\dfrac{72}{125}$ ③ $\dfrac{77}{125}$

④ $\dfrac{82}{125}$ ⑤ $\dfrac{87}{125}$

0904

●∎∎ Level 2

그림과 같이 한 변의 길이가 1인 마름모 ABCD의 꼭짓점 A에서 출발하여 변을 따라 시계 방향으로 움직이는 점 P가 있다. 한 개의 주사위를 던져서 나온 눈의 수가 소수이면 1만큼, 눈의 수가 소수가 아니면 2만큼 움직인다. 주사위를 3번 던질 때, 꼭짓점 A를 출발한 점 P가 다시 꼭짓점 A로 돌아올 확률은?

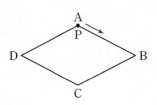

① $\dfrac{3}{8}$ ② $\dfrac{1}{2}$ ③ $\dfrac{5}{8}$

④ $\dfrac{3}{4}$ ⑤ $\dfrac{7}{8}$

0905

●∎∎ Level 2

그림과 같이 한 변의 길이가 1인 정육각형 ABCDEF의 꼭짓점 A에서 출발하여 변을 따라 시계 반대 방향으로 움직이는 점 P가 있다. 점 P는 한 개의 동전을 던져서 앞면이 나오면 2만큼, 뒷면이 나오면 1만큼 움직인다. 동전을 8번 던질 때, 꼭짓점 A를 출발한 점 P가 꼭짓점 D의 위치에 있을 확률은?

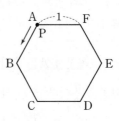

① $\dfrac{1}{64}$ ② $\dfrac{1}{32}$ ③ $\dfrac{1}{16}$

④ $\dfrac{1}{8}$ ⑤ $\dfrac{1}{4}$

0906

Level 2

좌표평면의 원점에 점 P가 있다. 한 개의 주사위를 던져서 나온 눈의 수가 3의 배수이면 점 P를 x축의 방향으로 1만큼, 3의 배수가 아니면 점 P를 y축의 방향으로 1만큼 이동시킨다. 한 개의 주사위를 6번 던져서 차례로 점 P를 이동시킬 때, 점 P가 점 (2, 1)을 거쳐 점 (3, 3)으로 이동될 확률은?

① $\dfrac{2}{27}$　　② $\dfrac{8}{81}$　　③ $\dfrac{10}{81}$

④ $\dfrac{4}{27}$　　⑤ $\dfrac{14}{81}$

0907 고난도

Level 3

그림과 같이 한 변의 길이가 1인 정사각형 ABCD의 꼭짓점 A에서 출발하여 변을 따라 움직이는 점 P가 있다. 한 개의 주사위를 던질 때마다 다음 규칙에 따라 움직인다.

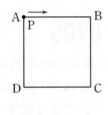

(개) 주사위의 눈의 수가 6의 약수이면 시계 방향으로 3만큼 움직인다.

(내) 주사위의 눈의 수가 6의 약수가 아니면 시계 반대 방향으로 2만큼 움직인다.

주사위를 5번 던질 때, 꼭짓점 A를 출발한 점 P가 꼭짓점 D의 위치에 있을 확률은 $\dfrac{q}{p}$이다. $p+q$의 값을 구하시오.

(단, p와 q는 서로소인 자연수이다.)

+Plus 문제

실전유형 21 독립시행의 확률 - 조건부확률　빈출유형

p : 한 번의 시행에서 사건 A가 일어날 확률

n : 시행 횟수

r : 사건 A가 일어나는 횟수

→ $_n\mathrm{C}_r\,p^r(1-p)^{n-r}$

0908 대표문제

한 개의 동전을 5번 던져서 앞면이 3번 나왔을 때, 처음 던진 동전이 앞면이 나왔을 확률은?

① $\dfrac{1}{5}$　　② $\dfrac{3}{10}$　　③ $\dfrac{2}{5}$

④ $\dfrac{1}{2}$　　⑤ $\dfrac{3}{5}$

0909

Level 2

한 개의 주사위를 6번 던져서 3의 배수의 눈이 2번 나왔을 때, 3의 배수의 눈이 연속으로 나왔을 확률은?

① $\dfrac{1}{6}$　　② $\dfrac{1}{5}$　　③ $\dfrac{1}{4}$

④ $\dfrac{1}{3}$　　⑤ $\dfrac{1}{2}$

0910
Level 2

A는 주사위 1개를 던지고 B는 동전 4개를 동시에 던진다. A가 주사위를 던져서 나온 눈의 수가 짝수일 때, 이 주사위 눈의 수가 B가 던져서 앞면이 나온 동전의 개수와 같을 확률은?

① $\dfrac{7}{48}$ ② $\dfrac{3}{16}$ ③ $\dfrac{11}{48}$

④ $\dfrac{13}{48}$ ⑤ $\dfrac{5}{16}$

0911
Level 2

A가 동전을 2개 던져서 앞면이 나온 동전의 개수만큼 B가 동전을 던진다. B가 동전을 던져서 앞면이 나온 동전의 개수가 1일 때, A가 던져서 앞면이 나온 동전의 개수가 2일 확률은?

① $\dfrac{1}{6}$ ② $\dfrac{1}{5}$ ③ $\dfrac{1}{4}$

④ $\dfrac{1}{3}$ ⑤ $\dfrac{1}{2}$

0912
Level 2

서로 다른 2개의 주사위를 동시에 던져서 나온 눈의 수가 같으면 한 개의 동전을 4번 던지고, 나온 눈의 수가 다르면 한 개의 동전을 2번 던진다. 이 시행에서 동전의 앞면이 나온 횟수와 뒷면이 나온 횟수가 같을 때, 동전을 4번 던졌을 확률은 $\dfrac{q}{p}$이다. $p+q$의 값을 구하시오.

0913
Level 2

한 개의 동전을 사용하여 다음 규칙에 따라 점수를 얻는 시행을 한다.

> 동전을 한 번 던져서 앞면이 나오면 1점을 얻고, 뒷면이 나오면 0점을 얻는다.

위의 시행을 n회 반복하여 얻은 점수를 S_n이라 하자. $S_6=3$일 때, $S_3=2$일 확률을 구하시오.

다음은 이 유형에서 출제된 최근 교육청·평가원 기출문제입니다.

0914 · 평가원 2022학년도 9월
Level 2

주머니 A에는 흰 공 2개, 검은 공 4개가 들어 있고, 주머니 B에는 흰 공 3개, 검은 공 3개가 들어 있다. 두 주머니 A, B와 한 개의 주사위를 사용하여 다음 시행을 한다.

> 주사위를 한 번 던져 나온 눈의 수가 5 이상이면 주머니 A에서 임의로 2개의 공을 동시에 꺼내고, 나온 눈의 수가 4 이하이면 주머니 B에서 임의로 2개의 공을 동시에 꺼낸다.

위의 시행을 한 번 하여 주머니에서 꺼낸 2개의 공이 모두 흰색일 때, 나온 눈의 수가 5 이상일 확률은?

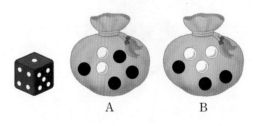

① $\dfrac{1}{7}$ ② $\dfrac{3}{14}$ ③ $\dfrac{2}{7}$

④ $\dfrac{5}{14}$ ⑤ $\dfrac{3}{7}$

0915 · 2019학년도 대학수학능력시험

Level 2

좌표평면의 원점에 점 A가 있다. 한 개의 동전을 사용하여 다음 시행을 한다.

> 동전을 한 번 던져 앞면이 나오면 점 A를 x축의 양의 방향으로 1만큼, 뒷면이 나오면 점 A를 y축의 양의 방향으로 1만큼 이동시킨다.

위의 시행을 반복하여 점 A의 x좌표 또는 y좌표가 처음으로 3이 되면 이 시행을 멈춘다. 점 A의 y좌표가 처음으로 3이 되었을 때, 점 A의 x좌표가 1일 확률은?

① $\dfrac{1}{4}$ ② $\dfrac{5}{16}$ ③ $\dfrac{3}{8}$

④ $\dfrac{7}{16}$ ⑤ $\dfrac{1}{2}$

0916 · 교육청 2019년 7월

Level 2

주머니에 1, 2, 3, 4의 숫자가 하나씩 적혀 있는 4개의 공이 들어 있다. 이 주머니에서 임의로 2개의 공을 동시에 꺼낼 때, 꺼낸 공에 적혀 있는 숫자의 합이 소수이면 1개의 동전을 2번 던지고, 소수가 아니면 1개의 동전을 3번 던진다. 동전의 앞면이 2번 나왔을 때, 꺼낸 2개의 공에 적혀 있는 숫자의 합이 소수일 확률은?

① $\dfrac{2}{7}$ ② $\dfrac{5}{14}$ ③ $\dfrac{3}{7}$

④ $\dfrac{1}{2}$ ⑤ $\dfrac{4}{7}$

실생활 상황이 주어진 독립시행의 확률은 다음과 같은 순서로 구한다.
❶ 조건을 만족시키는 사건 A가 일어날 횟수를 구한다.
❷ 독립시행의 확률을 이용한다.
$${}_nC_r\,p^r(1-p)^{n-r}\ (단,\ r=0,\ 1,\ 2,\ \cdots,\ n)$$

0917 대표문제

어떤 학생이 ◯, ×로 답하는 5개의 문제에 임의로 답을 할 때, 2문제 이상 맞힐 확률은?

① $\dfrac{7}{16}$ ② $\dfrac{1}{2}$ ③ $\dfrac{9}{16}$

④ $\dfrac{11}{16}$ ⑤ $\dfrac{13}{16}$

0918

Level 1

어떤 축구 선수는 패스 성공률이 75 %라 한다. 이 선수가 4번의 패스를 하였을 때, 3번 성공할 확률은?

① $\dfrac{21}{64}$ ② $\dfrac{23}{64}$ ③ $\dfrac{25}{64}$

④ $\dfrac{27}{64}$ ⑤ $\dfrac{29}{64}$

0919

●❙❙ Level 1

윷놀이에서 윷 한 개를 던질 때 ◗ 모양이 나올 확률이 $\dfrac{3}{5}$ 이다. 네 개의 윷을 동시에 던질 때, ◗ 모양이 3개, ◖ 모양이 1개 나오면 '걸'이라 한다. 네 개의 윷을 동시에 던져서 걸이 나올 확률은?

① $\dfrac{42}{125}$ ② $\dfrac{212}{625}$ ③ $\dfrac{214}{625}$

④ $\dfrac{216}{625}$ ⑤ $\dfrac{218}{625}$

0920

●❙❙ Level 2

어느 대회에서는 결승에 진출한 두 팀이 5번의 경기를 하여 먼저 3번을 이긴 팀이 우승하게 된다. 이 대회의 결승에 진출한 두 팀 A, B의 경기에서 A팀이 이길 확률이 $\dfrac{1}{3}$일 때, 5번째 경기에서 A팀이 우승할 확률을 구하시오.

(단, 두 팀이 비기는 경우는 없다.)

0921

●❙❙ Level 2

어느 호텔의 VIP 객실은 예약된 후 취소될 확률이 $\dfrac{1}{3}$이다. 이 호텔에서는 취소될 확률을 고려하여 4개의 VIP 객실에 대하여 6건의 예약을 받았다. 객실이 부족하게 될 확률을 p 라 할 때, $3^6 p$의 값을 구하시오.

(단, 예약된 객실의 취소는 독립적으로 이루어진다.)

0922

●❙❙ Level 2

어느 질병에 대한 치료법으로 1단계 치료를 하고, 1단계 치료에 성공한 환자만 2단계 치료를 하여 2단계 치료까지 성공한 환자는 완치된 것으로 판단한다. 1단계 치료 결과와 2단계 치료 결과는 서로 독립이며, 1단계 치료와 2단계 치료에 성공할 확률은 각각 $\dfrac{3}{4}$, $\dfrac{8}{9}$이다. 5명의 환자를 대상으로 이 치료법을 적용하였을 때, 완치된 것으로 판단될 환자가 2명 이상일 확률은?

① $\dfrac{77}{81}$ ② $\dfrac{232}{243}$ ③ $\dfrac{233}{243}$

④ $\dfrac{26}{27}$ ⑤ $\dfrac{235}{243}$

04

0923

●❙❙ Level 2

A와 B가 계단에서 가위바위보를 하여 이긴 사람은 두 계단을 오르고, 비기거나 지면 한 계단을 내려가는 게임을 하기로 하였다. 가위바위보를 5번 하여 A가 4계단을 올라가게 될 확률이 $\dfrac{q}{p}$일 때, $p+q$의 값은?

(단, p와 q는 서로소인 자연수이다.)

① 279   ② 281   ③ 283

④ 285   ⑤ 287

0924

6명이 3명씩 두 팀으로 나누기 위하여 임의로 오른손의 손바닥 또는 손등을 동시에 내는 시행을 한다. 손바닥을 낸 사람과 손등을 낸 사람의 수가 각각 3명으로 같으면 같은 쪽을 낸 사람끼리 같은 팀이 되어 이 시행을 끝내고, 수가 같지 않으면 이 시행을 반복한다. 2번의 시행으로 팀이 결정될 확률은?

① $\dfrac{51}{256}$ ② $\dfrac{53}{256}$ ③ $\dfrac{55}{256}$

④ $\dfrac{57}{256}$ ⑤ $\dfrac{59}{256}$

0925 신경향

화살을 쏘아 과녁에 명중시킬 확률이 $\dfrac{1}{2}$인 양궁 선수가 화살 50개를 쏘아 과녁에 명중시킨 화살의 개수가 24 이하일 확률이 $\dfrac{1}{2}-\alpha$일 때, α의 값은?

① ${}_{50}\mathrm{C}_{24}\left(\dfrac{1}{2}\right)^{49}$ ② ${}_{50}\mathrm{C}_{25}\left(\dfrac{1}{2}\right)^{50}$ ③ ${}_{50}\mathrm{C}_{25}\left(\dfrac{1}{2}\right)^{51}$

④ ${}_{50}\mathrm{C}_{26}\left(\dfrac{1}{2}\right)^{50}$ ⑤ ${}_{50}\mathrm{C}_{26}\left(\dfrac{1}{2}\right)^{51}$

서술형 유형 익히기

0926 대표문제

흰 공 6개와 검은 공 4개가 들어 있는 주머니에서 임의로 공을 1개씩 2번 꺼낼 때, 2개 모두 흰 공일 확률을 구하는 과정을 서술하시오. (단, 꺼낸 공은 다시 넣지 않는다.) [6점]

STEP 1 첫 번째에 꺼낸 공이 흰 공인 사건을 A라 할 때, $\mathrm{P}(A)$ 구하기 [2점]

첫 번째에 꺼낸 공이 흰 공인 사건을 A라 하면 주머니 안에 흰 공 6개, 검은 공 4개가 들어 있으므로

$$\mathrm{P}(A)=\dfrac{\boxed{(1)}}{10}=\dfrac{\boxed{(2)}}{5}$$

STEP 2 두 번째에 꺼낸 공이 흰 공인 사건을 B라 할 때, $\mathrm{P}(B|A)$ 구하기 [2점]

두 번째에 꺼낸 공이 흰 공인 사건을 B라 하면 첫 번째에 꺼낸 공이 흰 공일 때, 주머니 안에 흰 공 5개, 검은 공 4개가 남아 있으므로

$$\mathrm{P}(B|A)=\dfrac{\boxed{(3)}}{9}$$

STEP 3 $\mathrm{P}(A\cap B)$ 구하기 [2점]

확률의 곱셈정리에 의하여 구하는 확률은

$$\mathrm{P}(A\cap B)=\mathrm{P}(A)\mathrm{P}(B|A)$$

$$=\dfrac{\boxed{(4)}}{5}\times\dfrac{\boxed{(5)}}{9}=\dfrac{\boxed{(6)}}{3}$$

핵심 KEY 유형8 확률의 곱셈정리

확률의 곱셈정리를 이용하여 $\mathrm{P}(A\cap B)$를 구하는 문제이다.
단순히 $\mathrm{P}(A\cap B)$만을 쓰지 않고 각 단계의 확률을 구체적으로 쓰도록 한다.

0927 한번 더

흰 공 5개와 검은 공 7개가 들어 있는 주머니에서 임의로 공을 1개씩 2번 꺼낼 때, 2개 모두 흰 공일 확률을 구하는 과정을 서술하시오. (단, 꺼낸 공은 다시 넣지 않는다.) [6점]

STEP 1 첫 번째에 꺼낸 공이 흰 공인 사건을 A라 할 때, $P(A)$ 구하기 [2점]

STEP 2 두 번째에 꺼낸 공이 흰 공인 사건을 B라 할 때, $P(B|A)$ 구하기 [2점]

STEP 3 $P(A \cap B)$ 구하기 [2점]

0928 유사 1

흰 공 n개와 검은 공 4개가 들어 있는 주머니에서 임의로 공을 1개씩 2번 꺼낼 때, 2개 모두 흰 공일 확률이 $\frac{1}{7}$이다. n의 값을 구하는 과정을 서술하시오.

(단, 꺼낸 공은 다시 넣지 않는다.) [7점]

0929 유사 2

4개의 당첨 제비를 포함한 10개의 제비가 들어 있는 주머니에서 두 학생 A, B가 차례로 각각 1개씩 제비를 꺼낼 때, A가 당첨 제비를 뽑을 확률과 B가 당첨 제비를 뽑을 확률을 비교하시오. (단, 꺼낸 제비는 다시 넣지 않는다.) [7점]

0930 대표문제

두 사건 A와 B는 서로 독립이고

$$\mathrm{P}(A \mid B^c) = \frac{1}{4}, \ \mathrm{P}(B \mid A) = \frac{2}{3}$$

일 때, $\mathrm{P}(A \cup B)$를 구하는 과정을 서술하시오. [6점]

> **STEP 1** $\mathrm{P}(A)$, $\mathrm{P}(B)$ 구하기 [2점]
>
> 두 사건 A와 B가 서로 독립이므로 두 사건 A와 B^c도 서로 독립이다.
>
> 따라서 $\mathrm{P}(A) = \mathrm{P}(A \mid B^c) = \boxed{}^{(1)}$ 이고
>
> $\mathrm{P}(B) = \mathrm{P}(B \mid A) = \boxed{}^{(2)}$
>
> **STEP 2** $\mathrm{P}(A \cap B)$ 구하기 [2점]
>
> 두 사건 A와 B가 서로 독립이므로
>
> $\mathrm{P}(A \cap B) = \mathrm{P}(A)\mathrm{P}(B) = \dfrac{1}{4} \times \dfrac{2}{3} = \dfrac{\boxed{}^{(3)}}{6}$
>
> **STEP 3** $\mathrm{P}(A \cup B)$ 구하기 [2점]
>
> 확률의 덧셈정리에 의하여
>
> $\mathrm{P}(A \cup B) = \mathrm{P}(A) + \mathrm{P}(B) - \mathrm{P}(A \cap B)$
>
> $= \boxed{}^{(4)} + \boxed{}^{(5)} - \boxed{}^{(6)} = \boxed{}^{(7)}$

0931 한번 더

두 사건 A와 B는 서로 독립이고

$$\mathrm{P}(A \mid B) = \frac{1}{3}, \ \mathrm{P}(B^c \mid A) = \frac{2}{5}$$

일 때, $\mathrm{P}(A \cup B)$를 구하는 과정을 서술하시오. [6점]

STEP 1 $\mathrm{P}(A)$, $\mathrm{P}(B)$ 구하기 [2점]

STEP 2 $\mathrm{P}(A \cap B)$ 구하기 [2점]

STEP 3 $\mathrm{P}(A \cup B)$ 구하기 [2점]

0932 유사 1

두 사건 A와 B는 서로 독립이고

$$\mathrm{P}(B^c) = \frac{3}{5}, \ \mathrm{P}(A \mid B^c) = \frac{2}{3}$$

일 때, $\mathrm{P}(A \cup B)$를 구하는 과정을 서술하시오. [6점]

0933 유사 2

두 사건 A와 B는 서로 독립이고

$$\mathrm{P}(A) = \frac{1}{3}, \ \mathrm{P}(B^c \mid A^c) = \frac{2}{5}$$

일 때, $\mathrm{P}(A \cap B^c) + \mathrm{P}(A^c \cap B)$의 값을 구하는 과정을 서술하시오. [7점]

핵심 KEY 유형 13 **독립인 사건의 확률의 계산**

두 사건 A와 B가 서로 독립일 때, $\mathrm{P}(A \cup B)$를 구하는 문제이다.
두 사건이 서로 독립인 조건이 있는 문제는 대부분
$\mathrm{P}(A \cap B) = \mathrm{P}(A)\mathrm{P}(B)$를 이용한다.
특히 문제의 조건에서 두 사건 A와 B가 독립일 때, A와 B^c,
A^c와 B, A^c와 B^c에 대한 확률이 주어지는 경우가 있으므로 독립인 사건의 성질을 이용할 수 있어야 한다.

0934 대표문제

한 개의 주사위를 3번 던져서 나오는 눈의 수의 합이 짝수일 확률을 구하는 과정을 서술하시오. [6점]

> **STEP 1** 주사위의 눈의 수의 합이 짝수인 경우 구하기 [1점]
>
> 세 수의 합이 짝수인 경우는 세 수 모두 $\boxed{\text{(1)}\qquad}$ 이거나 한 수는 짝수, 두 수는 홀수인 경우이다.
>
> **STEP 2** 각각의 경우에 대한 확률 구하기 [4점]
>
> 주사위의 눈의 수가 짝수일 확률은 $\dfrac{1}{2}$ 이므로
>
> (i) 세 수 모두 짝수일 확률은 ${}_3\mathrm{C}_3\left(\dfrac{1}{2}\right)^3\left(\dfrac{1}{2}\right)^0=\boxed{\text{(2)}}$
>
> (ii) 한 수는 짝수, 두 수는 홀수일 확률은
>
> $${}_3\mathrm{C}_1\left(\dfrac{1}{2}\right)^1\left(\dfrac{1}{2}\right)^2=\boxed{\text{(3)}}$$
>
> **STEP 3** 확률 구하기 [1점]
>
> (i), (ii)에서 구하는 확률은 $\boxed{\text{(4)}}+\boxed{\text{(5)}}=\boxed{\text{(6)}}$

0935 한번 더

한 개의 주사위를 4번 던져서 나오는 눈의 수의 합이 홀수일 확률을 구하는 과정을 서술하시오. [6점]

STEP 1 주사위의 눈의 수의 합이 홀수인 경우 구하기 [1점]

STEP 2 각각의 경우에 대한 확률 구하기 [4점]

STEP 3 확률 구하기 [1점]

0936 유사 1

한 개의 주사위를 100번 던져서 나오는 눈의 수의 합이 홀수일 확률을 구하는 과정을 서술하시오. [6점]

0937 유사 2

흰 공 2개, 검은 공 3개가 들어 있는 상자에서 임의로 2개의 공을 꺼내어 서로 같은 색이면 4개의 동전을 동시에 던지고 서로 다른 색이면 6개의 동전을 동시에 던진다. 앞면이 나온 동전의 개수와 뒷면이 나온 동전의 개수가 같을 확률을 구하는 과정을 서술하시오. [7점]

핵심 KEY 유형 17 · 유형 18 독립시행의 확률

독립시행의 확률을 구하는 문제이다. 한 개의 동전 또는 주사위를 여러 번 던지거나 여러 개의 동전 또는 주사위를 동시에 던지는 문제는 독립시행의 확률을 구해야 한다.
이때 한 번의 시행에서 사건이 일어날 확률과 이 사건이 일어나는 횟수가 문제 해결의 핵심 요소이다.

1 0938

두 사건 A, B에 대하여

$$P(B|A)=\frac{1}{5},\ P(A|B)=\frac{2}{5},\ P(A)+P(B)=\frac{5}{6}$$

일 때, $P(A\cup B)$는? [3점]

① $\frac{11}{18}$　　② $\frac{2}{3}$　　③ $\frac{13}{18}$

④ $\frac{7}{9}$　　⑤ $\frac{5}{6}$

2 0939

한 개의 주사위를 던져서 나온 눈의 수가 6의 약수일 때, 그 수가 홀수일 확률은? [3점]

① $\frac{1}{6}$　　② $\frac{1}{3}$　　③ $\frac{1}{2}$

④ $\frac{2}{3}$　　⑤ $\frac{5}{6}$

3 0940

서로 다른 두 개의 주사위를 동시에 던져서 나온 두 눈의 수의 합이 짝수일 때, 두 눈의 수가 모두 홀수일 확률은? [3점]

① $\frac{1}{6}$　　② $\frac{1}{3}$　　③ $\frac{1}{2}$

④ $\frac{2}{3}$　　⑤ $\frac{5}{6}$

4 0941

두 사건 A, B에 대하여

$$P(A)=\frac{1}{3},\ P(B^c|A)=\frac{1}{4}$$

일 때, $P(A\cap B)$는? [3점]

① $\frac{1}{12}$　　② $\frac{1}{6}$　　③ $\frac{1}{4}$

④ $\frac{1}{3}$　　⑤ $\frac{5}{12}$

5 0942

두 사건 A, B에 대하여

$$P(A)=\frac{1}{4},\ P(B|A)=\frac{1}{3},\ P(B|A^c)=\frac{1}{3}$$

일 때, $P(A\cup B)$는? [3점]

① $\frac{1}{6}$　　② $\frac{1}{3}$　　③ $\frac{1}{2}$

④ $\frac{2}{3}$　　⑤ $\frac{5}{6}$

6 0943

두 사건 A와 B는 서로 독립이고

$$P(A^c)=\frac{1}{3},\ P(A\cap B)=\frac{1}{2}$$

일 때, $P(A\cap B^c)$는? [3점]

① $\frac{1}{6}$　　② $\frac{1}{3}$　　③ $\frac{1}{2}$

④ $\frac{2}{3}$　　⑤ $\frac{5}{6}$

7 0944

한 개의 주사위를 4번 던질 때, 소수의 눈이 나오는 횟수가 홀수일 확률은? [3점]

① $\dfrac{1}{8}$ 　　② $\dfrac{1}{4}$ 　　③ $\dfrac{3}{8}$

④ $\dfrac{1}{2}$ 　　⑤ $\dfrac{5}{8}$

8 0945

다음 표는 어느 고등학교 2학년 전체 학생 200명을 대상으로 수학여행 희망 지역으로 제주도와 강원도 중 한 곳을 선택한 학생 수를 조사한 것이다. 이 고등학교 2학년 학생 중에서 임의로 택한 1명이 제주도를 희망하는 학생일 때, 이 학생이 남학생일 확률은? [3.5점]

(단위 : 명)

구분	제주도	강원도	합계
남학생	50	60	110
여학생	70	20	90
합계	120	80	200

① $\dfrac{1}{4}$ 　　② $\dfrac{1}{3}$ 　　③ $\dfrac{5}{12}$

④ $\dfrac{1}{2}$ 　　⑤ $\dfrac{7}{12}$

9 0946

어느 지역에서 운영하는 도서관에 등록한 남성 회원 수와 여성 회원 수는 각각 220명, 280명이다. 전체 회원 500명 중 60 %가 주 3회 이상 도서관을 이용하고, 나머지 40 %는 주 2회 이하 도서관을 이용한다. 이 도서관의 회원 중에서 임의로 한 명을 택할 때, 이 회원이 주 3회 이상 도서관을 이용하는 여성일 확률이 $\dfrac{3}{10}$이다. 이 도서관의 회원 중에서 임의로 택한 회원이 주 2회 이하 도서관을 이용했을 때, 이 회원이 남성일 확률은? [3.5점]

① $\dfrac{3}{10}$ 　　② $\dfrac{7}{20}$ 　　③ $\dfrac{4}{10}$

④ $\dfrac{9}{20}$ 　　⑤ $\dfrac{1}{2}$

10 0947

1부터 7까지의 자연수를 임의로 일렬로 나열한다. 양 끝에 홀수가 나열됐을 때, 홀수와 짝수가 교대로 나열될 확률은? [3.5점]

① $\dfrac{1}{20}$ 　　② $\dfrac{1}{10}$ 　　③ $\dfrac{3}{20}$

④ $\dfrac{1}{5}$ 　　⑤ $\dfrac{1}{4}$

11 0948

어느 야구 선수가 안타를 칠 확률을 조사해 보니 안타를 친 다음 타석에서 안타를 칠 확률은 $\dfrac{1}{3}$, 안타를 치지 못한 다음 타석에서 안타를 칠 확률은 $\dfrac{1}{6}$이었다고 한다. 이 야구 선수가 첫 번째 타석에서 안타를 쳤을 때, 네 번째 타석에서 안타를 칠 확률은 $\dfrac{q}{p}$이다. $p+q$의 값은?

(단, p와 q는 서로소인 자연수이다.) [3.5점]

① 61 　　② 63 　　③ 65

④ 67 　　⑤ 69

12 0949

주머니 A에는 빨간 공 2개와 파란 공 4개가 들어 있고 주머니 B에는 빨간 공 3개와 파란 공 1개가 들어 있다. 한 개의 주사위를 던져서 3의 배수의 눈이 나오면 주머니 A에서 1개의 공을 임의로 꺼내고 3의 배수가 아닌 눈이 나오면 주머니 B에서 1개의 공을 임의로 꺼내는 시행을 한다. 이 시행의 결과 파란 공이 나왔을 때, 이 공이 주머니 A에서 나왔을 확률은? [3.5점]

① $\dfrac{1}{7}$ ② $\dfrac{2}{7}$ ③ $\dfrac{3}{7}$

④ $\dfrac{4}{7}$ ⑤ $\dfrac{5}{7}$

13 0950

한 개의 주사위를 던지는 시행에서 눈의 수가 홀수인 사건을 A, 4의 약수인 사건을 B, 6의 약수인 사건을 C라 하자. 〈보기〉에서 두 사건이 서로 독립인 것만을 있는 대로 고른 것은? [3.5점]

〈 보기 〉
ㄱ. A와 B ㄴ. A와 C ㄷ. B와 C

① ㄴ   ② ㄷ   ③ ㄱ, ㄴ
④ ㄱ, ㄷ   ⑤ ㄴ, ㄷ

14 0951

$0<\mathrm{P}(A)<1$, $0<\mathrm{P}(B)<1$인 두 사건 A, B에 대하여 〈보기〉에서 옳은 것만을 있는 대로 고른 것은? [3.5점]

〈 보기 〉
ㄱ. 두 사건 A와 B가 서로 배반사건이면 두 사건 A와 B는 서로 독립이다.
ㄴ. 두 사건 A와 B가 서로 독립이면 두 사건 A와 B는 서로 배반사건이다.
ㄷ. 두 사건 A와 B가 서로 독립이면 두 사건 A와 B^{C}는 서로 독립이다.

① ㄴ   ② ㄷ   ③ ㄱ, ㄴ
④ ㄱ, ㄷ   ⑤ ㄴ, ㄷ

15 0952

다음 표는 남학생 150명과 여학생 120명을 대상으로 영화 A와 영화 B 중에서 선호하는 영화를 조사한 것이다.

(단위 : 명)

구분	영화 A	영화 B
남학생	120	30
여학생	a	b

조사 대상 중에서 임의로 택한 한 명이 남학생인 사건과 임의로 택한 한 명이 영화 A를 선호하는 학생인 사건이 서로 독립일 때, $a-b$의 값은? (단, 조사 대상인 모든 학생이 영화 A와 영화 B 중에서 선호하는 영화는 오직 하나이다.)

[3.5점]

① -72 ② -36 ③ 0
④ 36   ⑤ 72

16 0953

주사위를 1개 던져서 3 이상의 눈이 나오면 동전 3개를 동시에 던지고, 2 이하의 눈이 나오면 동전 2개를 동시에 던진다. 이 시행에서 동전의 앞면이 나온 개수가 1일 확률은?

[3.5점]

① $\dfrac{1}{3}$　　　　② $\dfrac{5}{12}$　　　　③ $\dfrac{1}{2}$

④ $\dfrac{7}{12}$　　　　⑤ $\dfrac{2}{3}$

17 0954

1, 2, 3이 각각 하나씩 적힌 3장의 카드에서 임의로 한 장을 뽑아 카드에 적힌 수만큼 점수를 얻는 시행을 3번 할 때, 얻은 점수의 합이 짝수일 확률은?

(단, 뽑은 카드는 확인 후 다시 돌려 놓는다.) [3.5점]

① $\dfrac{11}{27}$　　　　② $\dfrac{4}{9}$　　　　③ $\dfrac{13}{27}$

④ $\dfrac{14}{27}$　　　　⑤ $\dfrac{5}{9}$

18 0955

정국이는 흰 공 n개, 검은 공 1개를, 지수는 흰 공 2개, 검은 공 3개를 가지고 있다. 이 공을 주머니에 모두 넣고 임의로 꺼낸 1개의 공이 흰 공이었을 때, 이 공이 정국이가 가지고 있던 공일 확률이 $\dfrac{2}{3}$이다. n의 값은? [4점]

① 1　　　　② 2　　　　③ 3

④ 4　　　　⑤ 5

19 0956

한 개의 주사위를 한 번 던져서 홀수의 눈이 나오는 사건을 A, n 이하의 소수의 눈이 나오는 사건을 B라 하자. 두 사건 A와 B가 서로 독립이 되도록 하는 모든 n의 값의 합은? (단, n은 2 이상 6 이하의 자연수이다.) [4점]

① 5　　　　② 7　　　　③ 9

④ 11　　　　⑤ 13

20 0957

빨간 공 4개와 파란 공 2개가 들어 있는 주머니에서 임의로 한 개의 공을 꺼내어 공의 색을 확인한 후 다시 넣는 시행을 5회 반복한다. 각 시행에서 꺼낸 공이 빨간 공이면 1점을 얻고, 파란 공이면 2점을 얻을 때, 얻은 점수의 합이 8일 확률을 p라 하자. $3^5 p$의 값은? [4점]

① 20　　　　② 40　　　　③ 60

④ 80　　　　⑤ 100

21 0958

세 개의 주사위를 동시에 던져서 나온 세 눈의 수의 곱이 9의 배수일 때, 세 눈의 수의 곱이 5의 배수일 확률은? [4점]

① $\dfrac{3}{14}$　　　　② $\dfrac{7}{28}$　　　　③ $\dfrac{2}{7}$

④ $\dfrac{9}{28}$　　　　⑤ $\dfrac{5}{14}$

22 0959

다음은 어느 신문 기사의 일부이다.

> 어느 나라 성인 인구의 80 %가 현재 경제활동을 하고 있고, 경제활동을 하는 인구의 60 %가 남성이다. 또한, 이 나라 성인 인구의 50 %가 남성이다.

이 나라 성인 여성 중에서 한 명을 임의로 택했을 때, 이 여성이 경제활동을 하지 않는 사람일 확률을 구하는 과정을 서술하시오. [6점]

23 0960

다음 표는 어느 고등학교 학생 중 수학 참고서 A를 구매한 학생 300명을 대상으로 구매 방식에 대하여 조사한 것이다.

(단위 : 명)

구분	온라인 구매	오프라인 구매
남학생	90	45
여학생	a	b

조사 대상 중에서 임의로 택한 한 명이 여학생인 사건과 임의로 택한 한 명이 온라인 구매를 한 학생인 사건이 서로 독립이다. 조사 대상 중에서 임의로 택한 한 명이 온라인 구매를 한 학생일 때, 이 학생이 남학생일 확률을 구하는 과정을 서술하시오. [6점]

24 0961

A가 2개의 주사위를 동시에 던져서 소수의 눈이 나온 주사위의 개수만큼 B가 동전을 던진다. B가 던져서 앞면이 나온 동전의 개수가 1일 때, A가 던져서 소수의 눈이 나온 주사위의 개수가 2일 확률을 구하는 과정을 서술하시오. [7점]

25 0962

한 개의 주사위를 던지는 시행에서 눈의 수가 소수인 사건을 A라 하자. 이 시행의 사건 B에 대하여 다음 조건을 만족시키는 모든 사건 B의 개수를 구하는 과정을 서술하시오. [9점]

> (가) $P(A \cup B) = \dfrac{2}{3}$
>
> (나) 두 사건 A와 B는 서로 독립이다.

실력 check
실전 마무리하기 **2**회

점 /100점

• 선택형 21문항, 서술형 4문항입니다.

1 0963

두 사건 A, B에 대하여

$$P(A)=0.4, \ P(B)=0.5, \ P(A|B)=0.6$$

일 때, $100P(B|A)$의 값은? [3점]

① 70   ② 75   ③ 80

④ 85   ⑤ 90

2 0964

그림은 표본공간 S와 두 사건 A, B 를 벤다이어그램으로 나타낸 것이다.

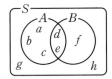

$P(A|B)=\dfrac{q}{p}$ 일 때, $p+q$의 값은?

(단, p와 q는 서로소인 자연수이다.) [3점]

① 3   ② 4   ③ 5

④ 6   ⑤ 7

3 0965

다음 표는 어느 고등학교 학생들을 대상으로 두 생활복 A, B의 선호도를 조사한 것이다. 이 학교 학생 중에서 임의로 택한 학생이 생활복 A를 선호할 때, 그 학생이 2학년 학생일 확률은? [3점]

(단위 : 명)

구분	생활복 A	생활복 B
1학년	120	80
2학년	100	100
3학년	90	110

① $\dfrac{8}{31}$ ② $\dfrac{9}{31}$ ③ $\dfrac{10}{31}$

④ $\dfrac{11}{31}$ ⑤ $\dfrac{12}{31}$

4 0966

두 사건 A, B에 대하여

$$P(A)=\frac{1}{4}, \ P(B|A)=\frac{1}{3}$$

일 때, $P(A\cap B)$는? [3점]

① $\dfrac{1}{12}$ ② $\dfrac{1}{6}$ ③ $\dfrac{1}{4}$

④ $\dfrac{1}{3}$ ⑤ $\dfrac{5}{12}$

5 0967

두 사건 A, B에 대하여

$$P(A \cap B) = \frac{1}{8}, \ P(B|A) = \frac{1}{2}, \ P(B|A^C) = \frac{1}{3}$$

일 때, $P(B)$는? [3점]

① $\frac{1}{8}$　　② $\frac{1}{4}$　　③ $\frac{3}{8}$

④ $\frac{1}{2}$　　⑤ $\frac{5}{8}$

6 0968

두 사건 A, B에 대하여

$$P(A) = \frac{1}{3}, \ P(B|A) = \frac{1}{2}, \ P(B|A^C) = \frac{1}{5}$$

일 때, $P(A|B)$는? [3점]

① $\frac{1}{9}$　　② $\frac{2}{9}$　　③ $\frac{1}{3}$

④ $\frac{4}{9}$　　⑤ $\frac{5}{9}$

7 0969

두 사건 A와 B는 서로 독립이고

$$P(A) = \frac{3}{4}, \ P(A \cap B) = P(A) - P(B)$$

일 때, $P(B)$는? [3점]

① $\frac{1}{7}$　　② $\frac{3}{14}$　　③ $\frac{2}{7}$

④ $\frac{5}{14}$　　⑤ $\frac{3}{7}$

8 0970

두 사건 A와 B는 서로 독립이고

$$P(A \cap B) = \frac{1}{6}, \ P(A \cap B^C) = \frac{1}{2}$$

일 때, $P(B)$는? [3점]

① $\frac{1}{8}$　　② $\frac{1}{4}$　　③ $\frac{3}{8}$

④ $\frac{1}{2}$　　⑤ $\frac{5}{8}$

9 0971

동전 한 개를 5번 던져서 앞면이 2번 나올 확률이 $\frac{q}{p}$일 때, $p+q$의 값은? (단, p와 q는 서로소인 자연수이다.) [3점]

① 13　　② 15　　③ 17

④ 19　　⑤ 21

10 0972

검은 공 2개, 흰 공 4개가 들어 있는 주머니에서 임의로 한 개의 공을 꺼내어 공의 색을 확인하고 공을 다시 주머니에 넣는다. 이와 같은 시행을 4번 반복할 때, 검은 공이 1번 나올 확률은? [3점]

① $\frac{32}{81}$　　② $\frac{34}{81}$　　③ $\frac{4}{9}$

④ $\frac{38}{81}$　　⑤ $\frac{40}{81}$

11 0973

어느 회사 사원의 통근 방법을 조사한 결과 대중교통을 이용하는 사원이 전체의 $\dfrac{2}{5}$, 대중교통을 이용하는 여성 사원이 전체의 $\dfrac{1}{3}$이었다. 이 회사 사원 중에서 임의로 택한 한 명이 대중교통을 이용하는 사원이었을 때, 이 사원이 남성 사원일 확률은? [3.5점]

① $\dfrac{1}{12}$ ② $\dfrac{1}{6}$ ③ $\dfrac{1}{4}$

④ $\dfrac{1}{3}$ ⑤ $\dfrac{5}{12}$

12 0974

주머니 A에는 흰 공 3개와 검은 공 2개가 들어 있고, 주머니 B에는 흰 공 2개와 검은 공 4개가 들어 있다. 한 개의 주사위를 던져서 6의 약수의 눈이 나오면 주머니 A에서 2개의 공을 임의로 꺼내고, 6의 약수가 아닌 눈이 나오면 주머니 B에서 3개의 공을 임의로 꺼낼 때, 꺼낸 공이 모두 검은 공일 확률은? [3.5점]

① $\dfrac{1}{15}$ ② $\dfrac{2}{15}$ ③ $\dfrac{1}{5}$

④ $\dfrac{4}{15}$ ⑤ $\dfrac{1}{3}$

13 0975

$0<\mathrm{P}(A)<1$, $0<\mathrm{P}(B)<1$인 두 사건 A와 B가 서로 독립일 때, 〈**보기**〉에서 옳은 것만을 있는 대로 고른 것은?

[3.5점]

〈 보기 〉
ㄱ. $\mathrm{P}(B\,|\,A)-\mathrm{P}(B\,|\,A^{C})=0$
ㄴ. $\mathrm{P}(B\,|\,A)+\mathrm{P}(B^{C}\,|\,A)=1$
ㄷ. $\mathrm{P}(A\cap B^{C})=\mathrm{P}(A)\{1-\mathrm{P}(B)\}$

① ㄱ ② ㄱ, ㄴ ③ ㄱ, ㄷ
④ ㄴ, ㄷ ⑤ ㄱ, ㄴ, ㄷ

14 0976

다음 표는 어느 스터디 카페를 이용한 고객 현황을 조사한 것이다.

(단위 : 명)

구분	20세 미만	20세 이상
커피를 마신 사람	a	75
커피를 마시지 않은 사람	40	50

이 스터디 카페를 이용한 사람 중에서 임의로 택한 한 명이 20세 미만인 사건과 임의로 택한 한 명이 커피를 마신 사람인 사건이 서로 독립일 때, a의 값은? [3.5점]

① 30 ② 45 ③ 60
④ 75 ⑤ 90

15 0977

빨간 공 2개, 파란 공 3개가 들어 있는 주머니에서 임의로 2개의 공을 동시에 꺼내어 확인한 후 주머니에 넣고 다시 임의로 2개의 공을 동시에 꺼낼 때, 처음 꺼낸 빨간 공의 개수와 두 번째 꺼낸 빨간 공의 개수의 곱이 홀수일 확률은?

[3.5점]

① $\dfrac{6}{25}$ ② $\dfrac{7}{25}$ ③ $\dfrac{8}{25}$

④ $\dfrac{9}{25}$ ⑤ $\dfrac{2}{5}$

16 0978

주머니에 1, 2, 3, 4, 5의 숫자가 각각 하나씩 적힌 5개의 공이 들어 있다. 이 주머니에서 임의로 2개의 공을 동시에 꺼낼 때, 꺼낸 공에 적힌 숫자의 곱이 홀수이면 1개의 동전을 2번 던지고, 짝수이면 1개의 동전을 3번 던진다. 이 시행에서 동전의 앞면이 나온 횟수가 2일 확률은? [3.5점]

① $\dfrac{21}{80}$ ② $\dfrac{23}{80}$ ③ $\dfrac{5}{16}$

④ $\dfrac{27}{80}$ ⑤ $\dfrac{29}{80}$

17 0979

어느 고등학교 3학년 학생의 여학생 수는 남학생 수의 $\dfrac{4}{5}$이다. 이 고등학교 3학년 학생들의 대학수학능력시험의 제2외국어 영역 응시 비율을 조사한 결과 남학생의 $\dfrac{3}{10}$, 여학생의 $\dfrac{2}{5}$가 제2외국어 영역에 응시하였다. 이 고등학교 3학년 학생들 중에서 임의로 택한 1명이 제2외국어 영역에 응시했을 확률은? [4점]

① $\dfrac{31}{90}$　　② $\dfrac{11}{30}$　　③ $\dfrac{7}{18}$

④ $\dfrac{37}{90}$　　⑤ $\dfrac{13}{30}$

18 0980

표본공간 $S=\{1,\ 2,\ 3,\ \cdots,\ 7,\ 8\}$과 사건 $A=\{1,\ 2,\ 3,\ 4\}$에 대하여 다음 조건을 만족시키는 모든 사건 X의 개수는?

[4점]

> (개) $n(A \cap X)=2$
> (내) 두 사건 A와 X는 서로 독립이다.

① 32　　② 34　　③ 36
④ 38　　⑤ 40

19 0981

한 개의 주사위를 A는 4번 던지고 B는 3번 던질 때, 3의 배수의 눈이 나오는 횟수를 각각 a, b라 하자. $a+b=6$일 때, $a>b$일 확률은? [4점]

① $\dfrac{1}{7}$　　② $\dfrac{2}{7}$　　③ $\dfrac{3}{7}$

④ $\dfrac{4}{7}$　　⑤ $\dfrac{5}{7}$

20 0982

1부터 10까지의 자연수가 각각 하나씩 적힌 10장의 카드 중에서 임의로 한 장을 뽑을 때, 2의 배수가 적힌 카드가 나오는 사건을 A, $n\,(1 \le n \le 9)$ 이하의 자연수가 적힌 카드가 나오는 사건을 B라 하자. 두 사건 A와 B가 서로 독립이 되도록 하는 모든 자연수 n의 개수는? [4.5점]

① 1　　② 2　　③ 3
④ 4　　⑤ 5

21 0983

두 개의 동전을 동시에 던져서 두 개가 서로 같은 면이 나오면 2점, 두 개가 서로 다른 면이 나오면 1점을 얻는 시행을 한다. 이 시행을 5번 반복하여 얻은 점수의 합이 8 이하일 확률은? [4.5점]

① $\dfrac{7}{16}$　　② $\dfrac{9}{16}$　　③ $\dfrac{11}{16}$

④ $\dfrac{13}{16}$　　⑤ $\dfrac{15}{16}$

서술형

22 0984

두 집합 $X=\{a,\ b,\ c\}$, $Y=\{1,\ 2,\ 3,\ 4,\ 5,\ 6\}$에 대하여 X에서 Y로의 모든 함수 중에서 임의로 택한 한 함수를 f라 하자. $f(a)<f(b)<f(c)$일 때, $f(a)=2$일 확률을 구하는 과정을 서술하시오. [6점]

23 0985

다음 표는 어느 고등학교 2학년의 방과 후 수업을 듣는 학생을 대상으로 학급과 성별을 조사한 것이다.

(단위 : 명)

구분	1반	2반
남학생	x	12
여학생	16	12

조사에 참여한 학생 중에서 임의로 택한 한 명이 남학생이었을 때, 그 학생이 1반일 확률은 $\dfrac{3}{7}$이다. x의 값을 구하는 과정을 서술하시오. [6점]

24 0986

좌표평면의 원점에 점 P가 있다. 동전 한 개를 던질 때마다 다음과 같은 규칙으로 점을 이동시킨다.

㉮ 앞면이 나오면 x축의 방향으로 1만큼 이동시킨다.
㉯ 뒷면이 나오면 x축의 방향으로 1만큼, y축의 방향으로 1만큼 이동시킨다.

한 개의 동전을 6번 던져서 점 P가 점 $(6,\ 2)$로 이동할 확률이 $\dfrac{q}{p}$일 때, $p+q$의 값을 구하는 과정을 서술하시오.

(단, p와 q는 서로소인 자연수이다.) [6점]

25 0987

두 학생 A, B가 자유투 게임을 하기로 하였다. 두 학생이 동시에 자유투를 시도하여 성공한 횟수가 상대보다 2회 많아지면 게임을 중단하고 자유투를 더 많이 성공한 학생을 승자로 정한다. A, B가 자유투를 성공시킬 확률이 각각 $\dfrac{1}{2}$, $\dfrac{2}{3}$일 때, 4번째 자유투 시도 직후 A가 승자로 정해질 확률을 구하는 과정을 서술하시오. [10점]

나의 가치는

다른 사람에 의해 검증될 수 없다.

내가 소중한 이유는

스스로 그렇게 믿기 때문이다.

다른 사람으로부터

나의 가치를 구하려든다면

그것은 다른 사람의 가치일 뿐이다.

– 웨인 다이어 –

수매씽 확률과 통계

MATHING

내신과 등업을 위한 강력한 한 권!

수매씽 시리즈

중등 1~3학년 1·2학기

고등 수학(상), 수학(하), 수학 I, 수학 II,
확률과 통계, 미적분

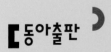

동아출판

☎ **Telephone** 1644-0600

⌂ **Homepage** www.bookdonga.com

✉ **Address** 서울시 영등포구 은행로 30 (우 07242)

• 정답 및 풀이는 동아출판 홈페이지 내 학습자료실에서 내려받을 수 있습니다.

• 교재에서 발견된 오류는 동아출판 홈페이지 내 정오표에서 확인 가능하며, 잘못 만들어진 책은 구입처에서 교환해 드립니다.

• 학습 상담, 제안 사항, 오류 신고 등 어떠한 이야기라도 들려주세요.

131유형 **1683**문항

동아출판

수

매씽

MATHING

확률과 통계

동아출판

확률분포(1) 05

확률분포(1)

1 확률변수와 확률분포 〔핵심 1〕

(1) **확률변수** : 어떤 시행에서 표본공간의 각 원소에 하나의 실수가 대응되는 함수를 **확률변수**라 하고, 확률변수 X가 어떤 값 x를 가질 확률을 기호로 $P(X=x)$와 같이 나타낸다.

(2) **확률분포** : 확률변수 X가 갖는 값과 X가 이 값을 가질 확률의 대응 관계를 X의 **확률분포**라 한다.

> **Note**
>
> ● 확률변수는 보통 X, Y, Z, ⋯로 나타내고, 확률변수가 가질 수 있는 값은 x, y, z, ⋯ 또는 x_1, x_2, x_3, ⋯으로 나타낸다.

2 이산확률변수의 확률분포 〔핵심 1〕

(1) **이산확률변수** : 확률변수 X가 가질 수 있는 값이 유한개이거나 자연수와 같이 셀 수 있을 때, 확률변수 X를 **이산확률변수**라 한다.

(2) **확률질량함수** : 이산확률변수 X가 가질 수 있는 모든 값 x_1, x_2, x_3, ⋯, x_n에 이 값을 가질 확률 p_1, p_2, p_3, ⋯, p_n이 대응되는 함수
$$P(X=x_i)=p_i \, (i=1, 2, \cdots, n)$$
를 이산확률변수 X의 **확률질량함수**라 한다.

(3) **확률질량함수의 성질**
이산확률변수 X의 확률질량함수 $P(X=x_i)=p_i \, (i=1, 2, \cdots, n)$에 대하여
① $0 \le p_i \le 1$
② $p_1+p_2+p_3+\cdots+p_n=1$
③ $P(x_i \le X \le x_j)=p_i+p_{i+1}+p_{i+2}+\cdots+p_j$ (단, $j=1, 2, \cdots, n, \, i \le j$)

> ● 확률변수 X가 a 이상 b 이하의 값을 가질 확률은 $P(a \le X \le b)$로 나타낸다.

> ● ・확률은 0에서 1까지의 값을 갖는다.
> ・확률의 총합은 항상 1이다.

3 이산확률변수의 기댓값(평균), 분산, 표준편차 〔핵심 2〕

이산확률변수 X의 확률질량함수가 $P(X=x_i)=p_i \, (i=1, 2, \cdots, n)$일 때

(1) **기댓값(평균)** : $E(X)=x_1 p_1+x_2 p_2+x_3 p_3+\cdots+x_n p_n$

(2) **분산** : $V(X)=E((X-m)^2)$
$$=(x_1-m)^2 p_1+(x_2-m)^2 p_2+(x_3-m)^2 p_3+\cdots+(x_n-m)^2 p_n$$
$$=E(X^2)-\{E(X)\}^2 \, (단, \, m=E(X))$$

〔참고〕 $V(X)=(x_1-m)^2 p_1+(x_2-m)^2 p_2+\cdots+(x_n-m)^2 p_n$
$\qquad =(x_1{}^2-2mx_1+m^2)p_1+(x_2{}^2-2mx_2+m^2)p_2+\cdots+(x_n{}^2-2mx_n+m^2)p_n$
$\qquad =x_1{}^2 p_1+x_2{}^2 p_2+\cdots+x_n{}^2 p_n-2m(x_1 p_1+x_2 p_2+\cdots+x_n p_n)+m^2(p_1+p_2+\cdots+p_n)$
$\qquad =x_1{}^2 p_1+x_2{}^2 p_2+\cdots+x_n{}^2 p_n-m^2$
$\qquad =E(X^2)-\{E(X)\}^2 \, (단, \, m=E(X))$

(3) **표준편차** : $\sigma(X)=\sqrt{V(X)}$

> ● ・$E(X)$의 E는 기대를 뜻하는 영어 단어 Expectation의 첫 문자이고, m은 평균을 뜻하는 영어 단어 mean의 첫 문자이다.
> ・$V(X)$는 편차 $X-m$의 제곱의 평균이다.
> ・$\sigma(X)$는 $V(X)$의 양의 제곱근이다.

4 확률변수 $aX+b$의 평균, 분산, 표준편차

핵심 3

확률변수 X와 상수 $a\,(a\neq0)$, b에 대하여

(1) $\mathrm{E}(aX+b)=a\mathrm{E}(X)+b$

(2) $\mathrm{V}(aX+b)=a^2\mathrm{V}(X)$

(3) $\sigma(aX+b)=|a|\sigma(X)$

참고 이산확률변수 X의 확률질량함수가 $\mathrm{P}(X=x_i)=p_i\,(i=1, 2, \cdots, n)$일 때

(1) $\mathrm{E}(aX+b)=(ax_1+b)p_1+(ax_2+b)p_2+\cdots+(ax_n+b)p_n$

　　　　　$=a(x_1p_1+x_2p_2+\cdots+x_np_n)+b(p_1+p_2+\cdots+p_n)$

　　　　　$=a\mathrm{E}(X)+b$

(2) $\mathrm{V}(aX+b)=[(ax_1+b)-\{a\mathrm{E}(X)+b\}]^2p_1+[(ax_2+b)-\{a\mathrm{E}(X)+b\}]^2p_2+\cdots$

　　　　　　　　　　　　　　　　　　$+[(ax_n+b)-\{a\mathrm{E}(X)+b\}]^2p_n$

　　　　　$=a^2[\{x_1-\mathrm{E}(X)\}^2p_1+\{x_2-\mathrm{E}(X)\}^2p_2+\cdots+\{x_n-\mathrm{E}(X)\}^2p_n]$

　　　　　$=a^2\mathrm{V}(X)$

(3) $\sigma(aX+b)=\sqrt{\mathrm{V}(aX+b)}=\sqrt{a^2\mathrm{V}(X)}=|a|\sigma(X)$

> **Note**
>
> ▶ 확률변수 $aX+b$의 평균, 분산, 표준편차의 성질은 이산확률변수뿐만 아니라 연속확률변수에 대해서도 성립한다.

05

5 이항분포

핵심 4

한 번의 시행에서 사건 A가 일어날 확률이 p로 일정할 때, n번의 독립시행에서 사건 A가 일어나는 횟수를 확률변수 X라 하면 X의 확률질량함수는

$$\mathrm{P}(X=x)={}_n\mathrm{C}_x\,p^x q^{n-x}\ (x=0, 1, 2, \cdots, n,\ q=1-p)$$

이다. 이와 같은 확률분포를 **이항분포**라 하고, 기호로 $\mathrm{B}(n,\,p)$와 같이 나타낸다.

$$\mathrm{B}(\underset{\text{시행 횟수}}{n},\,\underset{\text{확률}}{p})$$

> ▶ • ${}_n\mathrm{C}_x$는 n번의 시행에서 사건 A가 x번 일어나는 경우의 수이며 $p^x q^{n-x}$은 각 경우의 확률이다.
> • $\mathrm{B}(n,\,p)$의 B는 이항분포를 뜻하는 영어 단어 Binomial distribution의 첫 문자이다.

6 이항분포의 평균, 분산, 표준편차

핵심 4

확률변수 X가 이항분포 $\mathrm{B}(n,\,p)$를 따를 때

(1) **평균** : $\mathrm{E}(X)=np$

(2) **분산** : $\mathrm{V}(X)=npq$ (단, $q=1-p$)

(3) **표준편차** : $\sigma(X)=\sqrt{npq}$ (단, $q=1-p$)

7 큰수의 법칙

어떤 시행에서 사건 A가 일어날 수학적 확률이 p이고, n번의 독립시행에서 사건 A가 일어나는 횟수를 X라 하면 아무리 작은 임의의 양수 h를 택하여도 확률 $\mathrm{P}\left(\left|\dfrac{X}{n}-p\right|<h\right)$는 횟수 n이 커짐에 따라 1에 가까워진다.

이것을 **큰수의 법칙**이라 한다.

> ▶ 시행 횟수 n이 충분히 클 때, 상대도수, 즉 통계적 확률 $\dfrac{X}{n}$는 수학적 확률 p에 가까워짐을 알 수 있다.

핵심 1 이산확률변수의 확률분포 유형 1~3

한 개의 동전을 2번 던지는 시행에서 앞면이 나오는 횟수를 확률변수 X라 할 때, X가 가질 수 있는 값은 0, 1, 2이고, 확률변수 X의 확률질량함수는

$$P(X=0)=\frac{1}{4}, \ P(X=1)=\frac{1}{2}, \ P(X=2)=\frac{1}{4}$$

이므로 확률변수 X의 확률분포를 표로 나타내면 오른쪽과 같다.

X	0	1	2	합계
$P(X=x)$	$\frac{1}{4}$	$\frac{1}{2}$	$\frac{1}{4}$	1

이산확률변수 X의 확률질량함수 $P(X=x)=p_i \ (i=1, 2, \cdots, n)$에 대하여

(1) $0 \le P(X=0) \le 1, \ 0 \le P(X=1) \le 1, \ 0 \le P(X=2) \le 1$

(2) $P(X=0)+P(X=1)+P(X=2)=\frac{1}{4}+\frac{1}{2}+\frac{1}{4}=1$

(3) $P(1 \le X \le 2)=P(X=1)+P(X=2)=\frac{1}{2}+\frac{1}{4}=\frac{3}{4}$

> (1) $0 \le p_i \le 1$
> (2) $p_1+p_2+\cdots+p_n=1$
> (3) $P(x_i \le X \le x_j)=p_i+p_{i+1}+\cdots+p_j$
> (단, $j=1, 2, \cdots, n, \ i \le j$)

[0988~0989] 검은 공 3개와 흰 공 3개가 들어 있는 주머니에서 임의로 2개의 공을 동시에 꺼낼 때, 나오는 흰 공의 개수를 확률변수 X라 하자. 다음 물음에 답하시오.

0988 X가 가질 수 있는 값을 모두 구하시오.

0989 X의 확률분포를 표로 나타내시오.

[0990~0991] 확률변수 X의 확률분포를 표로 나타내면 아래와 같을 때, 다음을 구하시오.

X	-1	0	1	2	합계
$P(X=x)$	$\frac{1}{12}$	$\frac{1}{4}$	$\frac{a}{6}$	$\frac{1}{2}$	1

0990 상수 a의 값   **0991** $P(-1 \le X \le 1)$

핵심 2 이산확률변수의 기댓값(평균), 분산, 표준편차 유형 4~8

이산확률변수 X의 확률분포를 표로 나타내면 오른쪽과 같을 때, X의 평균, 분산, 표준편차를 구해 보자.

X	0	1	2	합계
$P(X=x)$	$\frac{1}{4}$	$\frac{1}{2}$	$\frac{1}{4}$	1

(1) 평균 : $E(X)=0 \times \frac{1}{4}+1 \times \frac{1}{2}+2 \times \frac{1}{4}=1$

(2) 분산 : $V(X)=0^2 \times \frac{1}{4}+1^2 \times \frac{1}{2}+2^2 \times \frac{1}{4}-1^2=\frac{1}{2}$

(3) 표준편차 : $\sigma(X)=\sqrt{\frac{1}{2}}=\frac{\sqrt{2}}{2}$

> (1) $E(X)=x_1 p_1+x_2 p_2+\cdots+x_n p_n$
> (2) $V(X)=E(X^2)-\{E(X)\}^2$
> (3) $\sigma(X)=\sqrt{V(X)}$

[0992~0994] 확률변수 X의 확률분포를 표로 나타내면 아래와 같을 때, 다음을 구하시오.

X	0	1	2	3	합계
$P(X=x)$	$\frac{1}{4}$	$\frac{1}{8}$	$\frac{1}{4}$	$\frac{3}{8}$	1

0992 $E(X)$ **0993** $V(X)$

0994 $\sigma(X)$

0995 한 개의 주사위를 두 번 던질 때, 6의 약수의 눈이 나오는 횟수를 확률변수 X라 하자. 이때 $E(X)$를 구하시오.

핵심 **3** 확률변수 $aX+b$의 평균, 분산, 표준편차 유형 9~12

동영상 강의

확률변수 X에 대하여 $\mathrm{E}(X)=10$, $\mathrm{V}(X)=4$일 때, 확률변수 $3X+2$의 평균, 분산, 표준편차를 구해 보자.

(1) 평균 : $\mathrm{E}(3X+2)=3\,\mathrm{E}(X)+2=3\times10+2=32$
　　　　$\mathrm{E}(aX+b)=a\mathrm{E}(X)+b$

(2) 분산 : $\mathrm{V}(3X+2)=3^2\,\mathrm{V}(X)=9\times4=36$
　　　　$\mathrm{V}(aX+b)=a^2\mathrm{V}(X)$

(3) 표준편차 : $\sigma(3X+2)=3\,\sigma(X)=3\times2=6$
　　　　　　$\sigma(aX+b)=|a|\sigma(X)$

0996 확률변수 X에 대하여 $\mathrm{E}(X)=3$, $\mathrm{V}(X)=5$일 때, 확률변수 $Y=4X-6$의 평균, 분산, 표준편차를 구하시오.

0997 확률변수 X의 확률분포를 표로 나타내면 다음과 같을 때, $\mathrm{V}(7X+2)$를 구하시오.

X	0	1	2	합계
$\mathrm{P}(X=x)$	$\dfrac{2}{7}$	$\dfrac{3}{7}$	$\dfrac{2}{7}$	1

핵심 **4** 이항분포 유형 13~16

동영상 강의

확률변수 X가 이항분포 $\mathrm{B}\left(10,\dfrac{1}{5}\right)$을 따를 때, X의 평균, 분산, 표준편차를 구해 보자.

(1) X의 확률질량함수 : $\mathrm{P}(X=x)={}_{10}\mathrm{C}_x\left(\dfrac{1}{5}\right)^x\left(\dfrac{4}{5}\right)^{10-x}$ $(x=0,\ 1,\ 2,\ \cdots,\ 10)$

(2) 평균 : $\mathrm{E}(X)=10\times\dfrac{1}{5}=2$

(3) 분산 : $\mathrm{V}(X)=10\times\dfrac{1}{5}\times\dfrac{4}{5}=\dfrac{8}{5}$

(4) 표준편차 : $\sigma(X)=\sqrt{10\times\dfrac{1}{5}\times\dfrac{4}{5}}=\dfrac{2\sqrt{10}}{5}$

> (1) $\mathrm{E}(X)=np$
> (2) $\mathrm{V}(X)=npq$ (단, $q=1-p$)
> (3) $\sigma(X)=\sqrt{npq}$ (단, $q=1-p$)

[0998~0999] 확률변수 X가 이항분포 $\mathrm{B}\left(6,\dfrac{1}{3}\right)$을 따를 때, 다음을 구하시오.

0998 X의 확률질량함수

0999 $\mathrm{P}(X=2)$

[1000~1001] 확률변수 X가 다음과 같은 이항분포를 따를 때, X의 평균, 분산, 표준편차를 구하시오.

1000 $\mathrm{B}\left(150,\dfrac{3}{5}\right)$

1001 $\mathrm{B}\left(360,\dfrac{1}{6}\right)$

05

변량들이 대푯값 주위에 흩어져 있는 정도를 하나의 수로 나타낸 값을 산포도라 한다. 산포도에는 분산, 표준편차 등이 있다.

(1) 편차 : 각 변량에서 평균을 뺀 값

➡ (편차) = (변량) − (평균)

(2) 분산 : 각 편차의 제곱의 평균

➡ (분산) = $\dfrac{\{(편차)^2의\ 총합\}}{(변량의\ 개수)}$

(3) 표준편차 : 분산의 음이 아닌 제곱근

➡ (표준편차) = $\sqrt{(분산)}$

1002 대표문제

다음은 10명의 학생이 한 학기 동안 원격 수업에 참여한 횟수를 나타낸 표이다. 원격 수업 참여 횟수의 표준편차는?

참여 횟수(번)	1	2	3
학생 수(명)	4	2	4

① $\sqrt{0.8}$번 ② $\sqrt{0.9}$번 ③ 1번

④ 0.8번 ⑤ 0.9번

1003 ⬤❙❙ Level 1

다음은 학생 5명의 수학 성적의 편차를 조사하여 나타낸 것이다. 이때 수학 성적의 분산은?

−3	−1	0	2	2

① $\sqrt{3.4}$ ② $\sqrt{3.6}$ ③ 3.2

④ 3.4 ⑤ 3.6

1004 ⬤❙❙ Level 1

다섯 개의 변량 3, 7, x, 12, 8의 평균이 8일 때, 분산을 구하시오.

1005 ⬤❙❙ Level 1

다음은 어느 반의 과목별 평균과 표준편차를 조사하여 나타낸 표이다. 성적이 가장 고른 과목은?

과목	윤리	한국사	국어	수학	영어
평균(점)	83	76	78	62	71
표준편차(점)	8.4	5.5	6	10	7.3

① 윤리 ② 한국사 ③ 국어

④ 수학 ⑤ 영어

1006 ⬤❙❙ Level 1

다음 중 옳지 <u>않은</u> 것은?

① 편차는 변량에서 평균을 뺀 것이다.

② 분산은 편차의 평균이다.

③ 편차의 총합은 항상 0이다.

④ 표준편차는 분산의 음이 아닌 제곱근이다.

⑤ 분산이 클수록 변량들이 평균으로부터 멀리 떨어져 있다.

실전유형 1 이산확률변수의 확률 구하기 – 표가 주어진 경우

이산확률변수 X가 가질 수 있는 모든 값 x_1, x_2, x_3, $\cdots$, x_n에 이 값을 가질 확률 p_1, p_2, p_3, $\cdots$, p_n이 대응될 때, 이산확률변수 X의 확률분포는 다음과 같다.

X	x_1	x_2	x_3	$\cdots$	x_n	합계
$P(X=x_i)$	p_1	p_2	p_3	$\cdots$	p_n	1

(1) 확률의 총합은 1이다.
→ $p_1+p_2+p_3+\cdots+p_n=1$
(2) $P(X=x_i$ 또는 $X=x_j)$
$=P(X=x_i)+P(X=x_j)$
$=p_i+p_j$ (단, $i, j=1, 2, \cdots, n, i \neq j$)

1007 대표문제

확률변수 X의 확률분포를 표로 나타내면 다음과 같을 때, $P(1 \leq X \leq 2)$는? (단, a는 상수이다.)

X	1	2	3	4	합계
$P(X=x)$	a	$2a$	$3a$	$4a$	1

① $\dfrac{1}{10}$ ② $\dfrac{1}{5}$ ③ $\dfrac{3}{10}$

④ $\dfrac{2}{5}$ ⑤ $\dfrac{1}{2}$

1008 ●❙❙ Level 1

확률변수 X의 확률분포를 표로 나타내면 다음과 같을 때, 상수 a의 값은?

X	1	2	3	합계
$P(X=x)$	a	$\dfrac{1}{3}$	$\dfrac{1}{6}$	1

① $\dfrac{1}{6}$ ② $\dfrac{1}{4}$ ③ $\dfrac{1}{3}$

④ $\dfrac{5}{12}$ ⑤ $\dfrac{1}{2}$

1009 ●❙❙ Level 1

확률변수 X의 확률분포를 표로 나타내면 다음과 같을 때, 상수 k의 값은?

X	1	2	3	합계
$P(X=x)$	k	$2k$	$3k$	1

① $\dfrac{1}{12}$ ② $\dfrac{1}{6}$ ③ $\dfrac{1}{4}$

④ $\dfrac{1}{3}$ ⑤ $\dfrac{5}{12}$

1010 ●❙❙ Level 2

확률변수 X의 확률분포를 표로 나타내면 다음과 같을 때, $P(X \leq 9a)$는? (단, a는 상수이다.)

X	0	1	2	3	합계
$P(X=x)$	$\dfrac{1}{9}$	$\dfrac{2}{9}$	a	$\dfrac{4}{9}$	1

① $\dfrac{1}{9}$ ② $\dfrac{2}{9}$ ③ $\dfrac{1}{3}$

④ $\dfrac{4}{9}$ ⑤ $\dfrac{5}{9}$

1011 ●❙❙ Level 2

확률변수 X의 확률분포를 표로 나타내면 다음과 같을 때, $P(-1 \leq X \leq 0)=\dfrac{3}{4}$이다. 상수 a, b에 대하여 $\dfrac{a}{b}$의 값을 구하시오.

X	-1	0	1	합계
$P(X=x)$	a	$\dfrac{1}{4}$	b	1

1012

Level 2

확률변수 X의 확률분포를 표로 나타내면 다음과 같을 때, $P(X^2-4X+3=0)$은? (단, a는 상수이다.)

X	1	2	3	합계
$P(X=x)$	a	a	$2a$	1

① $\dfrac{3}{8}$ ② $\dfrac{1}{2}$ ③ $\dfrac{5}{8}$

④ $\dfrac{3}{4}$ ⑤ $\dfrac{7}{8}$

1013

Level 2

확률변수 X의 확률분포를 표로 나타내면 다음과 같을 때, $P(X^2-5X+6\leq0)=\dfrac{5}{6}$이다. 상수 a, b에 대하여 $a-b$의 값은?

X	1	2	3	합계
$P(X=x)$	a	b	$\dfrac{1}{2}$	1

① $-\dfrac{1}{3}$ ② $-\dfrac{1}{6}$ ③ 0

④ $\dfrac{1}{6}$ ⑤ $\dfrac{1}{3}$

1014

Level 2

확률변수 X의 확률분포를 표로 나타내면 다음과 같을 때, $2P(X=2)=3P(X=3)$이다. 이때 $P(X\leq3)$을 구하시오. (단, a와 b는 상수이다.)

X	1	2	3	4	5	합계
$P(X=x)$	a	b	$2a$	$2b$	$\dfrac{1}{4}$	1

1015 신경향

Level 3

확률변수 X의 확률분포를 표로 나타내면 다음과 같을 때, $2\leq X\leq3$인 사건을 A, $3\leq X\leq4$인 사건을 B라 하자. 두 사건 A와 B가 서로 독립일 때, 상수 a, b에 대하여 $\dfrac{a}{b}$의 값은?

X	1	2	3	4	합계
$P(X=x)$	$\dfrac{1}{3}$	a	b	$\dfrac{1}{6}$	1

① $\dfrac{1}{2}$ ② $\dfrac{2}{3}$ ③ 1

④ $\dfrac{3}{2}$ ⑤ 2

다음은 이 유형에서 출제된 최근 교육청 · 평가원 기출문제입니다.

1016 · 교육청 2018년 10월

Level 2

이산확률변수 X의 확률분포를 표로 나타내면 다음과 같다.

X	1	2	3	합계
$P(X=x)$	a	$a+\dfrac{1}{4}$	$a+\dfrac{1}{2}$	1

$P(X\leq2)$는?

① $\dfrac{1}{4}$ ② $\dfrac{7}{24}$ ③ $\dfrac{1}{3}$

④ $\dfrac{3}{8}$ ⑤ $\dfrac{5}{12}$

1019

확률변수 X의 확률질량함수가

$$\mathrm{P}(X=x)=\frac{k\times {}_3\mathrm{C}_x}{10}\ (x=0,\ 1,\ 2)$$

일 때, 상수 k의 값은?

① 1 ② $\dfrac{8}{7}$ ③ $\dfrac{9}{7}$

④ $\dfrac{10}{7}$ ⑤ $\dfrac{11}{7}$

05

**실전
유형** **2** 이산확률변수의 확률 구하기
　－확률질량함수가 주어진 경우

이산확률변수 X의 확률질량함수가
$\mathrm{P}(X=x_i)=p_i\ (i=1,\ 2,\ \cdots,\ n)$일 때

(1) $0\le p_i\le 1$

(2) $p_1+p_2+p_3+\cdots+p_n=1$

(3) $\mathrm{P}(x_i\le X\le x_j)=p_i+p_{i+1}+p_{i+2}+\cdots+p_j$
　　　　　　　　　　　　(단, $j=1,\ 2,\ \cdots,\ n,\ i\le j$)

1017 대표문제

확률변수 X의 확률질량함수가

$$\mathrm{P}(X=x)=k(x-1)\ (x=2,\ 3,\ 4,\ 5)$$

일 때, $\mathrm{P}(X\le 4)$는? (단, k는 상수이다.)

① $\dfrac{1}{5}$ ② $\dfrac{3}{10}$ ③ $\dfrac{2}{5}$

④ $\dfrac{1}{2}$ ⑤ $\dfrac{3}{5}$

1020

확률변수 X의 확률질량함수가

$$\mathrm{P}(X=x)=\frac{k}{x(x+1)}\ (x=1,\ 2,\ 3,\ \cdots,\ 10)$$

일 때, 상수 k의 값을 구하시오.

1018

확률변수 X의 확률질량함수가

$$\mathrm{P}(X=x)=kx\ (x=1,\ 2,\ 3)$$

일 때, 상수 k의 값은?

① $\dfrac{1}{12}$ ② $\dfrac{1}{6}$ ③ $\dfrac{1}{4}$

④ $\dfrac{1}{3}$ ⑤ $\dfrac{5}{12}$

1021

확률변수 X의 확률질량함수가

$$\mathrm{P}(X=x)=k\ (x=1,\ 2,\ 3,\ \cdots,\ 10)$$

일 때, $\mathrm{P}(3\le X\le 5)$는? (단, k는 상수이다.)

① $\dfrac{1}{10}$ ② $\dfrac{1}{5}$ ③ $\dfrac{3}{10}$

④ $\dfrac{2}{5}$ ⑤ $\dfrac{1}{2}$

1022

Level 2

확률변수 X의 확률질량함수가

$$P(X=x)=kx^2 \ (x=1, 2, 3, 4)$$

일 때, $P(X^2-3X+2=0)$은? (단, k는 상수이다.)

① $\dfrac{1}{12}$ ② $\dfrac{1}{6}$ ③ $\dfrac{1}{4}$

④ $\dfrac{1}{3}$ ⑤ $\dfrac{5}{12}$

1023

Level 2

확률변수 X의 확률질량함수가

$$P(X=x)=\begin{cases} \dfrac{1}{6}-\dfrac{x}{a} & (x=-2, -1, 0) \\ \dfrac{1}{6}+\dfrac{x}{a} & (x=1, 2) \end{cases}$$

일 때, $P(X \geq 1)$을 구하시오. (단, a는 상수이다.)

1024

Level 2

확률변수 X의 확률질량함수가

$$P(X=x)=\begin{cases} k-\dfrac{x}{8} & (x=-2, -1, 0) \\ k+\dfrac{x}{8} & (x=1, 2) \end{cases}$$

일 때, $P(X^2=1)$은? (단, k는 상수이다.)

① $\dfrac{3}{10}$ ② $\dfrac{7}{20}$ ③ $\dfrac{4}{10}$

④ $\dfrac{9}{20}$ ⑤ $\dfrac{1}{2}$

1025

Level 2

확률변수 X의 확률질량함수가

$$P(X=x)=\dfrac{k}{\sqrt{x}+\sqrt{x+1}} \ (x=1, 2, 3, \cdots, 15)$$

일 때, $P(1 \leq X \leq 3)$은? (단, k는 상수이다.)

① $\dfrac{1}{12}$ ② $\dfrac{1}{6}$ ③ $\dfrac{1}{4}$

④ $\dfrac{1}{3}$ ⑤ $\dfrac{5}{12}$

1026

Level 2

확률변수 X의 확률질량함수가

$$P(X=x)=\dfrac{a}{\sqrt{2x+1}+\sqrt{2x-1}} \ (x=1, 2, 3, \cdots, 10)$$

일 때, $P(X^2-5X<0)$은? (단, a는 상수이다.)

① $\dfrac{\sqrt{21}-2}{10}$ ② $\dfrac{\sqrt{21}-1}{10}$ ③ $\dfrac{\sqrt{21}}{10}$

④ $\dfrac{\sqrt{21}+1}{10}$ ⑤ $\dfrac{\sqrt{21}+2}{10}$

실전유형 3 이산확률변수의 확률 구하기 – 확률변수가 정의된 경우

확률변수 X가 가질 수 있는 모든 값에 대하여 그 값을 가질 확률을 각각 구한 후 확률질량함수의 성질을 이용한다.

1027 대표문제

흰 공 2개, 검은 공 3개가 들어 있는 주머니에서 임의로 2개의 공을 동시에 꺼낼 때, 나오는 검은 공의 개수를 확률변수 X라 하자. 이때 $P(X \geq 1)$은?

① $\dfrac{1}{10}$ ② $\dfrac{3}{10}$ ③ $\dfrac{1}{2}$

④ $\dfrac{7}{10}$ ⑤ $\dfrac{9}{10}$

1028

Level 1

당첨 제비 4개를 포함하여 7개의 제비가 들어 있는 주머니에서 임의로 2개의 제비를 동시에 뽑을 때, 나오는 당첨 제비의 개수를 확률변수 X라 하자. X의 확률분포를 표로 나타내시오.

1029

Level 1

100원짜리 동전 2개를 동시에 던질 때, 앞면이 나온 동전의 개수를 확률변수 X라 하자. X의 확률분포를 표로 나타내시오.

1030

Level 2

흰 공 4개, 검은 공 5개가 들어 있는 주머니에서 임의로 3개의 공을 동시에 꺼낼 때, 나오는 흰 공의 개수를 확률변수 X라 하자. 이때 $P(1 \leq X \leq 3)$은?

① $\dfrac{31}{42}$ ② $\dfrac{11}{14}$ ③ $\dfrac{5}{6}$

④ $\dfrac{37}{42}$ ⑤ $\dfrac{13}{14}$

1031

Level 2

남학생 3명과 여학생 5명 중에서 임의로 대표 3명을 뽑을 때, 뽑힌 남학생 수를 확률변수 X라 하자. 이때 $P(X < 2)$는?

① $\dfrac{1}{7}$ ② $\dfrac{2}{7}$ ③ $\dfrac{3}{7}$

④ $\dfrac{4}{7}$ ⑤ $\dfrac{5}{7}$

1032

Level 2

한 개의 주사위를 2번 던지는 시행에서 나오는 두 눈의 수의 평균을 확률변수 X라 할 때, $P(2 \le X \le 3)$은?

① $\dfrac{1}{12}$ ② $\dfrac{1}{6}$ ③ $\dfrac{1}{4}$

④ $\dfrac{1}{3}$ ⑤ $\dfrac{5}{12}$

1033

Level 2

각 면에 1, 3, 5, 7의 숫자가 각각 하나씩 적힌 정사면체 모양의 주사위를 2번 던질 때, 바닥에 닿은 면에 적힌 두 수의 합을 확률변수 X라 하자. 이때 $P(X^2 - 12X + 32 = 0)$은?

① $\dfrac{1}{8}$ ② $\dfrac{3}{16}$ ③ $\dfrac{1}{4}$

④ $\dfrac{5}{16}$ ⑤ $\dfrac{3}{8}$

1034

Level 2

6개의 숫자 1, 2, 3, 4, 5, 6에서 임의로 3개의 수를 선택할 때, 선택된 3개의 수의 최댓값을 확률변수 X라 하자. 이때 $P(X \ge 5)$는?

① $\dfrac{2}{5}$ ② $\dfrac{1}{2}$ ③ $\dfrac{3}{5}$

④ $\dfrac{7}{10}$ ⑤ $\dfrac{4}{5}$

1035

Level 2

서로 다른 3개의 동전을 동시에 던질 때, 앞면이 나온 동전의 개수를 확률변수 X라 하자. $P(X \ge k) = \dfrac{1}{2}$일 때, 자연수 k의 값을 구하시오.

1036

Level 3

다섯 개의 숫자 1, 2, 3, 4, 4를 임의로 일렬로 나열할 때, 숫자 4 사이에 들어 있는 숫자의 개수를 확률변수 X라 하자. 이때 $P(X = 1) + P(X = 2)$의 값은?

① $\dfrac{1}{4}$ ② $\dfrac{3}{8}$ ③ $\dfrac{1}{2}$

④ $\dfrac{5}{8}$ ⑤ $\dfrac{3}{4}$

+ Plus 문제

실전
유형 **4** 이산확률변수의 평균, 분산, 표준편차
– 표가 주어진 경우 **빈출유형**

이산확률변수 X의 확률질량함수가
$P(X=x_i)=p_i \ (i=1, 2, \cdots, n)$일 때

X	x_1	x_2	x_3	$\cdots$	x_{n-1}	x_n	합계
$P(X=x_i)$	p_1	p_2	p_3	$\cdots$	p_{n-1}	p_n	1

(1) 평균(기댓값) : $E(X)=x_1p_1+x_2p_2+x_3p_3+\cdots+x_np_n$
(2) 분산 : $V(X)=E((X-m)^2)$
  $=E(X^2)-\{E(X)\}^2$ (단, $m=E(X)$)
(3) 표준편차 : $\sigma(X)=\sqrt{V(X)}$

1037 대표문제

확률변수 X의 확률분포를 표로 나타내면 다음과 같을 때,
$V(X)$는? (단, a는 상수이다.)

X	2	3	4	5	합계
$P(X=x)$	$\dfrac{1}{10}$	$\dfrac{1}{5}$	$\dfrac{3}{10}$	a	1

① 1 ② 2 ③ 3
④ 4 ⑤ 5

1038

Level 1

확률변수 X의 확률분포를 표로 나타내면 다음과 같을 때,
$E(X)$를 구하시오.

X	1	2	3	합계
$P(X=x)$	$\dfrac{1}{4}$	$\dfrac{1}{2}$	$\dfrac{1}{4}$	1

1039

Level 1

확률변수 X의 확률분포를 표로 나타내면 다음과 같을 때,
$\sigma(X)$는?

X	1	2	3	4	합계
$P(X=x)$	$\dfrac{1}{7}$	$\dfrac{3}{14}$	$\dfrac{2}{7}$	$\dfrac{5}{14}$	1

① $\dfrac{\sqrt{51}}{7}$ ② $\dfrac{2\sqrt{13}}{7}$ ③ $\dfrac{\sqrt{53}}{7}$
④ $\dfrac{3\sqrt{6}}{7}$ ⑤ $\dfrac{\sqrt{55}}{7}$

1040

Level 2

확률변수 X의 확률분포를 표로 나타내면 다음과 같다.

X	-2	-1	1	2	합계
$P(X=x)$	$\dfrac{1}{10}$	a	$\dfrac{1}{5}$	b	1

$P(-2 \leq X \leq 1)=\dfrac{1}{2}$일 때, $E(X)$는?

(단, a와 b는 상수이다.)

① $\dfrac{1}{5}$ ② $\dfrac{2}{5}$ ③ $\dfrac{3}{5}$
④ $\dfrac{4}{5}$ ⑤ 1

1041

Level 2

확률변수 X의 확률분포를 표로 나타내면 다음과 같다.

X	-1	0	1	합계
$P(X=x)$	a	b	c	1

$P(X \geq 0)=\dfrac{5}{8}$이고 $E(X)=-\dfrac{1}{4}$일 때, $\dfrac{ab}{c}$의 값은?

(단, a, b, c는 상수이다.)

① $\dfrac{1}{2}$ ② 1 ③ $\dfrac{3}{2}$
④ 2 ⑤ $\dfrac{5}{2}$

1042

Level 2

확률변수 X의 확률분포를 표로 나타내면 다음과 같다.

X	1	2	4	8	합계
$P(X=x)$	$\frac{1}{4}$	a	$\frac{1}{8}$	b	1

$P(X \geq 4) = \frac{5}{8}$일 때, $\sigma(X)$는? (단, a와 b는 상수이다.)

① $\frac{\sqrt{31}}{2}$ 　　② $\frac{\sqrt{33}}{2}$ 　　③ $\frac{\sqrt{35}}{2}$

④ $\frac{\sqrt{37}}{2}$ 　　⑤ $\frac{\sqrt{39}}{2}$

1043

Level 2

확률변수 X의 확률분포를 표로 나타내면 다음과 같다.

X	0	1	2	합계
$P(X=x)$	a	$\frac{1}{2}$	b	1

$E(X) = \frac{5}{6}$일 때, $\sigma(X)$는? (단, a와 b는 상수이다.)

① $\frac{2}{3}$ 　　② $\frac{\sqrt{17}}{6}$ 　　③ $\frac{\sqrt{2}}{2}$

④ $\frac{\sqrt{19}}{6}$ 　　⑤ $\frac{\sqrt{5}}{3}$

1044

Level 2

확률변수 X의 확률분포를 표로 나타내면 다음과 같다.

X	a	0	b	합계
$P(X=x)$	$\frac{1}{4}$	$\frac{1}{2}$	$\frac{1}{4}$	1

$E(X) = 0$, $V(X) = \frac{1}{2}$일 때, 상수 a, b에 대하여 $a + 2b$의 값을 구하시오. (단, $a < b$)

1045

Level 2

확률변수 X의 확률분포를 표로 나타내면 다음과 같다.

X	0	1	2	3	합계
$P(X=x)$	$\frac{2}{5}$	$\frac{3}{10}$	a	b	1

$E(X^2) = 2$, $V(X) = 1$일 때, 상수 a, b에 대하여 $a - b$의 값은?

① $-\frac{1}{5}$ 　　② $-\frac{1}{10}$ 　　③ 0

④ $\frac{1}{10}$ 　　⑤ $\frac{1}{5}$

다음은 이 유형에서 출제된 최근 교육청·평가원 기출문제입니다.

1046 · 교육청 2021년 7월

Level 1

확률변수 X의 확률분포를 표로 나타내면 다음과 같다.

X	-1	0	1	합계
$P(X=x)$	a	$\frac{1}{2}a$	$\frac{3}{2}a$	1

$E(X)$는?

① $\frac{1}{12}$ 　　② $\frac{1}{6}$ 　　③ $\frac{1}{4}$

④ $\frac{1}{3}$ 　　⑤ $\frac{5}{12}$

실전
유형 **5** 이산확률변수의 평균, 분산, 표준편차
– 확률질량함수가 주어진 경우

이산확률변수 X의 확률질량함수가 주어진 경우에 평균, 분산, 표준편차는 다음과 같은 순서로 구한다.
❶ 확률질량함수를 이용하여 확률변수 X의 확률분포를 표로 나타낸다.
❷ $E(X)$, $V(X)$, $\sigma(X)$를 구한다.

1047 대표문제

확률변수 X의 확률질량함수가

$$P(X=x)=ax+a \ (x=1, 2, 3)$$

일 때, $V(X)$는? (단, a는 상수이다.)

① $\dfrac{50}{81}$ ② $\dfrac{52}{81}$ ③ $\dfrac{2}{3}$

④ $\dfrac{56}{81}$ ⑤ $\dfrac{58}{81}$

1048 Level 1

확률변수 X의 확률질량함수가

$$P(X=x)=\dfrac{1}{6}x \ (x=1, 2, 3)$$

일 때, $E(X)$는?

① $\dfrac{4}{3}$ ② $\dfrac{5}{3}$ ③ 2

④ $\dfrac{7}{3}$ ⑤ $\dfrac{8}{3}$

1049 Level 1

확률변수 X의 확률질량함수가

$$P(X=x)=\dfrac{x+2}{10} \ (x=-1, 0, 1, 2)$$

일 때, $E(X)$를 구하시오.

1050 Level 2

확률변수 X의 확률질량함수가

$$P(X=x)=\dfrac{{}_2C_{2-x} \times {}_3C_x}{{}_5C_2} \ (x=0, 1, 2)$$

일 때, $\sigma(X)$는?

① $\dfrac{3}{5}$ ② $\dfrac{\sqrt{11}}{5}$ ③ $\dfrac{\sqrt{13}}{5}$

④ $\dfrac{\sqrt{15}}{5}$ ⑤ $\dfrac{\sqrt{17}}{5}$

1051 Level 2

확률변수 X의 확률질량함수가

$$P(X=x)=\dfrac{{}_3C_x \times {}_4C_{2-x}}{{}_7C_2} \ (x=0, 1, 2)$$

일 때, $\sigma(X)$는?

① $\dfrac{\sqrt{5}}{7}$ ② $\dfrac{2\sqrt{5}}{7}$ ③ $\dfrac{3\sqrt{5}}{7}$

④ $\dfrac{4\sqrt{5}}{7}$ ⑤ $\dfrac{5\sqrt{5}}{7}$

1052

Level 2

확률변수 X의 확률질량함수가

$$P(X=x)=\begin{cases} a & (x=1,\ 2,\ 4,\ 5) \\ \dfrac{1}{2} & (x=3) \end{cases}$$

일 때, $4V(X)$는? (단, a는 상수이다.)

① 5   ② 6   ③ 7

④ 8   ⑤ 9

1053

Level 2

확률변수 X가 가질 수 있는 값이 1, 2, 3, 4이고

$$P(X=x+1)=\frac{1}{2}P(X=x)\ (x=1,\ 2,\ 3)$$

일 때, $\sigma(X)$는?

① $\dfrac{\sqrt{190}}{15}$ ② $\dfrac{8\sqrt{3}}{15}$ ③ $\dfrac{\sqrt{194}}{15}$

④ $\dfrac{14}{15}$ ⑤ $\dfrac{\sqrt{22}}{5}$

1054

Level 2

확률변수 X의 확률질량함수가

$$P(X=x)=\frac{1}{10}+(-1)^x a\ (x=1,\ 2,\ 3,\ \cdots,\ 2n)$$

이다. $E(X)=\dfrac{23}{4}$일 때, 상수 a의 값은?

(단, n은 자연수이다.)

① $\dfrac{1}{20}$ ② $\dfrac{1}{10}$ ③ $\dfrac{3}{20}$

④ $\dfrac{1}{5}$ ⑤ $\dfrac{1}{4}$

1055

Level 2

확률변수 X의 확률질량함수가

$$P(X=x)=cx\ (x=1,\ 2,\ 3,\ \cdots,\ n)$$

이다. $V(X)=6$일 때, 자연수 n의 값은?

(단, c는 상수이다.)

① 2   ② 4   ③ 6

④ 8   ⑤ 10

다음은 이 유형에서 출제된 최근 교육청·평가원 기출문제입니다.

1056 · 평가원 2018학년도 9월

Level 3

두 이산확률변수 X와 Y가 가지는 값이 각각 1부터 5까지의 자연수이고

$$P(Y=k)=\frac{1}{2}P(X=k)+\frac{1}{10}\ (k=1,\ 2,\ 3,\ 4,\ 5)$$

이다. $E(X)=4$일 때, $E(Y)=a$이다. $8a$의 값을 구하시오.

Plus 문제

심화
유형 **6** 이산확률변수의 평균, 분산, 표준편차
－확률변수가 정의된 경우

이산확률변수 X의 확률분포가 주어지지 않은 경우에 평균, 분산, 표준편차는 다음과 같은 순서로 구한다.
❶ 확률변수 X가 가질 수 있는 모든 값에 대하여 그 값을 가질 확률을 구한다.
❷ 확률변수 X의 확률분포를 표로 나타낸다.
❸ $E(X)$, $V(X)$, $\sigma(X)$를 구한다.

1057 대표문제

한 개의 동전을 3번 던져서 앞면이 나오는 횟수를 확률변수 X라 하자. 이때 $V(X)$는?

① $\dfrac{1}{4}$　　② $\dfrac{1}{2}$　　③ $\dfrac{3}{4}$

④ 1　　⑤ $\dfrac{5}{4}$

1058　　ıl Level 2

흰 공 5개, 검은 공 3개가 들어 있는 주머니에서 임의로 3개의 공을 동시에 꺼낼 때, 나오는 흰 공의 개수를 확률변수 X라 하자. 이때 $E(X)$는?

① $\dfrac{9}{8}$　　② $\dfrac{11}{8}$　　③ $\dfrac{13}{8}$

④ $\dfrac{15}{8}$　　⑤ $\dfrac{17}{8}$

1059　　ıl Level 2

당첨 제비 3개를 포함하여 9개의 제비가 들어 있는 주머니에서 임의로 2개의 제비를 동시에 뽑을 때, 나오는 당첨 제비의 개수를 확률변수 X라 하자. 이때 $E(X)$는?

① $\dfrac{1}{6}$　　② $\dfrac{1}{3}$　　③ $\dfrac{1}{2}$

④ $\dfrac{2}{3}$　　⑤ $\dfrac{5}{6}$

1060　　ıl Level 2

100원짜리 동전 2개를 동시에 던질 때, 앞면이 나온 동전의 개수를 확률변수 X라 하자. 이때 $V(X)$는?

① $\dfrac{1}{2}$　　② $\dfrac{3}{4}$　　③ 1

④ $\dfrac{5}{4}$　　⑤ $\dfrac{3}{2}$

1061　　ıl Level 2

집합 $A=\{1,\ 2,\ 3,\ 4\}$의 부분집합 중 임의로 하나를 택할 때, 택한 부분집합의 원소의 개수를 확률변수 X라 하자. 이때 $E(X)$는?

① 1　　② $\dfrac{3}{2}$　　③ 2

④ $\dfrac{5}{2}$　　⑤ 3

1062

●●| Level 2

상자 A에는 1, 2, 3의 숫자가 각각 하나씩 적힌 카드가 3장 들어 있고, 상자 B에는 2, 3, 4의 숫자가 각각 하나씩 적힌 카드가 3장 들어 있다. 두 상자 A, B에서 임의로 카드를 각각 한 장씩 꺼낼 때, 꺼낸 카드에 적힌 두 수의 합을 확률변수 X라 하자. 이때 $E(X)$는?

① $\dfrac{9}{2}$ ② $\dfrac{19}{4}$ ③ 5

④ $\dfrac{21}{4}$ ⑤ $\dfrac{11}{2}$

1063

●●| Level 2

2, 2, 2, 4, 4, 6의 숫자가 각각 하나씩 적힌 6개의 공이 들어 있는 주머니에서 임의로 2개의 공을 동시에 꺼낼 때, 꺼낸 2개의 공에 적힌 두 수의 합을 확률변수 X라 하자.

$E(X) = \dfrac{q}{p}$ 일 때, $p+q$의 값을 구하시오.

(단, p와 q는 서로소인 자연수이다.)

1064

●●| Level 2

주머니 속에 1, 2, 3, 4, 5의 숫자가 각각 하나씩 적힌 5장의 카드가 들어 있다. 이 주머니에서 임의로 2장의 카드를 동시에 꺼낼 때, 꺼낸 두 카드에 적힌 수 중 작은 수를 확률변수 X라 하자. 이때 $\sigma(X)$는?

① 1   ② 2   ③ 3

④ 4   ⑤ 5

1065

●●| Level 2

각 면에 1, 1, 2, 2, 2, a의 숫자가 각각 하나씩 적힌 정육면체 모양의 주사위를 던져서 나오는 수를 확률변수 X라 하자. $E(X) = 2$일 때, $V(X)$는?

(단, a는 상수이고 $a > 2$이다.)

① 1   ② 2   ③ 3

④ 4   ⑤ 5

1066 고난도

●●| Level 3

한 개의 동전을 던져서 앞면이 나오면 2점을 얻고, 뒷면이 나오면 1점을 얻는 시행을 한다. 동전을 계속 던져서 얻은 점수의 합이 4점 이상이면 던지는 것을 중단하고 이때까지 동전을 던진 횟수를 확률변수 X라 하자. 이때 $E(X)$는?

① $\dfrac{21}{8}$ ② $\dfrac{23}{8}$ ③ $\dfrac{25}{8}$

④ $\dfrac{27}{8}$ ⑤ $\dfrac{29}{8}$

+ **Plus 문제**

실전유형 7 이산확률변수의 평균, 분산, 표준편차
– 관계식을 이용하여 구하는 경우

분산 $V(X)$는 편차 $X-m$의 제곱의 평균이다.
➜ $V(X) = E((X-m)^2)$
　　　$= E(X^2) - \{E(X)\}^2$ (단, $m = E(X)$)

1067 대표문제

확률변수 X에 대하여 $E(X)=9$, $E((X-9)^2)=19$일 때, $E(X^2)$은?

① 90 　　　　 ② 100 　　　　 ③ 110

④ 120 　　　　 ⑤ 130

1068 　　　·❙❙ Level 1

확률변수 X에 대하여 $E(X)=3$, $E((X-3)^2)=5$일 때, $V(X)$는?

① 1 　　　　 ② 2 　　　　 ③ 3

④ 4 　　　　 ⑤ 5

1069 　　　·❙❙ Level 1

확률변수 X에 대하여 $E(X)=1$, $V(X)=3$일 때, $E(X^2)$을 구하시오.

1070 　　　·❙❙ Level 1

확률변수 X에 대하여 $E(X)=1$, $E(X^2)=4$일 때, $\sigma(X)$는?

① 1 　　　　 ② $\sqrt{2}$ 　　　　 ③ $\sqrt{3}$

④ 2 　　　　 ⑤ $\sqrt{5}$

1071 　　　·❙❙ Level 2

확률변수 X에 대하여 $E(X)=2$, $E(X^2-4X+4)=5$일 때, $E(X^2)$을 구하시오.

1072 　　　·❙❙ Level 2

확률변수 X가 가질 수 있는 값이 $x_1, x_2, \cdots, x_n$이고 X의 확률질량함수 $P(X=x_i)=p_i$ $(i=1, 2, 3, \cdots, n)$가 다음 조건을 만족시킬 때, $\sigma(X)$는?

> (가) $x_1p_1+x_2p_2+x_3p_3+\cdots+x_np_n=3$
> (나) $x_1^2p_1+x_2^2p_2+x_3^2p_3+\cdots+x_n^2p_n=10$

① 1 　　　　 ② $\sqrt{2}$ 　　　　 ③ $\sqrt{3}$

④ 2 　　　　 ⑤ $\sqrt{5}$

1073 　　　·❙❙ Level 2

확률변수 X가 가질 수 있는 값이 $x_1, x_2, \cdots, x_n$이고 X의 확률질량함수 $P(X=x_i)=p_i$ $(i=1, 2, 3, \cdots, n)$가 다음 조건을 만족시킬 때, $E(X^2)$을 구하시오.

> (가) $E(X)=-1$
> (나) $(x_1+1)^2p_1+(x_2+1)^2p_2+\cdots+(x_n+1)^2p_n=3$

8 기댓값

확률변수 X의 확률질량함수가
$P(X=x_i)=p_i$ $(i=1, 2, 3, \cdots, n)$일 때, X의 기댓값은
→ $E(X)=x_1 p_1+x_2 p_2+x_3 p_3+\cdots+x_n p_n$

1074 [대표문제]

500원짜리 동전 2개와 100원짜리 동전 1개를 동시에 던져서 앞면이 나온 동전만을 받는 게임이 있다. 이 게임을 한 번 하여 받을 수 있는 금액의 기댓값은?

① 400원   ② 450원   ③ 500원
④ 550원   ⑤ 600원

1075

Level 2

어느 고등학교 축제의 행운권 추첨 이벤트에서 각 상금에 대한 행운권의 장수가 다음 표와 같을 때, 이 행운권 1장으로 받을 수 있는 상금의 기댓값은?

상금(원)	장수
50000	5
30000	15
10000	50
0	230
합계	300

① 4000원   ② 6000원   ③ 8000원
④ 10000원   ⑤ 12000원

1076

Level 2

흰 공 n개와 검은 공 2개가 들어 있는 주머니에서 임의로 2개의 공을 동시에 꺼내어 흰 공이 나온 개수에 따라 받는 상금이 다음 표와 같은 게임이 있다. 이 게임을 한 번 하여 받을 수 있는 상금의 기댓값이 7500원일 때, n의 값을 구하시오.

흰 공의 개수	상금(원)
2	10000
1	5000
0	0

1077

Level 2

1부터 10까지의 자연수가 각각 하나씩 적힌 10개의 공이 들어 있는 주머니에서 임의로 3개의 공을 동시에 꺼내어 공에 적힌 수를 확인한 후 다시 넣는다. 이 과정을 2번 반복하여 처음 꺼낸 3개의 공에 적힌 3개의 숫자와 두 번째 꺼낸 3개의 공에 적힌 3개의 숫자에서 일치하는 숫자의 개수에 따라 상금을 지급하는 게임이 있다. 일치하는 숫자의 개수에 따른 상금은 다음 표와 같다. 이 게임을 한 번 하여 받을 수 있는 상금의 기댓값이 15000원일 때, a의 값을 구하시오.

일치하는 숫자의 개수	상금(원)
3	a
2	60000
1	6000
0	1200

05

실전유형 9 확률변수 $aX+b$의 평균, 분산, 표준편차
– 평균, 분산이 주어진 경우

확률변수 X와 상수 $a\,(a\neq 0)$, b에 대하여
(1) $\mathrm{E}(aX+b)=a\mathrm{E}(X)+b$
(2) $\mathrm{V}(aX+b)=a^2\mathrm{V}(X)$
(3) $\sigma(aX+b)=|a|\sigma(X)$

1078 대표문제

확률변수 X에 대하여 $\mathrm{E}(X)=2$, $\mathrm{E}(X^2)=5$이다. 확률변수 $Y=2X+1$에 대하여 $\mathrm{E}(Y)+\mathrm{V}(Y)$의 값은?

① 5   ② 6   ③ 7
④ 8   ⑤ 9

1079 ▫ Level 1

확률변수 X에 대하여 $\mathrm{E}(X)=3$일 때, $\mathrm{E}(2X+1)$은?

① 5   ② 6   ③ 7
④ 8   ⑤ 9

1080 ▫ Level 1

확률변수 X에 대하여 $\mathrm{V}(X)=2$일 때, $\mathrm{V}(2X+1)$을 구하시오.

1081 ▫ Level 2

확률변수 X의 평균이 2, 분산이 5이다. 확률변수 $Y=aX+b$의 평균이 11, 분산이 20일 때, 상수 a, b에 대하여 $a+b$의 값은? (단, $a>0$)

① 3   ② 5   ③ 7
④ 9   ⑤ 11

1082 ▫ Level 2

확률변수 X에 대하여
$$\mathrm{E}(X)=2,\ \mathrm{E}(aX+b)=8,\ \mathrm{E}(bX+a)=7$$
일 때, $\mathrm{E}(a^2X-b^2)$은? (단, a와 b는 상수이다.)

① 10   ② 12   ③ 14
④ 16   ⑤ 18

1083

Level 2

확률변수 X에 대하여

$$E(2X)=6,\ E(X^2)=12$$

일 때, $V(2X)$는?

① 10   ② 12   ③ 14

④ 16   ⑤ 18

1084

Level 2

확률변수 X에 대하여 $E(X)=6,\ E(X^2)=40$이다. 확률변수 $Y=\dfrac{1}{2}X+5$에 대하여 $E(Y)+E(Y^2)$의 값은?

① 71   ② 73   ③ 75

④ 77   ⑤ 79

1085

Level 2

확률변수 X에 대하여

$$E(2X+4)=8,\ V(2X+4)=28$$

일 때, $E(X^2)$은?

① 11   ② 12   ③ 13

④ 14   ⑤ 15

1086

Level 2

확률변수 X에 대하여

$$E\!\left(\frac{X+2}{3}\right)=4,\ \sigma(3X-2)=15$$

일 때, $E(X^2)$을 구하시오.

1087

Level 2

확률변수 X의 확률질량함수

$$P(X=x_i)=p_i\ (i=1,\ 2,\ 3,\ \cdots,\ n)$$

가 다음 조건을 만족시킬 때, $V(2X+3)-E(X^2)$의 값은?

(가) $\displaystyle\sum_{i=1}^{n}(2x_i+3)p_i=7$

(나) $\displaystyle\sum_{i=1}^{n}(x_i-2)^2p_i=5$

① 11   ② 12   ③ 13

④ 14   ⑤ 15

실전 유형 10 확률변수 $aX+b$의 평균, 분산, 표준편차 −표가 주어진 경우

확률변수 X의 확률분포가 표로 주어진 경우에 확률변수 $aX+b$의 평균, 분산, 표준편차는 다음과 같은 순서로 구한다.

❶ 확률변수 X의 확률분포를 이용하여 X의 평균, 분산, 표준편차를 구한다.

❷ ❶을 이용하여 확률변수 $aX+b$의 평균, 분산, 표준편차를 구한다.

1088 대표문제

확률변수 X의 확률분포를 표로 나타내면 다음과 같을 때, $E(8X-3)$은? (단, a는 상수이다.)

X	0	1	2	3	합계
$P(X=x)$	$\frac{1}{8}$	$\frac{3}{8}$	a	$\frac{1}{4}$	1

① 10   ② 12   ③ 14

④ 16   ⑤ 18

1089   Level 1

확률변수 X의 확률분포를 표로 나타내면 다음과 같을 때, $E(2X+1)$은?

X	1	2	4	8	합계
$P(X=x)$	$\frac{1}{4}$	$\frac{1}{8}$	$\frac{1}{8}$	$\frac{1}{2}$	1

① 11   ② 12   ③ 13

④ 14   ⑤ 15

1090   Level 1

확률변수 X의 확률분포를 표로 나타내면 다음과 같을 때, $V(4X+3)$은?

X	−1	0	1	합계
$P(X=x)$	$\frac{5}{8}$	$\frac{1}{4}$	$\frac{1}{8}$	1

① 4   ② 6   ③ 8

④ 10   ⑤ 12

1091   Level 2

확률변수 X의 확률분포를 표로 나타내면 다음과 같다.

X	−1	0	1	합계
$P(X=x)$	a	$\frac{1}{2}$	b	1

$E(X)=0$일 때, $V(aX+b)$는? (단, a와 b는 상수이다.)

① $\frac{1}{32}$ ② $\frac{1}{16}$ ③ $\frac{3}{32}$

④ $\frac{1}{8}$ ⑤ $\frac{5}{32}$

1092   Level 2

확률변수 X의 확률분포를 표로 나타내면 다음과 같다.

X	2	3	4	a	합계
$P(X=x)$	$\frac{1}{4}$	$2b$	$\frac{1}{4}$	b	1

$E(X)=\frac{7}{2}$일 때, $V(-2X+3)$을 구하시오.

(단, a와 b는 상수이다.)

1093

●ıl Level 2

확률변수 X의 확률분포를 표로 나타내면 다음과 같다.

X	0	1	2	합계
$P(X=x)$	$\dfrac{1}{3}$	a	b	1

$E(6X+2)=7$일 때, $\sigma(6X+2)$는?

(단, a와 b는 상수이다.)

① 4　　　　② $\sqrt{17}$　　　　③ $3\sqrt{2}$

④ $\sqrt{19}$　　　⑤ $2\sqrt{5}$

1094

●ıl Level 2

확률변수 X의 확률분포를 표로 나타내면 다음과 같다.

X	-1	0	1	2	합계
$P(X=x)$	a	$\dfrac{1}{4}$	$\dfrac{1}{2}$	b	1

$E(X^2)=1$일 때, $V(2X+3)$은? (단, a와 b는 상수이다.)

① 1　　　　② 2　　　　③ 3

④ 4　　　　⑤ 5

1095

●ıl Level 2

확률변수 X의 확률분포를 표로 나타내면 다음과 같다.

X	a	b	$3a$	$3b$	합계
$P(X=x)$	$\dfrac{1}{3}$	$\dfrac{1}{3}$	$\dfrac{1}{6}$	$\dfrac{1}{6}$	1

$E(X)=5$, $V(X)=\dfrac{35}{3}$일 때, $E(aX+b)$는?

(단, a와 b는 상수이고 $a<b$이다.)

① 13　　　　② 14　　　　③ 15

④ 16　　　　⑤ 17

다음은 이 유형에서 출제된 최근 교육청·평가원 기출문제입니다.

1096 · 평가원 2021학년도 9월

●ıl Level 2

두 이산확률변수 X, Y의 확률분포를 표로 나타내면 각각 다음과 같다.

X	1	2	3	4	합계
$P(X=x)$	a	b	c	d	1

Y	11	21	31	41	합계
$P(Y=y)$	a	b	c	d	1

$E(X)=2$, $E(X^2)=5$일 때, $E(Y)+V(Y)$의 값을 구하시오.

1097 · 교육청 2016년 10월

●ıl Level 2

확률변수 X의 확률분포를 표로 나타내면 다음과 같다.

X	2	4	8	16	합계
$P(X=x)$	$\dfrac{{}_4C_1}{k}$	$\dfrac{{}_4C_2}{k}$	$\dfrac{{}_4C_3}{k}$	$\dfrac{{}_4C_4}{k}$	1

$E(3X+1)$은? (단, k는 상수이다.)

① 13　　　　② 14　　　　③ 15

④ 16　　　　⑤ 17

실전
유형 **11** 확률변수 $aX+b$의 평균, 분산, 표준편차
– 확률질량함수가 주어진 경우

확률변수 X의 확률질량함수가 주어진 경우에 확률변수
$aX+b$의 평균, 분산, 표준편차는 다음과 같은 순서로 구한다.
❶ 확률변수 X의 확률질량함수를 이용하여 X의 평균, 분산,
표준편차를 구한다.
❷ ❶을 이용하여 확률변수 $aX+b$의 평균, 분산, 표준편차를
구한다.

1098 대표문제

확률변수 X의 확률질량함수가

$$\mathrm{P}(X=x)=kx\,(x=1,\ 2,\ 3,\ 4,\ 5)$$

일 때, $\mathrm{V}(-3X+1)$은? (단, k는 상수이다.)

① 10   ② 12   ③ 14
④ 16   ⑤ 18

1099   Level 1

확률변수 X의 확률질량함수가

$$\mathrm{P}(X=x)=\frac{1}{10}x\,(x=1,\ 2,\ 3,\ 4)$$

일 때, $\mathrm{E}(2X+1)$은?

① 5   ② 6   ③ 7
④ 8   ⑤ 9

1100   Level 1

확률변수 X의 확률질량함수가

$$\mathrm{P}(X=x)=\frac{{}_3\mathrm{C}_x\times{}_3\mathrm{C}_{3-x}}{{}_6\mathrm{C}_3}\,(x=0,\ 1,\ 2,\ 3)$$

일 때, $\mathrm{E}(4X+3)$은?

① 6   ② 7   ③ 8
④ 9   ⑤ 10

1101   Level 2

확률변수 X의 확률질량함수가

$$\mathrm{P}(X=x)=\frac{x+1}{14}\,(x=1,\ 2,\ 3,\ 4)$$

일 때, $\mathrm{E}(7X-5)+\mathrm{V}(7X-5)$의 값을 구하시오.

1102   Level 2

확률변수 X의 확률질량함수가

$$\mathrm{P}(X=x)=\frac{{}_3\mathrm{C}_x\times{}_4\mathrm{C}_{3-x}}{{}_7\mathrm{C}_3}\,(x=0,\ 1,\ 2,\ 3)$$

일 때, $\sigma(7X+1)$은?

① $\sqrt{6}$ ② $2\sqrt{6}$ ③ $3\sqrt{6}$
④ $4\sqrt{6}$ ⑤ $5\sqrt{6}$

1103

Level 2

확률변수 X의 확률질량함수가

$$P(X=x)=\frac{x+2}{6} \ (x=-1, \ 0, \ 1)$$

이다. 확률변수 $Y=aX-b \ (a>0)$에 대하여
$E(Y)=3E(X)$, $V(Y)=16V(X)$일 때, ab의 값은?

(단, a와 b는 상수이다.)

① $\frac{2}{3}$ ② 1 ③ $\frac{4}{3}$

④ $\frac{5}{3}$ ⑤ 2

1104

Level 2

확률변수 X의 확률질량함수가

$$P(X=x)=kx^2 \ (x=1, \ 2, \ 3, \ 4)$$

일 때, $V(15X-3)$을 구하시오. (단, k는 상수이다.)

1105

Level 2

확률변수 X의 확률질량함수가

$$P(X=x)=\frac{ax+2}{10} \ (x=-1, \ 0, \ 1, \ 2)$$

일 때, $V(aX+2a)$는? (단, a는 상수이다.)

① 1 ② 2 ③ 3

④ 4 ⑤ 5

1106

Level 2

확률변수 X가 가질 수 있는 값이 1, 2, 3이고

$$P(X=k+1)=\frac{2}{3}P(X=k) \ (k=1, \ 2)$$

일 때, $E(19X-5)$는?

① 20 ② 22 ③ 24

④ 26 ⑤ 28

1107

Level 3

두 확률변수 X, Y가 가질 수 있는 값이 각각 1부터 5까지의 자연수이고

$$P(Y=k)=\frac{1}{2}P(X=k)+c \ (k=1, \ 2, \ 3, \ 4, \ 5)$$

이다. $E(X)=3$일 때, $E(2Y+1)$은? (단, c는 상수이다.)

① 5 ② 6 ③ 7

④ 8 ⑤ 9

+ **Plus 문제**

실전유형 12 확률변수 $aX+b$의 평균, 분산, 표준편차 **빈출유형**
– 확률변수가 정의된 경우

확률변수 X의 확률분포가 주어지지 않은 경우에 확률변수 $aX+b$의 평균, 분산, 표준편차는 다음과 같은 순서로 구한다.
❶ 확률변수 X의 확률분포를 표로 나타낸다.
❷ 확률변수 X의 평균, 분산, 표준편차를 구한다.
❸ ❷를 이용하여 확률변수 $aX+b$의 평균, 분산, 표준편차를 구한다.

1108 대표문제

흰 공 2개와 검은 공 3개가 들어 있는 주머니가 있다. 이 주머니에서 임의로 3개의 공을 동시에 꺼낼 때, 꺼낸 흰 공의 개수를 확률변수 X라 하자. 이때 $E(5X-2)$는?

① 1 　　　　② 2 　　　　③ 3
④ 4 　　　　⑤ 5

1109 　　　　　　　　　　　　．ıl Level 1

각 면에 1, 1, 2, 2, 2, 4의 숫자가 각각 하나씩 적힌 정육면체 모양의 상자가 있다. 이 상자를 던졌을 때, 윗면에 적힌 수를 확률변수 X라 하자. 이때 $E(2X+1)$은?

① 1 　　　　② 2 　　　　③ 3
④ 4 　　　　⑤ 5

1110 　　　　　　　　　　　　．ıl Level 1

서로 다른 3개의 동전을 동시에 던져서 앞면이 나오는 동전의 개수를 확률변수 X라 할 때, $\sigma(2X+3)$은?

① 1 　　　　② $\sqrt{2}$ 　　　　③ $\sqrt{3}$
④ 2 　　　　⑤ $\sqrt{5}$

1111 　　　　　　　　　　　　．ıl Level 2

각 면에 0, 0, 2, 2의 숫자가 각각 하나씩 적힌 정사면체 모양의 주사위를 두 번 던져서 나온 두 수의 평균을 확률변수 X라 할 때, $\sigma(2X+3)$은?

① $\sqrt{2}$ 　　　　② $2\sqrt{2}$ 　　　　③ $3\sqrt{2}$
④ $4\sqrt{2}$ 　　　　⑤ $5\sqrt{2}$

1112 　　　　　　　　　　　　．ıl Level 2

빨간 공 1개, 노란 공 2개, 파란 공 3개가 들어 있는 상자가 있다. 이 상자에서 임의로 3개의 공을 동시에 꺼낼 때, 꺼낸 공에 칠해진 색의 종류의 수를 확률변수 X라 하자. 예를 들어, 빨간 공 1개, 노란 공 2개를 뽑은 경우 $X=2$이다.

$V(4X+3)=\dfrac{q}{p}$일 때, $p+q$의 값을 구하시오.

(단, p와 q는 서로소인 자연수이다.)

1113

Level 2

1, 2, 2, 3, 3의 숫자가 각각 하나씩 적힌 5장의 카드가 있다. 이 중에서 임의로 2장을 동시에 뽑아 나온 카드에 적힌 수의 합을 확률변수 X라 할 때, $E(10X+1)$은?

① 41   ② 43   ③ 45

④ 47   ⑤ 49

1114 고난도

Level 3

남학생 4명과 여학생 2명이 6개의 수 1, 2, 3, 4, 5, 6 중에서 임의로 서로 다른 수를 한 개씩 선택할 때, 남학생 4명이 선택한 수의 최솟값을 확률변수 X라 하자.

$V\left(\dfrac{5}{2}X+3\right)=\dfrac{q}{p}$일 때, $p+q$의 값은?

(단, p와 q는 서로소인 자연수이다.)

① 10   ② 12   ③ 14

④ 16   ⑤ 18

+Plus 문제

다음은 이 유형에서 출제된 최근 교육청·평가원 기출문제입니다.

1115 · 교육청 2020년 7월

Level 2

주머니 속에 숫자 1, 2, 3, 4가 각각 하나씩 적혀 있는 4개의 공이 들어 있다. 이 주머니에서 임의로 1개의 공을 꺼내어 공에 적혀 있는 수를 확인한 후 다시 넣는다. 이 과정을 2번 반복할 때, 꺼낸 공에 적혀 있는 수를 차례로 a, b라 하자. $a-b$의 값을 확률변수 X라 할 때, 확률변수 $Y=2X+1$의 분산 $V(Y)$의 값을 구하시오.

1116 · 2018학년도 대학수학능력시험

Level 2

확률변수 X의 확률분포를 표로 나타내면 다음과 같다.

X	0.121	0.221	0.321	합계
$P(X=x)$	a	b	$\dfrac{2}{3}$	1

다음은 $E(X)=0.271$일 때, $V(X)$를 구하는 과정이다.

$Y=10X-2.21$이라 하자.

확률변수 Y의 확률분포를 표로 나타내면 다음과 같다.

Y	-1	0	1	합계
$P(Y=y)$	a	b	$\dfrac{2}{3}$	1

$E(Y)=10E(X)-2.21=0.5$이므로

$a=\boxed{(가)}$, $b=\boxed{(나)}$

이고 $V(Y)=\dfrac{7}{12}$이다.

한편, $Y=10X-2.21$이므로 $V(Y)=\boxed{(다)}\times V(X)$이다.

따라서 $V(X)=\dfrac{1}{\boxed{(다)}}\times\dfrac{7}{12}$이다.

위의 (가), (나), (다)에 알맞은 수를 각각 p, q, r라 할 때, pqr의 값은? (단, a, b는 상수이다.)

① $\dfrac{13}{9}$ ② $\dfrac{16}{9}$ ③ $\dfrac{19}{9}$

④ $\dfrac{22}{9}$ ⑤ $\dfrac{25}{9}$

1117 · 2014학년도 대학수학능력시험

Level 2

1부터 5까지의 자연수가 각각 하나씩 적혀 있는 5개의 서랍이 있다. 5개의 서랍 중 영희에게 임의로 2개를 배정해 주려고 한다. 영희에게 배정되는 서랍에 적혀 있는 자연수 중 작은 수를 확률변수 X라 할 때, $E(10X)$의 값을 구하시오.

실전유형 13 이항분포에서의 확률 구하기

확률변수 X가 이항분포 $B(n, p)$를 따를 때, X의 확률질량함수는

→ $P(X=x)={}_n C_x p^x q^{n-x}$ (단, $x=0, 1, 2, \cdots, n$, $q=1-p$)

1118 대표문제

이항분포 $B\left(3, \dfrac{1}{3}\right)$을 따르는 확률변수 X에 대하여 $P(X=2)$는?

① $\dfrac{5}{27}$ ② $\dfrac{2}{9}$ ③ $\dfrac{7}{27}$

④ $\dfrac{8}{27}$ ⑤ $\dfrac{1}{3}$

1119
Level 1

이항분포 $B\left(3, \dfrac{1}{2}\right)$을 따르는 확률변수 X에 대하여 $P(X \geq 1)$은?

① $\dfrac{3}{8}$ ② $\dfrac{1}{2}$ ③ $\dfrac{5}{8}$

④ $\dfrac{3}{4}$ ⑤ $\dfrac{7}{8}$

1120
Level 1

이항분포 $B\left(5, \dfrac{1}{3}\right)$을 따르는 확률변수 X에 대하여 $\dfrac{P(X=2)}{P(X=3)}$의 값은?

① $\dfrac{1}{4}$ ② $\dfrac{1}{2}$ ③ 1

④ 2 ⑤ 4

1121
Level 2

이항분포 $B\left(4, \dfrac{1}{2}\right)$을 따르는 확률변수 X에 대하여 $X \leq 1$인 사건을 A, $X \geq 1$인 사건을 B라 하자. 이때 $P(B|A)$는?

① $\dfrac{2}{5}$ ② $\dfrac{1}{2}$ ③ $\dfrac{3}{5}$

④ $\dfrac{7}{10}$ ⑤ $\dfrac{4}{5}$

1122
Level 2

이항분포 $B\left(n, \dfrac{1}{2}\right)$을 따르는 확률변수 X가 $P(X=2)=5P(X=1)$을 만족시킬 때, n의 값을 구하시오.

1123
Level 2

확률변수 X는 이항분포 $B(4, p)$를 따르고, 확률변수 Y는 이항분포 $B(5, 2p)$를 따른다고 한다. 이때 $48P(X=4)=P(Y\geq 4)$를 만족시키는 양수 p의 값은?

① $\dfrac{1}{16}$　　② $\dfrac{1}{8}$　　③ $\dfrac{3}{16}$

④ $\dfrac{1}{4}$　　⑤ $\dfrac{5}{16}$

1124
Level 2

한 개의 동전을 4번 던지는 시행에서 앞면이 2번 이상 나올 확률은?

① $\dfrac{11}{16}$　　② $\dfrac{3}{4}$　　③ $\dfrac{13}{16}$

④ $\dfrac{7}{8}$　　⑤ $\dfrac{15}{16}$

1125
Level 2

어느 사격 선수가 총알을 1발 쏘아 과녁에 명중시킬 확률이 $\dfrac{4}{5}$일 때, 이 사격 선수가 4발의 총알을 쏘아 과녁에 명중시키는 총알의 개수를 확률변수 X라 하자. $P(X=2)=\dfrac{q}{p}$일 때, $p+q$의 값은? (단, p와 q는 서로소인 자연수이다.)

① 721　　② 723　　③ 725

④ 727　　⑤ 729

1126
Level 2

당첨 제비 1개를 포함하여 10개의 제비가 들어 있는 주머니에서 1개의 제비를 임의로 뽑아 확인한 후 다시 주머니에 넣는다. 이 시행을 5번 할 때, 당첨 제비를 뽑은 횟수를 확률변수 X라 하자. 이때 $P(X\geq 1)$은?

① $\left(\dfrac{1}{10}\right)^5$　　② $1-\left(\dfrac{1}{10}\right)^5$　　③ $\left(\dfrac{1}{2}\right)^5$

④ $\left(\dfrac{9}{10}\right)^5$　　⑤ $1-\left(\dfrac{9}{10}\right)^5$

1127
Level 2

한 개의 주사위를 n번 던지는 시행에서 소수의 눈이 나오는 횟수를 확률변수 X라 하자. $\dfrac{P(X=1)}{P(X=n)}=16$일 때, n의 값을 구하시오.

실전유형 14 이항분포의 평균, 분산, 표준편차 – 이항분포가 주어진 경우   빈출유형

확률변수 X가 이항분포 $B(n, p)$를 따를 때

(1) $E(X) = np$

(2) $V(X) = npq$ (단, $q = 1-p$)

(3) $\sigma(X) = \sqrt{npq}$ (단, $q = 1-p$)

1128 대표문제

이항분포 $B(80, p)$를 따르는 확률변수 X에 대하여
$E(X) = 20$일 때, $V(X)$는?

① 5   ② 10   ③ 15

④ 20   ⑤ 25

1129   •❙❙ Level 1

이항분포 $B\left(60, \dfrac{5}{12}\right)$를 따르는 확률변수 X에 대하여
$E(X)$는?

① 10   ② 15   ③ 20

④ 25   ⑤ 30

1130   •❙❙ Level 1

이항분포 $B\left(16, \dfrac{1}{4}\right)$을 따르는 확률변수 X에 대하여
$V(X)$를 구하시오.

1131   •❙❙ Level 2

이항분포 $B\left(n, \dfrac{1}{5}\right)$을 따르는 확률변수 X에 대하여
$E(2X+5) = 15$일 때, n의 값은?

① 13   ② 17   ③ 21

④ 25   ⑤ 29

1132   •❙❙ Level 2

이항분포 $B\left(n, \dfrac{1}{2}\right)$을 따르는 확률변수 X에 대하여
$E(X^2) = V(X) + 25$일 때, n의 값은?

① 10   ② 12   ③ 14

④ 16   ⑤ 18

1133

Level 2

이항분포 $B(9, p)$를 따르는 확률변수 X에 대하여 $\{E(X)\}^2 = V(X)$일 때, p의 값은? (단, $0 < p < 1$)

① $\dfrac{1}{7}$ ② $\dfrac{1}{8}$ ③ $\dfrac{1}{9}$

④ $\dfrac{1}{10}$ ⑤ $\dfrac{1}{11}$

1134

Level 2

이항분포 $B(40, p)$를 따르는 확률변수 X에 대하여 $V(X)$의 최댓값은? (단, $0 < p < 1$)

① 10 ② 12 ③ 14
④ 16 ⑤ 18

다음은 이 유형에서 출제된 최근 교육청 · 평가원 기출문제입니다.

1135 · 2022학년도 대학수학능력시험

Level 2

확률변수 X가 이항분포 $B\left(n, \dfrac{1}{3}\right)$을 따르고 $V(2X) = 40$일 때, n의 값은?

① 30 ② 35 ③ 40
④ 45 ⑤ 50

1136 · 교육청 2020년 7월

Level 2

확률변수 X가 이항분포 $B\left(36, \dfrac{2}{3}\right)$를 따른다.
$E(2X - a) = V(2X - a)$를 만족시키는 상수 a의 값을 구하시오.

1137 · 교육청 2019년 10월

Level 2

이항분포 $B\left(n, \dfrac{1}{3}\right)$을 따르는 확률변수 X에 대하여 $V(2X - 1) = 80$일 때, $E(2X - 1)$의 값을 구하시오.

실전 유형 15 이항분포의 평균, 분산, 표준편차
－확률질량함수가 주어진 경우

확률변수 X의 확률질량함수가

$$P(X=x) = {}_nC_x p^x q^{n-x} \ (x=0,\ 1,\ 2,\ \cdots,\ n,\ q=1-p)$$

이면 확률변수 X는 이항분포 $B(n,\ p)$를 따른다.

(1) $E(X) = np$

(2) $V(X) = npq$

(3) $\sigma(X) = \sqrt{npq}$

1138 대표문제

확률변수 X의 확률질량함수가

$$P(X=x) = {}_{60}C_x \left(\frac{1}{3}\right)^x \left(\frac{2}{3}\right)^{60-x} \ (x=0,\ 1,\ 2,\ \cdots,\ 60)$$

일 때, $E(X)$는?

① 10   ② 15   ③ 20

④ 25   ⑤ 30

1139   ●❚❚ Level 1

확률변수 X의 확률질량함수가

$$P(X=x) = {}_{40}C_x \left(\frac{1}{2}\right)^{40} \ (x=0,\ 1,\ 2,\ \cdots,\ 40)$$

일 때, $V(X)$는?

① 10   ② 15   ③ 20

④ 25   ⑤ 30

1140   ●❚❚ Level 1

확률변수 X의 확률질량함수가

$$P(X=x) = {}_nC_x \left(\frac{1}{4}\right)^x \left(\frac{3}{4}\right)^{n-x} \ (x=0,\ 1,\ 2,\ \cdots,\ n)$$

이다. $V(X)=6$일 때, n의 값을 구하시오.

1141   ●❚❚ Level 2

확률변수 X의 확률질량함수가

$$P(X=x) = {}_nC_x p^x (1-p)^{n-x} \ (x=0,\ 1,\ 2,\ \cdots,\ n)$$

이다. $E(X)=2$, $V(X)=\dfrac{3}{2}$일 때, $n(1-p)$의 값은?

① 3   ② 4   ③ 5

④ 6   ⑤ 7

1142   ●❚❚ Level 2

확률변수 X의 확률질량함수가

$$P(X=x) = {}_nC_x p^x (1-p)^{n-x} \ (x=0,\ 1,\ 2,\ \cdots,\ n)$$

이다. $E(X)=1$, $V(X)=\dfrac{9}{10}$일 때, $P(X=1)$은?

① $\left(\dfrac{9}{10}\right)^9$ ② $\left(\dfrac{9}{10}\right)^{10}$ ③ $\left(\dfrac{8}{9}\right)^9$

④ $\left(\dfrac{8}{9}\right)^{10}$ ⑤ $\left(\dfrac{7}{8}\right)^9$

1143

Level 2

확률변수 X의 확률질량함수가

$$P(X=x) = {}_{180}C_x \left(\frac{1}{6}\right)^x \left(\frac{5}{6}\right)^{180-x} \ (x=0, 1, 2, \cdots, 180)$$

일 때, $\sum\limits_{x=0}^{180} \{x \times P(X=x)\}$의 값은?

① 25   ② 30   ③ 35

④ 40   ⑤ 45

1144

Level 2

확률변수 X의 확률질량함수가

$$P(X=k) = {}_{45}C_k \left(\frac{1}{3}\right)^k \left(\frac{2}{3}\right)^{45-k} \ (k=0, 1, 2, \cdots, 45)$$

일 때, $\sum\limits_{x=0}^{45} \{(2x-1)P(X=x)\}$의 값은?

① 21   ② 23   ③ 25

④ 27   ⑤ 29

1145

Level 2

확률변수 X의 확률질량함수가

$$P(X=x) = {}_{48}C_x \frac{3^x}{4^{48}} \ (x=0, 1, 2, \cdots, 48)$$

일 때, $\sigma(2X+1)$은?

① 6   ② 7   ③ 8

④ 9   ⑤ 10

1146

Level 2

10 이하의 음이 아닌 정수 r에 대하여 함수 f를

$$f(r) = {}_{10}C_r \left(\frac{1}{2}\right)^{10}$$

이라 할 때, $4\sum\limits_{r=0}^{10} r^2 f(r)$의 값을 구하시오.

1147

Level 3

$\sum\limits_{k=0}^{72} (k^2 - 2k + 3)\, {}_{72}C_k \left(\frac{1}{3}\right)^k \left(\frac{2}{3}\right)^{72-k}$의 값은?

① 542   ② 547   ③ 552

④ 557   ⑤ 562

+Plus 문제

심화
유형 **16** 이항분포의 평균, 분산, 표준편차
– 확률변수가 정의된 경우

확률변수 X의 확률이 독립시행의 확률로 나타나면 X는 이항분포를 따른다. 이때 시행 횟수 n과 한 번의 시행에서 어떤 사건이 일어날 확률 p를 구하여 $B(n, p)$로 나타낸 후 X의 평균, 분산, 표준편차를 구한다.

1148 대표문제

어떤 바이러스에 대한 항체 생성률이 90 %인 백신을 100명에게 투약하였을 때, 항체가 생성된 사람의 수를 확률변수 X라 하자. 이때 $E(2X+3)+\sigma(2X+3)$의 값은?

① 181　　　　② 183　　　　③ 185

④ 187　　　　⑤ 189

1149　　·ıl Level 1

어느 회사는 직원의 98 %가 스마트폰을 가지고 있다. 임의로 선택한 이 회사 직원 2500명 중에서 스마트폰을 가지고 있는 직원의 수를 확률변수 X라 할 때, $\sigma(3X+2)$는?

① 21　　　　② 23　　　　③ 25

④ 27　　　　⑤ 29

1150　　·ıl Level 1

두 개의 주사위를 동시에 던지는 시행을 32번 반복할 때, 두 개의 주사위에서 모두 소수의 눈이 나오는 횟수를 확률변수 X라 하자. 이때 $E(X^2)$은?

① 60　　　　② 70　　　　③ 80

④ 90　　　　⑤ 100

1151　　·ıl Level 2

흰 공 4개, 검은 공 5개가 들어 있는 상자에서 임의로 3개의 공을 동시에 꺼내어 색을 확인하고 다시 넣는 시행을 180회 반복할 때, 꺼낸 3개의 공의 색이 모두 같게 나오는 횟수를 확률변수 X라 하자. 이때 $\sigma(2X+4)$는?

① 6　　　　② 8　　　　③ 10

④ 12　　　　⑤ 14

1152　　·ıl Level 2

한 개의 주사위를 한 번 던져서 6의 약수의 눈이 나오면 1점을 얻고, 6의 약수가 아닌 눈이 나오면 3점을 얻는 게임이 있다. 이 게임을 180번 반복할 때, 얻을 수 있는 총 점수의 기댓값은?

① 180　　　　② 240　　　　③ 300

④ 360　　　　⑤ 420

1153

●❙❙ Level 2

당첨 제비가 3개, 일반 제비가 n개 들어 있는 주머니에서 임의로 한 개의 제비를 꺼내어 확인하고 다시 넣는 시행을 100회 반복할 때, 당첨 제비가 나오는 횟수를 확률변수 X 라 하자. $\mathrm{E}(X)=20$일 때, $n+\sigma(X)$의 값은?

① 12   ② 14   ③ 16

④ 18   ⑤ 20

1154

●❙❙ Level 2

동전 n개를 동시에 던지는 시행을 64번 반복할 때, n개의 동전 모두 앞면이 나오는 횟수를 확률변수 X라 하자.
$\mathrm{E}(2X-1)=15$일 때, n의 값을 구하시오. (단, $n\geq 2$)

1155

●❙❙ Level 2

A, B 두 명이 가위바위보를 n번 하여 A가 이기는 횟수를 확률변수 X라 하자. $\mathrm{E}(X^2)=40$일 때, n의 값을 구하시오.

다음은 이 유형에서 출제된 최근 교육청·평가원 기출문제입니다.

1156 · 교육청 2018년 10월

●❙❙ Level 1

한 개의 주사위를 36번 던질 때, 3의 배수의 눈이 나오는 횟수를 확률변수 X라 하자. $\mathrm{V}(X)$는?

① 6   ② 8   ③ 10

④ 12   ⑤ 14

1157 고난도 · 2021학년도 대학수학능력시험

●❙❙ Level 3

좌표평면의 원점에 점 P가 있다. 한 개의 주사위를 사용하여 다음 시행을 한다.

> 주사위를 한 번 던져 나온 눈의 수가
> 2 이하이면 점 P를 x축의 양의 방향으로 3만큼,
> 3 이상이면 점 P를 y축의 양의 방향으로 1만큼
> 이동시킨다.

이 시행을 15번 반복하여 이동된 점 P와 직선 $3x+4y=0$ 사이의 거리를 확률변수 X라 하자. $\mathrm{E}(X)$는?

① 13   ② 15   ③ 17

④ 19   ⑤ 21

서술형 유형 익히기

1158 대표문제

흰 공 3개와 검은 공 7개가 들어 있는 주머니에서 임의로 5개의 공을 동시에 꺼낼 때, 나오는 흰 공의 개수를 확률변수 X라 하자. $P(X \geq a) = \frac{1}{2}$일 때, 자연수 a의 값을 구하는 과정을 서술하시오. [6점]

STEP 1 확률변수 X의 확률질량함수 구하기 [2점]

확률변수 X가 가질 수 있는 값은 0, 1, 2, 3이다.
10개의 공 중에서 5개의 공을 꺼내는 경우의 수는 $_{10}C_5$이고, 꺼낸 공 중에서 흰 공이 x개인 경우의 수는 $_3C_x \times _7C_{5-x}$이다.
X의 확률질량함수는

$$P(X=x) = \frac{\boxed{^{(1)}} \times _7C_{5-x}}{_{10}C_5} \quad (단, x=0, 1, 2, 3)$$

STEP 2 확률변수 X의 확률분포를 표로 나타내기 [2점]

$$P(X=0) = \frac{_3C_0 \times _7C_5}{_{10}C_5} = \frac{1}{12},$$

$$P(X=1) = \frac{_3C_1 \times _7C_4}{_{10}C_5} = \frac{5}{12},$$

$$P(X=2) = \frac{_3C_2 \times _7C_3}{_{10}C_5} = \boxed{^{(2)}},$$

$$P(X=3) = \frac{_3C_3 \times _7C_2}{_{10}C_5} = \frac{1}{12}$$

이므로 X의 확률분포를 표로 나타내면 다음과 같다.

X	0	1	2	3	합계
$P(X=x)$	$\frac{1}{12}$	$\frac{5}{12}$	$\boxed{^{(3)}}$	$\frac{1}{12}$	1

STEP 3 자연수 a의 값 구하기 [2점]

$$P(X=2) + P(X=3) = \boxed{^{(4)}} + \frac{1}{12} = \boxed{^{(5)}} 이므로$$

$$P(X \geq \boxed{^{(6)}}) = \frac{1}{2}$$

$$\therefore a = \boxed{^{(7)}}$$

1159 한번 더

불량품 3개를 포함한 7개의 제품 중에서 4개의 제품을 임의로 택할 때, 선택된 정상품의 개수를 확률변수 X라 하자. $P(X \leq a) > \frac{1}{2}$을 만족시키는 정수 a의 최솟값을 구하는 과정을 서술하시오. [6점]

STEP 1 확률변수 X의 확률질량함수 구하기 [2점]

STEP 2 확률변수 X의 확률분포를 표로 나타내기 [2점]

STEP 3 정수 a의 최솟값 구하기 [2점]

05

핵심 KEY 유형3 이산확률변수의 확률 구하기 - 확률변수가 정의된 경우

주어진 확률변수의 확률분포를 구하는 문제이다.
확률변수 X가 가질 수 있는 값에 대하여 각각의 확률을 구할 수 있도록 한다.

1160 유사 1

1, 2, 3, 4, 5, 6의 숫자가 각각 하나씩 적힌 6개의 공이 들어 있는 상자에서 임의로 3개의 공을 동시에 꺼낼 때, 꺼낸 3개의 공에 적힌 수의 최댓값을 확률변수 X라 하자. 이때 $\mathrm{E}(X)$를 구하는 과정을 서술하시오. [6점]

1161 유사 2

1, 2, 3, 4, 5, 6, 7, 8의 숫자가 각각 하나씩 적힌 8개의 공이 들어 있는 상자에서 임의로 5개의 공을 동시에 꺼낼 때, 꺼낸 5개의 공에 적힌 숫자 중에서 두 번째로 큰 수를 확률변수 X라 하자. 이때 $\mathrm{E}(X)$를 구하는 과정을 서술하시오.

[6점]

1162 대표문제

확률변수 X의 확률분포를 표로 나타내면 다음과 같다.

X	1	2	3	4	합계
$\mathrm{P}(X=x)$	a	$\dfrac{3}{10}$	b	$\dfrac{1}{10}$	1

$\mathrm{E}(X)=2$일 때, $\mathrm{V}(2X+3)$을 구하는 과정을 서술하시오.
(단, a와 b는 상수이다.) [6점]

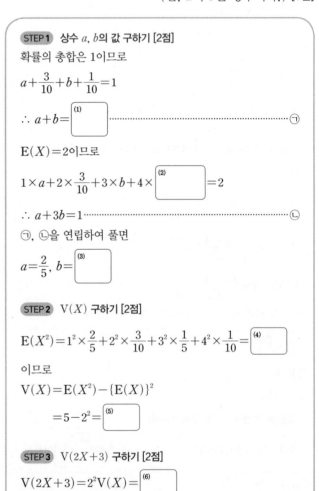

STEP 1 상수 a, b의 값 구하기 [2점]

확률의 총합은 1이므로

$$a+\frac{3}{10}+b+\frac{1}{10}=1$$

$$\therefore a+b=\boxed{}^{(1)} \cdots\cdots\cdots\cdots\cdots ㉠$$

$\mathrm{E}(X)=2$이므로

$$1\times a+2\times\frac{3}{10}+3\times b+4\times\boxed{}^{(2)}=2$$

$$\therefore a+3b=1 \cdots\cdots\cdots\cdots ㉡$$

㉠, ㉡을 연립하여 풀면

$$a=\frac{2}{5},\ b=\boxed{}^{(3)}$$

STEP 2 $\mathrm{V}(X)$ 구하기 [2점]

$$\mathrm{E}(X^2)=1^2\times\frac{2}{5}+2^2\times\frac{3}{10}+3^2\times\frac{1}{5}+4^2\times\frac{1}{10}=\boxed{}^{(4)}$$

이므로

$$\mathrm{V}(X)=\mathrm{E}(X^2)-\{\mathrm{E}(X)\}^2$$
$$=5-2^2=\boxed{}^{(5)}$$

STEP 3 $\mathrm{V}(2X+3)$ 구하기 [2점]

$$\mathrm{V}(2X+3)=2^2\mathrm{V}(X)=\boxed{}^{(6)}$$

핵심 KEY　유형 10 · 유형 11　확률변수 $aX+b$의 평균, 분산, 표준편차 구하기 – 표나 확률질량함수가 주어진 경우

확률분포를 나타낸 표 또는 확률질량함수를 이용하여 주어진 확률변수의 평균, 분산, 표준편차를 구하는 문제이다.
확률변수 $aX+b$의 평균, 분산, 표준편차를 구할 때는
$\mathrm{E}(aX+b)=a\mathrm{E}(X)+b$, $\mathrm{V}(aX+b)=a^2\mathrm{V}(X)$,
$\sigma(aX+b)=|a|\sigma(X)$임을 이용하여 계산 과정에서 실수하지 않도록 주의한다.

1163 ^{한번 더}

확률변수 X의 확률분포를 표로 나타내면 다음과 같다.

X	-1	0	1	2	합계
$\mathrm{P}(X=x)$	a	$\dfrac{1}{10}$	$\dfrac{1}{5}$	b	1

$\mathrm{E}(X)=1$일 때, $\mathrm{V}(5X-2)$를 구하는 과정을 서술하시오.

(단, a와 b는 상수이다.) [6점]

STEP 1 상수 a, b의 값 구하기 [2점]

STEP 2 $\mathrm{V}(X)$ 구하기 [2점]

STEP 3 $\mathrm{V}(5X-2)$ 구하기 [2점]

1164 ^{유사 1}

확률변수 X의 확률질량함수가

$$\mathrm{P}(X=x)=\frac{ax+b}{10} \ (x=0,\ 1,\ 2,\ 3)$$

이다. $\mathrm{E}(X)=2$일 때, $\sigma((a+b)X)$를 구하는 과정을 서술하시오. (단, a와 b는 상수이다.) [7점]

1165 ^{유사 2}

두 확률변수 X, Y가 가질 수 있는 값이 각각 4 이하의 자연수이고, X의 확률분포를 표로 나타내면 다음과 같다.

X	1	2	3	4	합계
$\mathrm{P}(X=x)$	a	b	a	b	1

$\mathrm{P}(Y=k)=2\mathrm{P}(X=k)-\dfrac{1}{4} \ (k=1,\ 2,\ 3,\ 4)$이고,

$\mathrm{E}(X)=\dfrac{8}{3}$일 때, $\mathrm{E}\left(\dfrac{1}{a}Y+\dfrac{1}{b}\right)$을 구하는 과정을 서술하시오. (단, a와 b는 상수이다.) [8점]

1166 대표문제

이항분포 $B(21, p)$를 따르는 확률변수 X에 대하여
$P(X=2)=10P(X=1)$일 때, $E(X)$를 구하는 과정을 서술하시오. (단, $0<p<1$) [6점]

STEP 1 $P(X=2)=10P(X=1)$을 p에 대한 식으로 나타내기
[2점]

확률변수 X가 이항분포 $B(21, p)$를 따르므로 X의 확률질량함수는
$P(X=x)={}_{21}C_x p^x(1-p)^{21-x}$ (단, $x=0, 1, 2, \cdots, 21$)
$P(X=2)=10P(X=1)$이므로

$${}_{21}C_2 p^2(1-p)^{19}=\boxed{}^{(1)}\times {}_{21}C_1 p^1(1-p)^{20}$$

STEP 2 p의 값 구하기 [2점]

$$\frac{21\times 20}{2}\times p^2(1-p)^{19}=10\times 21\times p(1-p)^{20}$$

$$p^2(1-p)^{19}=p(1-p)^{20}$$

$0<p<1$이므로 $p=1-p$

$$\therefore p=\boxed{}^{(2)}$$

STEP 3 $E(X)$ 구하기 [2점]

확률변수 X가 이항분포 $B\left(21, \dfrac{1}{2}\right)$을 따르므로

$$E(X)=21\times \boxed{}^{(3)}=\boxed{}^{(4)}$$

1167 한번 더

이항분포 $B\left(n, \dfrac{1}{3}\right)$을 따르는 확률변수 X에 대하여
$P(X=2)=\dfrac{11}{4}P(X=1)$일 때, $E(X)$를 구하는 과정을
서술하시오. [6점]

STEP 1 $P(X=2)=\dfrac{11}{4}P(X=1)$을 n에 대한 식으로 나타내기 [2점]

STEP 2 n의 값 구하기 [2점]

STEP 3 $E(X)$ 구하기 [2점]

핵심 KEY 유형 14 · 유형 16 이항분포의 평균, 분산, 표준편차 구하기

주어진 관계식을 이용하여 n 또는 p의 값을 찾은 후 $E(X)$를 구하는 문제이다.
계산 과정에 문자가 여러 개 나오므로 실수하지 않도록 주의한다.

1168 ^{유사 1}

이항분포 $B\left(n, \dfrac{1}{2}\right)$을 따르는 확률변수 X에 대하여

$P(X=3)=\dfrac{8}{3}P(X=2)$일 때, $\displaystyle\sum_{x=0}^{n}\{(2x-3)\times P(X=x)\}$

의 값을 구하는 과정을 서술하시오. [8점]

STEP 1 $P(X=3)=\dfrac{8}{3}P(X=2)$를 n에 대한 식으로 나타내기 [2점]

STEP 2 n의 값 구하기 [2점]

STEP 3 $E(X)$ 구하기 [2점]

STEP 4 $\displaystyle\sum_{x=0}^{n}\{(2x-3)\times P(X=x)\}$의 값 구하기 [2점]

1169 ^{유사 2}

어느 제품 품질 검사관이 품질이 정상인 제품을 정상으로, 불량인 제품을 불량으로 판정할 확률이 각각 $\dfrac{9}{10}$이다. 어느 공장에서 생산한 제품 A 중에서 불량품이 차지하는 비율이 20 %이고, 이 품질 검사관에 의해 520개가 불량품으로 판정되었다. 이 520개의 제품 A 중에서 실제 품질이 정상인 제품의 수를 확률변수 X라 할 때, $E(X)$를 구하는 과정을 서술하시오. [10점]

1 1170

확률변수 X의 확률분포를 표로 나타내면 다음과 같을 때,
$P(X \le 1)$은? (단, a는 상수이다.) [3점]

X	0	1	2	3	합계
$P(X=x)$	$\frac{1}{6}$	a	a	$\frac{1}{3}$	1

① $\frac{1}{4}$ ② $\frac{1}{3}$ ③ $\frac{5}{12}$

④ $\frac{1}{2}$ ⑤ $\frac{7}{12}$

2 1171

확률변수 X에 대하여 $E(X)=1$, $\sigma(X)=2$일 때,
$E(X^2)$은? [3점]

① 1   ② 2   ③ 3

④ 4   ⑤ 5

3 1172

이항분포 $B\left(5, \frac{1}{2}\right)$을 따르는 확률변수 X에 대하여
$P(X=3)$은? [3점]

① $\frac{1}{4}$ ② $\frac{5}{16}$ ③ $\frac{3}{8}$

④ $\frac{7}{16}$ ⑤ $\frac{1}{2}$

4 1173

이항분포 $B\left(15, \frac{1}{3}\right)$을 따르는 확률변수 X에 대하여 $E(X)$
는? [3점]

① 1   ② 2   ③ 3

④ 4   ⑤ 5

5 1174

확률변수 X의 확률질량함수가

$$P(X=x) = \frac{k}{x(x+1)} \ (x=1, 2, 3, \cdots, 9)$$

일 때, $P(X=3)$은? (단, k는 상수이다.) [3.5점]

① $\frac{1}{54}$ ② $\frac{1}{27}$ ③ $\frac{1}{18}$

④ $\frac{2}{27}$ ⑤ $\frac{5}{54}$

6 1175

흰 공 4개와 검은 공 3개가 들어 있는 주머니에서 임의로 3개의 공을 동시에 꺼낼 때, 나오는 검은 공의 개수를 확률변수 X라 하자. 이때 $P(X \geq 2)$는? [3.5점]

① $\dfrac{11}{35}$ ② $\dfrac{13}{35}$ ③ $\dfrac{3}{7}$

④ $\dfrac{17}{35}$ ⑤ $\dfrac{19}{35}$

7 1176

서로 다른 2개의 주사위를 동시에 던져서 나온 두 눈의 수의 평균을 확률변수 X라 할 때, $P(X < 3)$은? [3.5점]

① $\dfrac{2}{9}$ ② $\dfrac{1}{4}$ ③ $\dfrac{5}{18}$

④ $\dfrac{11}{36}$ ⑤ $\dfrac{1}{3}$

8 1177

확률변수 X의 확률분포를 표로 나타내면 다음과 같다.

X	1	3	a	합계
$P(X=x)$	b	$\dfrac{1}{4}$	$\dfrac{7}{12}$	1

$E(X) = 5$일 때, ab의 값은? (단, a와 b는 상수이다.)

[3.5점]

① $\dfrac{2}{3}$ ② $\dfrac{5}{6}$ ③ 1

④ $\dfrac{7}{6}$ ⑤ $\dfrac{4}{3}$

9 1178

확률변수 X의 확률질량함수가

$$P(X=x) = ax^2 \ (x=1,\ 2,\ 3,\ 4)$$

일 때, $E(X)$는? (단, a는 상수이다.) [3.5점]

① $\dfrac{8}{3}$ ② 3   ③ $\dfrac{10}{3}$

④ $\dfrac{11}{3}$ ⑤ 4

10 ₁₁₇₉

확률변수 X의 확률질량함수가

$$P(X=x)=\frac{{}_3C_x}{k} \ (x=0, 1, 2, 3)$$

일 때, $\sigma(X)$는? (단, k는 상수이다.) [3.5점]

① $\dfrac{1}{2}$　　　② $\dfrac{\sqrt{2}}{2}$　　　③ $\dfrac{\sqrt{3}}{2}$

④ 1　　　⑤ $\dfrac{\sqrt{5}}{2}$

11 ₁₁₈₀

주사위를 한 번 던져서 나오는 눈의 수를 4로 나눈 나머지를
확률변수 X라 할 때, $E(X)$는? [3.5점]

① 1　　　② $\dfrac{5}{4}$　　　③ $\dfrac{3}{2}$

④ $\dfrac{7}{4}$　　　⑤ 2

12 ₁₁₈₁

확률변수 X에 대하여 $E(X)=2$, $E(X^2)=5$이다.
$E(aX+b)=5$, $V(aX+b)=9$일 때, $a+b$의 값은?
(단, a와 b는 상수이고 $a>0$이다.) [3.5점]

① -2　　　② -1　　　③ 0

④ 1　　　⑤ 2

13 ₁₁₈₂

확률변수 X의 확률질량함수

$$P(X=x_i)=p_i \ (i=1, 2, 3, \cdots, n)$$

가 다음 조건을 만족시킬 때, $V(2X-1)$은? [3.5점]

(가) $\displaystyle\sum_{i=1}^{n}(2x_i+1)p_i=7$

(나) $\displaystyle\sum_{i=1}^{n}(x_i-3)^2p_i=4$

① 16　　　② 17　　　③ 18

④ 19　　　⑤ 20

14 1183

확률변수 X의 확률분포를 표로 나타내면 다음과 같다.

X	1	2	4	8	합계
$P(X=x)$	$\frac{1}{4}$	a	b	$\frac{1}{6}$	1

$E(4X-3)=10$일 때, $a-b$의 값은?

(단, a와 b는 상수이다.) [3.5점]

① $-\frac{1}{6}$ ② $-\frac{1}{12}$ ③ 0

④ $\frac{1}{12}$ ⑤ $\frac{1}{6}$

15 1184

확률변수 X의 확률분포를 표로 나타내면 다음과 같을 때, $V(2X+3)$은? (단, a는 상수이다.) [3.5점]

X	-5	0	5	10	합계
$P(X=x)$	$2a$	a	$2a$	$5a$	1

① 110   ② 120   ③ 130

④ 140   ⑤ 150

16 1185

확률변수 X의 확률질량함수가

$$P(X=x)=\frac{_2C_{2-x}\times _3C_x}{_5C_2}\ (x=0,\ 1,\ 2)$$

일 때, $V(5X-3)$은? [3.5점]

① 1   ② 3   ③ 5

④ 7   ⑤ 9

17 1186

이항분포 $B\left(n,\ \frac{1}{2}\right)$을 따르는 확률변수 X에 대하여 $P(X=2)=8P(X=1)$일 때, $n+E(2X)$의 값은? [3.5점]

① 32   ② 34   ③ 36

④ 38   ⑤ 40

05

18 1187

확률변수 X의 확률질량함수가

$$P(X=x)={}_{36}C_x\left(\frac{1}{2}\right)^{36}\ (x=0,\ 1,\ 2,\ \cdots,\ 36)$$

일 때, $\sigma(2X+1)$은? [3.5점]

① 6   ② 8   ③ 10

④ 12   ⑤ 14

19 1188

흰 공 3개, 검은 공 2개가 들어 있는 주머니에서 임의로 2개의 공을 동시에 꺼내 색을 확인하고 다시 넣는 시행을 n회 반복할 때, 꺼낸 2개의 공의 색이 같게 나오는 횟수를 확률변수 X라 하자. $E(2X+3)=19$일 때, n의 값은? [4점]

① 16   ② 17   ③ 18

④ 19   ⑤ 20

20 1189

확률변수 X가 이항분포 $B(n,\ p)$를 따르고 $E(X)=\dfrac{5}{2}$, $V(X)=\dfrac{5}{4}$일 때, $P(X\geq2)$는? [4.5점]

① $\dfrac{23}{32}$ ② $\dfrac{3}{4}$ ③ $\dfrac{25}{32}$

④ $\dfrac{13}{16}$ ⑤ $\dfrac{27}{32}$

21 1190

수직선의 원점에 점 P가 있다. 3개의 동전을 사용하여 다음 시행을 한다.

> 3개의 동전을 동시에 던져서 모두 앞면이 나오거나 모두 뒷면이 나오면 점 P를 양의 방향으로 3만큼 이동시키고, 그 외의 경우 점 P를 음의 방향으로 2만큼 이동시킨다.

이 시행을 32번 반복하여 이동된 점 P의 좌표를 확률변수 X라 할 때, $E(X)$는? [4.5점]

① -24 ② -20 ③ -16

④ -12 ⑤ -8

22 1191

확률변수 X의 확률분포를 표로 나타내면 다음과 같을 때, $V(X)$를 구하는 과정을 서술하시오. (단, a는 상수이다.)

[6점]

X	0	1	2	3	합계
$P(X=x)$	$\dfrac{1}{6}$	$\dfrac{1}{3}$	$2a$	a	1

23 1192

확률변수 X의 확률질량함수가

$$P(X=x)={}_{90}C_x\left(\frac{1}{3}\right)^x\left(\frac{2}{3}\right)^{90-x} \ (x=0,\ 1,\ 2,\ \cdots,\ 90)$$

일 때, $\displaystyle\sum_{x=0}^{90}\{x^2\times P(X=x)\}$의 값을 구하는 과정을 서술하시오. [6점]

24 1193

5개의 숫자 1, 2, 3, 4, 5를 일렬로 나열할 때, 1과 2 사이에 놓은 숫자의 개수를 확률변수 X라 하자. 이때 $V(3X+2)$를 구하는 과정을 서술하시오. [7점]

05

25 1194

두 개의 주사위 A, B를 동시에 던져서 나온 눈의 수를 각각 a, b라 하자. 이 시행을 64회 반복할 때, $\dfrac{b}{a}$가 이차방정식 $2x^2-3x+1=0$의 근이 되는 횟수를 확률변수 X라 하자. 이때 $V(X)$를 구하는 과정을 서술하시오. [7점]

1 1195

확률변수 X의 확률분포를 표로 나타내면 다음과 같다.

X	0	1	2	3	합계
$P(X=x)$	$\dfrac{1}{4}$	a	$\dfrac{1}{8}$	b	1

$P(X<2)=\dfrac{5}{8}$ 일 때, $a-b$의 값은?

(단, a와 b는 상수이다.) [3점]

① $\dfrac{1}{16}$ ② $\dfrac{1}{8}$ ③ $\dfrac{3}{16}$

④ $\dfrac{1}{4}$ ⑤ $\dfrac{5}{16}$

2 1196

확률변수 X의 확률분포를 표로 나타내면 다음과 같을 때, $E(X)$는? [3점]

X	0	1	2	합계
$P(X=x)$	$\dfrac{1}{4}$	$\dfrac{1}{4}$	$\dfrac{1}{2}$	1

① $\dfrac{1}{4}$ ② $\dfrac{1}{2}$ ③ $\dfrac{3}{4}$

④ 1 ⑤ $\dfrac{5}{4}$

3 1197

확률변수 X에 대하여 $E(X)=1$, $E(X^2)=4$일 때, $E((X-1)^2)$은? [3점]

① 1 ② 2 ③ 3

④ 4 ⑤ 5

4 1198

확률변수 X에 대하여 $E(X)=3$, $E(X^2)=10$일 때, $E(2X-1)+\sigma(2X-1)$의 값은? [3점]

① 6 ② 7 ③ 8

④ 9 ⑤ 10

5 1199

확률변수 X의 확률분포를 표로 나타내면 다음과 같을 때, $\sigma(7X+2)$는? [3점]

X	1	2	3	합계
$P(X=x)$	$\dfrac{2}{7}$	$\dfrac{3}{7}$	$\dfrac{2}{7}$	1

① $\sqrt{7}$ ② $2\sqrt{7}$ ③ $3\sqrt{7}$

④ $4\sqrt{7}$ ⑤ $5\sqrt{7}$

6 1200

이항분포 $B(20, p)$를 따르는 확률변수 X에 대하여
$E(X)=5$일 때, $V(2X+3)$은? [3점]

① 11   ② 13   ③ 15
④ 17   ⑤ 19

7 1201

이항분포 $B(3, p)$를 따르는 확률변수 X에 대하여
$P(X<1)=\dfrac{1}{27}$일 때, $E(X)$는? (단, $0<p<1$) [3점]

① $\dfrac{4}{3}$ ② $\dfrac{5}{3}$ ③ 2
④ $\dfrac{7}{3}$ ⑤ $\dfrac{8}{3}$

8 1202

서로 다른 4개의 동전을 동시에 던질 때, 앞면이 나온 동전
의 개수를 확률변수 X라 하자. 이때 $P(X>2)$는? [3.5점]

① $\dfrac{1}{16}$ ② $\dfrac{3}{16}$ ③ $\dfrac{5}{16}$
④ $\dfrac{7}{16}$ ⑤ $\dfrac{9}{16}$

9 1203

확률변수 X의 확률질량함수가
$$P(X=x)=\begin{cases} k & (x=1,\ 4) \\ \dfrac{1}{x} & (x=2,\ 3) \end{cases}$$
일 때, $E(X)$는? (단, k는 상수이다.) [3.5점]

① $\dfrac{7}{4}$ ② $\dfrac{23}{12}$ ③ $\dfrac{25}{12}$
④ $\dfrac{9}{4}$ ⑤ $\dfrac{29}{12}$

10 1204

확률변수 X의 확률질량함수가

$$P(X=x) = \frac{ax+2}{10} \ (x=-1, 0, 1, 2)$$

일 때, $V(X)$는? [3.5점]

① 1   ② 2   ③ 3

④ 4   ⑤ 5

11 1205

서로 다른 두 개의 주사위를 동시에 던질 때, 나오는 두 눈의 수의 차를 확률변수 X라 하자. 이때 $E(X)$는? [3.5점]

① $\frac{31}{18}$ ② $\frac{11}{6}$ ③ $\frac{35}{18}$

④ $\frac{37}{18}$ ⑤ $\frac{13}{6}$

12 1206

두 확률변수 X, Y의 확률분포를 표로 나타내면 다음과 같다.

X	1	2	3	4	합계
$P(X=x)$	p_1	p_2	p_3	p_4	1

Y	1	3	5	7	합계
$P(Y=y)$	p_1	p_2	p_3	p_4	1

$E(Y)=2$, $E(Y^2)=5$일 때, $E(X)+\sigma(X)$의 값은? [3.5점]

① 1   ② $\frac{3}{2}$ ③ 2

④ $\frac{5}{2}$ ⑤ 3

13 1207

확률변수 X의 확률분포를 표로 나타내면 다음과 같다.

X	0	2	4	합계
$P(X=x)$	$\frac{2}{5}$	a	b	1

$E(X)=2$일 때, $E\left(\frac{b}{a}X+3a+b\right)$는?

(단, a와 b는 상수이다.) [3.5점]

① 1   ② 2   ③ 3

④ 4   ⑤ 5

14 1208

한 개의 주사위를 8번 던져서 소수의 눈이 나온 횟수를 확률변수 X라 할 때, $P(X \geq 3)$은? [3.5점]

① $\dfrac{211}{256}$ ② $\dfrac{215}{256}$ ③ $\dfrac{219}{256}$

④ $\dfrac{223}{256}$ ⑤ $\dfrac{227}{256}$

15 1209

$\displaystyle\sum_{x=0}^{50}(2x+1)\,{}_{50}\mathrm{C}_x\left(\dfrac{1}{5}\right)^{x}\left(\dfrac{4}{5}\right)^{50-x}$ 의 값은? [3.5점]

① 21   ② 22   ③ 23

④ 24   ⑤ 25

16 1210

흰 공 3개, 검은 공 n개가 들어 있는 주머니에서 임의로 한 개의 공을 꺼내 색을 확인하고 다시 주머니에 넣는 시행을 48회 반복할 때, 흰 공이 나오는 횟수를 확률변수 X라 하자. $E(X)=12$일 때, n의 값은? [3.5점]

① 6   ② 7   ③ 8

④ 9   ⑤ 10

17 1211

한 개의 주사위를 3번 던지는 시행에서 나오는 눈의 수의 최댓값을 확률변수 X라 할 때, $P(X=5)$는? [4점]

① $\dfrac{61}{216}$ ② $\dfrac{31}{108}$ ③ $\dfrac{7}{24}$

④ $\dfrac{8}{27}$ ⑤ $\dfrac{65}{216}$

18 1212

확률변수 X가 가질 수 있는 값이 x_1, x_2, $\cdots$, x_n이고 X의 확률질량함수 $\mathrm{P}(X=x_i)=p_i$ $(i=1, 2, 3, \cdots, n)$가 다음 조건을 만족시킬 때, $\sigma(X)$는? [4점]

> (가) $x_1 p_1 + x_2 p_2 + \cdots + x_n p_n = 1$
>
> (나) $x_1^2 p_1 + x_2^2 p_2 + \cdots + x_n^2 p_n = 4$

① 1   ② $\sqrt{2}$ ③ $\sqrt{3}$

④ 2   ⑤ $\sqrt{5}$

19 1213

다항식 $\left(\dfrac{1}{3}x+\dfrac{2}{3}\right)^{45}$의 전개식에서 x^n $(n=0, 1, 2, \cdots, 45)$의 계수를 $f(n)$이라 하자. 확률변수 X의 확률질량함수가 $\mathrm{P}(X=n)=f(n)$ $(n=0, 1, 2, \cdots, 45)$일 때, $\mathrm{E}(X)$는?

[4점]

① 10   ② 15   ③ 20

④ 25   ⑤ 30

20 1214

어느 공장에서 생산한 볼펜은 10개 중 1개의 비율로 불량품이 발생한다. 이 공장에서 생산한 볼펜 중에서 임의로 선택한 100개의 볼펜 중 불량품의 개수를 확률변수 X라 하자. 이때 $\mathrm{E}(X^2)$은? [4점]

① 69   ② 79   ③ 89

④ 99   ⑤ 109

21 1215

확률변수 X가 가질 수 있는 값이 -2, -1, 1, 2이고 다음 조건을 만족시킬 때, $\mathrm{P}(X=2)-\mathrm{P}(X=1)$의 값은? [4.5점]

> (가) $\mathrm{P}(X=-x)=\mathrm{P}(X=x)$ $(x=1, 2)$
>
> (나) $\mathrm{V}(X)=\dfrac{13}{4}$

① $\dfrac{1}{16}$ ② $\dfrac{1}{8}$ ③ $\dfrac{3}{16}$

④ $\dfrac{1}{4}$ ⑤ $\dfrac{5}{16}$

서술형

22 1216

확률변수 X의 확률질량함수가

$$P(X=x)=\begin{cases} k-\dfrac{x}{16} & (x=-2,\ -1) \\ k+\dfrac{x}{16} & (x=0,\ 1,\ 2) \end{cases}$$

일 때, $P(|X|=1)$을 구하는 과정을 서술하시오.

(단, k는 상수이다.) [6점]

23 1217

숫자 1이 적힌 공이 2개, 숫자 2가 적힌 공이 3개, 숫자 3이 적힌 공이 n개가 들어 있는 주머니에서 임의로 한 개의 공을 꺼낼 때, 그 공에 적힌 수를 확률변수 X라 하자.

$E(X)=\dfrac{11}{6}$일 때, $\sigma(-6X+3)$을 구하는 과정을 서술하시오. [6점]

24 1218

이항분포 $B(10,\ p)$를 따르는 확률변수 X에 대하여

$P(X=4)=\dfrac{1}{3}P(X=5)$일 때, p의 값을 구하는 과정을 서술하시오. (단, $0<p<1$) [6점]

25 1219

서로 다른 두 개의 주사위를 동시에 던져서 나오는 눈의 수의 합이 10 이상이면 2점을 얻고, 9 이하이면 1점을 잃는 게임이 있다. 이 게임을 72번 반복하여 얻는 점수의 합을 확률변수 X라 할 때, $V(X)$를 구하는 과정을 서술하시오.

[9점]

단순함을 얻기란

복잡함을 얻기보다 어렵습니다.

무언가를 단순하게 만들기 위해서는

당신의 생각을 깔끔히 정리해야 합니다.

이 과정은 어렵지만,

한 번 이를 거치면

당신은 무엇이든 할 수 있습니다.

– 스티브 잡스 –

확률분포(2) 06

06 확률분포(2)

1 연속확률변수

핵심 1

(1) **연속확률변수** : 확률변수 X가 어떤 범위에 속하는 모든 실수의 값을 가질 때, X를 **연속확률변수**라 한다.

(2) **확률밀도함수**

$\alpha \leq X \leq \beta$에서 모든 실수의 값을 갖는 연속확률변수 X에 대하여 $\alpha \leq x \leq \beta$에서 정의된 함수 $f(x)$가 다음 세 가지 성질을 만족시킬 때, 함수 $f(x)$를 확률변수 X의 확률밀도함수라 한다.

① $f(x) \geq 0$

② $y = f(x)$의 그래프와 x축 및 두 직선 $x = \alpha$, $x = \beta$로 둘러싸인 도형의 넓이는 1이다.

③ $\mathrm{P}(a \leq X \leq b)$는 $y = f(x)$의 그래프와 x축 및 두 직선 $x = a$, $x = b$로 둘러싸인 도형의 넓이와 같다.

(단, $\alpha \leq a \leq b \leq \beta$)

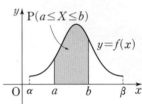

참고 연속확률변수 X가 특정한 값 a를 가질 확률은 0이므로

① $\mathrm{P}(X = a) = 0$

② $\mathrm{P}(a \leq X \leq b) = \mathrm{P}(a \leq X < b) = \mathrm{P}(a < X \leq b) = \mathrm{P}(a < X < b)$

> **Note**
>
> ● 연속확률변수는 길이, 시간, 무게, 온도 등과 같이 어떤 범위에 속하는 모든 실수의 값을 연속적으로 갖는 확률변수이다.

2 정규분포

핵심 2

(1) **정규분포** : 실수 전체의 집합에서 정의된 연속확률변수 X의 확률밀도함수 $f(x)$가

$$f(x) = \frac{1}{\sqrt{2\pi}\sigma} e^{-\frac{(x-m)^2}{2\sigma^2}} \ (m, \ \sigma(\sigma > 0)\text{는 상수})$$

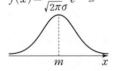

일 때, X의 확률분포를 **정규분포**라 한다. 이때 확률밀도함수 $f(x)$의 그래프는 그림과 같고, 이 곡선을 정규분포 곡선이라 한다.

(2) 평균이 m이고 분산이 σ^2인 정규분포를 기호로 $\mathrm{N}(m, \sigma^2)$과 같이 나타내고, 확률변수 X는 정규분포 $\mathrm{N}(m, \sigma^2)$을 따른다고 한다.

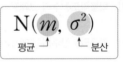

(3) **정규분포 곡선의 성질**

정규분포 $\mathrm{N}(m, \sigma^2)$을 따르는 확률변수 X의 정규분포 곡선은 다음과 같은 성질을 갖는다.

① 직선 $x = m$에 대하여 대칭인 종 모양의 곡선이다.

② 곡선과 x축 사이의 넓이는 1이다.

③ x축을 점근선으로 하며, $x = m$일 때 최댓값을 갖는다.

④ σ의 값이 일정할 때, m의 값이 달라지면 대칭축의 위치는 바뀌지만 곡선의 모양은 변하지 않는다.

> ● e는 무리수 2.71828…을 나타내는 상수이다.
>
> ● $\mathrm{N}(m, \sigma^2)$의 N은 정규분포를 뜻하는 영어 단어 normal distribution의 첫 문자이다.

⑤ m의 값이 일정할 때, σ의 값이 클수록 곡선의 가운데 부분의 높이는 낮아지면서 옆으로 퍼지고, σ의 값이 작을수록 곡선의 가운데 부분의 높이는 높아지면서 폭이 좁아진다.

06

참고 ④
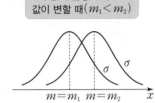
σ의 값이 일정하고, m의 값이 변할 때 ($m_1 < m_2$)

⑤
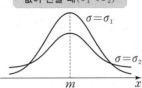
m의 값이 일정하고, σ의 값이 변할 때 ($\sigma_1 < \sigma_2$)

3 표준정규분포
핵심 3

(1) **표준정규분포** : 평균이 0이고 분산이 1인 정규분포 $N(0, 1)$을 **표준정규분포**라 한다.

확률변수 Z가 표준정규분포 $N(0, 1)$을 따를 때, Z의 확률밀도 함수는

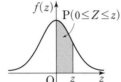

$$f(z) = \frac{1}{\sqrt{2\pi}} e^{-\frac{z^2}{2}}$$

이고, 그 그래프는 그림과 같다.

이때 양수 z에 대하여 확률 $P(0 \le Z \le z)$는 그림에서 색칠한 부분의 넓이와 같고, 그 값은 표준정규분포표를 이용하여 찾을 수 있다.

참고 연속확률변수 Z가 표준정규분포를 따를 때, 다음이 성립한다. (단, $0 < a < b$)
① $P(0 \le Z \le a) = P(-a \le Z \le 0)$
② $P(a \le Z \le b) = P(0 \le Z \le b) - P(0 \le Z \le a)$
③ $P(Z \ge a) = P(Z \ge 0) - P(0 \le Z \le a) = 0.5 - P(0 \le Z \le a)$
④ $P(Z \le a) = P(Z \le 0) + P(0 \le Z \le a) = 0.5 + P(0 \le Z \le a)$
⑤ $P(-a \le Z \le b) = P(-a \le Z \le 0) + P(0 \le Z \le b)$
$\qquad\qquad\qquad = P(0 \le Z \le a) + P(0 \le Z \le b)$

(2) **정규분포의 표준화** : 확률변수 X가 정규분포 $N(m, \sigma^2)$을 따를 때, 확률변수

$Z = \dfrac{X - m}{\sigma}$은 표준정규분포 $N(0, 1)$을 따른다. 이와 같이 정규분포 $N(m, \sigma^2)$을 따르는 확률변수 X를 표준정규분포 $N(0, 1)$을 따르는 확률변수 Z로 바꾸는 것을 표준화라 한다.

참고 확률변수 X가 정규분포 $N(m, \sigma^2)$을 따를 때

$$P(a \le X \le b) = P\left(\frac{a - m}{\sigma} \le Z \le \frac{b - m}{\sigma}\right)$$

과 같이 확률변수 X를 Z로 표준화한 후, 표준정규분포표를 이용하여 구한다.

4 이항분포와 정규분포의 관계
핵심 4

확률변수 X가 이항분포 $B(n, p)$를 따를 때, n이 충분히 크면 X는 근사적으로 정규분포 $N(np, npq)$를 따른다. (단, $q = 1 - p$)

참고 확률변수 X가 이항분포 $B(n, p)$를 따를 때, n이 충분히 크면 확률변수 $Z = \dfrac{X - np}{\sqrt{npq}}$는 근사적으로

표준정규분포 $N(0, 1)$을 따른다. (단, $q = 1 - p$)

Note
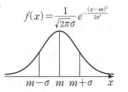
$f(x) = \frac{1}{\sqrt{2\pi}\sigma} e^{-\frac{(x-m)^2}{2\sigma^2}}$

$m-\sigma \quad m \quad m+\sigma \quad x$

① $P(X \ge m) = P(X \le m) = 0.5$
② $P(m - \sigma \le X \le m)$
$\quad = P(m \le X \le m + \sigma)$
③ $P(m - k\sigma \le X \le m)$
$\quad = P(m \le X \le m + k\sigma)$
(단, k는 양수)

■ 표준정규분포를 따르는 확률변수는 보통 Z로 나타낸다.

■ n이 충분히 크다는 것은 일반적으로 $np \ge 5$, $nq \ge 5$일 때를 뜻한다.
■ 확률변수 X가 이항분포 $B(n, p)$를 따를 때
① $E(X) = np$
② $V(X) = npq$ (단, $q = 1 - p$)
③ $\sigma(X) = \sqrt{npq}$ (단, $q = 1 - p$)

연속확률변수의 확률분포 유형 1~3

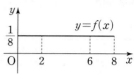

$0 \leq x \leq 8$에서 정의된 연속확률변수 X의 확률밀도함수 $f(x) = \dfrac{1}{8}$에 대하여

① $0 \leq x \leq 8$인 모든 x에 대하여 $f(x) = \dfrac{1}{8} > 0$

② $y = f(x)$의 그래프와 x축 및 두 직선 $x = 0$, $x = 8$로 둘러싸인 도형의 넓이는 $8 \times \dfrac{1}{8} = 1$

③ $P(2 \leq X \leq 6)$은 $y = f(x)$의 그래프와 x축 및 두 직선 $x = 2$, $x = 6$으로 둘러싸인 도형의 넓이와 같으므로

$$P(2 \leq X \leq 6) = (6 - 2) \times \dfrac{1}{8} = 4 \times \dfrac{1}{8} = \dfrac{1}{2}$$

1220 연속확률변수 X의 확률밀도함수가

$f(x) = \dfrac{1}{2}x \ (0 \leq x \leq 2)$일 때, $P\left(1 \leq X \leq \dfrac{3}{2}\right)$을 구하시오.

[1221~1222] $-3 \leq x \leq 1$에서 정의된 연속확률변수 X의 확률밀도함수 $f(x)$의 그래프가 그림과 같을 때, 다음을 구하시오.

1221 상수 k의 값

1222 $P(0 \leq X \leq 1)$

정규분포 유형 4~6

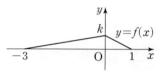

정규분포 $N(m, \sigma^2)$을 따르는 확률변수 X의 정규분포 곡선은 다음과 같은 성질을 갖는다.

① 직선 $x = m$에 대하여 대칭인 종 모양의 곡선이다.
② 곡선과 x축 사이의 넓이는 1이다.
③ x축을 점근선으로 하며, $x = m$일 때 최댓값을 갖는다.

④ σ의 값이 일정할 때, m의 값이 달라지면 대칭축의 위치는 바뀌지만 곡선의 모양은 변하지 않는다.

⑤ m의 값이 일정할 때, σ의 값이 클수록 곡선의 가운데 부분의 높이는 낮아지면서 옆으로 퍼지고, σ의 값이 작을수록 곡선의 가운데 부분의 높이는 높아지면서 폭이 좁아진다.

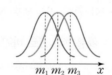

σ의 값은 일정, $m_1 < m_2 < m_3$

m의 값은 일정, $\sigma_1 < \sigma_2 < \sigma_3$

[1223~1224] 확률변수 X의 평균과 분산이 다음과 같을 때, X가 따르는 정규분포를 $N(m, \sigma^2)$ 꼴로 나타내시오.

1223 $E(X) = 8$, $V(X) = 9$

1224 $E(X) = 50$, $V(X) = 25$

1225 정규분포 $N(m, \sigma^2)$을 따르는 확률변수 X의 확률밀도함수 $f(x)$와 그 그래프에 대한 설명으로 옳은 것은 ○표, 옳지 않은 것은 ×표를 하시오.

(1) 곡선과 x축 사이의 넓이는 1이다. ( )

(2) 그래프는 직선 $x = m$에 대하여 대칭인 종 모양의 곡선이다. ( )

(3) $x = m$일 때 최댓값을 갖는다. ( )

(4) m의 값이 일정할 때, σ의 값이 클수록 그래프의 폭은 좁아진다. ( )

핵심 **3** 표준정규분포 유형 7~14

확률변수 X가 정규분포 $N(7, 2^2)$을 따를 때, 표준정규분포표를 이용하여 $P(5 \le X \le 9)$를 구해 보자.

❶ 확률변수 X를 $Z = \dfrac{X-m}{\sigma}$으로 표준화하기

확률변수 X가 정규분포 $N(7, 2^2)$을 따르므로

$Z = \dfrac{X-7}{2}$로 놓으면 확률변수 Z는 표준정규분포 $N(0, 1)$을 따른다.

❷ 구하는 확률을 Z에 대한 확률로 나타내기

$$P(5 \le X \le 9) = P\left(\dfrac{5-7}{2} \le Z \le \dfrac{9-7}{2}\right)$$ ← 확률변수 X가 정규분포 $N(m, \sigma^2)$을 따를 때,
$$= P(-1 \le Z \le 1)$$ $$P(a \le X \le b) = P\left(\dfrac{a-m}{\sigma} \le Z \le \dfrac{b-m}{\sigma}\right)$$
$$= 2P(0 \le Z \le 1)$$

❸ 표준정규분포표를 이용하여 확률 구하기

오른쪽 표준정규분포표에서
$P(0 \le Z \le 1) = 0.3413$이므로
$2P(0 \le Z \le 1) = 2 \times 0.3413 = 0.6826$
따라서 구하는 확률은 $P(5 \le X \le 9) = 0.6826$

z	$P(0 \le Z \le z)$
0.5	0.1915
1.0	0.3413

[1226~1227] 확률변수 Z가 표준정규분포 $N(0, 1)$을 따를 때, 오른쪽 표준정규분포표를 이용하여 다음을 구하시오.

z	$P(0 \le Z \le z)$
0.5	0.1915
1.0	0.3413
1.5	0.4332
2.0	0.4772

1226 $P(1 \le Z \le 2)$

1227 $P(Z \le -1.5)$

[1228~1229] 확률변수 X가 정규분포 $N(50, 10^2)$을 따를 때, 오른쪽 표준정규분포표를 이용하여 다음을 구하시오.

z	$P(0 \le Z \le z)$
0.5	0.1915
0.8	0.2881

1228 $P(X \ge 58)$

1229 $P(45 \le X \le 55)$

핵심 **4** 이항분포와 정규분포의 관계 유형 15~17

확률변수 X가 이항분포 $B\left(72, \dfrac{1}{3}\right)$을 따를 때

$$E(X) = 72 \times \dfrac{1}{3} = 24$$

$$V(X) = 72 \times \dfrac{1}{3} \times \dfrac{2}{3} = 16 = 4^2$$ → $1 - \dfrac{1}{3}$

이때 72는 충분히 큰 수이므로 X는 근사적으로 정규분포 $N(24, 4^2)$을 따른다.

[1230~1231] 확률변수 X가 다음과 같은 이항분포를 따를 때, X는 근사적으로 정규분포를 따른다. X가 따르는 정규분포를 $N(m, \sigma^2)$ 꼴로 나타내시오.

1230 $B\left(100, \dfrac{1}{5}\right)$

1231 $B\left(180, \dfrac{5}{6}\right)$

1232 확률변수 X가 이항분포 $B\left(450, \dfrac{1}{3}\right)$을 따를 때, 오른쪽 표준정규분포표를 이용하여 $P(140 \le X \le 170)$을 구하시오.

z	$P(0 \le Z \le z)$
1.0	0.3413
1.5	0.4332
2.0	0.4772

실전 유형 1 확률밀도함수의 성질

확률변수 X의 확률밀도함수 $f(x)$ $(\alpha \leq x \leq \beta)$에 대하여
(1) $f(x) \geq 0$
(2) $y=f(x)$의 그래프와 x축 및 두 직선 $x=\alpha$, $x=\beta$로 둘러싸인 도형의 넓이는 1이다.

1233 대표문제

$0 \leq x \leq 2$에서 정의된 연속확률변수 X의 확률밀도함수 $f(x)$의 그래프가 그림과 같을 때, 상수 k의 값을 구하시오.

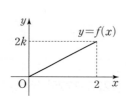

1234

Level 1

$0 \leq x \leq a$에서 정의된 연속확률변수 X의 확률밀도함수가 $f(x)=\dfrac{a}{4}x$일 때, 상수 a의 값을 구하시오.

1235

Level 2

다음 중 $0 \leq x \leq 2$에서 정의된 연속확률변수 X의 확률밀도함수 $f(x)$의 그래프가 될 수 있는 것은?

①
②
③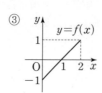
④
⑤

1236

Level 2

연속확률변수 X의 확률밀도함수가

$$f(x)=\begin{cases} k & (0 \leq x \leq 1) \\ x+k-1 & (1 \leq x \leq 2) \end{cases}$$

일 때, 상수 k의 값은?

① $\dfrac{1}{2}$ ② $\dfrac{1}{3}$ ③ $\dfrac{1}{4}$

④ $\dfrac{1}{5}$ ⑤ $\dfrac{1}{6}$

다음은 이 유형에서 출제된 최근 교육청·평가원 기출문제입니다.

1237 ·평가원 2017학년도 9월

Level 1

연속확률변수 X가 갖는 값의 범위는 $0 \leq X \leq 1$이고, X의 확률밀도함수의 그래프는 그림과 같다.

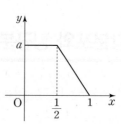

상수 a의 값은?

① $\dfrac{10}{9}$ ② $\dfrac{11}{9}$ ③ $\dfrac{4}{3}$

④ $\dfrac{13}{9}$ ⑤ $\dfrac{14}{9}$

실전
유형 **2** 연속확률변수의 확률 구하기
－확률밀도함수의 그래프가 주어진 경우
빈출유형

$\alpha \le X \le \beta$에서 모든 실수의 값을
갖는 확률변수 X의 확률밀도함수
$f(x)$ $(\alpha \le x \le \beta)$에 대하여
$P(a \le X \le b)$는 함수 $y=f(x)$의
그래프와 x축 및 두 직선 $x=a$,
$x=b$로 둘러싸인 도형의 넓이와
같다. (단, $\alpha \le a \le b \le \beta$)

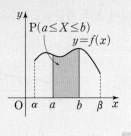

1238 대표문제

$0 \le x \le 3$에서 정의된 연속확률변
수 X의 확률밀도함수 $f(x)$의 그
래프가 그림과 같을 때,
$kP(2 \le X \le 3)$의 값은? (단, k는 상수이다.)

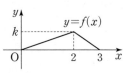

① $\dfrac{1}{9}$ ② $\dfrac{2}{9}$ ③ $\dfrac{1}{3}$

④ $\dfrac{4}{9}$ ⑤ $\dfrac{5}{9}$

1240

Level 2

$0 \le x \le a+2$에서 정의된 연속확률변수 X의 확률밀도함수
$f(x)$의 그래프가 그림과 같을 때, $P(2 \le X \le a-2)=\dfrac{1}{2}$이
다. 이때 $a+8k$의 값은? (단, $a>4$이고, k는 상수이다.)

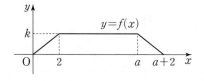

① 7   ② 8   ③ 9

④ 10   ⑤ 11

1239

Level 2

$0 \le x \le b$에서 정의된 연속확률변수 X의 확률밀도함수
$f(x)$의 그래프가 그림과 같을 때, $P(a \le X \le b)=\dfrac{1}{6}$이다.
이때 $2ab$의 값은? (단, a와 b는 상수이다.)

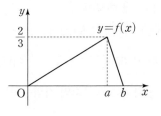

① 11   ② 12   ③ 13
④ 14   ⑤ 15

1241

Level 2

$0 \le x \le 6$에서 정의된 연속확률변수
X의 확률밀도함수 $f(x)$의 그래프
가 그림과 같다. $P(3 \le X \le 5)=\dfrac{q}{p}$
라 할 때, $p+q$의 값을 구하시오.

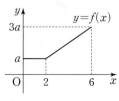

(단, a는 상수이고, p와 q는 서로소인 자연수이다.)

1242

·Level 2

$0 \le x \le 6$에서 정의된 연속확률변수 X의 확률밀도함수 $f(x)$의 그래프가 그림과 같을 때, $2\mathrm{P}(0 \le X \le a) = \mathrm{P}(a \le X \le 6)$이다. 이때 $a+b$의 값은? (단, a와 b는 상수이다.)

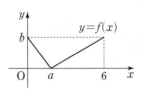

① $\dfrac{4}{3}$ ② $\dfrac{5}{3}$ ③ 2

④ $\dfrac{7}{3}$ ⑤ $\dfrac{8}{3}$

다음은 이 유형에서 출제된 최근 교육청·평가원 기출문제입니다.

1243 ·2019학년도 대학수학능력시험

·Level 2

연속확률변수 X가 갖는 값의 범위는 $0 \le X \le 2$이고, X의 확률밀도함수의 그래프가 그림과 같을 때, $\mathrm{P}\left(\dfrac{1}{3} \le X \le a\right)$는? (단, a는 상수이다.)

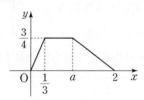

① $\dfrac{11}{16}$ ② $\dfrac{5}{8}$ ③ $\dfrac{9}{16}$

④ $\dfrac{1}{2}$ ⑤ $\dfrac{7}{16}$

1244 ·2015학년도 대학수학능력시험

·Level 2

$0 \le X \le 3$의 모든 실수 값을 가지는 연속확률변수 X에 대하여 X의 확률밀도함수의 그래프는 그림과 같다.

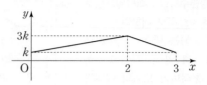

$\mathrm{P}(0 \le X \le 2) = \dfrac{q}{p}$라 할 때, $p+q$의 값을 구하시오. (단, k는 상수이고, p와 q는 서로소인 자연수이다.)

1245 고난도 ·2022학년도 대학수학능력시험

·Level 3

두 연속확률변수 X와 Y가 갖는 값의 범위는 $0 \le X \le 6$, $0 \le Y \le 6$이고, X와 Y의 확률밀도함수는 각각 $f(x)$, $g(x)$이다. 확률변수 X의 확률밀도함수 $f(x)$의 그래프는 그림과 같다.

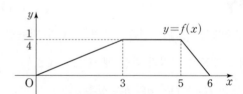

$0 \le x \le 6$인 모든 x에 대하여
$$f(x) + g(x) = k \ (k\text{는 상수})$$
를 만족시킬 때, $\mathrm{P}(6k \le Y \le 15k) = \dfrac{q}{p}$이다. $p+q$의 값을 구하시오. (단, p와 q는 서로소인 자연수이다.)

+Plus 문제

실전
유형 **3** 연속확률변수의 확률 구하기
– 확률밀도함수의 그래프가 주어지지 않은 경우

주어진 확률밀도함수 $y=f(x)$ $(\alpha \leq x \leq \beta)$의 그래프를 그린 다음, $P(a \leq X \leq b)$는 $y=f(x)$의 그래프와 x축 및 두 직선 $x=a$, $x=b$로 둘러싸인 도형의 넓이와 같음을 이용하여 확률을 구한다. (단, $\alpha \leq a \leq b \leq \beta$)

1246 대표문제

$0 \leq x \leq 4$에서 정의된 연속확률변수 X의 확률밀도함수가 $f(x)=kx$일 때, $P(0 \leq X \leq 2)$는? (단, k는 상수이다.)

① $\dfrac{1}{16}$ ② $\dfrac{1}{8}$ ③ $\dfrac{3}{16}$

④ $\dfrac{1}{4}$ ⑤ $\dfrac{5}{16}$

1247　Level 1

$0 \leq x \leq 2$에서 정의된 연속확률변수 X의 확률밀도함수가 $f(x)=\dfrac{1}{2}x$일 때, $P(0 \leq X \leq 1)$은?

① $\dfrac{1}{16}$ ② $\dfrac{1}{8}$ ③ $\dfrac{3}{16}$

④ $\dfrac{1}{4}$ ⑤ $\dfrac{5}{16}$

1248　Level 2

연속확률변수 X의 확률밀도함수가

$$f(x)=k \ (0 \leq x \leq 3)$$

일 때, $P(X \geq 1)$은? (단, k는 상수이다.)

① $\dfrac{1}{6}$ ② $\dfrac{1}{3}$ ③ $\dfrac{1}{2}$

④ $\dfrac{2}{3}$ ⑤ $\dfrac{5}{6}$

1249　Level 2

$1 \leq x \leq 3$에서 정의된 연속확률변수 X의 확률밀도함수가 $f(x)=ax+b$이다. $f(1)=\dfrac{3}{4}$일 때, $P(1 \leq X \leq 2)$는?

(단, a와 b는 상수이다.)

① $\dfrac{9}{16}$ ② $\dfrac{5}{8}$ ③ $\dfrac{11}{16}$

④ $\dfrac{3}{4}$ ⑤ $\dfrac{13}{16}$

1250　Level 2

연속확률변수 X의 확률밀도함수가

$$f(x)=\begin{cases} x & (0 \leq x \leq 1) \\ -x+2 & (1 \leq x \leq 2) \end{cases}$$

이다. $P\left(k \leq X \leq k+\dfrac{1}{2}\right)$의 최댓값이 $\dfrac{q}{p}$일 때, $p+q$의 값을 구하시오.

(단, k는 상수이고, p와 q는 서로소인 자연수이다.)

1251

•॥ Level 2

$-4 \leq x \leq 4$에서 정의된 연속확률변수 X의 확률밀도함수 $f(x)$가 다음 조건을 만족시킨다.

> (가) $f(x) = \begin{cases} 2a & (0 \leq x \leq 2) \\ -ax + 4a & (2 \leq x \leq 4) \end{cases}$
>
> (나) $-4 \leq x \leq 4$인 모든 x에 대하여 $f(-x) = f(x)$이다.

이때 $P(1 \leq X \leq 3)$은? (단, a는 상수이다.)

① $\dfrac{5}{24}$ ② $\dfrac{1}{4}$ ③ $\dfrac{7}{24}$

④ $\dfrac{1}{3}$ ⑤ $\dfrac{3}{8}$

1252

•॥ Level 2

연속확률변수 X가 갖는 값의 범위가 $0 \leq X \leq 3$이고, X의 확률밀도함수 $f(x)$가 $P(x \leq X \leq 3) = a(3-x)$를 만족시킨다. $P(0 \leq X \leq 2a) = \dfrac{q}{p}$일 때, $p+q$의 값을 구하시오.

(단, a는 상수이고, p와 q는 서로소인 자연수이다.)

다음은 이 유형에서 출제된 최근 교육청·평가원 기출문제입니다.

1253 · 평가원 2021학년도 9월

•॥ Level 2

연속확률변수 X가 갖는 값의 범위는 $0 \leq X \leq 8$이고, X의 확률밀도함수 $f(x)$의 그래프는 직선 $x=4$에 대하여 대칭이다.

$$3P(2 \leq X \leq 4) = 4P(6 \leq X \leq 8)$$

일 때, $P(2 \leq X \leq 6)$은?

① $\dfrac{3}{7}$ ② $\dfrac{1}{2}$ ③ $\dfrac{4}{7}$

④ $\dfrac{9}{14}$ ⑤ $\dfrac{5}{7}$

정규분포 $N(m, \sigma^2)$을 따르는 확률변수 X의 확률밀도함수 $y = f(x)$의 그래프는 다음과 같다.

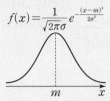

$$f(x) = \dfrac{1}{\sqrt{2\pi}\sigma} e^{-\frac{(x-m)^2}{2\sigma^2}}$$

(1) 직선 $x = m$에 대하여 대칭인 종 모양의 곡선이다.
- ➔ 모든 실수 x에 대하여 $f(m-x) = f(m+x)$
- ➔ $P(X \leq m) = P(X \geq m) = 0.5$
- ➔ $P(m-\alpha \leq X \leq m) = P(m \leq X \leq m+\alpha)$
- ➔ $P(X \leq a) = P(X \geq b)$이면 $m = \dfrac{a+b}{2}$

(2) 곡선과 x축 사이의 넓이는 1이다.

(3) x축을 점근선으로 하고, $x = m$일 때 최댓값을 갖는다.

1254 대표문제

정규분포 $N(m, \sigma^2)$을 따르는 확률변수 X가 다음 조건을 만족시킬 때, $P(X \leq 63)$은?

> (가) $P(42 \leq X \leq 50) = P(70 \leq X \leq 78)$
>
> (나) $P(m-3 \leq X \leq m+3) = 0.68$

① 0.52 ② 0.60 ③ 0.68

④ 0.76 ⑤ 0.84

1255

•॥ Level 1

정규분포 $N(20, 2^2)$을 따르는 확률변수 X에 대하여 $P(X < 20)$은?

① $\dfrac{1}{8}$ ② $\dfrac{1}{4}$ ③ $\dfrac{3}{8}$

④ $\dfrac{1}{2}$ ⑤ $\dfrac{5}{8}$

1256

◦❙❙ Level **1**

정규분포 $N(m, 5^2)$을 따르는 확률변수 X에 대하여
$P(X \geq 8) = P(X \leq 12)$일 때, m의 값은?

① 8   ② 9   ③ 10

④ 11   ⑤ 12

1257

◦❙❙ Level **1**

정규분포 $N(18, 2^2)$을 따르는 확률변수 X에 대하여
$P(X \leq a) = P(X \geq 26)$일 때, 상수 a의 값은?

① 6   ② 7   ③ 8

④ 9   ⑤ 10

1258

◦❙❙ Level **2**

정규분포 $N(5, 3^2)$을 따르는 확률변수 X에 대하여
$P(a-4 \leq X \leq a+2)$가 최대가 되도록 하는 상수 a의 값은?

① −6   ② −3   ③ 0

④ 3   ⑤ 6

1259

◦❙❙ Level **2**

정규분포를 따르는 확률변수 X와 확률변수 X의 확률밀도
함수 $f(x)$가 다음 조건을 만족시킬 때, $E(X^2)$을 구하시오.

> (가) $\sigma(X) = 3$
>
> (나) 모든 실수 x에 대하여 $f(4-x) = f(4+x)$이다.

1260

◦❙❙ Level **2**

정규분포 $N(m, \sigma^2)$을 따르는 확률변수 X가 다음 조건을
만족시킬 때, $m\sigma$의 값은?

> (가) $P(X \leq m-3) = P(X \geq 3m+5)$
>
> (나) $P(X \geq -3) = P(X \leq m+\sigma)$

① −1   ② −2   ③ −3

④ −4   ⑤ −5

1261

◦❙❙ Level **2**

정규분포 $N(m, \sigma^2)$을 따르는 확률변수 X에 대하여
$P(X < a-3) = P(X > b+2)$이다. $E(2X+1) = 51$,
$V(2X+1) = 4$일 때, $a+b+\sigma$의 값은?

(단, $\sigma > 0$이고 a와 b는 상수이다.)

① 51   ② 52   ③ 53

④ 54   ⑤ 55

1262

Level 2

정규분포 $N(50, \sigma^2)$을 따르는 확률변수 X에 대하여
$$P(42 \le X \le 46) = 0.18, \quad P(50 \le X \le 58) = 0.41$$
일 때, $P(X \le 46) + P(X \ge 58)$의 값은?

① 0.27   ② 0.36   ③ 0.45

④ 0.54   ⑤ 0.63

1263

Level 2

정규분포 $N(m, \sigma^2)$을 따르는 확률변수 X가 다음 조건을 만족시킨다.

> (가) $P(X \le 8) = P(X \ge 16)$
> (나) $P(10 \le X \le 13) = a$, $P(X \le 11) = b$

$P(13 \le X \le 14)$를 a, b를 사용하여 나타낸 것은?

① $a + 2b - 2$ ② $a + 2b - 1$ ③ $a + 2b$

④ $a + 2b + 1$ ⑤ $a + 2b + 2$

1264

신경향

Level 2

정규분포 $N(36, \sigma^2)$을 따르는 확률변수 X에 대하여
$$P(30 \le X \le 33) < P(30 + n \le X \le 33 + n)$$
을 만족시키는 모든 자연수 n의 값의 합을 구하시오.

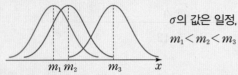

실전유형 5 정규분포 곡선의 성질을 이용하여 비교하기

(1) σ의 값이 일정할 때, m의 값이 달라지면 대칭축의 위치는 바뀌지만 곡선의 모양은 변하지 않는다.

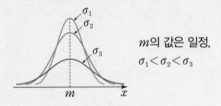

σ의 값은 일정,
$m_1 < m_2 < m_3$

(2) m의 값이 일정할 때, σ의 값이 클수록 곡선의 가운데 부분의 높이는 낮아지면서 옆으로 퍼지고, σ의 값이 작을수록 곡선의 가운데 부분의 높이는 높아지면서 폭이 좁아진다.

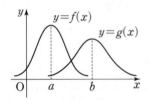

m의 값은 일정,
$\sigma_1 < \sigma_2 < \sigma_3$

1265 대표문제

정규분포를 따르는 두 확률변수 X, Y의 확률밀도함수를 각각 $f(x)$, $g(x)$라 할 때, 두 함수 $y = f(x)$, $y = g(x)$의 그래프는 그림과 같다.

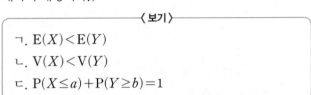

〈보기〉에서 옳은 것만을 있는 대로 고른 것은?
(단, 곡선 $y = f(x)$, $y = g(x)$는 각각 직선 $x = a$, $x = b$에 대하여 대칭이다.)

> ───〈보기〉───
> ㄱ. $E(X) < E(Y)$
> ㄴ. $V(X) < V(Y)$
> ㄷ. $P(X \le a) + P(Y \ge b) = 1$

① ㄱ   ② ㄱ, ㄴ   ③ ㄱ, ㄷ

④ ㄴ, ㄷ   ⑤ ㄱ, ㄴ, ㄷ

1266

● 정답 및 풀이 **225쪽**

●❙❙ Level 1

대학수학능력시험에서 두 고등학교 A, B의 수학 영역 점수
는 정규분포를 따르고, 각각의 정규분포 곡선은 그림과 같
다. 두 학교 A, B의 수학 영역 점수의 평균을 각각 m_A,
m_B, 표준편차를 각각 σ_A, σ_B라 할 때, 다음 중 옳은 것은?

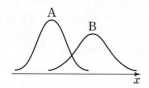

① $m_A < m_B$, $\sigma_A < \sigma_B$ ② $m_A < m_B$, $\sigma_A > \sigma_B$

③ $m_A < m_B$, $\sigma_A = \sigma_B$ ④ $m_A > m_B$, $\sigma_A < \sigma_B$

⑤ $m_A > m_B$, $\sigma_A > \sigma_B$

1267

●❙❙ Level 1

정규분포 $N(m, \sigma^2)$을 따르는 확률변수 X의 정규분포 곡
선에 대한 설명으로 〈**보기**〉에서 옳은 것만을 있는 대로 고
른 것은? (단, $\sigma > 0$)

〈 보기 〉

ㄱ. 직선 $x = m$에 대하여 대칭이다.

ㄴ. σ의 값이 일정할 때, m의 값이 클수록 곡선은 오른쪽
   으로 평행이동한다.

ㄷ. m의 값이 일정할 때, σ의 값이 클수록 곡선의 가운데
   부분이 높아지면서 폭이 좁아진다.

① ㄱ   ② ㄱ, ㄴ   ③ ㄱ, ㄷ

④ ㄴ, ㄷ   ⑤ ㄱ, ㄴ, ㄷ

1268

●❙❙ Level 2

정규분포를 따르는 두 확률변수 X, Y의 확률밀도함수를
각각 $f(x)$, $g(x)$라 할 때, 두 함수 $y = f(x)$, $y = g(x)$의
그래프는 그림과 같다.

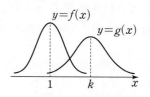

〈**보기**〉에서 옳은 것만을 있는 대로 고른 것은?
(단, 곡선 $y = f(x)$, $y = g(x)$는 각각 직선 $x = 1$, $x = k$에
대하여 대칭이다.)

〈 보기 〉

ㄱ. $1 < E(Y)$

ㄴ. $V(X) < V(Y)$

ㄷ. $E(X^2) < E(Y^2)$

① ㄱ   ② ㄱ, ㄴ   ③ ㄱ, ㄷ

④ ㄴ, ㄷ   ⑤ ㄱ, ㄴ, ㄷ

1269

●❙❙ Level 2

두 확률변수 X, Y는 각각 정규분포 $N(m, 3^2)$, $N(5, \sigma^2)$
을 따른다. 두 확률변수 X, Y의 확률밀도함수가 각각
$f(x)$, $g(x)$라 할 때, 두 함수 $y = f(x)$, $y = g(x)$의 그래
프는 그림과 같다. 자연수 m, σ의 값으로 가능한 모든 순서
쌍 (m, σ)의 개수를 구하시오.

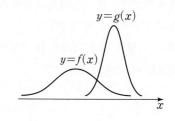

1270

Level 2

세 확률변수 X, Y, Z는 각각 정규분포 $N(10, 2^2)$, $N(20, 2^2)$, $N(20, 3^2)$을 따른다. 세 확률변수 X, Y, Z의 확률밀도함수를 각각 $f(x)$, $g(x)$, $h(x)$라 할 때, 그림의 네 곡선 A, B, C, D에서 함수 $y=f(x)$, $y=g(x)$, $y=h(x)$의 그래프로 적당한 것을 차례로 나열한 것은?

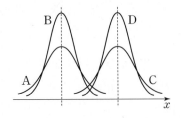

① A, B, C   ② B, D, C   ③ C, D, B

④ D, A, B   ⑤ D, C, B

1271

Level 2

A, B, C 세 고등학교 학생들의 수학 성적은 확률밀도함수가 각각 $f(x)$, $g(x)$, $h(x)$인 정규분포를 따른다. 두 함수 $y=f(x)$, $y=h(x)$의 그래프는 각각 직선 $x=k_1$에 대하여 대칭이고, 함수 $y=g(x)$의 그래프는 직선 $x=k_2$에 대하여 대칭이다.

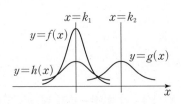

〈보기〉에서 옳은 것만을 있는 대로 고른 것은?

〈보기〉

ㄱ. 수학 성적이 우수한 학생이 A 고등학교보다 C 고등학교에 더 많이 있다.

ㄴ. B 고등학교 학생의 수학 성적이 C 고등학교 학생의 수학 성적보다 평균적으로 더 우수하다.

ㄷ. A 고등학교 학생의 수학 성적이 B 고등학교 학생의 수학 성적보다 더 고른 편이다.

① ㄱ   ② ㄱ, ㄴ   ③ ㄱ, ㄷ

④ ㄴ, ㄷ   ⑤ ㄱ, ㄴ, ㄷ

실전유형 6 정규분포에서의 확률 구하기

확률변수 X가 정규분포 $N(m, \sigma^2)$을 따를 때, 정규분포 곡선은 직선 $x=m$에 대하여 대칭이므로

(1) $P(X \leq m) = P(X \geq m) = 0.5$

(2) $P(m-\alpha \leq X \leq m) = P(m \leq X \leq m+\alpha)$
$P(m-\alpha \leq X \leq m+\alpha) = 2P(m-\alpha \leq X \leq m)$
$\qquad\qquad\qquad\qquad = 2P(m \leq X \leq m+\alpha)$

(3) $P(X \leq a) = P(X \geq b)$이면 $m = \dfrac{a+b}{2}$

1272 대표문제

정규분포 $N(m, \sigma^2)$을 따르는 확률변수 X에 대하여 $P(X \leq m+\sigma) = 0.84$일 때, $P(m-\sigma \leq X \leq m+\sigma)$는?

① 0.60   ② 0.64   ③ 0.68

④ 0.72   ⑤ 0.76

1273

Level 1

정규분포 $N(m, \sigma^2)$을 따르는 확률변수 X에 대하여
$$P(m-2\sigma \leq X \leq m+2\sigma) = 0.96$$
일 때, $P(X \geq m-2\sigma)$는?

① 0.90   ② 0.92   ③ 0.94

④ 0.96   ⑤ 0.98

1274

•◗▮ Level 1

정규분포 $N(m, \sigma^2)$을 따르는 확률변수 X에 대하여 $P(m \le X \le x)$는 오른쪽 표와 같다. 오른쪽 표를 이용하여 $P(m-\sigma \le X \le m+2\sigma)$를 구한 것은?

x	$P(m \le X \le x)$
$m+0.5\sigma$	0.1915
$m+\sigma$	0.3413
$m+1.5\sigma$	0.4332
$m+2\sigma$	0.4772

① 0.6826 ② 0.7745 ③ 0.8185

④ 0.9104 ⑤ 0.9710

1275

•◗▮ Level 2

정규분포 $N(m, \sigma^2)$을 따르는 확률변수 X에 대하여 $P(m \le X \le x)$는 오른쪽 표와 같다. 확률변수 X가 정규분포 $N(30, 2^2)$을 따를 때, 오른쪽 표를 이용하여 $P(30 \le X \le 33)$을 구한 것은?

x	$P(m \le X \le x)$
$m+0.5\sigma$	0.1915
$m+\sigma$	0.3413
$m+1.5\sigma$	0.4332
$m+2\sigma$	0.4772

① 0.1359 ② 0.1915 ③ 0.3413

④ 0.4332 ⑤ 0.4772

1276

•◗▮ Level 2

정규분포 $N(m, \sigma^2)$을 따르는 확률변수 X에 대하여 $P(m \le X \le x)$는 오른쪽 표와 같다. 확률변수 X가 정규분포 $N(50, 3^2)$을 따를 때, 오른쪽 표를 이용하여 $P(47 \le X \le 56)$을 구한 것은?

x	$P(m \le X \le x)$
$m+0.5\sigma$	0.1915
$m+\sigma$	0.3413
$m+1.5\sigma$	0.4332
$m+2\sigma$	0.4772

① 0.6826 ② 0.7745 ③ 0.8185

④ 0.9104 ⑤ 0.9710

1277

•◗▮ Level 2

정규분포 $N(m, \sigma^2)$을 따르는 확률변수 X에 대하여 $P(m \le X \le x)$는 오른쪽 표와 같다. 확률변수 X가 정규분포 $N(48, 3^2)$을 따를 때, 위의 표를 이용하여 $P(X \le k) = 0.0013$을 만족시키는 상수 k의 값을 구하시오.

x	$P(m \le X \le x)$
$m+\sigma$	0.3413
$m+2\sigma$	0.4772
$m+3\sigma$	0.4987

1278

Level 2

정규분포 $N(m, \sigma^2)$을 따르는 확률변수 X와 확률변수 X의 확률밀도함수 $f(x)$가 다음 조건을 만족시킨다.

> (가) 모든 실수 x에 대하여 $f(40-x)=f(40+x)$이다.
> (나) $P(40 \leq X \leq 43)=0.4332$

오른쪽 표를 이용하여 $P(42 \leq X \leq 44)$를 구한 것은?

① 0.0440

② 0.0919

③ 0.1359

④ 0.1498

⑤ 0.2417

x	$P(m \leq X \leq x)$
$m+0.5\sigma$	0.1915
$m+\sigma$	0.3413
$m+1.5\sigma$	0.4332
$m+2\sigma$	0.4772

1279

Level 2

정규분포 $N(m, \sigma^2)$을 따르는 확률변수 X에 대하여
$$P(m-\sigma \leq X \leq m+\sigma)=a,$$
$$P(m-2\sigma \leq X \leq m+2\sigma)=b$$
라 할 때, $P(m+\sigma \leq X \leq m+2\sigma)$를 a, b를 사용하여 나타낸 것은?

① $b-a$

② $\dfrac{b-a}{2}$

③ $\dfrac{2b-a}{2}$

④ $\dfrac{a+b}{2}$

⑤ $\dfrac{2a+b}{2}$

1280

Level 2

정규분포 $N(m, \sigma^2)$을 따르는 확률변수 X에 대하여
$$P(m+2\sigma \leq X \leq m+3\sigma)=a,$$
$$P(m-3\sigma \leq X \leq m+3\sigma)=b$$
라 할 때, $P(m-2\sigma \leq X \leq m+2\sigma)$를 a, b를 사용하여 나타낸 것은?

① $b-2a$

② $b-a$

③ $b+2a$

④ $2b-a$

⑤ $2b+a$

다음은 이 유형에서 출제된 최근 교육청·평가원 기출문제입니다.

1281 · 2013학년도 대학수학능력시험

Level 2

확률변수 X가 정규분포 $N(m, \sigma^2)$을 따르고 다음 조건을 만족시킨다.

> (가) $P(X \geq 64)=P(X \leq 56)$
> (나) $E(X^2)=3616$

$P(X \leq 68)$을 오른쪽 표를 이용하여 구한 것은?

① 0.9104

② 0.9332

③ 0.9544

④ 0.9772

⑤ 0.9938

x	$P(m \leq X \leq x)$
$m+1.5\sigma$	0.4332
$m+2\sigma$	0.4772
$m+2.5\sigma$	0.4938

실전 유형 **7** 정규분포의 표준화

확률변수 X가 정규분포 $N(m, \sigma^2)$을 따를 때

(1) 확률변수 $Z = \dfrac{X-m}{\sigma}$은 표준정규분포 $N(0, 1)$을 따른다.

(2) $P(a \le X \le b) = P\left(\dfrac{a-m}{\sigma} \le Z \le \dfrac{b-m}{\sigma}\right)$

1282 대표문제

두 확률변수 X, Y가 각각 정규분포 $N(72, 12^2)$, $N(50, \sigma^2)$을 따른다. $P(X \ge 60) = P(Y \le 60)$일 때, 양수 σ의 값은?

① 8 　　　　② 9 　　　　③ 10

④ 11 　　　　⑤ 12

1283　　　　　　　　●❚❚ Level 1

확률변수 X가 정규분포 $N(50, 4^2)$을 따르고, 확률변수 Y가 표준정규분포 $N(0, 1)$을 따른다.

$P(X \le 54) = P(Y \le k)$일 때, 상수 k의 값은?

① 0.5 　　　　② 1 　　　　③ 1.5

④ 2.0 　　　　⑤ 2.5

1284　　　　　　　　●❚❚ Level 1

확률변수 X가 정규분포 $N(25, 3^2)$을 따르고, 확률변수 Y가 표준정규분포 $N(0, 1)$을 따른다.

$P(22 \le X \le 31) = P(a \le Y \le b)$일 때, 상수 a, b에 대하여 ab의 값은?

① -2 　　　　② -1 　　　　③ 0

④ 1 　　　　⑤ 2

1285　　　　　　　　●❚❚ Level 2

두 확률변수 X, Y가 각각 정규분포 $N(m, 3^2)$, $N(5, 2^2)$을 따른다. $P(X \ge 38) = P(Y \ge 15)$일 때, m의 값은?

① 21 　　　　② 23 　　　　③ 25

④ 27 　　　　⑤ 29

1286　　　　　　　　●❚❚ Level 2

확률변수 X가 정규분포 $N(2, \sigma^2)$을 따르고, 확률변수 Y가 표준정규분포 $N(0, 1)$을 따른다.

$P(-1 \le X \le 5) = P(-0.5 \le Y \le 0.5)$일 때, $E(X^2)$을 구하시오.

**표준화하여 확률 구하기
－평균, 표준편차가 주어진 경우**   빈출유형

정규분포 $N(m, \sigma^2)$을 따르는 확률변수 X에 대한 확률은 다음과 같은 순서로 구한다.

❶ X를 $Z=\dfrac{X-m}{\sigma}$으로 표준화한다.

❷ 구하는 확률을 Z에 대한 확률로 나타낸다.

❸ 표준정규분포표를 이용하여 확률을 구한다.

1287 대표문제

확률변수 X가 정규분포
$N(30, 3^2)$을 따를 때, 오른쪽
표준정규분포표를 이용하여
$P(24 \le X \le 27)$을 구한 것은?

z	$P(0 \le Z \le z)$
0.5	0.1915
1.0	0.3413
1.5	0.4332
2.0	0.4772

① 0.0228 ② 0.0440

③ 0.0919 ④ 0.1359

⑤ 0.1587

1288   Level 1

확률변수 Z가 표준정규분포
$N(0, 1)$을 따를 때, 오른쪽 표준
정규분포표를 이용하여
$P(-2 \le Z \le 1)$을 구한 것은?

z	$P(0 \le Z \le z)$
1.0	0.3413
1.5	0.4332
2.0	0.4772

① 0.6826 ② 0.7745

③ 0.8185 ④ 0.9104

⑤ 0.9710

1289   Level 1

확률변수 Z가 표준정규분포
$N(0, 1)$을 따를 때, 오른쪽
표준정규분포표를 이용하여
$P(Z \ge 1)$을 구하시오.

z	$P(0 \le Z \le z)$
1.0	0.3413
1.5	0.4332
2.0	0.4772

1290   Level 2

확률변수 X가 정규분포
$N(50, 2^2)$을 따를 때, 오른쪽
표준정규분포표를 이용하여
$P(46 \le X \le 47)$을 구한 것은?

z	$P(0 \le Z \le z)$
1.0	0.3413
1.5	0.4332
2.0	0.4772

① 0.0440 ② 0.0919

③ 0.1359 ④ 0.1498

⑤ 0.2417

1291   Level 2

확률변수 X가 정규분포
$N(65, 4^2)$을 따를 때, 오른쪽
표준정규분포표를 이용하여
$P(X \ge 73)$을 구한 것은?

z	$P(0 \le Z \le z)$
0.5	0.1915
1.0	0.3413
1.5	0.4332
2.0	0.4772

① 0.0228 ② 0.0440

③ 0.0919 ④ 0.1359

⑤ 0.1587

1292

●❚❚ Level 2

확률변수 X가 정규분포
N(32, 5^2)을 따를 때, 오른쪽
표준정규분포표를 이용하여
P($X \le 37$)을 구한 것은?

z	P($0 \le Z \le z$)
1.0	0.3413
1.5	0.4332
2.0	0.4772
2.5	0.4938

① 0.6826   ② 0.6915

③ 0.7745   ④ 0.8185

⑤ 0.8413

1293

●❚❚ Level 2

정규분포 N(26, 5^2)을 따르는 확률변수 X에 대하여
P($23 \le X \le 29$) = 0.4514일 때, P($X \ge 29$)를 구하시오.

1294

●❚❚ Level 3

확률변수 X가 정규분포 N(4, 3^2)을 따를 때,
$\sum\limits_{n=1}^{7} \text{P}(X \le n)$의 값은?

① 2.5   ② 3   ③ 3.5

④ 4   ⑤ 4.5

+ **Plus 문제**

다음은 이 유형에서 출제된 최근 교육청 · 평가원 기출문제입니다.

1295 · 교육청 2021년 10월

●❚❚ Level 2

확률변수 X는 정규분포 N(8, 2^2), 확률변수 Y는 정규분포
N(12, 2^2)을 따르고, 확률변수 X와 Y의 확률밀도함수는
각각 $f(x)$와 $g(x)$이다.
두 함수 $y = f(x)$, $y = g(x)$의 그
래프가 만나는 점의 x좌표를 a라
할 때, P($8 \le Y \le a$)를 오른쪽
표준정규분포표를 이용하여 구한
것은?

z	P($0 \le Z \le z$)
0.5	0.1915
1.0	0.3413
1.5	0.4332
2.0	0.4772

① 0.1359   ② 0.1587   ③ 0.2417

④ 0.2587   ⑤ 0.3085

1296 · 교육청 2019년 10월

●❚❚ Level 2

확률변수 X가 정규분포
N(5, 2^2)을 따를 때, 등식
P($X \le 9 - 2a$) = P($X \ge 3a - 3$)
을 만족시키는 상수 a에 대하여
P($9 - 2a \le X \le 3a - 3$)을 오른
쪽 표준정규분포표를 이용하여
구한 것은?

z	P($0 \le Z \le z$)
1.0	0.3413
1.5	0.4332
2.0	0.4772
2.5	0.4938

① 0.7745   ② 0.8664   ③ 0.9104

④ 0.9544   ⑤ 0.9876

06

정규분포 $N(m, \sigma^2)$을 따르는 확률변수 X에 대한 확률이 주어질 때, 미지수의 값은 다음과 같은 순서로 구한다.

❶ X를 $Z = \dfrac{X-m}{\sigma}$으로 표준화한다.

❷ 주어진 확률을 Z에 대한 확률로 나타낸다.

❸ 표준정규분포표를 이용할 수 있도록 주어진 확률을 변형하여 미지수의 값을 구한다.

1297 대표문제

확률변수 X가 정규분포 $N(48, 5^2)$을 따를 때, 오른쪽 표준정규분포표를 이용하여 $P(43 \le X \le a) = 0.6826$을 만족시키는 상수 a의 값을 구하시오.

z	$P(0 \le Z \le z)$
1.0	0.3413
1.5	0.4332
2.0	0.4772
2.5	0.4938

1298
Level 2

확률변수 X가 정규분포 $N(20, 3^2)$을 따를 때, 오른쪽 표준정규분포표를 이용하여 $P(X \ge k) = 0.02$를 만족시키는 상수 k의 값을 구한 것은?

z	$P(0 \le Z \le z)$
0.5	0.19
1.0	0.34
1.5	0.43
2.0	0.48

① 22   ② 23

③ 24   ④ 25

⑤ 26

1299
Level 2

확률변수 X가 정규분포 $N(55, \sigma^2)$을 따를 때, 오른쪽 표준정규분포표를 이용하여 $P(X \ge 45) = 0.9772$를 만족시키는 양수 σ의 값을 구한 것은?

z	$P(0 \le Z \le z)$
0.5	0.1915
1.0	0.3413
1.5	0.4332
2.0	0.4772

① 1   ② 2

③ 3   ④ 4

⑤ 5

1300
Level 2

확률변수 X가 평균이 m, 표준편차가 σ인 정규분포를 따르고
$$P(m \le X \le m+12) - P(X \le m-12) = 0.3664$$
일 때, 양수 σ의 값은?
(단, Z가 표준정규분포를 따르는 확률변수일 때,
$P(0 \le Z \le 1.5) = 0.4332$로 계산한다.)

① 4   ② 6   ③ 8

④ 10   ⑤ 12

다음은 이 유형에서 출제된 최근 교육청·평가원 기출문제입니다.

1301 · 평가원 2020학년도 9월 ▮▮▮ Level 2

확률변수 X가 평균이 m, 표준편차가 $\dfrac{m}{3}$인 정규분포를 따르고

$$P\left(X \le \dfrac{9}{2}\right) = 0.9987$$

일 때, 오른쪽 표준정규분포표를 이용하여 m의 값을 구한 것은?

z	$P(0 \le Z \le z)$
1.5	0.4332
2.0	0.4772
2.5	0.4938
3.0	0.4987

① $\dfrac{3}{2}$ ② $\dfrac{7}{4}$ ③ 2

④ $\dfrac{9}{4}$ ⑤ $\dfrac{5}{2}$

1302 · 교육청 2018년 10월 ▮▮▮ Level 2

두 연속확률변수 X와 Y는 각각 정규분포 $N(50, \sigma^2)$, $N(65, 4\sigma^2)$을 따른다.

$P(X \ge k) = P(Y \le k) = 0.1056$

일 때, $k + \sigma$의 값을 오른쪽 표준정규분포표를 이용하여 구하시오. (단, $\sigma > 0$)

z	$P(0 \le Z \le z)$
1.25	0.3944
1.50	0.4332
1.75	0.4599
2.00	0.4772

1303 · 교육청 2018년 7월 ▮▮▮ Level 2

확률변수 X는 평균이 m, 표준편차가 8인 정규분포를 따르고, 다음 조건을 만족시킨다.

> (개) $P(X \le k) + P(X \le 100 + k) = 1$
> (내) $P(X \ge 2k) = 0.0668$

m의 값을 오른쪽 표준정규분포표를 이용하여 구한 것은?

(단, k는 상수이다.)

z	$P(0 \le Z \le z)$
0.5	0.1915
1.0	0.3413
1.5	0.4332
2.0	0.4772

① 96 ② 100

③ 104 ④ 108

⑤ 112

06

1304 고난도 · 교육청 2017년 10월 ▮▮▮ Level 3

확률변수 X는 평균이 m, 표준편차가 σ인 정규분포를 따르고 $F(x) = P(X \le x)$라 하자.

m이 자연수이고

$$0.5 \le F\left(\dfrac{11}{2}\right) \le 0.6915,$$

$$F\left(\dfrac{13}{2}\right) = 0.8413$$

일 때, $F(k) = 0.9772$를 만족시키는 상수 k의 값을 오른쪽 표준정규분포표를 이용하여 구하시오.

z	$P(0 \le Z \le z)$
0.5	0.1915
1.0	0.3413
1.5	0.4332
2.0	0.4772

+ **Plus 문제**

평균, 표준편차가 주어지지 않은 정규분포를 따르는 확률변수 X의 확률은 다음과 같은 순서로 구한다.
❶ 주어진 조건을 이용하여 평균, 표준편차를 구한다.
❷ X를 $Z = \dfrac{X-m}{\sigma}$으로 표준화한다.
❸ 구하는 확률을 Z에 대한 확률로 나타낸다.
❹ 표준정규분포표를 이용하여 확률을 구한다.

1305 대표문제

확률변수 X가 정규분포 $N(m, 2^2)$을 따르고 $P(X \le 45) = P(X \ge 55)$일 때, 오른쪽 표준정규분포표를 이용하여 $P(48 \le X \le 54)$를 구한 것은?

z	$P(0 \le Z \le z)$
0.5	0.1915
1.0	0.3413
1.5	0.4332
2.0	0.4772

① 0.6826　　② 0.7745　　③ 0.8185
④ 0.9104　　⑤ 0.9710

1306

Level 1

확률변수 X가 정규분포 $N(m, 4^2)$을 따르고 $P(X \ge 36) = 0.5$일 때, 오른쪽 표준정규분포표를 이용하여 $P(38 \le X \le 42)$를 구한 것은?

z	$P(0 \le Z \le z)$
0.5	0.1915
1.0	0.3413
1.5	0.4332
2.0	0.4772

① 0.0440　　② 0.0919
③ 0.1359　　④ 0.1498
⑤ 0.2417

1307

Level 2

확률변수 X가 정규분포 $N(48, \sigma^2)$을 따르고 $P(X \le 56) = 0.8413$일 때, 오른쪽 표준정규분포표를 이용하여 $P(32 \le X \le 36)$을 구한 것은?

z	$P(0 \le Z \le z)$
0.5	0.1915
1.0	0.3413
1.5	0.4332
2.0	0.4772

① 0.0440　　② 0.0919
③ 0.1359　　④ 0.1498
⑤ 0.2417

1308

Level 2

확률변수 X가 정규분포 $N(m, 6^2)$을 따르고 $P(X \le a) = 0.8413$일 때, 오른쪽 표준정규분포표를 이용하여 $P(X \ge a+3)$을 구한 것은?
(단, a는 상수이다.)

z	$P(0 \le Z \le z)$
0.5	0.1915
1.0	0.3413
1.5	0.4332
2.0	0.4772

① 0.0228　　② 0.0668　　③ 0.1587
④ 0.2417　　⑤ 0.3085

1309

●ıl Level 2

평균이 m, 표준편차가 1인 정규분포를 따르는 확률변수 X의 확률밀도함수 $f(x)$가 모든 실수 x에 대하여 $f(12-x)=f(12+x)$를 만족시킬 때, 오른쪽 표준정규분포표를 이용하여 $P(X \leq 13)$을 구한 것은?

z	$P(0 \leq Z \leq z)$
0.5	0.1915
1.0	0.3413
1.5	0.4332
2.0	0.4772

① 0.6826 ② 0.6915 ③ 0.7745

④ 0.8185 ⑤ 0.8413

1310

●ıl Level 2

확률변수 X가 정규분포를 따르고 $E(X)=2$, $E(X^2)=5$일 때, 오른쪽 표준정규분포표를 이용하여 $P(X \leq 4)$를 구하시오.

z	$P(0 \leq Z \leq z)$
0.5	0.1915
1.0	0.3413
1.5	0.4332
2.0	0.4772

1311

●ıl Level 2

확률변수 X가 정규분포 $N(20, \sigma^2)$을 따르고 $P(|X-20| \leq 3)=0.6826$일 때, 오른쪽 표준정규분포표를 이용하여 $P(X \leq 17)$을 구한 것은?

z	$P(0 \leq Z \leq z)$
0.5	0.1915
1.0	0.3413
1.5	0.4332
2.0	0.4772

① 0.0228 ② 0.0440

③ 0.0919 ④ 0.1359

⑤ 0.1587

1312

●ıl Level 2

정규분포 $N(15, 10^2)$을 따르는 확률변수 X에 대하여 확률변수 Y가 $Y=2X-4$일 때, 오른쪽 표준정규분포표를 이용하여 $P(Y \leq 56)$을 구하시오.

z	$P(0 \leq Z \leq z)$
0.5	0.1915
1.0	0.3413
1.5	0.4332
2.0	0.4772

06

다음은 이 유형에서 출제된 최근 교육청·평가원 기출문제입니다.

1313 · 교육청 2021년 7월

●ıl Level 2

확률변수 X는 정규분포 $N(m, 2^2)$, 확률변수 Y는 정규분포 $N(m, \sigma^2)$을 따른다. 상수 a에 대하여 두 확률변수 X, Y가 다음 조건을 만족시킨다.

> (개) $Y=3X-a$
> (내) $P(X \leq 4)=P(Y \geq a)$

$P(Y \geq 9)$를 오른쪽 표준정규분포표를 이용하여 구한 것은?

z	$P(0 \leq Z \leq z)$
0.5	0.1915
1.0	0.3413
1.5	0.4332
2.0	0.4772

① 0.0228

② 0.0668

③ 0.1587

④ 0.2417

⑤ 0.3085

1314 신경향 · 2021학년도 대학수학능력시험 ‖ Level 2

확률변수 X는 평균이 8, 표준편차가 3인 정규분포를 따르고, 확률변수 Y는 평균이 m, 표준편차가 σ인 정규분포를 따른다. 두 확률변수 X, Y가

$P(4 \le X \le 8) + P(Y \ge 8) = \dfrac{1}{2}$ 을

만족시킬 때, $P\left(Y \le 8 + \dfrac{2\sigma}{3}\right)$ 를
오른쪽 표준정규분포표를 이용하여 구한 것은?

z	$P(0 \le Z \le z)$
1.0	0.3413
1.5	0.4332
2.0	0.4772
2.5	0.4938

① 0.8351　　② 0.8413　　③ 0.9332

④ 0.9772　　⑤ 0.9938

1315 · 교육청 2020년 7월 ‖ Level 3

확률변수 X는 정규분포 $N(m, 2^2)$, 확률변수 Y는 정규분포 $N(2m, \sigma^2)$을 따른다.

$\quad P(X \le 8) + P(Y \le 8) = 1$
을 만족시키는 m과 σ에 대하여
$P(Y \le m + 4) = 0.3085$일 때,
$P(X \le \sigma)$를 오른쪽 표준정규분포표를 이용하여 구한 것은?

z	$P(0 \le Z \le z)$
0.5	0.1915
1.0	0.3413
1.5	0.4332
2.0	0.4772

① 0.0228　　② 0.0668　　③ 0.1359

④ 0.1587　　⑤ 0.2857

+Plus 문제

두 확률변수 X, Y가 각각 정규분포 $N(m_X, \sigma_X^2)$, $N(m_Y, \sigma_Y^2)$을 따를 때, X, Y를 각각

$$Z_X = \frac{X - m_X}{\sigma_X}, \quad Z_Y = \frac{Y - m_Y}{\sigma_Y}$$

로 표준화하여 확률을 비교한다.

1316 대표문제

어느 고등학교 전체 학생의 국어, 수학, 영어 성적은 각각 정규분포를 따르고 각 과목의 평균, 표준편차는 다음 표와 같다.

	국어	수학	영어
평균	68점	72점	84점
표준편차	28점	12점	8점

국어, 수학, 영어의 점수가 96점 이상인 학생 수를 각각 a, b, c라 할 때, a, b, c의 대소 관계는?

① $a < b < c$　　② $a < c < b$　　③ $b < a < c$

④ $b < c < a$　　⑤ $c < a < b$

1317 ‖ Level 2

세 확률변수 A, B, C가 각각 정규분포 $N(10, 2^2)$, $N(20, 4^2)$, $N(30, 6^2)$을 따른다.
$a = P(A \ge 8)$, $b = P(B \ge 14)$, $c = P(C \le 42)$라 할 때, a, b, c의 대소 관계는?

① $a < b < c$　　② $a < c < b$　　③ $b < a < c$

④ $b < c < a$　　⑤ $c < a < b$

1318 ‖ Level 2

우리나라 고등학교의 남학생의 키는 평균이 174 cm, 표준편차가 6 cm인 정규분포를 따르고, 여학생의 키는 평균이 161 cm, 표준편차가 4 cm인 정규분포를 따른다고 한다. 고등학교 남학생 A와 여학생 B의 키가 각각 180 cm, a cm이고, 남학생 중에서 A의 상대적인 키와 여학생 중에서 B의 상대적인 키가 같을 때, 상수 a의 값을 구하시오.

1319

Level 2

어느 해 대학수학능력시험의 국어, 수학, 영어 영역의 성적은 각각 정규분포를 따른다고 한다. 각 영역의 평균, 표준편차와 이 해의 대학수학능력시험에 응시한 학생 A의 성적을 표로 나타내면 다음과 같을 때, a, b, c의 대소 관계는?
(단, 백분위란 전체 응시생 중에서 성적이 자신의 점수 이하인 응시생의 비율을 의미한다. 예를 들어 백분위가 90 %이면 성적이 자신의 점수 이하인 응시생이 전체 응시생의 90 %이다.)

	국어 영역	수학 영역	영어 영역
평균	60점	50점	55점
표준편차	10점	24점	30점
A의 성적	80점	86점	85점
A의 백분위	a %	b %	c %

① $a<b<c$ ② $a<c<b$ ③ $b<c<a$
④ $c<a<b$ ⑤ $c<b<a$

1320

Level 2

세 나라 A, B, C의 어느 해 근로자의 연간 근로 소득은 각각 정규분포 $N(3800, a^2)$, $N(4000, b^2)$, $N(3500, c^2)$을 따른다고 한다. 이 해의 세 나라 A, B, C의 근로자 D, E, F의 연간 근로 소득이 각각 4100, 4200, 3800일 때, 각 나라에서 근로 소득이 상대적으로 높은 사람부터 차례로 나열하시오. (단, 소득의 단위는 만 원이고, $a=b>c>0$이다.)

실전유형 12 정규분포의 활용 – 확률 구하기   빈출유형

정규분포를 따르는 실생활 문제에서 확률은 다음과 같은 순서로 구한다.
❶ 확률변수 X를 정한 후 X가 따르는 정규분포 $N(m, \sigma^2)$을 구한다.
❷ 확률변수 X를 $Z=\dfrac{X-m}{\sigma}$으로 표준화한다.
❸ 표준정규분포표를 이용하여 확률을 구한다.

1321 대표문제

어느 카페에서 판매하는 생과일 주스 한 잔의 열량은 평균이 200 kcal, 표준편차가 8 kcal인 정규분포를 따른다고 한다. 이 카페에서 구매한 생과일 주스 한 잔의 열량이 206 kcal 이하일 확률을 위의 표준정규분포표를 이용하여 구한 것은?

z	$P(0\leq Z\leq z)$
0.75	0.2734
1.0	0.3413
1.25	0.3944
1.5	0.4332

① 0.7734   ② 0.8185   ③ 0.8413
④ 0.8944   ⑤ 0.9332

1322

Level 2

어느 제과 회사에서 만든 과자 한 개의 무게는 평균이 16, 표준편차가 0.3인 정규분포를 따른다고 한다. 이 제과 회사에서 만든 과자 중에서 임의로 한 개를 선택했을 때, 이 과자의 무게가 15.25 이하일 확률을 위의 표준정규분포표를 이용하여 구한 것은?
(단, 무게의 단위는 g이다.)

z	$P(0\leq Z\leq z)$
1.0	0.34
1.5	0.43
2.0	0.48
2.5	0.49

① 0.01   ② 0.02   ③ 0.03
④ 0.04   ⑤ 0.05

1323

어느 마트의 고객의 이용 시간은 평균이 30분, 표준편차가 2분인 정규분포를 따른다고 한다. 이 마트의 고객 중에서 임의로 한 명을 선택했을 때, 이 고객의 이용 시간이 26분 이상이고 29분 이하일 확률을 오른쪽 표준정규분포표를 이용하여 구한 것은?

z	$P(0 \le Z \le z)$
0.5	0.1915
1.0	0.3413
1.5	0.4332
2.0	0.4772
2.5	0.4938

① 0.0228　　② 0.0668　　③ 0.1359

④ 0.1587　　⑤ 0.2857

1324

어느 지역에 거주하는 사람들이 지난 일주일 동안 TV를 시청한 시간은 평균이 480분, 표준편차가 16분인 정규분포를 따른다고 한다. 이 지역에 거주하는 사람들 중에서 임의로 한 명을 선택했을 때, 이 사람이 지난 일주일 동안 TV를 시청한 시간이 500분 이상일 확률을 위의 표준정규분포표를 이용하여 구한 것은?

z	$P(0 \le Z \le z)$
0.5	0.1915
0.75	0.2734
1.0	0.3413
1.25	0.3944
1.5	0.4332

① 0.0668　　② 0.1056　　③ 0.1587

④ 0.2266　　⑤ 0.3085

1325

어느 실험실의 연구원이 어떤 식물로부터 하루 동안 추출하는 호르몬의 양은 평균이 30.2 mg, 표준편차가 0.6 mg인 정규분포를 따른다고 한다. 어느 날 이 연구원이 하루 동안 추출한 호르몬의 양이 29.0 mg 이상이고 30.8 mg 이하일 확률을 위의 표준정규분포표를 이용하여 구하시오.

z	$P(0 \le Z \le z)$
0.5	0.1915
1.0	0.3413
1.5	0.4332
2.0	0.4772
2.5	0.4938

1326

어느 공항에서 처리되는 각 수하물의 무게는 평균이 18 kg, 표준편차가 2 kg인 정규분포를 따른다고 한다. 이 공항에서 처리되는 수하물 중에서 임의로 한 개를 선택할 때, 이 수하물의 무게가 16 kg 이상이고 20 kg 이하일 확률을 위의 표준정규분포표를 이용하여 구하시오.

z	$P(0 \le Z \le z)$
0.5	0.1915
1.0	0.3413
1.5	0.4332
2.0	0.4772

다음은 이 유형에서 출제된 최근 교육청 · 평가원 기출문제입니다.

1327 · 2020학년도 대학수학능력시험 ∎∎∎ Level 2

어느 농장에서 수확하는 파프리카 1개의 무게는 평균이 180 g, 표준편차가 20 g인 정규분포를 따른다고 한다. 이 농장에서 수확한 파프리카 중에서 임의로 선택한 파프리카 1개의 무게가 190 g 이상이고 210 g 이하일 확률을 오른쪽 표준정규분포표를 이용하여 구한 것은?

z	P($0 \leq Z \leq z$)
0.5	0.1915
1.0	0.3413
1.5	0.4332
2.0	0.4772

① 0.0440   ② 0.0919
③ 0.1359   ④ 0.1498
⑤ 0.2417

1329 · 교육청 2018년 10월 ∎∎∎ Level 2

어느 공장에서 생산하는 축구공 1개의 무게는 평균이 430 g이고 표준편차가 14 g인 정규분포를 따른다고 한다. 이 공장에서 생산한 축구공 중에서 임의로 선택한 축구공 1개의 무게가 409 g 이상일 확률을 오른쪽 표준정규분포표를 이용하여 구한 것은?

z	P($0 \leq Z \leq z$)
0.5	0.1915
1.0	0.3413
1.5	0.4332
2.0	0.4772
2.5	0.4938

① 0.6915   ② 0.8413   ③ 0.9332
④ 0.9772   ⑤ 0.9938

1328 · 교육청 2019년 7월 ∎∎∎ Level 2

어느 공장에서 생산하는 전기 자동차 배터리 1개의 용량은 평균이 64.2, 표준편차가 0.4인 정규분포를 따른다고 한다. 이 공장에서 생산한 전기 자동차 배터리 중 임의로 1개를 선택할 때, 이 배터리의 용량이 65 이상일 확률을 오른쪽 표준정규분포표를 이용하여 구한 것은? (단, 전기 자동차 배터리 용량의 단위는 kWh이다.)

z	P($0 \leq Z \leq z$)
1.0	0.3413
1.5	0.4332
2.0	0.4772
2.5	0.4938

① 0.0062   ② 0.0228   ③ 0.0668
④ 0.1587   ⑤ 0.3085

1330 · 교육청 2017년 7월 ∎∎∎ Level 2

어느 양계장에서 생산하는 계란 1개의 무게는 평균이 52 g, 표준편차가 8 g인 정규분포를 따른다고 한다. 이 양계장에서 생산하는 계란 중 임의로 1개를 선택할 때, 이 계란의 무게가 60 g 이상이고 68 g 이하일 확률을 오른쪽 표준정규분포표를 이용하여 구한 것은?

z	P($0 \leq Z \leq z$)
1.0	0.3413
1.5	0.4332
2.0	0.4772
2.5	0.4938
3.0	0.4987

① 0.0440   ② 0.0655   ③ 0.0919
④ 0.1359   ⑤ 0.1525

06

정규분포를 따르는 실생활 문제에서 n개의 자료 중에서 특정 범위에 속하는 자료의 개수는 다음과 같은 순서로 구한다.
❶ 확률변수 X를 정한 후 X가 따르는 정규분포 $\text{N}(m, \sigma^2)$을 구한다.
❷ X를 $Z = \dfrac{X-m}{\sigma}$으로 표준화한다.
❸ 표준정규분포표를 이용하여 X가 특정 범위에 속할 확률 p를 구한다.
❹ 구하는 자료의 개수 np의 값을 구한다.

1331 대표문제

어느 고등학교 학생 500명의 수학 성적은 평균이 65점, 표준편차가 5점인 정규분포를 따른다고 한다. 이 고등학교 학생 중에서 수학 성적이 60점 이상이고 80점 이하인 학생 수를 오른쪽 표준정규분포표를 이용하여 구한 것은?

z	$\text{P}(0 \leq Z \leq z)$
1.0	0.3413
1.5	0.4332
2.0	0.4772
2.5	0.4938
3.0	0.4987

① 405 　　　② 420 　　　③ 435
④ 450 　　　⑤ 465

1332　　　　　Level 2

어느 공장에서 생산되는 과자의 무게는 평균이 20 g, 표준편차가 0.6 g인 정규분포를 따른다고 한다. 생산된 과자 중에서 무게가 18.5 g 이하이면 불량품으로 분류될 때, 이 공장에서 생산된 3000개의 과자 중 불량품으로 분류되는 과자의 개수를 위의 표준정규분포표를 이용하여 구하시오.

z	$\text{P}(0 \leq Z \leq z)$
1.0	0.34
1.5	0.43
2.0	0.48
2.5	0.49

1333　　　　　Level 2

어느 농장에서 수확한 10000개의 딸기의 무게는 평균이 19 g, 표준편차가 2 g인 정규분포를 따른다고 한다. 이 농장에서 수확한 딸기 중에서 무게가 24 g 이상이면 '특' 등급으로 분류하여 판매할 때, 이 농장에서 수확한 10000개의 딸기 중에서 '특' 등급으로 분류되는 딸기의 개수를 위의 표준정규분포표를 이용하여 구한 것은?

z	$\text{P}(0 \leq Z \leq z)$
0.5	0.1915
1.0	0.3413
1.5	0.4332
2.0	0.4772
2.5	0.4938

① 62 　　　② 80 　　　③ 128
④ 228 　　　⑤ 362

1334　　　　　Level 2

어느 회사에서 만든 로봇청소기는 한 번 충전으로 청소할 수 있는 시간이 평균이 100분, 표준편차가 5분인 정규분포를 따른다고 한다. 이 회사에서 만든 로봇청소기 중에서 한 번 충전으로 청소할 수 있는 시간이 90분 이하인 것은 폐기처분한다고 할 때, 이 회사에서 만든 500개의 로봇청소기 중에서 폐기처분되는 로봇청소기의 개수를 위의 표준정규분포표를 이용하여 구한 것은?

z	$\text{P}(0 \leq Z \leq z)$
1.0	0.34
1.5	0.43
2.0	0.48
2.5	0.49

① 5 　　　② 10 　　　③ 35
④ 60 　　　⑤ 80

1335

○●▮ Level **2**

어느 지역의 고등학교 3학년 학생 3000명의 대학수학능력시험 수학 영역의 표준점수는 평균이 100점, 표준편차가 20점인 정규분포를 따른다고 한다. 이 학생 중에서 수학 영역의 표준점수가

z	P($0 \leq Z \leq z$)
0.5	0.20
1.0	0.34
1.5	0.43
2.0	0.48

120점 이상이고 140점 이하인 학생 수를 위의 표준정규분포표를 이용하여 구한 것은?

① 150   ② 240   ③ 330

④ 420   ⑤ 510

1336

○●▮ Level **2**

어느 고등학교 학생 400명의 키는 평균이 170 cm, 표준편차가 5 cm인 정규분포를 따른다고 한다. 이 중에서 키가 165 cm 이상이고 175 cm 이하인 학생 수를 오른쪽 표준정규분포표를 이용하여 구한 것은?

z	P($0 \leq Z \leq z$)
0.5	0.20
1.0	0.34
1.5	0.43
2.0	0.48

① 216   ② 252   ③ 272

④ 308   ⑤ 328

1337

○●▮ Level **2**

어느 연구소에서 A 모종을 심은 지 3주가 지났을 때 줄기의 길이를 조사한 결과, 줄기의 길이는 평균이 40 cm, 표준편차가 4 cm인 정규분포를 따른다고 한다. 이 연구소에서 심은 지 3주가 지난

z	P($0 \leq Z \leq z$)
0.5	0.20
1.0	0.34
1.5	0.43
2.0	0.48

A 모종 1000개 중에서 줄기의 길이가 a cm 이상인 모종이 70개일 때, a의 값을 위의 표준정규분포표를 이용하여 구하시오.

1338

○●▮ Level **2**

어느 대학의 논술 전형 응시자 n명의 논술 점수는 평균이 60점, 표준편차가 20점인 정규분포를 따른다고 한다. 이 대학의 논술 전형 응시자 중에서 논술 점수가 90점 이상인 학생이 70명일 때,

z	P($0 \leq Z \leq z$)
0.5	0.20
1.0	0.34
1.5	0.43
2.0	0.48

n의 값을 위의 표준정규분포표를 이용하여 구한 것은?

① 800   ② 850   ③ 900

④ 950   ⑤ 1000

06

1339

Level 3

과수원 A에서 수확한 사과의 당
도는 평균이 14 Brix, 표준편차
가 1 Brix인 정규분포를 따르고,
과수원 B에서 수확한 사과의 당
도는 평균이 13 Brix, 표준편차
가 4 Brix인 정규분포를 따른다

z	$P(0 \leq Z \leq z)$
0.5	0.20
1.0	0.34
1.5	0.43
2.0	0.48

고 한다. 과수원 A에서 수확한 사과 300개 중에서 당도가
15 Brix 이상인 사과의 개수와 과수원 B에서 수확한 사과
n개 중에서 당도가 15 Brix 이상인 사과의 개수가 같을
때, n의 값을 위의 표준정규분포표를 이용하여 구한 것은?

① 160   ② 210   ③ 260

④ 310   ⑤ 360

1340

Level 3

어느 공장에서 생산되는 음료수
한 병의 무게는 평균이 997 g, 표
준편차가 σ g인 정규분포를 따른
다고 한다. 이 공장에서 생산된
음료수 10000병 중에서 무게가
991 g 이하인 것이 228병일 때,

z	$P(0 \leq Z \leq z)$
0.5	0.1915
1.0	0.3413
1.5	0.4332
2.0	0.4772

한 병의 무게가 1 kg 이상인 병의 개수를 위의 표준정규분
포표를 이용하여 구한 것은?

① 228   ② 668   ③ 1498

④ 1587   ⑤ 3085

+ Plus 문제

심화 유형 **14** 정규분포의 활용 – 최솟값, 미지수의 값 구하기

정규분포 $N(m, \sigma^2)$을 따르는 확률변수 X에 대하여 상위
α % 안에 드는 X의 최솟값을 구할 때는 최솟값을 k로 놓고,
표준정규분포를 이용하여

$$P(X \geq k) = P\left(Z \geq \frac{k-m}{\sigma}\right) = \frac{\alpha}{100}$$

를 만족시키는 k의 값을 구한다.

1341 대표문제

모집 정원이 20명인 어느 회사의
입사 시험에 1000명이 응시하였
다. 응시생의 시험 점수는 평균이
82점, 표준편차가 4점인 정규분
포를 따른다고 할 때, 합격자의
최저 점수를 오른쪽 표준정규분
포표를 이용하여 구한 것은?

z	$P(0 \leq Z \leq z)$
0.5	0.19
1.0	0.34
1.5	0.43
2.0	0.48

① 84점   ② 86점   ③ 88점

④ 90점   ⑤ 92점

1342

Level 1

확률변수 X가 정규분포
$N(20, 3^2)$을 따를 때, 오른쪽
표준정규분포표를 이용하여
$P(X \geq k) \geq 0.02$를 만족시키는
실수 k의 최댓값을 구한 것은?

z	$P(0 \leq Z \leq z)$
0.5	0.19
1.0	0.34
1.5	0.43
2.0	0.48

① 22   ② 23

③ 24   ④ 25

⑤ 26

1343

•❙❙ Level 1

확률변수 X가 정규분포
$N(100,\ 20^2)$을 따를 때, 오른쪽
표준정규분포표를 이용하여
$P(X \geq k) \leq 0.07$을 만족시키는
실수 k의 최솟값을 구한 것은?

z	$P(0 \leq Z \leq z)$
0.5	0.19
1.0	0.34
1.5	0.43
2.0	0.48

① 110 　　　② 115

③ 120 　　　④ 125

⑤ 130

1344

•❙❙ Level 2

어느 농장의 돼지 400마리의 무
게는 평균이 110 kg, 표준편차가
10 kg인 정규분포를 따른다고 한
다. 이 농장의 돼지 중에서 무거
운 것부터 차례로 6마리를 뽑아

z	$P(0 \leq Z \leq z)$
2.12	0.483
2.17	0.485
2.29	0.489

우량 돼지 선발 대회에 내보내려고 한다. 우량 돼지 선발 대
회에 내보낼 돼지의 최소 무게를 위의 표준정규분포표를 이
용하여 구한 것은?

① 121.6 kg 　　② 126.7 kg 　　③ 130.7 kg

④ 131.7 kg 　　⑤ 132.9 kg

1345

•❙❙ Level 2

A 과수원에서 수확하는 귤의 무게는 평균이 86, 표준편차
가 15인 정규분포를 따르고, B 과수원에서 수확하는 귤의
무게는 평균이 88, 표준편차가 10인 정규분포를 따른다고
한다. A 과수원에서 임의로 선택한 귤의 무게가 a 이하일
확률과 B 과수원에서 임의로 선택한 귤의 무게가 96 이하
일 확률이 같을 때, a의 값을 구하시오.

(단, 귤의 무게의 단위는 g이다.)

1346

•❙❙ Level 2

어느 식당을 이용하는 고객의 식
사 시간은 평균이 12분, 표준편차
가 2분인 정규분포를 따른다고
한다. 이 식당을 이용하는 고객
중에서 임의로 선택한 한 명의 식
사 시간이 a분 이상일 확률이

z	$P(0 \leq Z \leq z)$
0.5	0.1915
1.0	0.3413
1.5	0.4332
2.0	0.4772

0.0668일 때, a의 값을 위의 표준정규분포표를 이용하여 구
하시오.

06

1347

어느 동물의 특정 자극에 대한 반응 시간은 평균이 m, 표준편차가 1인 정규분포를 따른다고 한다. 반응 시간이 3 미만일 확률이 0.1003일 때, m의 값을 오른쪽 표준정규분포표를 이용하여 구한 것은? (단, 반응 시간의 단위는 밀리초이다.)

z	$P(0 \leq Z \leq z)$
0.91	0.3186
1.28	0.3997
1.65	0.4505
2.02	0.4783

① 3.54　　② 3.91　　③ 4.28

④ 4.65　　⑤ 5.02

1348

어느 고등학교 학생 400명의 수학 성적은 평균이 70점, 표준편차가 σ점인 정규분포를 따른다고 한다. 수학 성적이 28등인 학생의 점수가 85점일 때, σ의 값을 오른쪽 표준정규분포표를 이용하여 구한 것은?

z	$P(0 \leq Z \leq z)$
0.5	0.20
1.0	0.34
1.5	0.43
2.0	0.48

① 6　　② 8　　③ 10

④ 12　　⑤ 14

1349

어느 공장에서 생산되는 제품 A의 수명은 평균이 m시간, 표준편차가 50시간인 정규분포를 따른다고 한다. 이 공장에서 생산된 제품 A 중에서 수명이 900시간 미만인 것은 불량품으로 분류하여 판매하지 않는다. 이 공장에서 생산되는 5000개의 제품 A 중에서 불량품으로 분류된 제품이 100개였을 때, m의 값을 위의 표준정규분포표를 이용하여 구한 것은?

z	$P(0 \leq Z \leq z)$
0.5	0.20
1.0	0.34
1.5	0.43
2.0	0.48

① 925　　② 950　　③ 975

④ 1000　　⑤ 1025

1350 고난도

어느 회사의 신입사원 1000명의 입사 시험 점수는 정규분포를 따른다고 한다. 이 회사 신입사원 중에서 입사 시험 점수가 90점 이상인 신입사원이 67명, 80점 이상이고 90점 미만인 신입사원이 92명이다. 입사 시험 점수가 a점 이상인 신입사원이 40명일 때, a의 값을 위의 표준정규분포표를 이용하여 구한 것은?

z	$P(0 \leq Z \leq z)$
1.00	0.341
1.25	0.394
1.50	0.433
1.75	0.460

① 91　　② 92　　③ 93

④ 94　　⑤ 95

+Plus 문제

실전
유형 **15** 이항분포와 정규분포의 관계

확률변수 X가 이항분포 $B(n, p)$를 따를 때, n이 충분히 크면 X는 근사적으로 정규분포 $N(np, npq)$를 따른다.

(단, $q=1-p$)

1351 대표문제

확률변수 X가 이항분포 $B\left(180, \dfrac{1}{6}\right)$을 따를 때, 오른쪽 표준정규분포표를 이용하여 $P(X \geq 25)$를 구한 것은?

z	$P(0 \leq Z \leq z)$
1.0	0.3413
1.5	0.4332
2.0	0.4772
2.5	0.4938

① 0.0668   ② 0.1587

③ 0.8413   ④ 0.9332

⑤ 0.9772

1352　　　　　　　　　·▮▮ Level 1

이항분포 $B\left(100, \dfrac{1}{10}\right)$을 따르는 확률변수 X가 근사적으로 정규분포 $N(m, \sigma^2)$을 따를 때, $m+\sigma$의 값은? (단, $\sigma > 0$)

① 11   ② 12   ③ 13

④ 14   ⑤ 15

1353　　　　　　　　　·▮▮ Level 1

이항분포 $B(180, p)$를 따르는 확률변수 X가 근사적으로 정규분포 $N(30, \sigma^2)$을 따를 때, $12p\sigma$의 값을 구하시오.

(단, $\sigma > 0$)

1354　　　　　　　　　·▮▮ Level 2

확률변수 X가 이항분포 $B\left(150, \dfrac{3}{5}\right)$을 따를 때, 표준정규분포를 따르는 확률변수 Z에 대하여

$$P(X > 81) = P(Z > a)$$

이다. 이때 상수 a의 값은?

① -3 ② -1.5 ③ 0

④ 1.5   ⑤ 3

1355　　　　　　　　　·▮▮ Level 2

확률변수 X에 대하여 X의 확률질량함수가

$$P(X=x) = {}_{150}C_x \left(\dfrac{2}{5}\right)^x \left(\dfrac{3}{5}\right)^{150-x}$$

$(x=0, 1, 2, \cdots, 150)$

일 때, $P(72 \leq X \leq 75)$를 오른쪽 표준정규분포표를 이용하여 구한 것은?

z	$P(0 \leq Z \leq z)$
1.0	0.3413
1.5	0.4332
2.0	0.4772
2.5	0.4938

① 0.0166   ② 0.0440   ③ 0.0606

④ 0.0919   ⑤ 0.1359

1356

Level 2

확률변수 X의 확률분포를 표로 나타내면 다음과 같다.

X	0	1	2	$\cdots$	100	합계
$P(X=x)$	$_{100}C_0\left(\frac{1}{2}\right)^{100}$	$_{100}C_1\left(\frac{1}{2}\right)^{100}$	$_{100}C_2\left(\frac{1}{2}\right)^{100}$	$\cdots$	$_{100}C_{100}\left(\frac{1}{2}\right)^{100}$	1

오른쪽 표준정규분포표를 이용하여 $P(45 \leq X \leq 60)$을 구한 것은?

z	$P(0 \leq Z \leq z)$
0.5	0.1915
1.0	0.3413
1.5	0.4332
2.0	0.4772

① 0.3830   ② 0.5328

③ 0.6247   ④ 0.7745

⑤ 0.8185

1357

Level 2

확률변수 X는 이항분포 $B\left(n, \frac{1}{2}\right)$을 따른다. 오른쪽 표준정규분포표를 이용하여 $P(X \geq 84)$를 구한 값이 0.02일 때, n의 값은? (단, $n \geq 100$)

z	$P(0 \leq Z \leq z)$
0.5	0.19
1.0	0.34
1.5	0.43
2.0	0.48

① 121   ② 144   ③ 169

④ 196   ⑤ 225

1358

Level 2

오른쪽 표준정규분포표를 이용하여

$$_{100}C_{16}\left(\frac{1}{5}\right)^{16}\left(\frac{4}{5}\right)^{84}$$
$$+_{100}C_{17}\left(\frac{1}{5}\right)^{17}\left(\frac{4}{5}\right)^{83}+\cdots$$
$$+_{100}C_{23}\left(\frac{1}{5}\right)^{23}\left(\frac{4}{5}\right)^{77}$$
$$+_{100}C_{24}\left(\frac{1}{5}\right)^{24}\left(\frac{4}{5}\right)^{76}$$

의 값을 구한 것은?

z	$P(0 \leq Z \leq z)$
0.5	0.1915
1.0	0.3413
1.5	0.4332
2.0	0.4772

① 0.1587   ② 0.3085   ③ 0.6826

④ 0.8664   ⑤ 0.9544

1359

Level 2

오른쪽 표준정규분포표를 이용하여

$$\sum_{k=351}^{400} {}_{400}C_k\left(\frac{9}{10}\right)^k\left(\frac{1}{10}\right)^{400-k}$$

의 값을 구한 것은?

z	$P(0 \leq Z \leq z)$
0.5	0.1915
1.0	0.3413
1.5	0.4332
2.0	0.4772

① 0.6915   ② 0.8185

③ 0.8413   ④ 0.9332

⑤ 0.9772

1360

Level 3

이항분포 $B\left(432, \frac{1}{4}\right)$을 따르는 확률변수 X에 대하여

$$\sum_{x=90}^{a} {}_{432}C_x\left(\frac{1}{4}\right)^x\left(\frac{3}{4}\right)^{432-x} \leq 0.96$$

을 만족시키는 자연수 a의 최댓값을 오른쪽 표준정규분포표를 이용하여 구하시오.

z	$P(0 \leq Z \leq z)$
1.0	0.34
1.5	0.43
2.0	0.48
2.5	0.49

+Plus 문제

이항분포에 대한 실생활 문제에서 확률은 다음과 같은 순서로 구한다.

❶ n번의 독립시행에서 사건 A가 일어나는 횟수를 확률변수 X라 하고, X가 따르는 이항분포 $B(n, p)$를 구한다.

❷ X의 평균과 분산을 구한다.
→ $E(X)=np$, $V(X)=npq$ (단, $q=1-p$)

❸ X가 근사적으로 따르는 정규분포를 구한다.

❹ X를 표준화하고, 표준정규분포표를 이용하여 확률을 구한다.

1361 대표문제

한 개의 주사위를 720번 던질 때, 1의 눈이 나오는 횟수가 130 이하일 확률을 오른쪽 표준정규분포표를 이용하여 구한 것은?

z	$P(0 \leq Z \leq z)$
0.5	0.1915
1.0	0.3413
1.5	0.4332
2.0	0.4772

① 0.7745   ② 0.8185

③ 0.8413   ④ 0.9104

⑤ 0.9332

1362

Level 2

둥근 면이 나올 확률이 $\dfrac{2}{3}$인 윷 한 개를 450번 던질 때, 둥근 면이 나오는 횟수가 290 이상이고 320 이하일 확률을 오른쪽 표준정규분포표를 이용하여 구하시오.

z	$P(0 \leq Z \leq z)$
0.5	0.1915
1.0	0.3413
1.5	0.4332
2.0	0.4772

1363

Level 2

한 개의 주사위를 144번 던질 때, 소수의 눈이 나오는 횟수가 60 이상이고 78 이하일 확률을 오른쪽 표준정규분포표를 이용하여 구한 것은?

z	$P(0 \leq Z \leq z)$
0.5	0.1915
1.0	0.3413
1.5	0.4332
2.0	0.4772

① 0.7745   ② 0.8185

③ 0.8413   ④ 0.9104

⑤ 0.9332

1364

Level 2

어떤 바이러스에 대한 항체 생성률이 90 %인 A 백신을 10000명에게 투약하였을 때, 항체가 생성되는 사람이 9030명 이상일 확률을 오른쪽 표준정규분포표를 이용하여 구한 것은?

z	$P(0 \leq Z \leq z)$
0.5	0.19
1.0	0.34
1.5	0.43
2.0	0.48

① 0.16   ② 0.20   ③ 0.34

④ 0.68   ⑤ 0.84

1365

Level 2

각 면에 1, 2, 3, 4의 숫자가 하나씩 적혀 있는 정사면체 모양의 상자 2개를 동시에 던졌을 때, 바닥에 닿은 면에 적혀 있는 두 수의 곱이 홀수인 사건을 A라 하자. 이 시행을 1200번 하였을 때, 사건 A가 일어나는 횟수가 270 이상이고 315 이하일 확률을 위의 표준정규분포표를 이용하여 구한 것은?

z	$P(0 \leq Z \leq z)$
0.5	0.1915
1.0	0.3413
1.5	0.4332
2.0	0.4772

① 0.7745   ② 0.8185   ③ 0.8413

④ 0.9104   ⑤ 0.9332

1366

Level 2

서로 다른 동전 3개를 동시에 448번 던질 때, 3개 모두 앞면이 나오는 횟수가 42 이하일 확률을 오른쪽 표준정규분포표를 이용하여 구하면 p이다. 이때 $100p$의 값을 구하시오.

z	$P(0 \leq Z \leq z)$
0.5	0.19
1.0	0.34
1.5	0.43
2.0	0.48

1367

Level 2

다음은 어느 백화점에서 판매하고 있는 태블릿 PC에 대한 제조 회사별 판매 비율을 나타낸 표이다.

제조 회사	A	B	C	합계
판매 비율(%)	25	35	40	100

이 백화점에서 태블릿 PC를 구매한 고객 중에서 임의로 192명을 선택하여 이 백화점에서 구매한 태블릿 PC의 제조 회사를 조사할 때, A 회사 제품을 구매한 고객이 42명 이상일 확률을 오른쪽 표준정규분포표를 이용하여 구한 것은?

z	$P(0 \leq Z \leq z)$
0.5	0.1915
1.0	0.3413
1.5	0.4332
2.0	0.4772

① 0.7745   ② 0.8185   ③ 0.8413

④ 0.9104   ⑤ 0.9332

1368

Level 2

어느 과수원에서 수확한 사과의 무게는 평균이 $400\,g$, 표준편차가 $50\,g$인 정규분포를 따른다고 한다. 이 사과 중 무게가 $442\,g$ 이상인 것을 1등급 상품으로 정한다. 이 과수원에서 수확한 사과 중 100개를 임의로 선택할 때, 1등급 상품이 26개 이상일 확률을 위의 표준정규분포표를 이용하여 구한 것은?

z	$P(0 \leq Z \leq z)$
0.64	0.24
0.84	0.30
1.00	0.34
1.28	0.40
1.50	0.43

① 0.07   ② 0.10   ③ 0.16

④ 0.20   ⑤ 0.26

1369

••ıı Level 3

어느 항공사의 예약 고객은 10명 중 2명의 비율로 취소를 한다. 정원이 340명인 비행기의 예약 고객이 400명일 때, 좌석이 부족하지 않을 확률을 오른쪽 표준정규분포표를 이용하여 구한 것은?

z	$P(0 \leq Z \leq z)$
2.1	0.4821
2.2	0.4861
2.3	0.4893
2.4	0.4918
2.5	0.4938

① 0.9821 ② 0.9861

③ 0.9893 ④ 0.9918

⑤ 0.9938

1370

••ıı Level 3

서로 다른 동전 2개를 동시에 던져서 서로 다른 면이 나오면 2점을 얻고, 서로 같은 면이 나오면 1점을 잃는 게임을 한다. 이 게임을 400번 하여 얻은 점수의 합이 155점 이상일 확률을 오른쪽 표준정규분포표를 이용하여 구한 것은?

z	$P(0 \leq Z \leq z)$
0.5	0.1915
1.0	0.3413
1.5	0.4332
2.0	0.4772

① 0.7745 ② 0.8185 ③ 0.8413

④ 0.9104 ⑤ 0.9332

＋Plus 문제

심화
유형 **17** 이항분포와 정규분포의 관계의 활용
－ 미지수의 값 구하기

확률변수 X가 이항분포 $B(n, p)$를 따를 때,
$P(a \leq X \leq b) = \alpha$ (α는 상수)를 만족시키는 a, b의 값은 다음과 같은 순서로 구한다.
❶ 확률변수 X가 근사적으로 따르는 정규분포를 구한다.
❷ X를 표준화하여 미지수에 대한 관계식을 세운다.
❸ 표준정규분포표를 이용하여 미지수의 값을 구한다.

1371 대표문제

○✕에 대한 문제 100개에 대하여 각각 임의로 답할 때, 맞힌 문제의 개수가 a 이상일 확률이 0.02이다. a의 값을 오른쪽 표준정규분포표를 이용하여 구한 것은?

z	$P(0 \leq Z \leq z)$
0.5	0.19
1.0	0.34
1.5	0.43
2.0	0.48

① 55 ② 60 ③ 65

④ 70 ⑤ 75

1372

••ı Level 1

이항분포 $B\left(1200, \dfrac{3}{4}\right)$을 따르는 확률변수 X에 대하여 $P(X \leq a) = 0.84$를 만족시키는 실수 a의 값을 오른쪽 표준정규분포표를 이용하여 구한 것은?

z	$P(0 \leq Z \leq z)$
0.5	0.19
1.0	0.34
1.5	0.43
2.0	0.48

① 905 ② 915

③ 925 ④ 935

⑤ 945

1373

한 개의 동전을 400번 던질 때, 앞면이 나오는 횟수를 확률변수 X라 하자. $P(X \leq k) = 0.9772$ 를 만족시키는 실수 k의 값을 오른쪽 표준정규분포표를 이용하여 구한 것은?

z	$P(0 \leq Z \leq z)$
0.5	0.1915
1.0	0.3413
1.5	0.4332
2.0	0.4772

① 210   ② 220   ③ 230

④ 240   ⑤ 250

1375

어떤 학생이 정답이 한 개인 오지선다형 문제 225개에 임의로 답할 때, 맞힌 문제가 39개 이상이고 a개 이하일 확률이 0.8185이다. 오른쪽 표준정규분포표를 이용하여 a의 값을 구한 것은?

z	$P(0 \leq Z \leq z)$
0.5	0.1915
1.0	0.3413
1.5	0.4332
2.0	0.4772

① 55   ② 57   ③ 59

④ 61   ⑤ 63

1374

3점 슛을 성공시킬 확률이 $\frac{1}{3}$인 어떤 농구 선수가 450번의 3점 슛을 시도할 때, a번 이상 성공시킬 확률이 0.16이다. 오른쪽 표준정규분포표를 이용하여 a의 값을 구한 것은?

z	$P(0 \leq Z \leq z)$
0.5	0.19
1.0	0.34
1.5	0.43
2.0	0.48

① 160   ② 165   ③ 170

④ 175   ⑤ 180

1376

어느 회사에서 생산한 제품 A가 불량품일 확률은 $\frac{1}{50}$이다. 이 회사에서 생산한 2500개의 제품 중에서 불량품의 개수가 a 이상이고 57 이하일 확률이 0.6826일 때, a의 값을 오른쪽 표준정규분포표를 이용하여 구한 것은?

z	$P(0 \leq Z \leq z)$
0.5	0.1915
1.0	0.3413
1.5	0.4332
2.0	0.4772

① 39   ② 41   ③ 43

④ 45   ⑤ 47

1377

ıll Level 2

A 대학교의 통계학과는 수시모
집으로 100명을 선발한다. 합격
한 학생이 등록을 하지 않을 확률
은 $\frac{1}{5}$이고, 등록을 하지 않은 학
생이 발생할 때마다 첫 번째 예비
합격 후보부터 차례로 충원 합격

z	$P(0 \le Z \le z)$
0.5	0.19
1.0	0.34
1.5	0.43
2.0	0.48

을 시킨다. k번째 예비 합격 후보가 충원 합격할 확률이
0.93일 때, k의 값을 위의 표준정규분포표를 이용하여 구하
시오. (단, 충원 합격한 학생은 전원 등록한다.)

1378

ıll Level 3

어느 과수원에서 수확한 사과 중
에서 최상품으로 분류될 확률은
0.1이다. 이 과수원에서 수확한
사과 n개 중에서 최상품으로 분
류된 사과의 개수를 확률변수 X
라 할 때,

z	$P(0 \le Z \le z)$
0.5	0.19
1.0	0.34
1.5	0.43
2.0	0.48

$P\left(\left|X - \dfrac{n}{10}\right| \le 6\right) \ge 0.96$을 만족시키는 자연수 n의 최댓

값을 위의 표준정규분포표를 이용하여 구하시오.

(단, n은 충분히 큰 수이다.)

✚ **Plus 문제**

1379

ıll Level 3

어느 지역의 대학수학능력시험
응시자의 수학 영역 점수는 평균
이 60점, 표준편차가 15점인 정
규분포를 따른다고 한다. 임의로
택한 이 지역의 대학수학능력시
험 응시자 2500명 중에서 수학 영

z	$P(0 \le Z \le z)$
0.5	0.19
1.0	0.34
1.5	0.43
2.0	0.48

역 점수가 90점 이상인 학생 수가 a 이상일 확률이 0.16일
때, a의 값을 위의 표준정규분포표를 이용하여 구하시오.

06

1380 고난도

ıll Level 3

한 개의 주사위를 던져서 홀수인
눈이 나오면 5점을 얻고, 짝수인
눈이 나오면 3점을 잃는 게임이
있다. 이 게임을 400번 하여 얻은
점수가 a점 이상일 확률이
0.0668일 때, a의 값을 오른쪽

z	$P(0 \le Z \le z)$
0.5	0.1915
1.0	0.3413
1.5	0.4332
2.0	0.4772

표준정규분포표를 이용하여 구한 것은?

① 510   ② 520   ③ 530

④ 540   ⑤ 550

1381 대표문제

$0 \leq x \leq 4$에서 정의된 연속확률변수 X의 확률밀도함수 $f(x)$의 그래프가 그림과 같을 때, $\dfrac{1}{k}P(2 \leq X \leq 3)$의 값을 구하는 과정을 서술하시오. (단, k는 상수이다.) [6점]

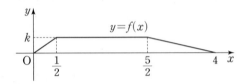

STEP 1 상수 k의 값 구하기 [2점]

확률밀도함수 $y=f(x)$의 그래프와 x축으로 둘러싸인 도형의 넓이가 1이므로

$$\dfrac{1}{2} \times (2+4) \times k = \boxed{\text{(1)}} \qquad \therefore k = \dfrac{1}{3}$$

STEP 2 $0 \leq x \leq 4$에서 $f(x)$ 구하기 [2점]

$$f(x) = \begin{cases} \dfrac{2}{3}x & \left(0 \leq x \leq \dfrac{1}{2}\right) \\ \boxed{\text{(2)}} & \left(\dfrac{1}{2} \leq x \leq \dfrac{5}{2}\right) \\ -\dfrac{2}{9}x + \dfrac{8}{9} & \left(\dfrac{5}{2} \leq x \leq 4\right) \end{cases}$$

STEP 3 $\dfrac{1}{k}P(2 \leq X \leq 3)$의 값 구하기 [2점]

$P(2 \leq X \leq 3)$은 그림의 색칠한 부분의 넓이이므로

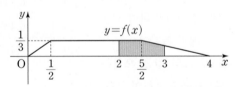

$$P(2 \leq X \leq 3) = P\left(2 \leq X \leq \dfrac{5}{2}\right) + P\left(\dfrac{5}{2} \leq X \leq 3\right)$$

$$= \dfrac{1}{2} \times \dfrac{1}{3} + \dfrac{1}{2} \times \left(\dfrac{1}{3} + \boxed{\text{(3)}}\right) \times \dfrac{1}{2}$$

$$= \dfrac{11}{36}$$

$$\therefore \dfrac{1}{k}P(2 \leq X \leq 3) = 3 \times \dfrac{11}{36} = \boxed{\text{(4)}}$$

핵심 KEY 유형 2 연속확률변수의 확률 구하기

연속확률변수의 확률밀도함수의 그래프가 주어졌을 때, 확률을 구하는 문제이다.
이 유형의 문제는 대부분 확률밀도함수의 그래프와 x축으로 둘러싸인 도형의 넓이가 1인 것을 이용하는 것이 해결의 시작이다. 이 때 확률은 그 구간의 넓이이다.

1382 한번 더

$0 \leq x \leq 8$에서 정의된 연속확률변수 X의 확률밀도함수 $f(x)$의 그래프가 그림과 같을 때, $\dfrac{1}{k}P(1 \leq X \leq 3)$의 값을 구하는 과정을 서술하시오. (단, k는 상수이다.) [6점]

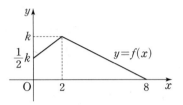

STEP 1 상수 k의 값 구하기 [2점]

STEP 2 $0 \leq x \leq 8$에서 $f(x)$ 구하기 [2점]

STEP 3 $\dfrac{1}{k}P(1 \leq x \leq 3)$의 값 구하기 [2점]

1383 유사 1

$0 \leq x \leq 4$에서 정의된 연속확률변수 X의 확률밀도함수 $f(x)$가 $P(x \leq X \leq 4) = k(4-x)$를 만족시킬 때, $P(0 \leq X \leq k)$를 구하는 과정을 서술하시오.

(단, k는 상수이다.) [6점]

1384 대표문제

어느 회사에서 생산하는 휴대폰 배터리는 한 번 충전한 후 완전히 방전되는 데 걸리는 시간이 평균 72시간, 표준편차 6시간인 정규분포를 따른다고 한다. 이 회사에서 생산한 휴대폰 배터리 중에서

z	$P(0 \le Z \le z)$
0.5	0.1915
1.0	0.3413
1.5	0.4332
2.0	0.4772

임의로 한 개를 선택했을 때, 한 번 충전한 후 완전히 방전되는 데 걸리는 시간이 84시간 이상일 확률을 위의 표준정규분포표를 이용하여 구하는 과정을 서술하시오. [8점]

STEP 1 정규분포를 따르는 확률변수 X 정하기 [2점]

배터리를 한 번 충전한 후 완전히 방전되는 데 걸리는 시간을 확률변수 X라 하면 X는 정규분포 $N(72, 6^2)$을 따른다.

STEP 2 $Z = \dfrac{X-m}{\sigma}$으로 표준화하기 [1점]

$Z = \dfrac{X - \boxed{\text{(1)}}}{6}$로 놓으면 Z는 표준정규분포 $N(0, 1)$을 따른다.

STEP 3 구하는 확률을 Z에 대한 확률로 나타내기 [2점]

한 번 충전한 후 완전히 방전되는 데 걸리는 시간이 84시간 이상일 확률은

$$P(X \ge 84) = P\left(Z \ge \dfrac{\boxed{\text{(2)}} - 72}{6}\right)$$
$$= P(Z \ge 2)$$

STEP 4 표준정규분포표를 이용하여 확률 구하기 [3점]

$P(Z \ge 2) = P(Z \ge 0) - P(0 \le Z \le 2)$

$= \boxed{\text{(3)}} - 0.4772$

$= \boxed{\text{(4)}}$

따라서 구하는 확률은 $\boxed{\text{(5)}}$이다.

핵심 KEY 유형12 **정규분포를 활용하여 확률 구하기**

실생활에서 정규분포를 따르는 확률변수에 대한 확률을 구하는 문제이다.

정규분포에서의 확률은 확률변수 X를 Z로 표준화하고, 주어진 표준정규분포표를 이용하여 구한다.

1385 한번 더

어느 고등학교 학생들이 지난 일주일 동안 수학 공부를 한 시간은 평균이 10시간, 표준편차가 2시간인 정규분포를 따른다고 한다. 이 고등학교 학생 중에서 임의로 한 명을 선택했을 때, 이 학생이

z	$P(0 \le Z \le z)$
0.5	0.1915
1.0	0.3413
1.5	0.4332
2.0	0.4772
2.5	0.4938

지난 일주일 동안 수학 공부를 한 시간이 7시간 이하일 확률을 위의 표준정규분포표를 이용하여 구하는 과정을 서술하시오. [8점]

STEP 1 정규분포를 따르는 확률변수 X 정하기 [2점]

STEP 2 $Z = \dfrac{X-m}{\sigma}$으로 표준화하기 [1점]

STEP 3 구하는 확률을 Z에 대한 확률로 나타내기 [2점]

STEP 4 표준정규분포표를 이용하여 확률 구하기 [3점]

06

1386 유사 1

어느 앱을 이용하여 고객이 음식을 주문하고 받기까지 기다리는 시간은 평균이 40분, 표준편차가 8분인 정규분포를 따른다고 한다. 이 앱을 이용하여 음식을 주문한 고객 중에서 임의로 한 명을 선택했을 때, 이 고객이 음식을

z	$P(0 \leq Z \leq z)$
0.5	0.19
1.0	0.34
1.5	0.43
2.0	0.48
2.5	0.49

주문하고 받기까지 기다린 시간이 a분 이하일 확률이 0.99 이다. a의 값을 위의 표준정규분포표를 이용하여 구하는 과정을 서술하시오. [8점]

1387 유사 2

어느 고등학교 전체 학생 1000명의 키는 평균이 m, 표준편차가 10인 정규분포를 따른다고 한다. 이 고등학교 학생 중에서 키가 170.4 이상인 학생이 150명이다. 이 고등학교 학생 중에서 임의로

z	$P(0 \leq Z \leq z)$
0.84	0.30
1.04	0.35
1.28	0.40
1.65	0.45

한 명을 선택했을 때, 이 학생의 키가 168.4 이상이고 172.8 이하일 확률을 위의 표준정규분포표를 이용하여 구하는 과정을 서술하시오. (단, 키의 단위는 cm이다.) [10점]

1388 대표문제

확률변수 X에 대하여 X의 확률질량함수가

$$P(X=x) = {}_{100}C_x \left(\frac{9}{10}\right)^x \left(\frac{1}{10}\right)^{100-x}$$
$$(x=0, 1, 2, \cdots, 100)$$

일 때, $\sum_{k=87}^{96} P(X=k)$의 값을 오른쪽 표준정규분포표를 이용하여 구하는 과정을 서술하시오. [8점]

z	$P(0 \leq Z \leq z)$
0.5	0.1915
1.0	0.3413
1.5	0.4332
2.0	0.4772

STEP 1 확률변수 X가 따르는 이항분포 구하기 [2점]
확률변수 X의 확률질량함수가

$$P(X=x) = {}_{100}C_x \left(\frac{9}{10}\right)^x \left(\frac{1}{10}\right)^{100-x} \quad (x=0, 1, 2, \cdots, 100)$$

이므로 X는 이항분포 $B\left(100, \boxed{}^{(1)}\right)$를 따른다.

STEP 2 확률변수 X가 근사적으로 따르는 정규분포 구하기 [2점]

$$E(X) = 100 \times \frac{9}{10} = 90$$

$$V(X) = 100 \times \frac{9}{10} \times \frac{1}{10} = \boxed{}^{(2)}$$

이때 $n=100$은 충분히 큰 수이므로 X는 근사적으로 정규분포 $N(90, 3^2)$을 따른다.

STEP 3 표준화하여 $\sum_{k=87}^{96} P(X=k)$의 값 구하기 [4점]

$Z = \dfrac{X - \boxed{}^{(3)}}{3}$ 으로 놓으면 Z는 표준정규분포

$N(0, 1)$을 따르므로 구하는 확률은

$$\sum_{k=87}^{96} P(X=k) = P(87 \leq X \leq 96)$$
$$= P\left(\frac{87-90}{3} \leq Z \leq \frac{96-90}{3}\right)$$
$$= P(-1 \leq Z \leq 2)$$
$$= P(-1 \leq Z \leq 0) + P(0 \leq Z \leq 2)$$
$$= P(0 \leq Z \leq \boxed{}^{(4)}) + P(0 \leq Z \leq 2)$$
$$= 0.3413 + 0.4772$$
$$= \boxed{}^{(5)}$$

핵심 KEY 유형15 이항분포와 정규분포의 관계

확률변수가 이항분포를 따를 때, n의 값이 충분히 큰 수이면 근사적으로 정규분포를 따른다는 것을 이용하여 확률을 구하는 문제이다. 주어진 확률질량함수나 문장에서 이항분포임을 알고, $E(X)$, $V(X)$를 구하여 X가 따르는 정규분포를 찾아야 한다.

1389 한번 더

확률변수 X에 대하여 X의 확률 질량함수가

$$P(X=x)={}_{400}C_x\left(\frac{1}{5}\right)^x\left(\frac{4}{5}\right)^{400-x}$$
$$(x=0,\ 1,\ 2,\ \cdots,\ 400)$$

일 때, $\displaystyle\sum_{k=84}^{96}P(X=k)$의 값을 오른쪽 표준정규분포표를 이용하여 구하는 과정을 서술하시오. [8점]

z	$P(0\le Z\le z)$
0.5	0.19
1.0	0.34
1.5	0.43
2.0	0.48

STEP 1 확률변수 X가 따르는 이항분포 구하기 [2점]

STEP 2 확률변수 X가 근사적으로 따르는 정규분포 구하기 [2점]

STEP 3 표준화하여 $\displaystyle\sum_{k=84}^{96}P(X=k)$의 값 구하기 [4점]

1390 유사 1

항체 생성률이 80 %인 어느 백신 주사를 1600명이 맞았을 때, 항체가 생성되는 사람이 1300명 이상일 확률을 오른쪽 표준정규분포표를 이용하여 구하는 과정을 서술하시오. [8점]

z	$P(0\le Z\le z)$
1.0	0.34
1.25	0.39
1.5	0.43
1.75	0.46

1391 유사 2

당도가 17 Brix 이상인 거봉은 '특' 등급으로 분류한다. 어느 농장에서 수확한 거봉 한 송이의 당도는 평균이 15 Brix, 표준편차가 1 Brix인 정규분포를 따른다고 한다. 이 농장에서 수확한 거봉이 2500송이일 때, 이 중에서 '특' 등급으로 분류된 거봉이 43송이 이상일 확률을 위의 표준정규분포표를 이용하여 구하는 과정을 서술하시오. [10점]

z	$P(0\le Z\le z)$
0.5	0.19
1.0	0.34
1.5	0.43
2.0	0.48

06

1 1392

연속확률변수 X가 갖는 값의 범위는 $0 \leq X \leq 12$이고, X의 확률밀도함수의 그래프는 그림과 같다.

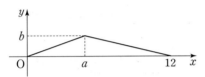

$P(0 \leq X \leq a) = \dfrac{5}{12}$일 때, $a+b$의 값은?

(단, a와 b는 상수이다.) [3점]

① $\dfrac{31}{6}$ ② $\dfrac{16}{3}$ ③ $\dfrac{11}{2}$

④ $\dfrac{17}{3}$ ⑤ $\dfrac{35}{6}$

2 1393

연속확률변수 X가 갖는 값의 범위는 $0 \leq X \leq 8a \ (a>0)$이고, X의 확률밀도함수의 그래프는 그림과 같다.

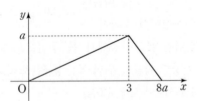

$P(2a \leq X \leq b) = \dfrac{2}{3}$일 때, $\dfrac{b}{a}$의 값은?

(단, a와 b는 상수이다.) [3점]

① 5 ② $\dfrac{11}{2}$ ③ 6

④ $\dfrac{13}{2}$ ⑤ 7

3 1394

연속확률변수 X의 확률밀도함수가

$$f(x) = \begin{cases} \dfrac{k}{2}x & (0 \leq x \leq 2) \\ k & (2 \leq x \leq 4) \end{cases}$$

일 때, 상수 k의 값은? [3점]

① $\dfrac{1}{3}$ ② $\dfrac{3}{8}$ ③ $\dfrac{5}{12}$

④ $\dfrac{11}{24}$ ⑤ $\dfrac{1}{2}$

4 1395

정규분포 $N(m, 1^2)$을 따르는 확률변수 X에 대하여 $P(X \geq 6) = P(X \leq 10)$일 때, $E(X^2)$은? [3점]

① 65 ② 66 ③ 67

④ 68 ⑤ 69

5 1396

정규분포를 따르는 두 확률변수 X, Y의 확률밀도함수를 각각 $f(x)$, $g(x)$라 할 때, 두 함수 $y=f(x)$, $y=g(x)$의 그래프는 그림과 같다.

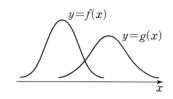

〈**보기**〉에서 옳은 것만을 있는 대로 고른 것은? [3점]

┌─────── 〈 보기 〉 ───────┐
ㄱ. $\mathrm{E}(X)<\mathrm{E}(Y)$

ㄴ. $\mathrm{V}(X)>\mathrm{V}(Y)$

ㄷ. $f(a)=g(a)$일 때, $\mathrm{P}(X\leq a)=\mathrm{P}(Y\geq a)$
└──────────────────────┘

① ㄱ   ② ㄱ, ㄴ   ③ ㄱ, ㄷ

④ ㄴ, ㄷ   ⑤ ㄱ, ㄴ, ㄷ

6 1397

확률변수 X가 정규분포 $\mathrm{N}(20,\ 2^2)$을 따를 때, 오른쪽 표준정규분포표를 이용하여 $\mathrm{P}(18\leq X\leq 22)$를 구한 것은?

[3점]

z	$\mathrm{P}(0\leq Z\leq z)$
1.0	0.3413
1.5	0.4332
2.0	0.4772
2.5	0.4938

① 0.6826   ② 0.8185

③ 0.8664   ④ 0.9270

⑤ 0.9544

7 1398

정규분포 $\mathrm{N}(32,\ \sigma^2)$을 따르는 확률변수 X에 대하여 $\mathrm{P}(X\leq 35)=0.84$일 때, $\mathrm{P}(X\leq k)=0.16$을 만족시키는 상수 k의 값은? [3.5점]

① 27   ② 28   ③ 29

④ 30   ⑤ 31

8 1399

정규분포를 따르는 두 확률변수 X, Y의 확률밀도함수가 각각 $f(x)$, $g(x)$일 때, 〈**보기**〉에서 옳은 것만을 있는 대로 고른 것은? [3.5점]

┌─────── 〈 보기 〉 ───────┐
ㄱ. $f(x)=g(x-2)$이면 $\mathrm{E}(X)=\mathrm{E}(Y)-2$

ㄴ. $f(x)=g(x-2)$이면 $\mathrm{V}(X)=\mathrm{V}(Y)$

ㄷ. $f(x)=g(-x)$이면 $\mathrm{E}(X)+\mathrm{E}(Y)=0$
└──────────────────────┘

① ㄴ   ② ㄷ   ③ ㄱ, ㄴ

④ ㄱ, ㄷ   ⑤ ㄴ, ㄷ

9 1400

확률변수 X가 정규분포 $\mathrm{N}(30,\ 4^2)$을 따를 때, 오른쪽 표를 이용하여 $\mathrm{P}(32\leq X\leq 34)$를 구한 것은? [3.5점]

x	$\mathrm{P}(m\leq X\leq x)$
$m+0.5\sigma$	0.1915
$m+\sigma$	0.3413
$m+1.5\sigma$	0.4332
$m+2\sigma$	0.4772

① 0.0228   ② 0.0668   ③ 0.0919

④ 0.1342   ⑤ 0.1498

10 1401

두 확률변수 X, Y가 각각 정규분포 $N(5, 4^2)$, $N(m, 2^2)$을 따를 때, $P(X \geq -1) = P(Y \leq 15)$를 만족시키는 m의 값은? [3.5점]

① 11　　　　② 12　　　　③ 13

④ 14　　　　⑤ 15

12 1403

확률변수 X는 정규분포 $N(5, 1^2)$을 따르고, 확률변수 Y는 정규분포 $N(10, 2^2)$을 따른다. $P(4 \leq X \leq 6) = a$, $P(3 \leq X \leq 5) = b$, $2P(10 \leq Y \leq 12) = c$일 때, a, b, c의 대소 관계는? [3.5점]

① $a = b < c$　　　② $a < b < c$　　　③ $b < a = c$

④ $b < a < c$　　　⑤ $a < b = c$

11 1402

확률변수 X가 정규분포 $N(m, \sigma^2)$을 따를 때, 오른쪽 표준정규분포표를 이용하여 $P(|X - m| \leq k\sigma) = 0.8904$를 만족시키는 양수 k의 값을 구한 것은? (단, $\sigma > 0$) [3.5점]

z	$P(0 \leq Z \leq z)$
1.2	0.3849
1.4	0.4192
1.6	0.4452
1.8	0.4641
2.0	0.4772

① 1.2　　　② 1.4

③ 1.6　　　④ 1.8

⑤ 2.0

13 1404

어느 제과점에서 판매하는 빵의 무게는 평균이 50 g, 표준편차가 3 g인 정규분포를 따른다고 한다. 이 제과점에서 판매하는 빵 중에서 임의로 선택한 한 개의 빵의 무게가 47 g 이상이고 56 g 이하일 확률을 위의 표준정규분포표를 이용하여 구한 것은?

z	$P(0 \leq Z \leq z)$
1.0	0.34
1.5	0.43
2.0	0.48
2.5	0.49

[3.5점]

① 0.77　　　② 0.82　　　③ 0.83

④ 0.91　　　⑤ 0.92

14 1405

모집 정원이 40명인 어느 대학의
수학과에 250명의 수험생이 응시
하였다. 수험생의 점수는 평균이
500점, 표준편차가 30점인 정규
분포를 따른다고 할 때, 이 대학
수학과에 합격하기 위한 최저 점
수를 위의 표준정규분포표를 이용하여 구한 것은? [3.5점]

z	$P(0 \le Z \le z)$
0.5	0.19
1.0	0.34
1.5	0.43
2.0	0.48

① 515점   ② 530점   ③ 545점

④ 560점   ⑤ 575점

15 1406

어느 공장에서 생산되는 두 제품 A, B의 무게는 각각 정규
분포 $N(30, 1^2)$, $N(60, 2^2)$을 따른다. 이 공장에서 생산된
두 제품 A, B에서 임의로 각각 1개씩 선택할 때, 선택된 제
품 A의 무게가 k 이상일 확률과 선택된 제품 B의 무게가 k
이하일 확률이 서로 같도록 하는 상수 k의 값은?

(단, 제품의 무게의 단위는 g이다.) [3.5점]

① 35   ② 40   ③ 45

④ 50   ⑤ 55

16 1407

확률변수 X가 이항분포
$B\left(400, \dfrac{1}{5}\right)$을 따를 때, 오른쪽
표준정규분포표를 이용하여
$P(84 \le X \le 96)$을 구한 것은?

[3.5점]

z	$P(0 \le Z \le z)$
0.5	0.19
1.0	0.34
1.5	0.43
2.0	0.48

① 0.05   ② 0.09   ③ 0.15

④ 0.24   ⑤ 0.29

17 1408

양수 t에 대하여 평균이 3, 표준편차가 t인 정규분포를 따르
는 확률변수를 X_t라 할 때, $f(t) = P(3t \le X_t \le 3t + 3)$이
라 하자. 〈보기〉에서 옳은 것만을 있는 대로 고른 것은?

[4점]

〈보기〉

ㄱ. $\dfrac{1}{2} f\left(\dfrac{1}{2}\right) = f(1)$

ㄴ. 임의의 두 양수 t_1, t_2에 대하여
$t_1 < t_2$이면 $f(t_1) < f(t_2)$이다.

ㄷ. $\lim_{t \to 0+} f(t) = 0.5 + f(1)$

① ㄱ   ② ㄱ, ㄴ   ③ ㄱ, ㄷ

④ ㄴ, ㄷ   ⑤ ㄱ, ㄴ, ㄷ

18 ₁₄₀₉

어느 공장에서 생산된 제품 A의 무게는 평균이 240 g, 표준편차가 3 g인 정규분포를 따르고, 무게가 평균과 4.5 g 이상 차이가 나는 것은 불량품으로 처리하여 출고하지 않는다고 한다. 이 공장에서 생산된 n개의 제품 A 중에서 336개가 불량품이었을 때, n의 값을 위의 표준정규분포표를 이용하여 구한 것은? [4점]

z	$P(0 \leq Z \leq z)$
0.5	0.19
1.0	0.34
1.5	0.43
2.0	0.48
2.5	0.49

① 2000 ② 2200 ③ 2400
④ 2600 ⑤ 2800

19 ₁₄₁₀

확률변수 X에 대하여 X의 확률질량함수가

$$P(X=x) = {}_{100}C_k \left(\frac{1}{2}\right)^{100}$$

$$(k=0,\ 1,\ 2,\ \cdots,\ 100)$$

일 때, 오른쪽 표준정규분포표를 이용하여 $\sum\limits_{k=40}^{55} P(X=k)$의 값을 구한 것은? [4점]

z	$P(0 \leq Z \leq z)$
0.5	0.19
1.0	0.34
1.5	0.43
2.0	0.48

① 0.68 ② 0.77 ③ 0.82
④ 0.91 ⑤ 0.96

20 ₁₄₁₁

확률변수 X가 정규분포 $N(m,\ \sigma^2)$을 따를 때, 실수 t에 대하여 함수 $f(t)$를 $f(t)=P(X \geq t)$라 하면 다음 조건을 만족시킨다.

> ㈎ $f(a)+f(b)=1$
> ㈏ $f(a)-f(b)=0.68$

오른쪽 표준정규분포표를 이용하여 $f\left(\dfrac{3b-a}{2}\right)$의 값을 구한 것은? [4.5점]

z	$P(0 \leq Z \leq z)$
1.0	0.34
1.5	0.43
2.0	0.48
2.5	0.49

① 0.01 ② 0.02
③ 0.05 ④ 0.06
⑤ 0.07

21 ₁₄₁₂

어떤 공장에서 생산되는 배터리의 수명은 평균이 4800시간, 표준편차가 50시간인 정규분포를 따른다고 한다. 이 공장에서 생산된 배터리 2500개 중에서 수명이 4700시간 미만인 배터리가 57개 이상이고 64개 이하일 확률을 위의 표준정규분포표를 이용하여 구한 것은? [4.5점]

z	$P(0 \leq Z \leq z)$
0.5	0.19
1.0	0.34
1.5	0.43
2.0	0.48

① 0.05 ② 0.09 ③ 0.14
④ 0.15 ⑤ 0.24

서술형

22 1413

어느 공장에서 생산되는 탄산음료 한 병에 들어가는 탄산음료의 양은 평균이 500 mL, 표준편차가 0.5 mL인 정규분포를 따른다고 한다. 이 공장에서 생산되는 탄산음료 10000병 중에서 한 병에 담긴 탄산음료의 양이 499 mL 이하인 병의 개수를 위의 표준정규분포표를 이용하여 구하는 과정을 서술하시오. [6점]

z	$P(0 \leq Z \leq z)$
1.0	0.3413
1.5	0.4332
2.0	0.4772
2.5	0.4938

23 1414

한 개의 주사위를 던지는 시행을 180회 반복하여 1의 눈이 나오는 횟수가 35 이상일 확률을 p라 하고, 서로 다른 두 개의 동전을 동시에 던지는 시행을 192회 반복하여 모두 앞면이 나오는 횟수가 k 이하일 확률을 q라 하자. $p=q$일 때, k의 값을 구하는 과정을 서술하시오. [6점]

24 1415

확률변수 X가 정규분포 $N(10,\ \sigma^2)$을 따르고,
$$P(10 \leq X \leq 20) - P(X \leq 0) = 0.1826$$
일 때, 오른쪽 표준정규분포표를 이용하여 $E(X^2)$을 구하는 과정을 서술하시오. [7점]

z	$P(0 \leq Z \leq z)$
1.0	0.3413
2.0	0.4772
3.0	0.4987

25 1416

어느 고등학교 3학년 학생들의 대학수학능력시험 수학 영역 점수는 평균이 72점, 표준편차가 8점인 정규분포를 따른다고 한다. 이 고등학교 3학년 학생 중에서 임의로 선택한 한 명의 대학수학능력시험 수학 영역 점수가 80점 이상이었을 때, 수학 영역 점수가 92점 이상일 확률을 위의 표준정규분포표를 이용하여 구하는 과정을 서술하시오. [7점]

z	$P(0 \leq Z \leq z)$
1.0	0.34
1.5	0.43
2.0	0.48
2.5	0.49

1 1417

$-1 \leq x \leq 1$에서 정의된 연속확률변수 X의 확률밀도함수가 $f(x) = -k(|x|-1)$일 때, 양수 k의 값은? [3점]

① 1　　　　② $\dfrac{5}{4}$　　　　③ $\dfrac{3}{2}$

④ $\dfrac{7}{4}$　　　　⑤ 2

2 1418

$0 \leq x \leq 8$에서 정의된 연속확률변수 X의 확률밀도함수 $f(x)$의 그래프가 그림과 같을 때, $P(3 \leq X \leq 5)$는?

(단, k는 상수이다.) [3점]

① $\dfrac{2}{5}$　　　　② $\dfrac{1}{2}$　　　　③ $\dfrac{3}{5}$

④ $\dfrac{7}{10}$　　　　⑤ $\dfrac{4}{5}$

3 1419

$-1 \leq x \leq 3$에서 정의된 연속확률변수 X의 확률밀도함수가

$$f(x) = \begin{cases} k(x+1) & (-1 \leq x \leq 0) \\ -\dfrac{k}{3}(x-3) & (0 \leq x \leq 3) \end{cases}$$

일 때, $P(|X| \leq 1)$은? (단, k는 상수이다.) [3점]

① $\dfrac{1}{2}$　　　　② $\dfrac{5}{9}$　　　　③ $\dfrac{11}{18}$

④ $\dfrac{2}{3}$　　　　⑤ $\dfrac{13}{18}$

4 1420

정규분포 $N(m, \sigma^2)$을 따르는 확률변수 X가 다음 조건을 만족시킬 때, $m + \sigma$의 값은? [3점]

> (가) 확률변수 X의 확률밀도함수 $f(x)$가 모든 실수 x에 대하여 $f(10-x) = f(10+x)$를 만족시킨다.
> (나) $P(X \geq 8) = P(X \leq m+\sigma)$

① 11　　　　② 12　　　　③ 13

④ 14　　　　⑤ 15

5 1421

정규분포 $N(110, 10^2)$을 따르는 확률변수 X의 확률밀도함수의 그래프는 그림과 같다.

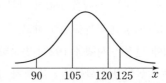

$P(X \leq 90) = a$, $P(90 \leq X \leq 105) = b$,
$P(105 \leq X \leq 120) = c$, $P(120 \leq X \leq 125) = d$,
$P(X \geq 125) = e$일 때, $P(100 \leq X \leq 130)$을 a, b, c, d를 사용하여 나타낸 것은? [3점]

① $a+b$　　　　② $b+c$　　　　③ $c+d+e$

④ $\dfrac{a+b+c}{2}$　　　　⑤ $\dfrac{b+c+d}{2}$

6 1422

확률변수 X가 정규분포
$N(20, 3^2)$을 따를 때, 오른쪽 표
준정규분포표를 이용하여
$P(X \leq 17)$을 구한 것은? [3점]

z	$P(0 \leq Z \leq z)$
1.0	0.3413
1.5	0.4332
2.0	0.4772

① 0.0228 ② 0.0440

③ 0.0919 ④ 0.1359

⑤ 0.1587

7 1423

정규분포를 따르는 두 확률변수 X, Y의 확률밀도함수를
각각 $f(x)$, $g(x)$라 할 때, 두 함수 $y=f(x)$, $y=g(x)$의
그래프는 그림과 같다.

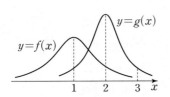

〈보기〉에서 옳은 것만을 있는 대로 고른 것은? [3.5점]

〈보기〉

ㄱ. $E(3X+2)=E(2Y+1)$

ㄴ. $V(X)<V(Y)$

ㄷ. $P(1 \leq X \leq 2)<P(2 \leq Y \leq 3)$

① ㄱ ② ㄱ, ㄴ ③ ㄱ, ㄷ

④ ㄴ, ㄷ ⑤ ㄱ, ㄴ, ㄷ

8 1424

정규분포 $N(m, \sigma^2)$을 따르는 확률변수 X에 대하여
$P(m-\sigma \leq X \leq m+\sigma)=a$, $P(m-2\sigma \leq X \leq m+2\sigma)=b$
라 할 때, $P(m+\sigma \leq X \leq m+2\sigma)+P(X<m-\sigma)$의 값
을 a, b를 사용하여 나타낸 것은? [3.5점]

① $\dfrac{1-2a-b}{2}$ ② $\dfrac{1-a-b}{2}$ ③ $\dfrac{a+d}{2}$

④ $\dfrac{1-a+b}{2}$ ⑤ $\dfrac{1-2a+b}{2}$

9 1425

확률변수 X가 정규분포 $N(m, \sigma^2)$을 따르고 다음 조건을
만족시킨다.

(가) $P(X \geq 17)=P(X \leq 23)$

(나) $E(X^2)=404$

$P(X \leq k) \geq 0.0668$이 되도
록 하는 실수 k의 최솟값을
오른쪽 표를 이용하여 구한
것은? [3.5점]

x	$P(m \leq X \leq x)$
$m+0.5\sigma$	0.1915
$m+\sigma$	0.3413
$m+1.5\sigma$	0.4332
$m+2\sigma$	0.4772

① 16 ② 17

③ 18 ④ 19

⑤ 20

10 1426

확률변수 X가 정규분포 N$(m, 6^2)$을 따를 때, 오른쪽 표준정규분포표를 이용하여 P$(X \le 42) = 0.0228$을 만족시키는 m의 값을 구한 것은? [3.5점]

z	P$(0 \le Z \le z)$
1.0	0.3413
2.0	0.4772
3.0	0.4987

① 50   ② 54   ③ 58

④ 62   ⑤ 66

11 1427

확률변수 X가 정규분포 N(m, σ^2)을 따르고 P$(|X-m| \le a) = 0.5762$일 때, 오른쪽 표준정규분포표를 이용하여 P$\left(|X-m| \le \dfrac{a}{2}\right)$를 구한 것은? (단, $a > 0$) [3.5점]

z	P$(0 \le Z \le z)$
0.2	0.0793
0.4	0.1554
0.6	0.2257
0.8	0.2881
1.0	0.3413

① 0.1586   ② 0.3108

③ 0.4514   ④ 0.5762

⑤ 0.6826

12 1428

어느 공장에서 생산되는 전구의 수명은 평균이 6000시간, 표준편차가 50시간인 정규분포를 따른다고 한다. 이 공장에서 생산된 전구 1개를 임의로 선택할 때, 선택된 전구의 수명이 5875시간 이하일 확률을 위의 표준정규분포표를 이용하여 구한 것은?

z	P$(0 \le Z \le z)$
1.0	0.34
1.5	0.43
2.0	0.48
2.5	0.49

[3.5점]

① 0.01   ② 0.02   ③ 0.05

④ 0.07   ⑤ 0.09

13 1429

어느 농장에서 수확하는 사과 1개의 무게는 평균이 m g, 표준편차가 10 g인 정규분포를 따르고, 이 농장에서 수확한 사과 중에서 임의로 선택한 사과 1개의 무게가 k g 이하일 확률은 0.1587이다. 이 농장에서 수확한 사과 중에서 임의로 선택한 사과 1개의 무게가 $(k+5)$ g 이상일 확률을 위의 표준정규분포표를 이용하여 구한 것은? [3.5점]

z	P$(0 \le Z \le z)$
0.5	0.1915
1.0	0.3413
1.5	0.4332
2.0	0.4772

① 0.4332   ② 0.4772   ③ 0.6915

④ 0.8413   ⑤ 0.9332

14 1430

어느 회사의 직원 1000명의 키는 평균이 170 cm, 표준편차가 8 cm인 정규분포를 따른다고 한다. 이 회사의 직원 1000명 중에서 키가 180 cm 이상인 직원의 수를 오른쪽 표준정규분포표를 이용하여 구한 것은? [3.5점]

z	$P(0 \le Z \le z)$
0.5	0.19
0.75	0.27
1.0	0.34
1.25	0.39
1.5	0.43

① 70 　　　② 110 　　　③ 160

④ 230 　　　⑤ 310

16 1432

확률변수 X가 이항분포 $B\left(1200, \dfrac{1}{4}\right)$을 따를 때, 오른쪽 표준정규분포표를 이용하여 $P(|X-300|<30)$을 구한 것은? [3.5점]

z	$P(0 \le Z \le z)$
1.0	0.3413
1.5	0.4332
2.0	0.4772
2.5	0.4938

① 0.6826 　　　② 0.8185 　　　③ 0.8664

④ 0.9544 　　　⑤ 0.9876

15 1431

어느 고등학교 확률과 통계 기말 점수는 평균이 64점, 표준편차가 16점인 정규분포를 따른다고 한다. 상위 4 %의 학생에게 1등급이 부여될 때, 1등급을 받기 위한 최저 점수를 오른쪽 표준정규분포표를 이용하여 구한 것은? [3.5점]

z	$P(0 \le Z \le z)$
0.75	0.27
1.0	0.34
1.25	0.39
1.5	0.43
1.75	0.46

① 88점 　　　② 90점 　　　③ 92점

④ 94점 　　　⑤ 96점

17 1433

자유투 성공률이 $\dfrac{3}{5}$인 어떤 농구 선수가 600회의 자유투를 시도하여 336회 이상 성공시킬 확률을 오른쪽 표준정규분포표를 이용하여 구한 것은? [3.5점]

z	$P(0 \le Z \le z)$
0.5	0.19
1.0	0.34
1.5	0.43
2.0	0.48

① 0.77 　　　② 0.82 　　　③ 0.84

④ 0.93 　　　⑤ 0.98

18 1434

어떤 회사에서 판매한 스마트폰이 판매된 지 1개월 안에 AS에 접수된 비율은 10 %이다. 이 회사에서 판매한 2500대의 스마트폰 중에서 판매된 지 1개월 안에 AS에 접수된 스마트폰의 개수가 a대 이하일 확률이 0.0228일 때, 자연수 a의 값을 위의 표준정규분포표를 이용하여 구한 것은? [3.5점]

z	$P(0 \leq Z \leq z)$
1.0	0.3413
1.5	0.4332
2.0	0.4772
2.5	0.4938

① 215   ② 220   ③ 225

④ 230   ⑤ 235

19 1435

확률변수 X가 정규분포 $N(t, 3^2)$을 따를 때, 실수 t에 대하여 함수 $f(t) = P(X \geq 0)$이라 하자. 〈**보기**〉에서 옳은 것만을 있는 대로 고른 것은? [4점]

〈보기〉

ㄱ. $f(0) = \dfrac{1}{2}$

ㄴ. $f(3) + f(-3) = 1$

ㄷ. 함수 $f(t)$는 증가함수이다.

① ㄱ   ② ㄱ, ㄴ   ③ ㄱ, ㄷ

④ ㄴ, ㄷ   ⑤ ㄱ, ㄴ, ㄷ

20 1436

확률변수 X가 정규분포 $N(m, \sigma^2)$을 따를 때, 실수 t에 대하여 두 함수 $f(t)$, $g(t)$를 $f(t) = P(X \leq t)$, $g(t) = P(X \geq t)$라 하자. 〈**보기**〉에서 옳은 것만을 있는 대로 고른 것은? [4.5점]

〈보기〉

ㄱ. $f(t) + g(t) = 1$

ㄴ. 두 실수 a, b에 대하여 $f(a) + f(b) = 1$이면 $m = \dfrac{a+b}{2}$이다.

ㄷ. 두 실수 a, b에 대하여 $f(a) > g(b) > \dfrac{1}{2}$이면 $m < \dfrac{a+b}{2}$이다.

① ㄱ   ② ㄱ, ㄴ   ③ ㄱ, ㄷ

④ ㄴ, ㄷ   ⑤ ㄱ, ㄴ, ㄷ

21 1437

A 대학의 신입생의 입학 성적은 평균이 m점, 표준편차가 σ점인 정규분포를 따르고, B 대학의 신입생의 입학 성적은 평균이 $(m-5)$점, 표준편차가 σ점인 정규분포를 따른다고 한다. 두 대학 A, B 모두 입학 성적이 200점 이상인 신입생들을 '성적 우수 장학생'으로 선발할 때, 두 대학 A, B의 신입생 중 '성적 우수 장학생'으로 선발되는 학생의 비율은 각각 31 %, 23 %이다. 이때 $m + \sigma$의 값을 위의 표준정규분포표를 이용하여 구한 것은?

z	$P(0 \leq Z \leq z)$
0.5	0.19
0.75	0.27
1.0	0.34
1.25	0.39
1.5	0.43

[4.5점]

① 210   ② 215   ③ 220

④ 225   ⑤ 230

22 1438

정규분포 $N(m, \sigma^2)$을 따르는 확률변수 X의 확률밀도함수 $f(x)$가 모든 실수 x에 대하여
$$f(50-x)=f(50+x)$$
를 만족시킨다.
$P(m \le X \le m+3)=0.4332$일 때, 위의 표준정규분포표를 이용하여 $P(52 \le X \le 55)$를 구하는 과정을 서술하시오. [6점]

z	$P(0 \le Z \le z)$
1.0	0.3413
1.5	0.4332
2.0	0.4772
2.5	0.4938

23 1439

어느 공장에서 생산되는 축구공의 무게는 평균이 425 g, 표준편차가 10 g인 정규분포를 따른다고 한다. 이 공장에서 생산된 축구공에 대한 품질 검사 과정에서 무게가 410 g 이하이거나 440 g 이상인 축구공은 불량품으로 판정한다. 이 공장에서 생산된 축구공 중에서 임의로 2개를 뽑을 때, 1개만 불량품으로 판정될 확률을 위의 표준정규분포표를 이용하여 구하는 과정을 서술하시오. [7점]

z	$P(0 \le Z \le z)$
1.0	0.34
1.5	0.43
2.0	0.48
2.5	0.49

24 1440

어느 대학의 수시 전형에 5000명의 학생이 응시하였고, 수험생의 성적은 평균이 880점, 표준편차가 10점인 정규분포를 따른다고 한다. 합격자 중에서 최저 점수는 900점이었고, 남학생 합격자의 수와 여학생 합격자의 수의 비가 2 : 3일 때, 합격한 여학생 수를 위의 표준정규분포표를 이용하여 구하는 과정을 서술하시오. [7점]

z	$P(0 \le Z \le z)$
0.5	0.19
1.0	0.34
1.5	0.43
2.0	0.48

25 1441

수직선의 원점에 놓인 점 P가 다음 규칙에 따라 이동한다.

> 흰 공 3개, 검은 공 2개가 들어 있는 주머니에서 임의로 2개의 공을 동시에 꺼낼 때
> ㈎ 서로 같은 색의 공이 나오면 점 P를 2만큼 이동한다.
> ㈏ 서로 다른 색의 공이 나오면 점 P를 −1만큼 이동한다.

이 시행을 150번 했을 때, 점 P의 좌표가 57 이하일 확률을 오른쪽 표준정규분포표를 이용하여 구하는 과정을 서술하시오.
(단, 꺼낸 공은 다시 주머니에 넣는다.) [7점]

z	$P(0 \le Z \le z)$
1.0	0.3413
1.5	0.4332
2.0	0.4772
2.5	0.4938

어떤 삶을 살고 있더라도

당신은 행복해질 권리가 있습니다.

그러나 남의 불행 위에

내 행복을 쌓지는 마세요.

– 법륜 –

통계적 추정 07

07 통계적 추정

Ⅲ. 통계

1 모집단과 표본

핵심 **1**

Note

(1) **모집단** : 통계 조사에서 조사의 대상이 되는 집단 전체

(2) **표본** : 통계 조사를 하기 위해 뽑은 모집단의 일부분

(3) **표본의 크기** : 표본에 포함된 대상의 개수

(4) **추출** : 모집단에서 표본을 뽑는 것

(5) **임의추출** : 모집단의 각 대상이 같은 확률로 추출되도록 표본을 추출하는 방법

(6) **전수조사** : 모집단 전체를 조사하는 방법

(7) **표본조사** : 조사하려는 모집단에서 표본을 추출하여 그 자료의 성질을 조사하는 것을 표본조사라고 하고, 표본조사의 결과로부터 자료 전체의 성질을 추측한다.

참고 (1) 전수조사의 장단점

① 장점 : 자료의 특성을 정확히 알 수 있다.

② 단점 : 조사한 자료를 수집하고 분석하는 데 시간과 비용이 많이 소요된다. 또, 전구의 수명과 같이 전수조사가 불가능한 경우도 있다.

(2) 표본조사의 장단점

① 장점 : 조사한 자료를 수집하고 분석하는 데 시간과 비용이 적게 소요된다.

② 단점 : 자료의 특성을 정확히 알 수 없다.

- 복원추출 : 한 번 추출된 자료를 되돌려 놓은 후 다시 추출하는 것
- 비복원추출 : 추출된 자료를 되돌려 놓지 않고 다시 추출하는 것
- 특별한 언급이 없으면 임의추출은 복원추출로 생각한다.

2 모평균과 표본평균

핵심 **2**

(1) **모평균, 모분산, 모표준편차**

모집단에서 조사하고자 하는 특성을 나타내는 확률변수를 X라 할 때, X의 평균, 분산, 표준편차를 각각 **모평균, 모분산, 모표준편차**라 하고, 이것을 기호로 각각 m, σ^2, σ와 같이 나타낸다.

(2) **표본평균, 표본분산, 표본표준편차**

모집단에서 임의추출한 크기가 n인 표본을 X_1, X_2, X_3, $\cdots$, X_n이라 할 때, 이들의 평균, 분산, 표준편차를 각각 **표본평균, 표본분산, 표본표준편차**라 하고, 이것을 기호로 각각 $\overline{X}$, S^2, S와 같이 나타내고, 다음과 같이 정의한다.

$$\overline{X}=\frac{1}{n}(X_1+X_2+X_3+\cdots+X_n)$$

$$S^2=\frac{1}{n-1}\{(X_1-\overline{X})^2+(X_2-\overline{X})^2+(X_3-\overline{X})^2+\cdots+(X_n-\overline{X})^2\}$$

$$S=\sqrt{S^2}$$

참고 표본분산의 정의에서 표본평균을 정의할 때와 달리 $n-1$로 나누는 것은 표본분산과 모분산의 차이를 줄이기 위함이다.

모집단에서 표본을 임의추출할 때, 모집단은 변하지 않기 때문에 모평균은 변하지 않지만 표본평균 $\overline{X}$는 추출한 표본에 따라 다른 값을 가질 수 있으므로 표본평균 $\overline{X}$는 확률변수이다.

3 표본평균의 평균, 분산, 표준편차 〔핵심 3〕

Note

모평균이 m, 모표준편차가 σ인 모집단에서 크기가 n인 표본을 임의추출할 때, 표본평균 $\overline{X}$의 평균, 분산, 표준편차는 다음과 같다.

$$\mathrm{E}(\overline{X})=m, \ \mathrm{V}(\overline{X})=\frac{\sigma^2}{n}, \ \sigma(\overline{X})=\frac{\sigma}{\sqrt{n}}$$

▶ 표본평균 $\overline{X}$와 표본평균의 평균 $\mathrm{E}(\overline{X})$를 혼동하지 않도록 주의한다.

4 표본평균의 분포 〔핵심 3〕

모평균이 m, 모표준편차가 σ인 모집단에서 크기가 n인 표본을 임의추출할 때, 표본평균 $\overline{X}$에 대하여 다음이 성립한다.

(1) 모집단이 정규분포 $\mathrm{N}(m, \sigma^2)$을 따르면 표본평균 $\overline{X}$는 n의 크기에 상관없이 정규분포 $\mathrm{N}\left(m, \dfrac{\sigma^2}{n}\right)$을 따른다.

(2) 모집단이 정규분포를 따르지 않더라도 n이 충분히 크면 표본평균 $\overline{X}$는 근사적으로 정규분포 $\mathrm{N}\left(m, \dfrac{\sigma^2}{n}\right)$을 따른다.

▶ 표본의 크기 n이 충분히 크다는 것은 $n \geq 30$일 때를 뜻한다.

5 모평균의 추정 〔핵심 4〕

(1) **추정** : 모집단에서 추출한 표본에서 얻은 자료를 이용하여 모집단의 특성을 확률적으로 추측하는 것

(2) **모평균의 신뢰구간**

모집단의 확률분포가 정규분포 $\mathrm{N}(m, \sigma^2)$을 따를 때, 크기가 n인 표본을 임의추출하여 구한 표본평균 $\overline{X}$의 값을 $\overline{x}$라 하면 **신뢰도**에 따른 모평균 m에 대한 **신뢰구간**은 다음과 같다.

① 신뢰도 95 %의 신뢰구간 : $\overline{x}-1.96\dfrac{\sigma}{\sqrt{n}} \leq m \leq \overline{x}+1.96\dfrac{\sigma}{\sqrt{n}}$

② 신뢰도 99 %의 신뢰구간 : $\overline{x}-2.58\dfrac{\sigma}{\sqrt{n}} \leq m \leq \overline{x}+2.58\dfrac{\sigma}{\sqrt{n}}$

〔참고〕 그림에서 표본평균의 값을 $\overline{x_1}, \overline{x_2}, \overline{x_3}$으로 계산한 신뢰구간은 모평균 m을 포함하지만 $\overline{x_4}$로 계산한 신뢰구간은 모평균 m을 포함하지 않는다. 모평균 m에 대하여 신뢰도 95 %의 신뢰구간이라는 말은 크기가 n인 표본을 임의추출하여 신뢰구간을 구하는 일을 반복할 때, 구한 신뢰구간 중 약 95 %가 모평균 m을 포함할 것으로 기대된다는 의미이다.

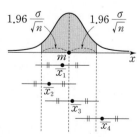

모평균 m에 대한 신뢰구간이 $\overline{x}-k\times\dfrac{\sigma}{\sqrt{n}} \leq m \leq \overline{x}+k\times\dfrac{\sigma}{\sqrt{n}}$일 때, 신뢰구간의 길이는 $2\times k\times\dfrac{\sigma}{\sqrt{n}}$이다. (단, k는 신뢰도에 따른 상수이다.)

▶ · 모평균의 신뢰구간을 구할 때 실제로는 모표준편차 σ를 모르는 경우가 대부분이다. 이러한 경우 표본의 크기 n이 충분히 클 때($n \geq 30$), σ 대신 표본표준편차 S의 값 s를 사용하여 근사적으로 모평균의 신뢰구간을 구할 수 있다.
· 표본의 크기 n이 일정할 때 신뢰도가 높을수록 신뢰구간의 길이가 길어지고, 신뢰도가 일정할 때 표본의 크기 n이 커질수록 신뢰구간의 길이는 짧아진다.

1 모집단과 표본

동영상 강의

- **전수조사** : 조사 대상 전체를 조사하는 것 **예** 인구 주택 총조사
  - → **모집단** → 모집단에서의 평균, 분산, 표준편차를 각각 모평균 m, 모분산 σ^2, 모표준편차 σ라 한다.
  - → **표본** → 표본에서의 평균, 분산, 표준편차를 각각 표본평균 $\overline{X}$, 표본분산 S^2, 표본표준편차 S라 한다.
- **표본조사** : 조사 대상 중 일부를 **선택**하여 조사하는 것 **예** 여론 조사, 시청률 조사
  - → **임의추출** : 모집단의 각 대상이 같은 확률로 추출되도록 표본을 추출하는 방법
    - ① 복원추출 : 한 번 추출된 자료를 되돌려 놓은 후 다시 추출하는 방법
    - ② 비복원추출 : 추출된 자료를 되돌려 놓지 않고 다시 추출하는 방법

1442 〈보기〉에서 표본조사를 하는 것이 더 적합한 것을 고르시오.

〈보기〉
ㄱ. 자동차의 충돌 안전성 조사
ㄴ. 어느 선거의 유권자 명부 조사
ㄷ. 어느 회사에서 생산한 타이어의 평균 수명 조사

[1443~1444] 서로 다른 색의 구슬 5개가 들어 있는 상자에서 크기가 2인 표본을 다음과 같이 추출하는 경우의 수를 구하시오.

1443 복원추출

1444 비복원추출

2 모평균과 표본평균 유형 1

동영상 강의

모집단에서 임의추출한 크기가 3인 표본이 38, 40, 42일 때, 표본평균 $\overline{X}$, 표본분산 S^2, 표본표준편차 S를 구해 보자.

(1) $\overline{X} = \dfrac{1}{3} \times (38 + 40 + 42) = 40$

(2) $S^2 = \dfrac{1}{3-1} \{ (38-40)^2 + (40-40)^2 + (42-40)^2 \} = 4$

(3) $S = \sqrt{S^2} = \sqrt{4} = 2$

[1445~1446] 모집단 $\{1, 3, 5, 7\}$에서 크기가 2인 표본을 임의로 복원추출할 때, 표본평균 $\overline{X}$에 대하여 다음을 구하시오.

1445 $\mathrm{P}(\overline{X} = 3)$

1446 $\mathrm{P}(\overline{X} = 7)$

[1447~1448] 2, 4, 6의 숫자가 각각 하나씩 적힌 3장의 카드가 들어 있는 주머니에서 임의로 2장의 카드를 복원추출할 때, 카드에 적힌 숫자의 평균을 $\overline{X}$라 하자. 다음 물음에 답하시오.

1447 표를 완성하시오.

$\overline{X}$	2	3	4	5	6	합계
$\mathrm{P}(\overline{X} = x)$	$\dfrac{1}{9}$	$\dfrac{2}{9}$				1

1448 $\overline{X}$의 평균, 분산, 표준편차를 구하시오.

● 정답 및 풀이 **270**쪽

핵심 **3** 표본평균의 분포 유형 2~5

모집단의 확률변수 X의 확률분포를 표로 나타내면 오른쪽과 같다. 이 모집단에서 크기가 **2**인 표본을 임의추출할 때, 표본평균 $\overline{X}$의 평균, 분산, 표준편차를 구해 보자.

X	1	3	5	합계
$P(X=x)$	$\frac{1}{3}$	$\frac{1}{3}$	$\frac{1}{3}$	1

$m=E(X)=1\times\dfrac{1}{3}+3\times\dfrac{1}{3}+5\times\dfrac{1}{3}=3$, $\quad\sigma^2=V(X)=1^2\times\dfrac{1}{3}+3^2\times\dfrac{1}{3}+5^2\times\dfrac{1}{3}-3^2=\dfrac{8}{3}$, $\quad\sigma=\sigma(X)=\sqrt{\dfrac{8}{3}}=\dfrac{2\sqrt{6}}{3}$
$\quad\quad\rightarrow$ 모평균 $\quad\quad\quad\quad\quad\quad\quad\quad\quad\quad\quad\quad\quad\quad\quad\quad\rightarrow$ 모분산 $\quad\quad\quad\quad\quad\quad\quad\quad\quad\quad\quad\quad\quad\quad\quad\quad\rightarrow$ 모표준편차

$\therefore E(\overline{X})=m=3$, $V(\overline{X})=\dfrac{\frac{8}{3}}{2}=\dfrac{4}{3}$, $\sigma(\overline{X})=\dfrac{\frac{2\sqrt{6}}{3}}{\sqrt{2}}=\dfrac{2\sqrt{3}}{3}$

07

[1449~1451] 모평균이 20, 모분산이 16인 모집단에서 크기가 4인 표본을 임의추출할 때, 표본평균 $\overline{X}$에 대하여 다음을 구하시오.

1449 $E(\overline{X})$ 　　　　**1450** $V(\overline{X})$

1451 $\sigma(\overline{X})$

1452 모집단의 확률변수 X의 확률분포를 표로 나타내면 다음과 같다.

X	1	2	3	4	합계
$P(X=x)$	$\frac{2}{5}$	$\frac{3}{10}$	$\frac{1}{5}$	$\frac{1}{10}$	1

이 모집단에서 크기가 4인 표본을 임의추출할 때, 표본평균 $\overline{X}$의 평균, 분산, 표준편차를 구하시오.

핵심 **4** 모평균의 추정 유형 9~13

표준편차가 20인 모집단으로부터 크기가 25인 표본을 임의추출하여 구한 표본평균이 200일 때, 신뢰구간을 구해 보자.

모집단의 분포가 정규분포 $N(m, \sigma^2)$을 따를 때, 크기가 n인 표본을 임의추출하여 구한 표본평균의 값을 $\overline{x}$라 하면

모평균 m에 대한 신뢰도 95 %의 신뢰구간은
$$\overline{x}-1.96\dfrac{\sigma}{\sqrt{n}}\leq m\leq\overline{x}+1.96\dfrac{\sigma}{\sqrt{n}}$$
$\rightarrow$
$$200-1.96\times\dfrac{20}{\sqrt{25}}\leq m\leq 200+1.96\times\dfrac{20}{\sqrt{25}}$$
$$\therefore 192.16\leq m\leq 207.84$$

모평균 m에 대한 신뢰도 99 %의 신뢰구간은
$$\overline{x}-2.58\dfrac{\sigma}{\sqrt{n}}\leq m\leq\overline{x}+2.58\dfrac{\sigma}{\sqrt{n}}$$
$\rightarrow$
$$200-2.58\times\dfrac{20}{\sqrt{25}}\leq m\leq 200+2.58\times\dfrac{20}{\sqrt{25}}$$
$$\therefore 189.68\leq m\leq 210.32$$

[1453~1454] 정규분포를 따르는 모집단에서 크기가 100인 표본을 임의추출하였더니 표본평균이 400, 표본표준편차가 40이었다. 신뢰도가 다음과 같을 때, 모평균 m에 대한 신뢰구간을 구하시오.
(단, $P(|Z|\leq 1.96)=0.95$, $P(|Z|\leq 2.58)=0.99$로 계산한다.)

1453 신뢰도 95 %

1454 신뢰도 99 %

[1455~1456] 정규분포 $N(m, 15^2)$을 따르는 모집단에서 크기가 900인 표본을 임의추출할 때, 다음과 같은 신뢰도로 추정한 모평균 m에 대한 신뢰구간의 길이를 구하시오.
(단, $P(|Z|\leq 1.96)=0.95$, $P(|Z|\leq 2.58)=0.99$로 계산한다.)

1455 신뢰도 95 %

1456 신뢰도 99 %

실전유형 1 모평균과 표본평균

모집단에서 임의추출한 크기가 n인 표본을 X_1, X_2, X_3, $\cdots$, X_n이라 할 때, 이들의 평균, 분산, 표준편차는

(1) 표본평균 : $\overline{X} = \dfrac{1}{n}(X_1 + X_2 + \cdots + X_n)$

(2) 표본분산 : $S^2 = \dfrac{1}{n-1}\{(X_1 - \overline{X})^2 + (X_2 - \overline{X})^2 + \cdots + (X_n - \overline{X})^2\}$

(3) 표본표준편차 : $S = \sqrt{S^2}$

1457 대표문제

1이 적힌 카드가 1장, 3이 적힌 카드가 2장, 5가 적힌 카드가 1장, 7이 적힌 카드가 2장 있다. 이 6장의 카드 중에서 임의로 한 장을 뽑아 카드에 적힌 수를 확인한 후 돌려놓는 시행을 2회 반복하여 뽑힌 카드에 적힌 수의 평균을 $\overline{X}$라 할 때, $P(3 \le \overline{X} < 5)$는?

① $\dfrac{7}{18}$　　　② $\dfrac{4}{9}$　　　③ $\dfrac{1}{2}$

④ $\dfrac{5}{9}$　　　⑤ $\dfrac{11}{18}$

1458　••❙ Level 1

모집단으로부터 크기가 4인 표본을 임의추출하여 나온 표본이 10, 15, 25, 30일 때, 표본평균 $\overline{X}$를 구하시오.

1459　••❙ Level 1

모집단으로부터 크기가 3인 표본을 임의추출하여 나온 표본이 1, 3, 5일 때, 표본분산 S^2은?

① 2　　　② $\dfrac{8}{3}$　　　③ $\dfrac{10}{3}$

④ 4　　　⑤ $\dfrac{14}{3}$

1460　••❙ Level 2

모집단의 확률변수 X의 확률분포를 표로 나타내면 다음과 같다.

X	0	2	4	합계
$P(X=x)$	$\dfrac{1}{6}$	$\dfrac{1}{3}$	$\dfrac{1}{2}$	1

이 모집단에서 크기가 2인 표본을 임의추출할 때, 표본평균 $\overline{X}$에 대하여 $P(\overline{X} < 2)$는?

① $\dfrac{5}{36}$　　　② $\dfrac{1}{6}$　　　③ $\dfrac{7}{36}$

④ $\dfrac{2}{9}$　　　⑤ $\dfrac{1}{4}$

1461

●ıl Level 2

모집단의 확률변수 X의 확률분포를 표로 나타내면 다음과 같다.

X	1	2	3	합계
$P(X=x)$	$\frac{1}{4}$	$\frac{1}{2}$	$\frac{1}{4}$	1

이 모집단에서 크기가 3인 표본을 임의추출할 때, 표본평균 $\overline{X}$에 대하여 $P(\overline{X} \le 1)$은?

① $\frac{1}{64}$　　② $\frac{1}{32}$　　③ $\frac{3}{64}$

④ $\frac{1}{16}$　　⑤ $\frac{5}{64}$

1462

●ıl Level 2

모집단의 확률변수 X의 확률분포를 표로 나타내면 다음과 같다.

X	2	4	6	합계
$P(X=x)$	a	a	b	1

이 모집단에서 크기가 2인 표본을 임의추출하여 구한 표본평균 $\overline{X}$에 대하여 $P(\overline{X}=5)=\frac{1}{4}$일 때, $a+b$의 값은?

(단, a와 b는 상수이다.)

① $\frac{1}{4}$　　② $\frac{3}{8}$　　③ $\frac{1}{2}$

④ $\frac{5}{8}$　　⑤ $\frac{3}{4}$

1463

●ıl Level 2

모집단의 확률변수 X의 확률분포를 표로 나타내면 다음과 같다.

X	1	2	3	4	합계
$P(X=x)$	$\frac{1}{8}$	$\frac{1}{8}$	a	b	1

이 모집단에서 크기가 2인 표본을 임의추출하여 구한 표본평균 $\overline{X}$에 대하여 $P(\overline{X}=2)=\frac{5}{64}$일 때, $a-b$의 값은?

(단, a와 b는 상수이다.)

① $-\frac{1}{4}$　　② $-\frac{1}{8}$　　③ 0

④ $\frac{1}{8}$　　⑤ $\frac{1}{4}$

1464

●ıl Level 2

2, 4, 6의 숫자가 각각 하나씩 적힌 3개의 공이 들어 있는 주머니에서 크기가 2인 표본을 임의추출하여 구한 표본평균을 $\overline{X}$라 할 때, $\overline{X}$의 확률분포를 표로 나타내면 다음과 같다.

$\overline{X}$	2	3	4	5	6	합계
$P(\overline{X}=\overline{x})$	a	$\frac{2}{9}$	$\frac{1}{3}$	b	$\frac{1}{9}$	1

$a-b$의 값은? (단, a와 b는 상수이다.)

① $-\frac{2}{9}$　　② $-\frac{1}{9}$　　③ 0

④ $\frac{1}{9}$　　⑤ $\frac{2}{9}$

07

1465

Level 2

0이 적힌 공 3개, 2가 적힌 공 n개가 들어 있는 주머니에서 임의로 1개의 공을 꺼내어 공에 적힌 수를 확인한 후 다시 넣는 시행을 2회 반복한다. 꺼낸 공에 적힌 수의 평균을 $\overline{X}$라 하자. $\mathrm{P}(\overline{X}=1)=\dfrac{12}{25}$일 때, 자연수 n의 값을 구하시오.

다음은 이 유형에서 출제된 최근 교육청 · 평가원 기출문제입니다.

1466 · 2015학년도 대학수학능력시험

Level 2

주머니 속에 1의 숫자가 적혀 있는 공 1개, 2의 숫자가 적혀 있는 공 2개, 3의 숫자가 적혀 있는 공 5개가 들어 있다. 이 주머니에서 임의로 1개의 공을 꺼내어 공에 적혀 있는 수를 확인한 후 다시 넣는다. 이와 같은 시행을 2번 반복할 때, 꺼낸 공에 적혀 있는 수의 평균을 $\overline{X}$라 하자. $\mathrm{P}(\overline{X}=2)$는?

① $\dfrac{5}{32}$ ② $\dfrac{11}{64}$ ③ $\dfrac{3}{16}$

④ $\dfrac{13}{64}$ ⑤ $\dfrac{7}{32}$

모평균이 m, 모표준편차가 σ인 모집단에서 크기가 n인 표본을 임의추출할 때, 표본평균 $\overline{X}$에 대하여

$$\mathrm{E}(\overline{X})=m,\ \mathrm{V}(\overline{X})=\frac{\sigma^2}{n},\ \sigma(\overline{X})=\frac{\sigma}{\sqrt{n}}$$

1467 대표문제

모평균이 4, 모표준편차가 12인 모집단에서 크기가 16인 표본을 임의추출할 때, 표본평균 $\overline{X}$에 대하여 $\mathrm{E}(\overline{X}^2)$은?

① 1 ② 4 ③ 9

④ 16 ⑤ 25

1468

Level 1

모평균이 6, 모표준편차가 2인 모집단에서 크기가 8인 표본을 임의추출할 때, 표본평균 $\overline{X}$에 대하여 $\mathrm{E}(\overline{X})$는?

① 6 ② 8 ③ 10

④ 12 ⑤ 14

1469

ıl Level 1

정규분포 $N(10, 6^2)$을 따르는 모집단에서 크기가 4인 표본을 임의추출할 때, 표본평균 $\overline{X}$에 대하여 $V(\overline{X})$를 구하시오.

1470

ıl Level 2

정규분포 $N(10, 4^2)$을 따르는 모집단에서 크기가 4인 표본을 임의추출할 때, 표본평균 $\overline{X}$에 대하여
$E(3\overline{X}+2)+\sigma(3\overline{X}+2)$의 값은?

① 32　　　　② 35　　　　③ 38

④ 41　　　　⑤ 44

1471

ıl Level 2

모집단의 확률변수 X에 대하여 $E(X)=4$, $E(X^2)=32$이다. 이 모집단에서 크기가 8인 표본을 임의추출할 때, 표본평균 $\overline{X}$에 대하여 $V(\overline{X})$는?

① 1　　　　② 2　　　　③ 3

④ 4　　　　⑤ 5

1472

ıl Level 2

모표준편차가 4인 모집단에서 크기가 n인 표본을 임의추출할 때, 표본평균 $\overline{X}$에 대하여 $\sigma(\overline{X}) \leq 0.2$가 되도록 하는 자연수 n의 최솟값을 구하시오.

1473

ıl Level 2

정규분포 $N(15, \sigma^2)$을 따르는 모집단에서 크기가 n인 표본을 임의추출할 때, 표본평균 $\overline{X}$에 대하여 $E(\overline{X})=\dfrac{n}{4}$,

$V(\overline{X})=\dfrac{1}{10}$이다. 이때 σ의 값은? (단, $\sigma > 0$)

① $\sqrt{6}$　　　　② $\sqrt{7}$　　　　③ $2\sqrt{2}$

④ 3　　　　⑤ $\sqrt{10}$

1474

●❙❙ Level 2

모집단의 확률변수 X에 대하여 $E(X)=4$, $E(X^2)=25$이다. 이 모집단에서 크기가 n인 표본을 임의추출할 때, 표본평균 $\overline{X}$에 대하여 $E(\overline{X}^2)\geq19$가 되도록 하는 모든 자연수 n의 개수는? (단, $n\geq2$)

① 1   ② 2   ③ 3

④ 4   ⑤ 5

다음은 이 유형에서 출제된 최근 교육청·평가원 기출문제입니다.

1475 · 2021학년도 대학수학능력시험

●❙❙ Level 1

정규분포 $N(20, 5^2)$을 따르는 모집단에서 크기가 16인 표본을 임의추출하여 구한 표본평균을 $\overline{X}$라 할 때, $E(\overline{X})+\sigma(\overline{X})$의 값은?

① $\dfrac{91}{4}$ ② $\dfrac{89}{4}$ ③ $\dfrac{87}{4}$

④ $\dfrac{85}{4}$ ⑤ $\dfrac{83}{4}$

1476 · 2016학년도 대학수학능력시험

●❙❙ Level 1

모표준편차가 14인 모집단에서 크기가 n인 표본을 임의추출하여 구한 표본평균을 $\overline{X}$라 하자. $\sigma(\overline{X})=2$일 때, n의 값은?

① 9   ② 16   ③ 25

④ 36   ⑤ 49

실전 유형	**3** 표본평균의 평균, 분산, 표준편차 – 모집단의 확률분포가 표로 주어진 경우

X	x_1	x_2	x_3	$\cdots$	x_n	합계
$P(X=x)$	p_1	p_2	p_3	$\cdots$	p_n	1

모집단의 확률분포가 표로 주어지고 표본평균 $\overline{X}$의 평균, 분산, 표준편차를 구할 때는

$$m=E(X)=x_1p_1+x_2p_2+x_3p_3+\cdots+x_np_n$$
$$\sigma^2=V(X)=E(X^2)-\{E(X)\}^2$$

임을 이용하여 모평균 m과 모분산 σ^2을 먼저 구한다.

1477 대표문제

모집단의 확률변수 X의 확률분포를 표로 나타내면 다음과 같다.

X	2	a	8	합계
$P(X=x)$	$\dfrac{1}{3}$	b	$\dfrac{1}{6}$	1

이 모집단에서 크기가 5인 표본을 임의추출할 때, 표본평균 $\overline{X}$에 대하여 $E(\overline{X})=5$이다. 이때 $abV(\overline{X})$의 값은?

(단, a와 b는 상수이다.)

① 2   ② $\dfrac{5}{2}$ ③ 3

④ $\dfrac{7}{2}$ ⑤ 4

1478

●❙❙ Level 1

모집단의 확률변수 X의 확률분포를 표로 나타내면 다음과 같다.

X	1	2	3	합계
$P(X=x)$	$\dfrac{1}{4}$	$\dfrac{1}{2}$	$\dfrac{1}{4}$	1

이 모집단에서 크기가 4인 표본을 임의추출할 때, 표본평균 $\overline{X}$의 평균을 구하시오.

1479

모집단의 확률변수 X의 확률분포를 표로 나타내면 다음과 같다.

X	1	2	3	4	합계
$P(X=x)$	$\dfrac{1}{7}$	$\dfrac{3}{14}$	$\dfrac{2}{7}$	$\dfrac{5}{14}$	1

이 모집단에서 크기가 5인 표본을 임의추출할 때, 표본평균 $\overline{X}$의 분산은?

① $\dfrac{1}{7}$ ② $\dfrac{8}{49}$ ③ $\dfrac{9}{49}$

④ $\dfrac{10}{49}$ ⑤ $\dfrac{11}{49}$

1481

모집단의 확률변수 X의 확률분포를 표로 나타내면 다음과 같다.

X	2	4	6	합계
$P(X=x)$	$\dfrac{1}{3}$	$\dfrac{1}{6}$	a	1

이 모집단에서 크기가 2인 표본을 임의추출할 때, 표본평균 $\overline{X}$에 대하여 $E(a\overline{X})$는? (단, a는 상수이다.)

① $\dfrac{11}{6}$ ② $\dfrac{13}{6}$ ③ $\dfrac{5}{2}$

④ $\dfrac{17}{6}$ ⑤ $\dfrac{19}{6}$

1480

모집단의 확률변수 X의 확률분포를 표로 나타내면 다음과 같다.

X	1	2	3	4	합계
$P(X=x)$	$\dfrac{1}{10}$	a	$\dfrac{3}{10}$	$\dfrac{2}{5}$	1

이 모집단에서 크기가 10인 표본을 임의추출할 때, 표본평균 $\overline{X}$의 평균은? (단, a는 상수이다.)

① 2 ② $\dfrac{5}{2}$ ③ 3

④ $\dfrac{7}{2}$ ⑤ 4

1482

모집단의 확률변수 X의 확률분포를 표로 나타내면 다음과 같다.

X	1	2	3	합계
$P(X=x)$	$\dfrac{1}{3}$	$\dfrac{1}{2}$	$\dfrac{1}{6}$	1

이 모집단에서 크기가 3인 표본을 임의추출할 때, 표본평균 $\overline{X}$에 대하여 $E(\overline{X}^2)$은?

① $\dfrac{91}{27}$ ② $\dfrac{31}{9}$ ③ $\dfrac{95}{27}$

④ $\dfrac{97}{27}$ ⑤ $\dfrac{11}{3}$

1483

Level 2

모집단의 확률변수 X의 확률분포를 표로 나타내면 다음과 같다.

X	1	3	5	합계
$P(X=x)$	$\dfrac{1}{4}$	$\dfrac{1}{4}$	$\dfrac{1}{2}$	1

이 모집단에서 크기가 n인 표본을 임의추출할 때, 표본평균 $\overline{X}$에 대하여 $E(\overline{X})+V(\overline{X})=\dfrac{53}{12}$이다. 이때 n의 값을 구하시오.

1484

Level 2

모집단의 확률변수 X의 확률분포를 표로 나타내면 다음과 같다.

X	1	2	3	합계
$P(X=x)$	a	$\dfrac{3}{5}-a$	$\dfrac{2}{5}$	1

이 모집단에서 크기가 2인 표본을 임의추출할 때, 표본평균 $\overline{X}$에 대하여 $V(\overline{X})=\dfrac{7}{25}$이다. 이때 상수 a의 값은?

① $\dfrac{1}{10}$　　② $\dfrac{1}{5}$　　③ $\dfrac{3}{10}$

④ $\dfrac{2}{5}$　　⑤ $\dfrac{1}{2}$

1485 · 교육청 2017년 10월

Level 1

어느 모집단의 확률분포를 표로 나타내면 다음과 같다.

X	0	1	2	합계
$P(X=x)$	$\dfrac{1}{3}$	a	b	1

이 모집단에서 크기가 4인 표본을 임의추출하여 구한 표본평균을 $\overline{X}$라 하자. $E(\overline{X})=\dfrac{5}{6}$일 때, $a+2b$의 값은?

① $\dfrac{1}{6}$　　② $\dfrac{1}{3}$　　③ $\dfrac{1}{2}$

④ $\dfrac{2}{3}$　　⑤ $\dfrac{5}{6}$

1486 · 평가원 2019학년도 9월

Level 2

어느 모집단의 확률변수 X의 확률분포가 다음 표와 같다.

X	0	2	4	합계
$P(X=x)$	$\dfrac{1}{6}$	a	b	1

$E(X^2)=\dfrac{16}{3}$일 때, 이 모집단에서 임의추출한 크기가 20인 표본의 표본평균 $\overline{X}$에 대하여 $V(\overline{X})$는?

① $\dfrac{1}{60}$　　② $\dfrac{1}{30}$　　③ $\dfrac{1}{20}$

④ $\dfrac{1}{15}$　　⑤ $\dfrac{1}{12}$

실전 유형 **4** 표본평균의 평균, 분산, 표준편차 – 모집단이 주어진 경우

모집단이 주어질 때, 표본평균 $\overline{X}$의 평균, 분산, 표준편차는 다음과 같은 순서로 구한다.
❶ 확률변수 X를 정하고, X의 확률분포를 표로 나타낸다.
❷ 모평균 m, 모분산 σ^2을 구한다.
❸ ❷를 이용하여 표본평균 $\overline{X}$의 평균, 분산, 표준편차를 구한다.

1487 대표문제

숫자 1이 적힌 공 3개, 숫자 2가 적힌 공 1개, 숫자 3이 적힌 공 1개가 들어 있는 주머니에서 임의로 한 개의 공을 꺼내어 공에 적힌 수를 확인한 후 다시 넣는다. 이와 같은 시행을 4번 반복할 때, 꺼낸 공에 적힌 수의 평균을 $\overline{X}$라 하자. $\mathrm{E}(\overline{X})+\sigma(\overline{X})$의 값은?

① 1   ② 2   ③ 3

④ 4   ⑤ 5

1488 　 Level 1

다음과 같이 주어진 4개의 자료에서 크기가 5인 표본을 임의추출할 때, 표본평균 $\overline{X}$의 평균은?

1,   2,   3,   4

① $\dfrac{3}{2}$ ② 2   ③ $\dfrac{5}{2}$

④ 3   ⑤ $\dfrac{7}{2}$

1489 　 Level 1

1, 2, 2, 3, 3, 4의 숫자가 각각 하나씩 적힌 6장의 카드가 들어 있는 상자에서 3장의 카드를 임의추출할 때, 카드에 적힌 숫자의 평균을 $\overline{X}$라 하자. 이때 $\mathrm{V}(\overline{X})$는?

① $\dfrac{11}{36}$ ② $\dfrac{1}{3}$ ③ $\dfrac{13}{36}$

④ $\dfrac{7}{18}$ ⑤ $\dfrac{5}{12}$

1490 　 Level 2

두 개의 주사위를 동시에 던져서 나온 눈의 수의 평균을 $\overline{X}$라 할 때, $\mathrm{V}(2\overline{X}+3)$은?

① $\dfrac{31}{6}$ ② $\dfrac{16}{3}$ ③ $\dfrac{11}{2}$

④ $\dfrac{17}{3}$ ⑤ $\dfrac{35}{6}$

1491 　 Level 2

1이 적힌 면이 2개, 2가 적힌 면이 4개, 3이 적힌 면이 6개인 정십이면체 모양의 주사위를 20번 던져서 바닥에 닿은 면에 적힌 수의 평균을 $\overline{X}$라 할 때,
$\mathrm{E}(6\overline{X}-7)+\mathrm{V}(6\overline{X}-7)$의 값은?

① 6   ② 7   ③ 8

④ 9   ⑤ 10

1492

Level 2

1, 3, 5, 7의 숫자가 각각 하나씩 적힌 4개의 구슬이 들어 있는 주머니에서 임의로 한 개의 구슬을 꺼내어 구슬에 적힌 수를 확인한 후 다시 넣는다. 이와 같은 시행을 n번 반복할 때, 꺼낸 구슬에 적힌 수의 평균을 $\overline{X}$라 하자.

$\mathrm{V}(\overline{X}) = \dfrac{1}{6}$일 때, n의 값을 구하시오.

1493

Level 2

-1이 적힌 카드가 2장, 0이 적힌 카드가 4장, 2가 적힌 카드가 n장 들어 있는 상자에서 4장의 카드를 임의추출하여 카드에 적힌 수를 차례로 a, b, c, d라 할 때, 확률변수 $\overline{X}$를 $\overline{X} = \dfrac{a+b+c+d}{4}$라 하자. $\mathrm{E}(\overline{X}) = \dfrac{3}{5}$일 때, $\sigma(15\overline{X} - 3)$은?

① 6   ② 7   ③ 8

④ 9   ⑤ 10

1494

Level 2

각 면에 -2, 0, 1, n이 하나씩 적힌 정사면체 모양의 주사위를 9번 던져서 바닥에 닿은 면에 적힌 수의 평균을 $\overline{X}$라 하자. $\mathrm{V}(2\overline{X} + 3) = \dfrac{13}{9}$일 때, 자연수 n의 값을 구하시오.

(단, $n \neq 1$)

1495

Level 2

1, 1, 2, 2, 2, 4의 숫자가 각각 하나씩 적힌 6개의 공이 들어 있는 상자에서 n개의 공을 임의추출할 때, 공에 적힌 수의 평균을 $\overline{X}$라 하자. $\mathrm{E}(2\overline{X} - 1) + \sigma(2\overline{X} - 1) = \dfrac{10}{3}$일 때, n의 값은?

① 4   ② 9   ③ 16

④ 25   ⑤ 36

1496

Level 3

6개의 숫자 1, 1, 2, 2, a, b에서 크기가 3인 표본을 임의추출할 때, 세 수의 평균을 $\overline{X}$라 하자. $\mathrm{E}(\overline{X}) = 3$, $\mathrm{E}(\overline{X}^2) = \dfrac{32}{3}$일 때, $\dfrac{b}{a}$의 값은? (단, $2 < a < b$)

① $\dfrac{6}{5}$ ② $\dfrac{7}{5}$ ③ $\dfrac{8}{5}$

④ $\dfrac{9}{5}$ ⑤ 2

+ **Plus 문제**

**실전
유형 5** 표본평균의 평균, 분산, 표준편차 – 모집단의 확률
변수의 확률질량함수가 주어진 경우

모집단의 확률변수 X의 확률질량함수가 주어지고 표본평균 $\overline{X}$
의 평균, 분산, 표준편차를 구할 때는 모집단의 확률질량함수를
이용하여 모평균 m과 모분산 σ^2을 먼저 구한다.

1497 대표문제

모집단의 확률변수 X의 확률질량함수가

$$P(X=x)=\frac{1}{6}(x+1) \ (x=0, 1, 2)$$

이다. 이 모집단에서 크기가 5인 표본을 임의추출할 때, 표
본평균 $\overline{X}$에 대하여 $V(-3\overline{X}+1)$은?

① 1 　　　　② 3 　　　　③ 5
④ 7 　　　　⑤ 9

1498 ▫◧▫ Level 1

모집단의 확률변수 X의 확률질량함수가

$$P(X=x)={}_{64}C_x\left(\frac{1}{4}\right)^x\left(\frac{3}{4}\right)^{64-x} \ (x=0, 1, 2, \cdots, 64)$$

이다. 이 모집단에서 크기가 4인 표본을 임의추출할 때, 표
본평균 $\overline{X}$에 대하여 $V(\overline{X})$는?

① 1 　　　　② 3 　　　　③ 5
④ 7 　　　　⑤ 9

1499 ▫◧▫ Level 1

모집단의 확률변수 X의 확률질량함수가

$$P(X=x)={}_{72}C_x\left(\frac{1}{3}\right)^x\left(\frac{2}{3}\right)^{72-x} \ (x=0, 1, 2, \cdots, 72)$$

이다. 이 모집단에서 크기가 n인 표본을 임의추출할 때, 표
본평균 $\overline{X}$의 분산이 4이다. 이때 n의 값은?

① 2 　　　　② 3 　　　　③ 4
④ 5 　　　　⑤ 6

1500 ▫◧▫ Level 2

모집단의 확률변수 X의 확률질량함수가

$$P(X=x)=\frac{k}{3}x \ (x=3, 6, 9)$$

이다. 이 모집단에서 크기가 5인 표본을 임의추출할 때, 표
본평균 $\overline{X}$에 대하여 $E(\overline{X})+V(\overline{X})$의 값은?

(단, k는 상수이다.)

① 6 　　　　② 7 　　　　③ 8
④ 9 　　　　⑤ 10

1501 ▫◧▫ Level 2

모집단의 확률변수 X의 확률질량함수가

$$P(X=x)=k \ (x=-2, -1, 0, 1, 2)$$

이다. 이 모집단에서 크기가 25인 표본을 임의추출할 때, 표
본평균 $\overline{X}$에 대하여 $V\left(\frac{1}{k}\overline{X}\right)$는? (단, k는 상수이다.)

① 1 　　　　② 2 　　　　③ 3
④ 4 　　　　⑤ 5

07

1502

모집단의 확률변수 X의 확률질량함수가

$$P(X=x)=\begin{cases}\dfrac{1}{8} & (x=-2,\ 2)\\[2mm]\dfrac{3}{8} & (x=-1,\ 1)\end{cases}$$

이다. 이 모집단에서 크기가 3인 표본을 임의추출할 때, 표본평균 $\overline{X}$에 대하여 $\mathrm{E}(\overline{X}^2)$은?

① $\dfrac{1}{12}$ ② $\dfrac{1}{4}$ ③ $\dfrac{5}{12}$

④ $\dfrac{7}{12}$ ⑤ $\dfrac{3}{4}$

1503

모집단의 확률변수 X의 확률질량함수가

$$P(X=x)={}_a\mathrm{C}_x\left(\dfrac{1}{2}\right)^a\ (x=0,\ 1,\ 2,\ \cdots,\ a)$$

이다. 이 모집단에서 크기가 20인 표본을 임의추출할 때, 표본평균을 $\overline{X}$라 하자. $\mathrm{E}(2\overline{X})=400$일 때, $\mathrm{V}(2\overline{X})$는?

(단, a는 자연수이다.)

① 16   ② 20   ③ 24

④ 28   ⑤ 32

1504

모집단의 확률변수 X의 확률질량함수가

$$P(X=x)={}_{100}\mathrm{C}_x\,p^x(1-p)^{100-x}\ (x=0,\ 1,\ 2,\ \cdots,\ 100)$$

이다. 이 모집단에서 크기가 8인 표본을 임의추출할 때, 표본평균을 $\overline{X}$라 하자. $\mathrm{V}(\overline{X})=2$일 때, $\mathrm{E}(p\overline{X})$를 구하시오.

$\left(\text{단, } 0<p<\dfrac{1}{2}\right)$

1505

모집단의 확률변수 X의 확률질량함수가

$$P(X=x)=\dfrac{x}{16}\ (x=1,\ 3,\ 5,\ 7)$$

이다. 이 모집단에서 크기가 n인 표본을 임의추출할 때, 표본평균을 $\overline{X}$라 하자. $\mathrm{V}(12\overline{X})=55$일 때, n의 값을 구하시오.

1506

모집단의 확률변수 X의 확률질량함수가

$$P(X=x)=\begin{cases}\dfrac{1}{4} & (x=1,\ 3)\\[2mm]k & (x=2)\end{cases}$$

이다. 이 모집단에서 크기가 n인 표본을 임의추출할 때, 표본평균을 $\overline{X}$라 하자. $\mathrm{V}(\overline{X})=\dfrac{1}{10}$일 때, n의 값은?

(단, k는 상수이다.)

① 4   ② 5   ③ 6

④ 7   ⑤ 8

실전유형 **6** 표본평균의 확률 _{빈출유형}

정규분포 $N(m, \sigma^2)$을 따르는 모집단에서 크기가 n인 표본을 임의추출할 때, 표본평균 $\overline{X}$의 확률은 다음과 같은 순서로 구한다.

❶ 표본평균 $\overline{X}$가 따르는 정규분포 $N\left(m, \dfrac{\sigma^2}{n}\right)$을 구한다.

❷ $\overline{X}$를 $Z = \dfrac{\overline{X} - m}{\dfrac{\sigma}{\sqrt{n}}}$으로 표준화한 후 표준정규분포표를 이용하여 확률을 구한다.

1507 _{대표문제}

어느 고등학교 학생들의 일주일 동안 스마트폰 사용 시간은 평균이 6시간, 표준편차가 2시간인 정규분포를 따른다고 한다. 이 고등학교 학생 중 임의추출한 36명의 일주일 동안 스마트폰 사용 시간

z	$P(0 \le Z \le z)$
0.5	0.1915
1.0	0.3413
1.5	0.4332
2.0	0.4772

의 평균이 6시간 30분 이하일 확률을 위의 표준정규분포표를 이용하여 구한 것은?

① 0.6915　　② 0.8413　　③ 0.9332
④ 0.9772　　⑤ 0.9938

1508 _{Level 1}

정규분포 $N(52, 6^2)$을 따르는 모집단에서 크기가 9인 표본을 임의추출할 때, 표본평균 $\overline{X}$에 대하여 $P(51 \le \overline{X} \le 56)$을 오른쪽 표준정규분포표를 이용하여 구한 것은?

z	$P(0 \le Z \le z)$
0.5	0.1915
1.0	0.3413
1.5	0.4332
2.0	0.4772

① 0.5328　　② 0.6247　　③ 0.6687
④ 0.7745　　⑤ 0.8185

1509 _{Level 1}

모평균이 250, 모표준편차가 10인 정규분포를 따르는 모집단에서 크기가 25인 표본을 임의추출할 때, 표본평균 $\overline{X}$에 대하여 $P(251 \le \overline{X} \le 253)$을 오른쪽 표준정규분포표를 이용하여 구한 것은?

z	$P(0 \le Z \le z)$
0.5	0.1915
1.0	0.3413
1.5	0.4332
2.0	0.4772

① 0.0919　　② 0.1359　　③ 0.1498
④ 0.2417　　⑤ 0.2857

1510 _{Level 2}

정규분포 $N(32, 8^2)$을 따르는 모집단에서 크기가 16인 표본을 임의추출하여 구한 표본평균을 $\overline{X}$, 정규분포 $N(31, 20^2)$을 따르는 모집단에서 크기가 25인 표본을 임의추출하여 구한 표본평균을 $\overline{Y}$

z	$P(0 \le Z \le z)$
1.0	0.34
1.5	0.43
2.0	0.48
2.5	0.49

라 하자. $p = P(\overline{X} \le 35) - P(\overline{Y} \le 35)$라 할 때, $100p$의 값을 위의 표준정규분포표를 이용하여 구하시오.

1511

어느 지역의 4인 가구의 월 통신비는 평균이 22만 원, 표준편차가 6만 원인 정규분포를 따른다고 한다. 이 지역의 4인 가구 중에서 9가구를 임의추출하여 조사한 월 통신비의 평균이 23만 원 이상이고 26만 원 이하일 확률을 위의 표준정규분포표를 이용하여 구한 것은?

z	$P(0 \le Z \le z)$
0.5	0.1915
1.0	0.3413
1.5	0.4332
2.0	0.4772

① 0.0440 ② 0.0919 ③ 0.1359

④ 0.1498 ⑤ 0.2857

1512

어느 생수 회사에서 생산하는 생수 한 병의 무게는 평균이 500, 표준편차가 10인 정규분포를 따른다고 한다. 이 회사에서는 생수 25병을 한 세트로 하여 판매한다. 임의추출한 한 세트의 무게가 12600 이상일 확률을 위의 표준정규분포표를 이용하여 구한 것은? (단, 무게의 단위는 g이다.)

z	$P(0 \le Z \le z)$
0.5	0.1915
1.0	0.3413
1.5	0.4332
2.0	0.4772

① 0.0062 ② 0.0228 ③ 0.0456

④ 0.0668 ⑤ 0.1587

1513

어느 공장에서 생산하는 제품 A 한 개의 무게는 평균이 8 kg, 표준편차가 1 kg인 정규분포를 따른다고 한다. 이 공장에서는 제품 A를 9개씩 한 상자에 담아 판매하는데 한 상자에 담긴 제품 A의 무게의 합이 69 kg 이상이면 정상 제품으로 판정한다. 이 공장에서 제품 A를 9개씩 담아 판매하는 상자 중에서 임의추출한 한 상자가 정상 제품일 확률을 위의 표준정규분포표를 이용하여 구하시오.

z	$P(0 \le Z \le z)$
0.5	0.1915
1.0	0.3413
1.5	0.4332
2.0	0.4772

다음은 이 유형에서 출제된 최근 교육청 · 평가원 기출문제입니다.

1514 · 2018학년도 대학수학능력시험

어느 공장에서 생산하는 화장품 1개의 내용량은 평균이 201.5 g이고 표준편차가 1.8 g인 정규분포를 따른다고 한다. 이 공장에서 생산한 화장품 중 임의추출한 9개의 화장품 내용량의 표본평균이 200 g 이상일 확률을 오른쪽 표준정규분포표를 이용하여 구한 것은?

z	$P(0 \le Z \le z)$
1.0	0.3413
1.5	0.4332
2.0	0.4772
2.5	0.4938

① 0.7745 ② 0.8413

③ 0.9332 ④ 0.9772

⑤ 0.9938

1515 신경향 · 평가원 2021학년도 9월   ◦◦l Level 3

어느 지역 신생아의 출생 시 몸무게 X가 정규분포를 따르고

$$P(X \geq 3.4) = \frac{1}{2}, \ P(X \leq 3.9) + P(Z \leq -1) = 1$$

이다. 이 지역 신생아 중에서 임
의추출한 25명의 출생 시 몸무게
의 표본평균을 $\overline{X}$라 할 때,
$P(\overline{X} \geq 3.55)$를 오른쪽 표준정규
분포표를 이용하여 구한 것은?
(단, 몸무게의 단위는 kg이고, Z
는 표준정규분포를 따르는 확률변수이다.)

z	$P(0 \leq Z \leq z)$
1.0	0.3413
1.5	0.4332
2.0	0.4772
2.5	0.4938

① 0.0062   ② 0.0228   ③ 0.0668

④ 0.1587   ⑤ 0.3413

+ **Plus 문제**

1516 고난도 · 평가원 2022학년도 9월   ◦◦l Level 3

지역 A에 살고 있는 성인들의 1인 하루 물 사용량을 확률변
수 X, 지역 B에 살고 있는 성인들의 1인 하루 물 사용량을
확률변수 Y라 하자. 두 확률변수 X, Y는 정규분포를 따르
고 다음 조건을 만족시킨다.

> ㈎ 두 확률변수 X, Y의 평균은 각각 220과 240이다.
> ㈏ 확률변수 Y의 표준편차는 확률변수 X의 표준편차의
>   1.5배이다.

지역 A에 살고 있는 성인 중 임의추출한 n명의 1인 하루 물
사용량의 표본평균을 $\overline{X}$, 지역 B에 살고 있는 성인 중 임의
추출한 $9n$명의 1인 하루 물 사용량의 표본평균을 $\overline{Y}$라 하자.
$P(\overline{X} \leq 215) = 0.1587$일 때,
$P(\overline{Y} \geq 235)$를 오른쪽 표준정규
분포표를 이용하여 구한 것은?
(단, 물 사용량의 단위는 L이다.)

z	$P(0 \leq Z \leq z)$
0.5	0.1915
1.0	0.3413
1.5	0.4332
2.0	0.4772

① 0.6915   ② 0.7745

③ 0.8185   ④ 0.8413

⑤ 0.9772

실전
유형 **7** 표본평균의 확률 – 표본의 크기 구하기

표본평균 $\overline{X}$가 정규분포 $N\left(m, \dfrac{\sigma^2}{n}\right)$을 따르면 $\overline{X}$를

$Z = \dfrac{\overline{X} - m}{\dfrac{\sigma}{\sqrt{n}}}$으로 표준화한 후 주어진 조건과 표준정규분포표를

이용하여 표본의 크기를 구한다.

1517 대표문제

어느 농장에서 수확하는 귤 한 개
의 당도는 평균이 12 Brix, 표준
편차가 1 Brix인 정규분포를 따
른다고 한다. 이 농장에서 수확한
귤 중에서 임의추출한 n개의 당
도의 평균이 11 Brix 이상이고

z	$P(0 \leq Z \leq z)$
0.5	0.19
1.0	0.34
1.5	0.43
2.0	0.48

13 Brix 이하일 확률이 0.96이 되도록 하는 n의 값을 위의
표준정규분포표를 이용하여 구한 것은?

① 4   ② 9   ③ 16

④ 25   ⑤ 36

1518   ◦◦l Level 2

정규분포 $N(50, 3^2)$을 따르는 모
집단에서 크기가 n인 표본을 임
의추출할 때, 표본평균 $\overline{X}$에 대하
여 $P(\overline{X} \geq 49) = 0.8413$을 만족
시키는 n의 값을 오른쪽 표준정
규분포표를 이용하여 구한 것은?

z	$P(0 \leq Z \leq z)$
0.5	0.1915
1.0	0.3413
1.5	0.4332
2.0	0.4772

① 9   ② 16   ③ 25

④ 36   ⑤ 49

1519

정규분포 $N(100, 4^2)$을 따르는 모집단에서 크기가 n인 표본을 임의추출할 때, 표본평균 $\overline{X}$에 대하여 $P(98 \le \overline{X} \le 102) = 0.9544$를 만족시키는 n의 값을 오른쪽 표준정규분포표를 이용하여 구한 것은?

z	$P(0 \le Z \le z)$
0.5	0.1915
1.0	0.3413
1.5	0.4332
2.0	0.4772

① 9 　　　② 16 　　　③ 25

④ 36 　　　⑤ 49

1521

모평균이 100, 모표준편차가 10인 정규분포를 따르는 모집단에서 크기가 n인 표본을 임의추출할 때, 표본평균 $\overline{X}$에 대하여 $P(\overline{X} \le 96) = 0.0228$을 만족시키는 n의 값을 오른쪽 표준정규분포표를 이용하여 구한 것은?

z	$P(0 \le Z \le z)$
0.5	0.1915
1.0	0.3413
1.5	0.4332
2.0	0.4772

① 9 　　　② 16 　　　③ 25

④ 36 　　　⑤ 49

1520

어느 학교 학생들의 하루 스마트폰 사용 시간은 평균이 50, 표준편차가 16인 정규분포를 따른다고 한다. 이 학교 학생 중에서 n명을 임의추출하여 조사한 하루 스마트폰 사용 시간의 평균을 $\overline{X}$

z	$P(0 \le Z \le z)$
0.5	0.1915
1.0	0.3413
1.5	0.4332
2.0	0.4772

라 할 때, $P(50 \le \overline{X} \le 56) = 0.4332$를 만족시키는 n의 값을 위의 표준정규분포표를 이용하여 구한 것은?

(단, 시간의 단위는 분이다.)

① 9 　　　② 16 　　　③ 25

④ 36 　　　⑤ 49

1522

어느 공장에서 생산하는 제품 A 한 개의 무게는 평균이 20, 표준편차가 2인 정규분포를 따른다고 한다. 이 공장에서 생산된 제품 A 중에서 임의추출한 n개의 무게의 평균을 $\overline{X}$라 할 때,

z	$P(0 \le Z \le z)$
0.5	0.1915
1.0	0.3413
1.5	0.4332
2.0	0.4772

$P(\overline{X} \ge 19) = 0.9332$를 만족시키는 n의 값을 위의 표준정규분포표를 이용하여 구한 것은?

(단, 무게의 단위는 kg이다.)

① 4 　　　② 9 　　　③ 16

④ 25 　　　⑤ 36

1523

.ıl Level 2

어느 공장에서 생산하는 샤프심의 길이는 평균이 70, 표준편차가 0.1인 정규분포를 따른다고 한다. 이 공장에서 생산한 샤프심 중에서 n개를 임의추출하여 측정한 샤프심 길이의 평균이 69.99 이상이고 70.01 이하일 확률이 0.9426일 때, n의 값을 위의 표준정규분포표를 이용하여 구하시오.

z	$P(0 \leq Z \leq z)$
1.6	0.4452
1.7	0.4554
1.8	0.4641
1.9	0.4713

(단, 길이의 단위는 mm이다.)

1524

.ıl Level 2

어느 회사에서 생산하는 커피 음료 한 병의 용량은 평균이 250, 표준편차가 18인 정규분포를 따른다고 한다. 이 회사에서 생산한 커피 음료 중에서 임의추출한 n 병의 용량의 평균이 253 이상일 확률이 0.0668일 때, n의 값을 위의 표준정규분포표를 이용하여 구한 것은? (단, 용량의 단위는 mL이다.)

z	$P(0 \leq Z \leq z)$
0.5	0.1915
1.0	0.3413
1.5	0.4332
2.0	0.4772

① 49　　　② 64　　　③ 81

④ 100　　　⑤ 121

1525

.ıl Level 3

모평균이 30, 모표준편차가 5인 정규분포를 따르는 모집단에서 크기가 n인 표본을 임의추출할 때, 표본평균 $\overline{X}$에 대하여 $P(29 \leq \overline{X} \leq 31) \leq 0.38$을 만족시키는 n의 최댓값을 오른쪽 표준정규분포표를 이용하여 구하시오.

z	$P(0 \leq Z \leq z)$
0.5	0.19
1.0	0.34
1.5	0.43
2.0	0.48

+ **Plus 문제**

다음은 이 유형에서 출제된 최근 교육청 · 평가원 기출문제입니다.

1526 · 평가원 2018학년도 9월

.ıl Level 3

대중교통을 이용하여 출근하는 어느 지역 직장인의 월 교통비는 평균이 8이고 표준편차가 1.2인 정규분포를 따른다고 한다.

대중교통을 이용하여 출근하는 이 지역 직장인 중 임의추출한 n 명의 월 교통비의 표본평균을 $\overline{X}$ 라 할 때, $P(7.76 \leq \overline{X} \leq 8.24) \geq 0.6826$이 되기 위한 n의 최솟값을 오른쪽 표준정규분포표를 이용하여 구하시오.

z	$P(0 \leq Z \leq z)$
0.5	0.1915
1.0	0.3413
1.5	0.4332
2.0	0.4772

(단, 교통비의 단위는 만 원이다.)

+ **Plus 문제**

07

표본평균 $\overline{X}$가 정규분포 $N\left(m, \dfrac{\sigma^2}{n}\right)$을 따르면 $\overline{X}$를

$Z=\dfrac{\overline{X}-m}{\dfrac{\sigma}{\sqrt{n}}}$으로 표준화한 후 주어진 조건과 표준정규분포표

를 이용하여 미지수의 값을 구한다.

1527 대표문제

모평균이 800, 모표준편차가 40
인 정규분포를 따르는 모집단에
서 크기가 64인 표본을 임의추출
할 때, 표본평균 $\overline{X}$에 대하여
$P(\overline{X}\le a)=0.0228$을 만족시키
는 상수 a의 값을 오른쪽 표준정
규분포표를 이용하여 구한 것은?

z	$P(0\le Z\le z)$
0.5	0.1915
1.0	0.3413
1.5	0.4332
2.0	0.4772

① 775　　　　② 780　　　　③ 785

④ 790　　　　⑤ 795

1528　　　•❙❙ Level 1

정규분포 $N(32, 8^2)$을 따르는 모집단에서 크기가 16인 표
본을 임의추출할 때, 표본평균 $\overline{X}$에 대하여
$P(\overline{X}\ge a)=P(Z\le 1)$을 만족시키는 상수 a의 값을 구하시
오. (단, Z는 표준정규분포를 따르는 확률변수이다.)

1529　　　•❙❙ Level 1

정규분포 $N(25, \sigma^2)$을 따르는 모집단에서 크기가 9인 표본
을 임의추출할 때, 표본평균 $\overline{X}$에 대하여
$P(\overline{X}\ge 28)+P(Z\le 1)=1$을 만족시키는 σ의 값은?

(단, Z는 표준정규분포를 따르는 확률변수이다.)

① 6　　　　② 7　　　　③ 8

④ 9　　　　⑤ 10

1530　　　•❙❙ Level 2

정규분포 $N(50, 2^2)$을 따르는 모
집단에서 크기가 4인 표본을 임
의추출할 때, 표본평균 $\overline{X}$에 대하
여 $P(\overline{X}\le k)=0.9772$를 만족시
키는 상수 k의 값을 오른쪽 표준
정규분포표를 이용하여 구한 것
은?

z	$P(0\le Z\le z)$
0.5	0.1915
1.0	0.3413
1.5	0.4332
2.0	0.4772

① 51　　　　② 51.5　　　　③ 52

④ 52.5　　　　⑤ 53

1531

● 정답 및 풀이 286쪽

ıll Level 2

어느 학교 학생들의 통학 시간은 평균이 50, 표준편차가 σ인 정규분포를 따른다고 한다. 이 학교 학생들을 대상으로 16명을 임의추출하여 조사한 통학 시간의 표본평균 $\overline{X}$에 대하여

z	$P(0 \le Z \le z)$
0.5	0.1915
1.0	0.3413
1.5	0.4332
2.0	0.4772

$P(50 \le \overline{X} \le 56) = 0.4332$를 만족시키는 σ의 값을 위의 표준정규분포표를 이용하여 구한 것은?

(단, 시간의 단위는 분이다.)

① 8   ② 12   ③ 16

④ 20   ⑤ 24

1532

ıll Level 2

모평균이 35, 모표준편차가 σ인 정규분포를 따르는 모집단에서 크기가 4인 표본을 임의추출할 때, 표본평균 $\overline{X}$에 대하여 $P(32 \le \overline{X} \le 38) = 0.7698$을 만족시키는 σ의 값을 오른쪽 표준정규분포표를 이용하여 구한 것은?

z	$P(0 \le Z \le z)$
0.6	0.2257
0.8	0.2881
1.0	0.3413
1.2	0.3849

① 3   ② 4   ③ 5

④ 6   ⑤ 7

1533

ıll Level 2

정규분포 $N(m, 2^2)$을 따르는 모집단에서 크기가 16인 표본을 임의추출할 때, 표본평균 $\overline{X}$에 대하여 $P(\overline{X} \le 101) = 0.0228$을 만족시키는 m의 값을 오른쪽 표준정규분포표를 이용하여 구하시오.

z	$P(0 \le Z \le z)$
0.5	0.1915
1.0	0.3413
1.5	0.4332
2.0	0.4772

다음은 이 유형에서 출제된 최근 교육청·평가원 기출문제입니다.

1534 · 교육청 2020년 10월

ıll Level 2

어느 제과 공장에서 생산하는 과자 1상자의 무게는 평균이 104 g, 표준편차가 4 g인 정규분포를 따른다고 한다.

이 공장에서 생산한 과자 중 임의추출한 4상자의 무게의 표본평균이 a g 이상이고 106 g 이하일 확률을 오른쪽 표준정규분포표를 이용하여 구하면 0.5328이다. 상수 a의 값은?

z	$P(0 \le Z \le z)$
0.5	0.1915
1.0	0.3413
1.5	0.4332
2.0	0.4772

① 99   ② 100   ③ 101

④ 102   ⑤ 103

07

1535 · 평가원 2021학년도 9월 ·ıl Level 2

어느 회사에서 일하는 플랫폼 근로자의 일주일 근무 시간은 평균이 m시간, 표준편차가 5시간인 정규분포를 따른다고 한다.

이 회사에서 일하는 플랫폼 근로자 중에서 임의추출한 36명의 일주일 근무 시간의 표본평균이 38시간 이상일 확률을 오른쪽 표준정규분포표를 이용하여 구한 값이 0.9332일 때, m의 값은?

z	$P(0 \le Z \le z)$
0.5	0.1915
1.0	0.3413
1.5	0.4332
2.0	0.4772

① 38.25   ② 38.75   ③ 39.25

④ 39.75   ⑤ 40.25

1536 · 2017학년도 대학수학능력시험 ·ıl Level 3

정규분포 $N(0, 4^2)$을 따르는 모집단에서 크기가 9인 표본을 임의추출하여 구한 표본평균을 $\overline{X}$, 정규분포 $N(3, 2^2)$을 따르는 모집단에서 크기가 16인 표본을 임의추출하여 구한 표본평균을 $\overline{Y}$라 하자. $P(\overline{X} \ge 1) = P(\overline{Y} \le a)$를 만족시키는 상수 a의 값은?

① $\dfrac{23}{8}$ ② $\dfrac{11}{4}$ ③ $\dfrac{21}{8}$

④ $\dfrac{5}{2}$ ⑤ $\dfrac{19}{8}$

+ Plus 문제

실전유형 9 모평균의 추정 – 모표준편차가 주어진 경우 <빈출유형>

정규분포 $N(m, \sigma^2)$을 따르는 모집단에서 크기가 n인 표본을 임의추출하여 구한 표본평균 $\overline{X}$의 값을 $\overline{x}$라 하면 모평균 m에 대한 신뢰도 α %의 신뢰구간은

➔ $\overline{x} - k \times \dfrac{\sigma}{\sqrt{n}} \le m \le \overline{x} + k \times \dfrac{\sigma}{\sqrt{n}}$ $\left(\text{단, } P(|Z| \le k) = \dfrac{\alpha}{100}\right)$

1537 [대표문제]

어느 고등학교 학생들의 한 달 독서 시간은 평균이 m, 표준편차가 20인 정규분포를 따른다고 한다. 이 학교 학생 중에서 49명을 임의추출하여 구한 한 달 독서 시간의 표본평균이 300이었다. 이 결과를 이용하여 구한 모평균 m에 대한 신뢰도 95 %의 신뢰구간을 구하시오.

(단, 시간의 단위는 분이고, $P(0 \le Z \le 1.96) = 0.475$로 계산한다.)

1538 ·ıl Level 1

정규분포 $N(m, 5^2)$을 따르는 모집단에서 크기가 25인 표본을 임의추출하여 구한 표본평균이 50일 때, 모평균 m에 대한 신뢰도 95 %의 신뢰구간은?

(단, $P(|Z| \le 1.96) = 0.95$로 계산한다.)

① $48 \le m \le 50$ ② $48.04 \le m \le 51.96$

③ $48.08 \le m \le 51.92$ ④ $48.12 \le m \le 51.88$

⑤ $48.16 \le m \le 51.84$

1539

●❙❙ Level 1

정규분포 $\mathrm{N}(m, 6^2)$을 따르는 모집단에서 크기가 144인 표본을 임의추출하여 구한 표본평균이 100일 때, 모평균 m에 대한 신뢰도 99 %의 신뢰구간은?

(단, $\mathrm{P}(|Z| \leq 2.58) = 0.99$로 계산한다.)

① $98.69 \leq m \leq 101.31$ ② $98.71 \leq m \leq 101.29$

③ $98.73 \leq m \leq 101.27$ ④ $98.75 \leq m \leq 101.25$

⑤ $98.77 \leq m \leq 101.23$

1541

●❙❙ Level 2

정규분포 $\mathrm{N}(m, 12^2)$을 따르는 모집단에서 크기가 36인 표본을 임의추출하여 구한 표본평균이 72이었다. 이 결과를 이용하여 추정한 모평균 m에 대한 신뢰도 90 %의 신뢰구간이 $a \leq m \leq b$이

z	$\mathrm{P}(0 \leq Z \leq z)$
1.6	0.45
1.8	0.46
2.0	0.48
2.2	0.49

고, 같은 표본을 이용하여 추정한 모평균 m에 대한 신뢰도 98 %의 신뢰구간이 $c \leq m \leq d$이다. $l = a - c$일 때, $10l$의 값을 위의 표준정규분포표를 이용하여 구하시오.

1540

●❙❙ Level 2

어느 카페에서 판매하는 커피 한 잔의 용량은 평균이 m, 표준편차가 3인 정규분포를 따른다고 한다. 이 카페에서 판매하는 커피 중에서 임의추출한 크기가 36인 표본을 조사하였더니 커피 용량의 표본평균이 200이었다. 이 결과를 이용하여 이 카페에서 판매하는 커피 용량의 평균 m에 대한 신뢰도 95 %의 신뢰구간을 구하면 $a \leq m \leq b$일 때, b의 값은? (단, 용량의 단위는 mL이고, $\mathrm{P}(0 \leq Z \leq 2) = 0.475$로 계산한다.)

① 200.5   ② 201   ③ 201.5

④ 202   ⑤ 202.5

1542

●❙❙ Level 2

어느 농장에서 수확하는 키위의 당도는 평균이 m, 표준편차가 1.5인 정규분포를 따른다고 한다. 이 농장에서 수확하는 키위 중에서 9개를 임의추출하여 당도를 측정한 결과 다음 표와 같았다.

당도	9	10	11	12	13	합계
키위의 개수	1	2	3	2	1	9

이 결과를 이용하여 이 농장에서 수확하는 키위의 당도의 평균 m에 대한 신뢰도 95 %의 신뢰구간에 속하는 모든 정수의 합을 구하시오.

(단, 당도의 단위는 Brix이고, $\mathrm{P}(0 \leq Z \leq 2) = 0.475$로 계산한다.)

1543

Level 2

어느 공장에서 생산하는 제품의 무게는 모평균이 m, 모표준편차가 $\frac{1}{2}$인 정규분포를 따른다고 한다. 이 공장에서 생산한 제품 중에서 25개를 임의추출하여 신뢰도 95 %로 추정한 모평균 m에 대한 신뢰구간이 $a \leq m \leq b$이고, $P(|Z| \leq c) = 0.95$이다. $c = k(b-a)$일 때, 상수 k의 값은? (단, 무게의 단위는 g이고, Z는 표준정규분포를 따르는 확률변수이다.)

① 3

② $\frac{7}{2}$

③ 4

④ $\frac{9}{2}$

⑤ 5

1544

Level 2

표준편차 σ인 정규분포를 따르는 모집단에서 크기가 n인 표본을 임의추출하여 얻은 모평균 m에 대한 신뢰도 95 %의 신뢰구간이 $100.4 \leq m \leq 139.6$이다. 같은 표본을 이용하여 얻은 모평균 m에 대한 신뢰도 99 %의 신뢰구간에 속하는 자연수의 최댓값과 최솟값을 각각 M, N이라 할 때, $M+N$의 값은? (단, $P(0 \leq Z \leq 1.96) = 0.475$, $P(0 \leq Z \leq 2.58) = 0.495$로 계산한다.)

① 236

② 237

③ 238

④ 239

⑤ 240

다음은 이 유형에서 출제된 최근 교육청·평가원 기출문제입니다.

1545 · 2019학년도 대학수학능력시험

Level 2

어느 마을에서 수확하는 수박의 무게는 평균이 m kg, 표준편차가 1.4 kg인 정규분포를 따른다고 한다. 이 마을에서 수확한 수박 중에서 49개를 임의추출하여 얻은 표본평균을 이용하여, 이 마을에서 수확하는 수박의 무게의 평균 m에 대한 신뢰도 95 %의 신뢰구간을 구하면 $a \leq m \leq 7.992$이다. a의 값은? (단, Z가 표준정규분포를 따르는 확률변수일 때, $P(|Z| \leq 1.96) = 0.95$로 계산한다.)

① 7.238

② 7.228

③ 7.218

④ 7.208

⑤ 7.198

1546 · 2017학년도 대학수학능력시험

Level 2

어느 농가에서 생산하는 석류의 무게는 평균이 m, 표준편차가 40인 정규분포를 따른다고 한다. 이 농가에서 생산하는 석류 중에서 임의추출한, 크기가 64인 표본을 조사하였더니 석류 무게의 표본평균의 값이 $\bar{x}$이었다. 이 결과를 이용하여, 이 농가에서 생산하는 석류 무게의 평균 m에 대한 신뢰도 99 %의 신뢰구간을 구하면 $\bar{x} - c \leq m \leq \bar{x} + c$이다. c의 값은? (단, 무게의 단위는 g이고, Z가 표준정규분포를 따르는 확률변수일 때 $P(0 \leq Z \leq 2.58) = 0.495$로 계산한다.)

① 8.6

② 12.9

③ 17.2

④ 21.5

⑤ 25.8

07

1547 대표문제

어느 지역 고등학생들의 키는 정규분포를 따른다고 한다. 이 지역 고등학생 중에서 64명을 임의추출하여 키를 조사하였더니 평균이 168, 표준편차가 24이었다. 이 지역 고등학생들의 키의 모평균 m에 대한 신뢰도 95 %의 신뢰구간에 속하는 자연수의 개수는? (단, 키의 단위는 cm이고, $P(0 \leq Z \leq 1.96) = 0.475$로 계산한다.)

① 8　　　　　② 9　　　　　③ 10

④ 11　　　　　⑤ 12

1548 Level 1

정규분포를 따르는 모집단에서 임의추출한 100개의 표본의 평균이 30, 표준편차가 10일 때, 모평균 m에 대한 신뢰도 95 %의 신뢰구간은?

(단, $P(|Z| \leq 1.96) = 0.95$로 계산한다.)

① $27.84 \leq m \leq 32.16$　　　② $27.94 \leq m \leq 32.06$

③ $28.04 \leq m \leq 31.96$　　　④ $28.14 \leq m \leq 31.86$

⑤ $28.24 \leq m \leq 31.76$

실전
유형 **10** 모평균의 추정 – 표본표준편차가 주어진 경우

모평균을 추정할 때, 모표준편차 σ의 값을 모르는 경우에는 표본의 크기 n $(n \geq 30)$이 충분히 크면 표본표준편차 S의 값 s를 σ 대신 이용하여 근사적으로 모평균의 신뢰구간을 구할 수 있다.

1549 Level 1

정규분포를 따르는 모집단에서 크기가 64인 표본을 임의추출하였더니 평균이 60, 표준편차가 8이었다. 모평균 m에 대한 신뢰도 95 %의 신뢰구간을 구하시오.

(단, $P(|Z| \leq 1.96) = 0.95$로 계산한다.)

1550 Level 2

어느 공장에서 생산하는 생수 한 병의 용량은 정규분포를 따른다고 한다. 이 공장에서 생산한 생수 중에서 64병을 임의추출하여 구한 생수 한 병의 용량의 평균이 300, 표준편차가 3이었다. 이 공장에서 생산하는 생수 한 병의 용량의 모평균 m에 대한 신뢰도 90 %의 신뢰구간은? (단, 용량의 단위는 mL이고, $P(|Z| \leq 1.6) = 0.9$로 계산한다.)

① $299.4 \leq m \leq 300.6$　　　② $299.5 \leq m \leq 300.5$

③ $299.6 \leq m \leq 300.4$　　　④ $299.74 \leq m \leq 300.26$

⑤ $299.84 \leq m \leq 300.16$

1551

Level 2

어느 지역 고등학생들의 오래달리기 기록은 평균이 m인 정규분포를 따른다고 한다. 이 지역 고등학생 중에서 49명을 임의추출하여 구한 오래달리기 기록의 평균이 600, 표준편차가 20이었다. 이 지역 고등학생들의 오래달리기 기록의 모평균 m에 대한 신뢰도 95 %의 신뢰구간이 $a \le m \le b$일 때, $2b-a$의 값은? (단, 기록의 단위는 초이고, $\mathrm{P}(0 \le Z \le 1.96) = 0.475$로 계산한다.)

① 616 ② 616.2 ③ 616.4
④ 616.6 ⑤ 616.8

1552

Level 2

어느 농장에서 수확한 귤의 당도는 정규분포를 따른다고 한다. 이 농장에서 수확한 귤 중에서 임의추출한 귤 49개의 당도의 평균이 12.5, 표준편차가 2이었다. 이 농장에서 수확한 귤의 당도의 모평균 m에 대한 신뢰도 95 %의 신뢰구간이 $a \le m \le b$일 때, $2a-b$의 값은? (단, 당도의 단위는 Brix이고, $\mathrm{P}(0 \le Z \le 1.96) = 0.475$로 계산한다.)

① 10.78 ② 10.82 ③ 10.86
④ 10.90 ⑤ 10.94

1553

Level 2

모평균이 m인 정규분포를 따르는 모집단에서 크기가 144인 표본을 임의추출하여 구한 평균이 $\bar{x}$, 표준편차가 8이었다. 모평균 m에 대한 신뢰도 95 %의 신뢰구간이 $\bar{x} - k \le m \le \bar{x} + k$일 때, $30k$의 값을 구하시오.

(단, $\mathrm{P}(|Z| \le 2) = 0.95$로 계산한다.)

1554

Level 2

어느 회사에서 생산된 모니터의 수명은 정규분포를 따른다고 한다. 이 회사에서 생산된 모니터 중에서 임의추출한 100대의 수명의 평균이 $\bar{x}$, 표준편차가 100이었다. 이 회사에서 생산된 모니터의 수명의 모평균 m에 대한 신뢰도 95 %의 신뢰구간이 $\bar{x} - c \le m \le \bar{x} + c$일 때, $10c$의 값은? (단, 수명의 단위는 시간이고, $\mathrm{P}(0 \le Z \le 1.96) = 0.475$로 계산한다.)

① 190 ② 192 ③ 194
④ 196 ⑤ 198

1555

Level 2

어느 지역 주민들의 하루 운동 시간은 평균이 m인 정규분포를 따른다고 한다. 이 지역 주민 중에서 400명을 임의추출하여 구한 하루 운동 시간의 평균이 60, 표준편차가 20이었다. 이 지역 주민들의 하루 운동 시간의 모평균 m에 대한 신뢰도 99 %의 신뢰구간에 속하는 자연수의 최댓값과 최솟값을 각각 M, N이라 할 때, $M-N$의 값은? (단, 시간의 단위는 분이고, $\mathrm{P}(0 \leq Z \leq 2.6)=0.495$로 계산한다.)

① 4 ② 6 ③ 8
④ 10 ⑤ 12

1556 신경향

Level 3

어느 회사에서 생산하는 이어폰의 무게는 정규분포를 따른다고 한다. 이 회사에서 생산한 이어폰 중에서 임의추출한 100개의 제품의 무게를 각각 x_1, x_2, $\cdots$, x_{100}이라 할 때, 다음을 만족시킨다.

$$\sum_{i=1}^{100} x_i = 2000, \quad \sum_{i=1}^{100} (x_i - 20)^2 = 2475$$

이 회사에서 생산하는 이어폰의 무게의 모평균 m에 대한 신뢰도 96 %의 신뢰구간이 $\alpha \leq m \leq \beta$일 때, $2\alpha - \beta$의 값은? (단, 무게의 단위는 g이고, $\mathrm{P}(0 \leq Z \leq 2)=0.48$로 계산한다.)

① 16.8 ② 17 ③ 17.2
④ 17.4 ⑤ 17.6

+**Plus 문제**

실전 유형 **11** 모평균의 추정 – 표본의 크기 구하기

정규분포 $\mathrm{N}(m, \sigma^2)$을 따르는 모집단에서 크기가 n인 표본을 임의추출하여 구한 표본평균 $\overline{X}$의 값이 $\overline{x}$일 때, 모평균 m에 대한 신뢰도 α %의 신뢰구간이 $a \leq m \leq b$이면

$$a = \overline{x} - k \times \frac{\sigma}{\sqrt{n}}, \quad b = \overline{x} + k \times \frac{\sigma}{\sqrt{n}}$$

임을 이용하여 표본의 크기를 구한다.

$$\left(단, \mathrm{P}(|Z| \leq k) = \frac{\alpha}{100} \right)$$

1557 대표문제

어느 가게에서 판매하는 샌드위치 한 개의 열량은 평균이 m, 표준편차가 12인 정규분포를 따른다고 한다. 이 가게에서 판매하는 샌드위치 중에서 n개를 임의추출하여 조사하였더니 열량의 평균이 300이었다. 이 가게에서 판매하는 샌드위치 한 개의 열량의 모평균 m에 대한 신뢰도 95 %의 신뢰구간이 $296.08 \leq m \leq 303.92$일 때, n의 값은? (단, 열량의 단위는 kcal이고, $\mathrm{P}(|Z| \leq 1.96)=0.95$로 계산한다.)

① 16 ② 25 ③ 36
④ 49 ⑤ 64

1558

Level 1

정규분포 $\mathrm{N}(m, 15^2)$을 따르는 모집단에서 크기가 n인 표본을 임의추출하였더니 평균이 110이었다. 모평균 m에 대한 신뢰도 95 %의 신뢰구간이 $107 \leq m \leq 113$일 때, n의 값을 구하시오. (단, $\mathrm{P}(|Z| \leq 2)=0.95$로 계산한다.)

1559

•❙❙ Level 1

정규분포 $N(m, 6^2)$을 따르는 모집단에서 크기가 n인 표본을 임의추출하였더니 평균이 172이었다. 모평균 m에 대한 신뢰도 99 %의 신뢰구간이 $169.42 \leq m \leq 174.58$일 때, n의 값은? (단, $P(|Z| \leq 2.58) = 0.99$로 계산한다.)

① 36   ② 49   ③ 64

④ 81   ⑤ 100

1560

•❙❙ Level 2

어느 회사에서 판매하는 제품 A 한 개의 무게는 평균이 m, 표준편차가 18인 정규분포를 따른다고 한다. 이 회사에서 판매하는 제품 A 중에서 n개를 임의추출하였더니 무게의 평균이 $\bar{x}$이었다. 이 회사에서 판매하는 제품 A 한 개의 무게의 모평균 m에 대한 신뢰도 99 %의 신뢰구간이 $\bar{x} - 5.16 \leq m \leq \bar{x} + 5.16$일 때, n의 값은? (단, 무게의 단위는 g이고, $P(|Z| \leq 2.58) = 0.99$로 계산한다.)

① 25   ② 36   ③ 49

④ 64   ⑤ 81

1561

•❙❙ Level 2

어느 지역 주민들의 하루 TV 시청 시간은 평균이 m, 표준편차가 12인 정규분포를 따른다고 한다. 이 지역 주민 중에서 n명을 임의추출하였더니 하루 TV 시청 시간의 평균이 75이었다. 이 지역 주민들의 하루 TV 시청 시간의 모평균 m에 대한 신뢰도 95 %의 신뢰구간이 $69.12 \leq m \leq 80.88$일 때, n의 값은? (단, 시간의 단위는 분이고, $P(0 \leq Z \leq 1.96) = 0.475$로 계산한다.)

① 4   ② 9   ③ 16

④ 25   ⑤ 36

1562

•❙❙ Level 2

어느 회사에서 생산하는 화장지 한 개의 길이는 평균이 m, 표준편차가 2인 정규분포를 따른다고 한다. 이 회사에서 생산한 화장지 중에서 n개를 임의추출하여 구한 화장지의 길이의 평균이 $\bar{x}$이었다. 이 회사에서 생산하는 화장지 한 개의 길이의 모평균 m에 대한 신뢰도 95 %의 신뢰구간이 $29.44 \leq m \leq 30.56$일 때, $\bar{x} + n$의 값은? (단, 길이의 단위는 m이고, $P(|Z| \leq 1.96) = 0.95$로 계산한다.)

① 39   ② 46   ③ 55

④ 66   ⑤ 79

1563

●‖‖ Level 2

어느 도시에서 작년에 운행된 택시의 연간 주행 거리는 평균이 m, 표준편차가 σ인 정규분포를 따른다고 한다. 이 도시에서 작년에 운행된 택시 중에서 n대를 임의추출하여 연간 주행 거리를 조사하였더니 평균이 $\overline{x}$이었다. 이 도시에서 작년에 운행된 택시의 주행 거리의 모평균 m에 대한 신뢰도 92 %의 신뢰구간이 $\overline{x}-\dfrac{1}{5}\sigma \leq m \leq \overline{x}+\dfrac{1}{5}\sigma$일 때, n의 값을 위의 표준정규분포표를 이용하여 구하시오.

(단, 주행 거리의 단위는 km이다.)

z	$P(0 \leq Z \leq z)$
1.6	0.45
1.8	0.46
2.0	0.48
2.2	0.49

1564

●‖‖ Level 3

어느 공장에서 생산하는 제품 한 개의 무게는 평균이 m, 표준편차가 20인 정규분포를 따른다고 한다. 이 공장에서 생산하는 제품 중에서 n개를 임의추출하였더니 무게의 평균이 150이었다. 이 공장에서 생산하는 제품 한 개의 무게의 모평균 m에 대한 신뢰도 95 %의 신뢰구간에 속하는 정수의 개수가 7이 되도록 하는 모든 자연수 n의 개수는?

(단, 무게의 단위는 g이고, $P(0 \leq Z \leq 2)=0.475$로 계산한다.)

① 74   ② 75   ③ 76

④ 77   ⑤ 78

+Plus 문제

1565

●‖‖ Level 3

평균이 m, 표준편차가 6인 정규분포를 따르는 모집단에서 크기가 n인 표본을 추출하여 얻은 표본평균을 $\overline{x}$라 할 때, 모평균 m에 대한 신뢰도 95 %, 99 %의 신뢰구간이 각각 $a \leq m \leq 52$, $47 \leq m \leq b$이다. 이때 $n+a+b$의 값은?

(단, $P(|Z| \leq 2)=0.95$, $P(|Z| \leq 3)=0.99$로 계산한다.)

① 135   ② 136   ③ 137

④ 138   ⑤ 139

+Plus 문제

다음은 이 유형에서 출제된 최근 교육청 · 평가원 기출문제입니다.

1566 · 평가원 2019학년도 9월

●‖‖ Level 3

어느 고등학교 학생들의 1개월 자율학습실 이용 시간은 평균이 m, 표준편차가 5인 정규분포를 따른다고 한다. 이 고등학교 학생 25명을 임의추출하여 1개월 자율학습실 이용 시간을 조사한 표본평균이 $\overline{x_1}$일 때, 모평균 m에 대한 신뢰도 95 %의 신뢰구간이 $80-a \leq m \leq 80+a$이었다. 또 이 고등학교 학생 n명을 임의추출하여 1개월 자율학습실 이용 시간을 조사한 표본평균이 $\overline{x_2}$일 때, 모평균 m에 대한 신뢰도 95 %의 신뢰구간이 다음과 같다.

$$\frac{15}{16}\overline{x_1}-\frac{5}{7}a \leq m \leq \frac{15}{16}\overline{x_1}+\frac{5}{7}a$$

$n+\overline{x_2}$의 값은? (단, 이용 시간의 단위는 시간이고, Z가 표준정규분포를 따르는 확률변수일 때, $P(0 \leq Z \leq 1.96)=0.475$로 계산한다.)

① 121   ② 124   ③ 127

④ 130   ⑤ 133

07

정규분포 $N(m, \sigma^2)$을 따르는 모집단에서 크기가 n인 표본을 임의추출하여 구한 표본평균 $\overline{X}$의 값이 $\overline{x}$일 때, 모평균 m에 대한 신뢰도 α %의 신뢰구간이 $a \leq m \leq b$이면

$$a = \overline{x} - k \times \frac{\sigma}{\sqrt{n}}, \ b = \overline{x} + k \times \frac{\sigma}{\sqrt{n}}$$

임을 이용하여 미지수의 값을 구한다. $\left(\text{단, } P(|Z| \leq k) = \dfrac{\alpha}{100} \right)$

1567 대표문제

평균이 m, 표준편차가 σ인 정규분포를 따르는 모집단에서 크기가 64인 표본을 임의추출하여 구한 평균이 $\overline{x}$이었다. 모평균 m에 대한 신뢰도 95 %의 신뢰구간이 $18.75 \leq m \leq 43.25$일 때, $\overline{x} + \sigma$의 값은?

(단, $P(|Z| \leq 1.96) = 0.95$로 계산한다.)

① 79 　　　② 81 　　　③ 83
④ 85 　　　⑤ 87

1568　•|| Level 1

정규분포 $N(m, \sigma^2)$을 따르는 모집단에서 크기가 49인 표본을 임의추출하였더니 평균이 40이었다. 모평균 m에 대한 신뢰도 95 %의 신뢰구간이 $39.44 \leq m \leq 40.56$일 때, σ의 값은? (단, $P(|Z| \leq 1.96) = 0.95$로 계산한다.)

① 1 　　　② 2 　　　③ 3
④ 4 　　　⑤ 5

1569　•|| Level 1

모평균이 m인 정규분포를 따르는 모집단에서 크기가 100인 표본을 임의추출하였더니 평균이 30, 표준편차가 s이었다. 모평균 m에 대한 신뢰도 99 %의 신뢰구간이 $28.71 \leq m \leq k$일 때, s의 값은?

(단, $P(|Z| \leq 2.58) = 0.99$로 계산한다.)

① 3 　　　② 4 　　　③ 5
④ 6 　　　⑤ 7

1570　•|| Level 2

어느 고등학교 학생들의 등교 시간은 평균이 m, 표준편차가 σ인 정규분포를 따른다고 한다. 이 고등학교 학생 중에서 36명을 임의추출하여 구한 모평균 m에 대한 신뢰도 95 %의 신뢰구간이 $21.06 \leq m \leq 26.94$일 때, σ의 값은? (단, 시간의 단위는 분이고, $P(0 \leq Z \leq 1.96) = 0.475$로 계산한다.)

① 6 　　　② 7 　　　③ 8
④ 9 　　　⑤ 10

1571

.ıl Level 2

어느 회사에서 생산하는 화장지의 길이는 평균이 m인 정규분포를 따른다고 한다. 이 회사에서 생산한 화장지 중에서 64개를 임의추출하여 구한 화장지의 길이의 평균이 168, 표준편차가 s이었다. 이 회사에서 생산하는 화장지의 길이의 모평균 m에 대한 신뢰도 95 %의 신뢰구간이 $a \leq m \leq 173.88$일 때, s의 값은? (단, 길이의 단위는 m이고, $P(0 \leq Z \leq 1.96) = 0.475$로 계산한다.)

① 16   ② 18   ③ 20

④ 22   ⑤ 24

1572

.ıl Level 2

어느 지역의 성인의 키는 정규분포 $N(m, \sigma^2)$을 따른다고 한다. 이 지역의 성인 중에서 36명을 임의추출하여 구한 성인의 키의 평균이 173이었다. 이 지역 성인의 키의 모평균 m에 대한 신뢰도 99 %의 신뢰구간이 $170.85 \leq m \leq a$일 때, $a + \sigma$의 값은? (단, $\sigma > 0$, 키의 단위는 cm이고, $P(0 \leq Z \leq 2.58) = 0.495$로 계산한다.)

① 178.15   ② 179.15   ③ 180.15

④ 181.15   ⑤ 182.15

1573

.ıl Level 2

대학수학능력시험의 수학 영역의 표준점수는 정규분포를 따른다고 한다. 대학수학능력시험에 응시한 학생 중에서 4900명을 임의추출하여 수학 영역 표준점수를 조사하여 얻은 평균이 100점, 표준편차가 s점이었다. 대학수학능력시험에 응시한 학생의 수학 영역 표준점수의 모평균 m에 대한 신뢰도 95 %의 신뢰구간이 $a \leq m \leq 100.56$일 때, $a + s$의 값을 구하시오. (단, $P(0 \leq Z \leq 1.96) = 0.475$로 계산한다.)

1574

.ıl Level 3

모평균이 m, 모표준편차가 σ인 정규분포를 따르는 모집단에서 크기가 36인 표본을 임의추출하여 얻은 표본평균이 $\overline{x}$일 때, 모평균 m에 대한 신뢰도 95 %의 신뢰구간이 $a \leq m \leq 34$이었다. 같은 모집단에서 크기가 64인 표본을 임의추출하여 얻은 표본평균이 $\overline{x} + 1$일 때, 모평균 m에 대한 신뢰도 95 %의 신뢰구간이 $b \leq m \leq 34$이었다. 이때 $a + b$의 값은? (단, $P(|Z| \leq 2) = 0.95$로 계산한다.)

① 51   ② 52   ③ 53

④ 54   ⑤ 55

+**Plus 문제**

1575 · 2019학년도 대학수학능력시험   Level 2

어느 지역 주민들의 하루 여가 활동 시간은 평균이 m분, 표준편차가 σ분인 정규분포를 따른다고 한다. 이 지역 주민 중 16명을 임의추출하여 구한 하루 여가 활동 시간의 표본평균이 75분일 때, 모평균 m에 대한 신뢰도 95 %의 신뢰구간이 $a \le m \le b$이다. 이 지역 주민 중 16명을 다시 임의추출하여 구한 하루 여가 활동 시간의 표본평균이 77분일 때, 모평균 m에 대한 신뢰도 99 %의 신뢰구간이 $c \le m \le d$이다. $d-b=3.86$을 만족시키는 σ의 값을 구하시오.

(단, Z가 표준정규분포를 따르는 확률변수일 때, $\mathrm{P}(|Z| \le 1.96)=0.95$, $\mathrm{P}(|Z| \le 2.58)=0.99$로 계산한다.)

1576 · 평가원 2018학년도 9월   Level 2

어느 회사에서 생산하는 초콜릿 한 개의 무게는 평균이 m, 표준편차가 σ인 정규분포를 따른다고 한다. 이 회사에서 생산하는 초콜릿 중에서 임의추출한, 크기가 49인 표본을 조사하였더니 초콜릿 무게의 표본평균의 값이 $\overline{x}$이었다. 이 결과를 이용하여, 이 회사에서 생산하는 초콜릿 한 개의 무게의 평균 m에 대한 신뢰도 95 %의 신뢰구간을 구하면 $1.73 \le m \le 1.87$이다. $\dfrac{\sigma}{\overline{x}}=k$일 때, $180k$의 값을 구하시오.

(단, 무게의 단위는 g이고, Z가 표준정규분포를 따르는 확률변수일 때, $\mathrm{P}(0 \le Z \le 1.96)=0.475$로 계산한다.)

실전유형 13 신뢰구간의 길이

정규분포 $\mathrm{N}(m, \sigma^2)$을 따르는 모집단에서 크기가 n인 표본을 임의추출할 때, 신뢰도 α %로 추정한 모평균에 대한 신뢰구간의 길이는

$$\rightarrow 2 \times k \times \frac{\sigma}{\sqrt{n}} \left(\text{단, } \mathrm{P}(|Z| \le k)=\frac{\alpha}{100} \right)$$

1577 대표문제

어느 가게에서 판매하는 피자 한 판의 열량은 표준편차가 20인 정규분포를 따른다고 한다. 이 가게에서 판매하는 피자 중에서 16판을 임의추출하여 전체 피자의 열량의 평균을 신뢰도 99 %로 추정할 때, 신뢰구간의 길이는? (단, 열량의 단위는 kcal이고, $\mathrm{P}(|Z| \le 2.58)=0.99$로 계산한다.)

① 21.8   ② 22.8   ③ 23.8

④ 24.8   ⑤ 25.8

1578   Level 1

평균이 m, 표준편차가 4인 정규분포를 따르는 모집단에서 크기가 256인 표본을 임의추출하여 모평균 m을 신뢰도 95 %로 추정할 때, 신뢰구간의 길이는?

(단, $\mathrm{P}(|Z| \le 1.96)=0.95$로 계산한다.)

① 0.90   ② 0.92   ③ 0.94

④ 0.96   ⑤ 0.98

1579

Level 2

평균이 m, 표준편차가 12인 정규분포를 따르는 모집단에서 크기가 144인 표본을 임의추출하였더니 평균이 $\overline{x}$이었다. 모평균 m에 대한 신뢰도 95 %의 신뢰구간이 $a \leq m \leq b$이다. $b-a=l$일 때, $100l$의 값을 구하시오.

(단, $P(0 \leq Z \leq 1.96)=0.475$로 계산한다.)

1580

Level 2

정규분포 $N(m, \sigma^2)$을 따르는 모집단에서 크기가 n인 표본을 임의추출하여 모평균 m을 신뢰도 95 %로 추정한 신뢰구간의 길이를 $L(\sigma, n)$이라 하자.

$A=L(5, 25)$,

$B=L(10, 50)$,

$C=L(15, 200)$

일 때, A, B, C의 대소 관계로 옳은 것은?

① $A<B<C$ ② $A<C<B$ ③ $B<A<C$

④ $C<A<B$ ⑤ $C<B<A$

1581

Level 2

어느 관광지를 방문한 여행객의 1인당 하루 지출 금액은 표준편차가 21인 정규분포를 따른다고 한다. 이 관광지를 방문한 여행객 중에서 196명을 임의추출하여 모평균 m을 신뢰도 92 %로 추정한

z	$P(0 \leq Z \leq z)$
1.6	0.45
1.8	0.46
2.0	0.48
2.2	0.49

신뢰구간의 길이를 l이라 할 때, $10l$의 값을 위의 표준정규분포표를 이용하여 구하시오.

(단, 지출 금액의 단위는 만 원이다.)

1582

Level 2

이동전화 가입자의 월 데이터 사용량은 평균이 m, 표준편차가 σ인 정규분포를 따른다고 한다. 이동전화 가입자 중에서 100명을 임의추출하여 모평균 m을 신뢰도 95 %로 추정한 신뢰구간은 $a \leq m \leq b$이고, 이동전화 가입자 중에서 900명을 임의추출하여 모평균 m을 신뢰도 99 %로 추정한 신뢰구간은 $c \leq m \leq d$이다. $b-a=1.96$일 때, $100(d-c)$의 값은? (단, 데이터 사용량의 단위는 GB이고,

$P(0 \leq Z \leq 1.96)=0.475$, $P(0 \leq Z \leq 2.58)=0.495$로 계산한다.)

① 86   ② 88   ③ 90

④ 92   ⑤ 94

1583

Level 2

정규분포 $N(m, \sigma^2)$을 따르는 모집단에서 크기가 225인 표본을 임의추출하여 모평균 m을 신뢰도 95 %로 추정한 신뢰구간은 $a \leq m \leq b$이고, 이 모집단에서 크기가 625인 표본을 임의추출하여 모평균 m을 신뢰도 95 %로 추정한 신뢰구간은 $c \leq m \leq d$이다. 이때 $\dfrac{d-c}{b-a}$의 값은?

(단, $P(|Z| \leq 1.96) = 0.95$로 계산한다.)

① $\dfrac{1}{2}$ ② $\dfrac{3}{5}$ ③ 1

④ $\dfrac{5}{3}$ ⑤ 2

1584

Level 2

정규분포를 따르는 모집단에서 크기가 n_1인 표본을 임의추출하여 모평균 m을 신뢰도 90 %로 추정한 신뢰구간의 길이를 l_1, 같은 모집단에서 크기가 n_2인 표본을 임의추출하여 모평균 m을 신뢰도 96 %로 추정한 신뢰구간의 길이를 l_2라 하자.

z	$P(0 \leq Z \leq z)$
1.6	0.45
1.8	0.46
2.0	0.48
2.2	0.49

$\dfrac{n_2}{n_1} = 25$일 때, $\dfrac{l_2}{l_1}$의 값을 위의 표준정규분포표를 이용하여 구한 것은?

① $\dfrac{1}{6}$ ② $\dfrac{1}{4}$ ③ $\dfrac{1}{3}$

④ $\dfrac{1}{2}$ ⑤ $\dfrac{5}{6}$

다음은 이 유형에서 출제된 최근 교육청·평가원 기출문제입니다.

1585 · 평가원 2020학년도 9월

Level 2

어느 음식점을 방문한 고객의 주문 대기 시간은 평균이 m분, 표준편차가 σ분인 정규분포를 따른다고 한다. 이 음식점을 방문한 고객 중 64명을 임의추출하여 얻은 표본평균을 이용하여, 이 음식점을 방문한 고객의 주문 대기 시간의 평균 m에 대한 신뢰도 95 %의 신뢰구간을 구하면 $a \leq m \leq b$이다. $b - a = 4.9$일 때, σ의 값을 구하시오. (단, Z가 표준정규분포를 따르는 확률변수일 때, $P(|Z| \leq 1.96) = 0.95$로 계산한다.)

1586 고난도 · 2022학년도 대학수학능력시험

Level 3

어느 자동차 회사에서 생산하는 전기 자동차의 1회 충전 주행 거리는 평균이 m이고 표준편차가 σ인 정규분포를 따른다고 한다. 이 자동차 회사에서 생산한 전기 자동차 100대를 임의추출하여 얻은 1회 충전 주행 거리의 표본평균이 $\overline{x_1}$일 때, 모평균 m에 대한 신뢰도 95 %의 신뢰구간이 $a \leq m \leq b$이다.

이 자동차 회사에서 생산한 전기 자동차 400대를 임의추출하여 얻은 1회 충전 주행 거리의 표본평균이 $\overline{x_2}$일 때, 모평균 m에 대한 신뢰도 99 %의 신뢰구간이 $c \leq m \leq d$이다. $\overline{x_1} - \overline{x_2} = 1.34$이고 $a = c$일 때, $b - a$의 값은? (단, 주행 거리의 단위는 km이고, Z가 표준정규분포를 따르는 확률변수일 때 $P(|Z| \leq 1.96) = 0.95$, $P(|Z| \leq 2.58) = 0.99$로 계산한다.)

① 5.88   ② 7.84   ③ 9.80

④ 11.76   ⑤ 13.72

+ Plus 문제

실전 유형 **14** 신뢰구간의 성질

(1) 표본의 크기 n이 일정할 때, 신뢰도가 높을수록 신뢰구간의 길이가 길어진다.

(2) 신뢰도가 일정할 때, 표본의 크기 n이 커질수록 신뢰구간의 길이는 짧아진다.

1587 대표문제

정규분포 $N(m, \sigma^2)$을 따르는 모집단에서 크기가 n인 표본을 임의추출하여 모평균 m을 신뢰도 α %로 추정한 신뢰구간의 길이에 대하여 〈**보기**〉에서 옳은 것만을 있는 대로 고른 것은?

───〈 보기 〉───

ㄱ. n의 값이 같을 때, α의 값을 작게 하면 신뢰구간의 길이는 짧아진다.

ㄴ. α의 값이 같을 때, n의 값을 크게 하면 신뢰구간의 길이는 길어진다.

ㄷ. α의 값을 크게 하고, n의 값을 작게 하면 신뢰구간의 길이는 길어진다.

① ㄱ   ② ㄱ, ㄴ   ③ ㄱ, ㄷ

④ ㄴ, ㄷ   ⑤ ㄱ, ㄴ, ㄷ

1588   ‖ Level 1

정규분포 $N(m, \sigma^2)$을 따르는 모집단에서 표본을 임의추출하여 모평균 m을 신뢰도 α %로 추정하려고 한다. 표본의 크기가 n_1, n_2일 때, 신뢰구간의 길이를 각각 l_1, l_2라 하자. $l_2 = 2l_1$일 때, $\dfrac{n_2}{n_1}$의 값을 구하시오.

1589   ‖ Level 2

정규분포 $N(m, \sigma^2)$을 따르는 모집단에서 크기가 n인 표본을 임의추출하여 구한 모평균 m에 대한 신뢰도 α %의 신뢰구간이 $a \le m \le b$일 때, $L(n, \alpha) = b - a$라 하자.

$A = L(81, 95)$,

$B = L(81, 99)$,

$C = L(100, 95)$

일 때, A, B, C의 대소 관계로 옳은 것은?

① $A < B < C$ ② $A < C < B$ ③ $B < A < C$

④ $C < A < B$ ⑤ $C < B < A$

1590   ‖ Level 2

정규분포 $N(m, \sigma^2)$을 따르는 모집단에서 크기가 n인 표본을 임의추출하여 구한 모평균 m에 대한 신뢰도 α %의 신뢰구간이 $a \le m \le b$일 때, $L(n, \alpha) = b - a$라 하자. 〈**보기**〉에서 옳은 것만을 있는 대로 고른 것은?

───〈 보기 〉───

ㄱ. $L(16n, \alpha) = \dfrac{1}{4}L(n, \alpha)$

ㄴ. $0 < \alpha < \beta < 100$이면 $L(n, \alpha) < L(n, \beta)$이다.

ㄷ. $L(n_1, \alpha) = L(n_2, \beta)$, $n_1 < n_2$이면 $\alpha > \beta$이다.

① ㄱ   ② ㄱ, ㄴ   ③ ㄱ, ㄷ

④ ㄴ, ㄷ   ⑤ ㄱ, ㄴ, ㄷ

1591

Level 2

정규분포 $N(m, \sigma^2)$을 따르는 모집단에서 크기가 n_1인 표본을 임의추출하여 구한 모평균 m에 대한 신뢰도 α %의 신뢰구간이 $a \leq m \leq b$이고, 크기가 n_2인 표본을 임의추출하여 구한 모평균 m에 대한 신뢰도 β %의 신뢰구간이 $c \leq m \leq d$이다. 〈보기〉에서 옳은 것만을 있는 대로 고른 것은?

〈보기〉

ㄱ. $n_1 = n_2$, $\alpha = \beta$이면
$\{m | a \leq m \leq b\} = \{m | c \leq m \leq d\}$이다.
ㄴ. $n_1 = n_2$, $\alpha < \beta$이면
$\{m | a \leq m \leq b\} \subset \{m | c \leq m \leq d\}$이다.
ㄷ. $n_1 < n_2$, $\alpha > \beta$이면 $a + d < b + c$이다.

① ㄱ   ② ㄷ   ③ ㄱ, ㄷ
④ ㄴ, ㄷ   ⑤ ㄱ, ㄴ, ㄷ

다음은 이 유형에서 출제된 최근 교육청·평가원 기출문제입니다.

1592 · 교육청 2005년 10월

Level 2

어떤 두 직업에 종사하는 전체 근로자 중 한 직업에서 표본 A를, 또 다른 직업에서 표본 B를 추출하여 월급을 조사하였더니 다음과 같은 결과를 얻었다.

표본	표본의 크기	평균	표준편차	신뢰도 (%)	모평균의 추정
A	n_1	240	12	α	$237 \leq m \leq 243$
B	n_2	230	10	α	$228 \leq m \leq 232$

(단위는 만 원이고, 표본 A, B의 월급의 분포는 정규분포를 이룬다.)

위의 자료에 대한 옳은 설명을 〈보기〉에서 모두 고른 것은?

〈보기〉

ㄱ. 표본 A보다 표본 B의 분포가 더 고르다.
ㄴ. 표본 A의 크기가 표본 B의 크기보다 작다.
ㄷ. 신뢰도를 α보다 크게 하면 신뢰구간의 길이도 커진다.

① ㄱ   ② ㄱ, ㄴ   ③ ㄱ, ㄷ
④ ㄴ, ㄷ   ⑤ ㄱ, ㄴ, ㄷ

실전유형 15 신뢰구간의 길이 – 미지수의 값 구하기

표준편차가 σ인 정규분포를 따르는 모집단에서 크기가 n인 표본을 임의추출할 때, 신뢰도 α %로 추정한 모평균의 신뢰구간의 길이는 $2 \times k \times \dfrac{\sigma}{\sqrt{n}}$이므로 이를 주어진 신뢰구간의 길이와 비교하여 표본의 크기 또는 미지수의 값을 구한다.

$$\left(\text{단, } P(|Z| \leq k) = \frac{\alpha}{100}\right)$$

1593 대표문제

어느 공장에서 생산하는 제품 한 개의 무게는 정규분포를 따른다고 한다. 이 공장에서 생산하는 제품 중에서 25개를 임의추출하여 모평균 m을 신뢰도 95 %로 추정한 신뢰구간의 길이가 16, 이 공장에서 생산하는 제품 중에서 n개를 임의추출하여 모평균 m을 신뢰도 99 %로 추정한 신뢰구간의 길이가 13일 때, n의 값은?

(단, $P(|Z| \leq 2) = 0.95$, $P(|Z| \leq 2.6) = 0.99$로 계산한다.)

① 49   ② 64   ③ 81
④ 100   ⑤ 121

1594

Level 1

평균이 m, 표준편차가 8인 정규분포를 따르는 모집단에서 크기가 n인 표본을 임의추출하여 모평균 m을 신뢰도 95 %로 추정한 신뢰구간의 길이가 7.84일 때, n의 값은?

(단, $P(|Z| \leq 1.96) = 0.95$로 계산한다.)

① 4   ② 9   ③ 16
④ 25   ⑤ 36

1595

.ıl Level 1

정규분포 $N(m, 3^2)$을 따르는 모집단에서 크기가 n인 표본을 임의추출하여 모평균 m을 신뢰도 99 %로 추정한 신뢰구간의 길이가 1.72일 때, n의 값은?

(단, $P(|Z| \le 2.58) = 0.99$로 계산한다.)

① 49   ② 64   ③ 81

④ 100   ⑤ 121

1597

.ıl Level 2

어느 회사에서 판매하는 음료수 한 병의 용량은 표준편차가 0.6인 정규분포를 따른다고 한다. 이 회사에서 판매하는 음료수 중에서 n병을 임의추출하여 모평균 m을 신뢰도 95 %로 추정한 신뢰구간의 길이가 0.196 이하가 되도록 하는 n의 최솟값은?

(단, 용량의 단위는 mL이고, $P(|Z| \le 1.96) = 0.95$로 계산한다.)

① 121   ② 144   ③ 169

④ 196   ⑤ 225

07

1596

.ıl Level 1

평균이 m, 표준편차가 σ인 정규분포를 따르는 모집단에서 크기가 36인 표본을 임의추출하여 모평균 m을 신뢰도 99 %로 추정한 신뢰구간의 길이가 6.88일 때, σ의 값은?

(단, $P(|Z| \le 2.58) = 0.99$로 계산한다.)

① 4   ② 5   ③ 6

④ 7   ⑤ 8

1598

.ıl Level 2

어느 통신사 가입 고객의 영상 통화 시간은 평균이 m, 표준편차가 σ인 정규분포를 따른다고 한다. 이 통신사에 가입한 고객 중에서 16명을 임의추출하여 구한 모평균 m에 대한 신뢰도 99 %의 신뢰구간이 $a \le m \le a+7.74$일 때, σ의 값은?

(단, 시간의 단위는 분이고, $P(|Z| \le 2.58) = 0.99$로 계산한다.)

① 3   ② 4   ③ 5

④ 6   ⑤ 7

1599

Level 2

어느 공장에서 생산하는 커피 한 봉지의 무게는 평균이 m, 표준편차가 σ인 정규분포를 따른다고 한다. 이 공장에서 생산한 커피 중에서 64봉지를 임의추출하여 구한 모평균 m에 대한 신뢰도 α %의 신뢰구간은 $a \le m \le b$이고, n봉지를 임의추출하여 구한 모평균 m에 대한 신뢰도 α %의 신뢰구간은 $c \le m \le d$이다. $d-c=2(b-a)$일 때, n의 값은?

(단, 무게의 단위는 g이다.)

① 9   ② 16   ③ 25

④ 36   ⑤ 49

1600

Level 2

어느 지역의 고등학생의 100 m 달리기 기록은 평균이 m, 표준편차가 σ인 정규분포를 따른다고 한다. 이 지역의 고등학생 중에서 36명을 임의추출하여 구한 모평균 m에 대한 신뢰도 95%의 신뢰구간은 $a-2 \le m \le a$이다. n명의 학생을 임의추출하여 구한 모평균 m에 대한 신뢰도 99%의 신뢰구간의 길이가 0.26 이하가 되도록 하는 n의 최솟값은?

(단, 기록의 단위는 초이고, $P(|Z| \le 2)=0.95$,
$P(|Z| \le 2.6)=0.99$로 계산한다.)

① 1000   ② 2500   ③ 3600

④ 4900   ⑤ 6400

1601

Level 2

어느 앱을 이용하여 음식을 주문하고 받는 데까지 기다리는 시간은 평균이 m, 표준편차가 σ인 정규분포를 따른다고 한다. 이 앱을 이용하여 음식을 주문한 사람 중에서 64명을 임의추출하여 구한

z	$P(0 \le Z \le z)$
1.6	0.45
1.8	0.46
2.0	0.48
2.2	0.49

모평균 m에 대한 신뢰도 90 %의 신뢰구간의 길이를 l_1, n명을 임의추출하여 구한 모평균 m에 대한 신뢰도 96 %의 신뢰구간의 길이를 l_2라 하자. $l_1 \le l_2$가 되도록 하는 n의 최댓값을 위의 표준정규분포표를 이용하여 구하시오.

(단, 시간의 단위는 분이다.)

다음은 이 유형에서 출제된 최근 교육청·평가원 기출문제입니다.

1602 · 교육청 2020년 10월

Level 2

어느 회사가 생산하는 약품 한 병의 무게는 평균이 m g, 표준편차가 1 g인 정규분포를 따른다고 한다. 이 회사가 생산한 약품 중 n병을 임의추출하여 얻은 표본평균을 이용하여, 모평균 m에 대한 신뢰도 95 %의 신뢰구간을 구하면 $a \le m \le b$이다. $100(b-a)=49$일 때, 자연수 n의 값을 구하시오.

(단, Z가 표준정규분포를 따르는 확률변수일 때, $P(|Z| \le 1.96)=0.95$로 계산한다.)

16 신뢰구간의 길이 – 신뢰도 구하기

표준편차가 σ인 정규분포를 따르는 모집단에서 크기가 n인 표본을 임의추출할 때, 신뢰도 α %로 추정한 모평균의 신뢰구간의 길이가 l로 주어지면 $P(|Z| \leq k) = \dfrac{\alpha}{100}$로 놓고

$l = 2 \times k \times \dfrac{\sigma}{\sqrt{n}}$임을 이용하여 k의 값을 구한 후 표준정규분포표를 이용하여 α의 값을 구한다.

1603 대표문제

표준편차가 21인 정규분포를 따르는 모집단에서 크기가 49인 표본을 임의추출하여 모평균을 신뢰도 α %로 추정한 신뢰구간의 길이가 11.76일 때, α의 값은?

(단, $P(0 \leq Z \leq 1.96) = 0.475$, $P(0 \leq Z \leq 2.58) = 0.495$로 계산한다.)

① 91 　　② 93 　　③ 95
④ 97 　　⑤ 99

1604

Level 2

정규분포 $N(m, 5^2)$을 따르는 모집단에서 크기가 64인 표본을 임의추출하여 모평균 m을 신뢰도 α %로 추정한 신뢰구간의 길이가 2.35일 때, α의 값을 오른쪽 표준정규분포표를 이용하여 구한 것은?

z	$P(0 \leq Z \leq z)$
1.80	0.460
1.88	0.470
1.96	0.475
2.04	0.480

① 90 　　② 92 　　③ 94
④ 96 　　⑤ 98

1605

Level 2

어느 고등학교의 대학수학능력시험에 응시한 3학년 학생의 국어 영역 원점수는 정규분포 $N(m, 20^2)$을 따른다고 한다. 이 고등학교의 대학수학능력시험에 응시한 3학년 학생 중에서 64명을 임의추출하여 모평균 m을 신뢰도 α %로 추정한 신뢰구간의 길이가 10일 때, α의 값은?

(단, $P(0 \leq Z \leq 1.5) = 0.43$, $P(0 \leq Z \leq 2) = 0.48$로 계산한다.)

① 90 　　② 92 　　③ 94
④ 96 　　⑤ 98

1606

Level 2

어느 지하철을 이용하는 승객의 하루 지하철 이용 시간은 정규분포 $N(m, 18^2)$을 따른다고 한다. 이 지하철을 이용하는 승객 중에서 225명을 임의추출하여 모평균 m을 신뢰도 α %로 추정한 신뢰구간의 길이가 4.32일 때, α의 값을 위의 표준정규분포표를 이용하여 구한 것은?

z	$P(0 \leq Z \leq z)$
1.5	0.43
1.6	0.45
1.8	0.46
1.9	0.47
2.0	0.48

(단, 시간의 단위는 분이다.)

① 86 　　② 90 　　③ 92
④ 94 　　⑤ 96

1607

●❙❙ Level 2

어느 회사에서 생산한 전구의 수명은 표준편차가 40인 정규분포를 따른다고 한다. 이 공장에서 생산한 전구 중에서 25개를 임의추출하여 구한 평균이 780일 때, 모평균 m을 신뢰도 α %로 추정한 신뢰구간의 길이가 30.08이다. α의 값을 위의 표준정규분포표를 이용하여 구한 것은?

(단, 수명의 단위는 시간이다.)

z	$P(0 \leq Z \leq z)$
1.64	0.450
1.75	0.460
1.88	0.470
2.05	0.480

① 90   ② 92   ③ 94

④ 96   ⑤ 98

1608

●❙❙ Level 2

정규분포 $N(m, 2^2)$을 따르는 모집단에서 크기가 64인 표본을 임의추출하여 모평균 m을 신뢰도 α %로 추정한 신뢰구간의 길이가 0.9 이하가 되도록 하는 α의 최댓값을 오른쪽 표준정규분포표를 이용하여 구한 것은?

z	$P(0 \leq Z \leq z)$
1.5	0.43
1.6	0.45
1.8	0.46
1.9	0.47
2.0	0.48

① 86   ② 90   ③ 92

④ 94   ⑤ 96

1609

●❙❙ Level 2

어느 지역 고등학생의 키는 표준편차가 15인 정규분포를 따른다고 한다. 이 지역 고등학생 중에서 900명을 임의추출하여 모평균 m을 신뢰도 95 %, α %로 추정한 신뢰구간의 길이는 각각 l, $\dfrac{l}{2}$이다. α의 값을 오른쪽 표준정규분포표를 이용하여 구하시오. (단, 키의 단위는 cm이다.)

z	$P(0 \leq Z \leq z)$
0.5	0.190
1.0	0.340
1.5	0.430
2.0	0.475
2.5	0.495

1610

●❙❙ Level 2

표준편차가 12인 정규분포를 따르는 모집단에서 크기가 36인 표본을 임의추출하여 모평균을 신뢰도 α %로 추정한 신뢰구간의 길이가 6.4이다. 같은 표본을 이용하여 모평균을 신뢰도 $\left(\dfrac{1}{2}\alpha + 47\right)$ %로 추정한 신뢰구간의 길이가 l일 때, $10l$의 값을 위의 표준정규분포표를 이용하여 구한 것은?

z	$P(0 \leq Z \leq z)$
1.5	0.43
1.6	0.45
1.8	0.46
1.9	0.47
2.0	0.48

① 68   ② 70   ③ 72

④ 74   ⑤ 76

1611

Level 2

어느 떡집에서 판매하는 백설기 한 개의 무게는 평균이 m, 표준편차가 2인 정규분포를 따른다고 한다. 이 떡집에서 판매하는 백설기 중에서 144개를 임의추출하여 모평균 m을 신뢰도 α %, 2α %

z	$\mathrm{P}(0 \leq Z \leq z)$
0.6	0.23
1.2	0.38
1.8	0.46
2.4	0.49

로 추정한 신뢰구간의 길이가 각각 0.2, l이다. $10l$의 값을 위의 표준정규분포표를 이용하여 구한 것은?

(단, 무게의 단위는 g이다.)

① 4 　　　　② 5 　　　　③ 6
④ 7 　　　　⑤ 8

1612 고난도

Level 3

정규분포 $\mathrm{N}(m, \sigma^2)$을 따르는 모집단에서 크기가 n인 표본을 임의추출하여 모평균 m을 신뢰도 α %로 추정한 신뢰구간의 길이를 $l(n, \alpha)$라 하자.
$l(90, 86) = l(250, x)$일 때, x의 값을 오른쪽 표준정규분포표를 이용하여 구하시오.

z	$\mathrm{P}(0 \leq Z \leq z)$
0.5	0.19
1.0	0.34
1.5	0.43
2.0	0.48
2.5	0.49

+Plus 문제

● 정답 및 풀이 302쪽

심화유형 17 모평균과 표본평균의 차

정규분포 $\mathrm{N}(m, \sigma^2)$을 따르는 모집단에서 크기가 n인 표본을 임의추출하여 모평균 m을 신뢰도 α %로 추정할 때, 모평균 m과 표본평균 $\bar{x}$의 차는

→ $|m - \bar{x}| \leq k \times \dfrac{\sigma}{\sqrt{n}}$ $\left(\text{단, } \mathrm{P}(|Z| \leq k) = \dfrac{\alpha}{100}\right)$

1613 대표문제

표준편차가 20인 정규분포를 따르는 모집단에서 크기가 n인 표본을 임의추출하여 모평균 m을 신뢰도 95 %로 추정할 때, 표본평균 $\bar{x}$에 대하여 $|m - \bar{x}| \leq 5$가 되도록 하는 n의 최솟값은? (단, $\mathrm{P}(0 \leq Z \leq 2) = 0.475$로 계산한다.)

① 36 　　　　② 49 　　　　③ 64
④ 81 　　　　⑤ 100

1614

Level 1

어느 공장에서 생산하는 화장품 한 개의 내용량은 평균이 m, 표준편차가 4인 정규분포를 따른다고 한다. 이 공장에서 생산한 화장품 중에서 64개를 임의추출하여 모평균을 신뢰도 95 %로 추정할 때, 모평균과 표본평균의 차의 최댓값은? (단, 용량의 단위는 mL이고, $\mathrm{P}(0 \leq Z \leq 2) = 0.475$로 계산한다.)

① 1 　　　　② $\dfrac{3}{2}$ 　　　　③ 2
④ $\dfrac{5}{2}$ 　　　　⑤ 3

1615

Level 2

표준편차가 30인 정규분포를 따르는 모집단에서 크기가 n 인 표본을 임의추출하여 모평균 m을 신뢰도 99 %로 추정할 때, 표본평균 $\overline{x}$에 대하여 $|m-\overline{x}| \leq 10$이 되도록 하는 n의 최솟값은? (단, $\mathrm{P}(0 \leq Z \leq 3)=0.495$로 계산한다.)

① 36   ② 49   ③ 64
④ 81   ⑤ 100

1616

Level 2

정규분포 $\mathrm{N}(m, 10^2)$을 따르는 모집단에서 크기가 n인 표본을 임의추출하여 모평균을 신뢰도 95 %로 추정할 때, 모평균과 표본평균의 차가 2 이하가 되도록 하는 n의 최솟값은? (단, $\mathrm{P}(0 \leq Z \leq 2)=0.475$로 계산한다.)

① 36   ② 49   ③ 64
④ 81   ⑤ 100

1617

Level 2

어느 제약회사에서 판매하는 두통약의 약효 지속 시간은 평균이 m시간, 표준편차가 1시간인 정규분포를 따른다고 한다. 이 제약회사에서 판매하는 두통약 n개를 임의추출하여 모평균을 신뢰도 99 %로 추정할 때, 모평균과 표본평균의 차가 20분 이하가 되도록 하는 n의 최솟값은?

(단, $\mathrm{P}(0 \leq Z \leq 3)=0.495$로 계산한다.)

① 36   ② 49   ③ 64
④ 81   ⑤ 100

1618

Level 2

어느 농장에서 수확한 사과 한 개의 무게는 평균이 m, 표준편차가 15인 정규분포를 따른다고 한다. 이 농장에서 수확한 사과 중에서 n개를 임의추출하여 모평균 m을 신뢰도 95 %로 추정할 때, 모평균과 표본평균의 차가 10 이하가 되도록 하는 n의 최솟값을 구하시오. (단, 무게의 단위는 g 이고, $\mathrm{P}(0 \leq Z \leq 2)=0.475$로 계산한다.)

1619

ıll Level 2

정규분포 $N(m, \sigma^2)$을 따르는 모집단에서 크기가 n인 표본을 임의추출하여 모평균을 신뢰도 95 %로 추정할 때, 모평균과 표본평균의 차가 $\dfrac{1}{4}\sigma$ 이하가 되도록 하는 n의 최솟값은? (단, $P(0 \le Z \le 2)=0.475$로 계산한다.)

① 36   ② 49   ③ 64

④ 81   ⑤ 100

1620

ıll Level 2

어느 고등학교 학생의 키는 정규분포 $N(m, 5^2)$을 따른다고 한다. 이 고등학교 학생 중에서 n명을 임의추출하여 조사한 키의 표본평균을 $\bar{x}$라 하자. 모평균 m을 신뢰도 95 %로 추정할 때, $|m-\bar{x}| \le 1$이 되도록 하는 두 자리 자연수 n의 개수는? (단, 키의 단위는 cm이고, $P(0 \le Z \le 1.96)=0.475$로 계산한다.)

① 3   ② 4   ③ 5

④ 6   ⑤ 7

1621

ıll Level 3

어느 농장에서 수확하는 귤의 무게는 평균이 70, 표준편차가 6인 정규분포를 따른다고 한다. 이 농장에서 수확한 귤 중에서 16개를 임의추출하여 조사한 무게의 표본평균을 $\bar{X}$라 하자.

$$P(|\bar{X}-70| \le a)=0.8664$$

를 만족시키는 상수 a의 값을 오른쪽 표준정규분포표를 이용하여 구한 것은?

(단, 무게의 단위는 g이다.)

① 1.00   ② 1.25

③ 1.50   ④ 2.00

⑤ 2.25

z	$P(0 \le Z \le z)$
0.5	0.1915
1.0	0.3413
1.5	0.4332
2.0	0.4772

+**Plus 문제**

1622

ıll Level 3

어느 공장에서 생산하는 스마트폰의 수명은 평균이 m, 표준편차가 500인 정규분포를 따른다고 한다. 이 공장에서 생산한 스마트폰 중에서 n개를 임의추출하여 구한 표본평균 $\bar{X}$에 대하여 $P(|\bar{X}-m| \le 200) \ge 0.98$을 만족시키는 n의 최솟값을 구하시오. (단, 수명의 단위는 일이고, $P(0 \le Z \le 2.2)=0.49$로 계산한다.)

+**Plus 문제**

1623 대표문제

모집단의 확률변수 X의 확률분포를 표로 나타내면 다음과 같다.

X	2	4	6	합계
$P(X=x)$	$\dfrac{1}{4}$	$\dfrac{1}{2}$	$\dfrac{1}{4}$	1

이 모집단에서 크기가 2인 표본을 임의추출할 때, 표본평균 $\overline{X}$에 대하여 $E(\overline{X}^2)$을 구하는 과정을 서술하시오. [6점]

STEP 1 m, σ^2 구하기 [2점]

$m = E(X) = 2 \times \dfrac{1}{4} + 4 \times \dfrac{1}{2} + 6 \times \dfrac{1}{4}$

$\quad = 4$

$\sigma^2 = V(X)$

$\quad = 2^2 \times \dfrac{1}{4} + 4^2 \times \dfrac{1}{2} + 6^2 \times \dfrac{1}{4} - \boxed{}^{(1)}$

$\quad = \boxed{}^{(2)}$

STEP 2 $E(\overline{X})$, $V(\overline{X})$ 구하기 [2점]

모평균 $m=4$, 모분산 $\sigma^2=2$, 표본의 크기 $n=2$이므로

$E(\overline{X}) = m = 4$, $V(\overline{X}) = \dfrac{\sigma^2}{n} = \boxed{}^{(3)}$

STEP 3 $E(\overline{X}^2)$ 구하기 [2점]

$V(\overline{X}) = E(\overline{X}^2) - \{E(\overline{X})\}^2$에서

$E(\overline{X}^2) = V(\overline{X}) + \{E(\overline{X})\}^2$

$\quad = \boxed{}^{(4)} + 4^2 = \boxed{}^{(5)}$

1624 한번 더

모집단의 확률변수 X의 확률분포를 표로 나타내면 다음과 같다.

X	0	10	20	30	합계
$P(X=x)$	$\dfrac{2}{5}$	$\dfrac{3}{10}$	$\dfrac{1}{5}$	$\dfrac{1}{10}$	1

이 모집단에서 크기가 25인 표본을 임의추출할 때, 표본평균 $\overline{X}$에 대하여 $E(\overline{X}^2)$을 구하는 과정을 서술하시오. [6점]

STEP 1 m, σ^2 구하기 [2점]

STEP 2 $E(\overline{X})$, $V(\overline{X})$ 구하기 [2점]

STEP 3 $E(\overline{X}^2)$ 구하기 [2점]

1625 유사 1

모집단의 확률변수 X의 확률분포를 표로 나타내면 다음과 같다.

X	-2	-1	1	2	합계
$P(X=x)$	a	$\dfrac{1}{3}$	$\dfrac{1}{6}$	b	1

이 모집단에서 크기가 3인 표본을 임의추출할 때, 표본평균 $\overline{X}$에 대하여 $E(\overline{X}) = \dfrac{1}{6}$이다. 이때 $V(\overline{X})$를 구하는 과정을 서술하시오. (단, a와 b는 상수이다.) [6점]

핵심 KEY 유형3 **표본평균의 평균, 분산, 표준편차 – 모집단의 확률분포가 표로 주어진 경우**

모집단의 확률분포가 표로 주어졌을 때, $E(\overline{X}^2)$을 구하는 문제이다. 용어의 혼동으로 인해 틀리는 경우가 많으므로 모평균 $m=E(X)$, 표본평균 $\overline{X}$, 표본평균의 평균 $E(\overline{X})$, 모분산 $\sigma^2=V(X)$, 표본분산 S^2, 표본평균의 분산 $V(\overline{X})$ 등의 용어와 기호를 잘 기억한다.

또, $V(X) = E(X^2) - \{E(X)\}^2$은 X가 $\overline{X}$로 바뀌어도 성립한다는 것도 알아두도록 한다.

1626 대표문제

정규분포 $N(50, 12^2)$을 따르는 모집단에서 크기가 4인 표본을 임의추출할 때, 표본평균 $\overline{X}$에 대하여 $P(44 \le \overline{X} \le 62)$를 오른쪽 표준정규분포표를 이용하여 구하는 과정을 서술하시오. [6점]

z	$P(0 \le Z \le z)$
0.5	0.1915
1.0	0.3413
1.5	0.4332
2.0	0.4772

STEP 1 표본평균 $\overline{X}$의 분포 구하기 [3점]

모집단이 정규분포 $N(50, 12^2)$을 따르고 표본의 크기가 4이므로

$$E(\overline{X}) = 50, \quad V(\overline{X}) = \frac{12^2}{\boxed{(1)}} = \boxed{(2)}$$

즉, 확률변수 $\overline{X}$는 정규분포 $N(50, 6^2)$을 따른다.

STEP 2 $P(44 \le \overline{X} \le 62)$ 구하기 [3점]

$Z = \dfrac{\overline{X} - \boxed{(3)}}{\boxed{(4)}}$ 으로 놓으면 확률변수 Z는 표준정규

분포 $N(0, 1)$을 따르므로

$P(44 \le \overline{X} \le 62)$

$= P\left(\dfrac{44-50}{6} \le Z \le \dfrac{62-50}{6} \right)$

$= P(-1 \le Z \le 2)$

$= P(-1 \le Z \le 0) + P(0 \le Z \le 2)$

$= P(0 \le Z \le \boxed{(5)}) + P(0 \le Z \le 2)$

$= 0.3413 + 0.4772$

$= \boxed{(6)}$

1627 한번 더

정규분포 $N(20, 5^2)$을 따르는 모집단에서 크기가 16인 표본을 임의추출할 때, 표본평균 $\overline{X}$에 대하여 $P(19 \le \overline{X} \le 22)$를 오른쪽 표준정규분포표를 이용하여 구하는 과정을 서술하시오. [6점]

z	$P(0 \le Z \le z)$
0.8	0.2881
1.2	0.3849
1.6	0.4452
2.0	0.4772

STEP 1 표본평균 $\overline{X}$의 분포 구하기 [3점]

STEP 2 $P(19 \le \overline{X} \le 22)$ 구하기 [3점]

07

핵심 KEY 유형6 **표본평균의 확률**

표본평균 $\overline{X}$가 따르는 정규분포를 구하여 $\overline{X}$가 특정한 범위에 포함될 확률을 구하는 문제이다.

확률을 구하는 과정에서 $\overline{X}$를 Z로 표준화할 때, $Z = \dfrac{\overline{X} - m}{\frac{\sigma}{\sqrt{n}}}$ 에서

분모를 $\dfrac{\sigma}{\sqrt{n}}$가 아닌 σ로 실수하는 경우가 많으므로 이 부분을 주의해야 한다. 먼저 $E(\overline{X})$, $V(\overline{X})$를 구하여 $\overline{X}$가 따르는 정규분포를 구한 후 표준화하여 확률을 구한다.

1628 유사 1

어느 공장에서 생산하는 컵라면 한 상자의 무게는 평균이 824 g, 표준편차가 16 g인 정규분포를 따른다고 한다. 이 공장에서 생산한 컵라면 중에서 임의추출한 64 상자의 무게의 표본평균이 820 g 이상일 확률을 위의 표준정규분포표를 이용하여 구하는 과정을 서술하시오. [7점]

z	$P(0 \le Z \le z)$
0.8	0.2881
1.2	0.3849
1.6	0.4452
2.0	0.4772

1629 유사 2

어느 회사에서 판매하는 음료 A 한 병의 용량은 평균이 500 mL, 표준편차가 1 mL인 정규분포를 따른다고 한다. 이 회사에서는 음료 A 4병을 한 상자에 담아 판매하는데 한 상자에 담긴 음료 A의 용량의 합이 1998 mL 이상이면 정상 제품으로 판정한다. 이 회사에서 판매하는 음료 A를 4병씩 담아 판매하는 상자 중에서 임의추출한 한 상자가 정상 제품일 확률을 위의 표준정규분포표를 이용하여 구하는 과정을 서술하시오. [7점]

z	$P(0 \le Z \le z)$
0.5	0.1915
1.0	0.3413
1.5	0.4332
2.0	0.4772

1630 대표문제

어느 휴대 전화 통신사 고객들이 한 달 동안 받는 스팸 문자의 개수는 평균이 m, 표준편차가 5인 정규분포를 따른다고 한다. 이 통신사의 고객 중에서 100명을 임의추출하여 구한 한 달 동안 받는 스팸 문자의 개수의 표본평균이 20이었다. 이 결과를 이용하여 모평균 m에 대한 신뢰도 95 %의 신뢰구간에 속하는 자연수의 개수를 구하는 과정을 서술하시오.

(단, $P(|Z| \le 2) = 0.95$로 계산한다.) [6점]

STEP 1 표본평균, 모표준편차, 표본의 크기 파악하기 [2점]

표본평균은 20, 모표준편차는 $\boxed{}^{(1)}$, 표본의 크기는 100

이다.

STEP 2 신뢰구간 구하기 [3점]

모평균 m에 대한 신뢰도 95 %의 신뢰구간은

$$20 - \boxed{}^{(2)} \times \frac{5}{\sqrt{100}} \le m \le 20 + 2 \times \frac{\boxed{}^{(3)}}{\sqrt{100}}$$

$$\therefore \ 19 \le m \le \boxed{}^{(4)}$$

STEP 3 신뢰구간에 속하는 자연수의 개수 구하기 [1점]

신뢰구간에 속하는 자연수의 개수는 19, 20, 21의 $\boxed{}^{(5)}$

이다.

핵심 KEY 유형 9, 유형 11 **모평균의 추정**

모표준편차가 주어질 때, 모평균의 신뢰구간을 구하는 문제이다.

신뢰구간을 구하는 식 $\bar{x} - k \times \dfrac{\sigma}{\sqrt{n}} \le m \le \bar{x} + k \times \dfrac{\sigma}{\sqrt{n}}$ 에서 k의 값은 신뢰도에 따라 달라짐을 기억하고, 각 문자에 알맞은 값을 대입한다. 이때 익숙한 신뢰도 95 %, 99 %에서도 문제의 조건에 따라 k의 값이 1.96, 2.58이 아닐 수도 있으므로 주어진 조건을 꼼꼼하게 확인하도록 한다.

1631 한번더

어느 회사 직원들의 통근 소요 시간은 평균이 m, 표준편차가 10인 정규분포를 따른다고 한다. 이 회사의 직원 중에서 25명을 임의추출하여 구한 통근 소요 시간의 표본평균이 60이었다. 이 결과를 이용하여 모평균 m에 대한 신뢰도 99 %의 신뢰구간에 속하는 자연수의 개수를 구하는 과정을 서술하시오. (단, 시간의 단위는 분이고, $P(|Z| \le 2.6) = 0.99$로 계산한다.) [6점]

STEP 1 표본평균, 모표준편차, 표본의 크기 파악하기 [2점]

STEP 2 신뢰구간 구하기 [3점]

STEP 3 신뢰구간에 속하는 자연수의 개수 구하기 [1점]

1632 유사 1

어느 지역 주민들의 하루 인터넷 사용 시간은 평균이 m, 표준편차가 20인 정규분포를 따른다고 한다. 이 지역 주민 중에서 n명을 임의추출하여 구한 하루 인터넷 사용 시간의 표본평균이 80이었

z	$P(0 \le Z \le z)$
1.4	0.42
1.5	0.43
1.6	0.45
1.7	0.46

다. 이 결과를 이용하여 구한 모평균 m에 대한 신뢰도 90 %의 신뢰구간이 $72 \le m \le 88$일 때, n의 값을 위의 표준정규분포표를 이용하여 구하는 과정을 서술하시오.

(단, 시간의 단위는 분이다.) [6점]

1633 유사 2

어느 가게에서 판매하는 컵케이크의 무게는 평균이 m, 표준편차가 6인 정규분포를 따른다고 한다. 이 가게에서 판매하는 컵케이크 중에서 n개를 임의추출하여 구한 모평균 m에 대한 신뢰도 68 %의 신뢰구간이 $298 \le m \le 302$이었

z	$P(0 \le Z \le z)$
0.5	0.19
1.0	0.34
1.5	0.43
2.0	0.48
2.5	0.49

다. 같은 표본을 이용하여 구한 모평균 m에 대한 신뢰도 86 %의 신뢰구간을 위의 표준정규분포표를 이용하여 구하는 과정을 서술하시오. (단, 무게의 단위는 g이다.) [8점]

1 1634

모집단의 확률변수 X의 확률분포를 표로 나타내면 다음과 같다.

X	1	2	3	합계
$P(X=x)$	$\frac{1}{6}$	$\frac{1}{2}$	$\frac{1}{3}$	1

이 모집단에서 크기가 2인 표본을 임의추출할 때, 표본평균 $\overline{X}$에 대하여 $P(\overline{X}=2)$는? [3점]

① $\frac{11}{36}$ ② $\frac{13}{36}$ ③ $\frac{5}{12}$

④ $\frac{17}{36}$ ⑤ $\frac{19}{36}$

2 1635

정규분포 $N(20, 10^2)$을 따르는 모집단에서 크기가 25인 표본을 임의추출할 때, 표본평균 $\overline{X}$에 대하여 $E(\overline{X}^2)$은? [3점]

① 401 ② 402 ③ 403

④ 404 ⑤ 405

3 1636

모집단의 확률변수 X의 확률분포를 표로 나타내면 다음과 같다.

X	0	1	2	합계
$P(X=x)$	$\frac{1}{4}$	a	b	1

이 모집단에서 크기가 4인 표본을 임의추출하여 구한 표본평균 $\overline{X}$에 대하여 $E(\overline{X})=\frac{7}{8}$이다. 이때 $a-b$의 값은?

(단, a와 b는 상수이다.) [3점]

① $\frac{1}{8}$ ② $\frac{1}{4}$ ③ $\frac{3}{8}$

④ $\frac{1}{2}$ ⑤ $\frac{5}{8}$

4 1637

정규분포 $N(52, 8^2)$을 따르는 모집단에서 크기가 16인 표본을 임의추출할 때, 표본평균 $\overline{X}$에 대하여 $P(\overline{X} \geq 54)$를 오른쪽 표준정규분포표를 이용하여 구한 것은?

z	$P(0 \leq Z \leq z)$
0.5	0.1915
1.0	0.3413
1.5	0.4332
2.0	0.4772

[3점]

① 0.0228 ② 0.0668 ③ 0.1587

④ 0.1915 ⑤ 0.3085

5 1638

정규분포 $N(m, 40^2)$을 따르는 모집단에서 크기가 100인 표본을 임의추출하여 구한 표본평균이 200이었다. 모평균 m에 대한 신뢰도 95 %의 신뢰구간이 $a \le m \le b$일 때, a의 값은? (단, $P(|Z| \le 1.96) = 0.95$로 계산한다.) [3점]

① 192.16   ② 192.66   ③ 193.16

④ 193.66   ⑤ 194.16

6 1639

정규분포 $N(m, \sigma^2)$을 따르는 모집단에서 표본을 임의추출하여 모평균을 추정하려고 한다. 신뢰도가 일정할 때, 신뢰구간의 길이가 $\dfrac{1}{3}$배가 되려면 표본의 크기는 a배가 되어야 한다. 이때 a의 값은? [3점]

① $\dfrac{1}{9}$ ② $\dfrac{1}{3}$ ③ 3

④ 9   ⑤ 12

7 1640

1이 적힌 카드가 1장, 3이 적힌 카드가 3장, 5가 적힌 카드가 n장 있다. 이 $(n+4)$장의 카드 중에서 임의로 한 장을 뽑아 카드에 적힌 수를 확인한 후 돌려놓는 시행을 2회 반복할 때, 뽑힌 카드에 적힌 수의 평균을 $\overline{X}$라 하자. $P(\overline{X}=3) = \dfrac{11}{25}$일 때, 자연수 n의 값은? [3.5점]

① 1   ② 2   ③ 3

④ 4   ⑤ 5

8 1641

한 개의 주사위를 n번 던져서 나온 눈의 수의 평균을 $\overline{X}$라 하자. $V(\overline{X}) = \dfrac{5}{12}$일 때, n의 값은? [3.5점]

① 3   ② 4   ③ 5

④ 6   ⑤ 7

9 1642

모집단의 확률변수 X의 확률질량함수가

$$P(X=x) = {}_{100}C_x \left(\frac{1}{5}\right)^x \left(\frac{4}{5}\right)^{100-x} \ (x=0, 1, 2, \cdots, 100)$$

이다. 이 모집단에서 크기가 n인 표본을 임의추출할 때, 표본평균을 $\overline{X}$라 하자. $\sigma(\overline{X}) = \dfrac{4}{3}$일 때, n의 값은? [3.5점]

① 4   ② 9   ③ 25

④ 36   ⑤ 49

10 1643

어느 스터디 카페의 손님이 카페에 머무는 시간은 평균이 90분, 표준편차가 15분인 정규분포를 따른다고 한다. 이 카페의 손님 중에서 임의추출한 9명의 손님이 카페에 머무는 시간의 평균이 80분 이상이고 100분 이하일 확률을 위의 표준정규분포표를 이용하여 구한 것은? [3.5점]

z	$P(0 \le Z \le z)$
0.5	0.1915
1.0	0.3413
1.5	0.4332
2.0	0.4772

① 0.7745 ② 0.8185 ③ 0.8664

④ 0.9544 ⑤ 0.9772

11 1644

어느 공장에서 생산하는 컴퓨터 부품 A의 무게는 평균이 3.2, 표준편차가 0.6인 정규분포를 따른다고 한다. 이 공장에서 생산한 부품 A 중에서 n개를 임의추출하여 구한 무게의 평균을 $\overline{X}$라 할 때, $P(\overline{X} \ge 3.0) = 0.8413$을 만족시키는 n의 값을 위의 표준정규분포표를 이용하여 구한 것은?

z	$P(0 \le Z \le z)$
1.0	0.3413
1.5	0.4332
2.0	0.4772
2.5	0.4938

(단, 무게의 단위는 g이다.) [3.5점]

① 4 ② 9 ③ 16

④ 25 ⑤ 36

12 1645

정규분포 $N(m, 10^2)$을 따르는 모집단에서 크기가 25인 표본을 임의추출할 때, 표본평균 $\overline{X}$에 대하여 $P(\overline{X} \ge 2000) = 0.9772$를 만족시키는 m의 값을 오른쪽 표준정규분포표를 이용하여 구한 것은? [3.5점]

z	$P(0 \le Z \le z)$
0.5	0.1915
1.0	0.3413
1.5	0.4332
2.0	0.4772

① 2001 ② 2002 ③ 2003

④ 2004 ⑤ 2005

13 1646

어느 고등학교 학생들의 급식 만족도는 표준편차가 12인 정규분포를 따른다고 한다. 이 고등학교 학생 중에서 16명을 임의추출하여 구한 표본평균이 80일 때, 이 결과를 이용하여 구한 모평균 m에 대한 신뢰도 95%의 신뢰구간에 속하는 자연수의 개수는?

(단, $P(|Z| \le 1.96) = 0.95$로 계산한다.) [3.5점]

① 11 ② 12 ③ 13

④ 14 ⑤ 15

14 1647

정규분포 $N(m, 2^2)$을 따르는 모집단에서 크기가 36인 표본을 임의추출하여 구한 표본평균이 $\bar{x}$이고, 이 결과를 이용하여 구한 모평균 m에 대한 신뢰도 99 %의 신뢰구간이 $a \leq m \leq b$이다. $a+b=30$일 때, a의 값은?

(단, $P(|Z| \leq 2.58)=0.99$로 계산한다.) [3.5점]

① 12.14   ② 12.64   ③ 13.14

④ 13.64   ⑤ 14.14

15 1648

어느 공장에서 생산되는 건전지의 수명은 정규분포를 따른다고 한다. 이 공장에서 생산된 건전지 중에서 400개를 임의추출하여 수명을 조사하였더니 평균이 1200, 표준편차가 60이었다. 이 공장에서 생산된 건전지의 수명의 모평균 m에 대한 신뢰도 95 %의 신뢰구간은 $a \leq m \leq b$이다. $a+b$의 값은? (단, 수명의 단위는 시간이고, $P(|Z| \leq 1.96)=0.95$로 계산한다.) [3.5점]

① 2400   ② 2450   ③ 2500

④ 2550   ⑤ 2600

16 1649

어느 고등학교 학생들의 키는 평균이 m, 표준편차가 6인 정규분포를 따른다고 한다. 이 고등학교 학생 중에서 n명을 임의추출하여 구한 표본평균이 $\bar{x}$이고, 이 결과를 이용하여 구한 모평균 m에 대한 신뢰도 95 %의 신뢰구간이 $170.53 \leq m \leq 173.47$일 때, $\bar{x}+n$의 값은? (단, 키의 단위는 cm이고, $P(|Z| \leq 1.96)=0.95$로 계산한다.) [3.5점]

① 230   ② 232   ③ 234

④ 236   ⑤ 238

17 1650

정규분포 $N(m, \sigma^2)$을 따르는 모집단에서 크기가 16인 표본을 임의추출하여 구한 표본평균이 $\bar{x}$이고, 이 결과를 이용하여 구한 모평균 m에 대한 신뢰도 95 %의 신뢰구간이 $20.53 \leq m \leq 23.47$일 때, $\bar{x}+\sigma$의 값은?

(단, $P(|Z| \leq 1.96)=0.95$로 계산한다.) [3.5점]

① 23   ② $\dfrac{47}{2}$ ③ 24

④ $\dfrac{49}{2}$ ⑤ 25

18 1651

정규분포 $N(m, 10^2)$을 따르는 모집단에서 크기가 25인 표본을 임의추출하여 모평균 m을 신뢰도 92 %로 추정한 신뢰구간의 길이는?

(단, $P(|Z| \leq 1.8) = 0.92$로 계산한다.) [3.5점]

① 7.2   ② 7.4   ③ 7.6

④ 7.8   ⑤ 8.0

19 1652

정규분포를 따르는 모집단에서 크기가 400인 표본을 임의추출하여 구한 모평균 m에 대한 신뢰도 96 %의 신뢰구간은 $a \leq m \leq b$이고, 크기가 n인 표본을 임의추출하여 구한 모평균 m에 대한 신뢰도 90 %의 신뢰구간은

z	$P(0 \leq Z \leq z)$
1.2	0.38
1.4	0.42
1.6	0.45
1.8	0.46
2.0	0.48

$c \leq m \leq d$이다. $\dfrac{d-c}{b-a} = 1$일 때, n의 값을 위의 표준정규분포표를 이용하여 구한 것은? [4점]

① 256   ② 289   ③ 324

④ 361   ⑤ 400

20 1653

정규분포 $N(m, \sigma^2)$을 따르는 모집단에서 크기가 16인 표본을 임의추출하여 모평균 m을 신뢰도 α %로 추정한 신뢰구간이 $a \leq m \leq b$이다. $b-a = 0.98\sigma$일 때, α의 값을 오른쪽 표준정규분포표를 이용하여 구한 것은? [4점]

z	$P(0 \leq Z \leq z)$
1.28	0.400
1.64	0.450
1.96	0.475
2.58	0.495

① 80   ② 85   ③ 90

④ 95   ⑤ 99

21 1654

정규분포 $N(m, 5^2)$을 따르는 모집단에서 크기가 n인 표본을 임의추출하여 구한 표본평균을 $\overline{x}$라 하자. 이 결과를 이용하여 모평균 m을 신뢰도 96 %로 추정할 때, 모평균과 표본평균의 차가 $\dfrac{1}{2}$ 이하가 되도록 하는 n의 최솟값은?

(단, $P(|Z| \leq 2) = 0.96$으로 계산한다.) [4점]

① 400   ② 441   ③ 484

④ 529   ⑤ 576

22 1655

모집단의 확률변수 X의 확률분포를 표로 나타내면 다음과 같다.

X	1	2	3	4	합계
$P(X=x)$	$\dfrac{1}{3}$	a	$\dfrac{1}{6}$	b	1

이 모집단에서 크기가 3인 표본을 임의추출하여 구한 표본 평균 $\overline{X}$에 대하여 $E(X)=\dfrac{13}{6}$일 때, $P\left(\overline{X}=\dfrac{10}{3}\right)$을 구하는 과정을 서술하시오. (단, a와 b는 상수이다.) [6점]

23 1656

어느 회사 직원의 통근 시간은 평균이 60분, 표준편차가 10분인 정규분포를 따른다고 한다. 이 회사의 직원 중에서 임의추출한 4명의 통근 시간의 합이 220분 이상일 확률을 오른쪽 표준정규분포표를 이용하여 구하는 과정을 서술하시오. [7점]

z	$P(0 \le Z \le z)$
0.5	0.1915
1.0	0.3413
1.5	0.4332
2.0	0.4772

24 1657

표준편차가 20인 정규분포를 따르는 모집단에서 크기가 16인 표본을 임의추출하여 모평균 m을 신뢰도 80 %로 추정한 신뢰구간의 길이를 l_1, 크기가 n인 표본을 임의추출하여 모평균 m을 신뢰도 90 %로 추정한 신뢰구간의 길이를 l_2라 하자. $l_1 > l_2$가 되도록 하는 n의 최솟값을 구하는 과정을 서술하시오.
(단, $P(0 \le Z \le 1.28)=0.40$, $P(0 \le Z \le 1.64)=0.45$로 계산한다.) [7점]

25 1658

정규분포 $N(50, 10^2)$을 따르는 모집단에서 크기가 25인 표본을 임의추출하여 구한 표본평균을 $\overline{X}$, 정규분포 $N(36, 4^2)$을 따르는 모집단에서 크기가 16인 표본을 임의추출하여 구한 표본평균을 $\overline{Y}$라 하자.
$P(\overline{X} \le 54)+P(\overline{Y} \le a)=1$을 만족시키는 상수 a의 값을 구하는 과정을 서술하시오. [8점]

1 1659

정규분포 $N(48, \sigma^2)$을 따르는 모집단에서 크기가 9인 표본을 임의추출하여 구한 표본평균을 $\overline{X}$라 하자. $\sigma(\overline{X})=2$일 때, $\sigma+E(\overline{X})$의 값은? [3점]

① 52   ② 54   ③ 56

④ 58   ⑤ 60

2 1660

정규분포 $N(m, 25^2)$을 따르는 모집단에서 크기가 n인 표본을 임의추출할 때, 표본평균 $\overline{X}$에 대하여 $\sigma(\overline{X}) \le 4$가 되도록 하는 자연수 n의 최솟값은? [3점]

① 38   ② 39   ③ 40

④ 41   ⑤ 42

3 1661

모집단의 확률변수 X의 확률분포를 표로 나타내면 다음과 같다.

X	a	0	1	합계
$P(X=x)$	$\dfrac{1}{4}$	b	$\dfrac{1}{2}$	1

$E(X)=0$일 때, 이 모집단에서 크기가 25인 표본을 임의추출하여 구한 표본평균 $\overline{X}$에 대하여 $V(\overline{X})$는?

(단, a와 b는 상수이다.) [3점]

① $\dfrac{1}{50}$ ② $\dfrac{1}{25}$ ③ $\dfrac{3}{50}$

④ $\dfrac{2}{25}$ ⑤ $\dfrac{1}{10}$

4 1662

모집단의 확률변수 X의 확률질량함수가

$$P(X=k) = \frac{k+1}{a} \ (k=0, 1, 2, 3)$$

이다. 이 모집단에서 크기가 5인 표본을 임의추출할 때, 표본평균 $\overline{X}$에 대하여 $aV(\overline{X})$의 값은? (단, a는 상수이다.) [3점]

① 1   ② 2   ③ 3

④ 4   ⑤ 5

5 1663

모평균이 34, 모표준편차가 4인 정규분포를 따르는 모집단에서 크기가 4인 표본을 임의추출할 때, 표본평균 $\overline{X}$에 대하여 $P(\overline{X}\leq31)$을 오른쪽 표준정규분포표를 이용하여 구한 것은? [3점]

z	$P(0\leq Z\leq z)$
0.5	0.1915
1.0	0.3413
1.5	0.4332
2.0	0.4772

① 0.0228   ② 0.0668   ③ 0.1587

④ 0.1915   ⑤ 0.3085

6 1664

어느 회사에서 판매하는 태블릿의 무게는 표준편차가 6인 정규분포를 따른다고 한다. 이 회사에서 판매하는 태블릿 중에서 25개를 임의추출하여 구한 표본평균이 680일 때, 이 결과를 이용하여 구한 모평균 m에 대한 신뢰도 96 %의 신뢰구간에 속하는 자연수의 최솟값은? (단, 무게의 단위는 g 이고, $P(|Z|\leq2)=0.96$으로 계산한다.) [3점]

① 676   ② 677   ③ 678

④ 679   ⑤ 680

7 1665

정규분포를 따르는 모집단에서 임의추출한 100개의 표본의 평균이 8, 표준편차가 2일 때, 모평균 m에 대한 신뢰도 95 %의 신뢰구간은?

(단, $P(|Z|\leq2)=0.95$로 계산한다.) [3점]

① $7\leq m\leq9$ ② $7.8\leq m\leq8.2$

③ $7.6\leq m\leq8.4$ ④ $7.4\leq m\leq8.6$

⑤ $7.2\leq m\leq8.8$

8 1666

모집단의 확률변수 X의 확률분포를 표로 나타내면 다음과 같다.

X	-1	0	1	합계
$P(X=x)$	a	$\dfrac{1}{6}$	b	1

이 모집단에서 크기가 2인 표본을 임의추출하여 구한 표본평균 $\overline{X}$에 대하여 $P(\overline{X}>0)=\dfrac{7}{48}$일 때, $a-b$의 값은?

(단, a와 b는 상수이다.) [3.5점]

① $\dfrac{1}{12}$ ② $\dfrac{1}{6}$ ③ $\dfrac{1}{4}$

④ $\dfrac{1}{3}$ ⑤ $\dfrac{5}{12}$

9 1667

모집단의 확률변수 X의 확률분포를 표로 나타내면 다음과 같다.

X	1	3	6	합계
$\mathrm{P}(X=x)$	$\dfrac{1}{8}$	a	b	1

이 모집단에서 크기가 n인 표본을 임의추출하여 구한 표본평균 $\overline{X}$에 대하여 $\mathrm{E}(\overline{X})=\dfrac{17}{4}$일 때, $\mathrm{V}(\overline{X})\leq\dfrac{1}{2}$을 만족시키는 자연수 n의 최솟값은? (단, a와 b는 상수이다.) [3.5점]

① 6   ② 7   ③ 8

④ 9   ⑤ 10

10 1668

어느 가게에서 판매하는 초콜릿 한 개의 무게는 평균이 34 g, 표준편차가 6 g인 정규분포를 따른다고 한다. 이 가게에서는 초콜릿 9개를 한 상자에 담아 선물용으로 판매한다. 이 가게에서 판매하

z	$\mathrm{P}(0\leq Z\leq z)$
0.5	0.1915
1.0	0.3413
1.5	0.4332
2.0	0.4772

는 초콜릿 상자 중에서 임의추출한 초콜릿 한 상자의 무게가 333 g 이상일 확률을 위의 표준정규분포표를 이용하여 구한 것은? (단, 상자의 무게는 무시한다.) [3.5점]

① 0.0228   ② 0.0668   ③ 0.1587

④ 0.1915   ⑤ 0.3085

11 1669

모집단의 확률변수 X는 정규분포 $\mathrm{N}(100,\ 6^2)$을 따른다고 한다. 이 모집단에서 크기가 n인 표본을 임의추출하여 구한 표본평균을 $\overline{X}$라 하자. $\mathrm{P}(X\leq88)=\mathrm{P}(\overline{X}\geq102)$일 때, n의 값은? [3.5점]

① 16   ② 25   ③ 36

④ 49   ⑤ 64

12 1670

정규분포 $\mathrm{N}(320,\ 28^2)$을 따르는 모집단에서 크기가 49인 표본을 임의추출할 때, 표본평균 $\overline{X}$에 대하여 $\mathrm{P}(\overline{X}\geq k)=0.0228$을 만족시키는 상수 k의 값을 오른쪽 표준정규분포표를 이용하여 구한 것은? [3.5점]

z	$\mathrm{P}(0\leq Z\leq z)$
0.5	0.1915
1.0	0.3413
1.5	0.4332
2.0	0.4772

① 322   ② 324   ③ 326

④ 328   ⑤ 330

13 ₁₆₇₁

13 1671

어느 고등학교 학생들의 50 m 달리기 기록은 정규분포 N(m, 1^2)을 따른다고 한다. 이 고등학교 학생 중에서 25명을 임의추출하여 50 m 달리기 기록을 모두 더하였더니 205였다. 이 고등학교 전체 학생의 50 m 달리기 기록의 평균 m에 대한 신뢰도 96 %의 신뢰구간이 $\alpha \leq m \leq \beta$일 때, α의 값은? (단, 기록의 단위는 초이고, P($|Z| \leq 2$)=0.96으로 계산한다.) [3.5점]

① 7.8 ② 8 ③ 8.2
④ 8.4 ⑤ 8.6

14 ₁₆₇₂

정규분포 N(m, 5^2)을 따르는 모집단에서 크기가 n인 표본을 임의추출하여 구한 표본평균이 $\bar{x}$이고, 이 결과를 이용하여 구한 모평균 m에 대한 신뢰도 95 %의 신뢰구간이 $14.02 \leq m \leq 15.98$일 때, n의 값은?

(단, P($|Z| \leq 1.96$)=0.95로 계산한다.) [3.5점]

① 100 ② 121 ③ 144
④ 169 ⑤ 225

15 ₁₆₇₃

정규분포 N(m, σ^2)을 따르는 모집단에서 크기가 16인 표본을 임의추출하여 구한 모평균 m에 대한 신뢰도 99 %의 신뢰구간이 $50.42 \leq m \leq 55.58$이고, 같은 모집단에서 크기가 n인 표본을 임의추출하여 구한 모평균 m에 대한 신뢰도 95 %의 신뢰구간이 $52.76 \leq m \leq 54.72$이다. $n+\sigma$의 값은? (단, P($|Z| \leq 1.96$)=0.95, P($|Z| \leq 2.58$)=0.99로 계산한다.) [3.5점]

① 66 ② 67 ③ 68
④ 69 ⑤ 70

16 ₁₆₇₄

정규분포 N(m, σ^2)을 따르는 모집단에서 크기가 n인 표본을 임의추출하여 구한 모평균 m에 대한 신뢰도 α %의 신뢰구간이 $a \leq m \leq b$일 때, 함수 $f(n)$을 $f(n)=b-a$라 하자. 다음 중 $\dfrac{f(n_1)}{f(n_2)}=\dfrac{1}{2}$을 만족시키는 n_1, n_2의 값이 될 수 있는 것은? [3.5점]

① $n_1=20$, $n_2=40$ ② $n_1=20$, $n_2=80$
③ $n_1=40$, $n_2=20$ ④ $n_1=80$, $n_2=20$
⑤ $n_1=30$, $n_2=50$

17 ₁₆₇₅

어느 공장에서 생산하는 배터리의 수명은 표준편차가 60인 정규분포를 따른다고 한다. 이 공장에서 생산된 배터리 중에서 n개를 임의추출하여 모평균 m을 신뢰도 96 %로 추정한 신뢰구간의 길이가 20 이하가 되도록 하는 n의 최솟값은? (단, 수명의 단위는 시간이고, P($|Z| \leq 2$)=0.96으로 계산한다.) [3.5점]

① 81 ② 100 ③ 121
④ 144 ⑤ 169

18 1676

정규분포 $N(3, 4^2)$을 따르는 모집단에서 크기가 n인 표본을 임의추출할 때, 표본평균 $\overline{X}$에 대하여 $P\left(\overline{X} \leq \dfrac{4}{\sqrt{n}}\right) \leq 0.04$를 만족시키는 n의 최솟값을 오른쪽 표준정규분포표를 이용하여 구한 것은? [4점]

z	$P(0 \leq Z \leq z)$
1.3	0.40
1.5	0.43
1.7	0.46
1.9	0.47
2.1	0.48

① 11 ② 12 ③ 13
④ 14 ⑤ 15

19 1677

어느 공장에서 생산하는 제품 A의 무게는 평균이 m, 표준편차가 100인 정규분포를 따른다고 한다. 이 공장에서 생산하는 제품 A 중에서 n개를 임의추출하여 얻은 표본평균을 이용하여 구한 모평균 m에 대한 신뢰도 95 %의 신뢰구간은 $a \leq m \leq b$이다. $20 \leq b-a \leq 40$이 되도록 하는 자연수 n의 개수는? (단, 무게의 단위는 g이고, $P(|Z| \leq 1.96) = 0.95$로 계산한다.) [4점]

① 286 ② 287 ③ 288
④ 289 ⑤ 290

20 1678

어느 고등학교 3학년 학생들의 대학수학능력시험 수학 영역 성적은 정규분포를 따른다고 한다. 이 고등학교 3학년 학생 중에서 36명을 임의추출하여 수학 성적을 조사한 결과 평균이 64점, 표준편차가 18점이었고, 이 결과를 이용하여 구한 3학년 학생 전체의 수학 성적의 모평균 m에 대한 신뢰도 α %의 신뢰구간은 $61.6 \leq m \leq 66.4$일 때, α의 값을 위의 표준정규분포표를 이용하여 구한 것은? [4점]

z	$P(0 \leq Z \leq z)$
0.8	0.29
1.0	0.34
1.2	0.38
1.4	0.42
1.6	0.45

① 58 ② 68 ③ 76
④ 84 ⑤ 90

21 1679

정규분포 $N(m, \sigma^2)$을 따르는 모집단에서 크기가 n인 표본을 임의추출하여 모평균을 신뢰도 95 %로 추정할 때, 모평균과 표본평균의 차가 $\dfrac{1}{8}\sigma$ 이하가 되도록 하는 n의 최솟값은? (단, $P(|Z| \leq 2) = 0.95$로 계산한다.) [4점]

① 64 ② 100 ③ 144
④ 169 ⑤ 256

서술형

22 1680

정규분포 $N(m, \sigma^2)$을 따르는 모집단에서 크기가 n인 표본을 임의추출하여 구한 표본평균이 300, 표본표준편차가 30이었다. 모평균 m에 대한 신뢰도 96 %의 신뢰구간이 $\alpha \le m \le \beta$일 때, 신뢰구간에 속하는 정수의 개수가 5가 되도록 하는 모든 자연수 n의 개수를 구하는 과정을 서술하시오. (단, n은 충분히 크고, $P(|Z| \le 2) = 0.96$으로 계산한다.) [6점]

23 1681

1이 적힌 카드가 1장, 2가 적힌 카드가 2장, 3이 적힌 카드가 3장 들어 있는 상자에서 임의로 한 장의 카드를 꺼내어 카드에 적힌 수를 확인한 후 다시 상자에 넣는 시행을 4번 반복할 때, 꺼낸 카드에 적힌 수의 평균을 $\overline{X}$라 하자. 이때 $E(\overline{X}^2)$을 구하는 과정을 서술하시오. [7점]

24 1682

어느 회사의 직원들이 연간 출장을 가는 시간은 정규분포를 따른다고 한다. 이 회사의 직원 중에서 36명을 임의추출하여 구한 출장 시간의 표본표준편차가 30이었다. 이 결과를 이용하여 모평균 m을 신뢰도 α %로 추정한 신뢰구간의 길이가 16 이상이 되도록

z	$P(0 \le Z \le z)$
1.0	0.34
1.2	0.38
1.4	0.42
1.6	0.45
1.8	0.46
2.0	0.48

하는 α의 최솟값을 위의 표준정규분포표를 이용하여 구하는 과정을 서술하시오. (단, 시간의 단위는 시간이다.) [7점]

25 1683

어느 공장에서 생산되는 제품의 무게는 평균이 200 g, 표준편차가 4 g인 정규분포를 따른다고 한다. 이 공장에서 생산된 제품 중에서 임의추출한 제품 한 개의 무게가 204 g 이상일 확률을 p_1, 임

z	$P(0 \le Z \le z)$
0.5	0.19
1.0	0.34
1.5	0.43
2.0	0.48

의추출한 제품 4개의 무게의 평균이 204 g 이상일 확률을 p_2라 할 때, $p_1 - p_2$의 값을 위의 표준정규분포표를 이용하여 구하는 과정을 서술하시오. [8점]

인생에는 두 가지 실수가 있다.

첫째는 아예 시작도 하지 않는 것이고,

둘째는 끝까지 하지 않는 것이다.

- 파울로 코엘료 -

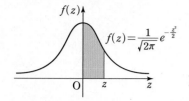

$$f(z) = \frac{1}{\sqrt{2\pi}} e^{-\frac{z^2}{2}}$$

$\mathrm{P}(0 \le Z \le z)$는 왼쪽 그림에서 색칠한 부분의 넓이이다.

z	0.00	0.01	0.02	0.03	0.04	0.05	0.06	0.07	0.08	0.09
0.0	.0000	.0040	.0080	.0120	.0160	.0199	.0239	.0279	.0319	.0359
0.1	.0398	.0438	.0478	.0517	.0557	.0596	.0636	.0675	.0714	.0753
0.2	.0793	.0832	.0871	.0910	.0948	.0987	.1026	.1064	.1103	.1141
0.3	.1179	.1217	.1255	.1293	.1331	.1368	.1406	.1443	.1480	.1517
0.4	.1554	.1591	.1628	.1664	.1700	.1736	.1772	.1808	.1844	.1879
0.5	.1915	.1950	.1985	.2019	.2054	.2088	.2123	.2157	.2190	.2224
0.6	.2257	.2291	.2324	.2357	.2389	.2422	.2454	.2486	.2517	.2549
0.7	.2580	.2611	.2642	.2673	.2704	.2734	.2764	.2794	.2823	.2852
0.8	.2881	.2910	.2939	.2967	.2995	.3023	.3051	.3078	.3106	.3133
0.9	.3159	.3186	.3212	.3238	.3264	.3289	.3315	.3340	.3365	.3389
1.0	.3413	.3438	.3461	.3485	.3508	.3531	.3554	.3577	.3599	.3621
1.1	.3643	.3665	.3686	.3708	.3729	.3749	.3770	.3790	.3810	.3830
1.2	.3849	.3869	.3888	.3907	.3925	.3944	.3962	.3980	.3997	.4015
1.3	.4032	.4049	.4066	.4082	.4099	.4115	.4131	.4147	.4162	.4177
1.4	.4192	.4207	.4222	.4236	.4251	.4265	.4279	.4292	.4306	.4319
1.5	.4332	.4345	.4357	.4370	.4382	.4394	.4406	.4418	.4429	.4441
1.6	.4452	.4463	.4474	.4484	.4495	.4505	.4515	.4525	.4535	.4545
1.7	.4554	.4564	.4573	.4582	.4591	.4599	.4608	.4616	.4625	.4633
1.8	.4641	.4649	.4656	.4664	.4671	.4678	.4686	.4693	.4699	.4706
1.9	.4713	.4719	.4726	.4732	.4738	.4744	.4750	.4756	.4761	.4767
2.0	.4772	.4778	.4783	.4788	.4793	.4798	.4803	.4808	.4812	.4817
2.1	.4821	.4826	.4830	.4834	.4838	.4842	.4846	.4850	.4854	.4857
2.2	.4861	.4864	.4868	.4871	.4875	.4878	.4881	.4884	.4887	.4890
2.3	.4893	.4896	.4898	.4901	.4904	.4906	.4909	.4911	.4913	.4916
2.4	.4918	.4920	.4922	.4925	.4927	.4929	.4931	.4932	.4934	.4936
2.5	.4938	.4940	.4941	.4943	.4945	.4946	.4948	.4949	.4951	.4952
2.6	.4953	.4955	.4956	.4957	.4959	.4960	.4961	.4962	.4963	.4964
2.7	.4965	.4966	.4967	.4968	.4969	.4970	.4971	.4972	.4973	.4974
2.8	.4974	.4975	.4976	.4977	.4977	.4978	.4979	.4979	.4980	.4981
2.9	.4981	.4982	.4982	.4983	.4984	.4984	.4985	.4985	.4986	.4986
3.0	.4987	.4987	.4987	.4988	.4988	.4989	.4989	.4989	.4990	.4990
3.1	.4990	.4991	.4991	.4991	.4992	.4992	.4992	.4992	.4993	.4993
3.2	.4993	.4993	.4994	.4994	.4994	.4994	.4994	.4995	.4995	.4995
3.3	.4995	.4995	.4995	.4996	.4996	.4996	.4996	.4996	.4996	.4997

MEMO

MEMO

과학 고수들의 필독서

동아출판

HIGH TOP

#2015 개정 교육과정
#믿고 보는 과학 개념서
#통합과학
#물리학 #화학 #생명과학 #지구과학
#과학 #잘하고싶다 #중요 #개념 #열공
#포기하지마 #엄지척 #화이팅

01
기초부터 심화까지
자세하고 빈틈 없는 개념 설명

02
풍부한 그림 자료,
수준 높은 문제 수록

03
새 교육과정을 완벽 반영한
깊이 있는 내용

중학교 1~3학년 / **고등학교** 통합과학 / 물리학 I, II / 화학 I, II / 생명과학 I, II / 지구과학 I, II

등업을 위한 강력한 한 권!

o 학습자 중심의 친절한 해설

- 대표문제 분석 및 단계별 풀이
- 내신 고득점 대비를 위한 Plus 문제 추가 제공
- 서술형 문항 정복을 위한 실제 답안 예시 / 오답 분석
- 다른 풀이, 개념 Check, 실수 Check 등 맞춤 정보 제시

o 수매씽 빠른 정답 안내

QR 코드를 찍으면 정답 및 풀이를 쉽고 빠르게 확인할 수 있습니다.

수
매
씽

MATHING

확률과 통계
정답 및 풀이

I. 경우의 수

01 여러 가지 순열
본책 7쪽~47쪽

0001 24   **0002** 4   **0003** 30   **0004** 6   **0005** 25

0006 81   **0007** 120   **0008** 216   **0009** 16   **0010** 64

0011 256   **0012** 4   **0013** 10   **0014** 60   **0015** 48

0016 5   **0017** 720   **0018** 72   **0019** ③   **0020** 24

0021 ③   **0022** ②   **0023** 72   **0024** ④   **0025** ③

0026 ③   **0027** ②   **0028** 48   **0029** ④   **0030** 24

0031 ②   **0032** ④   **0033** 30   **0034** ④   **0035** ④

0036 ④   **0037** 840   **0038** 8   **0039** ③   **0040** ①

0041 ⑤   **0042** 40   **0043** ①   **0044** ①   **0045** ③

0046 ⑤   **0047** ③   **0048** ②   **0049** 120   **0050** ④

0051 ②   **0052** ③   **0053** 6   **0054** ①   **0055** ③

0056 ⑤   **0057** ④   **0058** ③   **0059** ⑤   **0060** ④

0061 ②   **0062** ④   **0063** 33   **0064** 20   **0065** ①

0066 ③   **0067** 64   **0068** ③   **0069** ③   **0070** ④

0071 ①   **0072** ②   **0073** ③   **0074** 800   **0075** ①

0076 ④   **0077** 14   **0078** ③   **0079** ①   **0080** ①

0081 ④   **0082** 28   **0083** ②   **0084** ④   **0085** ③

0086 ①   **0087** 63   **0088** 64   **0089** ②   **0090** ②

0091 4   **0092** ①   **0093** ②   **0094** ⑤   **0095** 900

0096 12   **0097** ⑤   **0098** ③   **0099** 33   **0100** ④

0101 ①   **0102** ④   **0103** 20   **0104** ①   **0105** ⑤

0106 ②   **0107** ④   **0108** ①   **0109** 150   **0110** ③

0111 ④   **0112** ③   **0113** ③   **0114** ④   **0115** ①

0116 ③   **0117** ④   **0118** ①   **0119** ①   **0120** ②

0121 ⑤   **0122** ②   **0123** 13   **0124** ③   **0125** 180

0126 ④   **0127** ④   **0128** ④   **0129** 10   **0130** ①

0131 ④   **0132** 6   **0133** ④   **0134** ④   **0135** ③

0136 40   **0137** ①   **0138** 32   **0139** ⑤   **0140** ④

0141 ④   **0142** ③   **0143** ③   **0144** ②   **0145** ④

0146 ⑤   **0147** (1) 8 (2) 1 (3) 1 (4) 2 (5) 8 (6) 2 (7) 6

0148 30   **0149** 28   **0150** 360

0151 (1) 2 (2) 60 (3) 2 (4) 60 (5) 120

0152 630   **0153** 1260   **0154** 3360

0155 (1) 3 (2) 4 (3) 2 (4) 6 (5) 4 (6) 6 (7) 10

0156 19   **0157** 32   **0158** 35   **0159** ①   **0160** ②

0161 ④   **0162** ③   **0163** ②   **0164** ①   **0165** ②

0166 ②   **0167** ③   **0168** ④   **0169** ⑤   **0170** ⑤

0171 ②   **0172** ①   **0173** ②   **0174** ③   **0175** ②

0176 ①   **0177** ②   **0178** ⑤   **0179** ③   **0180** 90

0181 300   **0182** 81   **0183** 9   **0184** ⑤   **0185** ③

0186 ⑤   **0187** ④   **0188** ④   **0189** ⑤   **0190** ①

0191 ②   **0192** ⑤   **0193** ②   **0194** ③   **0195** ①

0196 ④   **0197** ⑤   **0198** ④   **0199** ①   **0200** ②

0201 ④   **0202** ②   **0203** ③   **0204** ②   **0205** 8505

0206 24   **0207** 864   **0208** 21

02 중복조합과 이항정리
본책 51쪽~91쪽

0209 35   **0210** 21   **0211** 9   **0212** 5   **0213** 56

0214 70   **0215** $a^3+3a^2b+3ab^2+b^3$

0216 $x^5-10x^4y+40x^3y^2-80x^2y^3+80xy^4-32y^5$

0217 -20 **0218** 10   **0219** 511

0220 $a^5+5a^4b+10a^3b^2+10a^2b^3+5ab^4+b^5$

0221 $x^4-4x^3y+6x^2y^2-4xy^3+y^4$ **0222** $_8C_3$ **0223** $_8C_3$

0224 ③   **0225** ④   **0226** ③   **0227** ④   **0228** 51

0229 ②   **0230** 6, 8   **0231** ④   **0232** ③   **0233** ②

0234 ⑤   **0235** ①   **0236** 56   **0237** ④   **0238** ③

0239 ②   **0240** 28   **0241** ④   **0242** 7   **0243** ③

0244 ④   **0245** ⑤   **0246** ①   **0247** ①   **0248** ①

0249 ③   **0250** 3   **0251** ②   **0252** ④   **0253** ⑤

0254 ⑤   **0255** ④   **0256** ①   **0257** 84   **0258** ①

0259 ①   **0260** ④   **0261** 28   **0262** ④   **0263** ④

0264 17   **0265** ④   **0266** 45   **0267** ①   **0268** ②

0269 ②   **0270** 28   **0271** 9   **0272** ④   **0273** ③

0274 ③   **0275** ④   **0276** ④   **0277** ③   **0278** ②

0279 ②   **0280** ④   **0281** ④   **0282** 51   **0283** ③

0284 ④   **0285** ⑤   **0286** 84   **0287** ②   **0288** ②

0289 ④   **0290** 5   **0291** ④   **0292** ①   **0293** 105

0294 ②   **0295** ③   **0296** ⑤   **0297** ③   **0298** ①

0299 ②   **0300** ①   **0301** 525   **0302** 327   **0303** ④

0304 ②   **0305** -10 **0306** ②   **0307** ②   **0308** ②

0309 ①   **0310** ③   **0311** 5   **0312** ④   **0313** ②

0314 ① **0315** ② **0316** ② **0317** ① **0318** ②

0319 ① **0320** ③ **0321** ④ **0322** 5 **0323** ③

0324 ① **0325** 25 **0326** ② **0327** ① **0328** ①

0329 20 **0330** ③ **0331** ④ **0332** ② **0333** 3

0334 ③ **0335** ② **0336** ⑤ **0337** ③ **0338** ⑤

0339 18 **0340** ③ **0341** ③ **0342** ① **0343** ②

0344 3 **0345** ③ **0346** ③ **0347** 127 **0348** ①

0349 ⑤ **0350** ④ **0351** ④ **0352** 192 **0353** ③

0354 ① **0355** ③ **0356** ⑤ **0357** ④ **0358** ②

0359 ② **0360** 65 **0361** ③ **0362** 251 **0363** ③

0364 (1) 3 (2) 5 (3) 21 (4) 3 (5) 4 (6) 15 (7) 15 (8) 315

0365 2646 **0366** 2250

0367 (1) 10 (2) 5 (3) 6 (4) 6 (5) 60 **0368** 2450

0369 30 **0370** 840 **0371** (1) 8 (2) 64 (3) 17 (4) 17

0372 100 **0373** 월요일 **0374** (1) 일요일 (2) 토요일

0375 ③ **0376** ④ **0377** ② **0378** ④ **0379** ②

0380 ① **0381** ③ **0382** ⑤ **0383** ② **0384** ②

0385 ① **0386** ③ **0387** ④ **0388** ② **0389** ⑤

0390 ④ **0391** ⑤ **0392** ② **0393** ④ **0394** ④

0395 ④ **0396** $a=15$, $b=81$ **0397** 100

0398 2 **0399** 35 **0400** ③ **0401** ① **0402** ③

0403 ④ **0404** ② **0405** ③ **0406** ② **0407** ④

0408 ④ **0409** ① **0410** ③ **0411** ① **0412** ⑤

0413 ② **0414** ② **0415** ③ **0416** ② **0417** ⑤

0418 ④ **0419** ② **0420** ② **0421** 150 **0422** 14

0423 330 **0424** 305

II. 확률

03 확률의 뜻과 활용

본책 96쪽~149쪽

0425 $\{1, 2, 3, 4, 5, 6\}$ **0426** $\{1, 3, 5\}$

0427 $\{1\}, \{2\}, \{3\}, \{4\}, \{5\}, \{6\}$ **0428** $\{1, 2, 3, 5, 6\}$

0429 $\{3\}$ **0430** $\{4, 5, 6\}$

0431 (1) ○ (2) × (3) ○ (4) × **0432** $\frac{1}{4}$ **0433** $\frac{1}{2}$

0434 $\frac{1}{2}$ **0435** $\frac{1}{20}$ **0436** 1 **0437** 0

0438 (1) ○ (2) × (3) ○ **0439** $\frac{1}{6}$ **0440** $\frac{1}{12}$

0441 $\frac{4}{5}$ **0442** $\frac{7}{8}$ **0443** ② **0444** ③ **0445** ③

0446 ② **0447** $\frac{5}{9}$ **0448** ④ **0449** $\frac{31}{32}$

0450 (1) $\frac{1}{3}$ (2) $\frac{1}{60}$ (3) $\frac{59}{60}$ **0451** ④ **0452** ⑤

0453 ② **0454** ⑤ **0455** ⑤ **0456** ⑤ **0457** ①

0458 ④ **0459** ③ **0460** ③ **0461** 19 **0462** ③

0463 ③ **0464** $\frac{1}{2}$ **0465** ① **0466** ② **0467** $\frac{1}{3}$

0468 ② **0469** $\frac{1}{6}$ **0470** ③ **0471** ④ **0472** ①

0473 ② **0474** ③ **0475** $\frac{2}{7}$ **0476** $\frac{1}{10}$ **0477** ③

0478 $\frac{3}{8}$ **0479** ② **0480** ② **0481** ① **0482** ④

0483 ① **0484** ③ **0485** ② **0486** $\frac{1}{35}$ **0487** ②

0488 ② **0489** $\frac{2}{15}$ **0490** ③ **0491** ① **0492** $\frac{3}{8}$

0493 ③ **0494** ④ **0495** ⑤ **0496** ① **0497** $\frac{1}{2}$

0498 ① **0499** ③ **0500** 8 **0501** ① **0502** ②

0503 ② **0504** ⑤ **0505** ④ **0506** ② **0507** ②

0508 ③ **0509** ② **0510** $\frac{3}{7}$ **0511** 4 **0512** ①

0513 ④ **0514** ③ **0515** $\frac{2}{9}$ **0516** ② **0517** ③

0518 ① **0519** 113 **0520** ② **0521** ④ **0522** ②

0523 ④ **0524** ① **0525** ⑤ **0526** 683 **0527** ②

0528 ④ **0529** $\frac{4}{7}$ **0530** ④ **0531** ③ **0532** ④

0533 $\frac{2}{15}$ **0534** ③ **0535** ③ **0536** ① **0537** $\frac{1}{3}$

0538 ③ **0539** 4 **0540** ③ **0541** ④ **0542** ⑤

0543 ③ **0544** ④ **0545** ② **0546** $\frac{2}{7}$ **0547** ⑤

0548 $\frac{3}{8}$ **0549** ② **0550** ① **0551** ① **0552** ④

0553 ② **0554** ① **0555** $\frac{3}{8}$ **0556** ② **0557** ③

0558 $\frac{1}{54}$ **0559** ① **0560** ③ **0561** 15 **0562** ④

0563 ① **0564** ④ **0565** ③ **0566** ③ **0567** $\frac{1}{12}$

0568 ⑤ **0569** ③ **0570** ⑤ **0571** ① **0572** ㄴ

0573 ② **0574** ③ **0575** ③ **0576** ① **0577** ⑤

0578 ① **0579** ① **0580** ⑤ **0581** 0 **0582** ③

0583 13　0584 ④　0585 ⑤　0586 $\frac{1}{2}$　0587 ⑤

0588 ②　0589 $\frac{1}{12}$　0590 ②　0591 ④　0592 ③

0593 $\frac{5}{6}$　0594 ②　0595 $\frac{5}{16}$　0596 51　0597 ④

0598 ②　0599 ②　0600 ④　0601 ③　0602 ①

0603 4　0604 ①　0605 ④　0606 13　0607 ②

0608 ⑤　0609 ⑤　0610 ⑤　0611 $\frac{4}{9}$　0612 ④

0613 ⑤　0614 7　0615 ①　0616 ⑤　0617 ⑤

0618 ④　0619 ⑤　0620 ⑤　0621 ⑤　0622 ⑤

0623 ⑤　0624 247　0625 ⑤　0626 ⑤　0627 ⑤

0628 3　0629 ③　0630 ④　0631 ④　0632 ⑤

0633 ④　0634 ⑤　0635 ③　0636 12　0637 ⑤

0638 ⑤　0639 $\frac{37}{42}$　0640 ①　0641 ⑤　0642 ④

0643 229　0644 ⑤　0645 ⑤　0646 47　0647 ②

0648 ②　0649 ③　0650 ④　0651 43　0652 $\frac{26}{27}$

0653 ④　0654 ⑤

0655 (1) 60　(2) 6　(3) 1　(4) 홀수　(5) 18　(6) $\frac{3}{10}$

0656 $\frac{13}{35}$　0657 $\frac{36}{125}$

0658 (1) 70　(2) 짝수　(3) 36　(4) 1　(5) 1　(6) $\frac{19}{35}$

0659 $\frac{2}{5}$　0660 $\frac{15}{31}$　0661 $\frac{3}{11}$

0662 (1) 6　(2) 5　(3) 2　(4) $\frac{1}{3}$　(5) $\frac{1}{3}$　(6) $\frac{2}{3}$　0663 $\frac{5}{7}$

0664 $\frac{9}{14}$　0665 $\frac{34}{35}$　0666 ②　0667 ④　0668 ⑤

0669 ③　0670 ②　0671 ①　0672 ①　0673 ②

0674 ②　0675 ③　0676 ①　0677 ①　0678 ⑤

0679 ②　0680 ①　0681 ⑤　0682 ①　0683 ①

0684 ⑤　0685 ⑤　0686 ②　0687 $\frac{5}{6}$　0688 $\frac{4}{5}$

0689 $\frac{3}{16}$　0690 $\frac{95}{512}$　0691 ⑤　0692 ②　0693 ①

0694 ④　0695 ⑤　0696 ④　0697 ⑤　0698 ①

0699 ②　0700 ③　0701 ①　0702 ④　0703 ④

0704 ⑤　0705 ②　0706 ②　0707 ⑤　0708 ③

0709 ③　0710 ③　0711 ①　0712 $\frac{1}{66}$　0713 $\frac{9}{64}$

0714 $\frac{5}{64}$　0715 $\frac{8}{55}$

04 조건부확률　본책 153쪽~207쪽

0716 $\frac{3}{7}$　0717 $\frac{1}{2}$　0718 $\frac{1}{2}$　0719 $\frac{1}{6}$　0720 $\frac{1}{3}$

0721 0.2　0722 0.25　0723 $\frac{3}{8}$　0724 $\frac{5}{8}$　0725 $\frac{2}{5}$

0726 $\frac{7}{10}$　0727 종속　0728 $\frac{2}{9}$　0729 $\frac{4}{9}$　0730 $\frac{8}{27}$

0731 $\frac{5}{16}$　0732 $\frac{1}{8}$　0733 ①　0734 $\frac{81}{100}$　0735 $\frac{2}{7}$

0736 ④　0737 ③　0738 ⑤　0739 ③　0740 $\frac{1}{6}$

0741 ①　0742 $\frac{1}{6}$　0743 ②　0744 $\frac{1}{4}$　0745 ⑤

0746 ④　0747 ⑤　0748 ④　0749 $\frac{1}{2}$　0750 ④

0751 $\frac{1}{2}$　0752 ③　0753 ②　0754 ③　0755 ④

0756 ②　0757 ⑤　0758 ③　0759 $\frac{4}{9}$　0760 ①

0761 ④　0762 ④　0763 ②　0764 ①　0765 ⑤

0766 ②　0767 ②　0768 ⑤　0769 $\frac{6}{13}$　0770 ⑤

0771 $\frac{1}{3}$　0772 ⑤　0773 ②　0774 ④　0775 ③

0776 ①　0777 $\frac{1}{4}$　0778 ⑤　0779 ⑤　0780 ①

0781 ②　0782 $\frac{1}{7}$　0783 $\frac{15}{31}$　0784 ②　0785 $\frac{3}{10}$

0786 ②　0787 ③　0788 25　0789 ③　0790 ①

0791 ③　0792 ④　0793 50　0794 2　0795 ③

0796 ②　0797 ③　0798 3　0799 ①　0800 ①

0801 3　0802 ⑤　0803 ②　0804 ②　0805 ⑤

0806 ③　0807 ④　0808 ④　0809 ②　0810 ⑤

0811 $\frac{7}{30}$　0812 $\frac{2}{5}$　0813 ⑤　0814 ②　0815 $\frac{1}{4}$

0816 ①　0817 $\frac{8}{13}$　0818 208　0819 ①　0820 ⑤

0821 ③　0822 ①　0823 ③　0824 6　0825 ⑤

0826 ⑤　0827 ⑤　0828 ②　0829 ③　0830 ㄷ

0831 ③　0832 ③　0833 ⑤　0834 ⑤　0835 ③

0836 $\frac{1}{6}$　0837 ⑤　0838 ④　0839 $\frac{2}{3}$　0840 ①

0841 ②　0842 ⑤　0843 ⑤　0844 ③　0845 ③

0846 1　0847 ③　0848 ③　0849 ⑤　0850 ⑤

0851 ①　0852 120　0853 ⑤　0854 ⑤　0855 ①

0856 $\frac{1}{6}$　0857 $\frac{2}{9}$　0858 ②　0859 ①　0860 ①

0861 ③　0862 ③　0863 $\frac{9}{10}$　0864 ①　0865 ⑤

0866 ③　0867 12　0868 ⑤　0869 ②　0870 8

0871 ①　0872 ②　0873 ①　0874 ③　0875 15

0876 ②　0877 $\frac{5}{8}$　0878 ④　0879 43　0880 ②

0881 $\frac{7}{16}$　0882 ②　0883 ④　0884 ②　0885 ①

0886 137　0887 ④　0888 ①　0889 ①　0890 ③

0891 ③　0892 $\frac{7}{32}$　0893 ④　0894 ①　0895 ④

0896 ②　0897 135　0898 ②　0899 ③　0900 ①

0901 11　0902 ④　0903 ②　0904 ①　0905 ③

0906 ②　0907 95　0908 ⑤　0909 ④　0910 ③

0911 ④　0912 26　0913 $\frac{9}{20}$　0914 ①　0915 ③

0916 ⑤　0917 ⑤　0918 ④　0919 ④　0920 $\frac{8}{81}$

0921 256　0922 ②　0923 ③　0924 ③　0925 ③

0926 (1) 6　(2) 3　(3) 5　(4) 3　(5) 5　(6) 1　0927 $\frac{5}{33}$

0928 3　0929 같다.

0930 (1) $\frac{1}{4}$　(2) $\frac{2}{3}$　(3) 1　(4) $\frac{1}{4}$　(5) $\frac{2}{3}$　(6) $\frac{1}{6}$　(7) $\frac{3}{4}$

0931 $\frac{11}{15}$　0932 $\frac{4}{5}$　0933 $\frac{8}{15}$

0934 (1) 짝수　(2) $\frac{1}{8}$　(3) $\frac{3}{8}$　(4) $\frac{1}{8}$　(5) $\frac{3}{8}$　(6) $\frac{1}{2}$　0935 $\frac{1}{2}$

0936 $\frac{1}{2}$　0937 $\frac{27}{80}$　0938 ③　0939 ③　0940 ③

0941 ③　0942 ③　0943 ①　0944 ④　0945 ③

0946 ②　0947 ②　0948 ④　0949 ④　0950 ⑤

0951 ②　0952 ⑤　0953 ②　0954 ③　0955 ④

0956 ②　0957 ②　0958 ①　0959 $\frac{9}{25}$　0960 $\frac{9}{20}$

0961 $\frac{1}{3}$　0962 9　0963 ②　0964 ③　0965 ③

0966 ①　0967 ③　0968 ⑤　0969 ⑤　0970 ②

0971 ⑤　0972 ①　0973 ②　0974 ②　0975 ⑤

0976 ③　0977 ③　0978 ④　0979 ①　0980 ③

0981 ③　0982 ④　0983 ④　0984 $\frac{3}{10}$　0985 9

0986 79　0987 $\frac{31}{1296}$

III. 통계

05 확률분포 (1)

본책 212쪽~261쪽

0988 0, 1, 2

0989

X	0	1	2	합계
P($X=x$)	$\frac{1}{5}$	$\frac{3}{5}$	$\frac{1}{5}$	1

0990 1

0991 $\frac{1}{2}$　0992 $\frac{7}{4}$　0993 $\frac{23}{16}$　0994 $\frac{\sqrt{23}}{4}$　0995 $\frac{4}{3}$

0996 평균 : 6, 분산 : 80, 표준편차 : $4\sqrt{5}$　0997 28

0998 $P(X=x)={}_6C_x\left(\frac{1}{3}\right)^x\left(\frac{2}{3}\right)^{6-x}$ $(x=0, 1, 2, \cdots, 6)$

0999 $\frac{80}{243}$　1000 평균 : 90, 분산 : 36, 표준편차 : 6

1001 평균 : 60, 분산 : 50, 표준편차 : $5\sqrt{2}$　1002 ①

1003 ⑤　1004 9.2　1005 ②　1006 ②　1007 ③

1008 ⑤　1009 ②　1010 ⑤　1011 2　1012 ④

1013 ②　1014 $\frac{3}{8}$　1015 ⑤　1016 ⑤　1017 ⑤

1018 ②　1019 ④　1020 $\frac{11}{10}$　1021 ③　1022 ②

1023 $\frac{5}{12}$　1024 ②　1025 ④　1026 ④　1027 ⑤

1028

X	0	1	2	합계
P($X=x$)	$\frac{1}{7}$	$\frac{4}{7}$	$\frac{2}{7}$	1

1029

X	0	1	2	합계
P($X=x$)	$\frac{1}{4}$	$\frac{1}{2}$	$\frac{1}{4}$	1

1030 ④

1031 ⑤　1032 ④　1033 ⑤　1034 ⑤　1035 2

1036 ③　1037 ①　1038 2　1039 ⑤　1040 ④

1041 ③　1042 ⑤　1043 ②　1044 1　1045 ④

1046 ②　1047 ①　1048 ④　1049 1　1050 ①

1051 ②　1052 ①　1053 ③　1054 ①　1055 ⑤

1056 28　1057 ①　1058 ④　1059 ④　1060 ①

1061 ③　1062 ③　1063 23　1064 ①　1065 ①

1066 ②　1067 ②　1068 ⑤　1069 4　1070 ③

1071 9　1072 ⑤　1073 4　1074 ④　1075 ①

1076 6　1077 120000　1078 ⑤　1079 ③

1080 8　1081 ④　1082 ③　1083 ②　1084 ②

1085 ①　1086 125　1087 ④　1088 ①　1089 ③

1090 ③　1091 ①　1092 7　1093 ②　1094 ③

1095 ②　1096 121　1097 ⑤　1098 ③　1099 ③

1100 ④ **1101** 70 **1102** ② **1103** ③ **1104** 155

1105 ① **1106** ⑤ **1107** ③ **1108** ④ **1109** ⑤

1110 ③ **1111** ① **1112** 28 **1113** ③ **1114** ①

1115 10 **1116** ⑤ **1117** 20 **1118** ② **1119** ⑤

1120 ④ **1121** ⑤ **1122** 11 **1123** ④ **1124** ①

1125 ① **1126** ⑤ **1127** 16 **1128** ③ **1129** ④

1130 3 **1131** ④ **1132** ① **1133** ④ **1134** ①

1135 ④ **1136** 16 **1137** 59 **1138** ③ **1139** ①

1140 32 **1141** ④ **1142** ① **1143** ② **1144** ⑤

1145 ① **1146** 110 **1147** ② **1148** ⑤ **1149** ①

1150 ② **1151** ③ **1152** ③ **1153** ③ **1154** 3

1155 18 **1156** ② **1157** ③

1158 (1) $_3C_x$ (2) $\dfrac{5}{12}$ (3) $\dfrac{5}{12}$ (4) $\dfrac{5}{12}$ (5) $\dfrac{1}{2}$ (6) 2 (7) 2

1159 2 **1160** $\dfrac{21}{4}$ **1161** 6

1162 (1) $\dfrac{3}{5}$ (2) $\dfrac{1}{10}$ (3) $\dfrac{1}{5}$ (4) 5 (5) 1 (6) 4 **1163** 35

1164 2 **1165** 20 **1166** (1) 10 (2) $\dfrac{1}{2}$ (3) $\dfrac{1}{2}$ (4) $\dfrac{21}{2}$

1167 4 **1168** 7 **1169** 160 **1170** ③ **1171** ⑤

1172 ② **1173** ⑤ **1174** ⑤ **1175** ② **1176** ③

1177 ④ **1178** ④ **1179** ③ **1180** ③ **1181** ④

1182 ① **1183** ④ **1184** ④ **1185** ⑤ **1186** ②

1187 ① **1188** ⑤ **1189** ④ **1190** ① **1191** $\dfrac{11}{12}$

1192 920 **1193** 9 **1194** 12 **1195** ② **1196** ⑤

1197 ③ **1198** ② **1199** ② **1200** ③ **1201** ③

1202 ③ **1203** ⑤ **1204** ① **1205** ③ **1206** ③

1207 ⑤ **1208** ③ **1209** ① **1210** ④ **1211** ①

1212 ③ **1213** ② **1214** ⑤ **1215** ④ **1216** $\dfrac{3}{8}$

1217 $\sqrt{17}$ **1218** $\dfrac{5}{7}$ **1219** 90

06 확률분포 (2)

본책 266쪽~317쪽

1220 $\dfrac{5}{16}$ **1221** $\dfrac{1}{2}$ **1222** $\dfrac{1}{4}$ **1223** $N(8, 3^2)$

1224 $N(50, 5^2)$ **1225** (1) ◯ (2) ◯ (3) ◯ (4) ×

1226 0.1359 **1227** 0.0668

1228 0.2119 **1229** 0.383

1230 $N(20, 4^2)$ **1231** $N(150, 5^2)$

1232 0.8185 **1233** $\dfrac{1}{2}$ **1234** 2 **1235** ⑤

1236 ③ **1237** ③ **1238** ② **1239** ⑤ **1240** ③

1241 7 **1242** ④ **1243** ④ **1244** 5 **1245** 31

1246 ④ **1247** ④ **1248** ④ **1249** ② **1250** 23

1251 ③ **1252** 11 **1253** ③ **1254** ⑤ **1255** ④

1256 ③ **1257** ⑤ **1258** ⑤ **1259** 25 **1260** ②

1261 ② **1262** ② **1263** ② **1264** 36 **1265** ⑤

1266 ① **1267** ② **1268** ⑤ **1269** 8 **1270** ②

1271 ⑤ **1272** ③ **1273** ⑤ **1274** ③ **1275** ④

1276 ③ **1277** 39 **1278** ③ **1279** ② **1280** ①

1281 ④ **1282** ⑤ **1283** ② **1284** ① **1285** ②

1286 40 **1287** ④ **1288** ③ **1289** 0.1587

1290 ① **1291** ① **1292** ⑤ **1293** 0.2743

1294 ③ **1295** ① **1296** ④ **1297** 53 **1298** ⑤

1299 ⑤ **1300** ③ **1301** ④ **1302** 59 **1303** ⑤

1304 8 **1305** ③ **1306** ⑤ **1307** ① **1308** ②

1309 ⑤ **1310** 0.9772 **1311** ⑤

1312 0.9332 **1313** ⑤ **1314** ④ **1315** ④

1316 ④ **1317** ① **1318** 165 **1319** ⑤

1320 F, D, E **1321** ① **1322** ① **1323** ⑤

1324 ② **1325** 0.8185 **1326** 0.6826

1327 ⑤ **1328** ② **1329** ③ **1330** ④ **1331** ②

1332 30 **1333** ① **1334** ② **1335** ④ **1336** ③

1337 46 **1338** ③ **1339** ① **1340** ④ **1341** ④

1342 ⑤ **1343** ⑤ **1344** ④ **1345** 98 **1346** 15

1347 ① **1348** ③ **1349** ④ **1350** ⑤ **1351** ③

1352 ③ **1353** 10 **1354** ② **1355** ① **1356** ⑤

1357 ② **1358** ⑤ **1359** ④ **1360** 126 **1361** ⑤

1362 0.8185 **1363** ② **1364** ① **1365** ②

1366 2 **1367** ③ **1368** ① **1369** ⑤ **1370** ⑤

1371 ② **1372** ② **1373** ② **1374** ① **1375** ②

1376 ③ **1377** 14 **1378** 100 **1379** 57 **1380** ②

1381 (1) 1 (2) $\dfrac{1}{3}$ (3) $\dfrac{2}{9}$ (4) $\dfrac{11}{12}$ **1382** $\dfrac{43}{24}$ **1383** $\dfrac{1}{16}$

1384 (1) 72 (2) 84 (3) 0.5 (4) 0.0228 (5) 0.0228

1385 0.0668 **1386** 60 **1387** 0.1

1388 (1) $\dfrac{9}{10}$ (2) 9 (3) 90 (4) 1 (5) 0.8185

1389 0.29 **1390** 0.11 **1391** 0.84 **1392** ① **1393** ③

07 통계적 추정

I. 경우의 수

01 여러 가지 순열

0001 답 24

$(5-1)!=4!=24$

0002 답 4

$(3-1)! \times 2! = 2 \times 2 = 4$

0003 답 30

가운데에 있는 원에 색칠하는 경우의 수는 5
가운데 주변의 4개 원에 색칠하는 경우의 수는
$(4-1)!=3!=6$
따라서 구하는 경우의 수는 $5 \times 6 = 30$

0004 답 6

4명을 원형으로 배열하는 원순열의 수와 같으므로
$(4-1)!=3!=6$

0005 답 25

$_5\Pi_2 = 5^2 = 25$

0006 답 81

$_3\Pi_4 = 3^4 = 81$

0007 답 120

$_6P_3 = 6 \times 5 \times 4 = 120$

0008 답 216

$_6\Pi_3 = 6^3 = 216$

0009 답 16

$_4\Pi_2 = 4^2 = 16$

0010 답 64

$_4\Pi_3 = 4^3 = 64$

0011 답 256

$_4\Pi_4 = 4^4 = 256$

0012 답 4

$\dfrac{4!}{3!} = 4$

0013 답 10

$\dfrac{5!}{2! \times 3!} = 10$

0014 답 60

$\dfrac{6!}{2! \times 3!} = 60$

0015 답 48

a가 한쪽 끝(왼쪽 끝 또는 오른쪽 끝)에 오도록 나열하는 경우의
수는 2
나머지 4개의 문자 b, c, d, e를 일렬로 나열하는 경우의 수는
$4! = 24$
따라서 구하는 경우의 수는
$2 \times 24 = 48$

0016 답 5

$_{n-1}P_2 + _{n+1}P_2 = 42$에서
$(n-1)(n-2)+(n+1)n = 42$
$n^2 - 3n + 2 + n^2 + n = 42$
$n^2 - n - 20 = 0$
$(n+4)(n-5) = 0$
그런데 $n > 3$이므로 $n = 5$

0017 답 720

3개의 모음 o, i, a를 한 문자로 생각하여 5개의 문자를 일렬로 나
열하는 경우의 수는 $5! = 120$
모음 o, i, a가 서로 자리를 바꾸는 경우의 수는 $3! = 6$
따라서 구하는 경우의 수는
$120 \times 6 = 720$

0018 답 72

3개의 홀수 1, 3, 5를 일렬로 나열하는 경우의 수는 $3! = 6$

$\lor \boxed{홀} \lor \boxed{홀} \lor \boxed{홀} \lor$

홀수의 사이사이 및 양 끝의 4개의 자리에 2개의 짝수 2, 4를 나열
하는 경우의 수는 $_4P_2 = 12$
따라서 구하는 경우의 수는
$6 \times 12 = 72$

다른 풀이

(i) 5개의 숫자 1, 2, 3, 4, 5를 일렬로 나열하는 경우의 수는
    $5! = 120$
(ii) 짝수가 이웃하는 경우의 수는 다음과 같다.
    2, 4를 한 숫자로 생각하여 4개의 숫자를 일렬로 나열하는 경우
    의 수는 $4! = 24$
    짝수 2, 4가 서로 자리를 바꾸는 경우의 수는 $2! = 2$
    따라서 짝수가 이웃하는 경우의 수는 $24 \times 2 = 48$
(i), (ii)에서 짝수가 이웃하지 않는 경우의 수는
$120 - 48 = 72$

0019 답 ③

유형1

7명의 사람이 원탁에 둘러앉을 때, 특정한 세 사람이 모두 이웃하여 앉는 경우의 수는? **단서1**

① 96 ② 120 ③ 144
④ 168 ⑤ 192

단서1 특정한 세 사람을 한 명으로 생각하면 전체 인원은 5명

STEP 1 특정한 세 사람을 한 명으로 생각하고 앉는 경우의 수 구하기

특정한 세 사람을 a, b, c라 하자.

a, b, c 세 사람을 한 명으로 생각하여 5명이 원탁에 둘러앉는 경우의 수는 $(5-1)!=4!=24$

STEP 2 한 명으로 생각한 구성원이 앉는 경우의 수 구하기

a, b, c 세 사람이 서로 자리를 바꾸는 경우의 수는 $3!=6$

STEP 3 경우의 수 구하기

구하는 경우의 수는
$24 \times 6 = 144$

실수 Check

STEP 2 에서 특정한 a, b, c가 정해져 있으므로 순열을 이용한다.
이때 7명 중에서 특정한 세 사람을 정하는 경우의 수 $_7C_3$을 곱하지 않도록 주의한다.

0020 답 24

5개의 접시를 원형으로 놓는 경우의 수는
$(5-1)!=4!=24$

0021 답 ③

6명의 학생 중에서 원탁에 앉을 4명을 정하는 경우의 수는
$_6C_4=_6C_2=15$
뽑힌 4명이 원탁에 둘러앉는 경우의 수는
$(4-1)!=3!=6$
따라서 구하는 경우의 수는
$15 \times 6 = 90$

0022 답 ②

선생님 3명이 먼저 원탁에 둘러앉는 경우의 수는 $(3-1)!=2!=2$
선생님 사이사이의 3개의 자리에 학생 3명이 앉는 경우의 수는 $3!=6$
따라서 구하는 경우의 수는
$2 \times 6 = 12$

0023 답 72

여학생 4명이 먼저 원탁에 둘러앉는 경우의 수는 $(4-1)!=3!=6$
여학생 사이사이의 4개의 자리에 남학생 2명이 앉는 경우의 수는

$_4P_2=12$
따라서 구하는 경우의 수는
$6 \times 12 = 72$

0024 답 ④

아버지의 자리를 정하면 어머니의 자리는 마주 보는 자리로 고정된다.
따라서 구하는 경우의 수는 어머니를 제외한 7명이 원 모양의 탁자에 앉는 경우의 수와 같으므로
$(7-1)!=6!=720$

다른 풀이

8명이 원탁에 둘러앉을 때, 아버지와 어머니가 마주 보고 앉는 경우의 수는 아버지와 어머니가 마주 보고 앉은 후, 남은 6개의 자리에 나머지 6명이 한 명씩 앉는 경우의 수와 같으므로
$6!=720$

0025 답 ③

먼저 남학생 5명이 원탁에 앉는 경우의 수는
$(5-1)!=4!=24$
남학생 사이사이의 5개의 자리에 여학생 3명이 앉는 경우의 수는
$_5P_3=60$
따라서 구하는 경우의 수는
$24 \times 60 = 1440$

0026 답 ③

소문자 a, b, c, d 4개를 원 모양으로 배열하는 경우의 수는 $(4-1)!=3!=6$
소문자 사이사이의 4개의 자리에 대문자 A, B, C 3개를 배열하는 경우의 수는
$_4P_3=24$
따라서 구하는 경우의 수는
$6 \times 24 = 144$

다른 풀이

대문자 A, B, C 3개를 원 모양으로 배열하는 경우의 수는 $(3-1)!=2!=2$
대문자 사이사이의 3개의 자리에 소문자 4개를 배열해야 된다. 3개의 자리 중 한 자리는 소문자 2개를 배열해야 되므로 소문자 2개를 배열할 자리를 정하는 경우의 수는 $_3C_1=3$
이 각각에 대하여 소문자 4개를 배열하는 경우의 수는
$4!=24$
따라서 구하는 경우의 수는
$2 \times 3 \times 24 = 144$

0027 답 ②

같은 학급의 대표 2명을 각각 한 명으로 생각하여 4명이 원탁에 둘러앉는 경우의 수는

$(4-1)!=3!=6$

각 학급 대표 2명이 자리를 바꾸는 경우의 수는

$2!\times2!\times2!\times2!=16$

따라서 구하는 경우의 수는

$6\times16=96$

0028 답 48

6개의 의자를 원형으로 배열하는 경우의 수는

$(6-1)!=5!=120$

이때 서로 이웃한 2개의 의자에 적혀 있는 수의 곱이 12가 되는 경우가 있도록 배열하는 경우는 다음과 같다.

(i) 2, 6이 각각 적힌 두 의자가 이웃하게 배열되는 경우

2, 6이 각각 적힌 두 의자를 1개로 생각하여 의자 5개를 원형으로 배열하는 경우의 수는

$(5-1)!=4!=24$

2, 6이 각각 적힌 두 의자의 자리를 서로 바꾸는 경우의 수는

$2!=2$

그러므로 이 경우의 수는

$24\times2=48$

(ii) 3, 4가 각각 적힌 두 의자가 이웃하게 배열되는 경우

3, 4가 각각 적힌 두 의자를 1개로 생각하여 의자 5개를 원형으로 배열하는 경우의 수는

$(5-1)!=4!=24$

3, 4가 각각 적힌 두 의자의 자리를 서로 바꾸는 경우의 수는

$2!=2$

그러므로 이 경우의 수는

$24\times2=48$

(iii) 2, 6이 각각 적힌 두 의자와 3, 4가 각각 적힌 두 의자가 모두 이웃하게 배열되는 경우

2, 6이 각각 적힌 두 의자를 1개로 생각하고, 3, 4가 각각 적힌 두 의자를 1개로 생각하여 의자 4개를 원형으로 배열하는 경우의 수는

$(4-1)!=3!=6$

2, 6이 각각 적힌 두 의자의 자리를 서로 바꾸고, 3, 4가 각각 적힌 두 의자의 자리를 서로 바꾸는 경우의 수는

$2!\times2!=4$

그러므로 이 경우의 수는

$6\times4=24$

(i)~(iii)에서 서로 이웃한 2개의 의자에 적힌 수의 곱이 12가 되는 경우가 있도록 배열하는 경우의 수는

$48+48-24=72$

따라서 구하는 경우의 수는

$120-72=48$

실수 Check

2, 6이 각각 적힌 두 의자가 이웃하게 배열되는 사건을 A,

3, 4가 각각 적힌 두 의자가 이웃하게 배열되는 사건을 B라 하면

(i)과 (ii)에 각각 $A\cap B$가 포함되어 있으므로 풀이와 같이 $n(A\cap B)$를 빼야 한다.

Plus 문제

0028-1

1부터 8까지의 자연수가 하나씩 적혀 있는 8개의 의자가 있다. 이 8개의 의자를 일정한 간격을 두고 원형으로 배열할 때, 서로 이웃한 3개의 의자에 적혀 있는 수의 곱이 40이 되지 않도록 배열하는 경우의 수를 구하시오.

(단, 회전하여 일치하는 것은 같은 것으로 본다.)

8개의 의자를 원형으로 배열하는 경우의 수는

$(8-1)!=7!=5040$

이때 서로 이웃한 3개의 의자에 적혀 있는 수의 곱이 40이 되는 경우가 있도록 배열하는 경우는 다음과 같다.

(i) 1, 5, 8이 각각 적힌 3개의 의자가 이웃하게 배열되는 경우

1, 5, 8이 각각 적힌 3개의 의자를 1개로 생각하여 의자 6개를 원형으로 배열하는 경우의 수는

$(6-1)!=5!=120$

1, 5, 8이 각각 적힌 3개의 의자의 자리를 서로 바꾸는 경우의 수는

$3!=6$

그러므로 이 경우의 수는

$120\times6=720$

(ii) 2, 4, 5가 각각 적힌 3개의 의자가 이웃하게 배열되는 경우

(i)과 마찬가지로 경우의 수는 720

(iii) 1, 5, 8이 각각 적힌 3개의 의자와 2, 4, 5가 적힌 3개의 의자가 모두 이웃하게 배열되는 경우

5가 중복되므로 1, 2, 4, 5, 8이 각각 적힌 5개의 의자를 $\{(1, 8), 5, (2, 4)\}$와 같이 1, 8이 각각 적힌 2개의 의자가 서로 이웃하고, 2, 4가 각각 적힌 2개의 의자가 서로 이웃하며 5가 적힌 의자가 5개의 의자 중에서 3번째에 오도록 배열해야 된다.

이때 1, 2, 4, 5, 8이 각각 적힌 5개의 의자를 1개로 생각하여 의자 4개를 원형으로 배열하는 경우의 수는

$(4-1)!=3!=6$

1, 8이 각각 적힌 2개의 의자의 자리를 서로 바꾸고, 2, 4가 각각 적힌 2개의 의자의 자리를 서로 바꾸는 경우의 수는

$2!\times2!=4$

1, 8이 각각 적힌 의자를 1개로 생각하고, 2, 4가 각각 적힌 의자를 1개로 생각하여 이 2개의 자리를 서로 바꾸는 경우의 수는

$2!=2$

그러므로 이 경우의 수는

$6\times4\times2=48$

(i)~(iii)에서 서로 이웃한 3개의 의자에 적힌 수의 곱이 40이 되는 경우가 있도록 배열하는 경우의 수는

$720+720-48=1392$

따라서 구하는 경우의 수는

$5040-1392=3648$

답 3648

0029 답 ③ 유형 2

STEP1 칠할 색을 고르는 경우의 수 구하기

6가지 색 중에서 칠할 4가지 색을 고르는 경우의 수는
$$_6C_4=_6C_2=15$$

STEP2 고른 색을 사용하여 칠하는 경우의 수 구하기

4가지 색을 모두 사용하여 칠하는 경우의 수는 서로 다른 4개를 원형으로 배열하는 원순열의 수와 같으므로
$$(4-1)!=3!=6$$

STEP3 경우의 수 구하기

구하는 경우의 수는
$$15\times6=90$$

0030 답 24

구하는 경우의 수는 서로 다른 5개를 원형으로 배열하는 원순열의 수와 같으므로
$$(5-1)!=4!=24$$

0031 답 ②

빨간색과 파란색을 칠하는 영역을 한 개의 영역으로 생각하여 5개를 원형으로 배열하는 경우의 수는
$$(5-1)!=4!=24$$
빨간색과 파란색을 서로 바꿔서 칠하는 경우의 수는 $2!=2$
따라서 구하는 경우의 수는
$$24\times2=48$$

0032 답 ④

노란색을 칠할 영역을 정하면 보라색을 칠할 영역은 마주 보는 자리로 고정된다.
따라서 구하는 경우의 수는 노란색과 보라색을 칠하는 영역을 한 개의 영역으로 생각하여 7개를 원형으로 배열하는 경우의 수와 같으므로
$$(7-1)!=6!=720$$

0033 답 30

가운데 정사각형에 색칠하는 경우의 수는 5
가운데 정사각형에 칠한 색을 제외한 4가지 색을 모두 사용하여

직각이등변삼각형 4개를 칠하는 경우의 수는 서로 다른 4개를 원형으로 배열하는 원순열의 수와 같으므로
$$(4-1)!=3!=6$$
따라서 구하는 경우의 수는
$$5\times6=30$$

0034 답 ③

6가지 색 중에서 칠할 5가지 색을 고르는 경우의 수는
$$_6C_5=_6C_1=6$$
고른 5가지 색 중에서 가운데 원에 칠할 경우의 수는 5
가운데 원에 칠한 색을 제외한 나머지 4가지 색을 사용하여 4개의 영역을 칠하는 경우의 수는 서로 다른 4개를 원형으로 배열하는 원순열의 수와 같으므로
$$(4-1)!=3!=6$$
따라서 구하는 경우의 수는
$$6\times5\times6=180$$

0035 답 ④

5가지 색 중에서 칠할 3가지 색을 고르는 경우의 수는
$$_5C_3=_5C_2=10$$
고른 3가지 색 중에서 가운데 원에 칠할 경우의 수는 3
가운데 원에 칠한 색을 제외한 나머지 2가지 색을 빨간색, 파란색이라 하면 날개를 다음과 같이 4가지 방법으로 칠할 수 있다.

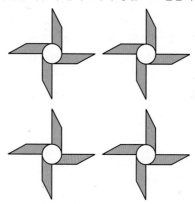

따라서 구하는 경우의 수는
$$10\times3\times4=120$$

0036 답 ④

8가지 색 중에서 작은 정사각형의 내부에 있는 4개의 영역을 칠할 색을 고르는 경우의 수는 $_8C_4$
고른 4개의 색을 사용하여 작은 정사각형의 내부를 칠하는 경우의 수는 서로 다른 4개를 원형으로 배열하는 원순열의 수와 같으므로
$$(4-1)!=3!$$
작은 정사각형의 외부에 있는 4개의 영역을 칠하는 경우의 수는 4!
따라서 구하는 경우의 수는
$$_8C_4\times3!\times4!=\frac{8!}{4!\times4!}\times3!\times4!$$
$$\longrightarrow {}_nC_r=\frac{n!}{r!(n-r)!}$$
$$=\frac{8!}{4}$$

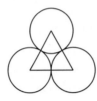
6개를 원형으로 배열하는 원순열의 수와 같으므로
$(6-1)! = 5! = 120$
따라서 구하는 경우의 수는
$7 \times 120 = 840$

0038 **目** 8

회전하여 일치하는 것을 같은 것으로 보므로 빨간색을 칠할 정사각형은 그림과 같이 A, B, C 중에서 택할 수 있다.

A	B
	C

(i) A에 빨간색을 칠하는 경우
파란색을 칠할 수 있는 경우의 수는 5
나머지 7개의 정사각형에 남은 7개의 색을 칠하는 경우의 수는 7!

(ii) B에 빨간색을 칠하는 경우
파란색을 칠할 수 있는 경우의 수는 3
나머지 7개의 정사각형에 남은 7개의 색을 칠하는 경우의 수는 7!

(iii) C에 빨간색을 칠하는 경우
파란색을 어떤 정사각형에 칠해도 빨간색이 칠해진 정사각형과 꼭짓점을 공유하므로 조건을 만족시킬 수 없다.

(i)~(iii)에서 구하는 경우의 수는
$5 \times 7! + 3 \times 7! = 8 \times 7!$
$\therefore k = 8$

실수 Check

회전하여 일치하는 것은 같은 것으로 보기 때문에 겹치는 경우를 생각하면 복잡할 때가 많다. 이런 경우 어느 한 상황을 고정시켜 놓고 다음 단계로 넘어가면 보다 쉽게 접근이 가능하다. 이 문제의 경우 "빨간색을 칠할 정사각형은 그림과 같이 A, B, C 중에서 택할 수 있다."는 접근 방법이 바로 그러한 방법이다.

0039 **目** ③ | 유형3

그림과 같은 정오각뿔의 각 면에 서로 다른 6가지 색을 모두 사용하여 칠하는 경우의 수는? (단, 각 면에는 한 가지 색만 칠하고, 회전하여 일치하는 것은 같은 것으로 본다.)

① 120   ② 132
③ 144   ④ 156
⑤ 168

단서1 옆면을 칠하는 경우의 수는 원순열의 수를 이용

STEP1 밑면을 색칠하는 경우의 수 구하기

밑면을 칠하는 경우의 수는 6

STEP2 옆면을 색칠하는 경우의 수 구하기

밑면에 칠한 색을 제외한 5가지 색을 사용하여 옆면을 칠하는 경우의 수는 서로 다른 5개를 원형으로 배열하는 원순열의 수와 같으므로
$(5-1)! = 4! = 24$

STEP3 경우의 수 구하기

구하는 경우의 수는

$6 \times 24 = 144$

다른 풀이

회전을 고려하지 않고 6개의 영역을 칠하는 경우의 수는

$6! = 720$

이때 옆면을 회전시켰을 때 같은 것이 5개씩 나오므로 구하는

경우의 수는 $\dfrac{720}{5} = 144$

Tip 각뿔 또는 각뿔대의 각 면을 칠하는 경우의 수는 (밑면) → (옆면)의 순서로 칠하는 경우의 수를 구한다.

0040 🖫 ①

밑면을 칠하는 경우의 수는 5

밑면을 칠한 색을 제외한 4가지 색을 사용하여 옆면을 칠하는 경우의 수는 서로 다른 4개를 원형으로 배열하는 원순열의 수와 같으므로

$(4-1)! = 3! = 6$

따라서 구하는 경우의 수는

$5 \times 6 = 30$

0041 🖫 ⑤

7가지 색 중에서 칠할 6가지 색을 고르는 경우의 수는

$_7C_6 = {_7}C_1 = 7$

고른 6가지 색 중에서 밑면을 칠할 1가지 색을 고르는 경우의 수는 6

밑면을 칠한 색을 제외한 5가지 색을 사용하여 옆면을 칠하는 경우의 수는 서로 다른 5개를 원형으로 배열하는 원순열의 수와 같으므로

$(5-1)! = 4! = 24$

따라서 구하는 경우의 수는

$7 \times 6 \times 24 = 1008$

0042 🖫 40

삼각뿔대의 두 밑면을 칠하는 경우의 수는

$_5P_2 = 20$ ⟶ 윗면과 아랫면은 모양이 다르므로 순열을 이용한다.

두 밑면을 칠한 2가지 색을 제외한 3가지 색을 사용하여 옆면을 칠하는 경우의 수는 서로 다른 3개를 원형으로 배열하는 원순열의 수와 같으므로

$(3-1)! = 2! = 2$

따라서 구하는 경우의 수는

$20 \times 2 = 40$

다른 풀이

회전을 고려하지 않고 5개의 영역을 칠하는 경우의 수는

$5! = 120$

이때 옆면을 회전시켰을 때 같은 것이 3개씩 나오므로 구하는

경우의 수는 $\dfrac{120}{3} = 40$

0043 🖫 ①

정사면체의 한 면에 한 가지 색을 칠하고 이를 밑면으로 고정시킨다.

밑면을 칠한 1가지 색을 제외한 3가지 색을 사용하여 옆면을 칠하는 경우의 수는 서로 다른 3개를 원형으로 배열하는 원순열의 수와 같으므로

$(3-1)! = 2! = 2$

따라서 구하는 경우의 수는 2

실수 Check

정다면체는 어느 면을 밑면으로 하여도 모양이 모두 같으므로 밑면에 한 가지 색을 칠하고 이를 고정시킨 후 다른 면을 칠하는 경우의 수를 구해야 한다.

0044 🖫 ①

정육면체의 한 면에 한 가지 색을 칠하고 이를 밑면으로 고정시킨다.

마주 보는 면을 칠하는 경우의 수는 5

밑면과 마주 보는 면을 칠한 2가지 색을 제외한 4가지 색을 사용하여 옆면을 칠하는 경우의 수는 서로 다른 4개를 원형으로 배열하는 원순열의 수와 같으므로

$(4-1)! = 3! = 6$

따라서 구하는 경우의 수는

$5 \times 6 = 30$

0045 🖫 ③

(i) 2개의 정삼각형에 칠할 2가지 색을 고르는 경우의 수는

$_8C_2 = 28$

고른 2가지 색을 사용하여 2개의 정삼각형을 칠하는 경우의 수는 위아래를 뒤집었을 때 같은 것이 2개씩 나오므로 서로 다른 2개를 원형으로 배열하는 원순열의 수와 같다. 즉,

$(2-1)! = 1$

(ii) 나머지 6가지 색 중에서 위에 있는 3개의 등변사다리꼴에 칠할 3가지 색을 고르는 경우의 수는

$_6C_3 = 20$

고른 3가지 색을 사용하여 위에 있는 3개의 등변사다리꼴을 칠하는 경우의 수는 서로 다른 3개를 원형으로 배열하는 원순열의 수와 같으므로

$(3-1)! = 2! = 2$

(iii) 나머지 3가지 색을 사용하여 아래에 있는 3개의 등변사다리꼴을 칠하는 경우의 수는

$3! = 6$

(i)~(iii)에서 구하는 경우의 수는

$28 \times 1 \times 20 \times 2 \times 6 = 6720$

실수 Check

위에 있는 3개의 등변사다리꼴을 칠하는 경우의 수를 구할 때, 원순열을 한 번 적용했으므로 아래에 있는 3개의 등변사다리꼴을 칠하는 경우의 수를 구할 때는 원순열을 적용하지 않는다.

다른 풀이

회전을 고려하지 않고 8개의 영역을 칠하는 경우의 수는 8!

이때 이 입체도형은 위아래를 뒤집었을 때 같은 것이 2개씩 나오고, 옆면을 회전시켰을 때 같은 것이 3개씩 나오므로 구하는 경우의 수는

$$\frac{8!}{2\times3}=6720$$

0046 답 ⑤ |유형 4

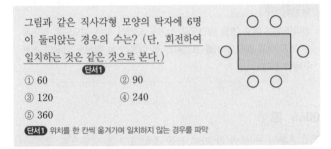

그림과 같은 직사각형 모양의 탁자에 6명이 둘러앉는 경우의 수는? (단, 회전하여 일치하는 것은 같은 것으로 본다.)

단서1

① 60 ② 90

③ 120 ④ 240

⑤ 360

단서1 위치를 한 칸씩 옮겨가며 일치하지 않는 경우를 파악

STEP 1 6명을 원형으로 배열하는 원순열의 수 구하기

6명을 원형으로 배열하는 경우의 수는

$(6-1)!=5!=120$

STEP 2 위치를 한 칸씩 옮겨가며 일치하지 않는 경우의 수 구하기

이때 원형으로 배열하는 한 가지 경우에 대하여 주어진 모양의 탁자에서 회전했을 때 일치하지 않는 경우가 그림과 같이 3가지씩 존재한다.

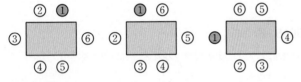

STEP 3 탁자에 6명이 둘러앉는 경우의 수 구하기

구하는 경우의 수는

$120\times3=360$

0047 답 ③

6명을 원형으로 배열하는 경우의 수는

$(6-1)!=5!=120$

이때 원형으로 배열하는 한 가지 경우에 대하여 주어진 모양의 탁자에서 회전했을 때 일치하지 않는 경우가 그림과 같이 2가지씩 존재한다.

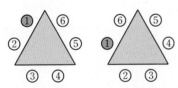

따라서 구하는 경우의 수는

$120\times2=240$

0048 답 ②

8명을 원형으로 배열하는 경우의 수는

$(8-1)!=7!$

이때 원형으로 배열하는 한 가지 경우에 대하여 주어진 모양의 탁자에서 회전했을 때 일치하지 않는 경우가 그림과 같이 2가지씩 존재한다.

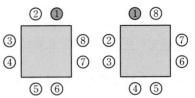

따라서 경우의 수는 $2\times7!$이므로

$n=2$

다른 풀이

8명을 일렬로 배열하는 경우의 수는 8!

이때 그림과 같이 A를 기준으로 하여 시계 반대 방향으로 나머지 7명을 같은 순서대로 배열하면 네 그림이 모두 회전하여 일치한다.

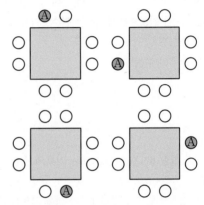

따라서 구하는 경우의 수는

$$\frac{8!}{4}=2\times7!\qquad\therefore n=2$$

0049 답 120

5명을 원형으로 배열하는 경우의 수는

$(5-1)!=4!=24$

이때 원형으로 배열하는 한 가지 경우에 대하여 주어진 모양의 탁자에서 회전했을 때 일치하지 않는 경우가 그림과 같이 5가지씩 존재한다.

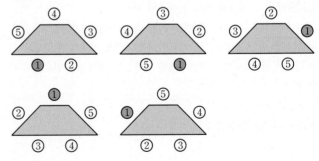

따라서 구하는 경우의 수는

$24\times5=120$

0050 답 ④

8명을 원형으로 배열하는 경우의 수는

$(8-1)!=7!$

이때 원형으로 배열하는 한 가지 경우에 대하여 주어진 모양의 탁자에서 회전했을 때 일치하지 않는 경우가 그림과 같이 4가지씩 존재한다.

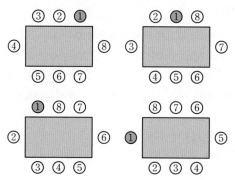

따라서 구하는 경우의 수는
$4 \times 7!$

0051 답 ②

12명을 원형으로 배열하는 경우의 수는
$(12-1)!=11!$

이때 원형으로 배열하는 한 가지 경우에 대하여 주어진 모양의 탁자에서 회전했을 때 일치하지 않는 경우가 그림과 같이 2가지씩 존재한다.

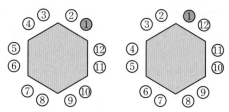

따라서 구하는 경우의 수는
$2 \times 11!$

0052 답 ③

회전하여 일치하는 것은 한 가지로 생각하므로 부모가 긴 변의 자리에 이웃하도록 앉는 서로 다른 경우는 그림과 같이 2가지씩 존재한다.

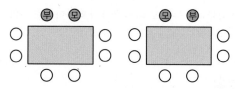

나머지 6명이 자리를 앉는 경우의 수는
$6!=720$
따라서 구하는 경우의 수는
$720 \times 2=1440$

0053 답 6

3명이 4개의 의자 중 3개를 택하여 앉으므로 1개의 의자는 아무도 앉지 않는다.

이때 빈 의자는 사람이 앉은 의자와 구별되므로 빈 의자를 사람으로 생각하면 구하는 경우의 수는 서로 다른 4명이 주어진 정사각형 모양의 탁자에 둘러앉는 경우의 수와 같다.

따라서 4명을 원형으로 배열하는 경우의 수는
$(4-1)!=3!=6$

다른 풀이

구하는 경우의 수는 한 자리를 빈 의자 위치로 고정하고, 나머지 3개의 자리에 3명이 앉는 경우의 수와 같으므로
$3!=6$

0054 답 ①

회전하여 일치하는 것은 한 가지로 생각하므로 A와 B가 마주 보고 앉는 경우는 그림과 같이 유일하게 존재한다.

이때 나머지 4명이 자리를 앉는 경우의 수는 4!이므로
구하는 경우의 수는
$4!=24$

0055 답 ③

세 쌍의 부부를 각각 한 명으로 생각하고, 빈 의자 2개도 한 명으로 생각하여 정사각형의 각 변에 배열하는 경우의 수는 서로 다른 4명이 주어진 정사각형 모양의 탁자에 둘러앉는 경우의 수와 같다. 즉,
$(4-1)!=3!=6$
각 부부끼리 서로 자리를 바꾸는 경우의 수는
$2 \times 2 \times 2=8$
따라서 구하는 경우의 수는
$6 \times 8=48$

0056 답 ⑤ | 유형 5

서로 다른 6개의 과자를 4명의 학생에게 남김없이 나누어 주려고 한다. 특정한 한 명이 받은 과자가 2개가 되도록 나누어 주는 경우의 **단서1** 수는? (단, 과자를 한 개도 받지 못하는 학생이 있을 수 있다.)

① 1095   ② 1125   ③ 1155
④ 1185   ⑤ 1215

단서1 특정한 한 명이 2개의 과자를 받는 경우의 수는 $_6C_2$

특정한 한 명이 2개의 과자를 받는 경우의 수는 서로 다른 6개의 과자에서 2개를 택하는 조합의 수와 같으므로

$_6C_2 = 15$

4개의 과자를 3명에게 나누어 주는 경우의 수이므로 서로 다른 3개에서 4개를 택하는 중복순열의 수와 같다.

$\therefore _3\Pi_4 = 3^4 = 81$

구하는 경우의 수는

$15 \times 81 = 1215$

실수 Check

'특정한 한 명'은 이미 정해진 한 명이다. 4명 중에서 특정한 한 명을 고르는 경우의 수를 곱하지 않도록 주의한다.

0057 답 ③

편지 3통 각각을 넣을 우체통을 선택하는 경우의 수가 4이므로 구하는 경우의 수는 서로 다른 4개에서 3개를 택하는 중복순열의 수와 같다.

$\therefore _4\Pi_3 = 4^3 = 64$

0058 답 ③

6명의 학생이 각각 관람할 영화를 선택하는 경우의 수가 2이므로 구하는 경우의 수는 서로 다른 2개에서 6개를 택하는 중복순열의 수와 같다.

$\therefore _2\Pi_6 = 2^6 = 64$

0059 답 ⑤

4명의 학생이 각각 개설된 수업을 선택하는 경우의 수가 3이므로 구하는 경우의 수는 서로 다른 3개에서 4개를 택하는 중복순열의 수와 같다.

$\therefore _3\Pi_4 = 3^4 = 81$

0060 답 ④

서로 다른 6개의 볼펜을 3명에게 남김없이 나누어 주는 경우의 수는 서로 다른 3개에서 6개를 택하는 중복순열의 수와 같으므로

$_3\Pi_6 = 3^6$

서로 다른 3개의 볼펜을 n명에게 남김없이 나누어 주는 경우의 수는 서로 다른 n개에서 3개를 택하는 중복순열의 수와 같으므로

$_n\Pi_3 = n^3$

따라서 $n^3 = 3^6 = (3^2)^3$이므로 $n = 3^2 = 9$

0061 답 ②

5명 중 A에게 투표하는 2명을 정하는 경우의 수는

$_5C_2 = 10$

나머지 3명이 B, C 중 한 명에게 투표하는 경우의 수는 서로 다른 2개에서 3개를 택하는 중복순열의 수와 같으므로

$_2\Pi_3 = 2^3 = 8$

따라서 구하는 경우의 수는

$10 \times 8 = 80$

0062 답 ④

$A \cap B$에 속할 두 원소를 택하는 경우의 수는 $_6C_2 = 15$

나머지 4개의 원소는 각각 집합 $A - B$ 또는 집합 $B - A$ 중 하나에 속하므로 그 경우의 수는 서로 다른 2개에서 4개를 택하는 중복순열의 수와 같다.
→ $A \cup B = U$이므로 $(A \cup B)^c = \varnothing$

$\therefore _2\Pi_4 = 2^4 = 16$

따라서 구하는 경우의 수는

$15 \times 16 = 240$

0063 답 33

점검표에 ○, △, × 중 한 개를 표시하는 경우의 수는 서로 다른 3개(○, △, ×)에서 4개를 택하는 중복순열의 수와 같으므로

$_3\Pi_4 = 3^4 = 81$

(i) 상태에 ○가 하나도 표시되지 않는 경우

서로 다른 2개(△, ×)에서 4개를 택하는 중복순열의 수와 같으므로

$_2\Pi_4 = 2^4 = 16$

(ii) 상태에 ○가 1개 표시되는 경우

○가 표시되는 목록을 정하는 경우의 수는 4

나머지 3개의 목록에 △ 또는 ×가 표시되는 경우의 수는 서로 다른 2개(△, ×)에서 3개를 택하는 중복순열의 수와 같으므로

$_2\Pi_3 = 2^3 = 8$

따라서 경우의 수는 $4 \times 8 = 32$

(i), (ii)에서 구하는 경우의 수는

$81 - (16 + 32) = 33$ → ○가 2개 이상 표시되는 경우의 수는 전체 경우의 수에서 (i), (ii)인 경우의 수를 빼면 된다.

0064 답 20

A, B, C 모두 서로 다른 역에서 하차하는 경우의 수는 서로 다른 6개에서 중복을 허용하지 않고 3개를 택하는 순열의 수와 같으므로

$_6P_3$

A, B, C를 제외한 나머지 4명이 하차하는 경우의 수는 서로 다른 6개에서 4개를 택하는 중복순열의 수와 같으므로

$_6\Pi_4$

따라서 A, B, C 모두 서로 다른 역에서 하차하는 경우의 수는

$_6P_3 \times _6\Pi_4 = (6 \times 5 \times 4) \times 6^4 = 20 \times 6^5$이므로

$a = 20$

실수 Check

A, B, C가 하차하는 방법으로 다음과 같이 세 가지 경우가 있다.

(i) A, B, C가 모두 같은 역에서 하차하는 경우

(ii) A, B, C 중에서 두 명은 같은 역에서 하차하고 나머지 한 명은 다른 역에서 하차하는 경우

(iii) A, B, C 모두 서로 다른 역에서 하차하는 경우

따라서 A, B, C가 모두 서로 다른 역에서 하차하는 경우의 수는 전체 경우의 수 6^7에서 A, B, C가 모두 같은 역에서 내리는 경우의 수 6^5을 빼서 구하지 않도록 주의한다.

Plus 문제

0064-1

9층 높이의 건물에서 A, B를 포함한 5명이 엘리베이터를 타고 1층에서 출발하여 2층부터 9층까지 어느 한 층에서 내린다. A와 B가 서로 다른 층에서 내리는 경우의 수가 $a \times 8^4$일 때, 상수 a의 값을 구하시오.

A와 B가 서로 다른 층에서 내리는 경우의 수는 서로 다른 8개에서 중복을 허용하지 않고 2개를 택하는 순열의 수와 같으므로 $_8P_2$

A, B를 제외한 나머지 3명이 내리는 경우의 수는 서로 다른 8개에서 3개를 택하는 중복순열의 수와 같으므로 $_8\Pi_3$

따라서 A와 B가 서로 다른 층에서 내리는 경우의 수는

$_8P_2 \times {_8\Pi_3} = (8 \times 7) \times 8^3 = 7 \times 8^4$이므로

$a = 7$

답 7

다른 풀이

2층에서 9층까지 8개의 층에 5명이 내리는 경우의 수는 서로 다른 8개에서 5개를 택하는 중복순열의 수와 같으므로

$_8\Pi_5 = 8^5$

이때 A와 B가 같은 층에서 내리는 경우의 수는 A, B를 한 명으로 생각하여 4명이 내리는 경우의 수이므로

$_8\Pi_4 = 8^4$

따라서 A와 B가 서로 다른 층에서 내리는 경우의 수는

$8^5 - 8^4 = 8^4 \times (8-1) = 7 \times 8^4$이므로

$a = 7$

참고 본 문제와 다르게 Plus 문제에서는

(i) A와 B가 같은 층에서 내리는 경우

(ii) A와 B가 다른 층에서 내리는 경우

두 가지 경우만 있으므로 전체 경우의 수에서 (i)의 경우의 수를 빼는 방법으로 구해도 된다.

0065 **답** ①

서로 다른 종류의 연필 5자루를 4명의 학생 A, B, C, D에게 남김 없이 나누어 주는 경우의 수는 서로 다른 4개에서 5개를 택하는 중복순열의 수와 같으므로

$_4\Pi_5 = 4^5 = 2^{10} = 1024$

0066 **답** ③　　　　　　　　　　　| 유형 6

다섯 개의 숫자 1, 2, 3, 4, 5에서 중복을 허용하여 만들 수 있는 네 자리 자연수 중에서 짝수의 개수는?

　　　　　　　　　　단서 1

① 150　　　　　② 200　　　　　③ 250

④ 300　　　　　⑤ 350

단서 1 일의 자리의 숫자는 2 또는 4

STEP 1 일의 자리의 숫자가 될 수 있는 것의 개수 구하기

짝수이므로 일의 자리의 숫자가 될 수 있는 것은 2, 4의 2개

STEP 2 나머지 자리의 숫자를 택하는 경우의 수 구하기

천의 자리, 백의 자리, 십의 자리의 숫자를 택하는 경우의 수는 1, 2, 3, 4, 5의 5개에서 3개를 택하는 중복순열의 수와 같으므로

$_5\Pi_3 = 5^3 = 125$

STEP 3 짝수의 개수 구하기

구하는 짝수의 개수는

$2 \times 125 = 250$

개념 Check

자연수의 배수 판정법

(1) 2의 배수 ➡ 일의 자리의 숫자가 0, 2, 4, 6, 8

(2) 3의 배수 ➡ 각 자리의 숫자의 합이 3의 배수

(3) 4의 배수 ➡ 마지막 두 자리(십의 자리, 일의 자리)의 수가 00 또는 4의 배수

(4) 5의 배수 ➡ 일의 자리의 숫자가 0, 5

(5) 9의 배수 ➡ 각 자리의 숫자의 합이 9의 배수

0067 **답** 64

구하는 세 자리 자연수의 개수는 1, 2, 3, 4의 4개에서 3개를 택하는 중복순열의 수와 같으므로

$_4\Pi_3 = 4^3 = 64$

0068 **답** ③

5의 배수이므로 일의 자리의 숫자가 될 수 있는 것은 5 하나뿐이다.

천의 자리, 백의 자리, 십의 자리의 숫자를 택하는 경우의 수는 1, 2, 3, 4, 5의 5개에서 3개를 택하는 중복순열의 수와 같으므로 구하는 자연수의 개수는

$_5\Pi_3 = 5^3 = 125$

0069 **답** ③

(i) 한 자리 자연수의 개수

1, 2, 3, 4, 5의 5개에서 1개를 택하는 중복순열의 수와 같으므로 $_5\Pi_1 = 5$

(ii) 두 자리 자연수의 개수

1, 2, 3, 4, 5의 5개에서 2개를 택하는 중복순열의 수와 같으므로 $_5\Pi_2 = 5^2 = 25$

(iii) 세 자리 자연수의 개수

1, 2, 3, 4, 5의 5개에서 3개를 택하는 중복순열의 수와 같으므로 $_5\Pi_3 = 5^3 = 125$

(iv) 네 자리 자연수의 개수

1, 2, 3, 4, 5의 5개에서 4개를 택하는 중복순열의 수와 같으므로 $_5\Pi_4 = 5^4 = 625$

(i)~(iv)에서 구하는 자연수의 개수는

$5 + 25 + 125 + 625 = 780$

0070 **답** ④

세 개의 숫자 1, 2, 3에서 중복을 허용하여 만들 수 있는 네 자리 자연수의 개수는

$_3\Pi_4 = 3^4 = 81$

1을 제외한 두 개의 숫자 2, 3에서 중복을 허용하여 만들 수 있는
네 자리 자연수의 개수는

$_2\Pi_4 = 2^4 = 16$

따라서 구하는 자연수의 개수는

$81 - 16 = 65$

0071 답 ①

네 개의 숫자 0, 1, 2, 3에서 중복을 허용하여 만들 수 있는 세 자리 자연수의 개수는

$\underline{3 \times {_4}\Pi_2} = 3 \times 4^2 = 48$ ← 백의 자리에는 0을 제외한 세 개의 숫자가 올 수 있다.

0을 제외한 세 개의 숫자 1, 2, 3에서 중복을 허용하여 만들 수 있는 세 자리 자연수의 개수는

$_3\Pi_3 = 3^3 = 27$

따라서 구하는 자연수의 개수는

$48 - 27 = 21$

다른 풀이

(i) 0을 2개 포함하는 경우

십의 자리와 일의 자리의 숫자가 모두 0이고, 백의 자리의 숫자는 1, 2, 3 중의 하나이므로 0을 2개 포함하는 자연수의 개수는
3

(ii) 0을 1개 포함하는 경우

십의 자리와 일의 자리 중 한 자리의 숫자가 0이고, 나머지 한 자리와 백의 자리의 숫자가 각각 1, 2, 3 중의 하나이므로 0을 1개 포함하는 자연수의 개수는

$2 \times {_3}\Pi_2 = 2 \times 3^2 = 18$

(i), (ii)에서 구하는 자연수의 개수는

$3 + 18 = 21$

0072 답 ②

(i) 1□□□ 꼴인 네 자리 자연수의 개수

1, 2, 3의 3개에서 3개를 택하는 중복순열의 수와 같으므로

$_3\Pi_3 = 3^3 = 27$

(ii) 21□□ 꼴인 네 자리 자연수의 개수

1, 2, 3의 3개에서 2개를 택하는 중복순열의 수와 같으므로

$_3\Pi_2 = 3^2 = 9$

(iii) 22□□ 꼴인 네 자리 자연수의 개수

1, 2, 3의 3개에서 2개를 택하는 중복순열의 수와 같으므로

$_3\Pi_2 = 3^2 = 9$

(iv) 231□ 꼴인 네 자리 자연수의 개수

1, 2, 3의 3개에서 1개를 택하는 중복순열의 수와 같으므로

$_3\Pi_1 = 3$

(i)~(iv)에서 $27 + 9 + 9 + 3 = 48$이므로 2313은 48번째 수이다.
2313보다 큰 네 자리 자연수를 작은 수부터 차례로 쓰면 2321,
2322, …이므로 50번째 수는 2322이다.

다른 풀이

(i) 1□□□ 꼴인 네 자리 자연수의 개수

1, 2, 3의 3개에서 3개를 택하는 중복순열의 수와 같으므로

$_3\Pi_3 = 3^3 = 27$

(ii) 2□□□ 꼴인 네 자리 자연수의 개수

1, 2, 3의 3개에서 3개를 택하는 중복순열의 수와 같으므로

$_3\Pi_3 = 3^3 = 27$

(i), (ii)에서 $27 + 27 = 54$이므로 2333은 54번째 수이다.
2333보다 작은 네 자리 자연수를 큰 수부터 차례로 쓰면 2332,
2331, 2323, 2322, …이므로 50번째 수는 2322이다.

0073 답 ③

다섯 자리 자연수가 대칭수이면 만의 자리의 숫자와 일의 자리의 숫자가 같고, 천의 자리의 숫자와 십의 자리의 숫자가 같다. 따라서 만의 자리의 숫자와 천의 자리의 숫자를 정하면 십의 자리의 숫자와 일의 자리의 숫자는 유일하게 결정된다.
또, 백의 자리의 숫자는 1, 2, 3, 4 모두 가능하므로 구하는 대칭수의 개수는 1, 2, 3, 4의 4개에서 3개를 택하는 중복순열의 수와 같다.

$\therefore {_4}\Pi_3 = 4^3 = 64$ ← 만의 자리, 천의 자리, 백의 자리에 들어갈 숫자이다.

0074 답 800

자연수가 4의 배수이려면 마지막 두 자리의 수가 00, 04, 12, 20, 24, 32, 40, 44의 8개 중 하나이어야 한다.
만의 자리의 숫자가 될 수 있는 것은 1, 2, 3, 4의 4개
천의 자리, 백의 자리의 숫자를 택하는 경우의 수는 0, 1, 2, 3, 4의 5개에서 2개를 택하는 중복순열의 수와 같으므로

$_5\Pi_2 = 5^2 = 25$

따라서 구하는 자연수의 개수는

$8 \times 4 \times 25 = 800$

0075 답 ①

(i) 1□□□ 꼴인 네 자리 자연수의 개수

0, 1, 2, 3의 4개에서 3개를 택하는 중복순열의 수와 같으므로

$_4\Pi_3 = 4^3 = 64$

(ii) 20□□ 꼴인 네 자리 자연수의 개수

0, 1, 2, 3의 4개에서 2개를 택하는 중복순열의 수와 같으므로

$_4\Pi_2 = 4^2 = 16$

(i), (ii)에서 구하는 경우의 수는

$64 + 16 = 80$

0076 답 ④

조건 ㈎에서 N은 홀수이므로 일의 자리의 숫자가 될 수 있는 것은 1, 3, 5의 3개
조건 ㈏에서 $10000 < N < 30000$이므로 만의 자리의 숫자가 될 수 있는 것은 1, 2의 2개
천의 자리, 백의 자리, 십의 자리의 숫자를 택하는 경우의 수는 1, 2, 3, 4, 5의 5개에서 3개를 택하는 중복순열의 수와 같으므로

$_5\Pi_3 = 5^3 = 125$

따라서 구하는 N의 개수는

$3 \times 2 \times 125 = 750$

0077 달 14 | 유형7

두 집합 $X=\{a,\ b,\ c,\ d\}$, $Y=\{1,\ 2\}$에 대하여 X에서 Y로의 함수 중에서 공역과 치역이 일치하는 함수의 개수를 구하시오.

단서1 공역과 치역이 일치하지 않는 경우는 치역이 $\{1\}$ 또는 $\{2\}$

STEP1 X에서 Y로의 함수의 개수 구하기

X에서 Y로의 함수는 집합 Y의 원소 1, 2의 2개에서 중복을 허용하여 4개를 택하여 집합 X의 원소 a, b, c, d에 대응시키면 된다.
즉, X에서 Y로의 함수의 개수는 서로 다른 2개에서 4개를 택하는 중복순열의 수와 같으므로
$$_2\Pi_4=2^4=16$$

STEP2 공역과 치역이 일치하지 않는 함수의 개수 구하기

치역이 $\{1\}$인 함수의 개수는 1 ┐ 정의역의 원소 a, b, c, d가 1에 대응
치역이 $\{2\}$인 함수의 개수는 1 ┘ 되거나 2에 대응되는 경우이다.

STEP3 공역과 치역이 일치하는 함수의 개수 구하기

구하는 함수의 개수는
$$16-(1+1)=14$$

실수 Check

치역과 공역이 일치하는 함수의 개수는 전체 함수의 개수에서 공역과 치역이 일치하지 않는 함수의 개수를 빼서 구한다. 이때 $Y=\{1,\ 2\}$이므로 치역이 $\{1\}$ 또는 $\{2\}$인 두 가지 경우만 생각하면 된다. 공역의 원소가 많아지면 생각해야 할 경우도 늘어난다.

0078 달 ③

X에서 Y로의 함수는 집합 Y의 원소 1, 2, 3, 4의 4개에서 중복을 허용하여 3개를 택하여 집합 X의 원소 1, 2, 3에 대응시키면 된다.
즉, 함수의 개수는 서로 다른 4개에서 3개를 택하는 중복순열의 수와 같으므로
$$a=_4\Pi_3=4^3=64$$
X에서 Y로의 일대일함수는 집합 Y의 원소 1, 2, 3, 4의 4개에서 서로 다른 3개를 택하여 집합 X의 원소 1, 2, 3에 대응시키면 된다.
즉, 일대일함수의 개수는 서로 다른 4개에서 3개를 택하는 순열의 수와 같으므로
$$b=_4P_3=24$$
$$\therefore a+b=64+24=88$$

0079 달 ①

X에서 Y로의 함수는 집합 Y의 원소 1, 2, 3, $\cdots$, n의 n개에서 중복을 허용하여 3개를 택하여 집합 X의 원소 a, b, c에 대응시키면 된다.
따라서 X에서 Y로의 함수의 개수는 서로 다른 n개에서 3개를 택하는 중복순열의 수와 같으므로
$$_n\Pi_3=n^3=216=6^3 \qquad \therefore n=6$$

0080 달 ①

$f(m)=d$인 함수는 집합 Y의 원소 d, o, n, g, a의 5개에서 중복을 허용하여 3개를 택하여 집합 X의 원소 a, t, h에 대응시키면 된다.
따라서 구하는 함수의 개수는 서로 다른 5개에서 3개를 택하는 중복순열의 수와 같으므로
$$_5\Pi_3=5^3=125$$

0081 달 ④

$f(1)\neq a$이므로 $f(1)$의 값이 될 수 있는 것은 b, c, d, e의 4개이다.
또, 집합 Y의 원소 a, b, c, d, e의 5개에서 중복을 허용하여 3개를 택하여 집합 X의 원소 2, 3, 4에 대응시키면 되므로 $f(2)$, $f(3)$, $f(4)$의 값을 정하는 경우의 수는
$$_5\Pi_3=5^3=125$$
따라서 구하는 함수의 개수는
$$4\times125=500$$

다른 풀이

X에서 Y로의 함수의 개수는 $_5\Pi_4=5^4=625$
$f(1)=a$인 함수의 개수는 $_5\Pi_3=5^3=125$
따라서 구하는 함수의 개수는
$$625-125=500$$

0082 달 28

(ⅰ) $f(p)=m$인 함수의 개수
집합 Y의 원소 m, a, t, h의 4개에서 중복을 허용하여 2개를 택하여 집합 X의 원소 q, r에 대응시키면 되므로
$$_4\Pi_2=4^2=16$$

(ⅱ) $f(q)=a$인 함수의 개수
(ⅰ)과 같은 방법으로
$$_4\Pi_2=4^2=16$$

(ⅲ) $f(p)=m$이고 $f(q)=a$인 함수의 개수
집합 Y의 원소 m, a, t, h의 4개에서 1개를 택하여 집합 X의 원소 r에 대응시키면 되므로 4

(ⅰ)~(ⅲ)에서 구하는 함수의 개수는
$$16+16-4=28$$

0083 달 ②

(ⅰ) X에서 Y로의 함수의 개수
집합 Y의 원소 1, 2, 3, 4, 5의 5개에서 중복을 허용하여 4개를 택하여 집합 X의 원소 1, 2, 3, 4에 대응시키면 되므로
$$_5\Pi_4=5^4=625$$

(ⅱ) $f(1)$, $f(2)$, $f(3)$, $f(4)$의 값이 모두 홀수인 함수의 개수
집합 Y의 원소 1, 3, 5의 3개에서 중복을 허용하여 4개를 택하여 집합 X의 원소 1, 2, 3, 4에 대응시키면 되므로
$$_3\Pi_4=3^4=81$$

(i), (ii)에서 구하는 함수의 개수는

$625-81=544$

0084 답 ④

집합 X의 모든 원소 x에 대하여 $f(x)=-f(-x)$이므로
$f(0)=0$이고, $f(2)$와 $f(4)$의 값이 정해지면 $f(-2)$와 $f(-4)$의 값도 정해진다.
따라서 집합 X의 원소 -4, -2, 0, 2, 4의 5개에서 중복을 허용하여 2개를 택하여 X의 원소 2, 4에 대응시키면 되므로 구하는 함수의 개수는

$_5\Pi_2=5^2=25$

0085 답 ③

(i) $f(3)=4$ 또는 $f(3)=10$인 경우

$f(3)=4$이면 $f(2)=f(5)=2$이고,
$f(1)$과 $f(4)$의 값을 정하는 경우의 수는 6, 8, 10, 12의 4개에서 2개를 택하는 중복순열의 수와 같으므로

$_4\Pi_2=4^2=16$

$f(3)=10$이면 $f(1)=f(4)=12$이고,
$f(2)$와 $f(5)$의 값을 정하는 경우의 수는 2, 4, 6, 8의 4개에서 2개를 택하는 중복순열의 수와 같으므로

$_4\Pi_2=4^2=16$

따라서 함수의 개수는

$16+16=32$

(ii) $f(3)=6$ 또는 $f(3)=8$인 경우

$f(3)=6$이면 $f(2)$와 $f(5)$의 값을 정하는 경우의 수는 2, 4의 2개에서 2개를 택하는 중복순열의 수와 같고, $f(1)$과 $f(4)$의 값을 정하는 경우의 수는 8, 10, 12의 3개에서 2개를 택하는 중복순열의 수와 같으므로

$_2\Pi_2\times{}_3\Pi_2=2^2\times3^2=36$

$f(3)=8$이면 $f(1)$과 $f(4)$의 값을 정하는 경우의 수는 10, 12의 2개에서 2개를 택하는 중복순열의 수와 같고, $f(2)$와 $f(5)$의 값을 정하는 경우의 수는 2, 4, 6의 3개에서 2개를 택하는 중복순열의 수와 같으므로

$_2\Pi_2\times{}_3\Pi_2=2^2\times3^2=36$

따라서 함수의 개수는

$36+36=72$

(i), (ii)에서 구하는 함수의 개수는

$32+72=104$

0085-1

두 집합

$X=\{1,\ 2,\ 3,\ 4,\ 5,\ 6\}$, $Y=\{1,\ 2,\ 3,\ 4,\ 5\}$

에 대하여 X에서 Y로의 함수 f 중에서 다음 조건을 만족시키는 함수의 개수를 구하시오.

㈎ $f(1)<f(3)<f(4)<f(6)$
㈏ $f(5)>f(4)>f(3)>f(2)$

$f(3)$의 값보다 작은 함숫값을 갖는 원소가 있고, $f(4)$의 값보다 큰 함숫값을 갖는 원소가 있으므로 $f(3)$, $f(4)$가 가질 수 있는 값은 다음과 같다.

(i) $f(3)=2$, $f(4)=3$인 경우

$f(1)=f(2)=1$이고, $f(5)$, $f(6)$의 값을 정하는 경우의 수는 4, 5의 2개에서 2개를 택하는 중복순열의 수와 같으므로

$_2\Pi_2=2^2=4$

따라서 함수의 개수는 4

(ii) $f(3)=2$, $f(4)=4$인 경우

$f(1)=f(2)=1$이고, $f(5)=f(6)=5$이므로 함수의 개수는 1

(iii) $f(3)=3$, $f(4)=4$인 경우

$f(5)=f(6)=5$이고, $f(1)$, $f(2)$의 값을 정하는 경우의 수는 1, 2의 2개에서 2개를 택하는 중복순열의 수와 같으므로

$_2\Pi_2=2^2=4$

따라서 함수의 개수는 4

(i)~(iii)에서 구하는 함수의 개수는

$4+1+4=9$

답 9

0086 답 ① | 유형 8

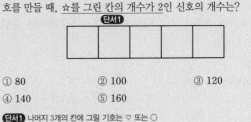

그림의 각각의 빈 칸(□)에 세 기호 ☆, ♡, ○ 중에서 하나를 그려 신호를 만들 때, ☆를 그린 칸의 개수가 2인 신호의 개수는?

① 80　　　　② 100　　　　③ 120
④ 140　　　　⑤ 160

단서1 나머지 3개의 칸에 그릴 기호는 ♡ 또는 ○

STEP 1 ☆를 그리는 칸을 고르는 경우의 수 구하기

☆를 그리는 칸을 고르는 경우의 수는 5개의 칸에서 2개를 택하는 조합의 수와 같으므로

$_5C_2=10$

STEP 2 나머지 칸에 기호를 그려 넣는 경우의 수 구하기

나머지 3개의 칸에 ♡ 또는 ○를 그릴 수 있으므로 나머지 칸에 기

호를 그려 넣는 경우의 수는 서로 다른 2개에서 3개를 택하는 중복순열의 수와 같다.

즉, $_2\Pi_3=2^3=8$

STEP 3 **신호의 개수 구하기**

구하는 신호의 개수는

$10\times8=80$

0087 📖 63

램프 6개를 각각 켜지거나 꺼져서 만들 수 있는 신호의 개수는

$_2\Pi_6=2^6=64$

이때 모든 램프가 꺼진 경우는 신호에서 제외해야 하므로 구하는 신호의 개수는

$64-1=63$

0088 📖 64

하나의 빈 칸에 만들 수 있는 신호의 개수는

$2\times2=4$

따라서 구하는 신호의 개수는

$_4\Pi_3=4^3=64$

0089 📖 ②

n개의 전구를 각각 켜거나 꺼서 만들 수 있는 신호의 개수는

$_2\Pi_n=2^n$

이때 모든 전구가 꺼진 경우는 신호에서 제외해야 하므로 신호의 개수는

2^n-1

신호의 개수가 100 이상이므로

$2^n-1\geq100$

이때 $2^6=64$, $2^7=128$이므로 $2^n-1\geq100$을 만족시키는 자연수 n의 최솟값은 7이다.

0090 📖 ②

(i) 2개를 사용하여 만들 수 있는 신호의 개수

모스 부호 •, -의 2개에서 2개를 택하는 중복순열의 수와 같으므로

$_2\Pi_2=2^2=4$

(ii) 3개를 사용하여 만들 수 있는 신호의 개수

모스 부호 •, -의 2개에서 3개를 택하는 중복순열의 수와 같으므로

$_2\Pi_3=2^3=8$

(iii) 4개를 사용하여 만들 수 있는 신호의 개수

모스 부호 •, -의 2개에서 4개를 택하는 중복순열의 수와 같으므로

$_2\Pi_4=2^4=16$

(i)~(iii)에서 구하는 신호의 개수는

$4+8+16=28$

0091 📖 4

깃발을 1번 들어 올려서 만들 수 있는 신호의 개수는

$_2\Pi_1=2$

깃발을 2번 들어 올려서 만들 수 있는 신호의 개수는

$_2\Pi_2=2^2$

같은 방법으로 깃발을 3번, 4번, ⋯, n번 들어 올려서 만들 수 있는 신호의 개수는 각각 $_2\Pi_3$, $_2\Pi_4$, ⋯, $_2\Pi_n$이므로 n번 이하로 들어 올려서 만들 수 있는 신호의 개수는

$2+2^2+2^3+\cdots+2^n$

$n=3$일 때, $2+2^2+2^3=14<28$

$n=4$일 때, $2+2^2+2^3+2^4=30>28$

따라서 자연수 n의 최솟값은 4이다.

다른 풀이

깃발을 n번 이하로 들어 올려서 만들 수 있는 신호의 개수는

$_2\Pi_1+_2\Pi_2+_2\Pi_3+\cdots+_2\Pi_n=2+2^2+2^3+\cdots+2^n$

즉, $2+2^2+2^3+\cdots+2^n\geq28$에서

$\dfrac{2(2^n-1)}{2-1}=28$, $2^{n+1}\geq30$ → 첫째항이 2, 공비가 2인 등비수열의 제n항까지의 합이다.

이때 $2^4<30<2^5$이므로 $n+1>4$ ∴ $n>3$

따라서 자연수 n의 최솟값은 4이다.

0092 📖 ① | 유형 9

8개의 문자 a, a, a, a, b, b, b, c를 일렬로 나열할 때, 양 끝에 같은 문자가 오는 경우의 수는?

단서 1

① 90 ② 95 ③ 100

④ 105 ⑤ 110

단서 1 양 끝에 나열하는 문자는 a, a 또는 b, b

STEP 1 **양 끝의 문자가 a인 경우의 수 구하기**

양 끝에 a를 하나씩 나열하고 가운데에 a, a, b, b, b, c를 일렬로 나열하는 경우의 수는

$\dfrac{6!}{2!\times3!}=60$

STEP 2 **양 끝의 문자가 b인 경우의 수 구하기**

양 끝에 b를 하나씩 나열하고 가운데에 a, a, a, a, b, c를 일렬로 나열하는 경우의 수는

$\dfrac{6!}{4!}=30$

STEP 3 **경우의 수 구하기**

구하는 경우의 수는

$60+30=90$

실수 Check

양 끝에 a를 나열하는 경우 a, a, a, a의 4개의 a 중에서 양 끝에 오는 2개의 a를 뽑는 경우의 수($_4C_2$)를 곱한다고 생각하지 않도록 주의한다.

0093 📖 ②

7개의 문자 a, b, b, b, c, c, d를 일렬로 나열하는 경우의 수는

$$\frac{7!}{3! \times 2!}=420$$

(i) 양 끝의 문자가 b인 경우

　양 끝에 b를 하나씩 나열하고 가운데에 a, b, c, c, d를 일렬로 나열하는 경우의 수는

$$\frac{5!}{2!}=60$$

(ii) 양 끝의 문자가 c인 경우

　양 끝에 c를 하나씩 나열하고 가운데에 a, b, b, b, d를 일렬로 나열하는 경우의 수는

$$\frac{5!}{3!}=20$$

(i), (ii)에서 양 끝에 서로 같은 문자가 오는 경우의 수는

$60+20=80$

따라서 구하는 경우의 수는

$420-80=340$

0094 답 ⑤

icecream에 있는 모음 i, e, e, a를 한 문자 A로 생각하여 5개의 문자 A, c, c, r, m을 일렬로 나열하는 경우의 수는

$$\frac{5!}{2!}=60$$

이때 모음끼리 자리를 바꾸는 경우의 수는

$$\frac{4!}{2!}=12$$

따라서 구하는 경우의 수는

$60 \times 12=720$

0095 답 900

balloon에 있는 7개의 문자를 일렬로 나열하는 경우의 수는

$$\frac{7!}{2! \times 2!}=1260$$

2개의 l을 한 문자 A로 생각하여 6개의 문자 b, a, A, o, o, n을 일렬로 나열하는 경우의 수는

$$\frac{6!}{2!}=360$$

따라서 구하는 경우의 수는

$1260-360=900$

다른 풀이

2개의 l을 제외한 나머지 5개의 문자 b, a, o, o, n을 일렬로 나열하는 경우의 수는

$$\frac{5!}{2!}=60$$

2개의 l은 서로 이웃하지 않으므로 5개의 문자 b, a, o, o, n의 사이사이와 양 끝의 6개의 자리에서 2개를 택하여 l을 나열하면 되므로 경우의 수는

$_6C_2=15$

따라서 구하는 경우의 수는

$60 \times 15=900$

0096 답 12

a, c의 개수는 짝수, b의 개수는 홀수이므로 먼저 1개의 b를 가운

데에 놓는다.

그리고 a, b, c, c를 가운데에 놓은 b의 왼쪽에 놓고, 남은 a, b, c, c를 좌우대칭이 되도록 놓으면 된다.

따라서 구하는 경우의 수는 4개의 문자 a, b, c, c를 일렬로 나열하는 경우의 수와 같으므로

$$\frac{4!}{2!}=12$$

0097 답 ⑤

(i) c와 d 사이에 1개의 문자가 있는 경우

　ⓐ c와 d 사이에 문자 a가 있는 경우

　　c, a, d를 한 문자 A로 생각하여 3개의 문자 A, a, b를 일렬로 나열하는 경우의 수는

　　$3!=6$

　ⓑ c와 d 사이에 문자 b가 있는 경우

　　c, b, d를 한 문자 B로 생각하여 3개의 문자 B, a, a를 일렬로 나열하는 경우의 수는

　　$$\frac{3!}{2!}=3$$

　c, d가 서로 자리를 바꾸는 경우의 수는 $2!=2$

　따라서 c와 d 사이에 1개의 문자가 있는 경우의 수는

　$(6+3) \times 2=18$

(ii) c와 d 사이에 3개의 문자가 있는 경우

　c와 d 사이에 3개의 문자 a, a, b를 일렬로 나열하는 경우의 수는

　$$\frac{3!}{2!}=3$$

　c, d가 서로 자리를 바꾸는 경우의 수는 $2!=2$

　따라서 c와 d 사이에 3개의 문자가 있는 경우의 수는

　$3 \times 2=6$

(i), (ii)에서 구하는 경우의 수는

$18+6=24$

0098 답 ③

(i) c끼리 이웃하는 경우

　2개의 문자 c를 한 문자 X로 생각하여 6개의 문자 X, o, l, l, e, t를 일렬로 나열하는 경우의 수는

　$$\frac{6!}{2!}=360$$

(ii) l끼리 이웃하는 경우

　2개의 문자 l을 한 문자 Y로 생각하여 6개의 문자 c, o, Y, e, c, t를 일렬로 나열하는 경우의 수는

　$$\frac{6!}{2!}=360$$

(iii) c끼리, l끼리 이웃하는 경우

　2개의 문자 c를 한 문자 X로 생각하고, 2개의 문자 l을 한 문자 Y로 생각하여 5개의 문자 X, o, Y, e, t를 일렬로 나열하는 경우의 수는

　$5!=120$

(i)~(iii)에서 구하는 경우의 수는

$360+360-120=600$

실수 Check

c끼리 또는 1끼리 이웃하도록 나열하는 경우의 수를 구할 때는 c끼리 이웃하는 경우의 수와 1끼리 이웃하는 경우의 수를 더한 후 c는 c끼리, 1은 1끼리 이웃하는 경우의 수를 빼야 한다.

0099 🔲 33

(i) a가 두 번 나오는 경우

a, a, b, b를 일렬로 나열하는 경우의 수는 $\dfrac{4!}{2! \times 2!} = 6$

a, a, c, c를 일렬로 나열하는 경우의 수는 $\dfrac{4!}{2! \times 2!} = 6$

a, a, b, c를 일렬로 나열하는 경우의 수는 $\dfrac{4!}{2!} = 12$

따라서 경우의 수는 $6 + 6 + 12 = 24$

(ii) a가 세 번 나오는 경우

a, a, a, b를 일렬로 나열하는 경우의 수는 $\dfrac{4!}{3!} = 4$

a, a, a, c를 일렬로 나열하는 경우의 수는 $\dfrac{4!}{3!} = 4$

따라서 경우의 수는 $4 + 4 = 8$

(iii) a가 네 번 나오는 경우

a, a, a, a를 일렬로 나열하는 경우의 수는 1

(i)~(iii)에서 구하는 경우의 수는

$24 + 8 + 1 = 33$

0100 🔲 ④

(i) B, B, C, C, C가 적힌 5장의 카드를 택한 경우

C가 적힌 카드 1장을 왼쪽에서 두 번째 자리에 나열하고, B, B, C, C가 적혀 있는 4장의 카드를 나열하면 된다.

따라서 경우의 수는 $\dfrac{4!}{2! \times 2!} = 6$

(ii) A, B, C, C, C가 적힌 5장의 카드를 택한 경우

C가 적힌 카드 1장을 왼쪽에서 두 번째 자리에 나열하고, A, B, C, C가 적혀 있는 4장의 카드를 나열하면 된다.

따라서 경우의 수는 $\dfrac{4!}{2!} = 12$

(iii) A, B, B, C, C가 적힌 5장의 카드를 택한 경우

C가 적힌 카드 1장을 왼쪽에서 두 번째 자리에 나열하고, A, B, B, C가 적혀 있는 4장의 카드를 나열하면 된다.

따라서 경우의 수는 $\dfrac{4!}{2!} = 12$

(i)~(iii)에서 구하는 경우의 수는

$6 + 12 + 12 = 30$

0101 🔲 ① | **유형 10**

일곱 개의 숫자 1, 1, 2, 2, 2, 3, 3에서 4개를 사용하여 만들 수 있는 네 자리 자연수 중 3의 배수의 개수는?

  ① 22   ② 24   ③ 26

  ④ 28   ⑤ 30

단서1 각 자리의 숫자의 합이 3의 배수

STEP 1 3의 배수가 되기 위한 조건을 이용하여 4개의 수 구하기

3의 배수이려면 각 자리의 숫자의 합이 3의 배수이어야 한다.

일곱 개의 숫자 1, 1, 2, 2, 2, 3, 3에서 4개를 택하여 그 합이 6, 9가 되는 경우를 찾는다.

이때 6이 되는 경우는 1, 1, 2, 2이고, 9가 되는 경우는 1, 2, 3, 3 또는 2, 2, 2, 3이다.

STEP 2 각 경우에 대하여 만들 수 있는 네 자리 자연수의 개수 구하기

(i) 1, 1, 2, 2를 일렬로 나열하여 만들 수 있는 네 자리 자연수의 개수는

$\dfrac{4!}{2! \times 2!} = 6$

(ii) 1, 2, 3, 3을 일렬로 나열하여 만들 수 있는 네 자리 자연수의 개수는

$\dfrac{4!}{2!} = 12$

(iii) 2, 2, 2, 3을 일렬로 나열하여 만들 수 있는 네 자리 자연수의 개수는

$\dfrac{4!}{3!} = 4$

STEP 3 3의 배수의 개수 구하기

(i)~(iii)에서 구하는 3의 배수의 개수는

$6 + 12 + 4 = 22$

0102 🔲 ④

다섯 개의 숫자 0, 1, 1, 2, 2를 일렬로 나열하는 경우의 수는

$\dfrac{5!}{2! \times 2!} = 30$

이때 맨 앞자리에 0이 오는 경우의 수는 네 개의 숫자 1, 1, 2, 2를 일렬로 나열하는 경우의 수와 같으므로 → 다섯 자리 자연수의 맨 앞자리에는 0이 올 수 없다.

$\dfrac{4!}{2! \times 2!} = 6$

따라서 구하는 자연수의 개수는

$30 - 6 = 24$

0103 🔲 20

(i) 1, 2, 3, 3을 일렬로 나열하는 경우의 수는

$\dfrac{4!}{2!} = 12$

(ii) 1, 3, 3, 3을 일렬로 나열하는 경우의 수는

$\dfrac{4!}{3!} = 4$

(iii) 2, 3, 3, 3을 일렬로 나열하는 경우의 수는

$\dfrac{4!}{3!} = 4$

(i)~(iii)에서 구하는 자연수의 개수는

$12 + 4 + 4 = 20$

0104 🔲 ①

홀수이려면 일의 자리의 숫자는 1 또는 3이어야 한다.

(i) □□□□1 꼴인 경우

0, 2, 2, 3, 3을 일렬로 나열하는 경우의 수는

$$\frac{5!}{2! \times 2!} = 30$$

0 □□□□ 1 꼴로 나열하는 경우의 수는 2, 2, 3, 3을 일렬로 나열하는 경우의 수와 같으므로

$$\frac{4!}{2! \times 2!} = 6$$

따라서 자연수의 개수는 30−6=24

(ii) □□□□□ 3 꼴인 경우

0, 1, 2, 2, 3을 일렬로 나열하는 경우의 수는

$$\frac{5!}{2!} = 60$$

0 □□□ 3 꼴로 나열하는 경우의 수는 1, 2, 2, 3을 일렬로 나열하는 경우의 수와 같으므로

$$\frac{4!}{2!} = 12$$

따라서 자연수의 개수는 60−12=48

(i), (ii)에서 구하는 홀수의 개수는

24+48=72

0105 답 ⑤

일의 자리의 숫자가 5일 때 5의 배수가 되므로 나머지 자리에 5를 제외한 여섯 개의 숫자 1, 2, 2, 2, 3, 3에서 4개를 택하여 일렬로 나열하면 된다.

(i) 1, 2, 2, 2를 일렬로 나열하는 경우의 수는

$$\frac{4!}{3!} = 4$$

(ii) 1, 2, 2, 3을 일렬로 나열하는 경우의 수는

$$\frac{4!}{2!} = 12$$

(iii) 1, 2, 3, 3을 일렬로 나열하는 경우의 수는

$$\frac{4!}{2!} = 12$$

(iv) 2, 2, 2, 3을 일렬로 나열하는 경우의 수는

$$\frac{4!}{3!} = 4$$

(v) 2, 2, 3, 3을 일렬로 나열하는 경우의 수는

$$\frac{4!}{2! \times 2!} = 6$$

(i)~(v)에서 구하는 5의 배수의 개수는

4+12+12+4+6=38

0106 답 ②

(i) 2 3 □□□□ 꼴의 자연수의 개수

1, 2, 3, 3을 일렬로 나열하는 경우의 수와 같으므로

$$\frac{4!}{2!} = 12$$

(ii) 3 □□□□□ 꼴의 자연수의 개수

1, 2, 2, 3, 3을 일렬로 나열하는 경우의 수와 같으므로

$$\frac{5!}{2! \times 2!} = 30$$

(i), (ii)에서 구하는 자연수의 개수는

12+30=42

0107 답 ③

(i) 4 □□□□□ 꼴의 자연수의 개수

1, 2, 2, 3, 4를 일렬로 나열하는 경우의 수와 같으므로

$$\frac{5!}{2!} = 60$$

(ii) 3 4 □□□□ 꼴의 자연수의 개수

1, 2, 2, 4를 일렬로 나열하는 경우의 수와 같으므로

$$\frac{4!}{2!} = 12$$

(i), (ii)에서 60+12=72이므로 70번째로 큰 수는 3 4 □□□□ 꼴의 자연수 중에서 3번째로 작은 수이다.

3 4 □□□□ 꼴의 자연수를 작은 수부터 차례로 쓰면 341224, 341242, 341422, …이므로 구하는 자연수는 341422이다.

0108 답 ①

세 개의 숫자 2, 4, 8에서 중복을 허용하여
3개를 택한 후 그 합이 12가 되는 경우는 2, 2, 8 또는 4, 4, 4
4개를 택한 후 그 합이 12가 되는 경우는 2, 2, 4, 4

(i) 2, 2, 8을 일렬로 나열하는 경우의 수는

$$\frac{3!}{2!} = 3$$

(ii) 4, 4, 4를 일렬로 나열하는 경우의 수는 1

(iii) 2, 2, 4, 4를 일렬로 나열하는 경우의 수는

$$\frac{4!}{2! \times 2!} = 6$$

(i)~(iii)에서 구하는 자연수의 개수는

3+1+6=10

실수 Check

3개 또는 4개를 택하여 그 합이 12가 되는 경우는 2, 2, 8 또는 4, 4, 4 또는 2, 2, 4, 4임을 알고, 같은 것이 있는 순열의 수를 이용하여 일렬로 나열하는 경우의 수를 구한다.

Plus 문제

0108-1

세 개의 숫자 1, 2, 3에서 중복을 허용하여 4개를 선택한 후 일렬로 나열하여 만들 수 있는 네 자리 자연수 중 각 자리의 숫자의 합이 6인 자연수의 개수를 구하시오.

세 개의 숫자 1, 2, 3에서 중복을 허용하여
4개를 택한 후 그 합이 6이 되는 경우는
1, 1, 1, 3 또는 1, 1, 2, 2

(i) 1, 1, 1, 3을 일렬로 나열하는 경우의 수는

$$\frac{4!}{3!} = 4$$

(ii) 1, 1, 2, 2를 일렬로 나열하는 경우의 수는

$$\frac{4!}{2! \times 2!} = 6$$

(i), (ii)에서 구하는 자연수의 개수는

4+6=10

답 10

0109 <u>답</u> 150

일의 자리와 백의 자리에 오는 숫자가 1일 때, 나머지 네 자리에 2와 3이 적어도 하나씩 포함되는 경우는 다음과 같다.

(i) 각 자리의 숫자가 1, 1, 2, 3 또는 1, 2, 2, 3 또는 1, 2, 3, 3인 경우

각각의 경우 일렬로 나열하는 경우의 수는 $\dfrac{4!}{2!}=12$이므로

(i)의 경우의 수는

$12 \times 3 = 36$

(ii) 각 자리의 숫자가 2, 2, 2, 3 또는 2, 3, 3, 3인 경우

각각의 경우 일렬로 나열하는 경우의 수는 $\dfrac{4!}{3!}=4$이므로

(ii)의 경우의 수는

$4 \times 2 = 8$

(iii) 각 자리의 숫자가 2, 2, 3, 3인 경우

일렬로 나열하는 경우의 수는 $\dfrac{4!}{2! \times 2!}=6$

(i)~(iii)에서 일의 자리와 백의 자리에 오는 숫자가 1인 자연수의 개수는 $36+8+6=50$

일의 자리와 백의 자리에 오는 숫자가 2와 3인 자연수의 개수도 1일 때와 마찬가지로 각각 50

따라서 구하는 자연수의 개수는

$50+50+50=150$

실수 Check

일의 자리와 백의 자리의 숫자가 같아야 하므로 두 자리의 숫자를 먼저 정한 다음 나머지 자리의 숫자를 정해야 한다.

0110 <u>답</u> ③ | 유형 11

8개의 숫자 1, 2, 2, 2, 3, 4, 4, 5를 일렬로 나열할 때, <u>홀수는 크기가 작은 것부터 순서대로 나열하는 경우의 수는?</u> [단서1]

① 500 ② 530 ③ 560
④ 590 ⑤ 620

[단서1] 홀수 1, 3, 5를 같은 문자로 생각하여 나열

STEP 1 순서가 정해진 것을 같은 것으로 놓고 나열하기

1, 3, 5의 순서가 정해져 있으므로 1, 3, 5를 모두 0으로 생각하여 8개의 숫자 0, 2, 2, 2, 0, 4, 4, 0을 일렬로 나열한 후 첫 번째, 두 번째, 세 번째 0을 각각 1, 3, 5로 바꾸면 된다.

STEP 2 경우의 수 구하기

구하는 경우의 수는

$\dfrac{8!}{3! \times 3! \times 2!}=560$

0111 <u>답</u> ③

a, b의 순서가 정해져 있으므로 a, b를 모두 A로 생각하여 4개의 문자 A, A, c, d를 일렬로 나열한 후 첫 번째, 두 번째 A를 각각 a, b로 바꾸면 된다.

따라서 구하는 경우의 수는

$\dfrac{4!}{2!}=12$

0112 <u>답</u> ③

5를 제외한 1, 1, 2, 3을 일렬로 나열하는 경우의 수는

$\dfrac{4!}{2!}=12$

5를 3번째 또는 4번째 자리에 오도록 나열하는 경우의 수는 2

따라서 구하는 경우의 수는

$12 \times 2 = 24$

0113 <u>답</u> ③

o, e의 순서가 정해져 있으므로 o, e를 모두 A로 생각하여 6개의 문자 s, A, c, c, A, r를 일렬로 나열한 후 첫 번째, 두 번째 A를 각각 e, o로 바꾸면 된다.

따라서 구하는 경우의 수는

$\dfrac{6!}{2! \times 2!}=180$

0114 <u>답</u> ③

(i) 대문자를 쓸 자리 3개와 소문자를 쓸 자리 4개를 정하는 경우의 수는

$\dfrac{7!}{3! \times 4!}=35$

(ii) 대문자 중 맨 앞에 A를 배열하고 남은 두 자리에 B, C를 배열하는 경우의 수는

$2!=2$

(iii) 소문자 중 가장 오른쪽에 g를 배열하고 남은 세 자리에 d, e, f를 배열하는 경우의 수는

$3!=6$

(i)~(iii)에서 구하는 경우의 수는

$35 \times 2 \times 6 = 420$

0115 <u>답</u> ①

a, b와 c, d의 순서가 각각 정해져 있으므로 a, b를 모두 A로, c, d를 모두 B로 생각하여 6개의 문자 A, A, B, B, e, f를 일렬로 나열한 후 첫 번째 A는 a, 두 번째 A는 b, 첫 번째 B는 c, 두 번째 B는 d로 바꾸면 된다.

따라서 구하는 경우의 수는

$\dfrac{6!}{2! \times 2!}=180$

0116 <u>답</u> ③

5개의 자음 P, L, P, L, L을 모두 A로, 3개의 모음 O, O, U를 모두 B로 생각하여 모든 자음이 모든 모음보다 앞에 오도록 나열하는 경우는 AAAAABBB뿐이므로 경우의 수는 1

이때 자음끼리 일렬로 나열하는 경우의 수는

$$\frac{5!}{2! \times 3!} = 10$$

모음끼리 일렬로 나열하는 경우의 수는

$$\frac{3!}{2!} = 3$$

따라서 구하는 경우의 수는

$$1 \times 10 \times 3 = 30$$

0117 답 ④

3개의 문자 A, B, C를 포함한 6개의 문자를 A, B, C, D, E, F라 하자.

3개의 문자 A, B, C를 모두 X로 생각하여 6개의 문자 X, X, X, D, E, F를 일렬로 나열하는 경우의 수는

$$\frac{6!}{3!} = 120$$

3개의 문자 X 중에서 가운데 X는 A로 바꾸고, 양 끝의 X는 B와 C로 바꾸면 되므로 경우의 수는

$$2! = 2$$

따라서 구하는 경우의 수는

$$120 \times 2 = 240$$

실수 Check

1개 이상이라는 조건을 보고 6개의 문자를 나열하는 경우의 수에서 B와 C 사이에 문자가 없는 경우의 수를 빼서 구하면 안 된다. 왜냐하면 6개의 문자를 B, D, C, A, E, F와 같이 나열하는 경우도 있기 때문이다.

Plus 문제

0117-1

4개의 문자 A, B, C, D를 포함한 서로 다른 7개의 문자를 모두 한 번씩 사용하여 일렬로 나열할 때, 두 문자 A와 B 사이에 두 문자 C, D를 포함하여 2개 이상의 문자가 있도록 나열하는 경우의 수를 구하시오.

4개의 문자 A, B, C, D를 포함한 7개의 문자를 A, B, C, D, E, F, G라 하자.

4개의 문자 A, B, C, D를 모두 X로 생각하고 X, X, X, X, E, F, G를 일렬로 나열하는 경우의 수는

$$\frac{7!}{4!} = 210$$

첫 번째, 네 번째 X를 각각 A, B 또는 B, A로 바꾸는 경우의 수는

$$2! = 2$$

두 번째, 세 번째 X를 각각 C, D 또는 D, C로 바꾸는 경우의 수는

$$2! = 2$$

따라서 구하는 경우의 수는

$$210 \times 2 \times 2 = 840$$

답 840

0118 답 ①

유형 12

국어 문제집 3권, 영어 문제집 2권, 수학 문제집 3권을 책꽂이에 일렬로 꽂을 때, 국어 문제집은 서로 이웃하지 않도록 꽂는 경우의 수는?

단서1

(단, 같은 과목의 문제집끼리는 서로 구별하지 않는다.)

단서2

① 200　　② 220　　③ 240

④ 260　　⑤ 280

단서1 영어 문제집과 수학 문제집을 먼저 나열

단서2 같은 것이 있는 순열을 이용

STEP 1 영어 문제집과 수학 문제집을 일렬로 꽂는 경우의 수 구하기

영어 문제집을 A, 수학 문제집을 B라 하면 영어 문제집 2권, 수학 문제집 3권을 일렬로 꽂는 경우의 수는 5개의 문자 A, A, B, B, B를 일렬로 나열하는 경우의 수와 같으므로

$$\frac{5!}{2! \times 3!} = 10$$

STEP 2 국어 문제집을 꽂는 경우의 수 구하기

각 경우에 대하여 그림과 같이 영어 문제집과 수학 문제집의 양 끝 또는 사이사이 6곳(∨) 중에서 3곳에 국어 문제집을 꽂는 경우의 수는

$$_6C_3 = 20$$

STEP 3 경우의 수 구하기

구하는 경우의 수는

$$10 \times 20 = 200$$

실수 Check

STEP 2 에서 국어 문제집끼리 서로 구별하지 않으므로 국어 문제집을 꽂는 경우의 수를 $_6P_3$으로 계산하지 않도록 주의한다.

0119 답 ①

♠ 1장, ♥ 2장, ♣ 3장을 일렬로 나열하는 경우의 수는

$$\frac{6!}{2! \times 3!} = 60$$

0120 답 ②

구하는 경우의 수는 파란 화분을 A, 흰 화분을 B라 하면 양 끝에 A를 하나씩 나열하고, 가운데에 A, A, A, B, B, B, B, B를 일렬로 나열하는 경우의 수와 같으므로

$$\frac{8!}{3! \times 5!} = 56$$

0121 답 ⑤

검은 구슬의 개수는 짝수, 흰 구슬의 개수는 홀수이므로 먼저 흰 구슬 1개를 가운데에 놓는다. 그리고 검은 구슬 2개와 흰 구슬 3개를 가운데에 놓인 흰 구슬 왼쪽에 놓고, 남은 검은 구슬 2개와 흰 구슬 3개를 좌우대칭이 되도록 가운데에 놓인 흰 구슬 오른쪽에 놓으면 된다.

즉, 검은 구슬 2개와 흰 구슬 3개를 일렬로 나열하는 경우의 수와 같으므로 구하는 경우의 수는

$$\frac{5!}{2! \times 3!} = 10$$

0122 답 ②

6개의 마스크를 모두 걸면 1개의 마스크 걸이는 비게 되며 이는 다른 걸이와 구별되므로 흰 마스크, 검은 마스크, 노란 마스크, 빈 마스크 걸이를 각각 a, b, c, d라 할 때, 구하는 경우의 수는 7개의 문자 a, a, a, b, b, c, d를 일렬로 나열하는 경우의 수와 같다.

$$\therefore \frac{7!}{3! \times 2!} = 420$$

0123 답 13

1개씩 옮기는 것을 A, 2개씩 옮기는 것을 B라 하자.

(i) 1개씩 6번 옮기는 경우

　AAAAAA를 일렬로 나열하는 경우의 수와 같으므로 1

(ii) 1개씩 4번, 2개씩 1번 옮기는 경우

　AAAAB를 일렬로 나열하는 경우의 수와 같으므로

　$\dfrac{5!}{4!} = 5$

(iii) 1개씩 2번, 2개씩 2번 옮기는 경우

　AABB를 일렬로 나열하는 경우의 수와 같으므로

　$\dfrac{4!}{2! \times 2!} = 6$

(iv) 2개씩 3번 옮기는 경우

　BBB를 일렬로 나열하는 경우의 수와 같으므로 1

(i)~(iv)에서 구하는 경우의 수는

$1 + 5 + 6 + 1 = 13$

0124 답 ③

부장 교사, 남학생 2명의 탑승 순서는 정해져 있으므로 모두 A로 생각하고, 담임 교사, 여학생 3명의 탑승 순서도 정해져 있으므로 모두 B로 생각하여 7개의 문자 A, A, A, B, B, B, B를 일렬로 나열하는 경우의 수는

$$\frac{7!}{3! \times 4!} = 35$$

3개의 A 중에서 가장 뒤의 것은 부장 교사로 바꾸고, 4개의 B 중에서 가장 뒤의 것은 담임 교사로 바꾼다. 남은 2개의 A는 남학생 2명이 순서를 임의로 정할 수 있으므로 경우의 수는 $2! = 2$
남은 3개의 B는 여학생 3명이 순서를 임의로 정할 수 있으므로 경우의 수는 $3! = 6$
따라서 구하는 경우의 수는

$35 \times 2 \times 6 = 420$

0125 답 180

4, 5, 6이 적힌 칸에 넣는 세 개의 공에 적힌 수의 합이 5이고 세 개의 공이 모두 같은 색인 경우는 다음과 같다.

(i) 4, 5, 6이 적힌 칸에 흰 공 ①, ②, ②를 넣는 경우

　흰 공 ①, ②, ②를 넣는 경우의 수는 $\dfrac{3!}{2!} = 3$

나머지 5개의 칸에 흰 공 ①, 검은 공 ❶, ❶, ❷, ❷를 넣는 경우의 수는 $\dfrac{5!}{2! \times 2!} = 30$

따라서 경우의 수는 $3 \times 30 = 90$

(ii) 4, 5, 6이 적힌 칸에 검은 공 ❶, ❷, ❷를 넣는 경우도 마찬가지이므로 경우의 수는 90

(i), (ii)에서 구하는 경우의 수는

$90 + 90 = 180$

0126 답 ④

규칙에 따라 봉사활동을 신청하는 경우는 첫째 주에 봉사활동 A, B, C를 모두 신청한 후

'(i) 첫째 주를 제외한 3주간의 봉사활동을 신청하는 경우'에서 '(ii) 첫째 주에 봉사활동 C를 신청한 요일과 같은 요일에 모두 봉사활동 C를 신청하는 경우'를 제외하면 된다.

첫째 주에 봉사활동 A, B, C를 모두 신청하는 경우의 수는 3!이다.

(i)의 경우:

　봉사활동 A, B, C를 각각 2회, 2회, 5회 신청하는 경우의 수는

　$\dfrac{9!}{2! \times 2! \times 5!} = \boxed{756}$ 이다. → 첫째 주에 신청하고 남은 봉사활동 횟수이다.

(ii)의 경우:

　첫째 주에 봉사활동 C를 신청한 요일과 같은 요일에 모두 봉사활동 C를 신청하는 경우의 수는 첫째 주에 봉사활동 A, B를 신청한 요일과 같은 요일에 봉사활동 A, B, C를 각각 2회, 2회, 2회 신청하는 경우의 수와 같으므로 $\dfrac{6!}{2! \times 2! \times 2!} = \boxed{90}$ 이다.

(i), (ii)에 의하여

구하는 경우의 수는 $3! \times (\boxed{756} - \boxed{90})$ 이다.

따라서 $p = 756$, $q = 90$이므로

$p + q = 756 + 90 = 846$

실수 Check

첫째 주의 월, 화, 수요일에 각각 봉사활동 A, B, C를 신청한다고 하면 오른쪽은 (ii)의 경우 중 하나이다. 즉, (ii)의 경우는 같은 요일에 한 종류의 봉사활동을 신청한 요일이 존재한다.

	월요일	화요일	수요일
첫째 주	A	B	C
둘째 주	A	B	C
셋째 주	A	B	C
넷째 주	C	C	C

0127 답 ③　　　　　| 유형 13

방정식 $a + b + c + d = 6$을 만족시키는 네 자연수 a, b, c, d의 순서 〔단서1〕
쌍 (a, b, c, d)의 개수는?

① 8　　　　② 9　　　　③ 10
④ 11　　　　⑤ 12

〔단서1〕 네 자연수는 1, 1, 1, 3 또는 1, 1, 2, 2

STEP1 네 자연수의 합이 6인 경우 구하기

네 자연수의 합이 6이므로 네 자연수가 1, 1, 1, 3 또는 1, 1, 2, 2인 경우이다.

(i) 네 자연수가 1, 1, 1, 3인 경우

순서쌍 (a, b, c, d)의 개수는 1, 1, 1, 3을 일렬로 나열하는 경우의 수와 같으므로

$$\frac{4!}{3!}=4$$

(ii) 네 자연수가 1, 1, 2, 2인 경우

순서쌍 (a, b, c, d)의 개수는 1, 1, 2, 2를 일렬로 나열하는 경우의 수와 같으므로

$$\frac{4!}{2! \times 2!}=6$$

(i), (ii)에서 구하는 순서쌍 (a, b, c, d)의 개수는

$$4+6=10$$

0128 답 ③

세 자연수의 합이 6이므로 세 자연수가 1, 1, 4 또는 1, 2, 3 또는 2, 2, 2인 경우이다.

(i) 세 자연수가 1, 1, 4인 경우

순서쌍 (x, y, z)의 개수는 1, 1, 4를 일렬로 나열하는 경우의 수와 같으므로

$$\frac{3!}{2!}=3$$

(ii) 세 자연수가 1, 2, 3인 경우

순서쌍 (x, y, z)의 개수는 1, 2, 3을 일렬로 나열하는 경우의 수와 같으므로

$$3!=6$$

(iii) 세 자연수가 2, 2, 2인 경우

순서쌍 (x, y, z)의 개수는 2, 2, 2를 일렬로 나열하는 경우의 수와 같으므로 1

(i)~(iii)에서 구하는 순서쌍 (x, y, z)의 개수는

$$3+6+1=10$$

0129 답 10

$x+y+z \leq 5$이므로 세 자연수가 1, 1, 1 또는 1, 1, 2 또는 1, 1, 3 또는 1, 2, 2인 경우이다.

(i) 세 자연수가 1, 1, 1인 경우

순서쌍 (x, y, z)의 개수는 1, 1, 1을 일렬로 나열하는 경우의 수와 같으므로 1

(ii) 세 자연수가 1, 1, 2인 경우

순서쌍 (x, y, z)의 개수는 1, 1, 2를 일렬로 나열하는 경우의 수와 같으므로

$$\frac{3!}{2!}=3$$

(iii) 세 자연수가 1, 1, 3인 경우

순서쌍 (x, y, z)의 개수는 1, 1, 3을 일렬로 나열하는 경우의 수와 같으므로

$$\frac{3!}{2!}=3$$

(iv) 세 자연수가 1, 2, 2인 경우

순서쌍 (x, y, z)의 개수는 1, 2, 2를 일렬로 나열하는 경우의 수와 같으므로

$$\frac{3!}{2!}=3$$

(i)~(iv)에서 구하는 순서쌍 (x, y, z)의 개수는

$$1+3+3+3=10$$

0130 답 ①

두 조건 ㈎, ㈏를 만족시키는 경우는 세 자연수가 2, 2, 6 또는 2, 4, 4인 경우이다.

(i) 세 자연수가 2, 2, 6인 경우

순서쌍 (x, y, z)의 개수는 2, 2, 6을 일렬로 나열하는 경우의 수와 같으므로

$$\frac{3!}{2!}=3$$

(ii) 세 자연수가 2, 4, 4인 경우

순서쌍 (x, y, z)의 개수는 2, 4, 4를 일렬로 나열하는 경우의 수와 같으므로

$$\frac{3!}{2!}=3$$

(i), (ii)에서 구하는 순서쌍 (x, y, z)의 개수는

$$3+3=6$$

0131 답 ④

조건 ㈏에서 $a \leq 4$, $b \leq 4$, $c \leq 4$이므로 $a+b+c \leq 12$

즉, $4d \leq 12$이므로 $d \leq 3$

(i) $d=1$인 경우

$a+b+c=4$이므로 세 자연수가 1, 1, 2인 경우이다.

따라서 순서쌍 (a, b, c)의 개수는

$$\frac{3!}{2!}=3$$

(ii) $d=2$인 경우

$a+b+c=8$이므로 세 자연수가 1, 3, 4 또는 2, 2, 4 또는 2, 3, 3인 경우이다.

ⓐ 세 자연수가 1, 3, 4인 순서쌍 (a, b, c)의 개수는

$$3!=6$$

ⓑ 세 자연수가 2, 2, 4인 순서쌍 (a, b, c)의 개수는

$$\frac{3!}{2!}=3$$

ⓒ 세 자연수가 2, 3, 3인 순서쌍 (a, b, c)의 개수는

$$\frac{3!}{2!}=3$$

따라서 순서쌍 (a, b, c)의 개수는

$$6+3+3=12$$

(iii) $d=3$인 경우

$a+b+c=12$이므로 세 자연수가 4, 4, 4인 경우이다.

따라서 순서쌍 (a, b, c)의 개수는 1

(i)~(iii)에서 구하는 순서쌍 (a, b, c)의 개수는

$$3+12+1=16$$

d의 값은 a, b, c의 관계식으로 주어졌으므로 a, b, c의 값의 범위로부터 d의 값의 범위를 구한다.

0132 답 6

조건 (가)에서 네 수의 합이 6이므로 네 자연수가 1, 1, 1, 3 또는 1, 1, 2, 2인 경우이다.

조건 (나)에서 네 수의 곱이 4의 배수이므로 이를 만족시키는 네 자연수는 1, 1, 2, 2

따라서 구하는 순서쌍 (a, b, c, d)의 개수는 1, 1, 2, 2를 일렬로 나열하는 경우의 수와 같으므로

$\dfrac{4!}{2! \times 2!} = 6$

0133 답 ③ | 유형 14

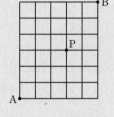

그림과 같은 도로망이 있다. A 지점에서 출발하여 P 지점을 거쳐 B 지점까지 최단 거리로 가는 경우의 수는? **단서1**

① 150 ② 175
③ 200 ④ 225
⑤ 250

단서1 (A 지점에서 P 지점으로 가는 경우의 수)×(P 지점에서 B 지점으로 가는 경우의 수)

STEP1 A 지점에서 P 지점까지 최단 거리로 가는 경우의 수 구하기

오른쪽으로 한 칸 가는 것을 a, 위쪽으로 한 칸 가는 것을 b로 나타내면 a, a, a, b, b, b를 일렬로 나열하는 경우의 수와 같으므로

$\dfrac{6!}{3! \times 3!} = 20$

STEP2 P 지점에서 B 지점까지 최단 거리로 가는 경우의 수 구하기

a, a, b, b, b를 일렬로 나열하는 경우의 수와 같으므로

$\dfrac{5!}{2! \times 3!} = 10$

STEP3 경우의 수 구하기

구하는 경우의 수는

$20 \times 10 = 200$

0134 답 ③

A 지점에서 B 지점까지 최단 거리로 가는 경우의 수는

$\dfrac{7!}{4! \times 3!} = 35$

0135 답 ③

(ⅰ) A 지점에서 P 지점까지 최단 거리로 가는 경우의 수는

$\dfrac{3!}{2!} = 3$

(ⅱ) P 지점에서 Q 지점까지 최단 거리로 가는 경우의 수는

$\dfrac{3!}{2!} = 3$

(ⅲ) Q 지점에서 B 지점까지 최단 거리로 가는 경우의 수는

$\dfrac{4!}{3!} = 4$

(ⅰ)~(ⅲ)에서 구하는 경우의 수는

$3 \times 3 \times 4 = 36$

0136 답 40

(ⅰ) A 지점에서 B 지점까지 최단 거리로 가는 경우의 수는

$\dfrac{8!}{4! \times 4!} = 70$

(ⅱ) A 지점에서 P 지점을 거쳐 B 지점까지 최단 거리로 가는 경우의 수

A 지점에서 P 지점까지 최단 거리로 가는 경우의 수는

$\dfrac{3!}{2!} = 3$

P 지점에서 B 지점까지 최단 거리로 가는 경우의 수는

$\dfrac{5!}{3! \times 2!} = 10$

따라서 A 지점에서 P 지점을 거쳐 B 지점까지 최단 거리로 가는 경우의 수는

$3 \times 10 = 30$

(ⅰ), (ⅱ)에서 구하는 경우의 수는

$70 - 30 = 40$

참고 그림과 같은 도로망에서

(1) A 지점에서 출발하여 P 지점을 거쳐 B 지점까지 최단 거리로 가는 경우의 수

→ (A 지점에서 P 지점까지 최단 거리로 가는 경우의 수)

  ×(P 지점에서 B 지점까지 최단 거리로 가는 경우의 수)

(2) A 지점에서 출발하여 P 지점을 거치지 않고 B 지점까지 최단 거리로 가는 경우의 수

→ (A 지점에서 B 지점까지 최단 거리로 가는 경우의 수)

  −(A 지점에서 P 지점을 거쳐 B 지점까지 최단 거리로 가는 경우의 수)

0137 답 ①

(ⅰ) A → P → B로 가는 경우의 수

A → P로 가는 경우의 수는 $2! = 2$

P → B로 가는 경우의 수는 $\dfrac{6!}{3! \times 3!} = 20$

따라서 A → P → B로 가는 경우의 수는

$2 \times 20 = 40$

(ⅱ) A → Q → B로 가는 경우의 수

A → Q로 가는 경우의 수는 $\dfrac{6!}{3! \times 3!} = 20$

Q → B로 가는 경우의 수는 $2! = 2$

따라서 A → Q → B로 가는 경우의 수는

$20 \times 2 = 40$

(ⅲ) A → P → Q → B로 가는 경우의 수

P → Q로 가는 경우의 수는 $\dfrac{4!}{2! \times 2!} = 6$

따라서 A → P → Q → B로 가는 경우의 수는

$2 \times 6 \times 2 = 24$

(ⅰ)~(ⅲ)에서 구하는 경우의 수는

$40 + 40 - 24 = 56$

0138 답 32

(ⅰ) A 지점에서 P 지점까지 최단 거리로 가는 경우의 수는

$\dfrac{4!}{3!} = 4$

(ⅱ) P 지점에서 Q 지점을 거치지 않고 B 지점까지 최단 거리로 가는 경우의 수

P 지점에서 B 지점까지 최단 거리로 가는 경우의 수는

$\dfrac{6!}{3! \times 3!} = 20$

P 지점에서 Q 지점까지 최단 거리로 가는 경우의 수는 $2! = 2$

Q 지점에서 B 지점까지 최단 거리로 가는 경우의 수는

$\dfrac{4!}{2! \times 2!} = 6$

따라서 P 지점에서 Q 지점을 거치지 않고 B 지점까지 최단 거리로 가는 경우의 수는

$20 - 2 \times 6 = 8$

(ⅰ), (ⅱ)에서 구하는 경우의 수는

$4 \times 8 = 32$

0139 답 ⑤

직육면체의 가로 방향으로 한 칸 가는 것을 a, 세로 방향으로 한 칸 가는 것을 b, 직육면체의 높이 방향으로 한 칸 가는 것을 c로 나타내면 꼭짓점 A에서 꼭짓점 B까지 최단 거리로 가는 경우의 수는 $\underline{a,\ a,\ a,\ a,\ b,\ b,\ c,\ c,\ c}$를 일렬로 나열하는 경우의 수와 같으므로

└─▶ 꼭짓점 A에서 꼭짓점 B까지 최단 거리로 가기 위해서는 가로 4칸, 세로 2칸, 높이 3칸을 가야 한다.

$\dfrac{9!}{4! \times 2! \times 3!} = 1260$

참고 입체도형이라 하더라도 꼭짓점에서 꼭짓점으로 가는 최단 거리를 구하는 방법은 평면도형의 도로망에서 최단 거리를 구하는 것과 유사하다.

실수 Check

크기가 같은 정육면체를 가로, 세로, 높이의 칸의 개수가 각각 p, q, r가 되도록 쌓아 올려 직육면체를 만들었을 때, 정육면체의 모서리를 따라 꼭짓점 A에서 꼭짓점 B까지 최단 거리로 가는 경우의 수

➡ $\dfrac{(p+q+r)!}{p! \times q! \times r!}$

0140 답 ④

A 지점에서 P 지점까지 최단 거리로 가는 경우의 수는

$\dfrac{3!}{2!} = 3$

P 지점에서 B 지점까지 최단 거리로 가는 경우의 수는

$\dfrac{4!}{2! \times 2!} = 6$

따라서 구하는 경우의 수는

$3 \times 6 = 18$

0141 답 ③

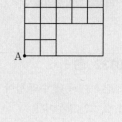

그림과 같은 도로망이 있다. A 지점에서 [단서1] 출발하여 B 지점까지 최단 거리로 가는 경우의 수는?

① 78 ② 80

③ 82 ④ 84

⑤ 86

단서1 반드시 지나야 하는 지점은 4곳

STEP1 A 지점에서 B 지점까지 최단 거리로 가기 위하여 반드시 지나야 하는 점 찾기

A 지점에서 B 지점까지 최단 거리로 가기 위하여 그림과 같이 네 지점 C, D, E, F 중 하나를 반드시 지나야 한다.

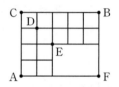

STEP2 각각의 지점을 지날 때의 경우의 수 구하기

(ⅰ) A → C → B로 가는 경우

A → C로 가는 경우의 수와 C → B로 가는 경우의 수가 모두 1이므로 A → C → B로 가는 경우의 수는 $1 \times 1 = 1$

(ⅱ) A → D → B로 가는 경우

A → D로 가는 경우의 수는

$\dfrac{4!}{3!} = 4$

D → B로 가는 경우의 수는

$\dfrac{5!}{4!} = 5$

따라서 A → D → B로 가는 경우의 수는 $4 \times 5 = 20$

(ⅲ) A → E → B로 가는 경우

A → E로 경우의 수는

$\dfrac{4!}{2! \times 2!} = 6$

E → B로 가는 경우의 수는

$\dfrac{5!}{3! \times 2!} = 10$

따라서 A → E → B로 가는 경우의 수는 $6 \times 10 = 60$

(ⅳ) A → F → B로 가는 경우

A → F로 가는 경우의 수와 F → B로 가는 경우의 수가 모두 1이므로 A → F → B로 가는 경우의 수는 $1 \times 1 = 1$

STEP3 경우의 수 구하기

(ⅰ)~(ⅳ)에서 구하는 경우의 수는 $1 + 20 + 60 + 1 = 82$

0142 답 ③

그림과 같이 지점 P를 잡으면

A → P로 가는 경우의 수는

$\dfrac{4!}{2! \times 2!} = 6$

P → B로 가는 경우의 수는

$\dfrac{4!}{2! \times 2!} = 6$

따라서 구하는 경우의 수는 $6 \times 6 = 36$

0143 답 ③

그림과 같이 세 지점 C, D, E를 잡으면
A 지점에서 B 지점까지 최단 거리로 가
는 경우는

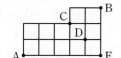

A → C → B, A → D → B,
A → E → B

(i) A → C → B로 가는 경우

A → C로 가는 경우의 수는

$\dfrac{5!}{3! \times 2!} = 10$

C → B로 가는 경우의 수는

$\dfrac{3!}{2!} = 3$

따라서 A → C → B로 가는 경우의 수는

$10 \times 3 = 30$

(ii) A → D → B로 가는 경우

A → D로 가는 경우의 수는

$\dfrac{5!}{4!} = 5$

D → B로 가는 경우의 수는

$\dfrac{3!}{2!} = 3$

따라서 A → D → B로 가는 경우의 수는

$5 \times 3 = 15$

(iii) A → E → B로 가는 경우

A → E로 가는 경우의 수와 E → B로 가는 경우의 수가 모두
1이므로 A → E → B로 가는 경우의 수는

$1 \times 1 = 1$

(i)~(iii)에서 구하는 경우의 수는

$30 + 15 + 1 = 46$

0144 답 ②

그림과 같이 세 지점 C, D, E를 잡으면
A 지점에서 B 지점까지 최단 거리로 가
는 경우는

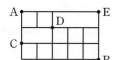

A → C → B, A → D → B,
A → E → B

(i) A → C → B로 가는 경우

A → C로 가는 경우의 수는 1

C → B로 가는 경우의 수는

$\dfrac{6!}{5!} = 6$

따라서 A → C → B로 가는 경우의 수는

$1 \times 6 = 6$

(ii) A → D → B로 가는 경우

A → D로 가는 경우의 수는

$\dfrac{3!}{2!} = 3$

D → B로 가는 경우의 수는

$\dfrac{5!}{3! \times 2!} = 10$

따라서 A → D → B로 가는 경우의 수는

$3 \times 10 = 30$

(iii) A → E → B로 가는 경우

A → E로 가는 경우의 수와 E → B로 가는 경우의 수가 모두
1이므로 A → E → B로 가는 경우의 수는

$1 \times 1 = 1$

(i)~(iii)에서 구하는 경우의 수는

$6 + 30 + 1 = 37$

0145 답 ④

그림과 같이 5지점 E, F, G,
H, I를 잡으면 A 지점에서 B
지점까지 C, D 지점을 지나지
않으면서 최단 거리로 가는 경
우는

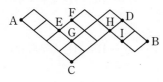

A → E → F → H → I → B, A → G → H → I → B

(i) A → E → F → H → I → B로 가는 경우

A → E로 가는 경우의 수는 $\dfrac{3!}{2!} = 3$

E → F로 가는 경우의 수는 1

F → H로 가는 경우의 수는 $\dfrac{3!}{2!} = 3$

H → I로 가는 경우의 수는 1

I → B로 가는 경우의 수는 $2! = 2$

따라서 A → E → F → H → I → B로 가는 경우의 수는

$3 \times 1 \times 3 \times 1 \times 2 = 18$

(ii) A → G → H → I → B로 가는 경우

A → G로 가는 경우의 수는 $\dfrac{4!}{3!} = 4$

G → H로 가는 경우의 수는 $\dfrac{3!}{2!} = 3$

H → I로 가는 경우의 수는 1

I → B로 가는 경우의 수는 $2! = 2$

따라서 A → G → H → I → B로 가는 경우의 수는

$4 \times 3 \times 1 \times 2 = 24$

(i), (ii)에서 구하는 경우의 수는

$18 + 24 = 42$

실수 Check

A 지점에서 B 지점까지 C, D 지점을 지나지 않으면서 최단 거리로 가
는 경우의 수를 구할 때는 반드시 거쳐야 하는 지점을 잡아 표시한다.

Plus 문제

0145-1

그림과 같은 도로망이 있다. A 지점에서 출발하여 P 지점을
지나 B 지점까지 최단 거리로 가는 경우의 수를 구하시오.

그림과 같이 세 지점 Q, R, S를 잡으면 A 지점에서 P 지점을 거쳐 B 지점까지 최단 거리로 가는 경우는

A → Q → P → S →
B, A → R → P → S
→ B

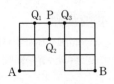

(i) A → Q → P → S → B로 가는 경우의 수는

A → Q로 가는 경우의 수는

$$\frac{4!}{2! \times 2!} = 6$$

Q → P로 가는 경우의 수는

$$\frac{3!}{2!} = 3$$

P → S로 가는 경우의 수는

$$\frac{3!}{2!} = 3$$

S → B로 가는 경우의 수는

$$2! = 2$$

따라서 A → Q → P → S → B로 가는 경우의 수는

$$6 \times 3 \times 3 \times 2 = 108$$

(ii) A → R → P → S → B로 가는 경우

A → R로 가는 경우의 수는

$$\frac{4!}{3!} = 4$$

R → P로 가는 경우의 수는

$$1 \times 2! = 2$$

P → S로 가는 경우의 수는

$$\frac{3!}{2!} = 3$$

S → B로 가는 경우의 수는

$$2! = 2$$

따라서 A → R → P → S → B로 가는 경우의 수는

$$4 \times 2 \times 3 \times 2 = 48$$

(i), (ii)에서 구하는 경우의 수는

$$108 + 48 = 156$$

답 156

0146 **답** ⑤

그림과 같이 세 지점 Q_1, Q_2, Q_3을 정하면 A 지점에서 출발하여 P 지점을 지나 B 지점으로 갈 때, 한 번 지난 도로는 다시 지나지 않으면서 최단 거리로 가는 경우는

$A \to Q_1 \to P \to Q_2 \to B$, $A \to Q_1 \to P \to Q_3 \to B$,
$A \to Q_2 \to P \to Q_3 \to B$

(i) $A \to Q_1 \to P \to Q_2 \to B$로 가는 경우

A → Q_1로 가는 경우의 수는 $\frac{4!}{3!} = 4$

Q_1 → P로 가는 경우의 수는 1

P → Q_2로 가는 경우의 수는 1

Q_2 → B로 가는 경우의 수는 $1 \times \frac{4!}{2! \times 2!} = 6$

따라서 $A \to Q_1 \to P \to Q_2 \to B$로 가는 경우의 수는

$$4 \times 1 \times 1 \times 6 = 24$$

(ii) $A \to Q_1 \to P \to Q_3 \to B$로 가는 경우

A → Q_1로 가는 경우의 수는 $\frac{4!}{3!} = 4$

Q_1 → P로 가는 경우의 수는 1

P → Q_3으로 가는 경우의 수는 1

Q_3 → B로 가는 경우의 수는 $\frac{5!}{2! \times 3!} = 10$

따라서 $A \to Q_1 \to P \to Q_3 \to B$로 가는 경우의 수는

$$4 \times 1 \times 1 \times 10 = 40$$

(iii) $A \to Q_2 \to P \to Q_3 \to B$로 가는 경우

A → Q_2로 가는 경우의 수는 $\frac{3!}{2!} \times 1 = 3$

Q_2 → P로 가는 경우의 수는 1

P → Q_3으로 가는 경우의 수는 1

Q_3 → B로 가는 경우의 수는 $\frac{5!}{2! \times 3!} = 10$

따라서 $A \to Q_2 \to P \to Q_3 \to B$로 가는 경우의 수는

$$3 \times 1 \times 1 \times 10 = 30$$

(i)~(iii)에서 구하는 경우의 수는

$$24 + 40 + 30 = 94$$

실수 Check

도로망에서 P 지점을 지나야 하므로 Q_2 지점을 생각하지 않고 경우의 수를 구하지 않도록 주의한다. P 지점을 지나는 방법은 $Q_1 \to P \to Q_2$, $Q_1 \to P \to Q_3$, $Q_2 \to P \to Q_3$이 있다.

서술형 **유형 익히기** 35쪽~37쪽

0147 **답** (1) 8 (2) 1 (3) 1 (4) 2 (5) 8 (6) 2 (7) 6

STEP 1 X에서 Y로의 함수의 개수 구하기 [2점]

집합 Y의 원소 1, 2의 2개에서 중복을 허용하여 3개를 택하여 집합 X의 원소 a, b, c에 대응시키면 되므로 X에서 Y로의 함수의 개수는 $_2\Pi_3 = \boxed{8}$

STEP 2 공역과 치역이 일치하지 않는 함수의 개수 구하기 [3점]

치역이 {1}인 함수의 개수는 $\boxed{1}$

치역이 {2}인 함수의 개수는 $\boxed{1}$

따라서 공역과 치역이 일치하지 않는 함수의 개수는 $\boxed{2}$이다.

STEP 3 함수의 개수 구하기 [1점]

구하는 함수의 개수는 $\boxed{8} - \boxed{2} = \boxed{6}$

실제 답안 예시

0148 답 30

STEP1 X에서 Y로의 함수의 개수 구하기 [2점]

집합 Y의 원소 a, b의 2개에서 중복을 허용하여 5개를 택하여 집합 X의 원소 1, 2, 3, 4, 5에 대응시키면 되므로 X에서 Y로의 함수의 개수는

$_2\Pi_5 = 2^5 = 32$

STEP2 공역과 치역이 일치하지 않는 함수의 개수 구하기 [3점]

치역이 $\{a\}$인 함수의 개수는 1

치역이 $\{b\}$인 함수의 개수는 1

따라서 공역과 치역이 일치하지 않는 함수의 개수는 2이다.

STEP3 함수의 개수 구하기 [1점]

구하는 함수의 개수는

$32 - 2 = 30$

0149 답 28

STEP1 치역의 모든 원소의 합이 5인 경우 구하기 [2점]

치역의 모든 원소의 합이 5인 경우는 치역이 $\{1, 4\}$, $\{2, 3\}$인 경우이다.

STEP2 조건을 만족시키는 함수의 개수 구하기 [4점]

(i) 치역이 $\{1, 4\}$인 경우

집합 $X = \{a, b, c, d\}$에서 집합 $\{1, 4\}$로의 함수 중에서 치역이 $\{1\}$ 또는 $\{4\}$인 경우를 제외하면 되므로 함수의 개수는

$_2\Pi_4 - 2 = 2^4 - 2 = 14$ ...... ⓐ

(ii) 치역이 $\{2, 3\}$인 경우

집합 $X = \{a, b, c, d\}$에서 집합 $\{2, 3\}$으로의 함수 중에서 치역이 $\{2\}$ 또는 $\{3\}$인 경우를 제외하면 되므로 함수의 개수는

$_2\Pi_4 - 2 = 2^4 - 2 = 14$ ...... ⓐ

STEP3 함수의 개수 구하기 [1점]

(i), (ii)에서 구하는 함수의 개수는

$14 + 14 = 28$

부분점수표	
ⓐ (i), (ii) 중에서 하나만 구한 경우	2점

0150 답 360

STEP1 치역의 원소가 3개인 경우의 수 구하기 [2점]

집합 Y의 5개의 원소 1, 2, 3, 4, 5에서 치역의 원소 3개를 고르는 경우의 수는

$_5C_3 = _5C_2 = 10$

STEP2 한 경우에 대하여 함수의 개수 구하기 [5점]

치역이 $\{1, 2, 3\}$인 경우를 생각하자.

집합 $X = \{a, b, c, d\}$에서 집합 $\{1, 2, 3\}$으로의 함수 중에서 치역이 $\{1, 2\}$, $\{1, 3\}$, $\{2, 3\}$, $\{1\}$, $\{2\}$, $\{3\}$인 경우를 제외해야 한다.

집합 $X = \{a, b, c, d\}$에서 집합 $\{1, 2, 3\}$으로의 함수의 개수는

$_3\Pi_4 = 3^4 = 81$

(i) 치역이 $\{1\}$, $\{2\}$, $\{3\}$인 경우

집합 $X = \{a, b, c, d\}$에서 집합 $\{1\}$로의 함수의 개수는 1이므로 치역이 $\{1\}$, $\{2\}$, $\{3\}$인 함수의 개수는 $3 \times 1 = 3$ ...... ⓐ

(ii) 치역이 $\{1, 2\}$, $\{1, 3\}$, $\{2, 3\}$인 경우

치역이 $\{1, 2\}$인 함수의 개수는 집합 $X = \{a, b, c, d\}$에서 집합 $\{1, 2\}$로의 함수의 개수에서 치역이 $\{1\}$, $\{2\}$인 함수의 개수를 빼면 되므로

$_2\Pi_4 - 2 = 2^4 - 2 = 14$

같은 방법으로 치역이 $\{1, 3\}$, $\{2, 3\}$인 함수의 개수도 각각 14이므로 치역이 $\{1, 2\}$, $\{1, 3\}$, $\{2, 3\}$인 함수의 개수는

$3 \times 14 = 42$ ...... ⓑ

(i), (ii)에서 치역이 $\{1, 2, 3\}$인 함수의 개수는

$81 - (3 + 42) = 36$

STEP3 함수의 개수 구하기 [1점]

치역의 원소의 개수가 3인 나머지 9개의 경우도 함수의 개수는 각각 36이므로 구하는 함수의 개수는

$10 \times 36 = 360$

부분점수표	
ⓐ 치역의 원소의 개수가 1인 함수의 개수를 구한 경우	1점
ⓑ 치역의 원소의 개수가 2인 함수의 개수를 구한 경우	2점

참고 **STEP2** 에서 치역이 $\{1, 2, 3\}$인 함수의 개수를 다음과 같이 구할 수도 있다. 치역의 원소가 3개이므로 X의 원소 4개 중에서 2개의 함숫값은 서로 같다.

따라서 같은 함숫값으로 대응시킬 X의 원소 2개를 고르는 경우의 수는 $_4C_2 = 6$

같은 함숫값으로 대응되는 X의 2개의 원소를 한 개로 생각하면 3개의 원소에서 3개의 원소를 대응시키는 함수이므로 함수의 개수는 $3! = 6$

따라서 치역이 $\{1, 2, 3\}$인 함수의 개수는 $6 \times 6 = 36$

0151 답 (1) 2 (2) 60 (3) 2 (4) 60 (5) 120

STEP1 C, D를 하나로 묶어 나열하는 경우의 수 구하기 [3점]

C, D가 이웃하므로 C, D를 한 문자 X로 생각하여 6개의 문자 A, A, A, B, B, X를 일렬로 나열하는 경우의 수는

$\dfrac{6!}{3! \times \boxed{2}!} = \boxed{60}$

STEP2 C, D를 나열하는 경우의 수 구하기 [2점]

C와 D가 서로 자리를 바꾸는 경우의 수는 $\boxed{2}$

STEP3 경우의 수 구하기 [1점]

구하는 경우의 수는 $\boxed{60} \times 2 = \boxed{120}$

오답 분석

(C, D)를 한 묶음으로 생각하자.

A, A, A, B, B, (C, D)를 나열하는 경우의 수를 구하면

$\dfrac{6!}{3! \times 2!} = \dfrac{720}{6 \times 2} = 60$ — 3점

∴ 60 → C와 D가 서로 자리를 바꾸는 경우를 생각하지 못함

▶ 6점 중 3점 얻음.

C, D가 이웃하므로 C와 D가 서로 자리를 바꾸는 경우의 수를 고려하여 답을 구해야 한다.

0152 📝 630

STEP1 C, D, E를 하나로 묶어 나열하는 경우의 수 구하기 [3점]

C, D, E를 한 문자 X로 생각하여 7개의 문자 A, A, A, A, B, B, X를 일렬로 나열하는 경우의 수는

$$\frac{7!}{4! \times 2!} = 105$$

STEP2 C, D, E를 나열하는 경우의 수 구하기 [2점]

C, D, E가 자리를 바꾸는 경우의 수는

$$3! = 6$$

STEP3 경우의 수 구하기 [1점]

구하는 경우의 수는

$$105 \times 6 = 630$$

0153 📝 1260

STEP1 2개의 R을 제외한 나머지 문자를 일렬로 나열할 때, C, F를 하나로 묶어 나열하는 경우의 수 구하기 [3점]

2개의 R을 제외한 나머지 7개의 문자 E, F, E, E, N, C, E를 나열하는 경우를 생각하자.

C, F를 한 문자 X로 생각하여 6개의 문자 E, X, E, E, N, E를 나열하는 경우의 수는

$$\frac{6!}{4!} = 30$$

STEP2 C, F를 나열하는 경우의 수 구하기 [1점]

C, F가 서로 자리를 바꾸는 경우의 수는

$$2! = 2$$

STEP3 2개의 R끼리 이웃하지 않도록 나열하는 경우의 수 구하기 [2점]

6개의 문자 E, X, E, E, N, E의 사이사이와 양 끝의 7개의 자리에서 2개를 택하여 R을 나열하는 경우의 수는

$$_7C_2 = 21$$

STEP4 경우의 수 구하기 [1점]

구하는 경우의 수는

$$30 \times 2 \times 21 = 1260$$

0154 📝 3360

STEP1 노란 공과 파란 공을 하나로 생각하여 일렬로 나열하는 경우의 수 구하기 [5점]

빨간 공을 a, 노란 공을 b, 파란 공을 c, 검은 공을 d, 빈 칸을 e로 생각하면 구하는 경우의 수는 10개의 문자 〔공이 7개이므로 3개의 빈칸에 다른 색을 넣는다고 생각한다.〕

$$a, a, a, b, b, c, d, e, e, e$$

를 일렬로 나열할 때, b, b, c가 이웃하도록 나열하는 경우의 수와 같다.

b, b, c를 한 문자 X로 생각하여 8개의 문자 a, a, a, X, d, e, e, e를 일렬로 나열하는 경우의 수는

$$\frac{8!}{3! \times 3!} = 1120$$

STEP2 노란 공과 파란 공을 나열하는 경우의 수 구하기 [2점]

b, b, c를 일렬로 나열하는 경우의 수는

$$\frac{3!}{2!} = 3$$

STEP3 경우의 수 구하기 [1점]

구하는 경우의 수는

$$1120 \times 3 = 3360$$

0155 📝 (1) 3 (2) 4 (3) 2 (4) 6 (5) 4 (6) 6 (7) 10

STEP1 4개의 숫자의 합이 6인 경우 구하기 [1점]

4개의 숫자의 합이 6이 되는 경우는 1, 1, 1, 3 또는 1, 1, 2, 2

STEP2 각각의 경우에 대하여 자연수의 개수 구하기 [4점]

(i) 1, 1, 1, 3을 일렬로 나열하는 경우의 수는

$$\frac{4!}{\boxed{3}!} = \boxed{4}$$

(ii) 1, 1, 2, 2를 일렬로 나열하는 경우의 수는

$$\frac{4!}{2! \times \boxed{2}!} = \boxed{6}$$

STEP3 자연수의 개수 구하기 [1점]

(i), (ii)에서 구하는 자연수의 개수는

$$\boxed{4} + \boxed{6} = \boxed{10}$$

실제 답안 예시

네 자리 자연수의 합이 6이 되는 경우

$(1, 1, 2, 2)$: $\frac{4!}{2! \times 2!} = 6$

$(1, 1, 1, 3)$: $\frac{4!}{3!} = 4$

$\therefore 6 + 4 = 10$

0156 📝 19

STEP1 4개의 숫자의 합이 8인 경우 구하기 [1점]

4개의 숫자의 합이 8인 경우는

1, 1, 3, 3 또는 1, 2, 2, 3 또는 2, 2, 2, 2

STEP2 각각의 경우에 대하여 자연수의 개수 구하기 [6점]

(i) 1, 1, 3, 3을 일렬로 나열하는 경우의 수는

$$\frac{4!}{2! \times 2!} = 6 \qquad \cdots\cdots ⓐ$$

(ii) 1, 2, 2, 3을 일렬로 나열하는 경우의 수는

$$\frac{4!}{2!} = 12 \qquad \cdots\cdots ⓐ$$

(iii) 2, 2, 2, 2를 일렬로 나열하는 경우의 수는 1 $\qquad \cdots\cdots ⓐ$

STEP3 자연수의 개수 구하기 [1점]

(i)~(iii)에서 구하는 자연수의 개수는

$$6 + 12 + 1 = 19$$

부분점수표

ⓐ (i)~(iii) 중에서 일부만 구한 경우	각 2점

0157 📝 32

STEP1 4개의 숫자의 합이 8의 배수인 경우 구하기 [2점]

4개의 숫자의 합이 8의 배수인 경우는 다음과 같다.

4개의 숫자의 합이 8인 경우는

1, 1, 2, 4 또는 1, 1, 3, 3 또는 1, 2, 2, 3 또는 2, 2, 2, 2 ······ ⓐ

4개의 숫자의 합이 16인 경우는 4, 4, 4, 4 ······ ⓐ

STEP 2 각각의 경우에 대하여 자연수의 개수 구하기 [5점]

(i) 1, 1, 2, 4를 일렬로 나열하는 경우의 수는

$$\frac{4!}{2!}=12$$ ······ ⓑ

(ii) 1, 1, 3, 3을 일렬로 나열하는 경우의 수는

$$\frac{4!}{2!\times2!}=6$$ ······ ⓑ

(iii) 1, 2, 2, 3을 일렬로 나열하는 경우의 수는

$$\frac{4!}{2!}=12$$ ······ ⓑ

(iv) 2, 2, 2, 2를 일렬로 나열하는 경우의 수는 1 ······ ⓑ

(v) 4, 4, 4, 4를 일렬로 나열하는 경우의 수는 1 ······ ⓑ

STEP 3 자연수의 개수 구하기 [1점]

(i)~(v)에서 구하는 자연수의 개수는

$12+6+12+1+1=32$

부분점수표	
ⓐ 두 가지 경우 중에서 하나만 구한 경우	1점
ⓑ (i)~(v) 중에서 일부만 구한 경우	각 1점

0158　目 35

STEP 1 5개의 숫자의 합이 22인 경우 구하기 [2점]

$f(a)+f(b)+f(c)+f(d)+f(e)=22$를 만족시키는 함수 f의 개수는 집합 Y의 원소인 1, 2, 3, 4, 5에서 중복을 허용하여 합이 22가 되는 5개를 택한 후 대응시키는 경우의 수와 같다.

이때 합이 22인 경우는

2, 5, 5, 5, 5 또는 3, 4, 5, 5, 5 또는 4, 4, 4, 5, 5

STEP 2 각각의 경우에 대하여 함수의 개수 구하기 [6점]

(i) 각 함숫값이 2, 5, 5, 5, 5인 경우

2, 5, 5, 5, 5를 일렬로 나열하여 차례로 $f(a)$, $f(b)$, $f(c)$, $f(d)$, $f(e)$의 값으로 정하면 되므로 함수의 개수는

$$\frac{5!}{4!}=5$$ ······ ⓐ

(ii) 각 함숫값이 3, 4, 5, 5, 5인 경우

3, 4, 5, 5, 5를 일렬로 나열하여 차례로 $f(a)$, $f(b)$, $f(c)$, $f(d)$, $f(e)$의 값으로 정하면 되므로 함수의 개수는

$$\frac{5!}{3!}=20$$ ······ ⓐ

(iii) 각 함숫값이 4, 4, 4, 5, 5인 경우

4, 4, 4, 5, 5를 일렬로 나열하여 차례로 $f(a)$, $f(b)$, $f(c)$, $f(d)$, $f(e)$의 값으로 정하면 되므로 함수의 개수는

$$\frac{5!}{3!\times2!}=10$$ ······ ⓐ

STEP 3 함수의 개수 구하기 [1점]

(i)~(iii)에서 구하는 함수의 개수는

$5+20+10=35$

부분점수표	
ⓐ (i)~(iii) 중에서 일부만 구한 경우	각 2점

1 0159　目 ①　　　　　　　　　　　　　　유형 1

출제의도 ┃ 원순열의 수를 이해하는지 확인한다.

> 서로 다른 n개를 원형으로 배열하는 원순열의 수는 $\dfrac{n!}{n}=(n-1)!$임을 이용해 보자.

구하는 경우의 수는 서로 다른 4개를 원형으로 배열하는 원순열의 수와 같으므로

$(4-1)!=3!=6$

2 0160　目 ②　　　　　　　　　　　　　　유형 1

출제의도 ┃ 원순열의 수를 이해하는지 확인한다.

> 특정한 집단을 이웃하게 배열하는 경우는 다음과 같은 순서로 해결해 보자.
> ❶ 이웃하는 집단을 묶어서 하나로 본다.
> ❷ 이웃하는 집단의 구성원끼리의 자리를 바꾼다.

세 쌍의 부부를 각각 한 명으로 생각하여 3명이 원탁에 둘러앉는 경우의 수는

$(3-1)!=2$

부부끼리 서로 자리를 바꾸는 경우의 수는 각각 $2!=2$

따라서 구하는 경우의 수는

$2\times2\times2\times2=16$
　└──→ 세 쌍의 부부가 각각 자리를 바꾸는 경우의 수이다.

3 0161　目 ④　　　　　　　　　　　　　　유형 2

출제의도 ┃ 평면도형을 색칠하는 경우의 수를 구할 수 있는지 확인한다.

> (원의 내부) ➡ (원의 외부)의 순서로 색칠하는 경우의 수를 구해 보자.

정사각형에 내접하는 원의 내부에 색을 칠하는 경우의 수는 5

원의 내부에 칠한 색을 제외한 4가지의 색을 원의 내부를 제외한 4개 영역에 칠하는 경우의 수는

$(4-1)!=3!=6$

따라서 구하는 경우의 수는

$5\times6=30$

4 0162　目 ③　　　　　　　　　　　　　　유형 5

출제의도 ┃ 중복순열의 수를 이해하는지 확인한다.

> $_n\Pi_r=n^r$을 이용해 보자.

$_2\Pi_3=2^3=8$

5 0163　目 ②　　　　　　　　　　　　　　유형 9

출제의도 ┃ 같은 것이 있는 순열의 수를 이해하는지 확인한다.

> n개 중에서 서로 같은 것이 각각 p개, q개, ..., r개씩 있을 때, n개를 일렬로 나열하는 경우의 수는 $\dfrac{n!}{p!\times q!\times\cdots\times r!}$임을 이용해 보자.

a가 3개, b가 2개이므로 구하는 경우의 수는

$$\frac{6!}{3! \times 2!} = 60$$

6 0164 답 ① 유형 10

출제의도 | 같은 것이 있는 순열의 수를 이용하여 자연수의 개수를 구할 수 있는지 확인한다.

> 맨 앞 자리에는 0이 올 수 없음에 주의하여 자연수의 개수를 구해 보자.

여섯 개의 숫자 0, 1, 1, 2, 2, 2를 일렬로 나열하는 경우의 수는

$$\frac{6!}{2! \times 3!} = 60$$

이때 앞자리에 0이 오는 경우의 수는 다섯 개의 숫자 1, 1, 2, 2, 2를 일렬로 나열하는 경우의 수와 같으므로

$$\frac{5!}{2! \times 3!} = 10$$

따라서 구하는 자연수의 개수는

$$60 - 10 = 50$$

7 0165 답 ② 유형 1

출제의도 | 원순열의 수를 이해하는지 확인한다.

> 특정한 집단을 이웃하지 않게 배열하는 경우는 다음과 같은 순서로 해결해 보자.
> ❶ 이웃해도 좋은 구성원 먼저 나열한다.
> ❷ 사이사이에 이웃하면 안 되는 구성원을 나열한다.

남학생 4명이 원탁에 둘러앉는 경우의 수는

$$(4-1)! = 3! = 6$$

남학생 사이사이의 4개의 자리에 여학생 3명이 앉는 경우의 수는

$$_4\mathrm{P}_3 = 24$$

따라서 구하는 경우의 수는

$$6 \times 24 = 144$$

8 0166 답 ② 유형 4

출제의도 | 원순열의 수를 다양한 도형에 적용할 수 있는지 확인한다.

> 회전했을 때 일치하지 않는 자리의 수를 구해 보자.

8명을 원형으로 배열하는 경우의 수는

$$(8-1)! = 7!$$

이때 원형으로 배열하는 한 가지 경우에 대하여 주어진 모양의 탁자에서 회전했을 때 일치하지 않는 경우가 그림과 같이 4가지씩 존재한다.

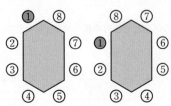

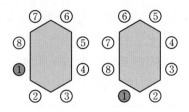

따라서 경우의 수는 $7! \times 4$이므로

$$n = 4$$

9 0167 답 ③ 유형 4

출제의도 | 원순열의 수를 다양한 도형에 적용할 수 있는지 확인한다.

> 빈 의자 1개를 1명으로 생각하여 6명이 탁자에 앉는 경우의 수를 구해 보자.

5명의 사람을 각각 A, B, C, D, E라 하고, 빈 자리를 X라 하면 구하는 경우의 수는 A, B, C, D, E, X를 정삼각형 모양의 탁자의 자리에 배치하는 경우의 수와 같다.

6명을 원형으로 배열하는 경우의 수는

$$(6-1)! = 5! = 120$$

이때 원형으로 배열하는 한 가지 경우에 대하여 주어진 모양의 탁자에서 회전했을 때 일치하지 않는 경우가 그림과 같이 2가지씩 존재한다.

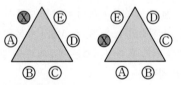

따라서 구하는 경우의 수는

$$120 \times 2 = 240$$

10 0168 답 ④ 유형 6

출제의도 | 중복순열의 수를 이용하여 자연수의 개수를 구할 수 있는지 확인한다.

> 3300보다 작은 수이므로 1□□□, 2□□□, 3 1□□, 3 2□□ 꼴의 자연수의 개수를 구해 보자.

(i) 1□□□ 꼴인 네 자리 자연수의 개수는
$$_4\Pi_3 = 4^3 = 64$$

(ii) 2□□□ 꼴인 네 자리 자연수의 개수는
$$_4\Pi_3 = 4^3 = 64$$

(iii) 3 1□□ 꼴인 네 자리 자연수의 개수는
$$_4\Pi_2 = 4^2 = 16$$

(iv) 3 2□□ 꼴인 네 자리 자연수의 개수는
$$_4\Pi_2 = 4^2 = 16$$

(i)~(iv)에서 구하는 자연수의 개수는

$$64 + 64 + 16 + 16 = 160$$

11 0169 답 ⑤ 유형 6

출제의도 | 중복순열의 수를 이용하여 자연수의 개수를 구할 수 있는지 확인한다.

> 1이 한 번 나타나는 자연수의 개수와 1이 한 번도 나타나지 않는 자연수의 개수를 구해 보자.

4개의 숫자 1, 2, 3, 4에서 중복을 허용하여 만들 수 있는 다섯 자리 자연수의 개수는

$_4\Pi_5 = 4^5 = 1024$

(i) 1이 한 번 나타나는 경우

1이 나타나는 자리를 정하는 경우의 수는 5

1이 나타나는 자리를 제외한 나머지 4개의 자리에 수를 나열하는 경우의 수는

$_3\Pi_4 = 3^4 = 81$ → 3개의 숫자 2, 3, 4에서 중복을 허용하여 만들 수 있는 네 자리 자연수의 개수이다.

따라서 1이 한 번 나타나는 수의 개수는

$5 \times 81 = 405$

(ii) 1이 한 번도 나타나지 않는 수의 개수는

$_3\Pi_5 = 3^5 = 243$

(i), (ii)에서 구하는 자연수의 개수는

$1024 - (405 + 243) = 376$

12 0170 답 ⑤ 유형 7

출제의도 | 중복순열의 수를 이용하여 함수의 개수를 구할 수 있는지 확인한다.

> 두 집합 X, Y에 대하여 $n(X)=r$, $n(Y)=n$일 때, X에서 Y로의 함수의 개수는 $_n\Pi_r = n^r$임을 이용해 보자.

X에서 Y로의 함수는 집합 Y의 원소 a, b의 2개에서 중복을 허용하여 7개를 택하여 집합 X의 원소 1, 2, 3, 4, 5, 6, 7에 대응시키면 되므로 X에서 Y로의 함수의 개수는

$_2\Pi_7 = 2^7 = 128$

치역이 $\{a\}$인 함수의 개수는 1

치역이 $\{b\}$인 함수의 개수는 1

따라서 구하는 함수의 개수는

$128 - (1+1) = 126$

13 0171 답 ② 유형 8

출제의도 | 중복순열의 수를 이용하여 신호의 개수를 구할 수 있는지 확인한다.

> 서로 다른 n개에서 중복을 허용하여 r개를 택하여 신호를 만드는 경우의 수는 $_n\Pi_r = n^r$임을 이용해 보자.

n개의 전구를 각각 켜거나 꺼서 만들 수 있는 신호의 개수는

$_2\Pi_n = 2^n$

이때 모든 전구가 꺼진 경우는 신호에서 제외해야 하므로 신호의 개수는

$2^n - 1$

신호의 개수가 100 이상 500 이하이므로

$100 \le 2^n - 1 \le 500$

즉, $101 \le 2^n \le 501$

이때 $2^6 = 64$, $2^7 = 128$, $2^8 = 256$, $2^9 = 512$이므로

$101 \le 2^n \le 501$을 만족시키는 자연수 n의 값은 7, 8

따라서 n의 값의 합은

$7 + 8 = 15$

14 0172 답 ① 유형 12

출제의도 | 같은 것이 있는 순열의 수를 다양한 상황에 적용할 수 있는지 확인한다.

> 크기가 서로 다른 검은 공 3개를 같은 종류의 검은 공으로 생각하여 경우의 수를 구해 보자.

검은 공의 순서는 정해져 있으므로 크기가 서로 다른 검은 공 3개를 같은 종류의 검은 공 3개로 생각하여 같은 종류의 흰 공 2개와 일렬로 나열한 후 검은 공은 작은 것부터 큰 순서로 바꾸면 된다.

따라서 구하는 경우의 수는

$\dfrac{5!}{3! \times 2!} = 10$

15 0173 답 ② 유형 12

출제의도 | 같은 것이 있는 순열의 수를 다양한 상황에 적용할 수 있는지 확인한다.

> 야구공, 축구공, 농구공을 각각 a, b, c라 하고 a, a, a, b, b, c를 일렬로 나열해 보자.

야구공 3개, 축구공 2개, 농구공 1개를 일렬로 나열한 후 앞에 있는 공부터 차례로 한 사람씩 나누어 주면 되므로 구하는 경우의 수는 야구공 3개, 축구공 2개, 농구공 1개를 일렬로 나열하는 경우의 수와 같다.

따라서 야구공, 축구공, 농구공을 각각 a, b, c라 하면 구하는 경우의 수는 a, a, a, b, b, c를 일렬로 나열하는 경우의 수와 같으므로

$\dfrac{6!}{3! \times 2!} = 60$

16 0174 답 ③ 유형 14

출제의도 | 같은 것이 있는 순열의 수를 이용하여 최단 거리로 가는 경우의 수를 구할 수 있는지 확인한다.

> A 지점에서 P 지점까지 최단 거리로 가는 경우의 수와 P 지점에서 B 지점까지 최단 거리로 가는 경우의 수를 각각 구한 후 곱해서 해결해 보자.

(i) A 지점에서 P 지점까지 최단 거리로 가는 경우의 수는

$\dfrac{4!}{2! \times 2!} = 6$

(ii) P 지점에서 B 지점까지 최단 거리로 가는 경우의 수는

$\dfrac{5!}{3! \times 2!} = 10$

(i), (ii)에서 구하는 경우의 수는

$6 \times 10 = 60$

17 0175 답 ②

유형 3

출제의도 | 입체도형을 색칠하는 경우의 수를 구할 수 있는지 확인한다.

> (밑면) → (옆면)의 순서로 색칠하는 경우의 수를 구해 보자.

6가지 색 중에서 칠할 5가지 색을 고르는 경우의 수는

$_6C_5=_6C_1=6$

고른 5가지 색 중에서 밑면을 칠할 1가지 색을 고르는 경우의 수는

5

밑면을 칠할 색을 제외한 4가지 색을 이용하여 옆면을 칠하는 경우의 수는 서로 다른 4개를 원형으로 배열하는 원순열의 수와 같으므로

$(4-1)!=3!=6$

따라서 구하는 경우의 수는

$6\times5\times6=180$

다른 풀이

회전을 고려하지 않고 5개의 영역을 칠하는 경우의 수는

$_6P_5=720$

이때 옆면을 회전시켰을 때 같은 것이 4개씩 나오므로 구하는 경우의 수는

$\dfrac{720}{4}=180$

18 0176 답 ①

유형 9

출제의도 | 같은 것이 있는 순열의 수를 이해하는지 확인한다.

> 세 개의 문자가 서로 같은 경우, 두 개의 문자가 서로 같은 경우, 세 개의 문자가 서로 다른 경우로 분류해 보자.

(i) 세 개의 문자가 서로 같은 경우

(a, a, a)뿐이므로 경우의 수는 1

(ii) 두 개의 문자가 서로 같은 경우

$(a, a, b), (a, a, c), (b, b, a), (b, b, c)$를 나열하는 경우이므로 경우의 수는

$\dfrac{3!}{2!}\times4=12$

(iii) 세 문자가 서로 다른 경우

(a, b, c)를 나열하는 경우이므로 경우의 수는 $3!=6$

(i)~(iii)에서 구하는 경우의 수는

$1+12+6=19$

19 0177 답 ②

유형 12

출제의도 | 같은 것이 있는 순열의 수를 이용하여 순서가 정해진 순열의 수를 구할 수 있는지 확인한다.

> 일의 자리에 놓을 카드에 적힌 숫자를 제외한 나머지 두 홀수를 a, b라 하고, 짝수를 c라 생각해 보자.

나열된 수가 홀수이므로 일의 자리에 올 수 있는 숫자는 1, 3, 5의 3개

일의 자리에 놓을 카드에 적힌 숫자를 제외한 나머지 두 홀수를 a,

b라 하고, 짝수를 c라 하면 a, b, c, c, c를 일렬로 나열하는 경우의 수는   짝수는 순서가 정해져 있으므로 ←로 같은 것으로 생각한다.

$\dfrac{5!}{3!}=20$

이때 짝수는 3개의 c에 2, 4, 6을 크기가 작은 순서대로 바꾸어 놓으면 된다.

따라서 구하는 경우의 수는

$3\times20=60$

20 0178 답 ⑤

유형 5

출제의도 | 중복순열의 수를 이해하는지 확인한다.

> 전체집합 U의 각 원소는 세 집합 A, B, $(A\cup B)^C$ 중 오직 한 집합의 원소임을 이용해 보자.

두 집합 A와 B가 서로소이므로 전체집합 U의 각 원소는 세 집합 A, B, $(A\cup B)^C$ 중 오직 한 집합의 원소이다. $\rightarrow A\cap B=\varnothing$

따라서 구하는 순서쌍의 개수는 세 집합 A, B, $(A\cup B)^C$에서 중복을 허락하여 6개를 일렬로 나열하는 중복순열의 수와 같으므로

$_3\Pi_6=3^6=729$

21 0179 답 ③

유형 12

출제의도 | 같은 것이 있는 순열의 수를 이용하여 순서가 정해진 순열의 수를 구할 수 있는지 확인한다.

> A, B, C를 모두 X로 생각하고, D, E를 Y로 생각하여 나열해 보자.

A, B, C의 순서가 정해져 있으므로 A, B, C를 모두 X로 생각하고, D, E를 Y로 생각하여 X, X, X, Y, F를 일렬로 나열하는 경우의 수는

$\dfrac{5!}{3!}=20$

3개의 X를 앞에 있는 것부터 차례로 A, B, C로 바꾸고, Y를 D, E로 바꾸면 된다. 이때 D, E가 자리를 바꾸는 경우의 수는 $2!=2$

따라서 구하는 경우의 수는

$20\times2=40$

22 0180 답 90

유형 2

출제의도 | 평면도형을 색칠하는 경우의 수를 구할 수 있는지 확인한다.

STEP 1 칠할 4가지 색을 고르는 경우의 수 구하기 [2점]

6가지 색 중 칠할 4가지 색을 고르는 경우의 수는

$_6C_4=_6C_2=15$

STEP 2 고른 색을 칠하는 경우의 수 구하기 [3점]

고른 4가지 색을 칠하는 경우의 수는

$(4-1)!=3!=6$

STEP 3 경우의 수 구하기 [1점]

구하는 경우의 수는

$15\times6=90$

23 0181 답 300 유형 9

출제의도 │ 같은 것이 있는 순열의 수를 이해하는지 확인한다.

STEP 1 A, A, A, B, B를 일렬로 나열하는 경우의 수 구하기 [3점]

5개의 문자 A, A, A, B, B를 일렬로 나열하는 경우의 수는

$$\frac{5!}{3! \times 2!} = 10$$

STEP 2 C, D를 나열하는 경우의 수 구하기 [2점]

5개의 문자 A, A, A, B, B의 양 끝과 사이사이의 6곳에 C, D를 나열하는 경우의 수는

$$_6P_2 = 30$$

STEP 3 경우의 수 구하기 [1점]

구하는 경우의 수는

$$10 \times 30 = 300$$

다른 풀이

7개의 문자 A, A, A, B, B, C, D를 일렬로 나열하는 경우의 수는

$$\frac{7!}{3! \times 2!} = 420$$

C, D를 한 문자 X로 생각하여 6개의 문자 A, A, A, B, B, X를 일렬로 나열하는 경우의 수는

$$\frac{6!}{3! \times 2!} = 60$$

이때 C, D가 서로 자리를 바꾸는 경우의 수는 $2! = 2$이므로 C, D가 이웃하도록 나열하는 경우의 수는

$$60 \times 2 = 120$$

따라서 구하는 경우의 수는

$$420 - 120 = 300$$

24 0182 답 81 유형 7

출제의도 │ 중복순열의 수를 이용하여 함수의 개수를 구할 수 있는지 확인한다.

STEP 1 $f(2)$, $f(4)$의 값을 정하는 경우의 수 구하기 [3점]

조건 ㈎에서 $f(2) \times f(4)$의 값은 홀수이므로 $f(2)$, $f(4)$의 값도 모두 홀수이다. 즉, $f(2)$, $f(4)$의 값은 1, 3, 5 중 하나이다.

집합 Y의 원소 1, 3, 5의 3개에서 중복을 허용하여 2개를 택하여 집합 X의 원소 2, 4에 대응시키면 되므로 $f(2)$, $f(4)$의 값을 정하는 경우의 수는

$$_3\Pi_2 = 3^2 = 9$$

STEP 2 $f(1)$, $f(3)$, $f(5)$의 값을 정하는 경우의 수 구하기 [3점]

조건 ㈏에서 $f(1) \times f(3) \times f(5)$의 값은 소수이므로 $f(1)$, $f(3)$, $f(5)$의 값 중 두 개는 1이고, 나머지 한 개는 2, 3, 5 중 하나이다.

4는 합성수이므로 제외한다.

$f(1)$, $f(3)$, $f(5)$의 값 중 두 개가 1이 되도록 정하는 경우의 수는 $_3C_2 = _3C_1 = 3$이고, 나머지 한 개는 2, 3, 5 중 하나가 되도록 정하는 경우의 수는 $_3C_1 = 3$이므로 $f(1)$, $f(3)$, $f(5)$의 값을 정하는 경우의 수는

$$3 \times 3 = 9$$

STEP 3 함수의 개수 구하기 [1점]

구하는 함수의 개수는

$$9 \times 9 = 81$$

25 0183 답 9 유형 15

출제의도 │ 같은 것이 있는 순열의 수를 이용하여 최단 거리로 가는 경우의 수를 구할 수 있는지 확인한다.

STEP 1 P 지점을 지나지 않고 가는 방법 생각하기 [3점]

그림과 같이 세 지점 Q, R, S를 잡으면 A 지점에서 출발하여 P 지점을 지나지 않고 B 지점까지 최단 거리로 가는 경우는

$$A \rightarrow Q \rightarrow R \rightarrow S \rightarrow B$$

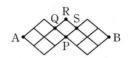

STEP 2 경우의 수 구하기 [4점]

A → Q로 가는 경우의 수는 $\frac{3!}{2!} = 3$

Q → R → S로 가는 경우의 수는 1

S → B로 가는 경우의 수는 $\frac{3!}{2!} = 3$

따라서 구하는 경우의 수는

$$3 \times 1 \times 3 = 9$$

실력 check 실전 마무리하기 2회 43쪽~47쪽

1 0184 답 ⑤ 유형 1

출제의도 │ 원순열의 수를 이해하는지 확인한다.

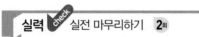
서로 다른 n개를 원형으로 배열하는 원순열의 수는 $\frac{n!}{n} = (n-1)!$임을 이용해 보자.

구하는 경우의 수는 서로 다른 7개를 원형으로 배열하는 경우의 수와 같으므로

$$(7-1)! = 6! = 720$$

2 0185 답 ③ 유형 1

출제의도 │ 원순열의 수를 이해하는지 확인한다.

먼저 남학생을 배열한 후, 사이사이에 여학생을 배열해 보자.

먼저 남학생 3명이 원탁에 둘러 앉는 경우의 수는

$$(3-1)! = 2! = 2$$

여학생 3명이 남학생 사이사이의 자리에 앉는 경우의 수는

$$3! = 6$$

따라서 구하는 경우의 수는

$$2 \times 6 = 12$$

3 0186 답 ⑤ 유형 2

출제의도 │ 평면도형을 색칠하는 경우의 수를 구할 수 있는지 확인한다.

서로 다른 n개를 원형으로 배열하는 원순열의 수를 이용해 보자.

구하는 경우의 수는 서로 다른 6개를 원형으로 배열하는 원순열의
수와 같으므로
$$(6-1)!=5!=120$$

4 0187 **답** ④   유형 5

출제의도 | 중복순열의 수를 이해하는지 확인한다.

$_n\Pi_r=n^r$임을 이용해 보자.

$_n\Pi_3=n^3=64=4^3$에서 $n=4$

5 0188 **답** ④   유형 5

출제의도 | 중복순열의 수를 이해하는지 확인한다.

4명의 학생이 각각 3개의 장소 중 하나씩 선택할 수 있으므로 서로 다른
3개에서 4개를 택하는 중복순열의 수와 같음을 이용해 보자.

4명의 학생이 수학여행 희망 장소를 선택하는 경우의 수가 3이므
로 구하는 경우의 수는 서로 다른 3개에서 4개를 택하는 중복순열
의 수와 같다.
따라서 구하는 경우의 수는
$_3\Pi_4=3^4=81$

6 0189 **답** ③   유형 14

출제의도 | 같은 것이 있는 순열의 수를 이용하여 최단 거리로 가는 경우의
수를 구할 수 있는지 확인한다.

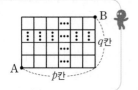
A에서 출발하여 B까지 최단 거리로 가는
경우의 수는 $\dfrac{(p+q)!}{p!\times q!}$임을 이용해 보자.

A 지점에서 B 지점까지 최단 거리로 가는 경우의 수는
$$\dfrac{8!}{5!\times 3!}=56$$

7 0190 **답** ①   유형 3

출제의도 | 입체도형을 색칠하는 경우의 수를 구할 수 있는지 확인한다.

정다면체는 어느 면을 밑면으로 하여도 모양이 다 같으므로 밑면에 한 가
지 색을 칠하고 이를 고정시켜 문제를 해결해 보자.

정육면체의 한 면에 빨간색을 칠하고 이를 밑면으로 고정시키면
노란색을 칠할 면은 마주 보는 자리로 고정된다.
빨간색과 노란색을 제외한 4가지 색을 이용하여 옆면을 칠하는 경
우의 수는 서로 다른 4개를 원형으로 배열하는 원순열의 수와 같으
므로
$$(4-1)!=3!=6$$
따라서 구하는 경우의 수는 6

8 0191 **답** ②   유형 4

출제의도 | 원순열의 수를 다양한 도형에 적용할 수 있는지 확인한다.

회전했을 때 일치하지 않는 자리의 수를 구해 보자.

5명을 원형으로 배열하는 경우의 수는
$$(5-1)!=4!=24$$
이때 원형으로 배열하는 한 가지 경우에 대하여 주어진 모양의 탁
자에서 회전했을 때 일치하지 않는 경우가 그림과 같이 5가지씩 존
재한다.

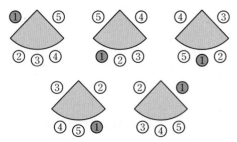

따라서 구하는 경우의 수는
$$24\times 5=120$$

9 0192 **답** ⑤   유형 4

출제의도 | 원순열의 수를 다양한 도형에 적용할 수 있는지 확인한다.

빈 의자는 사람이 앉은 의자와 구별되므로 빈 의자도 한 명의 사람으로
생각해 보자.

빈 의자는 사람이 앉은 의자와 구별되므로 빈 의자도 한 명의 사람
으로 보고 6명을 원형으로 배열하는 경우의 수는
$$(6-1)!=5!=120$$
이때 원형으로 배열하는 한 가지 경우에 대하여 주어진 모양의 탁
자에서 회전했을 때 일치하지 않는 경우가 그림과 같이 3가지씩 존
재한다.

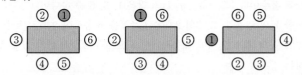

따라서 구하는 경우의 수는
$$120\times 3=360$$

10 0193 **답** ②   유형 7

출제의도 | 중복순열의 수를 이용하여 함수의 개수를 구할 수 있는지 확인한다.

두 집합 X, Y에 대하여 $n(X)=r$, $n(Y)=n$일 때, X에서 Y로의
함수의 개수는 $_n\Pi_r=n^r$임을 이용해 보자.

$f(b)\neq 2$이므로 $f(b)$의 값이 될 수 있는 것은 1, 3의 2개이다.
또, $f(a)=1$이므로 집합 Y의 원소 1, 2, 3의 3개에서 중복을 허
용하여 2개를 택하여 집합 X의 원소 c, d에 대응시키면 된다.
즉, $f(c)$, $f(d)$의 값을 정하는 경우의 수는

$_3\Pi_2=3^2=9$

따라서 구하는 함수의 개수는

$2\times9=18$

11 0194 답 ③
유형 9

출제의도 | 같은 것이 있는 순열의 수를 이해하는지 확인한다.

양 끝에 o, e 또는 e, e가 올 수 있으므로 각각의 경우의 수를 구해 보자.

(i) 양 끝의 문자가 o, e인 경우

c, f, f, e를 일렬로 나열하는 경우의 수는

$\dfrac{4!}{2!}=12$

양 끝의 o, e를 나열하는 경우의 수는 $2!=2$

따라서 경우의 수는

$12\times2=24$

(ii) 양 끝의 문자가 모두 e인 경우

c, o, f, f를 일렬로 나열하는 경우의 수는

$\dfrac{4!}{2!}=12$

(i), (ii)에서 구하는 경우의 수는

$24+12=36$

12 0195 답 ①
유형 10

출제의도 | 같은 것이 있는 순열의 수를 이용하여 자연수의 개수를 구할 수 있는지 확인한다.

$6=1+1+1+3=1+1+2+2$임을 이용해 보자.

두 조건 ㈎, ㈏에서 각 자리의 숫자의 합이 6이 되는 경우는

1, 1, 1, 3 또는 1, 1, 2, 2

(i) 1, 1, 1, 3을 일렬로 나열하는 경우의 수는

$\dfrac{4!}{3!}=4$

(ii) 1, 1, 2, 2를 일렬로 나열하는 경우의 수는

$\dfrac{4!}{2!\times2!}=6$

(i), (ii)에서 구하는 자연수의 개수는

$4+6=10$

13 0196 답 ④
유형 11

출제의도 | 같은 것이 있는 순열의 수를 이용하여 순서가 정해진 순열의 수를 구할 수 있는지 확인한다.

1, 3, 5번째 자리에 2, 2, 4를 나열하고, 2, 4, 6번째 자리에 1, 3, 5를 나열해 보자.

1, 3, 5번째 자리에 2, 2, 4를 일렬로 나열하는 경우의 수는

$\dfrac{3!}{2!}=3$

2, 4, 6번째 자리에 1, 3, 5를 일렬로 나열하는 경우의 수는

$3!=6$

따라서 구하는 자연수의 개수는

$3\times6=18$

14 0197 답 ⑤
유형 11

출제의도 | 같은 것이 있는 순열의 수를 이용하여 순서가 정해진 순열의 수를 구할 수 있는지 확인한다.

자 모 자 모 자 모 자 모 자의 순서로 나열해 보자.

자음이 5개, 모음이 4개이므로 자음과 모음을 교대로 나오도록 나열하는 경우는

| 자 | 모 | 자 | 모 | 자 | 모 | 자 | 모 | 자 |

뿐이다.

자음 p, n, p, p, l을 일렬로 나열하는 경우의 수는

$\dfrac{5!}{3!}=20$

모음 i, e, a, e를 일렬로 나열하는 경우의 수는

$\dfrac{4!}{2!}=12$

따라서 구하는 경우의 수는

$20\times12=240$

15 0198 답 ④
유형 11

출제의도 | 같은 것이 있는 순열의 수를 이용하여 순서가 정해진 순열의 수를 구할 수 있는지 확인한다.

A, d, e, f를 모두 같은 문자로 생각하여 구해 보자.

A, d, e, f를 모두 한 문자 X로 생각하여 6개의 문자 B, C, X, X, X, X를 일렬로 나열하는 경우의 수는

$\dfrac{6!}{4!}=30$

4개의 X 중에서 첫 번째 X는 A로 바꾸고, 나머지 3개의 X는 d, e, f를 일렬로 나열한 것으로 바꾸는 경우의 수는

$3!=6$

따라서 구하는 경우의 수는

$30\times6=180$

16 0199 답 ①
유형 14

출제의도 | 같은 것이 있는 순열의 수를 이용하여 최단 거리로 가는 경우의 수를 구할 수 있는지 확인한다.

$A \to P, P \to Q, Q \to B$로 가는 경우의 수를 각각 구해 보자.

$A \to P$로 가는 경우의 수는 $\dfrac{6!}{4!\times2!}=15$

$P \to Q$로 가는 경우의 수는 1

$Q \to B$로 가는 경우의 수는 $\dfrac{3!}{2!}=3$

따라서 구하는 경우의 수는

$15\times1\times3=45$

17 0200 답 ②

출제의도 | 중복순열의 수를 이용하여 자연수의 개수를 구할 수 있는지 확인한다.

> 3 또는 6이 나올 자리와 나오지 않는 자리로 나누어 경우의 수를 구해 보자.

3 또는 6이 나올 자리를 정하는 경우의 수는
$_4C_2=6$
이때 3 또는 6을 나열하는 경우의 수는
$_2\Pi_2=2^2=4$
나머지 자리의 숫자를 나열하는 경우의 수는 1, 2, 4, 5의 4개에서
2개를 택하는 중복순열의 수와 같으므로
$_4\Pi_2=4^2=16$
따라서 구하는 경우의 수는
$6\times4\times16=384$

18 0201 답 ④

출제의도 | 중복순열의 수를 이용하여 함수의 개수를 구할 수 있는지 확인한다.

> $f(1)=f(4)$, $f(2)=f(3)$임을 이용해 보자.

$p+q=5$이면 $f(p)=f(q)$이므로 $f(1)=f(4)$, $f(2)=f(3)$
즉, $f(1)$, $f(2)$의 값이 정해지면 각각 $f(4)$, $f(3)$의 값이 유일하게 정해지므로 구하는 함수의 개수는 집합 $\{1, 2, 5, 6\}$에서 집합 $Y=\{a, b, c\}$로의 함수의 개수와 같다.
따라서 구하는 함수의 개수는 서로 다른 3개에서 4개를 택하는 중복순열의 수와 같으므로
$_3\Pi_4=3^4=81$

19 0202 답 ③

출제의도 | 같은 것이 있는 순열의 수를 이용하여 최단 거리로 가는 경우의 수를 구할 수 있는지 확인한다.

> 반드시 지나야 하는 중간 지점을 찾아보자.

A 지점에서 B 지점까지 최단 거리로 이동하려면 그림과 같이 P, Q 지점 중 오직 하나를 반드시 지나야 한다.

(i) A → P → B로 가는 경우
  A → P로 가는 경우의 수는
  $\dfrac{3!}{2!}\times1=3$
  P → B로 가는 경우의 수는
  $\dfrac{4!}{3!}=4$
  따라서 A → P → B로 가는 경우의 수는
  $3\times4=12$
(ii) A → Q → B로 가는 경우
  A → Q로 가는 경우의 수는
  $\dfrac{4!}{2!\times2!}=6$

Q → B로 가는 경우의 수는
  $\dfrac{4!}{2!\times2!}=6$
  따라서 A → Q → B로 가는 경우의 수는
  $6\times6=36$
(i), (ii)에서 구하는 경우의 수는
$12+36=48$

20 0203 답 ③

출제의도 | 중복순열의 수를 이해하는지 확인한다.

> 서로 다른 5개의 볼펜을 3명의 학생에게 남김없이 나누어 주는 경우의 수는 서로 다른 3개에서 중복을 허용하여 5개를 택하는 중복순열의 수와 같음을 이용해 보자.

서로 다른 5개의 볼펜을 3명의 학생에게 남김없이 나누어 주는 경우의 수는
$_3\Pi_5=3^5=243$
이때 볼펜을 받지 못하는 학생이 있는 경우는 다음과 같다.
(i) 볼펜을 받는 학생이 1명(볼펜을 받지 못하는 학생이 2명)인 경우
  볼펜을 받는 학생 1명을 정하는 경우의 수는 $_3C_1=3$
  5개의 볼펜을 1명의 학생에게 남김없이 나누어 주는 경우의 수는 1
  따라서 경우의 수는 $3\times1=3$
(ii) 볼펜을 받는 학생이 2명(볼펜을 받지 못하는 학생이 1명)인 경우
  볼펜을 받는 학생 2명을 정하는 경우의 수는 $_3C_2=_3C_1=3$
  5개의 볼펜을 2명의 학생에게 나누어 주는 경우의 수는
  (5개의 볼펜을 2명의 학생에게 남김없이 나누어 주는 경우의 수)
  − (5개의 볼펜을 1명의 학생에게 남김없이 나누어 주는 경우의 수)
  $=_2\Pi_5-1\times2$
  $=2^5-2=30$
  따라서 경우의 수는 $3\times30=90$
(i), (ii)에서 구하는 경우의 수는
$243-(3+90)=150$

21 0204 답 ②

출제의도 | 중복순열의 수를 이용하여 함수의 개수를 구할 수 있는지 확인한다.

> 치역의 모든 원소의 합이 7인 경우는 치역이 $\{1, 2, 4\}$ 또는 $\{3, 4\}$인 경우이므로 각각의 함수의 개수를 구해 보자.

(i) 치역이 $\{1, 2, 4\}$인 경우
  집합 A에서 집합 $\{1, 2, 4\}$로의 함수의 개수는
  $_3\Pi_4=3^4=81$
  집합 A에서 집합 $\{1, 2\}$, $\{1, 4\}$, $\{2, 4\}$로의 함수의 개수는
  각각 $_2\Pi_4=2^4=16$
  집합 A에서 집합 $\{1\}$, $\{2\}$, $\{4\}$로의 함수의 개수는 각각 1
  따라서 치역이 $\{1, 2, 4\}$인 함수의 개수는
  $81-3\times16+3\times1=36$
  └→ $_2\Pi_4$에서 집합 A에서 집합 $\{1\}$, $\{2\}$, $\{4\}$로의 함수를 빼었으므로 더해야 한다.
(ii) 치역이 $\{3, 4\}$인 경우
  집합 A에서 집합 $\{3, 4\}$로의 함수의 개수는

$_2\Pi_4=2^4=16$

집합 A에서 집합 $\{3\}$, $\{4\}$로의 함수의 개수는 각각 1

따라서 치역이 $\{3, 4\}$인 함수의 개수는

$16-2\times1=14$

(i), (ii)에서 구하는 함수의 개수는

$36+14=50$

22 0205 📋 8505   유형 5

출제의도 | 중복순열의 수를 이해하는지 확인한다.

STEP 1 A, B에게 사탕을 나누어 주는 경우의 수 구하기 [3점]

서로 다른 종류의 사탕 7개 중에서 학생 A에게 1개, 학생 B에게 2개의 사탕을 나누어 주는 경우의 수는

$_7C_1\times_6C_2=7\times15=105$

STEP 2 C, D, E에게 사탕을 나누어 주는 경우의 수 구하기 [2점]

나머지 사탕 4개를 C, D, E에게 나누어 주는 경우의 수는 서로 다른 3개에서 4개를 택하는 중복순열의 수와 같으므로

$_3\Pi_4=3^4=81$

STEP 3 경우의 수 구하기 [1점]

구하는 경우의 수는

$105\times81=8505$

23 0206 📋 24   유형 10

출제의도 | 같은 것이 있는 순열의 수를 이용하여 자연수의 개수를 구할 수 있는지 확인한다.

STEP 1 4개의 수를 택할 수 있는 경우 구하기 [1점]

0, 1, 1, 2, 2에서 4개의 수를 택할 수 있는 경우는

1, 1, 2, 2 또는 0, 1, 2, 2 또는 0, 1, 1, 2

STEP 2 각각의 경우에 대하여 자연수의 개수 구하기 [4점]

(i) 1, 1, 2, 2를 일렬로 나열하는 경우의 수는

$\dfrac{4!}{2!\times2!}=6$

(ii) 0, 1, 2, 2를 일렬로 나열하는 경우의 수는

$\dfrac{4!}{2!}=12$

0$\square\square\square$꼴로 나열하는 경우의 수는 1, 2, 2를 일렬로 나열하는 경우의 수와 같으므로

$\dfrac{3!}{2!}=3$

따라서 경우의 수는

$12-3=9$

(iii) 0, 1, 1, 2를 일렬로 나열하는 경우의 수는

$\dfrac{4!}{2!}=12$

0$\square\square\square$꼴로 나열하는 경우의 수는 1, 1, 2를 일렬로 나열하는 경우의 수와 같으므로

$\dfrac{3!}{2!}=3$

따라서 경우의 수는

$12-3=9$

STEP 3 경우의 수 구하기 [1점]

(i)~(iii)에서 구하는 자연수의 개수는

$6+9+9=24$

24 0207 📋 864   유형 1

출제의도 | 중복순열의 수를 이해하는지 확인한다.

STEP 1 1학년 학생과 3학년 학생이 앉는 경우의 수 구하기 [2점]

1학년 학생 3명을 한 명으로 생각하여 3학년 학생 3명과 함께 원탁에 둘러앉는 경우의 수는

$(4-1)!=3!=6$

STEP 2 1학년 학생이 자리를 바꾸는 경우의 수 구하기 [2점]

1학년 학생 3명이 서로 자리를 바꾸는 경우의 수는

$3!=6$

STEP 3 2학년 학생이 앉는 경우의 수 구하기 [2점]

2학년 학생이 앉을 수 있는 자리의 수는 4이고, 이 중 3자리를 택하여 2학년 학생 3명이 앉는 경우의 수는

$_4P_3=24$

STEP 4 경우의 수 구하기 [1점]

구하는 경우의 수는

$6\times6\times24=864$

25 0208 📋 21   유형 13

출제의도 | 같은 것이 있는 순열의 수를 이용하여 방정식의 해의 개수를 구할 수 있는지 확인한다.

STEP 1 $a+b+c+d$의 가능한 값 구하기 [1점]

$4\le a+b+c+d\le12$이므로 $a+b+c+d$의 값은 4 또는 8 또는 12이다.

STEP 2 각각의 경우에 대한 순서쌍의 개수 구하기 [5점]

(i) $a+b+c+d=4$인 경우

$a=b=c=d=1$이므로 순서쌍 (a, b, c, d)의 개수는 1

(ii) $a+b+c+d=8$인 경우

$a\le b\le c\le d$인 a, b, c, d는

$(1, 1, 3, 3), (1, 2, 2, 3), (2, 2, 2, 2)$

ⓐ 네 자연수가 1, 1, 3, 3인 순서쌍 (a, b, c, d)의 개수는

$\dfrac{4!}{2!\times2!}=6$

ⓑ 네 자연수가 1, 2, 2, 3인 순서쌍 (a, b, c, d)의 개수는

$\dfrac{4!}{2!}=12$

ⓒ 네 자연수가 2, 2, 2, 2인 순서쌍 (a, b, c, d)의 개수는 1

따라서 순서쌍 (a, b, c, d)의 개수는

$6+12+1=19$

(iii) $a+b+c+d=12$인 경우

$a=b=c=d=3$이므로 순서쌍 (a, b, c, d)의 개수는 1

STEP 3 순서쌍 (a, b, c, d)의 개수 구하기 [1점]

(i)~(iii)에서 구하는 순서쌍 (a, b, c, d)의 개수는

$1+19+1=21$

02 중복조합과 이항정리

0209 답 35

$_5H_3 = {}_{5+3-1}C_3$

$= {}_7C_3 = \dfrac{7 \times 6 \times 5}{3 \times 2 \times 1} = 35$

0210 답 21

$_3H_5 = {}_{3+5-1}C_5$

$= {}_7C_5 = {}_7C_2 = \dfrac{7 \times 6}{2 \times 1} = 21$

0211 답 9

0212 답 5

0213 답 56

$_4H_5 = {}_{4+5-1}C_5 = {}_8C_5 = {}_8C_3 = 56$

0214 답 70

$_5H_4 = {}_{5+4-1}C_4 = {}_8C_4 = 70$

0215 답 $a^3 + 3a^2b + 3ab^2 + b^3$

$(a+b)^3 = {}_3C_0 a^3 + {}_3C_1 a^2 b + {}_3C_2 ab^2 + {}_3C_3 b^3$

$\qquad = a^3 + 3a^2b + 3ab^2 + b^3$

0216 답 $x^5 - 10x^4 y + 40x^3 y^2 - 80x^2 y^3 + 80xy^4 - 32y^5$

$(x-2y)^5 = {}_5C_0 x^5 + {}_5C_1 x^4(-2y) + {}_5C_2 x^3(-2y)^2$

$\qquad\qquad + {}_5C_3 x^2(-2y)^3 + {}_5C_4 x(-2y)^4 + {}_5C_5 (-2y)^5$

$\qquad = x^5 - 10x^4 y + 40x^3 y^2 - 80x^2 y^3 + 80xy^4 - 32y^5$

0217 답 -20

$\left(a - \dfrac{1}{a}\right)^6$의 전개식의 일반항은

${}_6C_r a^{6-r} \left(-\dfrac{1}{a}\right)^r = {}_6C_r (-1)^r \dfrac{a^{6-r}}{a^r}$

상수항은 $6-r=r$일 때이므로

$2r=6$ $\therefore r=3$

따라서 상수항은

${}_6C_3 \times (-1)^3 = -20$

0218 답 10

${}_nC_0 + {}_nC_1 + {}_nC_2 + \cdots + {}_nC_n = 2^n$에서

${}_nC_1 + {}_nC_2 + {}_nC_3 + \cdots + {}_nC_n = 2^n - 1$이므로

$2^n - 1 = 1023, \ 2^n = 1024$ $\therefore n=10$

0219 답 511

$\displaystyle\sum_{k=1}^{5} {}_{10}C_{2k} = {}_{10}C_2 + {}_{10}C_4 + {}_{10}C_6 + \cdots + {}_{10}C_{10}$이고

${}_{10}C_0 + {}_{10}C_2 + {}_{10}C_4 + {}_{10}C_6 + \cdots + {}_{10}C_{10} = 2^9$이므로

$\displaystyle\sum_{k=1}^{5} {}_{10}C_{2k} = 2^9 - {}_{10}C_0 = 2^9 - 1 = 511$

0220 답 $a^5 + 5a^4 b + 10a^3 b^2 + 10a^2 b^3 + 5ab^4 + b^5$

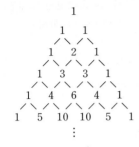

파스칼의 삼각형에서

$(a+b)^5 = a^5 + 5a^4 b + 10a^3 b^2 + 10a^2 b^3 + 5ab^4 + b^5$

0221 답 $x^4 - 4x^3 y + 6x^2 y^2 - 4xy^3 + y^4$

파스칼의 삼각형에서

$(x-y)^4 = x^4 + 4x^3(-y) + 6x^2(-y)^2 + 4x(-y)^3 + (-y)^4$

$\qquad = x^4 - 4x^3 y + 6x^2 y^2 - 4xy^3 + y^4$

0222 답 $_8C_3$

$_{n-1}C_{r-1} + {}_{n-1}C_r = {}_nC_r$이므로

${}_6C_2 + {}_6C_3 + {}_7C_2 = {}_7C_3 + {}_7C_2 = {}_8C_3$

0223 답 $_8C_3$

$_{n-1}C_{r-1} + {}_{n-1}C_r = {}_nC_r$이므로

${}_5C_0 + {}_5C_1 + {}_6C_2 + {}_7C_3 = {}_6C_1 + {}_6C_2 + {}_7C_3 = {}_7C_2 + {}_7C_3 = {}_8C_3$

0224 답 ③

8개의 축구팀이 나머지 팀과 한 번씩 경기를 하면 리그 내에서의 경기 수는

${}_8C_2 = \dfrac{8 \times 7}{2 \times 1} = 28$

이므로 각 팀이 다른 팀과 n번씩 경기를 한다면 전체 경기 수는 $28n$이다.

따라서 $28n=84$이므로 $n=3$

0225 답 ④

4개의 평행한 직선 중에서 2개, 6개의 평행한 직선 중에서 2개를 택하면 평행사변형 1개가 만들어지므로 구하는 평행사변형의 개수는

${}_4C_2 \times {}_6C_2 = 6 \times 15 = 90$

0226 답 ③

$_nC_r = \dfrac{_n P_r}{r!}$임을 이용하여 주어진 조건의 식을 표현하면

$35 = \dfrac{210}{r!}, \ r! = 6$ $\therefore r=3$

$_n P_3 = 210$에서

$n(n-1)(n-2) = 210 = 7 \times 6 \times 5$이므로 $n=7$

$\therefore n+r = 7+3 = 10$

0227 답 ④

사과 6개 중에서 3개, 배 3개 중에서 2개를 뽑는 방법의 수는
$$_6C_3 \times {_3C_2} = 20 \times 3 = 60$$
이때 각각의 경우에 대하여 5개를 일렬로 나열하는 방법의 수는
$$5! = 120$$
즉, 구하는 방법의 수는
$$60 \times 120 = 7200$$
따라서 $m = 7200$이므로 $\dfrac{m}{100} = \dfrac{7200}{100} = 72$

0228 답 51

9개의 서로 다른 점에서 3개의 점을 택하는 경우의 수는
$$_9C_3 = \frac{9 \times 8 \times 7}{3 \times 2 \times 1} = 84$$
그런데 한 변 위에 있는 네 점 중에서 세 점을 택하는 경우의 수는
$_4C_3$이고 이는 삼각형이 되지 않는다.
$$\therefore 84 - 3 \times {_4C_3} = 84 - 3 \times 4 = 72$$
한편, 9개의 서로 다른 점에서 2개의 점을 택하는 경우의 수는
$$_9C_2 = \frac{9 \times 8}{2 \times 1} = 36$$
그런데 한 변 위에 있는 네 점 중에서 두 점을 택하는 경우의 수는
$_4C_2$이고 이는 모두 같은 직선이므로 하나로 센다.
$$\therefore 36 - 3 \times {_4C_2} + 3 = 36 - 3 \times \frac{4 \times 3}{2 \times 1} + 3 = 21$$
따라서 $m = 72$, $n = 21$이므로
$$m - n = 72 - 21 = 51$$

0229 답 ②

$_8C_{3r} = {_8C_{10-2r}}$에서
(i) $3r = 10 - 2r$, $5r = 10$ $\therefore r = 2$
(ii) $_8C_{3r} = {_8C_{8-3r}}$이므로
$\quad 8 - 3r = 10 - 2r$ $\therefore r = -2$
이때 r는 자연수이므로 $r = 2$

0230 답 6, 8

$n = 2n - 8$ 또는 $10 - n = 2n - 8$
$$\therefore n = 8 \text{ 또는 } n = 6$$

0231 답 ④

$_4C_0 + {_4C_1} + {_4C_2} + {_4C_3} + {_4C_4} = 1 + 4 + 6 + 4 + 1 = 16$
따라서 $16 = 2^n$에서 $n = 4$

0232 답 ③ | 유형1

자연수 n, r에 대하여 $_4H_3 = {_nC_r}$일 때, $n+r$의 값은?
단서1

① 7 　　　 ② 8 　　　 ③ 9
④ 10 　　　 ⑤ 11

단서1 $_nH_r = {_{n+r-1}C_r}$

STEP1 $_nH_r = {_{n+r-1}C_r}$임을 이용하여 나타내기

$_4H_3 = {_{4+3-1}C_3} = {_6C_3}$

STEP2 $n+r$의 값 구하기

$n = 6$, $r = 3$이므로
$$n + r = 9$$

0233 답 ②

$_4H_r = {_7C_3}$에서
$_{4+r-1}C_r = {_7C_3}$
$_{3+r}C_r = {_7C_3} = {_7C_4}$
$$\therefore r = 4$$

0234 답 ⑤

$$\begin{aligned}
_3C_2 + {_3H_2} &= {_3C_2} + {_{3+2-1}C_2} \\
&= {_3C_2} + {_4C_2} \\
&= \frac{3 \times 2}{2 \times 1} + \frac{4 \times 3}{2 \times 1} \\
&= 3 + 6 = 9
\end{aligned}$$

0235 답 ①

$_nH_2 = 15$에서
$_{n+2-1}C_2 = 15$
$_{n+1}C_2 = 15$
따라서 $\dfrac{(n+1) \times n}{2 \times 1} = 15$이므로
$n(n+1) = 30$, $n^2 + n - 30 = 0$, $(n+6)(n-5) = 0$
$$\therefore n = 5 \ (\because n \text{은 자연수})$$

0236 답 56

$_3H_r = {_7C_2}$에서
$_{3+r-1}C_r = {_7C_2}$
$_{2+r}C_r = {_7C_2} = {_7C_5}$
따라서 $r = 5$이므로
$$_4H_r = {_4H_5} = {_{4+5-1}C_5} = {_8C_5} = {_8C_3} = \frac{8 \times 7 \times 6}{3 \times 2 \times 1} = 56$$

0237 답 ③

$$_3H_6 = {_{3+6-1}C_6} = {_8C_6} = {_8C_2} = \frac{8 \times 7}{2 \times 1} = 28$$

0238 답 ③ | 유형2

모양과 크기가 같은 사탕 3개와 초콜릿 5개를 서로 다른 4개의 바구니에 나누어 담는 경우의 수는? (단, 사탕과 초콜릿이 한 개도 없는 바구니가 있을 수 있다.)
단서1

① 1040 　　　 ② 1080 　　　 ③ 1120
④ 1160 　　　 ⑤ 1200

단서1 한 바구니에 사탕과 초콜릿을 모두 담아도 되므로 중복조합

STEP1 모양과 크기가 같은 사탕 3개를 서로 다른 4개의 바구니에 담는 경우의 수 구하기

서로 다른 4개에서 3개를 택하는 중복조합의 수와 같으므로
$$_4H_3 = {_6C_3} = 20$$

모양과 크기가 같은 초콜릿 5개를 서로 다른 4개의 바구니에 담는 경우의 수 구하기

서로 다른 4개에서 5개를 택하는 중복조합의 수와 같으므로
$$_4H_5=_8C_5=_8C_3=56$$

곱의 법칙 적용하기

구하는 경우의 수는 $20\times56=1120$

0239 답 ②

서로 다른 3개에서 8개를 택하는 중복조합의 수와 같으므로 구하는 경우의 수는
$$_3H_8=_{10}C_8=_{10}C_2=45$$

0240 답 28

서로 다른 3개에서 6개를 택하는 중복조합의 수와 같으므로 구하는 경우의 수는
$$_3H_6=_8C_6=_8C_2=28$$

0241 답 ④

서로 다른 4개에서 10개를 택하는 중복조합의 수와 같으므로 구하는 경우의 수는
$$_4H_{10}=_{13}C_{10}=_{13}C_3=286$$

실수 Check

무기명 투표는 어느 유권자가 어느 후보를 뽑았는지 알 수 없으므로 후보 중에서 중복을 허용하여 택하는 중복조합으로 생각할 수 있다.
만약 기명으로 투표한다면 그 경우의 수는 서로 다른 4개에서 10개를 택하는 경우의 수와 같으므로
$_4\Pi_{10}=4^{10}=2^{20}$이다.

0242 답 7

A가 2개의 공을 받으므로 남는 공 6개를 B, C 2명에게 나누어 주면 된다.
따라서 구하는 경우의 수는 서로 다른 2개에서 6개를 택하는 중복조합의 수와 같으므로
$$_2H_6=_7C_6=_7C_1=7$$

0243 답 ③

빨간 풍선, 파란 풍선, 검은 풍선 중에서 n개를 구매하는 경우의 수는 서로 다른 3개에서 n개를 택하는 중복조합의 수와 같으므로
$$_3H_n$$
이때 $_3H_n=55$이므로
$$_3H_n=_{n+2}C_n=_{n+2}C_2 \qquad \text{[} _nC_r=_nC_{n-r}\text{]}$$
$$\frac{(n+2)\times(n+1)}{2\times1}=55$$
$$(n+2)(n+1)=110=11\times10$$
따라서 $n=9$

0244 답 ④

(i) 서로 다른 종류의 음료 4개 중 3개를 택하여 각 쟁반에 1개씩

나누어 담는 경우는 쟁반이 서로 구별이 되지 않으므로 순서를 생각하지 않고 음료를 택하면 된다.
즉, 이 경우의 수는 $_4C_3=_4C_1=4$

(ii) 같은 종류의 떡 6개를 서로 다른 음료를 담은 쟁반 3개에 나누어 담는 경우의 수는 서로 다른 3개에서 6개를 택하는 중복조합의 수와 같으므로
$$_3H_6=_8C_6=_8C_2=28$$

(i), (ii)에서 구하는 경우의 수는 $4\times28=112$

실수 Check

(ii)에서 빈 쟁반은 서로 구별되지 않지만 음료가 서로 다르므로 음료가 담긴 쟁반은 서로 구별됨에 주의한다.

0245 답 ⑤

(i) 같은 종류의 빵 5개를 3명의 학생에게 남김없이 나누어 주는 경우의 수는 서로 다른 3개에서 5개를 택하는 중복조합의 수와 같으므로
$$_3H_5=_7C_5=_7C_2=21$$

(ii) 서로 다른 종류의 우유 2개를 3명의 학생에게 남김없이 나누어 주는 경우의 수는 서로 다른 3개에서 2개를 택하는 중복순열의 수와 같으므로
$$_3\Pi_2=3^2=9$$

(i), (ii)에서 구하는 경우의 수는 $21\times9=189$

0246 답 ①

(i) 서로 다른 4개에서 6개를 택하는 중복조합의 수는
$$_4H_6=_9C_6=_9C_3=84$$

(ii) 한 가지 색의 컵을 5개 택하고 다른 한 가지 색의 컵을 1개 택하는 경우의 수는 $_4P_2=12$ → 각 색의 컵이 4개씩 있으므로 한 가지 색의 컵을 5개 택할 수 없다.

(iii) 한 가지 색의 컵을 6개 택하는 경우의 수는 $_4C_1=4$ → 각 색의 컵이 4개씩 있으므로 한 가지 색의 컵을 6개 택할 수 없다.

(i)~(iii)에서 구하는 경우의 수는
$84-(12+4)=68$

실수 Check

서로 다른 4가지 색의 컵이 색별로 각각 4개씩 있으므로
(서로 다른 4개에서 6개를 택하는 중복조합의 수)
$-$ (한 가지 색의 컵을 5개 택하고, 다른 한 가지 색의 컵을 1개 택하는 경우의 수)
$-$ (한 가지 색의 컵을 6개 택하는 경우의 수)
와 같이 구할 수 있다.

0247 답 ①

(i) 빨간색 볼펜 5자루를 4명의 학생에게 나누어 주는 경우의 수는 서로 다른 4개에서 5개를 택하는 중복조합의 수와 같으므로
$$_4H_5=_8C_5=_8C_3=56$$

(ii) 파란색 볼펜 2자루를 4명의 학생에게 나누어 주는 경우의 수는 서로 다른 4개에서 2개를 택하는 중복조합의 수와 같으므로
$$_4H_2=_5C_2=10$$

(i), (ii)에서 구하는 경우의 수는 $56\times10=560$

0248 답 ①

커피, 주스, 탄산음료 중에서 8병을 구매하려 할 때, 각 음료를 적어도 한 병 이상 구매하는 경우의 수는? (단, 같은 종류의 음료는 서로 구별하지 않는다.)

① 21　　　　② 22　　　　③ 23
④ 24　　　　⑤ 25

단서1 같은 종류의 음료는 서로 구별하지 않으므로 중복조합
단서2 각 음료를 먼저 한 병씩 구매한 후 중복조합의 수를 이용

STEP 1 각 음료를 한 병씩 구매하는 경우의 수 구하기

세 가지 음료를 각각 한 병씩 구매하는 경우의 수는 1이다.

STEP 2 커피, 주스, 탄산음료 중에서 5병을 구매하는 경우의 수 구하기

세 가지의 음료 중에서 남은 5병을 구매하는 경우의 수는 서로 다른 3개에서 5개를 택하는 중복조합의 수와 같으므로

$_3H_5 = {}_7C_5 = {}_7C_2 = 21$

STEP 3 곱의 법칙을 이용하여 경우의 수 구하기

구하는 경우의 수는 $1 \times 21 = 21$

0249 답 ③

세 가지 색의 튤립을 각각 4송이씩 사고, 남은 8송이를 세 가지 색의 튤립 중에서 택하면 된다.

따라서 구하는 경우의 수는 서로 다른 3개에서 8개를 택하는 중복조합의 수와 같으므로

$_3H_8 = {}_{10}C_8 = {}_{10}C_2 = 45$

0250 답 3

3종류의 피자 중에서 중복을 허용하여 n개를 택하는 경우의 수는 서로 다른 3개에서 n개를 택하는 중복조합의 수와 같으므로 $_3H_n$

이때 $_3H_n = 15$이므로

$_{n+2}C_n = {}_{n+2}C_2 = 15$

$\dfrac{(n+2) \times (n+1)}{2 \times 1} = 15$

$(n+2)(n+1) = 30 = 6 \times 5$

$\therefore n = 4$

따라서 구하는 경우의 수는 3종류의 피자를 각각 1개씩 택한 후 1개를 중복을 허용하여 택하면 되므로

$_3H_1 = {}_3C_1 = 3$

0251 답 ②

탁구공을 상자 A에 3개, 상자 B에 4개를 담고 나머지 5개의 탁구공을 4개의 상자에 나누어 담으면 된다.

따라서 구하는 경우의 수는 서로 다른 4개에서 5개를 택하는 중복조합의 수와 같으므로

$_4H_5 = {}_8C_5 = {}_8C_3 = 56$

0252 답 ③

3명에게 각각 빵을 2개씩, 우유를 1개씩 나누어 주고 나머지 빵 4개와 우유 2개를 3명에게 나누어 주면 된다.

(i) 빵 4개를 3명에게 나누어 주는 경우의 수

서로 다른 3개에서 4개를 택하는 중복조합의 수와 같으므로

$_3H_4 = {}_6C_4 = {}_6C_2 = 15$

(ii) 우유 2개를 3명에게 나누어 주는 경우의 수

서로 다른 3개에서 2개를 택하는 중복조합의 수와 같으므로

$_3H_2 = {}_4C_2 = 6$

(i), (ii)에서 구하는 경우의 수는 $15 \times 6 = 90$

0253 답 ⑤

같은 종류의 접시 3개에 서로 다른 종류의 한과 3개를 각각 1개씩 나누어 담는 경우의 수는 1이다.

이때 한과를 담은 3개의 접시에 각각 약과를 1개씩 담고 나머지 약과 4개를 접시 3개에 나누어 담으면 되므로 각 접시에 약과를 각각 1개 이상씩 담는 경우의 수는

$_3H_4 = {}_6C_4 = {}_6C_2 = 15$

따라서 구하는 경우의 수는 $1 \times 15 = 15$

실수 Check

약과를 3개의 접시에 담을 때는 접시에 다른 종류의 한과가 있으므로 이 경우는 서로 같은 종류의 약과 7개를 서로 다른 종류의 접시 3개에 담는 경우로 생각할 수 있다.

0254 답 ⑤

4명의 학생이 받은 사탕의 개수는 1, 1, 1, 3 또는 1, 1, 2, 2이다.

(i) 4명의 학생이 받은 사탕의 개수가 1, 1, 1, 3인 경우

3개의 사탕을 받는 학생을 정하는 경우의 수는

$_4C_1 = 4$

이때 사탕을 1개씩 받은 3명에게 껌을 1개씩 나누어 주고, 나머지 껌 3개를 이 3명에게 나누어 주면 되므로 경우의 수는

$_3H_3 = {}_5C_3 = {}_5C_2 = 10$

따라서 경우의 수는 $4 \times 10 = 40$

(ii) 4명의 학생이 받은 사탕의 개수가 1, 1, 2, 2인 경우

2개의 사탕을 받는 학생을 정하는 경우의 수는

$_4C_2 = 6$

이때 사탕을 1개씩 받은 2명에게 껌을 1개씩 나누어 주고, 나머지 껌 4개를 이 2명에게 나누어 주면 되므로 경우의 수는

$_2H_4 = {}_5C_4 = {}_5C_1 = 5$

따라서 경우의 수는 $6 \times 5 = 30$

(i), (ii)에서 구하는 경우의 수는 $40 + 30 = 70$

실수 Check

이 문제에서는 사탕 1개를 받은 학생이 몇 명인지 파악해야 하므로 사탕 6개를 4명에게 적어도 1개씩 나누어 주는 경우의 수를 구할 때, $_4H_{6-4} = {}_5C_2 = 10$과 같이 중복조합의 수를 이용하지 않는다.

Plus 문제

0254-1

같은 종류의 피자 5조각을 3명의 학생에게 1조각 이상씩 나누어 주고, 같은 종류의 탄산음료 4병을 피자를 1조각 받은 학생에게만 1병 이상씩 나누어 주는 경우의 수를 구하시오.

3명의 학생이 받은 피자 조각의 수는 1, 1, 3 또는 1, 2, 2이다.

(i) 3명의 학생이 받은 피자 조각의 수가 1, 1, 3인 경우

　　3조각의 피자를 받는 학생을 정하는 경우의 수는

　　$_3C_1=3$

　　이때 피자를 1조각씩 받은 2명에게 탄산음료를 1병씩 나

　　누어 주고, 나머지 탄산음료 2병을 이 2명에게 나누어 주

　　면 되므로 경우의 수는

　　$_2H_2=_3C_2=_3C_1=3$

　　따라서 경우의 수는 $3\times3=9$

(ii) 3명의 학생이 받은 피자 조각의 수가 1, 2, 2인 경우

　　1조각의 피자를 받는 학생을 정하는 경우의 수는

　　$_3C_1=3$

　　피자를 1조각 받은 학생이 1명이므로 탄산음료를 나누어

　　주는 경우의 수는 1

　　따라서 경우의 수는 $3\times1=3$

(i), (ii)에서 구하는 경우의 수는 $9+3=12$

답 12

0255 답 ③

A와 B에게 각각 공책을 2권씩 나누어 주고 남은 6권의 공책을 4명의 학생에게 남김없이 나누어 주면 된다.

따라서 구하는 경우의 수는 서로 다른 4개에서 6개를 택하는 중복조합의 수와 같으므로

$_4H_6=_9C_6=_9C_3=84$

0256 답 ①

(i) 세 명의 학생에게 연필을 하나씩 나누어 주고 남은 3자루의 연필을 세 명의 학생에게 남김없이 나누어 주는 경우의 수는 서로 다른 3개에서 3개를 택하는 중복조합의 수와 같으므로

　　$_3H_3=_5C_3=_5C_2=10$

(ii) 5개의 지우개를 세 명의 학생에게 남김없이 나누어 주는 경우의 수는 서로 다른 3개에서 5개를 택하는 중복조합의 수와 같으므로

　　$_3H_5=_7C_5=_7C_2=21$

(i), (ii)에서 구하는 경우의 수는

$10\times21=210$

0257 답 84

4개의 상자 중 빈 상자 1개를 정하는 경우의 수는

$_4C_1=4$

나머지 3개의 상자는 빈 상자가 아니어야 하므로 나머지 3개의 상자에 공을 한 개씩 넣고 남은 5개의 공을 서로 다른 3개의 상자에 나누어 넣으면 된다.

즉, $_3H_5=_7C_5=_7C_2=21$

따라서 구하는 경우의 수는 $4\times21=84$

0258 답 ① | 유형 4

방정식 $x+y+z=17$을 만족시키는 자연수 x, y, z에 대하여 x는 홀수, y와 z는 짝수인 모든 순서쌍 (x, y, z)의 개수는? 단서1

① 28　　　　② 30　　　　③ 32

④ 34　　　　⑤ 36

단서1 $x=2x'+1$ (x'은 음이 아닌 정수)

단서2 $y=2y'+2$, $z=2z'+2$ (y', z'은 음이 아닌 정수)

STEP1 자연수 x, y, z를 각각 음이 아닌 정수 x', y', z'의 식으로 나타내기

$x=2x'+1$, $y=2y'+2$, $z=2z'+2$ (x', y', z'은 음이 아닌 정수)로 놓자.

STEP2 방정식 $x+y+z=17$을 x', y', z'에 대한 방정식으로 변형하기

$x+y+z=17$에서

$(2x'+1)+(2y'+2)+(2z'+2)=17$

이므로 $x'+y'+z'=6$

STEP3 x', y', z'의 모든 순서쌍 (x', y', z')의 개수 구하기

방정식 $x'+y'+z'=6$을 만족시키는 음이 아닌 정수 x', y', z'의 모든 순서쌍 (x', y', z')의 개수는 3개의 문자 x', y', z'에서 6개를 택하는 중복조합의 수와 같으므로

$_3H_6=_8C_6=_8C_2=28$

0259 답 ①

방정식 $a+b+c=7$을 만족시키는 음이 아닌 정수 a, b, c의 모든 순서쌍 (a, b, c)의 개수는 3개의 문자 a, b, c에서 7개를 택하는 중복조합의 수와 같으므로

$_3H_7=_9C_7=_9C_2=36$

0260 답 ⑤

$a=a'+1$, $b=b'+1$, $c=c'+1$ (a', b', c'은 음이 아닌 정수)로 놓으면 $a+b+c=6$에서

$(a'+1)+(b'+1)+(c'+1)=6$

$\therefore a'+b'+c'=3$

방정식 $a'+b'+c'=3$을 만족시키는 음이 아닌 정수 a', b', c'의 모든 순서쌍 (a', b', c')의 개수는 3개의 문자 a', b', c'에서 3개를 택하는 중복조합의 수와 같으므로

$_3H_3=_5C_3=_5C_2=10$

0261 답 28

x, y, z가 각각 $x\geq2$, $y\geq2$, $z\geq1$인 자연수이므로

$x=x'+2$, $y=y'+2$, $z=z'+1$ (x', y', z'은 음이 아닌 정수)로 놓으면 $x+y+z=11$에서

$(x'+2)+(y'+2)+(z'+1)=11$

$\therefore x'+y'+z'=6$

방정식 $x'+y'+z'=6$을 만족시키는 음이 아닌 정수 x', y', z'의 모든 순서쌍 (x', y', z')의 개수는 3개의 문자 x', y', z'에서 6개를 택하는 중복조합의 수와 같으므로

$_3H_6=_8C_6=_8C_2=28$

0262 답 ④

x, y, z는 -1 이상인 정수이므로

$x=x'-1$, $y=y'-1$, $z=z'-1$ (x', y', z'은 음이 아닌 정수)로 놓으면 $x+y+z=5$에서

$(x'-1)+(y'-1)+(z'-1)=5$

$\therefore x'+y'+z'=8$

방정식 $x'+y'+z'=8$을 만족시키는 음이 아닌 정수 x', y', z'의 모든 순서쌍 (x', y', z')의 개수는 3개의 문자 x', y', z'에서 8개를 택하는 중복조합의 수와 같으므로

$_3H_8=\,_{10}C_8=\,_{10}C_2=45$

0263 답 ④

$f(n)$은 3개의 문자 x, y, z에서 중복을 허용하여 n개를 택하는 중복조합의 수와 같으므로

$f(n)=\,_3H_n=\,_{n+2}C_n=\,_{n+2}C_2$

$\qquad =\dfrac{(n+2)\times(n+1)}{2\times1}=\dfrac{1}{2}(n^2+3n+2)$

$\therefore \displaystyle\sum_{n=1}^{10}f(n)=\sum_{n=1}^{10}\dfrac{1}{2}(n^2+3n+2)$

$\qquad =\dfrac{1}{2}\left(\sum_{n=1}^{10}n^2+3\sum_{n=1}^{10}n+\sum_{n=1}^{10}2\right)$

$\qquad =\dfrac{1}{2}\left(\dfrac{10\times11\times21}{6}+3\times\dfrac{10\times11}{2}+2\times10\right)$

$\qquad =285$

개념 Check

(1) $\displaystyle\sum_{k=1}^{n}c=cn$ (단, c는 상수)

(2) $\displaystyle\sum_{k=1}^{n}k=1+2+3+\cdots+n=\dfrac{n(n+1)}{2}$

(3) $\displaystyle\sum_{k=1}^{n}k^2=1^2+2^2+3^2+\cdots+n^2=\dfrac{n(n+1)(2n+1)}{6}$

0264 답 17

조건 ㈎에서 $a\geq2$, $b\geq3$, $c\geq4$이고 $d\geq1$이므로

$a=a'+2$, $b=b'+3$, $c=c'+4$, $d=d'+1$ (a', b', c', d'은 음이 아닌 정수)로 놓으면 조건 ㈏의 $a+b+c+d=n$에서

$(a'+2)+(b'+3)+(c'+4)+(d'+1)=n$

$\therefore a'+b'+c'+d'=n-10$

주어진 조건을 만족시키는 순서쌍 (a, b, c, d)의 개수가 120이므로 방정식 $a'+b'+c'+d'=n-10$을 만족시키는 음이 아닌 정수 a', b', c', d'의 모든 순서쌍 (a', b', c', d')의 개수가 120이다.

즉, 4개의 문자 a', b', c', d'에서 $(n-10)$개를 택하는 중복조합의 수가 120이므로 $_4H_{n-10}=120$에서

$_{n-7}C_{n-10}=\,_{n-7}C_3$

$\qquad =\dfrac{(n-7)\times(n-8)\times(n-9)}{3\times2\times1}=120$

$(n-7)(n-8)(n-9)=720=10\times9\times8$

$\therefore n=17$

실수 Check

중복조합을 이용하기 위해 조건 ㈎를 이용하여 미지수 a, b, c가 음이 아닌 정수가 되도록 바꾼다.

0265 답 ④

$\begin{cases} x+y+z+3w=14 & \cdots\cdots ㉠ \\ x+y+z+w=10 & \cdots\cdots ㉡ \end{cases}$

㉠$-$㉡을 하면 $2w=4$ $\qquad\therefore w=2$

$w=2$를 ㉡에 대입하면 $x+y+z=8$

따라서 구하는 순서쌍의 개수는 방정식 $x+y+z=8$을 만족시키는 음이 아닌 정수 x, y, z의 모든 순서쌍 (x, y, z)의 개수와 같다. 즉, 3개의 문자 x, y, z에서 8개를 택하는 중복조합의 수와 같으므로

$_3H_8=\,_{10}C_8=\,_{10}C_2=45$

실수 Check

먼저 두 방정식에 모두 $x+y+z$가 있으므로 두 식을 빼서 w의 값을 구한다. 이때 w의 값은 고정되었으므로 주어진 식에 대입하여 (x, y, z)의 순서쌍의 개수만 구하면 된다.

0266 답 45

조건 ㈏에서 $2^a\times9^b=2^a\times3^{2b}$이 $12(=2^2\times3)$의 배수이므로

$a\geq2$, $2b\geq1$

즉, $a\geq2$, $b\geq1$ ⟶ $b\geq\dfrac{1}{2}$에서 b는 음이 아닌 정수이므로 $b\geq1$

$a=a'+2$, $b=b'+1$ (a', b'은 음이 아닌 정수)로 놓으면 조건 ㈎의 $a+b+c=11$에서

$(a'+2)+(b'+1)+c=11$

$\therefore a'+b'+c=8$

따라서 구하는 순서쌍의 개수는 방정식 $a'+b'+c=8$을 만족시키는 음이 아닌 정수 a', b', c의 모든 순서쌍 (a', b', c)의 개수와 같다. 즉, 3개의 문자 a', b', c에서 8개를 택하는 중복조합의 수와 같으므로

$_3H_8=\,_{10}C_8=\,_{10}C_2=45$

실수 Check

조건 ㈏에서 배수의 조건을 파악하기 위해 $2^a\times9^b$, 12를 모두 소인수분해하여 비교한다.

Plus 문제

0266-1

다음 조건을 만족시키는 음이 아닌 정수 a, b, c의 모든 순서쌍 (a, b, c)의 개수를 구하시오.

> ㈎ $a+b+c=10$
> ㈏ $2^a\times3^b$은 72의 배수이다.

$2^a\times3^b$이 $72(=2^3\times3^2)$의 배수이므로

$a\geq3$, $b\geq2$

$a=a'+3$, $b=b'+2$ (a', b'은 음이 아닌 정수)로 놓으면

$a+b+c=10$에서

$(a'+3)+(b'+2)+c=10$

$\therefore a'+b'+c=5$

따라서 구하는 순서쌍의 개수는 방정식 $a'+b'+c=5$를 만

족시키는 음이 아닌 정수 a', b', c의 모든 순서쌍 (a', b', c)의 개수와 같다. 즉, 3개의 문자 a', b', c에서 5개를 택하는 중복조합의 수와 같으므로

$${}_3H_5={}_7C_5={}_7C_2=21$$

답 21

0267 답 ①

조건 (나)에서 $|a^2-b^2|=5$이므로

$a^2-b^2=-5$ 또는 $a^2-b^2=5$ $\longrightarrow$ $|A|=\pm A$

즉, $(a+b)(a-b)=-5$ 또는 $(a+b)(a-b)=5$

a, b는 자연수이므로

$a+b=5$, $a-b=-1$ 또는 $a+b=5$, $a-b=1$

$\therefore a=2$, $b=3$ 또는 $a=3$, $b=2$

조건 (가)의 $a+b+c+d+e=12$에서

$c+d+e=7$이고 c, d, e는 자연수이므로

$c=c'+1$, $d=d'+1$, $e=e'+1$ (c', d', e'은 음이 아닌 정수)로

놓으면 $(c'+1)+(d'+1)+(e'+1)=7$

$\therefore c'+d'+e'=4$

방정식 $c'+d'+e'=4$를 만족시키는 음이 아닌 정수 c', d', e'의 모든 순서쌍 (c', d', e')의 개수는 3개의 문자 c', d', e'에서 4개를 택하는 중복조합의 수와 같으므로

$${}_3H_4={}_6C_4={}_6C_2=15$$

따라서 구하는 모든 순서쌍 (a, b, c, d, e)의 개수는

$2\times15=30$

실수 Check

조건 (나)를 만족시키는 a, b의 값을 구할 때는 인수분해하여 a, b가 자연수임에 주의하여 찾도록 한다.

0268 답 ②

| 유형5

부등식 $a^2+b+c+d<9$를 만족시키는 음이 아닌 정수 a, b, c, d의
단서1
모든 순서쌍 (a, b, c, d)의 개수는?

① 310　　　② 320　　　③ 330

④ 340　　　⑤ 350

단서1 $a=0$, $a=1$, $a=2$일 때로 분류

STEP1 a의 값에 따라 각각의 순서쌍의 개수 구하기

(i) $a=0$일 때

$b+c+d<9$이므로 $b+c+d\leq8$

이때 음이 아닌 정수 b, c, d의 모든 순서쌍 (b, c, d)의 개수는 방정식 $b+c+d+e=8$을 만족시키는 음이 아닌 정수 b, c, d, e의 모든 순서쌍 (b, c, d, e)의 개수와 같으므로

$${}_4H_8={}_{11}C_8={}_{11}C_3=165$$

(ii) $a=1$일 때

$b+c+d<8$이므로 $b+c+d\leq7$

이때 음이 아닌 정수 b, c, d의 모든 순서쌍 (b, c, d)의 개수는 방정식 $b+c+d+e=7$을 만족시키는 음이 아닌 정수 b, c, d, e의 모든 순서쌍 (b, c, d, e)의 개수와 같으므로

$${}_4H_7={}_{10}C_7={}_{10}C_3=120$$

(iii) $a=2$일 때

$b+c+d<5$이므로 $b+c+d\leq4$

이때 음이 아닌 정수 b, c, d의 모든 순서쌍 (b, c, d)의 개수는 방정식 $b+c+d+e=4$를 만족시키는 음이 아닌 정수 b, c, d, e의 모든 순서쌍 (b, c, d, e)의 개수와 같으므로

$${}_4H_4={}_7C_4={}_7C_3=35$$

STEP2 모든 순서쌍의 개수 구하기

(i)~(iii)에서 구하는 순서쌍의 개수는

$165+120+35=320$

0269 답 ②

부등식 $x+y\leq4$를 만족시키는 음이 아닌 정수 x, y의 모든 순서쌍 (x, y)의 개수는 방정식 $x+y+z=4$를 만족시키는 음이 아닌 정수 x, y, z의 모든 순서쌍 (x, y, z)의 개수와 같다.

따라서 구하는 순서쌍의 개수는

$${}_3H_4={}_6C_4={}_6C_2=15$$

0270 답 28

$x=x'+1$, $y=y'+1$ (x', y'은 음이 아닌 정수)로 놓으면

$x+y\leq8$에서

$(x'+1)+(y'+1)\leq8$

$\therefore x'+y'\leq6$

부등식 $x'+y'\leq6$을 만족시키는 음이 아닌 정수 x', y'의 모든 순서쌍 (x', y')의 개수는 방정식 $x'+y'+z=6$을 만족시키는 음이 아닌 정수 x', y', z의 모든 순서쌍 (x', y', z)의 개수와 같다.

따라서 구하는 순서쌍의 개수는

$${}_3H_6={}_8C_6={}_8C_2=28$$

0271 답 9

부등식 $x+y\leq n$을 만족시키는 음이 아닌 정수 x, y의 모든 순서쌍 (x, y)의 개수는 방정식 $x+y+z=n$을 만족시키는 음이 아닌 정수 x, y, z의 모든 순서쌍 (x, y, z)의 개수와 같으므로 ${}_3H_n$

이때 ${}_3H_n=55$이므로

$${}_{n+2}C_n={}_{n+2}C_2=\frac{(n+2)\times(n+1)}{2\times1}=55$$

$(n+2)(n+1)=110=11\times10$

$\therefore n=9$

0272 답 ③

부등식 $x+y+z\leq5$를 만족시키는 음이 아닌 정수 x, y, z의 모든 순서쌍 (x, y, z)의 개수는 방정식 $x+y+z+w=5$를 만족시키는 음이 아닌 정수 x, y, z, w의 모든 순서쌍 (x, y, z, w)의 개수와 같다.

따라서 구하는 순서쌍의 개수는 ${}_4H_5={}_8C_5={}_8C_3=56$

0273 답 ③

조건 (가)에서 가능한 d의 값은 0, 1, 2이므로 d의 값에 따라 경우를 나누면 다음과 같다. $\longrightarrow$ 세 수 b, c, $3d$ 중 가장 큰 수인 $3d$를 먼저 생각한다.

(i) $d=0$일 때

조건 (개)에서 $b+c=6$이므로 음이 아닌 정수 b, c의 모든 순서
쌍 (b, c)의 개수는 $_2H_6={}_7C_6={}_7C_1=7$

$b+c=6$을 조건 (내)에 대입하면 $a \le 2$에서 a이 값이 될 수 있는
수는 0, 1, 2이므로 a의 값을 정하는 경우의 수는 3

즉, 순서쌍 (a, b, c, d)의 개수는

$7 \times 3 = 21$

(ii) $d=1$일 때

조건 (개)에서 $b+c=3$이므로 음이 아닌 정수 b, c의 모든 순서
쌍 (b, c)의 개수는 $_2H_3={}_4C_3={}_4C_1=4$

$b+c=3$을 조건 (내)에 대입하면 $a \le 5$에서 a의 값이 될 수 있는
수는 0, 1, 2, 3, 4, 5이므로 a의 값을 정하는 경우의 수는 6

즉, 순서쌍 (a, b, c, d)의 개수는

$4 \times 6 = 24$

(iii) $d=2$일 때

조건 (개)에서 $b+c=0$이므로 음이 아닌 정수 b, c의 모든 순서
쌍 (b, c)의 개수는 $_2H_0=1$

$b+c=0$을 조건 (내)에 대입하면 $a \le 8$에서 a의 값이 될 수 있는
수는 0, 1, 2, 3, 4, 5, 6, 7, 8이므로 a의 값을 정하는 경우의
수는 9

즉, 순서쌍 (a, b, c, d)의 개수는

$1 \times 9 = 9$

(i)~(iii)에서 구하는 순서쌍의 개수는 $21+24+9=54$

0274 답 ③

구매하는 사과, 귤, 감의 개수를 각각 x, y, z라 하면 구하는 경우
의 수는 부등식 $x+y+z \le 8$ (x, y, z는 자연수)을 만족시키는 x,
y, z의 순서쌍 (x, y, z)의 개수와 같다.

이때 $x=x'+1$, $y=y'+1$, $z=z'+1$ (x', y', z'은 음이 아닌 정
수)로 놓으면

$(x'+1)+(y'+1)+(z'+1) \le 8$ $\therefore x'+y'+z' \le 5$

이 부등식을 만족시키는 음이 아닌 정수 x', y', z'의 모든 순서쌍
(x', y', z')의 개수는 방정식 $x'+y'+z'+w=5$를 만족시키는 음
이 아닌 정수 x', y', z', w의 모든 순서쌍 (x', y', z', w)의 개수
와 같다.

따라서 구하는 경우의 수는 $_4H_5={}_8C_5={}_8C_3=56$

0275 답 ③

조건 (개)에서 x, y, z는 홀수이므로 $x=2x'+1$, $y=2y'+1$,
$z=2z'+1$ (x', y', z'은 음이 아닌 정수)로 놓으면 조건 (내)의

$x+y+z \le 11$에서 $(2x'+1)+(2y'+1)+(2z'+1) \le 11$

$\therefore x'+y'+z' \le 4$

따라서 구하는 순서쌍의 개수는 방정식 $x'+y'+z'+w=4$를 만
족시키는 음이 아닌 정수 x', y', z', w의 모든 순서쌍
(x', y', z', w)의 개수와 같으므로

$_4H_4={}_7C_4={}_7C_3=35$

0276 답 ④

조건 (개)를 만족시키는 순서쌍 (x, y, z)의 개수는

$_3H_{10}={}_{12}C_{10}={}_{12}C_2=66$

조건 (내)를 만족시키지 않는 경우는 $y+z \le 0$ 또는 $y+z \ge 10$이므
로 $y+z=0$ 또는 $y+z=10$

(i) $y+z=0$일 때, 이를 만족시키는 모든 순서쌍 (y, z)의 개수는
$_2H_0={}_1C_0=1$

(ii) $y+z=10$일 때, 이를 만족시키는 모든 순서쌍 (y, z)의 개수는
$_2H_{10}={}_{11}C_{10}={}_{11}C_1=11$

따라서 구하는 순서쌍의 개수는 $66-(1+11)=54$

Plus 문제

0276-1

다음 조건을 만족시키는 음이 아닌 정수 x, y, z의 모든 순서
쌍 (x, y, z)의 개수를 구하시오.

(개) $x+y+z=7$

(내) $0<x+y<7$

조건 (개)를 만족시키는 순서쌍 (x, y, z)의 개수는

$_3H_7={}_9C_7={}_9C_2=36$

조건 (내)를 만족시키지 않는 경우는 $x+y \le 0$ 또는 $x+y \ge 7$이므
로 $x+y=0$ 또는 $x+y=7$

(i) $x+y=0$일 때, 이를 만족시키는 모든 순서쌍 (x, y)의 개
수는 $_2H_0={}_1C_0=1$

(ii) $x+y=7$일 때, 이를 만족시키는 모든 순서쌍 (x, y)의 개
수는 $_2H_7={}_8C_7={}_8C_1=8$

따라서 구하는 순서쌍의 개수는 $36-(1+8)=27$

답 27

0277 답 ③

$1<a\le b<c\le d<11$을 만족시키는 정수 a, b, c, d의 모든 순서쌍

단서1

(a, b, c, d)의 개수는?

① 310　　　② 320　　　③ 330

④ 340　　　⑤ 350

단서1 $2\le a\le b\le c\le d\le 10$인 경우에서 $2\le a\le b=c\le d\le 10$인 경우를 제외

STEP1 부등식 $1<a\le b\le c\le d<11$을 만족시키는 정수 a, b, c, d의 순서쌍 (a, b, c, d)의 개수 구하기

$1<a\le b\le c\le d<11$에서 $2\le a\le b\le c\le d\le 10$이므로

9개의 자연수 $2, 3, 4, \cdots, 10$에서 중복을 허용하여 4개를 택하여 작은 수부터 차례로 a, b, c, d의 값으로 정하면 된다.

따라서 $1<a\le b\le c\le d<11$을 만족시키는 정수 a, b, c, d의 순서쌍 (a, b, c, d)의 개수는 9개의 자연수 $2, 3, 4, \cdots, 10$에서 4개를 택하는 중복조합의 수와 같다.

즉, $_9H_4={}_{12}C_4=495$

STEP2 부등식 $1<a\le b=c\le d<11$을 만족시키는 정수 a, b, c, d의 순서쌍 (a, b, c, d)의 개수 구하기

$1<a\le b=c\le d<11$에서 $2\le a\le b=c\le d\le 10$이므로

9개의 자연수 $2, 3, 4, \cdots, 10$에서 중복을 허용하여 3개를 택하여 작은 수부터 차례로 $a, b(=c), d$의 값으로 정하면 된다.

따라서 $1<a\le b=c\le d<11$을 만족시키는 정수 a, b, c, d의 순서쌍 (a, b, c, d)의 개수는 9개의 자연수 $2, 3, 4, \cdots, 10$에서 3개를 택하는 중복조합의 수와 같다.

즉, $_9H_3={}_{11}C_3=165$

STEP3 부등식 $1<a\le b<c\le d<11$을 만족시키는 정수 a, b, c, d의 순서쌍 (a, b, c, d)의 개수 구하기

구하는 순서쌍의 개수는 $495-165=330$

0278 답 ②

5개의 자연수 $1, 2, 3, 4, 5$에서 중복을 허용하여 2개를 택하여 작은 수부터 차례로 a, b의 값으로 정하면 된다.

따라서 구하는 순서쌍의 개수는 서로 다른 5개에서 2개를 택하는 중복조합의 수와 같으므로

$_5H_2={}_6C_2=15$

0279 답 ②

8개의 정수 $0, 1, 2, \cdots, 7$에서 중복을 허용하여 3개를 택하여 작은 수부터 차례로 a, b, c의 값으로 정하면 된다.

따라서 구하는 경우의 수는 서로 다른 8개에서 3개를 택하는 중복조합의 수와 같으므로

$_8H_3={}_{10}C_3=120$

0280 답 ③

6개의 자연수 $1, 2, 3, 4, 5, 6$에서 중복을 허용하여 4개를 택하여 작은 수부터 차례로 a, b, c, d의 값으로 정하면 된다.

따라서 구하는 경우의 수는 서로 다른 6개에서 4개를 택하는 중복

조합의 수와 같으므로

$_6H_4={}_9C_4=126$

0281 답 ④

8개의 자연수 $3, 4, 5, \cdots, 10$에서 중복을 허용하여 2개를 택하여 작은 수부터 차례로 $|a|, b$의 값으로 정하면 된다.

따라서 순서쌍 $(|a|, b)$의 개수는 서로 다른 8개에서 2개를 택하는 중복조합의 수와 같으므로

$_8H_2={}_9C_2=36$

이때 $|a|=\pm a$이므로 구하는 순서쌍의 개수는 $36\times 2=72$

0282 답 51

11 이상 n 이하의 홀수 중에서 중복을 허용하여 3개를 택하여 작은 수부터 차례로 a, b, c의 값으로 정하면 되므로 11 이상 n 이하의 홀수가 k개 있다고 하면 주어진 부등식을 만족시키는 모든 순서쌍 (a, b, c)의 개수는 $_kH_3$

이때 $_kH_3=120$이므로

$_{k+2}C_3=\dfrac{(k+2)\times(k+1)\times k}{3\times 2\times 1}=120$

$(k+2)(k+1)k=720=10\times 9\times 8$　　∴ $k=8$

11부터 8개의 홀수는 $11, 13, 15, 17, 19, 21, 23, 25$이므로

$n=25$ 또는 $n=26$

따라서 구하는 n의 값의 합은 $25+26=51$

0283 답 ③

주어진 조건을 만족시키는 세 자연수 $|a|, |b|, |c|$의 순서쌍 $(|a|, |b|, |c|)$은 6 이하의 자연수 중에서 중복을 허용하여 3개를 택하여 작은 수부터 차례로 $|a|, |b|, |c|$의 값으로 정하면 되므로 순서쌍 $(|a|, |b|, |c|)$의 개수는 서로 다른 6개에서 3개를 택하는 중복조합의 수와 같다.

즉, $_6H_3={}_8C_3=56$

이때 a, b, c는 각각 음의 정수와 양의 정수의 값을 가질 수 있으므로 구하는 순서쌍 (a, b, c)의 개수는 $\overset{\to\ |a|=\pm a,\ |b|=\pm b,}{\ \ \ \ |c|=\pm c}$

$56\times 2^3=448$

0284 답 ②

세 수 a, b, c의 합이 짝수이려면 a, b, c가 모두 짝수이거나 a, b, c 중 1개는 짝수, 2개는 홀수이어야 한다.

(i) a, b, c가 모두 짝수인 경우

조건 (나)에서 10 이하의 짝수 $2, 4, 6, 8, 10$에서 중복을 허용하여 3개를 택하여 작은 수부터 차례로 a, b, c의 값으로 정하면 되므로 순서쌍 (a, b, c)의 개수는

$_5H_3={}_7C_3=35$

(ii) a, b, c 중 1개는 짝수, 2개는 홀수인 경우

조건 (나)에서 10 이하의 짝수 $2, 4, 6, 8, 10$에서 1개를 택하고, 10 이하의 홀수 $1, 3, 5, 7, 9$에서 중복을 허용하여 2개를 택하여 작은 수부터 차례로 a, b, c의 값으로 정하면 되므로 순서쌍 (a, b, c)의 개수는

$_5C_1\times{}_5H_2={}_5C_1\times{}_6C_2=5\times 15=75$

(i), (ii)에서 구하는 순서쌍의 개수는 $35+75=110$

(짝수)+(짝수)=(짝수), (짝수)+(홀수)=(홀수),

(홀수)+(홀수)=(짝수)이므로

(짝수)+(짝수)+(짝수)=(짝수),

(짝수)+(홀수)+(홀수)=(짝수)이다.

0285 📝 ⑤

구하는 순서쌍의 개수는 조건 ㈏를 만족시키는 경우의 수에서 $a \times b \times c \times d$가 홀수가 되는 경우의 수를 빼면 된다.

(i) $1 < a < b < 10 \leq c \leq d \leq 15$에서

ⓐ 자연수 a, b의 순서쌍 (a, b)는

8개의 자연수 2, 3, 4, $\cdots$, 9에서 서로 다른 2개를 택하여 작은 수부터 차례로 a, b의 값으로 정하면 된다.

따라서 순서쌍 (a, b)의 개수는 서로 다른 8개에서 2개를 택하는 조합의 수와 같으므로 $_8C_2 = 28$

ⓑ 자연수 c, d의 순서쌍 (c, d)는

6개의 자연수 10, 11, 12, 13, 14, 15에서 중복을 허용하여 2개를 택하여 작은 수부터 차례로 c, d의 값으로 정하면 된다.

따라서 순서쌍 (c, d)의 개수는 서로 다른 6개에서 2개를 택하는 중복조합의 수와 같으므로

$_6H_2 = {_7C_2} = 21$

ⓐ, ⓑ에서 조건 ㈏를 만족시키는 자연수 a, b, c, d의 모든 순서쌍 (a, b, c, d)의 개수는

$28 \times 21 = 588$

(ii) $a \times b \times c \times d$가 홀수인 경우

ⓒ 홀수 a, b의 순서쌍 (a, b)의 개수는 4개의 홀수 3, 5, 7, 9에서 서로 다른 2개를 택하는 경우의 수와 같으므로

$_4C_2 = 6$

ⓓ 홀수 c, d의 순서쌍 (c, d)의 개수는 3개의 홀수 11, 13, 15에서 2개를 택하는 중복조합의 수와 같으므로

$_3H_2 = {_4C_2} = 6$

ⓒ, ⓓ에서 조건 ㈏를 만족시키는 홀수 a, b, c, d의 모든 순서쌍 (a, b, c, d)의 개수는

$6 \times 6 = 36$

(i), (ii)에서 구하는 순서쌍의 개수는

$588 - 36 = 552$

곱이 짝수인 경우의 수는 전체 경우의 수에서 곱이 홀수인 경우의 수를 뺀다.

0285-1

다음 조건을 만족시키는 자연수 a, b, c, d, e의 모든 순서쌍 (a, b, c, d, e)의 개수를 구하시오.

㈎ $a \times b \times c \times d \times e$는 짝수이다.

㈏ $0 < a < b < c < 10 \leq d \leq e \leq 14$

(i) $0 < a < b < c < 10 \leq d \leq e \leq 14$에서

ⓐ 자연수 a, b, c의 순서쌍 (a, b, c)는

9개의 자연수 1, 2, 3, $\cdots$, 9에서 서로 다른 3개를 택하여 작은 수부터 차례로 a, b, c의 값으로 정하면 된다.

따라서 순서쌍 (a, b, c)의 개수는 서로 다른 9개에서 3개를 택하는 조합의 수와 같으므로 $_9C_3 = 84$

ⓑ 자연수 d, e의 순서쌍 (d, e)는

5개의 자연수 10, 11, 12, 13, 14에서 중복을 허용하여 2개를 택하여 작은 수부터 차례로 d, e의 값으로 정하면 된다. 따라서 순서쌍 (d, e)의 개수는 서로 다른 5개에서 2개를 택하는 중복조합의 수와 같으므로

$_5H_2 = {_6C_2} = 15$

ⓐ, ⓑ에서 조건 ㈏를 만족시키는 자연수 a, b, c, d, e의 모든 순서쌍 (a, b, c, d, e)의 개수는

$84 \times 15 = 1260$

(ii) $a \times b \times c \times d \times e$가 홀수인 경우

ⓒ 홀수 a, b, c의 순서쌍 (a, b, c)의 개수는 5개의 홀수 1, 3, 5, 7, 9에서 서로 다른 3개를 택하는 경우의 수와 같으므로

$_5C_3 = {_5C_2} = 10$

ⓓ 홀수 d, e의 순서쌍 (d, e)의 개수는 2개의 홀수 11, 13에서 2개를 택하는 중복조합의 수와 같으므로

$_2H_2 = {_3C_2} = {_3C_1} = 3$

ⓒ, ⓓ에서 조건 ㈏를 만족시키는 홀수 a, b, c, d, e의 모든 순서쌍 (a, b, c, d, e)의 개수는

$10 \times 3 = 30$

(i), (ii)에서 구하는 순서쌍의 개수는

$1260 - 30 = 1230$

📝 1230

0286 📝 84

조건 ㈎에서 $x_n \leq x_{n+1} - 2$이므로

$x_1 \leq x_2 - 2$, $x_2 \leq x_3 - 2$

조건 ㈏의 $x_3 \leq 10$에서 $x_3 - 4 \leq 6$이므로

$0 \leq x_1 \leq x_2 - 2 \leq x_3 - 4 \leq 6$

이때 $x_2 = x_2' + 2$, $x_3 = x_3' + 4$ (x_2', x_3'은 음이 아닌 정수)로 놓으면 $0 \leq x_1 \leq x_2' \leq x_3' \leq 6$ $\cdots\cdots\cdots$ ㉠

따라서 구하는 음이 아닌 정수 x_1, x_2, x_3의 모든 순서쌍 (x_1, x_2, x_3)의 개수는 ㉠을 만족시키는 음이 아닌 정수 x_1, x_2', x_3'의 모든 순서쌍 (x_1, x_2', x_3')의 개수와 같다.

따라서 구하는 순서쌍의 개수는 0, 1, 2, $\cdots$, 6의 7개에서 3개를 택하는 중복조합의 수와 같으므로

$_7H_3 = {_9C_3} = 84$

등호가 있는 부등식 ㉠은 중복되는 숫자가 나와도 되므로 중복조합을 이용한다.

0287 답 ②

유형 7

다항식 $(x+y+z)^6$의 전개식에서 서로 다른 항의 개수는?

단서 1

① 21　　　　② 28　　　　③ 35

④ 42　　　　⑤ 49

단서 1 3개의 문자 중에서 6개를 택하는 중복조합

STEP 1 중복조합의 수를 이용하는 문제임을 이해하기

다항식 $(x+y+z)^6$의 전개식에서 서로 다른 항의 개수는 3개의 문자 x, y, z에서 6개를 택하는 중복조합의 수와 같다.

STEP 2 중복조합의 수를 이용하여 서로 다른 항의 개수 구하기

$_3H_6=_8C_6=_8C_2=28$

다른 풀이

다항식 $(x+y+z)^6$을 전개했을 때 나타나는 항은

$kx^ay^bz^c$ (k는 실수, $a+b+c=6$, a, b, c는 음이 아닌 정수)의 꼴이다.

따라서 구하는 항의 개수는 방정식 $a+b+c=6$을 만족시키는 음이 아닌 정수 a, b, c의 모든 순서쌍 (a, b, c)의 개수와 같으므로

$_3H_6=_8C_6=_8C_2=28$

0288 답 ②

다항식 $(a+b)^3$의 전개식에서 서로 다른 항의 개수는 2개의 문자 a, b에서 3개를 택하는 중복조합의 수와 같으므로

$_2H_3=_4C_3=_4C_1=4$

참고 $(a+b)^3=a^3+3a^2b+3ab^2+b^3$이므로

서로 다른 항의 개수는 a^3, $3a^2b$, $3ab^2$, b^3의 4개이다.

0289 답 ④

다항식 $(a+b+c+d)^5$의 전개식에서 서로 다른 항의 개수는 4개의 문자 a, b, c, d에서 5개를 택하는 중복조합의 수와 같으므로

$_4H_5=_8C_5=_8C_3=56$

0290 답 5

다항식 $(a+b+c)^n$의 전개식에서 서로 다른 항의 개수는 3개의 문자 a, b, c에서 n개를 택하는 중복조합의 수와 같으므로 $_3H_n$

이때 $_3H_n=21$이므로

$_3H_n=_{n+2}C_n=_{n+2}C_2$

$=\dfrac{(n+2)\times(n+1)}{2\times1}=21$

$(n+1)(n+2)=42=6\times7$

$\therefore n=5$

0291 답 ③

다항식 $(x+y+z)^4$을 전개할 때 생기는 서로 다른 항의 개수는 3개의 문자 x, y, z에서 4개를 택하는 중복조합의 수와 같으므로

$_3H_4=_6C_4=_6C_2=15$

y, z만을 인수로 갖는 다항식 $(y+z)^4$을 전개할 때 생기는 서로 다른 항의 개수는 2개의 문자 y, z에서 4개를 택하는 중복조합의 수와 같으므로

$_2H_4=_5C_4=_5C_1=5$

따라서 구하는 항의 개수는

$15-5=10$

다른 풀이

다항식 $(x+y+z)^4$을 전개했을 때 나타나는 항은

$kx^ay^bz^c$ (k는 실수, $a+b+c=4$, a, b, c는 음이 아닌 정수)의 꼴이다.

이때 x를 인수로 갖는 항은 $a\geq1$이므로

$a=a'+1$ (a'은 음이 아닌 정수)이라 하면

$a+b+c=4$에서 $a'+b+c=3$이므로 구하는 항의 개수는

$_3H_3=_5C_3=_5C_2=10$

0292 답 ①

다항식 $(a+b+c+d+e)^6$의 전개식에서 a는 포함하고 e는 포함하지 않는 서로 다른 항의 개수는 4개의 문자 a, b, c, d에서 5개를 택하는 중복조합의 수와 같으므로

$_4H_5=_8C_5=_8C_3=56$

다른 풀이

다항식 $(a+b+c+d+e)^6$의 전개식에서 e를 포함하지 않는 서로 다른 항의 개수는 다항식 $(a+b+c+d)^6$의 전개식에서 서로 다른 항의 개수와 같다.

다항식 $(a+b+c+d)^6$의 전개식에서 a를 포함하는 각 항은

$ka^xb^yc^zd^w$ (k는 실수, $x+y+z+w=6$, x는 자연수, y, z, w는 음이 아닌 정수)의 꼴이다.

$x=x'+1$로 놓으면

$x+y+z+w=6$에서

$(x'+1)+y+z+w=6$

$x'+y+z+w=5$

따라서 구하는 항의 개수는 $x'+y+z+w=5$를 만족시키는 음이 아닌 정수 x', y, z, w의 모든 순서쌍 (x', y, z, w)의 개수와 같다.

즉, 서로 다른 4개에서 5개를 택하는 중복조합의 수와 같으므로

$_4H_5=_8C_5=_8C_3=56$

0293 답 105

다항식 $(a+b)^4$의 전개식에서 서로 다른 항의 개수는 2개의 문자 a, b에서 4개를 택하는 중복조합의 수와 같으므로

$_2H_4=_5C_4=_5C_1=5$

다항식 $(x+y+z)^5$의 전개식에서 서로 다른 항의 개수는 3개의 문자 x, y, z에서 5개를 택하는 중복조합의 수와 같으므로

$_3H_5=_7C_5=_7C_2=21$

이때 다항식의 두 인수 $(a+b)^4$과 $(x+y+z)^5$의 각각의 전개식에 동시에 포함되는 문자가 없으므로 구하는 서로 다른 항의 개수는

$5\times21=105$

실수 Check

같은 문자가 없는 여러 인수들의 곱을 전개할 때 나오는 서로 다른 항의 개수는 각 인수에서 항의 개수들의 곱과 같다.

0294 답 ②

유형8

두 집합 $X=\{1, 2, 3, 4, 5\}$, $Y=\{1, 2, 3, 4\}$에 대하여 X에서 Y로의 함수 f 중에서 $f(1) \le f(2) \le f(3)$을 만족시키는 함수의 개수는? **단서1**

① 310   ② 320   ③ 330
④ 340   ⑤ 350

단서1 $f(1) \le f(2) \le f(3)$의 값을 정하는 경우의 수는 ${}_4H_3$

STEP 1 $f(1) \le f(2) \le f(3)$을 만족시키는 $f(1)$, $f(2)$, $f(3)$의 값을 정하는 경우의 수 구하기

$f(1) \le f(2) \le f(3)$을 만족시키는 $f(1)$, $f(2)$, $f(3)$의 값을 정하는 방법은 집합 Y의 원소 1, 2, 3, 4에서 중복을 허용하여 3개를 택하여 작은 수부터 차례로 $f(1)$, $f(2)$, $f(3)$에 대응시키면 된다.

즉, $f(1)$, $f(2)$, $f(3)$의 값을 정하는 경우의 수는 서로 다른 4개에서 3개를 택하는 중복조합의 수와 같으므로

$${}_4H_3 = {}_6C_3 = 20$$

STEP 2 $f(4)$, $f(5)$의 값을 정하는 경우의 수 구하기

$f(4)$, $f(5)$의 값을 정하는 경우의 수는
Y의 원소 4개에서 2개를 택하는 중복순열의 수와 같으므로

$${}_4\Pi_2 = 4^2 = 16$$

STEP 3 함수 f의 개수 구하기

구하는 함수 f의 개수는

$$20 \times 16 = 320$$

0295 답 ③

주어진 조건을 만족시키려면 집합 Y의 원소 4, 5, 6, 7에서 중복을 허용하여 3개를 택하여 작은 수부터 차례로 $f(1)$, $f(2)$, $f(3)$에 대응시키면 된다.

따라서 구하는 함수의 개수는 서로 다른 4개에서 3개를 택하는 중복조합의 수와 같으므로

$${}_4H_3 = {}_6C_3 = 20$$

0296 답 ⑤

$f(1) \ge f(2) \ge f(3) \ge f(4)$를 만족시키려면 집합 X의 원소 1, 2, 3, 4에서 중복을 허용하여 4개를 택하여 큰 수부터 차례로 $f(1)$, $f(2)$, $f(3)$, $f(4)$에 대응시키면 된다.

따라서 구하는 함수의 개수는 서로 다른 4개에서 4개를 뽑는 중복조합의 수와 같으므로

$${}_4H_4 = {}_7C_4 = {}_7C_3 = 35$$

0297 답 ③

조건 ㈎에서 $f(1) \times f(6) = 6$이고 조건 ㈏에서 $f(1) \ge f(6)$이므로
$f(1) = 6$, $f(6) = 1$ 또는 $f(1) = 3$, $f(6) = 2$

(i) $f(1) = 6$, $f(6) = 1$인 경우

$6 \ge f(2) \ge f(3) \ge f(4) \ge f(5) \ge 1$이므로

$f(2)$, $f(3)$, $f(4)$, $f(5)$의 값을 정하는 경우의 수는 집합 X의 원소 1, 2, 3, 4, 5, 6에서 중복을 허용하여 4개를 택하여 큰 수

부터 차례로 $f(2)$, $f(3)$, $f(4)$, $f(5)$에 대응시키면 되므로

$${}_6H_4 = {}_9C_4 = 126$$

(ii) $f(1) = 3$, $f(6) = 2$인 경우

$3 \ge f(2) \ge f(3) \ge f(4) \ge f(5) \ge 2$이므로

$f(2)$, $f(3)$, $f(4)$, $f(5)$의 값을 정하는 경우의 수는 집합 X의 원소 2, 3에서 중복을 허용하여 4개를 택하여 큰 수부터 차례로 $f(2)$, $f(3)$, $f(4)$, $f(5)$에 대응시키면 되므로

$${}_2H_4 = {}_5C_4 = {}_5C_1 = 5$$

(i), (ii)에서 구하는 함수의 개수는 $126 + 5 = 131$

0298 답 ①

조건 ㈎에서 $f(3)$은 2의 배수이므로
$f(3) = 2$ 또는 $f(3) = 4$

(i) $f(3) = 2$인 경우

$f(1) \le f(2) \le f(3) = 2 \le f(4) \le f(5)$에서

ⓐ $f(1)$, $f(2)$의 값을 정하는 경우의 수는 집합 X의 원소 1, 2에서 중복을 허용하여 2개를 택하여 작은 수부터 차례로 $f(1)$, $f(2)$에 대응시키면 되므로

$${}_2H_2 = {}_3C_2 = {}_3C_1 = 3$$

ⓑ $f(4)$, $f(5)$의 값을 정하는 경우의 수는 집합 X의 원소 2, 3, 4, 5에서 중복을 허용하여 2개를 택하여 작은 수부터 차례로 $f(4)$, $f(5)$에 대응시키면 되므로

$${}_4H_2 = {}_5C_2 = 10$$

따라서 $f(3) = 2$인 함수의 개수는 $3 \times 10 = 30$

(ii) $f(3) = 4$인 경우

$f(1) \le f(2) \le f(3) = 4 \le f(4) \le f(5)$에서

ⓒ $f(1)$, $f(2)$의 값을 정하는 경우의 수는 집합 X의 원소 1, 2, 3, 4에서 중복을 허용하여 2개를 택하여 작은 수부터 차례로 $f(1)$, $f(2)$에 대응시키면 되므로 ${}_4H_2 = {}_5C_2 = 10$

ⓓ $f(4)$, $f(5)$의 값을 정하는 경우의 수는 집합 X의 원소 4, 5에서 중복을 허용하여 2개를 택하여 작은 수부터 차례로 $f(4)$, $f(5)$에 대응시키면 되므로 ${}_2H_2 = {}_3C_2 = {}_3C_1 = 3$

따라서 $f(3) = 4$인 함수의 개수는 $10 \times 3 = 30$

(i), (ii)에서 구하는 함수의 개수는

$30 + 30 = 60$

0299 답 ②

(i) $f(1)$, $f(2)$, $f(3)$의 값을 정하는 경우의 수

$f(1) = x$, $f(2) = y$, $f(3) = z$로 놓으면

$x + y + z = 10$ (x, y, z는 8 이하의 자연수)

$x = x' + 1$, $y = y' + 1$, $z = z' + 1$ (x', y', z'은 음이 아닌 정수)
로 놓으면 $x' + y' + z' = 7$이므로

$f(1) = x$, $f(2) = y$, $f(3) = z$의 값을 정하는 경우의 수는
방정식 $x' + y' + z' = 7$을 만족시키는 음이 아닌 정수 x', y', z'의 모든 순서쌍 (x', y', z')의 개수와 같다.

즉, ${}_3H_7 = {}_9C_7 = {}_9C_2 = 36$

(ii) $f(4)$, $f(5)$의 값을 정하는 경우의 수

조건 ㈏에서 $f(4)$, $f(5)$의 값은 모두 홀수이다.

조건 ㈐에서 $f(4) \le f(5)$이므로 Y의 홀수인 원소 1, 3, 5, 7

에서 중복을 허용하여 2개를 택하여 작은 수부터 차례로 $f(4)$, $f(5)$에 대응시키면 된다.

따라서 $f(4)$, $f(5)$의 값을 정하는 경우의 수는 서로 다른 4개에서 2개를 택하는 중복조합의 수와 같으므로

$$_4H_2=_5C_2=10$$

(i), (ii)에서 구하는 함수의 개수는 $36\times10=360$

0300 답 ①

(i) $f(a)\leq f(b)\leq f(c)\leq f(d)\leq f(e)$를 만족시키는 함수의 개수

집합 Y의 원소 1, 2, 3, 4에서 중복을 허용하여 5개를 택하여 작은 수부터 차례로 $f(a)$, $f(b)$, $f(c)$, $f(d)$, $f(e)$에 대응시키면 되므로

$$_4H_5=_8C_5=_8C_3=56$$

(ii) $f(a)\leq f(b)=f(c)\leq f(d)\leq f(e)$를 만족시키는 함수의 개수

집합 Y의 원소 1, 2, 3, 4에서 중복을 허용하여 4개를 택하여 작은 수부터 차례로 $f(a)$, $f(b)=f(c)$, $f(d)$, $f(e)$에 대응시키면 되므로

$$_4H_4=_7C_4=_7C_3=35$$

(iii) $f(a)\leq f(b)\leq f(c)\leq f(d)=f(e)$를 만족시키는 함수의 개수

집합 Y의 원소 1, 2, 3, 4에서 중복을 허용하여 4개를 택하여 작은 수부터 차례로 $f(a)$, $f(b)$, $f(c)$, $f(d)=f(e)$에 대응시키면 되므로

$$_4H_4=_7C_4=_7C_3=35$$

(iv) $f(a)\leq f(b)=f(c)\leq f(d)=f(e)$를 만족시키는 함수의 개수

집합 Y의 원소 1, 2, 3, 4에서 중복을 허용하여 3개를 택하여 작은 수부터 차례로 $f(a)$, $f(b)=f(c)$, $f(d)=f(e)$에 대응시키면 되므로

$$_4H_3=_6C_3=20$$

따라서 구하는 함수의 개수는 $56-35-35+20=6$

0301 답 525

(i) 조건 ㈎에서 함수 f의 치역에 속하는 집합 X의 원소 3개를 택하는 경우의 수는

$$_7C_3=\frac{7\times6\times5}{3\times2\times1}=35$$

(ii) 치역에 속하는 3개의 수에 각각 대응하는 집합 X의 원소의 개수를 각각 a, b, c라 하고 조건 ㈏를 만족시키려면

$$a+b+c=7 \ (a, b, c\text{는 자연수})$$

$a=a'+1$, $b=b'+1$, $c=c'+1$로 놓으면

$$a'+b'+c'=4 \ (a', b', c'\text{은 음이 아닌 정수})$$

순서쌍 (a, b, c)의 개수는 방정식 $a'+b'+c'=4$를 만족시키는 음이 아닌 정수 a', b', c'의 순서쌍 (a', b', c')의 개수와 같으므로

$$_3H_4=_6C_4=_6C_2=15$$

(i), (ii)에서 구하는 함수의 개수는 $35\times15=525$

0302 답 327

(i) $f(3)$이 3의 배수인 경우

$f(3)=3$일 때

$f(1)$, $f(2)$를 택하는 경우의 수는 $_3H_2=_4C_2=6$,

$f(4)$, $f(5)$, $f(6)$을 택하는 경우의 수는 $_4H_3=_6C_3=20$

이므로 $f(3)=3$인 경우의 수는 $6\times20=120$

$f(3)=6$일 때

$f(1)$, $f(2)$를 택하는 경우의 수는 $_6H_2=_7C_2=21$,

$f(4)$, $f(5)$, $f(6)$을 택하는 경우의 수는 $_1H_3=_3C_3=1$

이므로 $f(3)=6$인 경우의 수는 $21\times1=21$

따라서 $f(3)$이 3의 배수인 경우의 수는

$120+21=141$

(ii) $f(6)$이 3의 배수인 경우

$f(6)=3$일 때

$f(1)$, $f(2)$, $f(3)$, $f(4)$, $f(5)$를 택하는 경우의 수는

$_3H_5=_7C_5=_7C_2=21$

$f(6)=6$일 때

$f(1)$, $f(2)$, $f(3)$, $f(4)$, $f(5)$를 택하는 경우의 수는

$_6H_5=_{10}C_5=252$

따라서 $f(6)$이 3의 배수인 경우의 수는

$21+252=273$

(iii) $f(3)$, $f(6)$이 모두 3의 배수인 경우

$f(3)=f(6)=3$일 때

$f(1)$, $f(2)$를 택하는 경우의 수는 $_3H_2=_4C_2=6$,

$f(4)$, $f(5)$를 택하는 경우의 수는 $_1H_2=_2C_2=1$

이므로 $6\times1=6$

$f(3)=3$, $f(6)=6$일 때

$f(1)$, $f(2)$를 택하는 경우의 수는 $_3H_2=_4C_2=6$,

$f(4)$, $f(5)$를 택하는 경우의 수는 $_4H_2=_5C_2=10$

이므로 $6\times10=60$

$f(3)=f(6)=6$일 때

$f(1)$, $f(2)$를 택하는 경우의 수는 $_6H_2=_7C_2=21$,

$f(4)$, $f(5)$를 택하는 경우의 수는 $_1H_2=_2C_2=1$

이므로 $21\times1=21$

따라서 $f(3)$, $f(6)$이 모두 3의 배수인 경우의 수는

$6+60+21=87$

(i)~(iii)에서 구하는 함수의 개수는

$141+273-87=327$

0303 답 ④ | 유형 9

$\left(x^3 + \dfrac{k}{x^2}\right)^5$의 전개식에서 x^{10}의 계수가 20일 때, 상수 k의 값은?

단서1 **단서2**

① 1 ② 2 ③ 3
④ 4 ⑤ 5

단서1 전개식에서 일반항은 ${}_5C_r(x^3)^r\left(\dfrac{k}{x^2}\right)^{5-r} = {}_5C_r k^{5-r} x^{5r-10}$

단서2 $x^{5r-10} = x^{10}$에서 $5r - 10 = 10$

STEP1 $\left(x^3 + \dfrac{k}{x^2}\right)^5$의 전개식의 일반항 구하기

$${}_5C_r(x^3)^r\left(\dfrac{k}{x^2}\right)^{5-r} = {}_5C_r k^{5-r} x^{5r-10}$$

STEP2 x^{10}항이 나타나는 r의 값 구하기

$5r - 10 = 10$에서

$r = 4$

STEP3 상수 k의 값 구하기

이때 x^{10}의 계수가 20이므로

${}_5C_4 k = 20$에서 $5k = 20$

$\therefore k = 4$

개념 Check

a, b가 0이 아닌 실수이고 m, n이 정수일 때

(1) $a^m a^n = a^{m+n}$ (2) $a^m \div a^n = a^{m-n}$

(3) $(a^m)^n = a^{mn}$ (4) $(ab)^n = a^n b^n$

0304 답 ②

$(1+x)^n$의 전개식의 일반항은

${}_nC_r 1^{n-r} x^r = {}_nC_r x^r$

$x^r = x$에서 $r = 1$

따라서 x의 계수가 12이므로

${}_nC_1 = 12$

$\therefore n = 12$

0305 답 -10

$\left(x - \dfrac{2}{x}\right)^5$의 전개식의 일반항은

${}_5C_r x^{5-r}\left(-\dfrac{2}{x}\right)^r = {}_5C_r(-2)^r x^{5-2r}$

$x^{5-2r} = x^3$에서 $5 - 2r = 3$

$\therefore r = 1$

따라서 x^3의 계수는

${}_5C_1(-2)^1 = -10$

0306 답 ③

$(2x + 5y)^5$의 전개식의 일반항은

${}_5C_r(2x)^{5-r}(5y)^r = {}_5C_r 2^{5-r} 5^r x^{5-r} y^r$

$x^{5-r} y^r = x^2 y^3$에서 $r = 3$

따라서 $x^2 y^3$의 계수는 ${}_5C_3 \times 2^2 \times 5^3 = 10 \times 4 \times 125 = 5000$

0307 답 ②

$(4 - x)^5$의 전개식의 일반항은

${}_5C_r 4^{5-r}(-x)^r = {}_5C_r(-1)^r 4^{5-r} x^r$

(i) $x^r = x^2$에서 $r = 2$

$\therefore a = {}_5C_2(-1)^2 4^3 = 10 \times 1 \times 64 = 640$

(ii) $x^r = x^4$에서 $r = 4$

$\therefore b = {}_5C_4(-1)^4 4^1 = 5 \times 1 \times 4 = 20$

(i), (ii)에서 $\dfrac{a}{b} = \dfrac{640}{20} = 32$

0308 답 ②

$(k + 2x)^6$의 전개식의 일반항은

${}_6C_r k^{6-r}(2x)^r = {}_6C_r k^{6-r} 2^r x^r$

$x^r = x^4$에서 $r = 4$이므로

x^4의 계수는 ${}_6C_4 k^2 2^4$

한편, $x^r = x^2$에서 $r = 2$이므로

x^2의 계수는 ${}_6C_2 k^4 2^2$

x^4의 계수와 x^2의 계수가 같으므로

${}_6C_4 k^2 2^4 = {}_6C_2 k^4 2^2$

따라서 $k^2 = 2^2$이므로 $k = 2$ $(\because k > 0)$

0309 답 ①

$(x + 3)^n$의 전개식의 일반항은

${}_nC_r x^{n-r} 3^r = {}_nC_r 3^r x^{n-r}$

상수항은 $n - r = 0$, 즉 $r = n$인 경우이므로

${}_nC_n 3^n = 81$, $3^n = 3^4$

$\therefore n = 4$

즉, $(x + 3)^4$의 전개식의 일반항은 ${}_4C_r 3^r x^{4-r}$

$x^{4-r} = x^2$에서 $4 - r = 2$

$\therefore r = 2$

따라서 x^2의 계수는 ${}_4C_2 3^2 = 6 \times 9 = 54$

실수 Check

상수항은 $(x + 3)^n$에서 x가 한 번도 선택되지 않은 항이라고 생각한다.

0310 답 ③

$\left(ax + \dfrac{1}{x}\right)^6$의 전개식의 일반항은

${}_6C_r(ax)^r\left(\dfrac{1}{x}\right)^{6-r} = {}_6C_r a^r x^{2r-6}$

$x^{2r-6} = x^2$에서 $2r - 6 = 2$

$\therefore r = 4$

x^2의 계수는 ${}_6C_4 a^4 = {}_6C_2 a^4 = 15a^4 = 240$

$a^4=16$이므로 $a=2$ $(\because a>0)$

따라서 상수항은 $2r-6=0$, 즉 $r=3$인 경우이므로

$_6C_3a^3=20\times2^3=160$

0311 답 5

$\left(x^3-\dfrac{2}{x^2}\right)^n$의 전개식의 일반항은

$_nC_r(x^3)^r\left(-\dfrac{2}{x^2}\right)^{n-r}=_nC_r(-2)^{n-r}x^{5r-2n}$

이때 상수항은 $5r-2n=0$, 즉 $r=\dfrac{2}{5}n$인 경우이다.

따라서 상수항이 존재하기 위한 자연수 n의 최솟값은 5이다.

0312 답 ④

다항식 $(x+2)^7$의 전개식에서 일반항은

$_7C_rx^{7-r}2^r=_7C_r2^rx^{7-r}$

$x^{7-r}=x^5$에서 $7-r=5$ $\quad\therefore r=2$

따라서 x^5의 계수는 $_7C_22^2=21\times4=84$

0313 답 ②

다항식 $(x+2a)^5$의 전개식에서 일반항은

$_5C_rx^{5-r}(2a)^r=_5C_r2^ra^rx^{5-r}$

$x^{5-r}=x^3$에서 $5-r=3$ $\quad\therefore r=2$

따라서 x^3의 계수가 640이므로

$_5C_22^2a^2=40a^2=640$, $a^2=16$

$a>0$이므로 $a=4$

0314 답 ①

$\left(\dfrac{x}{2}+\dfrac{a}{x}\right)^6$의 전개식에서 일반항은

$_6C_r\left(\dfrac{x}{2}\right)^r\left(\dfrac{a}{x}\right)^{6-r}=_6C_r\left(\dfrac{1}{2}\right)^ra^{6-r}x^{2r-6}$

$x^{2r-6}=x^2$에서 $2r-6=2$ $\quad\therefore r=4$

이때 x^2의 계수가 15이므로

$_6C_4\left(\dfrac{1}{2}\right)^4a^2=15$에서 $\dfrac{15}{16}a^2=15$, $a^2=16$

$a>0$이므로 $a=4$

0315 답 ②
유형 10

$(x+2)(x+1)^5$의 전개식에서 x^2의 계수는?
단서1

① 20 　　　　② 25 　　　　③ 30

④ 35 　　　　⑤ 40

단서1 $(x+1)^5$의 전개식의 일반항은 $_5C_rx^r$

STEP1 $(x+1)^5$의 전개식의 일반항 구하기

$(x+1)^5$의 전개식의 일반항은

$_5C_rx^r$ ·············· ㉠

STEP2 x^2항이 나타나는 r의 값 구하기

$(x+2)(x+1)^5$의 전개식에서 x^2은

x와 ㉠의 x항, 2와 ㉠의 x^2항이 곱해질 때 나타난다.

이때 $(x+1)^5$의 전개식에서 x항과 x^2항은 각각 $r=1$, $r=2$일 때이다.

STEP3 x^2의 계수 구하기

$r=1$일 때, $x\times_5C_1x=5x^2$

$r=2$일 때, $2\times_5C_2x^2=20x^2$

따라서 구하는 x^2의 계수는 $5+20=25$

0316 답 ②

$(x+2)^5$의 전개식의 일반항은

$_5C_r2^{5-r}x^r$ ·············· ㉠

$(3x-1)(x+2)^5$의 전개식에서 x^3항은

$3x$와 ㉠의 x^2항, -1과 ㉠의 x^3항이 곱해질 때 나타난다.

$(x+2)^5$의 전개식에서 x^2항과 x^3항은 각각 $r=2$, $r=3$일 때이다.

$r=2$일 때, $3x\times_5C_22^3x^2=240x^3$

$r=3$일 때, $(-1)\times_5C_32^2x^3=-40x^3$

따라서 구하는 x^3의 계수는 $240-40=200$

0317 답 ①

$(1-2x)^7$의 전개식의 일반항은

$_7C_r(-2x)^r=_7C_r(-2)^rx^r$ ·············· ㉠

$(1+x)(1-2x)^7$의 전개식에서 x^3항은

1과 ㉠의 x^3항, x와 ㉠의 x^2항이 곱해질 때 나타난다.

이때 $(1-2x)^7$의 전개식에서 x^3항과 x^2항은 각각 $r=3$, $r=2$일 때이다.

$r=3$일 때, $1\times_7C_3\times(-2)^3x^3=-280x^3$

$r=2$일 때, $x\times_7C_2\times(-2)^2x^2=84x^3$

따라서 구하는 x^3의 계수는 $-280+84=-196$

0318 답 ②

$(1+x^2)(2x-3)^5=(2x-3)^5+x^2(2x-3)^5$이고

$x^2(2x-3)^5$의 전개식에서는 이차항 이상만 나타난다.

$(2x-3)^5$의 전개식의 일반항은

$_5C_r(2x)^r(-3)^{5-r}=_5C_r2^r(-3)^{5-r}x^r$

이때 $(2x-3)^5$의 전개식에서 x항은 $r=1$일 때이다.

따라서 구하는 x의 계수는 $_5C_1\times2\times(-3)^4=810$

0319 답 ①

$(x+2y)^5$의 전개식의 일반항은

$_5C_rx^{5-r}(2y)^r=_5C_r2^rx^{5-r}y^r$ ·············· ㉠

$(3x-y)(x+2y)^5$의 전개식에서 x^3y^3항은

$3x$와 ㉠의 x^2y^3항, $-y$와 ㉠의 x^3y^2항이 곱해질 때 나타난다.

(i) ㉠에서 x^2y^3항은 $5-r=2$, 즉 $r=3$인 경우이므로

$\quad_5C_3\times2^3x^2y^3=80x^2y^3$

(ii) ㉠에서 x^3y^2항은 $5-r=3$, 즉 $r=2$인 경우이므로

$\quad_5C_2\times2^2x^3y^2=40x^3y^2$

(i), (ii)에서 구하는 x^3y^3의 계수는 $3\times80+(-1)\times40=200$

0320 답 ③

$\left(x+\dfrac{1}{x^2}\right)^6$의 전개식의 일반항은

$_6C_rx^{6-r}\left(\dfrac{1}{x^2}\right)^r=_6C_rx^{6-3r}$ ·············· ㉠

이때 $(2+x)\left(x+\dfrac{1}{x^2}\right)^6$의 전개식에서 상수항은 2와 ㉠의 상수항이 곱해질 때 나타난다.

㉠에서 상수항은 $6-3r=0$에서 $r=2$

즉, $_6C_2=15$이므로 구하는 상수항은 $2\times 15=30$

0321 답 ④

$\left(x+\dfrac{1}{x}\right)(x^2+2x)^6=\left(x+\dfrac{1}{x}\right)\{x(x+2)\}^6$

$\qquad\qquad\qquad=\left(x+\dfrac{1}{x}\right)x^6(x+2)^6$

$\qquad\qquad\qquad=(x^7+x^5)(x+2)^6$

이고

$(x+2)^6$의 전개식의 일반항은

$_6C_r2^{6-r}x^r$ ·· ㉠

이때 $\left(x+\dfrac{1}{x}\right)(x^2+2x)^6=(x^7+x^5)(x+2)^6$의 전개식에서 x^{10}항은 x^7과 ㉠의 x^3항, x^5과 ㉠의 x^5항이 곱해질 때 나타난다.

(i) ㉠에서 x^3항은 $r=3$일 때이므로

$\quad_6C_3\times 2^3x^3=160x^3$

(ii) ㉠에서 x^5항은 $r=5$일 때이므로

$\quad_6C_5\times 2x^5=12x^5$

(i), (ii)에서 구하는 x^{10}의 계수는 $160+12=172$

0322 답 5

(i) $(x+8)^n$의 전개식의 일반항은

$\quad_nC_r8^{n-r}x^r$

$\quad x^{n-1}$의 계수는 $_nC_{n-1}\times 8=_nC_1\times 8=8n$

(ii) $(x+2)^n$의 전개식의 일반항은

$\quad_nC_r2^{n-r}x^r$ ·· ㉠

$(x^2-4)(x+2)^n$의 전개식에서 x^{n-1}항은

x^2과 ㉠의 x^{n-3}항, -4와 ㉠의 x^{n-1}항이 곱해질 때 나타난다.

㉠에서 x^{n-3}의 계수는

$\quad_nC_{n-3}\times 2^{n-(n-3)}=_nC_3\times 2^3$

$\qquad\qquad\qquad\quad=\dfrac{n(n-1)(n-2)}{6}\times 8$

㉠에서 x^{n-1}의 계수는

$\quad_nC_{n-1}\times 2^{n-(n-1)}=_nC_1\times 2=2n$

따라서 $(x^2-4)(x+2)^n$의 전개식에서 x^{n-1}의 계수는

$\dfrac{n(n-1)(n-2)}{6}\times 8+(-4)\times 2n=\dfrac{4}{3}n(n-1)(n-2)-8n$

(i), (ii)에서 $8n=\dfrac{4}{3}n(n-1)(n-2)-8n$

$n(n-1)(n-2)=12n$

즉, $(n-1)(n-2)=12$

$n^2-3n-10=0$, $(n-5)(n+2)=0$

$\therefore n=5$ ($\because n$은 자연수)

0323 답 ③

$\left(x-\dfrac{2}{x}\right)^5$의 전개식의 일반항은

$_5C_rx^{5-r}\left(-\dfrac{2}{x}\right)^r=_5C_r(-2)^rx^{5-2r}$ ················ ㉠

이때 $(2x+a)\left(x-\dfrac{2}{x}\right)^5$의 전개식에서 x항은 $2x$와 ㉠의 상수항, a와 ㉠의 x항이 곱해질 때 나타난다.

(i) ㉠에서 상수항은 $5-2r=0$, 즉 $r=\dfrac{5}{2}$일 때이다.

그런데 r는 $0\le r\le 5$인 정수이므로 ㉠의 상수항은 존재하지 않는다.

(ii) ㉠에서 x항은 $5-2r=1$, 즉 $r=2$일 때이므로

$\quad_5C_2(-2)^2x=40x$

(i), (ii)에서 x의 계수는

$a\times 40=120$ $\qquad\therefore a=3$

0324 답 ①

$(3x+2)^5$의 전개식의 일반항은

$_5C_r(3x)^{5-r}2^r=_5C_r2^r3^{5-r}x^{5-r}$ ···················· ㉠

이때 $(5x^3+ax)(3x+2)^5$의 전개식에서 x^4항은 $5x^3$과 ㉠의 x항, ax와 ㉠의 x^3항이 곱해질 때 나타난다.

(i) ㉠에서 x항은 $5-r=1$, 즉 $r=4$인 경우이므로

$\quad_5C_42^4\times 3x=240x$

(ii) ㉠에서 x^3항은 $5-r=3$, 즉 $r=2$인 경우이므로

$\quad_5C_22^2\times 3^3x^3=1080x^3$

(i), (ii)에서 x^4의 계수는

$5\times 240+a\times 1080=-960$

$\therefore a=-2$

0325 답 25

$(1+x)^5$의 전개식의 일반항은

$_5C_rx^r$ ·· ㉠

이때 $(1+2x)(1+x)^5$의 전개식에서 x^4항은 1과 ㉠의 x^4항, $2x$와 ㉠의 x^3항이 곱해질 때 나타난다.

(i) ㉠에서 x^4항은 $r=4$이므로 $_5C_4x^4=5x^4$

(ii) ㉠에서 x^3항은 $r=3$이므로 $_5C_3x^3=10x^3$

(i), (ii)에서 구하는 x^4의 계수는

$1\times 5+2\times 10=25$

0326 답 ②

$\left(x+\dfrac{a}{x^2}\right)^4$의 전개식의 일반항은

$_4C_rx^r\left(\dfrac{a}{x^2}\right)^{4-r}=_4C_ra^{4-r}x^{3r-8}$ ················ ㉠

이때 $\left(x^2-\dfrac{1}{x}\right)\left(x+\dfrac{a}{x^2}\right)^4$의 전개식에서 x^3항은 x^2과 ㉠의 x항, $-\dfrac{1}{x}$과 ㉠의 x^4항이 곱해질 때 나타난다.

(i) ㉠에서 x항은 $3r-8=1$, 즉 $r=3$인 경우이므로

$\quad_4C_3ax=4ax$

(ii) ㉠에서 x^4항은 $3r-8=4$, 즉 $r=4$인 경우이므로

$\quad_4C_4a^0x^4=x^4$

(i), (ii)에서 $\left(x^2-\dfrac{1}{x}\right)\left(x+\dfrac{a}{x^2}\right)^4$의 전개식에서 x^3의 계수는

$1\times 4a+(-1)\times 1=7$, $4a-1=7$

$\therefore a=2$

0327 답 ①

$\left(x+\dfrac{1}{x^3}\right)^4(x-2)^5$의 전개식에서 x^4의 계수는?

단서1

① -72 ② -60 ③ -48

④ -36 ⑤ -24

단서1 $\left(x+\dfrac{1}{x^3}\right)^4$과 $(x-2)^5$의 전개식의 일반항을 곱하면 $\left(x+\dfrac{1}{x^3}\right)^4(x-2)^5$의 전개식의 일반항

STEP1 $\left(x+\dfrac{1}{x^3}\right)^4(x-2)^5$의 전개식의 일반항 구하기

$\left(x+\dfrac{1}{x^3}\right)^4$의 전개식의 일반항은 $_4\mathrm{C}_r x^{4-r}\left(\dfrac{1}{x^3}\right)^r=_4\mathrm{C}_r x^{4-4r}$

$(x-2)^5$의 전개식의 일반항은 $_5\mathrm{C}_s x^{5-s}(-2)^s$

따라서 $\left(x+\dfrac{1}{x^3}\right)^4(x-2)^5$의 전개식의 일반항은

$_4\mathrm{C}_r x^{4-4r}\times_5\mathrm{C}_s x^{5-s}(-2)^s=_4\mathrm{C}_r\times_5\mathrm{C}_s(-2)^s\times x^{9-4r-s}$

STEP2 x^4의 동류항을 모두 더하여 x^4의 계수 구하기

$9-4r-s=4$에서 $4r+s=5$를 만족시키는 $r,\ s$의 순서쌍 $(r,\ s)$는 $(0,\ 5),\ (1,\ 1)$

따라서 구하는 x^4의 계수는

$_4\mathrm{C}_0\times_5\mathrm{C}_5\times(-2)^5+_4\mathrm{C}_1\times_5\mathrm{C}_1\times(-2)$

$=-32-40=-72$

다른 풀이

$\left(x+\dfrac{1}{x^3}\right)^4$의 전개식의 일반항은 $_4\mathrm{C}_r x^r\left(\dfrac{1}{x^3}\right)^{4-r}=_4\mathrm{C}_r x^{4r-12}$ ········ ㉠

이때 $r=0,\ 1,\ 2,\ 3,\ 4$이므로 x^{4r-12}은 각각 $x^{-12},\ x^{-8},\ x^{-4},\ x^0,$ x^4이다.

$(x-2)^5$의 전개식의 일반항은 $_5\mathrm{C}_s x^s(-2)^{5-s}$ ···························· ㉡

이때 $s=0,\ 1,\ 2,\ 3,\ 4,\ 5$이므로 x^s은 각각 $x^0,\ x^1,\ x^2,\ x^3,\ x^4,\ x^5$이다.

(i) $\left(x+\dfrac{1}{x^3}\right)^4$의 x^0항과 $(x-2)^5$의 x^4항을 곱하는 경우

    ㉠에서 $r=3$이면 $_4\mathrm{C}_3 x^0=4$,

    ㉡에서 $s=4$이면 $_5\mathrm{C}_4 x^4(-2)^1=-10x^4$이므로

    $4\times(-10x^4)=-40x^4$

(ii) $\left(x+\dfrac{1}{x^3}\right)^4$의 x^4항과 $(x-2)^5$의 x^0항을 곱하는 경우

    ㉠에서 $r=4$이면 $_4\mathrm{C}_4 x^4=x^4$,

    ㉡에서 $s=0$이면 $_5\mathrm{C}_0 x^0(-2)^5=-32$이므로

    $x^4\times(-32)=-32x^4$

(i), (ii)에서 구하는 x^4의 계수는 $-40-32=-72$

실수 Check

$(a+x)^p(b+x)^q$의 전개식에서 x^k의 계수는 다음과 같은 순서로 구한다.

❶ $(a+x)^p$, $(b+x)^q$의 전개식의 일반항을 각각 구한다.

    ➡ $_p\mathrm{C}_r a^{p-r}x^r$, $_q\mathrm{C}_s b^{q-s}x^s$

❷ $(a+x)^p(b+x)^q$의 전개식의 일반항을 구한다.

    ➡ $_p\mathrm{C}_r\times_q\mathrm{C}_s a^{p-r}b^{q-s}x^{r+s}$

❸ $r+s=k$ $(r=0,\ 1,\ 2,\ \cdots,\ p$이고 $s=0,\ 1,\ 2,\ \cdots,\ q)$를 만족시키는 $r,\ s$의 순서쌍 $(r,\ s)$를 구한다.

❹ ❸의 순서쌍을 ❷의 식에 대입하여 x^k의 계수를 구한다.

0328 답 ①

$(x+1)^2$의 전개식의 일반항은 $_2\mathrm{C}_r x^{2-r}$ ································ ㉠

$(x+2)^4$의 전개식의 일반항은 $_4\mathrm{C}_s x^{4-s}2^s$ ····················· ㉡

따라서 $(x+1)^2(x+2)^4$의 전개식의 일반항은

$_2\mathrm{C}_r x^{2-r}\times_4\mathrm{C}_s x^{4-s}2^s=_2\mathrm{C}_r\times_4\mathrm{C}_s 2^s x^{6-r-s}$

$6-r-s=5$에서 $r+s=1$을 만족시키는 $r,\ s$의 순서쌍 $(r,\ s)$는 $(0,\ 1),\ (1,\ 0)$

따라서 구하는 x^5의 계수는

$_2\mathrm{C}_0\times_4\mathrm{C}_1\times2+_2\mathrm{C}_1\times_4\mathrm{C}_0\times2^0=8+2=10$

0329 답 20

$(1+x)^5$의 전개식의 일반항은 $_5\mathrm{C}_r x^r$

$(1+x^2)^{10}$의 전개식의 일반항은 $_{10}\mathrm{C}_s(x^2)^s=_{10}\mathrm{C}_s x^{2s}$

따라서 $(1+x)^5(1+x^2)^{10}$의 전개식의 일반항은

$_5\mathrm{C}_r x^r\times_{10}\mathrm{C}_s x^{2s}=_5\mathrm{C}_r\times_{10}\mathrm{C}_s x^{r+2s}$

$r+2s=2$를 만족시키는 $r,\ s$의 순서쌍 $(r,\ s)$는 $(0,\ 1),\ (2,\ 0)$

따라서 구하는 x^2의 계수는

$_5\mathrm{C}_0\times_{10}\mathrm{C}_1+_5\mathrm{C}_2\times_{10}\mathrm{C}_0=10+10=20$

0330 답 ③

$(x+2)^5$의 전개식의 일반항은

$_5\mathrm{C}_r x^{5-r}2^r=_5\mathrm{C}_r 2^r x^{5-r}$

$\left(x+\dfrac{1}{x}\right)^2$의 전개식의 일반항은 $_2\mathrm{C}_s x^{2-s}\left(\dfrac{1}{x}\right)^s=_2\mathrm{C}_s x^{2-2s}$

따라서 $(x+2)^5\left(x+\dfrac{1}{x}\right)^2$의 전개식의 일반항은

$_5\mathrm{C}_r 2^r x^{5-r}\times_2\mathrm{C}_s x^{2-2s}=_5\mathrm{C}_r\times_2\mathrm{C}_s 2^r x^{7-r-2s}$

$7-r-2s=3$에서 $r+2s=4$를 만족시키는 $r,\ s$의 순서쌍 $(r,\ s)$는 $(0,\ 2),\ (2,\ 1),\ (4,\ 0)$

따라서 구하는 x^3의 계수는

$_5\mathrm{C}_0\times_2\mathrm{C}_2\times2^0+_5\mathrm{C}_2\times_2\mathrm{C}_1\times2^2+_5\mathrm{C}_4\times_2\mathrm{C}_0\times2^4=1+80+80=161$

0331 답 ②

$\left(x^2+\dfrac{2}{x}\right)^3$의 전개식의 일반항은

$_3\mathrm{C}_r(x^2)^{3-r}\left(\dfrac{2}{x}\right)^r=_3\mathrm{C}_r 2^r x^{6-3r}$

$\left(x+\dfrac{1}{x^2}\right)^5$의 전개식의 일반항은

$_5\mathrm{C}_s x^{5-s}\left(\dfrac{1}{x^2}\right)^s=_5\mathrm{C}_s x^{5-3s}$

따라서 $\left(x^2+\dfrac{2}{x}\right)^3\left(x+\dfrac{1}{x^2}\right)^5$의 전개식의 일반항은

$_3\mathrm{C}_r 2^r x^{6-3r}\times_5\mathrm{C}_s x^{5-3s}=_3\mathrm{C}_r\times_5\mathrm{C}_s 2^r x^{11-3r-3s}$

$11-3r-3s=-10$에서 $r+s=7$을 만족시키는 $r,\ s$의 순서쌍 $(r,\ s)$는

$(2,\ 5),\ (3,\ 4)$

따라서 구하는 x^{-10}의 계수는

$_3\mathrm{C}_2\times_5\mathrm{C}_5\times2^2+_3\mathrm{C}_3\times_5\mathrm{C}_4\times2^3=12+40=52$

0332 답 ②

$(x-1)^3$의 전개식의 일반항은

$_3C_r x^{3-r}(-1)^r = {}_3C_r(-1)^r x^{3-r}$

$(x+a)^6$의 전개식의 일반항은

$_6C_s x^{6-s}a^s = {}_6C_s a^s x^{6-s}$

따라서 $(x-1)^3(x+a)^6$의 전개식의 일반항은

$_3C_r(-1)^r x^{3-r} \times {}_6C_s a^s x^{6-s} = {}_3C_r \times {}_6C_s (-1)^r a^s x^{9-r-s}$

$9-r-s=1$에서 $r+s=8$을 만족시키는 r, s의 순서쌍 (r, s)는

$(2, 6)$, $(3, 5)$이고, x의 계수가 0이므로

$_3C_2 \times {}_6C_6 \times (-1)^2 \times a^6 + {}_3C_3 \times {}_6C_5 \times (-1)^3 \times a^5 = 0$

$3a^6 - 6a^5 = 0$, $3a^5(a-2) = 0$

$a > 0$이므로 $a = 2$

0333 답 3

$(x+a)^4$의 전개식의 일반항은

$_4C_r x^{4-r}a^r = {}_4C_r a^r x^{4-r}$

$(x+1)^2$의 전개식의 일반항은

$_2C_s x^{2-s}$

따라서 $(x+a)^4(x+1)^2$의 전개식의 일반항은

$_4C_r a^r x^{4-r} \times {}_2C_s x^{2-s} = {}_4C_r \times {}_2C_s a^r x^{6-r-s}$

$6-r-s=5$에서 $r+s=1$을 만족시키는 r, s의 순서쌍 (r, s)는

$(0, 1)$, $(1, 0)$이고, x^5의 계수가 14이므로

$_4C_0 \times {}_2C_1 \times a^0 + {}_4C_1 \times {}_2C_0 \times a = 14$

$2+4a = 14$ $\therefore a = 3$

0334 답 ③

$(1+x)^6$의 전개식의 일반항은 $_6C_r x^r$

$(1+x^3)^n$의 전개식의 일반항은 $_nC_s(x^3)^s = {}_nC_s x^{3s}$

따라서 $(1+x)^6(1+x^3)^n$의 전개식의 일반항은

$_6C_r x^r \times {}_nC_s x^{3s} = {}_6C_r \times {}_nC_s x^{r+3s}$

$r+3s=5$를 만족시키는 r, s의 순서쌍 (r, s)는

$(2, 1)$, $(5, 0)$이고, x^5의 계수가 96이므로

$_6C_2 \times {}_nC_1 + {}_6C_5 \times {}_nC_0 = 96$

$15n+6 = 96$ $\therefore n = 6$

0335 답 ②

$(2+x)^4$의 전개식의 일반항은 $_4C_r 2^{4-r}x^r$

$(1+3x)^3$의 전개식의 일반항은 $_3C_s(3x)^s = {}_3C_s 3^s x^s$

따라서 $(2+x)^4(1+3x)^3$의 전개식의 일반항은

$_4C_r 2^{4-r}x^r \times {}_3C_s 3^s x^s = {}_4C_r \times {}_3C_s 2^{4-r}3^s x^{r+s}$

$r+s=1$을 만족시키는 r, s의 순서쌍 (r, s)는

$(0, 1)$, $(1, 0)$

따라서 구하는 x의 계수는

$_4C_0 \times {}_3C_1 \times 2^4 \times 3 + {}_4C_1 \times {}_3C_0 \times 2^3 \times 3^0$

$= 144 + 32 = 176$

0336 답 ⑤

$\left(x^2 - \dfrac{1}{x}\right)^2$의 전개식의 일반항은

$_2C_r(x^2)^{2-r}\left(-\dfrac{1}{x}\right)^r = {}_2C_r(-1)^r x^{4-3r}$

$(x-2)^5$의 전개식의 일반항은

$_5C_s x^{5-s}(-2)^s = {}_5C_s(-2)^s x^{5-s}$

따라서 $\left(x^2 - \dfrac{1}{x}\right)^2(x-2)^5$의 전개식의 일반항은

$_2C_r(-1)^r x^{4-3r} \times {}_5C_s(-2)^s x^{5-s}$

$= {}_2C_r \times {}_5C_s(-1)^r(-2)^s x^{9-3r-s}$

$9-3r-s=1$에서 $3r+s=8$을 만족시키는 r, s의 순서쌍 (r, s)는

$(1, 5)$, $(2, 2)$

따라서 구하는 x의 계수는

$_2C_1 \times {}_5C_5 \times (-1) \times (-2)^5 + {}_2C_2 \times {}_5C_2 \times (-1)^2 \times (-2)^2$

$= 64 + 40 = 104$

0337 답 ③　　　　　　　　　　　　　|유형 12

> $_{20}C_0 + 3 \times {}_{20}C_1 + 3^2 \times {}_{20}C_2 + \cdots + 3^{20} \times {}_{20}C_{20}$의 값은?　단서1
> ① 2^{30}　　　　　② 2^{35}　　　　　③ 2^{40}
> ④ 2^{45}　　　　　⑤ 2^{50}
> 단서1 $(1+x)^{20}$의 전개식을 이용

STEP1 이항정리를 이용하여 $(1+x)^{20}$의 전개식 구하기

$(1+x)^{20} = {}_{20}C_0 + {}_{20}C_1 x + {}_{20}C_2 x^2 + \cdots + {}_{20}C_{20} x^{20}$

STEP2 x에 적당한 수를 대입하여 식의 값 구하기

위 식의 양변에 $x=3$을 대입하면

$(1+3)^{20} = {}_{20}C_0 + {}_{20}C_1 \times 3 + {}_{20}C_2 \times 3^2 + \cdots + {}_{20}C_{20} \times 3^{20}$

즉, $_{20}C_0 + 3 \times {}_{20}C_1 + 3^2 \times {}_{20}C_2 + \cdots + 3^{20} \times {}_{20}C_{20} = 4^{20} = 2^{40}$

따라서 구하는 식의 값은 2^{40}이다.

0338 답 ③

$(1+x)^{10} = {}_{10}C_0 + {}_{10}C_1 x + {}_{10}C_2 x^2 + \cdots + {}_{10}C_{10} x^{10}$의 양변에 $x=2$를 대입하면

$(1+2)^{10} = {}_{10}C_0 + 2 \times {}_{10}C_1 + 2^2 \times {}_{10}C_2 + \cdots + 2^{10} \times {}_{10}C_{10}$

즉, $_{10}C_0 + 2 \times {}_{10}C_1 + 2^2 \times {}_{10}C_2 + \cdots + 2^{10} \times {}_{10}C_{10} = 3^{10}$

따라서 구하는 식의 값은 3^{10}이다.

0339 답 18

$(1+x)^n = {}_nC_0 + {}_nC_1 x + {}_nC_2 x^2 + \cdots + {}_nC_n x^n$의 양변에 $x=2$를 대입하면

$_nC_0 + {}_nC_1 \times 2 + {}_nC_2 \times 2^2 + \cdots + {}_nC_n \times 2^n = (1+2)^n = 3^n$

따라서 주어진 부등식은

$10 < 3^n < 1000$

이때 $3^2 = 9$, $3^3 = 27$, $\cdots$, $3^6 = 729$, $3^7 = 2187$이므로 구하는 자연수 n의 값의 합은

$3+4+5+6 = 18$

0340 답 ③

$(1+x)^{20} = {}_{20}C_0 + {}_{20}C_1 x + {}_{20}C_2 x^2 + \cdots + {}_{20}C_{20} x^{20}$

위 식의 양변에 $x=7$을 대입하면

$(1+7)^{20} = {}_{20}C_0 + 7 \times {}_{20}C_1 + 7^2 \times {}_{20}C_2 + \cdots + 7^{20} \times {}_{20}C_{20}$

따라서 $(1+7)^{20}=8^{20}=2^{60}$이므로

$\log_2({}_{20}C_0+7\times{}_{20}C_1+7^2\times{}_{20}C_2+\cdots+7^{20}\times{}_{20}C_{20})$

$=\log_2 2^{60}=60$

0341 답 ③

$(1+x)^{12}={}_{12}C_0+{}_{12}C_1x+{}_{12}C_2x^2+\cdots+{}_{12}C_{12}x^{12}$의 양변에 $x=3$을 대입하면

$4^{12}={}_{12}C_0+{}_{12}C_1\times3+{}_{12}C_2\times3^2+\cdots+{}_{12}C_{12}\times3^{12}$ .... ㉠

$\therefore\ 3^{11}\times{}_{12}C_1+3^{10}\times{}_{12}C_2+3^9\times{}_{12}C_3+\cdots+3\times{}_{12}C_{11}$

$=3^{11}\times{}_{12}C_{11}+3^{10}\times{}_{12}C_{10}+3^9\times{}_{12}C_9+\cdots+3\times{}_{12}C_1$

$\qquad\qquad\qquad\qquad\qquad(\because\ {}_nC_r={}_nC_{n-r})$

$=(3^{12}\times{}_{12}C_{12}+3^{11}\times{}_{12}C_{11}+3^{10}\times{}_{12}C_{10}+3^9\times{}_{12}C_9+\cdots$

$\qquad\qquad\qquad +3\times{}_{12}C_1+{}_{12}C_0)-3^{12}\times{}_{12}C_{12}-{}_{12}C_0$

$=4^{12}-3^{12}-1\ (\because\ ㉠)$

0342 답 ①

$(1+x)^{20}={}_{20}C_0+{}_{20}C_1x+{}_{20}C_2x^2+\cdots+{}_{20}C_{20}x^{20}$의 양변에 $x=20$을 대입하면

$(1+20)^{20}={}_{20}C_0+{}_{20}C_1\times20+{}_{20}C_2\times20^2+\cdots$

$\qquad\qquad\qquad\qquad +{}_{20}C_{19}\times20^{19}+{}_{20}C_{20}\times20^{20}$

$21^{20}={}_{20}C_0+{}_{20}C_1\times20+20^2({}_{20}C_2+\cdots+{}_{20}C_{19}\times20^{17}+{}_{20}C_{20}\times20^{18})$

이때 $20^2({}_{20}C_2+\cdots+{}_{20}C_{19}\times20^{17}+{}_{20}C_{20}\times20^{18})$은 20^2, 즉 400으로 나누어떨어지므로 21^{20}을 400으로 나눈 나머지는

${}_{20}C_0+{}_{20}C_1\times20$을 400으로 나눈 나머지와 같다.

따라서 ${}_{20}C_0+{}_{20}C_1\times20=401=400+1$이므로 21^{20}을 400으로 나누었을 때의 나머지는 1이다.

0343 답 ②

$(1+x)^{10}={}_{10}C_0+{}_{10}C_1x+{}_{10}C_2x^2+\cdots+{}_{10}C_{10}x^{10}$의 양변에 $x=7$을 대입하면

$(1+7)^{10}={}_{10}C_0+{}_{10}C_1\times7+{}_{10}C_2\times7^2+\cdots+{}_{10}C_9\times7^9+{}_{10}C_{10}\times7^{10}$

$8^{10}={}_{10}C_0+7({}_{10}C_1+{}_{10}C_2\times7+\cdots+{}_{10}C_9\times7^8+{}_{10}C_{10}\times7^9)$

이때 $7({}_{10}C_1+{}_{10}C_2\times7+\cdots+{}_{10}C_9\times7^8+{}_{10}C_{10}\times7^9)$은 7로 나누어떨어지므로 8^{10}을 7로 나누었을 때의 나머지는 ${}_{10}C_0=1$이다.

따라서 이 해의 10월 25일은 월요일이므로 8^{10}일 후의 요일은 화요일이다.

실수 Check

오늘부터 $7x$일째 되는 날이 월요일이면 $(7x_1+1)$일째 되는 날은 화요일, $(7x_2+2)$일째 되는 날은 수요일, $\cdots$, $(7x_6+6)$일째 되는 날은 일요일이다. (단, $x_1,\ x_2,\ x_3,\ \cdots,\ x_6$은 자연수)

0344 답 3

$11^{20}=(1+10)^{20}$

$={}_{20}C_0+{}_{20}C_1\times10+{}_{20}C_2\times10^2+{}_{20}C_3\times10^3+\cdots$

$\qquad\qquad\qquad\qquad +{}_{20}C_{19}\times10^{19}+{}_{20}C_{20}\times10^{20}$

$={}_{20}C_0+{}_{20}C_1\times10+{}_{20}C_2\times10^2$

$\qquad\qquad +10^3({}_{20}C_3+\cdots+{}_{20}C_{19}\times10^{16}+{}_{20}C_{20}\times10^{17})$

$N={}_{20}C_3+\cdots+{}_{20}C_{19}\times10^{16}+{}_{20}C_{20}\times10^{17}$이라 하면

$11^{20}=1+20\times10+\dfrac{20\times19}{2}\times10^2+1000\times N$

$\qquad=201+1000\times19+1000\times N$

$\qquad=201+1000\times(N+19)$

이때 $1000\times(N+19)$는 1000의 배수이므로 백의 자리 이하의 숫자는 모두 0이다.

따라서 11^{20}의 백의 자리, 십의 자리, 일의 자리의 숫자는 각각 2, 0, 1이다.

즉, $a=2,\ b=0,\ c=1$이므로

$a+b+c=3$

0345 답 ③ | 유형 13

> 서로 다른 11자루의 볼펜 중 6자루 이상의 볼펜을 뽑는 경우의 수는?
>
> **단서1**
>
> (단, 볼펜을 뽑는 순서는 고려하지 않는다.)
>
> ① 2^8 ② 2^9 ③ 2^{10}
>
> ④ 2^{11} ⑤ 2^{12}
>
> **단서1** ${}_{11}C_6+{}_{11}C_7+{}_{11}C_8+{}_{11}C_9+{}_{11}C_{10}+{}_{11}C_{11}$

STEP 1 11자루의 볼펜 중 6자루 이상을 뽑는 경우의 수를 이항계수를 이용하여 나타내기

${}_{11}C_6+{}_{11}C_7+{}_{11}C_8+{}_{11}C_9+{}_{11}C_{10}+{}_{11}C_{11}$

STEP 2 ${}_nC_r={}_nC_{n-r}$임을 이용하여 식 변형하기

이때 ${}_{11}C_6={}_{11}C_5,\ {}_{11}C_7={}_{11}C_4,\ \cdots,\ {}_{11}C_{11}={}_{11}C_0$이므로

${}_{11}C_6+{}_{11}C_7+{}_{11}C_8+{}_{11}C_9+{}_{11}C_{10}+{}_{11}C_{11}$

$={}_{11}C_5+{}_{11}C_4+{}_{11}C_3+{}_{11}C_2+{}_{11}C_1+{}_{11}C_0$ .... ㉠

STEP 3 ${}_nC_0+{}_nC_1+{}_nC_2+\cdots+{}_nC_n=2^n$임을 이용하여 경우의 수 구하기

$({}_{11}C_0+{}_{11}C_1+{}_{11}C_2+\cdots+{}_{11}C_5)+({}_{11}C_6+{}_{11}C_7+{}_{11}C_8+\cdots+{}_{11}C_{11})=2^{11}$

이므로 ㉠에서

$({}_{11}C_{11}+{}_{11}C_{10}+{}_{11}C_9+\cdots+{}_{11}C_6)$

$\qquad\qquad +({}_{11}C_6+{}_{11}C_7+{}_{11}C_8+\cdots+{}_{11}C_{11})=2^{11}$

즉, $2\times({}_{11}C_6+{}_{11}C_7+{}_{11}C_8+\cdots+{}_{11}C_{11})=2^{11}$

따라서 구하는 경우의 수는

$2^{11}\times\dfrac{1}{2}=2^{10}$

0346 답 ③

${}_6C_0+{}_6C_1+{}_6C_2+{}_6C_3+{}_6C_4+{}_6C_5+{}_6C_6=2^6=64$

0347 답 127

${}_8C_0+{}_8C_2+{}_8C_4+{}_8C_6+{}_8C_8=2^7$이므로

$1+{}_8C_2+{}_8C_4+{}_8C_6+{}_8C_8=2^7$

$\therefore\ {}_8C_2+{}_8C_4+{}_8C_6+{}_8C_8=2^7-1=127$

다른 풀이

${}_8C_2+{}_8C_4+{}_8C_6+{}_8C_8={}_8C_2+{}_8C_4+{}_8C_2+{}_8C_0$

$\qquad\qquad\qquad\qquad =2\times{}_8C_2+{}_8C_4+{}_8C_0$

$\qquad\qquad\qquad\qquad =2\times\dfrac{8\times7}{2\times1}+\dfrac{8\times7\times6\times5}{4\times3\times2\times1}+1$

$\qquad\qquad\qquad\qquad =127$

0348 답 ①

$_nC_0+_nC_1+_nC_2+_nC_3+\cdots+_nC_n=2^n$이므로

$_nC_1+_nC_2+_nC_3+\cdots+_nC_n=2^n-_nC_0=2^n-1$

따라서 주어진 부등식은

$100<2^n-1<1000$

$\therefore 101<2^n<1001$

이때 $2^6=64$, $2^7=128$, $2^8=256$, $2^9=512$, $2^{10}=1024$이므로

구하는 자연수 n의 값의 합은

$7+8+9=24$

0349 답 ⑤

$_nC_0-_nC_1+_nC_2-_nC_3+\cdots+(-1)^n{_nC_n}=0$이므로

$_{16}C_0-_{16}C_1+_{16}C_2-_{16}C_3+\cdots+_{16}C_{16}=0$

$\therefore _{16}C_1-_{16}C_2+_{16}C_3-_{16}C_4+\cdots+_{16}C_{15}=_{16}C_0+_{16}C_{16}=1+1=2$

0350 답 ④

$_{10}C_1+_{10}C_3+_{10}C_5+_{10}C_7+_{10}C_9=2^9$

$_{20}C_0-_{20}C_1+_{20}C_2-\cdots-_{20}C_{19}+_{20}C_{20}=0$이므로

$_{20}C_1-_{20}C_2+_{20}C_3-\cdots+_{20}C_{19}=_{20}C_0+_{20}C_{20}=1+1=2$

따라서 $\dfrac{_{10}C_1+_{10}C_3+_{10}C_5+_{10}C_7+_{10}C_9}{_{20}C_1-_{20}C_2+_{20}C_3-_{20}C_4+\cdots+_{20}C_{19}}=\dfrac{2^9}{2}=2^8$이므로

$n=8$

0351 답 ④

$_{2k}C_0+_{2k}C_2+_{2k}C_4+\cdots+_{2k}C_{2k}=2^{2k-1}$이므로

$_{2k}C_2+_{2k}C_4+\cdots+_{2k}C_{2k}=2^{2k-1}-1$

따라서

$f(n)=\displaystyle\sum_{k=1}^{n}(_{2k}C_2+_{2k}C_4+\cdots+_{2k}C_{2k})$

$=\displaystyle\sum_{k=1}^{n}(2^{2k-1}-1)=\dfrac{2(4^n-1)}{4-1}-n$

└→ 첫째항이 2, 공비가 $2^2=4$인 등비수열

이므로

$f(3)=\dfrac{2(4^3-1)}{3}-3=39$, $f(4)=\dfrac{2(4^4-1)}{3}-4=166$,

$f(5)=\dfrac{2(4^5-1)}{3}-5=677$

$\therefore f(3)+f(4)+f(5)=882$

개념 Check

첫째항이 a, 공비가 r인 등비수열의 제n항까지의 합 S_n은

$S_n=\dfrac{a(r^n-1)}{r-1}=\dfrac{a(1-r^n)}{1-r}$

0352 답 192

조건 ㈎에서 집합 A는 집합 $\{1, 2, 3\}$의 원소 중 2개를 원소로 가지므로 경우의 수는 $_3C_2=_3C_1=3$

조건 ㈏에서 집합 A는 집합 $\{4, 5, 6, \cdots, 10\}$에서 홀수 개의 원소를 가지므로 경우의 수는

$_7C_1+_7C_3+_7C_5+_7C_7=2^{7-1}=64$

→ 조건 ㈎에서 2개를 원소로 가지므로 조건 ㈏를 만족시키려면 원소는 홀수 개이어야 한다.

따라서 구하는 집합 A의 개수는

$3\times 64=192$

실수 Check

집합 A에서 세 원소 1, 2, 3을 제외한 집합 $\{4, 5, 6, \cdots, 10\}$의 원소의 개수는 7이므로 7개의 원소 중에서 홀수 개를 택하는 조합의 수를 구해 더하면 $_7C_1+_7C_3+_7C_5+_7C_7$이다.

0353 답 ③

$_{2n+1}C_0+_{2n+1}C_2+_{2n+1}C_4+\cdots+_{2n+1}C_{2n}=2^{2n+1-1}=2^{2n}$이므로

$f(n)=\displaystyle\sum_{k=1}^{n}{_{2n+1}C_{2k}}=2^{2n}-1$

$2^{2n}-1=1023$에서 $2^{2n}=1024=2^{10}$

따라서 $2n=10$이므로 $n=5$

0354 답 ① | 유형 14

다항식 $(1+x)+(1+x)^2+(1+x)^3+\cdots+(1+x)^{12}$의 전개식에서 x^2의 계수는? 단서1

① 286 ② 288 ③ 290

④ 292 ⑤ 294

단서1 $_2C_2+_3C_2+_4C_2+\cdots+_{12}C_2$

STEP1 $(1+x)^n$의 전개식에서 x^2의 계수 구하기

2 이상의 자연수 n에 대하여 다항식 $(1+x)^n$의 일반항은

$_nC_rx^r$ $(r=0, 1, 2, \cdots, n)$이므로 다항식 $(1+x)^n$의 전개식에서

x^2의 계수는 $_nC_2$

STEP2 $(1+x)^2+\cdots+(1+x)^{12}$의 전개식에서 x^2의 계수를 식으로 나타내기

$_2C_2+_3C_2+_4C_2+\cdots+_{12}C_2$

STEP3 $_{n-1}C_{r-1}+_{n-1}C_r=_nC_r$임을 이용하여 x^2의 계수 구하기

$_2C_2+_3C_2+_4C_2+\cdots+_{12}C_2$

$=_3C_3+_3C_2+_4C_2+\cdots+_{12}C_2$ $(\because _2C_2=_3C_3)$

$=_4C_3+_4C_2+_5C_2+\cdots+_{12}C_2$

$=_5C_3+_5C_2+_6C_2+\cdots+_{12}C_2$

$\vdots$

$=_{12}C_3+_{12}C_2$

$=_{13}C_3$

$=286$

다른 풀이

첫째항이 $1+x$, 공비가 $1+x$인 등비수열의 합을 이용하면

$(1+x)+(1+x)^2+(1+x)^3+\cdots+(1+x)^{12}$

$=\dfrac{(1+x)\{(1+x)^{12}-1\}}{(1+x)-1}$

$=\dfrac{(1+x)^{13}-(1+x)}{x}$

이때 x^2의 계수는 $(1+x)^{13}$의 전개식에서 x^3의 계수와 같으므로

$_{13}C_3=286$

0355 답 ③

$_nC_r+_nC_{r+1}=_{n+1}C_{r+1}$이므로 $_{n+1}C_{r+1}=_8C_4$

$n+1=8$, $r+1=4$에서 $n=7$, $r=3$

$\therefore n+r=10$

0356 답 ⑤

$_2C_2+_3C_2+_4C_2+_5C_2+_6C_2$
$=_3C_3+_3C_2+_4C_2+_5C_2+_6C_2 \ (\because \ _2C_2=_3C_3)$
$=_4C_3+_4C_2+_5C_2+_6C_2$
$=_5C_3+_5C_2+_6C_2$
$=_6C_3+_6C_2=_7C_3$
$=35$

참고 파스칼의 삼각형에서 각 단계의 첫 번째 또는 마지막 수인 1에서 시작하여 대각선 방향으로 배열된 수를 더한 값은 마지막 수의 오른쪽 아래의 수와 같다. 이를 파스칼의 삼각형에 표시하면 그림과 같고, '하키스틱 패턴'이라 한다.

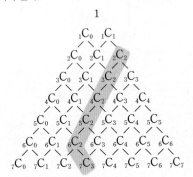

0357 답 ④

$_4C_1+_4C_2+_5C_3+_6C_4+_7C_5+_8C_6+_9C_7$
$=_5C_2+_5C_3+_6C_4+_7C_5+_8C_6+_9C_7$
$=_6C_3+_6C_4+_7C_5+_8C_6+_9C_7$
$=_7C_4+_7C_5+_8C_6+_9C_7$
$=_8C_5+_8C_6+_9C_7$
$=_9C_6+_9C_7$
$=_{10}C_7=_{10}C_3$
$=120$

0358 답 ②

$_2C_2+_3C_2+_4C_2+\cdots+_{10}C_2$
$=_3C_3+_3C_2+_4C_2+\cdots+_{10}C_2 \ (\because \ _2C_2=_3C_3)$
$=_4C_3+_4C_2+_5C_2+\cdots+_{10}C_2$
$=_5C_3+_5C_2+_6C_2+\cdots+_{10}C_2$
$=_6C_3+_6C_2+_7C_2+\cdots+_{10}C_2$
$\vdots$
$=_{10}C_3+_{10}C_2$
$=_{11}C_3=165$

0359 답 ②

$(1+x^3)^n$의 전개식의 일반항은
$_nC_r(x^3)^r=_nC_r x^{3r}$
전개식에서 x^6항은 $3r=6$, 즉 $r=2$일 때이므로 $a_n=_nC_2$
$\therefore \displaystyle\sum_{n=2}^{9} a_n = \sum_{n=2}^{9} {_nC_2}$
$\qquad\qquad =_2C_2+_3C_2+_4C_2+\cdots+_9C_2$
$\qquad\qquad =_3C_3+_3C_2+_4C_2+\cdots+_9C_2 \ (\because \ _2C_2=_3C_3)$

$=_4C_3+_4C_2+_5C_2+\cdots+_9C_2$
$=_5C_3+_5C_2+_6C_2+\cdots+_9C_2$
$\vdots$
$=_9C_3+_9C_2$
$=_{10}C_3$
$=120$

0360 답 65

$_kC_{k-1}+_kC_k=_{k+1}C_k$이므로
$\displaystyle\sum_{k=1}^{10}({_kC_{k-1}}+{_kC_k})$
$=\displaystyle\sum_{k=1}^{10} {_{k+1}C_k}$
$=_2C_1+_3C_2+_4C_3+\cdots+_{11}C_{10}$
$=(_2C_0+_2C_1+_3C_2+_4C_3+\cdots+_{11}C_{10})-_2C_0$
$=(_3C_1+_3C_2+_4C_3+\cdots+_{11}C_{10})-_2C_0$
$=(_4C_2+_4C_3+\cdots+_{11}C_{10})-_2C_0$
$=(_5C_3+\cdots+_{11}C_{10})-_2C_0$
$\vdots$
$=(_{11}C_9+_{11}C_{10})-_2C_0$
$=_{12}C_{10}-_2C_0$
$=_{12}C_2-_2C_0$
$=66-1=65$

다른 풀이

$_kC_{k-1}+_kC_k=_{k+1}C_k=_{k+1}C_1=k+1$이므로
$\displaystyle\sum_{k=1}^{10}({_kC_{k-1}}+{_kC_k})=\sum_{k=1}^{10}(k+1)$
$\qquad\qquad\qquad\qquad =\displaystyle\sum_{k=1}^{10}k+\sum_{k=1}^{10}1$
$\qquad\qquad\qquad\qquad =\dfrac{10\times 11}{2}+10\times 1$
$\qquad\qquad\qquad\qquad =65$

0361 답 ③

(i) $_2C_0+_3C_1+_4C_2+\cdots+_9C_7$
$=_3C_0+_3C_1+_4C_2+\cdots+_9C_7$
$=_4C_1+_4C_2+_5C_3+\cdots+_9C_7$
$=_5C_2+_5C_3+_6C_4+\cdots+_9C_7$
$\vdots$
$=_9C_6+_9C_7$
$=_{10}C_7$

(ii) $_2C_1+_3C_2+_4C_3+\cdots+_9C_8$
$=(_2C_0+_2C_1+_3C_2+_4C_3+\cdots+_9C_8)-_2C_0$
$=(_3C_1+_3C_2+_4C_3+\cdots+_9C_8)-_2C_0$
$=(_4C_2+_4C_3+\cdots+_9C_8)-_2C_0$
$\vdots$
$=(_9C_7+_9C_8)-_2C_0$
$=_{10}C_8-1$

(iii) $_2C_2+_3C_3+\cdots+_9C_9=1+1+\cdots+1=8$

(i)~(iii)에서 구하는 수의 합은

$$_{10}C_7+(_{10}C_8-1)+8$$
$$=_{10}C_7+_{10}C_8+7$$
$$=_{11}C_8+7$$
$$=_{11}C_3+7$$
$$=165+7=172$$

0362 답 251

$f(n)=_5H_n$이므로

$$f(1)+f(2)+f(3)+f(4)+f(5)$$
$$=_5H_1+_5H_2+_5H_3+_5H_4+_5H_5$$
$$=_5C_1+_6C_2+_7C_3+_8C_4+_9C_5$$
$$=(_5C_0+_5C_1+_6C_2+_7C_3+_8C_4+_9C_5)-_5C_0$$
$$=(_6C_1+_6C_2+_7C_3+_8C_4+_9C_5)-_5C_0$$
$$=(_7C_2+_7C_3+_8C_4+_9C_5)-_5C_0$$
$$=(_8C_3+_8C_4+_9C_5)-_5C_0$$
$$=(_9C_4+_9C_5)-_5C_0$$
$$=_{10}C_5-_5C_0$$
$$=252-1=251$$

실수 Check

$f(n)$은 중복조합으로 나타낼 수 있으므로 중복조합을 조합으로 바꾸어 파스칼의 삼각형의 성질을 이용할 수 있다.

0363 답 ③

$(1+2x)+(1+2x)^2+(1+2x)^3+\cdots+(1+2x)^{10}$

$(1+2x)^n$의 전개식의 일반항은 $_nC_r(2x)^r=_nC_r2^rx^r$이고 $3\le n\le10$인 경우에 x^3항이 나오므로

$(1+2x)^3$의 전개식에서 x^3의 계수는 $_3C_3\times2^3$

$(1+2x)^4$의 전개식에서 x^3의 계수는 $_4C_3\times2^3$

$\quad\vdots$

$(1+2x)^{10}$의 전개식에서 x^3의 계수는 $_{10}C_3\times2^3$

따라서 구하는 x^3의 계수는

$$_3C_3\times2^3+_4C_3\times2^3+_5C_3\times2^3+\cdots+_{10}C_3\times2^3$$
$$=2^3(_3C_3+_4C_3+_5C_3+\cdots+_{10}C_3)$$
$$=2^3(_4C_4+_4C_3+_5C_3+\cdots+_{10}C_3)\ (\because\ _3C_3=_4C_4)$$
$$=2^3(_5C_4+_5C_3+\cdots+_{10}C_3)$$
$$\quad\vdots$$
$$=2^3(_{10}C_4+_{10}C_3)$$
$$=2^3\times_{11}C_4=2640$$

다른 풀이

첫째항이 $1+2x$, 공비가 $1+2x$인 등비수열의 합을 이용하면

$$(1+2x)+(1+2x)^2+\cdots+(1+2x)^{10}$$
$$=\frac{(1+2x)\{(1+2x)^{10}-1\}}{(1+2x)-1}$$
$$=\frac{(1+2x)^{11}-(1+2x)}{2x}$$

이때 x^3의 계수는 $(1+2x)^{11}$의 전개식에서 x^4의 계수를 2로 나눈 것과 같다.

따라서 구하는 x^3의 계수는 $\dfrac{_{11}C_4\times2^4}{2}=2640$

0364 답 (1) 3   (2) 5   (3) 21   (4) 3   (5) 4
      (6) 15   (7) 15   (8) 315

STEP 1 바나나 맛 우유 5개를 3명의 학생에게 나누어 주는 경우의 수 구하기 [3점]

서로 다른 ⎡3⎤개에서 ⎡5⎤개를 택하는 중복조합의 수와 같으므로

$$_3H_5=_7C_5=_7C_2=\boxed{21}$$

STEP 2 초콜릿 맛 우유 4개를 3명의 학생에게 나누어 주는 경우의 수 구하기 [3점]

서로 다른 ⎡3⎤개에서 ⎡4⎤개를 택하는 중복조합의 수와 같으므로

$$_3H_4=_6C_4=_6C_2=\boxed{15}$$

STEP 3 곱의 법칙을 이용하여 경우의 수 구하기 [1점]

구하는 경우의 수는 $21\times\boxed{15}=\boxed{315}$

실제 답안 예시

3명의 학생이 각자 받는 우유의 개수를 a, b, c라 하자.

(i) 바나나 맛 우유

    $a+b+c=5$

    $\to\ _3H_5=_7C_2=\dfrac{7\times6}{2\times1}=21$

(ii) 초콜릿 맛 우유

    $a+b+c=4$

    $\to\ _3H_4=_6C_2=\dfrac{6\times5}{2\times1}=15$

(i), (ii)에서 $21\times15=315$

0365 답 2646

STEP 1 빨간색 볼펜 4자루를 6명의 학생에게 나누어 주는 경우의 수 구하기 [3점]

빨간색 볼펜 4자루를 6명의 학생에게 나누어 주는 경우의 수는 서로 다른 6개에서 4개를 택하는 중복조합의 수와 같으므로

$$_6H_4=_9C_4=126$$

STEP 2 파란색 볼펜 2자루를 6명의 학생에게 나누어 주는 경우의 수 구하기 [3점]

파란색 볼펜 2자루를 6명의 학생에게 나누어 주는 경우의 수는 서로 다른 6개에서 2개를 택하는 중복조합의 수와 같으므로

$$_6H_2=_7C_2=21$$

STEP 3 곱의 법칙을 이용하여 경우의 수 구하기 [1점]

구하는 경우의 수는 $126\times21=2646$

0366 답 2250

STEP 1 수학 I 문제집 3권을 3개의 단에 나누어 꽂는 경우의 수 구하기 [2점]

수학 I 문제집 3권을 3개의 단에 나누어 꽂는 경우의 수는 서로 다른 3개에서 3개를 택하는 중복조합의 수와 같으므로

$$_3H_3=_5C_3=_5C_2=10$$

STEP 2 수학 II 문제집 4권을 3개의 단에 나누어 꽂는 경우의 수 구하기 [2점]

수학Ⅱ 문제집 4권을 3개의 단에 나누어 꽂는 경우의 수는 서로 다른 3개에서 4개를 택하는 중복조합의 수와 같으므로
$$_3H_4 = {}_6C_4 = {}_6C_2 = 15$$

STEP3 확률과 통계 문제집 7권을 3개의 단에 나누어 꽂는 경우의 수 구하기 [3점]

확률과 통계 문제집 7권을 각 단에 적어도 1권 있도록 3개의 단에 나누어 꽂는 경우의 수는 각 단에 1권씩 꽂은 후 나머지 4권을 3개의 단에 나누어 꽂는 경우의 수와 같다.

즉, 서로 다른 3개에서 4개를 택하는 중복조합의 수와 같으므로
$$_3H_4 = {}_6C_4 = {}_6C_2 = 15$$

STEP4 곱의 법칙을 이용하여 경우의 수 구하기 [1점]

구하는 경우의 수는 $10 \times 15 \times 15 = 2250$

0367 📖 (1) 10 (2) 5 (3) 6 (4) 6 (5) 60

STEP1 조건 ㈎를 만족시키는 경우의 수 구하기 [2점]

조건 ㈎에서 함수 f의 치역에 속하는 집합 X의 원소 3개를 택하는 경우의 수는 $_5C_3 = \boxed{10}$

STEP2 STEP1의 각 경우에 대하여 조건 ㈏를 만족시키는 함수의 개수 구하기 [4점]

치역에 속하는 3개의 수에 각각 대응하는 정의역의 원소의 개수를 각각 a, b, c라 하면
$$a+b+c = \boxed{5} \text{ (단, } a, b, c \text{는 자연수)}$$
따라서 순서쌍 (a, b, c)의 개수는 $_3H_{5-3} = \boxed{6}$

STEP3 조건 ㈎, ㈏를 만족시키는 함수의 개수 구하기 [1점]

구하는 함수의 개수는 $10 \times \boxed{6} = \boxed{60}$

오답 분석

치역의 원소의 개수가 3인 경우의 수 : $_5C_3 = 10$ ─── 2점
치역인 원소 3개가 정의역에게 화살표를 받는 경우의 수 :
$_3H_5 = {}_7C_2 = 21 \longrightarrow$ 3개의 원소에 적어도 한 개씩 대응되어야
$\therefore 10 \times 21 = 210$ ── 함을 놓쳐 잘못 구함

▶ 7점 중 2점 얻음.
치역에 속하는 3개의 수에 적어도 한 개씩 대응되어야 하므로 치역인 원소 3개에 대응하는 수는 $_3H_{5-3} = 6$으로 구해야 한다.

0368 📖 2450

STEP1 조건 ㈎를 만족시키는 경우의 수 구하기 [2점]

조건 ㈎에서 함수 f의 치역에 속하는 집합 X의 원소 4개를 택하는 경우의 수는 $_8C_4 = 70$

STEP2 STEP1의 각 경우에 대하여 조건 ㈏를 만족시키는 함수의 개수 구하기 [4점]

치역에 속하는 4개의 수에 각각 대응하는 정의역의 원소의 개수를 각각 a, b, c, d라 하면
$$a+b+c+d = 8 \text{ (단, } a, b, c, d \text{는 자연수)}$$
따라서 순서쌍 (a, b, c, d)의 개수는 $_4H_{8-4} = {}_7C_4 = {}_7C_3 = 35$

STEP3 조건 ㈎, ㈏를 만족시키는 함수의 개수 구하기 [1점]

구하는 함수의 개수는 $70 \times 35 = 2450$

0369 📖 30

STEP1 조건 ㈎를 만족시키는 경우 알아보기 [3점]

조건 ㈎에서 함수 f의 치역으로 가능한 경우는
$$\{2, 6\}, \{3, 5\}, \{1, 2, 5\}, \{1, 3, 4\}$$

STEP2 STEP1의 각 경우에 대하여 조건 ㈏를 만족시키는 함수의 개수 구하기 [4점]

(i) 치역이 $\{2, 6\}$ 또는 $\{3, 5\}$인 경우
치역에 속하는 2개의 수에 각각 대응하는 정의역의 원소의 개수를 각각 a, b라 하면
$$a+b = 6 \text{ (단, } a, b \text{는 자연수)}$$
따라서 순서쌍 (a, b)의 개수는 $_2H_{6-2} = {}_5C_4 = {}_5C_1 = 5$ ······ ⓐ

(ii) 치역이 $\{1, 2, 5\}$ 또는 $\{1, 3, 4\}$인 경우
치역에 속하는 3개의 수에 각각 대응하는 정의역의 원소의 개수를 각각 a, b, c라 하면
$$a+b+c = 6 \text{ (단, } a, b, c \text{는 자연수)}$$
따라서 순서쌍 (a, b, c)의 개수는
$$_3H_{6-3} = {}_5C_3 = {}_5C_2 = 10$$ ······ ⓐ

STEP3 조건 ㈎, ㈏를 만족시키는 함수의 개수 구하기 [1점]

(i), (ii)에서 구하는 함수의 개수는
$$2 \times 5 + 2 \times 10 = 30$$

부분점수표	
ⓐ (i), (ii) 중에서 하나만 구한 경우	2점

0370 📖 840

STEP1 조건 ㈎를 만족시키는 경우의 수 구하기 [5점]

조건 ㈎에서 $f(1)$, $f(2)$, $f(3)$의 곱이 12인 경우는 다음과 같다.

(i) $f(1)f(2)f(3) = 1 \times 2 \times 6$인 경우
$f(1)$, $f(2)$, $f(3)$의 값을 정하는 경우의 수는 세 수 1, 2, 6을 일렬로 나열하여 차례로 $f(1)$, $f(2)$, $f(3)$에 대응시키면 되므로 $3! = 6$ ······ ⓐ

(ii) $f(1)f(2)f(3) = 1 \times 3 \times 4$인 경우
$f(1)$, $f(2)$, $f(3)$의 값을 정하는 경우의 수는 세 수 1, 3, 4를 일렬로 나열하여 차례로 $f(1)$, $f(2)$, $f(3)$에 대응시키면 되므로 $3! = 6$ ······ ⓐ

(iii) $f(1)f(2)f(3) = 2 \times 2 \times 3$인 경우
$f(1)$, $f(2)$, $f(3)$의 값을 정하는 경우의 수는 세 수 2, 2, 3을 일렬로 나열하여 차례로 $f(1)$, $f(2)$, $f(3)$에 대응시키면 되므로 $\dfrac{3!}{2!} = 3$ ······ ⓐ

(i)~(iii)에서 $f(1)$, $f(2)$, $f(3)$의 값을 정하는 경우의 수는
$$6+6+3 = 15$$

STEP2 조건 ㈏를 만족시키는 경우의 수 구하기 [2점]

조건 ㈏에서 $f(4)$, $f(5)$, $f(6)$의 값을 정하는 경우의 수는 집합

X의 원소 6개에서 3개를 뽑는 중복조합의 수와 같으므로
$_6H_3=_8C_3=56$

STEP3 조건 ㈎, ㈏를 만족시키는 함수의 개수 구하기 [1점]

구하는 함수의 개수는 $15\times56=840$

부분점수표	
④ (i), (ii), (iii) 중에서 일부만 구한 경우	각 1점

0371 답 (1) 8 (2) 64 (3) 17 (4) 17

STEP1 이항정리를 이용하여 $(1+x)^{10}$의 전개식 구하기 [2점]

$(1+x)^{10}=_{10}C_0+_{10}C_1x+_{10}C_2x^2+\cdots+_{10}C_{10}x^{10}$

STEP2 x에 적당한 수 대입하기 [1점]

위 식의 양변에 $x=\boxed{8}$을 대입하면
$(1+8)^{10}=_{10}C_0+_{10}C_1\times8+_{10}C_2\times8^2+\cdots+_{10}C_9\times8^9+_{10}C_{10}\times8^{10}$

STEP3 나머지 구하기 [3점]

$_{10}C_2\times8^2+_{10}C_3\times8^3+\cdots+_{10}C_9\times8^9+_{10}C_{10}\times8^{10}$은 $\boxed{64}$로 나누어떨어지므로 9^{10}을 64로 나누었을 때의 나머지는 $_{10}C_0+_{10}C_1\times8$을 64로 나누었을 때의 나머지와 같다.

이때 $_{10}C_0+_{10}C_1\times8=1+80=64+\boxed{17}$이므로 구하는 나머지는 $\boxed{17}$이다.

실제 답안 예시

$(8+1)^{10}=1+_{10}C_1\times8+8^2(_{10}C_2+\cdots+_{10}C_{10}\times8^8)$

$=81+64(_{10}C_2+\cdots+_{10}C_{10}\times8^8)$

→ 64로 나누어떨어진다.

$$\begin{array}{r} 1 \\ 64\overline{)81} \\ \underline{64} \\ 17 \end{array}$$

∴ 나머지 : 17

0372 답 100

STEP1 이항정리를 이용하여 $(1+x)^{20}$의 전개식 구하기 [2점]

$(1+x)^{20}=_{20}C_0+_{20}C_1x+_{20}C_2x^2+\cdots+_{20}C_{20}x^{20}$

STEP2 x에 적당한 수 대입하기 [1점]

위 식의 양변에 $x=11$을 대입하면
$(1+11)^{20}=_{20}C_0+_{20}C_1\times11+_{20}C_2\times11^2+\cdots$
$+_{20}C_{19}\times11^{19}+_{20}C_{20}\times11^{20}$

STEP3 나머지 구하기 [3점]

$_{20}C_2\times11^2+_{20}C_3\times11^3+\cdots+_{20}C_{19}\times11^{19}+_{20}C_{20}\times11^{20}$은 121로 나누어떨어지므로 12^{20}을 121로 나누었을 때의 나머지는 $_{20}C_0+_{20}C_1\times11$을 121로 나누었을 때의 나머지와 같다.

이때 $_{20}C_0+_{20}C_1\times11=1+220=121+100$이므로 구하는 나머지는 100이다.

0373 답 월요일

STEP1 이항정리를 이용하여 $(1+x)^{15}$의 전개식 구하기 [2점]

$(1+x)^{15}=_{15}C_0+_{15}C_1x+_{15}C_2x^2+\cdots+_{15}C_{15}x^{15}$

STEP2 x에 적당한 수 대입하기 [1점]

위 식의 양변에 $x=7$을 대입하면

$(1+7)^{15}=_{15}C_0+_{15}C_1\times7+_{15}C_2\times7^2+\cdots+_{15}C_{14}\times7^{14}+_{15}C_{15}\times7^{15}$

STEP3 7로 나누었을 때의 나머지를 이용하여 요일 구하기 [4점]

이때 $_{15}C_1\times7+_{15}C_2\times7^2+\cdots+_{15}C_{14}\times7^{14}+_{15}C_{15}\times7^{15}$은 7로 나누어떨어지므로 8^{15}을 7로 나누었을 때의 나머지는 $_{15}C_0=1$이다.

따라서 구하는 요일은 월요일이다.

0374 답 (1) 일요일 (2) 토요일

(1) **STEP1** 14^7일 후의 요일 구하기 [3점]

$14^7=(2\times7)^7=2^7\times7^7$, 즉 7의 배수이므로
14^7일 후의 요일은 일요일이다.

(2) **STEP1** 이항정리를 이용하여 $(1+x)^7$의 전개식 구하기 [2점]

$(1+x)^7=_7C_0+_7C_1x+_7C_2x^2+\cdots+_7C_7x^7$

STEP2 x에 적당한 수 대입하기 [1점]

위 식의 양변에 $x=13$을 대입하면
$(1+13)^7=_7C_0+_7C_1\times13+_7C_2\times13^2+\cdots$
$+_7C_6\times13^6+_7C_7\times13^7$

STEP3 (1)을 이용하여 7로 나누었을 때의 나머지로부터 요일 구하기 [4점]

이때 $_7C_1=_7C_6=7$, $_7C_2=_7C_5=7\times3$, $_7C_3=_7C_4=7\times5$이므로
$_7C_1\times13+_7C_2\times13^2+\cdots+_7C_6\times13^6$은 7로 나누어떨어진다.

따라서 (1)에서 14^7이 7로 나누어떨어지므로
$_7C_0+_7C_7\times13^7=1+13^7$도 7로 나누어떨어진다.

즉, 14^7일 후의 요일과 $1+13^7$일 후의 요일은 같으므로 13^7일 후의 요일은 토요일이다. → $1+13^7$일 후가 일요일이므로 13^7일 후는 그 하루 전인 토요일이다.

실력 check 실전 마무리하기 **1회** 82쪽~86쪽

1 0375 답 ③ 유형 1

출제의도 | 중복조합의 수를 이해하는지 확인한다.

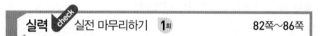

$_nH_r=_{n+r-1}C_r$임을 이용해 보자.

$_6H_2=_{6+2-1}C_2=_7C_2=21$

2 0376 답 ④ 유형 4

출제의도 | 중복조합의 수를 이용하여 방정식의 해의 개수를 구할 수 있는지 확인한다.

x, y, z가 홀수이므로
$x=2a+1$, $y=2b+1$, $z=2c+1$ (a, b, c는 음이 아닌 정수)로 놓자.

$x=2a+1$, $y=2b+1$, $z=2c+1$ (a, b, c는 음이 아닌 정수)로 놓으면 $x+y+z=15$에서
$(2a+1)+(2b+1)+(2c+1)=15$
∴ $a+b+c=6$
따라서 구하는 순서쌍 (x, y, z)의 개수는
$_3H_6=_8C_6=_8C_2=28$

3 0377 답 ② 유형 6

출제의도 | 중복조합의 수를 이용하여 대소 관계를 만족시키는 순서쌍의 개수 구할 수 있는지 확인한다.

> 1 이상 10 이하의 자연수 10개에서 중복을 허용하여 3개를 택하여 작은 수부터 차례로 x, y, z의 값으로 정해 보자.

구하는 순서쌍의 개수는 10개의 자연수에서 3개를 택하는 중복조합의 수와 같으므로

$$_{10}H_3 = {}_{12}C_3 = 220$$

4 0378 답 ④ 유형 7

출제의도 | 중복조합의 수를 이용하여 서로 다른 항의 개수를 구할 수 있는지 확인한다.

> 다항식 $(a+b)^4$, $(x+y+z)^5$의 전개식에 동시에 포함되는 문자가 없으므로 $(a+b)^4$의 전개식에서 서로 다른 항의 개수와 $(x+y+z)^5$의 전개식에서 서로 다른 항의 개수를 곱해 보자.

다항식 $(a+b)^4$의 전개식에서 서로 다른 항의 개수는
$$_2H_4 = {}_5C_4 = {}_5C_1 = 5$$
다항식 $(x+y+z)^5$의 전개식에서 서로 다른 항의 개수는
$$_3H_5 = {}_7C_5 = {}_7C_2 = 21$$
이때 다항식의 두 인수 $(a+b)^4$과 $(x+y+z)^5$은 각각의 전개식에 동시에 포함되는 문자가 없으므로 구하는 서로 다른 항의 개수는
$$5 \times 21 = 105$$

5 0379 답 ② 유형 9

출제의도 | 이항정리를 이해하는지 확인한다.

> $(3x+2y)^5$의 전개식의 일반항이 $_5C_r(3x)^{5-r}(2y)^r$임을 이용해 보자.

다항식 $(3x+2y)^5$의 전개식의 일반항은
$$_5C_r(3x)^{5-r}(2y)^r = {}_5C_r \times 3^{5-r} \times 2^r \times x^{5-r}y^r$$
이때 x^2y^3항은 $r=3$일 때이므로 구하는 계수는
$$_5C_3 \times 3^2 \times 2^3 = 10 \times 9 \times 8 = 720$$

6 0380 답 ① 유형 13

출제의도 | 이항계수의 성질을 이해하는지 확인한다.

> $_{16}C_0 + {}_{16}C_1 + {}_{16}C_2 + \cdots + {}_{16}C_{16} = 2^{16}$임을 이용해 보자.

$_{16}C_0 + {}_{16}C_1 + {}_{16}C_2 + \cdots + {}_{16}C_{16} = 2^{16}$이므로
$$_{16}C_1 + {}_{16}C_2 + \cdots + {}_{16}C_{16} = 2^{16} - {}_{16}C_0 = 2^{16} - 1$$
$$\therefore \log_4({}_{16}C_1 + {}_{16}C_2 + \cdots + {}_{16}C_{16} + 1)$$
$$= \log_4 2^{16} = \log_{2^2} 2^{16} = \frac{16}{2}\log_2 2 = 8$$

7 0381 답 ③ 유형 14

출제의도 | 파스칼의 삼각형을 이해하는지 확인한다.

> $_{n-1}C_{r-1} + {}_{n-1}C_r = {}_nC_r$임을 이용해 보자.

$_2C_2 = {}_3C_3$이므로
$$_2C_2 + {}_3C_3 + {}_4C_2 + {}_5C_2 + \cdots + {}_{10}C_2$$
$$= {}_3C_3 + {}_3C_2 + {}_4C_2 + {}_5C_2 + \cdots + {}_{10}C_2$$
$$= {}_4C_3 + {}_4C_2 + {}_5C_2 + \cdots + {}_{10}C_2$$
$$= {}_5C_3 + {}_5C_2 + \cdots + {}_{10}C_2$$
$$\vdots$$
$$= {}_{10}C_3 + {}_{10}C_2$$
$$= {}_{11}C_3 = {}_{11}C_8$$

8 0382 답 ⑤ 유형 2

출제의도 | 중복조합의 수를 이해하는지 확인한다.

> A가 구슬을 못 받는 경우와 1개 받는 경우로 나누어서 각각의 경우의 수를 구해 보자.

(i) A가 구슬을 못 받는 경우
  B, C, D 3명이 5개의 구슬을 나누어 받아야 한다.
  이때 경우의 수는 서로 다른 3개에서 5개를 택하는 중복조합의 수와 같다.
  즉, $_3H_5 = {}_7C_5 = {}_7C_2 = 21$
(ii) A가 구슬을 1개 받는 경우
  B, C, D 3명이 4개의 구슬을 나누어 받아야 한다.
  이때 경우의 수는 서로 다른 3개에서 4개를 택하는 중복조합의 수와 같다.
  즉, $_3H_4 = {}_6C_4 = {}_6C_2 = 15$
(i), (ii)에서 구하는 경우의 수는
$$21 + 15 = 36$$

9 0383 답 ② 유형 3

출제의도 | 중복조합의 수를 이해하는지 확인한다.

> A에게 먼저 2개의 텀블러를 주고 4명에게 남은 텀블러를 나누어 주는 경우의 수를 구해 보자.

2개의 텀블러를 먼저 A에게 주고 남은 7개의 텀블러를 4명의 학생에게 나누어 주면 되므로 구하는 경우의 수는
$$_4H_7 = {}_{10}C_7 = {}_{10}C_3 = 120$$

10 0384 답 ② 유형 3

출제의도 | 중복조합의 수를 이해하는지 확인한다.

> 5개의 상자 A, B, C, D, E에 넣은 공의 개수를 각각 a, b, c, d, e라 하면 $a+b+c+d+e=7$임을 이용해 보자.

5개의 상자 A, B, C, D, E에 넣은 공의 개수를 각각 a, b, c, d, e라 하면 $a+b+c+d+e=7$
  (단, a는 홀수, b는 자연수, c, d, e는 음이 아닌 정수)
    └→ 조건 (나)에서 적어도 1개의 공이 있다.
(i) $a=1$일 때
  $b+c+d+e=6$ (b는 자연수, c, d, e는 음이 아닌 정수)
  이때 $b=b'+1$ (b'은 음이 아닌 정수)로 놓으면
  $$b'+c+d+e=5$$

이 방정식을 만족시키는 음이 아닌 정수 b', c, d, e의 순서쌍

(b', c, d, e)의 개수는 ${}_4H_5={}_8C_5={}_8C_3=56$

(ii) $a=3$일 때

$b+c+d+e=4$ (b는 자연수, c, d, e는 음이 아닌 정수)

이때 $b=b'+1$ (b'은 음이 아닌 정수)로 놓으면

$b'+c+d+e=3$

이 방정식을 만족시키는 음이 아닌 정수 b', c, d, e의 순서쌍

(b', c, d, e)의 개수는 ${}_4H_3={}_6C_3=20$

(iii) $a=5$일 때

$b+c+d+e=2$ (b는 자연수, c, d, e는 음이 아닌 정수)

이때 $b=b'+1$ (b'은 음이 아닌 정수)로 놓으면

$b'+c+d+e=1$

이 방정식을 만족시키는 음이 아닌 정수 b', c, d, e의 순서쌍

(b', c, d, e)의 개수는 ${}_4H_1={}_4C_1=4$

(i)~(iii)에서 구하는 경우의 수는

$56+20+4=80$

11 0385　답 ①

유형 8

출제의도 | 중복조합의 수를 이용하여 함수의 개수를 구할 수 있는지 확인한다.

> $f(2)$, $f(4)$의 값을 정하는 경우의 수와 $f(1)$, $f(3)$, $f(5)$의 값을 정하는 경우의 수를 구해 보자.

조건 (가)에서 $f(2)$, $f(4)$의 값을 정하는 경우의 수는

${}_5C_2=10$

조건 (나)에서 $f(1)$, $f(3)$, $f(5)$의 값을 정하는 경우의 수는

${}_5H_3={}_7C_3=35$

따라서 구하는 함수의 개수는

$10\times35=350$

12 0386　답 ③

유형 10

출제의도 | 이항정리를 이해하는지 확인한다.

> $\left(x+\dfrac{1}{x}\right)^5$의 전개식의 일반항이 ${}_5C_r x^{5-r}\left(\dfrac{1}{x}\right)^r$임을 이용해 보자.

$\left(x+\dfrac{1}{x}\right)^5$의 전개식의 일반항은

${}_5C_r x^{5-r}\left(\dfrac{1}{x}\right)^r={}_5C_r x^{5-2r}$ ·············· ㉠

이때 $(x^2+x)\left(x+\dfrac{1}{x}\right)^5$의 전개식에서 상수항은 x^2과 ㉠의 $\dfrac{1}{x^2}$항,

x와 ㉠의 $\dfrac{1}{x}$항이 곱해질 때 나타난다.

(i) ㉠에서 $\dfrac{1}{x^2}$항은 $5-2r=-2$일 때이므로 $r=\dfrac{7}{2}$

　　그런데 r는 $0\le r\le5$인 정수이므로

　　$\dfrac{1}{x^2}$항은 존재하지 않는다.

(ii) ㉠에서 $\dfrac{1}{x}$항은 $5-2r=-1$, 즉 $r=3$일 때이므로

　　${}_5C_3 x^{-1}=\dfrac{10}{x}$

(i), (ii)에서 구하는 상수항은 $x\times\dfrac{10}{x}=10$

13 0387　답 ②

유형 11

출제의도 | 이항정리를 이해하는지 확인한다.

> $(1+x)^5$의 전개식의 일반항과 $(2+x)^4$의 전개식의 일반항을 각각 구한 후 곱하여 $(1+x)^5(2+x)^4$의 전개식의 일반항을 구해 보자.

$(1+x)^5$의 전개식의 일반항은 ${}_5C_r x^r$

$(2+x)^4$의 전개식의 일반항은 ${}_4C_s 2^{4-s} x^s$

따라서 $(1+x)^5(2+x)^4$의 전개식에서 일반항은

${}_5C_r {}_4C_s 2^{4-s} x^{r+s}$

$r+s=2$를 만족시키는 순서쌍 (r, s)는 $(0, 2)$, $(1, 1)$, $(2, 0)$

이므로 구하는 x^2의 계수는

${}_5C_0\times{}_4C_2\times2^2+{}_5C_1\times{}_4C_1\times2^3+{}_5C_2\times{}_4C_0\times2^4$

$=24+160+160$

$=344$

14 0388　답 ②

유형 12

출제의도 | 이항정리를 이용하여 나머지를 구할 수 있는지 확인한다.

> 21^{21}
> $=(20+1)^{21}$
> $={}_{21}C_0\times20^{21}+{}_{21}C_1\times20^{20}+\cdots+{}_{21}C_{19}\times20^2+{}_{21}C_{20}\times20+{}_{21}C_{21}$
> 임을 이용해 보자.

$21^{21}=(20+1)^{21}$

$\quad={}_{21}C_0\times20^{21}+{}_{21}C_1\times20^{20}+\cdots+{}_{21}C_{19}\times20^2+{}_{21}C_{20}\times20+{}_{21}C_{21}$

$\quad=20^2({}_{21}C_0\times20^{19}+{}_{21}C_1\times20^{18}+\cdots+{}_{21}C_{19})+{}_{21}C_{20}\times20+{}_{21}C_{21}$

이때 $20^2({}_{21}C_0\times20^{19}+{}_{21}C_1\times20^{18}+\cdots+{}_{21}C_{19})$는 400으로 나누어

떨어지므로 21^{21}을 400으로 나누었을 때의 나머지는

${}_{21}C_{20}\times20+{}_{21}C_{21}$을 400으로 나누었을 때의 나머지와 같다.

따라서

${}_{21}C_{20}\times20+{}_{21}C_{21}={}_{21}C_1\times20+{}_{21}C_{21}=21\times20+1$

$\qquad\qquad\qquad\qquad\quad=421=400+21$

이므로 구하는 나머지는 21이다.

15 0389　답 ⑤

유형 13

출제의도 | 이항계수의 성질을 이해하는지 확인한다.

> ${}_{101}C_0+{}_{101}C_1+{}_{101}C_2+\cdots+{}_{101}C_{100}+{}_{101}C_{101}=2^{101}$이고
> ${}_{101}C_r={}_{101}C_{101-r}$임을 이용해 보자.

${}_{101}C_0+{}_{101}C_1+{}_{101}C_2+\cdots+{}_{101}C_{100}+{}_{101}C_{101}=2^{101}$이고

${}_{101}C_r={}_{101}C_{101-r}$이므로

$2^{101}={}_{101}C_0+{}_{101}C_1+{}_{101}C_2+\cdots+{}_{101}C_{49}+{}_{101}C_{50}+{}_{101}C_{51}+{}_{101}C_{52}+\cdots$

$\qquad\qquad\qquad\qquad\qquad\qquad\qquad\qquad+{}_{101}C_{100}+{}_{101}C_{101}$

$\quad=({}_{101}C_{101}+{}_{101}C_{100}+{}_{101}C_{99}+\cdots+{}_{101}C_{51})$

$\qquad\qquad+({}_{101}C_{51}+{}_{101}C_{52}+{}_{101}C_{53}+\cdots+{}_{101}C_{100}+{}_{101}C_{101})$

$\quad=2({}_{101}C_{51}+{}_{101}C_{52}+{}_{101}C_{53}+\cdots+{}_{101}C_{100}+{}_{101}C_{101})$

$\therefore {}_{101}C_{51}+{}_{101}C_{52}+{}_{101}C_{53}+\cdots+{}_{101}C_{100}+{}_{101}C_{101}=2^{100}$

16 0390 🖍 ④

유형 14

출제의도 | 파스칼의 삼각형을 이해하는지 확인한다.

> $_nH_r=_{n+r-1}C_r$이므로 $_3H_k=_{k+2}C_k=_{k+2}C_2$야.
> 즉, $\sum\limits_{k=0}^{8} {}_3H_k=\sum\limits_{k=0}^{8} {}_{k+2}C_2$에서 $_{n-1}C_{r-1}+_{n-1}C_r=_nC_r$임을 이용해 보자.

$_3H_k=_{k+2}C_k=_{k+2}C_2$이므로

$$\sum_{k=0}^{8} {}_3H_k=\sum_{k=0}^{8} {}_{k+2}C_2$$
$$={}_2C_2+{}_3C_2+{}_4C_2+\cdots+{}_9C_2+{}_{10}C_2$$
$$={}_3C_3+{}_3C_2+{}_4C_2+\cdots+{}_9C_2+{}_{10}C_2\ (\because\ {}_2C_2={}_3C_3)$$
$$={}_4C_3+{}_4C_2+\cdots+{}_9C_2+{}_{10}C_2$$
$$\vdots$$
$$={}_{10}C_3+{}_{10}C_2$$
$$={}_{11}C_3\ (또는\ {}_{11}C_8) \longrightarrow {}_nC_r={}_nC_{n-r}$$

이때 r는 홀수이므로

$n=11,\ r=3$

$\therefore\ n+r=11+3=14$

17 0391 🖍 ⑤

유형 2

출제의도 | 중복조합의 수를 이해하는지 확인한다.

> 옷장은 서로 구별이 되지 않지만 바지가 서로 다른 종류이므로 바지가 있는 옷장은 서로 구별이 돼. 이 문제는 바지를 먼저 넣은 다음 서로 구별되는 옷장 3개에 셔츠 6벌을 넣는 경우의 수를 구해 보자.

서로 다른 종류의 바지 4벌을 같은 종류의 옷장 3개에 1벌 이상씩 넣으려면 1개의 옷장에는 2벌의 바지를 넣고 남은 2개의 옷장에 남은 2벌의 바지를 각각 하나씩 넣으면 되므로 경우의 수는

$_4C_2=6$

바지를 넣은 다음부터는 옷장이 서로 구별되므로 3개의 옷장을 각각 A, B, C라 하자.

셔츠 6벌을 옷장 A, B, C에 넣는 경우의 수는 서로 다른 3개에서 6개를 택하는 중복조합의 수와 같으므로

$_3H_6=_8C_6=_8C_2=28$

따라서 구하는 경우의 수는

$6\times28=168$

18 0392 🖍 ②

유형 5

출제의도 | 중복조합의 수를 이용하여 부등식의 해의 개수를 구할 수 있는지 확인한다.

> $a=0$, $a=1$, $a=2$일 때로 분류하여 각각의 경우의 수를 구해 보자.

$a^2+b+c+d\leq7$에서

(ⅰ) $a=0$일 때

$b+c+d\leq7$을 만족시키는 음이 아닌 정수 b, c, d의 모든 순서쌍 $(b,\ c,\ d)$의 개수는 방정식 $b+c+d+e=7$을 만족시키는 음이 아닌 정수 b, c, d, e의 모든 순서쌍 $(b,\ c,\ d,\ e)$의 개수와 같으므로

$_4H_7=_{10}C_7=_{10}C_3=120$

(ⅱ) $a=1$일 때

$b+c+d\leq6$을 만족시키는 음이 아닌 정수 b, c, d의 모든 순서쌍 $(b,\ c,\ d)$의 개수는 방정식 $b+c+d+e=6$을 만족시키는 음이 아닌 정수 b, c, d, e의 모든 순서쌍 $(b,\ c,\ d,\ e)$의 개수와 같으므로

$_4H_6=_9C_6=_9C_3=84$

(ⅲ) $a=2$일 때

$b+c+d\leq3$을 만족시키는 음이 아닌 정수 b, c, d의 모든 순서쌍 $(b,\ c,\ d)$의 개수는 방정식 $b+c+d+e=3$을 만족시키는 음이 아닌 정수 b, c, d, e의 모든 순서쌍 $(b,\ c,\ d,\ e)$의 개수와 같으므로

$_4H_3=_6C_3=20$

(ⅰ)~(ⅲ)에서 구하는 순서쌍의 개수는 $120+84+20=224$

19 0393 🖍 ④

유형 3

출제의도 | 중복조합의 수를 이해하는지 확인한다.

> 전체 경우의 수에서 9개의 바둑돌을 두 명 이하의 사람에게만 나누어 주는 경우의 수를 빼서 구해 보자.

(ⅰ) 흰 바둑돌 4개를 세 사람에게 남김없이 나누어 주는 경우의 수는 $_3H_4=_6C_4=_6C_2=15$

검은 바둑돌 5개를 세 사람에게 남김없이 나누어 주는 경우의 수는 $_3H_5=_7C_5=_7C_2=21$

따라서 9개의 바둑돌을 세 사람에게 나누어 주는 경우의 수는 $15\times21=315$

(ⅱ) 9개의 바둑돌을 두 사람에게만 나누어 주는 경우의 수는

바둑돌을 받을 두 사람을 정하는 경우의 수가 $_3C_2=_3C_1=3$이고 각각의 경우에 대하여 두 사람에게 나누어 주는 경우의 수가

$_2H_4\times_2H_5-2=_5C_4\times_6C_5-2=5\times6-2=28$이므로

$\longrightarrow$ 한 사람에서 9개의 바둑돌을 모두 준 경우를 제외한다.

$3\times28=84$

(ⅲ) 9개의 바둑돌을 한 사람에게만 나누어 주는 경우의 수는

$_3C_1=3$

(ⅰ)~(ⅲ)에서 구하는 경우의 수는 $315-(84+3)=228$

20 0394 🖍 ④

유형 4

출제의도 | 중복조합의 수를 이용하여 방정식의 해의 개수를 구할 수 있는지 확인한다.

> 방정식 $x_1+x_2+x_3+\cdots+x_n=r$를 만족시키는 음이 아닌 정수 x_1, x_2, $\cdots$, x_n의 모든 순서쌍 $(x_1, x_2, \cdots, x_n)$의 개수는 $_nH_r$임을 이용해 보자.

조건 (나)에서 $a\geq2$이므로

$a=a'+2$ (a'은 음이 아닌 정수)로 놓으면

$a+b+c+d=10$에서

$(a'+2)+b+c+d=10$

즉, $a'+b+c+d=8$ ················· ㉠

㉠을 만족시키는 음이 아닌 정수 a', b, c, d의 모든 순서쌍 $(a',\ b,\ c,\ d)$의 개수는

$_4H_8=_{11}C_8=_{11}C_3=165$

이때 조건 (나)를 만족시키지 않는 경우는 $d \geq 6$인 경우이므로 다음과 같다.

(i) $d=6$일 때

ㄱ에서 $a'+b+c=2$이고, 이를 만족시키는 음이 아닌 정수 a', b, c의 모든 순서쌍 (a', b, c)의 개수는
$$_3H_2 = {}_4C_2 = 6$$

(ii) $d=7$일 때

ㄱ에서 $a'+b+c=1$이고, 이를 만족시키는 음이 아닌 정수 a', b, c의 모든 순서쌍 (a', b, c)의 개수는
$$_3H_1 = {}_3C_1 = 3$$

(iii) $d=8$일 때

ㄱ에서 $a'+b+c=0$이고, 이를 만족시키는 음이 아닌 정수 a', b, c의 모든 순서쌍 (a', b, c)의 개수는
$$_3H_0 = {}_2C_0 = 1$$

따라서 구하는 순서쌍의 개수는 $165-(6+3+1)=155$

21 0395 📖 ④   유형 8

출제의도 | 중복조합의 수를 이용하여 함수의 개수를 구할 수 있는지 확인한다.

> $f(1)$, $f(3)$의 값이 될 수 있는 경우를 분류하고 각각의 함수의 개수를 구해 보자.

(i) $f(1)=1$, $f(3)=6$인 경우

$f(2)$의 값이 될 수 있는 수는 $1, 2, 3, 4, 5, 6$이므로

$f(2)$의 값을 정하는 경우의 수는 6

$f(4)$, $f(5)$의 값을 정하는 경우의 수는 6, 7, 8 중에서 중복을 허용하여 2개를 택하여 작은 수부터 차례로 $f(4)$, $f(5)$에 대응시키면 되므로
$$_3H_2 = {}_4C_2 = 6$$
따라서 함수의 개수는 $6 \times 6 = 36$

(ii) $f(1)=2$, $f(3)=3$인 경우

$f(2)$의 값이 될 수 있는 수는 2, 3이므로

$f(2)$의 값을 정하는 경우의 수는 2

$f(4)$, $f(5)$의 값을 정하는 경우의 수는 3, 4, 5, 6, 7, 8 중에서 중복을 허용하여 2개를 택하여 작은 수부터 차례로 $f(4)$, $f(5)$에 대응시키면 되므로
$$_6H_2 = {}_7C_2 = 21$$
따라서 함수의 개수는 $2 \times 21 = 42$

(i), (ii)에서 구하는 함수의 개수는
$$36+42=78 \xrightarrow{} f(1)=6, f(3)=1 \text{ 또는 } f(1)=3, f(3)=2\text{는 조건 (나)를 만족시키지 않는다.}$$

22 0396 📖 $a=15$, $b=81$ 유형 2

출제의도 | 중복조합의 수를 이해하는지 확인한다.

STEP 1 a의 값 구하기 [3점]

같은 종류의 연필 4자루를 3명의 학생에게 남김없이 나누어 주는 경우의 수는 서로 다른 3개에서 4개를 택하는 중복조합의 수와 같으므로
$$a = {}_3H_4 = {}_6C_4 = {}_6C_2 = 15$$

STEP 2 b의 값 구하기 [3점]

서로 다른 종류의 연필 4자루를 3명의 학생에게 남김없이 나누어

주는 경우의 수는 서로 다른 3개에서 4개를 택하는 중복순열의 수와 같으므로
$$b = {}_3\Pi_4 = 3^4 = 81$$

23 0397 📖 100   유형 7

출제의도 | 중복조합의 수를 이용하여 서로 다른 항의 개수를 구할 수 있는지 확인한다.

STEP 1 다항식 $(a+b+c)^3$의 전개식에서 서로 다른 항의 개수 구하기 [2점]

다항식 $(a+b+c)^3$의 전개식에서 서로 다른 항의 개수는
$$_3H_3 = {}_5C_3 = {}_5C_2 = 10$$

STEP 2 다항식 $(x+y+z)^3$의 전개식에서 서로 다른 항의 개수 구하기 [2점]

다항식 $(x+y+z)^3$의 전개식에서 서로 다른 항의 개수는
$$_3H_3 = {}_5C_3 = {}_5C_2 = 10$$

STEP 3 주어진 다항식의 전개식에서 서로 다른 항의 개수 구하기 [2점]

다항식의 두 인수 $(a+b+c)^3$과 $(x+y+z)^3$은 각각의 전개식에 동시에 포함되는 문자가 없으므로 구하는 서로 다른 항의 개수는
$$10 \times 10 = 100$$

24 0398 📖 2   유형 9

출제의도 | 이항정리를 이해하는지 확인한다.

STEP 1 $\left(x^2 + \dfrac{a}{x}\right)^5$의 전개식의 일반항 구하기 [2점]

$\left(x^2 + \dfrac{a}{x}\right)^5$의 전개식의 일반항은
$$_5C_r(x^2)^{5-r}\left(\frac{a}{x}\right)^r = {}_5C_r a^r x^{10-3r}$$

STEP 2 $\dfrac{1}{x^2}$의 계수와 x의 계수 구하기 [2점]

$\dfrac{1}{x^2}$항은 $10-3r=-2$인 경우이므로 $r=4$

따라서 $\dfrac{1}{x^2}$의 계수는 $_5C_4 \times a^4 = 5a^4$

x항은 $10-3r=1$인 경우이므로 $r=3$

따라서 x의 계수는 $_5C_3 \times a^3 = 10a^3$

STEP 3 a의 값 구하기 [2점]

$\dfrac{1}{x^2}$의 계수와 x의 계수가 같으므로 $5a^4 = 10a^3$

$5a^3(a-2)=0$

$a>0$이므로 $a=2$

25 0399 📖 35   유형 4

출제의도 | 중복조합의 수를 이용하여 방정식의 해의 개수를 구할 수 있는지 확인한다.

STEP 1 방정식 세우기 [5점]

다음과 같이 검은 바둑돌의 양 끝과 사이사이에 흰 바둑돌이 위치하도록 바꾸면 된다. (단, ②, ③, ④ 위치엔 적어도 한 개의 흰 바둑돌이 위치해야 한다.)

① ⚫ ② ⚫ ③ ⚫ ④ ⚫ ⑤

①, ②, ③, ④, ⑤의 위치에 놓인 흰 바둑돌의 개수를 각각 a, b, c, d, e라 하면

$a+b+c+d+e=6$ (a, e는 음이 아닌 정수, b, c, d는 자연수)

┗━ 흰 바둑돌이 없는 경우도 있다.

STEP 2 경우의 수 구하기 [3점]

$b=b'+1$, $c=c'+1$, $d=d'+1$ (b', c', d'은 음이 아닌 정수)로 놓으면

$a+b'+c'+d'+e=3$

따라서 구하는 경우의 수는 5개의 문자 a, b', c', d', e에서 3개를 택하는 중복조합의 수와 같으므로

$_5H_3=_7C_3=35$

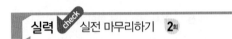

실력 check **실전 마무리하기** **2**회 　　87쪽~91쪽

1 0400　답 ③　　유형 2

출제의도 ┃ 중복조합의 수를 이해하는지 확인한다.

> 같은 종류의 물건 r개를 n명에게 나누어 주는 경우의 수는 $_nH_r$임을 이용해 보자.

구하는 경우의 수는 서로 다른 4개에서 8개를 택하는 중복조합의 수와 같으므로

$_4H_8=_{11}C_8=_{11}C_3=165$

2 0401　답 ①　　유형 2

출제의도 ┃ 중복조합의 수를 이해하는지 확인한다.

> 같은 종류의 물건 r개를 n명에게 나누어 주는 경우의 수는 $_nH_r$임을 이용해 보자.

(i) 같은 종류의 연필 2자루를 3명에게 남김없이 나누어 주는 경우의 수는 서로 다른 3개에서 2개를 택하는 중복조합의 수와 같으므로 $_3H_2=_4C_2=6$

(ii) 같은 종류의 볼펜 4자루를 3명에게 남김없이 나누어 주는 경우의 수는 서로 다른 3개에서 4개를 택하는 중복조합의 수와 같으므로 $_3H_4=_6C_4=_6C_2=15$

(iii) 사인펜 1자루를 3명에게 나누어 주는 경우의 수는 $_3C_1=3$

(i)~(iii)에서 구하는 경우의 수는 $6\times15\times3=270$

3 0402　답 ③　　유형 5

출제의도 ┃ 중복조합의 수를 이용하여 부등식의 해의 개수를 구할 수 있는지 확인한다.

> 부등식 $x+y+z\leq r$를 만족시키는 음이 아닌 정수 x, y, z의 모든 순서쌍 (x, y, z)의 개수는 방정식 $x+y+z+w=r$를 만족시키는 음이 아닌 정수 x, y, z, w의 모든 순서쌍 (x, y, z, w)의 개수와 같음을 이용해 보자.

부등식 $x+y+z\leq7$을 만족시키는 음이 아닌 정수 x, y, z의 모든 순서쌍 (x, y, z)의 개수는 방정식 $x+y+z+w=7$을 만족시키는 음이 아닌 정수 x, y, z, w의 모든 순서쌍 (x, y, z, w)의 개수와 같으므로

$_4H_7=_{10}C_7=_{10}C_3=120$

4 0403　답 ④　　유형 6

출제의도 ┃ 중복조합의 수를 이용하여 대소 관계를 만족시키는 순서쌍의 개수를 구할 수 있는지 확인한다.

> 7개의 자연수 1, 2, 3, 4, 5, 6, 7에서 중복을 허용하여 3개를 택하여 작은 수부터 차례로 a, b, c의 값으로 정해 보자.

구하는 순서쌍의 개수는 7개의 자연수에서 3개를 택하는 중복조합의 수와 같으므로

$_7H_3=_9C_3=84$

5 0404　답 ②　　유형 8

출제의도 ┃ 중복조합의 수를 이용하여 함수의 개수를 구할 수 있는지 확인한다.

> 집합 Y의 원소 4, 5, 6, 7, 8에서 중복을 허용하여 3개를 택하여 작은 수부터 차례로 $f(1)$, $f(2)$, $f(3)$에 대응시켜 보자.

집합 Y의 원소 4, 5, 6, 7, 8에서 중복을 허용하여 3개를 택하여 작은 수부터 차례로 $f(1)$, $f(2)$, $f(3)$에 대응시키면 된다.

따라서 구하는 함수의 개수는 서로 다른 5개에서 3개를 택하는 중복조합의 수와 같으므로 $_5H_3=_7C_3=35$

6 0405　답 ③　　유형 9

출제의도 ┃ 이항정리를 이해하는지 확인한다.

> $(1+2x)^4$의 전개식의 일반항은 $_4C_r1^{4-r}(2x)^r=_4C_r(2x)^r$임을 이용해 보자.

다항식 $(1+2x)^4$의 전개식의 일반항은

$_4C_r(2x)^r=_4C_r\times2^r\times x^r$

이때 x^2항은 $r=2$일 때이므로 구하는 x^2의 계수는

$_4C_2\times2^2=6\times4=24$

7 0406　답 ②　　유형 9

출제의도 ┃ 이항정리를 이해하는지 확인한다.

> $(a+x)^5$의 전개식의 일반항이 $_5C_ra^{5-r}x^r$임을 이용해 보자.

다항식 $(a+x)^5$의 전개식의 일반항은

$_5C_ra^{5-r}x^r$

이때 x^3항은 $r=3$일 때이고, x^3의 계수가 40이므로

$_5C_3\times a^2=40$에서 $10\times a^2=40$, $a^2=4$

$a>0$이므로 $a=2$

8 0407　답 ④　　유형 3

출제의도 ┃ 중복조합의 수를 이해하는지 확인한다.

> 먼저 3명 모두에게 각각 생수 2병씩, 주스 1병씩 나누어 주고 남은 생수 4병, 남은 주스 2병을 3명에게 나누어 주는 경우의 수를 구해 보자.

먼저 3명 모두에게 각각 생수 2병씩, 주스 1병씩 나누어 주고 남은 생수 4병, 주스 2병을 3명에게 나누어 준다.

(i) 같은 종류의 생수 4병을 3명에게 남김없이 나누어 주는 경우의
수는 서로 다른 3개에서 4개를 택하는 중복조합의 수와 같으므
로 $_3H_4={}_6C_4={}_6C_2=15$

(ii) 같은 종류의 주스 2병을 3명에게 남김없이 나누어 주는 경우의
수는 서로 다른 3개에서 2개를 택하는 중복조합의 수와 같으므
로 $_3H_2={}_4C_2=6$

(i), (ii)에서 구하는 경우의 수는 $15 \times 6 = 90$

9 0408　답 ④　　　　　　　　　　　　유형 3

출제의도 | 중복조합의 수를 이해하는지 확인한다.

> 먼저 3명 모두에게 스낵을 1개씩 나누어 주고 남은 스낵 4개, 초콜릿 3
> 개, 음료수 1병을 3명에게 나누어 주는 경우의 수를 구해 보자.

(i) 3명의 학생에게 스낵을 1개씩 주고 남은 4개의 스낵을 3명의
학생에게 나누어 준다. 이때 경우의 수는 서로 다른 3개에서 4
개를 택하는 중복조합의 수와 같으므로
$_3H_4={}_6C_4={}_6C_2=15$

(ii) 초콜릿 3개를 3명의 학생에게 나누어 주는 경우의 수는
$_3H_3={}_5C_3={}_5C_2=10$

(iii) 음료수 1병을 3명의 학생에게 나누어 주는 경우의 수는 3

(i)~(iii)에서 구하는 경우의 수는 $15 \times 10 \times 3 = 450$

10 0409　답 ①　　　　　　　　　　　　유형 4

출제의도 | 중복조합의 수를 이용하여 방정식의 해의 개수를 구할 수 있는지
확인한다.

> $d=1$일 때와 $d=2$일 때로 경우를 나누어 순서쌍의 개수를 구해 보자.

$a+b+c+4d=11$ (a, b, c, d는 자연수)에서
$a=a'+1$, $b=b'+1$, $c=c'+1$ (a', b', c'은 음이 아닌 정수)로
놓으면

(i) $d=1$일 때
$a+b+c=7$에서
$(a'+1)+(b'+1)+(c'+1)=7$
$\therefore a'+b'+c'=4$
이 부등식을 만족시키는 음이 아닌 정수 a', b', c'의 모든 순서
쌍 (a', b', c')의 개수는
$_3H_4={}_6C_4={}_6C_2=15$

(ii) $d=2$일 때
$a+b+c=3$에서
$(a'+1)+(b'+1)+(c'+1)=3$
$\therefore a'+b'+c'=0$
이 부등식을 만족시키는 음이 아닌 정수 a', b', c'의 모든 순서
쌍 (a', b', c')의 개수는
$_3H_0={}_2C_0=1$

(i), (ii)에서 구하는 순서쌍의 개수는 $15+1=16$

11 0410　답 ③　　　　　　　　　　　　유형 4

출제의도 | 중복조합의 수를 이용하여 방정식의 해의 개수를 구할 수 있는지
확인한다.

> 먼저 흰 바둑돌을 나열하고 흰 바둑돌의 양 끝과 사이사이에 주어진 조건
> 을 만족시키도록 검은 바둑돌을 나열해 보자.

다음과 같이 흰 바둑돌의 양 끝과 사이사이에 검은 바둑돌을 나열
하면 된다. (단, ⓑ와 ⓒ 위치에 적어도 한 개의 검은 바둑돌을 놓
아야 한다.)

ⓐ 흰 ⓑ 흰 ⓒ 흰 ⓓ

ⓐ, ⓑ, ⓒ, ⓓ의 위치에 놓인 검은 바둑돌의 개수를 각각 $a, b, c,$
d라 하면
$a+b+c+d=8$ (a, d는 음이 아닌 정수, b, c는 자연수)
이때 $b=b'+1$, $c=c'+1$ (b', c'은 음이 아닌 정수)로 놓으면
→ 검은 바둑돌이 없는 경우도 있다.
$a+(b'+1)+(c'+1)+d=8$
$\therefore a+b'+c'+d=6$

따라서 구하는 경우의 수는 4개의 문자 a, b', c', d에서 6개를 택
하는 중복조합의 수와 같으므로 $_4H_6={}_9C_6={}_9C_3=84$

12 0411　답 ①　　　　　　　　　　　　유형 7

출제의도 | 중복조합의 수를 이용하여 서로 다른 항의 개수를 구할 수 있는지
확인한다.

> $(x+y+z)^6$을 전개했을 때 나타나는 항은 $kx^ay^bz^c$ (k는 실수,
> $a+b+c=6$, a, b, c는 음이 아닌 정수)의 꼴이고, 이때 xyz를 인수
> 로 갖는 항은 $a \geq 1$, $b \geq 1$, $c \geq 1$인 항임을 이용해 보자.

$(x+y+z)^6$을 전개했을 때 나타나는 항은
$kx^ay^bz^c$ (k는 실수, $a+b+c=6$, a, b, c는 음이 아닌 정수) 꼴이
다.

xyz를 인수로 갖는 항은 $a \geq 1$, $b \geq 1$, $c \geq 1$인 항이므로
$a=a'+1$, $b=b'+1$, $c=c'+1$ (a', b', c'은 음이 아닌 정수)로
놓으면 구하는 항의 개수는 방정식 $a'+b'+c'=3$을 만족시키는
음이 아닌 정수 a', b', c'의 모든 순서쌍 (a', b', c')의 개수와 같
으므로
$_3H_3={}_5C_3={}_5C_2=10$

13 0412　답 ⑤　　　　　　　　　　　　유형 8

출제의도 | 중복조합의 수를 이용하여 함수의 개수를 구할 수 있는지 확인한다.

> 집합 X의 원소 1, 2, 3, 4, 5에서 중복을 허용하여 2개를 택하여 큰 수
> 부터 차례로 $f(1)$, $f(2)$에 대응시키고,
> 집합 X의 원소 1, 2, 3, 4, 5에서 중복을 허용하여 3개를 택하여 작은
> 수부터 차례로 $f(3)$, $f(4)$, $f(5)$에 대응시켜 보자.

(i) $x_1 < x_2 < 3$이면 $f(x_1) \geq f(x_2)$이므로
집합 X의 원소 1, 2, 3, 4, 5에서 중복을 허용하여 2개를 택하
여 큰 수부터 차례로 $f(1)$, $f(2)$에 대응시키면 된다.
따라서 $_5H_2={}_6C_2=15$

(ii) $3 \leq x_1 < x_2$이면 $f(x_1) \leq f(x_2)$이므로
집합 X의 원소 1, 2, 3, 4, 5에서 중복을 허용하여 3개를 택하
여 작은 수부터 차례로 $f(3)$, $f(4)$, $f(5)$에 대응시키면 된다.
따라서 $_5H_3={}_7C_3=35$

(i), (ii)에서 구하는 함수의 개수는 $15 \times 35 = 525$

02

14 0413 답 ② 유형 10

출제의도 | 이항정리를 이해하는지 확인한다.

> 다항식 $(2x+k)^6$의 전개식의 일반항은 $_6C_r(2x)^{6-r}k^r$임을 이용해 보자.

$(2x+k)^6$의 전개식의 일반항은

$_6C_r(2x)^{6-r}k^r = _6C_r2^{6-r}k^r \times x^{6-r}$ ························· ㉠

$(x+2)(2x+k)^6 = x(2x+k)^6 + 2(2x+k)^6$이므로

$(x+2)(2x+k)^6$의 전개식에서 x^6의 계수는 x와 ㉠의 x^5항, 2와 ㉠의 x^6항이 곱해질 때 나타난다.

(i) ㉠에서 x^5항은 $6-r=5$일 때이므로 $r=1$

따라서 x^6의 계수는 $_6C_1 \times 2^5 \times k = 192k$

(ii) ㉠에서 x^6항은 $6-r=6$일 때이므로 $r=0$

따라서 x^6의 계수는 $2 \times _6C_0 \times 2^6 = 128$

이때 x^6의 계수가 -64이므로

$192k + 128 = -64$

$\therefore k = -1$

15 0414 답 ② 유형 12

출제의도 | 이항정리를 이용하여 주어진 식의 값을 구할 수 있는지 확인한다.

> $_nC_0 + _nC_1 \times 2 + _nC_2 \times 2^2 + \cdots + _nC_n \times 2^n = (1+2)^n$임을 이용해 보자.

$_nC_0 + _nC_1 \times 2 + _nC_2 \times 2^2 + \cdots + _nC_n \times 2^n = 729$에서

$_nC_0 + _nC_1 \times 2 + _nC_2 \times 2^2 + \cdots + _nC_n \times 2^n = (1+2)^n = 3^n$이므로

$3^n = 729 = 3^6$

$\therefore n = 6$

16 0415 답 ③ 유형 13

출제의도 | 이항계수의 성질을 이해하는지 확인한다.

> $_nC_0 + _nC_1 + _nC_2 + \cdots + _nC_{n-1} + _nC_n = 2^n$임을 이용해 보자.

$_nC_0 + _nC_1 + _nC_2 + \cdots + _nC_{n-1} + _nC_n = 2^n$이므로

$\sum_{r=1}^{n-1} {_nC_r} = _nC_1 + _nC_2 + _nC_3 + \cdots + _nC_{n-1}$

$= 2^n - _nC_0 - _nC_n$

$= 2^n - 2$

따라서 $2^n - 2 = 2046$이므로

$2^n = 2048 = 2^{11}$

$\therefore n = 11$

17 0416 답 ② 유형 5

출제의도 | 중복조합의 수를 이용하여 부등식의 해의 개수를 구할 수 있는지 확인한다.

> 천의 자리, 백의 자리, 십의 자리, 일의 자리의 숫자를 각각 a, b, c, d라 하여 $a+b+c+d<10$ (a는 자연수, b, c, d는 음이 아닌 정수)임을 이용해 보자.

천의 자리, 백의 자리, 십의 자리, 일의 자리의 숫자를 각각 a, b, c, d라 하면

└→ 네 자리 자연수이므로 $a=0$일 수 없다.

$a+b+c+d<10$ (a는 자연수, b, c, d는 음이 아닌 정수)

$a=a'+1$ (a'은 음이 아닌 정수)로 놓으면

$a+b+c+d<10$에서

$a'+b+c+d<9$

$\therefore a'+b+c+d \leq 8$ (a', b, c, d는 음이 아닌 정수) ··············· ㉠

이때 ㉠을 만족시키는 음이 아닌 정수 a', b, c, d의 모든 순서쌍 (a', b, c, d)의 개수는 방정식 $a'+b+c+d+e=8$을 만족시키는 음이 아닌 정수 a', b, c, d, e의 모든 순서쌍 (a', b, c, d, e)의 개수와 같다.

따라서 구하는 경우의 수는

$_5H_8 = _{12}C_8 = _{12}C_4 = 495$

18 0417 답 ⑤ 유형 9

출제의도 | 이항정리를 이해하는지 확인한다.

> 다항식 $(x+2)^n$의 전개식의 일반항이 $_nC_r2^{n-r}x^r$임을 이용해 보자.

$(x+2)^2 + (x+2)^3 + (x+2)^4 + (x+2)^5 + (x+2)^6$에서

x^3항은 $(x+2)^3 + (x+2)^4 + (x+2)^5 + (x+2)^6$의 전개식에서 나타난다.

다항식 $(x+2)^n$의 전개식의 일반항은 $_nC_r2^{n-r}x^r$

x^3은 $r=3$일 때이므로 x^3의 계수는 $_nC_32^{n-3}$

따라서 $(x+2)^2 + (x+2)^3 + (x+2)^4 + (x+2)^5 + (x+2)^6$의 전개식에서 x^3의 계수는

$_3C_3 + _4C_3 \times 2 + _5C_3 \times 2^2 + _6C_3 \times 2^3$

$= 1 + 4 \times 2 + 10 \times 4 + 20 \times 8$

$= 1 + 8 + 40 + 160$

$= 209$

19 0418 답 ④ 유형 9

출제의도 | 이항정리를 이해하는지 확인한다.

> $\left(x^3 + \dfrac{2}{x^2}\right)^n$의 전개식의 일반항이 $_nC_r(x^3)^{n-r}\left(\dfrac{2}{x^2}\right)^r$임을 이용해 보자.

$\left(x^3 + \dfrac{2}{x^2}\right)^n$의 전개식에서 일반항은

$_nC_r(x^3)^{n-r}\left(\dfrac{2}{x^2}\right)^r = _nC_r \times 2^r \times x^{3n-5r}$

x^2항은 $3n-5r=2$일 때이므로

$3n = 5r + 2$

$r = 0, 1, 2, \cdots, n$일 때의 $5r+2$의 값은 각각

$2, 7, 12, 17, 22, 27, \cdots, 5n+2$

이때 $3n$은 3의 배수이므로

(i) $r=2$일 때, $3n_1 = 12$이므로 $n_1 = 4$

(ii) $r=5$일 때, $3n_2 = 27$이므로 $n_2 = 9$

따라서 $n = n_2$일 때, x^2의 계수는

$_9C_5 \times 2^5 = _9C_4 \times 2^5 = 126 \times 32 = 4032$

20 0419 ②   유형 12

출제의도 | 이항정리를 이용하여 주어진 식의 값을 구할 수 있는지 확인한다.

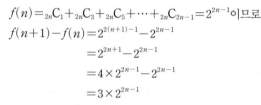

$(1+x)^n = {}_n C_0 + {}_n C_1 x + {}_n C_2 x^2 + \cdots + {}_n C_n x^n$의 양변에 $x = \dfrac{1}{5}$을 대입하여 a_n을 구하고, $x = -\dfrac{2}{5}$를 대입하여 b_n을 구해 보자.

$a_n = \left(1 + \dfrac{1}{5}\right)^n = \left(\dfrac{6}{5}\right)^n$, $b_n = \left(1 - \dfrac{2}{5}\right)^n = \left(\dfrac{3}{5}\right)^n$이므로

$$\sum_{n=1}^{10} \dfrac{a_n}{b_n} = \sum_{n=1}^{10} \dfrac{\left(\dfrac{6}{5}\right)^n}{\left(\dfrac{3}{5}\right)^n} = \sum_{n=1}^{10} 2^n = \dfrac{2(2^{10} - 1)}{2 - 1} = 2046$$

21 0420 ②   유형 13

출제의도 | 이항계수의 성질을 이해하는지 확인한다.

$f(n) = {}_{2n} C_1 + {}_{2n} C_3 + {}_{2n} C_5 + \cdots + {}_{2n} C_{2n-1} = 2^{2n-1}$임을 이용해 보자.

$f(n) = {}_{2n} C_1 + {}_{2n} C_3 + {}_{2n} C_5 + \cdots + {}_{2n} C_{2n-1} = 2^{2n-1}$이므로

$$
\begin{aligned}
f(n+1) - f(n) &= 2^{2(n+1)-1} - 2^{2n-1} \\
&= 2^{2n+1} - 2^{2n-1} \\
&= 4 \times 2^{2n-1} - 2^{2n-1} \\
&= 3 \times 2^{2n-1}
\end{aligned}
$$

$f(n+1) - f(n) > 810$에서

$3 \times 2^{2n-1} > 810$, $2^{2n-1} > 270$

$2^8 = 256$, $2^9 = 512$이므로 $2n - 1 \geq 9$, $n \geq 5$

따라서 구하는 자연수 n의 최솟값은 5이다.

22 0421 150   유형 3

출제의도 | 중복조합의 수를 이해하는지 확인한다.

STEP1 서로 다른 5종류의 꽃 중 세 종류의 꽃을 택하는 경우의 수 구하기 [2점]

서로 다른 5종류의 꽃 중 세 종류의 꽃을 택하는 경우의 수는

${}_5 C_3 = {}_5 C_2 = 10$

STEP2 세 종류의 꽃을 적어도 한 송이씩 포함하여 7송이의 꽃을 택하는 경우의 수 구하기 [3점]

이때 각각의 경우에 대하여 세 종류의 꽃을 각각 적어도 한 송이씩 포함하여 7송이의 꽃을 택하는 경우의 수는

${}_3 H_{7-3} = {}_3 H_4 = {}_6 C_4 = {}_6 C_2 = 15$

STEP3 경우의 수 구하기 [1점]

구하는 경우의 수는 $10 \times 15 = 150$

23 0422 14   유형 9

출제의도 | 이항정리를 이해하는지 확인한다.

STEP1 $\left(x + \dfrac{1}{x^n}\right)^{10}$의 전개식의 일반항 구하기 [2점]

$\left(x + \dfrac{1}{x^n}\right)^{10}$의 전개식의 일반항은

${}_{10} C_r x^{10-r} \left(\dfrac{1}{x^n}\right)^r = {}_{10} C_r x^{10-(n+1)r}$

STEP2 상수항이 존재하도록 하는 모든 순서쌍 (r, n) 구하기 [3점]

이때 $10 - (n+1)r = 0$, 즉 $(n+1)r = 10$을 만족시키는 순서쌍 (r, n)은 $(1, 9)$, $(2, 4)$, $(5, 1)$

STEP3 모든 자연수 n의 값의 합 구하기 [1점]

모든 자연수 n의 값의 합은 $9 + 4 + 1 = 14$

24 0423 330   유형 14

출제의도 | 파스칼의 삼각형의 성질을 이해하는지 확인한다.

STEP1 전개식에서 x^3의 계수를 이항계수를 이용하여 나타내기 [3점]

$(1+x)^n$의 전개식의 일반항은 ${}_n C_r x^r$이므로 x^3의 계수는 ${}_n C_3$

따라서 $(1+x)^3 + (1+x)^4 + (1+x)^5 + \cdots + (1+x)^{10}$의 전개식에서 x^3의 계수는

${}_3 C_3 + {}_4 C_3 + {}_5 C_3 + \cdots + {}_{10} C_3$

STEP2 x^3의 계수 구하기 [3점]

$$
\begin{aligned}
&{}_3 C_3 + {}_4 C_3 + {}_5 C_3 + \cdots + {}_{10} C_3 \\
&= {}_4 C_4 + {}_4 C_3 + {}_5 C_3 + \cdots + {}_{10} C_3 \; (\because \; {}_3 C_3 = {}_4 C_4) \\
&= {}_5 C_4 + {}_5 C_3 + {}_6 C_3 + \cdots + {}_{10} C_3 \\
&= {}_6 C_4 + {}_6 C_3 + {}_7 C_3 + \cdots + {}_{10} C_3 \\
&\quad\quad\quad\quad \vdots \\
&= {}_{10} C_4 + {}_{10} C_3 \\
&= {}_{11} C_4 \\
&= 330
\end{aligned}
$$

25 0424 305   유형 4

출제의도 | 중복조합의 수를 이용하여 방정식의 해의 개수를 구할 수 있는지 확인한다.

STEP1 조건 ㈎를 만족시키는 순서쌍의 개수 구하기 [3점]

조건 ㈎의 $x_1 + x_2 + x_3 + x_4 + x_5 = 12$에서

$x_1 = a_1 + 1$, $x_2 = a_2 + 1$, $x_3 = a_3 + 1$, $x_4 = a_4 + 1$, $x_5 = a_5 + 1$

(a_1, a_2, a_3, a_4, a_5는 음이 아닌 정수)로 놓으면

$a_1 + a_2 + a_3 + a_4 + a_5 = 7$

조건 ㈎를 만족시키는 모든 순서쌍 $(x_1, x_2, x_3, x_4, x_5)$의 개수는 5개의 문자 a_1, a_2, a_3, a_4, a_5에서 7개를 택하는 중복조합의 수와 같으므로 ${}_5 H_7 = {}_{11} C_7 = {}_{11} C_4 = 330$

STEP2 조건 ㈏를 만족시키지 않는 순서쌍의 개수 구하기 [4점]

이때 조건 ㈏를 만족시키지 않는 경우, 즉 7 이상의 x_i가 존재하는 경우는 다음과 같다.

(i) x_1, x_2, x_3, x_4, x_5가 7, 2, 1, 1, 1인 경우

모든 순서쌍 $(x_1, x_2, x_3, x_4, x_5)$의 개수는 7, 2, 1, 1, 1을 일렬로 나열하는 경우의 수와 같으므로

$\dfrac{5!}{3!} = 20$

(ii) x_1, x_2, x_3, x_4, x_5가 8, 1, 1, 1, 1인 경우

모든 순서쌍 $(x_1, x_2, x_3, x_4, x_5)$의 개수는 8, 1, 1, 1, 1을 일렬로 나열하는 경우의 수와 같으므로

$\dfrac{5!}{4!} = 5$

STEP3 순서쌍의 개수 구하기 [1점]

구하는 순서쌍의 개수는 $330 - (20 + 5) = 305$

Ⅱ. 확률

03 확률의 뜻과 활용

0425 답 {1, 2, 3, 4, 5, 6}

0426 답 {1, 3, 5}

0427 답 {1}, {2}, {3}, {4}, {5}, {6}

0428 답 {1, 2, 3, 5, 6}

0429 답 {3}

0430 답 {4, 5, 6}

0431 답 (1) ○ (2) × (3) ○ (4) ×

0432 답 $\dfrac{1}{4}$

4명을 일렬로 세우는 경우의 수는 4!
C를 가장 앞에 세우는 경우의 수는 3!이므로 구하는 확률은
$\dfrac{3!}{4!}=\dfrac{1}{4}$

0433 답 $\dfrac{1}{2}$

4명을 일렬로 세우는 경우의 수는 4!
B와 C를 이웃하게 세우는 경우의 수는 3!×2!이므로 구하는
확률은 $\dfrac{3!×2!}{4!}=\dfrac{1}{2}$

0434 답 $\dfrac{1}{2}$

4명을 일렬로 세우는 경우의 수는 4!
A와 D를 이웃하지 않게 세우는 경우의 수는 2!×$_3P_2$=12이므로
구하는 확률은 $\dfrac{12}{4!}=\dfrac{1}{2}$

0435 답 $\dfrac{1}{20}$

400타석 중에서 20개의 홈런을 쳤으므로 구하는 확률은
$\dfrac{20}{400}=\dfrac{1}{20}$

0436 답 1

0437 답 0

0438 답 (1) ○ (2) × (3) ○

(1) 임의의 사건 A에 대하여 $0 \le P(A) \le 1$ (○)

(2) [반례] $S=\{1, 2, 3\}$, $A=\{1, 2\}$, $B=\{2, 3\}$일 때
   $P(A)+P(B)=\dfrac{4}{3}>1$ (×)

(3) $P(S)=1$, $P(\varnothing)=0$이므로
   $P(S)+P(\varnothing)=1$ (○)

0439 답 $\dfrac{1}{6}$

$P(A \cup B)=P(A)+P(B)-P(A \cap B)$에서
$1=\dfrac{1}{2}+\dfrac{2}{3}-P(A \cap B)$ ∴ $P(A \cap B)=\dfrac{1}{6}$

0440 답 $\dfrac{1}{12}$

두 사건 A, B가 서로 배반사건이므로
$P(A \cup B)=P(A)+P(B)$
$\dfrac{3}{4}=\dfrac{2}{3}+P(B)$ ∴ $P(B)=\dfrac{1}{12}$

0441 답 $\dfrac{4}{5}$

5의 배수가 아닌 사건을 A라 하면 A^C는 5의 배수인 사건이므로
$P(A^C)=\dfrac{4}{20}=\dfrac{1}{5}$
따라서 구하는 확률은
$P(A)=1-P(A^C)=1-\dfrac{1}{5}=\dfrac{4}{5}$

0442 답 $\dfrac{7}{8}$

한 개의 동전을 세 번 던질 때 나오는 모든 경우의 수는
$2 \times 2 \times 2=8$
뒷면이 적어도 한 번 나오는 사건을 A라 하면 A^C는 모두 앞면이
나오는 사건이므로
$P(A^C)=\dfrac{1}{8}$
따라서 구하는 확률은
$P(A)=1-P(A^C)=1-\dfrac{1}{8}=\dfrac{7}{8}$

0443 답 ②

1부터 30까지의 자연수 중에서 4의 배수는 4, 8, 12, 16, 20, 24,
28의 7개, 9의 배수는 9, 18, 27의 3개이다.
이때 1부터 30까지의 자연수 중에서 4의 배수인 동시에 9의 배수
는 없다.
따라서 구하는 확률은
$\dfrac{7}{30}+\dfrac{3}{30}=\dfrac{1}{3}$

0444 답 ③

전체 학생 수는 30명이고, 남학생은 14명이므로 구하는 확률은

$\dfrac{14}{30}=\dfrac{7}{15}$

0445 답 ③

두 자리 자연수를 만드는 모든 경우의 수는 $4\times4=16$

24보다 작은 경우는 10, 12, 13, 14, 20, 21, 23이므로

구하는 확률은 $\dfrac{7}{16}$이다.

0446 답 ②

5명을 한 줄로 세우는 모든 경우의 수는

$5\times4\times3\times2\times1=120$

A와 B가 이웃하여 서는 경우의 수는

$\underline{(4\times3\times2\times1)\times2}=48$ → A와 B를 한 사람으로 생각하여 한 줄로 세우는 경우의 수

따라서 구하는 확률은 $\dfrac{48}{120}=\dfrac{2}{5}$

0447 답 $\dfrac{5}{9}$

10명 중에서 대표 2명을 뽑는 모든 경우의 수는 $\dfrac{10\times9}{2}=45$

남학생과 여학생을 1명씩 뽑는 경우의 수는 $5\times5=25$

따라서 구하는 확률은 $\dfrac{25}{45}=\dfrac{5}{9}$

0448 답 ④

(ⅰ) A 상자에서 흰 바둑돌, B 상자에서 흰 바둑돌을 꺼낼 확률은

$\dfrac{3}{5}\times\dfrac{6}{10}=\dfrac{9}{25}$

(ⅱ) A 상자에서 검은 바둑돌, B 상자에서 검은 바둑돌을 꺼낼 확률은 $\dfrac{2}{5}\times\dfrac{4}{10}=\dfrac{4}{25}$

따라서 $m=\dfrac{9}{25}$, $n=\dfrac{4}{25}$이므로 $m+n=\dfrac{13}{25}$

0449 답 $\dfrac{31}{32}$

5개의 문제에 답하는 모든 경우의 수는

$2\times2\times2\times2\times2=32$

모두 틀리는 경우는 1가지이므로 그 확률은 $\dfrac{1}{32}$이다.

따라서 적어도 한 문제는 맞힐 확률은

$1-\dfrac{1}{32}=\dfrac{31}{32}$

0450 답 (1) $\dfrac{1}{3}$ (2) $\dfrac{1}{60}$ (3) $\dfrac{59}{60}$

A, B, C 세 사람이 합격할 확률이 각각 $\dfrac{1}{2}$, $\dfrac{5}{6}$, $\dfrac{4}{5}$이므로 불합격할 확률은 각각 $\dfrac{1}{2}$, $\dfrac{1}{6}$, $\dfrac{1}{5}$이다.

(1) 세 명 모두 합격할 확률은 $\dfrac{1}{2}\times\dfrac{5}{6}\times\dfrac{4}{5}=\dfrac{1}{3}$

(2) 세 명 모두 불합격할 확률은 $\dfrac{1}{2}\times\dfrac{1}{6}\times\dfrac{1}{5}=\dfrac{1}{60}$

(3) 세 명 모두 불합격할 확률이 $\dfrac{1}{60}$이므로

적어도 한 명은 합격할 확률은 $1-\dfrac{1}{60}=\dfrac{59}{60}$

0451 답 ④

장난감이 공에 맞지 않을 확률은

$\left(1-\dfrac{3}{5}\right)\times\left(1-\dfrac{1}{3}\right)=\dfrac{2}{5}\times\dfrac{2}{3}=\dfrac{4}{15}$

따라서 장난감이 공에 맞을 확률은

$1-\dfrac{4}{15}=\dfrac{11}{15}$

0452 답 ⑤ | 유형 1

주사위 한 개를 던지는 시행에서 서로 배반사건인 것끼리 짝 지어진 것은? 단서1

A : 짝수의 눈이 나오는 사건
B : 소수의 눈이 나오는 사건
C : 3의 배수의 눈이 나오는 사건
D : 4의 약수의 눈이 나오는 사건

① A와 B   ② A와 C   ③ B와 C
④ B와 D   ⑤ C와 D

단서1 두 사건의 교집합이 ∅

STEP1 네 사건 A, B, C, D 구하기

$A=\{2,\ 4,\ 6\}$, $B=\{2,\ 3,\ 5\}$, $C=\{3,\ 6\}$, $D=\{1,\ 2,\ 4\}$

STEP2 교집합이 공집합인 두 사건 찾기

$A\cap B=\{2\}$, $A\cap C=\{6\}$, $B\cap C=\{3\}$, $B\cap D=\{2\}$, $C\cap D=\varnothing$이므로 두 사건 C와 D가 서로 배반사건이다.

0453 답 ②

동전의 앞면을 H, 뒷면을 T로 나타내면

$S=\{HH,\ HT,\ TH,\ TT\}$, $A=\{HT,\ TH\}$이므로

$S-A=\{HH,\ TT\}$

$\therefore n(S-A)=2$

0454 답 ⑤

동전의 앞면을 H, 뒷면을 T로 나타내면

$S=\{HHH,\ HHT,\ HTH,\ HTT,\ THH,\ THT,\ TTH,\ TTT\}$

$\therefore n(S)=8$

0455 답 ⑤

표본공간을 S라 하면 $S=\{1,\ 2,\ 3,\ 4,\ 5,\ 6\}$이고

$A=\{2,\ 3,\ 5\}$이므로

$A^c=\{1,\ 4,\ 6\}$

0456 답 ⑤

표본공간을 S라 하면 $S=\{1,\ 2,\ 3,\ 4,\ 5,\ 6\}$이고

$A=\{1,\ 3,\ 5\}$

따라서 사건 A와 서로 배반인 사건은 A의 여사건
$A^C=\{2, 4, 6\}$의 부분집합이므로 구하는 사건의 개수는
$2^3=8$

실수 Check

사건 A와 배반인 사건을 X라 하면 $A\cap X=\varnothing$이므로 $X\subset A^C$임을 알 수 있다.

0457 답 ①

$A=\{3, 9\}$, $B=\{2, 8\}$, $C=\{2, 3, 5, 7\}$이므로
$A\cap B=\varnothing$, $A\cap C=\{3\}$, $B\cap C=\{2\}$
따라서 서로 배반사건인 것은 ㄱ이다.

0458 답 ④

ㄱ. $A\cap(B\cap C)=\{1, 3, 6\}\cap\{2, 3\}=\{3\}$
ㄴ. $A\cap(B^C\cap C)=\{1, 3, 6\}\cap\{5\}=\varnothing$
ㄷ. $A\cap(B\cap C^C)=\{1, 3, 6\}\cap\{4\}=\varnothing$
따라서 사건 A와 서로 배반사건인 것은 ㄴ, ㄷ이다.

0459 답 ③

사건 A와 배반인 사건은 A^C의 부분집합이고, 사건 B와 배반인 사건은 B^C의 부분집합이므로 두 사건 A, B 모두와 배반인 사건은 $A^C\cap B^C$의 부분집합이다.
이때 표본공간을 S라 하면 $S=\{1, 2, 3, \cdots, 10\}$이고
$A=\{2, 4, 6, 8, 10\}$, $B=\{2, 3, 5, 7\}$이므로
$A\cup B=\{2, 3, 4, 5, 6, 7, 8, 10\}$
따라서 $A^C\cap B^C=(A\cup B)^C=\{1, 9\}$이므로 구하는 사건의 개수는
$2^2=4$

0460 답 ③

표본공간을 S라 하면 $S=\{1, 2, 3, 4, 5, 6\}$이고
$A=\{1, 3, 5\}$
6 이하의 자연수 n에 대하여 사건 B_n은 다음과 같다.
$B_1=\{1, 2, 3, 4, 5, 6\}$
$B_2=\{2, 4, 6\}$
$B_3=\{3, 6\}$
$B_4=\{4\}$
$B_5=\{5\}$
$B_6=\{6\}$
$A\cap B_1=\{1, 3, 5\}$, $A\cap B_2=\varnothing$, $A\cap B_3=\{3\}$, $A\cap B_4=\varnothing$, $A\cap B_5=\{5\}$, $A\cap B_6=\varnothing$이므로 사건 A와 서로 배반사건인 B_n은 B_2, B_4, B_6이다.
따라서 두 사건 A와 B_n이 서로 배반사건이 되도록 하는 자연수 n은 2, 4, 6이므로 그 개수는 3이다.

0461 답 19

$A=\{(a, b)\,|\,ab$는 8의 약수, a, b는 6 이하의 자연수$\}$
$=\{(1, 1), (1, 2), (2, 1), (1, 4), (2, 2), (4, 1), (2, 4), (4, 2)\}$
이므로 $a+b$의 값은 2, 3, 4, 5, 6이다.

따라서 두 사건 A와 B_k가 서로 배반사건이 되도록 하는 자연수 k의 값은 7, 8, $\cdots$, 12이다.
따라서 k의 최댓값은 12, 최솟값은 7이므로 그 합은
$12+7=19$

0462 답 ③ | 유형 2

서로 다른 두 개의 주사위를 동시에 던질 때, 나오는 두 눈의 수의 합
<u>단서1</u>   <u>단서2</u>
이 5의 배수일 확률은?

① $\dfrac{5}{36}$ ② $\dfrac{1}{6}$ ③ $\dfrac{7}{36}$

④ $\dfrac{2}{9}$ ⑤ $\dfrac{1}{4}$

단서1 모든 경우의 수는 6×6
단서2 두 눈의 수의 합이 5 또는 10

STEP 1 일어날 수 있는 모든 경우의 수 구하기
서로 다른 두 개의 주사위를 동시에 던질 때, 나오는 모든 경우의 수는
$6\times6=36$

STEP 2 두 눈의 수의 합이 5의 배수인 경우의 수 구하기
(i) 두 눈의 수의 합이 5인 경우는
$(1, 4)$, $(2, 3)$, $(3, 2)$, $(4, 1)$의 4개
(ii) 두 눈의 수의 합이 10인 경우는
$(4, 6)$, $(5, 5)$, $(6, 4)$의 3개
(i), (ii)에서 두 눈의 수의 합이 5의 배수인 경우의 수는
$4+3=7$

STEP 3 수학적 확률 구하기
구하는 확률은 $\dfrac{7}{36}$

0463 답 ③

10장의 카드 중에서 한 장을 꺼낼 때, 나오는 모든 경우의 수는 10
1부터 10까지의 자연수 중에서 3의 배수는 3, 6, 9이므로
3의 배수가 적힌 카드가 나오는 경우의 수는 3
따라서 구하는 확률은 $\dfrac{3}{10}$

0464 답 $\dfrac{1}{2}$

(i) B 지점을 거치지 않고 A 지점에서 C 지점으로 가는 경우의 수는 4
(ii) B 지점을 거쳐 A 지점에서 C 지점으로 가는 경우의 수는
$2\times2=4$
(i), (ii)에서 구하는 확률은 $\dfrac{4}{8}=\dfrac{1}{2}$

0465 답 ①

한 개의 주사위를 두 번 던질 때, 나오는 모든 경우의 수는
$6\times6=36$
이차방정식 $x^2+ax+b=0$의 판별식을 D라 할 때, 이 이차방정식이 중근을 가지려면 $D=0$이어야 하므로

$D=a^2-4b=0$

$\therefore a^2=4b$

$a^2=4b$를 만족시키는 순서쌍 (a, b)는 $(2, 1)$, $(4, 4)$의 2개이다.

따라서 구하는 확률은 $\dfrac{2}{36}=\dfrac{1}{18}$

0466 답 ②

모든 경우의 수는

$4\times4=16$

$1<\dfrac{b}{a}<4$를 만족시키는 a, b의 값은 다음과 같다.

(i) $a=1$일 때, $1<b<4$이므로 b의 값은 없다.

(ii) $a=3$일 때, $3<b<12$이므로 $b=4, 6, 8, 10$

(iii) $a=5$일 때, $5<b<20$이므로 $b=6, 8, 10$

(iv) $a=7$일 때, $7<b<28$이므로 $b=8, 10$

(i)~(iv)에서 $1<\dfrac{b}{a}<4$를 만족시키는 순서쌍 (a, b)의 개수는

$4+3+2=9$

따라서 구하는 확률은 $\dfrac{9}{16}$

0467 답 $\dfrac{1}{3}$

3명의 학생이 쪽지를 한 장씩 나누어 가지는 경우의 수는

$3\times2\times1=6$

3명의 학생을 각각 A, B, C라 하면 A, B, C가 자신의 이름이 적힌 쪽지를 갖지 못하는 경우는 (A, B, C)가 (B, C, A) 또는 (C, A, B)의 쪽지를 갖는 경우이다.

따라서 구하는 확률은 $\dfrac{2}{6}=\dfrac{1}{3}$

0468 답 ②

한 개의 주사위를 두 번 던질 때, 나오는 모든 경우의 수는

$6\times6=36$

두 조건 p, q의 진리집합을 각각 P, Q라 할 때, 조건 p가 조건 q이기 위한 충분조건이 되려면 $P\subset Q$이어야 한다.

이때 조건 p에서

$x^2-(a+1)x+a\leq0$, $(x-1)(x-a)\leq0$이므로

$P=\{x\,|\,1\leq x\leq a\}$ $(\because a\geq1)$

조건 q에서 ┌→ a는 주사위의 눈의 수이므로 $1, 2, 3, 4, 5, 6$이다.

$x^2-(b+2)x+2b\leq0$, $(x-2)(x-b)\leq0$이므로

$b=1$이면 $Q=\{x\,|\,1\leq x\leq2\}$,

$b\geq2$이면 $Q=\{x\,|\,2\leq x\leq b\}$

따라서 $P\subset Q$인 경우는 다음과 같다.

(i) $b=1$일 때, $P\subset Q$가 되도록 하는 a의 값은 1, 2이다.

(ii) $b\geq2$일 때, $P\subset Q$가 되도록 하는 a의 값은 없다.

(i), (ii)에서 $P\subset Q$가 되도록 하는 a, b의 순서쌍 (a, b)는

$(1, 1)$, $(2, 1)$

의 2개이다.

따라서 구하는 확률은 $\dfrac{2}{36}=\dfrac{1}{18}$

0469 답 $\dfrac{1}{6}$

한 개의 주사위를 두 번 던질 때, 나오는 모든 경우의 수는

$6\times6=36$

$f(x)=x^2-8x+15=(x-3)(x-5)$이므로

$x=1, 2, 6$일 때, $f(x)>0$

$x=3, 5$일 때, $f(x)=0$

$x=4$일 때, $f(x)<0$

$f(a)f(b)<0$을 만족시키는 a, b의 순서쌍 (a, b)는

$(1, 4)$, $(2, 4)$, $(6, 4)$, $(4, 1)$, $(4, 2)$, $(4, 6)$

의 6개이다.

따라서 구하는 확률은 $\dfrac{6}{36}=\dfrac{1}{6}$

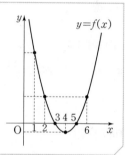

0469-1

한 개의 주사위를 두 번 던져서 나오는 수를 차례로 a, b라 하자. 이차함수 $f(x)=x^2-7x+10$에 대하여 $f(a)f(b)<0$이 성립할 확률을 구하시오.

한 개의 주사위를 두 번 던질 때, 나오는 모든 경우의 수는

$6\times6=36$

$f(x)=x^2-7x+10=(x-2)(x-5)$이므로

$x=1, 6$일 때, $f(x)>0$

$x=2, 5$일 때, $f(x)=0$

$x=3, 4$일 때, $f(x)<0$

$f(a)f(b)<0$을 만족시키는 a, b의 순서쌍 (a, b)는

$(1, 3)$, $(1, 4)$, $(6, 3)$, $(6, 4)$,

$(3, 1)$, $(4, 1)$, $(3, 6)$, $(4, 6)$

의 8개이다.

따라서 구하는 확률은

$\dfrac{8}{36}=\dfrac{2}{9}$

답 $\dfrac{2}{9}$

0470 답 ③

모든 경우의 수는

$4 \times 4 = 16$

$a \times b > 31$을 만족시키는 순서쌍 (a, b)는

$(5, 8), (7, 6), (7, 8)$

의 3개이다.

따라서 구하는 확률은 $\dfrac{3}{16}$

0471 답 ④

구슬 7개가 들어 있는 주머니에서 임의로 2개의 구슬을 동시에 꺼내는 경우의 수는

$\dfrac{7 \times 6}{2} = 21$

꺼낸 2개의 구슬에 적힌 두 자연수가 서로소인 경우는
└→ 최대공약수가 1인 두 자연수

$(2, 3), (2, 5), (2, 7),$

$(3, 4), (3, 5), (3, 7), (3, 8),$

$(4, 5), (4, 7),$

$(5, 6), (5, 7), (5, 8),$

$(6, 7),$

$(7, 8)$

의 14개이다.

따라서 구하는 확률은 $\dfrac{14}{21} = \dfrac{2}{3}$

0472 답 ①

세 개의 주사위를 동시에 던질 때, 나오는 모든 경우의 수는

$6 \times 6 \times 6 = 216$

$(a-2)^2 + (b-3)^2 + (c-4)^2 = 2$이므로

$(a-2)^2, (b-3)^2, (c-4)^2$ 중 하나는 0, 나머지 두 개는 1이다.

(i) $(a-2)^2 = 0, (b-3)^2 = 1, (c-4)^2 = 1$인 경우

　$a = 2, b = 2($또는 $4), c = 3($또는 $5)$이므로

　a, b, c의 모든 순서쌍 (a, b, c)의 개수는 $1 \times 2 \times 2 = 4$

(ii) $(a-2)^2 = 1, (b-3)^2 = 0, (c-4)^2 = 1$인 경우

　$a = 1($또는 $3), b = 3, c = 3($또는 $5)$이므로

　a, b, c의 모든 순서쌍 (a, b, c)의 개수는 $2 \times 1 \times 2 = 4$

(iii) $(a-2)^2 = 1, (b-3)^2 = 1, (c-4)^2 = 0$인 경우

　$a = 1($또는 $3), b = 2($또는 $4), c = 4$이므로

　a, b, c의 모든 순서쌍 (a, b, c)의 개수는 $2 \times 2 \times 1 = 4$

(i)~(iii)에서 $(a-2)^2 + (b-3)^2 + (c-4)^2 = 2$를 만족시키는 순서쌍 (a, b, c)의 개수는

$4 + 4 + 4 = 12$

따라서 구하는 확률은 $\dfrac{12}{216} = \dfrac{1}{18}$

> **실수 Check**
>
> $(a-2)^2 \geq 0, (b-3)^2 \geq 0, (c-4)^2 \geq 0$이므로 합이 2인 음이 아닌 세 정수가 $(a-2)^2, (b-3)^2, (c-4)^2$의 값임을 알고 $a-2, b-3, c-4$는 음수도 될 수 있음을 주의하여 순서쌍 (a, b, c)의 개수를 구한다.

0473 답 ②

> 남학생 3명, 여학생 4명을 일렬로 세울 때, 남학생끼리 이웃하게 서
> 　　　　　　[단서1]　　　　　　　　　　　　　　　[단서2]
> 있을 확률은?
>
> ① $\dfrac{1}{14}$　　　　② $\dfrac{1}{7}$　　　　③ $\dfrac{8}{35}$
>
> ④ $\dfrac{2}{7}$　　　　⑤ $\dfrac{13}{35}$
>
> [단서1] 모든 경우의 수는 7!
> [단서2] 남학생 3명을 한 명으로 생각한 후 남학생끼리 자리를 바꾸는 경우로 접근

STEP 1 7명을 일렬로 세우는 모든 경우의 수 구하기

7명을 일렬로 세우는 경우의 수는 7!

STEP 2 남학생끼리 이웃하게 서는 경우의 수 구하기

남학생 3명을 한 명으로 생각하여 총 5명을 일렬로 세우는 경우의 수는 5!

남학생 3명의 자리를 바꾸는 경우의 수는 3!

따라서 남학생끼리 이웃하게 세우는 경우의 수는 $5! \times 3!$

STEP 3 확률 구하기

구하는 확률은 $\dfrac{5! \times 3!}{7!} = \dfrac{1}{7}$

0474 답 ③

7 이하의 자연수로 만들 수 있는 세 자리 자연수의 개수는

$_7\mathrm{P}_3 = 210$

세 자리 자연수가 짝수인 경우는 일의 자리의 숫자가 짝수, 즉

□□2, □□4, □□6 꼴이어야 하므로 짝수의 개수는

$3 \times {}_6\mathrm{P}_2 = 3 \times 30 = 90$

따라서 구하는 확률은 $\dfrac{90}{210} = \dfrac{3}{7}$

0475 답 $\dfrac{2}{7}$

1부터 7까지의 자연수가 하나씩 적힌 7장의 카드를 일렬로 나열하는 경우의 수는 7!

홀수 1, 3, 5, 7이 적힌 네 장의 카드를 일렬로 나열하는 경우의 수는 4!

이 각각에 대하여 나열된 네 장의 카드 사이사이와 양 끝의 5개의 자리 중 3개를 택하여 짝수 2, 4, 6이 적힌 카드를 나열하는 경우의 수는 $_5\mathrm{P}_3$

즉, 짝수가 적힌 카드를 서로 이웃하지 않게 나열하는 경우의 수는

$4! \times {}_5\mathrm{P}_3$

따라서 구하는 확률은 $\dfrac{4! \times {}_5\mathrm{P}_3}{7!} = \dfrac{2}{7}$

0476 답 $\dfrac{1}{10}$

6명을 일렬로 세우는 경우의 수는 $6! = 720$

남학생과 여학생을 교대로 세우는 경우는 다음과 같다.

(i) 남 여 남 여 남 여 로 세우는 경우

　남학생 3명을 일렬로 세우는 경우의 수는 $3! = 6$

　여학생 3명을 일렬로 세우는 경우의 수는 $3! = 6$

따라서 이때 경우의 수는 $6 \times 6 = 36$

(ii) | 여 | 남 | 여 | 남 | 여 | 남 | 으로 세우는 경우

여학생 3명을 일렬로 세우는 경우의 수는 $3! = 6$

남학생 3명을 일렬로 세우는 경우의 수는 $3! = 6$

따라서 이때 경우의 수는 $6 \times 6 = 36$

(i), (ii)에서 남학생과 여학생을 교대로 세우는 경우의 수는

$36 + 36 = 72$

따라서 구하는 확률은 $\dfrac{72}{720} = \dfrac{1}{10}$

0477 답 ③

5권을 일렬로 꽂는 경우의 수는 $5! = 120$

국어 문제집 3권 중에서 2권을 양 끝에 꽂는 경우의 수는 $_3P_2 = 6$

수학 문제집 2권과 나머지 국어 문제집 1권을 일렬로 꽂는 경우의 수는 $3! = 6$

즉, 양 끝에 국어 문제집을 꽂는 경우의 수는

$6 \times 6 = 36$

따라서 구하는 확률은 $\dfrac{36}{120} = \dfrac{3}{10}$

0478 답 $\dfrac{3}{8}$

5개의 숫자 0, 1, 2, 3, 4로 만들 수 있는 다섯 자리 자연수의 개수는 만의 자리에 0이 올 수 없으므로 $4 \times 4! = 96$

(i) 4□□□□ 꼴의 자연수의 개수는

$4! = 24$

(ii) 32□□□, 34□□□ 꼴의 자연수의 개수는

$2 \times 3! = 12$

(i), (ii)에서 32000보다 큰 다섯 자리 자연수의 개수는

$24 + 12 = 36$

따라서 구하는 확률은 $\dfrac{36}{96} = \dfrac{3}{8}$

0479 답 ②

6개의 문자를 일렬로 나열하는 경우의 수는 $6! = 720$

2개의 모음 a와 e 사이에 2개의 자음을 나열하는 경우의 수는 $_4P_2 = 12$

a, e와 그 사이에 있는 2개의 자음을 한 문자로 생각하여 3개의 문자를 일렬로 나열하는 경우의 수는 $3! = 6$

a, e가 서로 자리를 바꾸는 경우의 수는 $2! = 2$

즉, 모음 사이에 2개의 자음이 있는 경우의 수는 $12 \times 6 \times 2 = 144$

따라서 구하는 확률은 $\dfrac{144}{720} = \dfrac{1}{5}$

0480 답 ②

4명의 학생이 앉는 경우의 수는 $_9P_4$

4명의 학생이 이웃하지 않도록 앉는 경우는 5개의 빈 좌석을 먼저 나열한 후 좌석 사이사이와 양 끝의 6개의 자리에 4명이 앉을 좌석을 배치하는 경우이므로 경우의 수는 $_6P_4$

따라서 구하는 확률은 $\dfrac{_6P_4}{_9P_4} = \dfrac{6 \times 5 \times 4 \times 3}{9 \times 8 \times 7 \times 6} = \dfrac{5}{42}$

0481 답 ①

6명이 일렬로 앉는 경우의 수는 $6! = 720$

각 부부를 한 사람으로 생각하여 3명이 일렬로 앉는 경우의 수는

$3! = 6$

각 부부가 서로 자리를 바꾸는 경우의 수는

$2! \times 2! \times 2! = 8$

즉, 부부끼리 서로 이웃하여 앉는 경우의 수는 $6 \times 8 = 48$

따라서 구하는 확률은

$\dfrac{48}{720} = \dfrac{1}{15}$

0482 답 ④

9장의 카드를 일렬로 나열하는 경우의 수는 $9!$

문자 A가 적혀 있는 카드의 바로 양옆에 놓을 숫자가 적혀 있는 카드를 정하는 경우의 수는 $_4P_2 = 12$

이때 A가 적혀 있는 카드와 양옆에 있는 카드를 한 장으로 생각하여 나머지 6장의 카드와 함께 일렬로 나열하는 경우의 수는 $7!$

즉, 문자 A가 적혀 있는 카드의 바로 양옆에 각각 숫자가 적혀 있는 카드가 놓이는 경우의 수는 $12 \times 7!$

따라서 구하는 확률은

$\dfrac{12 \times 7!}{9!} = \dfrac{1}{6}$

0483 답 ① | 유형 4

> A, B, C를 포함한 7명이 원탁에 둘러앉을 때, A, B, C 중에서 어느 두 명도 이웃하지 않게 앉을 확률은?
> 단서1   단서2
>
> (단, 회전하여 일치하는 것은 같은 것으로 본다.)
>
> ① $\dfrac{1}{5}$ ② $\dfrac{3}{10}$ ③ $\dfrac{2}{5}$
>
> ④ $\dfrac{1}{2}$ ⑤ $\dfrac{3}{5}$
>
> 단서1 모든 경우의 수는 $(7-1)!$
> 단서2 A, B, C가 다른 사람들 사이사이에 한 명씩 앉는 경우

STEP1 7명이 원탁에 둘러앉는 모든 경우의 수 구하기

A, B, C를 포함한 7명이 원탁에 둘러앉는 경우의 수는

$(7-1)! = 6! = 720$

STEP2 A, B, C 중 어느 두 명도 이웃하지 않게 앉는 경우의 수 구하기

A, B, C를 제외한 4명이 원탁에 둘러앉는 경우의 수는 $(4-1)! = 3! = 6$

각각의 경우에 대하여 A, B, C가 앉을 수 있는 자리의 수는 4이고, 이 중 3자리를 택하여 A, B, C가 앉는 경우의 수는 $_4P_3 = 24$

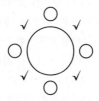

따라서 A, B, C 중 어느 두 명도 이웃하지 않게 앉는 경우의 수는

$6 \times 24 = 144$

STEP3 확률 구하기

구하는 확률은 $\dfrac{144}{720} = \dfrac{1}{5}$

0484 답 ③

5명이 원탁에 둘러앉는 경우의 수는

$(5-1)!=4!=24$

부모를 한 사람으로 생각하여 4명이 원탁에 둘러앉는 경우의 수는

$(4-1)!=3!=6$

부모가 서로 자리를 바꾸는 경우의 수는 $2!=2$

즉, 부모가 이웃하여 원탁에 둘러앉는 경우의 수는 $6\times2=12$

따라서 구하는 확률은 $\dfrac{12}{24}=\dfrac{1}{2}$

0485 답 ②

8명이 원탁에 둘러앉는 경우의 수는

$(8-1)!=7!=5040$

네 부부 각각을 한 사람으로 생각하여 4명이 원탁에 둘러앉는 경우의 수는

$(4-1)!=3!=6$

각 부부가 서로 자리를 바꾸는 경우의 수는 $2!\times2!\times2!\times2!=16$

즉, 부부끼리 이웃하여 앉는 경우의 수는 $6\times16=96$

따라서 구하는 확률은 $\dfrac{96}{5040}=\dfrac{2}{105}$

0486 답 $\dfrac{1}{35}$

8명이 원탁에 둘러앉는 경우의 수는

$(8-1)!=7!$

남학생 4명이 원탁에 둘러앉는 경우의 수는

$(4-1)!=3!$

남학생 사이사이의 4개의 자리에 여학생 4명이 앉는 경우의 수는 $4!$

즉, 남녀가 교대로 앉는 경우의 수는 $3!\times4!$

따라서 구하는 확률은 $\dfrac{3!\times4!}{7!}=\dfrac{1}{35}$

0487 답 ②

6개의 수를 원판에 쓰는 모든 경우의 수는

$(6-1)!=5!=120$

1과 6을 맞은편에 쓰고 나머지 4개의 수를 4개의 영역에 쓰는 경우의 수는 $_4P_4=4!=24$

따라서 구하는 확률은 $\dfrac{24}{120}=\dfrac{1}{5}$

0488 답 ②

7명이 원탁에 둘러앉는 경우의 수는

$(7-1)!=6!=720$

남학생 2명을 한 사람, 여학생 3명을 한 사람으로 생각하여 4명이 원탁에 둘러앉는 경우의 수는

$(4-1)!=3!=6$

남학생끼리 자리를 바꾸는 경우의 수는 $2!=2$

여학생끼리 자리를 바꾸는 경우의 수는 $3!=6$

즉, 남학생은 남학생끼리, 여학생은 여학생끼리 이웃하게 앉는 경우의 수는 $6\times2\times6=72$

따라서 구하는 확률은 $\dfrac{72}{720}=\dfrac{1}{10}$

0489 답 $\dfrac{2}{15}$

10명이 원형으로 둘러앉는 경우의 수는

$(10-1)!=9!$

이때 원형으로 배열하는 한 가지 경우에 대하여 주어진 모양의 탁자에서는 서로 다른 경우가 그림과 같이 5가지씩 존재한다.

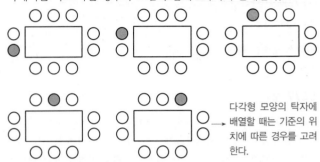

→ 다각형 모양의 탁자에 배열할 때는 기준의 위치에 따른 경우를 고려한다.

따라서 10명이 주어진 직사각형 모양의 탁자에 둘러앉는 경우의 수는 $5\times9!$

이때 A와 B가 이웃하게 앉는 경우는 다음과 같다.

(i) A와 B가 의자가 3개 놓인 쪽에 나란히 앉는 경우

A, B가 앉는 경우의 수는 4

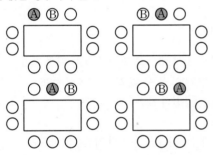

각각의 경우에 대하여 A, B를 제외한 8명이 둘러앉는 경우의 수는 $8!$

따라서 A와 B가 의자가 3개 놓인 쪽에 나란히 앉는 경우의 수는 $4\times8!$

(ii) A와 B가 의자가 2개 놓인 쪽에 나란히 앉는 경우

A, B가 앉는 경우의 수는 2

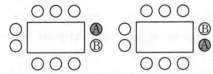

각각의 경우에 대하여 A, B를 제외한 8명이 둘러앉는 경우의 수는 $8!$

따라서 A와 B가 의자가 2개 놓인 쪽에 나란히 앉는 경우의 수는 $2\times8!$

(i), (ii)에서 A, B가 이웃하여 앉는 경우의 수는

$4\times8!+2\times8!=6\times8!$

따라서 구하는 확률은

$\dfrac{6\times8!}{5\times9!}=\dfrac{2}{15}$

실수 Check

다각형 모양의 탁자에 배열하는 것은 원탁에 배열하는 것과 달리 기준에 따라 다른 경우가 존재함에 주의한다.

0490 답 ③

A, B를 포함한 6명이 원탁에 일정한 간격을 두고 앉는 경우의 수는
$(6-1)!=5!=120$

A, B를 한 사람으로 생각하여 5명이 원탁에 앉는 경우의 수는
$(5-1)!=4!=24$

A, B가 서로 자리를 바꾸는 경우의 수는 $2!=2$

즉, A, B가 이웃하여 앉는 경우의 수는 $24 \times 2=48$

따라서 구하는 확률은 $\dfrac{48}{120}=\dfrac{2}{5}$

0491 답 ① | 유형5

> 4명의 학생 A, B, C, D가 a, b, c 세 가지의 메뉴 중에서 임의로 하 ──── **단서1**
> 나씩 고를 때, 4명 모두 같은 메뉴를 고를 확률은? **단서2**
>
> ① $\dfrac{1}{27}$　　　　② $\dfrac{2}{27}$　　　　③ $\dfrac{1}{9}$
>
> ④ $\dfrac{4}{27}$　　　　⑤ $\dfrac{5}{27}$
>
> **단서1** 모든 경우의 수는 $_3\Pi_4$
> **단서2** 3개의 메뉴 중에 1개를 택하는 경우의 수

STEP1 4명의 학생이 세 가지의 메뉴 중에서 임의로 하나씩 고르는 경우의 수 구하기

4명의 학생이 세 가지의 메뉴 중에서 임의로 하나씩 고르는 경우의 수는 서로 다른 3개에서 4개를 택하는 중복순열의 수와 같으므로
$_3\Pi_4=3^4=81$

STEP2 4명이 모두 같은 메뉴를 고르는 경우의 수 구하기

4명의 학생이 모두 같은 메뉴를 고르는 경우의 수는 서로 다른 3개에서 1개를 택하는 경우의 수와 같으므로 $_3C_1=3$

STEP3 확률 구하기

구하는 확률은 $\dfrac{3}{81}=\dfrac{1}{27}$

0492 답 $\dfrac{3}{8}$

3명이 각각 4개의 코스 중에서 한 곳을 선택하는 경우의 수는
$_4\Pi_3=4^3=64$

3명이 서로 다른 코스를 선택하는 경우의 수는 $_4P_3=24$

따라서 구하는 확률은 $\dfrac{24}{64}=\dfrac{3}{8}$

0493 답 ③

1, 2, 3의 숫자가 각각 하나씩 적힌 공 3개를 1, 2, 3의 숫자가 각각 하나씩 적힌 상자 3개 중에서 하나에 넣는 경우의 수는
$_3\Pi_3=3^3=27$

공에 적힌 숫자와 다른 숫자가 적힌 상자에 넣는 경우의 수는 공에 적힌 숫자가 적힌 상자를 제외한 나머지 상자 2개 중에서 하나에 넣는 경우의 수와 같으므로
$2 \times 2 \times 2=8$

따라서 구하는 확률은 $\dfrac{8}{27}$

0494 답 ④

세 개의 숫자 1, 2, 3에서 중복을 허용하여 만들 수 있는 네 자리 자연수의 개수는 $_3\Pi_4=3^4=81$

이때 짝수가 되려면 일의 자리의 숫자가 2이어야 하므로 짝수인 네 자리 자연수의 개수는 $_3\Pi_3=3^3=27$

따라서 구하는 확률은 $\dfrac{27}{81}=\dfrac{1}{3}$

0495 답 ⑤

9개의 숫자 1, 2, …, 9에서 중복을 허용하여 만들 수 있는 세 자리 자연수의 개수는 $_9\Pi_3=9^3=729$

각 자리의 숫자의 곱이 홀수이려면 각 자리의 숫자는 모두 홀수이어야 한다.

즉, 각 자리의 숫자의 곱이 홀수인 세 자리 자연수의 개수는 5개의 숫자 1, 3, 5, 7, 9에서 중복을 허용하여 만들 수 있는 세 자리 자연수의 개수와 같으므로
$_5\Pi_3=5^3=125$

따라서 구하는 확률은 $\dfrac{125}{729}$

0496 답 ①

3명의 학생이 네 개의 색깔 중에서 임의로 하나씩 고르는 경우의 수는 $_4\Pi_3=4^3=64$

모두 같은 색깔을 고르는 경우의 수는 $_4C_1=4$

따라서 구하는 확률은 $\dfrac{4}{64}=\dfrac{1}{16}$

0497 답 $\dfrac{1}{2}$

한 개의 주사위를 세 번 던질 때, 나오는 모든 경우의 수는
$_6\Pi_3=6^3=216$

$ab+c$의 값이 짝수이려면 ab, c의 값이 모두 홀수이거나 짝수이어야 한다.

(ⅰ) ab, c의 값이 모두 홀수일 때
　a, b, c의 값이 모두 홀수이므로 경우의 수는 $_3\Pi_3=3^3=27$

(ⅱ) ab, c의 값이 모두 짝수일 때
　(ab의 값이 짝수인 경우의 수)
　$=_6\Pi_2-(a, b$의 값이 모두 홀수인 경우의 수)
　$=_6\Pi_2-_3\Pi_2=6^2-3^2=27$
　c가 짝수인 경우는 2, 4, 6이므로 ab, c의 값이 모두 짝수인 경우의 수는 $27 \times 3=81$

(ⅰ), (ⅱ)에서 $ab+c$의 값이 짝수인 경우의 수는 $27+81=108$

따라서 구하는 확률은 $\dfrac{108}{216}=\dfrac{1}{2}$

실수 Check

> (짝수)×(짝수)=(짝수), (짝수)×(홀수)=(짝수),
> (홀수)×(짝수)=(짝수), (홀수)×(홀수)=(홀수)
> 이므로 ab의 값이 짝수인 경우의 수를 구하려면 모든 경우의 수에서 ab의 값이 홀수인 경우의 수, 즉 a, b의 값이 모두 홀수인 경우의 수를 빼야 한다.

0498 답 ①

서로 다른 5권의 참고서를 3명에게 나누어 주는 경우의 수는
$_3\Pi_5=3^5$

국어 참고서와 영어 참고서를 먼저 A에게 주고, 나머지 3권의 참고서를 3명에게 나누어 주는 경우의 수와 같으므로 $_3\Pi_3=3^3$

따라서 구하는 확률은 $\dfrac{3^3}{3^5}=\dfrac{1}{9}$

0499 답 ③

5개의 숫자 1, 2, 3, 4, 5에서 중복을 허용하여 만들 수 있는 네 자리 자연수의 개수는 $_5\Pi_4=5^4=625$

이때 3500보다 큰 자연수는 35□□, 4□□□, 5□□□ 꼴이다.

(i) 35□□ 꼴의 자연수의 개수는 $_5\Pi_2=5^2=25$

(ii) 4□□□ 꼴의 자연수의 개수는 $_5\Pi_3=5^3=125$

(iii) 5□□□ 꼴의 자연수의 개수는 $_5\Pi_3=5^3=125$

(i)~(iii)에서 3500보다 큰 자연수의 개수는 $25+125+125=275$

따라서 구하는 확률은 $\dfrac{275}{625}=\dfrac{11}{25}$

0500 답 8 | 유형 6

5개의 숫자 1, 1, 2, 2, 3을 일렬로 나열하여 다섯 자리 자연수를 만들 때, 이 수가 홀수일 확률은 $\dfrac{q}{p}$이다. $p+q$의 값을 구하시오.
단서1 **단서2**
(단, p와 q는 서로소인 자연수이다.)

단서1 모든 경우의 수는 $\dfrac{5!}{2! \times 2!}$
단서2 일의 자리의 숫자가 1 또는 3

STEP 1 다섯 자리 자연수의 개수 구하기

5개의 숫자 1, 1, 2, 2, 3을 일렬로 나열하여 만들 수 있는 다섯 자리 자연수의 개수는 $\dfrac{5!}{2! \times 2!}=30$

STEP 2 홀수의 개수 구하기

다섯 자리 자연수가 홀수가 되려면 일의 자리의 숫자가 1 또는 3이어야 한다.

(i) 일의 자리의 숫자가 1인 경우

1, 2, 2, 3을 나열하는 경우의 수는 $\dfrac{4!}{2!}=12$ → 일의 자리의 숫자에 1을 고정하고 나머지 4개를 나열

(ii) 일의 자리의 숫자가 3인 경우

1, 1, 2, 2를 나열하는 경우의 수는 $\dfrac{4!}{2! \times 2!}=6$

(i), (ii)에서 홀수인 다섯 자리 자연수의 개수는 $12+6=18$

STEP 3 $p+q$의 값 구하기

구하는 확률은 $\dfrac{18}{30}=\dfrac{3}{5}$이므로 $p=5$, $q=3$

$\therefore p+q=5+3=8$

0501 답 ①

7개의 문자 a, a, b, b, c, d, e를 일렬로 나열하는 경우의 수는
$\dfrac{7!}{2! \times 2!}=1260$

자음은 b, b, c, d의 4개, 모음은 a, a, e의 3개이므로 자음과 모

음이 교대로 나오도록 나열하는 경우는

| 자 | 모 | 자 | 모 | 자 | 모 | 자 | → 모음이 3개이므로 모음이 맨 앞에 오는 경우는 조건을 만족 시키지 않는다.

와 같이 나열해야 한다.

이때 자음 b, b, c, d를 일렬로 나열하는 경우의 수는 $\dfrac{4!}{2!}=12$,

모음 a, a, e를 일렬로 나열하는 경우의 수는 $\dfrac{3!}{2!}=3$이므로

자음과 모음이 번갈아 나오도록 나열하는 경우의 수는 $12 \times 3=36$

따라서 구하는 확률은 $\dfrac{36}{1260}=\dfrac{1}{35}$

0502 답 ③

5개의 숫자 1, 2, 3, 4, 5를 일렬로 나열하는 경우의 수는
$5!=120$

홀수가 큰 수부터 나열하려면 1, 2, 3, 4, 5에서 1, 3, 5를 모두 A로 생각하여 A, A, A, 2, 4를 일렬로 배열한 후 세 개의 A를 앞에서부터 차례로 1, 3, 5로 바꾸면 되므로 홀수가 큰 수부터 나열되는 경우의 수는 $\dfrac{5!}{3!}=20$

따라서 구하는 확률은 $\dfrac{20}{120}=\dfrac{1}{6}$

0503 답 ②

STARTER에 있는 7개의 문자를 일렬로 나열하는 경우의 수는
$\dfrac{7!}{2! \times 2!}=1260$

S가 두 개의 T 사이에 있으려면 S, T, T를 모두 X로 생각하여 X, X, X, A, R, E, R를 일렬로 나열한 후 두 번째 X를 S로, 첫 번째 X와 세 번째 X를 T로 바꾸면 되므로 S가 두 개의 T 사이에 있는 경우의 수는 $\dfrac{7!}{3! \times 2!}=420$

따라서 구하는 확률은 $\dfrac{420}{1260}=\dfrac{1}{3}$

0504 답 ⑤

6명의 학생이 일렬로 서는 경우의 수는 $6!=720$

C가 A, B보다 뒤에 서려면 A, B, C를 모두 X로 생각하여 X, X, X, D, E, F를 일렬로 세운 후 세 개의 X 중에서 세 번째 X를 C로, 나머지 두 개의 X를 A, B로 바꾸면 된다.

이때 X, X, X, D, E, F를 일렬로 세우는 경우의 수는
$\dfrac{6!}{3!}=120$이고, 세 개의 X에 A, B, C를 세우는 경우의 수는

$2!=2$이므로 C가 A와 B 보다 뒤에 서는 경우의 수는

$120 \times 2=240$ → A와 B가 자리를 바꾸는 경우의 수

따라서 구하는 확률은

$\dfrac{240}{720}=\dfrac{1}{3}$

0505 답 ④

A 지점에서 B 지점까지 최단 거리로 가는 경우의 수는

$\dfrac{10!}{6! \times 4!}=210$

(i) A 지점에서 P 지점까지 최단 거리로 가는 경우의 수는

$$\frac{5!}{3! \times 2!} = 10$$

(ii) P 지점에서 Q 지점까지 최단 거리로 가는 경우의 수는 1

(iii) Q 지점에서 B 지점까지 최단 거리로 가는 경우의 수는

$$\frac{4!}{2! \times 2!} = 6$$

(i)~(iii)에서 선분 PQ를 거쳐서 가는 경우의 수는 $10 \times 1 \times 6 = 60$

따라서 구하는 확률은 $\dfrac{60}{210} = \dfrac{2}{7}$

0506 답 ②

A, A, A, B, B, C의 문자가 하나씩 적혀 있는 6장의 카드를 일렬로 나열하는 경우의 수는

$$\frac{6!}{3! \times 2!} = 60$$

양 끝에 모두 A가 적힌 카드가 나오게 나열되는 경우의 수는

양 끝에 놓을 A가 적혀 있는 2장의 카드를 제외한 A, B, B, C가 각각 적혀 있는 4장의 카드를 일렬로 나열하는 경우의 수와 같으므로 $\dfrac{4!}{2!} = 12$

따라서 구하는 확률은 $\dfrac{12}{60} = \dfrac{1}{5}$

0507 답 ②

한 개의 주사위를 세 번 던져서 나오는 모든 경우의 수는

$_6\Pi_3 = 6^3 = 216$

$a \times b \times c = 4$이므로 세 눈의 수 a, b, c의 곱이 4인 경우는

1, 1, 4 또는 1, 2, 2

(i) 세 수가 1, 1, 4인 경우

1, 1, 4를 일렬로 나열하는 경우의 수와 같으므로 경우의 수는

$$\frac{3!}{2!} = 3$$

(ii) 세 수가 1, 2, 2인 경우

1, 2, 2를 일렬로 나열하는 경우의 수와 같으므로 경우의 수는

$$\frac{3!}{2!} = 3$$

(i), (ii)에서 $a \times b \times c = 4$인 경우의 수는 $3 + 3 = 6$

따라서 구하는 확률은 $\dfrac{6}{216} = \dfrac{1}{36}$

0508 답 ③ | 유형7

A와 B를 포함한 7명 중에서 2명의 대표를 뽑을 때, A는 대표로 뽑 [단서1] 히고 B는 대표로 뽑히지 않을 확률은? [단서2]

① $\dfrac{1}{21}$ ② $\dfrac{1}{7}$ ③ $\dfrac{5}{21}$

④ $\dfrac{1}{3}$ ⑤ $\dfrac{3}{7}$

[단서1] 모든 경우의 수는 $_7C_2$

[단서2] A와 B를 제외한 나머지 5명 중에서 1명의 대표를 뽑은 후 A를 포함

STEP1 7명 중에서 2명의 대표를 뽑는 모든 경우의 수 구하기

7명 중에서 2명의 대표를 뽑는 경우의 수는 $_7C_2 = 21$

STEP2 조건을 만족시키는 경우의 수 구하기

A는 대표로 뽑히고 B는 대표로 뽑히지 않으려면 A와 B를 제외한 나머지 5명 중에서 1명의 대표를 뽑고 A를 포함시키면 되므로 경우의 수는 $_5C_1 = 5$

STEP3 확률 구하기

구하는 확률은 $\dfrac{5}{21}$

0509 답 ②

8개의 공 중에서 2개의 공을 꺼내는 경우의 수는 $_8C_2 = 28$

공에 적힌 수의 곱이 홀수인 경우는 꺼낸 두 개의 공에 적힌 수가 모두 홀수인 경우이므로 경우의 수는 $_4C_2 = 6$

따라서 구하는 확률은 $\dfrac{6}{28} = \dfrac{3}{14}$

0510 답 $\dfrac{3}{7}$

8개의 구슬 중에서 4개의 구슬을 꺼내는 경우의 수는 $_8C_4 = 70$

빨간 구슬 3개 중에서 2개, 파란 구슬 5개 중에서 2개를 꺼내는 경우의 수는 $_3C_2 \times _5C_2 = 3 \times 10 = 30$

따라서 구하는 확률은 $\dfrac{30}{70} = \dfrac{3}{7}$

0511 답 4

10개의 제비 중에서 2개의 제비를 뽑는 경우의 수는 $_{10}C_2 = 45$

n개의 당첨 제비 중에서 2개를 뽑는 경우의 수는 $_nC_2$

2개의 제비가 모두 당첨 제비일 확률은 $\dfrac{2}{15}$이므로

$$\frac{_nC_2}{45} = \frac{2}{15}$$에서 $\frac{n(n-1)}{2} = 6$

$n(n-1) = 12 = 4 \times 3$

$\therefore n = 4$

0512 답 ①

25명 중에서 2명의 대표를 뽑는 경우의 수는 $_{25}C_2 = 300$

여학생 수를 x라 하면 남학생 수는 $25 - x$이므로 여학생 1명, 남학생 1명을 뽑는 경우의 수는 $_xC_1 \times _{25-x}C_1 = x \times (25 - x)$

이때 서로 다른 성별의 대표가 뽑힐 확률이 $\dfrac{1}{2}$이므로

$$\frac{x(25-x)}{300} = \frac{1}{2}, \quad x(25-x) = 150$$

$x^2 - 25x + 150 = 0$, $(x-10)(x-15) = 0$

$\therefore x = 10$ 또는 $x = 15$

이때 여학생이 남학생보다 더 많으므로 여학생 수는 15이다.

0513 답 ④

1부터 8까지의 자연수 중에서 서로 다른 두 수를 선택하는 경우의 수는 $_8C_2 = 28$

선택한 두 수의 곱이 6의 배수인 경우는 다음과 같다.

(i) 선택한 수에 6이 포함되는 경우

경우의 수는 $_7C_1 = 7$

(ii) 선택한 수에 6이 포함되지 않는 경우

3은 반드시 포함되고 2, 4, 8 중에서 하나를 선택해야 하므로

$_3C_1=3$

(i), (ii)에서 선택한 두 수의 곱이 6의 배수인 경우의 수는

$7+3=10$

따라서 구하는 확률은 $\dfrac{10}{28}=\dfrac{5}{14}$

0514 답 ③

1부터 11까지의 자연수가 각각 하나씩 적힌 11개의 공 중에서 4개의 공을 꺼내는 경우의 수는 $_{11}C_4=330$

$c=6$인 경우는 반드시 6이 적힌 공을 꺼내고, 7, 8, 9, 10, 11이 각각 적힌 공 중에서 1개, 1, 2, 3, 4, 5가 각각 적힌 공 중에서 2개를 꺼내면 되므로 경우의 수는 $_5C_1 \times _5C_2=5 \times 10=50$

따라서 구하는 확률은 $\dfrac{50}{330}=\dfrac{5}{33}$

0515 답 $\dfrac{2}{9}$

갑이 주머니 A에서 두 장의 카드를 꺼내고, 을이 주머니 B에서 두 장의 카드를 꺼내는 경우의 수는 $_4C_2 \times _4C_2=36$

이때 갑과 을이 각각 꺼낸 두 장의 카드에 적힌 두 수의 합이 같은 경우는 다음과 같다.

(i) 갑이 꺼낸 두 장의 카드에 적힌 수와 을이 꺼낸 두 장의 카드에 적힌 수가 같은 경우

을이 꺼내는 카드는 갑이 꺼내는 카드와 동일하므로

이 경우의 수는 갑이 두 장의 카드를 꺼낸 경우의 수와 같다. 즉, $_4C_2=6$이다.

(ii) 갑이 꺼낸 두 장의 카드에 적힌 수와 을이 꺼낸 두 장의 카드에 적힌 수는 다르지만 합이 같은 경우

갑이 1, 4가 적힌 카드를 꺼내고 을이 2, 3이 적힌 카드를 꺼내는 경우와

갑이 2, 3이 적힌 카드를 꺼내고 을이 1, 4가 적힌 카드를 꺼내는 경우의 2가지가 있다.

(i), (ii)에서 갑과 을이 각각 꺼낸 두 장의 카드에 적힌 두 수의 합이 같은 경우의 수는 $6+2=8$

따라서 구하는 확률은 $\dfrac{8}{36}=\dfrac{2}{9}$

0516 답 ②

1부터 9까지의 자연수 중에서 서로 다른 4개의 수를 선택하는 경우의 수는 $_9C_4=126$

$M+m=12$인 경우는 다음과 같다.

(i) $M=9$, $m=3$인 경우

3, 9를 반드시 선택하고 나머지 2개의 수는 4, 5, 6, 7, 8의 5개의 수 중에서 선택하면 되므로 경우의 수는 $_5C_2=10$

(ii) $M=8$, $m=4$인 경우

4, 8을 반드시 선택하고 나머지 2개의 수는 5, 6, 7의 3개의 수 중에서 선택하면 되므로 경우의 수는 $_3C_2=3$

(iii) $M=7$, $m=5$인 경우

5보다 크고 7보다 작은 수가 6 하나뿐이므로 조건을 만족시키는 경우는 없다.

(i)~(iii)에서 $M+m=12$인 경우의 수는 $10+3=13$

따라서 구하는 확률은 $\dfrac{13}{126}$

0517 답 ③

1부터 10까지의 자연수 중에서 서로 다른 두 수를 선택하는 경우의 수는 $_{10}C_2=45$

10 이하의 자연수를 3으로 나누었을 때의 나머지가 k인 수의 집합을 A_k라 하면

$A_0=\{3, 6, 9\}$, $A_1=\{1, 4, 7, 10\}$, $A_2=\{2, 5, 8\}$

이때 두 수의 합이 3의 배수인 경우는 다음과 같다.

(i) 두 수가 모두 집합 A_0의 원소인 경우의 수는 $_3C_2=3$

(ii) 두 수가 각각 집합 A_1, A_2의 원소인 경우의 수는

$_4C_1 \times _3C_1=12$

(i), (ii)에서 두 수의 합이 3의 배수인 경우의 수는 $3+12=15$

따라서 구하는 확률은 $\dfrac{15}{45}=\dfrac{1}{3}$

Plus 문제

0517-1

1부터 11까지의 자연수 중에서 임의로 서로 다른 세 수를 선택할 때, 선택한 3개의 수의 합이 3의 배수일 확률을 구하시오.

1부터 11까지의 자연수 중에서 서로 다른 세 수를 선택하는 경우의 수는 $_{11}C_3=165$

11 이하의 자연수를 3으로 나누었을 때의 나머지가 k인 수의 집합을 A_k라 하면

$A_0=\{3, 6, 9\}$, $A_1=\{1, 4, 7, 10\}$, $A_2=\{2, 5, 8, 11\}$

이때 세 수의 합이 3의 배수인 경우는 다음과 같다.

(i) 세 수가 모두 집합 A_0의 원소인 경우의 수는 $_3C_3=1$

(ii) 세 수가 모두 집합 A_1의 원소인 경우의 수는 $_4C_3=4$

(iii) 세 수가 모두 집합 A_2의 원소인 경우의 수는 $_4C_3=4$

(iv) 세 수가 각각 집합 A_0, A_1, A_2의 원소인 경우의 수는

$_3C_1 \times _4C_1 \times _4C_1=3 \times 4 \times 4=48$

(i)~(iv)에서 세 수의 합이 3인 배수인 경우의 수는

$1+4+4+48=57$

따라서 구하는 확률은 $\dfrac{57}{165}=\dfrac{19}{55}$

답 $\dfrac{19}{55}$

0518 답 ①

주사위 2개와 동전 4개를 동시에 던질 때, 나오는 모든 경우의 수는 $(6 \times 6) \times (2 \times 2 \times 2 \times 2) = 576$

(i) 앞면이 나온 동전의 개수가 1인 경우의 수는 $_4C_1 = 4$
이때 두 주사위에서 나온 눈의 수가 $(1, 1)$이어야 하므로 주사위의 눈의 수의 곱과 앞면이 나온 동전의 개수가 1로 같은 경우의 수는 $4 \times 1 = 4$

(ii) 앞면이 나온 동전의 개수가 2인 경우의 수는 $_4C_2 = 6$
이때 두 주사위에서 나온 눈의 수가 $(1, 2)$ 또는 $(2, 1)$이어야 하므로 주사위의 눈의 수의 곱과 앞면이 나온 동전의 개수가 2로 같은 경우의 수는 $6 \times 2 = 12$

(iii) 앞면이 나온 동전의 개수가 3인 경우의 수는 $_4C_3 = 4$
이때 두 주사위에서 나온 눈의 수가 $(1, 3)$ 또는 $(3, 1)$이어야 하므로 주사위의 눈의 수의 곱과 앞면이 나온 동전의 개수가 3으로 같은 경우의 수는 $4 \times 2 = 8$

(iv) 앞면이 나온 동전의 개수가 4인 경우의 수는 $_4C_4 = 1$
이때 두 주사위에서 나온 눈의 수가 $(1, 4)$ 또는 $(2, 2)$ 또는 $(4, 1)$이어야 하므로 주사위의 눈의 수의 곱과 앞면이 나온 동전의 개수가 4로 같은 경우의 수는 $1 \times 3 = 3$

(i)~(iv)에서 주사위의 눈의 수의 곱과 앞면이 나온 동전의 개수가 같은 경우의 수는 $4 + 12 + 8 + 3 = 27$

따라서 구하는 확률은 $\dfrac{27}{576} = \dfrac{3}{64}$

실수 Check

동전 4개를 던질 때 앞면이 나온 동전의 개수에 따라 2개의 주사위의 눈의 수의 곱을 생각한다.
이때 나오는 주사위의 두 눈의 수 a, b의 순서쌍 $(a, b) \neq (b, a)$임에 주의한다.

0519 답 113 | 유형8

> 한 개의 주사위를 3번 던져서 나오는 눈의 수를 차례로 a, b, c라 할 때, 단서1 $a+b+c=6$일 확률은 $\dfrac{q}{p}$이다. $p+q$의 값을 구하시오. 단서2
> (단, p와 q는 서로소인 자연수이다.)
> 단서1 모든 경우의 수는 $_6\Pi_3$
> 단서2 $_3H_{6-3}$

STEP1 일어날 수 있는 모든 경우의 수 구하기

한 개의 주사위를 3번 던질 때, 나오는 모든 경우의 수는
$_6\Pi_3 = 6^3 = 216$

STEP2 $a+b+c=6$인 경우의 수 구하기

$a = a'+1$, $b = b'+1$, $c = c'+1$ (a', b', c'은 음이 아닌 정수)이라 하면 $a+b+c=6$에서
$(a'+1) + (b'+1) + (c'+1) = 6$
$a' + b' + c' = 3$

따라서 경우의 수는 $_3H_3 = _5C_3 = _5C_2 = 10$

STEP3 $p+q$의 값 구하기

구하는 확률은 $\dfrac{10}{216} = \dfrac{5}{108}$이므로 $p = 108$, $q = 5$

$\therefore p+q = 108+5 = 113$

다른 풀이

한 개의 주사위를 세 번 던질 때, 나오는 모든 경우의 수는
$_6\Pi_3 = 6^3 = 216$

$a+b+c=6$이므로 세 눈의 수 a, b, c의 합이 6인 경우는
1, 1, 4 또는 1, 2, 3 또는 2, 2, 2

(i) 세 수가 1, 1, 4인 경우
1, 1, 4를 일렬로 나열하는 것과 같으므로 경우의 수는
$\dfrac{3!}{2!} = 3$

(ii) 세 수가 1, 2, 3인 경우
1, 2, 3을 일렬로 나열하는 것과 같으므로 경우의 수는
$3! = 6$

(iii) 세 수가 2, 2, 2인 경우
2, 2, 2를 일렬로 나열하는 것과 같으므로 경우의 수는 1

(i)~(iii)에서 $a+b+c=6$인 경우의 수는 $3+6+1=10$

따라서 구하는 확률은 $\dfrac{10}{216} = \dfrac{5}{108}$이므로 $p=108$, $q=5$

$\therefore p+q = 108+5 = 113$

0520 답 ②

같은 종류의 연필 6자루를 A, B, C 3명에게 나누어 주는 경우의 수는 $_3H_6 = _8C_6 = _8C_2 = 28$

이때 A가 연필을 한 자루도 받지 못하려면 같은 종류의 연필 6자루를 B와 C 2명에게 나누어 주어야 하므로 경우의 수는
$_2H_6 = _7C_6 = _7C_1 = 7$

따라서 구하는 확률은 $\dfrac{7}{28} = \dfrac{1}{4}$

0521 답 ④

방정식 $x+y+z=8$을 만족시키는 음이 아닌 정수 x, y, z의 모든 순서쌍 (x, y, z)의 개수는 $_3H_8 = _{10}C_8 = _{10}C_2 = 45$

음이 아닌 정수 x, y, z에 대하여 $xyz \neq 0$이므로 x, y, z는 모두 자연수이다.

방정식 $x+y+z=8$을 만족시키는 자연수 x, y, z의 모든 순서쌍 (x, y, z)의 개수는 $_3H_{8-3} = _3H_5 = _7C_5 = _7C_2 = 21$

따라서 구하는 확률은 $\dfrac{21}{45} = \dfrac{7}{15}$

참고 방정식 $x_1 + x_2 + \cdots + x_m = n$ (m, n은 자연수)에서

(1) 음이 아닌 정수인 해의 순서쌍의 개수
→ $_mH_n$

(2) $n \geq m$일 때, 자연수인 해의 순서쌍의 개수
→ $_mH_{n-m}$

0522 답 ②

A, B, C의 득표수를 각각 x, y, z라 하면
$x+y+z=10$ (x, y, z는 음이 아닌 정수)

이므로 10명이 3명의 후보에게 무기명으로 투표하는 경우의 수는
$_3H_{10} = _{12}C_{10} = _{12}C_2 = 66$

이 중에서 $x \geq 5$일 때는 $x = x'+5$ (x'은 음이 아닌 정수)라 하면
$x'+y+z=5$이므로 경우의 수는 $_3H_5 = _7C_5 = _7C_2 = 21$

따라서 구하는 확률은 $\dfrac{21}{66}=\dfrac{7}{22}$

0523 답 ④

한 개의 주사위를 3번 던질 때, 나오는 모든 경우의 수는

$_6\Pi_3=6^3=216$

$a\le b\le c$인 경우의 수는 서로 다른 6개에서 3개를 택하는 중복조합의 수와 같으므로

$_6H_3=_8C_3=56$

따라서 구하는 확률은 $\dfrac{56}{216}=\dfrac{7}{27}$

0524 답 ①

5명에게 초콜릿 13개를 임의로 나누어 주는 경우의 수는

$_5H_{13}=_{17}C_{13}=_{17}C_4=2380$

5명이 받은 초콜릿의 개수를 각각

$2x_1+1,\ 2x_2+1,\ 2x_3+1,\ 2x_4+1,\ 2x_5+1$이라 하면

$(2x_1+1)+(2x_2+1)+(2x_3+1)+(2x_4+1)+(2x_5+1)=13$

$(x_1,\ x_2,\ x_3,\ x_4,\ x_5$는 음이 아닌 정수)에서

$x_1+x_2+x_3+x_4+x_5=4$이므로

5명이 받은 초콜릿의 개수가 모두 홀수인 경우의 수는

$_5H_4=_8C_4=70$

따라서 구하는 확률은 $\dfrac{70}{2380}=\dfrac{1}{34}$

0525 답 ⑤

네 자리 자연수의 개수는 $9\times10\times10\times10=9000$ ← 천의 자리에는 0이 올 수 없다.

천의 자리, 백의 자리, 십의 자리, 일의 자리의 숫자를 각각 $a,\ b,\ c,\ d$라 하면

$a+b+c+d=9$ (a는 자연수, $b,\ c,\ d$는 음이 아닌 정수)

이때 $a=a'+1$ (a'은 음이 아닌 정수)이라 하면

$a+b+c+d=9$에서

$a'+b+c+d=8$

즉, 각 자리의 숫자들의 합이 9인 자연수의 개수는

방정식 $a'+b+c+d=8$을 만족시키는 음이 아닌 정수 $a',\ b,\ c,\ d$의 모든 순서쌍 $(a',\ b,\ c,\ d)$의 개수와 같으므로

$_4H_8=_{11}C_8=_{11}C_3=165$

따라서 구하는 확률은 $\dfrac{165}{9000}=\dfrac{11}{600}$

0526 답 683

한 개의 주사위를 4번 던질 때, 나오는 모든 경우의 수는 $_6\Pi_4=6^4$

$a\le b<c\le d$ ($a,\ b,\ c,\ d$는 1 이상 6 이하의 자연수)인 경우의 수는 $1\le a\le b\le c\le d\le6$인 경우의 수에서 $1\le a\le b=c\le d\le6$인 경우의 수를 빼서 구한다.

(i) $1\le a\le b\le c\le d\le6$인 경우

$1\le a\le b\le c\le d\le6$을 만족시키는 자연수 $a,\ b,\ c,\ d$의 순서쌍 $(a,\ b,\ c,\ d)$의 개수는 서로 다른 6개에서 4개를 택하는 중복조합의 수와 같으므로

$_6H_4=_9C_4=126$

(ii) $1\le a\le b=c\le d\le6$인 경우

$1\le a\le b=c\le d\le6$을 만족시키는 자연수 $a,\ b,\ c,\ d$의 순서쌍 $(a,\ b,\ c,\ d)$의 개수는 서로 다른 6개에서 3개를 택하는 중복조합의 수와 같으므로

$_6H_3=_8C_3=56$

(i), (ii)에서 $a\le b<c\le d$인 경우의 수는 $126-56=70$

따라서 구하는 확률은 $\dfrac{70}{6^4}=\dfrac{35}{648}$이므로 $p=648,\ q=35$

$\therefore\ p+q=648+35=683$

0527 답 ② | 유형 9

> 현수와 정은이를 포함한 <u>6명의 학생을 임의로 2명씩 세 팀으로 나눌</u> [단서1]
>
> 때, 현수와 정은이가 같은 팀이 될 확률은?
> [단서2]
>
> ① $\dfrac{1}{10}$ ② $\dfrac{1}{5}$ ③ $\dfrac{3}{10}$
>
> ④ $\dfrac{2}{5}$ ⑤ $\dfrac{1}{2}$
>
> [단서1] 모든 경우의 수는 $_6C_2\times_4C_2\times_2C_2\times\dfrac{1}{3!}$
>
> [단서2] 현수와 정은이를 제외한 4명을 2명씩 두 팀으로 나누는 경우

STEP 1 6명을 2명씩 세 팀으로 나누는 모든 경우의 수 구하기

6명을 2명씩 세 팀으로 나누는 경우의 수는

$_6C_2\times_4C_2\times_2C_2\times\dfrac{1}{3!}=15$

STEP 2 현수와 정은이가 같은 팀이 되는 경우의 수 구하기

현수와 정은이가 같은 팀이 되는 경우의 수는 현수와 정은이를 제외한 4명을 2명씩 두 팀으로 나누는 경우의 수와 같으므로

$_4C_2\times_2C_2\times\dfrac{1}{2!}=3$

STEP 3 확률 구하기

구하는 확률은 $\dfrac{3}{15}=\dfrac{1}{5}$

0528 답 ④

6명을 3명씩 두 팀으로 나누는 경우의 수는

$_6C_3\times_3C_3\times\dfrac{1}{2!}=10$

수연이와 은호가 같은 팀이 되는 경우의 수는 수연이와 은호를 제외한 4명 중에서 수연, 은호와 같은 팀이 될 1명을 뽑는 경우의 수와 같으므로 $_4C_1=4$

따라서 구하는 확률은 $\dfrac{4}{10}=\dfrac{2}{5}$

0529 답 $\dfrac{4}{7}$

8명을 4명씩 두 팀으로 나누는 경우의 수는

$_8C_4\times_4C_4\times\dfrac{1}{2!}=35$

A와 B가 서로 다른 팀이 되는 경우의 수는

A, B를 제외한 6명 중에서 A와 같은 팀을 이룰 3명을 뽑는 경우의 수와 같으므로 $_6C_3=20$

따라서 구하는 확률은 $\dfrac{20}{35}=\dfrac{4}{7}$

0530 답 ④

6명의 학생을 2명씩 세 모둠으로 나누는 경우의 수는

$$_6C_2 \times _4C_2 \times _2C_2 \times \frac{1}{3!} = 15$$

각 모둠에 속한 두 학생의 번호의 합이 모두 홀수인 경우는 각 모둠에 속한 두 학생의 번호가 홀수 1개, 짝수 1개로 이루어지는 경우이다.

각 홀수에 대하여 같은 모둠에 속한 학생의 번호가 될 짝수를 정하면 되므로 경우의 수는

$$3! = 6$$

따라서 구하는 확률은 $\frac{6}{15} = \frac{2}{5}$

0531 답 ③

8명을 2명씩 네 팀으로 나누는 경우의 수는

$$_8C_2 \times _6C_2 \times _4C_2 \times _2C_2 \times \frac{1}{4!} = 105$$

남학생은 남학생끼리, 여학생은 여학생끼리 팀을 이루는 경우의 수는 남학생 4명을 2명씩 두 팀으로 나누고, 여학생 4명을 2명씩 두 팀으로 나누는 경우의 수와 같으므로

$$\left(_4C_2 \times _2C_2 \times \frac{1}{2!} \right) \times \left(_4C_2 \times _2C_2 \times \frac{1}{2!} \right) = 3 \times 3 = 9$$

따라서 구하는 확률은 $\frac{9}{105} = \frac{3}{35}$

0532 답 ④

8명을 2명씩 네 팀으로 나누는 경우의 수는

$$_8C_2 \times _6C_2 \times _4C_2 \times _2C_2 \times \frac{1}{4!} = 105$$

남성 복식 1팀, 여성 복식 1팀, 혼성 복식 2팀으로 편성되려면 남성 복식, 여성 복식 팀으로 편성될 남학생 2명, 여학생 2명을 택한 후 남은 남학생 2명, 여학생 2명을 혼성 복식팀에 편성하면 된다.

남성 복식, 여성 복식 팀으로 편성될 남학생 2명, 여학생 2명을 선택하는 경우의 수는

$$_4C_2 \times _4C_2 = 6 \times 6 = 36$$

남은 남학생 2명, 여학생 2명으로 혼성 복식팀을 편성하는 경우의 수는 2

즉, 남성 복식 1팀, 여성 복식 1팀, 혼성 복식 2팀으로 나누는 경우의 수는

$$36 \times 2 = 72$$

따라서 구하는 확률은 $\frac{72}{105} = \frac{24}{35}$

0533 답 $\frac{2}{15}$

6명을 2명씩 세 팀으로 나누는 경우의 수는

$$_6C_2 \times _4C_2 \times _2C_2 \times \frac{1}{3!} = 15$$

A와 B가 같은 팀에 속하고, C와 D가 다른 팀에 속하는 경우의 수는 A, B를 같은 팀으로 편성한 후 E, F 중에서 C와 같은 팀에 속할 1명을 선택하고 남은 1명을 D와 같은 팀에 속하게 하는 경우의 수와 같으므로 $_2C_1 = 2$

따라서 구하는 확률은 $\frac{2}{15}$

0534 답 ③

10명을 2명씩 5개의 팀으로 나누는 경우의 수는

$$_{10}C_2 \times _8C_2 \times _6C_2 \times _4C_2 \times _2C_2 \times \frac{1}{5!} = 945$$

다섯 팀 모두 남녀 1명씩으로 팀을 나누는 경우의 수는 남학생 5명을 먼저 5개의 팀으로 나눈 후 여학생 5명이 같은 팀이 될 팀원을 정하는 경우의 수와 같으므로

$$5! = 120$$

따라서 구하는 확률은 $\frac{120}{945} = \frac{8}{63}$

> **실수 Check**
>
> 다섯 팀 모두 남녀 1명씩으로 팀을 나눌 때는 남학생을 먼저 나누고 나면 여학생만 나열하는 경우를 생각하면 된다.

> **Plus 문제**
>
> **0534-1**
>
> 남학생 4명, 여학생 4명을 2명씩 4개의 팀으로 임의로 나눌 때, 네 팀 모두 남녀 1명씩으로 이루어질 확률을 구하시오.
>
> (단, 네 팀은 서로 구별하지 않는다.)
>
> ---
>
> 8명을 2명씩 4개의 팀으로 나누는 경우의 수는
>
> $$_8C_2 \times _6C_2 \times _4C_2 \times _2C_2 \times \frac{1}{4!} = 105$$
>
> 네 팀 모두 남녀 1명씩으로 팀을 나누는 경우의 수는 남학생 4명을 먼저 4개의 팀으로 나눈 후 여학생 4명이 같은 팀이 될 팀원을 정하는 경우의 수와 같으므로
>
> $$4! = 24$$
>
> 따라서 구하는 확률은
>
> $$\frac{24}{105} = \frac{8}{35}$$
>
> 답 $\frac{8}{35}$

0535 답 ③

8개의 공을 4개씩 2개의 묶음으로 나누는 경우의 수는

$$_8C_4 \times _4C_4 \times \frac{1}{2!} = 35$$

각 상자에 들어 있는 공에 적힌 네 수의 합이 모두 짝수인 경우는 다음과 같다.

(ⅰ) 한 상자에 홀수가 적힌 공 4개, 다른 상자에 짝수가 적힌 공 4개가 들어 있는 경우의 수는 1

(ⅱ) 두 상자에 모두 홀수가 적힌 공과 짝수가 적힌 공이 각각 2개씩 들어 있는 경우의 수는

$$\left(_4C_2 \times _2C_2 \times \frac{1}{2!} \right) \times \left(_4C_2 \times _2C_2 \times \frac{1}{2!} \right) \times 2! = 3 \times 3 \times 2 = 18$$

(ⅰ), (ⅱ)에서 각 상자에 들어 있는 공에 적힌 네 수의 합이 모두 짝수인 경우의 수는

$$1 + 18 = 19$$

따라서 구하는 확률은 $\frac{19}{35}$

(ⅱ) 두 상자에 모두 홀수가 적힌 공과 짝수가 적힌 공이 각각 2개씩 들어
있는 경우의 수

⊙ 홀수가 적힌 공 4개를 2개, 2개로 나누는 경우의 수

$$_4C_2 \times _2C_2 \times \frac{1}{2!}$$

ⓒ 짝수가 적힌 공 4개를 2개, 2개로 나누는 경우의 수

$$_4C_2 \times _2C_2 \times \frac{1}{2!}$$

ⓒ ⊙, ⓒ에서 나눈 각 묶음을 같은 상자에 담을 짝을 지어 주는 경
우의 수는 2!

따라서 (ⅱ)의 경우의 수는

$$\left(_4C_2 \times _2C_2 \times \frac{1}{2!}\right) \times \left(_4C_2 \times _2C_2 \times \frac{1}{2!}\right) \times 2! = 3 \times 3 \times 2 = 18$$

이때 ⓒ의 과정을 잊지 않도록 주의한다.

0536 탭 ①
유형 10

세 명의 학생 A, B, C가 가위바위보를 한 번 할 때, 오직 A만 이길 단서1 단서2
확률은?

① $\frac{1}{9}$ ② $\frac{2}{9}$ ③ $\frac{1}{3}$

④ $\frac{4}{9}$ ⑤ $\frac{5}{9}$

단서1 모든 경우의 수는 $_3\Pi_3$
단서2 A가 어느 하나를 냈을 때, B와 C가 내는 것은 하나로 정해지므로 $_3C_1$

STEP1 일어날 수 있는 모든 경우의 수 구하기

세 명이 가위바위보를 한 번 할 때, 모든 경우의 수는

$$_3\Pi_3 = 3^3 = 27$$

STEP2 A만 이기는 경우의 수 구하기

A가 어느 하나를 냈을 때, B, C가 내는 것은 정해지므로 A가 가위, 바위, 보 중에서 어느 하나를 내는 경우의 수는 $_3C_1 = 3$

STEP3 확률 구하기

구하는 확률은 $\frac{3}{27} = \frac{1}{9}$

0537 탭 $\frac{1}{3}$

두 명이 가위바위보를 한 번 할 때, 모든 경우의 수는

$$_3\Pi_2 = 3^2 = 9$$

A가 어느 하나를 냈을 때, B는 A와 같은 것을 내야 하므로
A가 가위, 바위, 보 중에서 어느 하나를 내는 경우의 수는
$_3C_1 = 3$

따라서 구하는 확률은 $\frac{3}{9} = \frac{1}{3}$

0538 탭 ③

세 명이 가위바위보를 한 번 할 때, 모든 경우의 수는

$$_3\Pi_3 = 3^3 = 27$$

이기는 한 명을 정하는 경우의 수는 $_3C_1 = 3$

이기는 한 명이 가위, 바위, 보 중에서 어느 하나를 냈을 때 나머지
두 명이 내는 것은 정해져 있으므로 이기는 한 명이 낼 수 있는 경

우의 수는 $_3C_1 = 3$

즉, 한 명이 이기는 경우의 수는

$$3 \times 3 = 9$$

따라서 구하는 확률은 $\frac{9}{27} = \frac{1}{3}$

0539 탭 4

세 명이 가위바위보를 한 번 할 때, 모든 경우의 수는

$$_3\Pi_3 = 3^3 = 27$$

이기는 두 명을 정하는 경우의 수는 $_3C_2 = 3$

이기는 두 명이 가위, 바위, 보 중에서 어느 하나를 냈을 때 나머지
한 명이 내는 것은 정해져 있으므로 이기는 두 명이 낼 수 있는 경
우의 수는 $_3C_1 = 3$

즉, 두 명이 이기는 경우의 수는 $3 \times 3 = 9$

따라서 구하는 확률은 $\frac{9}{27} = \frac{1}{3}$이므로 $m = 3$, $n = 1$

$\therefore m + n = 3 + 1 = 4$

0540 탭 ③

세 명이 가위바위보를 한 번 할 때, 모든 경우의 수는

$$_3\Pi_3 = 3^3 = 27$$

비기는 경우는 세 사람 모두 같은 것을 내거나 세 사람 모두 서로
다른 것을 내는 경우이다.

모두 같은 것을 내는 경우의 수는 3이고

모두 서로 다른 것을 내는 경우의 수는 3! = 6이므로

비기는 경우의 수는 3 + 6 = 9

따라서 구하는 확률은 $\frac{9}{27} = \frac{1}{3}$

0541 탭 ④

네 명이 가위바위보를 한 번 할 때, 모든 경우의 수는

$$_3\Pi_4 = 3^4 = 81$$

(ⅰ) 네 명 모두 같은 것을 내는 경우의 수는 $_3C_1 = 3$

(ⅱ) (가위, 가위, 바위, 보)를 내는 경우의 수는 $\frac{4!}{2!} = 12$

(ⅲ) (바위, 바위, 보, 가위)를 내는 경우의 수는 $\frac{4!}{2!} = 12$

(ⅳ) (보, 보, 가위, 바위)를 내는 경우의 수는 $\frac{4!}{2!} = 12$

(ⅰ)~(ⅳ)에서 비기는 경우의 수는 3 + 12 + 12 + 12 = 39

따라서 구하는 확률은 $\frac{39}{81} = \frac{13}{27}$

0542 탭 ⑤
유형 11

집합 $A = \{1, 2, 3, 4, 5\}$의 부분집합 중에서 임의로 하나의 집합을 단서1
택하여 X라 할 때, $n(X) = 2$일 확률은? 단서2

① $\frac{1}{16}$ ② $\frac{1}{8}$ ③ $\frac{3}{16}$

④ $\frac{1}{4}$ ⑤ $\frac{5}{16}$

단서1 모든 경우의 수는 2^5
단서2 $n(X) = 2$인 부분집합의 개수는 $_5C_2$

STEP1 집합 A의 부분집합의 개수 구하기

집합 A의 부분집합의 개수는 $2^5=32$

STEP2 $n(X)=2$인 경우의 수 구하기

$n(X)=2$인 부분집합의 개수는 $_5C_2=10$

STEP3 확률 구하기

구하는 확률은 $\dfrac{10}{32}=\dfrac{5}{16}$

0543 답 ③

집합 A의 부분집합의 개수는 $2^5=32$

$a\in X$이고 $n(X)=3$인 부분집합의 개수는 $_4C_2=6$

따라서 구하는 확률은 $\dfrac{6}{32}=\dfrac{3}{16}$

0544 답 ④

집합 A의 부분집합의 개수는 $2^5=32$

집합 A의 부분집합 중 원소 a, b를 모두 포함하는 집합의 개수는 $2^{5-2}=2^3=8$

따라서 구하는 확률은 $\dfrac{8}{32}=\dfrac{1}{4}$

0545 답 ②

집합 A의 부분집합의 개수는 $2^6=64$

집합 X가 집합 $\{2, 3, 5\}$와 서로소이므로 $X\subset\{7, 11, 13\}$

즉, 가능한 집합 X의 개수는 $2^3-1=7$ $(\because X\neq\varnothing)$

따라서 구하는 확률은 $\dfrac{7}{64}$

개념 Check

전체집합 U의 두 부분집합 X, A에 대하여
X가 A와 서로소이면 $X\subset A^C$

0546 답 $\dfrac{2}{7}$

집합 A의 공집합이 아닌 부분집합의 개수는 $2^3-1=7$이므로 서로 다른 두 집합을 택하는 경우의 수는 $_7C_2=21$

두 부분집합의 원소의 개수를 각각 a, b $(a\leq b)$라 하자.

(i) $a=1$, $b=1$인 경우

두 부분집합이 서로소이려면 집합 A의 부분집합 중 원소의 개수가 1인 부분집합 3개 중에서 2개를 선택하여야 하므로 경우의 수는

$_3C_2=3$

(ii) $a=1$, $b=2$인 경우

두 부분집합이 서로소이려면 집합 A의 3개의 원소 중 1개를 선택하고, 남은 2개의 원소 중 2개를 선택하여야 하므로 경우의 수는

$_3C_1\times_2C_2=3$

(i), (ii)에서 두 집합이 서로소인 경우의 수는 $3+3=6$

따라서 구하는 확률은 $\dfrac{6}{21}=\dfrac{2}{7}$

0547 답 ⑤

집합 A의 부분집합의 개수는 $2^5=32$

$\{1, 2\}\cap X\neq\varnothing$이므로 집합 X는 1 또는 2를 원소로 갖는다.

(i) $1\in X$인 집합 X의 개수는 $2^{5-1}=2^4=16$

(ii) $2\in X$인 집합 X의 개수는 $2^{5-1}=2^4=16$

(iii) $1\in X$, $2\in X$인 집합 X의 개수는 $2^{5-2}=2^3=8$

(i)~(iii)에서 $\{1, 2\}\cap X\neq\varnothing$인 집합 X의 개수는 $16+16-8=24$

따라서 구하는 확률은 $\dfrac{24}{32}=\dfrac{3}{4}$

다른 풀이

집합 A의 부분집합의 개수는 $2^5=32$

$\{1, 2\}\cap X=\varnothing$인 집합 X의 개수는 $2^{5-2}=8$이므로

$\{1, 2\}\cap X\neq\varnothing$인 집합의 개수는 $32-8=24$

따라서 구하는 확률은 $\dfrac{24}{32}=\dfrac{3}{4}$

0548 답 $\dfrac{3}{8}$

집합 A의 부분집합의 개수는 $2^5=32$

집합 A의 부분집합 중에서 임의로 하나의 집합을 택하여 X라 할 때, 집합 X는 모음을 2개만 포함하므로 3개의 모음 E, O, U 중에서 2개를 뽑는 경우의 수는 $_3C_2=3$

각각의 경우에 대하여 2개의 자음 S, L의 포함 여부를 정하는 경우의 수는 $_2\Pi_2=2^2=4$

즉, 모음을 2개만 포함하는 경우의 수는 $3\times4=12$

따라서 구하는 확률은 $\dfrac{12}{32}=\dfrac{3}{8}$

0549 답 ②

서로 다른 세 부분집합 A, B, C에 대하여 $A\subset B\subset C$일 때, $n(A)<n(B)<n(C)$이다.

집합 $X=\{1, 2, 3, 4\}$의 공집합이 아닌 부분집합 15개에서 서로 다른 세 부분집합을 뽑아 일렬로 나열하는 경우의 수는

$_{15}P_3=15\times14\times13$

(i) $n(A)=1$, $n(B)=2$, $n(C)=3$인 경우

집합 A의 원소를 고르는 경우의 수는 $_4C_1=4$

집합 B의 두 원소 중 집합 A의 원소가 아닌 나머지 한 원소를 고르는 경우의 수는 $_3C_1=3$

집합 C의 세 원소 중 집합 A, B의 원소가 아닌 나머지 한 원소를 고르는 경우의 수는 $_2C_1=2$

따라서 가능한 경우의 수는 $4\times3\times2=24$

(ii) $n(A)=1$, $n(B)=2$, $n(C)=4$인 경우

집합 A의 원소를 고르는 경우의 수는 $_4C_1=4$

집합 B의 두 원소 중 집합 A의 원소가 아닌 나머지 한 원소를 고르는 경우의 수는 $_3C_1=3$

집합 C의 네 원소 중 집합 A, B의 원소가 아닌 나머지 두 원소를 고르는 경우의 수는 $_2C_2=1$

따라서 가능한 경우의 수는 $4\times3\times1=12$

(iii) $n(A)=1$, $n(B)=3$, $n(C)=4$인 경우

집합 A의 원소를 고르는 경우의 수는 $_4C_1=4$

집합 B의 세 원소 중 집합 A의 원소가 아닌 나머지 두 원소를
고르는 경우의 수는 $_3C_2=3$

집합 C의 네 원소 중 집합 A, B의 원소가 아닌 나머지 한 원
소를 고르는 경우의 수는 $_1C_1=1$

따라서 가능한 경우의 수는 $4\times3\times1=12$

(iv) $n(A)=2$, $n(B)=3$, $n(C)=4$인 경우

집합 A의 원소를 고르는 경우의 수는 $_4C_2=6$

집합 B의 세 원소 중 집합 A의 원소가 아닌 나머지 한 원소를
고르는 경우의 수는 $_2C_1=2$

집합 C의 네 원소 중 집합 A, B의 원소가 아닌 나머지 한 원
소를 고르는 경우의 수는 $_1C_1=1$

따라서 가능한 경우의 수는 $6\times2\times1=12$

(i)~(iv)에서 $A\subset B\subset C$인 경우의 수는

$24+12+12+12=60$

따라서 구하는 확률은

$$\frac{60}{15\times14\times13}=\frac{2}{91}$$

실수 Check

세 집합 A, B, C에 대하여 $A\subset B\subset C$이면 $n(A)\leq n(B)\leq n(C)$이
지만 문제의 조건에서 세 집합 A, B, C는 서로 다른 집합이므로
$n(A)<n(B)<n(C)$임에 주의한다.

0550 탑 ①

원소의 개수가 4인 부분집합의 개수는

$_{10}C_4=210$

1부터 10까지의 자연수 중에서 3으로 나누었을 때의 나머지가 k
인 수의 집합을 A_k라 하면

$A_0=\{3, 6, 9\}$, $A_1=\{1, 4, 7, 10\}$, $A_2=\{2, 5, 8\}$

집합 X의 서로 다른 세 원소의 합이 항상 3의 배수가 아니려면 집
합 X는 세 집합 A_0, A_1, A_2 중 두 집합에서 각각 2개의 원소를
택하여 이 네 수를 원소로 해야 한다.

(i) A_0, A_1에서 각각 2개의 원소를 택하는 경우의 수는

$\quad _3C_2\times_4C_2=3\times6=18$

(ii) A_0, A_2에서 각각 2개의 원소를 택하는 경우의 수는

$\quad _3C_2\times_3C_2=3\times3=9$

(iii) A_1, A_2에서 각각 2개의 원소를 택하는 경우의 수는

$\quad _4C_2\times_3C_2=6\times3=18$

(i)~(iii)에서 집합 X의 서로 다른 세 원소의 합이 항상 3의 배수가
아닌 경우의 수는

$18+9+18=45$

따라서 구하는 확률은

$$\frac{45}{210}=\frac{3}{14}$$

실수 Check

집합 A_k의 세 원소의 합은 3의 배수이므로 한 집합에서 3개의 원소를
택하면 안 된다.

0551 탑 ①

두 집합 $X=\{1, 2, 3, 4\}$, $Y=\{4, 5, 6, 7\}$에 대하여 X에서 Y로의
[단서1]
함수 f 중에서 임의로 하나를 택할 때, 함수 f가 다음 조건을 만족시
킬 확률은? [단서2]

(가) $f(2)=5$
(나) 집합 X의 임의의 서로 다른 두 원소 x_1, x_2에 대하여
$\quad x_1<x_2$이면 $f(x_1)\leq f(x_2)$이다.

① $\dfrac{3}{64}$　　② $\dfrac{5}{64}$　　③ $\dfrac{7}{64}$

④ $\dfrac{9}{64}$　　⑤ $\dfrac{11}{64}$

[단서1] 모든 경우의 수는 $_4\Pi_4$

[단서2] $f(1)\leq f(2)=5\leq f(3)\leq f(4)$

STEP 1 X에서 Y로의 함수 f의 개수 구하기

X에서 Y로의 함수 f의 개수는 $_4\Pi_4=4^4=256$

STEP 2 조건 (가), (나)를 만족시키는 함수 f의 개수 구하기

조건 (가), (나)에서

$f(1)\leq f(2)\leq f(3)\leq f(4)$이고 $f(2)=5$

$f(1)$의 값이 될 수 있는 수는 4, 5이므로

$f(1)$의 값을 정하는 경우의 수는 2

또, $f(3)$, $f(4)$의 값을 정하는 경우의 수는

5, 6, 7의 3개에서 2개를 택하는 중복조합의 수와 같으므로

$_3H_2=_4C_2=6$

즉, 조건 (가), (나)를 만족시키는 함수 f의 개수는 $2\times6=12$

STEP 3 확률 구하기

구하는 확률은

$$\frac{12}{256}=\frac{3}{64}$$

실수 Check

$f(3)$, $f(4)$의 값을 정하려면 집합 Y의 원소 5, 6, 7에서 중복을 허용하
여 2개를 택하여 크기가 작은 것부터 차례로 집합 X의 원소 3, 4에 대
응시키면 된다.

즉, $f(3)$, $f(4)$의 값을 정하는 경우의 수는 중복조합의 수를 이용하면
된다.

0552 탑 ④

X에서 Y로의 함수 f의 개수는 $_5\Pi_4=5^4=625$

일대일함수의 개수는 $_5P_4=120$

따라서 구하는 확률은 $\dfrac{120}{625}=\dfrac{24}{125}$

0553 탑 ②

X에서 Y로의 함수 f의 개수는 $_5\Pi_3=5^3=125$

$f(a)\leq f(b)\leq f(c)$인 함수의 개수는 $_5H_3=_7C_3=35$

따라서 구하는 확률은 $\dfrac{35}{125}=\dfrac{7}{25}$

0554 답 ①

X에서 Y로의 함수 f의 개수는 $_4\Pi_3=4^3=64$

$f(a)<f(b)<f(c)$인 함수의 개수는 $_4C_3=4$

따라서 구하는 확률은 $\dfrac{4}{64}=\dfrac{1}{16}$

0555 답 $\dfrac{3}{8}$

X에서 Y로의 함수 f의 개수는 $_4\Pi_3=4^3=64$

집합 X의 원소 x_1, x_2에 대하여 $x_1\neq x_2$이면 $f(x_1)\neq f(x_2)$인 함수는 X에서 Y로의 일대일함수이므로 그 개수는 $_4P_3=24$

따라서 구하는 확률은 $\dfrac{24}{64}=\dfrac{3}{8}$

> **참고** 두 집합 X, Y의 원소의 개수가 각각 r, $n\,(r\leq n)$일 때, X에서 Y로의 함수 f 중에서 $a\neq b$이면 $f(a)\neq f(b)$를 만족시키는 함수 f의 개수 → $_nP_r$
>
 일대일함수

0556 답 ②

X에서 Y로의 함수 f의 개수는 $_4\Pi_3=4^3=64$

$f(a)>f(b)$, $f(a)>f(c)$를 만족시키는 함수의 개수는 다음과 같다. → $f(a)=1$인 경우는 조건을 만족시킬 수 없다.

(i) $f(a)=2$인 경우

　$f(b)$의 값과 $f(c)$의 값은 모두 1이므로 $f(b)$, $f(c)$의 값을 정하는 경우의 수는 1

(ii) $f(a)=3$인 경우

　$f(b)$의 값과 $f(c)$의 값은 1 또는 2이므로 $f(b)$, $f(c)$의 값을 정하는 경우의 수는 $_2\Pi_2=2^2=4$

(iii) $f(a)=4$인 경우

　$f(b)$의 값과 $f(c)$의 값은 1 또는 2 또는 3이므로 $f(b)$, $f(c)$의 값을 정하는 경우의 수는 $_3\Pi_2=3^2=9$

(i)~(iii)에서 $f(a)>f(b)$, $f(a)>f(c)$를 만족시키는 함수의 개수는 $1+4+9=14$

따라서 구하는 확률은 $\dfrac{14}{64}=\dfrac{7}{32}$

0557 답 ③

X에서 Y로의 함수 f의 개수는 $_5\Pi_3=5^3=125$

집합 Y에서 2개의 원소를 택하는 경우의 수는 $_5C_2=10$

집합 X의 원소를 선택된 2개의 원소에 대응시키는 경우의 수는 $_2\Pi_3=8$이고, 집합 X의 원소를 선택된 2개의 원소 중 한 개의 원소에만 대응시키는 경우의 수는 $_2C_1=2$이므로 집합 X의 원소를 선택된 2개의 원소에 각각 대응시키는 경우의 수는 $8-2=6$

즉, 치역의 원소의 개수가 2인 함수 f의 개수는 $10\times 6=60$

따라서 구하는 확률은 $\dfrac{60}{125}=\dfrac{12}{25}$

0558 답 $\dfrac{1}{54}$

X에서 Y로의 함수 f의 개수는 $_6\Pi_4=6^4=1296$

조건 ㈎, ㈏에서 $f(a)=1$, $f(d)=6$ 또는 $f(a)=2$, $f(d)=3$

(i) $f(a)=1$, $f(d)=6$인 경우

　조건 ㈏에서 $1\leq f(b)\leq f(c)\leq 6$

$f(b)$, $f(c)$의 값을 정하는 경우의 수는 집합 Y의 원소 1, 2, 3, 4, 5, 6의 6개에서 2개를 택하는 중복조합의 수와 같으므로

　$_6H_2=_7C_2=21$

(ii) $f(a)=2$, $f(d)=3$인 경우

　조건 ㈏에서 $2\leq f(b)\leq f(c)\leq 3$

　$f(b)$, $f(c)$의 값을 정하는 경우의 수는 2, 3의 2개에서 2개를 택하는 중복조합의 수와 같으므로

　$_2H_2=_3C_2=3$

(i), (ii)에서 조건 ㈎, ㈏를 만족시키는 함수 f의 개수는 $21+3=24$

따라서 구하는 확률은 $\dfrac{24}{1296}=\dfrac{1}{54}$

0559 답 ①

X에서 Y로의 함수 f의 개수는 $_6\Pi_4=6^4=1296$

$f(a)\times f(b)\times f(c)\times f(d)=12$인 경우는 다음과 같다.

(i) $f(a)$, $f(b)$, $f(c)$, $f(d)$의 값이 1, 1, 2, 6인 경우

　함수 f의 개수는 1, 1, 2, 6을 일렬로 나열하는 경우의 수와 같으므로 $\dfrac{4!}{2!}=12$ → 같은 것이 있는 순열의 수

(ii) $f(a)$, $f(b)$, $f(c)$, $f(d)$의 값이 1, 1, 3, 4인 경우

　함수 f의 개수는 1, 1, 3, 4를 일렬로 나열하는 경우의 수와 같으므로 $\dfrac{4!}{2!}=12$

(iii) $f(a)$, $f(b)$, $f(c)$, $f(d)$의 값이 1, 2, 2, 3인 경우

　함수 f의 개수는 1, 2, 2, 3을 일렬로 나열하는 경우의 수와 같으므로 $\dfrac{4!}{2!}=12$

(i)~(iii)에서 $f(a)\times f(b)\times f(c)\times f(d)=12$인 함수의 개수는 $12+12+12=36$

따라서 구하는 확률은 $\dfrac{36}{1296}=\dfrac{1}{36}$

> **실수 Check**
>
> $f(a)\times f(b)\times f(c)\times f(d)=12$인 경우는 $f(a)$, $f(b)$, $f(c)$, $f(d)$의 값이 1, 1, 2, 6인 경우, 1, 1, 3, 4인 경우, 1, 2, 2, 3인 경우이다. 이때 네 수를 일렬로 나열하는 경우의 수를 구할 때는 같은 것이 있으므로 순열이 아닌 같은 것이 있는 순열을 이용해야 함에 주의한다.

0560 답 ③

X에서 Y로의 함수 f의 개수는 $_3\Pi_3=3^3=27$

$f(a)+f(b)+f(c)=14$인 경우는 다음과 같다.

(i) $f(a)$, $f(b)$, $f(c)$의 값이 4, 4, 6인 경우

　함수 f의 개수는 4, 4, 6을 일렬로 나열하는 경우의 수와 같으므로 $\dfrac{3!}{2!}=3$

(ii) $f(a)$, $f(b)$, $f(c)$의 값이 4, 5, 5인 경우

　함수 f의 개수는 4, 5, 5를 일렬로 나열하는 경우의 수와 같으므로 $\dfrac{3!}{2!}=3$

(i), (ii)에서 $f(a)+f(b)+f(c)=14$인 함수의 개수는 $3+3=6$

따라서 구하는 확률은 $\dfrac{6}{27}=\dfrac{2}{9}$

Plus 문제

0560-1

두 집합 $X=\{a, b, c, d\}$, $Y=\{1, 2, 3, 4, 5\}$에 대하여 X에서 Y로의 함수 f 중에서 임의로 하나를 택할 때, $f(a)+f(b)+f(c)+f(d)=8$일 확률을 구하시오.

X에서 Y로의 함수 f의 개수는 $_5\Pi_4=5^4=625$

$f(a)+f(b)+f(c)+f(d)=8$인 경우는 다음과 같다.

(i) $f(a)$, $f(b)$, $f(c)$, $f(d)$의 값이 1, 1, 1, 5인 경우

함수 f의 개수는 1, 1, 1, 5를 일렬로 나열하는 경우의 수와 같으므로 $\dfrac{4!}{3!}=4$

(ii) $f(a)$, $f(b)$, $f(c)$, $f(d)$의 값이 1, 1, 2, 4인 경우

함수 f의 개수는 1, 1, 2, 4를 일렬로 나열하는 경우의 수와 같으므로 $\dfrac{4!}{2!}=12$

(iii) $f(a)$, $f(b)$, $f(c)$, $f(d)$의 값이 1, 1, 3, 3인 경우

함수 f의 개수는 1, 1, 3, 3을 일렬로 나열하는 경우의 수와 같으므로 $\dfrac{4!}{2! \times 2!}=6$

(iv) $f(a)$, $f(b)$, $f(c)$, $f(d)$의 값이 1, 2, 2, 3인 경우

함수 f의 개수는 1, 2, 2, 3을 일렬로 나열하는 경우의 수와 같으므로 $\dfrac{4!}{2!}=12$

(v) $f(a)$, $f(b)$, $f(c)$, $f(d)$의 값이 2, 2, 2, 2인 경우

함수 f의 개수는 2, 2, 2, 2를 일렬로 나열하는 경우의 수와 같으므로 $\dfrac{4!}{4!}=1$

(i)~(v)에서 $f(a)+f(b)+f(c)+f(d)=8$인 함수의 개수는
$4+12+6+12+1=35$

따라서 구하는 확률은 $\dfrac{35}{625}=\dfrac{7}{125}$

답 $\dfrac{7}{125}$

0561 답 15

A에서 A로의 함수 f의 개수는 $_4\Pi_4=4^4=256$

$f(1) \times f(2) \geq 9$인 경우는 다음과 같다.

(i) $f(1)=f(2)=3$ 또는 $f(1)=f(2)=4$인 경우

$f(1)=f(2)=3$인 경우 조건 (나)에서 치역의 원소의 개수가 3이므로 $f(3)$, $f(4)$의 값을 정하는 경우의 수는 1, 2, 4의 3개에서 서로 다른 2개를 택하는 순열의 수와 같으므로 $_3P_2=6$

$f(1)=f(2)=4$인 경우도 마찬가지이므로

함수의 개수는 $6 \times 2=12$

(ii) $f(1)=3$, $f(2)=4$ 또는 $f(1)=4$, $f(2)=3$인 경우

조건 (나)에서 치역의 원소의 개수가 3이므로

$f(3)$, $f(4)$의 값을 정하는 경우의 수는 다음과 같다.

ⓐ $f(3)=f(4)$인 경우

$f(3)$, $f(4)$의 값은 1, 2의 2개에서 1개를 택하는 조합의 수와 같으므로 $_2C_1=2$

ⓑ $f(3) \neq f(4)$인 경우

$f(3)$, $f(4)$의 값 중 하나는 1 또는 2이고, 나머지 하나는 3 또는 4이어야 하므로 $_2C_1 \times _2C_1 \times 2=8$

ⓐ, ⓑ에서 함수 f의 개수는 $(2+8) \times 2=10 \times 2=20$

(i), (ii)에서 주어진 조건을 만족시키는 함수 f의 개수는
$12+20=32$

따라서 $p=\dfrac{32}{256}=\dfrac{1}{8}$이므로

$120p=120 \times \dfrac{1}{8}=15$

0562 답 ④　　　　　　　　　　　　　　| 유형 13

빨간 구슬 2개, 노란 구슬 x개, 파란 구슬 4개가 들어 있는 주머니에 **단서1** 서 임의로 한 개의 구슬을 꺼내어 색을 확인하고 다시 넣는 시행을 1000번 반복했을 때 노란 구슬이 400번 나왔다. 이때 x의 값은?

① 1　　**단서2**　　② 2　　　　　　③ 3

④ 4　　　　　　⑤ 5

단서1 노란 구슬이 나올 확률은 $\dfrac{x}{2+x+4}$

단서2 노란 구슬이 나올 통계적 확률은 $\dfrac{400}{1000}=\dfrac{2}{5}$

STEP 1 노란 구슬이 나온 횟수를 이용하여 x에 대한 방정식 세우기

노란 구슬이 나올 확률이 $\dfrac{400}{1000}=\dfrac{2}{5}$이므로

$\dfrac{x}{2+x+4}=\dfrac{2}{5}$

STEP 2 x의 값 구하기

$5x=2x+12$

$3x=12$

$\therefore x=4$

0563 답 ①

조사한 전체 학생 수는 $200+100+50=350$

C 통신사를 사용하는 학생 수는 50

따라서 구하는 확률은 $\dfrac{50}{350}=\dfrac{1}{7}$

0564 답 ④

조사한 전체 학생 수는 200

급식 만족도가 '만족' 또는 '매우 만족'인 학생 수는 $60+10=70$

따라서 구하는 확률은 $\dfrac{70}{200}=\dfrac{7}{20}$

0565 답 ③

점수가 70점 이상 90점 미만인 학생 수는 80+50=130

따라서 구하는 확률은

$$\frac{130}{300}=\frac{13}{30}$$

0566 답 ③

제품 A는 1000개 중 2개 꼴로 불량품이 발생했으므로

$$p=\frac{2}{1000}$$

제품 B는 10000개 중 3개 꼴로 불량품이 발생했으므로

$$q=\frac{3}{10000}$$

$$\therefore \frac{q}{p}=\frac{\dfrac{3}{10000}}{\dfrac{2}{1000}}=\frac{3}{20}$$

0567 답 $\dfrac{1}{12}$

1차에 합격한 남성 지원자 수는 1200,

최종 합격한 남성 지원자 수는 100이므로

구하는 확률은

$$\frac{100}{1200}=\frac{1}{12}$$

0568 답 ⑤

1월의 자유투 성공 횟수를 x라 하면

$\dfrac{x}{40}=\dfrac{4}{5}$이므로 $x=32$

2월의 자유투 성공 횟수를 y라 하면

$\dfrac{y}{60}=\dfrac{9}{10}$이므로 $y=54$

즉, 1월과 2월의 자유투 성공 횟수는

32+54=86

따라서 구하는 확률은

$$\frac{86}{40+60}=\frac{43}{50}$$

0569 답 ③

구매 후기를 작성한 39세 이하인 고객 수를 x라 하면

$\dfrac{x}{200}=\dfrac{80}{100}$이므로 $x=160$

구매 후기를 작성한 40세 이상인 고객 수를 y라 하면

$\dfrac{y}{100}=\dfrac{60}{100}$이므로 $y=60$

즉, 구매 후기를 작성한 고객 수는

160+60=220

따라서 구하는 확률은

$$\frac{220}{200+100}=\frac{11}{15}$$

0570 답 ⑤

| 유형 14

표본공간 S의 두 사건 A, B에 대하여 〈**보기**〉에서 옳은 것만을 있는 대로 고른 것은?

─〈보기〉─

ㄱ. $P(\varnothing)=0$

ㄴ. $P(A\cap B)=0$이면 $P(A)=0$ 또는 $P(B)=0$이다. 단서1

ㄷ. 두 사건 A, B가 서로 배반사건이면 단서2

$P(A\cup B)=P(A)+P(B)$이다.

① ㄱ   ② ㄴ   ③ ㄷ

④ ㄱ, ㄴ   ⑤ ㄱ, ㄷ

단서1 $A\cap B=\varnothing$

단서2 $P(A\cap B)=0$

STEP1 확률의 기본 성질에 따라 참인지 거짓인지 판별하기

ㄱ. 절대로 일어나지 않는 사건 $\varnothing$에 대하여 $P(\varnothing)=0$ (참)

ㄴ. [반례] $S=\{a, b, c\}$, $A=\{a\}$, $B=\{b\}$라 하면

$A\cap B=\varnothing$이므로 $P(A\cap B)=0$이지만

$P(A)=\dfrac{1}{3}$, $P(B)=\dfrac{1}{3}$ (거짓)

ㄷ. 두 사건 A, B가 서로 배반사건이면 $P(A\cap B)=0$이므로

$P(A\cup B)=P(A)+P(B)-P(A\cap B)$에서

$P(A\cup B)=P(A)+P(B)$ (참)

따라서 옳은 것은 ㄱ, ㄷ이다.

0571 답 ①

ㄱ. $P(S)=1$, $P(\varnothing)=0$이므로 $1-P(S)=P(\varnothing)$ (참)

ㄴ. [반례] $S=\{a, b, c, d\}$, $A=\{a\}$, $B=\{a, b, c\}$라 하면

$P(A)=\dfrac{1}{4}$, $P(B)=\dfrac{3}{4}$이고, $A\cup B=B$이므로

$P(A\cup B)=\dfrac{3}{4}$

$\therefore P(A\cup B)\neq P(A)+P(B)$ (거짓)

ㄷ. [반례] $S=\{a, b, c\}$, $A=\{a\}$, $B=\{b\}$라 하면

$A\cap B=\varnothing$이므로 두 사건 A, B는 서로 배반사건이지만

$P(A)=P(B)=\dfrac{1}{3}$이므로 $P(A)+P(B)=\dfrac{2}{3}$ (거짓)

따라서 옳은 것은 ㄱ이다.

0572 답 ㄴ

ㄱ. [반례] $P(A)=\dfrac{3}{5}$, $P(B)=\dfrac{4}{5}$이면

$P(A)+P(B)>1$ (거짓)

ㄴ. $0\leq P(A)\leq 1$, $0\leq P(B)\leq 1$이므로

$0\leq P(A)P(B)\leq 1$ (참)

ㄷ. [반례] $S=\{a, b, c\}$, $A=\{a\}$, $B=\{b\}$라 하면

$A\cap B=\varnothing$이지만 $P(A)=\dfrac{1}{3}$, $P(B)=\dfrac{1}{3}$이므로

$P(A)+P(B)=\dfrac{2}{3}$ (거짓)

따라서 옳은 것은 ㄴ이다.

0573 답 ②

ㄱ. $\varnothing \subset (A \cup B) \subset S$이므로 $P(\varnothing) \leq P(A \cup B) \leq P(S)$

   $\therefore 0 \leq P(A \cup B) \leq 1$ (참)

ㄴ. $P(A \cup B) = P(A) + P(B) - P(A \cap B)$이고

   $P(A \cap B) \geq 0$이므로

   $P(A \cup B) \leq P(A) + P(B)$ (참)

ㄷ. [반례] $S = \{a, b, c\}$, $A = \{a\}$, $B = \{b, c\}$라 하면

   $P(A) = \dfrac{1}{3}$, $P(B) = \dfrac{2}{3}$이므로 $P(A) < P(B)$이지만 A가 B의

   부분집합은 아니다. (거짓)

따라서 옳은 것은 ㄱ, ㄴ이다.

0574 답 ③

ㄱ. $P(S) = 1$이고 $A \cup A^c = S$, $A \cap A^c = \varnothing$이므로

   $P(S) = P(A \cup A^c)$

        $= P(A) + P(A^c) - P(A \cap A^c)$

        $= P(A) + P(A^c)$ $(\because P(A \cap A^c) = 0)$

   $\therefore P(A) + P(A^c) = 1$ (참)

ㄴ. [반례] $S = \{a, b, c\}$, $A = \{a\}$, $B = \{a, b, c\}$라 하면

   $A \cup B = S$이므로 $P(A \cup B) = 1$이지만 $B \neq A^c$이다. (거짓)

ㄷ. $P(A \cup B) = P(A) + P(B) - P(A \cap B)$이므로

   $P(A \cup B) \geq P(A) + P(B)$이면

   $P(A) + P(B) - P(A \cap B) \geq P(A) + P(B)$

   $\therefore P(A \cap B) \leq 0$

   임의의 사건이 일어날 확률은 0보다 크거나 같다.

   즉, $0 \leq P(A \cap B)$이므로 $P(A \cap B) = 0$

   따라서 $A \cap B = \varnothing$이므로 두 사건 A와 B는 서로 배반사건이

   다. (참)

따라서 옳은 것은 ㄱ, ㄷ이다.

0575 답 ③

ㄱ. $P(A \cap B) = 0$이면 $A \cap B = \varnothing$이므로

   두 사건 A와 B는 서로 배반사건이다. (참)

ㄴ. [반례] $S = \{a, b, c\}$, $A = \{a\}$, $B = \{a, b\}$라 하면

   $P(A) = \dfrac{1}{3}$, $P(B) = \dfrac{2}{3}$이므로 $P(A) + P(B) = 1$이지만

   $A \cap B = \{a\}$

   즉, 두 사건 A와 B는 서로 배반사건이 아니다. (거짓)

ㄷ. $P(A \cup B) = P(A) + P(B) - P(A \cap B)$이므로

   $P(A \cup B) = P(A) + P(B)$이면

   $P(A) + P(B) - P(A \cap B) = P(A) + P(B)$

   $\therefore P(A \cap B) = 0$

   따라서 두 사건 A와 B는 서로 배반사건이다. (참)

따라서 옳은 것은 ㄱ, ㄷ이다.

0576 답 ①

ㄱ. $0 \leq P(A) \leq 1$, $0 \leq P(B) \leq 1$이므로

   $0 \leq P(A) + P(B) \leq 2$ (참)

ㄴ. [반례] $S = \{a, b, c\}$, $A = \{a, b\}$, $B = \{a, c\}$라 하면

   $P(A) = P(B) = \dfrac{2}{3}$이지만 $A \neq B$ (거짓)

ㄷ. [반례] $S = \{a, b, c\}$, $A = \{a, b\}$, $B = \{a, c\}$라 하면

   $A \cup B = S$이지만 $P(A) = P(B) = \dfrac{2}{3}$이므로

   $P(A) + P(B) = \dfrac{4}{3}$ (거짓)

따라서 옳은 것은 ㄱ이다.

0577 답 ⑤ | 유형 **15**

두 사건 A, B에 대하여

$$P(A) = \frac{1}{4},\ P(B) = \frac{1}{2},\ \underline{P((A \cap B)^c) = \frac{7}{8}}$$ 〔단서1〕

일 때, $\underline{P(A \cup B)}$는? 〔단서2〕

① $\dfrac{7}{8}$ ② $\dfrac{13}{16}$ ③ $\dfrac{3}{4}$

④ $\dfrac{11}{16}$ ⑤ $\dfrac{5}{8}$

〔단서1〕 $P(A \cap B) = 1 - P((A \cap B)^c)$

〔단서2〕 $P(A \cup B) = P(A) + P(B) - P(A \cap B)$

STEP 1 $P(A \cap B)$ 구하기

$P(A \cap B) = 1 - P((A \cap B)^c)$

         $= 1 - \dfrac{7}{8} = \dfrac{1}{8}$

STEP 2 $P(A \cup B)$ 구하기

$P(A \cup B) = P(A) + P(B) - P(A \cap B)$

         $= \dfrac{1}{4} + \dfrac{1}{2} - \dfrac{1}{8} = \dfrac{5}{8}$

0578 답 ①

$P(A \cup B) = P(A) + P(B) - P(A \cap B)$이므로

$\dfrac{5}{6} = \dfrac{1}{2} + \dfrac{2}{3} - P(A \cap B)$에서

$P(A \cap B) = \dfrac{1}{3}$

$\therefore P(A \cap B^c) = P(A) - P(A \cap B)$

              $= \dfrac{1}{2} - \dfrac{1}{3} = \dfrac{1}{6}$

실수 Check

두 사건 A, B에 대하여

$P(A \cap B^c) = P(A) - P(A \cap B)$, $P(A^c \cap B) = P(B) - P(A \cap B)$

이다. 이때 집합 단원에서의 차집합의 내용과 혼동하여

$P(A \cap B^c) = P(A) - P(B)$, $P(A^c \cap B) = P(B) - P(A)$로 생각하

지 않도록 주의한다.

0579 답 ①

$P(B) = 1 - P(B^c) = 1 - \dfrac{1}{3} = \dfrac{2}{3}$이므로

$P(A \cup B) = P(A) + P(B) - P(A \cap B)$

         $= \dfrac{1}{3} + \dfrac{2}{3} - \dfrac{1}{6} = \dfrac{5}{6}$

$$\therefore \mathrm{P}(A^c \cap B^c) = \mathrm{P}((A \cup B)^c)$$
$$= 1 - \mathrm{P}(A \cup B)$$
$$= 1 - \frac{5}{6} = \frac{1}{6}$$

0580 답 ⑤

$\mathrm{P}(A-B) = \mathrm{P}(A) - \mathrm{P}(A \cap B)$이므로

$\dfrac{1}{2} = \dfrac{2}{3} - \mathrm{P}(A \cap B)$에서 $\mathrm{P}(A \cap B) = \dfrac{1}{6}$

$$\therefore \mathrm{P}(A \cup B) = \mathrm{P}(A) + \mathrm{P}(B) - \mathrm{P}(A \cap B)$$
$$= \frac{2}{3} + \frac{1}{2} - \frac{1}{6} = 1$$

0581 답 0

$\mathrm{P}(A \cap B^c) = \mathrm{P}(A) - \mathrm{P}(A \cap B)$이므로

$0.3 = 0.8 - \mathrm{P}(A \cap B)$에서 $\mathrm{P}(A \cap B) = 0.5$

$$\therefore \mathrm{P}(B \cap A^c) = \mathrm{P}(B) - \mathrm{P}(A \cap B)$$
$$= 0.5 - 0.5 = 0$$

0582 답 ③

$A \cap B = A - (A \cap B^c) = B - (B \cap A^c)$이므로

$$\mathrm{P}(A \cap B) = \frac{1}{2}[\mathrm{P}(A) + \mathrm{P}(B) - \{\mathrm{P}(A \cap B^c) + \mathrm{P}(A^c \cap B)\}]$$
$$= \frac{1}{2}\left(\frac{1}{2} + \frac{3}{5} - \frac{1}{5}\right)$$
$$= \frac{1}{2} \times \frac{9}{10} = \frac{9}{20}$$

$$\therefore \mathrm{P}(A \cup B) = \mathrm{P}(A) + \mathrm{P}(B) - \mathrm{P}(A \cap B)$$
$$= \frac{1}{2} + \frac{3}{5} - \frac{9}{20} = \frac{13}{20}$$

0583 답 13

$\mathrm{P}(A \cup B) = \mathrm{P}(A) + \mathrm{P}(B) - \mathrm{P}(A \cap B)$이므로

$$\frac{7}{8} = \mathrm{P}(A) + \mathrm{P}(B) - \frac{1}{4}$$

$$\therefore \mathrm{P}(A) = \frac{9}{8} - \mathrm{P}(B)$$

이때 $\dfrac{1}{2} \leq \mathrm{P}(A) \leq \dfrac{5}{8}$이므로

$$\frac{1}{2} \leq \frac{9}{8} - \mathrm{P}(B) \leq \frac{5}{8}$$

$$-\frac{5}{8} \leq -\mathrm{P}(B) \leq -\frac{1}{2}$$

$$\therefore \frac{1}{2} \leq \mathrm{P}(B) \leq \frac{5}{8}$$

따라서 $\mathrm{P}(B)$의 최댓값은 $\dfrac{5}{8}$이므로 $p=8$, $q=5$

$$\therefore p+q = 8+5 = 13$$

0584 답 ④

$\mathrm{P}(A \cup B) = \mathrm{P}(A) + \mathrm{P}(B) - \mathrm{P}(A \cap B)$이므로

$1 = \mathrm{P}(A) + \dfrac{1}{3} - \dfrac{1}{6}$　　$\therefore \mathrm{P}(A) = \dfrac{5}{6}$

$$\therefore \mathrm{P}(A^c) = 1 - \mathrm{P}(A)$$
$$= 1 - \frac{5}{6} = \frac{1}{6}$$

0585 답 ⑤ 　　　　　　　　　| 유형 **16**

표본공간 S의 두 사건 A, B가 서로 배반사건이고
단서1
$$S = A \cup B,\ \mathrm{P}(B) = \frac{1}{4}$$
일 때, $\mathrm{P}(A)$는?

① $\dfrac{1}{4}$　　　　② $\dfrac{3}{8}$　　　　③ $\dfrac{1}{2}$

④ $\dfrac{5}{8}$　　　　⑤ $\dfrac{3}{4}$

단서1 $\mathrm{P}(A \cup B) = \mathrm{P}(A) + \mathrm{P}(B)$

STEP 1 $\mathrm{P}(A \cup B)$ 구하기

$S = A \cup B$이므로 $\mathrm{P}(A \cup B) = 1$

STEP 2 $\mathrm{P}(A)$ 구하기

두 사건 A, B가 서로 배반사건이므로

$$\mathrm{P}(A \cup B) = \mathrm{P}(A) + \mathrm{P}(B)$$

이때 $\mathrm{P}(B) = \dfrac{1}{4}$, $\mathrm{P}(A \cup B) = 1$이므로

$$\mathrm{P}(A) + \frac{1}{4} = 1$$

$$\therefore \mathrm{P}(A) = \frac{3}{4}$$

0586 답 $\dfrac{1}{2}$

두 사건 A, B가 서로 배반사건이므로

$$\mathrm{P}(A \cup B) = \mathrm{P}(A) + \mathrm{P}(B)$$

$$\frac{3}{4} = \frac{1}{4} + \mathrm{P}(B)$$

$$\therefore \mathrm{P}(B) = \frac{1}{2}$$

0587 답 ⑤

$$\{\mathrm{P}(A) + \mathrm{P}(B)\}^2 = \{\mathrm{P}(A) - \mathrm{P}(B)\}^2 + 4\mathrm{P}(A)\mathrm{P}(B)$$
$$= \left(\frac{1}{2}\right)^2 + 4 \times \frac{5}{64} = \frac{9}{16}$$

$\mathrm{P}(A) > 0$, $\mathrm{P}(B) > 0$이므로 $\mathrm{P}(A) + \mathrm{P}(B) = \dfrac{3}{4}$

따라서 두 사건 A, B가 서로 배반사건이므로

$$\mathrm{P}(A \cup B) = \mathrm{P}(A) + \mathrm{P}(B) = \frac{3}{4}$$

0588 답 ②

$$\mathrm{P}(A \cup B) - \mathrm{P}(A \cap B) = \mathrm{P}(A \cap B^c) + \mathrm{P}(A^c \cap B)$$
$$= \frac{1}{2} + \frac{3}{10} = \frac{4}{5}$$

두 사건 A, B가 서로 배반사건이므로 $P(A \cap B) = 0$

$\therefore P(A \cup B) = \dfrac{4}{5}$

$\therefore P(A^c \cap B^c) = P((A \cup B)^c)$

$\qquad\qquad\quad = 1 - P(A \cup B)$

$\qquad\qquad\quad = 1 - \dfrac{4}{5} = \dfrac{1}{5}$

다른 풀이

두 사건 A, B가 서로 배반사건이므로

$A \cap B^c = A$, $A^c \cap B = B$

$\therefore P(A) = \dfrac{1}{2}$, $P(B) = \dfrac{3}{10}$

따라서

$P(A^c \cap B^c) = P((A \cup B)^c)$

$\qquad\qquad\quad = 1 - P(A \cup B)$

$\qquad\qquad\quad = 1 - \{P(A) + P(B)\}$

$\qquad\qquad\qquad$ $(\because$ 두 사건 A, B는 서로 배반사건$)$

$\qquad\qquad\quad = 1 - \left(\dfrac{1}{2} + \dfrac{3}{10}\right)$

$\qquad\qquad\quad = \dfrac{1}{5}$

0589 답 $\dfrac{1}{12}$

두 사건 A, B가 서로 배반사건이고 조건 (나)에서

$P(A \cup B) = \dfrac{5}{6}$이므로 $P(A) + P(B) = \dfrac{5}{6}$

$\therefore P(A) = \dfrac{5}{6} - P(B)$

조건 (가)에서 $\dfrac{1}{4} \le P(A) \le \dfrac{1}{3}$이므로

$\dfrac{1}{4} \le \dfrac{5}{6} - P(B) \le \dfrac{1}{3}$

$-\dfrac{7}{12} \le -P(B) \le -\dfrac{1}{2}$

$\therefore \dfrac{1}{2} \le P(B) \le \dfrac{7}{12}$

따라서 $M = \dfrac{7}{12}$, $m = \dfrac{1}{2}$이므로

$M - m = \dfrac{7}{12} - \dfrac{1}{2} = \dfrac{1}{12}$

0590 답 ②

두 사건 A, B^c가 서로 배반사건이므로 $A \cap B^c = \varnothing$

즉, $A \subset B$이므로 $\underline{B = A \cup (A^c \cap B)}$

이때 A, $A^c \cap B$는 서로 배반사건이므로

$P(B) = P(A \cup (A^c \cap B))$

$\qquad\quad = P(A) + P(A^c \cap B)$

$\qquad\quad = \dfrac{1}{3} + \dfrac{1}{6} = \dfrac{1}{2}$

$\begin{aligned} A \cup (A^c \cap B) &= (A \cup A^c) \cap (A \cup B) \\ &= U \cap (A \cup B) \\ &= A \cup B \\ &= B \end{aligned}$

다른 풀이

두 사건 A, B^c가 서로 배반사건이므로

$A \cap B^c = \varnothing$

즉, $A \subset B$이므로 $A \cap B = A$

$P(A^c \cap B) = P(B) - P(A \cap B)$

$\qquad\qquad\quad = P(B) - P(A)$

이므로 $P(B) = P(A) + P(A^c \cap B)$

$\qquad\qquad = \dfrac{1}{3} + \dfrac{1}{6} = \dfrac{1}{2}$

실수 Check

주어진 확률을 이용하여 $P(B)$를 구하려면 집합을 이용하여 식을 변형해야 한다.

이때 $P(A^c \cap B) = P(A^c) \times P(B)$

$\qquad\qquad\qquad\quad = \{1 - P(A)\} \times P(B)$

로 구하지 않도록 주의한다.

0591 답 ④ | 유형 **17**

A, B를 포함한 5명 중에서 임의로 2명을 동시에 뽑을 때, A 또는 B가 뽑힐 확률은? [단서1] [단서2]

① $\dfrac{2}{5}$ 　　② $\dfrac{1}{2}$ 　　③ $\dfrac{3}{5}$

④ $\dfrac{7}{10}$ 　　⑤ $\dfrac{4}{5}$

[단서1] 모든 경우의 수는 $_5C_2$

[단서2] $P(A \cup B) = P(A) + P(B) - P(A \cap B)$

STEP1 5명 중에서 2명을 뽑는 모든 경우의 수 구하기

5명 중에서 2명을 뽑는 경우의 수는 $_5C_2 = 10$

STEP2 A를 뽑는 사건을 A, B를 뽑는 사건을 B라 하고, $P(A)$, $P(B)$, $P(A \cap B)$ 구하기

A를 뽑는 사건을 A, B를 뽑는 사건을 B라 하자.

A를 뽑는 경우의 수는 $_4C_1 = 4$이므로 $P(A) = \dfrac{4}{10} = \dfrac{2}{5}$

B를 뽑는 경우의 수는 $_4C_1 = 4$이므로 $P(B) = \dfrac{2}{5}$ → A를 제외한 4명 중에서 1명을 뽑는 경우의 수

A, B를 모두 뽑는 경우의 수는 1이므로

$P(A \cap B) = \dfrac{1}{10}$

STEP3 $P(A \cup B)$ 구하기

$P(A \cup B) = P(A) + P(B) - P(A \cap B)$

$\qquad\qquad = \dfrac{2}{5} + \dfrac{2}{5} - \dfrac{1}{10}$

$\qquad\qquad = \dfrac{7}{10}$

0592 답 ③

카드에 적힌 수가 2의 배수인 사건을 A, 5의 배수인 사건을 B라 하면

$P(A) = \dfrac{50}{100}$, $P(B) = \dfrac{20}{100}$, $P(A \cap B) = \dfrac{10}{100}$

따라서 구하는 확률은

$P(A \cup B) = P(A) + P(B) - P(A \cap B)$

$\qquad\qquad = \dfrac{50}{100} + \dfrac{20}{100} - \dfrac{10}{100}$

$\qquad\qquad = \dfrac{3}{5}$

0593 답 $\dfrac{5}{6}$

이 학교의 학생 중에서 한 명을 임의로 택할 때 야구를 좋아하는
학생인 사건을 A, 축구를 좋아하는 학생인 사건을 B라 하면
$$P(A)=\dfrac{1}{2},\ P(B)=\dfrac{2}{3},\ P(A\cap B)=\dfrac{1}{3}$$
따라서 구하는 확률은
$$\begin{aligned}P(A\cup B)&=P(A)+P(B)-P(A\cap B)\\&=\dfrac{1}{2}+\dfrac{2}{3}-\dfrac{1}{3}=\dfrac{5}{6}\end{aligned}$$

0594 답 ②

$f(a)=1$인 사건을 A, $f(b)=2$인 사건을 B라 하면
$$P(A)=\dfrac{_4\Pi_2}{_4\Pi_3}=\dfrac{4^2}{4^3}=\dfrac{1}{4}$$
$$P(B)=\dfrac{_4\Pi_2}{_4\Pi_3}=\dfrac{4^2}{4^3}=\dfrac{1}{4}$$
$$P(A\cap B)=\dfrac{4}{_4\Pi_3}=\dfrac{4}{4^3}=\dfrac{1}{16}$$
따라서 구하는 확률은
$$\begin{aligned}P(A\cup B)&=P(A)+P(B)-P(A\cap B)\\&=\dfrac{1}{4}+\dfrac{1}{4}-\dfrac{1}{16}=\dfrac{7}{16}\end{aligned}$$

0595 답 $\dfrac{5}{16}$

두 주사위 A, B를 동시에 던질 때, 나오는 모든 경우의 수는
$$6\times 8=48$$
$a+b$가 11 이상인 사건을 A, 6의 배수인 사건을 B라 하고 두 수
를 순서쌍으로 나타내면 다음과 같다.
$$\begin{aligned}A=\{&(3,\,8),\,(4,\,7),\,(4,\,8),\,(5,\,6),\,(5,\,7),\,(5,\,8),\,(6,\,5),\\&(6,\,6),\,(6,\,7),\,(6,\,8)\}\end{aligned}$$
$$\begin{aligned}B=\{&(1,\,5),\,(2,\,4),\,(3,\,3),\,(4,\,2),\,(4,\,8),\,(5,\,1),\,(5,\,7),\\&(6,\,6)\}\end{aligned}$$
$$A\cap B=\{(4,\,8),\,(5,\,7),\,(6,\,6)\}$$
$$\therefore P(A)=\dfrac{10}{48},\ P(B)=\dfrac{8}{48},\ P(A\cap B)=\dfrac{3}{48}$$
따라서 구하는 확률은
$$\begin{aligned}P(A\cup B)&=P(A)+P(B)-P(A\cap B)\\&=\dfrac{10}{48}+\dfrac{8}{48}-\dfrac{3}{48}=\dfrac{5}{16}\end{aligned}$$

0596 답 51

시행을 2회 반복하여 일어날 수 있는 모든 경우의 수는 $8\times 8=64$
$a+b$가 짝수인 사건을 A, 5의 배수인 사건을 B라 하자.
(i) $a+b$가 짝수인 경우
   (홀수)+(홀수)이거나 (짝수)+(짝수)인 경우이다.
   따라서 $a+b$가 짝수인 경우의 수는 $4\times 4+4\times 4=32$이므로
   $$P(A)=\dfrac{32}{64}=\dfrac{1}{2}$$
(ii) $a+b$가 5의 배수인 경우
   $a+b=5$ 또는 $a+b=10$ 또는 $a+b=15$인 경우이다.
   $a+b=5$를 만족시키는 순서쌍 $(a,\,b)$는
   $(1,\,4),\,(2,\,3),\,(3,\,2),\,(4,\,1)$의 4개

$a+b=10$을 만족시키는 순서쌍 $(a,\,b)$는
$(2,\,8),\,(3,\,7),\,(4,\,6),\,(5,\,5),\,(6,\,4),\,(7,\,3),\,(8,\,2)$의 7개
$a+b=15$를 만족시키는 순서쌍 $(a,\,b)$는
$(7,\,8),\,(8,\,7)$의 2개
따라서 $a+b$가 5의 배수인 경우의 수는 $4+7+2=13$이므로
$$P(B)=\dfrac{13}{64}$$
(iii) $a+b$가 짝수이고 5의 배수인 경우는 $a+b=10$인 경우이므로
$$P(A\cap B)=\dfrac{7}{64}$$
따라서 구하는 확률은
$$\begin{aligned}P(A\cup B)&=P(A)+P(B)-P(A\cap B)\\&=\dfrac{1}{2}+\dfrac{13}{64}-\dfrac{7}{64}=\dfrac{19}{32}\end{aligned}$$
따라서 $p=32$, $q=19$이므로
$$p+q=32+19=51$$

0597 답 ④

한 개의 주사위를 세 번 던질 때, 나오는 모든 경우의 수는
$$_6\Pi_3=6^3=216$$
$(b-a)(b-2c)=0$에서 $b=a$ 또는 $b=2c$
$b=a$인 사건을 A, $b=2c$인 사건을 B라 하자.
(i) $b=a$인 경우
   $b=a$를 만족시키는 순서쌍 $(a,\,b)$는 $(1,\,1),\,(2,\,2),\,(3,\,3),$
   $(4,\,4),\,(5,\,5),\,(6,\,6)$의 6개이므로
   $(b-a)(b-2c)=0$을 만족시키는 순서쌍 $(a,\,b,\,c)$의 개수는
   $$6\times 6=36 \quad \longrightarrow c\text{는 1, 2, 3, 4, 5, 6 중 어떤 수가 나와도 된다.}$$
   $$\therefore P(A)=\dfrac{36}{216}=\dfrac{1}{6}$$
(ii) $b=2c$인 경우
   $b=2c$를 만족시키는 순서쌍 $(b,\,c)$는 $(2,\,1),\,(4,\,2),\,(6,\,3)$
   의 3개이므로 $(b-a)(b-2c)=0$을 만족시키는 순서쌍
   $(a,\,b,\,c)$의 개수는 $3\times 6=18$
   $$\therefore P(B)=\dfrac{18}{216}=\dfrac{1}{12} \quad \longrightarrow a\text{는 1, 2, 3, 4, 5, 6 중 어떤 수가}$$
   $$\text{나와도 된다.}$$
(iii) $a=b=2c$인 경우
   $a=b=2c$를 만족시키는 순서쌍 $(a,\,b,\,c)$의 개수는
   $(2,\,2,\,1),\,(4,\,4,\,2),\,(6,\,6,\,3)$의 3개이므로
   $$P(A\cap B)=\dfrac{3}{216}=\dfrac{1}{72}$$
따라서 구하는 확률은
$$\begin{aligned}P(A\cup B)&=P(A)+P(B)-P(A\cap B)\\&=\dfrac{1}{6}+\dfrac{1}{12}-\dfrac{1}{72}=\dfrac{17}{72}\end{aligned}$$

0598 답 ②

한 개의 주사위를 두 번 던질 때, 나오는 모든 경우의 수는
$$_6\Pi_2=6^2=36$$
$|a-3|+|b-3|=2$인 사건을 A, $a=b$인 사건을 B라 하자.
(i) $|a-3|+|b-3|=2$인 경우
   $|a-3|=0$, $|b-3|=2$인 순서쌍 $(a,\,b)$는
   $(3,\,1),\,(3,\,5)$의 2개

$|a-3|=1$, $|b-3|=1$을 만족시키는 순서쌍 (a, b)는
$(2, 2)$, $(2, 4)$, $(4, 2)$, $(4, 4)$의 4개

$|a-3|=2$, $|b-3|=0$을 만족시키는 순서쌍 (a, b)는
$(1, 3)$, $(5, 3)$의 2개

$$\therefore \mathrm{P}(A)=\frac{2+4+2}{36}=\frac{2}{9}$$

(ii) $a=b$인 경우

$a=b$를 만족시키는 순서쌍 (a, b)는
$(1, 1)$, $(2, 2)$, $(3, 3)$, $(4, 4)$, $(5, 5)$, $(6, 6)$의 6개이므로

$$\mathrm{P}(B)=\frac{6}{36}=\frac{1}{6}$$

(iii) $|a-3|+|b-3|=2$이고 $a=b$인 경우

이 경우를 만족시키는 순서쌍 (a, b)는 $(2, 2)$, $(4, 4)$의 2개이
므로

$$\mathrm{P}(A\cap B)=\frac{2}{36}=\frac{1}{18}$$

따라서 구하는 확률은

$$\mathrm{P}(A\cup B)=\mathrm{P}(A)+\mathrm{P}(B)-\mathrm{P}(A\cap B)$$
$$=\frac{2}{9}+\frac{1}{6}-\frac{1}{18}$$
$$=\frac{1}{3}$$

실수 Check

$|a-3|+|b-3|=2$인 경우는 $|a-3|=0$이고 $|b-3|=2$인 경우, $|a-3|=1$이고 $|b-3|=1$인 경우, $|a-3|=2$이고 $|b-3|=0$인 경우이므로 이를 만족시키는 순서쌍의 개수를 구할 때 빠짐없이 찾을 수 있도록 한다.

0599 답 ②

| 유형 18

빨간 공 4개, 파란 공 6개가 들어 있는 상자에서 임의로 3개의 공을
단서 1
동시에 꺼낼 때, 3개의 공이 모두 같은 색일 확률은?
단서 2

① $\frac{1}{10}$ ② $\frac{1}{5}$ ③ $\frac{3}{10}$

④ $\frac{2}{5}$ ⑤ $\frac{1}{2}$

단서 1 모든 경우의 수는 $_{10}\mathrm{C}_3$
단서 2 3개 모두 빨간 공이거나 3개 모두 파란 공

STEP 1 10개의 공 중에서 3개의 공을 꺼내는 모든 경우의 수 구하기

10개의 공 중에서 3개의 공을 꺼내는 경우의 수는
$$_{10}\mathrm{C}_3=120$$

STEP 2 3개의 공이 모두 빨간 공인 사건을 A, 모두 파란 공인 사건을 B라 할 때, $\mathrm{P}(A)$, $\mathrm{P}(B)$ 구하기

꺼낸 3개의 공이 모두 빨간 공인 사건을 A, 모두 파란 공인 사건을 B라 하자.

3개의 빨간 공을 꺼내는 경우의 수는 $_4\mathrm{C}_3={}_4\mathrm{C}_1=4$이므로

$$\mathrm{P}(A)=\frac{4}{120}=\frac{1}{30}$$

3개의 파란 공을 꺼내는 경우의 수는 $_6\mathrm{C}_3=20$이므로

$$\mathrm{P}(B)=\frac{20}{120}=\frac{1}{6}$$

STEP 3 $\mathrm{P}(A\cup B)$ 구하기

두 사건 A와 B는 서로 배반사건이므로 구하는 확률은

$$\mathrm{P}(A\cup B)=\mathrm{P}(A)+\mathrm{P}(B)$$
$$=\frac{1}{30}+\frac{1}{6}=\frac{1}{5}$$

0600 답 ④

카드에 적힌 수가 20의 약수인 사건을 A, 3의 배수인 사건을 B라 하면

$A=\{1, 2, 4, 5, 10, 20\}$, $B=\{3, 6, 9, 12, 15, 18\}$

$$\therefore \mathrm{P}(A)=\frac{6}{20}=\frac{3}{10},\ \mathrm{P}(B)=\frac{6}{20}=\frac{3}{10}$$

두 사건 A와 B는 서로 배반사건이므로 구하는 확률은

$$\mathrm{P}(A\cup B)=\mathrm{P}(A)+\mathrm{P}(B)$$
$$=\frac{3}{10}+\frac{3}{10}=\frac{3}{5}$$

0601 답 ③

주사위를 두 번 던질 때, 나오는 모든 경우의 수는 $8\times 8=64$

바닥에 닿은 면에 적힌 두 수의 합이 5인 사건을 A, 두 수의 차가 5인 사건을 B라 하고 두 수를 순서쌍으로 나타내면 다음과 같다.

$A=\{(1, 4), (2, 3), (3, 2), (4, 1)\}$

$B=\{(1, 6), (2, 7), (3, 8), (6, 1), (7, 2), (8, 3)\}$

$$\therefore \mathrm{P}(A)=\frac{4}{64}=\frac{2}{32},\ \mathrm{P}(B)=\frac{6}{64}=\frac{3}{32}$$

두 사건 A, B는 서로 배반사건이므로 구하는 확률은

$$\mathrm{P}(A\cup B)=\mathrm{P}(A)+\mathrm{P}(B)$$
$$=\frac{2}{32}+\frac{3}{32}=\frac{5}{32}$$

0602 답 ①

8명의 학생 중에서 대표 3명을 선발하는 경우의 수는 $_8\mathrm{C}_3=56$

여학생이 남학생보다 대표로 더 많이 선발되려면 여학생이 대표로 3명 또는 2명 선발되어야 한다.

여학생이 대표로 3명 선발되는 사건을 A, 여학생이 대표로 2명 선발되는 사건을 B라 하면

(i) 여학생이 대표로 3명 선발되는 경우

대표 3명이 모두 여학생이므로 경우의 수는 $_3\mathrm{C}_3=1$

$$\therefore \mathrm{P}(A)=\frac{1}{56}$$

(ii) 여학생이 대표로 2명 선발되는 경우

여학생이 2명, 남학생이 1명 선발되므로 경우의 수는

$_5\mathrm{C}_1\times{}_3\mathrm{C}_2=5\times 3=15$

$$\therefore \mathrm{P}(B)=\frac{15}{56}$$

두 사건 A, B는 서로 배반사건이므로 구하는 확률은

$$\mathrm{P}(A\cup B)=\mathrm{P}(A)+\mathrm{P}(B)$$
$$=\frac{1}{56}+\frac{15}{56}=\frac{2}{7}$$

0603 답 4

1, 2, 3, 4, 5, 6으로 만들 수 있는 네 자리 자연수의 개수는
$$_6\Pi_4=6^4$$

네 자리 자연수가 2000보다 작은 사건을 A, 6000보다 큰 사건을 B라 하자.

(i) 2000보다 작은 경우

천의 자리의 숫자가 1일 때이므로 천의 자리의 숫자가 1인 네 자리 자연수의 개수는 $_6\Pi_3=6^3$

$$\therefore P(A)=\frac{6^3}{6^4}=\frac{1}{6}$$

(ii) 6000보다 큰 경우

천의 자리의 숫자가 6일 때이므로 천의 자리의 숫자가 6인 네 자리 자연수의 개수는 $_6\Pi_3=6^3$

$$\therefore P(B)=\frac{6^3}{6^4}=\frac{1}{6}$$

두 사건 A와 B는 서로 배반사건이므로

$$P(A\cup B)=P(A)+P(B)$$
$$=\frac{1}{6}+\frac{1}{6}=\frac{1}{3}$$

따라서 $p=3$, $q=1$이므로 $p+q=3+1=4$

0604 답 ①

9개의 공 중에서 4개의 공을 꺼내는 경우의 수는 $_9C_4=126$

꺼낸 4개의 공에 적힌 네 수가 홀수 1개, 짝수 3개인 사건을 A, 홀수 3개, 짝수 1개인 사건을 B라 하자.

(i) 홀수 1개, 짝수 3개인 경우의 수는 $_5C_1\times_4C_3=5\times4=20$이므로

$$P(A)=\frac{20}{126}=\frac{10}{63}$$

(ii) 홀수 3개, 짝수 1개인 경우의 수는 $_5C_3\times_4C_1=10\times4=40$이므로

$$P(B)=\frac{40}{126}=\frac{20}{63}$$

두 사건 A, B는 서로 배반사건이므로 구하는 확률은

$$P(A\cup B)=P(A)+P(B)$$
$$=\frac{10}{63}+\frac{20}{63}=\frac{10}{21}$$

0605 답 ④

두 주사위 A, B를 동시에 던질 때, 나오는 모든 경우의 수는

$4\times8=32$

$a+b$가 6의 배수인 사건을 A, ab가 6의 배수인 사건을 B라 하고 두 수를 순서쌍으로 나타내면 다음과 같다.

$A=\{(1, 5), (2, 4), (3, 3), (4, 2), (4, 8)\}$
$B=\{(1, 6), (2, 3), (2, 6), (3, 2), (3, 4), (3, 6), (3, 8),$
$\quad (4, 3), (4, 6)\}$

$$\therefore P(A)=\frac{5}{32}, P(B)=\frac{9}{32}$$

두 사건 A, B는 서로 배반사건이므로 구하는 확률은

$$P(A\cup B)=P(A)+P(B)$$
$$=\frac{5}{32}+\frac{9}{32}=\frac{7}{16}$$

0606 답 13

5명의 학생이 5개의 좌석에 앉는 모든 경우의 수는 5!

A와 B가 첫째 줄에서 이웃하게 앉는 사건을 X, A와 B가 둘째줄에서 이웃하게 앉는 사건을 Y라 하자.

(i) A와 B가 첫째 줄에서 이웃하게 앉는 경우

A와 B가 첫째 줄에 앉는 경우의 수가 2!,

C, D, E가 남은 3개의 좌석에 앉는 경우의 수가 3!이므로

$$P(X)=\frac{2!\times3!}{5!}=\frac{1}{10}$$

(ii) A와 B가 둘째 줄에서 이웃하게 앉는 경우

A와 B가 둘째 줄에 이웃하게 앉는 경우의 수가 $2\times2!$,

C, D, E가 남은 세 좌석에 앉는 경우의 수가 3!이므로

$$P(Y)=\frac{2\times2!\times3!}{5!}=\frac{1}{5}$$

두 사건 X, Y는 서로 배반사건이므로

$$P(X\cup Y)=P(X)+P(Y)$$
$$=\frac{1}{10}+\frac{1}{5}=\frac{3}{10}$$

따라서 $p=10$, $q=3$이므로

$p+q=10+3=13$

실수 Check

두 학생 A와 B는 같은 줄에만 배치하면 되므로 A와 B를 첫째 줄이나 둘째 줄에 앉힌 후 C, D, E를 배치하는 방법을 생각한다.

0607 답 ②

10개의 공 중에서 4개의 공을 꺼내는 경우의 수는 $_{10}C_4=210$

꺼낸 4개의 공 중에서 흰 공의 개수가 3인 사건을 A, 흰 공의 개수가 4인 사건을 B라 하자.

(i) 흰 공의 개수가 3인 경우

흰 공 3개, 빨간 공 1개를 꺼내야 하므로 경우의 수는

$_6C_3\times_4C_1=20\times4=80$

$$\therefore P(A)=\frac{80}{210}=\frac{8}{21}$$

(ii) 흰 공의 개수가 4인 경우

흰 공 4개를 꺼내야 하므로 경우의 수는

$_6C_4=_6C_2=15$

$$\therefore P(B)=\frac{15}{210}=\frac{1}{14}$$

두 사건 A, B는 서로 배반사건이므로 구하는 확률은

$$P(A\cup B)=P(A)+P(B)$$
$$=\frac{8}{21}+\frac{1}{14}=\frac{19}{42}$$

0608 답 ⑤

7개의 자연수 중에서 3개를 선택하는 모든 경우의 수는 $_7C_3=35$

이때 a와 b가 모두 짝수이려면 선택된 3개의 수와 선택되지 않은 4개의 수 각각에 짝수가 있어야 한다.

선택된 3개의 수 중 짝수가 1개인 사건을 A, 짝수가 2개인 사건을 B라 하자.

(i) 선택된 3개의 수 중 짝수가 1개인 경우

짝수 1개, 홀수 2개를 선택해야 하므로 경우의 수는

$_3C_1\times_4C_2=3\times6=18$

$$\therefore P(A)=\frac{18}{35}$$

(ii) 선택된 3개의 수 중 짝수가 2개인 경우

짝수 2개, 홀수 1개를 선택해야 하므로 경우의 수는

$$_3C_2 \times {}_4C_1 = 3 \times 4 = 12$$

$$\therefore \text{P}(B) = \frac{12}{35}$$

두 사건 A, B는 서로 배반사건이므로 구하는 확률은

$$\text{P}(A \cup B) = \text{P}(A) + \text{P}(B)$$
$$= \frac{18}{35} + \frac{12}{35} = \frac{6}{7}$$

0609 답 ⑤

│ 유형 19

theater에 있는 7개의 문자를 일렬로 나열할 때, 적어도 한쪽 끝에 **[단서1]** 자음이 올 확률은? **[단서2]**

① $\frac{2}{7}$　　　　② $\frac{3}{7}$　　　　③ $\frac{4}{7}$

④ $\frac{5}{7}$　　　　⑤ $\frac{6}{7}$

[단서1] 모든 경우의 수는 $\frac{7!}{2! \times 2!}$

[단서2] 여사건은 양쪽 끝에 모두 모음이 오는 사건

STEP1 theater에 있는 7개의 문자를 일렬로 나열하는 모든 경우의 수 구하기

theater에 있는 7개의 문자를 일렬로 나열하는 경우의 수는

$$\frac{7!}{2! \times 2!} = 1260 \longrightarrow \text{문자 t, e가 2개씩 있으므로 같은 것이 있는 순열의 수}$$

STEP2 적어도 한쪽 끝에 자음이 오는 사건을 A라 할 때, $\text{P}(A^C)$ 구하기

적어도 한쪽 끝에 자음이 오는 사건을 A라 하면 A^C는 양쪽 끝에 모두 모음이 오는 사건이다.

(i) 양쪽 끝에 e, e가 오는 경우

나머지 5개의 문자 t, h, a, t, r를 일렬로 나열하는 경우의 수는

$\frac{5!}{2!} = 60$이므로 양쪽 끝에 e, e가 오는 경우의 수는 60

(ii) 양쪽 끝에 a, e가 오는 경우

나머지 5개의 문자 t, h, e, t, r를 일렬로 나열하는 경우의 수는

$\frac{5!}{2!} = 60$이고, 양쪽 끝의 a, e가 서로 자리를 바꾸는 경우의 수는 $2! = 2$이므로 양쪽 끝에 a, e가 오는 경우의 수는

$$60 \times 2 = 120$$

(i), (ii)에서 $\text{P}(A^C) = \frac{60 + 120}{1260} = \frac{1}{7}$

STEP3 $\text{P}(A)$ 구하기

구하는 확률은

$$\text{P}(A) = 1 - \text{P}(A^C)$$
$$= 1 - \frac{1}{7} = \frac{6}{7}$$

0610 답 ⑤

세 개의 주사위를 동시에 던질 때, 나오는 모든 경우의 수는

$$6 \times 6 \times 6 = 216$$

적어도 한 개의 주사위의 눈의 수가 3 이상인 사건을 A라 하면 A^C는 세 개의 주사위의 눈의 수가 모두 2 이하인 사건이다.

세 개의 주사위의 눈의 수가 모두 2 이하인 경우의 수는

$$2 \times 2 \times 2 = 8$$이므로

$$\text{P}(A^C) = \frac{8}{216} = \frac{1}{27}$$

따라서 구하는 확률은

$$\text{P}(A) = 1 - \text{P}(A^C)$$
$$= 1 - \frac{1}{27} = \frac{26}{27}$$

0611 답 $\frac{4}{9}$

3명의 학생이 하나의 요일을 정하는 경우의 수는 $6 \times 6 \times 6 = 216$

적어도 2명이 같은 요일에 스터디 카페에 가게 되는 사건을 A라 하면 A^C는 3명이 모두 다른 요일에 스터디 카페에 가게 되는 사건이다.

3명 모두 다른 요일에 스터디 카페에 가게 되는 경우의 수는

$$6 \times 5 \times 4 = 120$$이므로

$$\text{P}(A^C) = \frac{120}{216} = \frac{5}{9}$$

따라서 구하는 확률은

$$\text{P}(A) = 1 - \text{P}(A^C)$$
$$= 1 - \frac{5}{9} = \frac{4}{9}$$

0612 답 ④

5개의 문자 a, b, c, d, e를 일렬로 세우는 경우의 수는 $5! = 120$

두 모음 a와 e 사이에 적어도 한 개의 자음이 오는 사건을 A라 하면 A^C는 a와 e가 이웃하는 사건이다.

a와 e를 한 문자로 생각하여 4개의 문자를 일렬로 나열하는 경우의 수는 $4! = 24$이고,

a와 e가 서로 자리를 바꾸는 경우의 수는 $2! = 2$이므로

a와 e가 이웃하는 경우의 수는 $24 \times 2 = 48$

$$\therefore \text{P}(A^C) = \frac{48}{120} = \frac{2}{5}$$

따라서 구하는 확률은

$$\text{P}(A) = 1 - \text{P}(A^C)$$
$$= 1 - \frac{2}{5} = \frac{3}{5}$$

0613 답 ⑤

6개의 문자 a, b, b, c, c, c를 일렬로 나열하는 경우의 수는

$$\frac{6!}{2! \times 3!} = 60$$

적어도 한쪽 끝에 c가 오는 사건을 A라 하면 A^C는 양쪽 끝에 모두 c가 오지 않는 사건이다.

(i) 양쪽 끝에 오는 문자가 a, b인 경우

a와 b 사이에 b, c, c, c를 일렬로 나열하는 경우의 수는

$\frac{4!}{3!} = 4$이고,

a와 b가 서로 자리를 바꾸는 경우의 수는 $2! = 2$이므로

양쪽 끝에 오는 문자가 a, b인 경우의 수는 $4 \times 2 = 8$

(ii) 양쪽 끝에 오는 문자가 b, b인 경우

b와 b 사이에 a, c, c, c를 일렬로 나열하는 경우의 수는

$\dfrac{4!}{3!}=4$이므로 양쪽 끝에 오는 문자가 b, b인 경우의 수는 4

(i), (ii)에서 $P(A^C)=\dfrac{8+4}{60}=\dfrac{1}{5}$

따라서 구하는 확률은

$P(A)=1-P(A^C)$

$\qquad =1-\dfrac{1}{5}=\dfrac{4}{5}$

0614 답 7

12개의 공 중에서 2개의 공을 동시에 꺼낼 때, 적어도 1개가 빨간 공인 사건을 A라 하면 A^C는 2개 모두 파란 공인 사건이다.

주머니 속에 들어 있는 파란 공의 개수를 n이라 하면

$P(A^C)=\dfrac{{}_n C_2}{{}_{12}C_2}=\dfrac{n(n-1)}{132}$

이때 $P(A)=\dfrac{15}{22}$이므로

$P(A^C)=1-P(A)$

$\qquad =1-\dfrac{15}{22}=\dfrac{7}{22}$

즉, $\dfrac{n(n-1)}{132}=\dfrac{7}{22}$이므로

$n(n-1)=42=7\times 6$

$\therefore n=7$

따라서 파란 공의 개수는 7이다.

0615 답 ①

흰 공 n개, 검은 공 4개가 들어 있는 주머니에서 임의로 2개의 공을 동시에 꺼낼 때, 흰 공을 적어도 1개 이상 꺼내는 사건을 A라 하면 A^C는 모두 검은 공을 꺼내는 사건이므로

$P(A^C)=\dfrac{{}_4 C_2}{{}_{n+4}C_2}=\dfrac{12}{(n+4)(n+3)}$

이때 $P(A)=\dfrac{5}{7}$이므로

$P(A^C)=1-P(A)$

$\qquad =1-\dfrac{5}{7}=\dfrac{2}{7}$

즉, $\dfrac{12}{(n+4)(n+3)}=\dfrac{2}{7}$이므로

$(n+4)(n+3)=42=7\times 6$

$\therefore n=3$

0616 답 ⑤

7명의 학생을 일렬로 세우는 경우의 수는 7!

은지, 지혜, 연희 세 학생 중에서 적어도 2명이 이웃하는 사건을 A라 하면 A^C는 은지, 지혜, 연희 세 학생이 모두 이웃하지 않는 사건이다.

은지, 지혜, 연희 세 학생이 모두 이웃하지 않을 경우는 은지, 지혜, 연희를 제외한 4명을 일렬로 세운 후 4명의 사이사이와 양 끝의 5자리에서 3개를 택하여 은지, 지혜, 연희가 서는 경우이므로 이 경우의 수는 $4!\times {}_5 P_3$

$\therefore P(A^C)=\dfrac{4!\times {}_5 P_3}{7!}=\dfrac{2}{7}$

따라서 구하는 확률은

$P(A)=1-P(A^C)$

$\qquad =1-\dfrac{2}{7}=\dfrac{5}{7}$

0617 답 ⑤

휴대 전화를 꺼내는 모든 경우의 수는 $4!=24$

적어도 한 명은 자신의 휴대 전화를 꺼내는 사건을 A라 하면 A^C는 네 명 모두 다른 사람의 휴대 전화를 꺼내는 사건이다.

4명의 학생 A, B, C, D의 휴대 전화를 각각 a, b, c, d라 하고 A가 b를 꺼냈을 때 4명 모두 다른 사람의 휴대 전화를 꺼내는 경우는 다음과 같다.

A	B	C	D
	a	d	c
b	c	d	a
	d	a	c

마찬가지로 A가 c 또는 d를 꺼냈을 때도 각각 3가지씩 가능하므로

$P(A^C)=\dfrac{3\times 3}{24}=\dfrac{3}{8}$

따라서 구하는 확률은

$P(A)=1-P(A^C)$

$\qquad =1-\dfrac{3}{8}=\dfrac{5}{8}$

0618 답 ④

7명이 원탁에 둘러앉는 경우의 수는

$(7-1)!=6!=720$

남학생이 적어도 1명의 선생님과 이웃하여 앉는 사건을 A라 하면 A^C는 남학생의 양옆에 여학생이 앉는 사건이다.

이때 3명의 여학생 중 2명이 남학생의 양옆에 앉는 경우의 수는 ${}_3 P_2 = 6$

2명의 여학생과 1명의 남학생을 한 사람으로 생각하여 5명이 원탁에 둘러앉는 경우의 수는 $(5-1)!=4!=24$

즉, 남학생의 양옆에 여학생이 앉는 경우의 수는

$6\times 24=144$

$\therefore P(A^C)=\dfrac{144}{720}=\dfrac{1}{5}$

따라서 구하는 확률은

$P(A)=1-P(A^C)$

$\qquad =1-\dfrac{1}{5}=\dfrac{4}{5}$

실수 Check

남학생이 적어도 1명의 선생님과 이웃하여 앉는 사건의 여사건은 남학생의 양옆에 여학생이 앉는 사건임에 주의한다.

0619 답 ⑤

7개의 공 중에서 3개의 공을 꺼내는 경우의 수는 ${}_7 C_3 = 35$

주머니에서 꺼낸 3개의 공 중에서 적어도 한 개가 검은 공인 사건을 A라 하면 A^C는 3개의 공이 모두 흰 공인 사건이다.

흰 공 4개 중에서 3개의 공을 꺼내는 경우의 수는 $_4C_3=_4C_1=4$이므로

$$P(A^C)=\frac{4}{35}$$

따라서 구하는 확률은

$$P(A)=1-P(A^C)=1-\frac{4}{35}=\frac{31}{35}$$

0620 답 ⑤

경찰관 9명 중에서 귀가도우미 3명을 선택하는 경우의 수는
$_9C_3=84$

근무조 A와 근무조 B에서 적어도 1명씩 선택되는 사건을 A라 하면 A^C는 3명 모두 근무조 A에서 선택되거나 3명 모두 근무조 B에서 선택되는 사건이다.

(i) 3명 모두 근무조 A에서 선택되는 경우의 수는
 $_5C_3=_5C_2=10$

(ii) 3명 모두 근무조 B에서 선택되는 경우의 수는
 $_4C_3=_4C_1=4$

(i), (ii)에서 $P(A^C)=\dfrac{10+4}{84}=\dfrac{1}{6}$

따라서 구하는 확률은

$$P(A)=1-P(A^C)=1-\frac{1}{6}=\frac{5}{6}$$

0621 답 ⑤ | 유형 20

> 흰 공 5개, 검은 공 4개가 들어 있는 주머니에서 임의로 4개의 공을
> **단서1**
> 동시에 꺼낼 때, 검은 공이 3개 이하일 확률은?
> **단서2**
> ① $\dfrac{13}{14}$ ② $\dfrac{119}{126}$ ③ $\dfrac{121}{126}$
> ④ $\dfrac{41}{42}$ ⑤ $\dfrac{125}{126}$
>
> **단서1** 모든 경우의 수는 $_9C_4$
> **단서2** 여사건은 4개 모두 검은 공인 사건

STEP 1 9개의 공 중에서 4개의 공을 꺼내는 모든 경우의 수 구하기

9개의 공 중에서 4개의 공을 꺼내는 경우의 수는 $_9C_4=126$

STEP 2 검은 공이 3개 이하인 사건을 A라 할 때, $P(A^C)$ 구하기

검은 공이 3개 이하인 사건을 A라 하면 A^C는 4개 모두 검은 공인 사건이다.

4개 모두 검은 공인 경우의 수는 $_4C_4=1$이므로

$$P(A^C)=\frac{1}{126}$$

STEP 3 $P(A)$ 구하기

구하는 확률은

$$P(A)=1-P(A^C)=1-\frac{1}{126}=\frac{125}{126}$$

0622 답 ⑤

두 개의 주사위를 던질 때, 나오는 모든 경우의 수는 $6\times6=36$
두 눈의 수의 합이 3보다 큰 사건을 A라 하면 A^C는 두 눈의 수의 합

이 3 이하인 사건이므로 나오는 두 눈의 수를 순서쌍으로 나타내면
$A^C=\{(1,\,1),\,(1,\,2),\,(2,\,1)\}$이므로

$$P(A^C)=\frac{3}{36}=\frac{1}{12}$$

따라서 구하는 확률은

$$P(A)=1-P(A^C)=1-\frac{1}{12}=\frac{11}{12}$$

0623 답 ⑤

9개의 숫자 중에서 2개를 택하는 경우의 수는 $_9C_2=36$
이때 택한 두 수의 합으로 가능한 값은 2, 3, 4, 5, 6이므로
택한 두 수의 합이 5 이하인 사건을 A라 하면 A^C는 택한 두 수의 합이 6인 사건이다.

택한 두 수의 합이 6이려면 3을 2개 택해야 하므로 경우의 수는
$_3C_2=3$

$$\therefore\ P(A^C)=\frac{3}{36}=\frac{1}{12}$$

따라서 구하는 확률은

$$P(A)=1-P(A^C)=1-\frac{1}{12}=\frac{11}{12}$$

0624 답 247

9개의 공 중에서 4개의 공을 꺼내는 경우의 수는 $_9C_4=126$
파란 공이 3개 이하인 사건을 A라 하면 A^C는 4개 모두 파란 공인 사건이다.

4개 모두 파란 공인 경우의 수는 $_5C_4=_5C_1=5$이므로

$$P(A^C)=\frac{5}{126}$$

$$\therefore\ P(A)=1-P(A^C)=1-\frac{5}{126}=\frac{121}{126}$$

따라서 $p=126$, $q=121$이므로
$p+q=126+121=247$

0625 답 ⑤

12개의 공 중에서 3개의 공을 꺼내는 경우의 수는 $_{12}C_3=220$
3개의 공의 색깔이 두 가지 이상인 사건을 A라 하면 A^C는 3개의 공이 모두 같은 색깔인 사건이다.

(i) 3개 모두 빨간 공인 경우의 수는 $_4C_3=_4C_1=4$

(ii) 3개 모두 노란 공인 경우의 수는 $_3C_3=1$

(iii) 3개 모두 파란 공인 경우의 수는 $_5C_3=_5C_2=10$

(i)~(iii)에서 $P(A^C)=\dfrac{4+1+10}{220}=\dfrac{3}{44}$

따라서 구하는 확률은

$$P(A)=1-P(A^C)=1-\frac{3}{44}=\frac{41}{44}$$

0626 답 ⑤

여섯 개의 숫자 1, 2, 3, 4, 5, 6으로 만들 수 있는 네 자리 자연수의 개수는 $_6P_4=360$
네 자리 자연수가 5400 이하인 사건을 A라 하면 A^C는 5400 초과인 사건이다.

5400 초과인 자연수는

54□□ 꼴 또는 56□□ 꼴 또는 6□□□ 꼴이다.

(i) 54□□ 꼴인 자연수의 개수는 $_4P_2=12$

(ii) 56□□ 꼴인 자연수의 개수는 $_4P_2=12$

(iii) 6□□□ 꼴인 자연수의 개수는 $_5P_3=60$

(i)~(iii)에서 $P(A^C)=\dfrac{12+12+60}{360}=\dfrac{7}{30}$

따라서 구하는 확률은

$$P(A)=1-P(A^C)=1-\dfrac{7}{30}=\dfrac{23}{30}$$

0627 답 ⑤

서로 다른 세 개의 주사위를 동시에 던질 때, 나오는 모든 경우의 수는 $6^3=216$

눈의 수의 합이 5 이상인 사건을 A라 하면 A^C는 눈의 수의 합이 5 미만인 사건이다.

세 개의 주사위를 동시에 던져서 나오는 눈의 수를 각각 a, b, c라 하자.

(i) $a+b+c=3$인 경우

순서쌍 (a, b, c)는 $(1, 1, 1)$의 1개

(ii) $a+b+c=4$인 경우

순서쌍 (a, b, c)는 $(1, 1, 2)$, $(1, 2, 1)$, $(2, 1, 1)$의 3개

(i), (ii)에서 $P(A^C)=\dfrac{1+3}{216}=\dfrac{1}{54}$

$\therefore P(A)=1-P(A^C)$

$\qquad\quad =1-\dfrac{1}{54}=\dfrac{53}{54}$

0628 답 3

$(n+4)$명 중에서 3명을 선발하는 경우의 수는 $_{n+4}C_3$

3명을 선발할 때, 선발된 남학생이 2명 이하인 사건을 A라 하면 A^C는 남학생을 3명 선발하는 사건이므로

$P(A^C)=\dfrac{_4C_3}{_{n+4}C_3}=\dfrac{4}{_{n+4}C_3}$

이때 $P(A)=\dfrac{31}{35}$이므로

$P(A^C)=1-P(A)$

$\qquad\quad =1-\dfrac{31}{35}=\dfrac{4}{35}$

즉, $\dfrac{4}{_{n+4}C_3}=\dfrac{4}{35}$이므로 $_{n+4}C_3=35$

$\dfrac{(n+4)(n+3)(n+2)}{3\times2\times1}=35$

$(n+4)(n+3)(n+2)=210=7\times6\times5$

$\therefore n=3$

0629 답 ③

10장의 카드 중에서 3장을 꺼내는 경우의 수는 $_{10}C_3=120$

카드에 적혀 있는 세 자연수 중에서 가장 작은 수가 4 이하이거나 7 이상인 사건을 A라 하면 A^C는 가장 작은 수가 4보다 크고 7보다 작은 사건이다.

즉, A^C는 가장 작은 수가 5 또는 6인 사건이다.

(i) 가장 작은 수가 5인 경우의 수는 $_5C_2=10$

(ii) 가장 작은 수가 6인 경우의 수는 $_4C_2=6$ → 6, 7, 8, 9, 10 중에서 2개를 꺼내는 경우의 수

(i), (ii)에서 $P(A^C)=\dfrac{10+6}{120}=\dfrac{2}{15}$

따라서 구하는 확률은

$P(A)=1-P(A^C)$

$\qquad\quad =1-\dfrac{2}{15}=\dfrac{13}{15}$

0630 답 ④ │ 유형 21

> 서로 다른 두 개의 주사위를 동시에 던져서 나오는 눈의 수의 곱이 5 단서1
>
> 의 배수가 아닐 확률은? 단서2
>
> ① $\dfrac{11}{18}$　　② $\dfrac{23}{36}$　　③ $\dfrac{2}{3}$
>
> ④ $\dfrac{25}{36}$　　⑤ $\dfrac{13}{18}$
>
> 단서1 모든 경우의 수는 6×6
>
> 단서2 여사건은 두 눈의 수의 곱이 5의 배수인 사건

STEP1 일어날 수 있는 모든 경우의 수 구하기

두 개의 주사위를 던질 때, 나오는 모든 경우의 수는

$6\times6=36$

STEP2 두 눈의 수의 곱이 5의 배수가 아닌 사건을 A라 할 때, $P(A^C)$ 구하기

두 눈의 수의 곱이 5의 배수가 아닌 사건을 A라 하면 A^C는 두 눈의 수의 곱이 5의 배수인 사건이므로 나오는 두 눈의 수를 순서쌍으로 나타내면

$A^C=\{(5, 1), (5, 2), (5, 3), (5, 4), (5, 5), (5, 6),$

$\qquad\quad (1, 5), (2, 5), (3, 5), (4, 5), (6, 5)\}$

이므로 $P(A^C)=\dfrac{11}{36}$

STEP3 $P(A)$ 구하기

구하는 확률은

$P(A)=1-P(A^C)=1-\dfrac{11}{36}=\dfrac{25}{36}$

0631 답 ④

공에 적힌 수가 8의 배수가 아닌 사건을 A라 하면 A^C는 8의 배수인 사건이다.

1부터 50까지의 자연수 중에서 8의 배수는 8, 16, 24, 32, 40, 48이므로

$P(A^C)=\dfrac{6}{50}=\dfrac{3}{25}$

따라서 구하는 확률은

$P(A)=1-P(A^C)=1-\dfrac{3}{25}=\dfrac{22}{25}$

0632 답 ⑤

a, a, b, 1, 2, 2, 2를 일렬로 나열하는 경우의 수는

$\dfrac{7!}{2!\times3!}=420$

3개의 문자가 모두 이웃하지 않는 사건을 A라 하면 A^C는 a, a, b가 모두 이웃하는 사건이다.

a, a, b를 한 개의 문자로 생각하여 1, 2, 2, 2와 함께 일렬로 나열하는 경우의 수는 $\dfrac{5!}{3!}=20$이고 a, a, b를 일렬로 나열하는 경우의 수는 $\dfrac{3!}{2!}=3$이므로 a, a, b가 모두 이웃하는 경우의 수는

$20 \times 3 = 60$

$\therefore \mathrm{P}(A^C) = \dfrac{60}{420} = \dfrac{1}{7}$

따라서 구하는 확률은

$\mathrm{P}(A) = 1 - \mathrm{P}(A^C) = 1 - \dfrac{1}{7} = \dfrac{6}{7}$

0633 답 ④

6벌의 옷을 2벌씩 서로 구별이 되지 않는 바구니 3개에 나누어 담는 경우의 수는 $_6\mathrm{C}_2 \times _4\mathrm{C}_2 \times _2\mathrm{C}_2 \times \dfrac{1}{3!} = 15$

바지를 같은 바구니에 담지 않는 사건을 A라 하면 A^C는 바지를 같은 바구니에 담는 사건이다.

바지 2벌을 같은 바구니에 담고 티셔츠 4벌을 2벌씩 바구니 2개에 나누어 담는 경우의 수는 $_4\mathrm{C}_2 \times _2\mathrm{C}_2 \times \dfrac{1}{2!} = 3$이므로

$\mathrm{P}(A^C) = \dfrac{3}{15} = \dfrac{1}{5}$

$\therefore \mathrm{P}(A) = 1 - \mathrm{P}(A^C) = 1 - \dfrac{1}{5} = \dfrac{4}{5}$

0634 답 ⑤

한 개의 주사위를 세 번 던질 때, 나오는 모든 경우의 수는 $_6\Pi_3 = 6^3 = 216$

abc가 소수가 아닌 사건을 A라 하면 A^C는 abc가 소수인 사건이다.

이때 abc가 소수인 경우는 다음과 같다.

(i) 세 수가 1, 1, 2인 경우의 수는 $\dfrac{3!}{2!} = 3$

(ii) 세 수가 1, 1, 3인 경우의 수는 $\dfrac{3!}{2!} = 3$

(iii) 세 수가 1, 1, 5인 경우의 수는 $\dfrac{3!}{2!} = 3$

(i)~(iii)에서 $\mathrm{P}(A^C) = \dfrac{3+3+3}{216} = \dfrac{1}{24}$

따라서 구하는 확률은

$\mathrm{P}(A) = 1 - \mathrm{P}(A^C) = 1 - \dfrac{1}{24} = \dfrac{23}{24}$

0635 답 ③

두 원소 x, y의 모든 순서쌍 (x, y)의 개수는 $8 \times 9 = 72$

집합 X의 원소를 3으로 나눈 나머지가 0, 1, 2인 집합을 각각 X_0, X_1, X_2라 하면

$X_0 = \{6, 12\}$, $X_1 = \{4, 10, 16\}$, $X_2 = \{2, 8, 14\}$

집합 Y의 원소를 3으로 나눈 나머지가 0, 1, 2인 집합을 각각 Y_0, Y_1, Y_2라 하면

$Y_0 = \varnothing$, $Y_1 = \{2^2, 2^4, 2^6, 2^8\}$, $Y_2 = \{2, 2^3, 2^5, 2^7, 2^9\}$

$x+y$가 3의 배수가 아닌 사건을 A라 하면 A^C는 $x+y$가 3의 배수인 사건이다.

이때 $x+y$가 3의 배수인 경우는 다음과 같다.

(i) $x \in X_1$, $y \in Y_2$인 경우

x, y의 모든 순서쌍 (x, y)의 개수는 $3 \times 5 = 15$

(ii) $x \in X_2$, $y \in Y_1$인 경우

x, y의 모든 순서쌍 (x, y)의 개수는 $3 \times 4 = 12$

(i), (ii)에서 $\mathrm{P}(A^C) = \dfrac{15+12}{72} = \dfrac{3}{8}$

따라서 구하는 확률은

$\mathrm{P}(A) = 1 - \mathrm{P}(A^C) = 1 - \dfrac{3}{8} = \dfrac{5}{8}$

0636 답 12

7개의 공을 일렬로 나열하는 경우의 수는 $7!$

같은 숫자가 적혀 있는 공이 서로 이웃하지 않게 나열되는 사건을 A라 하면 A^C는 같은 숫자가 적혀 있는 공이 서로 이웃하게 나열되는 사건이다.

4가 적혀 있는 흰 공과 4가 적혀 있는 검은 공을 하나의 공으로 생각하여 6개의 공을 일렬로 나열하는 경우의 수는 $6!$이고, 4가 적혀 있는 흰 공과 4가 적혀 있는 검은 공이 서로 자리를 바꾸는 경우의 수는 $2!$이므로 같은 숫자가 적혀 있는 공이 서로 이웃하게 나열되는 경우의 수는 $6! \times 2!$

$\mathrm{P}(A^C) = \dfrac{6! \times 2!}{7!} = \dfrac{2}{7}$이므로

$\mathrm{P}(A) = 1 - \mathrm{P}(A^C) = 1 - \dfrac{2}{7} = \dfrac{5}{7}$

따라서 $p=7$, $q=5$이므로 $p+q=7+5=12$

0637 답 ⑤

모든 순서쌍 (a_1, a_2, b_1, b_2)의 개수는 $_6\mathrm{C}_2 \times _6\mathrm{C}_2 = 15 \times 15 = 225$

$A \cap B \neq \varnothing$인 사건을 A라 하면 A^C는 $A \cap B = \varnothing$인 사건이다.

이때 $A \cap B = \varnothing$이려면

$a_1 < a_2 < b_1 < b_2$ 또는 $b_1 < b_2 < a_1 < a_2$

$A \cap B = \varnothing$을 만족시키는 순서쌍 (a_1, a_2, b_1, b_2)의 개수는 다음과 같다.

(i) $a_1 < a_2 < b_1 < b_2$인 경우

$a_2 = 2$일 때, $_1\mathrm{C}_1 \times _4\mathrm{C}_2 = 1 \times 6 = 6$

$a_2 = 3$일 때, $_2\mathrm{C}_1 \times _3\mathrm{C}_2 = 2 \times 3 = 6$

$a_2 = 4$일 때, $_3\mathrm{C}_1 \times _2\mathrm{C}_2 = 3 \times 1 = 3$

따라서 $a_1 < a_2 < b_1 < b_2$인 경우의 수는 $6+6+3=15$

(ii) $b_1 < b_2 < a_1 < a_2$인 경우

$b_2 = 2$일 때, $_1\mathrm{C}_1 \times _4\mathrm{C}_2 = 1 \times 6 = 6$

$b_2 = 3$일 때, $_2\mathrm{C}_1 \times _3\mathrm{C}_2 = 2 \times 3 = 6$

$b_2 = 4$일 때, $_3\mathrm{C}_1 \times _2\mathrm{C}_2 = 3 \times 1 = 3$

따라서 $b_1 < b_2 < a_1 < a_2$인 경우의 수는 $6+6+3=15$

(i), (ii)에서 $\mathrm{P}(A^C) = \dfrac{15+15}{225} = \dfrac{2}{15}$

따라서 구하는 확률은

$\mathrm{P}(A) = 1 - \mathrm{P}(A^C) = 1 - \dfrac{2}{15} = \dfrac{13}{15}$

다른 풀이

모든 순서쌍 (a_1, a_2, b_1, b_2)의 개수는

$_6\mathrm{C}_2 \times _6\mathrm{C}_2 = 15 \times 15 = 225$

이때 $A \cap B = \varnothing$이기 위한 필요충분조건은 $a_2 < b_1$ 또는 $b_2 < a_1$

그러므로 $A \cap B = \varnothing$을 만족시키려면 6장의 카드 중에서 4장의 카드를 꺼내고, 그 카드에 적힌 4개의 수를 작은 수부터 차례로 x_1, x_2, x_3, x_4라 할 때,

$a_1 = x_1, a_2 = x_2, b_1 = x_3, b_2 = x_4$

또는

$b_1 = x_1, b_2 = x_2, a_1 = x_3, a_2 = x_4$

로 정하면 된다.

따라서 $A \cap B = \varnothing$을 만족시키는 순서쌍 (a_1, a_2, b_1, b_2)의 개수는 ${}_6C_4 + {}_6C_4 = {}_6C_2 + {}_6C_2 = 15 + 15 = 30$이므로

$A \cap B = \varnothing$일 확률은 $\dfrac{30}{225} = \dfrac{2}{15}$

따라서 구하는 확률은 $1 - \dfrac{2}{15} = \dfrac{13}{15}$

Tip $A \cap B \neq \varnothing$인 경우의 수보다 $A \cap B = \varnothing$인 경우의 수를 구하는 것이 더 간단하다.

실수 Check

두 집합 A, B가 수의 범위로 주어져 있으므로 $A \cap B = \varnothing$이려면 주어진 두 수의 범위가 겹치지 않아야 한다.

즉, $a_2 < b_1$ 또는 $b_2 < a_1$이어야 한다. 이때 a_2 (또는 b_2)보다 큰 수가 2개 이상 존재해야 하므로 a_2 (또는 b_2)의 값이 될 수 있는 수는 2, 3, 4이다.

특히, 두 집합 A, B의 원소의 크기에 대한 조건이 주어지지 않았으므로 $b_2 < a_1$인 경우도 빠뜨리지 않도록 주의한다.

0638 답 ⑤ | 유형22

세 개의 주사위를 동시에 던져서 나오는 눈의 수를 각각 a, b, c라 할 _{단서1} 때, abc가 짝수일 확률은? _{단서2}

① $\dfrac{3}{8}$ ② $\dfrac{1}{2}$ ③ $\dfrac{5}{8}$

④ $\dfrac{3}{4}$ ⑤ $\dfrac{7}{8}$

단서1 모든 경우의 수는 $6 \times 6 \times 6$
단서2 여사건은 abc가 홀수인 사건

STEP1 일어날 수 있는 모든 경우의 수 구하기

주사위 3개를 동시에 던질 때, 나오는 모든 경우의 수는

$6 \times 6 \times 6 = 216$

STEP2 abc의 값이 짝수인 사건을 A라 할 때, $P(A^C)$ 구하기

abc가 짝수인 사건을 A라 하면 A^C는 abc가 홀수인 사건이다.

a, b, c 모두 홀수인 경우의 수는 $3 \times 3 \times 3 = 27$이므로

$P(A^C) = \dfrac{27}{216} = \dfrac{1}{8}$

STEP3 $P(A)$ 구하기

구하는 확률은

$P(A) = 1 - P(A^C) = 1 - \dfrac{1}{8} = \dfrac{7}{8}$

0639 답 $\dfrac{37}{42}$

9개의 공 중에서 3개의 공을 꺼내는 경우의 수는 ${}_9C_3 = 84$

꺼낸 공에 적힌 세 수의 곱이 짝수인 사건을 A라 하면 A^C는 꺼낸 공에 적힌 세 수의 곱이 홀수인 사건이다.

세 수의 곱이 홀수인 경우의 수는 ${}_5C_3 = {}_5C_2 = 10$이므로

$P(A^C) = \dfrac{10}{84} = \dfrac{5}{42}$

따라서 구하는 확률은

$P(A) = 1 - P(A^C) = 1 - \dfrac{5}{42} = \dfrac{37}{42}$

0640 답 ①

정팔면체 모양의 주사위를 세 번 던질 때, 나오는 모든 경우의 수는 ${}_8\Pi_3 = 8^3 = 512$

$(a-b)(b-c)(c-a) = 0$인 사건을 A라 하면 A^C는 a, b, c가 모두 다른 수인 사건이다.

a, b, c가 모두 다른 수인 경우의 수는 ${}_8P_3 = 336$이므로

$P(A^C) = \dfrac{336}{512} = \dfrac{21}{32}$

따라서 구하는 확률은

$P(A) = 1 - P(A^C) = 1 - \dfrac{21}{32} = \dfrac{11}{32}$

0641 답 ⑤

6개의 공을 2개씩 상자 3개에 나누어 넣는 경우의 수는

${}_6C_2 \times {}_4C_2 \times {}_2C_2 \times \dfrac{1}{3!} = 15$

2개의 검은 공을 서로 다른 상자에 넣는 사건을 A라 하면 A^C는 2개의 검은 공을 같은 상자에 넣는 사건이다.

2개의 검은 공을 같은 상자에 넣는 경우의 수는

${}_4C_2 \times {}_2C_2 \times \dfrac{1}{2!} = 3$이므로

→ 서로 다른 흰 공 4개를 2개의 상자에 나누어 넣는 경우의 수

$P(A^C) = \dfrac{3}{15} = \dfrac{1}{5}$

따라서 구하는 확률은

$P(A) = 1 - P(A^C) = 1 - \dfrac{1}{5} = \dfrac{4}{5}$

0642 답 ④

여섯 개의 문자 A, U, G, U, S, T를 일렬로 나열하는 경우의 수는 $\dfrac{6!}{2!} = 360$

A가 G보다 왼쪽에 오거나 G가 S보다 왼쪽에 오도록 나열하는 사건을 A라 하면 A^C는 A가 G보다 오른쪽에 오고 G가 S보다 오른쪽에 오도록 나열하는 사건이다.

3개의 문자 A, G, S를 모두 X로 생각하여 여섯 개의 문자 X, X, X, U, U, T를 일렬로 나열한 후 세 개의 X를 왼쪽부터 차례대로 S, G, A로 바꾸면 된다.

이때 X, X, X, U, U, T를 일렬로 나열하는 경우의 수는

$\dfrac{6!}{3! \times 2!} = 60$이므로

$P(A^C) = \dfrac{60}{360} = \dfrac{1}{6}$

따라서 구하는 확률은

$P(A) = 1 - P(A^C) = 1 - \dfrac{1}{6} = \dfrac{5}{6}$

0643 답 229

원소의 개수가 2 이상인 부분집합의 개수는

$$_7C_2 + {_7C_3} + {_7C_4} + {_7C_5} + {_7C_6} + {_7C_7} = 2^7 - ({_7C_0} + {_7C_1})$$
$$= 128 - (1+7) = 120$$

부분집합의 모든 원소의 곱이 짝수인 사건을 A라 하면 A^C는 부분집합의 모든 원소의 곱이 홀수인 사건이다.

부분집합의 모든 원소의 곱이 홀수가 되는 경우는 부분집합의 모든 원소가 홀수인 경우이므로 집합 $\{1, 3, 5, 7\}$의 부분집합 중 원소가 2개 이상인 부분집합의 개수는

$$_4C_2 + {_4C_3} + {_4C_4} = 6+4+1 = 11$$

$$\therefore \mathrm{P}(A^C) = \frac{11}{120}$$

$$\therefore \mathrm{P}(A) = 1 - \mathrm{P}(A^C) = 1 - \frac{11}{120} = \frac{109}{120}$$

따라서 $p=120$, $q=109$이므로

$$p+q = 120 + 109 = 229$$

개념 Check

$$_nC_0 + {_nC_1} + {_nC_2} + \cdots + {_nC_n} = 2^n$$

0644 답 ⑤

8명 중 5명을 뽑는 경우의 수는 $_8C_5 = {_8C_3} = 56$

A 또는 B가 뽑히는 사건을 A라 하면 A^C는 A, B가 모두 뽑히지 않는 사건이다.

A, B가 모두 뽑히지 않는 경우의 수는 A, B를 제외한 나머지 6명 중에서 5명을 뽑는 경우의 수이므로

$$_6C_5 = {_6C_1} = 6$$

$$\therefore \mathrm{P}(A^C) = \frac{6}{56} = \frac{3}{28}$$

따라서 구하는 확률은

$$\mathrm{P}(A) = 1 - \mathrm{P}(A^C) = 1 - \frac{3}{28} = \frac{25}{28}$$

0645 답 ⑤

한 개의 주사위를 두 번 던질 때, 나오는 모든 경우의 수는

$$_6\Pi_2 = 6^2 = 36$$

두 수 a, b의 최대공약수가 홀수인 사건을 A라 하면 A^C는 a, b의 최대공약수가 짝수인 사건이다.

두 수 a, b의 최대공약수가 짝수이면 a, b 모두 짝수이고 이 경우의 수는 $_3\Pi_2 = 3^2 = 9$이므로

$$\mathrm{P}(A^C) = \frac{9}{36} = \frac{1}{4}$$

따라서 구하는 확률은

$$\mathrm{P}(A) = 1 - \mathrm{P}(A^C) = 1 - \frac{1}{4} = \frac{3}{4}$$

0646 답 47

3개의 공이 들어 있는 주머니에서 임의로 한 개의 공을 꺼내어 공에 적혀 있는 수를 확인한 후 다시 넣는 시행을 5번 반복할 때, 모든 경우의 수는 $_3\Pi_5 = 3^5 = 243$

확인한 5개의 수의 곱이 6의 배수인 사건을 A라 하면 A^C는 확인한 5개의 수의 곱이 6의 배수가 아닌 사건이다.

(i) 한 개의 숫자만 나오는 경우

　이 경우의 수는 3

(ii) 두 개의 숫자가 나오는 경우

　1, 2가 적혀 있는 공만 나오는 경우의 수는 $_2\Pi_5 - 2 = 30$,

　1, 3이 적혀 있는 공만 나오는 경우의 수는 $_2\Pi_5 - 2 = 30$

　이므로 이 경우의 수는 $30+30 = 60$

> 한 가지 숫자만 나오는 경우를 제외한다.

(i), (ii)에서 $\mathrm{P}(A^C) = \dfrac{3+60}{243} = \dfrac{7}{27}$이므로

$$\mathrm{P}(A) = 1 - \mathrm{P}(A^C) = 1 - \frac{7}{27} = \frac{20}{27}$$

따라서 $p=27$, $q=20$이므로

$$p+q = 27+20 = 47$$

실수 Check

5개의 수의 곱이 6의 배수가 아닌 경우는 한 개의 숫자만 나오는 경우, 두 개의 숫자 1, 2가 나오는 경우, 두 개의 숫자 1, 3이 나오는 경우이다. 이때 두 개의 숫자 2, 3이 나오는 경우는 항상 6의 배수가 되므로 A^C에서는 제외해야 함에 주의한다.

Plus 문제

0646-1

숫자 2, 3, 5가 하나씩 적혀 있는 3개의 공이 들어 있는 주머니가 있다. 이 주머니에서 임의로 한 개의 공을 꺼내어 공에 적혀 있는 수를 확인한 후 다시 넣는 시행을 한다. 이 시행을 4번 반복하여 확인한 4개의 수의 곱이 10의 배수일 확률을 구하시오.

3개의 공이 들어 있는 주머니에서 임의로 한 개의 공을 꺼내어 공에 적혀 있는 수를 확인한 후 다시 넣는 시행을 4번 반복할 때, 모든 경우의 수는 $_3\Pi_4 = 3^4 = 81$

확인한 4개의 수의 곱이 10의 배수인 사건을 A라 하면 A^C는 확인한 4개의 수의 곱이 10의 배수가 아닌 사건이다.

(i) 한 개의 숫자만 나오는 경우

　이 경우의 수는 3

(ii) 두 개의 숫자가 나오는 경우

　2, 3이 적혀 있는 공만 나오는 경우의 수는 $_2\Pi_4 - 2 = 14$,

　3, 5가 적혀 있는 공만 나오는 경우의 수는 $_2\Pi_4 - 2 = 14$

　이므로 이 경우의 수는 $14+14 = 28$

(i), (ii)에서 $\mathrm{P}(A^C) = \dfrac{3+28}{81} = \dfrac{31}{81}$

따라서 구하는 확률은

$$\mathrm{P}(A) = 1 - \mathrm{P}(A^C) = 1 - \frac{31}{81} = \frac{50}{81}$$

답 $\dfrac{50}{81}$

0647 답 ②

유형 23

그림과 같이 원 위에 8개의 점이 일정한 간격으로 놓여 있다. 이 8개의 점 중에서 임의로 3개의 점을 택하여 만든 삼각형이 직각삼각형 일 확률은?

① $\dfrac{11}{28}$ ② $\dfrac{3}{7}$

③ $\dfrac{13}{28}$ ④ $\dfrac{1}{2}$ ⑤ $\dfrac{15}{28}$

단서1 모든 경우의 수는 $_8C_3$
단서2 원의 지름이 직각삼각형의 한 변

STEP1 8개의 점 중에서 3개의 점을 택하는 모든 경우의 수 구하기

만들 수 있는 삼각형의 개수는 8개의 점 중에서 3개의 점을 택하는 경우의 수이므로 $_8C_3=56$

STEP2 직각삼각형의 개수 구하기

그림과 같이 하나의 지름에 대하여 지름의 양 끝 점을 제외한 나머지 6개의 점 중 한 점을 연결하면 직각삼각형이 만들어진다.

8개의 점으로 만들 수 있는 지름의 개수는 4이므로 만들 수 있는 직각삼각형의 개수는
$4 \times 6 = 24$

STEP3 확률 구하기

구하는 확률은 $\dfrac{24}{56}=\dfrac{3}{7}$

개념 Check

반원에 대한 원주각의 크기는 90°이므로 원의 지름의 양 끝 점과 원 위의 다른 한 점을 택할 때 직각삼각형을 만들 수 있다.

0648 답 ②

만들 수 있는 삼각형의 개수는 6개의 점 중에서 3개의 점을 택하는 경우의 수이므로 $_6C_3=20$

그림과 같이 정삼각형은 꼭짓점 사이의 간격이 각각 2칸, 2칸, 2칸인 삼각형이므로 그 개수는 2

따라서 구하는 확률은 $\dfrac{2}{20}=\dfrac{1}{10}$

0649 답 ③

점 S의 모든 좌표의 개수는 $6 \times 6 = 36$

(i) $\overline{OS}=\overline{RS}$인 경우

점 S의 좌표는 (5, 1),
(5, 2), (5, 3), (5, 4),
(5, 5), (5, 6)의 6개

(ii) $\overline{RO}=\overline{RS}$인 경우

점 S의 좌표는 (2, 6)의 1개

따라서 구하는 확률은 $\dfrac{6+1}{36}=\dfrac{7}{36}$

실수 Check

(i)에서 $\overline{OR}$의 수직이등분선 위의 점에서 점 O와 점 R에 이르는 거리가 같음을 이용하여 점 S를 찾으면 된다.

0650 답 ④

한 개의 주사위를 던질 때, 나오는 모든 경우의 수는 6

함수 $f(x)=x^2-3x+a\left(x \geq \dfrac{3}{2}\right)$의 그래프와 그 역함수 $y=f^{-1}(x)$의 그래프가 만나려면 함수 $f(x)$의 그래프와 직선 $y=x$가 만나야 한다.

즉, x에 대한 방정식 $x^2-3x+a=x$가 실근을 가져야 하므로 방정식 $x^2-4x+a=0$의 판별식을 D라 하면

$\dfrac{D}{4}=(-2)^2-a \geq 0$ ∴ $a \leq 4$

즉, a는 1, 2, 3, 4의 4개

따라서 구하는 확률은 $\dfrac{4}{6}=\dfrac{2}{3}$

0651 답 43

7개의 점으로 만들 수 있는 삼각형의 개수는

$_7C_3-_3C_3-_4C_3=35-1-4=30$ ┐ 직선 l 위 3개의 점, 직선 m 위 4개의 점으로는 삼각형을 만들 수 없다.

높이가 2이므로 넓이가 2 이상인 삼각형이 되려면 밑변의 길이가 2 이상이어야 한다.

(i) 직선 l 위에 있는 두 점, 직선 m 위에 있는 한 점을 택하는 경우
직선 l에서 거리가 2 이상인 두 점을 택하는 경우의 수는 1,
직선 m에서 한 점을 택하는 경우의 수는 $_4C_1=4$이므로
넓이가 2 이상인 삼각형의 개수는 $1 \times 4 = 4$

(ii) 직선 l 위에 있는 한 점, 직선 m 위에 있는 두 점을 택하는 경우
직선 m에서 거리가 2 이상인 두 점을 택하는 경우의 수는 3,
직선 l에서 한 점을 택하는 경우의 수는 $_3C_1=3$이므로
넓이가 2 이상인 삼각형의 개수는 $3 \times 3 = 9$

따라서 삼각형의 넓이가 2 이상일 확률은 $\dfrac{4+9}{30}=\dfrac{13}{30}$이므로

$p=30$, $q=13$ ∴ $p+q=30+13=43$

0652 답 $\dfrac{26}{27}$

한 개의 주사위를 3번 던질 때, 나오는 모든 모든 경우의 수는
$_6\Pi_3=6^3=216$

$n(A \cap B)=1$이므로 직선 $ax+by+1=0$과 직선 $cx+ay+1=0$이 오직 한 점에서 만난다.

따라서 두 직선의 기울기 $-\dfrac{a}{b}$와 $-\dfrac{c}{a}$가 서로 달라야 하므로

$-\dfrac{a}{b} \neq -\dfrac{c}{a}$에서 $a^2 \neq bc$이다.

$a^2 \neq bc$인 사건을 A라 하면 A^C는 $a^2=bc$인 사건이다.

이때 $a^2=bc$를 만족시키는 순서쌍 (a, b, c)는
(1, 1, 1), (2, 1, 4), (2, 2, 2), (2, 4, 1), (3, 3, 3), (4, 4, 4), (5, 5, 5), (6, 6, 6)의 8개이므로

$P(A^C)=\dfrac{8}{216}=\dfrac{1}{27}$

따라서 구하는 확률은
$$P(A)=1-P(A^C)$$
$$=1-\frac{1}{27}=\frac{26}{27}$$

0653 답 ④

정육면체에서 두 점을 택하는 모든 경우의 수는 $_8C_2=28$

두 점을 연결한 선분의 길이가 무리수인 사건을 A라 하면 A^C는 두 점을 연결한 선분의 길이가 유리수인 사건이다.

이때 두 점을 연결한 선분이 정육면체의 모서리일 때 선분의 길이가 유리수이므로 두 점을 연결한 선분이 정육면체의 모서리인 경우의 수는 12

$$\therefore P(A^C)=\frac{12}{28}=\frac{3}{7}$$

따라서 구하는 확률은
$$P(A)=1-P(A^C)$$
$$=1-\frac{3}{7}=\frac{4}{7}$$

다른 풀이

정육면체에서 두 점을 택하는 모든 경우의 수는 $_8C_2=28$

(i) 선분의 길이가 $\sqrt{2}$인 경우의 수는 $2\times6=12$ ── 정육면체의 한 면인 정사각형의 대각선의 길이는 $\sqrt{2}$ 이고 대각선은 한 면에 2개씩 있다.

(ii) 선분의 길이가 $\sqrt{3}$인 경우의 수는 4

따라서 구하는 확률은 $\frac{12+4}{28}=\frac{4}{7}$

0654 답 ⑤

두 조건 (가), (나)를 만족시키는 12개의 점 중에서 2개의 점을 선택하는 경우의 수는 $_{12}C_2=66$

선택된 두 점 사이의 거리가 1보다 큰 사건을 A라 하면 A^C는 선택된 두 점 사이의 거리가 1인 사건이다.

이때 두 점 사이의 거리가 1이 되도록 두 점을 선택하는 경우는 다음과 같다.

(i) 두 점을 연결한 선분이 x축과 평행한 경우

직선 $y=1$ 또는 $y=2$ 또는 $y=3$ 위에 있는 이웃하는 두 점을 선택하는 경우의 수이므로 $3\times3=9$

(ii) 두 점을 연결한 선분이 y축과 평행한 경우

직선 $x=1$ 또는 $x=2$ 또는 $x=3$ 또는 $x=4$ 위에 있는 이웃하는 두 점을 선택하는 경우의 수이므로 $4\times2=8$

(i), (ii)에서 $P(A^C)=\frac{9+8}{66}=\frac{17}{66}$

따라서 구하는 확률은
$$P(A)=1-P(A^C)$$
$$=1-\frac{17}{66}=\frac{49}{66}$$

실수 Check

선택한 두 점 사이의 거리가 1보다 큰 사건이 A이면 A^C는 선택한 두 점 사이의 거리가 1보다 작거나 같은 사건이다. 이때 두 점 사이의 거리가 1보다 작은 경우는 없으므로 두 점 사이의 거리가 1인 경우만 생각하면 된다.

0655 답 (1) 60 (2) 6 (3) 1 (4) 홀수 (5) 18 (6) $\frac{3}{10}$

STEP1 a, b, c의 모든 순서쌍 (a, b, c)의 개수 구하기 [1점]

a, b, c의 모든 순서쌍 (a, b, c)의 개수는 $_5P_3=\boxed{60}$

STEP2 $a+bc$가 짝수인 순서쌍 (a, b, c)의 개수 구하기 [4점]

$a+bc$가 짝수인 a, b, c의 순서쌍 (a, b, c)는 다음과 같다.

(i) (홀수, 홀수, 홀수)인 경우

순서쌍 (a, b, c)의 개수는 $3\times2\times1=\boxed{6}$

(ii) (짝수, 홀수, 짝수)인 경우

순서쌍 (a, b, c)의 개수는 $2\times3\times\boxed{1}=6$

(iii) (짝수, 짝수, $\boxed{홀수}$)인 경우

순서쌍 (a, b, c)의 개수는 $2\times1\times3=6$

(i)~(iii)에서 $a+bc$가 짝수인 a, b, c의 순서쌍 (a, b, c)의 개수는 $\boxed{18}$이다.

STEP3 확률 구하기 [1점]

구하는 확률은 $\boxed{\dfrac{3}{10}}$

오답 분석

전체 : $5^3=125$

(홀, 홀, 홀) : $3^3=27$
(짝, 홀, 짝) : $3\times2^2=12$
(짝, 짝, 홀) : $3\times2^2=12$ } 59
(짝, 짝, 짝) : $2^3=8$

→ 꺼낸 공을 다시 넣는 경우로 잘못 구함

$\therefore \dfrac{59}{125}$

▶ 6점 중 0점 얻음.

꺼낸 공을 다시 넣을 경우에는 지금의 풀이가 맞지만 문제에서 꺼낸 공을 다시 넣지 않는다는 조건이 주어졌으므로 순열을 이용해야 한다.

0656 답 $\frac{13}{35}$

STEP1 a, b, c의 모든 순서쌍 (a, b, c)의 개수 구하기 [1점]

a, b, c의 모든 순서쌍 (a, b, c)의 개수는 $_7P_3=210$

STEP2 $a+bc$가 짝수인 순서쌍 (a, b, c)의 개수 구하기 [5점]

$a+bc$가 짝수인 a, b, c의 순서쌍 (a, b, c)는 다음과 같다.

(i) (홀수, 홀수, 홀수)인 경우

순서쌍 (a, b, c)의 개수는 $4\times3\times2=24$ ······ ⓐ

(ii) (짝수, 홀수, 짝수)인 경우

순서쌍 (a, b, c)의 개수는 $3\times4\times2=24$ ······ ⓐ

(iii) (짝수, 짝수, 홀수)인 경우

순서쌍 (a, b, c)의 개수는 $3\times2\times4=24$ ······ ⓐ

(iv) (짝수, 짝수, 짝수)인 경우

순서쌍 (a, b, c)의 개수는 $3\times2\times1=6$ ······ ⓐ

(i)~(iv)에서 $a+bc$가 짝수인 a, b, c의 순서쌍 (a, b, c)의 개수는 $24+24+24+6=78$

STEP 3 확률 구하기 [1점]

구하는 확률은 $\dfrac{78}{210}=\dfrac{13}{35}$

부분점수표	
ⓐ (i), (ii), (iii), (iv) 중에서 일부를 구한 경우	각 1점

0657 답 $\dfrac{36}{125}$

STEP 1 a, b, c의 모든 순서쌍 (a, b, c)의 개수 구하기 [1점]

a, b, c의 모든 순서쌍 (a, b, c)의 개수는 $_5\Pi_3=5^3=125$

STEP 2 $(a+b)c$가 홀수인 순서쌍 (a, b, c)의 개수 구하기 [5점]

$(a+b)c$가 홀수인 a, b, c의 순서쌍 (a, b, c)는 다음과 같다.
(i) (홀수, 짝수, 홀수)인 경우
　　순서쌍 (a, b, c)의 개수는 $3\times2\times3=18$ ⋯⋯ ⓐ
(ii) (짝수, 홀수, 홀수)인 경우
　　순서쌍 (a, b, c)의 개수는 $2\times3\times3=18$ ⋯⋯ ⓐ
(i), (ii)에서 $(a+b)c$가 홀수인 a, b, c의 순서쌍 (a, b, c)의 개수는 $18+18=36$

STEP 3 확률 구하기 [1점]

구하는 확률은 $\dfrac{36}{125}$

부분점수표	
ⓐ (i), (ii) 중에서 하나만 구한 경우	2점

0658 답 (1) 70 (2) 짝수 (3) 36 (4) 1 (5) 1 (6) $\dfrac{19}{35}$

STEP 1 8개의 공을 두 사람에게 4개씩 나누어 주는 모든 경우의 수 구하기 [1점]

8개의 공을 두 사람에게 4개씩 나누어 주는 경우의 수는
$_8C_4\times_4C_4=\boxed{70}$

STEP 2 두 사람이 각각 받은 공에 적힌 수의 합이 짝수인 경우의 수 구하기 [4점]

$(1+2+\cdots+8)$이 짝수이므로 A가 받은 공에 적힌 수의 합이 짝수이면 B가 받은 공에 적힌 수의 합도 $\boxed{짝수}$이다. 이때 A가 받은 공에 적힌 수의 합이 짝수인 경우는 다음과 같다.
(i) 홀수가 적힌 공이 2개, 짝수가 적힌 공이 2개인 경우의 수는
$_4C_2\times_4C_2=\boxed{36}$
(ii) 홀수가 적힌 공이 4개인 경우의 수는 $_4C_4\times_4C_0=\boxed{1}$
(iii) 짝수가 적힌 공이 4개인 경우의 수는 $_4C_0\times_4C_4=\boxed{1}$

STEP 3 확률 구하기 [1점]

구하는 확률은 $\dfrac{36+1+1}{70}=\boxed{\dfrac{19}{35}}$

실제 답안 예시

전체 : $_8C_4\times_4C_4=\dfrac{8\times7\times6\times5}{4\times3\times2\times1}=70$

A　　B
홀4　짝4 ⟶ 1
짝4　홀4 ⟶ 1
(홀2, 짝2) (홀2, 짝2) ⟶ $_4C_2\times_4C_2=36$

$\therefore \dfrac{38}{70}=\dfrac{19}{35}$

0659 답 $\dfrac{2}{5}$

STEP 1 6개의 공 중에서 3개의 공을 꺼내는 모든 경우의 수 구하기 [1점]

6개의 공 중에서 3개의 공을 꺼내는 경우의 수는 $_6C_3=20$

STEP 2 꺼낸 공에 적힌 세 수의 합과 상자에 남은 공에 적힌 세 수의 합이 모두 홀수인 경우의 수 구하기 [4점]

6개의 공에 적힌 수의 합이 짝수이므로 꺼낸 공에 적힌 세 수의 합이 홀수이면 상자에 남은 공에 적힌 세 수의 합도 홀수이다.
이때 꺼낸 공에 적힌 세 수의 합이 홀수인 경우는 다음과 같다.
(i) 홀수가 적힌 공이 1개, 짝수가 적힌 공이 2개인 경우의 수는
$_4C_1\times_2C_2=4$ ⋯⋯ ⓐ
(ii) 홀수가 적힌 공이 3개인 경우의 수는 $_4C_3=4$ ⋯⋯ ⓐ

STEP 3 확률 구하기 [1점]

구하는 확률은 $\dfrac{4+4}{20}=\dfrac{2}{5}$

부분점수표	
ⓐ (i), (ii) 중에서 하나만 구한 경우	2점

0660 답 $\dfrac{15}{31}$

STEP 1 6개의 공을 서로 구별이 되지 않는 두 개의 상자에 나누어 담는 모든 경우의 수 구하기 [4점]

6개의 공을 서로 구별이 되지 않는 두 개의 상자에 나누어 담는 경우는 다음과 같다.
(i) 1개, 5개씩 나누어 담는 경우의 수는 $_6C_1\times_5C_5=6$ ⋯⋯ ⓐ
(ii) 2개, 4개씩 나누어 담는 경우의 수는 $_6C_2\times_4C_4=15$ ⋯⋯ ⓐ
(iii) 3개, 3개씩 나누어 담는 경우의 수는 $_6C_3\times_3C_3\times\dfrac{1}{2!}=10$ ⋯⋯ ⓐ

(i)~(iii)에서 6개의 공을 서로 구별이 되지 않는 두 개의 상자에 나누어 담는 경우의 수는 $6+15+10=31$

STEP 2 각 상자에 담긴 공에 적힌 수의 합이 모두 짝수인 경우의 수 구하기 [3점]

6개의 공에 적힌 수의 합이 $1+2+3+4+6+12=28$, 즉 짝수이므로 한 상자에 담긴 공에 적힌 수의 합이 짝수이면 다른 상자에 담긴 공에 적힌 수의 합도 짝수이다.
이때 각 상자에 담긴 공에 적힌 수의 합이 모두 짝수인 경우는 다음과 같다.
(iv) 1개, 5개씩 나누어 담을 때
　　1개만 담는 상자에 있는 공에 적힌 수는 짝수이어야 하므로 경우의 수는 $_4C_1=4$ ⋯⋯ ⓑ
(v) 2개, 4개씩 나누어 담을 때
　　2개만 담는 상자에 있는 공에 적힌 수는 모두 홀수이거나 모두 짝수이어야 하므로 경우의 수는 $_2C_2+_4C_2=7$ ⋯⋯ ⓑ
(vi) 3개, 3개씩 나누어 담을 때
　　한 상자에는 홀수가 적힌 공 2개, 짝수가 적힌 공 1개를 담아야 하므로 경우의 수는 $_2C_2\times_4C_1=4$ ⋯⋯ ⓑ

STEP 3 확률 구하기 [1점]

구하는 확률은 $\dfrac{4+7+4}{31}=\dfrac{15}{31}$

0661 답 $\dfrac{3}{11}$

STEP 1 12개의 공을 서로 구별이 되지 않는 세 개의 상자에 각각 4개씩 나누어 담는 모든 경우의 수 구하기 [1점]

12개의 공을 4개, 4개, 4개로 나누는 경우의 수는

$_{12}C_4 \times _8C_4 \times _4C_4 \times \dfrac{1}{3!} = 5775$

STEP 2 각 상자에 담긴 공에 적힌 수의 합이 모두 짝수인 경우의 수 구하기 [7점]

각 상자에 담긴 공에 적힌 수의 합이 모두 짝수인 경우는 다음과 같다.

(i) 세 상자에 모두 홀수를 2개씩, 짝수를 2개씩 나누어 담는 경우

6개의 홀수를 2개, 2개, 2개로 나누는 경우의 수는

$_6C_2 \times _4C_2 \times _2C_2 \times \dfrac{1}{3!} = 15$

6개의 짝수를 2개, 2개, 2개로 나누는 경우의 수는

$_6C_2 \times _4C_2 \times _2C_2 \times \dfrac{1}{3!} = 15$

같은 상자에 담을 홀수 2개와 짝수 2개를 짝 짓는 경우의 수는

$3! = 6$

따라서 세 상자에 모두 홀수를 2개씩, 짝수를 2개씩 나누어 담는 경우의 수는 $15 \times 15 \times 6 = 1350$ ...... ⓐ

(ii) 세 상자에 각각 홀수 2개와 짝수 2개, 홀수 4개, 짝수 4개로 나누어 담는 경우

같은 상자에 담을 홀수 2개, 짝수 2개만 뽑으면 되므로 경우의 수는 $_6C_2 \times _6C_2 = 15 \times 15 = 225$ ...... ⓑ

STEP 3 확률 구하기 [1점]

구하는 확률은 $\dfrac{1350 + 225}{5775} = \dfrac{1575}{5775} = \dfrac{3}{11}$

0662 답 (1) 6 (2) 5 (3) 2 (4) $\dfrac{1}{3}$ (5) $\dfrac{1}{3}$ (6) $\dfrac{2}{3}$

STEP 1 6개의 문자를 일렬로 나열하는 모든 경우의 수 구하기 [1점]

6개의 문자를 일렬로 나열하는 경우의 수는 $\boxed{6}! = 720$

STEP 2 여사건의 확률 구하기 [4점]

두 모음 u, a 사이에 적어도 한 개의 자음이 있는 사건을 A라 하면 A^c는 두 모음 u, a가 이웃하는 사건이다.

u, a를 한 개의 문자로 생각하고 일렬로 나열하는 경우의 수는 $\boxed{5}! = 120$

u, a가 서로 자리를 바꾸는 경우의 수는 $\boxed{2}$

$\therefore P(A^c) = \dfrac{120 \times 2}{720} = \boxed{\dfrac{1}{3}}$

STEP 3 확률 구하기 [1점]

구하는 확률은

$P(A) = 1 - P(A^c) = 1 - \boxed{\dfrac{1}{3}} = \boxed{\dfrac{2}{3}}$

실제 답안 예시

모음 이웃 : $\dfrac{5! \times 2}{6!} = \dfrac{1}{3}$

$\therefore 1 - \dfrac{1}{3} = \dfrac{2}{3}$

0663 답 $\dfrac{5}{7}$

STEP 1 7개의 문자를 일렬로 나열하는 모든 경우의 수 구하기 [1점]

student에 있는 7개의 문자를 일렬로 나열하는 경우의 수는

$\dfrac{7!}{2!} = 2520$

STEP 2 여사건의 확률 구하기 [4점]

두 모음 u, e 사이에 적어도 한 개의 자음이 있는 사건을 A라 하면 A^c는 두 모음 u, e가 이웃하는 사건이다. ...... ⓐ

u, e를 한 개의 문자 x로 생각하여 x, s, t, d, n, t의 6개의 문자를 일렬로 나열하는 경우의 수는 $\dfrac{6!}{2!} = 360$

u, e가 서로 자리를 바꾸는 경우의 수는 2

$\therefore P(A^c) = \dfrac{360 \times 2}{2520} = \dfrac{2}{7}$

STEP 3 확률 구하기 [1점]

구하는 확률은

$P(A) = 1 - P(A^c) = 1 - \dfrac{2}{7} = \dfrac{5}{7}$

0664 답 $\dfrac{9}{14}$

STEP 1 8개의 문자를 일렬로 나열하는 모든 경우의 수 구하기 [1점]

calculus에 있는 8개의 문자를 일렬로 나열하는 경우의 수는

$\dfrac{8!}{2! \times 2! \times 2!} = 5040$

STEP 2 여사건의 확률 구하기 [6점]

적어도 두 개의 모음이 이웃하는 사건을 A라 하면 A^c는 모든 모음이 이웃하지 않는 사건이다. ...... ⓐ

이때 모음을 제외한 5개의 자음 c, l, c, l, s를 일렬로 나열하는 경우의 수는 $\dfrac{5!}{2! \times 2!} = 30$

c, l, c, l, s의 사이사이 또는 양 끝의 6개의 자리 중 모음이 올 자리를 정하는 경우의 수는 $_6C_3 = 20$

정해진 모음의 자리에 대하여 3개의 모음 a, u, u를 나열하는 경우의 수는 $\dfrac{3!}{2!} = 3$

$\therefore P(A^c) = \dfrac{30 \times 20 \times 3}{5040} = \dfrac{5}{14}$

STEP 3 확률 구하기 [1점]

구하는 확률은

$$P(A)=1-P(A^C)=1-\frac{5}{14}=\frac{9}{14}$$

부분점수표	
ⓐ A의 여사건 A^C를 구한 경우	1점

0665 답 $\dfrac{34}{35}$

STEP 1 8개의 숫자 1, 1, 1, 2, 2, 3, 4, 4를 일렬로 나열하는 모든 경우의 수 구하기 [1점]

8개의 숫자 1, 1, 1, 2, 2, 3, 4, 4를 일렬로 나열하는 경우의 수는

$$\frac{8!}{3!\times2!\times2!}=1680$$

STEP 2 여사건의 확률 구하기 [6점]

이웃하는 두 수의 합이 짝수인 곳이 적어도 한 곳 있도록 나열하는 사건을 A라 하면 A^C는 이웃하는 두 수의 합이 모두 홀수인 사건이다. ······ ⓐ

이때 이웃하는 두 수의 합이 모두 홀수이려면 홀수와 짝수가 교대로 나열되어야 한다.

즉, '홀짝홀짝홀짝홀짝'의 순서로 나열되거나 '짝홀짝홀짝홀짝홀'의 순서로 나열되어야 한다.

4개의 홀수 1, 1, 1, 3을 나열하는 경우의 수는 $\dfrac{4!}{3!}=4$

4개의 짝수 2, 2, 4, 4를 나열하는 경우의 수는 $\dfrac{4!}{2!\times2!}=6$

$$\therefore P(A^C)=\frac{2\times4\times6}{1680}=\frac{1}{35}$$

STEP 3 확률 구하기 [1점]

구하는 확률은

$$P(A)=1-P(A^C)=1-\frac{1}{35}=\frac{34}{35}$$

부분점수표	
ⓐ A의 여사건 A^C를 구한 경우	1점

실력  **실전 마무리하기 1회**   140쪽~144쪽

1 0666   답 ②   유형 1

출제의도 | 서로 배반인 두 사건을 찾을 수 있는지 확인한다.

> A, B, C를 구하고 교집합이 공집합인지 조사해 보자.

$A=\{1, 2, 3, 4, 6, 12\}$, $B=\{2, 3, 5, 7, 11\}$, $C=\{5, 10\}$이므로 $A\cap B=\{2, 3\}$, $A\cap C=\varnothing$, $B\cap C=\{5\}$

따라서 두 사건 A와 C는 서로 배반사건이다.

2 0667   답 ④   유형 2

출제의도 | 수학적 확률을 구할 수 있는지 확인한다.

> 눈의 수의 합이 6인 경우의 수를 구해 보자.

세 개의 주사위를 동시에 던질 때, 나오는 모든 경우의 수는

$6\times6\times6=216$

세 눈의 수의 합이 6인 경우는

$(1, 1, 4)$, $(1, 4, 1)$, $(4, 1, 1)$, $(1, 2, 3)$, $(1, 3, 2)$,
$(2, 1, 3)$, $(2, 3, 1)$, $(3, 1, 2)$, $(3, 2, 1)$, $(2, 2, 2)$

의 10개

따라서 구하는 확률은 $\dfrac{10}{216}=\dfrac{5}{108}$

3 0668   답 ⑤   유형 2

출제의도 | 수학적 확률을 구할 수 있는지 확인한다.

> $a<b$를 만족시키는 순서쌍 (a, b)의 개수를 구해 보자.

한 개의 주사위를 두 번 던질 때, 나오는 모든 경우의 수는

$_6\Pi_2=6^2=36$

$a<b$를 만족시키는 순서쌍 (a, b)는

$(1, 2)$, $(1, 3)$, $(1, 4)$, $(1, 5)$, $(1, 6)$,
$(2, 3)$, $(2, 4)$, $(2, 5)$, $(2, 6)$,
$(3, 4)$, $(3, 5)$, $(3, 6)$,
$(4, 5)$, $(4, 6)$,
$(5, 6)$

의 15개

따라서 구하는 확률은 $\dfrac{15}{36}=\dfrac{5}{12}$

4 0669   답 ③   유형 2

출제의도 | 수학적 확률을 구할 수 있는지 확인한다.

> 세 수 a, b, c가 이 순서대로 등비수열을 이루면 $b^2=ac$임을 이용해 보자.

1부터 10까지의 자연수 중에서 서로 다른 세 수를 택하는 경우의 수는 $_{10}C_3=120$

세 수가 나열된 순서대로 등비수열을 이루는 경우는

$(1, 2, 4)$, $(1, 3, 9)$, $(2, 4, 8)$, $(4, 6, 9)$

의 4개

따라서 구하는 확률은 $\dfrac{4}{120}=\dfrac{1}{30}$

5 0670   답 ②   유형 3

출제의도 | 순열을 이용하여 확률을 구할 수 있는지 확인한다.

> 양 끝에 모음 U, E를 나열한 후, 나머지 문자 4개를 나열하는 경우의 수를 구해 보자.

6개의 문자 N, U, M, B, E, R를 일렬로 나열하는 경우의 수는 $6!=720$

양 끝에 모음 U, E를 나열하는 경우의 수는 $2!=2$

나머지 문자 4개를 일렬로 나열하는 경우의 수는 $4!=24$

즉, 양 끝에 모음이 오는 경우의 수는 $2\times24=48$

따라서 구하는 확률은 $\dfrac{48}{720}=\dfrac{1}{15}$

6 0671 답 ① 〔유형 6〕

출제의도 | 같은 것이 있는 순열을 이용하여 확률을 구할 수 있는지 확인한다.

> 모든 모음이 이웃하는 경우의 수를 구하려면 O, O, O, O를 한 문자로 생각하여 일렬로 나열하여 보자.

Z, O, O, M, B, O, O, M을 일렬로 나열하는 경우의 수는

$$\frac{8!}{4! \times 2!} = 840$$

모든 모음이 이웃하는 경우의 수는 O, O, O, O를 한 문자로 생각하여 5개의 문자를 일렬로 나열하는 경우의 수와 같으므로

$$\frac{5!}{2!} = 60$$

따라서 구하는 확률은 $\dfrac{60}{840} = \dfrac{1}{14}$

7 0672 답 ① 〔유형 6〕

출제의도 | 같은 것이 있는 순열을 이용하여 확률을 구할 수 있는지 확인한다.

> 가능한 네 개의 수를 분류하고, 각각의 경우의 수를 구해 보자.

4명의 학생이 주사위를 한 번씩 던질 때, 나오는 모든 경우의 수는

$$_6\Pi_4 = 6^4 = 1296$$

(i) 네 개의 수가 2, 2, 4, 6인 경우

　2, 2, 4, 6을 일렬로 나열하여 차례로 A, B, C, D가 주사위를 던져서 나온 눈의 수로 생각하면 되므로 경우의 수는

　$$\frac{4!}{2!} = 12$$

(ii) 네 개의 수가 2, 4, 4, 6인 경우

　(i)과 마찬가지로 경우의 수는 12

(iii) 네 개의 수가 2, 4, 6, 6인 경우

　(i)과 마찬가지로 경우의 수는 12

(i)~(iii)에서 조건 ㈎, ㈏를 만족시키는 경우의 수는

12+12+12=36

따라서 구하는 확률은 $\dfrac{36}{1296} = \dfrac{1}{36}$

8 0673 답 ② 〔유형 13〕

출제의도 | 통계적 확률을 구할 수 있는지 확인한다.

> 전체 학생 수를 분모로 하고, 겨울에 태어난 학생 수를 분자로 하여 확률을 구해 보자.

전체 학생 수는 11+9+4+6=30이고,
겨울에 태어난 학생 수는 6이므로

구하는 확률은 $\dfrac{6}{30} = \dfrac{1}{5}$

9 0674 답 ② 〔유형 15〕

출제의도 | 확률의 덧셈정리를 이용하여 확률을 구할 수 있는지 확인한다.

> $P(A \cup B) = P(A) + P(B) - P(A \cap B)$임을 이용해 보자.

$P(A \cup B) = P(A) + P(B) - P(A \cap B)$이므로

$$P(A \cup B) = \frac{7}{10} - \frac{1}{5} = \frac{1}{2}$$

10 0675 답 ③ 〔유형 21〕

출제의도 | 여사건의 확률을 구할 수 있는지 확인한다.

> 같은 문자끼리는 서로 이웃하지 않을 사건을 A라 하면 A^C는 a끼리 이웃하거나 b끼리 이웃하는 사건이야. 즉, 여사건의 확률을 이용해 보자.

6개의 문자 a, a, b, b, c, d를 일렬로 나열하는 경우의 수는

$$\frac{6!}{2! \times 2!} = 180$$

같은 문자끼리는 서로 이웃하지 않을 사건을 A라 하면 A^C는 a끼리 이웃하거나 b끼리 이웃하는 사건이다.

(i) a끼리 이웃하는 경우

　2개의 a를 한 문자로 생각하고 5개의 문자를 일렬로 나열하는 경우의 수는 $\dfrac{5!}{2!} = 60$

(ii) b끼리 이웃하는 경우

　2개의 b를 한 문자로 생각하고 5개의 문자를 일렬로 나열하는 경우의 수는 $\dfrac{5!}{2!} = 60$

(iii) a끼리 이웃하고 b끼리 이웃하는 경우

　2개의 a와 2개의 b를 각각 한 문자로 생각하고 4개의 문자를 일렬로 나열하는 경우의 수는 4!=24

(i)~(iii)에서 a끼리 이웃하거나 b끼리 이웃하는 경우의 수는

60+60-24=96이므로

$$P(A^C) = \frac{96}{180} = \frac{8}{15}$$

따라서 구하는 확률은

$$P(A) = 1 - P(A^C) = 1 - \frac{8}{15} = \frac{7}{15}$$

11 0676 답 ① 〔유형 23〕

출제의도 | 두 직선을 이용한 확률을 구할 수 있는지 확인한다.

> 평행한 두 직선의 기울기가 같음을 이용하여 $a = \dfrac{b}{2}$인 경우의 수를 구해 보자.

정사면체 A, B를 던질 때, 나오는 모든 경우의 수는 4×4=16

두 직선 $y = ax + 2$, $y = \dfrac{b}{2}x + 1$이 평행하려면 두 직선의 기울기가 같아야 하므로

$$a = \frac{b}{2} \qquad \therefore b = 2a$$

$b = 2a$를 만족시키는 순서쌍 (a, b)는 (1, 2), (2, 4)의 2개이다.

따라서 구하는 확률은 $\dfrac{2}{16} = \dfrac{1}{8}$

12 0677 답 ③ 〔유형 7〕

출제의도 | 조합을 이용하여 확률을 구할 수 있는지 확인한다.

> 공의 색이 모두 다른 경우는 다음과 같아.
> (i) 빨간 공, 노란 공, 파란 공을 각각 1개씩 꺼내는 경우
> (ii) 빨간 공, 노란 공, 검은 공을 각각 1개씩 꺼내는 경우
> (iii) 빨간 공, 파란 공, 검은 공을 각각 1개씩 꺼내는 경우
> (iv) 노란 공, 파란 공, 검은 공을 각각 1개씩 꺼내는 경우
> 각각의 경우의 수를 구해 보자.

10개의 공 중에서 3개를 꺼내는 경우의 수는 $_{10}C_3=120$

공의 색깔이 모두 다른 경우는 다음과 같다.

(i) 빨간 공, 노란 공, 파란 공을 각각 1개씩 꺼내는 경우의 수는
$_1C_1\times{_2}C_1\times{_3}C_1=1\times2\times3=6$

(ii) 빨간 공, 노란 공, 검은 공을 각각 1개씩 꺼내는 경우의 수는
$_1C_1\times{_2}C_1\times{_4}C_1=1\times2\times4=8$

(iii) 빨간 공, 파란 공, 검은 공을 각각 1개씩 꺼내는 경우의 수는
$_1C_1\times{_3}C_1\times{_4}C_1=1\times3\times4=12$

(iv) 노란 공, 파란 공, 검은 공을 각각 1개씩 꺼내는 경우의 수는
$_2C_1\times{_3}C_1\times{_4}C_1=2\times3\times4=24$

(i)~(iv)에서 공의 색이 모두 다른 경우의 수는
$6+8+12+24=50$

따라서 구하는 확률은
$$\frac{50}{120}=\frac{5}{12}$$

13 0678 답 ⑤
유형 7

출제의도 | 조합을 이용하여 확률을 구할 수 있는지 확인한다.

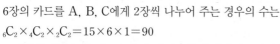

6 이하의 두 개의 자연수가 서로소인 경우의 수를 구해 보자.

6장의 카드를 A, B, C에게 2장씩 나누어 주는 경우의 수는
$_6C_2\times{_4}C_2\times{_2}C_2=15\times6\times1=90$

6 이하의 자연수 중 서로소인 두 자연수를 순서쌍으로 나타내면
$(1,2)$, $(1,3)$, $(1,4)$, $(1,5)$, $(1,6)$, $(2,3)$, $(2,5)$, $(3,4)$,
$(3,5)$, $(4,5)$, $(5,6)$

의 11개이므로 A가 받은 두 장의 카드에 적힌 자연수가 서로소가 되도록 A, B, C에게 나누어 주는 경우의 수는
$11\times{_4}C_2\times{_2}C_2=66$

따라서 구하는 확률은
$$\frac{66}{90}=\frac{11}{15}$$

14 0679 답 ②
유형 8

출제의도 | 중복조합을 이용하여 확률을 구할 수 있는지 확인한다.

$x=2x'+1$, $y=2y'+1$, $z=2z'+1$ (x', y', z'은 음이 아닌 정수) 이라 하고 순서쌍의 개수를 구해 보자.

방정식 $x+y+z=11$을 만족시키는 음이 아닌 정수 x, y, z의 모든 순서쌍 (x, y, z)의 개수는
$_3H_{11}={_{13}}C_{11}={_{13}}C_2=78$

x, y, z가 모두 홀수인 경우, $x=2x'+1$, $y=2y'+1$, $z=2z'+1$
(x', y', z'은 음이 아닌 정수)이라 하면 $x+y+z=11$에서
$(2x'+1)+(2y'+1)+(2z'+1)=11$
$x'+y'+z'=4$

따라서 x, y, z가 모두 홀수인 모든 순서쌍 (x, y, z)의 개수는
$_3H_4={_6}C_4={_6}C_2=15$

이므로 구하는 확률은
$$\frac{15}{78}=\frac{5}{26}$$

15 0680 답 ①
유형 8

출제의도 | 중복조합을 이용하여 확률을 구할 수 있는지 확인한다.

$a\neq0$이므로 $1\leq a\leq b\leq c\leq9$를 만족시키는 경우의 수를 구해 보자.

세 자리 자연수의 개수는 $9\times10\times10=900$

$a\neq0$이므로 $a\leq b\leq c$에서 $1\leq a\leq b\leq c\leq9$

따라서 $a\leq b\leq c$를 만족시키는 자연수의 개수는 $_9H_3={_{11}}C_3=165$

이므로 구하는 확률은 $\dfrac{165}{900}=\dfrac{11}{60}$

16 0681 답 ⑤
유형 11

출제의도 | 조합을 이용하여 확률을 구할 수 있는지 확인한다.

조건 ㈎와 $\{1, 2\}\cap X=\varnothing$를 만족시키는 집합의 개수를 구해 보자.

집합 A의 부분집합의 개수는 $2^7=128$

조건 ㈎를 만족시키는 집합의 개수는 $_7C_4={_7}C_3=35$

조건 ㈎와 $\{1, 2\}\cap X=\varnothing$를 만족시키는 집합의 개수는
$_5C_4={_5}C_1=5$ ┌─ 1, 2를 제외한 5개의 원소에서
    4개를 선택한다.

따라서 조건 ㈎, ㈏를 만족시키는 집합의 개수는 $35-5=30$이므로

구하는 확률은 $\dfrac{30}{128}=\dfrac{15}{64}$

17 0682 답 ①
유형 18

출출제의도 | 확률의 덧셈정리를 이용하여 확률을 구할 수 있는지 확인한다.

두 사건 A, B가 서로 배반사건인 경우
$P(A\cup B)=P(A)+P(B)$임을 이용해 보자.

한 개의 주사위를 두 번 던질 때, 나오는 모든 경우의 수는
$_6\Pi_2=6^2=36$

$a-3>0$, $b-4>0$인 사건을 A라 하고,
$a-3<0$, $b-4<0$인 사건을 B라 하면
$P(A)=\dfrac{3\times2}{36}=\dfrac{1}{6}$, $P(B)=\dfrac{2\times3}{36}=\dfrac{1}{6}$

따라서 두 사건 A, B는 서로 배반사건이므로 구하는 확률은
$P(A\cup B)=P(A)+P(B)=\dfrac{1}{6}+\dfrac{1}{6}=\dfrac{1}{3}$

18 0683 답 ①
유형 2

출제의도 | 수학적 확률을 구할 수 있는지 확인한다.

$i^2=-1$, $i\times(-i)=1$, $(-i)^2=-1$임을 이용해 보자.

두 개의 공을 꺼내는 모든 경우의 수는 $_4\Pi_2=4^2=16$

처음 꺼낸 공과 두 번째 꺼낸 공에 적힌 수를 각각 a, b라 하면
ab가 실수인 실수 a, b의 순서쌍 (a, b)는
$(1, 1)$, $(1, -1)$, $(-1, 1)$, $(-1, -1)$, (i, i), $(i, -i)$,
$(-i, i)$, $(-i, -i)$의 8개이다.

따라서 구하는 확률은 $\dfrac{8}{16}=\dfrac{1}{2}$

19 0684 답 ⑤
유형 9

출제의도 | 묶음으로 나누는 경우, 조합을 이용하여 확률을 구할 수 있는지 확인한다.

A와 B가 다른 팀이므로 A와 같은 팀을 이룰 학생을 정하는 경우의 수와 B와 같은 팀을 이룰 학생을 정하는 경우의 수를 구해 보자.

6명을 2명씩 세 팀으로 나누는 경우의 수는

$${}_6C_2 \times {}_4C_2 \times {}_2C_2 \times \frac{1}{3!} = 15$$

A와 같은 팀을 이룰 학생을 정하는 경우의 수는 A, B를 제외한 4명 중에서 1명을 택하는 경우의 수이므로 ${}_4C_1 = 4$,

B와 같은 팀을 이룰 학생을 정하는 경우의 수는 A와 같은 팀인 학생을 제외한 3명 중에서 1명을 택하는 경우의 수이므로 ${}_3C_1 = 3$

즉, A와 B가 다른 팀으로 이루어지는 경우의 수는 $4 \times 3 = 12$

따라서 구하는 확률은

$$\frac{12}{15} = \frac{4}{5}$$

다른 풀이

6명을 2명씩 세 팀으로 나누는 경우의 수는

$${}_6C_2 \times {}_4C_2 \times {}_2C_2 \times \frac{1}{3!} = 15$$

A와 B가 같은 팀으로 이루어지는 경우의 수는 A, B를 제외한 4명을 2명씩 2팀으로 나누는 경우의 수이므로

$${}_4C_2 \times {}_2C_2 \times \frac{1}{2!} = 3$$

따라서 구하는 확률은

$$1 - \frac{3}{15} = \frac{4}{5}$$

20 0685 답 ⑤
유형 19

출제의도 | 여사건의 확률을 구할 수 있는지 확인한다.

적어도 한 여학생이 좌석 번호가 짝수인 의자에 앉을 사건을 A라 하면 A^C는 모든 여학생이 좌석 번호가 홀수인 의자에 앉는 사건이야. 여사건의 확률을 이용해 보자.

6명의 학생이 의자에 앉는 경우의 수는

$$6! = 720$$

적어도 한 여학생이 좌석 번호가 짝수인 의자에 앉을 사건을 A라 하면 A^C는 모든 여학생이 좌석 번호가 홀수인 의자에 앉는 사건이다.

여학생 2명이 좌석 번호가 홀수인 의자에 앉는 경우의 수는

$${}_3P_2 = 6$$

남학생 4명이 나머지 의자 4개에 앉는 경우의 수는

$$4! = 24$$

즉, 모든 여학생이 좌석 번호가 홀수인 의자에 앉는 경우의 수는

$$6 \times 24 = 144$$

$$\therefore P(A^C) = \frac{144}{720} = \frac{1}{5}$$

따라서 구하는 확률은

$$P(A) = 1 - P(A^C)$$
$$= 1 - \frac{1}{5} = \frac{4}{5}$$

21 0686 답 ②
유형 23

출제의도 | 도형에서의 확률을 구할 수 있는지 확인한다.

네 꼭짓점을 택하여 만든 사각형이 직사각형인 경우의 수를 구해 보자.

정육각형에서 네 꼭짓점을 택하는 경우의 수는 ${}_6C_4 = 15$

이때 네 꼭짓점을 택하여 만든 사각형이 직사각형인 경우는 그림과 같이
□ABDE, □BCEF, □CDFA의 3가지이다.

따라서 구하는 확률은 $\frac{3}{15} = \frac{1}{5}$

22 0687 답 $\frac{5}{6}$
유형 19

출제의도 | 여사건의 확률을 구할 수 있는지 확인한다.

STEP 1 10개의 공 중에서 3개의 공을 꺼내는 모든 경우의 수 구하기 [1점]

10개의 공 중에서 3개의 공을 꺼내는 경우의 수는 ${}_{10}C_3 = 120$

STEP 2 여사건의 확률 구하기 [4점]

주머니에서 꺼낸 3개의 공 중에서 적어도 한 개의 흰 공이 포함되는 사건을 A라 하면 A^C는 3개의 공이 모두 검은 공인 사건이다.

3개의 공이 모두 검은색인 경우의 수는 ${}_6C_3 = 20$

$$\therefore P(A^C) = \frac{20}{120} = \frac{1}{6}$$

STEP 3 확률 구하기 [1점]

구하는 확률은

$$P(A) = 1 - P(A^C)$$
$$= 1 - \frac{1}{6} = \frac{5}{6}$$

23 0688 답 $\frac{4}{5}$
유형 17

출제의도 | 확률의 덧셈정리를 이용하여 확률을 구할 수 있는지 확인한다.

STEP 1 모든 경우의 수 구하기 [1점]

상자에서 카드를 한 장씩 두 번 꺼내는 경우의 수는 ${}_5P_2 = 20$

STEP 2 $P(A)$, $P(B)$, $P(A \cap B)$ 구하기 [5점]

$10a + b$가 홀수인 사건을 A, 3의 배수인 사건을 B라 하자.

(i) $10a + b$가 홀수인 경우

가능한 a, b의 모든 순서쌍 (a, b)는

$(2, 1)$, $(3, 1)$, $(4, 1)$, $(5, 1)$, $(1, 3)$, $(2, 3)$, $(4, 3)$, $(5, 3)$, $(1, 5)$, $(2, 5)$, $(3, 5)$, $(4, 5)$의 12개이므로

$$P(A) = \frac{12}{20} = \frac{3}{5}$$

(ii) $10a + b$가 3의 배수인 경우

가능한 a, b의 모든 순서쌍 (a, b)는

$(1, 2)$, $(1, 5)$, $(2, 1)$, $(2, 4)$, $(4, 2)$, $(4, 5)$, $(5, 1)$, $(5, 4)$의 8개이므로

$$P(B) = \frac{8}{20} = \frac{2}{5}$$

(iii) $10a + b$가 홀수이면서 3의 배수인 경우

가능한 a, b의 모든 순서쌍 (a, b)는

$(1, 5)$, $(2, 1)$, $(4, 5)$, $(5, 1)$의 4개이므로

$$P(A \cap B) = \frac{\cancel{4}}{20} = \frac{1}{5}$$

STEP 3 확률 구하기 [1점]

구하는 확률은

$$P(A \cup B) = P(A) + P(B) - P(A \cap B)$$
$$= \frac{3}{5} + \frac{2}{5} - \frac{1}{5} = \frac{4}{5}$$

---

24 0689 $\boxed{답}$ $\dfrac{3}{16}$ 〔유형 12〕

출제의도 | 중복조합을 이용하여 확률을 구할 수 있는지 확인한다.

> $f(1) = a$, $f(2) = b$, $f(3) = c$라 하면 $a + b + c = 7$ (a, b, c는 4 이하의 자연수)임을 이용해 보자.

STEP 1 집합 X에서 집합 X로의 모든 함수의 개수 구하기 [1점]

집합 X에서 집합 X로의 함수의 개수는 $_4\Pi_4 = 4^4 = 256$

STEP 2 주어진 조건을 만족시키는 함수의 개수 구하기 [6점]

$f(1) = a$, $f(2) = b$, $f(3) = c$라 하면

$a + b + c = 7$ (a, b, c는 4 이하의 자연수)

$a = a' + 1$, $b = b' + 1$, $c = c' + 1$이라 하면

$a' + b' + c' = 4$ (a', b', c'는 음이 아닌 3 이하의 정수)

따라서 서로 다른 3개에서 4개를 택하는 중복조합의 수에서

$(4, 0, 0)$, $(0, 4, 0)$, $(0, 0, 4)$인 경우를 제외해야 하므로

모든 순서쌍 (a', b', c')의 개수는 ┌ $X = \{1, 2, 3, 4\}$이므로 a', b', c'은 4일 수 없다.

$_3H_4 - 3 = {}_6C_4 - 3 = {}_6C_2 - 3 = 15 - 3 = 12$

이때 $f(4)$의 값은 1, 2, 3, 4 중 하나이므로 함수 f의 개수는

$12 \times 4 = 48$

STEP 3 확률 구하기 [1점]

구하는 확률은 $\dfrac{48}{256} = \dfrac{3}{16}$

---

25 0690 $\boxed{답}$ $\dfrac{95}{512}$ 〔유형 5〕

출제의도 | 중복순열을 이용하여 확률을 구할 수 있는지 확인한다.

STEP 1 5개의 초콜릿을 4명의 학생에게 나누어 주는 모든 경우의 수 구하기 [1점]

서로 다른 5개의 초콜릿을 남김없이 4명의 학생 A, B, C, D에게 나누어 주는 모든 경우의 수는 $_4\Pi_5 = 4^5 = 1024$

STEP 2 A는 2개만 받고 B는 1개 이상 받도록 나누어 주는 경우의 수 구하기 [7점]

5개의 초콜릿 중에서 A에게 2개를 주고, 남은 3개를 B, C, D에게 나누어 주는 경우의 수는

$_5C_2 \times {}_3\Pi_3 = 10 \times 3^3 = 270$

5개의 초콜릿 중에서 A에게 2개를 주고, B에게는 주지 않고 남은 3개를 C, D에게 나누어 주는 경우의 수는

$_5C_2 \times {}_2\Pi_3 = 10 \times 2^3 = 80$

STEP 3 확률 구하기 [1점]

구하는 확률은 $\dfrac{270 - 80}{1024} = \dfrac{190}{1024} = \dfrac{95}{512}$

---

1 0691 $\boxed{답}$ ⑤ 〔유형 1〕

출제의도 | 서로 배반인 사건의 개수를 구할 수 있는지 확인한다.

> 사건 A와 배반인 사건은 집합 $S - A$의 부분집합임을 이용해 보자.

표본공간 $S = \{1, 2, 3, 4, 5, 6\}$, 사건 $A = \{3, 6\}$이므로

사건 A와 배반인 사건은 집합 $S - A$, 즉 집합 $\{1, 2, 4, 5\}$의 부분집합이다. 따라서 구하는 사건의 개수는 $2^4 = 16$

---

2 0692 $\boxed{답}$ ② 〔유형 2〕

출제의도 | 수학적 확률을 구할 수 있는지 확인한다.

> $(a-2)(a-5) < 0$이므로 $2 < a < 5$임을 이용하여 확률을 구해 보자.

$(a-2)(a-5) < 0$에서 $2 < a < 5$이므로

$a = 3$ 또는 $a = 4$

따라서 구하는 확률은 $\dfrac{2}{6} = \dfrac{1}{3}$

---

3 0693 $\boxed{답}$ ① 〔유형 4〕

출제의도 | 원순열을 이용하여 확률을 구할 수 있는지 확인한다.

> a, b를 한 명으로 생각하여 앉는 경우의 수와 a, b끼리 자리를 바꾸는 경우의 수를 곱해 보자.

5명이 원탁에 둘러앉는 경우의 수는 $(5-1)! = 4! = 24$

a와 b가 이웃하여 앉는 경우의 수는 $(4-1)! \times 2 = 12$

따라서 구하는 확률은 $\dfrac{12}{24} = \dfrac{1}{2}$

다른 풀이

b, c, d, e 중에서 a와 이웃하여 앉을 2명을 택하는 경우의 수는 $_4C_2 = 6$

b를 제외한 c, d, e 중에서 a와 이웃하여 앉을 1명을 택하는 경우의 수는 3

따라서 구하는 확률은 $\dfrac{3}{6} = \dfrac{1}{2}$

---

4 0694 $\boxed{답}$ ④ 〔유형 7〕

출제의도 | 조합을 이용하여 확률을 구할 수 있는지 확인한다.

> 세 수의 합이 홀수이려면 (홀수) + (짝수) + (짝수) 또는 (홀수) + (홀수) + (홀수)이어야 함을 이용해 보자.

5장의 카드 중에서 3장의 카드를 꺼내는 경우의 수는

$_5C_3 = {}_5C_2 = 10$

이때 세 수의 합이 홀수이려면 (홀수) + (짝수) + (짝수) 또는 (홀수) + (홀수) + (홀수)이어야 한다.

(i) (홀수) + (짝수) + (짝수)인 경우

　홀수가 적힌 3장의 카드 중에서 1장, 짝수가 적힌 2장의 카드 중에서 2장을 뽑는 경우의 수이므로 $_3C_1 \times {}_2C_2 = 3$

(ii) (홀수)+(홀수)+(홀수)인 경우

홀수가 적힌 3장의 카드 중에서 3장을 뽑는 경우의 수이므로
$_3C_3=1$

(i), (ii)에서 세 수의 합이 홀수인 경우의 수는 $3+1=4$

따라서 구하는 확률은 $\dfrac{4}{10}=\dfrac{2}{5}$

5 0695 답 ⑤ 유형 16

출제의도 | 확률의 덧셈정리를 이용하여 확률을 구할 수 있는지 확인한다.

> 두 사건 A, B가 서로 배반사건이면
> $P(A\cup B)=P(A)+P(B)$임을 이용하여 $P(B)$를 구해 보자.

$P(A^c\cap B^c)=\dfrac{1}{6}$에서

$P(A\cup B)=1-P((A\cup B)^c)=1-P(A^c\cap B^c)$

$\qquad\qquad =1-\dfrac{1}{6}=\dfrac{5}{6}$

두 사건 A, B는 서로 배반사건이고 $P(A)=2P(B)$이므로

$P(A\cup B)=P(A)+P(B)$

$\qquad\quad =2P(B)+P(B)$

$\qquad\quad =3P(B)=\dfrac{5}{6}$

$\therefore P(B)=\dfrac{5}{18}$

6 0696 답 ④ 유형 19

출제의도 | 여사건의 확률을 구할 수 있는지 확인한다.

> 같은 눈의 수가 적어도 두 번 나오는 사건을 A라 하면 A^c은 세 번 모두 다른 눈의 수가 나오는 사건이므로 여사건의 확률을 이용해 보자.

한 개의 주사위를 세 번 던질 때, 나오는 모든 경우의 수는
$_6\Pi_3=6^3=216$

같은 눈의 수가 적어도 두 번 나오는 사건을 A라 하면 A^c는 세 번 모두 다른 눈의 수가 나오는 사건이다.

세 번 모두 다른 눈의 수가 나오는 경우의 수는 $_6P_3=120$이므로

$P(A^c)=\dfrac{120}{216}=\dfrac{5}{9}$

따라서 구하는 확률은

$P(A)=1-P(A^c)$

$\qquad\quad =1-\dfrac{5}{9}=\dfrac{4}{9}$

7 0697 답 ⑤ 유형 20

출제의도 | 여사건의 확률을 구할 수 있는지 확인한다.

> $(a-1)(b-1)\geq 1$인 사건을 A라 하면 A^c는 $(a-1)(b-1)<1$인 사건, 즉 $(a-1)(b-1)=0$인 사건이야. 여사건의 확률을 이용해 보자.

두 개의 주사위를 동시에 던질 때, 나오는 모든 경우의 수는
$6\times 6=36$

$(a-1)(b-1)\geq 1$인 사건을 A라 하면 A^c는 $(a-1)(b-1)<1$인 사건, 즉 $(a-1)(b-1)=0$인 사건이다.

$(a-1)(b-1)=0$에서 $a=1$ 또는 $b=1$이므로 이를 만족시키는 a, b의 순서쌍 $(a,\ b)$는 ⟶ a, b는 주사위의 눈의 수이므로 $a-1$, $b-1$은 음수가 될 수 없다.

$(1,\ 1)$, $(1,\ 2)$, $(1,\ 3)$, $(1,\ 4)$, $(1,\ 5)$, $(1,\ 6)$, $(2,\ 1)$, $(3,\ 1)$, $(4,\ 1)$, $(5,\ 1)$, $(6,\ 1)$의 11개이다.

$\therefore P(A^c)=\dfrac{11}{36}$

따라서 구하는 확률은

$P(A)=1-P(A^c)=1-\dfrac{11}{36}=\dfrac{25}{36}$

8 0698 답 ① 유형 2

출제의도 | 수학적 확률을 구할 수 있는지 확인한다.

> 이차방정식 $ax^2+2bx+c=0$의 판별식을 D라 하면
> $\dfrac{D}{4}=b^2-ac=0$일 때 중근을 갖게 돼.
> $b^2=ac$를 만족시키는 순서쌍 $(a,\ b,\ c)$의 개수를 구해 보자.

한 개의 주사위를 세 번 던질 때, 나오는 모든 경우의 수는
$_6\Pi_3=6^3=216$

이차방정식 $ax^2+2bx+c=0$의 판별식을 D라 할 때, 이 이차방정식이 중근을 가지려면 $D=0$이어야 하므로 $\dfrac{D}{4}=b^2-ac=0$

$b^2=ac$를 만족시키는 순서쌍 $(a,\ b,\ c)$는

$(1,\ 1,\ 1)$, $(2,\ 2,\ 2)$, $(3,\ 3,\ 3)$, $(4,\ 4,\ 4)$, $(5,\ 5,\ 5)$, $(6,\ 6,\ 6)$, $(1,\ 2,\ 4)$, $(4,\ 2,\ 1)$의 8개이다.

따라서 구하는 확률은 $\dfrac{8}{216}=\dfrac{1}{27}$

9 0699 답 ② 유형 3

출제의도 | 순열을 이용하여 확률을 구할 수 있는지 확인한다.

> 소설책 2권을 한 권으로 생각하여 나란히 꽂는 경우의 수와 소설책끼리 자리를 바꾸는 경우의 수를 곱해 보자.

6권의 책을 나란히 꽂는 경우의 수는 $6!=720$

소설책 2권을 묶어서 한 권으로 생각하면 5권을 나란히 꽂는 경우의 수는 $5!$

소설책 2권끼리 자리를 바꾸는 경우의 수는 $2!$

즉, 소설책 2권이 이웃하게 되는 경우의 수는 $5!\times 2!=240$

따라서 구하는 확률은

$\dfrac{240}{720}=\dfrac{1}{3}$

10 0700 답 ③ 유형 4

출제의도 | 원순열을 이용하여 확률을 구할 수 있는지 확인한다.

> 남학생 3명이 원탁에 둘러앉는 경우의 수는 $(3-1)!=2!$, 남학생 사이사이에 여학생 3명이 앉는 경우의 수는 $3!$임을 이용해 보자.

6명이 원탁에 둘러앉는 경우의 수는 $(6-1)!=5!=120$
남학생 3명이 원탁에 둘러앉는 경우의 수는 $(3-1)!=2!$
남학생 사이사이에 여학생 3명이 앉는 경우의 수는 $3!$
즉, 남녀가 번갈아 가며 앉는 경우의 수는 $2! \times 3! = 12$
따라서 구하는 확률은 $\dfrac{12}{120} = \dfrac{1}{10}$

11 0701 답 ③   유형 7

출제의도 | 조합을 이용하여 확률을 구할 수 있는지 확인한다.

> 주머니에서 임의로 3개의 공을 동시에 꺼낼 때, 공의 색이 2가지로 나오
> 는 경우는 다음과 같음을 이용하여 구해 보자.
>
> | 빨간 공 2개 | 노란 공 1개 |
> |---|---|
> | 빨간 공 1개 | 노란 공 2개 |
> | 빨간 공 2개 | 파란 공 1개 |
> | 노란 공 2개 | 파란 공 1개 |

6개의 공 중에서 3개의 공을 꺼내는 경우의 수는 $_6C_3 = 20$
주머니에서 임의로 3개의 공을 동시에 꺼낼 때, 공의 색이 2가지로
나오는 경우는 다음과 같다.

(i) 빨간 공 2개, 노란 공 1개가 나오는 경우의 수는 $_3C_2 \times _2C_1 = 6$
(ii) 빨간 공 1개, 노란 공 2개가 나오는 경우의 수는 $_3C_1 \times _2C_2 = 3$
(iii) 빨간 공 2개, 파란 공 1개가 나오는 경우의 수는 $_3C_2 \times _1C_1 = 3$
(iv) 노란 공 2개, 파란 공 1개가 나오는 경우의 수는 $_2C_2 \times _1C_1 = 1$

(i)~(iv)에서 공의 색이 두 가지로 나오는 경우의 수는
$6+3+3+1=13$

따라서 구하는 확률은 $\dfrac{13}{20}$

다른 풀이

6개의 공 중에서 3개의 공을 꺼내는 경우의 수는 $_6C_3 = 20$

(i) 주머니에서 임의로 3개의 공을 동시에 꺼낼 때, 공의 색이 1가
지로 나오는 경우는 빨간 공이 3개 나오는 경우이므로 $_3C_3 = 1$

(ii) 주머니에서 임의로 3개의 공을 동시에 꺼낼 때, 공의 색이 3가
지로 나오는 경우는 빨간 공, 노란 공, 파란 공이 각각 1개씩 나
오는 경우이므로 $_3C_1 \times _2C_1 \times _1C_1 = 6$

따라서 구하는 확률은 $1 - \dfrac{1+6}{20} = \dfrac{13}{20}$

12 0702 답 ④   유형 14

출제의도 | 확률의 기본 성질을 이용하여 명제의 참, 거짓을 판별할 수 있는
지 확인한다.

> 두 사건 A, B가 서로 배반사건이면 $P(A \cap B) = 0$임을 이용해 보자.

ㄱ. [반례] $S = \{1, 2, 3, 4\}$, $A = \{1, 3\}$, $B = \{1, 2, 4\}$이면
$P(A) = \dfrac{1}{2}$, $P(B) = \dfrac{3}{4}$이므로 $P(A) \le P(B)$이지만
$A \not\subset B$이다. (거짓)

ㄴ. $P(A \cup B) = P(A) + P(B) - P(A \cap B)$에서
두 사건 A, B가 서로 배반사건이면 $P(A \cap B) = 0$이므로
$P(A \cup B) = P(A) + P(B)$ (참)

ㄷ. $P(A \cup B) = P(A) + P(B) - P(A \cap B)$에서
$P(A \cap B) \ge 0$이므로
$P(A \cup B) \le P(A) + P(B)$
또한 $P(A \cup B) \ge P(A) + P(B)$이므로
$P(A \cup B) = P(A) + P(B)$
즉, $P(A \cap B) = 0$이므로 두 사건 A, B가 서로 배반사건이다.
(참)

따라서 옳은 것은 ㄴ, ㄷ이다.

13 0703 답 ④   유형 18

출제의도 | 확률의 덧셈정리를 이용하여 확률을 구할 수 있는지 확인한다.

> 두 사건 A, B가 서로 배반사건이면
> $P(A \cup B) = P(A) + P(B)$임을 이용해 보자.

공에 적힌 수가 20의 약수인 사건을 A, 3의 배수인 사건을 B라
하자.

20의 약수는 1, 2, 4, 5, 10, 20이므로 $P(A) = \dfrac{6}{20} = \dfrac{3}{10}$

3의 배수는 3, 6, 9, 12, 15, 18이므로 $P(B) = \dfrac{6}{20} = \dfrac{3}{10}$

20의 약수인 동시에 3의 배수인 수는 없으므로 두 사건 A, B는
서로 배반사건이다.
따라서 구하는 확률은

$P(A \cup B) = P(A) + P(B) = \dfrac{3}{10} + \dfrac{3}{10} = \dfrac{3}{5}$

14 0704 답 ⑤   유형 22

출제의도 | 여사건의 확률을 구할 수 있는지 확인한다.

> 주어진 연립방정식의 해가 존재하는 사건을 A라 하면
> A^c는 해가 존재하지 않는 사건으로 $\dfrac{1}{2} = \dfrac{a}{b} \ne \dfrac{2}{b}$인 경우야.
> 이를 만족시키는 a, b의 순서쌍의 개수를 구해 보자.

정사면체 모양의 주사위를 두 번 던져서 나오는 모든 경우의 수는
$_4\Pi_2 = 4^2 = 16$
주어진 연립방정식의 해가 존재하는 사건을 A라 하면 A^c는 해가
존재하지 않는 사건이다.

해가 존재하지 않으려면 $\dfrac{1}{2} = \dfrac{a}{b} \ne \dfrac{2}{b}$, 즉 $b = 2a$, $b \ne 4$인 경우이
다.

이를 만족시키는 순서쌍 (a, b)는 $(1, 2)$뿐이므로

$P(A^c) = \dfrac{1}{16}$

따라서 구하는 확률은

$P(A) = 1 - P(A^c) = 1 - \dfrac{1}{16} = \dfrac{15}{16}$

15 0705 답 ②   유형 5

출제의도 | 중복순열을 이용하여 확률을 구할 수 있는지 확인한다.

> 세 번 모두 5 이하의 눈이 나오는 경우의 수에서 세 번 모두 4 이하의 눈
> 이 나오는 경우의 수를 빼어 구해 보자.

한 개의 주사위를 세 번 던질 때, 나오는 모든 경우의 수는
$_6\Pi_3=6^3=216$
세 번 모두 5 이하의 눈이 나오는 경우의 수는 $_5\Pi_3=5^3=125$
세 번 모두 4 이하의 눈이 나오는 경우의 수는 $_4\Pi_3=4^3=64$
따라서 최댓값이 5인 경우의 수는 $125-64=61$이므로
구하는 확률은 $\dfrac{61}{216}$

16 0706 답 ② 유형 6

출제의도 | 같은 것이 있는 순열을 이용하여 확률을 구할 수 있다.

> 3개의 숫자를 모두 X로 생각하고, 2개의 문자를 모두 Y로 생각하여 X, X, X, Y, Y를 일렬로 나열한 다음, 가운데 X를 2로 바꾸고 나머지 X를 1, 3으로 바꾸고, Y, Y는 A, B로 바꿔 보자.

1, 2, 3, A, B를 일렬로 나열하는 경우의 수는 $5!=120$
3개의 숫자를 모두 X로 생각하고, 2개의 문자를 모두 Y로 생각하여 X, X, X, Y, Y를 일렬로 나열한 후 가운데 X를 2로 바꾸고 나머지 X를 1, 3으로 바꾸면 2가 1과 3 사이에 놓인다.
또한, 왼쪽의 Y를 A로 바꾸고 오른쪽의 Y를 B로 바꾸면 A가 B보다 왼쪽에 놓인다.
즉, 2는 1과 3 사이에 놓이고 A는 B보다 왼쪽에 놓이는 경우의 수는
$\underbrace{\dfrac{5!}{3!\times 2!}}_{\text{1과 3이 자리를 바꾸는 경우의 수}}\times 2!=20$
따라서 구하는 확률은 $\dfrac{20}{120}=\dfrac{1}{6}$

17 0707 답 ③ 유형 8

출제의도 | 중복조합을 이용하여 확률을 구할 수 있는지 확인한다.

> 사탕을 받지 못하는 사람을 정한 후 사탕 8개를 2명에게 적어도 한 개씩 임의로 나누어 주는 경우의 수를 구해 보자.

같은 종류의 사탕 8개를 A, B, C 3명에게 임의로 나누어 주는 경우의 수는 $_3H_8={}_{10}C_8={}_{10}C_2=45$
사탕을 받지 못하는 사람을 정하는 경우의 수는 $_3C_1=3$
각각의 경우에 대하여 같은 종류의 사탕 8개를 2명에게 적어도 한 개씩 임의로 나누어 주는 경우의 수는
$_2H_{8-2}={}_2H_6={}_7C_6={}_7C_1=7$ → 2명에게 8개의 사탕 중에서 한 개씩 주고 나누어 주는 경우의 수
즉, 오직 한 명만 사탕을 받지 못하는 경우의 수는 $3\times 7=21$
따라서 구하는 확률은 $\dfrac{21}{45}=\dfrac{7}{15}$

18 0708 답 ③ 유형 12

출제의도 | 조합을 이용하여 확률을 구할 수 있는지 확인한다.

> 조건 (가), (나)를 만족시키는 함수의 개수는
> $f(a)<f(b)<f(c)\le 4$인 경우의 수와 $f(a)<f(b)\le 4<f(c)$인 경우의 수로 구해 보자.

집합 X에서 집합 Y로의 함수 f의 개수는 $_6\Pi_3=6^3=216$
(i) $f(a)<f(b)<f(c)\le 4$인 경우의 수는 $_4C_3=4$
(ii) $f(a)<f(b)\le 4<f(c)$인 경우의 수는 $_4C_2\times {}_2C_1=6\times 2=12$
(i), (ii)에서 조건 (가), (나)를 만족시키는 함수 f의 개수는
$4+12=16$
따라서 구하는 확률은 $\dfrac{16}{216}=\dfrac{2}{27}$

19 0709 답 ③ 유형 17

출제의도 | 확률의 덧셈정리를 이용하여 확률을 구할 수 있는지 확인한다.

> $P(A\cup B)=P(A)+P(B)-P(A\cap B)$임을 이용해 보자.

한 개의 주사위를 세 번 던질 때, 나오는 모든 경우의 수는
$_6\Pi_3=6^3=216$
$(a-b)(a-c)=0$에서 $a=b$ 또는 $a=c$
$a=b$인 사건을 A, $a=c$인 사건을 B라 하자.
(i) $a=b$인 경우
  $a=b$를 만족시키는 순서쌍 (a, b)는 $(1, 1)$, $(2, 2)$, $(3, 3)$, $(4, 4)$, $(5, 5)$, $(6, 6)$의 6개이므로 $a=b$를 만족시키는 순서쌍 (a, b, c)의 개수는 $6\times 6=36$
  $\therefore P(A)=\dfrac{36}{216}=\dfrac{1}{6}$
(ii) $b=c$인 경우
  (i)과 같은 방법으로 $b=c$를 만족시키는 순서쌍 (a, b, c)의 개수는 $6\times 6=36$
  $\therefore P(B)=\dfrac{36}{216}=\dfrac{1}{6}$
(iii) $a=b=c$인 경우
  $a=b=c$를 만족시키는 순서쌍 (a, b, c)는 $(1, 1, 1)$, $(2, 2, 2)$, $(3, 3, 3)$, $(4, 4, 4)$, $(5, 5, 5)$, $(6, 6, 6)$의 6개
  $\therefore P(A\cap B)=\dfrac{6}{216}=\dfrac{1}{36}$
따라서 구하는 확률은
$P(A\cup B)=P(A)+P(B)-P(A\cap B)$
$=\dfrac{1}{6}+\dfrac{1}{6}-\dfrac{1}{36}=\dfrac{11}{36}$

20 0710 답 ③ 유형 23

출제의도 | 도형을 이용한 확률을 구할 수 있는지 확인한다.

> 삼각형의 한 변이 원의 지름일 때 직각삼각형임을 이용해 보자.

만들 수 있는 삼각형의 개수는 6개의 점 중에서 3개의 점을 택하는 경우의 수이므로 $_6C_3=20$
그림과 같이 하나의 지름에 대하여 지름의 양 끝 점을 제외한 나머지 4개의 점 중 한 점을 연결하면 직각삼각형이 만들어진다. 6개의 점으로 만들 수 있는 지름의 개수는 3이므로 만들 수 있는 직각삼각형의 개수는
$4\times 3=12$

따라서 구하는 확률은 $\dfrac{12}{20}=\dfrac{3}{5}$

21 0711 답 ①
유형 9

출제의도 | 묶음으로 나누는 경우, 조합을 이용하여 확률을 구할 수 있는지 확인한다.

> 특정한 남학생 1명과 여학생 1명을 같은 팀으로 편성한 다음 나머지 남학생 3명을 세 팀으로 나누고 여학생 3명을 각각 편성해 보자.

8명을 2명씩 네 팀으로 나누는 경우의 수는

$_8C_2\times_6C_2\times_4C_2\times_2C_2\times\dfrac{1}{4!}=105$

특정한 남학생 1명과 여학생 1명을 같은 팀으로 편성한 다음 나머지 남학생 3명을 세 팀으로 나누고 여학생 3명을 각각 편성하면 되므로 경우의 수는 $3!=6$

따라서 구하는 확률은 $\dfrac{6}{105}=\dfrac{2}{35}$

22 0712 답 $\dfrac{1}{66}$
유형 2

출제의도 | 수학적 확률을 구할 수 있는지 확인한다.

STEP1 12개의 공 중에서 2개를 꺼내는 모든 경우의 수 구하기 [1점]

12개의 공 중에서 2개를 꺼내는 경우의 수는
$_{12}C_2=66$

STEP2 주어진 곡선과 직선이 접하는 경우의 수 구하기 [4점]

곡선 $y=x^2-ax+b$와 직선 $y=x-4$가 접하려면 이차방정식 $x^2-ax+b=x-4$, 즉 $x^2-(a+1)x+b+4=0$의 판별식을 D라 할 때, $D=0$이어야 한다.

$D=(a+1)^2-4(b+4)=0$에서 $(a+1)^2=4(b+4)$

$(a+1)^2=4(b+4)$를 만족시키는 순서쌍 (a, b)는
$(7, 12)$의 1개이므로 주어진 곡선과 직선이 접하는 경우의 수는 1

STEP3 확률 구하기 [1점]

구하는 확률은 $\dfrac{1}{66}$

23 0713 답 $\dfrac{9}{64}$
유형 11

출제의도 | 부분집합의 개수를 이용하여 확률을 구할 수 있는지 확인한다.

STEP1 모든 경우의 수 구하기 [1점]

집합 A의 부분집합의 개수는 $2^6=64$

STEP2 조건 ㈎, ㈏를 만족시키는 집합 X의 개수 구하기 [4점]

$n(\{2, 3, 5\}\cap X)=2$이므로 집합 X는 세 수 2, 3, 5 중에서 2개를 원소로 갖고, $n(X)=4$이므로 집합 X는 세 수 1, 4, 6 중에서 2개를 원소로 갖는다.

따라서 조건 ㈎, ㈏를 만족시키는 집합 X의 개수는
$_3C_2\times_3C_2=3\times3=9$

STEP3 확률 구하기 [1점]

구하는 확률은 $\dfrac{9}{64}$

24 0714 답 $\dfrac{5}{64}$
유형 12

출제의도 | 중복조합을 이용하여 확률을 구할 수 있는지 확인한다.

STEP1 집합 X에서 집합 Y로의 함수의 개수 구하기 [1점]

집합 X에서 집합 Y로의 함수 f의 개수는 $_4\Pi_4=4^4=256$

STEP2 조건 ㈎, ㈏를 만족시키는 함수의 개수 구하기 [4점]

조건 ㈎를 만족시키는 함수 f의 개수는 $_4H_4=_7C_4=_7C_3=35$

한편, 집합 X의 모든 원소 a에 대하여 $f(a)\neq7$인 경우의 수는 집합 X에서 집합 $\{5, 6, 8\}$로의 함수의 개수이므로 이 중에서 조건 ㈎를 만족시키는 함수의 개수는
$_3H_4=_6C_4=_6C_2=15$

따라서 조건 ㈎, ㈏를 만족시키는 함수 f의 개수는 $35-15=20$

STEP3 확률 구하기 [1점]

구하는 확률은

$\dfrac{20}{256}=\dfrac{5}{64}$

25 0715 답 $\dfrac{8}{55}$
유형 8

출제의도 | 중복조합을 이용하여 확률을 구할 수 있는지 확인한다.

STEP1 모든 경우의 수 구하기 [1점]

방정식 $a+b+c+d=8$을 만족시키는 음이 아닌 정수 a, b, c, d의 모든 순서쌍 (a, b, c, d)의 개수는 $_4H_8=_{11}C_8=_{11}C_3=165$

STEP2 조건 ㈎, ㈏를 만족시키는 경우의 수 구하기 [6점]

조건 ㈎에서 a, b는 자연수이므로 $\longrightarrow$ $ab\neq0$이면 $a\neq0, b\neq0$이다.
$a=a'+1, b=b'+1$ (a', b'은 음이 아닌 정수)이라 하면
$a+b+c+d=8$에서
$a'+b'+c+d=6$

(i) $d=0$일 때

　조건 ㈏에서 $c>0$, 즉 $c\geq1$이므로
　$c=c'+1$ (c'은 음이 아닌 정수)이라 하면
　$a'+b'+c+d=6$에서 $a'+b'+c'=5$
　이를 만족시키는 순서쌍 (a', b', c')의 개수는
　$_3H_5=_7C_5=_7C_2=21$

(ii) $d=1$일 때

　조건 ㈏에서 $c>3$, 즉 $c\geq4$이므로
　$c=c'+4$ (c'은 음이 아닌 정수)라 하면
　$a'+b'+c+d=6$에서 $a'+b'+c'=1$
　이를 만족시키는 순서쌍 (a', b', c')의 개수는
　$_3H_1=_3C_1=3$

(iii) $d\geq2$일 때

　조건 ㈏에서 $c>6$, 즉 $c\geq7$이므로 $a'+b'+c+d=6$을 만족시키는 음이 아닌 정수인 해는 존재하지 않는다.

(i)~(iii)에서 조건 ㈎, ㈏를 만족시키는 경우의 수는
$21+3=24$

STEP3 확률 구하기 [1점]

구하는 확률은
$\dfrac{24}{165}=\dfrac{8}{55}$

04 조건부확률

0716 답 $\dfrac{3}{7}$

$P(A|B) = \dfrac{P(A \cap B)}{P(B)} = \dfrac{0.3}{0.7} = \dfrac{3}{7}$

0717 답 $\dfrac{1}{2}$

표본공간 $S = \{1,\ 2,\ 3,\ 4,\ 5,\ 6\}$이고,
$A = \{2,\ 3,\ 5\}$이므로
$P(A) = \dfrac{3}{6} = \dfrac{1}{2}$

0718 답 $\dfrac{1}{2}$

표본공간 $S = \{1,\ 2,\ 3,\ 4,\ 5,\ 6\}$이고,
$B = \{2,\ 4,\ 6\}$이므로
$P(B) = \dfrac{3}{6} = \dfrac{1}{2}$

0719 답 $\dfrac{1}{6}$

표본공간 $S = \{1,\ 2,\ 3,\ 4,\ 5,\ 6\}$이고,
$A \cap B = \{2\}$이므로
$P(A \cap B) = \dfrac{1}{6}$

0720 답 $\dfrac{1}{3}$

$P(B|A) = \dfrac{P(A \cap B)}{P(A)}$

$\qquad = \dfrac{\frac{1}{6}}{\frac{1}{2}} = \dfrac{1}{3}$

0721 답 0.2

$P(A \cap B) = P(B)P(A|B)$
$\qquad\qquad = 0.4 \times 0.5 = 0.2$

0722 답 0.25

$P(B|A) = \dfrac{P(A \cap B)}{P(A)} = \dfrac{0.2}{0.8} = \dfrac{1}{4} = 0.25$

0723 답 $\dfrac{3}{8}$

갑이 검은 공을 꺼내는 사건을 A, 을이 검은 공을 꺼내는 사건을 B라 하면
$P(B) = P(A \cap B) + P(A^c \cap B)$

$\quad = P(A)P(B|A) + P(A^c)P(B|A^c)$

$\quad = \dfrac{3}{8} \times \dfrac{2}{7} + \dfrac{5}{8} \times \dfrac{3}{7} = \dfrac{21}{56} = \dfrac{3}{8}$

0724 답 $\dfrac{5}{8}$

갑이 검은 공을 꺼내는 사건을 A, 을이 흰 공을 꺼내는 사건을 B라 하면
$P(B) = P(A \cap B) + P(A^c \cap B)$
$\quad = P(A)P(B|A) + P(A^c)P(B|A^c)$
$\quad = \dfrac{3}{8} \times \dfrac{5}{7} + \dfrac{5}{8} \times \dfrac{4}{7} = \dfrac{35}{56} = \dfrac{5}{8}$

0725 답 $\dfrac{2}{5}$

$P(A|B) = \dfrac{P(A \cap B)}{P(B)} = \dfrac{P(A)P(B)}{P(B)} = P(A) = \dfrac{2}{5}$

0726 답 $\dfrac{7}{10}$

$P(A \cup B) = P(A) + P(B) - P(A \cap B)$
$\qquad\qquad = P(A) + P(B) - P(A)P(B)$
$\qquad\qquad = \dfrac{2}{5} + \dfrac{1}{2} - \dfrac{2}{5} \times \dfrac{1}{2} = \dfrac{7}{10}$

0727 답 종속

표본공간 $S = \{1,\ 2,\ 3,\ \cdots,\ 9,\ 10\}$이고,
$A = \{1,\ 2,\ 5,\ 10\}$, $B = \{6,\ 7,\ 8,\ 9,\ 10\}$이므로
$A \cap B = \{10\}$
$P(A) = \dfrac{2}{5}$, $P(B) = \dfrac{1}{2}$에서 $P(A)P(B) = \dfrac{2}{5} \times \dfrac{1}{2} = \dfrac{1}{5}$이고
$P(A \cap B) = \dfrac{1}{10}$이므로
$P(A)P(B) \neq P(A \cap B)$
따라서 두 사건 A와 B는 서로 종속이다.

0728 답 $\dfrac{2}{9}$

${}_3C_1 \left(\dfrac{2}{3}\right)^1 \left(\dfrac{1}{3}\right)^2 = \dfrac{2}{9}$

0729 답 $\dfrac{4}{9}$

${}_3C_2 \left(\dfrac{2}{3}\right)^2 \left(\dfrac{1}{3}\right)^1 = \dfrac{4}{9}$

0730 답 $\dfrac{8}{27}$

${}_3C_3 \left(\dfrac{2}{3}\right)^3 \left(\dfrac{1}{3}\right)^0 = \dfrac{8}{27}$

0731 답 $\dfrac{5}{16}$

한 개의 동전을 던질 때, 앞면이 나올 확률은 $\dfrac{1}{2}$이므로 독립시행의

확률에 의하여 한 개의 동전을 5번 던질 때, 앞면이 2번 나올 확률은
$${}_5C_2\left(\frac{1}{2}\right)^2\left(\frac{1}{2}\right)^3=\frac{5}{16}$$

기출 유형 check 실전 준비하기 155쪽~194쪽

0732 답 $\frac{1}{8}$

주사위 1개를 던질 때, 홀수의 눈이 나올 확률은 $\frac{3}{6}=\frac{1}{2}$

동전 2개를 던질 때, 2개 모두 앞면이 나올 확률은 $\frac{1}{2}\times\frac{1}{2}=\frac{1}{4}$

따라서 구하는 확률은 $\frac{1}{2}\times\frac{1}{4}=\frac{1}{8}$

0733 답 ①

첫 번째에 검사한 제품이 불량품일 확률은 $\frac{3}{10}$

두 번째에 검사한 제품이 불량품일 확률은 $\frac{2}{9}$

따라서 구하는 확률은 $\frac{3}{10}\times\frac{2}{9}=\frac{1}{15}$

0734 답 $\frac{81}{100}$

이 양궁 선수가 한 발을 쏘아 명중시킬 확률은 $\frac{9}{10}$

따라서 구하는 확률은 $\frac{9}{10}\times\frac{9}{10}=\frac{81}{100}$

0735 답 $\frac{2}{7}$

처음 꺼낸 공이 흰 공일 확률은 $\frac{3}{7}$

두 번째 꺼낸 공이 파란 공일 확률은 $\frac{4}{6}=\frac{2}{3}$

따라서 구하는 확률은 $\frac{3}{7}\times\frac{2}{3}=\frac{2}{7}$

0736 답 ④

내일 비가 올 확률은 $\frac{20}{100}=\frac{1}{5}$이므로

내일 비가 오지 않을 확률은 $1-\frac{1}{5}=\frac{4}{5}$

내일 미세 먼지가 나쁨 수준을 보일 확률은 $\frac{40}{100}=\frac{2}{5}$

따라서 내일 비가 오지 않고 미세 먼지가 나쁨 수준을 보일 확률은
$$\frac{4}{5}\times\frac{2}{5}=\frac{8}{25}$$
$$\therefore \frac{8}{25}\times100=32\,(\%)$$

0737 답 ③

이번 수학 시험에서 A가 100점을 맞을 확률은 $\frac{3}{4}$

이번 수학 시험에서 B가 100점을 맞을 확률은 $\frac{2}{3}$

이번 수학 시험에서 C가 100점을 맞지 못할 확률은 $1-\frac{2}{5}=\frac{3}{5}$

따라서 구하는 확률은 $\frac{3}{4}\times\frac{2}{3}\times\frac{3}{5}=\frac{3}{10}$

0738 답 ⑤ | 유형 1

두 사건 A, B에 대하여
$$P(A)=\frac{5}{6},\ P(A\cap B^C)=\frac{1}{3}$$
단서1
일 때, $P(B\,|\,A)$는?

① $\frac{1}{5}$ ② $\frac{3}{10}$ ③ $\frac{2}{5}$

④ $\frac{1}{2}$ ⑤ $\frac{3}{5}$

단서1 $P(A\cap B)=P(A)-P(A\cap B^C)$

STEP1 $P(A\cap B)$ 구하기
$$P(A\cap B)=P(A)-P(A\cap B^C)=\frac{5}{6}-\frac{1}{3}=\frac{1}{2}$$

STEP2 $P(B\,|\,A)$ 구하기
$$P(B\,|\,A)=\frac{P(A\cap B)}{P(A)}=\frac{\frac{1}{2}}{\frac{5}{6}}=\frac{3}{5}$$

0739 답 ③
$$P(B\,|\,A)=\frac{P(A\cap B)}{P(A)}=\frac{\frac{1}{6}}{\frac{1}{3}}=\frac{1}{2}$$

0740 답 $\frac{1}{6}$
$$P(B\,|\,A)=\frac{P(A\cap B)}{P(A)}에서\ \frac{5}{6}=\frac{P(A\cap B)}{\frac{1}{5}}$$
$$\therefore P(A\cap B)=\frac{5}{6}\times\frac{1}{5}=\frac{1}{6}$$

0741 답 ①
$$P(A\,|\,B)=\frac{P(A\cap B)}{P(B)}에서$$
$$P(A\cap B)=P(B)P(A\,|\,B)=0.5\times0.4=0.2$$
$$P(B\,|\,A^C)=\frac{P(B\cap A^C)}{P(A^C)}에서\ P(A^C)=\frac{P(B\cap A^C)}{P(B\,|\,A^C)}$$
이때 $P(B\cap A^C)=P(B)-P(A\cap B)=0.5-0.2=0.3$이므로
$$P(A^C)=\frac{P(B\cap A^C)}{P(B\,|\,A^C)}=\frac{0.3}{0.5}=0.6$$
$$\therefore P(A)=1-P(A^C)$$
$$=1-0.6=0.4$$

0742 답 $\dfrac{1}{6}$

$\mathrm{P}(A|B)=\mathrm{P}(A^C|B)$에서

$\dfrac{\mathrm{P}(A\cap B)}{\mathrm{P}(B)}=\dfrac{\mathrm{P}(A^C\cap B)}{\mathrm{P}(B)}$이므로 $\mathrm{P}(A\cap B)=\mathrm{P}(A^C\cap B)$

따라서 $\mathrm{P}(B)=\mathrm{P}(A\cap B)+\mathrm{P}(A^C\cap B)=2\mathrm{P}(A\cap B)$이므로

$\mathrm{P}(A\cap B)=\dfrac{1}{2}\mathrm{P}(B)=\dfrac{1}{2}\times\dfrac{1}{3}=\dfrac{1}{6}$

0743 답 ②

$\mathrm{P}(A\cup B)=k\ (k\ne 0)$라 하면

$\mathrm{P}(A)=\mathrm{P}(B)=\dfrac{3}{5}\mathrm{P}(A\cup B)$이므로

$\mathrm{P}(A)=\dfrac{3}{5}k,\ \mathrm{P}(B)=\dfrac{3}{5}k$

$\mathrm{P}(A\cup B)=\mathrm{P}(A)+\mathrm{P}(B)-\mathrm{P}(A\cap B)$이므로

$k=\dfrac{3}{5}k+\dfrac{3}{5}k-\mathrm{P}(A\cap B)$ $\therefore \mathrm{P}(A\cap B)=\dfrac{1}{5}k$

$\therefore \mathrm{P}(B|A)=\dfrac{\mathrm{P}(A\cap B)}{\mathrm{P}(A)}=\dfrac{\dfrac{1}{5}k}{\dfrac{3}{5}k}=\dfrac{1}{3}$

0744 답 $\dfrac{1}{4}$

$\mathrm{P}(B^C)=1-\mathrm{P}(B)=1-\dfrac{1}{3}=\dfrac{2}{3}$

두 사건 A, B가 서로 배반사건이므로 $A\cap B=\varnothing$

따라서 $A\cap B^C=A$이므로

$\begin{matrix} & \llcorner\ A\cap B=\varnothing \Longleftrightarrow A-B=A \\ & \Longleftrightarrow A\cap B^C=A \end{matrix}$

$\mathrm{P}(A|B^C)=\dfrac{3}{8}$에서 $\dfrac{\mathrm{P}(A\cap B^C)}{\mathrm{P}(B^C)}=\dfrac{\mathrm{P}(A)}{\dfrac{2}{3}}=\dfrac{3}{8}$

$\therefore \mathrm{P}(A)=\dfrac{2}{3}\times\dfrac{3}{8}=\dfrac{1}{4}$

개념 Check

사건 A와 사건 B가 동시에 일어나지 않을 때, 즉
$$A\cap B=\varnothing$$
일 때, A와 B는 서로 배반사건이라 한다.

0745 답 ⑤

$\mathrm{P}(A\cup B)=\mathrm{P}(A)+\mathrm{P}(B)-\mathrm{P}(A\cap B)$이므로

$\dfrac{9}{10}=\dfrac{2}{5}+\dfrac{4}{5}-\mathrm{P}(A\cap B)$ $\therefore \mathrm{P}(A\cap B)=\dfrac{3}{10}$

$\therefore \mathrm{P}(B|A)=\dfrac{\mathrm{P}(A\cap B)}{\mathrm{P}(A)}=\dfrac{\dfrac{3}{10}}{\dfrac{2}{5}}=\dfrac{3}{4}$

0746 답 ④

$\mathrm{P}(B|A)=\dfrac{1}{4}$에서 $\dfrac{\mathrm{P}(A\cap B)}{\mathrm{P}(A)}=\dfrac{1}{4}$이므로

$\mathrm{P}(A)=4\mathrm{P}(A\cap B)$ ·········· ㉠

$\mathrm{P}(A|B)=\dfrac{1}{3}$에서 $\dfrac{\mathrm{P}(A\cap B)}{\mathrm{P}(B)}=\dfrac{1}{3}$이므로

$\mathrm{P}(B)=3\mathrm{P}(A\cap B)$ ·········· ㉡

㉠, ㉡을 $\mathrm{P}(A)+\mathrm{P}(B)=\dfrac{7}{10}$에 대입하면

$4\mathrm{P}(A\cap B)+3\mathrm{P}(A\cap B)=\dfrac{7}{10}$, $7\mathrm{P}(A\cap B)=\dfrac{7}{10}$

$\therefore \mathrm{P}(A\cap B)=\dfrac{1}{10}$

0747 답 ③ |유형2

> 서로 다른 두 개의 주사위를 동시에 던져서 나오는 두 눈의 수의 합이 [단서1] 5 이하일 때, 두 눈의 수가 모두 홀수일 확률은? [단서1]
>
> ① $\dfrac{1}{10}$ ② $\dfrac{1}{5}$ ③ $\dfrac{3}{10}$
>
> ④ $\dfrac{2}{5}$ ⑤ $\dfrac{1}{2}$
>
> 단서1 두 눈의 수의 합이 2, 3, 4, 5
> 단서2 (1, 1), (1, 3), (3, 1)

STEP1 두 눈의 수의 합이 5 이하인 사건을 A, 두 눈의 수가 모두 홀수인 사건을 B라 하고 $\mathrm{P}(A)$, $\mathrm{P}(A\cap B)$ 구하기

두 개의 주사위를 던질 때, 나오는 모든 경우의 수는 $6\times 6=36$

두 눈의 수의 합이 5 이하인 사건을 A, 두 눈의 수가 모두 홀수인 사건을 B라 하자.

두 개의 주사위를 던져서 나오는 두 눈의 수를 a, b라 할 때,

두 눈의 수의 합이 5 이하인 a, b의 순서쌍 (a, b)는

$(1, 1)$, $(1, 2)$, $(1, 3)$, $(1, 4)$, $(2, 1)$, $(2, 2)$, $(2, 3)$, $(3, 1)$, $(3, 2)$, $(4, 1)$

의 10개이므로 $\mathrm{P}(A)=\dfrac{10}{36}$

두 눈의 수의 합이 5 이하이면서 두 눈의 수가 모두 홀수인 a, b의 순서쌍 (a, b)는

$(1, 1)$, $(1, 3)$, $(3, 1)$

의 3개이므로 $\mathrm{P}(A\cap B)=\dfrac{3}{36}$

STEP2 $\mathrm{P}(B|A)$ 구하기

구하는 확률은

$\mathrm{P}(B|A)=\dfrac{\mathrm{P}(A\cap B)}{\mathrm{P}(A)}=\dfrac{\dfrac{3}{36}}{\dfrac{10}{36}}=\dfrac{3}{10}$

다른 풀이

두 눈의 수의 합이 5 이하인 사건을 A, 두 눈의 수가 모두 홀수인 사건을 B라 하자.

두 개의 주사위를 던져서 나오는 두 눈의 수를 a, b라 할 때

(i) 두 눈의 수의 합이 5 이하인 a, b의 순서쌍 (a, b)는

$(1, 1)$, $(1, 2)$, $(1, 3)$, $(1, 4)$, $(2, 1)$, $(2, 2)$, $(2, 3)$, $(3, 1)$, $(3, 2)$, $(4, 1)$

이므로 $n(A)=10$

(ii) 두 눈의 수의 합이 5 이하이면서 두 눈의 수가 모두 홀수인 a, b의 순서쌍 (a, b)는

$(1, 1)$, $(1, 3)$, $(3, 1)$

이므로 $n(A\cap B)=3$

(i), (ii)에서 구하는 확률은

$\mathrm{P}(B|A)=\dfrac{n(A\cap B)}{n(A)}=\dfrac{3}{10}$

0748 답 ④

한 개의 주사위를 던질 때, 나오는 모든 경우의 수는 6

눈의 수가 4의 약수인 사건을 A, 눈의 수가 2의 배수인 사건을 B라 하면

$A=\{1, 2, 4\}$, $B=\{2, 4, 6\}$, $A\cap B=\{2, 4\}$

이므로 $P(A)=\dfrac{3}{6}$, $P(A\cap B)=\dfrac{2}{6}$

따라서 구하는 확률은

$$P(B|A)=\frac{P(A\cap B)}{P(A)}=\frac{\dfrac{2}{6}}{\dfrac{3}{6}}=\frac{2}{3}$$

다른 풀이

눈의 수가 4의 약수인 사건을 A, 눈의 수가 2의 배수인 사건을 B라 하면

$A=\{1, 2, 4\}$, $B=\{2, 4, 6\}$, $A\cap B=\{2, 4\}$

따라서 구하는 확률은

$$P(B|A)=\frac{n(A\cap B)}{n(A)}=\frac{2}{3}$$

0749 답 $\dfrac{1}{2}$

10장의 카드 중에서 한 장 꺼낼 때, 나오는 모든 경우의 수는 10

카드에 적힌 수가 10의 약수인 사건을 A, 홀수인 사건을 B라 하면

$A=\{1, 2, 5, 10\}$, $B=\{1, 3, 5, 7, 9\}$, $A\cap B=\{1, 5\}$이므로

$P(A)=\dfrac{4}{10}$, $P(A\cap B)=\dfrac{2}{10}$

따라서 구하는 확률은

$$P(B|A)=\frac{P(A\cap B)}{P(A)}=\frac{\dfrac{2}{10}}{\dfrac{4}{10}}=\frac{1}{2}$$

다른 풀이

카드에 적힌 수가 10의 약수인 사건을 A, 홀수인 사건을 B라 하면

$A=\{1, 2, 5, 10\}$, $B=\{1, 3, 5, 7, 9\}$, $A\cap B=\{1, 5\}$

따라서 구하는 확률은

$$P(B|A)=\frac{n(A\cap B)}{n(A)}=\frac{2}{4}=\frac{1}{2}$$

0750 답 ④

집합 X의 원소 중에서 임의로 한 개를 택할 때 나오는 모든 경우의 수는 5

택한 원소가 홀수인 사건을 A, 소수인 사건을 B라 하면

$A=\{1, 3, 5\}$, $B=\{2, 3, 5\}$, $A\cap B=\{3, 5\}$

이므로 $P(A)=\dfrac{3}{5}$, $P(A\cap B)=\dfrac{2}{5}$

따라서 구하는 확률은

$$P(B|A)=\frac{P(A\cap B)}{P(A)}=\frac{\dfrac{2}{5}}{\dfrac{3}{5}}=\frac{2}{3}$$

다른 풀이

택한 원소가 홀수인 사건을 A, 소수인 사건을 B라 하면

$A=\{1, 3, 5\}$, $B=\{2, 3, 5\}$, $A\cap B=\{3, 5\}$

따라서 구하는 확률은

$$P(B|A)=\frac{n(A\cap B)}{n(A)}=\frac{2}{3}$$

0751 답 $\dfrac{1}{2}$

정팔면체 모양의 주사위를 던질 때, 나오는 모든 경우의 수는 8

바닥에 닿은 면에 적힌 수가 6의 약수인 사건을 A, 4의 약수인 사건을 B라 하면

$A=\{1, 2, 3, 6\}$, $B=\{1, 2, 4\}$, $A\cap B=\{1, 2\}$

이므로 $P(A)=\dfrac{4}{8}$, $P(A\cap B)=\dfrac{2}{8}$

따라서 구하는 확률은

$$P(B|A)=\frac{P(A\cap B)}{P(A)}=\frac{\dfrac{2}{8}}{\dfrac{4}{8}}=\frac{1}{2}$$

다른 풀이

바닥에 닿은 면에 적힌 수가 6의 약수인 사건을 A, 4의 약수인 사건을 B라 하면

$A=\{1, 2, 3, 6\}$, $B=\{1, 2, 4\}$, $A\cap B=\{1, 2\}$

따라서 구하는 확률은

$$P(B|A)=\frac{n(A\cap B)}{n(A)}=\frac{2}{4}=\frac{1}{2}$$

0752 답 ③

12장의 카드 중에서 한 장 꺼낼 때, 나오는 모든 경우의 수는 12

카드에 적힌 수가 12의 약수인 사건을 A, 3의 배수인 사건을 B라 하면

$A=\{1, 2, 3, 4, 6, 12\}$, $B=\{3, 6, 9, 12\}$, $A\cap B=\{3, 6, 12\}$

이므로 $P(A)=\dfrac{6}{12}$, $P(A\cap B)=\dfrac{3}{12}$

따라서 구하는 확률은

$$P(B|A)=\frac{P(A\cap B)}{P(A)}=\frac{\dfrac{3}{12}}{\dfrac{6}{12}}=\frac{1}{2}$$

다른 풀이

카드에 적힌 수가 12의 약수인 사건을 A, 3의 배수인 사건을 B라 하면

$A=\{1, 2, 3, 4, 6, 12\}$, $B=\{3, 6, 9, 12\}$, $A\cap B=\{3, 6, 12\}$

따라서 구하는 확률은

$$P(B|A)=\frac{n(A\cap B)}{n(A)}=\frac{3}{6}=\frac{1}{2}$$

0753 답 ②

주사위를 두 번 던질 때, 나오는 모든 경우의 수는 $_6\Pi_2=6^2=36$

$a+b$가 3의 배수인 사건을 A, ab가 3의 배수인 사건을 B라 하자. ───→ 3의 배수가 되는 $a+b$의 값은 3, 6, 9, 12이다.

(i) $a+b$가 3의 배수인 a, b의 순서쌍 (a, b)는

$(1, 2)$, $(1, 5)$, $(2, 1)$, $(2, 4)$, $(3, 3)$, $(3, 6)$,

(4, 2), (4, 5), (5, 1), (5, 4), (6, 3), (6, 6)

의 12개이므로 $P(A)=\dfrac{12}{36}$

(ii) $a+b$가 3의 배수이면서 ab가 3의 배수인 a, b의 순서쌍
(a, b)는

(3, 3), (3, 6), (6, 3), (6, 6)

의 4개이므로 $P(A\cap B)=\dfrac{4}{36}$

따라서 구하는 확률은

$$P(B\,|\,A)=\dfrac{P(A\cap B)}{P(A)}=\dfrac{\frac{4}{36}}{\frac{12}{36}}=\dfrac{1}{3}$$

다른 풀이

$a+b$가 3의 배수인 사건을 A, ab가 3의 배수인 사건을 B라 하자.

(ⅰ) $a+b$가 3의 배수인 a, b의 순서쌍 (a, b)는

(1, 2), (1, 5), (2, 1), (2, 4), (3, 3), (3, 6),
(4, 2), (4, 5), (5, 1), (5, 4), (6, 3), (6, 6)

이므로 $n(A)=12$

(ii) $a+b$가 3의 배수이면서 ab가 3의 배수인 a, b의 순서쌍
(a, b)는

(3, 3), (3, 6), (6, 3), (6, 6)

이므로 $n(A\cap B)=4$

따라서 구하는 확률은

$$P(B\,|\,A)=\dfrac{n(A\cap B)}{n(A)}=\dfrac{4}{12}=\dfrac{1}{3}$$

0754 답 ③

한 개의 주사위를 두 번 던질 때, 나오는 모든 경우의 수는
$_6\Pi_2=6^2=36$

6의 눈이 한 번도 나오지 않는 사건을 A, 두 눈의 수의 합이 4의
배수인 사건을 B라 하면

$P(A)=\dfrac{5}{6}\times\dfrac{5}{6}=\dfrac{25}{36}$이고,

한 개의 주사위를 두 번 던져서 나오는 두 눈의 수를 순서쌍으로
나타낼 때,

$A\cap B=\{(1, 3), (2, 2), (3, 1), (3, 5), (4, 4), (5, 3)\}$

이므로 $P(A\cap B)=\dfrac{6}{36}=\dfrac{1}{6}$

따라서 구하는 확률은

$$P(B\,|\,A)=\dfrac{P(A\cap B)}{P(A)}=\dfrac{\frac{1}{6}}{\frac{25}{36}}=\dfrac{6}{25}$$

다른 풀이

6의 눈이 한 번도 나오지 않는 사건을 A, 두 눈의 수의 합이 4의
배수인 사건을 B라 하면

$n(A)=5\times5=25$이고,

한 개의 주사위를 두 번 던져서 나오는 두 눈의 수를 순서쌍으로
나타낼 때,

$A\cap B=\{(1, 3), (2, 2), (3, 1), (3, 5), (4, 4), (5, 3)\}$

이므로 $n(A\cap B)=6$

따라서 구하는 확률은

$$P(B\,|\,A)=\dfrac{n(A\cap B)}{n(A)}=\dfrac{6}{25}$$

0755 답 ④

두 개의 주사위를 던질 때, 나오는 모든 경우의 수는 $6\times6=36$

두 눈의 수의 곱이 짝수인 사건을 A, 두 눈의 수의 합이 짝수인 사
건을 B라 하자.

사건 A의 여사건 A^C는 두 눈의 수의 곱이 홀수인 사건이므로

$P(A^C)=\dfrac{3}{6}\times\dfrac{3}{6}=\dfrac{1}{4}$ ⟶ (홀수)×(홀수)=(홀수)이므로
　　　　　　　　　　　　　　 두 눈의 수는 홀수이다.

$\therefore P(A)=1-P(A^C)=1-\dfrac{1}{4}=\dfrac{3}{4}$

사건 $A\cap B$는 두 눈의 수의 곱과 합이 모두 짝수이므로 두 눈의
수가 모두 짝수인 사건이다. ⟶ (짝수)×(짝수)=(짝수),

$\therefore P(A\cap B)=\dfrac{3}{6}\times\dfrac{3}{6}=\dfrac{1}{4}$
　　(짝수)×(홀수)=(짝수)이고,
　　(짝수)+(짝수)=(짝수),
　　(홀수)+(홀수)=(짝수)이므로
　　두 눈의 수는 짝수이다.

따라서 구하는 확률은

$$P(B\,|\,A)=\dfrac{P(A\cap B)}{P(A)}=\dfrac{\frac{1}{4}}{\frac{3}{4}}=\dfrac{1}{3}$$

다른 풀이

두 눈의 수의 곱이 짝수인 사건을 A, 두 눈의 수의 합이 짝수인 사
건을 B라 하자.

사건 A가 일어나는 경우의 수는 전체 경우의 수에서 두 눈의 수의
곱이 홀수인 경우의 수를 빼면 된다.

$\therefore n(A)=6\times6-3\times3=27$

사건 $A\cap B$는 두 눈의 수의 곱과 합이 모두 짝수이므로 두 눈의
수가 모두 짝수인 사건이다.

$\therefore n(A\cap B)=3\times3=9$

따라서 구하는 확률은

$$P(B\,|\,A)=\dfrac{n(A\cap B)}{n(A)}=\dfrac{9}{27}=\dfrac{1}{3}$$

0756 답 ②　　　　　　　　　　　　　　　　　　| 유형 3

어느 고등학교에서 수학 경시대회의 참가 여부를 조사한 결과는 다음
과 같다. 이 고등학교 학생 중에서 임의로 택한 한 명이 수학 경시대
회에 참가한 학생일 때, 이 학생이 여학생일 확률은?

　　　　　단서1　　　　　단서2　　　　　　　 (단위 : 명)

구분	남학생	여학생	합계
참가	70	120	190
불참	100	60	160
합계	170	180	350

① $\dfrac{11}{19}$　　　　② $\dfrac{12}{19}$　　　　③ $\dfrac{13}{19}$

④ $\dfrac{14}{19}$　　　　⑤ $\dfrac{15}{19}$

단서1 참가한 남학생과 여학생의 합은 $(70+120)$명
단서2 참가한 여학생은 120명

STEP1 수학 경시대회에 참가한 학생 수와 수학 경시대회에 참가한 여학생의
수 구하기

임의로 택한 한 명이 수학 경시대회에 참가한 학생인 사건을 A, 여학생인 사건을 B라 하면

$n(A)=190$, $n(A \cap B)=120$

STEP 2 확률 구하기

구하는 확률은

$$P(B|A)=\frac{n(A \cap B)}{n(A)}=\frac{120}{190}=\frac{12}{19}$$

0757 답 ⑤

임의로 택한 한 명이 2학년 학생인 사건을 A, 여학생인 사건을 B라 하면 구하는 확률은

$$P(B|A)=\frac{n(A \cap B)}{n(A)}=\frac{7}{5+7}=\frac{7}{12}$$

0758 답 ③

임의로 택한 한 명이 남학생인 사건을 A, 일본어를 선택한 학생인 사건을 B라 하면 구하는 확률은

$$P(B|A)=\frac{n(A \cap B)}{n(A)}=\frac{70}{70+85}=\frac{70}{155}=\frac{14}{31}$$

0759 답 $\frac{4}{9}$

검은색 공을 택하는 사건을 A, 짝수가 적힌 공을 택하는 사건을 B라 하면 구하는 확률은

$$P(B|A)=\frac{n(A \cap B)}{n(A)}=\frac{4}{9}$$

0760 답 ①

임의로 택한 한 명이 박물관 A를 선택한 학생인 사건을 A, 1학년인 사건을 B라 하면 구하는 확률은

$$P(B|A)=\frac{n(A \cap B)}{n(A)}=\frac{9}{24}=\frac{3}{8}$$

0761 답 ④

주머니에서 흰 공을 꺼내는 사건을 X, 주머니 A에서 공을 꺼내는 사건을 Y라 하면 구하는 확률은

$$P(Y|X)=\frac{n(X \cap Y)}{n(X)}=\frac{21}{21+14}=\frac{21}{35}=\frac{3}{5}$$

0762 답 ④

임의로 택한 한 명이 영화 관람을 희망한 학생인 사건을 A, 연극 관람을 희망한 학생인 사건을 B라 하면 구하는 확률은

$$P(B|A)=\frac{n(A \cap B)}{n(A)}=\frac{90}{210}=\frac{3}{7}$$

0763 답 ②

임의로 택한 한 명이 진로활동 B를 선택한 학생인 사건을 X, 1학년인 사건을 Y라 하면 구하는 확률은

$$P(Y|X)=\frac{n(X \cap Y)}{n(X)}=\frac{5}{9}$$

0764 답 ①

임의로 택한 한 명이 생태연구를 선택한 학생인 사건을 A, 여학생인 사건을 B라 하면 구하는 확률은

$$P(B|A)=\frac{n(A \cap B)}{n(A)}$$
$$=\frac{50}{110}=\frac{5}{11}$$

0765 답 ⑤

임의로 택한 한 명이 지역 A를 희망한 학생인 사건을 A, 지역 B를 희망한 학생인 사건을 B라 하면 구하는 확률은

$$P(B|A)=\frac{n(A \cap B)}{n(A)}$$
$$=\frac{140}{180}=\frac{7}{9}$$

0766 답 ②　　　　　　　| 유형 4

어느 프로 야구 경기의 관중 집계 결과 남성 관중은 10000명, 여성 관중은 8000명이었으며 남성 관중의 $\frac{4}{5}$, 여성 관중의 $\frac{7}{10}$이 성인이었다. 이 경기의 관중 중에서 임의로 택한 한 명이 성인일 때, 이 관중이 여성 관중일 확률은? 단서1

① $\frac{6}{17}$　　　② $\frac{7}{17}$　　　③ $\frac{5}{12}$

④ $\frac{1}{2}$　　　⑤ $\frac{7}{12}$

단서1 전체 성인 관중의 수는 $10000 \times \frac{4}{5}+8000 \times \frac{7}{10}$

단서2 성인 여성 관중의 수는 $8000 \times \frac{7}{10}$

STEP 1 이 경기의 관중 현황을 표로 나타내기

성인 남성 관중 수는 $10000 \times \frac{4}{5}=8000$,

성인 여성 관중 수는 $8000 \times \frac{7}{10}=5600$이다.

이 경기의 관중 현황을 표로 나타내면 다음과 같다.

(단위 : 명)

구분	성인	미성년	합계
남성	8000	2000	10000
여성	5600	2400	8000
합계	13600	4400	18000

STEP 2 성인 관중의 수와 성인 여성 관중의 수 구하기

임의로 택한 한 명이 성인 관중인 사건을 A, 여성 관중인 사건을 B라 하면 $n(A)=13600$, $n(A \cap B)=5600$

STEP 3 확률 구하기

구하는 확률은

$$P(B|A)=\frac{n(A \cap B)}{n(A)}$$
$$=\frac{5600}{13600}=\frac{7}{17}$$

0767 달 ②

조사 결과를 표로 나타내면 다음과 같다.

(단위 : 명)

구분	남학생	여학생	합계
그룹 A 선호	90	70	160
그룹 B 선호	80	120	200
합계	170	190	360

임의로 택한 한 명이 그룹 A를 선호하는 학생인 사건을 A, 여학생인 사건을 E라 하면 $n(A)=160$, $n(A \cap E)=70$

따라서 구하는 확률은

$$P(E \,|\, A) = \frac{n(A \cap E)}{n(A)} = \frac{70}{160} = \frac{7}{16}$$

0768 달 ⑤

남학생 12명 중에서 5명이 인문학 특강을 신청했으므로 인공지능 특강을 신청한 남학생은 7명이다.

또한, 여학생 8명 중에서 4명이 인공지능 특강을 신청했으므로 인문학 특강을 신청한 여학생은 4명이다.

학급 전체 학생의 인문학 특강과 인공지능 특강에 대한 신청 결과를 표로 나타내면 다음과 같다.

(단위 : 명)

구분	인문학 특강	인공지능 특강	합계
남학생	5	7	12
여학생	4	4	8
합계	9	11	20

임의로 택한 한 명이 인공지능 특강을 신청한 학생인 사건을 A, 남학생인 사건을 B라 하면 $n(A)=11$, $n(A \cap B)=7$

따라서 구하는 확률은

$$P(B \,|\, A) = \frac{n(A \cap B)}{n(A)} = \frac{7}{11}$$

0769 달 $\frac{6}{13}$

남학생 120명 중에서 경제수학을 희망한 학생이 50명이므로 실용수학을 희망한 남학생은 70명이다.

여학생 130명 중에서 실용수학을 희망한 학생이 60명이므로 경제수학을 희망한 여학생은 70명이다.

이 고등학교 학생이 희망하는 과목을 표로 나타내면 다음과 같다.

(단위 : 명)

구분	경제수학	실용수학	합계
남학생	50	70	120
여학생	70	60	130
합계	120	130	250

임의로 택한 한 명이 실용수학을 희망하는 학생인 사건을 A, 여학생인 사건을 B라 하면 $n(A)=130$, $n(A \cap B)=60$

따라서 구하는 확률은

$$P(B \,|\, A) = \frac{n(A \cap B)}{n(A)} = \frac{60}{130} = \frac{6}{13}$$

0770 달 ⑤

전화 응답자 1500명의 $\frac{1}{3}$이 공원 신규 조성에 반대하였으므로 공원 신규 조성에 반대한 전화 응답자의 수는 $1500 \times \frac{1}{3} = 500$, 인터넷 응답자 1800명의 $\frac{4}{9}$가 공원 신규 조성에 찬성하였으므로 공원 신규 조성에 찬성한 인터넷 응답자의 수는 $1800 \times \frac{4}{9} = 800$이다.

공원 신규 조성에 대한 설문 조사 결과를 표로 나타내면 다음과 같다.

(단위 : 명)

구분	전화 응답자	인터넷 응답자	합계
찬성	1000	800	1800
반대	500	1000	1500
합계	1500	1800	3300

임의로 택한 한 명이 공원 신규 조성에 찬성한 사람인 사건을 A, 인터넷 응답자인 사건을 B라 하면

$n(A)=1800$, $n(A \cap B)=800$

따라서 구하는 확률은

$$P(B \,|\, A) = \frac{n(A \cap B)}{n(A)} = \frac{800}{1800} = \frac{4}{9}$$

0771 달 $\frac{1}{3}$

남학생 수와 여학생 수의 비가 2 : 3이므로 남학생 수를 $2a$, 여학생 수를 $3a$라 하자. (단, a는 자연수)

전체 학생 중 SNS를 이용하는 남학생일 확률이 $\frac{1}{5}$이므로 SNS를 이용하는 남학생 수는 $5a \times \frac{1}{5} = a$이다.

또한, 전체 학생의 30 %가 SNS를 이용하지 않으므로 SNS를 이용하지 않는 학생 수는 $5a \times \frac{30}{100} = \frac{3}{2}a$이다.

이 학교의 SNS 이용 현황을 표로 나타내면 다음과 같다.

(단위 : 명)

구분	SNS를 이용함	SNS를 이용하지 않음	합계
남학생	a	a	$2a$
여학생	$\frac{5}{2}a$	$\frac{1}{2}a$	$3a$
합계	$\frac{7}{2}a$	$\frac{3}{2}a$	$5a$

임의로 택한 한 명이 SNS를 이용하지 않는 학생인 사건을 A, 여학생인 사건을 B라 하면

$n(A)=\frac{3}{2}a$, $n(A \cap B)=\frac{1}{2}a$

따라서 구하는 확률은

$$P(B \,|\, A) = \frac{n(A \cap B)}{n(A)} = \frac{\frac{1}{2}a}{\frac{3}{2}a} = \frac{1}{3}$$

다른 풀이

남학생 수와 여학생 수의 비가 2 : 3이므로 각각의 비율은

$\frac{2}{5}=0.4$, $\frac{3}{5}=0.6$이다.

전체 학생 중 SNS를 이용하는 남학생일 확률은 $\dfrac{1}{5}=0.2$이므로

SNS를 이용하지 않는 남학생의 비율은 $0.4-0.2=0.2$이다.

또한, 전체 학생의 30 %가 SNS를 이용하지 않으므로 SNS를 이용하지 않는 여학생의 비율은 $0.3-0.2=0.1$이다.

주어진 조건을 표로 나타내면 다음과 같다.

구분	SNS를 이용하는 비율	SNS를 이용하지 않는 비율
남학생	0.2	0.2
여학생	0.5	0.1

SNS를 이용하지 않는 학생을 택하는 사건을 A, 여학생을 택하는 사건을 B라 하면

$\mathrm{P}(A)=0.3$, $\mathrm{P}(A\cap B)=0.1$

따라서 구하는 확률은

$\mathrm{P}(B|A)=\dfrac{\mathrm{P}(A\cap B)}{\mathrm{P}(A)}=\dfrac{0.1}{0.3}=\dfrac{1}{3}$

0772 답 ⑤

전체 사원의 수를 $100k\,(k>0)$라 하자.

전체 사원의 60 %는 남성 사원이므로 남성 사원의 수는

$100k\times\dfrac{60}{100}=60k$이고, 여성 사원의 수는 $100k-60k=40k$이다.

대중교통을 이용하여 출근하는 남성 사원은 전체 사원의 20 %이므로 대중교통을 이용하여 출근하는 남성 사원의 수는

$100k\times\dfrac{20}{100}=20k$이다.

여성 사원의 30 %는 대중교통을 이용하므로 대중교통을 이용하여 출근하는 여성 사원의 수는 $40k\times\dfrac{30}{100}=12k$이다.

주어진 조건을 표로 나타내면 다음과 같다.

(단위 : 명)

구분	대중교통을 이용함	대중교통을 이용하지 않음	합계
남성 사원	$20k$	$40k$	$60k$
여성 사원	$12k$	$28k$	$40k$
합계	$32k$	$68k$	$100k$

임의로 택한 한 명이 대중교통을 이용하여 출근하는 사원인 사건을 A, 남성 사원인 사건을 B라 하면

$n(A)=32k$, $n(A\cap B)=20k$

따라서 구하는 확률은

$\mathrm{P}(B|A)=\dfrac{n(A\cap B)}{n(A)}=\dfrac{20k}{32k}=\dfrac{5}{8}$

다른 풀이

주어진 조건을 표로 나타내면 다음과 같다.

구분	사원 비율	대중교통의 이용 비율
남성 사원	0.6	0.2
여성 사원	0.4	$0.4\times0.3=0.12$

대중교통을 이용하여 출근하는 사원을 택하는 사건을 A, 남성 사원을 택하는 사건을 B라 하면

$\mathrm{P}(A)=0.2+0.12=0.32$, $\mathrm{P}(A\cap B)=0.2$

따라서 구하는 확률은

$\mathrm{P}(B|A)=\dfrac{\mathrm{P}(A\cap B)}{\mathrm{P}(A)}=\dfrac{0.2}{0.32}=\dfrac{5}{8}$

0773 답 ②

학교 전체 학생이 $60+40=100$(명)이므로 축구와 야구를 선택한 학생은 각각 70명, 30명이다.

또한, 이 학교의 학생 중 임의로 뽑은 1명이 축구를 선택한 남학생일 확률이 $\dfrac{2}{5}$이므로 축구를 선택한 남학생 수는 $100\times\dfrac{2}{5}=40$이다.

이 학교 전체 학생의 축구와 야구에 대한 선호도를 표로 나타내면 다음과 같다.

(단위 : 명)

구분	축구	야구	합계
남학생	40	20	60
여학생	30	10	40
합계	70	30	100

임의로 뽑은 1명이 야구를 선택한 학생인 사건을 A, 여학생인 사건을 B라 하면

$n(A)=30$, $n(A\cap B)=10$

따라서 구하는 확률은

$\mathrm{P}(B|A)=\dfrac{n(A\cap B)}{n(A)}=\dfrac{10}{30}=\dfrac{1}{3}$

0774 답 ④　　　　　　　　　　　| 유형 5

A, B를 포함한 5명의 학생이 그림과 같이 6개의 의자가 일정한 간격으로 놓인 정육각형 모양의 탁자에 둘러앉으려고 한다. A와 B가 이웃하지 않을 때, A와 B 모두 빈 의자 옆에 앉을 확률

단서1　　　　　**단서2**

은? (단, 한 의자에는 각각 한 명씩만 앉고, 회전하여 일치하는 것은 같은 것으로 본다.)

① $\dfrac{1}{24}$　　　② $\dfrac{1}{12}$　　　③ $\dfrac{1}{8}$

④ $\dfrac{1}{6}$　　　⑤ $\dfrac{5}{24}$

단서1 (A, B를 제외한 4명이 앉는 경우의 수)×(4명 사이사이에 A, B가 앉는 경우의 수)

단서2 (A, 빈 의자, B) 또는 (B, 빈 의자, A)

STEP1 A와 B가 이웃하지 않는 사건을 A, A와 B가 모두 빈 의자 옆에 앉는 사건을 B라 하고 $\mathrm{P}(A)$ 구하기

빈 의자는 학생이 앉은 의자와 구별되므로 빈 의자도 학생으로 생각하면 6명이 주어진 탁자에 둘러앉는 경우의 수는

$\underline{(6-1)!=5!=120}$　→ 정육각형을 회전하면 같은 경우가 생기므로 원순열을 생각한다.

A와 B가 이웃하지 않는 사건을 A, A와 B가 모두 빈 의자 옆에 앉는 사건을 B라 하자.

A, B를 제외한 4명이 탁자에 둘러앉는 경우의 수는

$(4-1)!=3!=6$

각각의 경우에 4명의 사이사이에 A, B가 앉는 경우의 수는

$_4\mathrm{P}_2=12$　→ 고정된 4명의 사이사이의 4곳 중 2곳을 택해 A, B를 나열하는 경우의 수와 같다.

$\therefore \mathrm{P}(A)=\dfrac{6\times12}{120}=\dfrac{3}{5}$

STEP 2 $P(A \cap B)$ **구하기**

A와 B가 모두 빈 의자 옆에 앉는 경우는 그림과 같이 A와 B 사이에 빈 의자가 있는 경우이다.

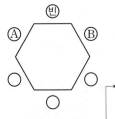

남은 3명의 학생이 앉는 경우의 수는 $3!=6$

A와 B가 서로 자리를 바꾸는 경우의 수는 $2!=2$

→ A, B, 빈 의자의 자리가 정해지면 나머지 3개의 자리에 3명이 일렬로 앉으면 된다.

$$\therefore P(A \cap B) = \frac{6 \times 2}{120} = \frac{1}{10}$$

STEP 3 $P(B \mid A)$ **구하기**

구하는 확률은

$$P(B \mid A) = \frac{P(A \cap B)}{P(A)} = \frac{\frac{1}{10}}{\frac{3}{5}} = \frac{1}{6}$$

다른 풀이

(i) 빈 의자는 학생이 앉은 의자와 구별되므로 빈 의자도 학생으로 생각하면 A, B를 제외한 4명이 탁자에 둘러앉는 경우의 수는

$(4-1)!=3!=6$

각각의 경우에 4명의 사이사이에 A, B가 앉는 경우의 수는

${}_4\text{P}_2=12$

$\therefore n(A)=6 \times 12=72$

(ii) A와 B가 모두 빈 의자 옆에 앉는 경우는 그림과 같이 A와 B 사이에 빈 의자가 있는 경우이다.

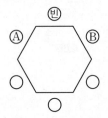

남은 3명의 학생이 앉는 경우의 수는 $3!=6$

A와 B가 서로 자리를 바꾸는 경우의 수는 $2!=2$

$\therefore n(A \cap B)=6 \times 2=12$

(i), (ii)에서 구하는 확률은

$$P(B \mid A) = \frac{n(A \cap B)}{n(A)} = \frac{12}{72} = \frac{1}{6}$$

0775 답 ③

1부터 7까지의 자연수를 일렬로 나열하는 경우의 수는 $7!$

양 끝에 홀수를 나열하는 사건을 A, 짝수가 모두 이웃하게 나열하는 사건을 B라 하자.

(i) 양 끝에 홀수를 나열하는 경우의 수는 ${}_4\text{P}_2$

→ 1, 3, 5, 7 중 2개를 택해 양 끝에 나열하는 경우의 수와 같다.

나머지 5개의 숫자를 일렬로 나열하는 경우의 수는 $5!$

$$\therefore P(A) = \frac{{}_4\text{P}_2 \times 5!}{7!} = \frac{2}{7}$$

(ii) 양 끝에 홀수를 나열하는 경우의 수는 ${}_4\text{P}_2$

3개의 짝수를 한 묶음으로 생각하여 나머지 홀수 2개와 함께

일렬로 나열하는 경우의 수는 $3!$

짝수끼리 자리를 바꾸는 경우의 수는 $3!$

$$\therefore P(A \cap B) = \frac{{}_4\text{P}_2 \times 3! \times 3!}{7!} = \frac{3}{35}$$

(i), (ii)에서 구하는 확률은

$$P(B \mid A) = \frac{P(A \cap B)}{P(A)} = \frac{\frac{3}{35}}{\frac{2}{7}} = \frac{3}{10}$$

다른 풀이

1부터 7까지의 자연수를 일렬로 나열할 때, 양 끝에 홀수를 나열하는 사건을 A, 짝수가 모두 이웃하게 나열하는 사건을 B라 하자.

(i) 양 끝에 홀수를 나열하는 경우의 수는 ${}_4\text{P}_2$

나머지 5개의 숫자를 일렬로 나열하는 경우의 수는 $5!$

$\therefore n(A)={}_4\text{P}_2 \times 5!$

(ii) 양 끝에 홀수를 나열하는 경우의 수는 ${}_4\text{P}_2$

3개의 짝수를 한 묶음으로 생각하여 나머지 홀수 2개와 함께

일렬로 나열하는 경우의 수는 $3!$

짝수끼리 자리를 바꾸는 경우의 수는 $3!$

$\therefore n(A \cap B)={}_4\text{P}_2 \times 3! \times 3!$

(i), (ii)에서 구하는 확률은

$$P(B \mid A) = \frac{n(A \cap B)}{n(A)} = \frac{{}_4\text{P}_2 \times 3! \times 3!}{{}_4\text{P}_2 \times 5!} = \frac{3}{10}$$

0776 답 ①

6명의 학생을 일렬로 세우는 경우의 수는 $6!=720$

A와 B가 이웃하는 사건을 A, C와 D가 이웃하지 않는 사건을 B라 하자.

(i) A, B를 한 사람으로 생각하여 5명을 일렬로 세우는 경우의 수는 $5!=120$

A와 B가 서로 자리를 바꾸는 경우의 수는 $2!=2$

$$\therefore P(A) = \frac{120 \times 2}{720} = \frac{1}{3}$$

(ii) A, B를 한 사람 X로 생각하여 E, F와 함께 일렬로 세우는 경우의 수는 $3!=6$

X, E, F의 양 끝 또는 사이사이의 4곳 중 2곳에 C, D를 세우는 경우의 수는 ${}_4\text{P}_2=12$

A와 B가 서로 자리를 바꾸는 경우의 수는 $2!=2$

$$\therefore P(A \cap B) = \frac{6 \times 12 \times 2}{720} = \frac{1}{5}$$

(i), (ii)에서 구하는 확률은

$$P(B \mid A) = \frac{P(A \cap B)}{P(A)} = \frac{\frac{1}{5}}{\frac{1}{3}} = \frac{3}{5}$$

다른 풀이

A와 B가 이웃하는 사건을 A, C와 D가 이웃하지 않는 사건을 B라 하자.

(i) A, B를 한 사람으로 생각하여 5명을 일렬로 세우는 경우의 수는 $5!=120$

A와 B가 서로 자리를 바꾸는 경우의 수는 $2!=2$

$\therefore n(A)=120 \times 2=240$

(ii) A, B를 한 사람 X로 생각하여 E, F와 함께 일렬로 세우는 경우의 수는 3!=6

X, E, F의 양 끝 또는 사이사이의 4곳 중 2곳에 C, D를 세우는 경우의 수는 $_4P_2=12$

A와 B가 서로 자리를 바꾸는 경우의 수는 2!=2

$\therefore n(A \cap B)=6 \times 12 \times 2=144$

(i), (ii)에서 구하는 확률은

$$P(B|A)=\frac{n(A \cap B)}{n(A)}=\frac{144}{240}=\frac{3}{5}$$

0777 답 $\frac{1}{4}$

한 개의 주사위를 세 번 던질 때, 나오는 모든 경우의 수는

$_6\Pi_3=6^3=216$

$a+b+c$가 홀수인 사건을 A, abc가 홀수인 사건을 B라 하자.

(i) $a+b+c$가 홀수인 경우는 (a, b, c)가

(홀수, 홀수, 홀수), (홀수, 짝수, 짝수),

(짝수, 홀수, 짝수), (짝수, 짝수, 홀수)인 경우이다.

(홀수, 홀수, 홀수)인 경우의 수는 $_3\Pi_3=27$

(홀수, 짝수, 짝수)인 경우의 수는 $3 \times _3\Pi_2=27$

(짝수, 홀수, 짝수)인 경우의 수는 $3 \times _3\Pi_2=27$

(짝수, 짝수, 홀수)인 경우의 수는 $3 \times _3\Pi_2=27$

$$\therefore P(A)=\frac{27}{216} \times 4=\frac{1}{2}$$

(ii) $a+b+c$가 홀수이면서 abc가 홀수인 경우는

(a, b, c)가 (홀수, 홀수, 홀수)인 경우이므로 이 경우의 수는

$_3\Pi_3=27$

$$\therefore P(A \cap B)=\frac{27}{216}=\frac{1}{8}$$

(i), (ii)에서 구하는 확률은

$$P(B|A)=\frac{P(A \cap B)}{P(A)}=\frac{\frac{1}{8}}{\frac{1}{2}}=\frac{1}{4}$$

다른 풀이

$a+b+c$가 홀수인 사건을 A, abc가 홀수인 사건을 B라 하자.

(i) $a+b+c$가 홀수인 경우는 (a, b, c)가

(홀수, 홀수, 홀수), (홀수, 짝수, 짝수),

(짝수, 홀수, 짝수), (짝수, 짝수, 홀수)인 경우이다.

(홀수, 홀수, 홀수)인 경우의 수는 $_3\Pi_3=27$

(홀수, 짝수, 짝수)인 경우의 수는 $3 \times _3\Pi_2=27$

(짝수, 홀수, 짝수)인 경우의 수는 $3 \times _3\Pi_2=27$

(짝수, 짝수, 홀수)인 경우의 수는 $3 \times _3\Pi_2=27$

$\therefore n(A)=4 \times 27=108$

(ii) $a+b+c$가 홀수이면서 abc가 홀수인 경우는

(a, b, c)가 (홀수, 홀수, 홀수)인 경우이므로 이 경우의 수는

$_3\Pi_3=27$

$\therefore n(A \cap B)=27$

(i), (ii)에서 구하는 확률은

$$P(B|A)=\frac{n(A \cap B)}{n(A)}=\frac{27}{108}=\frac{1}{4}$$

0778 답 ⑤

5개의 숫자 1, 2, 3, 4, 5에서 중복을 허용하여 만들 수 있는 네 자리 자연수의 개수는 $_5\Pi_4=5^4=625$

각 자리의 숫자의 곱이 짝수인 사건을 A, 각 자리의 숫자의 합이 짝수인 사건을 B라 하자.

(i) 각 자리의 숫자의 곱이 짝수인 경우 → 각 자리의 숫자의 곱이 짝수가 되려면 각 자리의 숫자 중 적어도 1개가 짝수이어야 한다.

각 자리의 숫자의 곱이 홀수인 네 자리 자연수의 개수는 각 자리의 숫자가 모두 홀수인 경우이므로 $_3\Pi_4=3^4=81$ ↓

$$\therefore P(A)=1-\frac{81}{625}=\frac{544}{625}$$

1, 3, 5 중 중복을 허용하여 만들 수 있는 네 자리 자연수의 개수이다.

(ii) 각 자리의 숫자의 곱이 짝수이면서 각 자리의 숫자의 합이 짝수인 경우

각 자리의 숫자가 모두 짝수인 네 자리 자연수의 개수는

$_2\Pi_4=2^4=16$

두 자리의 숫자는 짝수, 두 자리의 숫자는 홀수인 네 자리 자연수의 개수는

$_4C_2 \times _2\Pi_2 \times _3\Pi_2=6 \times 2^2 \times 3^2=216$

$$\therefore P(A \cap B)=\frac{16+216}{625}=\frac{232}{625}$$

(i), (ii)에서 구하는 확률은

$$P(B|A)=\frac{P(A \cap B)}{P(A)}=\frac{\frac{232}{625}}{\frac{544}{625}}=\frac{29}{68}$$

실수 Check

네 수의 곱이 짝수인 경우는

(짝수)×(짝수)×(짝수)×(짝수)

(짝수)×(짝수)×(짝수)×(홀수)

(짝수)×(짝수)×(홀수)×(홀수)

(짝수)×(홀수)×(홀수)×(홀수)

의 4가지이고 네 수의 곱이 홀수인 경우는

(홀수)×(홀수)×(홀수)×(홀수)

의 1가지이므로 네 자리 자연수 중 각 자리의 숫자의 곱이 짝수일 확률인 $P(A)$를 구할 때는 여사건의 확률을 이용한다.

→ $P(A)=1-$(네 자리 자연수 중 각 자리의 숫자의 곱이 홀수일 확률)

다른 풀이

각 자리의 숫자의 곱이 짝수인 사건을 A, 각 자리의 숫자의 합이 짝수인 사건을 B라 하자.

(i) 각 자리의 숫자의 곱이 짝수인 경우

5개의 숫자 1, 2, 3, 4, 5에서 중복을 허용하여 만들 수 있는 네 자리 자연수의 개수는 $_5\Pi_4=5^4=625$

각 자리의 숫자의 곱이 홀수인 네 자리 자연수의 개수는 각 자리의 숫자가 모두 홀수인 경우이므로 $_3\Pi_4=3^4=81$

$\therefore n(A)=625-81=544$

(ii) 각 자리의 숫자의 곱이 짝수이면서 각 자리의 숫자의 합이 짝수인 경우

각 자리의 숫자가 모두 짝수인 네 자리 자연수의 개수는

$_2\Pi_4=2^4=16$

두 자리의 숫자는 짝수, 두 자리의 숫자는 홀수인 네 자리 자연수의 개수는

$$_4C_2 \times _2\Pi_2 \times _3\Pi_2 = 6 \times 2^2 \times 3^2 = 216$$
$$\therefore n(A \cap B) = 16 + 216 = 232$$
(i), (ii)에서 구하는 확률은
$$P(B|A) = \frac{n(A \cap B)}{n(A)} = \frac{232}{544} = \frac{29}{68}$$

0779 답 ⑤

3개의 문자 a, i, r와 3개의 숫자 1, 1, 9를 일렬로 나열하는 경우의 수는 $\frac{6!}{2!} = 360$

숫자가 작은 것부터 차례로 나열되는 사건을 A, 모음이 이웃하는 사건을 B라 하자.

(i) 1, 1, 9가 작은 것부터 차례로 나열되는 경우

1, 1, 9를 모두 문자 x로 생각하여 a, i, r, x, x, x를 일렬로 나열하는 경우의 수는 $\frac{6!}{3!} = 120$ ── 1, 1, 9의 순서가 정해져 있으므로 같은 것으로 본다.

3개의 x를 앞에서부터 차례로 1, 1, 9로 바꾸면 되므로
$$P(A) = \frac{120}{360} = \frac{1}{3}$$

(ii) 1, 1, 9가 작은 것부터 차례로 나열되면서 모음이 이웃하는 경우

1, 1, 9를 모두 문자 x로 생각하고 a, i를 한 문자 y로 생각하여 y, r, x, x, x를 일렬로 나열하는 경우의 수는
$$\frac{5!}{3!} = 20$$

a, i가 서로 자리를 바꾸는 경우의 수는 $2! = 2$

3개의 x를 앞에서부터 차례로 1, 1, 9로 바꾸면 되므로
$$P(A \cap B) = \frac{20 \times 2}{360} = \frac{1}{9}$$

(i), (ii)에서 구하는 확률은
$$P(B|A) = \frac{P(A \cap B)}{P(A)} = \frac{\frac{1}{9}}{\frac{1}{3}} = \frac{1}{3}$$

다른 풀이

숫자가 작은 것부터 차례로 나열되는 사건을 A, 모음이 이웃하는 사건을 B라 하자.

(i) 1, 1, 9가 작은 것부터 차례로 나열되는 경우

1, 1, 9를 모두 문자 x로 생각하여 a, i, r, x, x, x를 일렬로 나열하는 경우의 수는 $\frac{6!}{3!} = 120$

3개의 x를 앞에서부터 차례로 1, 1, 9로 바꾸면 되므로
$$n(A) = 120$$

(ii) 1, 1, 9가 작은 것부터 차례로 나열되면서 모음이 이웃하는 경우

1, 1, 9를 모두 문자 x로 생각하고 a, i를 한 문자 y로 생각하여 y, r, x, x, x를 일렬로 나열하는 경우의 수는
$$\frac{5!}{3!} = 20$$

a, i가 서로 자리를 바꾸는 경우의 수는 $2! = 2$

3개의 x를 앞에서부터 차례로 1, 1, 9로 바꾸면 되므로
$$n(A \cap B) = 20 \times 2 = 40$$

(i), (ii)에서 구하는 확률은
$$P(B|A) = \frac{n(A \cap B)}{n(A)} = \frac{40}{120} = \frac{1}{3}$$

0780 답 ③

A 지점에서 출발하여 B 지점까지 최단 거리로 갈 때, P 지점을 지나는 사건을 A, Q 지점을 지나는 사건을 B라 하자.

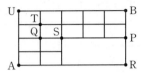

A 지점에서 B 지점까지 최단 거리로 가는 경우의 수는 다음과 같다.

A → R → B로 가는 경우의 수는 $1 \times 1 = 1$

A → S → B로 가는 경우의 수는
$$\frac{4!}{2! \times 2!} \times \frac{5!}{3! \times 2!} = 6 \times 10 = 60$$

A → T → B로 가는 경우의 수는
$$\frac{4!}{3!} \times \frac{5!}{4!} = 4 \times 5 = 20$$

A → U → B로 가는 경우의 수는 $1 \times 1 = 1$

따라서 A 지점에서 B 지점까지 최단 거리로 가는 경우의 수는
$$1 + 60 + 20 + 1 = 82$$

(i) P 지점을 지나는 경우

A → R → P → B로 가는 경우의 수는 $1 \times 1 \times 1 = 1$

A → S → P → B로 가는 경우의 수는
$$\frac{4!}{2! \times 2!} \times 1 \times 1 = 6$$

$$\therefore P(A) = \frac{1+6}{82} = \frac{7}{82}$$

(ii) P 지점과 Q 지점을 모두 지나는 경우

A → Q → P → B로 가는 경우의 수는
$$\frac{3!}{2!} \times 1 \times 1 = 3$$

$$\therefore P(A \cap B) = \frac{3}{82}$$

(i), (ii)에서 구하는 확률은
$$P(B|A) = \frac{P(A \cap B)}{P(A)} = \frac{\frac{3}{82}}{\frac{7}{82}} = \frac{3}{7}$$

실수 Check

길이 연결되어 있지 않으므로 A 지점에서 B 지점까지 최단 거리로 가는 경우의 수는 반드시 거쳐야 하는 점 R, S, T, U를 잡아 각각의 경로를 따라 최단 거리로 가는 경우의 수를 구하면 된다.

다른 풀이

A 지점에서 출발하여 B 지점까지 최단 거리로 갈 때 P 지점을 지나는 사건을 A, Q 지점을 지나는 사건을 B라 하자.

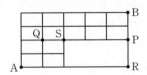

(i) P 지점을 지나는 경우

A → R → P → B로 가는 경우의 수는 $1 \times 1 \times 1 = 1$

A → S → P → B로 가는 경우의 수는
$$\frac{4!}{2! \times 2!} \times 1 \times 1 = 6$$

$$\therefore n(A) = 1 + 6 = 7$$

(ii) P 지점과 Q 지점을 모두 지나는 경우

A → Q → P → B로 가는 경우의 수는

$$\frac{3!}{2!} \times 1 \times 1 = 3$$

$$\therefore n(A \cap B) = 3$$

(i), (ii)에서 구하는 확률은

$$P(B|A) = \frac{n(A \cap B)}{n(A)} = \frac{3}{7}$$

0781 답 ② | 유형 6

흰 공 3개, 검은 공 4개가 들어 있는 주머니가 있다. 이 주머니에서 임의로 동시에 꺼낸 2개의 공의 색이 서로 같을 때, 꺼낸 2개의 공이 모두 흰색일 <u>단서1</u>   <u>단서2</u> 확률은?

① $\frac{1}{4}$ ② $\frac{1}{3}$ ③ $\frac{5}{12}$

④ $\frac{1}{2}$ ⑤ $\frac{7}{12}$

<u>단서1</u> 흰 공 2개를 꺼내거나 검은 공 2개를 꺼내는 경우

<u>단서2</u> 흰 공 3개 중에서 2개를 택하는 경우

STEP 1 임의로 꺼낸 2개의 공의 색이 서로 같은 사건을 A, 꺼낸 2개의 공이 모두 흰색인 사건을 B라 하고 $P(A)$, $P(A \cap B)$ 구하기

7개의 공 중에서 2개의 공을 꺼내는 경우의 수는 $_7C_2$

임의로 꺼낸 2개의 공의 색이 서로 같은 사건을 A, 꺼낸 2개의 공이 모두 흰색인 사건을 B라 하면

$$P(A) = \frac{_3C_2 + _4C_2}{_7C_2}$$ → 꺼낸 2개의 공이 모두 흰색이거나 모두 검은색일 확률이다.

$$= \frac{3 + 6}{21} = \frac{3}{7}$$

$$P(A \cap B) = \frac{_3C_2}{_7C_2} = \frac{3}{21} = \frac{1}{7}$$

STEP 2 $P(B|A)$ 구하기

구하는 확률은

$$P(B|A) = \frac{P(A \cap B)}{P(A)} = \frac{\frac{1}{7}}{\frac{3}{7}} = \frac{1}{3}$$

다른 풀이

임의로 꺼낸 2개의 공의 색이 서로 같은 사건을 A, 꺼낸 2개의 공이 모두 흰색인 사건을 B라 하면

2개의 공의 색이 서로 같은 경우는 흰 공 2개를 꺼내거나 검은 공 2개를 꺼내는 경우이다.

(i) 흰 공 2개를 꺼내는 경우의 수는 $_3C_2 = 3$

(ii) 검은 공 2개를 꺼내는 경우의 수는 $_4C_2 = 6$

(i), (ii)에서 $n(A) = 3 + 6 = 9$

꺼낸 2개의 공이 모두 흰색인 경우는 $_3C_2 = 3$이므로

$$n(A \cap B) = 3$$

따라서 구하는 확률은

$$P(B|A) = \frac{n(A \cap B)}{n(A)} = \frac{3}{9} = \frac{1}{3}$$

0782 답 $\frac{1}{7}$

8장의 카드에서 3장의 카드를 꺼내는 경우의 수는 $_8C_3$

임의로 꺼낸 3장의 카드에 적힌 수의 합이 짝수인 사건을 A, 꺼낸 3장의 카드에 적힌 수가 모두 짝수인 사건을 B라 하자.

꺼낸 3장의 카드에 적힌 수의 합이 짝수인 경우는 카드에 적힌 세 수가 모두 짝수이거나 세 수 중 두 수는 홀수이고 나머지 한 수는 짝수인 경우이므로

$$P(A) = \frac{_4C_3 + _4C_2 \times _4C_1}{_8C_3}$$

$$= \frac{4 + 6 \times 4}{56} = \frac{1}{2}$$

꺼낸 3장의 카드에 적힌 수가 모두 짝수일 확률은

$$P(A \cap B) = \frac{_4C_3}{_8C_3} = \frac{4}{56} = \frac{1}{14}$$

따라서 구하는 확률은

$$P(B|A) = \frac{P(A \cap B)}{P(A)} = \frac{\frac{1}{14}}{\frac{1}{2}} = \frac{1}{7}$$

다른 풀이

임의로 꺼낸 3장의 카드에 적힌 수의 합이 짝수인 사건을 A, 꺼낸 3장의 카드에 적힌 수가 모두 짝수인 사건을 B라 하자.

꺼낸 3장의 카드에 적힌 수의 합이 짝수인 경우는 카드에 적힌 세 수가 모두 짝수이거나 세 수 중 두 수는 홀수이고 나머지 한 수는 짝수인 경우이므로

$$n(A) = _4C_3 + _4C_2 \times _4C_1 = 4 + 6 \times 4 = 28$$

꺼낸 3장의 카드에 적힌 수가 모두 짝수인 경우의 수는

$$n(A \cap B) = _4C_3 = 4$$

따라서 구하는 확률은

$$P(B|A) = \frac{n(A \cap B)}{n(A)} = \frac{4}{28} = \frac{1}{7}$$

0783 답 $\frac{15}{31}$

10장의 색종이 중에서 2장의 색종이를 꺼내는 경우의 수는 $_{10}C_2$

임의로 꺼낸 2장의 색종이의 색이 서로 다른 사건을 A, 꺼낸 2장의 색종이의 색이 노란색과 파란색인 사건을 B라 하자.

꺼낸 2장의 색종이의 색이 서로 다른 경우는

(빨간색, 노란색) 또는 (빨간색, 파란색) 또는 (노란색, 파란색)

을 꺼내는 경우이므로

$$P(A) = \frac{_2C_1 \times _3C_1 + _2C_1 \times _5C_1 + _3C_1 \times _5C_1}{_{10}C_2}$$

$$= \frac{6 + 10 + 15}{45} = \frac{31}{45}$$

꺼낸 2장의 색종이의 색이 노란색과 파란색일 확률은

$$P(A \cap B) = \frac{_3C_1 \times _5C_1}{_{10}C_2} = \frac{15}{45} = \frac{1}{3}$$

따라서 구하는 확률은

$$P(B|A) = \frac{P(A \cap B)}{P(A)} = \frac{\frac{1}{3}}{\frac{31}{45}} = \frac{15}{31}$$

임의로 꺼낸 2장의 색종이의 색이 서로 다른 사건을 A, 꺼낸 2장의 색종이의 색이 노란색과 파란색인 사건을 B라 하자.

꺼낸 2장의 색종이의 색이 서로 다른 경우는

(빨간색, 노란색) 또는 (빨간색, 파란색) 또는 (노란색, 파란색)

을 꺼내는 경우이므로

$n(A) = {}_2C_1 \times {}_3C_1 + {}_2C_1 \times {}_5C_1 + {}_3C_1 \times {}_5C_1$
$= 2 \times 3 + 2 \times 5 + 3 \times 5 = 31$

꺼낸 2장의 색종이의 색이 노란색과 파란색인 경우의 수는

$n(A \cap B) = {}_3C_1 \times {}_5C_1$
$= 3 \times 5 = 15$

따라서 구하는 확률은

$P(B|A) = \dfrac{n(A \cap B)}{n(A)} = \dfrac{15}{31}$

0784 답 ②

9개의 구슬 중에서 2개의 구슬을 꺼내는 경우의 수는 ${}_9C_2$

임의로 꺼낸 2개의 구슬에 적힌 두 수의 합이 짝수인 사건을 A, 꺼낸 2개의 구슬의 색이 서로 같은 사건을 B라 하자.

꺼낸 2개의 구슬에 적힌 두 수의 합이 짝수인 경우는 구슬에 적힌 두 수가 모두 홀수이거나 두 수가 모두 짝수인 경우이므로

$P(A) = \dfrac{{}_5C_2 + {}_4C_2}{{}_9C_2}$
$= \dfrac{10 + 6}{36}$
$= \dfrac{16}{36} = \dfrac{4}{9}$

꺼낸 2개의 구슬에 적힌 두 수의 합이 짝수이면서 두 구슬의 색이 서로 같을 확률은

$P(A \cap B) = \dfrac{{}_3C_2 + {}_2C_2 + {}_2C_2 + {}_2C_2}{{}_9C_2}$
$= \dfrac{3 + 1 + 1 + 1}{36}$
$= \dfrac{6}{36} = \dfrac{1}{6}$

따라서 구하는 확률은

$P(B|A) = \dfrac{P(A \cap B)}{P(A)} = \dfrac{\frac{1}{6}}{\frac{4}{9}} = \dfrac{3}{8}$

임의로 꺼낸 2개의 구슬에 적힌 두 수의 합이 짝수인 사건을 A, 꺼낸 2개의 구슬의 색이 서로 같은 사건을 B라 하자.

꺼낸 2개의 구슬에 적힌 두 수의 합이 짝수인 경우는 구슬에 적힌 두 수가 모두 홀수이거나 두 수가 모두 짝수인 경우이므로

$n(A) = {}_5C_2 + {}_4C_2 = 10 + 6 = 16$

구슬에 적힌 두 수의 합이 짝수이면서 두 구슬의 색이 서로 같은 경우는 다음과 같다.

(i) 1, 3, 5가 적힌 흰 구슬 중에서 2개를 꺼내는 경우의 수는
$\qquad {}_3C_2 = 3$

(ii) 2, 4가 적힌 흰 구슬을 꺼내는 경우의 수는 ${}_2C_2 = 1$

(iii) 7, 9가 적힌 검은 구슬을 꺼내는 경우의 수는 ${}_2C_2 = 1$

(iv) 6, 8이 적힌 검은 구슬을 꺼내는 경우의 수는 ${}_2C_2 = 1$

(i)~(iv)에서

$n(A \cap B) = 3 + 1 + 1 + 1 = 6$

따라서 구하는 확률은

$P(B|A) = \dfrac{n(A \cap B)}{n(A)}$
$= \dfrac{6}{16} = \dfrac{3}{8}$

0785 답 $\dfrac{3}{10}$

10개의 제비 중에서 2개의 제비를 뽑는 경우의 수는 ${}_{10}C_2$

임의로 뽑은 2개의 제비 중에서 당첨 제비가 있는 사건을 A, 뽑은 2개의 제비 중에서 1등 당첨 제비가 있는 사건을 B라 하자.

뽑은 2개의 제비 중에서 당첨 제비가 있는 경우는 당첨 제비가 1개 있거나 2개 있는 경우이므로

$P(A) = \dfrac{{}_4C_1 \times {}_6C_1 + {}_4C_2}{{}_{10}C_2}$
$= \dfrac{4 \times 6 + 6}{45}$
$= \dfrac{30}{45} = \dfrac{2}{3}$

뽑은 2개의 제비 중에서 1등 당첨 제비가 있는 확률은

$P(A \cap B) = \dfrac{{}_1C_1 \times {}_9C_1}{{}_{10}C_2}$
$= \dfrac{1 \times 9}{45} = \dfrac{1}{5}$

따라서 구하는 확률은

$P(B|A) = \dfrac{P(A \cap B)}{P(A)} = \dfrac{\frac{1}{5}}{\frac{2}{3}} = \dfrac{3}{10}$

참고 당첨 제비가 있는 사건은 뽑은 제비 2개 모두 당첨 제비가 아닌 사건의 여사건이므로 $P(A)$를 다음과 같이 구할 수도 있다.

$\Rightarrow P(A) = 1 - \dfrac{{}_6C_2}{{}_{10}C_2} = 1 - \dfrac{1}{3} = \dfrac{2}{3}$

임의로 뽑은 2개의 제비 중에서 당첨 제비가 있는 사건을 A, 뽑은 2개의 제비 중에서 1등 당첨 제비가 있는 사건을 B라 하자.

뽑은 2개의 제비 중에서 당첨 제비가 있는 경우는 당첨 제비가 1개 있거나 2개 있는 경우이므로

$n(A) = {}_4C_1 \times {}_6C_1 + {}_4C_2$
$= 4 \times 6 + 6 = 30$

뽑은 2개의 제비 중에서 1등 당첨 제비가 있는 경우의 수는

$n(A \cap B) = {}_1C_1 \times {}_9C_1 = 9$

따라서 구하는 확률은

$P(B|A) = \dfrac{n(A \cap B)}{n(A)}$
$= \dfrac{9}{30} = \dfrac{3}{10}$

0786 답 ②

집합 X의 모든 부분집합 중에서 한 집합을 택하는 경우의 수는 2^8

임의로 택한 집합의 원소의 개수가 5 이상인 사건을 A, 원소의 최댓값이 6인 사건을 B라 하자.

임의로 택한 집합의 원소의 개수가 5 이상일 확률은

$$\mathrm{P}(A)=\frac{{}_8\mathrm{C}_5+{}_8\mathrm{C}_6+{}_8\mathrm{C}_7+{}_8\mathrm{C}_8}{2^8}$$

$$=\frac{56+28+8+1}{256}=\frac{93}{256}$$

임의로 택한 집합의 원소의 개수가 5 이상이고 원소의 최댓값이 6인 경우는 6을 반드시 원소로 택하고 1, 2, 3, 4, 5 중에서 4개 또는 5개를 선택하는 경우이므로

> ↳ 6이 최댓값이므로 7, 8은 원소로 택할 수 없다.

$$\mathrm{P}(A\cap B)=\frac{{}_5\mathrm{C}_4+{}_5\mathrm{C}_5}{2^8}$$

$$=\frac{5+1}{256}=\frac{6}{256}$$

따라서 구하는 확률은

$$\mathrm{P}(B\,|\,A)=\frac{\mathrm{P}(A\cap B)}{\mathrm{P}(A)}=\frac{\dfrac{6}{256}}{\dfrac{93}{256}}=\frac{6}{93}=\frac{2}{31}$$

다른 풀이

임의로 택한 집합의 원소의 개수가 5 이상인 사건을 A, 원소의 최댓값이 6인 사건을 B라 하자.

임의로 택한 집합의 원소의 개수가 5 이상인 경우의 수는

$$n(A)={}_8\mathrm{C}_5+{}_8\mathrm{C}_6+{}_8\mathrm{C}_7+{}_8\mathrm{C}_8$$

$$=56+28+8+1=93$$

임의로 택한 집합의 원소의 개수가 5 이상이고 원소의 최댓값이 6인 경우는 6을 반드시 원소로 택하고 1, 2, 3, 4, 5 중에서 4개 또는 5개를 택하는 경우이므로

$$n(A\cap B)={}_5\mathrm{C}_4+{}_5\mathrm{C}_5$$

$$=5+1=6$$

따라서 구하는 확률은

$$\mathrm{P}(B\,|\,A)=\frac{n(A\cap B)}{n(A)}=\frac{6}{93}=\frac{2}{31}$$

실수 Check

6이 반드시 포함되어야 하므로 $n(A\cap B)={}_6\mathrm{C}_5+{}_6\mathrm{C}_6$으로 계산하지 않도록 주의한다. 왜냐하면 ${}_6\mathrm{C}_5$에서 $\{1, 2, 3, 4, 5\}$인 경우도 포함되기 때문이다.

Plus 문제

0786-1

집합 $X=\{x\,|\,x$는 10 이하의 자연수$\}$의 모든 부분집합 중에서 임의로 택한 한 집합의 원소의 개수가 4 이상이고 원소의 최댓값이 8일 때, 이 집합의 원소의 최솟값이 3일 확률을 구하시오.

집합 X의 모든 부분집합 중에서 한 집합을 택하는 경우의 수는 2^{10}

임의로 택한 집합의 원소의 개수가 4 이상이고 원소의 최댓값이 8인 사건을 A, 최솟값이 3인 사건을 B라 하자.

임의로 택한 집합의 원소의 최댓값이 8인 경우는 8을 반드시 원소로 택하고, 1, 2, 3, 4, 5, 6, 7 중에서 3개 이상을 택하는 경우이므로

$$\mathrm{P}(A)=\frac{{}_7\mathrm{C}_3+{}_7\mathrm{C}_4+{}_7\mathrm{C}_5+{}_7\mathrm{C}_6+{}_7\mathrm{C}_7}{2^{10}}$$

$$=\frac{35+35+21+7+1}{1024}=\frac{99}{1024}$$

임의로 택한 집합의 원소의 개수가 4 이상이고 원소의 최댓값이 8, 최솟값이 3인 경우는 3, 8을 반드시 원소로 택하고, 4, 5, 6, 7 중에서 2개 이상을 택하는 경우이므로

$$\mathrm{P}(A\cap B)=\frac{{}_4\mathrm{C}_2+{}_4\mathrm{C}_3+{}_4\mathrm{C}_4}{2^{10}}$$

$$=\frac{6+4+1}{1024}=\frac{11}{1024}$$

따라서 구하는 확률은

$$\mathrm{P}(B\,|\,A)=\frac{\mathrm{P}(A\cap B)}{\mathrm{P}(A)}=\frac{\dfrac{11}{1024}}{\dfrac{99}{1024}}=\frac{11}{99}=\frac{1}{9}$$

$$\text{달} \ \frac{1}{9}$$

다른 풀이

임의로 택한 집합의 원소의 개수가 4 이상이고 원소의 최댓값이 8인 사건을 A, 최솟값이 3인 사건을 B라 하자.

임의로 택한 집합의 원소의 최댓값이 8인 경우는 8을 반드시 원소로 택하고, 1, 2, 3, 4, 5, 6, 7 중에서 3개 이상을 택하는 경우이므로

$$n(A)={}_7\mathrm{C}_3+{}_7\mathrm{C}_4+{}_7\mathrm{C}_5+{}_7\mathrm{C}_6+{}_7\mathrm{C}_7$$

$$=35+35+21+7+1=99$$

임의로 택한 집합의 원소의 개수가 4 이상이고 원소의 최댓값이 8, 최솟값이 3인 경우는 3, 8을 반드시 원소로 택하고, 4, 5, 6, 7 중에서 2개 이상을 택하는 경우이므로

$$n(A\cap B)={}_4\mathrm{C}_2+{}_4\mathrm{C}_3+{}_4\mathrm{C}_4$$

$$=6+4+1=11$$

따라서 구하는 확률은

$$\mathrm{P}(B\,|\,A)=\frac{n(A\cap B)}{n(A)}$$

$$=\frac{11}{99}=\frac{1}{9}$$

0787 달 ③

흰 공 2개, 검은 공 1개를 꺼내는 사건을 A, 꺼낸 검은 공에 적힌 수가 꺼낸 흰 공 2개에 적힌 수의 합보다 큰 사건을 B라 하자.

흰 공 2개, 검은 공 1개를 꺼내는 경우의 수는

$$n(A)={}_4\mathrm{C}_2\times{}_4\mathrm{C}_1=6\times4=24$$

검은 공에 적힌 수가 흰 공 2개에 적힌 수의 합보다 큰 경우는 표로 나타내면 다음과 같다.

흰 공에 적힌 두 수	검은 공에 적힌 수
1, 2	5 또는 7 또는 9 → 경우의 수 : 3
1, 3	5 또는 7 또는 9 → 경우의 수 : 3
1, 4	7 또는 9 → 경우의 수 : 2
2, 3	7 또는 9 → 경우의 수 : 2
2, 4	7 또는 9 → 경우의 수 : 2
3, 4	9 → 경우의 수 : 1

$$\therefore n(A\cap B)=3+3+2+2+2+1=13$$

따라서 구하는 확률은

$$\mathrm{P}(B|A)=\frac{n(A\cap B)}{n(A)}=\frac{13}{24}$$

다른 풀이

흰 공 2개, 검은 공 1개를 꺼내는 사건을 A, 꺼낸 검은 공에 적힌 수가 꺼낸 흰 공 2개에 적힌 수의 합보다 큰 사건을 B라 하자.

흰 공 2개, 검은 공 1개를 꺼내는 경우의 수는

$$n(A)={}_4\mathrm{C}_2\times{}_4\mathrm{C}_1=6\times4=24$$

검은 공에 적힌 수가 흰 공 2개에 적힌 수의 합보다 큰 경우는 표로 나타내면 다음과 같다.

검은 공에 적힌 수	흰 공에 적힌 두 수
5	1, 2 또는 1, 3
7	1, 2 또는 1, 3 또는 1, 4 또는 2, 3 또는 2, 4
9	1, 2 또는 1, 3 또는 1, 4 또는 2, 3 또는 2, 4 또는 3, 4

$$\therefore n(A\cap B)=2+5+6=13$$

따라서 구하는 확률은

$$\mathrm{P}(B|A)=\frac{n(A\cap B)}{n(A)}=\frac{13}{24}$$

실수 Check

흰 공 2개에 적힌 수의 합은 3 이상이므로 검은 공에 적힌 수가 3인 경우는 조건을 만족시키지 않는다.

0788 답 25

15장의 카드 중에서 2장의 카드를 선택하는 모든 경우의 수는

$${}_{15}\mathrm{C}_2=105$$

두 수의 곱의 모든 양의 약수의 개수가 3 이하인 사건을 A, 두 수의 합이 짝수인 사건을 B라 하자.

두 수의 곱의 모든 양의 약수의 개수가 3 이하인 경우는 두 수 중 하나가 1이거나 두 수가 같은 소수인 경우이다.

(i) 두 수 중 하나가 1인 경우의 수는
$${}_1\mathrm{C}_1\times{}_{14}\mathrm{C}_1=14$$

(ii) 두 수가 같은 소수인 경우의 수는
두 수가 2일 때 ${}_2\mathrm{C}_2=1$,
두 수가 3일 때 ${}_3\mathrm{C}_2=3$,
두 수가 5일 때 ${}_5\mathrm{C}_2=10$이므로
$$1+3+10=14$$

두 수	곱의 모든 양의 약수
1, 2	1, 2
1, 3	1, 3
1, 4	1, 2, 4
1, 5	1, 5
p, p (p는 소수)	1, p, p^2

(i), (ii)에서 $\mathrm{P}(A)=\dfrac{14+14}{105}=\dfrac{28}{105}$

두 수의 곱의 모든 양의 약수의 개수가 3 이하이면서 두 수의 합이 짝수인 경우는 두 수가 1, 3이거나 두 수가 1, 5이거나 두 수가 같은 소수인 경우이므로

$$\mathrm{P}(A\cap B)=\frac{{}_1\mathrm{C}_1\times{}_3\mathrm{C}_1+{}_1\mathrm{C}_1\times{}_5\mathrm{C}_1+{}_2\mathrm{C}_2+{}_3\mathrm{C}_2+{}_5\mathrm{C}_2}{{}_{15}\mathrm{C}_2}$$

$$=\frac{3+5+14}{105}$$

$$=\frac{22}{105}$$

따라서 구하는 확률은

$$\mathrm{P}(B|A)=\frac{\mathrm{P}(A\cap B)}{\mathrm{P}(A)}=\frac{\dfrac{22}{105}}{\dfrac{28}{105}}=\frac{11}{14}$$

$$\therefore p+q=14+11=25$$

실수 Check

두 수 중 하나가 1인 경우, 두 수의 합이 짝수가 되려면 나머지 수는 홀수이어야 한다. 또한, 두 수가 같은 소수인 경우, 두 수의 합은 항상 짝수이다.

0789 답 ③ │ 유형 7

단서1 다음 표는 어느 고등학교 2학년 전체 학생 200명을 대상으로 방과 후 수업의 수강 여부와 석식의 신청 여부를 조사한 결과의 일부이다.

(단위 : 명)

방과 후 수업 석식	수강함	수강하지 않음	합계
신청함	a	b	
신청하지 않음	c	d	40
합계		80	200

이 고등학교 2학년 전체 학생 중에서 임의로 택한 한 명이 석식을 신청한 학생일 때, 이 학생이 방과 후 수업을 수강한 학생일 확률이 $\dfrac{5}{8}$이다. $a+d$의 값은? 단서2

① 110 ② 115 ③ 120
④ 125 ⑤ 130

단서1 $a+b+c+d=200$, $c+d=40$, $b+d=80$

단서2 $\dfrac{a}{a+b}=\dfrac{5}{8}$

STEP 1 a의 값 구하기

석식을 신청한 학생을 택하는 사건을 A, 방과 후 수업을 수강한 학생을 택하는 사건을 B라 하면

$$\mathrm{P}(B|A)=\frac{n(A\cap B)}{n(A)}=\frac{a}{200-40}=\frac{a}{160}$$

즉, $\dfrac{a}{160}=\dfrac{5}{8}$에서

$$n(A)=a+b$$
$$=a+b+c+d-(c+d)$$
$$=200-40$$

$$a=\frac{5}{8}\times160=100$$

STEP 2 d의 값 구하기

$b=160-a=60$이므로 $d=80-b=20$

STEP 3 $a+d$의 값 구하기

$$a+d=100+20=120$$

0790 답 ①

남학생을 택하는 사건을 A, 1반의 학생을 택하는 사건을 B라 하면

$$\mathrm{P}(B|A)=\frac{n(A\cap B)}{n(A)}=\frac{x}{x+15}$$

즉, $\dfrac{x}{x+15}=\dfrac{2}{7}$에서

$$7x=2x+30$$

$$\therefore x=6$$

0791 답 ③

여학생을 택하는 사건을 X, 영화 A를 선호하는 학생을 택하는 사건을 Y라 하면

$$P(Y|X) = \frac{n(X \cap Y)}{n(X)}$$

$$= \frac{x}{x + (x+12)}$$

$$= \frac{x}{2x+12}$$

즉, $\dfrac{x}{2x+12} = \dfrac{1}{6}$에서 $6x = 2x+12$

$\therefore x = 3$

0792 답 ④

'만족'이라고 한 남학생 수를 x라 하고 '만족'이라고 한 학생을 택하는 사건을 A, 여학생을 택하는 사건을 B라 하면

$$P(B|A) = \frac{n(A \cap B)}{n(A)}$$

$$= \frac{100}{x+100}$$

즉, $\dfrac{100}{x+100} = \dfrac{2}{3}$에서 $2x+200 = 300$

$\therefore x = 50$

따라서 남학생 수는 $50+20 = 70$이므로 여학생 수는
$200 - 70 = 130$

0793 답 50

이 상자에 들어 있는 흰 공은 50개이고, 흰 공의 40 %에는 홀수가 적혀 있으므로 홀수가 적힌 흰 공의 개수는

$$50 \times \frac{40}{100} = 20$$

이고, 짝수가 적힌 흰 공의 개수는

$50 - 20 = 30$

이 상자에 들어 있는 검은 공 중에서 홀수가 적힌 공의 개수를 a, 검은 공 중에서 짝수가 적힌 공의 개수를 b라 하고, 주어진 상황을 표로 나타내면 다음과 같다.

(단위 : 개)

구분	흰 공	검은 공	합계
홀수	20	a	$a+20$
짝수	30	b	$b+30$
합계	50	60	110

이 상자에 들어 있는 공 중에서 홀수가 적힌 공을 꺼내는 사건을 A, 검은 공을 꺼내는 사건을 B라 하면

$$P(B|A) = \frac{n(A \cap B)}{n(A)}$$

$$= \frac{a}{a+20}$$

즉, $\dfrac{a}{a+20} = \dfrac{2}{3}$에서 $3a = 2a+40$

$\therefore a = 40$

따라서 $b = 60 - 40 = 20$이므로 이 상자에 들어 있는 공 중에서 짝수가 적힌 공의 개수는

$30 + 20 = 50$

0794 답 2

흰 공을 꺼내는 사건을 X, A가 가지고 있던 공을 꺼내는 사건을 Y라 하면

$$P(Y|X) = \frac{n(X \cap Y)}{n(X)} = \frac{4}{n+4}$$

즉, $\dfrac{4}{n+4} = \dfrac{2}{3}$에서 $2n+8 = 12$

$\therefore n = 2$

0795 답 ③

체험 학습 A를 선택한 학생 수는 $90+70 = 160$이므로 체험 학습 B를 선택한 학생 수는 $360 - 160 = 200$이다.

주어진 조건을 표로 나타내면 다음과 같다.

(단위 : 명)

구분	남학생	여학생	합계
체험 학습 A	90	70	160
체험 학습 B	x		200

체험 학습 B를 선택한 남학생 수를 x라 하고 체험 학습 B를 선택한 학생을 택하는 사건을 A, 남학생을 택하는 사건을 B라 하면

즉, $\dfrac{x}{200} = \dfrac{2}{5}$에서 $5x = 400$

$\therefore x = 80$

따라서 체험 학습 B를 선택한 여학생 수는 $200-80 = 120$이므로 이 학교의 여학생 수는

$70 + 120 = 190$

0796 답 ②

| 유형8

흰 공 4개와 검은 공 3개가 들어 있는 주머니에서 두 사람 A, B가 차례로 공을 1개씩 꺼낼 때, 두 명 모두 흰 공을 꺼낼 확률은? <u>단서1</u>

(단, 꺼낸 공은 다시 넣지 않는다.)

① $\dfrac{1}{7}$ ② $\dfrac{2}{7}$ ③ $\dfrac{3}{7}$

④ $\dfrac{4}{7}$ ⑤ $\dfrac{5}{7}$

단서1 B가 공을 꺼낼 때, 주머니 안에 들어 있는 공의 개수는 6

STEP1 A가 흰 공을 꺼내는 사건을 A, B가 흰 공을 꺼내는 사건을 B라 하고 $P(A)$, $P(B|A)$ 구하기

A가 흰 공을 꺼내는 사건을 A, B가 흰 공을 꺼내는 사건을 B라 하자.

A가 흰 공을 꺼낼 확률은

$P(A) = \dfrac{4}{7}$ → 7개의 공 중에서 흰 공은 4개이다.

A가 흰 공을 꺼냈을 때, B도 흰 공을 꺼낼 확률은

$P(B|A) = \dfrac{3}{6} = \dfrac{1}{2}$ → 남은 6개의 공 중에서 흰 공은 3개이다.

STEP2 $P(A \cap B)$ 구하기

구하는 확률은

$$P(A \cap B) = P(A)P(B|A)$$

$$= \frac{4}{7} \times \frac{1}{2} = \frac{2}{7}$$

0797 답 ③

주머니 A를 택하는 사건을 A, 홀수가 적힌 공을 꺼내는 사건을 B라 하자.

주머니 A를 택하는 확률은

$P(A) = \dfrac{1}{2}$

주머니 A에서 홀수가 적힌 공을 꺼낼 확률은

$P(B|A) = \dfrac{3}{5}$

따라서 구하는 확률은

$P(A \cap B) = P(A)P(B|A)$
$= \dfrac{1}{2} \times \dfrac{3}{5} = \dfrac{3}{10}$

0798 답 3

먼저 제비를 뽑는 사람이 당첨 제비를 뽑는 사건을 A, 나중에 제비를 뽑는 사람이 당첨 제비를 뽑는 사건을 B라 하면

$P(A) = \dfrac{n}{7}$

$P(B|A) = \dfrac{n-1}{6}$

이때 두 사람 모두 당첨 제비를 뽑을 확률은

$P(A \cap B) = P(A)P(B|A)$
$= \dfrac{n}{7} \times \dfrac{n-1}{6} = \dfrac{1}{7}$

즉, $\dfrac{n(n-1)}{42} = \dfrac{1}{7}$에서 $n(n-1) = 6$

$n^2 - n - 6 = 0$, $(n+2)(n-3) = 0$

따라서 n은 자연수이므로 $n = 3$

0799 답 ①

두 번째 경기에서 이기는 사건을 A, 세 번째 경기에서 이기는 사건을 B라 하자.

첫 번째 경기에서 이기고 두 번째 경기에서 질 확률은

$P(A^C) = 1 - P(A) = 1 - \dfrac{3}{4} = \dfrac{1}{4}$

두 번째 경기에서 지고 세 번째 경기에서 이길 확률은

$P(B|A^C) = 1 - \dfrac{2}{5} = \dfrac{3}{5}$

따라서 구하는 확률은

$P(A^C \cap B) = P(A^C)P(B|A^C)$
$= \dfrac{1}{4} \times \dfrac{3}{5} = \dfrac{3}{20}$

0800 답 ①

임의로 택한 한 명이 남성 직원인 사건을 A, 대중교통을 이용하는 직원인 사건을 B라 하면 → 남성 직원의 30 %가 대중교통을 이용한다.

$P(A) = \dfrac{2}{5}$, $P(B|A) = 0.3 = \dfrac{3}{10}$

따라서 구하는 확률은 → 남성 직원 수와 여성 직원 수의 비가 2 : 3이다.

$P(A \cap B) = P(A)P(B|A)$
$= \dfrac{2}{5} \times \dfrac{3}{10} = \dfrac{3}{25}$

0801 답 3

(ⅰ) A, B, C가 차례로 흰 공, 검은 공, 흰 공을 꺼낼 확률은

$\dfrac{2}{n+4} \times \dfrac{n+2}{n+3} \times \dfrac{1}{n+2} = \dfrac{2}{(n+4)(n+3)}$

(ⅱ) A, B, C가 차례로 검은 공, 흰 공, 검은 공을 꺼낼 확률은

$\dfrac{n+2}{n+4} \times \dfrac{2}{n+3} \times \dfrac{n+1}{n+2} = \dfrac{2n+2}{(n+4)(n+3)}$

(ⅰ), (ⅱ)에서 B가 꺼낸 공의 색이 A와 C가 꺼낸 공의 색과 다를 확률은

$\dfrac{2}{(n+4)(n+3)} + \dfrac{2n+2}{(n+4)(n+3)} = \dfrac{2n+4}{(n+4)(n+3)}$

즉, $\dfrac{2n+4}{(n+4)(n+3)} = \dfrac{5}{21}$에서 $5n^2 + 35n + 60 = 42n + 84$

$5n^2 - 7n - 24 = 0$, $(5n+8)(n-3) = 0$

따라서 n은 자연수이므로 $n = 3$

> **실수 Check**
>
> A가 꺼낸 공의 색이 B, C가 꺼낸 공의 색을 결정하고, A가 흰 공 (또는 검은 공)을 꺼냈는지가 C가 꺼낼 때의 흰 공 (또는 검은 공)의 개수에 영향을 준다.

0802 답 ⑤

임의로 택한 한 명이 국어 강좌를 수강한 경험이 있는 학생인 사건을 A, 수학 강좌를 수강한 경험이 있는 학생인 사건을 B라 하자.

수학 강좌를 수강한 경험이 있는 학생 수는 국어 강좌를 수강한 경험이 있는 학생 수의 4배이므로

$n(A) = a$라 하면 $n(B) = 4a$

수학 강좌를 수강한 경험이 있는 학생 중 $\dfrac{1}{5}$은 국어 강좌를 수강한 경험이 있으므로

$P(A|B) = \dfrac{n(A \cap B)}{n(B)} = \dfrac{1}{5}$에서

$n(A \cap B) = \dfrac{1}{5} \times n(B) = \dfrac{4}{5}a$

따라서 구하는 확률은

$P(B|A) = \dfrac{n(A \cap B)}{n(A)} = \dfrac{\frac{4}{5}a}{a} = \dfrac{4}{5}$

0803 답 ②

비가 내린 경우를 ○, 비가 내리지 않은 경우를 ×로 나타내면 3월 2일부터 3월 4일까지 비가 내린 날이 하루인 경우는 다음과 같다.

3월 2일	3월 3일	3월 4일	확률
×	×	○	$\dfrac{3}{5} \times \dfrac{3}{5} \times \dfrac{2}{5} = \dfrac{18}{125}$
×	○	×	$\dfrac{3}{5} \times \dfrac{2}{5} \times \dfrac{1}{3} = \dfrac{2}{25}$
○	×	×	$\dfrac{2}{5} \times \dfrac{1}{3} \times \dfrac{3}{5} = \dfrac{2}{25}$

따라서 비가 내린 날이 하루일 확률은

$\dfrac{18}{125} + \dfrac{2}{25} + \dfrac{2}{25} = \dfrac{38}{125}$

즉, $p=125$, $q=38$이므로
$p+q=125+38=163$

0804 답 ②
| 유형 9

어떤 의사가 암에 걸린 사람을 암에 걸렸다고 진단할 확률은 90 %이고, 암에 걸리지 않은 사람을 암에 걸렸다고 오진할 확률은 5 %이다.
암에 걸린 사람과 암에 걸리지 않은 사람의 비율이 각각 10 %, 90 %인 집단에서 임의로 한 사람을 택하여 이 의사가 진단했을 때, 그 사람을 암에 걸렸다고 진단할 확률이 $\dfrac{q}{p}$이다. $p+q$의 값은?
(단, p와 q는 서로소인 자연수이다.)

① 226   ② 227   ③ 228
④ 229   ⑤ 230

단서1 암에 걸린 사람을 택하는 사건을 A, 의사가 암에 걸렸다고 진단하는 사건을 E라 하면
$P(E|A)=\dfrac{9}{10}$
단서2 $P(E|A^c)=\dfrac{1}{20}$
단서3 $P(A)=\dfrac{1}{10}$, $P(A^c)=\dfrac{9}{10}$

STEP 1 임의로 택한 한 명이 암에 걸린 사람인 사건을 A, 의사가 암에 걸렸다고 진단하는 사건을 E라 하고 $P(A)$, $P(A^c)$, $P(E|A)$, $P(E|A^c)$ 구하기

임의로 택한 한 명이 암에 걸린 사람인 사건을 A, 의사가 암에 걸렸다고 진단하는 사건을 E라 하자.
암에 걸린 사람과 암에 걸리지 않은 사람의 비율이 각각 10 %, 90 %이므로
$$P(A)=\frac{10}{100}=\frac{1}{10},\ P(A^c)=\frac{90}{100}=\frac{9}{10}$$
이 의사가 암에 걸린 사람을 암에 걸렸다고 진단할 확률은 90 %이고, 암에 걸리지 않은 사람을 암에 걸렸다고 오진할 확률은 5 %이므로
$$P(E|A)=\frac{90}{100}=\frac{9}{10},\ P(E|A^c)=\frac{5}{100}=\frac{1}{20}$$

STEP 2 $P(E)$ 구하기

구하는 확률은
$$P(E)=P(A\cap E)+P(A^c\cap E)$$
$$=P(A)P(E|A)+P(A^c)P(E|A^c)$$
$$=\frac{1}{10}\times\frac{9}{10}+\frac{9}{10}\times\frac{1}{20}=\frac{27}{200}$$

STEP 3 $p+q$의 값 구하기

$p=200$, $q=27$이므로
$p+q=200+27=227$

0805 답 ⑤

임의로 택한 1개의 제품이 제품 A인 사건을 A, 불량품인 사건을 E라 하면
$$P(A)=\frac{60}{100}=\frac{3}{5},\ P(A^c)=1-\frac{3}{5}=\frac{2}{5},$$
$$P(E|A)=\frac{5}{100}=\frac{1}{20},\ P(E|A^c)=\frac{10}{100}=\frac{1}{10}$$
따라서 구하는 확률은

→ 제품 A의 불량률은 5 %, 제품 B의 불량률은 10 %이다.

$$P(E)=P(A\cap E)+P(A^c\cap E)$$
$$=P(A)P(E|A)+P(A^c)P(E|A^c)$$
$$=\frac{3}{5}\times\frac{1}{20}+\frac{2}{5}\times\frac{1}{10}=\frac{7}{100}$$

0806 답 ③

임의로 택한 1명이 남학생인 사건을 A, 떡볶이를 먹은 학생인 사건을 E라 하면
$$P(A)=\frac{40}{100}=\frac{2}{5},\ P(A^c)=\frac{60}{100}=\frac{3}{5},$$
$$P(E|A)=\frac{40}{100}=\frac{2}{5},\ P(E|A^c)=\frac{80}{100}=\frac{4}{5}$$
따라서 구하는 확률은
$$P(E)=P(A\cap E)+P(A^c\cap E)$$
$$=P(A)P(E|A)+P(A^c)P(E|A^c)$$
$$=\frac{2}{5}\times\frac{2}{5}+\frac{3}{5}\times\frac{4}{5}=\frac{16}{25}$$

0807 답 ④

상자 A에서 꺼낸 구슬이 흰색인 사건을 A, 상자 B에서 꺼낸 구슬이 흰색인 사건을 E라 하자.
(i) 상자 A에서 꺼낸 구슬이 흰색인 경우 상자 B에서 꺼낸 1개의 구슬이 흰색일 확률은
$$P(A)=\frac{2}{3},\ P(E|A)=\frac{3}{5}$$

→ 꺼낸 흰 구슬을 상자 B에 넣으므로 상자 B에 들어 있는 흰 구슬은 3개이다.

$$\therefore P(A\cap E)=P(A)P(E|A)$$
$$=\frac{2}{3}\times\frac{3}{5}=\frac{2}{5}$$
(ii) 상자 A에서 꺼낸 구슬이 검은색인 경우 상자 B에서 꺼낸 1개의 구슬이 흰색일 확률은
$$P(A^c)=\frac{1}{3},\ P(E|A^c)=\frac{2}{5}$$

→ 꺼낸 검은 구슬을 상자 B에 넣으므로 상자 B에 들어 있는 흰 구슬은 2개이다.

$$\therefore P(A^c\cap E)=P(A^c)P(E|A^c)$$
$$=\frac{1}{3}\times\frac{2}{5}=\frac{2}{15}$$
(i), (ii)에서 구하는 확률은
$$P(E)=P(A\cap E)+P(A^c\cap E)$$
$$=\frac{2}{5}+\frac{2}{15}=\frac{8}{15}$$

0808 답 ④

C 국가에서 생산된 커피 원두를 선택하는 사건을 A, C 국가에서 생산된 커피 원두라고 판정하는 사건을 E라 하자.
(i) 택한 커피 원두 샘플이 C 국가의 것인 경우 C 국가의 것으로 판정할 확률은
$$P(A)=\frac{4}{12}=\frac{1}{3},\ P(E|A)=\frac{90}{100}=\frac{9}{10}$$
$$\therefore P(A\cap E)=P(A)P(E|A)$$
$$=\frac{1}{3}\times\frac{9}{10}=\frac{3}{10}$$
(ii) 택한 커피 원두 샘플이 C 국가의 것이 아닌 경우 C 국가의 것으로 판정할 확률은
$$P(A^c)=\frac{8}{12}=\frac{2}{3},\ P(E|A^c)=\frac{20}{100}=\frac{1}{5}$$

$$\therefore \mathrm{P}(A^c \cap E) = \mathrm{P}(A^c)\mathrm{P}(E|A^c)$$
$$= \frac{2}{3} \times \frac{1}{5} = \frac{2}{15}$$

(i), (ii)에서 구하는 확률은
$$\mathrm{P}(E) = \mathrm{P}(A \cap E) + \mathrm{P}(A^c \cap E)$$
$$= \frac{3}{10} + \frac{2}{15} = \frac{13}{30}$$

0809 답 ②

주머니에서 서로 같은 색의 공을 꺼내는 사건을 A, 앞면이 나온 동전의 개수가 2인 사건을 E라 하자.

(i) 꺼낸 공의 색이 서로 같은 경우 앞면이 나온 동전의 개수가 2일 확률은

$$\mathrm{P}(A) = \frac{{}_3\mathrm{C}_2 + {}_2\mathrm{C}_2}{{}_5\mathrm{C}_2} = \frac{2}{5}, \quad \mathrm{P}(E|A) = \frac{\frac{3!}{2!}}{2^3} = \frac{3}{8}$$

$$\therefore \mathrm{P}(A \cap E) = \mathrm{P}(A)\mathrm{P}(E|A)$$
$$= \frac{2}{5} \times \frac{3}{8} = \frac{3}{20}$$

(ii) 꺼낸 공의 색이 서로 다른 경우 앞면이 나온 동전의 개수가 2일 확률은

$$\mathrm{P}(A^c) = \frac{{}_3\mathrm{C}_1 \times {}_2\mathrm{C}_1}{{}_5\mathrm{C}_2} = \frac{3}{5}, \quad \mathrm{P}(E|A^c) = \frac{1}{2^2} = \frac{1}{4}$$

$$\therefore \mathrm{P}(A^c \cap E) = \mathrm{P}(A^c)\mathrm{P}(E|A^c)$$
$$= \frac{3}{5} \times \frac{1}{4} = \frac{3}{20}$$

(i), (ii)에서 구하는 확률은
$$\mathrm{P}(E) = \mathrm{P}(A \cap E) + \mathrm{P}(A^c \cap E)$$
$$= \frac{3}{20} + \frac{3}{20} = \frac{3}{10}$$

실수 Check

3개의 동전을 동시에 던질 때, 앞면이 2개 나오는 경우는 (앞, 앞, 뒤), (앞, 뒤, 앞), (뒤, 앞, 앞)의 3개이다.

이때 경우의 수는 같은 것이 있는 순열을 이용하여 $\frac{3!}{2!} = 3$으로도 구할 수 있다.

0810 답 ③

첫 번째 꺼낸 바둑돌이 흰색인 사건을 A, 두 번째 꺼낸 바둑돌이 흰색인 사건을 E라 하자.

(i) 첫 번째 꺼낸 바둑돌이 흰색인 경우 두 번째 꺼낸 바둑돌도 흰색일 확률은

$$\mathrm{P}(A) = \frac{5}{8}, \quad \mathrm{P}(E|A) = \frac{4}{7}$$

$$\therefore \mathrm{P}(A \cap E) = \mathrm{P}(A)\mathrm{P}(E|A)$$
$$= \frac{5}{8} \times \frac{4}{7} = \frac{5}{14}$$

(ii) 첫 번째 꺼낸 바둑돌이 검은색인 경우 두 번째 꺼낸 바둑돌이 흰색일 확률은

$$\mathrm{P}(A^c) = \frac{3}{8}, \quad \mathrm{P}(E|A^c) = \frac{5}{7}$$

$$\therefore \mathrm{P}(A^c \cap E) = \mathrm{P}(A^c)\mathrm{P}(E|A^c)$$
$$= \frac{3}{8} \times \frac{5}{7} = \frac{15}{56}$$

(i), (ii)에서 구하는 확률은
$$\mathrm{P}(E) = \mathrm{P}(A \cap E) + \mathrm{P}(A^c \cap E)$$
$$= \frac{5}{14} + \frac{15}{56} = \frac{5}{8}$$

0811 답 $\frac{7}{30}$

한 개의 주사위를 한 번 던져서 6의 약수의 눈이 나오는 사건을 A, 주머니에서 꺼낸 공에 적힌 모든 수의 곱이 홀수인 사건을 E라 하자.

(i) 한 개의 주사위를 던져서 6의 약수의 눈이 나오는 경우 꺼낸 2개의 공에 적힌 모든 수의 곱이 홀수일 확률은

$$\mathrm{P}(A) = \frac{2}{3}, \quad \mathrm{P}(E|A) = \frac{{}_3\mathrm{C}_2}{{}_5\mathrm{C}_2} = \frac{3}{10}$$

→ 공에 적힌 두 수가 모두 홀수이어야 한다.

$$\therefore \mathrm{P}(A \cap E) = \mathrm{P}(A)\mathrm{P}(E|A)$$
$$= \frac{2}{3} \times \frac{3}{10} = \frac{1}{5}$$

(ii) 한 개의 주사위를 던져서 6의 약수가 아닌 눈이 나오는 경우 꺼낸 3개의 공에 적힌 모든 수의 곱이 홀수일 확률은

$$\mathrm{P}(A^c) = \frac{1}{3}, \quad \mathrm{P}(E|A^c) = \frac{{}_3\mathrm{C}_3}{{}_5\mathrm{C}_3} = \frac{1}{10}$$

→ 공에 적힌 세 수가 모두 홀수이어야 한다.

$$\therefore \mathrm{P}(A^c \cap E) = \mathrm{P}(A^c)\mathrm{P}(E|A^c)$$
$$= \frac{1}{3} \times \frac{1}{10} = \frac{1}{30}$$

(i), (ii)에서 구하는 확률은
$$\mathrm{P}(E) = \mathrm{P}(A \cap E) + \mathrm{P}(A^c \cap E)$$
$$= \frac{1}{5} + \frac{1}{30} = \frac{7}{30}$$

0812 답 $\frac{2}{5}$

한 개의 주사위를 한 번 던져서 3의 배수의 눈이 나오는 사건을 X, 주머니에서 꺼낸 2개의 공이 모두 같은 색인 사건을 Y라 하자.

(i) 한 개의 주사위를 던져서 3의 배수의 눈이 나오는 경우 A 주머니에서 꺼낸 2개의 공이 모두 같은 색일 확률은

$$\mathrm{P}(X) = \frac{1}{3}, \quad \mathrm{P}(Y|X) = \frac{{}_2\mathrm{C}_2 + {}_3\mathrm{C}_2}{{}_5\mathrm{C}_2} = \frac{1+3}{10} = \frac{2}{5}$$

$$\therefore \mathrm{P}(X \cap Y) = \mathrm{P}(X)\mathrm{P}(Y|X)$$
$$= \frac{1}{3} \times \frac{2}{5} = \frac{2}{15}$$

(ii) 한 개의 주사위를 던져서 3의 배수가 아닌 눈이 나오는 경우 B 주머니에서 꺼낸 2개의 공이 모두 같은 색일 확률은

$$\mathrm{P}(X^c) = \frac{2}{3}, \quad \mathrm{P}(Y|X^c) = \frac{{}_3\mathrm{C}_2 + {}_3\mathrm{C}_2}{{}_6\mathrm{C}_2} = \frac{3+3}{15} = \frac{2}{5}$$

$$\therefore \mathrm{P}(X^c \cap Y) = \mathrm{P}(X^c)\mathrm{P}(Y|X^c)$$
$$= \frac{2}{3} \times \frac{2}{5} = \frac{4}{15}$$

(i), (ii)에서 구하는 확률은
$$\mathrm{P}(Y) = \mathrm{P}(X \cap Y) + \mathrm{P}(X^c \cap Y)$$
$$= \frac{2}{15} + \frac{4}{15} = \frac{2}{5}$$

0813 답 ⑤ | 유형 10

어느 대학 신입생 중 남학생 수와 여학생 수의 비는 3 : 2이다. 신입생 [단서1] 남학생의 50 %가 수시모집으로 입학하였고, 신입생 여학생의 60 % [단서2] 가 수시모집으로 입학하였다. 이 대학의 수시모집으로 입학한 신입생 [단서3] 중에서 한 명을 임의로 택할 때, 이 학생이 남학생일 확률은?

① $\dfrac{1}{9}$　　② $\dfrac{2}{9}$　　③ $\dfrac{1}{3}$

④ $\dfrac{4}{9}$　　⑤ $\dfrac{5}{9}$

[단서1] 신입생 중 남학생인 사건을 A, 수시모집으로 입학한 학생인 사건을 E라 하면
$P(A)=\dfrac{3}{5}$, $P(A^c)=\dfrac{2}{5}$

[단서2] $P(E|A)=\dfrac{1}{2}$

[단서3] $P(E|A^c)=\dfrac{3}{5}$

STEP 1 임의로 택한 한 명의 신입생이 남학생인 사건을 A, 수시모집으로 입학한 학생인 사건을 E라 하고 $P(A)$, $P(A^c)$, $P(E|A)$, $P(E|A^c)$ 구하기

임의로 택한 한 명의 신입생이 남학생인 사건을 A, 수시모집으로 입학한 학생인 사건을 E라 하면 대학 신입생 중 남학생 수와 여학생 수의 비는 3 : 2이므로

$P(A)=\dfrac{3}{5}$, $P(A^c)=\dfrac{2}{5}$

신입생 남학생의 50 %가 수시모집으로 입학하였고, 신입생 여학생의 60 %가 수시모집으로 입학하였으므로

$P(E|A)=\dfrac{50}{100}=\dfrac{1}{2}$, $P(E|A^c)=\dfrac{60}{100}=\dfrac{3}{5}$

STEP 2 $P(A\cap E)$와 $P(A^c\cap E)$ 구하기

임의로 택한 신입생이 수시모집으로 입학한 남학생일 확률은
$$P(A\cap E)=P(A)P(E|A)$$
$$=\dfrac{3}{5}\times\dfrac{1}{2}=\dfrac{3}{10}$$

임의로 택한 신입생이 수시모집으로 입학한 여학생일 확률은
$$P(A^c\cap E)=P(A^c)P(E|A^c)$$
$$=\dfrac{2}{5}\times\dfrac{3}{5}=\dfrac{6}{25}$$

STEP 3 $P(A|E)$ 구하기

구하는 확률은
$$P(A|E)=\dfrac{P(A\cap E)}{P(E)}$$
$$=\dfrac{P(A\cap E)}{P(A\cap E)+P(A^c\cap E)}$$
$$=\dfrac{\dfrac{3}{10}}{\dfrac{3}{10}+\dfrac{6}{25}}=\dfrac{5}{9}$$

0814 답 ②

A가 당첨 제비를 뽑는 사건을 A, B가 당첨 제비를 뽑는 사건을 E라 하면

$P(A)=\dfrac{4}{10}=\dfrac{2}{5}$, $P(A^c)=\dfrac{6}{10}=\dfrac{3}{5}$,

$P(E|A)=\dfrac{3}{9}=\dfrac{1}{3}$, $P(E|A^c)=\dfrac{4}{9}$이므로

A가 당첨 제비를 뽑고 B도 당첨 제비를 뽑을 확률은
$$P(A\cap E)=P(A)P(E|A)$$
$$=\dfrac{2}{5}\times\dfrac{1}{3}=\dfrac{2}{15}$$

A가 당첨 제비를 뽑지 않고 B가 당첨 제비를 뽑을 확률은
$$P(A^c\cap E)=P(A^c)P(E|A^c)$$
$$=\dfrac{3}{5}\times\dfrac{4}{9}=\dfrac{4}{15}$$

따라서 구하는 확률은
$$P(A|E)=\dfrac{P(A\cap E)}{P(E)}=\dfrac{P(A\cap E)}{P(A\cap E)+P(A^c\cap E)}$$
$$=\dfrac{\dfrac{2}{15}}{\dfrac{2}{15}+\dfrac{4}{15}}=\dfrac{1}{3}$$

0815 답 $\dfrac{1}{4}$

갑이 '당첨'이라 적힌 카드를 뒤집는 사건을 A, 을이 '당첨'이라 적힌 카드를 뒤집는 사건을 E라 하면

$P(A)=\dfrac{2}{5}$, $P(A^c)=\dfrac{3}{5}$, $P(E|A)=\dfrac{1}{4}$, $P(E|A^c)=\dfrac{1}{2}$이므로

갑이 '당첨'이라 적힌 카드를 뒤집고 을도 '당첨'이라 적힌 카드를 뒤집을 확률은
$$P(A\cap E)=P(A)P(E|A)$$
$$=\dfrac{2}{5}\times\dfrac{1}{4}=\dfrac{1}{10}$$

갑이 '당첨'이라 적히지 않은 카드를 뒤집고 을은 '당첨'이라 적힌 카드를 뒤집을 확률은
$$P(A^c\cap E)=P(A^c)P(E|A^c)$$
$$=\dfrac{3}{5}\times\dfrac{1}{2}=\dfrac{3}{10}$$

따라서 구하는 확률은
$$P(A|E)=\dfrac{P(A\cap E)}{P(E)}=\dfrac{P(A\cap E)}{P(A\cap E)+P(A^c\cap E)}$$
$$=\dfrac{\dfrac{1}{10}}{\dfrac{1}{10}+\dfrac{3}{10}}=\dfrac{1}{4}$$

0816 답 ①

전자우편의 제목이 '여행'이라는 단어를 포함하는 사건을 A, 전자우편이 광고인 사건을 E라 하면

$P(A)=0.1$, $P(A^c)=0.9$, $P(E|A)=0.5$, $P(E|A^c)=0.2$이므로 제목이 '여행'이라는 단어를 포함하는 광고의 전자우편일 확률은
$$P(A\cap E)=P(A)P(E|A)=0.1\times0.5=0.05$$

제목이 '여행'이라는 단어를 포함하지 않은 광고의 전자우편일 확률은
$$P(A^c\cap E)=P(A^c)P(E|A^c)$$
$$=0.9\times0.2=0.18$$

따라서 구하는 확률은
$$P(A|E)=\dfrac{P(A\cap E)}{P(E)}=\dfrac{P(A\cap E)}{P(A\cap E)+P(A^c\cap E)}$$
$$=\dfrac{0.05}{0.05+0.18}=\dfrac{0.05}{0.23}=\dfrac{5}{23}$$

0817 답 $\dfrac{8}{13}$

한 개의 주사위를 던져서 4 이하의 눈이 나오는 사건을 A, 주머니에서 흰 공이 나오는 사건을 E라 하면

$\mathrm{P}(A)=\dfrac{2}{3}$, $\mathrm{P}(A^C)=\dfrac{1}{3}$,

$\mathrm{P}(E|A)=\dfrac{2}{5}$, $\mathrm{P}(E|A^C)=\dfrac{1}{2}$이므로 $\longrightarrow$ 주머니 B에 들어 있는 6개의 공 중 흰 공은 3개이다.

주사위를 던져서 4 이하의 눈이 나오고 주머니 A에서 흰 공이 나올 확률은

$\mathrm{P}(A\cap E)=\mathrm{P}(A)\mathrm{P}(E|A)$

$\qquad=\dfrac{2}{3}\times\dfrac{2}{5}=\dfrac{4}{15}$

주사위를 던져서 5 이상의 눈이 나오고 주머니 B에서 흰 공이 나올 확률은

$\mathrm{P}(A^C\cap E)=\mathrm{P}(A^C)\mathrm{P}(E|A^C)$

$\qquad=\dfrac{1}{3}\times\dfrac{1}{2}=\dfrac{1}{6}$

따라서 구하는 확률은

$\mathrm{P}(A|E)=\dfrac{\mathrm{P}(A\cap E)}{\mathrm{P}(E)}=\dfrac{\mathrm{P}(A\cap E)}{\mathrm{P}(A\cap E)+\mathrm{P}(A^C\cap E)}$

$\qquad=\dfrac{\dfrac{4}{15}}{\dfrac{4}{15}+\dfrac{1}{6}}=\dfrac{8}{13}$

0818 답 208

임의로 택한 한 명이 코로나 바이러스 양성으로 판정받는 사건을 A, 실제 코로나 바이러스에 걸린 사건을 E라 하면

$\mathrm{P}(A|E)=0.95$, $\mathrm{P}(A|E^C)=1-0.98=0.02$,

$\mathrm{P}(E)=\dfrac{100}{1000}=0.1$, $\mathrm{P}(E^C)=\dfrac{900}{1000}=0.9$이므로

임의로 택한 한 명이 실제로 코로나 바이러스에 걸린 사람이고 코로나 바이러스 양성으로 판정될 확률은

$\mathrm{P}(A\cap E)=\mathrm{P}(E)\mathrm{P}(A|E)$

$\qquad=0.1\times0.95=0.095$

임의로 택한 한 명이 실제로 코로나 바이러스에 걸리지 않은 사람이고 코로나 바이러스 양성으로 판정될 확률은

$\mathrm{P}(A\cap E^C)=\mathrm{P}(E^C)\mathrm{P}(A|E^C)$

$\qquad=0.9\times0.02=0.018$

따라서 구하는 확률은

$\mathrm{P}(E|A)=\dfrac{\mathrm{P}(A\cap E)}{\mathrm{P}(A)}=\dfrac{\mathrm{P}(A\cap E)}{\mathrm{P}(A\cap E)+\mathrm{P}(A\cap E^C)}$

$\qquad=\dfrac{0.095}{0.095+0.018}=\dfrac{95}{113}$

즉, $p=113$, $q=95$이므로 $p+q=113+95=208$

0819 답 ①

임의로 택한 한 명이 가수 A의 팬클럽 회원인 사건을 A, 스마트폰 앱 C를 설치한 회원인 사건을 E라 하면

$\mathrm{P}(A)=\dfrac{150}{350}=\dfrac{3}{7}$, $\mathrm{P}(A^C)=\dfrac{4}{7}$, $\mathrm{P}(E|A)=\dfrac{70}{100}=\dfrac{7}{10}$,

$\mathrm{P}(E|A^C)=\dfrac{50}{100}=\dfrac{1}{2}$이므로

가수 A의 팬클럽 회원이고 스마트폰 앱 C를 설치했을 확률은

$\mathrm{P}(A\cap E)=\mathrm{P}(A)\mathrm{P}(E|A)$

$\qquad=\dfrac{3}{7}\times\dfrac{7}{10}=\dfrac{3}{10}$

가수 B의 팬클럽 회원이고 스마트폰 앱 C를 설치했을 확률은

$\mathrm{P}(A^C\cap E)=\mathrm{P}(A^C)\mathrm{P}(E|A^C)$ $\longrightarrow$ 가수 A, B를 대상으로 조사한 것이므로 $\mathrm{P}(A^C)$는 가수 B의 팬클럽 회원일 확률이다.

$\qquad=\dfrac{4}{7}\times\dfrac{1}{2}=\dfrac{2}{7}$

따라서 구하는 확률은

$\mathrm{P}(A|E)=\dfrac{\mathrm{P}(A\cap E)}{\mathrm{P}(E)}=\dfrac{\mathrm{P}(A\cap E)}{\mathrm{P}(A\cap E)+\mathrm{P}(A^C\cap E)}$

$\qquad=\dfrac{\dfrac{3}{10}}{\dfrac{3}{10}+\dfrac{2}{7}}=\dfrac{21}{41}$

0820 답 ⑤

임의로 택한 한 명이 남성 직원인 사건을 A, 태블릿 PC를 가지고 있는 직원인 사건을 E라 하면

$\mathrm{P}(A)=\dfrac{80}{100}=\dfrac{4}{5}$, $\mathrm{P}(A^C)=\dfrac{1}{5}$,

$\mathrm{P}(E|A)=\dfrac{60}{100}=\dfrac{3}{5}$, $\mathrm{P}(E|A^C)=\dfrac{40}{100}=\dfrac{2}{5}$이므로

태블릿 PC를 가지고 있는 남성 직원일 확률은

$\mathrm{P}(A\cap E)=\mathrm{P}(A)\mathrm{P}(E|A)$

$\qquad=\dfrac{4}{5}\times\dfrac{3}{5}=\dfrac{12}{25}$

태블릿 PC를 가지고 있는 여성 직원일 확률은

$\mathrm{P}(A^C\cap E)=\mathrm{P}(A^C)\mathrm{P}(E|A^C)$

$\qquad=\dfrac{1}{5}\times\dfrac{2}{5}=\dfrac{2}{25}$

따라서 구하는 확률은

$\mathrm{P}(A|E)=\dfrac{\mathrm{P}(A\cap E)}{\mathrm{P}(E)}=\dfrac{\mathrm{P}(A\cap E)}{\mathrm{P}(A\cap E)+\mathrm{P}(A^C\cap E)}$

$\qquad=\dfrac{\dfrac{12}{25}}{\dfrac{12}{25}+\dfrac{2}{25}}=\dfrac{6}{7}$

0821 답 ③

제품 A, B, C를 택하는 사건을 각각 A, B, C라 하고, 불량품을 택하는 사건을 X라 하면

$\mathrm{P}(A)=\dfrac{50}{100}=0.5$, $\mathrm{P}(B)=\dfrac{30}{100}=0.3$, $\mathrm{P}(C)=\dfrac{20}{100}=0.2$,

$\mathrm{P}(X|A)=0.05$, $\mathrm{P}(X|B)=0.07$, $\mathrm{P}(X|C)=0.08$이므로

공장에서 생산된 제품이 A이고 불량품일 확률은

$\mathrm{P}(A\cap X)=\mathrm{P}(A)\mathrm{P}(X|A)$

$\qquad=0.5\times0.05=0.025$

공장에서 생산된 제품이 B이고 불량품일 확률은

$\mathrm{P}(B\cap X)=\mathrm{P}(B)\mathrm{P}(X|B)$

$\qquad=0.3\times0.07=0.021$

공장에서 생산된 제품이 C이고 불량품일 확률은

$\mathrm{P}(C\cap X)=\mathrm{P}(C)\mathrm{P}(X|C)$

$\qquad=0.2\times0.08=0.016$

따라서 구하는 확률은

$$P(A|X) = \frac{P(A\cap X)}{P(X)}$$

$$= \frac{P(A\cap X)}{P(A\cap X)+P(B\cap X)+P(C\cap X)}$$

$$= \frac{0.025}{0.025+0.021+0.016}$$

$$= \frac{25}{62}$$

실수 Check

조건부확률에서 두 사건으로만 나누는 것이 아니라 주어진 상황에 맞게 표현해야 한다. 이 문제에서는 사건 A, B, C, X에 대하여 세 사건 $A\cap X$, $B\cap X$, $C\cap X$는 서로 배반사건이므로 $P(X)=P(A\cap X)+P(B\cap X)+P(C\cap X)$가 성립한다.

Plus 문제

0821-1

A, B, C 세 제품만을 생산하는 어느 공장에서 제품 A, B, C 의 생산량은 각각 전체 생산량의 $\frac{1}{2}$, $\frac{1}{3}$, $\frac{1}{6}$ 을 차지한다. 이 공장에서 전체 제품의 품질검사를 진행한 결과, 제품 A의 $\frac{2}{5}$, 제품 B의 $\frac{2}{3}$, 제품 C의 $\frac{1}{2}$ 이 불량품이었다. 이 공장에서 생산된 제품 중에서 임의로 택한 한 개가 불량품이었을 때, 이 제품이 A일 확률을 구하시오.

제품 A, B, C를 택하는 사건을 각각 A, B, C라 하고, 불량품을 택하는 사건을 X라 하면

$$P(A)=\frac{1}{2},\ P(B)=\frac{1}{3},\ P(C)=\frac{1}{6},$$

$$P(X|A)=\frac{2}{5},\ P(X|B)=\frac{2}{3},\ P(X|C)=\frac{1}{2}$$이므로

공장에서 생산된 제품이 A이고 불량품일 확률은

$$P(A\cap X)=P(A)P(X|A)$$

$$=\frac{1}{2}\times\frac{2}{5}=\frac{1}{5}$$

공장에서 생산된 제품이 B이고 불량품일 확률은

$$P(B\cap X)=P(B)P(X|B)$$

$$=\frac{1}{3}\times\frac{2}{3}=\frac{2}{9}$$

공장에서 생산된 제품이 C이고 불량품일 확률은

$$P(C\cap X)=P(C)P(X|C)$$

$$=\frac{1}{6}\times\frac{1}{2}=\frac{1}{12}$$

따라서 구하는 확률은

$$P(A|X) = \frac{P(A\cap X)}{P(X)}$$

$$= \frac{P(A\cap X)}{P(A\cap X)+P(B\cap X)+P(C\cap X)}$$

$$= \frac{\frac{1}{5}}{\frac{1}{5}+\frac{2}{9}+\frac{1}{12}} = \frac{36}{91}$$

답 $\frac{36}{91}$

0822 답 ①

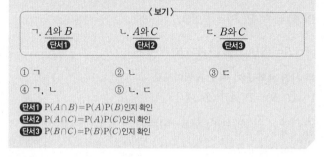

표본공간 $S=\{1,\ 2,\ 3,\ 4,\ 5,\ 6\}$의 세 사건 A, B, C에 대하여 $A=\{1,2,3\}$, $B=\{2,5\}$, $C=\{1,4,6\}$일 때, 〈보기〉에서 두 사건 이 서로 독립인 것만을 있는 대로 고른 것은?

〈보기〉

ㄱ. A와 B **단서1**   ㄴ. A와 C **단서2**   ㄷ. B와 C **단서3**

① ㄱ   ② ㄴ   ③ ㄷ
④ ㄱ, ㄴ   ⑤ ㄴ, ㄷ

단서1 $P(A\cap B)=P(A)P(B)$인지 확인
단서2 $P(A\cap C)=P(A)P(C)$인지 확인
단서3 $P(B\cap C)=P(B)P(C)$인지 확인

STEP1 $P(A)$, $P(B)$, $P(C)$ 구하기

$$P(A)=\frac{3}{6}=\frac{1}{2},\ P(B)=\frac{2}{6}=\frac{1}{3},\ P(C)=\frac{3}{6}=\frac{1}{2}$$

STEP2 두 사건이 서로 독립인 것 찾기

ㄱ. $A\cap B=\{2\}$이므로 $P(A\cap B)=\frac{1}{6}$,

$$P(A)P(B)=\frac{1}{2}\times\frac{1}{3}=\frac{1}{6}$$

즉, $P(A\cap B)=P(A)P(B)$이므로 두 사건 A와 B는 서로 독립이다.

ㄴ. $A\cap C=\{1\}$이므로 $P(A\cap C)=\frac{1}{6}$

$$P(A)P(C)=\frac{1}{2}\times\frac{1}{2}=\frac{1}{4}$$

즉, $P(A\cap C)\neq P(A)P(C)$이므로 두 사건 A와 C는 서로 종속이다.

ㄷ. $B\cap C=\varnothing$이므로 $P(B\cap C)=0$

$P(B)\neq0$, $P(C)\neq0$이므로 $P(B\cap C)\neq P(B)P(C)$

즉, 두 사건 B와 C는 서로 종속이다.

따라서 두 사건이 서로 독립인 것은 ㄱ이다.

0823 답 ③

$$P(A)=P(B)=P(C)=P(D)=\frac{4}{8}=\frac{1}{2}$$

ㄱ. $A\cap B=\{3,5,7\}$이므로 $P(A\cap B)=\frac{3}{8}$

$$P(A)P(B)=\frac{1}{2}\times\frac{1}{2}=\frac{1}{4}$$

즉, $P(A\cap B)\neq P(A)P(B)$이므로 두 사건 A와 B는 서로 종속이다.

ㄴ. $A\cap C=\{2\}$이므로 $P(A\cap C)=\frac{1}{8}$

$$P(A)P(C)=\frac{1}{2}\times\frac{1}{2}=\frac{1}{4}$$

즉, $P(A\cap C)\neq P(A)P(C)$이므로 두 사건 A와 C는 서로 종속이다.

ㄷ. $A\cap D=\{2,5\}$이므로 $P(A\cap D)=\frac{2}{8}=\frac{1}{4}$

$$P(A)P(D)=\frac{1}{2}\times\frac{1}{2}=\frac{1}{4}$$

즉, $P(A\cap D)=P(A)P(D)$이므로 두 사건 A와 D는 서로

독립이다.

따라서 사건 A와 서로 독립인 것은 ㄷ이다.

0824 답 6

$P(A)=\dfrac{3}{n}$, $P(B)=\dfrac{2}{n}$이고,

$A\cap B=\{2\}$이므로 $P(A\cap B)=\dfrac{1}{n}$이다.

두 사건 A와 B가 서로 독립이므로

$P(A\cap B)=P(A)P(B)$에서

$\dfrac{1}{n}=\dfrac{3}{n}\times\dfrac{2}{n}$, $6n=n^2$, $n(n-6)=0$

$n\geq5$이므로 $n=6$

0825 답 ⑤

$A=\{2, 3, 5\}$, $B=\{2, 4, 6\}$, $C=\{3, 6\}$,
$A\cap B=\{2\}$, $B\cap C=\{6\}$, $A\cap C=\{3\}$

ㄱ. $P(A)=\dfrac{1}{2}$, $P(B)=\dfrac{1}{2}$, $P(A\cap B)=\dfrac{1}{6}$이므로

$P(A\cap B)\neq P(A)P(B)$

즉, 두 사건 A와 B는 종속이다.

ㄴ. $P(A)=\dfrac{1}{2}$, $P(C)=\dfrac{1}{3}$, $P(A\cap C)=\dfrac{1}{6}$이므로

$P(A\cap C)=P(A)P(C)$

즉, 두 사건 A와 C는 서로 독립이다.

ㄷ. $P(B)=\dfrac{1}{2}$, $P(C)=\dfrac{1}{3}$, $P(B\cap C)=\dfrac{1}{6}$이므로

$P(B\cap C)=P(B)P(C)$

즉, 두 사건 B와 C는 서로 독립이다.

따라서 두 사건이 서로 독립인 것은 ㄴ, ㄷ이다.

0826 답 ⑤

ㄱ. $P(X)=\dfrac{3}{5}$ (참) → 5개의 공 중에서 검은 공은 3개이다.

ㄴ. $\underline{P(X\cap Y)=P(X)P(Y|X)}$

$=\dfrac{3}{5}\times\dfrac{3}{5}=\dfrac{9}{25}$ → A가 검은 공을 꺼내고 B도 검은 공을 꺼낼 확률이다.

$\underline{P(X^C\cap Y)=P(X^C)P(Y|X^C)}$

$=\dfrac{2}{5}\times\dfrac{3}{5}=\dfrac{6}{25}$ → A가 흰 공을 꺼내고 B는 검은 공을 꺼낼 확률이다.

$\therefore P(Y)=P(X\cap Y)+P(X^C\cap Y)$

$=\dfrac{9}{25}+\dfrac{6}{25}=\dfrac{15}{25}=\dfrac{3}{5}$ (참)

ㄷ. $P(X\cap Y)=P(X)P(Y|X)=\dfrac{3}{5}\times\dfrac{3}{5}=\dfrac{9}{25}$

$P(X)P(Y)=\dfrac{3}{5}\times\dfrac{3}{5}=\dfrac{9}{25}$

즉, $P(X\cap Y)=P(X)P(Y)$이므로 두 사건 X와 Y는 서로 독립이다. (참)

따라서 옳은 것은 ㄱ, ㄴ, ㄷ이다.

다른 풀이

ㄴ. 꺼낸 공은 다시 주머니 안에 넣으므로 $P(Y)=\dfrac{3}{5}$ (참)

ㄷ. $P(Y|X)=P(Y|X^C)=\dfrac{3}{5}$이므로 두 사건 X와 Y는 서로 독립이다. (참)

0827 답 ⑤ 유형 12

$0<P(A)<1$, $0<P(B)<1$인 두 사건 A와 B가 서로 독립일 때, 〈단서1〉 〈보기〉에서 옳은 것만을 있는 대로 고른 것은?

─〈보기〉─

ㄱ. $P(A|B)=P(B|A)$

ㄴ. $P(A\cap B)=P(A)P(B)$

ㄷ. $P(A^C|B)=1-P(A|B)$

① ㄱ   ② ㄴ   ③ ㄷ
④ ㄱ, ㄴ   ⑤ ㄴ, ㄷ

단서1 $P(A|B)=P(A)$, $P(A\cap B)=P(A)P(B)$

STEP1 옳은 것 찾기

ㄱ. 두 사건 A와 B가 서로 독립이므로

$P(A|B)=\dfrac{P(A\cap B)}{P(B)}=\dfrac{P(A)P(B)}{P(B)}=P(A)$,

$P(B|A)=\dfrac{P(A\cap B)}{P(A)}=\dfrac{P(A)P(B)}{P(A)}=P(B)$

$\therefore P(A|B)\neq P(B|A)$ (거짓)

ㄴ. 두 사건 A와 B가 서로 독립이므로

$P(A|B)=\dfrac{P(A\cap B)}{P(B)}=P(A)$

$\therefore P(A\cap B)=P(A)P(B)$ (참)

ㄷ. 두 사건 A와 B가 서로 독립이면 A^C와 B도 독립이므로

$P(A^C|B)=P(A^C)$

$=1-P(A)$

$=1-P(A|B)$ (참)

따라서 옳은 것은 ㄴ, ㄷ이다.

0828 답 ②

두 사건 A와 B가 서로 독립이면

$P(A\cap B)=P(A)P(B)$이므로

ㄱ. $P(A\cap B^C)=P(A)-P(A\cap B)$

$=P(A)-P(A)P(B)$

$=P(A)\{1-P(B)\}$

$=P(A)P(B^C)$

즉, 두 사건 A와 B^C는 서로 독립이다.

ㄴ. $P(A^C\cap B)=P(B)-P(A\cap B)$

$=P(B)-P(A)P(B)$

$=\{1-P(A)\}P(B)$

$=P(A^C)P(B)$

즉, 두 사건 A^C와 B는 서로 독립이다.

ㄷ. $A\cap(A\cap B)=A\cap B$이므로

$P(A\cap(A\cap B))=P(A\cap B)=P(A)P(B)$

$P(A)P(A\cap B)=P(A)P(A)P(B)$

$=\{P(A)\}^2P(B)$

$0<P(A)<1$, $0<P(B)<1$이므로

$\{P(A)\}^2P(B)\neq P(A)P(B)$

즉, 두 사건 A와 $A\cap B$는 서로 종속이다.

따라서 서로 독립인 것은 ㄱ, ㄴ이다.

> **참고** 두 사건 A와 B가 서로 독립이면
> (1) A와 B^c가 서로 독립
> → $P(A\cap B^c)=P(A)P(B^c)$
> (2) A^c와 B가 서로 독립
> → $P(A^c\cap B)=P(A^c)P(B)$
> (3) A^c와 B^c가 서로 독립
> → $P(A^c\cap B^c)=P(A^c)P(B^c)$

0829 답 ③

두 사건 A와 B가 서로 독립이므로

$P(A\cap B)=\boxed{P(A)P(B)}$

$A^c\cap B^c=(\boxed{A\cup B})^c$에서 → 드모르간의 법칙

$P(A^c\cap B^c)=1-P(\boxed{A\cup B})$

$\qquad\qquad\quad =1-\{P(A)+P(B)-P(\boxed{A\cap B})\}$

$\qquad\qquad\quad =1-\{P(A)+P(B)-P(A)P(B)\}$

$\qquad\qquad\quad =\{1-P(A)\}\{1-P(B)\}$

$\qquad\qquad\quad =P(A^c)P(B^c)$

따라서 두 사건 A^c와 B^c도 서로 독립이다.

$\therefore$ (가) : $P(A)P(B)$, (나) : $A\cup B$, (다) : $A\cap B$

개념 Check

드모르간의 법칙

전체집합 U의 두 부분집합 A, B에 대하여

$(A\cap B)^c=A^c\cup B^c$, $(A\cup B)^c=A^c\cap B^c$

0830 답 ㄷ

ㄱ. $P(A)>0$, $P(B)>0$이고 두 사건 A와 B가 서로 독립이므로

$P(A\cap B)=P(A)P(B)>0$

즉, $P(A\cap B)\neq0$이므로 두 사건 A와 B는 서로 배반사건이 아니다. (거짓)

ㄴ. 확률의 덧셈정리에 의하여

$P(A\cup B)=P(A)+P(B)-P(A\cap B)$

ㄱ에서 $P(A\cap B)\neq0$이므로

$P(A\cup B)\neq P(A)+P(B)$ (거짓)

ㄷ. 두 사건 A와 B가 서로 독립이므로 $P(A\cup B)=1$이면

$P(A\cup B)=P(A)+P(B)-P(A\cap B)$에서

$1=P(A)+P(B)-P(A)P(B)$

$P(A)P(B)-P(A)-P(B)+1=0$

$\{P(A)-1\}\{P(B)-1\}=0$

즉, $P(A)=1$ 또는 $P(B)=1$ (참)

따라서 옳은 것은 ㄷ이다.

0831 답 ②

ㄱ. 두 사건 A와 B가 서로 독립이면

$P(A|B)=P(A)$, $P(A|B^c)=P(A)$이므로

$P(A|B)=P(A|B^c)$ (참)

ㄴ. 두 사건 A, B에 대하여

$P(B)=P(A\cap B)+P(A^c\cap B)$이고,

두 사건 A와 B가 서로 독립이면

두 사건 A^c와 B도 서로 독립이므로

$P(A\cap B)=P(A)P(B)$, $P(A^c\cap B)=P(A^c)P(B)$

$\therefore P(B)=P(A\cap B)+P(A^c\cap B)$

$\qquad\quad =P(A)P(B)+P(A^c)P(B)$ (참)

ㄷ. 두 사건 A와 B가 서로 배반사건이면 $P(A\cap B)=0$이지만

$P(A)>0$, $P(B)>0$이므로 $P(A)P(B)>0$

$\therefore P(A\cap B)\neq P(A)P(B)$

즉, 두 사건 A와 B는 서로 종속이다. (거짓)

따라서 옳은 것은 ㄱ, ㄴ이다.

0832 답 ③

두 사건 A와 B가 서로 독립이면 두 사건 A와 B^c도 서로 독립이다.

ㄱ. $P((A\cap B)^c)=1-P(A\cap B)$

$\qquad\qquad\qquad =1-P(A)P(B)$ (참)

ㄴ. $P(A\cap B^c)=P(A)P(B^c)$

$\qquad\qquad\quad =P(A)\{1-P(B)\}$

$\qquad\qquad\quad =P(A)-P(A)P(B)$ (거짓)

ㄷ. $P(A\cup B^c)=P(A)+P(B^c)-P(A\cap B^c)$

$\qquad\qquad\quad =P(A)+P(B^c)-P(A)P(B^c)$

$\qquad\qquad\quad =P(A)+\{1-P(A)\}P(B^c)$

$\qquad\qquad\quad =P(A)+P(A^c)P(B^c)$ (참)

따라서 옳은 것은 ㄱ, ㄷ이다.

0833 답 ⑤

두 사건 A와 B가 서로 독립이면 두 사건 A^c와 B도 서로 독립이다.

ㄱ. $P(A^c|B)=P(A^c)=1-P(A)$ (참)

ㄴ. $P(A\cup B)=P(A)+P(B)-P(A\cap B)$

$\qquad\qquad =P(A)+P(B)-P(A)P(B)$ (참)

ㄷ. $P(B)=P(A\cap B)+P(A^c\cap B)$

$\qquad\quad =P(A)P(B)+P(A^c)P(B)$ (참)

따라서 옳은 것은 ㄱ, ㄴ, ㄷ이다.

0834 답 ⑤

ㄱ. $P(A|B)=1$이면

$P(A|B)=\dfrac{P(A\cap B)}{P(B)}=1$이므로

$P(A\cap B)=P(B)$

이때 $A\cap B\subset B$이므로 $A\cap B=B$

$\therefore B\subset A$ (참)

ㄴ. $P(A|B^c)=0$이면

$P(A|B^c)=\dfrac{P(A\cap B^c)}{P(B^c)}=0$이므로

$P(A\cap B^c)=0$

즉, $A \cap B^C = \varnothing$에서 $A \subset B$이므로 $A \cap B = A$

$\therefore \mathrm{P}(A|B) = \dfrac{\mathrm{P}(A \cap B)}{\mathrm{P}(B)} = \dfrac{\mathrm{P}(A)}{\mathrm{P}(B)}$ (참)

ㄷ. 두 사건 A와 B가 서로 독립이므로

$\mathrm{P}(A|B^C) = \mathrm{P}(A|B) = \mathrm{P}(A)$

이때 $\mathrm{P}(A|B^C) = 1 - \mathrm{P}(A|B)$이면

$\mathrm{P}(A) = 1 - \mathrm{P}(A)$이므로

$\mathrm{P}(A) = \dfrac{1}{2}$ (참)

따라서 옳은 것은 ㄱ, ㄴ, ㄷ이다.

0835 답 ③
| 유형 13

두 사건 A와 B는 서로 독립이고
단서1
$\mathrm{P}(A) = \dfrac{1}{2}$, $\mathrm{P}(B) = \dfrac{1}{4}$

일 때, $\mathrm{P}(A \cap B^C)$는?

① $\dfrac{1}{8}$ ② $\dfrac{1}{4}$ ③ $\dfrac{3}{8}$

④ $\dfrac{1}{2}$ ⑤ $\dfrac{5}{8}$

단서1 두 사건 A와 B가 서로 독립이면 두 사건 A와 B^C도 서로 독립

STEP1 $\mathrm{P}(B^C)$ 구하기

$\mathrm{P}(B^C) = 1 - \mathrm{P}(B) = 1 - \dfrac{1}{4} = \dfrac{3}{4}$

STEP2 $\mathrm{P}(A \cap B^C)$ 구하기

두 사건 A와 B가 서로 독립이면 두 사건 A와 B^C도 서로 독립이므로

$\mathrm{P}(A \cap B^C) = \mathrm{P}(A)\mathrm{P}(B^C)$

$\qquad\qquad\quad = \dfrac{1}{2} \times \dfrac{3}{4} = \dfrac{3}{8}$

0836 답 $\dfrac{1}{6}$

두 사건 A와 B가 서로 독립이므로

$\mathrm{P}(A \cap B) = \mathrm{P}(A)\mathrm{P}(B)$

$\qquad\qquad = \dfrac{1}{3} \times \dfrac{1}{2} = \dfrac{1}{6}$

0837 답 ⑤

두 사건 A와 B가 서로 독립이므로

$\mathrm{P}(A \cap B) = \mathrm{P}(A)\mathrm{P}(B)$

$\qquad\qquad = \dfrac{1}{2} \times \dfrac{2}{5} = \dfrac{1}{5}$

$\therefore \mathrm{P}(A \cup B) = \mathrm{P}(A) + \mathrm{P}(B) - \mathrm{P}(A \cap B)$

$\qquad\qquad\quad = \dfrac{1}{2} + \dfrac{2}{5} - \dfrac{1}{5} = \dfrac{7}{10}$

0838 답 ④

두 사건 A와 B가 서로 독립이므로

$\mathrm{P}(A \cap B) = \dfrac{1}{2}$에서 $\mathrm{P}(A)\mathrm{P}(B) = \dfrac{1}{2}$

$\dfrac{3}{4}\mathrm{P}(B) = \dfrac{1}{2}$ $\therefore \mathrm{P}(B) = \dfrac{2}{3}$

이때 두 사건 A와 B가 서로 독립이면 두 사건 A^C와 B도 서로 독립이므로

$\mathrm{P}(B|A^C) = \mathrm{P}(B) = \dfrac{2}{3}$

0839 답 $\dfrac{2}{3}$

두 사건 A와 B가 서로 독립이면 두 사건 A^C와 B도 서로 독립이므로

$\mathrm{P}(A|B) = \mathrm{P}(A) = \dfrac{1}{3}$,

$\mathrm{P}(B|A^C) = \mathrm{P}(B) = \dfrac{1}{2}$

$\therefore \mathrm{P}(A \cup B) = \mathrm{P}(A) + \mathrm{P}(B) - \mathrm{P}(A \cap B)$

$\qquad\qquad\quad = \mathrm{P}(A) + \mathrm{P}(B) - \mathrm{P}(A)\mathrm{P}(B)$

$\qquad\qquad\quad = \dfrac{1}{3} + \dfrac{1}{2} - \dfrac{1}{3} \times \dfrac{1}{2} = \dfrac{2}{3}$

0840 답 ①

두 사건 A와 B가 서로 독립이면 두 사건 A와 B^C도 서로 독립이므로

$\mathrm{P}(A|B^C) + \mathrm{P}(B^C|A) = \dfrac{3}{4}$에서

$\mathrm{P}(A) + \mathrm{P}(B^C) = \dfrac{3}{4}$, $\mathrm{P}(A) + \{1 - \mathrm{P}(B)\} = \dfrac{3}{4}$

$\mathrm{P}(A) - \mathrm{P}(B) = -\dfrac{1}{4}$ ················· ㉠

또한, $\mathrm{P}(A \cap B) = \dfrac{1}{8}$에서

$\mathrm{P}(A)\mathrm{P}(B) = \dfrac{1}{8}$ ····························· ㉡

㉠에서 $\mathrm{P}(B) = \mathrm{P}(A) + \dfrac{1}{4}$이고, 이것을 ㉡에 대입하여 정리하면

$\{\mathrm{P}(A)\}^2 + \dfrac{1}{4}\mathrm{P}(A) - \dfrac{1}{8} = 0$

$\left\{\mathrm{P}(A) + \dfrac{1}{2}\right\}\left\{\mathrm{P}(A) - \dfrac{1}{4}\right\} = 0$

$\mathrm{P}(A) > 0$이므로 $\mathrm{P}(A) = \dfrac{1}{4}$이고 $\mathrm{P}(B) = \dfrac{1}{2}$

$\therefore \mathrm{P}(A \cap B^C) = \mathrm{P}(A)\mathrm{P}(B^C)$

$\qquad\qquad\quad = \mathrm{P}(A)\{1 - \mathrm{P}(B)\}$

$\qquad\qquad\quad = \dfrac{1}{4} \times \dfrac{1}{2} = \dfrac{1}{8}$

0841 답 ②

두 사건 A와 B가 서로 독립이므로 $\mathrm{P}(A|B) = \mathrm{P}(A)$

따라서 $\mathrm{P}(A|B) = \mathrm{P}(B)$에서 $\mathrm{P}(A) = \mathrm{P}(B)$ ············ ㉠

또, $\mathrm{P}(A \cap B) = \dfrac{1}{9}$에서 $\mathrm{P}(A)\mathrm{P}(B) = \dfrac{1}{9}$

$\therefore \{\mathrm{P}(A)\}^2 = \dfrac{1}{9}$ ($\because$ ㉠)

$\mathrm{P}(A) > 0$이므로 $\mathrm{P}(A) = \dfrac{1}{3}$

0842 🔲 ⑤

$P(A^C)=\dfrac{2}{5}$이므로 $P(A)=1-P(A^C)=\dfrac{3}{5}$

두 사건 A와 B가 서로 독립이므로

$$P(A\cap B)=P(A)P(B)$$
$$=\dfrac{3}{5}\times\dfrac{1}{6}=\dfrac{1}{10}$$

$$\therefore P(A^C\cup B^C)=P((A\cap B)^C)$$
$$=1-P(A\cap B)$$
$$=1-\dfrac{1}{10}=\dfrac{9}{10}$$

0843 🔲 ⑤

두 사건 A와 B가 서로 독립이면 두 사건 A와 B^C도 서로 독립이므로

$$P(A\,|\,B)=P(A)=\dfrac{1}{3}\ \cdots\cdots\cdots\cdots\cdots\ \text{㉠}$$

$$P(A\cap B^C)=P(A)P(B^C)=\dfrac{1}{12}\ \cdots\cdots\cdots\cdots\ \text{㉡}$$

㉠, ㉡에서 $P(B^C)=\dfrac{1}{4}$이므로

$$P(B)=1-P(B^C)=\dfrac{3}{4}$$

0844 🔲 ③　　　　　　　　　　　|유형 14

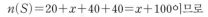

남학생 24명과 여학생 16명으로 이루어진 어느 학급의 학생 중 안경을 쓴 남학생과 여학생은 각각 15명, n명이다. 이 학급의 학생 중에서 한 명을 임의로 택할 때, 그 학생이 남학생인 사건을 A, 안경을 쓴 학생인 사건을 B라 하자. 두 사건 A와 B가 서로 독립일 때, 자연수 n의 값은? **단서1**

① 8　　　　　　② 9　　　　　　③ 10
④ 11　　　　　　⑤ 12

단서1 $P(A\cap B)=P(A)P(B)$

STEP1 $P(A)$, $P(B)$, $P(A\cap B)$ 구하기

전체 학생 수는 $24+16=40$이므로

$$P(A)=\dfrac{24}{40}=\dfrac{3}{5},\ P(B)=\dfrac{n+15}{40},\ P(A\cap B)=\dfrac{15}{40}=\dfrac{3}{8}$$

STEP2 두 사건 A와 B가 서로 독립임을 이용하여 n의 값 구하기

$P(A\cap B)=P(A)P(B)$이므로

$$\dfrac{3}{8}=\dfrac{3}{5}\times\dfrac{n+15}{40},\ n+15=25$$

$$\therefore n=10$$

0845 🔲 ③

주어진 조건의 원소의 개수를 벤다이어그램에 나타내면 오른쪽과 같다.

$n(S)=20+x+40+40=x+100$이므로

$$P(A\cap B)=\dfrac{x}{x+100},$$

$$P(A)=\dfrac{x+20}{x+100},\ P(B)=\dfrac{x+40}{x+100}$$

두 사건 A와 B가 서로 독립이므로

$P(A\cap B)=P(A)P(B)$에서

$$\dfrac{x}{x+100}=\dfrac{x+20}{x+100}\times\dfrac{x+40}{x+100}$$
$$x(x+100)=(x+20)(x+40)$$
$$x^2+100x=x^2+60x+800$$
$$40x=800$$
$$\therefore x=20$$

0846 🔲 1

두 사건 A와 B^C가 서로 독립이므로 두 사건 A와 B도 서로 독립이다.

$P(A\cap B)=P(A)P(B)$이고,

$P(A)=2P(B)=x$에서 $P(A)=x$, $P(B)=\dfrac{x}{2}$이므로

$$P(A\cup B)=P(A)+P(B)-P(A\cap B)$$
$$=P(A)+P(B)-P(A)P(B)$$
$$=x+\dfrac{x}{2}-\dfrac{x^2}{2}$$

즉, $x+\dfrac{x}{2}-\dfrac{x^2}{2}=1$에서 $x^2-3x+2=0$

$(x-1)(x-2)=0$　　$\therefore x=1$ 또는 $x=2$

따라서 $P(A)=2P(B)=x$에서 $0\le x\le1$을 만족시켜야 하므로
$x=1$
　　　　　　　　　└→ 확률의 성질에 의하여
　　　　　　　　　　　$0\le P(A)\le1$이다.

0847 🔲 ③

임의로 택한 한 명이 남학생인 사건을 A, 예능을 선호하는 학생인 사건을 B라 하면

$$P(A)=\dfrac{90}{140}=\dfrac{9}{14},\ P(B)=\dfrac{54+k}{140},\ P(A\cap B)=\dfrac{54}{140}=\dfrac{27}{70}$$

두 사건 A와 B가 서로 독립이므로

$P(A\cap B)=P(A)P(B)$에서

$$\dfrac{27}{70}=\dfrac{9}{14}\times\dfrac{54+k}{140}$$
$$54+k=84$$
$$\therefore k=30$$

0848 🔲 ③

임의로 택한 한 명이 재직 연수가 10년 미만인 사건을 A, 회사 합병에 찬성하는 사건을 B라 하면

$$P(A)=\dfrac{120}{360}=\dfrac{1}{3},\ P(B)=\dfrac{210}{360}=\dfrac{7}{12},\ P(A\cap B)=\dfrac{a}{360}$$

두 사건 A와 B가 서로 독립이므로

$P(A\cap B)=P(A)P(B)$에서

$$\dfrac{a}{360}=\dfrac{1}{3}\times\dfrac{7}{12}$$

$\therefore a=70$, $b=120-a=50$, $c=210-a=140$,
$\quad d=150-b=100$

$\therefore a+d=70+100=170$

0849 🔲 ②

전체 직원 수는 $(n+3)+9+20+n=2n+32$이고,

임의로 택한 한 명이 여성 직원인 사건을 A, 휴가지가 국내인 사건을 B라 하면

$$\mathrm{P}(A)=\frac{n+20}{2n+32}, \ \mathrm{P}(B)=\frac{n+23}{2n+32}, \ \mathrm{P}(A\cap B)=\frac{20}{2n+32}$$

두 사건 A와 B가 서로 독립이므로

$\mathrm{P}(A\cap B)=\mathrm{P}(A)\mathrm{P}(B)$에서

$$\frac{20}{2n+32}=\frac{n+20}{2n+32}\times\frac{n+23}{2n+32}$$

$$20(2n+32)=(n+20)(n+23)$$

$$n^2+3n-180=0, \ (n+15)(n-12)=0$$

따라서 n은 자연수이므로 $n=12$

0850 답 ⑤

임의로 택한 한 명이 여학생인 사건을 A, 반티 착용에 찬성하는 학생인 사건을 B라 하면

$$\mathrm{P}(A)=\frac{20}{36}=\frac{5}{9}, \ \mathrm{P}(B)=\frac{27}{36}=\frac{3}{4}$$

반티 착용에 찬성하는 여학생 수를 x라 하면 두 사건 A와 B가 서로 독립이므로

$\mathrm{P}(A\cap B)=\mathrm{P}(A)\mathrm{P}(B)$에서

$$\frac{x}{36}=\frac{5}{9}\times\frac{3}{4} \qquad \therefore x=15$$

0851 답 ①

임의로 택한 한 권이 국내 서적인 사건을 A, 소설책인 사건을 B라 하면

$$\mathrm{P}(A)=\frac{130}{400}=\frac{13}{40}, \ \mathrm{P}(B)=\frac{160}{400}=\frac{2}{5}$$

지난달에 판매된 국내 소설책을 x권이라 하면 두 사건 A와 B가 서로 독립이므로

$\mathrm{P}(A\cap B)=\mathrm{P}(A)\mathrm{P}(B)$에서

$$\frac{x}{400}=\frac{13}{40}\times\frac{2}{5} \qquad \therefore x=52$$

0852 답 120

전체 직원 수는 $6+20+36+x=x+62$이고, 임의로 택한 한 명이 남성인 사건을 A, 미혼인 사건을 B라 하면

$$\mathrm{P}(A)=\frac{26}{x+62}, \ \mathrm{P}(B)=\frac{x+20}{x+62}, \ \mathrm{P}(A\cap B)=\frac{20}{x+62}$$

두 사건 A와 B가 서로 독립이므로

$\mathrm{P}(A\cap B)=\mathrm{P}(A)\mathrm{P}(B)$에서

$$\frac{20}{x+62}=\frac{26}{x+62}\times\frac{x+20}{x+62}$$

$$20(x+62)=26(x+20) \qquad \therefore x=120$$

0853 답 ⑤

임의로 택한 한 명이 남학생인 사건을 A, 인터넷 강의를 수강하는 학생인 사건을 B라 하면

$$\mathrm{P}(A)=\frac{150}{360}=\frac{5}{12}, \ \mathrm{P}(B)=\frac{240}{360}=\frac{2}{3}$$

두 사건 A와 B가 서로 독립이므로 두 사건 A^c와 B도 서로 독립이다.

$$\therefore \mathrm{P}(A^c\cap B)=\mathrm{P}(A^c)\mathrm{P}(B)$$
$$=\{1-\mathrm{P}(A)\}\mathrm{P}(B)$$
$$=\frac{7}{12}\times\frac{2}{3}=\frac{7}{18}$$

따라서 인터넷 강의를 수강하는 여학생 수를 n이라 하면

$$\frac{n}{360}=\frac{7}{18} \qquad \therefore n=140$$

0854 답 ⑤ | 유형 15

어느 농구 팀의 두 선수 A, B가 3점 슛을 성공시킬 확률이 각각 $\frac{2}{5}$, $\frac{1}{2}$
_{단서1}
이다. 두 선수 A, B가 각각 한 번씩 3점 슛을 시도할 때, 두 선수 중 한 명만이 3점 슛을 성공시킬 확률은?
_{단서2}
(단, 두 선수 A, B가 3점 슛을 성공시키는 사건은 서로 독립이다.)
_{단서3}

① $\frac{1}{10}$ ② $\frac{1}{5}$ ③ $\frac{3}{10}$

④ $\frac{2}{5}$ ⑤ $\frac{1}{2}$

단서1 A, B가 3점 슛을 성공시키는 사건을 각각 A, B라 하면 $\mathrm{P}(A)=\frac{2}{5}$, $\mathrm{P}(B)=\frac{1}{2}$
단서2 $\mathrm{P}(A\cap B^c)+\mathrm{P}(A^c\cap B)$
단서3 두 사건 A와 B^c도 서로 독립이고, 두 사건 A^c와 B도 서로 독립

STEP 1 A가 3점 슛을 성공시키는 사건을 A, B가 3점 슛을 성공시키는 사건을 B라 할 때, $\mathrm{P}(A)$, $\mathrm{P}(B)$, $\mathrm{P}(A^c)$, $\mathrm{P}(B^c)$ 구하기

A가 3점 슛을 성공시키는 사건을 A, B가 3점 슛을 성공시키는 사건을 B라 하면

$$\mathrm{P}(A)=\frac{2}{5}, \ \mathrm{P}(B)=\frac{1}{2},$$
$$\mathrm{P}(A^c)=1-\mathrm{P}(A)=\frac{3}{5},$$
$$\mathrm{P}(B^c)=1-\mathrm{P}(B)=\frac{1}{2}$$

STEP 2 $\mathrm{P}(A\cap B^c)+\mathrm{P}(A^c\cap B)$ 구하기

두 사건 A와 B는 서로 독립이므로 두 사건 A와 B^c도 서로 독립이고, 두 사건 A^c와 B도 서로 독립이다.

따라서 구하는 확률은

$$\underline{\mathrm{P}(A\cap B^c)}+\underline{\mathrm{P}(A^c\cap B)}=\mathrm{P}(A)\mathrm{P}(B^c)+\mathrm{P}(A^c)\mathrm{P}(B)$$

A만 3점 슛을 성공시킬 확률 / B만 3점 슛을 성공시킬 확률 $=\frac{2}{5}\times\frac{1}{2}+\frac{3}{5}\times\frac{1}{2}$

$$=\frac{1}{2}$$

0855 답 ①

abc의 값이 홀수이려면 a, b, c가 모두 홀수이어야 한다. 한 개의 주사위를 세 번 던져서 나오는 눈의 수 a, b, c가 홀수인 사건을 각각 A, B, C라 하면 세 사건 A, B, C가 서로 독립이다. 이때 한 개의 주사위를 한 번 던져서 홀수의 눈이 나올 확률은 $\frac{1}{2}$이다.

따라서 구하는 확률은

$$\mathrm{P}(A\cap B\cap C)=\mathrm{P}(A)\mathrm{P}(B)\mathrm{P}(C)$$
$$=\frac{1}{2}\times\frac{1}{2}\times\frac{1}{2}=\frac{1}{8}$$

0856 답 $\dfrac{1}{6}$

한 개의 동전을 던져서 앞면이 나오는 사건을 A, 한 개의 주사위를 던져서 나오는 눈의 수가 3의 배수인 사건을 B라 하면

$P(A)=\dfrac{1}{2}$, $P(B)=\dfrac{1}{3}$

두 사건 A와 B가 서로 독립이므로 구하는 확률은

$P(A\cap B)=P(A)P(B)$

$=\dfrac{1}{2}\times\dfrac{1}{3}=\dfrac{1}{6}$

0857 답 $\dfrac{2}{9}$

주머니 A에서 흰 공을 꺼내는 사건을 X, 주머니 B에서 흰 공을 꺼내는 사건을 Y라 하면

$P(X)=\dfrac{3}{9}=\dfrac{1}{3}$, $P(Y)=\dfrac{6}{9}=\dfrac{2}{3}$

두 주머니 A, B에서 각각 임의로 1개의 공을 꺼낼 때, 모두 흰 공일 사건은 $X\cap Y$이고, 두 사건 X와 Y는 서로 독립이므로

$P(X\cap Y)=P(X)P(Y)$

$=\dfrac{1}{3}\times\dfrac{2}{3}=\dfrac{2}{9}$

0858 답 ②

두 학생 A, B가 자유투를 성공시키는 사건을 각각 A, B라 하면 두 사건 A와 B는 서로 독립이다.

따라서 두 사건 A와 B^C도 서로 독립이고, 두 사건 A^C와 B도 서로 독립이다.

(ⅰ) A만 성공할 확률은

$P(A\cap B^C)=P(A)P(B^C)=P(A)\{1-P(B)\}$

$=\dfrac{3}{4}\times\left(1-\dfrac{4}{5}\right)=\dfrac{3}{20}$

(ⅱ) B만 성공할 확률은

$P(A^C\cap B)=P(A^C)P(B)=\{1-P(A)\}P(B)$

$=\left(1-\dfrac{3}{4}\right)\times\dfrac{4}{5}=\dfrac{1}{5}$

따라서 구하는 확률은

$P(A\cap B^C)+P(A^C\cap B)=\dfrac{3}{20}+\dfrac{1}{5}=\dfrac{7}{20}$

┗━➤ 두 사건 $A\cap B^C$와 $A^C\cap B$는 서로 배반사건이다.

0859 답 ①

혜진이가 서로 다른 색의 공을 꺼내는 사건을 A, 진희가 서로 다른 색의 공을 꺼내는 사건을 B라 하면

$P(A)=\dfrac{{}_3C_1\times{}_4C_1}{{}_7C_2}=\dfrac{12}{21}=\dfrac{4}{7}$

$P(B)=\dfrac{{}_4C_1\times{}_6C_1}{{}_{10}C_2}=\dfrac{24}{45}=\dfrac{8}{15}$

이때 두 사건 A와 B는 서로 독립이므로 구하는 확률은

$P(A\cap B)=P(A)P(B)$

$=\dfrac{4}{7}\times\dfrac{8}{15}=\dfrac{32}{105}$

0860 답 ①

임의로 택한 한 명이 남성 직원인 사건을 A, 대중교통을 이용하는 직원인 사건을 B라 하면 두 사건은 서로 독립이므로

$P(A\cap B)=P(A)P(B)$

$=\dfrac{240}{450}\times\dfrac{150}{450}=\dfrac{8}{45}$

대중교통을 이용하는 남성 직원의 수를 x라 하면

$\dfrac{x}{450}=\dfrac{8}{45}$이므로 $x=80$

주어진 조건을 표로 나타내면 다음과 같다.

(단위 : 명)

구분	남성 직원	여성 직원	합계
대중교통	80	70	150
승용차	160	140	300
합계	240	210	450

따라서 구하는 확률은

$P(B\,|\,A^C)=\dfrac{n(A^C\cap B)}{n(A^C)}$

$=\dfrac{70}{210}=\dfrac{1}{3}$

다른 풀이

임의로 택한 한 명이 남성 직원인 사건을 A, 대중교통을 이용하는 직원인 사건을 B라 하면 두 사건 A와 B가 서로 독립이므로 두 사건 A^C와 B도 서로 독립이다.

$\therefore P(B\,|\,A^C)=P(B)=\dfrac{150}{450}=\dfrac{1}{3}$

0861 답 ③

임의로 택한 한 명이 여학생인 사건을 A, 방과 후 수업을 신청한 학생인 사건을 B라 하면

$P(A\cap B)=P(A)P(B)=\dfrac{5}{20}\times\dfrac{12}{20}=\dfrac{3}{20}$

방과 후 수업을 신청한 여학생 수를 x라 하면

$\dfrac{x}{20}=\dfrac{3}{20}$이므로 $x=3$

주어진 조건을 표로 나타내면 다음과 같다.

(단위 : 명)

구분	남학생	여학생	합계
방과 후 수업 신청	9	3	12
방과 후 수업 신청 안 함	6	2	8
합계	15	5	20

따라서 구하는 확률은

$P(B\,|\,A^C)=\dfrac{n(A^C\cap B)}{n(A^C)}=\dfrac{9}{15}=\dfrac{3}{5}$

다른 풀이

임의로 택한 한 명이 여학생인 사건을 A, 방과 후 수업을 신청한 학생인 사건을 B라 하면 두 사건 A와 B가 서로 독립이므로 두 사건 A^C와 B도 서로 독립이다.

$\therefore P(B\,|\,A^C)=P(B)=\dfrac{12}{20}=\dfrac{3}{5}$

0862 답 ③

2개의 동전을 던져서 2개 모두 앞면이 나올 확률은 $\dfrac{1}{4}$이다.

(i) 학생 B가 2회에 이길 확률은

$$\frac{3}{4} \times \frac{1}{4} = \frac{3}{16}$$

(ii) 학생 B가 4회에 이길 확률은

$$\left(\frac{3}{4}\right)^3 \times \frac{1}{4} = \frac{27}{256}$$

(i), (ii)에서 구하는 확률은

$$\frac{3}{16} + \frac{27}{256} = \frac{75}{256}$$

0863 답 $\dfrac{9}{10}$

주머니 A, B에서 꺼낸 공이 흰 공인 사건을 각각 X, Y라 하면

$\mathrm{P}(X) = \dfrac{3}{5}$, $\mathrm{P}(Y) = \dfrac{3}{4}$이므로

$\mathrm{P}(X^C) = \dfrac{2}{5}$, $\mathrm{P}(Y^C) = \dfrac{1}{4}$

따라서 구하는 확률은

$$\begin{aligned}
\mathrm{P}(X \cup Y) &= \mathrm{P}((X^C \cap Y^C)^C) \\
&= 1 - \mathrm{P}(X^C \cap Y^C) \\
&= 1 - \mathrm{P}(X^C)\mathrm{P}(Y^C) \\
&= 1 - \frac{2}{5} \times \frac{1}{4} \\
&= \frac{9}{10}
\end{aligned}$$

0864 답 ①

A, B, C가 본선에 진출하는 사건을 각각 A, B, C라 하면

$\mathrm{P}(A) = \dfrac{4}{5}$, $\mathrm{P}(B) = \dfrac{1}{3}$, $\mathrm{P}(C) = \dfrac{1}{2}$이다.

(i) A, B만 진출할 확률은

$$\begin{aligned}
\mathrm{P}(A \cap B \cap C^C) &= \frac{4}{5} \times \frac{1}{3} \times \frac{1}{2} \\
&= \frac{4}{30}
\end{aligned}$$

(ii) B, C만 진출할 확률은

$$\begin{aligned}
\mathrm{P}(A^C \cap B \cap C) &= \frac{1}{5} \times \frac{1}{3} \times \frac{1}{2} \\
&= \frac{1}{30}
\end{aligned}$$

(iii) A, C만 진출할 확률은

$$\begin{aligned}
\mathrm{P}(A \cap B^C \cap C) &= \frac{4}{5} \times \frac{2}{3} \times \frac{1}{2} \\
&= \frac{8}{30}
\end{aligned}$$

(iv) A, B, C 모두 진출할 확률은

$$\begin{aligned}
\mathrm{P}(A \cap B \cap C) &= \frac{4}{5} \times \frac{1}{3} \times \frac{1}{2} \\
&= \frac{4}{30}
\end{aligned}$$

(i)~(iv)에서 구하는 확률은

$$\frac{4}{30} + \frac{1}{30} + \frac{8}{30} + \frac{4}{30} = \frac{17}{30}$$

0865 답 ⑤ | 유형 16

1부터 10까지의 자연수가 각각 하나씩 적힌 10개의 공이 들어 있는 상자에서 임의로 한 개의 공을 꺼내는 시행에서 공에 적힌 수가 짝수인 사건을 A라 하자. 이 시행의 사건 B에 대하여 다음 조건을 만족시키는 모든 사건 B의 개수는?

> (가) 두 사건 A와 B가 서로 독립이다. **단서1**
> (나) $n(A \cup B) = 7$ **단서2**

① 80　　　　② 85　　　　③ 90
④ 95　　　　⑤ 100

단서1 $\mathrm{P}(A \cap B) = \mathrm{P}(A)\mathrm{P}(B)$
단서2 $\mathrm{P}(A \cup B) = \dfrac{7}{10}$

STEP 1 $\mathrm{P}(B)$, $\mathrm{P}(A \cap B)$ 구하기

$A = \{2, 4, 6, 8, 10\}$이므로 $\mathrm{P}(A) = \dfrac{5}{10} = \dfrac{1}{2}$

조건 (나)에서 $n(A \cup B) = 7$이므로

$$\mathrm{P}(A \cup B) = \frac{7}{10}$$

조건 (가)에서 두 사건 A와 B가 서로 독립이므로

$\mathrm{P}(A \cup B) = \mathrm{P}(A) + \mathrm{P}(B) - \mathrm{P}(A \cap B)$에서

$$\mathrm{P}(A \cup B) = \mathrm{P}(A) + \mathrm{P}(B) - \mathrm{P}(A)\mathrm{P}(B)$$

$$\frac{7}{10} = \frac{1}{2} + \mathrm{P}(B) - \frac{1}{2}\mathrm{P}(B)$$

$$\frac{1}{2}\mathrm{P}(B) = \frac{1}{5}$$

$$\therefore \mathrm{P}(B) = \frac{2}{5}$$

$$\begin{aligned}
\therefore \mathrm{P}(A \cap B) &= \mathrm{P}(A)\mathrm{P}(B) \\
&= \frac{1}{2} \times \frac{2}{5} = \frac{1}{5}
\end{aligned}$$

STEP 2 $n(B)$, $n(A \cap B)$의 값 구하기

$\mathrm{P}(B) = \dfrac{2}{5}$, $\mathrm{P}(A \cap B) = \dfrac{1}{5}$이므로

$\underline{n(B) = 4}$, $n(A \cap B) = 2$
　　　　　　　　　　　　→ $n(S) = 10$이므로 $n(B) = 10 \times \dfrac{2}{5} = 4$

STEP 3 사건 B의 개수 구하기

사건 B는 A의 원소 중에서 2개, A^C의 원소 중에서 2개를 원소로 갖는다. → 원소의 개수를 벤다이어그램으로 나타내면 오른쪽과 같다.

따라서 구하는 사건 B의 개수는

$${}_5\mathrm{C}_2 \times {}_5\mathrm{C}_2 = 10 \times 10 = 100$$

0866 답 ③

$n(S) = 8$, $n(A) = 4$, $n(B) = 4$이므로

$\mathrm{P}(A) = \dfrac{4}{8} = \dfrac{1}{2}$, $\mathrm{P}(B) = \dfrac{4}{8} = \dfrac{1}{2}$

두 사건 A와 B가 서로 독립이므로

$\mathrm{P}(A \cap B) = \mathrm{P}(A)\mathrm{P}(B)$에서

$$\frac{n(A \cap B)}{8} = \frac{1}{2} \times \frac{1}{2}, \quad \frac{n(A \cap B)}{8} = \frac{1}{4}$$

$$\therefore n(A \cap B) = 2$$

0867 답 12

$A=\{1, 2, 3, 6\}$이므로 $\mathrm{P}(A)=\dfrac{4}{6}=\dfrac{2}{3}$

조건 ㈏에서 두 사건 A와 B가 서로 독립이므로

$\mathrm{P}(A\cap B)=\mathrm{P}(A)\mathrm{P}(B)$

이때 조건 ㈎에서 $\mathrm{P}(A\cap B)=\dfrac{1}{3}$이므로

$\dfrac{1}{3}=\dfrac{2}{3}\mathrm{P}(B)$

$\therefore \mathrm{P}(B)=\dfrac{1}{2}$

즉, $n(B)=3$이고

조건 ㈎에서 $n(A\cap B)=2$

따라서 사건 B는 A의 원소 중에서 2개, A^C의 원소 중에서 1개를 원소로 가지므로 구하는 사건 B의 개수는

$_4\mathrm{C}_2\times _2\mathrm{C}_1=6\times 2=12$

0868 답 ⑤

두 사건 A_n과 B가 서로 독립이므로

$\mathrm{P}(A_n\cap B)=\mathrm{P}(A_n)\mathrm{P}(B)$

$\dfrac{2}{8}\times\dfrac{4}{8}=\dfrac{1}{8}$

$\therefore n(A_n\cap B)=1$

따라서 n의 값이 1, 3, 4, 5, 6, 7일 때, 두 사건 A_n과 B가 서로 독립이 되므로 모든 자연수 n의 값의 합은

$1+3+4+5+6+7=26$

실수 Check

$n=2$일 때, $A_2=\{2, 3\}$이므로 $A_2\cap B=\{2, 3\}$이고 $n(A_2\cap B)=2$이다.

따라서 $\mathrm{P}(A_2\cap B)=\dfrac{2}{8}=\dfrac{1}{4}$이고 $\mathrm{P}(A_2)\mathrm{P}(B)=\dfrac{1}{8}$이므로

$\mathrm{P}(A_2\cap B)\neq\mathrm{P}(A_2)\mathrm{P}(B)$이다.

즉, 두 사건 A_2와 B는 서로 종속이다.

0869 답 ②

$A=\{3, 6, 9, 12\}$이므로 $\mathrm{P}(A)=\dfrac{4}{12}=\dfrac{1}{3}$

$n(A\cap X)=2$이므로 $\mathrm{P}(A\cap X)=\dfrac{2}{12}=\dfrac{1}{6}$

두 사건 A와 X는 서로 독립이므로

$\mathrm{P}(A\cap X)=\mathrm{P}(A)\mathrm{P}(X)$에서

$\dfrac{1}{6}=\dfrac{1}{3}\mathrm{P}(X)$

즉, $\mathrm{P}(X)=\dfrac{1}{2}$이므로 $n(X)=6$

따라서 사건 X는 A의 원소 중에서 2개, A^C의 원소 중에서 4개를 원소로 가지므로 구하는 사건 X의 개수는

$_4\mathrm{C}_2\times _8\mathrm{C}_4=6\times 70=420$

0870 답 8

$A=\{1, 3, 5\}$이므로 $\mathrm{P}(A)=\dfrac{3}{6}=\dfrac{1}{2}$

(i) $m=1$일 때, $B=\{1\}$이므로 $A\cap B=\{1\}$

따라서 $\mathrm{P}(B)=\dfrac{1}{6}$, $\mathrm{P}(A\cap B)=\dfrac{1}{6}$이므로

$\mathrm{P}(A\cap B)\neq\mathrm{P}(A)\mathrm{P}(B)$

즉, 두 사건 A와 B가 서로 종속이다.

(ii) $m=2$일 때, $B=\{1, 2\}$이므로 $A\cap B=\{1\}$

따라서 $\mathrm{P}(B)=\dfrac{1}{3}$, $\mathrm{P}(A\cap B)=\dfrac{1}{6}$이므로

$\mathrm{P}(A\cap B)=\mathrm{P}(A)\mathrm{P}(B)$

즉, 두 사건 A와 B가 서로 독립이다.

(iii) $m=3$일 때, $B=\{1, 3\}$이므로 $A\cap B=\{1, 3\}$

따라서 $\mathrm{P}(B)=\dfrac{1}{3}$, $\mathrm{P}(A\cap B)=\dfrac{1}{3}$이므로

$\mathrm{P}(A\cap B)\neq\mathrm{P}(A)\mathrm{P}(B)$

즉, 두 사건 A와 B가 서로 종속이다.

(iv) $m=4$일 때, $B=\{1, 2, 4\}$이므로 $A\cap B=\{1\}$

따라서 $\mathrm{P}(B)=\dfrac{1}{2}$, $\mathrm{P}(A\cap B)=\dfrac{1}{6}$이므로

$\mathrm{P}(A\cap B)\neq\mathrm{P}(A)\mathrm{P}(B)$

즉, 두 사건 A와 B가 서로 종속이다.

(v) $m=5$일 때, $B=\{1, 5\}$이므로 $A\cap B=\{1, 5\}$

따라서 $\mathrm{P}(B)=\dfrac{1}{3}$, $\mathrm{P}(A\cap B)=\dfrac{1}{3}$이므로

$\mathrm{P}(A\cap B)\neq\mathrm{P}(A)\mathrm{P}(B)$

즉, 두 사건 A와 B가 서로 종속이다.

(vi) $m=6$일 때, $B=\{1, 2, 3, 6\}$이므로 $A\cap B=\{1, 3\}$

따라서 $\mathrm{P}(B)=\dfrac{2}{3}$, $\mathrm{P}(A\cap B)=\dfrac{1}{3}$이므로

$\mathrm{P}(A\cap B)=\mathrm{P}(A)\mathrm{P}(B)$

즉, 두 사건 A와 B가 서로 독립이다.

(i)~(vi)에서 모든 m의 값의 합은

$2+6=8$

0871 답 ① |유형 17

한 개의 주사위를 3번 던져서 나오는 모든 눈의 수의 곱이 3의 배수일 확률은? **단서1**

① $\dfrac{19}{27}$ ② $\dfrac{20}{27}$ ③ $\dfrac{7}{9}$

④ $\dfrac{22}{27}$ ⑤ $\dfrac{23}{27}$

단서1 여사건은 3의 배수의 눈이 한 번도 나오지 않는 사건

STEP1 모든 눈의 수의 곱이 3의 배수인 사건의 여사건의 확률 구하기

한 개의 주사위를 한 번 던질 때, 3의 배수의 눈이 나올 확률은

$\dfrac{2}{6}=\dfrac{1}{3}$

한 개의 주사위를 3번 던질 때, 나온 모든 눈의 수의 곱이 3의 배수인 사건은 3의 배수의 눈이 한 번도 나오지 않는 사건의 여사건이다.

3의 배수의 눈이 한 번도 나오지 않을 확률은

$_3\mathrm{C}_0\left(\dfrac{1}{3}\right)^0\left(\dfrac{2}{3}\right)^3=\dfrac{8}{27}$

구하는 확률은

$$1-\frac{8}{27}=\frac{19}{27}$$

0872 답 ②

한 개의 주사위를 한 번 던질 때, 홀수의 눈이 나올 확률은 $\frac{1}{2}$이므로 구하는 확률은

$${}_6C_5\left(\frac{1}{2}\right)^5\left(\frac{1}{2}\right)^1=\frac{6}{64}=\frac{3}{32}$$

0873 답 ①

한 개의 동전을 한 번 던질 때, 앞면이 나올 확률은 $\frac{1}{2}$이다.

4개의 동전을 동시에 던질 때, 모두 앞면이 나올 확률은

$$\left(\frac{1}{2}\right)^4=\frac{1}{16}$$이므로 구하는 확률은

$${}_2C_1\left(\frac{1}{16}\right)^1\left(\frac{15}{16}\right)^1=\frac{15}{128}$$

0874 답 ③

한 번의 시행에서 빨간 공이 나올 확률은 $\frac{3}{7}$이므로

구하는 확률은

$${}_5C_3\left(\frac{3}{7}\right)^3\left(\frac{4}{7}\right)^2$$

0875 답 15

한 개의 동전을 한 번 던질 때, 앞면이 나올 확률은 $\frac{1}{2}$이다.

한 개의 동전을 8번 던질 때, 앞면이 n번 나올 확률은

$${}_8C_n\left(\frac{1}{2}\right)^n\left(\frac{1}{2}\right)^{8-n}={}_8C_n\left(\frac{1}{2}\right)^8$$

즉, ${}_8C_n\left(\frac{1}{2}\right)^8=\frac{7}{32}$이므로 ${}_8C_n=56$

이때 ${}_8C_3=\frac{8\times7\times6}{3\times2\times1}=56$이므로

$\underline{n=3 \text{ 또는 } 8-n=3}$ → ${}_nC_r={}_nC_{n-r}$

따라서 $n=3$ 또는 $n=5$이므로 가능한 모든 n의 값의 곱은

$3\times5=15$

0876 답 ②

한 번의 시행에서 짝수가 적힌 공을 꺼낼 확률은 $\frac{2}{5}$이다.

4번의 시행에서 꺼낸 공에 적힌 네 수의 합이 짝수인 경우는 다음과 같다.

(i) 네 개 모두 짝수가 적힌 공을 꺼낼 확률은

$${}_4C_4\left(\frac{2}{5}\right)^4\left(\frac{3}{5}\right)^0=\frac{16}{625}$$

(ii) 두 개는 짝수, 두 개는 홀수가 적힌 공을 꺼낼 확률은

$${}_4C_2\left(\frac{2}{5}\right)^2\left(\frac{3}{5}\right)^2=\frac{216}{625}$$

(iii) 네 개 모두 홀수가 적힌 공을 꺼낼 확률은

$${}_4C_0\left(\frac{2}{5}\right)^0\left(\frac{3}{5}\right)^4=\frac{81}{625}$$

(i)~(iii)에서 구하는 확률은

$$\frac{16}{625}+\frac{216}{625}+\frac{81}{625}=\frac{313}{625}$$

0877 답 $\frac{5}{8}$

한 개의 동전을 한 번 던질 때, 앞면이 나올 확률은 $\frac{1}{2}$이다.

앞면이 나오는 횟수를 a, 뒷면이 나오는 횟수를 b라 하면

$a+b=5$, $ab=6$이어야 하므로

$a=2$, $b=3$ 또는 $a=3$, $b=2$

(i) $a=2$, $b=3$일 확률은

$${}_5C_2\left(\frac{1}{2}\right)^2\left(\frac{1}{2}\right)^3=\frac{10}{32}=\frac{5}{16}$$

(ii) $a=3$, $b=2$일 확률은

$${}_5C_3\left(\frac{1}{2}\right)^3\left(\frac{1}{2}\right)^2=\frac{10}{32}=\frac{5}{16}$$

(i), (ii)에서 구하는 확률은

$$\frac{5}{16}+\frac{5}{16}=\frac{5}{8}$$

참고   뒷면이 나오는 횟수를 $5-a$로 놓고 $a(5-a)=6$을 이용하여 a의 값을 구할 수도 있다.

➡ $(a-2)(a-3)=0$에서 $a=2$ 또는 $a=3$

0878 답 ④

한 개의 동전을 한 번 던질 때, 앞면이 나올 확률은 $\frac{1}{2}$이다.

앞면이 2번 이상 나오는 사건은 앞면이 0번 또는 1번 나오는 사건의 여사건이다.

(i) 앞면이 0번 나올 확률은

$${}_6C_0\left(\frac{1}{2}\right)^0\left(\frac{1}{2}\right)^6=\frac{1}{64}$$

(ii) 앞면이 1번 나올 확률은

$${}_6C_1\left(\frac{1}{2}\right)^1\left(\frac{1}{2}\right)^5=\frac{6}{64}$$

(i), (ii)에서 앞면이 0번 또는 1번 나올 확률은

$$\frac{1}{64}+\frac{6}{64}=\frac{7}{64}$$

따라서 구하는 확률은

$$1-\frac{7}{64}=\frac{57}{64}$$

0879 답 43

한 개의 동전을 한 번 던질 때, 앞면이 나올 확률은 $\frac{1}{2}$이다.

(i) 앞면이 6회, 뒷면이 0회 나올 확률은

$${}_6C_6\left(\frac{1}{2}\right)^6\left(\frac{1}{2}\right)^0=\frac{1}{2^6}$$

(ii) 앞면이 5회, 뒷면이 1회 나올 확률은

$${}_6C_5\left(\frac{1}{2}\right)^5\left(\frac{1}{2}\right)^1=\frac{6}{2^6}$$

(iii) 앞면이 4회, 뒷면이 2회 나올 확률은

$$_6C_4\left(\frac{1}{2}\right)^4\left(\frac{1}{2}\right)^2=\frac{15}{2^6}$$

(i)~(iii)에서 앞면이 나오는 횟수가 뒷면이 나오는 횟수보다 클 확률은

$$\frac{1}{2^6}+\frac{6}{2^6}+\frac{15}{2^6}=\frac{22}{2^6}=\frac{11}{32}$$

따라서 $p=32$, $q=11$이므로

$$p+q=32+11=43$$

0880 답 ② | 유형 18

> 한 개의 주사위를 4번 던져서 소수의 눈이 나오는 횟수를 a라 하고, **단서1**
> 한 개의 동전을 3번 던져서 앞면이 나오는 횟수를 b라 하자. $a=b=1$ **단서2**
> 일 확률은?
>
> ① $\dfrac{1}{32}$ ② $\dfrac{3}{32}$ ③ $\dfrac{5}{32}$
>
> ④ $\dfrac{7}{32}$ ⑤ $\dfrac{9}{32}$
>
> **단서1** $_4C_a\left(\frac{1}{2}\right)^a\left(\frac{1}{2}\right)^{4-a}$
> **단서2** $_3C_b\left(\frac{1}{2}\right)^b\left(\frac{1}{2}\right)^{3-b}$

STEP 1 $a=1$일 확률 구하기

한 개의 주사위를 4번 던져서 소수의 눈이 1번 나올 확률은

$$_4C_1\left(\frac{1}{2}\right)^1\left(\frac{1}{2}\right)^3=\frac{1}{4}$$

STEP 2 $b=1$일 확률 구하기

한 개의 동전을 3번 던져서 앞면이 1번 나올 확률은

$$_3C_1\left(\frac{1}{2}\right)^1\left(\frac{1}{2}\right)^2=\frac{3}{8}$$

STEP 3 $a=b=1$일 확률 구하기

구하는 확률은

$$\frac{1}{4}\times\frac{3}{8}=\frac{3}{32}$$

0881 답 $\dfrac{7}{16}$

(i) 주사위의 눈의 수가 짝수이고, 동전을 3번 던져서 앞면이 한 번 나올 확률은

$$\frac{1}{2}\times_3C_1\left(\frac{1}{2}\right)^1\left(\frac{1}{2}\right)^2=\frac{1}{2}\times\frac{3}{8}$$
$$=\frac{3}{16}$$

(ii) 주사위의 눈의 수가 홀수이고, 동전을 2번 던져서 앞면이 한 번 나올 확률은

$$\frac{1}{2}\times_2C_1\left(\frac{1}{2}\right)^1\left(\frac{1}{2}\right)^1=\frac{1}{2}\times\frac{1}{2}$$
$$=\frac{1}{4}$$

(i), (ii)에서 구하는 확률은

$$\frac{3}{16}+\frac{1}{4}=\frac{7}{16}$$

0882 답 ②

(i) 2개의 주사위를 동시에 던져서 나온 눈의 수가 같고, 한 개의 동전을 4번 던져서 동전의 앞면이 나온 횟수와 뒷면이 나온 횟수가 같을 확률은

$$\frac{6}{36}\times_4C_2\left(\frac{1}{2}\right)^2\left(\frac{1}{2}\right)^2$$
$$=\frac{1}{6}\times\frac{3}{8}=\frac{1}{16}$$

(ii) 2개의 주사위를 동시에 던져서 나온 눈의 수가 다르고, 한 개의 동전을 2번 던져서 동전의 앞면이 나온 횟수와 뒷면이 나온 횟수가 같을 확률은

$$\frac{30}{36}\times_2C_1\left(\frac{1}{2}\right)^1\left(\frac{1}{2}\right)^1$$
$$=\frac{5}{6}\times\frac{1}{2}=\frac{5}{12}$$

따라서 구하는 확률은

$$\frac{1}{16}+\frac{5}{12}=\frac{23}{48}$$

실수 Check

2개의 주사위를 동시에 던져서 나온 눈의 수가 같은지 다른지에 따라 동전을 던지는 횟수가 달라지는 것에 주의한다.

0883 답 ④

(i) 상자에서 2개의 공을 꺼내어 같은 색의 공이 나오고, 3개의 동전을 던져서 앞면이 나온 동전의 개수가 3일 확률은

$$\frac{_2C_2+_3C_2}{_5C_2}\times_3C_3\left(\frac{1}{2}\right)^3$$
$$=\frac{2}{5}\times\frac{1}{8}=\frac{1}{20}$$

(ii) 상자에서 2개의 공을 꺼내어 다른 색의 공이 나오고, 5개의 동전을 던져서 앞면이 나온 동전의 개수가 3일 확률은

$$\frac{_2C_1\times_3C_1}{_5C_2}\times_5C_3\left(\frac{1}{2}\right)^3\left(\frac{1}{2}\right)^2$$
$$=\frac{3}{5}\times\frac{5}{16}=\frac{3}{16}$$

(i), (ii)에서 구하는 확률은

$$\frac{1}{20}+\frac{3}{16}=\frac{19}{80}$$

0884 답 ②

한 개의 주사위를 한 번 던질 때, 3의 배수의 눈이 나올 확률은

$$\frac{2}{6}=\frac{1}{3}$$이다.

(i) 주사위의 눈의 수가 3의 배수이고, 자유투를 2번 던져서 2번 성공시킬 확률은

$$\frac{1}{3}\times_2C_2\left(\frac{4}{5}\right)^2=\frac{16}{75}$$

(ii) 주사위의 눈의 수가 3의 배수가 아니고, 자유투를 3번 던져서 2번 이상 성공시킬 확률은

$$\frac{2}{3}\times\left\{_3C_2\left(\frac{4}{5}\right)^2\left(\frac{1}{5}\right)^1+_3C_3\left(\frac{4}{5}\right)^3\right\}=\frac{2}{3}\times\left(\frac{48}{125}+\frac{64}{125}\right)=\frac{224}{375}$$

(i), (ii)에서 구하는 확률은

$$\frac{16}{75}+\frac{224}{375}=\frac{304}{375}$$

0885 답 ①

2개의 주사위의 눈의 수의 합은 2 이상 12 이하이고, 3개의 동전 중 앞면이 나온 동전의 개수는 0, 1, 2, 3이므로 가능한 경우는 다음과 같다.

(i) 주사위의 눈의 수의 합이 2인 경우

주사위의 눈은 (1, 1)이 나와야 하고, 동전은 앞면이 2개 나와야 하므로 이 경우의 확률은

$$\frac{1}{36} \times {}_3C_2 \left(\frac{1}{2}\right)^2 \left(\frac{1}{2}\right)^1$$

$$= \frac{1}{36} \times \frac{3}{8} = \frac{3}{288}$$

(ii) 주사위의 눈의 수의 합이 3인 경우

주사위의 눈은 (1, 2) 또는 (2, 1)이 나와야 하고, 동전은 앞면이 3개 나와야 하므로 이 경우의 확률은

$$\frac{2}{36} \times {}_3C_3 \left(\frac{1}{2}\right)^3 \left(\frac{1}{2}\right)^0$$

$$= \frac{2}{36} \times \frac{1}{8} = \frac{2}{288}$$

(i), (ii)에서 구하는 확률은

$$\frac{3}{288} + \frac{2}{288} = \frac{5}{288}$$

0886 답 137

(i) $a=5$, $b=2$일 때,

$${}_5C_5 \left(\frac{1}{2}\right)^5 \left(\frac{1}{2}\right)^0 \times {}_4C_2 \left(\frac{1}{2}\right)^2 \left(\frac{1}{2}\right)^2 = \frac{1}{2^5} \times \frac{3}{2^3} = \frac{3}{2^8}$$

(ii) $a=4$, $b=1$일 때,

$${}_5C_4 \left(\frac{1}{2}\right)^4 \left(\frac{1}{2}\right)^1 \times {}_4C_1 \left(\frac{1}{2}\right)^1 \left(\frac{1}{2}\right)^3 = \frac{5}{2^5} \times \frac{1}{2^2} = \frac{5}{2^7}$$

(iii) $a=3$, $b=0$일 때,

$${}_5C_3 \left(\frac{1}{2}\right)^3 \left(\frac{1}{2}\right)^2 \times {}_4C_0 \left(\frac{1}{2}\right)^0 \left(\frac{1}{2}\right)^4 = \frac{5}{2^4} \times \frac{1}{2^4} = \frac{5}{2^8}$$

(i)~(iii)에서 구하는 확률은

$$\frac{3}{2^8} + \frac{5}{2^7} + \frac{5}{2^8} = \frac{3+10+5}{2^8} = \frac{18}{2^8} = \frac{9}{128}$$

따라서 $p=128$, $q=9$이므로

$p+q=128+9=137$

0887 답 ④

주사위를 던져서 나온 눈의 수와 앞면이 나온 동전의 개수가 모두 n $(n=1, 2, 3, 4, 5, 6)$일 확률은

$$\frac{1}{6} \times {}_6C_n \left(\frac{1}{2}\right)^n \left(\frac{1}{2}\right)^{6-n} = \frac{1}{384} \times {}_6C_n$$

따라서 구하는 확률은

$$\sum_{n=1}^{6} \left(\frac{1}{384} \times {}_6C_n\right) = \frac{1}{384} \sum_{n=1}^{6} {}_6C_n$$

$${}_6C_1 + {}_6C_2 + {}_6C_3 + \cdots + {}_6C_6$$
$$= 2^6 - {}_6C_0$$
$$= 2^6 - 1$$

$$= \frac{1}{384} \times (2^6 - 1) = \frac{21}{128}$$

0888 답 ①

동전 A를 세 번 던져서 나온 3개의 수의 합은 3, 4, 5, 6 중 하나이고, 동전 B를 네 번 던져서 나온 4개의 수의 합은 12, 13, 14, 15, 16 중 하나이다.

두 동전 A, B를 각각 던져서 나온 수의 합을 각각 a, b라 하자.

(i) $a+b=19$인 경우

a, b의 순서쌍 (a, b)는 (3, 16), (4, 15), (5, 14), (6, 13)이므로 이때의 확률은

$${}_3C_3 \left(\frac{1}{2}\right)^3 \times {}_4C_0 \left(\frac{1}{2}\right)^4 + {}_3C_2 \left(\frac{1}{2}\right)^3 \times {}_4C_1 \left(\frac{1}{2}\right)^4 + {}_3C_1 \left(\frac{1}{2}\right)^3 \times {}_4C_2 \left(\frac{1}{2}\right)^4$$

→ (세 번 던져서 모두 1이 나올 확률)
× (네 번 던져서 모두 4가 나올 확률)
$$+ {}_3C_0 \left(\frac{1}{2}\right)^3 \times {}_4C_3 \left(\frac{1}{2}\right)^4$$

$$= \left(\frac{1}{2}\right)^7 + 12 \times \left(\frac{1}{2}\right)^7 + 18 \times \left(\frac{1}{2}\right)^7 + 4 \times \left(\frac{1}{2}\right)^7$$

$$= \frac{35}{128}$$

(ii) $a+b=20$인 경우

a, b의 순서쌍 (a, b)는 (4, 16), (5, 15), (6, 14)이므로 이때의 확률은

→ (세 번 던져서 1이 2번 나올 확률)
× (네 번 던져서 모두 4가 나올 확률)

$${}_3C_2 \left(\frac{1}{2}\right)^3 \times {}_4C_0 \left(\frac{1}{2}\right)^4 + {}_3C_1 \left(\frac{1}{2}\right)^3 \times {}_4C_1 \left(\frac{1}{2}\right)^4 + {}_3C_0 \left(\frac{1}{2}\right)^3 \times {}_4C_2 \left(\frac{1}{2}\right)^4$$

$$= 3 \times \left(\frac{1}{2}\right)^7 + 12 \times \left(\frac{1}{2}\right)^7 + 6 \times \left(\frac{1}{2}\right)^7$$

$$= \frac{21}{128}$$

(i), (ii)에서 구하는 확률은

$$\frac{35}{128} + \frac{21}{128} = \frac{7}{16}$$

0889 답 ① | 유형 19

흰 공 3개, 검은 공 2개가 들어 있는 주머니에서 임의로 두 개의 공을
단서1
꺼내어 색을 확인한 뒤 다시 주머니에 공을 집어넣는 시행을 하고 다음 규칙에 따라 점수를 얻는다.

같은 색의 공이 나오면 3점을 얻고, 다른 색의 공이 나오면 1점을 잃는다.
단서2

이 시행을 5번 반복하여 얻은 점수의 합이 10 이상일 확률이 p일 때, $5^5 p$의 값은? 단서3

① 272 ② 274 ③ 276
④ 278 ⑤ 280

단서1 모든 경우의 수는 ${}_5C_2$
단서2 같은 색의 공이 나올 확률은 $\dfrac{{}_3C_2 + {}_2C_2}{{}_5C_2}$
단서3 같은 색이 공이 나오는 횟수를 r라 하면 다른 색의 공이 나오는 횟수는 $(5-r)$이므로 5번 반복하여 얻은 점수의 합은 $3r - (5-r) = 4r-5$

STEP 1 같은 색의 공이 나올 확률, 다른 색의 공이 나올 확률 각각 구하기

주머니에서 임의로 2개의 공을 꺼낼 때, 같은 색의 공이 나올 확률은

$$\frac{{}_3C_2 + {}_2C_2}{{}_5C_2} = \frac{3+1}{10} = \frac{2}{5}$$이므로 다른 색의 공이 나올 확률은

$$1 - \frac{2}{5} = \frac{3}{5}$$

STEP 2 얻은 점수의 합이 10 이상이 되는 조건 구하기

5번의 시행에서 같은 색의 공이 나오는 횟수를 r $(r=0, 1, 2, 3, 4, 5)$라 하면 다른 색의 공이 나오는 횟수는 $5-r$이므로 얻은 점수의 합은

$$3r - (5-r) = 4r - 5$$

이때 얻은 점수의 합이 10 이상이려면 $4r - 5 \geq 10$에서

$$r \geq \frac{15}{4} \qquad \therefore r = 4 \ \text{또는} \ r = 5$$

STEP3 $5^5 p$의 값 구하기

구하는 확률은 5번의 시행 중에 같은 색의 공이 4번 또는 5번 나올 확률과 같으므로

$$p = {}_5C_4 \left(\frac{2}{5}\right)^4 \left(\frac{3}{5}\right)^1 + {}_5C_5 \left(\frac{2}{5}\right)^5 \left(\frac{3}{5}\right)^0$$

$$= 5 \times \frac{48}{5^5} + 1 \times \frac{32}{5^5} = \frac{272}{5^5}$$

$$\therefore 5^5 p = 272$$

0890 답 ③

5번의 시행에서 소수의 눈이 나오는 횟수를 $r \ (r = 0, 1, 2, 3, 4, 5)$라 하면 소수가 아닌 눈이 나오는 횟수는 $5 - r$이므로 얻은 점수의 합은

$$200 \times r + (-100) \times (5 - r) = 300r - 500$$

이때 얻은 점수의 합이 700 이상이려면 $300r - 500 \geq 700$에서

$$r \geq 4 \qquad \therefore r = 4 \ \text{또는} \ r = 5$$

따라서 구하는 확률은 5번의 시행 중에 소수의 눈이 4번 또는 5번 나올 확률과 같으므로

$${}_5C_4 \left(\frac{1}{2}\right)^4 \left(\frac{1}{2}\right)^1 + {}_5C_5 \left(\frac{1}{2}\right)^5 \left(\frac{1}{2}\right)^0 = \frac{5}{32} + \frac{1}{32} = \frac{3}{16}$$

0891 답 ③

한 개의 동전을 8번 던질 때, 동전의 앞면이 나오는 횟수를 $r \ (r = 0, 1, 2, \cdots, 8)$라 하면 동전의 뒷면이 나오는 횟수는 $8 - r$이므로

$$a_1 + a_2 + a_3 + \cdots + a_8 = 1 \text{에서}$$

$$\underline{2r - (8 - r) = 1} \quad \substack{\rightarrow n번째 던진 동전이 앞면이 나오면 a_n = 2, \\ 뒷면이 나오면 a_n = -1이다.}$$

$$3r = 9 \qquad \therefore r = 3$$

따라서 구하는 확률은 한 개의 동전을 8번 던질 때, 동전의 앞면이 3번 나오는 확률과 같으므로

$${}_8C_3 \left(\frac{1}{2}\right)^3 \left(\frac{1}{2}\right)^5 = \frac{56}{2^8} = \frac{7}{32}$$

0892 답 $\frac{7}{32}$

50원짜리 동전 3개와 100원짜리 동전 2개를 동시에 던질 때, 앞면이 나온 동전의 금액의 합이 200원인 경우는 다음과 같다.

(i) 50원짜리 동전 중 2개, 100원짜리 동전 중 1개가 앞면인 경우의 확률은

$${}_3C_2 \left(\frac{1}{2}\right)^2 \left(\frac{1}{2}\right)^1 \times {}_2C_1 \left(\frac{1}{2}\right)^1 \left(\frac{1}{2}\right)^1 = \frac{3}{8} \times \frac{1}{2} = \frac{3}{16}$$

(ii) 50원짜리 동전 중 0개, 100원짜리 동전 중 2개가 앞면인 경우의 확률은

$${}_3C_0 \left(\frac{1}{2}\right)^0 \left(\frac{1}{2}\right)^3 \times {}_2C_2 \left(\frac{1}{2}\right)^2 \left(\frac{1}{2}\right)^0 = \frac{1}{8} \times \frac{1}{4} = \frac{1}{32}$$

(i), (ii)에서 구하는 확률은

$$\frac{3}{16} + \frac{1}{32} = \frac{7}{32}$$

0893 답 ④

4번의 시행에서 3의 배수의 눈이 나오는 횟수를 $r \ (r = 0, 1, 2, 3, 4)$라 하면 3의 배수가 아닌 눈이 나오는 횟수는 $4 - r$이다.

이때 A가 얻은 점수의 합은

$$2r + (4 - r) = r + 4$$

B가 얻은 점수의 합은

$$-r + 3(4 - r) = 12 - 4r$$

B가 얻은 점수의 합이 A가 얻은 점수의 합보다 크려면

$$r + 4 < 12 - 4r \text{에서}$$

$$r < \frac{8}{5}$$

$$\therefore r = 0 \ \text{또는} \ r = 1$$

따라서 구하는 확률은 4번의 시행 중에 3의 배수의 눈이 0번 또는 1번 나올 확률과 같으므로

$${}_4C_0 \left(\frac{1}{3}\right)^0 \left(\frac{2}{3}\right)^4 + {}_4C_1 \left(\frac{1}{3}\right)^1 \left(\frac{2}{3}\right)^3 = \frac{16}{81} + \frac{32}{81} = \frac{16}{27}$$

0894 답 ①

바닥에 닿은 면에 적힌 수가 1, 2일 확률은 각각 $\frac{1}{3}$, $\frac{2}{3}$이다.

4번의 시행에서 얻은 점수의 합이 6 이하일 경우는 다음과 같다.

(i) 얻은 점수의 합이 4인 경우

1이 4번 나와야 하므로 이때의 확률은

$${}_4C_4 \left(\frac{1}{3}\right)^4 \left(\frac{2}{3}\right)^0 = \frac{1}{81}$$

(ii) 얻은 점수의 합이 5인 경우

1이 3번, 2가 1번 나와야 하므로 이때의 확률은

$${}_4C_3 \left(\frac{1}{3}\right)^3 \left(\frac{2}{3}\right)^1 = \frac{8}{81}$$

(iii) 얻은 점수의 합이 6인 경우

1이 2번, 2가 2번 나와야 하므로 이때의 확률은

$${}_4C_2 \left(\frac{1}{3}\right)^2 \left(\frac{2}{3}\right)^2 = \frac{24}{81}$$

(i)~(iii)에서 구하는 확률은

$$\frac{1}{81} + \frac{8}{81} + \frac{24}{81} = \frac{11}{27}$$

0895 답 ④

5번의 시행에서 동전의 앞면이 나오는 횟수를 $r \ (r = 0, 1, 2, 3, 4, 5)$라 하면 뒷면이 나오는 횟수는 $5 - r$이므로 얻은 점수의 합은

$$2r + (5 - r) = r + 5$$

이때 얻은 점수의 합이 6 이하이려면 $r + 5 \leq 6$에서

$$r \leq 1$$

$$\therefore r = 0 \ \text{또는} \ r = 1$$

따라서 구하는 확률은 동전의 앞면이 0번 또는 1번 나올 확률과 같으므로

$${}_5C_0 \left(\frac{1}{2}\right)^0 \left(\frac{1}{2}\right)^5 + {}_5C_1 \left(\frac{1}{2}\right)^1 \left(\frac{1}{2}\right)^4 = \frac{1}{32} + \frac{5}{32} = \frac{3}{16}$$

0896 답 ②

(i) A가 승자가 되려면 C가 주사위를 4번째, 5번째 던졌을 때 모두 1이 아닌 눈이 나와야 하므로 A가 승자가 될 확률은

$${}_2C_0\left(\frac{1}{6}\right)^0\left(\frac{5}{6}\right)^2=\frac{25}{36}$$ → 5번씩 던진 후 A, B, C는 1의 눈이 각각 2번, 1번, 1번이 나왔으므로 규칙 ㈏에서 A가 승자가 된다.

(ii) C가 승자가 되려면 C가 주사위를 4번째, 5번째 던졌을 때 모두 1의 눈이 나와야 하므로 C가 승자가 될 확률은

$${}_2C_2\left(\frac{1}{6}\right)^2\left(\frac{5}{6}\right)^0=\frac{1}{36}$$ → 5번씩 던진 후 A, B, C는 1의 눈이 각각 2번, 1번, 3번이 나왔으므로 규칙 ㈎에서 C가 승자가 된다.

(i), (ii)에서 구하는 확률은

$$\frac{25}{36}+\frac{1}{36}=\frac{13}{18}$$

다른 풀이

A 또는 C가 승자가 되는 사건의 여사건은 B가 승자가 되는 사건이다.

B가 승자가 되려면 C가 주사위를 4번째, 5번째 던졌을 때 1의 눈이 1번, 1이 아닌 눈이 1번 나와야 하므로 B가 승자가 될 확률은

$${}_2C_1\left(\frac{1}{6}\right)^1\left(\frac{5}{6}\right)^1=\frac{5}{18}$$ → 5번씩 던진 후 A, B, C는 1의 눈이 각각 2번, 1번, 2번이 나왔으므로 규칙 ㈏에서 B가 승자가 된다.

따라서 A 또는 C가 승자가 될 확률은

$$1-\frac{5}{18}=\frac{13}{18}$$

0897 답 135

한 번의 시행 결과로 나타나는 경우는 다음과 같다.

㉠ A가 가진 공이 1개 늘어나는 경우

A가 던진 주사위의 눈의 수가 짝수이고 B가 던진 주사위의 눈의 수가 홀수이어야 하므로 이때의 확률은 $\frac{1}{4}$

㉡ A가 가진 공이 변화가 없는 경우

A, B가 던진 주사위의 눈의 수가 모두 짝수이거나 모두 홀수이어야 하므로 이때의 확률은 $\frac{1}{2}$

㉢ A가 가진 공이 1개 줄어드는 경우

A가 던진 주사위의 눈의 수가 홀수이고 B가 던진 주사위의 눈의 수가 짝수이어야 하므로 이때의 확률은 $\frac{1}{4}$

한편, 4번째 시행 후 센 공의 개수가 처음으로 6이 되는 경우는 4번째 시행에서 ㉠이 일어나고 3번째 시행에서는 ㉠ 또는 ㉡이 일어나야 한다.

(i) 3번째 시행에서 ㉠이 일어나는 경우

첫 번째, 두 번째 시행에서 ㉠, ㉢이 일어나거나 두 시행 모두 ㉡이 일어나야 하므로

$$\left\{2!\times\left(\frac{1}{4}\right)^2+\left(\frac{1}{2}\right)^2\right\}\times\frac{1}{4}=\frac{3}{32}$$ → 첫 번째에 ㉠ (또는 ㉢)이 일어나면 두 번째에 ㉢ (또는 ㉠)이 일어나야 한다.

(ii) 3번째 시행에서 ㉡이 일어나는 경우

첫 번째, 두 번째 시행에서 ㉠, ㉡이 일어나야 하므로

$$\left({}_2C_1\times\frac{1}{4}\times\frac{1}{2}\right)\times\frac{1}{2}=\frac{1}{8}$$

(i), (ii)에서 구하는 확률은

$$\left(\frac{3}{32}+\frac{1}{8}\right)\times\frac{1}{4}=\frac{7}{128}$$

따라서 $p=128$, $q=7$이므로

$$p+q=128+7=135$$

4번째 시행에서 ㉢이 일어나는 경우(a)와 4번째 시행에서 ㉡이 일어나는 경우(b)는 4번째 시행 후 A가 가진 공의 개수는 처음으로 6이 될 수 없다.

시행 횟수	시행 후 A가 가진 공의 개수			
	a			b
1번째 시행	4	5	5	5
2번째 시행	5	5	6	6
3번째 시행	6	6	6	7
4번째 시행	6	6	6	6

0898 답 ② | 유형 20

좌표평면의 원점에 점 A가 있다. 한 개의 동전을 사용하여 다음 시행을 한다.

> 동전을 한 번 던져서 앞면이 나오면 점 A를 x축의 방향으로 1만큼, 뒷면이 나오면 점 A를 y축의 방향으로 1만큼 이동시킨다. 단서1

위의 시행을 5회 반복할 때, 점 A의 좌표가 $(2, 3)$일 확률은?

① $\frac{1}{4}$ ② $\frac{5}{16}$ ③ $\frac{3}{8}$

④ $\frac{7}{16}$ ⑤ $\frac{1}{2}$

단서1 동전의 앞면이 나오는 횟수를 a라 하면 5회 시행 후 점 A의 좌표는 $(a, 5-a)$

STEP1 점 A의 좌표가 $(2, 3)$이 되는 조건 구하기

동전을 5번 던져서 앞면이 나오는 횟수를 a ($a=0, 1, 2, 3, 4, 5$)라 하면 뒷면이 나오는 횟수는 $5-a$이므로 5회 시행 후 점 A의 좌표는 $(a, 5-a)$이다.

$$\therefore a=2$$

STEP2 확률 구하기

구하는 확률은 동전이 앞면이 2번, 뒷면이 3번 나올 확률과 같으므로

$${}_5C_2\left(\frac{1}{2}\right)^2\left(\frac{1}{2}\right)^3=\frac{10}{32}=\frac{5}{16}$$

0899 답 ③

한 개의 주사위를 던질 때, 1 또는 2의 눈이 나올 확률은 $\frac{2}{6}=\frac{1}{3}$이다.

주사위를 4번 던져서 1 또는 2의 눈이 나오는 횟수를 x, 그 이외의 눈이 나오는 횟수를 y라 하면

$$x+y=4 \quad\cdots\cdots ㉠$$

또, 점 P의 위치가 원점이므로

$$x-y=0 \quad\cdots\cdots ㉡$$

㉠, ㉡을 연립하여 풀면

$$x=2,\ y=2$$

따라서 구하는 확률은 주사위를 4번 던져서 1 또는 2의 눈이 2번, 그 이외의 눈이 2번 나올 확률과 같으므로

$${}_4C_2\left(\frac{1}{3}\right)^2\left(\frac{2}{3}\right)^2=\frac{24}{81}=\frac{8}{27}$$

0900 답 ①

한 개의 주사위를 던질 때, 5의 약수의 눈이 나올 확률은 $\dfrac{2}{6}=\dfrac{1}{3}$이다.

주사위를 5번 던져서 5의 약수의 눈이 나오는 횟수를

$r\,(r=0,\,1,\,2,\,3,\,4,\,5)$라 하면 5의 약수가 아닌 눈이 나오는 횟수는 $5-r$이다.

주사위를 5번 던진 후 점 P의 좌표는 $3r-2(5-r)=5r-10$이므로 점 P의 좌표가 5보다 크려면 $5r-10>5$에서 $r>3$

$\therefore r=4$ 또는 $r=5$

따라서 구하는 확률은 주사위를 5번 던져서 5의 약수가 4번 또는 5번 나올 확률과 같으므로

$${}_5C_4\left(\frac{1}{3}\right)^4\left(\frac{2}{3}\right)^1+{}_5C_5\left(\frac{1}{3}\right)^5\left(\frac{2}{3}\right)^0=\frac{10}{243}+\frac{1}{243}=\frac{11}{243}$$

0901 답 11

동전을 4번 던져서 앞면이 나오는 횟수를 $n\,(n=0,\,1,\,2,\,3,\,4)$이라 하면 뒷면이 나오는 횟수는 $4-n$이므로 4번 시행 후 점 A의 좌표는

$(4,\,4-n)$

즉, $a=4,\,b=4-n$이므로

$a+b=8-n$

$n=2$일 때, $a+b=6$이므로 $a+b$가 3의 배수이다.

따라서 구하는 확률은 4번의 시행 중에 동전의 앞면과 뒷면이 각각 2번씩 나올 확률과 같으므로

$${}_4C_2\left(\frac{1}{2}\right)^2\left(\frac{1}{2}\right)^2=\frac{3}{8}$$

즉, $p=8,\,q=3$이므로

$p+q=8+3=11$

0902 답 ④

동전을 6번 던져서 앞면이 나오는 횟수를 a, 뒷면이 나오는 횟수를 b라 하면 점 P'의 좌표는 $(a,\,b)$이고 $a+b=6$이므로 점 P'은 직선 $y=-x+6$ 위에 있다.

또한, $\overline{AP'}<\sqrt{3}$이므로 점 P'은 점 A$(4,\,3)$을 중심으로 하고 반지름의 길이가 $\sqrt{3}$인 원의 내부에 있다.

즉, 점 P'의 좌표는

$(3,\,3)$ 또는 $(4,\,2)$이다.

따라서 구하는 확률은 6번의 시행 중에 동전의 앞면이 3번 또는 4번 나올 확률과 같으므로

$${}_6C_3\left(\frac{1}{2}\right)^3\left(\frac{1}{2}\right)^3+{}_6C_4\left(\frac{1}{2}\right)^4\left(\frac{1}{2}\right)^2=\frac{20}{64}+\frac{15}{64}=\frac{35}{64}$$

다른 풀이

동전을 6번 던져서 앞면이 나오는 횟수를 $a\,(a=0,\,1,\,2,\,3,\,4,\,5,\,6)$라 하면 뒷면이 나오는 횟수는 $6-a$이므로 점 P'의 좌표는

$(a,\,6-a)$이다.

$\overline{AP'}<\sqrt{3}$에서 $\overline{AP'}^2<3$이므로

$(a-4)^2+(6-a-3)^2<3$

$2a^2-14a+25<3$

$a^2-7a+11<0 \qquad \therefore \dfrac{7-\sqrt{5}}{2}<a<\dfrac{7+\sqrt{5}}{2}$

이때 $2<\dfrac{7-\sqrt{5}}{2}<3$, $4<\dfrac{7+\sqrt{5}}{2}<5$이므로

$a=3$ 또는 $a=4$

따라서 구하는 확률은 6번의 시행 중에 동전의 앞면이 3번 또는 4번 나올 확률과 같으므로

$${}_6C_3\left(\frac{1}{2}\right)^3\left(\frac{1}{2}\right)^3+{}_6C_4\left(\frac{1}{2}\right)^4\left(\frac{1}{2}\right)^2=\frac{20}{64}+\frac{15}{64}=\frac{35}{64}$$

0903 답 ②

주머니에서 2개의 공을 꺼낼 때, 두 공의 색이 서로 같을 확률은

$$\frac{{}_2C_2+{}_3C_2}{{}_5C_2}=\frac{2}{5}$$

5번의 시행에서 서로 같은 색의 두 공이 나오는 횟수를 $r\,(r=0,\,1,\,2,\,3,\,4,\,5)$라 하면 서로 다른 색의 두 공이 나오는 횟수는 $5-r$이다.

점 P는 x축의 방향으로 $2r-(5-r)=3r-5$만큼, y축의 방향으로 $-r+2(5-r)=10-3r$만큼 이동한다.

따라서 5번 시행 후 점 P의 좌표는 $(3r-5,\,10-3r)$이고, 점 P가 곡선 $y=-\dfrac{1}{5}x^2+\dfrac{21}{5}$ 위에 있어야 하므로

$10-3r=-\dfrac{1}{5}(3r-5)^2+\dfrac{21}{5}$

$50-15r=-(3r-5)^2+21$

$9r^2-45r+54=0,\ (r-2)(r-3)=0$

$\therefore r=2$ 또는 $r=3$

따라서 구하는 확률은

$${}_5C_2\left(\frac{2}{5}\right)^2\left(\frac{3}{5}\right)^3+{}_5C_3\left(\frac{2}{5}\right)^3\left(\frac{3}{5}\right)^2$$

$$=10\times\frac{108}{5^5}+10\times\frac{72}{5^5}$$

$$=\frac{216+144}{5^4}=\frac{72}{125}$$

0904 답 ①

한 개의 주사위를 던질 때, 소수의 눈이 나올 확률은 $\dfrac{1}{2}$이다.

주사위를 3번 던져서 소수의 눈이 나오는 횟수를 x, 소수가 아닌 눈이 나오는 횟수를 y라 하면

$x+y=3$ ··· ㉠

또, 꼭짓점 A를 출발한 점 P가 다시 꼭짓점 A로 돌아올 때까지 움직인 거리는 4이므로

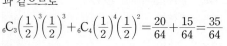

→ 주사위를 3번 던져서 3번 모두 소수가 아닌 눈이 나올 때 점 P가 움직인 거리는 6으로 최대이다.

$x+2y=4$ ··· ㉡

~~4~~이어야 한다.

㉠, ㉡을 연립하여 풀면 $x=2,\ y=1$

따라서 구하는 확률은 주사위를 3번 던져서 소수의 눈이 2번, 소수가 아닌 눈이 1번 나올 확률과 같으므로

$${}_3C_2\left(\frac{1}{2}\right)^2\left(\frac{1}{2}\right)^1=\frac{3}{8}$$

0905 답 ③

동전을 8번 던져서 앞면이 나오는 횟수를 $r\,(r=0,\,1,\,\cdots,\,8)$라

하면 뒷면이 나오는 횟수는 $8-r$이므로 8회 시행 후 점 P는
$2r+(8-r)=r+8$만큼 움직인다.

꼭짓점 A를 출발한 점 P가 꼭짓점 D의 위치에 있으려면
$r+8=6n+3$ (n은 정수) 꼴이어야 한다.

즉, $r=1$ 또는 $r=7$이므로 구하는 확률은

$${}_8C_1\left(\frac{1}{2}\right)^1\left(\frac{1}{2}\right)^7+{}_8C_7\left(\frac{1}{2}\right)^7\left(\frac{1}{2}\right)^1$$ → 점 P가 1바퀴, 2바퀴를 돌고 점 D에 있는 경우이다.

$$=8\times\frac{1}{2^8}+8\times\frac{1}{2^8}$$

$$=\frac{16}{2^8}=\frac{1}{16}$$

0906 🔲 ②

(i) 원점에서 출발한 점 P가 점 $(2, 1)$로 이동하려면 처음 3회의 시행에서 x축의 방향으로 2만큼, y축의 방향으로 1만큼 이동해야 한다.

즉, 3의 배수의 눈이 2번, 3의 배수가 아닌 눈이 1번 나와야 하므로 이때의 확률은

$${}_3C_2\left(\frac{1}{3}\right)^2\left(\frac{2}{3}\right)^1=\frac{2}{9}$$

(ii) 점 $(2, 1)$에서 출발한 점 P가 점 $(3, 3)$으로 이동하려면 나머지 3회의 시행에서 x축의 방향으로 1만큼, y축의 방향으로 2만큼 이동해야 한다.

즉, 3의 배수의 눈이 1번, 3의 배수가 아닌 눈이 2번 나와야 하므로 이때의 확률은

$${}_3C_1\left(\frac{1}{3}\right)^1\left(\frac{2}{3}\right)^2=\frac{4}{9}$$

(i), (ii)에서 구하는 확률은

$$\frac{2}{9}\times\frac{4}{9}=\frac{8}{81}$$

실수 Check

한 번씩 시행할 때마다 x축이나 y축의 방향으로 1만큼만 이동하므로 원점에서 점 $(2, 1)$로 이동하려면 3회의 시행을 해야 하고, 점 $(2, 1)$에서 점 $(3, 3)$으로 이동하려면 3회의 시행을 해야 한다.

0907 🔲 95

한 개의 주사위를 던질 때, 6의 약수의 눈이 나올 확률은 $\frac{4}{6}=\frac{2}{3}$이므로 점 P가 시계 방향으로 3만큼 움직일 확률은 $\frac{2}{3}$, 시계 반대 방향으로 2만큼 움직일 확률은 $\frac{1}{3}$이다.

주사위를 5번 던져서 6의 약수의 눈이 나오는 횟수를 r ($r=0, 1, 2, \cdots, 5$)라 하고, 시계 방향을 양의 방향이라 하면 5번 시행 후 점 P는 양의 방향으로 $3r-2(5-r)=5r-10$만큼 움직인다.

꼭짓점 A를 출발한 점 P가 꼭짓점 D의 위치에 있으려면
$5r-10=4n+3$ (n은 정수) 꼴이어야 한다.

즉, $r=1$ 또는 $r=5$이므로 구하는 확률은

$${}_5C_1\left(\frac{2}{3}\right)^1\left(\frac{1}{3}\right)^4+{}_5C_5\left(\frac{2}{3}\right)^5\left(\frac{1}{3}\right)^0$$

$$=5\times\frac{2}{3^5}+\frac{32}{3^5}=\frac{14}{81}$$

따라서 $p=81$, $q=14$이므로
$p+q=81+14=95$

실수 Check

시계 방향을 양의 방향이라 하면 시계 반대 방향은 음의 방향이라 할 수 있다. 즉, 주사위의 눈의 수가 6의 약수이면 점 P는 조건 ㈎에서 $+3$만큼 움직이고, 주사위의 눈의 수가 6의 약수가 아니면 점 P는 조건 ㈏에서 -2만큼 움직인다고 생각할 수 있다.

Plus 문제

0907-1

그림과 같이 한 변의 길이가 1인 정오각형 ABCDE의 꼭짓점 A에서 출발하여 변을 따라 움직이는 점 P가 있다. 2개의 동전을 동시에 한 번 던질 때마다 다음 규칙에 따라 움직이는 시행을 한다.

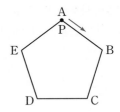

> ㈎ 2개의 동전이 모두 앞면이 나오면 시계 방향으로 4만큼 움직인다.
> ㈏ 적어도 한 개의 동전이 뒷면이 나오면 시계 반대 방향으로 2만큼 움직인다.

이 시행을 5번 반복할 때, 꼭짓점 A를 출발한 점 P가 꼭짓점 C의 위치에 있을 확률은 $\frac{q}{p}$이다. $p+q$의 값을 구하시오.

(단, p와 q는 서로소인 자연수이다.)

2개의 동전을 동시에 던질 때, 모두 앞면이 나올 확률은
${}_2C_2\left(\frac{1}{2}\right)^2\left(\frac{1}{2}\right)^0=\frac{1}{4}$이므로 점 P가 시계 방향으로 4만큼 움직일 확률은 $\frac{1}{4}$, 시계 반대 방향으로 2만큼 움직일 확률은 $\frac{3}{4}$이다.

5번의 시행에서 2개의 동전이 모두 앞면이 나오는 횟수를 r ($r=0, 1, 2, \cdots, 5$)라 하고, 시계 방향을 양의 방향이라 하면 5번 시행 후 점 P는 양의 방향으로
$4r-2(5-r)=6r-10$만큼 움직인다.

꼭짓점 A를 출발한 점 P가 꼭짓점 C의 위치에 있으려면
$6r-10=5n+2$ (n은 정수) 꼴이어야 한다.

즉, $r=2$이므로 구하는 확률은

$${}_5C_2\left(\frac{1}{4}\right)^2\left(\frac{3}{4}\right)^3=10\times\frac{3^3}{4^5}$$

$$=\frac{135}{512}$$

따라서 $p=512$, $q=135$이므로
$p+q=512+135=647$

🔲 647

0908 답 ⑤

> 한 개의 동전을 5번 던져서 앞면이 3번 나왔을 때, 처음 던진 동전이 앞면이 나왔을 확률은?
>
> ① $\dfrac{1}{5}$　　　　② $\dfrac{3}{10}$　　　　③ $\dfrac{2}{5}$
>
> ④ $\dfrac{1}{2}$　　　　⑤ $\dfrac{3}{5}$
>
> 단서1　$_5C_3\left(\dfrac{1}{2}\right)^3\left(\dfrac{1}{2}\right)^2$
>
> 단서2　$\dfrac{1}{2}\times{}_4C_2\left(\dfrac{1}{2}\right)^2\left(\dfrac{1}{2}\right)^2$

STEP1 한 개의 동전을 5번 던져서 앞면이 3번 나오는 사건을 A, 처음 던진 동전이 앞면이 나오는 사건을 B라 하고 $\mathrm{P}(A)$, $\mathrm{P}(A\cap B)$ 구하기

한 개의 동전을 5번 던져서 앞면이 3번 나오는 사건을 A, 처음 던진 동전이 앞면이 나오는 사건을 B라 하면

$$\mathrm{P}(A)={}_5C_3\left(\frac{1}{2}\right)^3\left(\frac{1}{2}\right)^2$$

$A\cap B$에서 처음 동전이 앞면이 나올 확률이 $\dfrac{1}{2}$이고, 동전을 2, 3, 4, 5번째 던져서 앞면이 2번 나와야 하므로

$$\mathrm{P}(A\cap B)=\frac{1}{2}\times{}_4C_2\left(\frac{1}{2}\right)^2\left(\frac{1}{2}\right)^2$$

STEP2 $\mathrm{P}(B\,|\,A)$ 구하기

구하는 확률은

$$\mathrm{P}(B\,|\,A)=\frac{\mathrm{P}(A\cap B)}{\mathrm{P}(A)}$$

$$=\frac{\dfrac{1}{2}\times{}_4C_2\left(\dfrac{1}{2}\right)^2\left(\dfrac{1}{2}\right)^2}{{}_5C_3\left(\dfrac{1}{2}\right)^3\left(\dfrac{1}{2}\right)^2}$$

$$=\frac{{}_4C_2}{{}_5C_3}=\frac{6}{10}=\frac{3}{5}$$

0909 답 ④

한 개의 주사위를 한 번 던질 때, 3의 배수의 눈이 나올 확률은 $\dfrac{2}{6}=\dfrac{1}{3}$이다.

한 개의 주사위를 6번 던져서 3의 배수의 눈이 2번 나오는 사건을 A, 3의 배수의 눈이 연속으로 나오는 사건을 B라 하면

$$\mathrm{P}(A)={}_6C_2\left(\frac{1}{3}\right)^2\left(\frac{2}{3}\right)^4$$

$A\cap B$에서 3의 배수의 눈을 ○, 3의 배수가 아닌 눈을 ×로 표시하면 다음과 같은 5가지 경우가 있다.

○○××××, ×○○×××, ××○○××,

×××○○×, ××××○○

즉, $\mathrm{P}(A\cap B)=5\times\left(\dfrac{1}{3}\right)^2\left(\dfrac{2}{3}\right)^4$

따라서 구하는 확률은

$$\mathrm{P}(B\,|\,A)=\frac{\mathrm{P}(A\cap B)}{\mathrm{P}(A)}$$

$$=\frac{5\times\left(\dfrac{1}{3}\right)^2\left(\dfrac{2}{3}\right)^4}{{}_6C_2\left(\dfrac{1}{3}\right)^2\left(\dfrac{2}{3}\right)^4}$$

$$=\frac{5}{{}_6C_2}=\frac{5}{15}=\frac{1}{3}$$

0910 답 ①

주사위의 눈의 수가 짝수인 사건을 A, 주사위의 눈의 수와 앞면이 나온 동전의 개수가 같은 사건을 B라 하면

$$\mathrm{P}(A)=\frac{1}{2}$$

$A\cap B$는 주사위의 눈이 2가 나오고 동전의 앞면이 2개 나오는 경우와 주사위의 눈이 4가 나오고 동전의 앞면이 4개 나오는 경우이므로

$$\mathrm{P}(A\cap B)=\frac{1}{6}\times{}_4C_2\left(\frac{1}{2}\right)^2\left(\frac{1}{2}\right)^2+\frac{1}{6}\times{}_4C_4\left(\frac{1}{2}\right)^4\left(\frac{1}{2}\right)^0$$

$$=\frac{1}{6}\times\frac{6}{16}+\frac{1}{6}\times\frac{1}{16}=\frac{7}{96}$$

따라서 구하는 확률은

$$\mathrm{P}(B\,|\,A)=\frac{\mathrm{P}(A\cap B)}{\mathrm{P}(A)}=\frac{\dfrac{7}{96}}{\dfrac{1}{2}}=\frac{7}{48}$$

0911 답 ④

A가 던져서 앞면이 나온 동전의 개수가 2인 사건을 X, B가 던져서 앞면이 나온 동전의 개수가 1인 사건을 Y라 하자.

B가 동전을 던져서 앞면이 나온 동전의 개수가 1인 경우는 다음과 같다.

(ⅰ) A가 동전을 2개 던져서 앞면이 나온 동전의 개수가 1이고, B가 동전을 1개 던져서 앞면이 나오는 경우

이때의 확률은

$${}_2C_1\left(\frac{1}{2}\right)^1\left(\frac{1}{2}\right)^1\times\frac{1}{2}=\frac{1}{4}$$

(ⅱ) A가 동전을 2개 던져서 앞면이 나온 동전의 개수가 2이고, B가 동전을 2개 던져서 앞면이 1개 나오는 경우

이때의 확률은

$${}_2C_2\left(\frac{1}{2}\right)^2\left(\frac{1}{2}\right)^0\times{}_2C_1\left(\frac{1}{2}\right)^1\left(\frac{1}{2}\right)^1=\frac{1}{4}\times\frac{1}{2}=\frac{1}{8}$$

(ⅰ), (ⅱ)에서 B가 동전을 던져서 앞면이 나온 동전의 개수가 1일 확률은

$$\mathrm{P}(Y)=\frac{1}{4}+\frac{1}{8}=\frac{3}{8}$$

이때 $X\cap Y$는 (ⅱ)의 경우이므로 $\mathrm{P}(X\cap Y)=\dfrac{1}{8}$

따라서 구하는 확률은

$$\mathrm{P}(X\,|\,Y)=\frac{\mathrm{P}(X\cap Y)}{\mathrm{P}(Y)}=\frac{\dfrac{1}{8}}{\dfrac{3}{8}}=\frac{1}{3}$$

0912 답 26

동전의 앞면이 나온 횟수와 뒷면이 나온 횟수가 같은 사건을 A, 동전을 4번 던지는 사건을 B라 하면

주사위 2개를 던져서 나온 눈의 수가 다르고 동전을 2번 던져서 앞면이 나온 횟수와 뒷면이 나온 횟수가 같을 확률이다.

$$\mathrm{P}(A)=\underbrace{\frac{6}{36}\times{}_4C_2\left(\frac{1}{2}\right)^2\left(\frac{1}{2}\right)^2}+\overbrace{\frac{30}{36}\times{}_2C_1\left(\frac{1}{2}\right)^1\left(\frac{1}{2}\right)^1}$$

주사위 2개를 던져서 나온 눈의 수가 같고 동전을 4번 던져서 앞면이 나온 횟수와 뒷면이 나온 횟수가 같을 확률이다.

$$=\frac{1}{6}\times\frac{3}{8}+\frac{5}{6}\times\frac{1}{2}$$

$$=\frac{23}{48}$$

$$\mathrm{P}(A\cap B)=\frac{6}{36}\times{}_4C_2\left(\frac{1}{2}\right)^2\left(\frac{1}{2}\right)^2=\frac{1}{16}$$

따라서 구하는 확률은

$$P(B|A) = \frac{P(A \cap B)}{P(A)} = \frac{\frac{1}{16}}{\frac{23}{48}} = \frac{3}{23}$$

즉, $p=23$, $q=3$이므로

$p+q=23+3=26$

0913 답 $\frac{9}{20}$

$S_6=3$인 사건을 A, $S_3=2$인 사건을 B라 하면

$$P(A) = {}_6C_3 \left(\frac{1}{2}\right)^3 \left(\frac{1}{2}\right)^3 = \frac{5}{16}$$

$$P(A \cap B) = {}_3C_2 \left(\frac{1}{2}\right)^2 \left(\frac{1}{2}\right)^1 \times {}_3C_1 \left(\frac{1}{2}\right)^1 \left(\frac{1}{2}\right)^2$$

$$= \frac{3}{8} \times \frac{3}{8} = \frac{9}{64}$$

따라서 구하는 확률은

$$P(B|A) = \frac{P(A \cap B)}{P(A)} = \frac{\frac{9}{64}}{\frac{5}{16}} = \frac{9}{20}$$

0914 답 ①

주머니에서 꺼낸 2개의 공이 모두 흰색인 사건을 A, 주사위의 눈의 수가 5 이상인 사건을 B라 하면

$$P(A) = \frac{1}{3} \times \frac{{}_2C_2}{{}_6C_2} + \frac{2}{3} \times \frac{{}_3C_2}{{}_6C_2}$$

$$= \frac{1}{3} \times \frac{1}{15} + \frac{2}{3} \times \frac{3}{15}$$

$$= \frac{7}{45}$$

$$P(A \cap B) = \frac{1}{3} \times \frac{{}_2C_2}{{}_6C_2} = \frac{1}{3} \times \frac{1}{15} = \frac{1}{45}$$

따라서 구하는 확률은

$$P(B|A) = \frac{P(A \cap B)}{P(A)} = \frac{\frac{1}{45}}{\frac{7}{45}} = \frac{1}{7}$$

0915 답 ③

점 A의 y좌표가 처음으로 3이 되어 이 시행을 멈추는 사건을 A, 점 A의 x좌표가 1인 사건을 B라 하자.

점 A의 y좌표가 처음으로 3이 되어 이 시행을 멈추는 경우는 다음과 같다.

(i) 점 A의 x좌표가 0인 경우

동전을 3번 던져서 모두 뒷면이 나와야 하므로 이때의 확률은

$${}_3C_0 \left(\frac{1}{2}\right)^0 \left(\frac{1}{2}\right)^3 = \frac{1}{8} \longrightarrow 점 (0, 0) → 점 (0, 1) → 점 (0, 2)$$
$$\longrightarrow 점 (0, 3)이므로 A(0, 3)이 된다.$$

(ii) 점 A의 x좌표가 1인 경우 $\longrightarrow$ 점 (0, 0)이 점 (1, 2)로 이동한다.

3번 던질 때까지 앞면이 1번, 뒷면이 2번 나오고, 네 번째 던질 때 뒷면이 나와야 하므로 이때의 확률은

$${}_3C_1 \left(\frac{1}{2}\right)^1 \left(\frac{1}{2}\right)^2 \times \frac{1}{2} = \frac{3}{16} \longrightarrow A(1, 3)이 된다.$$

(iii) 점 A의 x좌표가 2인 경우 $\longrightarrow$ 점 (0, 0)이 점 (2, 2)로 이동한다.

4번 던질 때까지 앞면이 2번, 뒷면이 2번 나오고, 다섯 번째 던

질 때 뒷면이 나와야 하므로 이때의 확률은

$${}_4C_2 \left(\frac{1}{2}\right)^2 \left(\frac{1}{2}\right)^2 \times \frac{1}{2} = \frac{6}{32} = \frac{3}{16} \longrightarrow A(2, 3)이 된다.$$

(i)~(iii)에서 점 A의 y좌표가 처음으로 3이 될 확률은

$$P(A) = \frac{1}{8} + \frac{3}{16} + \frac{3}{16} = \frac{1}{2}$$

이때 $A \cap B$는 (ii)의 경우이므로 $P(A \cap B) = \frac{3}{16}$

따라서 구하는 확률은

$$P(B|A) = \frac{P(A \cap B)}{P(A)} = \frac{\frac{3}{16}}{\frac{1}{2}} = \frac{3}{8}$$

0916 답 ⑤

주머니에서 임의로 2개의 공을 동시에 꺼내는 경우의 수는 ${}_4C_2=6$

꺼낸 2개의 공에 적혀 있는 숫자의 합이 소수인 경우는

(1과 2), (1과 4), (2와 3), (3과 4)의 4가지이므로 주머니에서 임의로 2개의 공을 동시에 꺼냈을 때, 적혀 있는 숫자의 합이 소수일 확률은 $\frac{4}{6} = \frac{2}{3}$이다.

동전의 앞면이 2번 나오는 사건을 A, 꺼낸 2개의 공에 적혀 있는 숫자의 합이 소수인 사건을 B라 하면

$$P(A) = \frac{2}{3} \times {}_2C_2 \left(\frac{1}{2}\right)^2 \left(\frac{1}{2}\right)^0 + \frac{1}{3} \times {}_3C_2 \left(\frac{1}{2}\right)^2 \left(\frac{1}{2}\right)^1$$

$$= \frac{2}{3} \times \frac{1}{4} + \frac{1}{3} \times \frac{3}{8} = \frac{7}{24}$$

$$P(A \cap B) = \frac{2}{3} \times {}_2C_2 \left(\frac{1}{2}\right)^2 \left(\frac{1}{2}\right)^0 = \frac{1}{6}$$

따라서 구하는 확률은

$$P(B|A) = \frac{P(A \cap B)}{P(A)} = \frac{\frac{1}{6}}{\frac{7}{24}} = \frac{4}{7}$$

0917 답 ⑤ | 유형 22

어떤 학생이 ○, ×로 답하는 5개의 문제에 임의로 답을 할 때, 2문제 이상 맞힐 확률은? 단서1

① $\frac{7}{16}$ ② $\frac{1}{2}$ ③ $\frac{9}{16}$

④ $\frac{11}{16}$ ⑤ $\frac{13}{16}$

단서1 여사건은 1문제를 맞히거나 1문제도 맞히지 못하는 사건

STEP1 2문제 이상 맞히는 사건의 여사건 구하기

2문제 이상 맞히는 사건을 A라 하면 2문제 이상 맞히는 사건의 여사건 A^C는 1문제를 맞히거나 1문제도 맞히지 못하는 사건이다.

STEP2 여사건의 확률 구하기

(i) 5문제 중 1문제를 맞힐 확률은

$${}_5C_1 \left(\frac{1}{2}\right)^1 \left(\frac{1}{2}\right)^4 = \frac{5}{32}$$

(ii) 5문제 중 1문제도 맞히지 못할 확률은

$${}_5C_0 \left(\frac{1}{2}\right)^0 \left(\frac{1}{2}\right)^5 = \frac{1}{32}$$

(i), (ii)에서 $P(A^C) = \frac{5}{32} + \frac{1}{32} = \frac{3}{16}$

구하는 확률은

$$P(A)=1-P(A^C)$$
$$=1-\frac{3}{16}=\frac{13}{16}$$

0918 답 ④

축구 선수의 패스 성공률이 75 %, 즉 $\frac{75}{100}=\frac{3}{4}$이므로 구하는 확률은

$$_4C_3\left(\frac{3}{4}\right)^3\left(\frac{1}{4}\right)^1=\frac{27}{64}$$

0919 답 ④

구하는 확률은

$$_4C_3\left(\frac{3}{5}\right)^3\left(\frac{2}{5}\right)^1=\frac{216}{625}$$

0920 답 $\frac{8}{81}$

5번째 경기에서 A팀이 우승하려면 4번째 경기까지 A팀이 2번 이기고, 5번째 경기에서 A팀이 이기면 된다.

따라서 구하는 확률은

$$_4C_2\left(\frac{1}{3}\right)^2\left(\frac{2}{3}\right)^2\times\frac{1}{3}=\frac{8}{27}\times\frac{1}{3}=\frac{8}{81}$$

0921 답 256

방이 부족한 경우는 6건의 예약 중 취소가 1건 이하일 때이다.

(i) 취소가 0건일 확률은

$$_6C_0\left(\frac{1}{3}\right)^0\left(\frac{2}{3}\right)^6=\frac{64}{3^6}$$

(ii) 취소가 1건일 확률은

$$_6C_1\left(\frac{1}{3}\right)^1\left(\frac{2}{3}\right)^5=\frac{192}{3^6}$$

(i), (ii)에서 $p=\frac{64}{3^6}+\frac{192}{3^6}=\frac{256}{3^6}$이므로

$$3^6p=256$$

0922 답 ②

1명의 환자가 완치된 것으로 판단될 확률은 $\frac{3}{4}\times\frac{8}{9}=\frac{2}{3}$이다.

완치된 것으로 판단될 환자가 0명 또는 1명일 확률은

$$_5C_0\left(\frac{2}{3}\right)^0\left(\frac{1}{3}\right)^5+{}_5C_1\left(\frac{2}{3}\right)^1\left(\frac{1}{3}\right)^4=\frac{1}{3^5}+\frac{10}{3^5}=\frac{11}{243}$$

따라서 구하는 확률은

$$1-\frac{11}{243}=\frac{232}{243}$$

0923 답 ③

A가 이긴 횟수를 x라 하면 비기거나 진 횟수는 $5-x$이다.

올라간 계단 수는 $2x-(5-x)=4$이므로 $x=3$

한 번의 가위바위보에서 A가 이길 확률은 $\frac{1}{3}$이므로 구하는 확률은

$$_5C_3\left(\frac{1}{3}\right)^3\left(\frac{2}{3}\right)^2=\frac{40}{243}$$

따라서 $p=243$, $q=40$이므로

$$p+q=243+40=283$$

0924 답 ③

한 번의 시행에서 팀이 결정될 확률은

$$_6C_3\left(\frac{1}{2}\right)^3\left(\frac{1}{2}\right)^3=\frac{20}{2^6}=\frac{5}{16}$$

따라서 2번의 시행으로 팀이 결정될 확률은

$$\underline{\left(1-\frac{5}{16}\right)\times\frac{5}{16}=\frac{55}{256}}$$ → 첫 번째 시행에서 팀이 결정되지 않고, 두 번째 시행에서 팀이 결정된다.

0925 답 ③

이 선수가 과녁에 명중시킬 확률이 $\frac{1}{2}$이므로 화살 50개를 쏘아 과녁에 명중시킨 화살의 개수가 r인 확률을 $f(r)$라 하면

$$f(r)={}_{50}C_r\left(\frac{1}{2}\right)^r\left(\frac{1}{2}\right)^{50-r}$$
$$={}_{50}C_r\left(\frac{1}{2}\right)^{50}$$

따라서 화살 50개를 쏘아 과녁에 명중시킨 화살의 개수가 24 이하일 확률은 [→ $f(0)+f(1)+f(2)+\cdots+f(24)=\sum_{r=0}^{24}f(r)$]

$$\sum_{r=0}^{24}f(r)=\sum_{r=0}^{24}{}_{50}C_r\left(\frac{1}{2}\right)^{50}$$
$$=\left(\frac{1}{2}\right)^{50}\sum_{r=0}^{24}{}_{50}C_r\quad\cdots\cdots\cdots\cdots\text{㉠}$$

그런데 $\sum_{r=0}^{50}{}_{50}C_r=2^{50}$에서

$$\sum_{r=0}^{24}{}_{50}C_r+{}_{50}C_{25}+\sum_{r=26}^{50}{}_{50}C_r=2^{50}$$이므로

$$2\sum_{r=0}^{24}{}_{50}C_r+{}_{50}C_{25}=2^{50}$$

$$2\sum_{r=0}^{24}{}_{50}C_r=2^{50}-{}_{50}C_{25}$$

$$\therefore \sum_{r=0}^{24}{}_{50}C_r=2^{49}-\frac{1}{2}{}_{50}C_{25}\quad\cdots\cdots\cdots\cdots\text{㉡}$$

㉠, ㉡에서

$$\sum_{r=0}^{24}f(r)=\left(\frac{1}{2}\right)^{50}\sum_{r=0}^{24}{}_{50}C_r$$
$$=\left(\frac{1}{2}\right)^{50}\times\left(2^{49}-\frac{1}{2}{}_{50}C_{25}\right)$$
$$=\frac{1}{2}-{}_{50}C_{25}\left(\frac{1}{2}\right)^{51}$$

$$\therefore \alpha={}_{50}C_{25}\left(\frac{1}{2}\right)^{51}$$

실수 Check

㉠의 $\sum_{r=0}^{24}f(r)=\left(\frac{1}{2}\right)^{50}\sum_{r=0}^{24}{}_{50}C_r$에서 $\sum_{r=0}^{24}{}_{50}C_r$의 값은

$_{50}C_0+{}_{50}C_1+\cdots+{}_{50}C_{24}$를 이용하여 계산하면 복잡하므로 이항계수의 성질

$_{50}C_0+{}_{50}C_1+\cdots+{}_{50}C_{50}=\sum_{r=0}^{50}{}_{50}C_r=2^{50}$

을 이용하면 더 간단히 구할 수 있다.

0926 답 (1) 6 (2) 3 (3) 5 (4) 3 (5) 5 (6) 1

STEP1 **첫 번째에 꺼낸 공이 흰 공인 사건을 A라 할 때, $P(A)$ 구하기** [2점]

첫 번째에 꺼낸 공이 흰 공인 사건을 A라 하면 주머니 안에 흰 공 6개, 검은 공 4개가 들어 있으므로

$$P(A)=\frac{\boxed{6}}{10}=\frac{\boxed{3}}{5}$$

STEP2 **두 번째에 꺼낸 공이 흰 공인 사건을 B라 할 때, $P(B|A)$ 구하기** [2점]

두 번째에 꺼낸 공이 흰 공인 사건을 B라 하면 첫 번째에 꺼낸 공이 흰 공일 때, 주머니 안에 흰 공 5개, 검은 공 4개가 남아 있으므로

$$P(B|A)=\frac{\boxed{5}}{9}$$

STEP3 **$P(A\cap B)$ 구하기** [2점]

확률의 곱셈정리에 의하여 구하는 확률은

$$P(A\cap B)=P(A)P(B|A)$$
$$=\frac{\boxed{3}}{5}\times\frac{\boxed{5}}{9}=\frac{\boxed{1}}{3}$$

오답 분석

첫 번째 꺼낸 공이 흰 공일 확률 : $\frac{6}{10}=\frac{3}{5}$ ⟶ 2점

두 번째 꺼낸 공이 흰 공일 확률 : $\frac{6}{10}=\frac{3}{5}$ → 꺼낸 공은 다시 넣지 않는다는 조건을 생각하지 못해 잘못 구함

$$\therefore \frac{3}{5}\times\frac{3}{5}=\frac{9}{25}$$

▶ 6점 중 2점 얻음.

꺼낸 공은 다시 넣지 않으므로 첫 번째에 꺼낸 공이 흰 공이면 주머니에 남아 있는 공은 흰 공 5개, 검은 공 4개이다.

따라서 첫 번째 꺼낸 공이 흰 공일 때, 두 번째 꺼낸 공도 흰 공일 확률은 $\frac{5}{9}$이다.

0927 답 $\frac{5}{33}$

STEP1 **첫 번째에 꺼낸 공이 흰 공인 사건을 A라 할 때, $P(A)$ 구하기** [2점]

첫 번째에 꺼낸 공이 흰 공인 사건을 A라 하면 주머니 안에 흰 공 5개, 검은 공 7개가 들어 있으므로

$$P(A)=\frac{5}{12}$$

STEP2 **두 번째에 꺼낸 공이 흰 공인 사건을 B라 할 때, $P(B|A)$ 구하기** [2점]

두 번째에 꺼낸 공이 흰 공인 사건을 B라 하면 첫 번째에 꺼낸 공이 흰 공일 때, 주머니 안에 흰 공 4개, 검은 공 7개가 남아 있으므로

$$P(B|A)=\frac{4}{11}$$

STEP3 **$P(A\cap B)$ 구하기** [2점]

확률의 곱셈정리에 의하여 구하는 확률은

$$P(A\cap B)=P(A)P(B|A)$$
$$=\frac{5}{12}\times\frac{4}{11}=\frac{5}{33}$$

0928 답 3

STEP1 **첫 번째에 꺼낸 공이 흰 공인 사건을 A라 할 때, $P(A)$를 n에 대한 식으로 나타내기** [2점]

첫 번째에 꺼낸 공이 흰 공인 사건을 A라 하면

주머니 안에 흰 공 n개, 검은 공 4개가 들어 있으므로

$$P(A)=\frac{n}{n+4}$$

STEP2 **두 번째에 꺼낸 공이 흰 공인 사건을 B라 할 때, $P(B|A)$를 n에 대한 식으로 나타내기** [2점]

두 번째에 꺼낸 공이 흰 공인 사건을 B라 하면

첫 번째에 꺼낸 공이 흰 공일 때, 주머니 안에 흰 공이 $(n-1)$개, 검은 공이 4개 남아 있으므로

$$P(B|A)=\frac{n-1}{n+3}$$

STEP3 **$P(A\cap B)$를 n에 대한 식으로 나타내어 n의 값 구하기** [3점]

확률의 곱셈정리에 의하여 구하는 확률은

$$P(A\cap B)=P(A)P(B|A)$$
$$=\frac{n}{n+4}\times\frac{n-1}{n+3}$$
$$=\frac{n(n-1)}{(n+4)(n+3)} \quad \cdots\cdots ⓐ$$

즉, $\frac{n(n-1)}{(n+4)(n+3)}=\frac{1}{7}$이므로

$$7n(n-1)=(n+4)(n+3)$$
$$6n^2-14n-12=0, \ (n-3)(3n+2)=0$$

이때 n은 자연수이므로 $n=3$

부분점수표	
ⓐ $P(A\cap B)$를 n에 대한 식으로 나타낸 경우	1점

0929 답 같다.

STEP1 **A가 당첨 제비를 뽑는 사건을 A라 할 때, $P(A)$ 구하기** [2점]

A가 당첨 제비를 뽑는 사건을 A라 하면

$$P(A)=\frac{4}{10}=\frac{2}{5}$$

STEP2 **B가 당첨 제비를 뽑는 사건을 B라 할 때, $P(B)$ 구하기** [4점]

B가 당첨 제비를 뽑는 사건을 B라 할 때, B가 당첨 제비를 뽑는 경우는 다음과 같다.

(i) A, B가 모두 당첨 제비를 뽑는 경우

$$P(B|A)=\frac{3}{9}=\frac{1}{3} \quad \cdots\cdots ⓐ$$

(ii) A는 당첨 제비를 뽑지 않고, B는 당첨 제비를 뽑는 경우

$$P(B|A^C)=\frac{4}{9} \quad \cdots\cdots ⓐ$$

(i), (ii)에서

$$P(B)=P(A\cap B)+P(A^C\cap B)$$
$$=P(A)P(B|A)+P(A^C)P(B|A^C)$$
$$=\frac{2}{5}\times\frac{1}{3}+\frac{3}{5}\times\frac{4}{9} \quad → 1-P(A)=1-\frac{2}{5}=\frac{3}{5}$$
$$=\frac{2}{15}+\frac{4}{15}$$
$$=\frac{2}{5}$$

당첨 제비를 뽑을 확률은 $\dfrac{2}{5}$로 같다.

부분점수표	
ⓐ (i), (ii) 중에서 하나만 구한 경우	1점

0930 답 (1) $\dfrac{1}{4}$ (2) $\dfrac{2}{3}$ (3) 1 (4) $\dfrac{1}{4}$ (5) $\dfrac{2}{3}$ (6) $\dfrac{1}{6}$ (7) $\dfrac{3}{4}$

STEP1 $P(A)$, $P(B)$ 구하기 [2점]

두 사건 A와 B가 서로 독립이므로 두 사건 A와 B^C도 서로 독립이다.

따라서 $P(A)=P(A|B^C)=\boxed{\dfrac{1}{4}}$이고

$P(B)=P(B|A)=\boxed{\dfrac{2}{3}}$

STEP2 $P(A\cap B)$ 구하기 [2점]

두 사건 A와 B가 서로 독립이므로

$P(A\cap B)=P(A)P(B)=\dfrac{1}{4}\times\dfrac{2}{3}=\boxed{\dfrac{1}{6}}$

STEP3 $P(A\cup B)$ 구하기 [2점]

확률의 덧셈정리에 의하여

$P(A\cup B)=P(A)+P(B)-P(A\cap B)$

$=\boxed{\dfrac{1}{4}}+\boxed{\dfrac{2}{3}}-\boxed{\dfrac{1}{6}}=\boxed{\dfrac{3}{4}}$

실제 답안 예시

A, B가 서로 독립이므로

$P(A)=\dfrac{1}{4}$, $P(B)=\dfrac{2}{3}$,

$P(A\cap B)=\dfrac{1}{4}\times\dfrac{2}{3}$

$=\dfrac{1}{6}$

$\therefore P(A\cup B)=\dfrac{1}{4}+\dfrac{2}{3}-\dfrac{1}{6}$

$=\dfrac{3}{4}$

0931 답 $\dfrac{11}{15}$

STEP1 $P(A)$, $P(B)$ 구하기 [2점]

두 사건 A와 B가 서로 독립이므로 두 사건 A와 B^C도 서로 독립이다.

따라서 $P(A)=P(A|B)=\dfrac{1}{3}$이고 ······ ⓐ

$P(B^C)=P(B^C|A)=\dfrac{2}{5}$이므로

$P(B)=1-P(B^C)=\dfrac{3}{5}$ ······ ⓐ

STEP2 $P(A\cap B)$ 구하기 [2점]

두 사건 A와 B가 서로 독립이므로

$P(A\cap B)=P(A)P(B)$

$=\dfrac{1}{3}\times\dfrac{3}{5}=\dfrac{1}{5}$

STEP3 $P(A\cup B)$ 구하기 [2점]

확률의 덧셈정리에 의하여

$P(A\cup B)=P(A)+P(B)-P(A\cap B)$

$=\dfrac{1}{3}+\dfrac{3}{5}-\dfrac{1}{5}=\dfrac{11}{15}$

부분점수표	
ⓐ $P(A)$, $P(B)$ 중에서 하나만 구한 경우	1점

0932 답 $\dfrac{4}{5}$

STEP1 $P(A)$, $P(B)$ 구하기 [2점]

$P(B^C)=\dfrac{3}{5}$이므로

$P(B)=1-P(B^C)=\dfrac{2}{5}$ ······ ⓐ

두 사건 A와 B가 서로 독립이면 두 사건 A와 B^C도 서로 독립이므로

$P(A)=P(A|B^C)=\dfrac{2}{3}$ ······ ⓐ

STEP2 $P(A\cap B)$ 구하기 [2점]

두 사건 A와 B가 서로 독립이므로

$P(A\cap B)=P(A)P(B)$

$=\dfrac{2}{3}\times\dfrac{2}{5}=\dfrac{4}{15}$

STEP3 $P(A\cup B)$ 구하기 [2점]

확률의 덧셈정리에 의하여

$P(A\cup B)=P(A)+P(B)-P(A\cap B)$

$=\dfrac{2}{3}+\dfrac{2}{5}-\dfrac{4}{15}=\dfrac{4}{5}$

부분점수표	
ⓐ $P(A)$, $P(B)$ 중에서 하나만 구한 경우	1점

0933 답 $\dfrac{8}{15}$

STEP1 $P(B^C)$, $P(A^C)$, $P(B)$ 구하기 [3점]

두 사건 A와 B가 서로 독립이면 두 사건 A^C와 B^C도 서로 독립이므로

$P(B^C)=P(B^C|A^C)=\dfrac{2}{5}$ ······ ⓐ

$P(A^C)=1-P(A)=1-\dfrac{1}{3}=\dfrac{2}{3}$ ······ ⓐ

$P(B)=1-P(B^C)=1-\dfrac{2}{5}=\dfrac{3}{5}$ ······ ⓐ

STEP2 $P(A\cap B^C)+P(A^C\cap B)$의 값 구하기 [4점]

두 사건 A와 B가 서로 독립이면 두 사건 A와 B^C도 서로 독립이고, 두 사건 A^C와 B도 서로 독립이므로

$P(A\cap B^C)+P(A^C\cap B)$

$=P(A)P(B^C)+P(A^C)P(B)$

$=\dfrac{1}{3}\times\dfrac{2}{5}+\dfrac{2}{3}\times\dfrac{3}{5}=\dfrac{8}{15}$

부분점수표	
ⓐ $P(B^C)$, $P(A^C)$, $P(B)$ 중에서 일부만 구한 경우	각 1점

0934 답 (1) 짝수 (2) $\dfrac{1}{8}$ (3) $\dfrac{3}{8}$ (4) $\dfrac{1}{8}$ (5) $\dfrac{3}{8}$ (6) $\dfrac{1}{2}$

STEP1 주사위의 눈의 수의 합이 짝수인 경우 구하기 [1점]

세 수의 합이 짝수인 경우는 세 수 모두 $\boxed{\text{짝수}}$이거나 한 수는 짝수, 두 수는 홀수인 경우이다.

STEP2 각각의 경우에 대한 확률 구하기 [4점]

주사위의 눈의 수가 짝수일 확률은 $\dfrac{1}{2}$이므로

(i) 세 수 모두 짝수일 확률은 $_3C_3\left(\dfrac{1}{2}\right)^3\left(\dfrac{1}{2}\right)^0=\boxed{\dfrac{1}{8}}$

(ii) 한 수는 짝수, 두 수는 홀수일 확률은

$_3C_1\left(\dfrac{1}{2}\right)^1\left(\dfrac{1}{2}\right)^2=\boxed{\dfrac{3}{8}}$

STEP3 확률 구하기 [1점]

(i), (ii)에서 구하는 확률은 $\boxed{\dfrac{1}{8}}+\boxed{\dfrac{3}{8}}=\boxed{\dfrac{1}{2}}$

실제 답안 예시

(i) 짝수 3번 : $\left(\dfrac{1}{2}\right)^3=\dfrac{1}{8}$

(ii) 짝수 1번, 홀수 2번 : $_3C_1\left(\dfrac{1}{2}\right)^3=\dfrac{3}{8}$

$\therefore \dfrac{1}{8}+\dfrac{3}{8}=\dfrac{1}{2}$

0935 답 $\dfrac{1}{2}$

STEP1 주사위의 눈의 수의 합이 홀수인 경우 구하기 [1점]

네 수의 합이 홀수인 경우는 한 수는 홀수, 세 수는 짝수이거나 세 수는 홀수, 한 수는 짝수인 경우이다.

STEP2 각각의 경우에 대한 확률 구하기 [4점]

주사위의 눈의 수가 홀수일 확률은 $\dfrac{1}{2}$이므로

(i) 한 수는 홀수, 세 수는 짝수일 확률은

$_4C_1\left(\dfrac{1}{2}\right)^1\left(\dfrac{1}{2}\right)^3=\dfrac{4}{16}=\dfrac{1}{4}$ ······ ⓐ

(ii) 세 수는 홀수, 한 수는 짝수일 확률은

$_4C_3\left(\dfrac{1}{2}\right)^3\left(\dfrac{1}{2}\right)^1=\dfrac{4}{16}=\dfrac{1}{4}$ ······ ⓐ

STEP3 확률 구하기 [1점]

(i), (ii)에서 구하는 확률은

$\dfrac{1}{4}+\dfrac{1}{4}=\dfrac{1}{2}$

부분점수표	
ⓐ (i), (ii) 중에서 하나만 구한 경우	2점

0936 답 $\dfrac{1}{2}$

STEP1 한 개의 주사위를 100번 던져서 홀수의 눈이 나오는 횟수가 r일 확률 구하기 [2점]

한 개의 주사위를 한 번 던질 때, 눈의 수가 홀수일 확률은 $\dfrac{1}{2}$이므로 한 개의 주사위를 100번 던져서 홀수의 눈이 나오는 횟수가 r일 확률은

$_{100}C_r\left(\dfrac{1}{2}\right)^r\left(\dfrac{1}{2}\right)^{100-r}=_{100}C_r\left(\dfrac{1}{2}\right)^{100}$ (단, $r=0, 1, 2, \cdots, 100$)

STEP2 100개의 수의 합이 홀수일 때의 r의 값 구하기 [2점]

100개의 수의 합이 홀수인 경우는

$r=1, 3, 5, \cdots, 99$인 경우이다.

STEP3 확률 구하기 [2점]

구하는 확률은

$_{100}C_1\left(\dfrac{1}{2}\right)^{100}+_{100}C_3\left(\dfrac{1}{2}\right)^{100}+_{100}C_5\left(\dfrac{1}{2}\right)^{100}+\cdots+_{100}C_{99}\left(\dfrac{1}{2}\right)^{100}$

$=\left(\dfrac{1}{2}\right)^{100}(_{100}C_1+_{100}C_3+_{100}C_5+\cdots+_{100}C_{99})$

$=\left(\dfrac{1}{2}\right)^{100}\times 2^{99}=\dfrac{1}{2}$

0937 답 $\dfrac{27}{80}$

STEP1 꺼낸 2개의 공이 서로 같은 색일 확률과 서로 다른 색일 확률 구하기 [2점]

꺼낸 2개의 공이 서로 같은 색일 확률은

$\dfrac{_2C_2+_3C_2}{_5C_2}=\dfrac{1+3}{10}=\dfrac{2}{5}$ → (5개의 공 중 2개의 흰 공을 꺼낼 확률) + (5개의 공 중 2개의 검은 공을 꺼낼 확률)

꺼낸 2개의 공이 서로 다른 색일 확률은 $1-\dfrac{2}{5}=\dfrac{3}{5}$

STEP2 동전을 던져서 앞면이 나온 동전의 개수와 뒷면이 나온 동전의 개수가 같을 확률 구하기 [4점]

(i) 4개의 동전을 던져서 앞면이 나온 동전의 개수와 뒷면이 나온 동전의 개수가 같을 확률은

$_4C_2\left(\dfrac{1}{2}\right)^2\left(\dfrac{1}{2}\right)^2=\dfrac{6}{16}=\dfrac{3}{8}$ ······ ⓐ

(ii) 6개의 동전을 던져서 앞면이 나온 동전의 개수와 뒷면이 나온 동전의 개수가 같을 확률은

$_6C_3\left(\dfrac{1}{2}\right)^3\left(\dfrac{1}{2}\right)^3=\dfrac{20}{64}=\dfrac{5}{16}$ ······ ⓐ

STEP3 확률 구하기 [1점]

구하는 확률은

$\dfrac{2}{5}\times\dfrac{3}{8}+\dfrac{3}{5}\times\dfrac{5}{16}=\dfrac{27}{80}$

부분점수표	
ⓐ (i), (ii) 중에서 하나만 구한 경우	2점

실력 check 실전 마무리하기 1회 198쪽~202쪽

1 0938 답 ③ 유형 1

출제의도 | 조건부확률의 정의를 이해하는지 확인한다.

조건부확률의 정의를 이용하여 주어진 식을 변형하고, $P(A\cap B)$를 구해 보자.

$$P(B|A)=\frac{P(A\cap B)}{P(A)}=\frac{1}{5}$$ 에서 $P(A)=5P(A\cap B)$

$$P(A|B)=\frac{P(A\cap B)}{P(B)}=\frac{2}{5}$$ 에서 $P(B)=\frac{5}{2}P(A\cap B)$

$P(A)+P(B)=5P(A\cap B)+\frac{5}{2}P(A\cap B)=\frac{5}{6}$ 에서

$$\frac{15}{2}P(A\cap B)=\frac{5}{6} \quad \therefore P(A\cap B)=\frac{1}{9}$$

$$\therefore P(A\cup B)=P(A)+P(B)-P(A\cap B)$$
$$=\frac{5}{6}-\frac{1}{9}=\frac{13}{18}$$

2 0939 답 ③

유형 2

출제의도 | 사건이 일어나는 경우의 수를 이용하여 조건부확률을 구할 수 있는지 확인한다.

> 눈의 수가 6의 약수인 사건을 A, 눈의 수가 홀수인 사건을 B라 할 때, $n(A)$, $n(A\cap B)$의 값을 구해 보자.

주사위의 눈의 수가 6의 약수인 사건을 A, 눈의 수가 홀수인 사건을 B라 하면
$A=\{1,\,2,\,3,\,6\}$, $B=\{1,\,3,\,5\}$, $A\cap B=\{1,\,3\}$
따라서 구하는 확률은
$$P(B|A)=\frac{n(A\cap B)}{n(A)}=\frac{2}{4}=\frac{1}{2}$$

3 0940 답 ③

유형 2

출제의도 | 사건이 일어나는 경우의 수를 이용하여 조건부확률을 구할 수 있는지 확인한다.

> 두 눈의 수의 합이 짝수인 사건을 A, 두 눈의 수가 모두 홀수인 사건을 B라 할 때, $n(A)$, $n(A\cap B)$의 값을 구해 보자.

두 눈의 수의 합이 짝수인 사건을 A, 두 눈의 수가 모두 홀수인 사건을 B라 하자.
두 눈의 수의 합이 짝수이려면 두 눈의 수가 모두 홀수이거나 두 눈의 수가 모두 짝수이어야 한다.
(ⅰ) 두 눈의 수가 모두 홀수인 경우의 수는 $3\times 3=9$
(ⅱ) 두 눈의 수가 모두 짝수인 경우의 수는 $3\times 3=9$
따라서 구하는 확률은
$$P(B|A)=\frac{n(A\cap B)}{n(A)}=\frac{9}{9+9}=\frac{1}{2}$$

4 0941 답 ③

유형 8

출제의도 | 확률의 곱셈정리를 이해하는지 확인한다.

> $P(B|A)=1-P(B^c|A)$, $P(A\cap B)=P(A)P(B|A)$임을 이용해 보자.

$P(B^c|A)=\frac{1}{4}$ 이므로

$$P(B|A)=1-P(B^c|A)=1-\frac{1}{4}=\frac{3}{4}$$

$$\therefore P(A\cap B)=P(A)P(B|A)=\frac{1}{3}\times\frac{3}{4}=\frac{1}{4}$$

5 0942 답 ③

유형 9

출제의도 | 확률의 곱셈정리를 활용할 수 있는지 확인한다.

> $P(B)=P(A\cap B)+P(A^c\cap B)$ 이고
> $P(A\cap B)=P(A)P(B|A)$, $P(A^c\cap B)=P(A^c)P(B|A^c)$임을 이용해 보자.

$P(A)=\frac{1}{4}$ 이므로 $P(A^c)=1-P(A)=1-\frac{1}{4}=\frac{3}{4}$

$$P(A\cap B)=P(A)P(B|A)=\frac{1}{4}\times\frac{1}{3}=\frac{1}{12}$$

$$P(A^c\cap B)=P(A^c)P(B|A^c)=\frac{3}{4}\times\frac{1}{3}=\frac{1}{4}$$

$$\therefore P(B)=P(A\cap B)+P(A^c\cap B)$$
$$=\frac{1}{12}+\frac{1}{4}=\frac{1}{3}$$

$$\therefore P(A\cup B)=P(A)+P(B)-P(A\cap B)$$
$$=\frac{1}{4}+\frac{1}{3}-\frac{1}{12}=\frac{1}{2}$$

6 0943 답 ①

유형 13

출제의도 | 두 사건이 서로 독립일 때, 주어진 조건을 이용하여 확률을 계산할 수 있는지 확인한다.

> 두 사건 A와 B가 서로 독립이므로 $P(A\cap B)=P(A)P(B)$임을 이용해 보자.

$P(A^c)=\frac{1}{3}$ 이므로 $P(A)=1-P(A^c)=1-\frac{1}{3}=\frac{2}{3}$

두 사건 A와 B가 서로 독립이므로

$$P(A\cap B)=P(A)P(B)=\frac{2}{3}P(B)=\frac{1}{2}$$

$$\therefore P(B)=\frac{3}{4}$$

$$\therefore P(B^c)=1-P(B)=1-\frac{3}{4}=\frac{1}{4}$$

두 사건 A와 B가 서로 독립이면 두 사건 A와 B^c도 서로 독립이므로

$$P(A\cap B^c)=P(A)P(B^c)=\frac{2}{3}\times\frac{1}{4}=\frac{1}{6}$$

다른 풀이

$P(A^c)=\frac{1}{3}$ 이므로 $P(A)=1-P(A^c)=1-\frac{1}{3}=\frac{2}{3}$

$$\therefore P(A\cap B^c)=P(A)-P(A\cap B)=\frac{2}{3}-\frac{1}{2}=\frac{1}{6}$$

7 0944 답 ④

유형 17

출제의도 | 독립시행의 확률을 구할 수 있는지 확인한다.

> 소수의 눈이 r번 나올 확률은 $_4C_r\left(\frac{1}{2}\right)^r\left(\frac{1}{2}\right)^{4-r}$임을 이용해 보자.

한 개의 주사위를 한 번 던질 때, 소수의 눈이 나올 확률은 $\frac{1}{2}$ 이므로

(ⅰ) 소수의 눈이 1번 나올 확률은
$$_4C_1\left(\frac{1}{2}\right)^1\left(\frac{1}{2}\right)^3=\frac{1}{4}$$

(ⅱ) 소수의 눈이 3번 나올 확률은

$$_4C_3\left(\frac{1}{2}\right)^3\left(\frac{1}{2}\right)^1=\frac{1}{4}$$

(i), (ii)에서 구하는 확률은

$$\frac{1}{4}+\frac{1}{4}=\frac{1}{2}$$

8 0945 답 ③ 유형 3

출제의도 | 표를 이용하여 조건부확률을 구할 수 있는지 확인한다.

> 임의로 택한 한 명이 수학여행 희망 지역으로 제주도를 선택한 학생인 사건을 A, 남학생인 사건을 B라 하여 $n(A)$, $n(A\cap B)$의 값을 구해 보자.

임의로 택한 한 명이 수학여행 희망 지역으로 제주도를 선택한 학생인 사건을 A, 남학생인 사건을 B라 하면 구하는 확률은

$$P(B|A)=\frac{n(A\cap B)}{n(A)}=\frac{50}{120}=\frac{5}{12}$$

9 0946 답 ② 유형 4

출제의도 | 표가 주어지지 않고 조건이 문장으로 주어졌을 때, 조건부확률을 구할 수 있는지 확인한다.

> 임의로 택한 한 명이 주 2회 이하 도서관을 이용하는 회원인 사건을 A, 남성인 사건을 B라 하여 $n(A)$, $n(A\cap B)$의 값을 구해 보자.

이 도서관의 전체 회원 500명 중

주 3회 이상 도서관을 이용하는 회원 수는 $500\times\frac{60}{100}=300$,

주 2회 이하 도서관을 이용하는 회원 수는 $500\times\frac{40}{100}=200$

주 3회 이상 도서관을 이용하는 여성 회원 수를 a라 하면

$\dfrac{a}{500}=\dfrac{3}{10}$이므로 $a=150$

따라서 이 도서관의 이용 빈도를 표로 나타내면 다음과 같다.

(단위 : 명)

이용 빈도	남성 회원	여성 회원	합계
주 3회 이상	150	150	300
주 2회 이하	70	130	200
합계	220	280	500

임의로 택한 한 명이 주 2회 이하 도서관을 이용하는 회원인 사건을 A, 남성인 사건을 B라 하면 구하는 확률은

$$P(B|A)=\frac{n(A\cap B)}{n(A)}=\frac{70}{200}=\frac{7}{20}$$

10 0947 답 ② 유형 5

출제의도 | 순열을 이용하여 조건부확률을 구할 수 있는지 확인한다.

> 양 끝에 홀수를 나열하고 나머지 5개의 수를 일렬로 나열하는 경우의 수와 양 끝에 홀수를 나열하고 동시에 홀수와 짝수가 교대로 나오도록 나열하는 경우의 수를 구해 보자.

1부터 7까지의 자연수를 임의로 일렬로 나열할 때, 양 끝에 홀수가 나열되는 사건을 A, 홀수와 짝수가 교대로 나열되는 사건을 B라 하자.

(i) 양 끝에 홀수를 나열하는 경우의 수는 $_4P_2=12$이고, 나머지 5개의 수를 일렬로 나열하는 경우의 수는 $5!$이므로

$$n(A)=12\times5!$$

(ii) 양 끝에 홀수를 나열하고 동시에 홀수와 짝수가 교대로 나오도록 나열하려면 '홀짝홀짝홀짝홀'의 순서로 나열해야 한다.

홀수를 나열하는 경우의 수는 $4!$, 짝수를 나열하는 경우의 수는 $3!$이므로

$$n(A\cap B)=4!\times3!$$

(i), (ii)에서 구하는 확률은

$$P(B|A)=\frac{n(A\cap B)}{n(A)}=\frac{4!\times3!}{12\times5!}=\frac{1}{10}$$

11 0948 답 ③ 유형 8

출제의도 | 확률의 곱셈정리를 이용하여 확률을 구할 수 있는지 확인한다.

> 첫 번째 타석부터 네 번째 타석까지 안타를 치는 경우를 ○, 안타를 치지 못하는 경우를 ×로 나타내어 네 번째 타석에 안타를 칠 확률을 구해 보자.

안타를 친 다음 타석에서 안타를 칠 확률이 $\frac{1}{3}$이므로 안타를 친 다음 타석에서 안타를 치지 못할 확률은 $\frac{2}{3}$이다.

또한, 안타를 치지 못한 다음 타석에서 안타를 칠 확률이 $\frac{1}{6}$이므로 안타를 치지 못한 다음 타석에서 안타를 치지 못할 확률은 $\frac{5}{6}$이다.

첫 번째 타석부터 네 번째 타석까지 안타를 치는 경우를 ○, 안타를 치지 못하는 경우를 ×로 나타내면 네 번째 타석에서 안타를 치는 경우와 각 확률은 다음과 같다.

첫 번째	두 번째	세 번째	네 번째	확률
○	○	○	○	$\frac{1}{3}\times\frac{1}{3}\times\frac{1}{3}=\frac{1}{27}$
○	×	○	○	$\frac{2}{3}\times\frac{1}{6}\times\frac{1}{3}=\frac{1}{27}$
○	○	×	○	$\frac{1}{3}\times\frac{2}{3}\times\frac{1}{6}=\frac{1}{27}$
○	×	×	○	$\frac{2}{3}\times\frac{5}{6}\times\frac{1}{6}=\frac{5}{54}$

따라서 구하는 확률은

$$\frac{1}{27}+\frac{1}{27}+\frac{1}{27}+\frac{5}{54}=\frac{11}{54}$$

즉, $p=54$, $q=11$이므로

$p+q=54+11=65$

12 0949 답 ④ 유형 10

출제의도 | 확률의 곱셈정리를 이용하여 조건부확률을 구할 수 있는지 확인한다.

> 주사위를 던져서 3의 배수의 눈이 나오는 사건을 A, 주머니에서 파란 공이 나오는 사건을 E라 할 때,
> $$P(E)=P(A\cap E)+P(A^c\cap E)$$
> $$=P(A)P(E|A)+P(A^c)P(E|A^c)$$
> 임을 이용해 보자.

주사위를 던져서 3의 배수의 눈이 나오는 사건을 A, 주머니에서 파란 공이 나오는 사건을 E라 하면

$P(A)=\dfrac{2}{6}=\dfrac{1}{3}$, $P(A^C)=\dfrac{2}{3}$,

$P(E|A)=\dfrac{4}{6}=\dfrac{2}{3}$, $\underline{P(E|A^C)=\dfrac{1}{4}}$이므로

$P(A\cap E)=P(A)P(E|A)$

     └→ 3의 배수가 아닌 눈이 나왔을 때, 주머니 B에서 파란 공이 나올 확률이다.

$\qquad\qquad =\dfrac{1}{3}\times\dfrac{2}{3}=\dfrac{2}{9}$

$P(A^C\cap E)=P(A^C)P(E|A^C)$

$\qquad\qquad =\dfrac{2}{3}\times\dfrac{1}{4}=\dfrac{1}{6}$

따라서 구하는 확률은

$P(A|E)=\dfrac{P(A\cap E)}{P(E)}=\dfrac{P(A\cap E)}{P(A\cap E)+P(A^C\cap E)}$

$\qquad\quad =\dfrac{\dfrac{2}{9}}{\dfrac{2}{9}+\dfrac{1}{6}}=\dfrac{4}{7}$

13 0950   답 ⑤   유형 11

출제의도 | 사건의 독립과 종속을 판정할 수 있는지 확인한다.

$P(A\cap B)=P(A)P(B)$이면 두 사건 A와 B는 서로 독립임을 이용해 보자.

$A=\{1,\ 3,\ 5\}$, $B=\{1,\ 2,\ 4\}$, $C=\{1,\ 2,\ 3,\ 6\}$이므로

$P(A)=P(B)=\dfrac{1}{2}$, $P(C)=\dfrac{2}{3}$

$A\cap B=\{1\}$, $B\cap C=\{1,\ 2\}$, $A\cap C=\{1,\ 3\}$이므로

$P(A\cap B)=\dfrac{1}{6}$, $P(B\cap C)=P(C\cap A)=\dfrac{1}{3}$

$P(A\cap C)=P(A)P(C)$이므로 두 사건 A와 C는 서로 독립이고,

$P(B\cap C)=P(B)P(C)$이므로 두 사건 B와 C는 서로 독립이다.

따라서 두 사건이 서로 독립인 것은 ㄴ, ㄷ이다.

14 0951   답 ②   유형 12

출제의도 | 사건의 독립과 종속의 성질을 이해하는지 확인한다.

두 사건 A와 B가 서로 배반사건이면 $P(A\cap B)=0$, 서로 독립이면 $P(A\cap B)=P(A)P(B)$임을 이용해 보자.

ㄱ. 두 사건 A와 B가 서로 배반사건이면 $A\cap B=\varnothing$

     즉, $P(A\cap B)=0$

     $0<P(A)<1$, $0<P(B)<1$이므로 $P(A)P(B)>0$

     즉, $P(A\cap B)\neq P(A)P(B)$이므로 두 사건 A와 B는 서로 종속이다. (거짓)

ㄴ. 두 사건 A와 B가 서로 독립이면

     $P(A\cap B)=P(A)P(B)$

     $0<P(A)<1$, $0<P(B)<1$이므로 $P(A)P(B)>0$

     즉, $P(A\cap B)\neq 0$이므로 두 사건 A와 B는 서로 배반사건이 아니다. (거짓)

ㄷ. 두 사건 A와 B가 서로 독립이면

     $P(A\cap B)=P(A)P(B)$

     $\therefore P(A\cap B^C)=P(A)-P(A\cap B)$

$\qquad\qquad\qquad =P(A)-P(A)P(B)$

$\qquad\qquad\qquad =P(A)\{1-P(B)\}$

$\qquad\qquad\qquad =P(A)P(B^C)$

     즉, 두 사건 A와 B^C는 서로 독립이다. (참)

따라서 옳은 것은 ㄷ이다.

15 0952   답 ⑤   유형 14

출제의도 | 독립인 조건을 이용하여 미지수를 구할 수 있는지 확인한다.

임의로 택한 한 명이 남학생인 사건을 A, 영화 A를 선호하는 학생인 사건을 B라 할 때, $P(A\cap B)=P(A)P(B)$임을 이용해 보자.

임의로 택한 한 명이 남학생인 사건을 A, 영화 A를 선호하는 학생인 사건을 B라 하면

$P(A)=\dfrac{150}{270}=\dfrac{5}{9}$, $P(B)=\dfrac{120+a}{270}$, $P(A\cap B)=\dfrac{120}{270}=\dfrac{4}{9}$

두 사건 A와 B가 서로 독립이므로 $P(A\cap B)=P(A)P(B)$에서

$\dfrac{4}{9}=\dfrac{5}{9}\times\dfrac{120+a}{270}$

$120+a=216$ $\therefore a=96$

이때 $a+b=120$이므로 $b=24$

$\therefore a-b=96-24=72$

16 0953   답 ②   유형 18

출제의도 | 독립시행의 확률을 구할 수 있는지 확인한다.

동전을 n번 던져서 앞면이 r번 나올 확률은 $_nC_r\left(\dfrac{1}{2}\right)^r\left(\dfrac{1}{2}\right)^{n-r}$임을 이용해 보자.

(i) 주사위를 1개 던져서 3 이상의 눈이 나오고, 동전의 앞면이 1개 나올 확률은

$\dfrac{2}{3}\times{_3}C_1\left(\dfrac{1}{2}\right)^1\left(\dfrac{1}{2}\right)^2=\dfrac{2}{3}\times\dfrac{3}{8}=\dfrac{1}{4}$

(ii) 주사위를 1개 던져서 2 이하의 눈이 나오고, 동전의 앞면이 1개 나올 확률은

$\dfrac{1}{3}\times{_2}C_1\left(\dfrac{1}{2}\right)^1\left(\dfrac{1}{2}\right)^1=\dfrac{1}{3}\times\dfrac{1}{2}=\dfrac{1}{6}$

(i), (ii)에서 구하는 확률은

$\dfrac{1}{4}+\dfrac{1}{6}=\dfrac{5}{12}$

17 0954   답 ③   유형 19

출제의도 | 독립시행의 확률을 구할 수 있는지 확인한다.

꺼낸 3장의 카드 중에서 짝수가 적힌 카드가 r장 나올 확률은 $_3C_r\left(\dfrac{1}{3}\right)^r\left(\dfrac{2}{3}\right)^{3-r}$임을 이용해 보자.

한 번의 시행에서 짝수가 적힌 카드를 뽑을 확률은 $\dfrac{1}{3}$이다.

이때 카드에 적힌 3개의 숫자의 합이 짝수인 경우는 다음과 같다.

(i) 꺼낸 세 수가 모두 짝수일 확률은

$_3C_3\left(\dfrac{1}{3}\right)^3\left(\dfrac{2}{3}\right)^0=\dfrac{1}{27}$

(ii) 꺼낸 세 수 중 하나는 짝수, 두 개는 홀수일 확률은

$$_3C_1\left(\frac{1}{3}\right)^1\left(\frac{2}{3}\right)^2=\frac{4}{9}$$

(i), (ii)에서 구하는 확률은

$$\frac{1}{27}+\frac{4}{9}=\frac{13}{27}$$

18 0955 답 ④ 유형 7

출제의도 | 조건부확률이 주어졌을 때, 미지수를 구할 수 있는지 확인한다.

> 주머니에서 임의로 꺼낸 1개의 공이 흰 공인 사건을 A, 정국이가 가지고
> 있던 공인 사건을 B라 할 때, $\mathrm{P}(B|A)=\frac{2}{3}$임을 이용해 보자.

주머니에서 임의로 꺼낸 1개의 공이 흰 공인 사건을 A, 정국이가
가지고 있던 공인 사건을 B라 하면

$$\mathrm{P}(B|A)=\frac{2}{3}$$

이때 $\mathrm{P}(B|A)=\dfrac{n(A\cap B)}{n(A)}=\dfrac{n}{n+2}$이므로 $\dfrac{n}{n+2}=\dfrac{2}{3}$에서

$$3n=2n+4 \qquad \therefore n=4$$

19 0956 답 ② 유형 11 + 유형 16

출제의도 | 독립인 조건을 이용하여 미지수를 구할 수 있는지 확인한다.

> $\mathrm{P}(A\cap B)=\mathrm{P}(A)\mathrm{P}(B)$가 성립하는지 확인해 보자.

$A=\{1,\ 3,\ 5\}$이므로 $\mathrm{P}(A)=\dfrac{1}{2}$

(i) $n=2$일 때, $B=\{2\}$이므로 $A\cap B=\varnothing$

따라서 $\mathrm{P}(B)=\dfrac{1}{6}$, $\mathrm{P}(A\cap B)=0$이므로

$$\mathrm{P}(A\cap B)\neq\underline{\mathrm{P}(A)\mathrm{P}(B)} \rightarrow \frac{1}{2}\times\frac{1}{6}=\frac{1}{12}$$

즉, 두 사건 A와 B는 서로 종속이다.

(ii) $n=3,\ 4$일 때, $B=\{2,\ 3\}$이므로 $A\cap B=\{3\}$

따라서 $\mathrm{P}(B)=\dfrac{1}{3}$, $\mathrm{P}(A\cap B)=\dfrac{1}{6}$이므로

$$\mathrm{P}(A\cap B)=\underline{\mathrm{P}(A)\mathrm{P}(B)} \rightarrow \frac{1}{2}\times\frac{1}{3}=\frac{1}{6}$$

즉, 두 사건 A와 B는 서로 독립이다.

(iii) $n=5,\ 6$일 때, $B=\{2,\ 3,\ 5\}$이므로 $A\cap B=\{3,\ 5\}$

따라서 $\mathrm{P}(B)=\dfrac{1}{2}$, $\mathrm{P}(A\cap B)=\dfrac{1}{3}$이므로

$$\mathrm{P}(A\cap B)\neq\underline{\mathrm{P}(A)\mathrm{P}(B)} \rightarrow \frac{1}{2}\times\frac{1}{2}=\frac{1}{4}$$

즉, 두 사건 A와 B는 서로 종속이다.

(i)~(iii)에서 모든 n의 값의 합은

$$3+4=7$$

20 0957 답 ② 유형 19

출제의도 | 독립시행의 확률을 구할 수 있는지 확인한다.

> 빨간 공이 나오는 횟수를 a라 하면 파란 공이 나오는 횟수는 $5-a$이고,
> 이때 얻은 점수가 8임을 이용하여 a의 값을 구해 보자.

5회의 시행에서 빨간 공이 나오는 횟수를 a라 하면 파란 공이 나오
는 횟수는 $5-a$이다.

이때 얻은 점수의 합은

$$a+2(5-a)=10-a$$

즉, $10-a=8$에서 $a=2$

따라서 구하는 확률은

$$p=_5C_2\left(\frac{2}{3}\right)^2\left(\frac{1}{3}\right)^3=10\times\frac{4}{3^5}=\frac{40}{3^5}$$이므로

 빨간 공이 나올 확률은 $\dfrac{4}{4+2}=\dfrac{2}{3}$

$$3^5p=3^5\times\frac{40}{3^5}=40$$

21 0958 답 ① 유형 21

출제의도 | 독립시행의 확률을 이용하여 조건부확률을 구할 수 있는지 확인한다.

> 세 눈의 수의 곱이 9의 배수인 사건을 A, 세 눈의 수의 곱이 5의 배
> 수인 사건을 B라 할 때, A는 3의 배수의 눈이 2개 이상 나와야 하고,
> $A\cap B$는 3의 배수의 눈이 2개, 5의 배수의 눈이 1개 나와야 해.

세 눈의 수의 곱이 9의 배수인 사건을 A, 세 눈의 수의 곱이 5의
배수인 사건을 B라 하자.

세 눈의 수의 곱이 9의 배수이려면 3의 배수의 눈이 2개 이상 나와
야 하므로

$$\mathrm{P}(A)=_3C_2\left(\frac{1}{3}\right)^2\left(\frac{2}{3}\right)^1+_3C_3\left(\frac{1}{3}\right)^3\left(\frac{2}{3}\right)^0$$

$$=\frac{6}{27}+\frac{1}{27}=\frac{7}{27}$$

$A\cap B$는 3의 배수의 눈이 2개, 5의 배수의 눈이 1개 나와야 하므로

$$\mathrm{P}(A\cap B)=3\times\left(\frac{1}{3}\right)^2\times\frac{1}{6}=\frac{1}{18}$$

따라서 구하는 확률은 → 세 개의 주사위에서 2개를 택하는 경우의 수는 $_3C_2$이다.

$$\mathrm{P}(B|A)=\frac{\mathrm{P}(A\cap B)}{\mathrm{P}(A)}=\frac{\frac{1}{18}}{\frac{7}{27}}=\frac{3}{14}$$

22 0959 답 $\dfrac{9}{25}$ 유형 10

출제의도 | 확률의 곱셈정리를 이용하여 조건부확률을 구할 수 있는지 확인한다.

STEP 1 성인 중에서 임의로 택한 한 명이 여성인 사건을 A, 경제활동을 하는 사람인 사건을 E라 하고 $\mathrm{P}(A\cap E)$ 구하기 [2점]

성인 중에서 임의로 택한 한 명이 여성인 사건을 A, 경제활동을
하는 사람인 사건을 E라 하면

$$\mathrm{P}(A)=\frac{50}{100}=\frac{1}{2}, \ \mathrm{P}(E)=\frac{80}{100}=\frac{4}{5}, \ \mathrm{P}(A|E)=\frac{40}{100}=\frac{2}{5}$$

$$\therefore \mathrm{P}(A\cap E)=\mathrm{P}(E)\mathrm{P}(A|E)$$

$$=\frac{4}{5}\times\frac{2}{5}=\frac{8}{25}$$

STEP 2 $\mathrm{P}(A\cap E^c)$ 구하기 [2점]

$$\mathrm{P}(A\cap E^c)=\mathrm{P}(A)-\mathrm{P}(A\cap E)$$

$$=\frac{1}{2}-\frac{8}{25}=\frac{9}{50}$$

STEP 3 확률 구하기 [2점]

구하는 확률은

$$P(E^c|A)=\frac{P(A\cap E^c)}{P(A)}$$

$$=\frac{\frac{9}{50}}{\frac{1}{2}}=\frac{9}{25}$$

$$P(Y|X)=\frac{P(X\cap Y)}{P(X)}$$

$$=\frac{\frac{1}{8}}{\frac{1}{4}+\frac{1}{8}}=\frac{1}{3}$$

23 0960 답 $\frac{9}{20}$ 유형 15

출제의도 │ 두 사건이 서로 독립일 때, 확률을 구할 수 있는지 확인한다.

STEP 1 a의 값 구하기 [4점]

조사 대상자가 300명이므로

$90+45+a+b=300$

즉, $a+b=165$

임의로 택한 한 명이 여학생인 사건을 A, 온라인 구매를 한 학생인 사건을 B라 하면

$$P(A)=\frac{a+b}{300}=\frac{165}{300}=\frac{11}{20},$$

$$P(B)=\frac{a+90}{300},\ P(A\cap B)=\frac{a}{300}$$

두 사건 A와 B가 서로 독립이므로 $P(A\cap B)=P(A)P(B)$에서

$$\frac{a}{300}=\frac{11}{20}\times\frac{a+90}{300}$$

$20a=11(a+90)$ ∴ $a=110$

STEP 2 확률 구하기 [2점]

구하는 확률은

$$P(A^c|B)=\frac{n(A^c\cap B)}{n(B)}$$

$$=\frac{90}{90+110}=\frac{9}{20}$$

24 0961 답 $\frac{1}{3}$ 유형 21

출제의도 │ 독립시행의 확률을 이용하여 조건부확률을 구할 수 있는지 확인한다.

STEP 1 B가 던져서 앞면이 나온 동전의 개수가 1일 확률 구하기 [5점]

1개의 주사위를 던져서 소수의 눈이 나올 확률은 $\frac{1}{2}$이다.

B가 동전을 던져서 앞면이 나온 동전의 개수가 1인 경우는 다음과 같다.

(ⅰ) A가 2개의 주사위를 던져서 소수의 눈이 나온 주사위의 개수가 1인 경우에 B는 1개의 동전을 던져서 앞면이 나온 경우

이때의 확률은

$${}_2C_1\left(\frac{1}{2}\right)^1\left(\frac{1}{2}\right)^1\times\frac{1}{2}=\frac{1}{4}$$

(ⅱ) A가 2개의 주사위를 던져서 소수의 눈이 나온 주사위의 개수가 2인 경우에 B는 2개의 동전을 던져서 앞면이 1개 나온 경우

이때의 확률은

$${}_2C_2\left(\frac{1}{2}\right)^2\left(\frac{1}{2}\right)^0\times{}_2C_1\left(\frac{1}{2}\right)^1\left(\frac{1}{2}\right)^1=\frac{1}{8}$$

STEP 2 조건부확률 구하기 [2점]

B가 던져서 앞면이 나온 동전의 개수가 1인 사건을 X, A가 던져서 소수의 눈이 나온 주사위의 개수가 2인 사건을 Y라 하면 구하는 확률은

25 0962 답 9 유형 16

출제의도 │ 서로 독립인 사건의 개수를 구할 수 있는지 확인한다.

STEP 1 $n(B)$의 값 구하기 [4점]

$A=\{2,\ 3,\ 5\}$이므로 $P(A)=\frac{1}{2}$

또, 조건 (내)에서 두 사건 A와 B는 서로 독립이므로

$$P(A\cap B)=P(A)P(B)=\frac{1}{2}P(B)\ \cdots\cdots\cdots\ \text{㉠}$$

조건 (개)에서

$$P(A\cup B)=P(A)+P(B)-P(A\cap B)=\frac{2}{3}$$

따라서 $\frac{1}{2}+P(B)-\frac{1}{2}P(B)=\frac{2}{3}$이므로

$$P(B)=\frac{1}{3}\quad ∴\ n(B)=2$$

STEP 2 $n(A\cap B)$의 값 구하기 [2점]

㉠에서 $P(A\cap B)=\frac{1}{6}$이므로 $n(A\cap B)=1$

STEP 3 B의 개수 구하기 [3점]

$n(B)=2,\ n(A\cap B)=1$이므로 구하는 사건 B의 개수는

$A=\{2,\ 3,\ 5\}$에서 1개의 원소를 택하고, $A^c=\{1,\ 4,\ 6\}$에서 1개의 원소를 택하는 경우의 수와 같다.

따라서 사건 B의 개수는

$${}_3C_1\times{}_3C_1=3\times3=9$$

실력 check 실전 마무리하기 2회 203쪽~207쪽

1 0963 답 ② 유형 1

출제의도 │ 조건부확률의 정의를 이해하는지 확인한다.

$P(A|B)=\dfrac{P(A\cap B)}{P(B)}$임을 이용하여 $P(A\cap B)$를 구한 후 $P(B|A)$를 구해 보자.

$P(B)=0.5,\ P(A|B)=0.6$이므로

$$P(A|B)=\frac{P(A\cap B)}{P(B)}=\frac{P(A\cap B)}{0.5}=0.6$$

∴ $P(A\cap B)=0.3$

이때 $P(A)=0.4$이므로

$$P(B|A)=\frac{P(A\cap B)}{P(A)}=\frac{0.3}{0.4}=0.75$$

∴ $100P(B|A)=100\times0.75=75$

2 0964 답 ③   유형 2

출제의도 | 집합의 원소의 개수를 이용하여 조건부확률을 구할 수 있는지 확인한다.

> $n(B)$, $n(A \cap B)$의 값을 구하여 $P(A|B) = \dfrac{n(A \cap B)}{n(B)}$를 구해 보자.

$B = \{d, e, f\}$, $A \cap B = \{d, e\}$이므로

$n(B) = 3$, $n(A \cap B) = 2$

$\therefore P(A|B) = \dfrac{n(A \cap B)}{n(B)} = \dfrac{2}{3}$

즉, $p = 3$, $q = 2$이므로

$p + q = 3 + 2 = 5$

다른 풀이

$n(S) = 8$, $n(B) = 3$, $n(A \cap B) = 2$이므로

$P(B) = \dfrac{3}{8}$, $P(A \cap B) = \dfrac{2}{8} = \dfrac{1}{4}$

$\therefore P(A|B) = \dfrac{P(A \cap B)}{P(B)}$

$\qquad\qquad = \dfrac{\frac{1}{4}}{\frac{3}{8}} = \dfrac{2}{3}$

즉, $p = 3$, $q = 2$이므로

$p + q = 3 + 2 = 5$

3 0965 답 ③   유형 3

출제의도 | 표를 이용하여 조건부확률을 구할 수 있는지 확인한다.

> 임의로 택한 1명의 학생이 생활복 A를 선호하는 학생인 사건을 A, 2학년 학생인 사건을 B라 할 때, $n(A)$, $n(A \cap B)$의 값을 구해 보자.

임의로 택한 한 명의 학생이 생활복 A를 선호하는 학생인 사건을 A, 2학년 학생인 사건을 B라 하면 구하는 확률은

$P(B|A) = \dfrac{n(A \cap B)}{n(A)}$

$\qquad\qquad = \dfrac{100}{120 + 100 + 90} = \dfrac{10}{31}$

4 0966 답 ①   유형 8

출제의도 | 확률의 곱셈정리를 이해하는지 확인한다.

> $P(A \cap B) = P(A)P(B|A)$임을 이용해 보자.

$P(A \cap B) = P(A)P(B|A)$

$\qquad\qquad = \dfrac{1}{4} \times \dfrac{1}{3} = \dfrac{1}{12}$

5 0967 답 ③   유형 9

출제의도 | 확률의 곱셈정리를 활용할 수 있는지 확인한다.

> $P(A) = \dfrac{P(A \cap B)}{P(B|A)}$임을 이용해 보자.

$P(A) = \dfrac{P(A \cap B)}{P(B|A)}$에서

$P(A) = \dfrac{\frac{1}{8}}{\frac{1}{2}} = \dfrac{1}{4}$

$P(A^C) = 1 - P(A) = 1 - \dfrac{1}{4} = \dfrac{3}{4}$이고 $P(B|A^C) = \dfrac{1}{3}$이므로

$P(A^C \cap B) = P(A^C)P(B|A^C)$

$\qquad\qquad = \dfrac{3}{4} \times \dfrac{1}{3} = \dfrac{1}{4}$

$\therefore P(B) = P(A \cap B) + P(A^C \cap B)$

$\qquad\qquad = \dfrac{1}{8} + \dfrac{1}{4} = \dfrac{3}{8}$

6 0968 답 ⑤   유형 10

출제의도 | 확률의 곱셈정리를 이용하여 조건부확률을 구할 수 있는지 확인한다.

> $P(B) = P(A \cap B) + P(A^C \cap B)$
> $\qquad = P(A)P(B|A) + P(A^C)P(B|A^C)$
> 임을 이용해 보자.

$P(A \cap B) = P(A)P(B|A)$

$\qquad\qquad = \dfrac{1}{3} \times \dfrac{1}{2} = \dfrac{1}{6}$

$P(A^C) = 1 - P(A) = 1 - \dfrac{1}{3} = \dfrac{2}{3}$이고 $P(B|A^C) = \dfrac{1}{5}$이므로

$P(A^C \cap B) = P(A^C)P(B|A^C)$

$\qquad\qquad = \dfrac{2}{3} \times \dfrac{1}{5} = \dfrac{2}{15}$

$\therefore P(B) = P(A \cap B) + P(A^C \cap B)$

$\qquad\qquad = \dfrac{1}{6} + \dfrac{2}{15} = \dfrac{3}{10}$

$\therefore P(A|B) = \dfrac{P(A \cap B)}{P(B)}$

$\qquad\qquad = \dfrac{\frac{1}{6}}{\frac{3}{10}} = \dfrac{5}{9}$

7 0969 답 ⑤   유형 13

출제의도 | 두 사건이 서로 독립일 때, 주어진 조건을 이용하여 확률을 계산할 수 있는지 확인한다.

> 두 사건 A와 B가 서로 독립이면 $P(A \cap B) = P(A)P(B)$임을 이용해 보자.

두 사건 A와 B가 서로 독립이므로

$P(A \cap B) = P(A) - P(B)$에서

$P(A)P(B) = P(A) - P(B)$

$\dfrac{3}{4}P(B) = \dfrac{3}{4} - P(B)$, $\dfrac{7}{4}P(B) = \dfrac{3}{4}$ $\therefore P(B) = \dfrac{3}{7}$

8 0970 답 ②   유형 13

출제의도 | 두 사건이 서로 독립일 때, 주어진 조건을 이용하여 확률을 계산할 수 있는지 확인한다.

> $P(A) = P(A \cap B) + P(A \cap B^C)$임을 이용해 보자.

$$P(A) = P(A \cap B) + P(A \cap B^c)$$
$$= \frac{1}{6} + \frac{1}{2} = \frac{2}{3}$$

두 사건 A와 B는 서로 독립이므로
$$P(A \cap B) = P(A)P(B)$$
$$= \frac{2}{3}P(B)$$
$$= \frac{1}{6}$$
$$\therefore P(B) = \frac{1}{4}$$

9 0971 답 ⑤ 유형 17

출제의도 | 독립시행의 확률을 구할 수 있는지 확인한다.

동전을 5번 던져서 앞면이 r번 나올 확률은 ${}_5C_r \left(\frac{1}{2}\right)^r \left(\frac{1}{2}\right)^{5-r}$ 임을 이용해 보자.

동전 한 개를 한 번 던져서 앞면이 나올 확률은 $\frac{1}{2}$이므로

5번 던져서 앞면이 2번 나올 확률은
$${}_5C_2 \left(\frac{1}{2}\right)^2 \left(\frac{1}{2}\right)^3 = \frac{5}{16}$$

따라서 $p=16$, $q=5$이므로
$$p+q = 16+5 = 21$$

10 0972 답 ① 유형 17

출제의도 | 독립시행의 확률을 구할 수 있는지 확인한다.

검은 공이 r번 나올 확률은 ${}_4C_r \left(\frac{1}{3}\right)^r \left(\frac{2}{3}\right)^{4-r}$ 임을 이용해 보자.

한 번의 시행에서 검은 공이 나올 확률은 $\frac{2}{6} = \frac{1}{3}$이므로

구하는 확률은
$${}_4C_1 \left(\frac{1}{3}\right)^1 \left(\frac{2}{3}\right)^3 = \frac{32}{81}$$

11 0973 답 ②

출제의도 | 표가 주어지지 않고 조건이 문장으로 주어졌을 때, 조건부확률을 구할 수 있는지 확인한다.

임의로 택한 한 명이 대중교통을 이용하는 사원인 사건을 A, 남성 사원인 사건을 B라 할 때, $P(A) = P(A \cap B) + P(A \cap B^c)$임을 이용하여 $P(A \cap B)$를 구해 보자.

임의로 택한 한 명이 대중교통을 이용하는 사원인 사건을 A, 남성 사원인 사건을 B라 하면
$$P(A) = \frac{2}{5}, \quad P(A \cap B^c) = \frac{1}{3}$$
$P(A) = P(A \cap B) + P(A \cap B^c)$이므로
$$\frac{2}{5} = P(A \cap B) + \frac{1}{3}$$
$$\therefore P(A \cap B) = \frac{1}{15}$$

따라서 구하는 확률은
$$P(B|A) = \frac{P(A \cap B)}{P(A)}$$
$$= \frac{\frac{1}{15}}{\frac{2}{5}} = \frac{1}{6}$$

다른 풀이

임의로 택한 한 명이 대중교통을 이용하는 사원인 사건을 A, 남성 사원인 사건을 B라 하면
$P(A) = \frac{2}{5}$, $P(A \cap B^c) = \frac{1}{3}$이므로
$$P(B^c|A) = \frac{P(A \cap B^c)}{P(A)}$$
$$= \frac{\frac{1}{3}}{\frac{2}{5}} = \frac{5}{6}$$

따라서 구하는 확률은
$$P(B|A) = 1 - P(B^c|A)$$
$$= 1 - \frac{5}{6} = \frac{1}{6}$$

12 0974 답 ② 유형 9

출제의도 | 확률의 곱셈정리를 활용할 수 있는지 확인한다.

$$P(Y) = P(X \cap Y) + P(X^c \cap Y)$$
$$= P(X)P(Y|X) + P(X^c)P(Y|X^c)$$임을 이용해 보자.

한 개의 주사위를 한 번 던져서 6의 약수의 눈이 나오는 사건을 X, 주머니에서 꺼낸 공이 모두 검은 공인 사건을 Y라 하자.

(i) 한 개의 주사위를 던져서 6의 약수의 눈이 나올 경우

$P(X) = \frac{2}{3}$, $P(Y|X) = \frac{{}_2C_2}{{}_5C_2} = \frac{1}{10}$이므로 주머니 A에서 꺼낸 2개의 공이 모두 검은 공일 확률은
$$P(X \cap Y) = P(X)P(Y|X)$$
$$= \frac{2}{3} \times \frac{1}{10} = \frac{1}{15}$$

(ii) 한 개의 주사위를 던져서 6의 약수가 아닌 눈이 나올 경우

$P(X^c) = \frac{1}{3}$, $P(Y|X^c) = \frac{{}_4C_3}{{}_6C_3} = \frac{4}{20} = \frac{1}{5}$이므로 주머니 B에서 꺼낸 3개의 공이 모두 검은 공일 확률은
$$P(X^c \cap Y) = P(X^c)P(Y|X^c)$$
$$= \frac{1}{3} \times \frac{1}{5} = \frac{1}{15}$$

(i), (ii)에서 구하는 확률은
$$P(Y) = P(X \cap Y) + P(X^c \cap Y)$$
$$= \frac{1}{15} + \frac{1}{15} = \frac{2}{15}$$

13 0975 답 ⑤ 유형 12

출제의도 | 사건의 독립과 종속의 성질을 이해하는지 확인한다.

두 사건 A와 B가 서로 독립이면 $P(B|A) = P(B)$, $P(B|A^c) = P(B)$임을 이용해 보자.

ㄱ. 두 사건 A와 B가 서로 독립이므로

$\quad P(B|A)=P(B)$, $P(B|A^C)=P(B)$

$\quad \therefore P(B|A)-P(B|A^C)=P(B)-P(B)=0$ (참)

ㄴ. 두 사건 A와 B가 서로 독립이므로

$\quad P(B|A)=P(B)$, $P(B^C|A)=P(B^C)$

$\quad \therefore P(B|A)+P(B^C|A)=P(B)+P(B^C)=1$ (참)

ㄷ. 두 사건 A와 B가 서로 독립이므로 두 사건 A와 B^C도 서로 독립이다.

$\quad \therefore P(A\cap B^C)=P(A)P(B^C)$

$\qquad\qquad\qquad =P(A)\{1-P(B)\}$ (참)

따라서 옳은 것은 ㄱ, ㄴ, ㄷ이다.

14 0976 답 ③
유형 14

출제의도 | 독립인 조건을 이용하여 미지수를 구할 수 있는지 확인한다.

> 두 사건 A와 B가 서로 독립이면 $P(A\cap B)=P(A)P(B)$임을 이용해 보자.

이 스터디 카페를 이용한 고객 수는 $a+75+40+50=a+165$이고, 임의로 택한 한 명이 20세 미만인 사건을 A, 커피를 마신 사람인 사건을 B라 하면

$$P(A)=\frac{a+40}{a+165},\ P(B)=\frac{a+75}{a+165},\ P(A\cap B)=\frac{a}{a+165}$$

두 사건 A와 B가 서로 독립이므로 $P(A\cap B)=P(A)P(B)$에서

$$\frac{a}{a+165}=\frac{a+40}{a+165}\times\frac{a+75}{a+165}$$

$$a(a+165)=(a+40)(a+75)$$

$$a^2+165a=a^2+115a+40\times75$$

$$50a=40\times75$$

$$\therefore a=60$$

15 0977 답 ④
유형 15

출제의도 | 두 사건이 서로 독립일 때, 확률을 구할 수 있는지 확인한다.

> 처음 꺼낸 빨간 공의 개수와 두 번째 꺼낸 빨간 공의 개수의 곱이 홀수이려면 처음 꺼낸 빨간 공의 개수와 두 번째 꺼낸 빨간 공의 개수가 모두 1이어야 해.

처음 꺼낸 빨간 공의 개수와 두 번째 꺼낸 빨간 공의 개수의 곱이 홀수이려면 처음 꺼낸 빨간 공의 개수와 두 번째 꺼낸 빨간 공의 개수가 모두 1이어야 한다.

따라서 구하는 확률은

$$\frac{{}_2C_1\times{}_3C_1}{{}_5C_2}\times\frac{{}_2C_1\times{}_3C_1}{{}_5C_2}=\frac{6}{10}\times\frac{6}{10}=\frac{9}{25}$$

16 0978 답 ④
유형 18

출제의도 | 독립시행의 확률을 구할 수 있는지 확인한다.

> 임의로 꺼낸 2개의 공에 적힌 숫자의 곱이 홀수이고, 동전의 앞면이 2번 나올 확률과 임의로 꺼낸 2개의 공에 적힌 숫자의 곱이 짝수이고, 동전의 앞면이 2번 나올 확률을 구해 보자.

(i) 임의로 꺼낸 2개의 공에 적힌 숫자의 곱이 홀수이고, 동전의 앞면이 2번 나올 확률은

$$\frac{{}_3C_2}{{}_5C_2}\times{}_2C_2\left(\frac{1}{2}\right)^2\left(\frac{1}{2}\right)^0=\frac{3}{10}\times\frac{1}{4}=\frac{3}{40}$$

(ii) 임의로 꺼낸 2개의 공에 적힌 숫자의 곱이 짝수이고, 동전의 앞면이 2번 나올 확률은

$$\left(1-\frac{{}_3C_2}{{}_5C_2}\right)\times{}_3C_2\left(\frac{1}{2}\right)^2\left(\frac{1}{2}\right)^1=\frac{7}{10}\times\frac{3}{8}=\frac{21}{80}$$

(i), (ii)에서 구하는 확률은

$$\frac{3}{40}+\frac{21}{80}=\frac{27}{80}$$

17 0979 답 ①
유형 9

출제의도 | 확률의 곱셈정리를 활용하여 확률을 구할 수 있는지 확인한다.

> 3학년 학생의 여학생 수는 남학생 수의 $\frac{4}{5}$이므로 3학년의 남학생 수를 $5a$라 하면 여학생 수는 $4a$야.

임의로 택한 1명이 남학생인 사건을 A, 제2외국어 영역에 응시한 학생인 사건을 E라 하자.

이 고등학교 3학년의 남학생 수를 $5a$라 하면 여학생 수는 $4a$이므로

$$P(A)=\frac{5a}{5a+4a}=\frac{5}{9},\ P(A^C)=1-\frac{5}{9}=\frac{4}{9},$$

$$P(E|A)=\frac{3}{10},\ P(E|A^C)=\frac{2}{5}$$

따라서 구하는 확률은

$$\begin{aligned}P(E)&=P(E\cap A)+P(E\cap A^C)\\&=P(A)P(E|A)+P(A^C)P(E|A^C)\\&=\frac{5}{9}\times\frac{3}{10}+\frac{4}{9}\times\frac{2}{5}\\&=\frac{31}{90}\end{aligned}$$

다른 풀이

이 고등학교 3학년의 남학생 수를 $5a$라 하면 여학생 수는 $4a$이다.

제2외국어 영역에 응시한 남학생 수는 $5a\times\frac{3}{10}=\frac{3}{2}a$,

제2외국어 영역에 응시한 여학생 수는 $4a\times\frac{2}{5}=\frac{8}{5}a$이다.

따라서 구하는 확률은

$$\frac{\frac{3}{2}a+\frac{8}{5}a}{5a+4a}=\frac{\frac{31}{10}a}{9a}$$

$$=\frac{31}{90}$$

18 0980 답 ③
유형 16

출제의도 | 서로 독립인 사건의 개수를 구할 수 있는지 확인한다.

> $P(A\cap X)=P(A)P(X)$에서 $\frac{2}{8}=\frac{4}{8}P(X)$야.
> 따라서 $P(X)=\frac{1}{2}$이므로 $n(X)=4$임을 이용해 보자.

조건 (나)에서 두 사건 A와 X는 서로 독립이므로

$P(A \cap X) = P(A)P(X)$에서

$\dfrac{2}{8} = \dfrac{4}{8}P(X)$

따라서 $P(X) = \dfrac{1}{2}$이므로 $n(X) = 4$

조건 (가)에서 $n(A \cap X) = 2$이므로 구하는 사건 X의 개수는
$A = \{1, 2, 3, 4\}$에서 2개의 원소를 택하고, $A^C = \{5, 6, 7, 8\}$에서 2개의 원소를 택하는 경우의 수와 같다.

$\therefore {}_4C_2 \times {}_4C_2 = 6 \times 6 = 36$

---

19 0981 답 ③   유형 21

출제의도 | 독립시행의 확률을 이용하여 조건부확률을 구할 수 있는지 확인한다.

> $a = b = 3$일 확률과 $a = 4$, $b = 2$일 확률을 구해 보자.

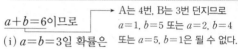

$\underline{a + b = 6$이므로$}$ → A는 4번, B는 3번 던지므로
(i) $a = b = 3$일 확률은 $a = 1, b = 5$ 또는 $a = 2, b = 4$
   또는 $a = 5, b = 1$은 될 수 없다.

$${}_4C_3\left(\dfrac{1}{3}\right)^3\left(\dfrac{2}{3}\right)^1 \times {}_3C_3\left(\dfrac{1}{3}\right)^3\left(\dfrac{2}{3}\right)^0 = \dfrac{8}{3^7}$$

(ii) $a = 4$, $b = 2$일 확률은

$${}_4C_4\left(\dfrac{1}{3}\right)^4 \times {}_3C_2\left(\dfrac{1}{3}\right)^2\left(\dfrac{2}{3}\right)^1 = \dfrac{6}{3^7}$$

$a + b = 6$인 사건을 A, $a > b$인 사건을 B라 하면

$P(A) = \dfrac{8}{3^7} + \dfrac{6}{3^7} = \dfrac{14}{3^7}$, $P(A \cap B) = \dfrac{6}{3^7}$

따라서 구하는 확률은

$$P(B \mid A) = \dfrac{P(A \cap B)}{P(A)} = \dfrac{\frac{6}{3^7}}{\frac{14}{3^7}}$$

$$= \dfrac{6}{14} = \dfrac{3}{7}$$

---

20 0982 답 ④   유형 11 + 유형 16

출제의도 | 독립인 조건을 이용하여 미지수를 구할 수 있는지 확인한다.

> $n = 2k-1$ (k는 자연수)이면 $P(B) = \dfrac{2k-1}{10}$,
> $n = 2k$ (k는 자연수)이면 $P(B) = \dfrac{2k}{10} = \dfrac{k}{5}$임을 이용해 보자.

$A = \{2, 4, 6, 8, 10\}$이므로 $P(A) = \dfrac{1}{2}$

$B = \{1, 2, \cdots, n\}$에 대하여

(i) n이 홀수, 즉 $n = 2k-1$ (k는 자연수)이면

$$P(B) = \dfrac{2k-1}{10}$$

$A \cap B = \{2, 4, \cdots, 2k-2\}$이므로 $P(A \cap B) = \dfrac{k-1}{10}$

$$P(A)P(B) = \dfrac{1}{2} \times \dfrac{2k-1}{10}$$

$$= \dfrac{2k-1}{20}$$

즉, $P(A \cap B) \neq P(A)P(B)$이므로 두 사건 A와 B가 서로 종속이다.

(ii) n이 짝수, 즉 $n = 2k$ (k는 자연수)이면

$$P(B) = \dfrac{2k}{10} = \dfrac{k}{5}$$

$A \cap B = \{2, 4, \cdots, 2k\}$이므로 $P(A \cap B) = \dfrac{k}{10}$

$$P(A)P(B) = \dfrac{1}{2} \times \dfrac{k}{5} = \dfrac{k}{10}$$

즉, $P(A \cap B) = P(A)P(B)$이므로 두 사건 A와 B가 서로 독립이다.

따라서 자연수 n의 값은 2, 4, 6, 8이므로 그 개수는 4이다.

---

21 0983 답 ④   유형 19

출제의도 | 독립시행의 확률을 구할 수 있는지 확인한다.

> 얻은 점수의 합이 8 이하인 사건을 A라 할 때, A^C가 일어날 확률을 구해 보자.

5번의 시행에서 서로 같은 면이 나오는 횟수를 r라 하면 서로 다른 면이 나오는 횟수는 $5-r$이므로 얻은 점수의 합은
$2r + (5-r) = r+5$

이때 얻은 점수의 합이 8 이하이려면
$r + 5 \leq 8$에서 $r \leq 3$

따라서 얻은 점수의 합이 8 이하인 사건을 A라 하면 여사건 A^C는 $r \geq 4$인 사건이다.

한 번의 시행에서 서로 같은 면이 나올 확률은 $\dfrac{1}{2}$이므로 $r \geq 4$일 확률은 다음과 같다.

(i) $r = 4$일 확률은

$${}_5C_4\left(\dfrac{1}{2}\right)^4\left(\dfrac{1}{2}\right)^1 = \dfrac{5}{32}$$

(ii) $r = 5$일 확률은

$${}_5C_5\left(\dfrac{1}{2}\right)^5\left(\dfrac{1}{2}\right)^0 = \dfrac{1}{32}$$

(i), (ii)에서

$$P(A^C) = \dfrac{5}{32} + \dfrac{1}{32} = \dfrac{3}{16}$$

따라서 구하는 확률은

$$1 - \dfrac{3}{16} = \dfrac{13}{16}$$

---

22 0984 답 $\dfrac{3}{10}$ 유형 6

출제의도 | 조합을 이용하여 조건부확률을 구할 수 있는지 확인한다.

STEP 1 $f(a) < f(b) < f(c)$일 확률 구하기 [2점]
집합 X에서 Y로의 모든 함수의 개수는 ${}_6\Pi_3 = 6^3 = 216$
집합 X에서 Y로의 모든 함수 중에서 임의로 한 함수를 택했을 때, $f(a) < f(b) < f(c)$인 사건을 A, $f(a) = 2$인 사건을 B라 하자.
$f(a) < f(b) < f(c)$인 함수의 개수는
집합 Y의 원소 1, 2, 3, 4, 5, 6에서 3개를 택해 작은 수부터 크기 순으로 각각 $f(a)$, $f(b)$, $f(c)$에 대응시키면 되므로 경우의 수는
${}_6C_3 = 20$

$\therefore P(A) = \dfrac{20}{216} = \dfrac{5}{54}$

$2=f(a)<f(b)<f(c)$인 함수의 개수는

집합 Y의 원소 중 2보다 큰 4개의 원소 3, 4, 5, 6에서 2개를 택해 작은 수부터 크기 순으로 각각 $f(b)$, $f(c)$에 대응시키면 되므로

경우의 수는 $_4C_2=6$

$\therefore P(A \cap B) = \dfrac{6}{216}$

$\qquad\qquad = \dfrac{1}{36}$

STEP3 확률 구하기 [2점]

구하는 확률은

$P(B|A) = \dfrac{P(A \cap B)}{P(A)}$

$\qquad\quad = \dfrac{\frac{1}{36}}{\frac{5}{54}} = \dfrac{3}{10}$

23 0985 답 9

유형 7

출제의도 | 조건부확률이 주어졌을 때, 미지수를 구할 수 있는지 확인한다.

STEP1 주어진 확률을 x에 대한 식으로 나타내기 [4점]

방과 후 수업을 듣는 학생 수는 $x+12+16+12=x+40$이고, 임의로 택한 한 명이 남학생인 사건을 A, 1반인 사건을 B라 하면

$P(A) = \dfrac{x+12}{x+40}$

$P(A \cap B) = \dfrac{x}{x+40}$

임의로 택한 한 명이 남학생이었을 때, 그 학생이 1반일 확률은 $\dfrac{3}{7}$

이므로

$P(B|A) = \dfrac{3}{7}$

$\therefore P(B|A) = \dfrac{P(A \cap B)}{P(A)}$

$\qquad\qquad = \dfrac{\frac{x}{x+40}}{\frac{x+12}{x+40}}$

$\qquad\qquad = \dfrac{x}{x+12}$

STEP2 x의 값 구하기 [2점]

$\dfrac{x}{x+12} = \dfrac{3}{7}$에서 $7x=3x+36$

$\therefore x=9$

24 0986 답 79

유형 20

출제의도 | 독립시행의 확률을 구할 수 있는지 확인한다.

STEP1 한 개의 동전을 6번 던져서 점 P가 점 $(6, 2)$로 이동할 조건 구하기
[3점]

한 개의 동전을 6번 던져서 앞면이 나온 횟수를 r라 하면 뒷면이 나온 횟수는 $6-r$이므로 점 P가 이동한 점의 좌표는

$(r+(6-r), 6-r)$, 즉 $(6, 6-r)$

따라서 $6-r=2$이므로 $r=4$

STEP2 확률 구하기 [2점]

구하는 확률은

$_6C_4 \left(\dfrac{1}{2}\right)^4 \left(\dfrac{1}{2}\right)^2 = \dfrac{15}{64}$

STEP3 $p+q$의 값 구하기 [1점]

$p=64$, $q=15$이므로

$p+q=64+15=79$

25 0987 답 $\dfrac{31}{1296}$

유형 22

출제의도 | 독립시행의 확률을 활용할 수 있는지 확인한다.

STEP1 A가 4번 모두 자유투를 성공하고 승자로 정해질 확률 구하기 [3점]

A가 4번 모두 자유투를 성공시킬 확률은

$\left(\dfrac{1}{2}\right)^4 = \dfrac{1}{16}$

B는 1, 2, 3번째 시도에서 2번은 성공, 1번은 실패하고, 4번째 시도에서 실패할 확률은

$_3C_2 \left(\dfrac{2}{3}\right)^2 \left(\dfrac{1}{3}\right)^1 \times \dfrac{1}{3} = \dfrac{12}{81}$

따라서 A가 4번 모두 자유투를 성공하고 승자로 정해질 확률은

$\dfrac{1}{16} \times \dfrac{12}{81} = \dfrac{12}{16 \times 81}$

STEP2 A가 3번 자유투를 성공하고 승자로 정해질 확률 구하기 [3점]

A는 1, 2, 3번째 시도에서 2번은 성공, 1번은 실패하고, 4번째 시도에서 성공할 확률은

$_3C_2 \left(\dfrac{1}{2}\right)^2 \left(\dfrac{1}{2}\right)^1 \times \dfrac{1}{2} = \dfrac{3}{16}$

B는 1, 2, 3번째 시도에서 1번은 성공, 2번은 실패하고, 4번째 시도에서 실패할 확률은

$_3C_1 \left(\dfrac{2}{3}\right)^1 \left(\dfrac{1}{3}\right)^2 \times \dfrac{1}{3} = \dfrac{6}{81}$

이때 1, 2, 3, 4번째 시도에서 A가 성공, 성공, 실패, 성공하고, B가 실패, 실패, 성공, 실패하는 경우 2번째 시도 후에 A가 승자로 결정되므로 이때의 확률 $\left(\dfrac{1}{2}\right)^4 \times \left\{\dfrac{2}{3} \times \left(\dfrac{1}{3}\right)^3\right\} = \dfrac{1}{8 \times 81}$ 을 뺀다.

따라서 A가 3번 자유투를 성공하고 승자로 정해질 확률은

$\dfrac{3}{16} \times \dfrac{6}{81} - \dfrac{1}{8 \times 81} = \dfrac{16}{16 \times 81}$

STEP3 A가 2번 자유투를 성공하고 승자로 정해질 확률 구하기 [3점]

A는 1, 2, 3번째 시도에서 1번은 성공, 2번은 실패하고, 4번째 시도에서 성공할 확률은

$_3C_1 \left(\dfrac{1}{2}\right)^1 \left(\dfrac{1}{2}\right)^2 \times \dfrac{1}{2} = \dfrac{3}{16}$

B는 1, 2, 3, 4번째 시도에서 모두 실패할 확률은

$\left(\dfrac{1}{3}\right)^4 = \dfrac{1}{81}$

따라서 A가 2번 자유투를 성공하고 승자로 정해질 확률은

$\dfrac{3}{16} \times \dfrac{1}{81} = \dfrac{3}{16 \times 81}$

STEP4 확률 구하기 [1점]

구하는 확률은

$\dfrac{12+16+3}{16 \times 81} = \dfrac{31}{16 \times 81}$

$\qquad\qquad\qquad = \dfrac{31}{1296}$

Ⅲ. 통계

05 확률분포 (1)

핵심 개념   212쪽~213쪽

0988 답 0, 1, 2

0989 답 풀이 참조

$P(X=0)=\dfrac{_3C_2}{_6C_2}=\dfrac{1}{5}$, $P(X=1)=\dfrac{_3C_1\times_3C_1}{_6C_2}=\dfrac{3}{5}$,

$P(X=2)=\dfrac{_3C_2}{_6C_2}=\dfrac{1}{5}$

이므로 X의 확률분포를 표로 나타내면 다음과 같다.

X	0	1	2	합계
$P(X=x)$	$\dfrac{1}{5}$	$\dfrac{3}{5}$	$\dfrac{1}{5}$	1

0990 답 1

확률의 총합은 1이므로

$\dfrac{1}{12}+\dfrac{1}{4}+\dfrac{a}{6}+\dfrac{1}{2}=1$, $\dfrac{a}{6}=\dfrac{1}{6}$ $\therefore a=1$

0991 답 $\dfrac{1}{2}$

$P(-1\le X\le 1)=P(X=-1)+P(X=0)+P(X=1)$

$=\dfrac{1}{12}+\dfrac{1}{4}+\dfrac{1}{6}=\dfrac{6}{12}=\dfrac{1}{2}$

다른 풀이

$P(-1\le X\le 1)=1-P(X=2)$

$=1-\dfrac{1}{2}=\dfrac{1}{2}$

0992 답 $\dfrac{7}{4}$

$E(X)=0\times\dfrac{1}{4}+1\times\dfrac{1}{8}+2\times\dfrac{1}{4}+3\times\dfrac{3}{8}$

$=\dfrac{14}{8}=\dfrac{7}{4}$

0993 답 $\dfrac{23}{16}$

$V(X)=E(X^2)-\{E(X)\}^2$

$=0^2\times\dfrac{1}{4}+1^2\times\dfrac{1}{8}+2^2\times\dfrac{1}{4}+3^2\times\dfrac{3}{8}-\left(\dfrac{7}{4}\right)^2$

$=\dfrac{23}{16}$

0994 답 $\dfrac{\sqrt{23}}{4}$

$\sigma(X)=\sqrt{V(X)}=\sqrt{\dfrac{23}{16}}=\dfrac{\sqrt{23}}{4}$

0995 답 $\dfrac{4}{3}$

한 개의 주사위를 한 번 던질 때, 6의 약수의 눈이 나올 확률은 $\dfrac{2}{3}$ 이다.

확률변수 X가 가질 수 있는 값은 0, 1, 2이고, 그 확률은

$P(X=0)=\dfrac{1}{3}\times\dfrac{1}{3}=\dfrac{1}{9}$,

$P(X=1)=\dfrac{2}{3}\times\dfrac{1}{3}+\dfrac{1}{3}\times\dfrac{2}{3}=\dfrac{4}{9}$,

$P(X=2)=\dfrac{2}{3}\times\dfrac{2}{3}=\dfrac{4}{9}$

이므로 X의 확률분포를 표로 나타내면 다음과 같다.

X	0	1	2	합계
$P(X=x)$	$\dfrac{1}{9}$	$\dfrac{4}{9}$	$\dfrac{4}{9}$	1

$\therefore E(X)=0\times\dfrac{1}{9}+1\times\dfrac{4}{9}+2\times\dfrac{4}{9}=\dfrac{12}{9}=\dfrac{4}{3}$

0996 답 평균 : 6, 분산 : 80, 표준편차 : $4\sqrt{5}$

$E(Y)=E(4X-6)=4E(X)-6=4\times3-6=6$

$V(Y)=V(4X-6)=4^2V(X)=16\times5=80$

$\sigma(Y)=\sigma(4X-6)=4\sigma(X)$

$=4\times\sqrt{5}=4\sqrt{5}$ $(\because \sigma(X)=\sqrt{V(X)}=\sqrt{5})$

다른 풀이

$\sigma(Y)=\sqrt{V(Y)}=\sqrt{80}=4\sqrt{5}$

0997 답 28

$E(X)=0\times\dfrac{2}{7}+1\times\dfrac{3}{7}+2\times\dfrac{2}{7}=\dfrac{7}{7}=1$

$V(X)=E(X^2)-\{E(X)\}^2$

$=0^2\times\dfrac{2}{7}+1^2\times\dfrac{3}{7}+2^2\times\dfrac{2}{7}-1^2=\dfrac{4}{7}$

$\therefore V(7X+2)=7^2V(X)=49\times\dfrac{4}{7}=28$

0998 답 $P(X=x)={_6C_x}\left(\dfrac{1}{3}\right)^x\left(\dfrac{2}{3}\right)^{6-x}$ $(x=0, 1, 2, \cdots, 6)$

0999 답 $\dfrac{80}{243}$

$P(X=2)={_6C_2}\left(\dfrac{1}{3}\right)^2\left(\dfrac{2}{3}\right)^4=\dfrac{80}{243}$

1000 답 평균 : 90, 분산 : 36, 표준편차 : 6

$E(X)=150\times\dfrac{3}{5}=90$

$V(X)=150\times\dfrac{3}{5}\times\dfrac{2}{5}=36$

$\sigma(X)=\sqrt{150\times\dfrac{3}{5}\times\dfrac{2}{5}}=\sqrt{36}=6$

다른 풀이

$\sigma(X)=\sqrt{V(X)}=\sqrt{36}=6$

1001 답 평균 : 60, 분산 : 50, 표준편차 : $5\sqrt{2}$

$\mathrm{E}(X)=360\times\dfrac{1}{6}=60$

$\mathrm{V}(X)=360\times\dfrac{1}{6}\times\dfrac{5}{6}=50$

$\sigma(X)=\sqrt{360\times\dfrac{1}{6}\times\dfrac{5}{6}}=\sqrt{50}=5\sqrt{2}$

기출 유형 check 실전 준비하기 214쪽~244쪽

1002 답 ①

$(\text{평균})=\dfrac{1\times4+2\times2+3\times4}{10}=\dfrac{20}{10}=2(\text{번})$

$(\text{분산})=\dfrac{(1-2)^2\times4+(2-2)^2\times2+(3-2)^2\times4}{10}$

$\qquad=\dfrac{8}{10}=0.8$

$\therefore (\text{표준편차})=\sqrt{0.8}(\text{번})$

1003 답 ⑤

분산은 각 편차의 제곱의 평균이므로

$(\text{분산})=\dfrac{(-3)^2+(-1)^2+0^2+2^2+2^2}{5}$

$\qquad=\dfrac{18}{5}=3.6$

1004 답 9.2

평균이 8이므로

$\dfrac{3+7+x+12+8}{5}=8,\ \dfrac{x+30}{5}=8$

$x+30=40 \quad \therefore x=10$

따라서 다섯 개의 변량 3, 7, 10, 12, 8의 편차를 차례로 구하면

$-5,\ -1,\ 2,\ 4,\ 0$

$\therefore (\text{분산})=\dfrac{(-5)^2+(-1)^2+2^2+4^2+0^2}{5}$

$\qquad=\dfrac{46}{5}=9.2$

1005 답 ②

표준편차가 작을수록 성적이 고르므로 성적이 가장 고른 과목은 한국사이다.

1006 답 ②

② 분산은 편차의 제곱의 평균이다.

1007 답 ③

유형 1

확률변수 X의 확률분포를 표로 나타내면 다음과 같을 때,
$\mathrm{P}(1\leq X\leq 2)$는? (단, a는 상수이다.)

단서2

X	1	2	3	4	합계
$\mathrm{P}(X=x)$	a	$2a$	$3a$	$4a$	1

단서1

① $\dfrac{1}{10}$ ② $\dfrac{1}{5}$ ③ $\dfrac{3}{10}$

④ $\dfrac{2}{5}$ ⑤ $\dfrac{1}{2}$

단서1 확률의 총합은 1

단서2 $\mathrm{P}(1\leq X\leq 2)=\mathrm{P}(X=1)+\mathrm{P}(X=2)$

STEP1 상수 a의 값 구하기

확률의 총합은 1이므로

$a+2a+3a+4a=1$

$10a=1$

$\therefore a=\dfrac{1}{10}$

STEP2 $\mathrm{P}(1\leq X\leq 2)$ 구하기

$\mathrm{P}(1\leq X\leq 2)=\mathrm{P}(X=1)+\mathrm{P}(X=2)$

$\qquad=\dfrac{1}{10}+\dfrac{2}{10}=\dfrac{3}{10}$

1008 답 ⑤

확률의 총합은 1이므로

$a+\dfrac{1}{3}+\dfrac{1}{6}=1$

$\therefore a=\dfrac{1}{2}$

1009 답 ②

확률의 총합은 1이므로

$k+2k+3k=1$

$6k=1$

$\therefore k=\dfrac{1}{6}$

1010 답 ⑤

확률의 총합은 1이므로

$\dfrac{1}{9}+\dfrac{2}{9}+a+\dfrac{4}{9}=1$

$\therefore a=\dfrac{2}{9}$

$\therefore \mathrm{P}(X\leq 9a)=\mathrm{P}(X\leq 2)$

$\qquad=\mathrm{P}(X=0)+\mathrm{P}(X=1)+\mathrm{P}(X=2)$

$\qquad=\dfrac{1}{9}+\dfrac{2}{9}+\dfrac{2}{9}$

$\qquad=\dfrac{5}{9}$

'다른 풀이

$\mathrm{P}(X\leq 9a)=\mathrm{P}(X\leq 2)$

$$= 1 - P(X=3)$$
$$= 1 - \frac{4}{9} = \frac{5}{9}$$

1011 답 2

$P(-1 \le X \le 0) = \frac{3}{4}$에서

$P(X=-1) + P(X=0) = a + \frac{1}{4} = \frac{3}{4}$

$\therefore a = \frac{1}{2}$

확률의 총합은 1이므로

$\frac{1}{2} + \frac{1}{4} + b = 1$ $\therefore b = \frac{1}{4}$

$\therefore \dfrac{a}{b} = \dfrac{\frac{1}{2}}{\frac{1}{4}} = 2$

1012 답 ④

확률의 총합은 1이므로

$a + a + 2a = 1$, $4a = 1$ $\therefore a = \frac{1}{4}$

$X^2 - 4X + 3 = 0$에서 $(X-1)(X-3) = 0$

$\therefore X = 1$ 또는 $X = 3$

$\therefore P(X^2 - 4X + 3 = 0) = P(X=1 \text{ 또는 } X=3)$
$$= P(X=1) + P(X=3)$$
$$= \frac{1}{4} + \frac{2}{4} = \frac{3}{4}$$

1013 답 ②

확률의 총합은 1이므로

$a + b + \frac{1}{2} = 1$ ⋯⋯⋯⋯⋯⋯⋯⋯⋯⋯ ㉠

$X^2 - 5X + 6 \le 0$에서 $(X-2)(X-3) \le 0$

$\therefore 2 \le X \le 3$

$P(X^2 - 5X + 6 \le 0) = \frac{5}{6}$에서

$P(2 \le X \le 3) = \frac{5}{6}$

$P(X=2) + P(X=3) = b + \frac{1}{2} = \frac{5}{6}$

$\therefore b = \frac{1}{3}$ ⋯⋯⋯⋯⋯⋯⋯⋯⋯⋯ ㉡

㉡을 ㉠에 대입하면 $a = \frac{1}{6}$

$\therefore a - b = \frac{1}{6} - \frac{1}{3} = -\frac{1}{6}$

1014 답 $\frac{3}{8}$

확률의 총합은 1이므로

$a + b + 2a + 2b + \frac{1}{4} = 1$

$\therefore a + b = \frac{1}{4}$ ⋯⋯⋯⋯⋯⋯⋯⋯⋯⋯ ㉠

$2P(X=2) = 3P(X=3)$에서

$2b = 3 \times 2a$ $\therefore b = 3a$ ⋯⋯⋯⋯⋯⋯⋯⋯ ㉡

㉠, ㉡을 연립하여 풀면 $a = \frac{1}{16}$, $b = \frac{3}{16}$

$\therefore P(X \le 3) = P(X=1) + P(X=2) + P(X=3)$
$$= \frac{1}{16} + \frac{3}{16} + \frac{2}{16} = \frac{6}{16} = \frac{3}{8}$$

다른 풀이

$P(X \le 3) = 1 - \{P(X=4) + P(X=5)\}$
$$= 1 - \left(2 \times \frac{3}{16} + \frac{1}{4}\right) = \frac{3}{8}$$

1015 답 ⑤

확률의 총합은 1이므로

$\frac{1}{3} + a + b + \frac{1}{6} = 1$

$\therefore a + b = \frac{1}{2}$ ⋯⋯⋯⋯⋯⋯⋯⋯⋯⋯ ㉠

$P(A) = P(2 \le X \le 3) = P(X=2) + P(X=3)$,

$P(B) = P(3 \le X \le 4) = P(X=3) + P(X=4)$에서

$P(A \cap B) = P(X=3)$

두 사건 A, B가 서로 독립이므로

$P(A \cap B) = P(A)P(B)$에서

$P(X=3) = P(2 \le X \le 3) \times P(3 \le X \le 4)$

$\therefore b = (a+b) \times \left(b + \frac{1}{6}\right)$ ⋯⋯⋯⋯⋯⋯ ㉡

㉠을 ㉡에 대입하면

$b = \frac{1}{2} \times \left(b + \frac{1}{6}\right) = \frac{1}{2}b + \frac{1}{12}$

$\frac{1}{2}b = \frac{1}{12}$ $\therefore b = \frac{1}{6}$ ⋯⋯⋯⋯⋯⋯ ㉢

㉢을 ㉠에 대입하면 $a = \frac{1}{3}$

$\therefore \dfrac{a}{b} = \dfrac{\frac{1}{3}}{\frac{1}{6}} = 2$

1016 답 ⑤

확률의 총합은 1이므로

$a + \left(a + \frac{1}{4}\right) + \left(a + \frac{1}{2}\right) = 1$

$3a + \frac{3}{4} = 1$ $\therefore a = \frac{1}{12}$

$\therefore P(X \le 2) = P(X=1) + P(X=2)$
$$= \frac{1}{12} + \left(\frac{1}{12} + \frac{1}{4}\right) = \frac{5}{12}$$

다른 풀이

$$P(X \leq 2) = 1 - P(X=3)$$
$$= 1 - \left(\frac{1}{12} + \frac{1}{2}\right)$$
$$= \frac{5}{12}$$

1017 답 ⑤ |유형2

> 확률변수 X의 확률질량함수가
> $$\underline{P(X=x) = k(x-1) \ (x=2,\,3,\,4,\,5)}$$
> 단서1
> 일 때, $\underline{P(X \leq 4)}$는? (단, k는 상수이다.)
> 단서2
>
> ① $\frac{1}{5}$　　② $\frac{3}{10}$　　③ $\frac{2}{5}$
>
> ④ $\frac{1}{2}$　　⑤ $\frac{3}{5}$
>
> 단서1 $P(X=x)$에 x의 값을 대입하여 확률의 총합은 1임을 이용
> 단서2 $P(X \leq 4) = P(X=2) + P(X=3) + P(X=4)$

STEP1 상수 k의 값 구하기

확률의 총합은 1이므로
$$P(X=2) + P(X=3) + P(X=4) + P(X=5) = 1$$
$$k \times (2-1) + k \times (3-1) + k \times (4-1) + k \times (5-1) = 1$$
$$k + 2k + 3k + 4k = 1$$
$$10k = 1 \quad \therefore k = \frac{1}{10}$$

STEP2 $P(X \leq 4)$ 구하기

$$P(X \leq 4) = P(X=2) + P(X=3) + P(X=4)$$
$$= \frac{1}{10} + \frac{2}{10} + \frac{3}{10} = \frac{3}{5}$$

다른 풀이

$$P(X \leq 4) = 1 - P(X=5)$$
$$= 1 - \frac{4}{10} = \frac{3}{5}$$

1018 답 ②

확률의 총합은 1이므로
$$P(X=1) + P(X=2) + P(X=3) = 1$$
$$k + 2k + 3k = 1, \ 6k = 1$$
$$\therefore k = \frac{1}{6}$$

1019 답 ④

확률의 총합은 1이므로
$$P(X=0) + P(X=1) + P(X=2) = 1$$
$$\frac{k \times {}_3C_0}{10} + \frac{k \times {}_3C_1}{10} + \frac{k \times {}_3C_2}{10} = 1$$
$$\frac{k}{10}(1 + 3 + 3) = 1, \ \frac{7}{10}k = 1$$
$$\therefore k = \frac{10}{7}$$

1020 답 $\frac{11}{10}$

확률의 총합은 1이므로
$$P(X=1) + P(X=2) + \cdots + P(X=10) = 1$$
$$\frac{k}{1 \times 2} + \frac{k}{2 \times 3} + \cdots + \frac{k}{10 \times 11} = 1$$
$$k\left\{\left(1 - \frac{1}{2}\right) + \left(\frac{1}{2} - \frac{1}{3}\right) + \cdots + \left(\frac{1}{10} - \frac{1}{11}\right)\right\} = 1$$
$$k\left(1 - \frac{1}{11}\right) = 1, \ \frac{10}{11}k = 1$$
$$\therefore k = \frac{11}{10}$$

개념 Check

부분분수로의 변형

(1) $\dfrac{1}{AB} = \dfrac{1}{B-A}\left(\dfrac{1}{A} - \dfrac{1}{B}\right)$ (단, $A \neq B$)

(2) $\dfrac{k}{AB} = \dfrac{k}{B-A}\left(\dfrac{1}{A} - \dfrac{1}{B}\right)$ (단, $k \neq 0,\ A \neq B$)

1021 답 ③

확률의 총합은 1이므로
$$P(X=1) + P(X=2) + \cdots + P(X=10) = 1$$
$$10k = 1 \quad \therefore k = \frac{1}{10}$$
$$\therefore P(3 \leq X \leq 5) = P(X=3) + P(X=4) + P(X=5)$$
$$= 3k$$
$$= 3 \times \frac{1}{10} = \frac{3}{10}$$

1022 답 ②

확률의 총합은 1이므로
$$P(X=1) + P(X=2) + P(X=3) + P(X=4) = 1$$
$$k \times 1^2 + k \times 2^2 + k \times 3^2 + k \times 4^2 = 1$$
$$30k = 1 \quad \therefore k = \frac{1}{30}$$
$$X^2 - 3X + 2 = 0 \text{에서 } (X-1)(X-2) = 0$$
$$\therefore X = 1 \text{ 또는 } X = 2$$
$$\therefore P(X^2 - 3X + 2 = 0) = P(X=1) + P(X=2)$$
$$= \frac{1}{30} + \frac{4}{30}$$
$$= \frac{5}{30} = \frac{1}{6}$$

1023 답 $\frac{5}{12}$

확률의 총합은 1이므로
$$P(X=-2) + P(X=-1) + P(X=0) + P(X=1) + P(X=2) = 1$$
$$\left(\frac{1}{6} + \frac{2}{a}\right) + \left(\frac{1}{6} + \frac{1}{a}\right) + \frac{1}{6} + \left(\frac{1}{6} + \frac{1}{a}\right) + \left(\frac{1}{6} + \frac{2}{a}\right) = 1$$
$$\frac{6}{a} + \frac{5}{6} = 1, \ \frac{6}{a} = \frac{1}{6}$$
$$\therefore a = 36$$

$$\therefore P(X \geq 1) = P(X=1) + P(X=2)$$
$$= \left(\frac{1}{6} + \frac{1}{36}\right) + \left(\frac{1}{6} + \frac{2}{36}\right) = \frac{15}{36} = \frac{5}{12}$$

1024 답 ②

확률의 총합은 1이므로

$$P(X=-2) + P(X=-1) + P(X=0) + P(X=1)$$
$$+ P(X=2) = 1$$

$$\left(k+\frac{2}{8}\right) + \left(k+\frac{1}{8}\right) + k + \left(k+\frac{1}{8}\right) + \left(k+\frac{2}{8}\right) = 1$$

$$5k + \frac{3}{4} = 1, \ 5k = \frac{1}{4}$$

$$\therefore k = \frac{1}{20}$$

$X^2 = 1$에서 $X = \pm 1$이므로

$$P(X^2=1) = P(X=-1) + P(X=1)$$
$$= \left(\frac{1}{20} + \frac{1}{8}\right) + \left(\frac{1}{20} + \frac{1}{8}\right) = \frac{7}{20}$$

1025 답 ④

$$P(X=x) = \frac{k}{\sqrt{x} + \sqrt{x+1}}$$
$$= \frac{k(\sqrt{x} - \sqrt{x+1})}{(\sqrt{x} + \sqrt{x+1})(\sqrt{x} - \sqrt{x+1})}$$
$$= k(\sqrt{x+1} - \sqrt{x})$$

확률의 총합은 1이므로

$$P(X=1) + P(X=2) + P(X=3) + \cdots + P(X=15) = 1$$

$$k(\sqrt{2} - \sqrt{1}) + k(\sqrt{3} - \sqrt{2}) + k(\sqrt{4} - \sqrt{3}) + \cdots + k(\sqrt{16} - \sqrt{15}) = 1$$

$$k\{(\sqrt{2} - \sqrt{1}) + (\sqrt{3} - \sqrt{2}) + (\sqrt{4} - \sqrt{3}) + \cdots + (\sqrt{16} - \sqrt{15})\} = 1$$

$$k(-\sqrt{1} + \sqrt{16}) = 1, \ 3k = 1$$

$$\therefore k = \frac{1}{3}$$

$$\therefore P(1 \leq X \leq 3) = P(X=1) + P(X=2) + P(X=3)$$
$$= \frac{1}{3}\{(\sqrt{2} - \sqrt{1}) + (\sqrt{3} - \sqrt{2}) + (\sqrt{4} - \sqrt{3})\}$$
$$= \frac{1}{3}(-\sqrt{1} + \sqrt{4}) = \frac{1}{3}$$

개념 Check

분모가 $\sqrt{x} + \sqrt{y}$ 꼴인 분수는 곱셈 공식 $(a-b)(a+b) = a^2 - b^2$을 이용하여 분모를 유리화한다.

$$\frac{k}{\sqrt{x} + \sqrt{y}} = \frac{k(\sqrt{x} - \sqrt{y})}{(\sqrt{x} + \sqrt{y})(\sqrt{x} - \sqrt{y})} = \frac{k(\sqrt{x} - \sqrt{y})}{x - y} \ (단, \ x \neq y)$$

1026 답 ④

$$P(X=x) = \frac{a}{\sqrt{2x+1} + \sqrt{2x-1}}$$
$$= \frac{a(\sqrt{2x+1} - \sqrt{2x-1})}{(\sqrt{2x+1} + \sqrt{2x-1})(\sqrt{2x+1} - \sqrt{2x-1})}$$
$$= \frac{a(\sqrt{2x+1} - \sqrt{2x-1})}{2}$$

확률의 총합은 1이므로

$$P(X=1) + P(X=2) + \cdots + P(X=10) = 1$$

$$\frac{a}{2}\{(\sqrt{3} - \sqrt{1}) + (\sqrt{5} - \sqrt{3}) + \cdots + (\sqrt{19} - \sqrt{17}) + (\sqrt{21} - \sqrt{19})\} = 1$$

$$\frac{a}{2}(\sqrt{21} - \sqrt{1}) = 1$$

$$\therefore a = \frac{2}{\sqrt{21} - 1} = \frac{2(\sqrt{21} + 1)}{(\sqrt{21} - 1)(\sqrt{21} + 1)} = \frac{\sqrt{21} + 1}{10}$$

$X^2 - 5X < 0$에서 $X(X-5) < 0$ $\therefore 0 < X < 5$

$$\therefore P(X^2 - 5X < 0)$$
$$= P(0 < X < 5)$$
$$= P(X=1) + P(X=2) + P(X=3) + P(X=4)$$
$$= \frac{a}{2}\{(\sqrt{3} - \sqrt{1}) + (\sqrt{5} - \sqrt{3}) + (\sqrt{7} - \sqrt{5}) + (\sqrt{9} - \sqrt{7})\}$$
$$= \frac{a}{2}(\sqrt{9} - \sqrt{1})$$
$$= a = \frac{\sqrt{21} + 1}{10}$$

실수 Check

분모에 근호가 있는 식이 있을 때에는 먼저 분모를 유리화하여 간단히 한 후 식의 값을 구한다.

복잡한 식인 경우에는 분모의 유리화를 이용하면 소거되는 항을 이용하여 식을 쉽게 계산할 수 있다.

1027 답 ⑤ | 유형 3

흰 공 2개, 검은 공 3개가 들어 있는 주머니에서 임의로 2개의 공을 동시에 꺼낼 때, 나오는 검은 공의 개수를 확률변수 X라 하자. 이때 **단서1** **단서2**
$P(X \geq 1)$은?

① $\frac{1}{10}$ ② $\frac{3}{10}$ ③ $\frac{1}{2}$

④ $\frac{7}{10}$ ⑤ $\frac{9}{10}$

단서1 ${}_5C_2$
단서2 $X = 0, \ 1, \ 2$

STEP1 확률변수 X의 확률질량함수 구하기

확률변수 X가 가질 수 있는 값은 0, 1, 2이고, 확률질량함수는

$$P(X=x) = \frac{{}_3C_x \times {}_2C_{2-x}}{{}_5C_2} \ (x=0, \ 1, \ 2)$$

STEP2 X의 확률분포를 표로 나타내기

$$P(X=0) = \frac{{}_3C_0 \times {}_2C_2}{{}_5C_2} = \frac{1}{10}$$

$$P(X=1) = \frac{{}_3C_1 \times {}_2C_1}{{}_5C_2} = \frac{3}{5}$$

$$P(X=2) = \frac{{}_3C_2 \times {}_2C_0}{{}_5C_2} = \frac{3}{10}$$

따라서 X의 확률분포를 표로 나타내면 다음과 같다.

X	0	1	2	합계
$P(X=x)$	$\frac{1}{10}$	$\frac{3}{5}$	$\frac{3}{10}$	1

STEP3 $P(X \geq 1)$ 구하기

$$P(X \geq 1) = P(X=1) + P(X=2)$$
$$= \frac{3}{5} + \frac{3}{10} = \frac{9}{10}$$

$P(X \geq 1) = 1 - P(X=0)$

$= 1 - \dfrac{1}{10} = \dfrac{9}{10}$

1028 📋 풀이 참조

확률변수 X가 가질 수 있는 값은 0, 1, 2이고, 확률질량함수는

$P(X=x) = \dfrac{{}_4C_x \times {}_3C_{2-x}}{{}_7C_2}$ $(x=0, 1, 2)$이므로

$P(X=0) = \dfrac{{}_4C_0 \times {}_3C_2}{{}_7C_2} = \dfrac{1}{7}$

$P(X=1) = \dfrac{{}_4C_1 \times {}_3C_1}{{}_7C_2} = \dfrac{4}{7}$

$P(X=2) = \dfrac{{}_4C_2 \times {}_3C_0}{{}_7C_2} = \dfrac{2}{7}$

따라서 X의 확률분포를 표로 나타내면 다음과 같다.

X	0	1	2	합계
$P(X=x)$	$\dfrac{1}{7}$	$\dfrac{4}{7}$	$\dfrac{2}{7}$	1

1029 📋 풀이 참조

확률변수 X가 가질 수 있는 값은 0, 1, 2이고, 확률질량함수는

$P(X=x) = {}_2C_x \left(\dfrac{1}{2}\right)^x \left(\dfrac{1}{2}\right)^{2-x}$ $(x=0, 1, 2)$이므로

$P(X=0) = {}_2C_0 \left(\dfrac{1}{2}\right)^0 \left(\dfrac{1}{2}\right)^2 = \dfrac{1}{4}$

$P(X=1) = {}_2C_1 \left(\dfrac{1}{2}\right)^1 \left(\dfrac{1}{2}\right)^1 = \dfrac{1}{2}$

$P(X=2) = {}_2C_2 \left(\dfrac{1}{2}\right)^2 \left(\dfrac{1}{2}\right)^0 = \dfrac{1}{4}$

따라서 X의 확률분포를 표로 나타내면 다음과 같다.

X	0	1	2	합계
$P(X=x)$	$\dfrac{1}{4}$	$\dfrac{1}{2}$	$\dfrac{1}{4}$	1

1030 📋 ④

확률변수 X가 가질 수 있는 값은 0, 1, 2, 3이고, 확률질량함수는

$P(X=x) = \dfrac{{}_4C_x \times {}_5C_{3-x}}{{}_9C_3}$ $(x=0, 1, 2, 3)$이므로

$P(X=0) = \dfrac{{}_4C_0 \times {}_5C_3}{{}_9C_3} = \dfrac{5}{42}$

$P(X=1) = \dfrac{{}_4C_1 \times {}_5C_2}{{}_9C_3} = \dfrac{10}{21}$

$P(X=2) = \dfrac{{}_4C_2 \times {}_5C_1}{{}_9C_3} = \dfrac{5}{14}$

$P(X=3) = \dfrac{{}_4C_3 \times {}_5C_0}{{}_9C_3} = \dfrac{1}{21}$

따라서 X의 확률분포를 표로 나타내면 다음과 같다.

X	0	1	2	3	합계
$P(X=x)$	$\dfrac{5}{42}$	$\dfrac{10}{21}$	$\dfrac{5}{14}$	$\dfrac{1}{21}$	1

$\therefore P(1 \leq X \leq 3) = P(X=1) + P(X=2) + P(X=3)$

$= \dfrac{10}{21} + \dfrac{5}{14} + \dfrac{1}{21}$

$= \dfrac{37}{42}$

$P(1 \leq X \leq 3) = 1 - P(X=0)$

$= 1 - \dfrac{5}{42} = \dfrac{37}{42}$

1031 📋 ⑤

확률변수 X가 가질 수 있는 값은 0, 1, 2, 3이고, 확률질량함수는

$P(X=x) = \dfrac{{}_3C_x \times {}_5C_{3-x}}{{}_8C_3}$ $(x=0, 1, 2, 3)$이므로

$P(X=0) = \dfrac{{}_3C_0 \times {}_5C_3}{{}_8C_3} = \dfrac{5}{28}$

$P(X=1) = \dfrac{{}_3C_1 \times {}_5C_2}{{}_8C_3} = \dfrac{15}{28}$

$P(X=2) = \dfrac{{}_3C_2 \times {}_5C_1}{{}_8C_3} = \dfrac{15}{56}$

$P(X=3) = \dfrac{{}_3C_3 \times {}_5C_0}{{}_8C_3} = \dfrac{1}{56}$

따라서 X의 확률분포를 표로 나타내면 다음과 같다.

X	0	1	2	3	합계
$P(X=x)$	$\dfrac{5}{28}$	$\dfrac{15}{28}$	$\dfrac{15}{56}$	$\dfrac{1}{56}$	1

$\therefore P(X < 2) = P(X=0) + P(X=1)$

$= \dfrac{5}{28} + \dfrac{15}{28} = \dfrac{20}{28} = \dfrac{5}{7}$

1032 📋 ④

나오는 두 눈의 수를 각각 a, b라 하면 모든 순서쌍 (a, b)의 개수는 $6 \times 6 = 36$

두 수 a, b의 평균이 X이므로

$X = \dfrac{a+b}{2}$

이때 $2 \leq X \leq 3$에서 $2 \leq \dfrac{a+b}{2} \leq 3$ $\qquad \therefore 4 \leq a+b \leq 6$

즉, $a+b$의 값이 4, 5, 6인 경우이다.

각각의 경우에 대하여 순서쌍 (a, b)는 다음과 같다.

(i) $a+b=4$인 경우

(1, 3), (2, 2), (3, 1)의 3가지이므로

$P(X=2) = \dfrac{3}{36}$

(ii) $a+b=5$인 경우

(1, 4), (2, 3), (3, 2), (4, 1)의 4가지이므로

$P\left(X = \dfrac{5}{2}\right) = \dfrac{4}{36}$

(iii) $a+b=6$인 경우는

(1, 5), (2, 4), (3, 3), (4, 2), (5, 1)의 5가지이므로

$P(X=3) = \dfrac{5}{36}$

따라서 구하는 확률은

$$P(2 \leq X \leq 3) = P(X=2) + P\left(X=\frac{5}{2}\right) + P(X=3)$$
$$= \frac{3}{36} + \frac{4}{36} + \frac{5}{36} = \frac{12}{36} = \frac{1}{3}$$

1033 답 ⑤

바닥에 닿은 면에 적힌 두 수를 각각 a, b라 하면 모든 순서쌍 (a, b)의 개수는

$_4\Pi_2 = 4^2 = 16$ → 1, 3, 5, 7의 4개에서 중복을 허용하여 2개를 택하는 중복순열의 수이다.

$X^2 - 12X + 32 = 0$에서

$(X-4)(X-8) = 0$ ∴ $X=4$ 또는 $X=8$

즉, $a+b=4$ 또는 $a+b=8$인 경우이다.

(i) $a+b=4$인 경우

  $(1, 3), (3, 1)$의 2가지이므로

  $$P(X=4) = \frac{2}{16} = \frac{1}{8}$$

(ii) $a+b=8$인 경우

  $(1, 7), (3, 5), (5, 3), (7, 1)$의 4가지이므로

  $$P(X=8) = \frac{4}{16} = \frac{1}{4}$$

∴ $P(X^2 - 12X + 32 = 0) = P(X=4$ 또는 $X=8)$
$$= P(X=4) + P(X=8)$$
$$= \frac{1}{8} + \frac{1}{4} = \frac{3}{8}$$

1034 답 ⑤

6개의 숫자 중에서 3개의 숫자를 선택하는 경우의 수는

$_6C_3 = 20$

(i) $X=5$인 경우

  5는 반드시 선택하고 1, 2, 3, 4 중에서 2개를 선택하면 되므로 경우의 수는

  $_4C_2 = 6$

(ii) $X=6$인 경우

  6은 반드시 선택하고 1, 2, 3, 4, 5 중에서 2개를 선택하면 되므로 경우의 수는

  $_5C_2 = 10$

∴ $P(X \geq 5) = P(X=5) + P(X=6)$
$$= \frac{6}{20} + \frac{10}{20} = \frac{4}{5}$$

1035 답 2

확률변수 X가 가질 수 있는 값은 0, 1, 2, 3이고, 확률질량함수는

$P(X=x) = {}_3C_x \left(\frac{1}{2}\right)^x \left(\frac{1}{2}\right)^{3-x}$ $(x=0, 1, 2, 3)$이므로

$$P(X=0) = {}_3C_0 \left(\frac{1}{2}\right)^0 \left(\frac{1}{2}\right)^3 = \frac{1}{8}$$

$$P(X=1) = {}_3C_1 \left(\frac{1}{2}\right)^1 \left(\frac{1}{2}\right)^2 = \frac{3}{8}$$

$$P(X=2) = {}_3C_2 \left(\frac{1}{2}\right)^2 \left(\frac{1}{2}\right)^1 = \frac{3}{8}$$

$$P(X=3) = {}_3C_3 \left(\frac{1}{2}\right)^3 \left(\frac{1}{2}\right)^0 = \frac{1}{8}$$

따라서 X의 확률분포를 표로 나타내면 다음과 같다.

X	0	1	2	3	합계
$P(X=x)$	$\frac{1}{8}$	$\frac{3}{8}$	$\frac{3}{8}$	$\frac{1}{8}$	1

이때

$$P(X \geq 2) = P(X=2) + P(X=3)$$
$$= \frac{3}{8} + \frac{1}{8} = \frac{1}{2}$$

이므로

$k=2$

1036 답 ③

다섯 개의 숫자 1, 2, 3, 4, 4를 일렬로 나열하는 경우의 수는

$$\frac{5!}{2!} = 60$$

(i) $X=1$인 경우

  숫자 4 사이에 나열할 숫자 1개를 고르는 경우의 수는 3,

  $(4, \square, 4)$, $\square$, $\square$를 일렬로 나열하는 경우의 수는 3!

  이므로 경우의 수는

  $3 \times 3! = 18$

(ii) $X=2$인 경우 ← 1, 2, 3의 3개의 숫자에서 2개를 선택하여 일렬로 나열하는 순열의 수이다.

  숫자 4 사이에 2개의 숫자를 나열하는 경우의 수는 $_3P_2 = 6$,

  $(4, \square, \square, 4)$, $\square$를 일렬로 나열하는 경우의 수는 2!

  이므로 경우의 수는

  $6 \times 2! = 12$

∴ $P(X=1) + P(X=2) = \frac{18}{60} + \frac{12}{60} = \frac{1}{2}$

개념 Check

같은 것이 있는 순열

n개 중에서 서로 같은 것이 각각 p개, q개, $\cdots$, r개씩 있을 때, n개를 일렬로 나열하는 경우의 수는

→ $\dfrac{n!}{p! \times q! \times \cdots \times r!}$ (단, $p+q+\cdots+r=n$)

실수 Check

확률변수 X가 가질 수 있는 값이 0, 1, 2, 3이므로 $P(X=1) + P(X=2)$의 값은 $1 - P(X=3)$으로 구하지 않도록 주의한다.

Plus 문제

1036-1

여섯 개의 문자 a, b, c, e, e, e를 임의로 일렬로 나열할 때, a와 b 사이에 들어 있는 문자의 개수를 확률변수 X라 하자. 이때 $P(X \geq 2)$를 구하시오.

여섯 개의 문자 a, b, c, e, e, e를 일렬로 나열하는 경우의 수는

$$\frac{6!}{3!} = 120$$

확률변수 X가 가질 수 있는 값은 0, 1, 2, 3, 4이므로

$P(X \geq 2) = 1 - P(X \leq 1)$
$$= 1 - \{P(X=0) + P(X=1)\}$$

(ⅰ) $X=0$인 경우

a와 b가 이웃하는 경우이므로 a와 b를 한 개의 문자로 생각하면 (a, b), c, e, e, e를 일렬로 나열하는 경우의 수는

$\dfrac{5!}{3!}=20$,

a와 b의 자리를 바꾸는 경우의 수는 $2!=2$

이므로 경우의 수는 $20\times2=40$

$\therefore \mathrm{P}(X=0)=\dfrac{40}{120}=\dfrac{1}{3}$

(ⅱ) $X=1$인 경우

ⓐ a와 b 사이에 c가 있는 경우

(a, c, b), e, e, e를 일렬로 나열하는 경우의 수는

$\dfrac{4!}{3!}=4$,

a와 b의 자리를 바꾸는 경우의 수는 $2!=2$

이므로 ⓐ의 경우의 수는 $4\times2=8$

ⓑ a와 b 사이에 e가 있는 경우

(a, e, b), c, e, e를 일렬로 나열하는 경우의 수는

$\dfrac{4!}{2!}=12$,

a와 b의 자리를 바꾸는 경우의 수는 $2!=2$

이므로 ⓑ의 경우의 수는 $12\times2=24$

ⓐ, ⓑ에서 $\mathrm{P}(X=1)=\dfrac{8+24}{120}=\dfrac{4}{15}$

$\therefore \mathrm{P}(X\geq2)=1-\{\mathrm{P}(X=0)+\mathrm{P}(X=1)\}$

$=1-\left(\dfrac{1}{3}+\dfrac{4}{15}\right)=\dfrac{2}{5}$

目 $\dfrac{2}{5}$

1037 目 ① | 유형 4

확률변수 X의 확률분포를 표로 나타내면 다음과 같을 때, $\underline{\mathrm{V}(X)}$는? (단, a는 상수이다.) **단서2**

X	2	3	4	5	합계
$\mathrm{P}(X=x)$	$\dfrac{1}{10}$	$\dfrac{1}{5}$	$\dfrac{3}{10}$	a	1

단서1

① 1 ② 2 ③ 3
④ 4 ⑤ 5

단서1 확률의 총합은 1
단서2 $\mathrm{V}(X)=\mathrm{E}(X^2)-\{\mathrm{E}(X)\}^2$

STEP1 상수 a의 값 구하기

확률의 총합은 1이므로

$\dfrac{1}{10}+\dfrac{1}{5}+\dfrac{3}{10}+a=1$

$\therefore a=\dfrac{2}{5}$

STEP2 $\mathrm{E}(X)$, $\mathrm{E}(X^2)$ 구하기

$\mathrm{E}(X)=2\times\dfrac{1}{10}+3\times\dfrac{1}{5}+4\times\dfrac{3}{10}+5\times\dfrac{2}{5}=4$

$\mathrm{E}(X^2)=2^2\times\dfrac{1}{10}+3^2\times\dfrac{1}{5}+4^2\times\dfrac{3}{10}+5^2\times\dfrac{2}{5}=17$

STEP3 $\mathrm{V}(X)$ 구하기

$\mathrm{V}(X)=\mathrm{E}(X^2)-\{\mathrm{E}(X)\}^2$

$=17-4^2=1$

1038 目 2

$\mathrm{E}(X)=1\times\dfrac{1}{4}+2\times\dfrac{1}{2}+3\times\dfrac{1}{4}$

$=2$

1039 目 ⑤

$\mathrm{E}(X)=1\times\dfrac{1}{7}+2\times\dfrac{3}{14}+3\times\dfrac{2}{7}+4\times\dfrac{5}{14}=\dfrac{20}{7}$

$\mathrm{E}(X^2)=1^2\times\dfrac{1}{7}+2^2\times\dfrac{3}{14}+3^2\times\dfrac{2}{7}+4^2\times\dfrac{5}{14}=\dfrac{65}{7}$

$\mathrm{V}(X)=\mathrm{E}(X^2)-\{\mathrm{E}(X)\}^2$

$=\dfrac{65}{7}-\left(\dfrac{20}{7}\right)^2=\dfrac{55}{49}$

$\therefore \sigma(X)=\sqrt{\mathrm{V}(X)}=\sqrt{\dfrac{55}{49}}=\dfrac{\sqrt{55}}{7}$

1040 目 ④

$\mathrm{P}(-2\leq X\leq1)=\dfrac{1}{2}$이므로

$\dfrac{1}{10}+a+\dfrac{1}{5}=\dfrac{1}{2}$ $\therefore a=\dfrac{1}{5}$

또, 확률의 총합은 1이므로

$\dfrac{1}{10}+\dfrac{1}{5}+\dfrac{1}{5}+b=1$

$\therefore b=\dfrac{1}{2}$

$\therefore \mathrm{E}(X)=(-2)\times\dfrac{1}{10}+(-1)\times\dfrac{1}{5}+1\times\dfrac{1}{5}+2\times\dfrac{1}{2}=\dfrac{4}{5}$

1041 目 ③

$\mathrm{P}(X\geq0)=\dfrac{5}{8}$이므로

$b+c=\dfrac{5}{8}$ ·········· ㉠

확률의 총합은 1이므로

$a+b+c=1$ ·········· ㉡

㉠, ㉡에서 $a=\dfrac{3}{8}$

$\mathrm{E}(X)=-\dfrac{1}{4}$이므로

$(-1)\times\dfrac{3}{8}+0\times b+1\times c=-\dfrac{1}{4}$

$\therefore c=\dfrac{1}{8}$

이것을 ㉠에 대입하면 $b=\dfrac{1}{2}$

$\therefore \dfrac{ab}{c}=\dfrac{\dfrac{3}{8}\times\dfrac{1}{2}}{\dfrac{1}{8}}=\dfrac{3}{2}$

1042 답 ⑤

$P(X \geq 4) = \dfrac{5}{8}$이므로

$\dfrac{1}{8} + b = \dfrac{5}{8}$ $\therefore b = \dfrac{1}{2}$

확률의 총합은 1이므로

$\dfrac{1}{4} + a + \dfrac{1}{8} + \dfrac{1}{2} = 1$

$\therefore a = \dfrac{1}{8}$

$E(X) = 1 \times \dfrac{1}{4} + 2 \times \dfrac{1}{8} + 4 \times \dfrac{1}{8} + 8 \times \dfrac{1}{2} = 5,$

$E(X^2) = 1^2 \times \dfrac{1}{4} + 2^2 \times \dfrac{1}{8} + 4^2 \times \dfrac{1}{8} + 8^2 \times \dfrac{1}{2} = \dfrac{139}{4}$

이므로

$V(X) = E(X^2) - \{E(X)\}^2$

$\qquad = \dfrac{139}{4} - 5^2 = \dfrac{39}{4}$

$\therefore \sigma(X) = \sqrt{V(X)} = \sqrt{\dfrac{39}{4}} = \dfrac{\sqrt{39}}{2}$

1043 답 ②

확률의 총합은 1이므로

$a + \dfrac{1}{2} + b = 1$

$\therefore a + b = \dfrac{1}{2}$ ─────────────── ㉠

$E(X) = \dfrac{5}{6}$이므로

$0 \times a + 1 \times \dfrac{1}{2} + 2 \times b = \dfrac{5}{6}$

$2b = \dfrac{1}{3}$

$\therefore b = \dfrac{1}{6}$ ─────────────── ㉡

㉡을 ㉠에 대입하면 $a = \dfrac{1}{3}$

이때 $E(X^2) = 0^2 \times \dfrac{1}{3} + 1^2 \times \dfrac{1}{2} + 2^2 \times \dfrac{1}{6} = \dfrac{7}{6}$이므로

$V(X) = E(X^2) - \{E(X)\}^2$

$\qquad = \dfrac{7}{6} - \left(\dfrac{5}{6}\right)^2 = \dfrac{17}{36}$

$\therefore \sigma(X) = \sqrt{V(X)} = \dfrac{\sqrt{17}}{6}$

1044 답 1

$E(X) = 0$이므로

$a \times \dfrac{1}{4} + 0 \times \dfrac{1}{2} + b \times \dfrac{1}{4} = 0$

$\therefore a + b = 0$ ─────────────── ㉠

$V(X) = \dfrac{1}{2}$이므로

$E(X^2) - \{E(X)\}^2 = \dfrac{1}{2}$

이때 $E(X) = 0$이므로

$E(X^2) = \dfrac{1}{2}$

즉, $a^2 \times \dfrac{1}{4} + 0^2 \times \dfrac{1}{2} + b^2 \times \dfrac{1}{4} = \dfrac{1}{2}$이므로

$a^2 + b^2 = 2$ ─────────────── ㉡

㉠, ㉡을 연립하여 풀면 $a = -1$, $b = 1$ ($\because a < b$)

$\therefore a + 2b = (-1) + 2 \times 1 = 1$

1045 답 ④

확률의 총합은 1이므로

$\dfrac{2}{5} + \dfrac{3}{10} + a + b = 1$

$\therefore a + b = \dfrac{3}{10}$ ─────────────── ㉠

$V(X) = 1$이고 $V(X) = E(X^2) - \{E(X)\}^2$이므로

$1 = 2 - \{E(X)\}^2$

$\therefore E(X) = \pm 1$

이때 확률변수 X가 취하는 값이 모두 0 이상이므로

$E(X) \geq 0$

즉, $E(X) = 1$이므로

$E(X) = 0 \times \dfrac{2}{5} + 1 \times \dfrac{3}{10} + 2 \times a + 3 \times b = 1$

$\therefore 2a + 3b = \dfrac{7}{10}$ ─────────────── ㉡

㉠, ㉡을 연립하여 풀면 $a = \dfrac{1}{5}$, $b = \dfrac{1}{10}$

$\therefore a - b = \dfrac{1}{5} - \dfrac{1}{10} = \dfrac{1}{10}$

1046 답 ②

확률의 총합은 1이므로

$a + \dfrac{1}{2}a + \dfrac{3}{2}a = 1$

$\therefore a = \dfrac{1}{3}$

$\therefore E(X) = (-1) \times \dfrac{1}{3} + 0 \times \dfrac{1}{6} + 1 \times \dfrac{1}{2} = \dfrac{1}{6}$

1047 답 ① | 유형 5

확률변수 X의 확률질량함수가

$\quad P(X = x) = ax + a \ (x = 1, 2, 3)$

단서1

일 때, $\underline{V(X)}$는? (단, a는 상수이다.)

단서2

① $\dfrac{50}{81}$ ② $\dfrac{52}{81}$ ③ $\dfrac{2}{3}$

④ $\dfrac{56}{81}$ ⑤ $\dfrac{58}{81}$

단서1 $P(X = x)$에 x의 값을 대입하여 확률의 총합은 1임을 이용

단서2 $V(X) = E(X^2) - \{E(X)\}^2$

STEP1 상수 a의 값 구하기

확률변수 X의 확률분포를 표로 나타내면 다음과 같다.

X	1	2	3	합계
$P(X = x)$	$2a$	$3a$	$4a$	1

확률의 총합은 1이므로

$2a+3a+4a=1$

$\therefore a=\dfrac{1}{9}$

STEP 2 $\mathrm{E}(X)$, $\mathrm{E}(X^2)$ 구하기

앞의 표에 $a=\dfrac{1}{9}$을 대입하면 다음과 같으므로

X	1	2	3	합계
$\mathrm{P}(X=x)$	$\dfrac{2}{9}$	$\dfrac{1}{3}$	$\dfrac{4}{9}$	1

$\mathrm{E}(X)=1\times\dfrac{2}{9}+2\times\dfrac{1}{3}+3\times\dfrac{4}{9}=\dfrac{20}{9}$

$\mathrm{E}(X^2)=1^2\times\dfrac{2}{9}+2^2\times\dfrac{1}{3}+3^2\times\dfrac{4}{9}=\dfrac{50}{9}$

STEP 3 $\mathrm{V}(X)$ 구하기

$\mathrm{V}(X)=\mathrm{E}(X^2)-\{\mathrm{E}(X)\}^2$

$\qquad=\dfrac{50}{9}-\left(\dfrac{20}{9}\right)^2=\dfrac{50}{81}$

1048 답 ④

확률변수 X의 확률분포를 표로 나타내면 다음과 같다.

X	1	2	3	합계
$\mathrm{P}(X=x)$	$\dfrac{1}{6}$	$\dfrac{1}{3}$	$\dfrac{1}{2}$	1

$\therefore \mathrm{E}(X)=1\times\dfrac{1}{6}+2\times\dfrac{1}{3}+3\times\dfrac{1}{2}=\dfrac{7}{3}$

1049 답 1

확률변수 X의 확률분포를 표로 나타내면 다음과 같다.

X	-1	0	1	2	합계
$\mathrm{P}(X=x)$	$\dfrac{1}{10}$	$\dfrac{1}{5}$	$\dfrac{3}{10}$	$\dfrac{2}{5}$	1

$\therefore \mathrm{E}(X)=(-1)\times\dfrac{1}{10}+0\times\dfrac{1}{5}+1\times\dfrac{3}{10}+2\times\dfrac{2}{5}=1$

1050 답 ①

$\mathrm{P}(X=0)=\dfrac{{}_2\mathrm{C}_2\times{}_3\mathrm{C}_0}{{}_5\mathrm{C}_2}=\dfrac{1}{10}$,

$\mathrm{P}(X=1)=\dfrac{{}_2\mathrm{C}_1\times{}_3\mathrm{C}_1}{{}_5\mathrm{C}_2}=\dfrac{3}{5}$,

$\mathrm{P}(X=2)=\dfrac{{}_2\mathrm{C}_0\times{}_3\mathrm{C}_2}{{}_5\mathrm{C}_2}=\dfrac{3}{10}$

이므로 확률변수 X의 확률분포를 표로 나타내면 다음과 같다.

X	0	1	2	합계
$\mathrm{P}(X=x)$	$\dfrac{1}{10}$	$\dfrac{3}{5}$	$\dfrac{3}{10}$	1

$\mathrm{E}(X)=0\times\dfrac{1}{10}+1\times\dfrac{3}{5}+2\times\dfrac{3}{10}=\dfrac{6}{5}$,

$\mathrm{E}(X^2)=0^2\times\dfrac{1}{10}+1^2\times\dfrac{3}{5}+2^2\times\dfrac{3}{10}=\dfrac{9}{5}$

이므로

$\mathrm{V}(X)=\mathrm{E}(X^2)-\{\mathrm{E}(X)\}^2$

$\qquad=\dfrac{9}{5}-\left(\dfrac{6}{5}\right)^2=\dfrac{9}{25}$

$\therefore \sigma(X)=\sqrt{\mathrm{V}(X)}$

$\qquad=\sqrt{\dfrac{9}{25}}=\dfrac{3}{5}$

1051 답 ②

$\mathrm{P}(X=0)=\dfrac{{}_3\mathrm{C}_0\times{}_4\mathrm{C}_2}{{}_7\mathrm{C}_2}=\dfrac{2}{7}$,

$\mathrm{P}(X=1)=\dfrac{{}_3\mathrm{C}_1\times{}_4\mathrm{C}_1}{{}_7\mathrm{C}_2}=\dfrac{4}{7}$,

$\mathrm{P}(X=2)=\dfrac{{}_3\mathrm{C}_2\times{}_4\mathrm{C}_0}{{}_7\mathrm{C}_2}=\dfrac{1}{7}$

이므로 확률변수 X의 확률분포를 표로 나타내면 다음과 같다.

X	0	1	2	합계
$\mathrm{P}(X=x)$	$\dfrac{2}{7}$	$\dfrac{4}{7}$	$\dfrac{1}{7}$	1

$\mathrm{E}(X)=0\times\dfrac{2}{7}+1\times\dfrac{4}{7}+2\times\dfrac{1}{7}=\dfrac{6}{7}$,

$\mathrm{E}(X^2)=0^2\times\dfrac{2}{7}+1^2\times\dfrac{4}{7}+2^2\times\dfrac{1}{7}=\dfrac{8}{7}$

이므로

$\mathrm{V}(X)=\mathrm{E}(X^2)-\{\mathrm{E}(X)\}^2$

$\qquad=\dfrac{8}{7}-\left(\dfrac{6}{7}\right)^2=\dfrac{20}{49}$

$\therefore \sigma(X)=\sqrt{\dfrac{20}{49}}=\dfrac{2\sqrt{5}}{7}$

1052 답 ①

확률의 총합은 1이므로

$\mathrm{P}(X=1)+\mathrm{P}(X=2)+\mathrm{P}(X=3)+\mathrm{P}(X=4)+\mathrm{P}(X=5)=1$

$a+a+\dfrac{1}{2}+a+a=1$

$4a=\dfrac{1}{2}$ $\qquad\therefore a=\dfrac{1}{8}$

따라서 X의 확률분포를 표로 나타내면 다음과 같다.

X	1	2	3	4	5	합계
$\mathrm{P}(X=x)$	$\dfrac{1}{8}$	$\dfrac{1}{8}$	$\dfrac{1}{2}$	$\dfrac{1}{8}$	$\dfrac{1}{8}$	1

$\mathrm{E}(X)=1\times\dfrac{1}{8}+2\times\dfrac{1}{8}+3\times\dfrac{1}{2}+4\times\dfrac{1}{8}+5\times\dfrac{1}{8}=3$,

$\mathrm{E}(X^2)=1^2\times\dfrac{1}{8}+2^2\times\dfrac{1}{8}+3^2\times\dfrac{1}{2}+4^2\times\dfrac{1}{8}+5^2\times\dfrac{1}{8}=\dfrac{41}{4}$

이므로

$\mathrm{V}(X)=\mathrm{E}(X^2)-\{\mathrm{E}(X)\}^2$

$\qquad=\dfrac{41}{4}-3^2=\dfrac{5}{4}$

$\therefore 4\mathrm{V}(X)=4\times\dfrac{5}{4}=5$

1053 답 ③

$\mathrm{P}(X=1)=a$라 하면 확률변수 X가 가질 수 있는 모든 값에 대한 확률의 총합은 1이므로

$$P(X=1)+P(X=2)+P(X=3)+P(X=4)=1$$
$$a+\frac{1}{2}a+\frac{1}{4}a+\frac{1}{8}a=1$$

$\quad\rightarrow P(X=3)=\frac{1}{2}\times P(X=2)=\frac{1}{2}\times\frac{1}{2}a=\frac{1}{4}a$

$\quad\quad P(X=4)=\frac{1}{2}\times P(X=3)=\frac{1}{2}\times\frac{1}{4}a=\frac{1}{8}a$

$$\frac{15}{8}a=1 \quad \therefore a=\frac{8}{15}$$

따라서 X의 확률분포를 표로 나타내면 다음과 같다.

X	1	2	3	4	합계
$P(X=x)$	$\frac{8}{15}$	$\frac{4}{15}$	$\frac{2}{15}$	$\frac{1}{15}$	1

$$E(X)=1\times\frac{8}{15}+2\times\frac{4}{15}+3\times\frac{2}{15}+4\times\frac{1}{15}=\frac{26}{15},$$
$$E(X^2)=1^2\times\frac{8}{15}+2^2\times\frac{4}{15}+3^2\times\frac{2}{15}+4^2\times\frac{1}{15}=\frac{58}{15}$$

이므로

$$V(X)=E(X^2)-\{E(X)\}^2$$
$$=\frac{58}{15}-\left(\frac{26}{15}\right)^2=\frac{194}{225}$$
$$\therefore \sigma(X)=\sqrt{V(X)}=\sqrt{\frac{194}{225}}=\frac{\sqrt{194}}{15}$$

1054 답 ①

확률변수 X의 확률분포를 표로 나타내면 다음과 같다.

X	1	2	3	$\cdots$	$2n$	합계
$P(X=x)$	$\frac{1}{10}-a$	$\frac{1}{10}+a$	$\frac{1}{10}-a$	$\cdots$	$\frac{1}{10}+a$	1

확률의 총합은 1이므로

$$\left(\frac{1}{10}-a\right)+\left(\frac{1}{10}+a\right)+\left(\frac{1}{10}-a\right)+\cdots+\left(\frac{1}{10}+a\right)=1$$
$$\frac{1}{10}\times 2n=1 \quad \therefore n=5$$

따라서 확률변수 X가 가질 수 있는 값은 1, 2, $\cdots$, 10이다.

$E(X)=\frac{23}{4}$이므로

$$E(X)=1\times\left(\frac{1}{10}-a\right)+2\times\left(\frac{1}{10}+a\right)+3\times\left(\frac{1}{10}-a\right)+\cdots$$
$$\quad\quad\quad\quad\quad\quad\quad\quad\quad\quad +10\times\left(\frac{1}{10}+a\right)$$
$$=\frac{1}{10}(1+2+3+\cdots+10)+(-a+2a-3a+\cdots+10a)$$
$$=\frac{11}{2}+5a=\frac{23}{4}$$
$$\therefore a=\frac{1}{20}$$

1055 답 ⑤

확률변수 X의 확률분포를 표로 나타내면 다음과 같다.

X	1	2	3	$\cdots$	n	합계
$P(X=x)$	c	$2c$	$3c$	$\cdots$	nc	1

확률의 총합은 1이므로

$$c+2c+3c+\cdots+nc=1$$
$$c(1+2+3+\cdots+n)=1$$
$$c\times\frac{n(n+1)}{2}=1$$

$$\therefore c=\frac{2}{n(n+1)} \quad\cdots\cdots\cdots\cdots\cdots\cdots\cdots\cdots\cdots\text{㉠}$$
$$E(X)=1\times c+2\times 2c+3\times 3c+\cdots+n\times nc$$
$$=c(1^2+2^2+3^2+\cdots+n^2)$$
$$=c\times\frac{n(n+1)(2n+1)}{6}$$
$$E(X^2)=1^2\times c+2^2\times 2c+3^2\times 3c+\cdots+n^2\times nc$$
$$=c(1^3+2^3+3^3+\cdots+n^3)$$
$$=c\left\{\frac{n(n+1)}{2}\right\}^2$$

$V(X)=E(X^2)-\{E(X)\}^2$이므로

$$6=c\left\{\frac{n(n+1)}{2}\right\}^2-\left\{c\times\frac{n(n+1)(2n+1)}{6}\right\}^2$$

위 식에 ㉠을 대입하여 정리하면

$$6=\frac{2}{n(n+1)}\times\frac{n^2(n+1)^2}{4}-\left\{\frac{2}{n(n+1)}\times\frac{n(n+1)(2n+1)}{6}\right\}^2$$
$$=\frac{n(n+1)}{2}-\frac{(2n+1)^2}{9}$$
$$108=9n^2+9n-8n^2-8n-2$$
$$n^2+n-110=0$$
$$(n+11)(n-10)=0$$
$$\therefore n=10 \ (\because n\text{은 자연수})$$

개념 Check

자연수의 거듭제곱의 합

(1) $\displaystyle\sum_{k=1}^{n}k=\frac{n(n+1)}{2}$

(2) $\displaystyle\sum_{k=1}^{n}k^2=\frac{n(n+1)(2n+1)}{6}$

(3) $\displaystyle\sum_{k=1}^{n}k^3=\left\{\frac{n(n+1)}{2}\right\}^2$

1056 답 28

$$E(X)=\sum_{k=1}^{5}kP(X=k)=4$$
$$E(Y)=\sum_{k=1}^{5}kP(Y=k)$$
$$=\sum_{k=1}^{5}k\left\{\frac{1}{2}P(X=k)+\frac{1}{10}\right\}$$
$$=\frac{1}{2}\sum_{k=1}^{5}kP(X=k)+\frac{1}{10}\sum_{k=1}^{5}k$$
$$=\frac{1}{2}\times 4+\frac{1}{10}\times\frac{5\times 6}{2}$$
$$=2+\frac{3}{2}=\frac{7}{2}$$

따라서 $a=\frac{7}{2}$이므로 $8a=28$

실수 Check

$P(X=k)$의 값이 주어지지 않아도 관계식을 통하여 평균, 분산을 구할 수 있다.

확률변수 X가 가질 수 있는 값이 1, 2, 3, 4, 5이므로
$$E(X)=1\times P(X=1)+2\times P(X=2)+3\times P(X=3)$$
$$\quad\quad\quad\quad\quad\quad +4\times P(X=4)+5\times P(X=5)$$
$$=\sum_{k=1}^{5}kP(X=k)$$

따라서 X의 확률분포를 표로 나타내면 다음과 같다.

X	0	1	2	3	합계
$P(X=x)$	$\frac{1}{8}$	$\frac{3}{8}$	$\frac{3}{8}$	$\frac{1}{8}$	1

STEP2 $E(X)$, $E(X^2)$ 구하기

$$E(X) = 0 \times \frac{1}{8} + 1 \times \frac{3}{8} + 2 \times \frac{3}{8} + 3 \times \frac{1}{8} = \frac{3}{2}$$

$$E(X^2) = 0^2 \times \frac{1}{8} + 1^2 \times \frac{3}{8} + 2^2 \times \frac{3}{8} + 3^2 \times \frac{1}{8} = 3$$

STEP3 $V(X)$ 구하기

$$V(X) = E(X^2) - \{E(X)\}^2$$
$$= 3 - \left(\frac{3}{2}\right)^2 = \frac{3}{4}$$

1058 답 ④

확률변수 X가 가질 수 있는 값은 0, 1, 2, 3이고, 그 확률은

$$P(X=0) = \frac{{}_5C_0 \times {}_3C_3}{{}_8C_3} = \frac{1}{56}$$

$$P(X=1) = \frac{{}_5C_1 \times {}_3C_2}{{}_8C_3} = \frac{15}{56}$$

$$P(X=2) = \frac{{}_5C_2 \times {}_3C_1}{{}_8C_3} = \frac{15}{28}$$

$$P(X=3) = \frac{{}_5C_3 \times {}_3C_0}{{}_8C_3} = \frac{5}{28}$$

따라서 X의 확률분포를 표로 나타내면 다음과 같다.

X	0	1	2	3	합계
$P(X=x)$	$\frac{1}{56}$	$\frac{15}{56}$	$\frac{15}{28}$	$\frac{5}{28}$	1

$$\therefore E(X) = 0 \times \frac{1}{56} + 1 \times \frac{15}{56} + 2 \times \frac{15}{28} + 3 \times \frac{5}{28} = \frac{15}{8}$$

1059 답 ④

확률변수 X가 가질 수 있는 값은 0, 1, 2이고, 그 확률은

$$P(X=0) = \frac{{}_3C_0 \times {}_6C_2}{{}_9C_2} = \frac{5}{12}$$

$$P(X=1) = \frac{{}_3C_1 \times {}_6C_1}{{}_9C_2} = \frac{1}{2}$$

$$P(X=2) = \frac{{}_3C_2 \times {}_6C_0}{{}_9C_2} = \frac{1}{12}$$

따라서 X의 확률분포를 표로 나타내면 다음과 같다.

X	0	1	2	합계
$P(X=x)$	$\frac{5}{12}$	$\frac{1}{2}$	$\frac{1}{12}$	1

$$\therefore E(X) = 0 \times \frac{5}{12} + 1 \times \frac{1}{2} + 2 \times \frac{1}{12} = \frac{2}{3}$$

1060 답 ①

확률변수 X가 가질 수 있는 값은 0, 1, 2이고, 그 확률은

$$P(X=0) = {}_2C_0\left(\frac{1}{2}\right)^0\left(\frac{1}{2}\right)^2 = \frac{1}{4}$$

1056-1

두 이산확률변수 X와 Y가 가지는 값이 각각 1부터 6까지의 자연수이고

$$P(Y=k) = 2P(X=k) + a \ (k=1, 2, 3, 4, 5, 6)$$

이다. $E(X) = 3$일 때, $a + E(Y)$의 값을 구하시오.

(단, a는 상수이다.)

확률의 총합은 1이므로

$$\sum_{k=1}^{6} P(X=k) = 1, \quad \sum_{k=1}^{6} P(Y=k) = 1$$

이때

$$\sum_{k=1}^{6} P(Y=k) = \sum_{k=1}^{6} \{2P(X=k) + a\}$$
$$= 2\sum_{k=1}^{6} P(X=k) + 6a \quad \rightarrow \sum_{k=1}^{6} a = 6 \times a = 6a$$
$$= 2 + 6a = 1$$

이므로 $a = -\frac{1}{6}$

또, $E(X) = \sum_{k=1}^{6} kP(X=k) = 3$이므로

$$E(Y) = \sum_{k=1}^{6} kP(Y=k)$$
$$= \sum_{k=1}^{6} k\left\{2P(X=k) - \frac{1}{6}\right\}$$
$$= 2\sum_{k=1}^{6} kP(X=k) - \frac{1}{6}\sum_{k=1}^{6} k$$
$$= 2 \times 3 - \frac{1}{6} \times \frac{6 \times 7}{2}$$
$$= 6 - \frac{7}{2}$$
$$= \frac{5}{2}$$

$$\therefore a + E(Y) = -\frac{1}{6} + \frac{5}{2} = \frac{7}{3}$$

답 $\frac{7}{3}$

1057 답 ③ | 유형 6

한 개의 동전을 3번 던져서 앞면이 나오는 횟수를 확률변수 X라 하자. 이때 $V(X)$는? **단서1**

단서2

① $\frac{1}{4}$　　② $\frac{1}{2}$　　③ $\frac{3}{4}$

④ 1　　⑤ $\frac{5}{4}$

단서1 $X=0, 1, 2, 3$
단서2 $V(X) = E(X^2) - \{E(X)\}^2$

STEP1 확률변수 X의 확률분포 구하기

확률변수 X가 가질 수 있는 값은 0, 1, 2, 3이고, 그 확률은

$$P(X=0) = {}_3C_0\left(\frac{1}{2}\right)^0\left(\frac{1}{2}\right)^3 = \frac{1}{8}$$

$$P(X=1) = {}_3C_1\left(\frac{1}{2}\right)^1\left(\frac{1}{2}\right)^2 = \frac{3}{8}$$

$$P(X=2) = {}_3C_2\left(\frac{1}{2}\right)^2\left(\frac{1}{2}\right)^1 = \frac{3}{8}$$

$$P(X=1)={}_2C_1\left(\frac{1}{2}\right)^1\left(\frac{1}{2}\right)^1=\frac{1}{2}$$

$$P(X=2)={}_2C_2\left(\frac{1}{2}\right)^2\left(\frac{1}{2}\right)^0=\frac{1}{4}$$

따라서 X의 확률분포를 표로 나타내면 다음과 같다.

X	0	1	2	합계
$P(X=x)$	$\frac{1}{4}$	$\frac{1}{2}$	$\frac{1}{4}$	1

$$E(X)=0\times\frac{1}{4}+1\times\frac{1}{2}+2\times\frac{1}{4}=1$$

$$E(X^2)=0^2\times\frac{1}{4}+1^2\times\frac{1}{2}+2^2\times\frac{1}{4}=\frac{3}{2}$$

$$\therefore V(X)=E(X^2)-\{E(X)\}^2$$
$$=\frac{3}{2}-1^2=\frac{1}{2}$$

1061 답 ③

집합 A의 부분집합의 개수는

$2^4=16$

확률변수 X가 가질 수 있는 값은 0, 1, 2, 3, 4이고, 그 확률은

$$P(X=0)=\frac{{}_4C_0}{16}=\frac{1}{16}$$

$$P(X=1)=\frac{{}_4C_1}{16}=\frac{1}{4}$$

$$P(X=2)=\frac{{}_4C_2}{16}=\frac{3}{8}$$

$$P(X=3)=\frac{{}_4C_3}{16}=\frac{1}{4}$$

$$P(X=4)=\frac{{}_4C_4}{16}=\frac{1}{16}$$

따라서 X의 확률분포를 표로 나타내면 다음과 같다.

X	0	1	2	3	4	합계
$P(X=x)$	$\frac{1}{16}$	$\frac{1}{4}$	$\frac{3}{8}$	$\frac{1}{4}$	$\frac{1}{16}$	1

$$\therefore E(X)=0\times\frac{1}{16}+1\times\frac{1}{4}+2\times\frac{3}{8}+3\times\frac{1}{4}+4\times\frac{1}{16}=2$$

다른 풀이

X가 가질 수 있는 값과 $P(X=x)$의 값이 모두 $X=2$에 대하여 대칭이므로 $E(X)=2$

1062 답 ③

두 상자 A, B에서 꺼낸 두 카드에 적힌 두 수를 각각 a, b라 하면 모든 순서쌍 (a, b)의 개수는

$3\times3=9$

확률변수 X가 가질 수 있는 값은 3, 4, 5, 6, 7이고, 그 확률은 다음과 같다.

(i) $X=3$이면 $(1, 2)$이므로

$$P(X=3)=\frac{1}{9}$$

(ii) $X=4$이면 $(1, 3)$, $(2, 2)$의 2개이므로

$$P(X=4)=\frac{2}{9}$$

(iii) $X=5$이면 $(1, 4)$, $(2, 3)$, $(3, 2)$의 3개이므로

$$P(X=5)=\frac{3}{9}=\frac{1}{3}$$

(iv) $X=6$이면 $(2, 4)$, $(3, 3)$의 2개이므로

$$P(X=6)=\frac{2}{9}$$

(v) $X=7$이면 $(3, 4)$이므로

$$P(X=7)=\frac{1}{9}$$

따라서 X의 확률분포를 표로 나타내면 다음과 같다.

X	3	4	5	6	7	합계
$P(X=x)$	$\frac{1}{9}$	$\frac{2}{9}$	$\frac{1}{3}$	$\frac{2}{9}$	$\frac{1}{9}$	1

$$\therefore E(X)=3\times\frac{1}{9}+4\times\frac{2}{9}+5\times\frac{1}{3}+6\times\frac{2}{9}+7\times\frac{1}{9}=5$$

다른 풀이

X가 가질 수 있는 값과 $P(X=x)$의 값이 모두 $X=5$에 대하여 대칭이므로 $E(X)=5$

실수 Check

상자 A에는 카드에 적힌 수가 1, 2, 3이고, 상자 B에는 카드에 적힌 수가 2, 3, 4이므로 각 경우에서 $(2, 1)$, $(3, 1)$, $(4, 1)$, $(4, 2)$, $(4, 3)$은 나올 수 없음에 주의한다.

1063 답 23

확률변수 X가 가질 수 있는 값은 4, 6, 8, 10이고, 그 확률은

$$P(X=4)=\frac{{}_3C_2}{{}_6C_2}=\frac{1}{5}$$

$$P(X=6)=\frac{{}_3C_1\times{}_2C_1}{{}_6C_2}=\frac{2}{5}$$

$$P(X=8)=\frac{{}_3C_1\times{}_1C_1+{}_2C_2}{{}_6C_2}=\frac{4}{15}$$

$$P(X=10)=\frac{{}_2C_1\times{}_1C_1}{{}_6C_2}=\frac{2}{15}$$

→ $X=8$인 경우는 2와 6, 4와 4를 꺼낸 2가지 경우가 있다.

따라서 X의 확률분포를 표로 나타내면 다음과 같다.

X	4	6	8	10	합계
$P(X=x)$	$\frac{1}{5}$	$\frac{2}{5}$	$\frac{4}{15}$	$\frac{2}{15}$	1

$$\therefore E(X)=4\times\frac{1}{5}+6\times\frac{2}{5}+8\times\frac{4}{15}+10\times\frac{2}{15}=\frac{20}{3}$$

따라서 $p=3$, $q=20$이므로

$p+q=3+20=23$

1064 답 ①

확률변수 X가 가질 수 있는 값은 1, 2, 3, 4이고, 그 확률은

$$P(X=1)=\frac{{}_4C_1}{{}_5C_2}=\frac{2}{5}$$

$$P(X=2)=\frac{{}_3C_1}{{}_5C_2}=\frac{3}{10}$$

$$P(X=3)=\frac{{}_2C_1}{{}_5C_2}=\frac{1}{5}$$

$$P(X=4)=\frac{{}_1C_1}{{}_5C_2}=\frac{1}{10}$$

따라서 X의 확률분포를 표로 나타내면 다음과 같다.

X	1	2	3	4	합계
$P(X=x)$	$\dfrac{2}{5}$	$\dfrac{3}{10}$	$\dfrac{1}{5}$	$\dfrac{1}{10}$	1

$E(X)=1\times\dfrac{2}{5}+2\times\dfrac{3}{10}+3\times\dfrac{1}{5}+4\times\dfrac{1}{10}=2$,

$E(X^2)=1^2\times\dfrac{2}{5}+2^2\times\dfrac{3}{10}+3^2\times\dfrac{1}{5}+4^2\times\dfrac{1}{10}=5$

이므로

$V(X)=E(X^2)-\{E(X)\}^2$
$\qquad\quad=5-2^2=1$

$\therefore \sigma(X)=\sqrt{V(X)}=\sqrt{1}=1$

1065 답 ①

확률변수 X의 확률분포를 표로 나타내면 다음과 같다.

X	1	2	a	합계
$P(X=x)$	$\dfrac{1}{3}$	$\dfrac{1}{2}$	$\dfrac{1}{6}$	1

$\therefore E(X)=1\times\dfrac{1}{3}+2\times\dfrac{1}{2}+a\times\dfrac{1}{6}=\dfrac{a+8}{6}$

이때 $E(X)=2$이므로

$\dfrac{a+8}{6}=2$ $\qquad\therefore a=4$

$E(X^2)=1^2\times\dfrac{1}{3}+2^2\times\dfrac{1}{2}+4^2\times\dfrac{1}{6}=5$

$\therefore V(X)=E(X^2)-\{E(X)\}^2$
$\qquad\qquad=5-2^2=1$

1066 답 ②

확률변수 X가 가질 수 있는 값은 2, 3, 4이고, 그 확률은 다음과 같다.

(ⅰ) $X=2$인 경우

1회, 2회에서 던진 동전을 순서쌍으로 나타내면 (앞, 앞)이 나오는 경우이므로

$P(X=2)=\left(\dfrac{1}{2}\right)^2=\dfrac{1}{4}$

(ⅱ) $X=3$인 경우

1회, 2회, 3회에서 던진 동전을 순서쌍으로 나타내면 (앞, 뒤, 앞), (앞, 뒤, 뒤), (뒤, 앞, 앞), (뒤, 앞, 뒤), (뒤, 뒤, 앞)

이 나오는 경우이므로

$P(X=3)=5\times\left(\dfrac{1}{2}\right)^3=\dfrac{5}{8}$

(ⅲ) $X=4$인 경우

1회, 2회, 3회, 4회에서 던진 동전을 순서쌍으로 나타내면 (뒤, 뒤, 뒤, 앞), (뒤, 뒤, 뒤, 뒤)

가 나오는 경우이므로

$P(X=4)=2\times\left(\dfrac{1}{2}\right)^4=\dfrac{1}{8}$

따라서 X의 확률분포를 표로 나타내면 다음과 같다.

X	2	3	4	합계
$P(X=x)$	$\dfrac{1}{4}$	$\dfrac{5}{8}$	$\dfrac{1}{8}$	1

$\therefore E(X)=2\times\dfrac{1}{4}+3\times\dfrac{5}{8}+4\times\dfrac{1}{8}=\dfrac{23}{8}$

실수 Check

동전을 계속 던져서 얻은 점수의 합이 4점 이상이면 던지는 것을 중단하므로 (ⅱ)에서 (앞, 앞, 뒤), (앞, 앞, 앞), (ⅲ)에서 (앞, 뒤, 뒤, 뒤), (뒤, 앞, 뒤, 뒤), (뒤, 뒤, 앞, 뒤), (앞, 앞, 앞, 앞)인 경우는 없음에 주의한다.

Plus 문제

1066-1

한 개의 주사위를 계속 던져서 나온 눈의 수의 합이 4 이상이면 던지는 것을 중단하고, 이때까지 주사위를 던진 횟수를 확률변수 X라 하자. $E(X)=\dfrac{q}{p}$일 때, $p+q$의 값을 구하시오.

(단, p와 q는 서로소인 자연수이다.)

확률변수 X가 가질 수 있는 값은 1, 2, 3, 4이고, 그 확률은 다음과 같다.

(ⅰ) $X=1$인 경우

1회 던졌을 때, 나온 눈의 수가 4, 5, 6 중 하나인 경우이므로

$P(X=1)=\dfrac{3}{6}=\dfrac{1}{2}$

(ⅱ) $X=2$인 경우

1회, 2회 던져서 나온 눈의 수를 차례로 a, b라 하면 다음과 같을 때 $X=2$이다.

$a=1$이면 $b=3, 4, 5, 6$

$a=2$이면 $b=2, 3, 4, 5, 6$

$a=3$이면 $b=1, 2, 3, 4, 5, 6$

$\therefore P(X=2)=\dfrac{4+5+6}{6^2}=\dfrac{15}{36}=\dfrac{5}{12}$

(ⅲ) $X=3$인 경우

1회, 2회, 3회 던져서 나온 눈의 수를 차례로 a, b, c라 하면 다음과 같을 때 $X=3$이다.

$a=1$, $b=1$이면 $c=2, 3, 4, 5, 6$

$a=1$, $b=2$이면 $c=1, 2, 3, 4, 5, 6$

$a=2$, $b=1$이면 $c=1, 2, 3, 4, 5, 6$

$\therefore P(X=3)=\dfrac{5+6+6}{6^3}=\dfrac{17}{216}$

(ⅳ) $X=4$인 경우

1회, 2회, 3회에서 모두 1이 나오고 4회에서 어떠한 눈이 나와도 되므로

$P(X=4)=\dfrac{6}{6^4}=\dfrac{1}{216}$

따라서 X의 확률분포를 표로 나타내면 다음과 같다.

X	1	2	3	4	합계
$P(X=x)$	$\dfrac{1}{2}$	$\dfrac{5}{12}$	$\dfrac{17}{216}$	$\dfrac{1}{216}$	1

$\therefore E(X)=1\times\dfrac{1}{2}+2\times\dfrac{5}{12}+3\times\dfrac{17}{216}+4\times\dfrac{1}{216}=\dfrac{343}{216}$

따라서 $p=216$, $q=343$이므로

$p+q=216+343=559$

답 559

1067　답 ②

| 유형7

확률변수 X에 대하여 $\underline{E(X)=9}$, $\underline{E((X-9)^2)=19}$일 때, $E(X^2)$
은?　_{단서1}

① 90　　　　　② 100　　　　　③ 110

④ 120　　　　　⑤ 130

단서1 $E((X-9)^2)=V(X)=19$

STEP1 $V(X)$ 구하기

$E(X)=9$이므로

$V(X)=E((X-9)^2)=19$

STEP2 $V(X)=E(X^2)-\{E(X)\}^2$임을 이용하여 $E(X^2)$ 구하기

$V(X)=E(X^2)-\{E(X)\}^2$에서

$E(X^2)=V(X)+\{E(X)\}^2$

$\qquad =19+9^2=100$

참고 $V(X)=E((X-m)^2)=E(\{X-E(X)\}^2)$

1068　답 ⑤

$E(X)=3$이므로

$V(X)=E((X-3)^2)=5$

1069　답 4

$V(X)=E(X^2)-\{E(X)\}^2$이므로

$E(X^2)=V(X)+\{E(X)\}^2$

$\qquad =3+1^2=4$

1070　답 ③

$V(X)=E(X^2)-\{E(X)\}^2$

$\qquad =4-1^2=3$

$\therefore \sigma(X)=\sqrt{V(X)}=\sqrt{3}$

1071　답 9

$E(X^2-4X+4)=E((X-2)^2)$이고, $E(X)=2$이므로

$V(X)=E((X-2)^2)=5$

$V(X)=E(X^2)-\{E(X)\}^2$에서

$E(X^2)=V(X)+\{E(X)\}^2$

$\qquad =5+2^2=9$

1072　답 ①

조건 (개)에서 $E(X)=3$이고,

조건 (내)에서 $E(X^2)=10$이므로

$V(X)=E(X^2)-\{E(X)\}^2$

$\qquad =10-3^2=1$

$\therefore \sigma(X)=\sqrt{V(X)}=\sqrt{1}=1$

참고 확률변수 X가 가질 수 있는 값이 $x_1, x_2, \cdots, x_n$이고 X의 확률질량함
수가 $P(X=x_i)=p_i\,(i=1, 2, 3, \cdots, n)$일 때

(1) $E(X)=m=\sum_{i=1}^{n} x_i p_i$

$\qquad =x_1 p_1+x_2 p_2+x_3 p_3+\cdots+x_n p_n$

(2) $E(X^2)=\sum_{i=1}^{n} x_i^2 p_i$

$\qquad =x_1^2 p_1+x_2^2 p_2+x_3^2 p_3+\cdots+x_n^2 p_n$

1073　답 4

조건 (개)에서 $E(X)=-1$이므로

$V(X)=E((X+1)^2)$

$\qquad =(x_1+1)^2 p_1+(x_2+1)^2 p_2+\cdots+(x_n+1)^2 p_n=3$

$V(X)=E(X^2)-\{E(X)\}^2$에서

$E(X^2)=V(X)+\{E(X)\}^2$

$\qquad =3+(-1)^2=4$

참고 확률변수 X가 가질 수 있는 값이 $x_1, x_2, \cdots, x_n$이고 X의 확률질량함
수가 $P(X=x_i)=p_i\,(i=1, 2, 3, \cdots, n)$일 때

$V(X)=\sum_{i=1}^{n}(x_i-m)^2 p_i$

$\qquad =(x_1-m)^2 p_1+(x_2-m)^2 p_2+\cdots+(x_n-m)^2 p_n$

$\qquad\qquad\qquad\qquad\qquad (단, m=E(X))$

1074　답 ④

| 유형8

500원짜리 동전 2개와 100원짜리 동전 1개를 동시에 던져서 앞면이
나온 동전만을 받는 게임이 있다. 이 게임을 한 번 하여 받을 수 있는
　　　_{단서1}
금액의 기댓값은?

① 400원　　　　② 450원　　　　③ 500원

④ 550원　　　　⑤ 600원

단서1 받을 수 있는 금액은 1100원, 1000원, 600원, 500원, 100원, 0원

STEP1 확률변수 X를 정하고 X의 확률분포 구하기

이 게임을 한 번 하여 받을 수 있는 금액을 X원이라 하면 확률변
수 X가 가질 수 있는 값은 0, 100, 500, 600, 1000, 1100이고,
그 확률은 다음과 같다.

(i) 앞면이 나온 500원짜리 동전의 개수가 2, 앞면이 나온 100원
짜리 동전의 개수가 1일 때

$\quad P(X=1100)={}_2C_2\left(\dfrac{1}{2}\right)^2\left(\dfrac{1}{2}\right)^0\times\dfrac{1}{2}=\dfrac{1}{8}$

(ii) 앞면이 나온 500원짜리 동전의 개수가 2, 앞면이 나온 100원
짜리 동전의 개수가 0일 때

$\quad P(X=1000)={}_2C_2\left(\dfrac{1}{2}\right)^2\left(\dfrac{1}{2}\right)^0\times\dfrac{1}{2}=\dfrac{1}{8}$

(iii) 앞면이 나온 500원짜리 동전의 개수가 1, 앞면이 나온 100원
짜리 동전의 개수가 1일 때

$\quad P(X=600)={}_2C_1\left(\dfrac{1}{2}\right)^1\left(\dfrac{1}{2}\right)^1\times\dfrac{1}{2}=\dfrac{1}{4}$

(iv) 앞면이 나온 500원짜리 동전의 개수가 1, 앞면이 나온 100원
짜리 동전의 개수가 0일 때

$\quad P(X=500)={}_2C_1\left(\dfrac{1}{2}\right)^1\left(\dfrac{1}{2}\right)^1\times\dfrac{1}{2}=\dfrac{1}{4}$

(v) 앞면이 나온 500원짜리 동전의 개수가 0, 앞면이 나온 100원
짜리 동전의 개수가 1일 때

$\quad P(X=100)={}_2C_0\left(\dfrac{1}{2}\right)^0\left(\dfrac{1}{2}\right)^2\times\dfrac{1}{2}=\dfrac{1}{8}$

(vi) 앞면이 나온 500원짜리 동전의 개수가 0, 앞면이 나온 100원
짜리 동전의 개수가 0일 때

$$P(X=0)={}_2C_0\left(\frac{1}{2}\right)^0\left(\frac{1}{2}\right)^2\times\frac{1}{2}=\frac{1}{8}$$

따라서 X의 확률분포를 표로 나타내면 다음과 같다.

X	1100	1000	600	500	100	0	합계
$P(X=x)$	$\frac{1}{8}$	$\frac{1}{8}$	$\frac{1}{4}$	$\frac{1}{4}$	$\frac{1}{8}$	$\frac{1}{8}$	1

STEP2 기댓값 구하기

$$E(X)=1100\times\frac{1}{8}+1000\times\frac{1}{8}+600\times\frac{1}{4}+500\times\frac{1}{4}+100\times\frac{1}{8}$$
$$+0\times\frac{1}{8}$$

$$=\frac{4400}{8}=550$$

따라서 구하는 기댓값은 550원이다.

1075 답 ①

행운권 1장으로 받을 수 있는 상금을 X원이라 하고 확률변수 X의 확률분포를 표로 나타내면 다음과 같다.

X	50000	30000	10000	0	합계
$P(X=x)$	$\frac{1}{60}$	$\frac{1}{20}$	$\frac{1}{6}$	$\frac{23}{30}$	1

$$\therefore E(X)=50000\times\frac{1}{60}+30000\times\frac{1}{20}+10000\times\frac{1}{6}+0\times\frac{23}{30}$$
$$=4000$$

따라서 구하는 상금의 기댓값은 4000원이다.

1076 답 6

이 게임을 한 번 하여 받을 수 있는 상금을 X원이라 하고 확률변수 X의 확률분포를 표로 나타내면 다음과 같다.

X	10000	5000	0	합계
$P(X=x)$	$\frac{{}_nC_2}{{}_{n+2}C_2}$	$\frac{{}_nC_1\times{}_2C_1}{{}_{n+2}C_2}$	$\frac{{}_2C_2}{{}_{n+2}C_2}$	1

이 게임을 한 번 하여 받을 수 있는 상금의 기댓값이 7500원이므로

$$E(X)=10000\times\frac{{}_nC_2}{{}_{n+2}C_2}+5000\times\frac{{}_nC_1\times{}_2C_1}{{}_{n+2}C_2}+0\times\frac{{}_2C_2}{{}_{n+2}C_2}$$
$$=7500$$

$$10000\times\frac{\frac{n(n-1)}{2}}{\frac{(n+2)(n+1)}{2}}+5000\times\frac{2n}{\frac{(n+2)(n+1)}{2}}=7500$$

$$10000\times\frac{n(n-1)}{(n+2)(n+1)}+5000\times\frac{4n}{(n+2)(n+1)}=7500$$

$$10000\{n(n-1)+2n\}=7500(n+2)(n+1)$$

$$4n(n+1)=3(n+2)(n+1)$$

$$4n=3(n+2)$$

$$\therefore n=6$$

1077 답 120000

(i) 일치하는 숫자가 3개일 확률은 $\frac{{}_3C_3}{{}_{10}C_3}=\frac{1}{120}$

(ii) 일치하는 숫자가 2개일 확률은 $\frac{{}_3C_2\times{}_7C_1}{{}_{10}C_3}=\frac{7}{40}$

(iii) 일치하는 숫자가 1개일 확률은 $\frac{{}_3C_1\times{}_7C_2}{{}_{10}C_3}=\frac{21}{40}$

(iv) 일치하는 숫자가 0개일 확률은 $\frac{{}_7C_3}{{}_{10}C_3}=\frac{7}{24}$

따라서 이 게임을 한 번 하여 받을 수 있는 상금을 X원이라 하고 확률변수 X의 확률분포를 표로 나타내면 다음과 같다.

X	a	60000	6000	1200	합계
$P(X=x)$	$\frac{1}{120}$	$\frac{7}{40}$	$\frac{21}{40}$	$\frac{7}{24}$	1

이 게임을 한 번 하여 받을 수 있는 상금의 기댓값이 15000원이므로

$$E(X)=a\times\frac{1}{120}+60000\times\frac{7}{40}+6000\times\frac{21}{40}+1200\times\frac{7}{24}$$
$$=15000$$

$$a\times\frac{1}{120}+10500+3150+350=15000$$

$$a\times\frac{1}{120}=1000\qquad\therefore a=120000$$

1078 답 ⑤　　　　　　　　　　　　　　　　| 유형9

확률변수 X에 대하여 $\underline{E(X)=2,\ E(X^2)=5}$이다. 확률변수
【단서1】
$\underline{Y=2X+1}$에 대하여 $E(Y)+V(Y)$의 값은?
【단서2】

① 5　　　　　　② 6　　　　　　③ 7

④ 8　　　　　　⑤ 9

단서1 $V(X)=E(X^2)-\{E(X)\}^2$
단서2 $E(Y)=E(2X+1)=2E(X)+1,\ V(Y)=V(2X+1)=2^2V(X)$

STEP1 확률변수 X의 분산 구하기

$E(X)=2$, $E(X^2)=5$이므로

$$V(X)=E(X^2)-\{E(X)\}^2=5-2^2=1$$

STEP2 확률변수 $Y=2X+1$의 평균, 분산 구하기

$Y=2X+1$에서

$$E(Y)=E(2X+1)=2E(X)+1=2\times2+1=5$$
$$V(Y)=V(2X+1)=2^2V(X)=2^2\times1=4$$

STEP3 $E(Y)+V(Y)$의 값 구하기

$$E(Y)+V(Y)=5+4=9$$

1079 답 ③

$E(X)=3$이므로

$$E(2X+1)=2E(X)+1$$
$$=2\times3+1=7$$

1080 답 8

$V(X)=2$이므로

$$V(2X+1)=2^2V(X)$$
$$=2^2\times2=8$$

1081 답 ④

$V(X)=5$이고, $V(aX+b)=20$이므로

$a^2V(X)=20$에서

$5a^2=20$, $a^2=4$

이때 $a>0$이므로 $a=2$

$E(X)=2$이고, $E(aX+b)=11$이므로

$aE(X)+b=11$, $2\times2+b=11$

$\therefore b=7$

$\therefore a+b=2+7=9$

1082 답 ③

$E(X)=2$이고, $E(aX+b)=8$이므로

$aE(X)+b=8$

$\therefore 2a+b=8$ ·········· ㉠

$E(bX+a)=7$이므로 $bE(X)+a=7$

$\therefore 2b+a=7$ ·········· ㉡

㉠, ㉡을 연립하여 풀면 $a=3$, $b=2$

$\therefore E(a^2X-b^2)=a^2E(X)-b^2$

$\qquad\qquad\quad =3^2\times2-2^2=14$

1083 답 ②

$E(2X)=6$이므로 $2E(X)=6$

즉, $E(X)=3$이고, $E(X^2)=12$이므로

$V(X)=E(X^2)-\{E(X)\}^2$

$\qquad =12-3^2=3$

$\therefore V(2X)=2^2V(X)$

$\qquad\qquad =2^2\times3=12$

1084 답 ②

$E(X)=6$, $E(X^2)=40$이므로

$V(X)=E(X^2)-\{E(X)\}^2$

$\qquad =40-6^2=4$

$Y=\dfrac{1}{2}X+5$에서

$E(Y)=E\left(\dfrac{1}{2}X+5\right)=\dfrac{1}{2}E(X)+5$

$\qquad =\dfrac{1}{2}\times6+5=8$

$V(Y)=V\left(\dfrac{1}{2}X+5\right)=\left(\dfrac{1}{2}\right)^2V(X)$

$\qquad =\dfrac{1}{4}\times4=1$

이때 $V(Y)=E(Y^2)-\{E(Y)\}^2$이므로

$E(Y^2)=V(Y)+\{E(Y)\}^2$

$\qquad =1+8^2=65$

$\therefore E(Y)+E(Y^2)=8+65=73$

1085 답 ①

$E(2X+4)=8$이므로 $2E(X)+4=8$

$2E(X)=4$ $\quad\therefore E(X)=2$

$V(2X+4)=28$이므로 $2^2V(X)=28$

$\therefore V(X)=7$

이때 $V(X)=E(X^2)-\{E(X)\}^2$이므로

$E(X^2)=V(X)+\{E(X)\}^2$

$\qquad =7+2^2=11$

1086 답 125

$E\left(\dfrac{X+2}{3}\right)=4$이므로 $\dfrac{1}{3}E(X)+\dfrac{2}{3}=4$

$\therefore E(X)=10$

$\sigma(3X-2)=15$이므로 $3\sigma(X)=15$

$\therefore \sigma(X)=5$

즉, $V(X)=\{\sigma(X)\}^2=5^2=25$이고,

$V(X)=E(X^2)-\{E(X)\}^2$이므로

$E(X^2)=V(X)+\{E(X)\}^2$

$\qquad =25+10^2=125$

1087 답 ①

조건 ㈎에서 $\displaystyle\sum_{i=1}^{n}(2x_i+3)p_i=7$이므로

$E(2X+3)=7$, $2E(X)+3=7$

$\therefore E(X)=2$

조건 ㈏에서 $\displaystyle\sum_{i=1}^{n}(x_i-2)^2p_i=5$이므로

$m=E(X)=2$라 하면

$E((X-2)^2)=E((X-m)^2)=V(X)=5$

이때 $V(X)=E(X^2)-\{E(X)\}^2$이므로

$E(X^2)=V(X)+\{E(X)\}^2$

$\qquad =5+2^2=9$

$V(2X+3)=2^2V(X)=2^2\times5=20$

$\therefore V(2X+3)-E(X^2)=20-9=11$

> 참고 이산확률변수 X의 확률질량함수가
> $$P(X=x_i)=p_i\ (i=1,\,2,\,\cdots,\,n)\text{일 때}$$
> (1) $E(X)=m=x_1p_1+x_2p_2+\cdots+x_np_n=\displaystyle\sum_{i=1}^{n}x_ip_i$
> (2) $V(X)=E((X-m)^2)$
> $\qquad\quad =(x_1-m)^2p_1+(x_2-m)^2p_2+\cdots+(x_n-m)^2p_n$
> $\qquad\quad =\displaystyle\sum_{i=1}^{n}(x_i-m)^2p_i$

1088 답 ① | 유형 **10**

확률변수 X의 확률분포를 표로 나타내면 다음과 같을 때,

$E(8X-3)$은? (단, a는 상수이다.)

단서2

X	0	1	2	3	합계
$P(X=x)$	$\dfrac{1}{8}$	$\dfrac{3}{8}$	a	$\dfrac{1}{4}$	1

단서1

① 10 　　　　② 12 　　　　③ 14

④ 16 　　　　⑤ 18

단서1 확률의 총합은 1

단서2 $E(8X-3)=8E(X)-3$

확률의 총합은 1이므로

$\dfrac{1}{8}+\dfrac{3}{8}+a+\dfrac{1}{4}=1$ $\quad\therefore a=\dfrac{1}{4}$

$\mathrm{E}(X)=0\times\dfrac{1}{8}+1\times\dfrac{3}{8}+2\times\dfrac{1}{4}+3\times\dfrac{1}{4}=\dfrac{13}{8}$

$\mathrm{E}(8X-3)=8\mathrm{E}(X)-3=8\times\dfrac{13}{8}-3=10$

1089 답 ①

$\mathrm{E}(X)=1\times\dfrac{1}{4}+2\times\dfrac{1}{8}+4\times\dfrac{1}{8}+8\times\dfrac{1}{2}=5$이므로

$\mathrm{E}(2X+1)=2\mathrm{E}(X)+1=2\times5+1=11$

1090 답 ③

$\mathrm{E}(X)=(-1)\times\dfrac{5}{8}+0\times\dfrac{1}{4}+1\times\dfrac{1}{8}=-\dfrac{1}{2}$,

$\mathrm{E}(X^2)=(-1)^2\times\dfrac{5}{8}+0^2\times\dfrac{1}{4}+1^2\times\dfrac{1}{8}=\dfrac{3}{4}$

이므로

$\mathrm{V}(X)=\mathrm{E}(X^2)-\{\mathrm{E}(X)\}^2=\dfrac{3}{4}-\left(-\dfrac{1}{2}\right)^2=\dfrac{1}{2}$

$\therefore\mathrm{V}(4X+3)=4^2\mathrm{V}(X)=16\times\dfrac{1}{2}=8$

1091 답 ①

확률의 총합은 1이므로

$a+\dfrac{1}{2}+b=1$ $\quad\therefore a+b=\dfrac{1}{2}$ ······················· ㉠

$\mathrm{E}(X)=0$이므로

$(-1)\times a+0\times\dfrac{1}{2}+1\times b=0$

$-a+b=0$ $\quad\therefore a=b$ ····························· ㉡

㉠, ㉡을 연립하여 풀면 $a=b=\dfrac{1}{4}$

$\mathrm{E}(X^2)=(-1)^2\times\dfrac{1}{4}+0^2\times\dfrac{1}{2}+1^2\times\dfrac{1}{4}=\dfrac{1}{2}$이므로

$\mathrm{V}(X)=\mathrm{E}(X^2)-\{\mathrm{E}(X)\}^2$

$\qquad=\dfrac{1}{2}-0^2=\dfrac{1}{2}$

$\therefore\mathrm{V}(aX+b)=a^2\mathrm{V}(X)=\left(\dfrac{1}{4}\right)^2\times\dfrac{1}{2}=\dfrac{1}{32}$

1092 답 7

확률의 총합은 1이므로

$\dfrac{1}{4}+2b+\dfrac{1}{4}+b=1$

$3b=\dfrac{1}{2}$ $\quad\therefore b=\dfrac{1}{6}$

$\mathrm{E}(X)=\dfrac{7}{2}$이므로

$2\times\dfrac{1}{4}+3\times\dfrac{1}{3}+4\times\dfrac{1}{4}+a\times\dfrac{1}{6}=\dfrac{7}{2}$

$\therefore a=6$

$\mathrm{E}(X^2)=2^2\times\dfrac{1}{4}+3^2\times\dfrac{1}{3}+4^2\times\dfrac{1}{4}+6^2\times\dfrac{1}{6}=14$이므로

$\mathrm{V}(X)=\mathrm{E}(X^2)-\{\mathrm{E}(X)\}^2$

$\qquad=14-\left(\dfrac{7}{2}\right)^2=\dfrac{7}{4}$

$\therefore\mathrm{V}(-2X+3)=(-2)^2\mathrm{V}(X)=4\times\dfrac{7}{4}=7$

1093 답 ②

확률의 총합은 1이므로

$\dfrac{1}{3}+a+b=1$

$\therefore a+b=\dfrac{2}{3}$ ····································· ㉠

$\mathrm{E}(6X+2)=7$이므로

$6\mathrm{E}(X)+2=7$

$\therefore\mathrm{E}(X)=\dfrac{5}{6}$

즉, $0\times\dfrac{1}{3}+1\times a+2\times b=\dfrac{5}{6}$이므로

$a+2b=\dfrac{5}{6}$ ····································· ㉡

㉠, ㉡을 연립하여 풀면 $a=\dfrac{1}{2}$, $b=\dfrac{1}{6}$

$\mathrm{E}(X^2)=0^2\times\dfrac{1}{3}+1^2\times\dfrac{1}{2}+2^2\times\dfrac{1}{6}=\dfrac{7}{6}$이므로

$\mathrm{V}(X)=\mathrm{E}(X^2)-\{\mathrm{E}(X)\}^2$

$\qquad=\dfrac{7}{6}-\left(\dfrac{5}{6}\right)^2=\dfrac{17}{36}$

$\therefore\sigma(X)=\sqrt{\mathrm{V}(X)}=\sqrt{\dfrac{17}{36}}=\dfrac{\sqrt{17}}{6}$

$\therefore\sigma(6X+2)=6\sigma(X)=6\times\dfrac{\sqrt{17}}{6}=\sqrt{17}$

1094 답 ③

확률의 총합은 1이므로

$a+\dfrac{1}{4}+\dfrac{1}{2}+b=1$

$\therefore a+b=\dfrac{1}{4}$ ····································· ㉠

$\mathrm{E}(X^2)=1$이므로

$(-1)^2\times a+0^2\times\dfrac{1}{4}+1^2\times\dfrac{1}{2}+2^2\times b=1$

$a+\dfrac{1}{2}+4b=1$

$\therefore a+4b=\dfrac{1}{2}$ ····································· ㉡

㉠, ㉡을 연립하여 풀면 $a=\dfrac{1}{6}$, $b=\dfrac{1}{12}$

$\mathrm{E}(X)=(-1)\times\dfrac{1}{6}+0\times\dfrac{1}{4}+1\times\dfrac{1}{2}+2\times\dfrac{1}{12}=\dfrac{1}{2}$이므로

$\mathrm{V}(X)=\mathrm{E}(X^2)-\{\mathrm{E}(X)\}^2$

$\qquad=1-\left(\dfrac{1}{2}\right)^2=\dfrac{3}{4}$

$\therefore\mathrm{V}(2X+3)=2^2\mathrm{V}(X)=4\times\dfrac{3}{4}=3$

1095 답 ②

$E(X)=5$이므로

$$a\times\frac{1}{3}+b\times\frac{1}{3}+3a\times\frac{1}{6}+3b\times\frac{1}{6}=5$$

$$\frac{5}{6}(a+b)=5$$

$$\therefore a+b=6 \quad\cdots\cdots\cdots\quad \text{㉠}$$

$$E(X^2)=a^2\times\frac{1}{3}+b^2\times\frac{1}{3}+(3a)^2\times\frac{1}{6}+(3b)^2\times\frac{1}{6}$$

$$=\frac{11}{6}(a^2+b^2)$$

$V(X)=\dfrac{35}{3}$이므로

$$V(X)=E(X^2)-\{E(X)\}^2$$

$$=\frac{11}{6}(a^2+b^2)-5^2=\frac{35}{3}$$

$$\therefore a^2+b^2=20 \quad\cdots\cdots\cdots\quad \text{㉡}$$

㉠, ㉡을 연립하여 풀면 $a=2$, $b=4$ $(\because a<b)$

$$\therefore E(aX+b)=E(2X+4)$$

$$=2E(X)+4$$

$$=2\times5+4=14$$

1096 답 121

$E(X)=2$, $E(X^2)=5$이므로

$$V(X)=E(X^2)-\{E(X)\}^2$$

$$=5-2^2=1$$

$Y=10X+1$이므로

$$E(Y)=E(10X+1)=10E(X)+1$$

$$=10\times2+1=21$$

$$V(Y)=V(10X+1)=10^2V(X)$$

$$=100\times1=100$$

$$\therefore E(Y)+V(Y)=21+100=121$$

1097 답 ⑤

확률의 총합은 1이므로

$$\frac{1}{k}({}_4C_1+{}_4C_2+{}_4C_3+{}_4C_4)=1$$

$${}_4C_1+{}_4C_2+{}_4C_3+{}_4C_4=k$$

$$\therefore k=4+6+4+1=15$$

$$E(X)=2\times\frac{{}_4C_1}{15}+4\times\frac{{}_4C_2}{15}+8\times\frac{{}_4C_3}{15}+16\times\frac{{}_4C_4}{15}$$

$$=\frac{1}{15}(2\times4+4\times6+8\times4+16\times1)$$

$$=\frac{80}{15}=\frac{16}{3}$$

$$\therefore E(3X+1)=3E(X)+1$$

$$=3\times\frac{16}{3}+1=17$$

다른 풀이

$$E(X)=\frac{1}{15}(2\times{}_4C_1+2^2\times{}_4C_2+2^3\times{}_4C_3+2^4\times{}_4C_4)$$

$$=\frac{1}{15}(3^4-1)$$

$$\quad\quad\rightarrow\ \text{이항정리에 의하여}$$

$$\quad\quad (1+2)^4-{}_4C_0\times2^0\text{이다.}$$

$$=\frac{1}{15}\times80=\frac{16}{3}$$

유형 11

개념 Check

(1) **이항정리**

$$(1+x)^n={}_nC_0x^0+{}_nC_1x^1+{}_nC_2x^2+\cdots+{}_nC_nx^n$$

(2) **이항계수의 성질**

① $\ {}_nC_0+{}_nC_1+{}_nC_2+\cdots+{}_nC_n=2^n$

② $\ {}_nC_0-{}_nC_1+{}_nC_2-\cdots+(-1)^n{}_nC_n=0$

1098 답 ③

확률변수 X의 확률질량함수가

$$\underline{P(X=x)=kx}\ (x=1,\ 2,\ 3,\ 4,\ 5)$$
단서1

일 때, $\underline{V(-3X+1)}$은? (단, k는 상수이다.)
단서2

① 10 　② 12 　③ 14

④ 16 　⑤ 18

단서1 $P(X=x)$에 x의 값을 대입

단서2 $V(-3X+1)=(-3)^2V(X)$

STEP1 상수 k의 값을 구하고, 확률변수 X의 확률분포를 표로 나타내기

확률변수 X의 확률분포를 표로 나타내면 다음과 같다.

X	1	2	3	4	5	합계
$P(X=x)$	k	$2k$	$3k$	$4k$	$5k$	1

확률의 총합은 1이므로

$$k+2k+3k+4k+5k=1$$

$$15k=1 \quad\quad \therefore k=\frac{1}{15}$$

따라서 위 표에 $k=\dfrac{1}{15}$을 대입하면 다음과 같다.

X	1	2	3	4	5	합계
$P(X=x)$	$\dfrac{1}{15}$	$\dfrac{2}{15}$	$\dfrac{1}{5}$	$\dfrac{4}{15}$	$\dfrac{1}{3}$	1

STEP2 $V(X)$ 구하기

$$E(X)=1\times\frac{1}{15}+2\times\frac{2}{15}+3\times\frac{1}{5}+4\times\frac{4}{15}+5\times\frac{1}{3}$$

$$=\frac{1}{15}(1^2+2^2+3^2+4^2+5^2)=\frac{11}{3},$$

$$E(X^2)=1^2\times\frac{1}{15}+2^2\times\frac{2}{15}+3^2\times\frac{1}{5}+4^2\times\frac{4}{15}+5^2\times\frac{1}{3}$$

$$=\frac{1}{15}(1^3+2^3+3^3+4^3+5^3)=15$$

이므로

$$V(X)=E(X^2)-\{E(X)\}^2$$

$$=15-\left(\frac{11}{3}\right)^2=\frac{14}{9}$$

STEP3 $V(-3X+1)$ 구하기

$$V(-3X+1)=(-3)^2V(X)=9\times\frac{14}{9}=14$$

1099 답 ③

확률변수 X의 확률분포를 표로 나타내면 다음과 같다.

X	1	2	3	4	합계
$\mathrm{P}(X=x)$	$\dfrac{1}{10}$	$\dfrac{1}{5}$	$\dfrac{3}{10}$	$\dfrac{2}{5}$	1

$\mathrm{E}(X)=1\times\dfrac{1}{10}+2\times\dfrac{1}{5}+3\times\dfrac{3}{10}+4\times\dfrac{2}{5}=3$이므로

$\mathrm{E}(2X+1)=2\mathrm{E}(X)+1=2\times3+1=7$

1100 답 ④

$\mathrm{P}(X=0)=\dfrac{{}_3\mathrm{C}_0\times{}_3\mathrm{C}_3}{{}_6\mathrm{C}_3}=\dfrac{1}{20}$,

$\mathrm{P}(X=1)=\dfrac{{}_3\mathrm{C}_1\times{}_3\mathrm{C}_2}{{}_6\mathrm{C}_3}=\dfrac{9}{20}$,

$\mathrm{P}(X=2)=\dfrac{{}_3\mathrm{C}_2\times{}_3\mathrm{C}_1}{{}_6\mathrm{C}_3}=\dfrac{9}{20}$,

$\mathrm{P}(X=3)=\dfrac{{}_3\mathrm{C}_3\times{}_3\mathrm{C}_0}{{}_6\mathrm{C}_3}=\dfrac{1}{20}$

이므로 확률변수 X의 확률분포를 표로 나타내면 다음과 같다.

X	0	1	2	3	합계
$\mathrm{P}(X=x)$	$\dfrac{1}{20}$	$\dfrac{9}{20}$	$\dfrac{9}{20}$	$\dfrac{1}{20}$	1

$\mathrm{E}(X)=0\times\dfrac{1}{20}+1\times\dfrac{9}{20}+2\times\dfrac{9}{20}+3\times\dfrac{1}{20}=\dfrac{3}{2}$이므로

$\mathrm{E}(4X+3)=4\mathrm{E}(X)+3=4\times\dfrac{3}{2}+3=9$

1101 답 70

확률변수 X의 확률분포를 표로 나타내면 다음과 같다.

X	1	2	3	4	합계
$\mathrm{P}(X=x)$	$\dfrac{1}{7}$	$\dfrac{3}{14}$	$\dfrac{2}{7}$	$\dfrac{5}{14}$	1

$\mathrm{E}(X)=1\times\dfrac{1}{7}+2\times\dfrac{3}{14}+3\times\dfrac{2}{7}+4\times\dfrac{5}{14}=\dfrac{20}{7}$,

$\mathrm{E}(X^2)=1^2\times\dfrac{1}{7}+2^2\times\dfrac{3}{14}+3^2\times\dfrac{2}{7}+4^2\times\dfrac{5}{14}=\dfrac{65}{7}$

이므로

$\mathrm{V}(X)=\mathrm{E}(X^2)-\{\mathrm{E}(X)\}^2$

$\qquad=\dfrac{65}{7}-\left(\dfrac{20}{7}\right)^2=\dfrac{55}{49}$

$\therefore \mathrm{E}(7X-5)+\mathrm{V}(7X-5)=\{7\mathrm{E}(X)-5\}+7^2\mathrm{V}(X)$

$\qquad=\left(7\times\dfrac{20}{7}-5\right)+49\times\dfrac{55}{49}$

$\qquad=15+55$

$\qquad=70$

1102 답 ②

$\mathrm{P}(X=0)=\dfrac{{}_3\mathrm{C}_0\times{}_4\mathrm{C}_3}{{}_7\mathrm{C}_3}=\dfrac{4}{35}$,

$\mathrm{P}(X=1)=\dfrac{{}_3\mathrm{C}_1\times{}_4\mathrm{C}_2}{{}_7\mathrm{C}_3}=\dfrac{18}{35}$,

$\mathrm{P}(X=2)=\dfrac{{}_3\mathrm{C}_2\times{}_4\mathrm{C}_1}{{}_7\mathrm{C}_3}=\dfrac{12}{35}$,

$\mathrm{P}(X=3)=\dfrac{{}_3\mathrm{C}_3\times{}_4\mathrm{C}_0}{{}_7\mathrm{C}_3}=\dfrac{1}{35}$

이므로 확률변수 X의 확률분포를 표로 나타내면 다음과 같다.

X	0	1	2	3	합계
$\mathrm{P}(X=x)$	$\dfrac{4}{35}$	$\dfrac{18}{35}$	$\dfrac{12}{35}$	$\dfrac{1}{35}$	1

$\mathrm{E}(X)=0\times\dfrac{4}{35}+1\times\dfrac{18}{35}+2\times\dfrac{12}{35}+3\times\dfrac{1}{35}=\dfrac{9}{7}$

$\mathrm{E}(X^2)=0^2\times\dfrac{4}{35}+1^2\times\dfrac{18}{35}+2^2\times\dfrac{12}{35}+3^2\times\dfrac{1}{35}=\dfrac{15}{7}$

$\therefore \mathrm{V}(X)=\mathrm{E}(X^2)-\{\mathrm{E}(X)\}^2$

$\qquad=\dfrac{15}{7}-\left(\dfrac{9}{7}\right)^2=\dfrac{24}{49}$

$\sigma(X)=\sqrt{\mathrm{V}(X)}=\sqrt{\dfrac{24}{49}}=\dfrac{2\sqrt{6}}{7}$이므로

$\sigma(7X+1)=7\sigma(X)=7\times\dfrac{2\sqrt{6}}{7}=2\sqrt{6}$

1103 답 ③

확률변수 X의 확률분포를 표로 나타내면 다음과 같다.

X	-1	0	1	합계
$\mathrm{P}(X=x)$	$\dfrac{1}{6}$	$\dfrac{1}{3}$	$\dfrac{1}{2}$	1

$\mathrm{E}(X)=(-1)\times\dfrac{1}{6}+0\times\dfrac{1}{3}+1\times\dfrac{1}{2}=\dfrac{1}{3}$

$Y=aX-b$에 대하여

$\mathrm{E}(Y)=\mathrm{E}(aX-b)=a\mathrm{E}(X)-b=\dfrac{1}{3}a-b$

$\mathrm{V}(Y)=\mathrm{V}(aX-b)=a^2\mathrm{V}(X)$

$\mathrm{E}(Y)=3\mathrm{E}(X)$이므로

$\dfrac{1}{3}a-b=1$ ··· ㉠

$\mathrm{V}(Y)=16\mathrm{V}(X)$이므로 $a^2=16$

이때 a는 양수이므로 $a=4$

이것을 ㉠에 대입하면 $b=\dfrac{1}{3}$

$\therefore ab=4\times\dfrac{1}{3}=\dfrac{4}{3}$

1104 답 155

확률변수 X의 확률분포를 표로 나타내면 다음과 같다.

X	1	2	3	4	합계
$\mathrm{P}(X=x)$	k	$4k$	$9k$	$16k$	1

확률의 총합은 1이므로

$k+4k+9k+16k=1$

$30k=1 \qquad \therefore k=\dfrac{1}{30}$

따라서 위 표에 $k=\dfrac{1}{30}$을 대입하면 다음과 같다.

X	1	2	3	4	합계
$\mathrm{P}(X=x)$	$\dfrac{1}{30}$	$\dfrac{2}{15}$	$\dfrac{3}{10}$	$\dfrac{8}{15}$	1

$\mathrm{E}(X)=1\times\dfrac{1}{30}+2\times\dfrac{2}{15}+3\times\dfrac{3}{10}+4\times\dfrac{8}{15}=\dfrac{10}{3}$,

$$E(X^2)=1^2\times\frac{1}{30}+2^2\times\frac{2}{15}+3^2\times\frac{3}{10}+4^2\times\frac{8}{15}=\frac{59}{5}$$

이므로

$$V(X)=E(X^2)-\{E(X)\}^2$$
$$=\frac{59}{5}-\left(\frac{10}{3}\right)^2=\frac{31}{45}$$

$$\therefore V(15X-3)=15^2V(X)=225\times\frac{31}{45}=155$$

1105 답 ①

확률변수 X의 확률분포를 표로 나타내면 다음과 같다.

X	-1	0	1	2	합계
$P(X=x)$	$\dfrac{-a+2}{10}$	$\dfrac{2}{10}$	$\dfrac{a+2}{10}$	$\dfrac{2a+2}{10}$	1

확률의 총합은 1이므로

$$\frac{-a+2}{10}+\frac{2}{10}+\frac{a+2}{10}+\frac{2a+2}{10}=1$$

$$\frac{2a+8}{10}=1 \qquad \therefore a=1$$

따라서 위 표에 $a=1$을 대입하면 다음과 같다.

X	-1	0	1	2	합계
$P(X=x)$	$\dfrac{1}{10}$	$\dfrac{1}{5}$	$\dfrac{3}{10}$	$\dfrac{2}{5}$	1

$$E(X)=(-1)\times\frac{1}{10}+0\times\frac{1}{5}+1\times\frac{3}{10}+2\times\frac{2}{5}=1,$$

$$E(X^2)=(-1)^2\times\frac{1}{10}+0^2\times\frac{1}{5}+1^2\times\frac{3}{10}+2^2\times\frac{2}{5}=2$$

이므로

$$V(X)=E(X^2)-\{E(X)\}^2$$
$$=2-1^2=1$$

$$\therefore V(aX+2a)=a^2V(X)=1^2\times1=1$$

1106 답 ⑤

$P(X=1)=p$라 하고, 확률변수 X의 확률분포를 표로 나타내면 다음과 같다.

X	1	2	3	합계
$P(X=x)$	p	$\dfrac{2}{3}p$	$\dfrac{4}{9}p$	1

확률의 총합은 1이므로

$$p+\frac{2}{3}p+\frac{4}{9}p=1$$

$$\frac{19}{9}p=1 \qquad \therefore p=\frac{9}{19}$$

따라서 위 표에 $p=\dfrac{9}{19}$를 대입하면 다음과 같다.

X	1	2	3	합계
$P(X=x)$	$\dfrac{9}{19}$	$\dfrac{6}{19}$	$\dfrac{4}{19}$	1

$$E(X)=1\times\frac{9}{19}+2\times\frac{6}{19}+3\times\frac{4}{19}=\frac{33}{19}\text{이므로}$$

$$E(19X-5)=19E(X)-5$$
$$=19\times\frac{33}{19}-5=28$$

1107 답 ③

확률의 총합은 1이므로

$$\sum_{k=1}^{5}P(X=k)=1,\ \sum_{k=1}^{5}P(Y=k)=1$$

이때

$$\sum_{k=1}^{5}P(Y=k)=\sum_{k=1}^{5}\left\{\frac{1}{2}P(X=k)+c\right\}$$
$$=\frac{1}{2}\sum_{k=1}^{5}P(X=k)+5c$$
$$=\frac{1}{2}\times1+5c=1$$

이므로

$$c=\frac{1}{10}$$

또, $E(X)=\displaystyle\sum_{k=1}^{5}kP(X=k)=3$이므로

$$E(Y)=\sum_{k=1}^{5}kP(Y=k)$$
$$=\sum_{k=1}^{5}k\left\{\frac{1}{2}P(X=k)+\frac{1}{10}\right\}$$
$$=\frac{1}{2}\sum_{k=1}^{5}kP(X=k)+\frac{1}{10}\sum_{k=1}^{5}k$$
$$=\frac{1}{2}\times3+\frac{1}{10}\times15$$
$$=\frac{3}{2}+\frac{3}{2}=3$$

$$\therefore E(2Y+1)=2E(Y)+1=2\times3+1=7$$

실수 Check

$P(X=k)$의 값이 주어지지 않아도 관계식을 통하여 평균, 분산을 구할 수 있다.

Plus 문제

1107-1

두 확률변수 X, Y가 가질 수 있는 값이 각각 1부터 6까지의 자연수이고

$$P(Y=k)=\frac{1}{3}P(X=k)+c\ (k=1,\,2,\,3,\,4,\,5,\,6)$$

이다. $E(X)=2$일 때, $E\left(\dfrac{Y-1}{c}\right)$을 구하시오.

(단, c는 상수이다.)

확률의 총합은 1이므로

$$\sum_{k=1}^{6}P(X=k)=1,\ \sum_{k=1}^{6}P(Y=k)=1$$

이때

$$\sum_{k=1}^{6}P(Y=k)=\sum_{k=1}^{6}\left\{\frac{1}{3}P(X=k)+c\right\}$$
$$=\frac{1}{3}\sum_{k=1}^{6}P(X=k)+6c$$
$$=\frac{1}{3}\times1+6c=1$$

이므로

$$c=\frac{1}{9}$$

또, $E(X)=\displaystyle\sum_{k=1}^{6}kP(X=k)=2$이므로

$$\mathrm{E}(Y)=\sum_{k=1}^{6}k\mathrm{P}(Y=k)$$
$$=\sum_{k=1}^{6}k\left\{\frac{1}{3}\mathrm{P}(X=k)+\frac{1}{9}\right\}$$
$$=\frac{1}{3}\sum_{k=1}^{6}k\mathrm{P}(X=k)+\frac{1}{9}\sum_{k=1}^{6}k$$
$$=\frac{1}{3}\times2+\frac{1}{9}\times21$$
$$=\frac{2}{3}+\frac{7}{3}$$
$$=3$$
$$\therefore \mathrm{E}\left(\frac{Y-1}{c}\right)=\frac{1}{c}\mathrm{E}(Y)-\frac{1}{c}$$
$$=9\times3-9=18$$

답 18

1108 답 ④　　　　　　　　　　　　　　| 유형 12

> 흰 공 2개와 검은 공 3개가 들어 있는 주머니가 있다. 이 주머니에서
> 임의로 3개의 공을 동시에 꺼낼 때, 꺼낸 흰 공의 개수를 확률변수 X
> 라 하자. 이때 E(5$X-2$)는? **단서1**
>
> **단서2**
>
> ① 1　　　　　② 2　　　　　③ 3
>
> ④ 4　　　　　⑤ 5
>
> **단서1** $X=0, 1, 2$
> **단서2** E(5$X-2$)=5E(X)-2

STEP1 확률변수 X의 확률분포 구하기

주머니에서 임의로 3개의 공을 동시에 꺼낼 때, 꺼낸 흰 공의 개수
가 확률변수 X이므로 X가 가질 수 있는 값은 0, 1, 2이다.
$$\mathrm{P}(X=0)=\frac{{}_2\mathrm{C}_0\times{}_3\mathrm{C}_3}{{}_5\mathrm{C}_3}=\frac{1}{10}$$
$$\mathrm{P}(X=1)=\frac{{}_2\mathrm{C}_1\times{}_3\mathrm{C}_2}{{}_5\mathrm{C}_3}=\frac{3}{5}$$
$$\mathrm{P}(X=2)=\frac{{}_2\mathrm{C}_2\times{}_3\mathrm{C}_1}{{}_5\mathrm{C}_3}=\frac{3}{10}$$
따라서 X의 확률분포를 표로 나타내면 다음과 같다.

X	0	1	2	합계
P($X=x$)	$\frac{1}{10}$	$\frac{3}{5}$	$\frac{3}{10}$	1

STEP2 E(X) 구하기
$$\mathrm{E}(X)=0\times\frac{1}{10}+1\times\frac{3}{5}+2\times\frac{3}{10}=\frac{6}{5}$$

STEP3 E(5$X-2$) 구하기
$$\mathrm{E}(5X-2)=5\mathrm{E}(X)-2$$
$$=5\times\frac{6}{5}-2=4$$

1109 답 ⑤

확률변수 X의 확률분포를 표로 나타내면 다음과 같다.

X	1	2	4	합계
P($X=x$)	$\frac{1}{3}$	$\frac{1}{2}$	$\frac{1}{6}$	1

$$\mathrm{E}(X)=1\times\frac{1}{3}+2\times\frac{1}{2}+4\times\frac{1}{6}=2$$
$$\therefore \mathrm{E}(2X+1)=2\mathrm{E}(X)+1=2\times2+1=5$$

1110 답 ③

서로 다른 3개의 동전을 동시에 던져서 나오는 모든 경우의 수는
$2\times2\times2=8$
동전의 앞면을 H, 뒷면을 T라 하면
(ⅰ) 앞면이 0개인 경우의 수는 (T, T, T)의 1
(ⅱ) 앞면이 1개인 경우의 수는
　　(H, T, T), (T, H, T), (T, T, H)의 3
(ⅲ) 앞면이 2개인 경우의 수는
　　(H, H, T), (H, T, H), (T, H, H)의 3
(ⅳ) 앞면이 3개인 경우의 수는 (H, H, H)의 1
따라서 확률변수 X가 가질 수 있는 값은 0, 1, 2, 3이고, 그 확률은
$$\mathrm{P}(X=0)=\frac{1}{8}, \mathrm{P}(X=1)=\frac{3}{8}, \mathrm{P}(X=2)=\frac{3}{8}, \mathrm{P}(X=3)=\frac{1}{8}$$
이므로 X의 확률분포를 표로 나타내면 다음과 같다.

X	0	1	2	3	합계
P($X=x$)	$\frac{1}{8}$	$\frac{3}{8}$	$\frac{3}{8}$	$\frac{1}{8}$	1

$$\mathrm{E}(X)=0\times\frac{1}{8}+1\times\frac{3}{8}+2\times\frac{3}{8}+3\times\frac{1}{8}=\frac{3}{2},$$
$$\mathrm{E}(X^2)=0^2\times\frac{1}{8}+1^2\times\frac{3}{8}+2^2\times\frac{3}{8}+3^2\times\frac{1}{8}=3$$
이므로
$$\mathrm{V}(X)=\mathrm{E}(X^2)-\{\mathrm{E}(X)\}^2$$
$$=3-\left(\frac{3}{2}\right)^2=\frac{3}{4}$$
따라서 $\sigma(X)=\sqrt{\mathrm{V}(X)}=\sqrt{\frac{3}{4}}=\frac{\sqrt{3}}{2}$이므로
$$\sigma(2X+3)=2\sigma(X)=2\times\frac{\sqrt{3}}{2}=\sqrt{3}$$

1111 답 ①

정사면체 모양의 주사위를 두 번 던져서 나오는 모든 경우의 수는
${}_4\Pi_2=16$
확률변수 X가 가질 수 있는 값은 0, 1, 2이고, 그 확률은
(ⅰ) $X=0$인 경우
　　처음 나온 수와 두 번째 나온 수가 모두 0인 경우이므로
　　경우의 수는 $2\times2=4$
$$\therefore \mathrm{P}(X=0)=\frac{4}{16}=\frac{1}{4}$$
(ⅱ) $X=1$인 경우
　　처음 나온 수가 0이고 두 번째 나온 수가 2이거나
　　처음 나온 수가 2이고 두 번째 나온 수가 0인 경우이므로
　　경우의 수는 $2\times2+2\times2=8$
$$\therefore \mathrm{P}(X=1)=\frac{8}{16}=\frac{1}{2}$$
(ⅲ) $X=2$인 경우
　　처음 나온 수와 두 번째 나온 수가 모두 2인 경우이므로
　　경우의 수는 $2\times2=4$

$$\therefore \text{P}(X=2)=\frac{4}{16}=\frac{1}{4}$$

따라서 X의 확률분포를 표로 나타내면 다음과 같다.

X	0	1	2	합계
$\text{P}(X=x)$	$\dfrac{1}{4}$	$\dfrac{1}{2}$	$\dfrac{1}{4}$	1

$$\text{E}(X)=0\times\frac{1}{4}+1\times\frac{1}{2}+2\times\frac{1}{4}=1,$$

$$\text{E}(X^2)=0^2\times\frac{1}{4}+1^2\times\frac{1}{2}+2^2\times\frac{1}{4}=\frac{3}{2}$$

이므로

$$\text{V}(X)=\text{E}(X^2)-\{\text{E}(X)\}^2$$
$$=\frac{3}{2}-1^2=\frac{1}{2}$$

따라서 $\sigma(X)=\sqrt{\text{V}(X)}=\sqrt{\dfrac{1}{2}}=\dfrac{\sqrt{2}}{2}$ 이므로

$$\sigma(2X+3)=2\sigma(X)=2\times\frac{\sqrt{2}}{2}=\sqrt{2}$$

1112 답 28

확률변수 X가 가질 수 있는 값은 1, 2, 3이고 6개의 공 중에서 3개의 공을 동시에 뽑는 모든 경우의 수는
$$_6\text{C}_3=20$$

(i) $X=1$인 경우

파란 공 3개를 꺼내는 경우의 수는
$$_3\text{C}_3=1$$
$$\therefore \text{P}(X=1)=\frac{1}{20}$$

(ii) $X=2$인 경우

빨간 공 1개, 노란 공 2개를 꺼내는 경우의 수는 $_1\text{C}_1\times_2\text{C}_2=1$
빨간 공 1개, 파란 공 2개를 꺼내는 경우의 수는 $_1\text{C}_1\times_3\text{C}_2=3$
노란 공 1개, 파란 공 2개를 꺼내는 경우의 수는 $_2\text{C}_1\times_3\text{C}_2=6$
노란 공 2개, 파란 공 1개를 꺼내는 경우의 수는 $_2\text{C}_2\times_3\text{C}_1=3$
$$\therefore \text{P}(X=2)=\frac{1+3+6+3}{20}=\frac{13}{20}$$

(iii) $X=3$인 경우

빨간 공 1개, 노란 공 1개, 파란 공 1개를 꺼내는 경우이므로
$$\text{P}(X=3)=\frac{_1\text{C}_1\times_2\text{C}_1\times_3\text{C}_1}{20}=\frac{3}{10}$$

따라서 X의 확률분포를 표로 나타내면 다음과 같다.

X	1	2	3	합계
$\text{P}(X=x)$	$\dfrac{1}{20}$	$\dfrac{13}{20}$	$\dfrac{3}{10}$	1

$$\text{E}(X)=1\times\frac{1}{20}+2\times\frac{13}{20}+3\times\frac{3}{10}=\frac{9}{4},$$

$$\text{E}(X^2)=1^2\times\frac{1}{20}+2^2\times\frac{13}{20}+3^2\times\frac{3}{10}=\frac{107}{20}$$

이므로

$$\text{V}(X)=\text{E}(X^2)-\{\text{E}(X)\}^2$$
$$=\frac{107}{20}-\left(\frac{9}{4}\right)^2=\frac{23}{80}$$

따라서 $\text{V}(4X+3)=4^2\text{V}(X)=16\times\dfrac{23}{80}=\dfrac{23}{5}$ 이므로

$p=5$, $q=23$ $\therefore p+q=5+23=28$

1113 답 ③

확률변수 X가 가질 수 있는 값은 3, 4, 5, 6이고, 5장의 카드 중에서 2장의 카드를 동시에 뽑는 경우의 수는
$$_5\text{C}_2=10$$

(i) $X=3$인 경우

1, 2가 적힌 카드가 나오는 경우의 수는
$$_1\text{C}_1\times_2\text{C}_1=2$$
$$\therefore \text{P}(X=3)=\frac{2}{10}=\frac{1}{5}$$

(ii) $X=4$인 경우

1, 3 또는 2, 2가 적힌 카드가 나오는 경우의 수는
$$_1\text{C}_1\times_2\text{C}_1+_2\text{C}_2=3$$
$$\therefore \text{P}(X=4)=\frac{3}{10}$$

(iii) $X=5$인 경우

2, 3이 적힌 카드가 나오는 경우의 수는
$$_2\text{C}_1\times_2\text{C}_1=4$$
$$\therefore \text{P}(X=5)=\frac{4}{10}=\frac{2}{5}$$

(iv) $X=6$인 경우

3, 3이 적힌 카드가 나오는 경우의 수는
$$_2\text{C}_2=1$$
$$\therefore \text{P}(X=6)=\frac{1}{10}$$

따라서 X의 확률분포를 표로 나타내면 다음과 같다.

X	3	4	5	6	합계
$\text{P}(X=x)$	$\dfrac{1}{5}$	$\dfrac{3}{10}$	$\dfrac{2}{5}$	$\dfrac{1}{10}$	1

$$\text{E}(X)=3\times\frac{1}{5}+4\times\frac{3}{10}+5\times\frac{2}{5}+6\times\frac{1}{10}=\frac{22}{5} \text{이므로}$$

$$\text{E}(10X+1)=10\text{E}(X)+1$$
$$=10\times\frac{22}{5}+1=45$$

1114 답 ①

→ 남학생이 4명이므로 $X=4$인 경우는 없다.

확률변수 X가 가질 수 있는 값은 1, 2, 3이고, 남학생 4명과 여학생 2명이 6개의 수 중에서 한 개씩 선택하는 모든 경우의 수는
$$6!=720$$

(i) $X=1$인 경우

1을 선택하는 남학생을 정하는 경우의 수는 $_4\text{C}_1=4$
나머지 5명이 1을 제외한 5개의 수 중에서 한 개씩 선택하는 경우의 수는 $5!=120$
$$\therefore \text{P}(X=1)=\frac{4\times120}{720}=\frac{2}{3}$$

(ii) $X=2$인 경우

1을 선택하는 여학생을 정하는 경우의 수는 $_2\text{C}_1=2$
2를 선택하는 남학생을 정하는 경우의 수는 $_4\text{C}_1=4$
나머지 4명이 1, 2를 제외한 4개의 수 중에서 한 개씩 선택하는 경우의 수는 $4!=24$
$$\therefore \text{P}(X=2)=\frac{2\times4\times24}{720}=\frac{4}{15}$$

(iii) $X=3$인 경우

1, 2를 선택하는 여학생을 정하는 경우의 수는 $2!=2$

남학생 4명이 1, 2를 제외한 4개의 수 중에서 한 개씩 선택하는 경우의 수는 $4!=24$

$$\therefore \mathrm{P}(X=3)=\frac{2\times24}{720}=\frac{1}{15}$$

따라서 X의 확률분포를 표로 나타내면 다음과 같다.

X	1	2	3	합계
$\mathrm{P}(X=x)$	$\dfrac{2}{3}$	$\dfrac{4}{15}$	$\dfrac{1}{15}$	1

$$\mathrm{E}(X)=1\times\frac{2}{3}+2\times\frac{4}{15}+3\times\frac{1}{15}=\frac{7}{5},$$

$$\mathrm{E}(X^2)=1^2\times\frac{2}{3}+2^2\times\frac{4}{15}+3^2\times\frac{1}{15}=\frac{7}{3}$$

이므로

$$\mathrm{V}(X)=\mathrm{E}(X^2)-\{\mathrm{E}(X)\}^2$$

$$=\frac{7}{3}-\left(\frac{7}{5}\right)^2=\frac{28}{75}$$

따라서 $\mathrm{V}\left(\dfrac{5}{2}X+3\right)=\left(\dfrac{5}{2}\right)^2\mathrm{V}(X)=\dfrac{25}{4}\times\dfrac{28}{75}=\dfrac{7}{3}$이므로

$p=3$, $q=7$ $\quad\therefore p+q=3+7=10$

실수 Check

남학생 4명이 선택한 수의 최솟값이 확률변수 X이므로 $X=2$, $X=3$인 경우 여학생이 선택하는 수를 먼저 정하고, 그 각각에 대하여 경우의 수를 구하여 확률을 구해야 함에 주의한다.

Plus 문제

1114-1

남학생 3명과 여학생 4명을 임의로 한 줄로 세우고 앞에서부터 1, 2, 3, 4, 5, 6, 7의 번호를 부여한다고 한다. 여학생이 부여받은 번호의 최댓값을 확률변수 X라 할 때, $\mathrm{E}(5X-1)$을 구하시오.

확률변수 X가 가질 수 있는 값은 4, 5, 6, 7이고, 남학생 3명과 여학생 4명을 한 줄로 세우는 모든 경우의 수는 $7!$

(ⅰ) $X=4$인 경우

여학생 4명이 1, 2, 3, 4의 번호를 부여받는 경우의 수는 $4!$

남학생 3명이 5, 6, 7의 번호를 부여받는 경우의 수는 $3!$

$$\therefore \mathrm{P}(X=4)=\frac{4!\times3!}{7!}=\frac{1}{35}$$

(ⅱ) $X=5$인 경우

번호 5를 부여받는 여학생을 정하는 경우의 수는 $_4\mathrm{C}_1=4$

나머지 여학생 3명이 1, 2, 3, 4 중에서 번호를 부여받는 경우의 수는 $_4\mathrm{P}_3=24$

남학생 3명이 나머지 번호를 부여받는 경우의 수는 $3!$

$$\therefore \mathrm{P}(X=5)=\frac{4\times24\times3!}{7!}=\frac{4}{35}$$

(ⅲ) $X=6$인 경우

번호 6을 부여받는 여학생을 정하는 경우의 수는 $_4\mathrm{C}_1=4$

나머지 여학생 3명이 1, 2, 3, 4, 5 중에서 번호를 부여받

는 경우의 수는 $_5\mathrm{P}_3=60$

남학생 3명이 나머지 번호를 부여받는 경우의 수는 $3!$

$$\therefore \mathrm{P}(X=6)=\frac{4\times60\times3!}{7!}=\frac{2}{7}$$

(ⅳ) $X=7$인 경우

번호 7을 부여받는 여학생을 정하는 경우의 수는 $_4\mathrm{C}_1=4$

나머지 여학생 3명이 1, 2, 3, 4, 5, 6 중에서 번호를 부여받는 경우의 수는 $_6\mathrm{P}_3=120$

남학생 3명이 나머지 번호를 부여받는 경우의 수는 $3!$

$$\therefore \mathrm{P}(X=6)=\frac{4\times120\times3!}{7!}=\frac{4}{7}$$

따라서 X의 확률분포를 표로 나타내면 다음과 같다.

X	4	5	6	7	합계
$\mathrm{P}(X=x)$	$\dfrac{1}{35}$	$\dfrac{4}{35}$	$\dfrac{2}{7}$	$\dfrac{4}{7}$	1

$\mathrm{E}(X)=4\times\dfrac{1}{35}+5\times\dfrac{4}{35}+6\times\dfrac{2}{7}+7\times\dfrac{4}{7}=\dfrac{32}{5}$이므로

$$\mathrm{E}(5X-1)=5\mathrm{E}(X)-1=5\times\frac{32}{5}-1=31$$

답 31

1115 답 10

확률변수 X가 가질 수 있는 값은 -3, -2, -1, 0, 1, 2, 3이고 a, b를 순서쌍 (a, b)로 나타내면 모든 순서쌍 (a, b)의 개수는 $4\times4=16$

(ⅰ) $X=-3$인 경우

$(1, 4)$의 1개이므로 $\mathrm{P}(X=-3)=\dfrac{1}{16}$

(ⅱ) $X=-2$인 경우

$(1, 3)$, $(2, 4)$의 2개이므로

$$\mathrm{P}(X=-2)=\frac{2}{16}=\frac{1}{8}$$

(ⅲ) $X=-1$인 경우

$(1, 2)$, $(2, 3)$, $(3, 4)$의 3개이므로

$$\mathrm{P}(X=-1)=\frac{3}{16}$$

(ⅳ) $X=0$인 경우

$(1, 1)$, $(2, 2)$, $(3, 3)$, $(4, 4)$의 4개이므로

$$\mathrm{P}(X=0)=\frac{4}{16}=\frac{1}{4}$$

(ⅴ) $X=1$, 2, 3인 경우는

$X=-1$, -2, -3인 경우에서 a, b의 순서만 바꾸면 된다.

따라서 X의 확률분포를 표로 나타내면 다음과 같다.

X	-3	-2	-1	0	1	2	3	합계
$\mathrm{P}(X=x)$	$\dfrac{1}{16}$	$\dfrac{1}{8}$	$\dfrac{3}{16}$	$\dfrac{1}{4}$	$\dfrac{3}{16}$	$\dfrac{1}{8}$	$\dfrac{1}{16}$	1

$\mathrm{E}(X)=(-3)\times\dfrac{1}{16}+(-2)\times\dfrac{1}{8}+(-1)\times\dfrac{3}{16}+0\times\dfrac{1}{4}$

$$\qquad+1\times\frac{3}{16}+2\times\frac{1}{8}+3\times\frac{1}{16}$$

$$=0$$

$$E(X^2)=(-3)^2\times\frac{1}{16}+(-2)^2\times\frac{1}{8}+(-1)^2\times\frac{3}{16}+0^2\times\frac{1}{4}$$
$$+1^2\times\frac{3}{16}+2^2\times\frac{1}{8}+3^2\times\frac{1}{16}$$
$$=\frac{5}{2}$$

따라서 $V(X)=E(X^2)-\{E(X)\}^2=\frac{5}{2}$이므로

$$V(Y)=V(2X+1)=2^2V(X)=4\times\frac{5}{2}=10$$

1116 답 ⑤

$Y=10X-2.21$이라 하자.

확률변수 Y의 확률분포를 표로 나타내면 다음과 같다.

Y	-1	0	1	합계
$P(Y=y)$	a	b	$\frac{2}{3}$	1

확률의 총합은 1이므로

$$a+b+\frac{2}{3}=1$$

$$\therefore a+b=\frac{1}{3} \quad\cdots\cdots\cdots\cdots\cdots\cdots\cdots\cdots\cdots\cdots\cdots\cdots ㉠$$

또, $E(Y)=E(10X-2.21)=10E(X)-2.21=0.5$이므로

$$E(Y)=(-1)\times a+0\times b+1\times\frac{2}{3}=-a+\frac{2}{3}=\frac{1}{2}$$

$$\therefore a=\frac{1}{6}$$

$a=\frac{1}{6}$을 ㉠에 대입하면 $b=\frac{1}{6}$

즉, $a=\boxed{\frac{1}{6}}$, $b=\boxed{\frac{1}{6}}$이고,

$$E(Y^2)=(-1)^2\times\frac{1}{6}+0^2\times\frac{1}{6}+1^2\times\frac{2}{3}=\frac{5}{6}$$이므로

$$V(Y)=E(Y^2)-\{E(Y)\}^2$$
$$=\frac{5}{6}-\left(\frac{1}{2}\right)^2=\frac{7}{12}$$

한편, $Y=10X-2.21$이므로 $V(Y)=\boxed{100}\times V(X)$이다.

따라서 $V(X)=\frac{1}{\boxed{100}}\times\frac{7}{12}$이다.

이때 $p=\frac{1}{6}$, $q=\frac{1}{6}$, $r=100$이므로

$$pqr=\frac{1}{6}\times\frac{1}{6}\times100=\frac{25}{9}$$

(Tip) 빈칸 앞뒤에 연결된 문장과 식에 핵심 단서가 있다는 것을 꼭 기억하도록 한다.

1117 답 20

확률변수 X가 가질 수 있는 값은 1, 2, 3, 4이고, 영희에게 임의로 2개의 서랍을 배정해 주는 경우의 수는 $_5C_2=10$

(i) $X=1$인 경우

나머지 한 개의 서랍에 적힌 수는 2, 3, 4, 5 중 하나이므로 경우의 수는 $_4C_1=4$

$$\therefore P(X=1)=\frac{4}{10}=\frac{2}{5}$$

(ii) $X=2$인 경우

나머지 한 개의 서랍에 적힌 수는 3, 4, 5 중 하나이므로 경우의 수는 $_3C_1=3$

$$\therefore P(X=2)=\frac{3}{10}$$

(iii) $X=3$인 경우

나머지 한 개의 서랍에 적힌 수는 4, 5 중 하나이므로 경우의 수는 $_2C_1=2$

$$\therefore P(X=3)=\frac{2}{10}=\frac{1}{5}$$

(iv) $X=4$인 경우

나머지 한 개의 서랍에 적힌 수는 5이므로 경우의 수는 1

$$\therefore P(X=4)=\frac{1}{10}$$

따라서 X의 확률분포를 표로 나타내면 다음과 같다.

X	1	2	3	4	합계
$P(X=x)$	$\frac{2}{5}$	$\frac{3}{10}$	$\frac{1}{5}$	$\frac{1}{10}$	1

$$E(X)=1\times\frac{2}{5}+2\times\frac{3}{10}+3\times\frac{1}{5}+4\times\frac{1}{10}=2$$이므로

$$E(10X)=10E(X)=10\times2=20$$

1118 답 ② 유형 13

이항분포 $B\left(3,\frac{1}{3}\right)$을 따르는 확률변수 X에 대하여 $P(X=2)$는?

단서1

① $\frac{5}{27}$ ② $\frac{2}{9}$ ③ $\frac{7}{27}$

④ $\frac{8}{27}$ ⑤ $\frac{1}{3}$

단서1 확률질량함수는 $P(X=x)=_3C_x\left(\frac{1}{3}\right)^x\left(\frac{2}{3}\right)^{3-x}$ (단, $x=0, 1, 2, 3$)

STEP 1 확률질량함수 $P(X=x)$ 구하기

확률변수 X가 이항분포 $B\left(3,\frac{1}{3}\right)$을 따르므로

X의 확률질량함수는

$$P(X=x)=_3C_x\left(\frac{1}{3}\right)^x\left(\frac{2}{3}\right)^{3-x}$$ (단, $x=0, 1, 2, 3$)

STEP 2 $P(X=2)$ 구하기

$$P(X=2)=_3C_2\left(\frac{1}{3}\right)^2\left(\frac{2}{3}\right)^1=\frac{2}{9}$$

참고 확률변수 X가 이항분포 $B(n, p)$를 따르면 X의 확률질량함수는
$$P(X=x)=_nC_xp^x(1-p)^{n-x}$$ (단, $x=0, 1, 2, \cdots, n$)

1119 답 ⑤

확률변수 X가 이항분포 $B\left(3,\frac{1}{2}\right)$을 따르므로

X의 확률질량함수는

$$P(X=x)=_3C_x\left(\frac{1}{2}\right)^x\left(\frac{1}{2}\right)^{3-x}$$ (단, $x=0, 1, 2, 3$)

$$\therefore P(X\geq1)=1-P(X=0)$$
$$=1-_3C_0\left(\frac{1}{2}\right)^0\left(\frac{1}{2}\right)^3$$
$$=1-\frac{1}{8}=\frac{7}{8}$$

$$P(X \geq 1) = P(X=1) + P(X=2) + P(X=3)$$
$$= {}_3C_1\left(\frac{1}{2}\right)^1\left(\frac{1}{2}\right)^2 + {}_3C_2\left(\frac{1}{2}\right)^2\left(\frac{1}{2}\right)^1 + {}_3C_3\left(\frac{1}{2}\right)^3\left(\frac{1}{2}\right)^0$$
$$= \frac{3}{8} + \frac{3}{8} + \frac{1}{8}$$
$$= \frac{7}{8}$$

개념 Check

여사건의 확률
$$P(A) = 1 - P(A^C)$$

1120 답 ④

확률변수 X가 이항분포 $B\left(5, \frac{1}{3}\right)$을 따르므로

X의 확률질량함수는

$$P(X=x) = {}_5C_x\left(\frac{1}{3}\right)^x\left(\frac{2}{3}\right)^{5-x} \ (단, \ x=0, \ 1, \ 2, \ 3, \ 4, \ 5)$$

이때 $P(X=2) = {}_5C_2\left(\frac{1}{3}\right)^2\left(\frac{2}{3}\right)^3 = \frac{80}{3^5}$,

$P(X=3) = {}_5C_3\left(\frac{1}{3}\right)^3\left(\frac{2}{3}\right)^2 = \frac{40}{3^5}$이므로

$$\frac{P(X=2)}{P(X=3)} = \frac{\frac{80}{3^5}}{\frac{40}{3^5}} = 2$$

1121 답 ⑤

확률변수 X가 이항분포 $B\left(4, \frac{1}{2}\right)$을 따르므로

X의 확률질량함수는

$$P(X=x) = {}_4C_x\left(\frac{1}{2}\right)^x\left(\frac{1}{2}\right)^{4-x} \ (단, \ x=0, \ 1, \ 2, \ 3, \ 4)$$

$$P(A) = P(X \leq 1)$$
$$= P(X=0) + P(X=1)$$
$$= {}_4C_0\left(\frac{1}{2}\right)^0\left(\frac{1}{2}\right)^4 + {}_4C_1\left(\frac{1}{2}\right)^1\left(\frac{1}{2}\right)^3$$
$$= \frac{1}{16} + \frac{1}{4} = \frac{5}{16}$$

이때 $P(B) = P(X \geq 1)$이므로

$$P(A \cap B) = P(X=1)$$
$$= {}_4C_1\left(\frac{1}{2}\right)^1\left(\frac{1}{2}\right)^3$$
$$= \frac{1}{4}$$

$$\therefore P(B|A) = \frac{P(A \cap B)}{P(A)}$$
$$= \frac{\frac{1}{4}}{\frac{5}{16}} = \frac{4}{5}$$

개념 Check

사건 A가 일어났을 때의 사건 B의 조건부확률은
$$P(B|A) = \frac{P(A \cap B)}{P(A)}$$

1122 답 11

확률변수 X가 이항분포 $B\left(n, \frac{1}{2}\right)$을 따르므로

X의 확률질량함수는

$$P(X=x) = {}_nC_x\left(\frac{1}{2}\right)^x\left(\frac{1}{2}\right)^{n-x}$$
$$= {}_nC_x\left(\frac{1}{2}\right)^n \ (단, \ x=0, \ 1, \ 2, \ \cdots, \ n)$$

$P(X=2) = 5P(X=1)$에서

$${}_nC_2\left(\frac{1}{2}\right)^n = 5 \times {}_nC_1\left(\frac{1}{2}\right)^n$$

$$\frac{n(n-1)}{2} = 5n, \ n^2 - 11n = 0$$

$$n(n-11) = 0$$

$$\therefore n = 11 \ (\because n은 \ 자연수)$$

1123 답 ④

확률변수 X가 이항분포 $B(4, p)$를 따르므로

X의 확률질량함수는

$$P(X=x) = {}_4C_x p^x(1-p)^{4-x} \ (단, \ x=0, \ 1, \ 2, \ 3, \ 4)$$

$$\therefore P(X=4) = {}_4C_4 p^4 = p^4$$

확률변수 Y가 이항분포 $B(5, 2p)$를 따르므로

Y의 확률질량함수는

$$P(Y=y) = {}_5C_y(2p)^y(1-2p)^{5-y} \ (단, \ y=0, \ 1, \ 2, \ 3, \ 4, \ 5)$$

$$\therefore P(Y \geq 4) = P(Y=4) + P(Y=5)$$
$$= {}_5C_4(2p)^4(1-2p) + {}_5C_5(2p)^5$$
$$= 5 \times 16p^4(1-2p) + 32p^5$$
$$= 80p^4 - 128p^5$$

$48P(X=4) = P(Y \geq 4)$이므로

$$48p^4 = 80p^4 - 128p^5$$

$$128p^5 - 32p^4 = 0, \ 32p^4(4p-1) = 0$$

$$p > 0이므로 \ p = \frac{1}{4}$$

1124 답 ①

앞면이 나오는 횟수를 확률변수 X라 하면

확률변수 X는 이항분포 $B\left(4, \frac{1}{2}\right)$을 따르므로

X의 확률질량함수는

$$P(X=x) = {}_4C_x\left(\frac{1}{2}\right)^x\left(\frac{1}{2}\right)^{4-x}$$
$$= {}_4C_x\left(\frac{1}{2}\right)^4 \ (단, \ x=0, \ 1, \ 2, \ 3, \ 4)$$

따라서 앞면이 2번 이상 나올 확률은

$$P(X \geq 2) = 1 - \{P(X=0) + P(X=1)\}$$
$$= 1 - \left\{{}_4C_0\left(\frac{1}{2}\right)^4 + {}_4C_1\left(\frac{1}{2}\right)^4\right\}$$
$$= 1 - \left(\frac{1}{16} + \frac{4}{16}\right) = \frac{11}{16}$$

다른 풀이

$$P(X \geq 2) = P(X=2) + P(X=3) + P(X=4)$$
$$= {}_4C_2\left(\frac{1}{2}\right)^4 + {}_4C_3\left(\frac{1}{2}\right)^4 + {}_4C_4\left(\frac{1}{2}\right)^4$$
$$= \frac{6}{16} + \frac{4}{16} + \frac{1}{16} = \frac{11}{16}$$

1125 답 ①

확률변수 X가 이항분포 $B\left(4, \dfrac{4}{5}\right)$를 따르므로

X의 확률질량함수는

$P(X=x)={}_4C_x\left(\dfrac{4}{5}\right)^x\left(\dfrac{1}{5}\right)^{4-x}$ (단, $x=0, 1, 2, 3, 4$)

$\therefore P(X=2)={}_4C_2\left(\dfrac{4}{5}\right)^2\left(\dfrac{1}{5}\right)^2=\dfrac{96}{625}$

따라서 $p=625$, $q=96$이므로

$p+q=625+96=721$

1126 답 ⑤

확률변수 X가 이항분포 $B\left(5, \dfrac{1}{10}\right)$을 따르므로

X의 확률질량함수는

$P(X=x)={}_5C_x\left(\dfrac{1}{10}\right)^x\left(\dfrac{9}{10}\right)^{5-x}$ (단, $x=0, 1, 2, 3, 4, 5$)

$\therefore P(X\geq1)=1-P(X=0)$

$\qquad\qquad\;\;=1-{}_5C_0\left(\dfrac{9}{10}\right)^5$

$\qquad\qquad\;\;=1-\left(\dfrac{9}{10}\right)^5$

1127 답 16

확률변수 X가 이항분포 $B\left(n, \dfrac{1}{2}\right)$을 따르므로

└→ 주사위에서 소수의 눈은 2, 3, 5이므로
그 확률은 $\dfrac{3}{6}=\dfrac{1}{2}$이다.

X의 확률질량함수는

$P(X=x)={}_nC_x\left(\dfrac{1}{2}\right)^x\left(\dfrac{1}{2}\right)^{n-x}$

$\qquad\qquad\;={}_nC_x\left(\dfrac{1}{2}\right)^n$ (단, $x=0, 1, 2, \cdots, n$)

이때 $P(X=1)={}_nC_1\left(\dfrac{1}{2}\right)^n=n\times\left(\dfrac{1}{2}\right)^n$,

$P(X=n)={}_nC_n\left(\dfrac{1}{2}\right)^n=\left(\dfrac{1}{2}\right)^n$이므로

$\dfrac{P(X=1)}{P(X=n)}=16$에서

$\dfrac{n\times\left(\dfrac{1}{2}\right)^n}{\left(\dfrac{1}{2}\right)^n}=16$ $\qquad\therefore n=16$

1128 답 ③

| 유형 14

이항분포 $B(80, p)$를 따르는 확률변수 X에 대하여 $E(X)=20$일 때, $V(X)$는? **단서1**

① 5 　　　　② 10 　　　　③ 15

④ 20 　　　　⑤ 25

단서1 $E(X)=80p$, $V(X)=80p(1-p)$

STEP1 $E(X)=np$임을 이용하여 p의 값 구하기

확률변수 X가 이항분포 $B(80, p)$를 따르고,

$E(X)=20$이므로

$80p=20$

$\therefore p=\dfrac{1}{4}$

STEP2 $V(X)$ 구하기

$V(X)=80\times\dfrac{1}{4}\times\dfrac{3}{4}=15$

1129 답 ④

확률변수 X가 이항분포 $B\left(60, \dfrac{5}{12}\right)$를 따르므로

$E(X)=60\times\dfrac{5}{12}=25$

1130 답 3

확률변수 X가 이항분포 $B\left(16, \dfrac{1}{4}\right)$을 따르므로

$V(X)=16\times\dfrac{1}{4}\times\dfrac{3}{4}=3$

1131 답 ④

확률변수 X가 이항분포 $B\left(n, \dfrac{1}{5}\right)$을 따르므로

$E(X)=n\times\dfrac{1}{5}=\dfrac{1}{5}n$

$E(2X+5)=15$에서

$E(2X+5)=2E(X)+5$이므로

$\dfrac{2}{5}n+5=15$, $\dfrac{2}{5}n=10$ $\qquad\therefore n=25$

1132 답 ①

확률변수 X가 이항분포 $B\left(n, \dfrac{1}{2}\right)$을 따르므로

$E(X)=n\times\dfrac{1}{2}=\dfrac{1}{2}n$,

$V(X)=n\times\dfrac{1}{2}\times\dfrac{1}{2}=\dfrac{1}{4}n$

$V(X)=E(X^2)-\{E(X)\}^2$이므로

$E(X^2)=V(X)+\{E(X)\}^2=\dfrac{1}{4}n+\dfrac{1}{4}n^2$

조건에서 $E(X^2)=V(X)+25$이므로

$\dfrac{1}{4}n+\dfrac{1}{4}n^2=\dfrac{1}{4}n+25$

$\dfrac{1}{4}n^2=25$ $\qquad\therefore n=10$ ($\because n$은 자연수)

1133 답 ④

확률변수 X가 이항분포 $B(9, p)$를 따르므로

$E(X)=9p$, $V(X)=9p(1-p)$

$\{E(X)\}^2=V(X)$이므로

$81p^2=9p(1-p)$

$90p^2-9p=0$, $9p(10p-1)=0$

$0<p<1$이므로 $p=\dfrac{1}{10}$

1134 답 ①

확률변수 X가 이항분포 $B(40, p)$를 따르므로

$V(X)=40p(1-p)$

$\qquad\quad\;=-40\left(p-\dfrac{1}{2}\right)^2+10$

따라서 $0 < p < 1$이므로 $\mathrm{V}(X)$는 $p = \dfrac{1}{2}$일 때, 최댓값 10을 갖는다.

개념 Check

이차함수
$$f(x) = ax^2 + bx + c = a\left(x + \dfrac{b}{2a}\right)^2 - \dfrac{b^2 - 4ac}{4a}$$
에서 곡선 $y = f(x)$의 축의 방정식은 $x = -\dfrac{b}{2a}$이고 $x = -\dfrac{b}{2a}$에서 최댓값 또는 최솟값을 갖는다.

1135 답 ④

확률변수 X가 이항분포 $\mathrm{B}\left(n, \dfrac{1}{3}\right)$을 따르므로

$\mathrm{V}(X) = n \times \dfrac{1}{3} \times \dfrac{2}{3} = \dfrac{2}{9}n$

$\mathrm{V}(2X) = 40$이므로

$\begin{aligned} \mathrm{V}(2X) &= 2^2 \mathrm{V}(X) \\ &= 4\mathrm{V}(X) \\ &= 4 \times \dfrac{2}{9}n \\ &= \dfrac{8}{9}n = 40 \end{aligned}$

$\therefore n = 45$

1136 답 16

확률변수 X가 이항분포 $\mathrm{B}\left(36, \dfrac{2}{3}\right)$를 따르므로

$\mathrm{E}(X) = 36 \times \dfrac{2}{3} = 24$,

$\mathrm{V}(X) = 36 \times \dfrac{2}{3} \times \dfrac{1}{3} = 8$

$\mathrm{E}(2X - a) = 2\mathrm{E}(X) - a = 2 \times 24 - a = 48 - a$,

$\mathrm{V}(2X - a) = 2^2 \mathrm{V}(X) = 4 \times 8 = 32$

이므로 $\mathrm{E}(2X - a) = \mathrm{V}(2X - a)$에서

$48 - a = 32$

$\therefore a = 16$

1137 답 59

확률변수 X가 이항분포 $\mathrm{B}\left(n, \dfrac{1}{3}\right)$을 따르므로

$\mathrm{V}(X) = n \times \dfrac{1}{3} \times \dfrac{2}{3} = \dfrac{2}{9}n$

$\mathrm{V}(2X - 1) = 80$이므로

$\begin{aligned} \mathrm{V}(2X - 1) &= 2^2 \mathrm{V}(X) \\ &= 4\mathrm{V}(X) \\ &= 4 \times \dfrac{2}{9}n \\ &= \dfrac{8}{9}n = 80 \end{aligned}$

$\therefore n = 90$

따라서 $\mathrm{E}(X) = 90 \times \dfrac{1}{3} = 30$이므로

$\begin{aligned} \mathrm{E}(2X - 1) &= 2\mathrm{E}(X) - 1 \\ &= 2 \times 30 - 1 \\ &= 59 \end{aligned}$

1138 답 ③

확률변수 X의 확률질량함수가
$$\mathrm{P}(X = x) = {}_{60}\mathrm{C}_x \left(\dfrac{1}{3}\right)^x \left(\dfrac{2}{3}\right)^{60-x} \ (x = 0, 1, 2, \cdots, 60)$$
일 때, $\mathrm{E}(X)$는? **단서1**

① 10   ② 15   ③ 20
④ 25   ⑤ 30

단서1 확률변수 X가 이항분포 $\mathrm{B}\left(60, \dfrac{1}{3}\right)$을 따름을 이용

STEP 1 확률변수 X가 따르는 이항분포 구하기

확률변수 X의 확률질량함수가
$$\mathrm{P}(X = x) = {}_{60}\mathrm{C}_x \left(\dfrac{1}{3}\right)^x \left(\dfrac{2}{3}\right)^{60-x} \ (x = 0, 1, 2, \cdots, 60)$$
이므로 확률변수 X는 이항분포 $\mathrm{B}\left(60, \dfrac{1}{3}\right)$을 따른다.

STEP 2 $\mathrm{E}(X)$ 구하기

$\mathrm{E}(X) = 60 \times \dfrac{1}{3} = 20$

1139 답 ①

확률변수 X의 확률질량함수가
$$\begin{aligned} \mathrm{P}(X = x) &= {}_{40}\mathrm{C}_x \left(\dfrac{1}{2}\right)^{40} \\ &= {}_{40}\mathrm{C}_x \left(\dfrac{1}{2}\right)^x \left(\dfrac{1}{2}\right)^{40-x} \ (x = 0, 1, 2, \cdots, 40) \end{aligned}$$
이므로 확률변수 X는 이항분포 $\mathrm{B}\left(40, \dfrac{1}{2}\right)$을 따른다.

$\therefore \mathrm{V}(X) = 40 \times \dfrac{1}{2} \times \dfrac{1}{2} = 10$

1140 답 32

확률변수 X의 확률질량함수가
$$\mathrm{P}(X = x) = {}_{n}\mathrm{C}_x \left(\dfrac{1}{4}\right)^x \left(\dfrac{3}{4}\right)^{n-x} \ (x = 0, 1, 2, \cdots, n)$$
이므로 확률변수 X는 이항분포 $\mathrm{B}\left(n, \dfrac{1}{4}\right)$을 따른다.

$\mathrm{V}(X) = 6$이므로

$n \times \dfrac{1}{4} \times \dfrac{3}{4} = 6 \qquad \therefore n = 32$

1141 답 ④

확률변수 X의 확률질량함수가
$$\mathrm{P}(X = x) = {}_{n}\mathrm{C}_x \, p^x (1-p)^{n-x} \ (x = 0, 1, 2, \cdots, n)$$
이므로 확률변수 X는 이항분포 $\mathrm{B}(n, p)$를 따른다.

$\mathrm{E}(X) = 2$이므로

$np = 2$ $\cdots\cdots$ ㉠

$\mathrm{V}(X) = \dfrac{3}{2}$이므로

$np(1-p) = \dfrac{3}{2}$ $\cdots\cdots$ ㉡

㉡÷㉠을 하면 $1 - p = \dfrac{3}{4}$ $\qquad \therefore p = \dfrac{1}{4}, \ n = 8$

$\therefore n(1-p) = 8 \times \dfrac{3}{4} = 6$

1142 답 ①

확률변수 X의 확률질량함수가

$P(X=x)={}_nC_x p^x(1-p)^{n-x}$ $(x=0, 1, 2, \cdots, n)$

이므로 확률변수 X는 이항분포 $B(n, p)$를 따른다.

$E(X)=1$이므로

$np=1$ $\cdots\cdots\cdots\cdots\cdots\cdots\cdots\cdots\cdots\cdots\cdots\cdots\cdots\cdots\cdots\cdots$ ㉠

$V(X)=\dfrac{9}{10}$이므로

$np(1-p)=\dfrac{9}{10}$ $\cdots\cdots\cdots\cdots\cdots\cdots\cdots\cdots\cdots\cdots\cdots\cdots$ ㉡

㉡÷㉠을 하면 $1-p=\dfrac{9}{10}$

$\therefore p=\dfrac{1}{10}$, $n=10$

따라서 $P(X=x)={}_{10}C_x\left(\dfrac{1}{10}\right)^x\left(\dfrac{9}{10}\right)^{10-x}$이므로

$P(X=1)={}_{10}C_1\left(\dfrac{1}{10}\right)^1\left(\dfrac{9}{10}\right)^9=\left(\dfrac{9}{10}\right)^9$

1143 답 ②

확률변수 X의 확률질량함수가

$P(X=x)={}_{180}C_x\left(\dfrac{1}{6}\right)^x\left(\dfrac{5}{6}\right)^{180-x}$ $(x=0, 1, 2, \cdots, 180)$

이므로 확률변수 X는 이항분포 $B\left(180, \dfrac{1}{6}\right)$을 따른다.

$E(X)=180\times\dfrac{1}{6}=30$이므로

$\displaystyle\sum_{x=0}^{180}\{x\times P(X=x)\}=E(X)=30$

참고 확률변수 X의 확률질량함수가 $P(X=x_i)=p_i$ $(i=1, 2, \cdots, n)$일 때

➡ $E(X)=x_1 p_1+x_2 p_2+\cdots+x_n p_n=\displaystyle\sum_{i=1}^{n}x_i p_i$

1144 답 ⑤

확률변수 X의 확률질량함수가

$P(X=k)={}_{45}C_k\left(\dfrac{1}{3}\right)^k\left(\dfrac{2}{3}\right)^{45-k}$ $(k=0, 1, 2, \cdots, 45)$

이므로 확률변수 X는 이항분포 $B\left(45, \dfrac{1}{3}\right)$을 따른다.

$E(X)=45\times\dfrac{1}{3}=15$이므로

$\displaystyle\sum_{x=0}^{45}\{(2x-1)P(X=x)\}=E(2X-1)$
$=2E(X)-1$
$=2\times15-1=29$

1145 답 ①

확률변수 X의 확률질량함수가

$P(X=x)={}_{48}C_x\dfrac{3^x}{4^{48}}$

$={}_{48}C_x\left(\dfrac{3}{4}\right)^x\left(\dfrac{1}{4}\right)^{48-x}$ $(x=0, 1, 2, \cdots, 48)$

이므로 확률변수 X는 이항분포 $B\left(48, \dfrac{3}{4}\right)$을 따른다.

따라서 $V(X)=48\times\dfrac{3}{4}\times\dfrac{1}{4}=9$이므로

$\sigma(X)=\sqrt{V(X)}=\sqrt{9}=3$

$\therefore \sigma(2X+1)=2\sigma(X)=2\times3=6$

1146 답 110

$f(r)={}_{10}C_r\left(\dfrac{1}{2}\right)^{10}={}_{10}C_r\left(\dfrac{1}{2}\right)^r\left(\dfrac{1}{2}\right)^{10-r}$ $(r=0, 1, 2, \cdots, 10)$

이므로 $f(r)$는 이항분포 $B\left(10, \dfrac{1}{2}\right)$을 따르는 확률변수의 확률질량함수를 의미한다.

즉, 확률변수 X가 이항분포 $B\left(10, \dfrac{1}{2}\right)$을 따른다고 하면

$P(X=r)=f(r)$이고

$E(X)=10\times\dfrac{1}{2}=5$, $V(X)=10\times\dfrac{1}{2}\times\dfrac{1}{2}=\dfrac{5}{2}$

$\therefore 4\displaystyle\sum_{r=0}^{10}r^2 f(r)=4E(X^2)$
$=4[V(X)+\{E(X)\}^2]$
$(\because V(X)=E(X^2)-\{E(X)\}^2)$
$=4\times\left(\dfrac{5}{2}+5^2\right)=110$

1147 답 ②

확률변수 X에 대하여

$P(X=k)={}_{72}C_k\left(\dfrac{1}{3}\right)^k\left(\dfrac{2}{3}\right)^{72-k}$ $(k=0, 1, 2, \cdots, 72)$

이라 하면 확률변수 X는 이항분포 $B\left(72, \dfrac{1}{3}\right)$을 따르므로

$E(X)=72\times\dfrac{1}{3}=24$,

$V(X)=72\times\dfrac{1}{3}\times\dfrac{2}{3}=16$

$V(X)=E(X^2)-\{E(X)\}^2$이므로

$E(X^2)=V(X)+\{E(X)\}^2$
$=16+24^2=592$

$\therefore \displaystyle\sum_{k=0}^{72}(k^2-2k+3)\,{}_{72}C_k\left(\dfrac{1}{3}\right)^k\left(\dfrac{2}{3}\right)^{72-k}$

$=\displaystyle\sum_{k=0}^{72}k^2\,{}_{72}C_k\left(\dfrac{1}{3}\right)^k\left(\dfrac{2}{3}\right)^{72-k}-2\sum_{k=0}^{72}k\,{}_{72}C_k\left(\dfrac{1}{3}\right)^k\left(\dfrac{2}{3}\right)^{72-k}$

$+3\displaystyle\sum_{k=0}^{72}{}_{72}C_k\left(\dfrac{1}{3}\right)^k\left(\dfrac{2}{3}\right)^{72-k}$

$=E(X^2)-2E(X)+3\times\left(\dfrac{1}{3}+\dfrac{2}{3}\right)^{72}$

$=592-2\times24+3=547$

참고 확률변수 X가 가질 수 있는 값이 $0, 1, 2, \cdots, n$이고 확률질량함수가

$P(X=k)$ $(k=0, 1, 2, \cdots, n)$일 때

(1) $E(X)=\displaystyle\sum_{k=0}^{n}k P(X=k)$

(2) $E(X^2)=\displaystyle\sum_{k=0}^{n}k^2 P(X=k)$

(3) $\displaystyle\sum_{k=0}^{n}P(X=k)=1$

실수 Check

문제와 같이 확률변수 X의 $P(X=k)$의 값이 주어지지 않아도 주어진 관계식에서 확률과 평균을 찾아낼 수 있어야 한다.

따라서 $E(X)$, $E(X^2)$의 여러 가지 표현법을 익혀 두도록 한다.

1147 -1

$\sum\limits_{k=0}^{64} k(k+1)_{64}C_k\left(\dfrac{1}{4}\right)^k\left(\dfrac{3}{4}\right)^{64-k}$ 의 값을 구하시오.

확률변수 X에 대하여

$P(X=k)=_{64}C_k\left(\dfrac{1}{4}\right)^k\left(\dfrac{3}{4}\right)^{64-k}$ $(k=0, 1, 2, \cdots, 64)$

이라 하면 확률변수 X는 이항분포 $B\left(64, \dfrac{1}{4}\right)$을 따르므로

$E(X)=64\times\dfrac{1}{4}=16,$

$V(X)=64\times\dfrac{1}{4}\times\dfrac{3}{4}=12$

$V(X)=E(X^2)-\{E(X)\}^2$이므로

$E(X^2)=V(X)+\{E(X)\}^2=12+16^2=268$

$\therefore \sum\limits_{k=0}^{64} k(k+1)_{64}C_k\left(\dfrac{1}{4}\right)^k\left(\dfrac{3}{4}\right)^{64-k}$

$=\sum\limits_{k=0}^{64} k^2{}_{64}C_k\left(\dfrac{1}{4}\right)^k\left(\dfrac{3}{4}\right)^{64-k}+\sum\limits_{k=0}^{64} k_{64}C_k\left(\dfrac{1}{4}\right)^k\left(\dfrac{3}{4}\right)^{64-k}$

$=E(X^2)+E(X)$

$=268+16=284$

답 284

1148 답 ⑤　　　　　　　　　　　　　　| 유형 16

어떤 바이러스에 대한 항체 생성률이 90 %인 백신을 100명에게 투
약하였을 때, 항체가 생성된 사람의 수를 확률변수 X라 하자. 이때
$E(2X+3)+\sigma(2X+3)$의 값은?

① 181　　　　② 183　　　　③ 185

④ 187　　　　⑤ 189

단서1 $p=\dfrac{9}{10}$

단서2 $n=100$

STEP 1 $E(X)$, $\sigma(X)$ 구하기

확률변수 X가 이항분포 $B\left(100, \dfrac{9}{10}\right)$를 따르므로

$E(X)=100\times\dfrac{9}{10}=90$

$V(X)=100\times\dfrac{9}{10}\times\dfrac{1}{10}=9$

$\sigma(X)=\sqrt{V(X)}=\sqrt{9}=3$

STEP 2 $E(2X+3)+\sigma(2X+3)$의 값 구하기

$E(2X+3)+\sigma(2X+3)=2E(X)+3+2\sigma(X)$

$=2\times90+3+2\times3$

$=189$

1149 답 ①

스마트폰을 가지고 있는 직원의 비율이 98 %이므로

확률변수 X는 이항분포 $B\left(2500, \dfrac{49}{50}\right)$를 따른다.

$V(X)=2500\times\dfrac{49}{50}\times\dfrac{1}{50}=49$이므로

$\sigma(X)=\sqrt{V(X)}=\sqrt{49}=7$

$\therefore \sigma(3X+2)=3\sigma(X)=3\times7=21$

1150 답 ②

두 개의 주사위에서 모두 소수의 눈이 나올 확률은 $\dfrac{1}{2}\times\dfrac{1}{2}=\dfrac{1}{4}$이

므로 확률변수 X는 이항분포 $B\left(32, \dfrac{1}{4}\right)$을 따른다.

$\therefore E(X)=32\times\dfrac{1}{4}=8,$

$V(X)=32\times\dfrac{1}{4}\times\dfrac{3}{4}=6$

$V(X)=E(X^2)-\{E(X)\}^2$이므로

$E(X^2)=V(X)+\{E(X)\}^2$

$=6+8^2=70$

1151 답 ③

1회의 시행에서 3개의 공의 색이 모두 같을 확률은

$\underbrace{\dfrac{_4C_3+{}_5C_3}{_9C_3}=\dfrac{1}{6}}$ → 3개 모두 흰 공이 나오는 경우의 수는 $_4C_3$
　　　　　　　　　3개 모두 검은 공이 나오는 경우의 수는 $_5C_3$

이므로 확률변수 X는 이항분포 $B\left(180, \dfrac{1}{6}\right)$을 따른다.

$\therefore V(X)=180\times\dfrac{1}{6}\times\dfrac{5}{6}=25,$

$\sigma(X)=\sqrt{V(X)}=\sqrt{25}=5$

$\therefore \sigma(2X+4)=2\sigma(X)=2\times5=10$

1152 답 ③

한 개의 주사위를 던질 때, 6의 약수의 눈이 나오는 횟수를 확률변
수 X라 하면 확률변수 X는 이항분포 $B\left(180, \dfrac{2}{3}\right)$를 따르므로

$E(X)=180\times\dfrac{2}{3}=120$

6의 약수의 눈이 X번 나오면 6의 약수가 아닌 눈은 $(180-X)$번
나오므로 얻을 수 있는 총 점수는

$X+3\times(180-X)=540-2X$

따라서 얻을 수 있는 총 점수의 기댓값은

$E(-2X+540)=-2E(X)+540$

$=-2\times120+540$

$=300$

1153 답 ③

당첨 제비가 3개, 일반 제비가 n개 들어 있는 주머니에서 한 개의
제비를 꺼낼 때, 당첨 제비가 나올 확률은 $\dfrac{3}{n+3}$이므로 확률변수

X는 이항분포 $B\left(100, \dfrac{3}{n+3}\right)$을 따른다.

$E(X)=20$이므로

$100\times\dfrac{3}{n+3}=20$　　$\therefore n=12$

따라서 $V(X)=100\times\dfrac{1}{5}\times\dfrac{4}{5}=16$이므로

$n+\sigma(X)=12+\sqrt{16}=16$

1154 답 3

동전 n개를 동시에 던질 때, 모두 앞면이 나올 확률은 $\left(\dfrac{1}{2}\right)^n$이므로

확률변수 X는 이항분포 $\mathrm{B}\left(64, \left(\dfrac{1}{2}\right)^n\right)$을 따른다.

$\therefore \mathrm{E}(X) = 64 \times \left(\dfrac{1}{2}\right)^n$

$\mathrm{E}(2X-1) = 15$이므로

$\mathrm{E}(2X-1) = 2\mathrm{E}(X) - 1$

$\qquad\qquad = 2 \times 64 \times \left(\dfrac{1}{2}\right)^n - 1 = 15$

즉, $\left(\dfrac{1}{2}\right)^n = \dfrac{1}{8} = \left(\dfrac{1}{2}\right)^3$이므로

$n = 3$

1155 답 18

A, B 두 명이 가위바위보를 한 번 하여 A가 이길 확률은 $\dfrac{1}{3}$이므로 확률변수 X는 이항분포 $\mathrm{B}\left(n, \dfrac{1}{3}\right)$을 따른다.

> 모든 경우의 수는
> $3 \times 3 = 9$,
> A가 이기는
> 경우의 수는 3

$\therefore \mathrm{E}(X) = n \times \dfrac{1}{3} = \dfrac{n}{3}$,

$\quad \mathrm{V}(X) = n \times \dfrac{1}{3} \times \dfrac{2}{3} = \dfrac{2}{9}n$

$\mathrm{E}(X^2) = 40$이고, $\mathrm{V}(X) = \mathrm{E}(X^2) - \{\mathrm{E}(X)\}^2$이므로

$\mathrm{E}(X^2) = \mathrm{V}(X) + \{\mathrm{E}(X)\}^2$

$\qquad\quad = \dfrac{2}{9}n + \left(\dfrac{n}{3}\right)^2 = 40$

$n^2 + 2n - 360 = 0$

$(n-18)(n+20) = 0$

n은 자연수이므로 $n = 18$

1156 답 ②

주사위를 한 번 던질 때, 3의 배수의 눈이 나오는 확률은 $\dfrac{1}{3}$이므로

확률변수 X는 이항분포 $\mathrm{B}\left(36, \dfrac{1}{3}\right)$을 따른다.

$\therefore \mathrm{V}(X) = 36 \times \dfrac{1}{3} \times \dfrac{2}{3} = 8$

1157 답 ③

주사위를 15번 던져서 2 이하의 눈이 나오는 횟수를 확률변수 Y라 하면 확률변수 Y는 이항분포 $\mathrm{B}\left(15, \dfrac{1}{3}\right)$을 따른다.

$\therefore \mathrm{E}(Y) = 15 \times \dfrac{1}{3} = 5$

2 이하의 눈이 Y번 나오면 3 이상의 눈은 $(15-Y)$번 나오므로 15번 시행 후 점 P의 좌표는 $(3Y, 15-Y)$이다.

점 P와 직선 $3x + 4y = 0$ 사이의 거리가 확률변수 X이므로

$X = \dfrac{|3 \times 3Y + 4 \times (15-Y)|}{\sqrt{3^2 + 4^2}}$

$\quad = \dfrac{|5Y + 60|}{5}$

$\quad = Y + 12$

$\therefore \mathrm{E}(X) = \mathrm{E}(Y + 12)$

$\qquad\quad = \mathrm{E}(Y) + 12$

$\qquad\quad = 5 + 12 = 17$

개념 Check

점 $\mathrm{P}(x_1, y_1)$과 직선 $ax + by + c = 0$ 사이의 거리 d는

$$d = \dfrac{|ax_1 + by_1 + c|}{\sqrt{a^2 + b^2}}$$

실수 Check

확률변수 X가 이항분포를 따르지 않는 것에 주의한다.
이항분포를 따르는 확률변수는 주로 개수, 횟수 등이고 가질 수 있는 값은 $0, 1, 2, \cdots, n$이다.

05

서술형 유형 익히기　　　　245쪽~249쪽

1158 답 (1) $_3\mathrm{C}_x$　(2) $\dfrac{5}{12}$　(3) $\dfrac{5}{12}$　(4) $\dfrac{5}{12}$　(5) $\dfrac{1}{2}$　(6) 2　(7) 2

STEP 1 확률변수 X의 확률질량함수 구하기 [2점]

확률변수 X가 가질 수 있는 값은 $0, 1, 2, 3$이다.

10개의 공 중에서 5개의 공을 꺼내는 경우의 수는 $_{10}\mathrm{C}_5$이고, 꺼낸 공 중에 흰 공이 x개인 경우의 수는 $_3\mathrm{C}_x \times _7\mathrm{C}_{5-x}$이다.

X의 확률질량함수는

$$\mathrm{P}(X = x) = \dfrac{\boxed{_3\mathrm{C}_x} \times _7\mathrm{C}_{5-x}}{_{10}\mathrm{C}_5} \text{ (단, } x = 0, 1, 2, 3\text{)}$$

STEP 2 확률변수 X의 확률분포를 표로 나타내기 [2점]

$\mathrm{P}(X = 0) = \dfrac{_3\mathrm{C}_0 \times _7\mathrm{C}_5}{_{10}\mathrm{C}_5} = \dfrac{1}{12}$,

$\mathrm{P}(X = 1) = \dfrac{_3\mathrm{C}_1 \times _7\mathrm{C}_4}{_{10}\mathrm{C}_5} = \dfrac{5}{12}$,

$\mathrm{P}(X = 2) = \dfrac{_3\mathrm{C}_2 \times _7\mathrm{C}_3}{_{10}\mathrm{C}_5} = \boxed{\dfrac{5}{12}}$,

$\mathrm{P}(X = 3) = \dfrac{_3\mathrm{C}_3 \times _7\mathrm{C}_2}{_{10}\mathrm{C}_5} = \dfrac{1}{12}$

이므로 X의 확률분포를 표로 나타내면 다음과 같다.

X	0	1	2	3	합계
$\mathrm{P}(X = x)$	$\dfrac{1}{12}$	$\dfrac{5}{12}$	$\boxed{\dfrac{5}{12}}$	$\dfrac{1}{12}$	1

STEP 3 자연수 a의 값 구하기 [2점]

$\mathrm{P}(X = 2) + \mathrm{P}(X = 3) = \boxed{\dfrac{5}{12}} + \dfrac{1}{12} = \boxed{\dfrac{1}{2}}$이므로

$\mathrm{P}(X \geq \boxed{2}) = \dfrac{1}{2}$

$\therefore a = \boxed{2}$

실제 답안 예시

X	0	1	2	3	합계
$\mathrm{P}(X=x)$	$\dfrac{_7\mathrm{C}_5}{_{10}\mathrm{C}_5}$	$\dfrac{_3\mathrm{C}_1 \times _7\mathrm{C}_4}{_{10}\mathrm{C}_5}$	$\dfrac{_3\mathrm{C}_2 \times _7\mathrm{C}_3}{_{10}\mathrm{C}_5}$	$\dfrac{_3\mathrm{C}_3 \times _7\mathrm{C}_2}{_{10}\mathrm{C}_5}$	1
	$\downarrow$	$\downarrow$	$\downarrow$	$\downarrow$	
	$\dfrac{1}{12}$	$\dfrac{5}{12}$	$\dfrac{5}{12}$	$\dfrac{1}{12}$	

$\mathrm{P}(X \geq 2) = \dfrac{1}{2}$이므로 $a = 2$　　$\dfrac{5}{12} + \dfrac{1}{12} = \dfrac{1}{2}$

1159 답 2

STEP1 확률변수 X의 확률질량함수 구하기 [2점]

확률변수 X가 가질 수 있는 값은 1, 2, 3, 4이다.

7개의 제품 중에서 4개의 제품을 택하는 경우의 수는 $_7C_4$이고,

택한 제품 중에서 정상품이 x개인 경우의 수는 $_4C_x \times _3C_{4-x}$이다.

따라서 X의 확률질량함수는

$$P(X=x) = \frac{_4C_x \times _3C_{4-x}}{_7C_4} \ (\text{단, } x=1, 2, 3, 4)$$

STEP2 확률변수 X의 확률분포를 표로 나타내기 [2점]

$$P(X=1) = \frac{_4C_1 \times _3C_3}{_7C_4} = \frac{4}{35},$$

$$P(X=2) = \frac{_4C_2 \times _3C_2}{_7C_4} = \frac{18}{35},$$

$$P(X=3) = \frac{_4C_3 \times _3C_1}{_7C_4} = \frac{12}{35},$$

$$P(X=4) = \frac{_4C_4 \times _3C_0}{_7C_4} = \frac{1}{35}$$

이므로 X의 확률분포를 표로 나타내면 다음과 같다.

X	1	2	3	4	합계
$P(X=x)$	$\frac{4}{35}$	$\frac{18}{35}$	$\frac{12}{35}$	$\frac{1}{35}$	1

STEP3 정수 a의 최솟값 구하기 [2점]

$$P(X \leq 1) = P(X=1) = \frac{4}{35} < \frac{1}{2}$$

$$P(X \leq 2) = P(X=1) + P(X=2)$$

$$= \frac{4}{35} + \frac{18}{35}$$

$$= \frac{22}{35} > \frac{1}{2}$$

이므로 정수 a의 최솟값은 2이다.

1160 답 $\frac{21}{4}$

STEP1 확률변수 X의 확률질량함수 구하기 [2점]

확률변수 X가 가질 수 있는 값은 3, 4, 5, 6이다.

6개의 공 중에서 3개의 공을 꺼내는 경우의 수는 $_6C_3$이고, 꺼낸
3개의 공에 적힌 수의 최댓값이 x인 경우의 수는 $_{x-1}C_2$이다.

따라서 X의 확률질량함수는

$$P(X=x) = \frac{_{x-1}C_2}{_6C_3} \ (\text{단, } x=3, 4, 5, 6)$$

→ x보다 작은 수
중에서 2개를
택한다.

STEP2 확률변수 X의 확률분포를 표로 나타내기 [2점]

$$P(X=3) = \frac{_2C_2}{_6C_3} = \frac{1}{20},$$

$$P(X=4) = \frac{_3C_2}{_6C_3} = \frac{3}{20},$$

$$P(X=5) = \frac{_4C_2}{_6C_3} = \frac{3}{10},$$

$$P(X=6) = \frac{_5C_2}{_6C_3} = \frac{1}{2}$$

이므로 X의 확률분포를 표로 나타내면 다음과 같다.

X	3	4	5	6	합계
$P(X=x)$	$\frac{1}{20}$	$\frac{3}{20}$	$\frac{3}{10}$	$\frac{1}{2}$	1

STEP3 $E(X)$ 구하기 [2점]

$$E(X) = 3 \times \frac{1}{20} + 4 \times \frac{3}{20} + 5 \times \frac{3}{10} + 6 \times \frac{1}{2} = \frac{21}{4}$$

1161 답 6

STEP1 확률변수 X의 확률질량함수 구하기 [2점]

확률변수 X가 가질 수 있는 값은 4, 5, 6, 7이다.

8개의 공 중에서 5개의 공을 꺼내는 경우의 수는 $_8C_5$이고, 꺼낸 5
개의 공에 적힌 숫자 중에서 두 번째로 큰 수가 x인 경우의 수는
$_{x-1}C_3 \times _{8-x}C_1$이다. → x보다 작은 수 중에서 3개, x보다 큰 수 중에서 1
개를 택한다.

따라서 X의 확률질량함수는

$$P(X=x) = \frac{_{x-1}C_3 \times _{8-x}C_1}{_8C_5} \ (\text{단, } x=4, 5, 6, 7)$$

STEP2 확률변수 X의 확률분포를 표로 나타내기 [2점]

$$P(X=4) = \frac{_3C_3 \times _4C_1}{_8C_5} = \frac{1}{14},$$

$$P(X=5) = \frac{_4C_3 \times _3C_1}{_8C_5} = \frac{3}{14},$$

$$P(X=6) = \frac{_5C_3 \times _2C_1}{_8C_5} = \frac{5}{14},$$

$$P(X=7) = \frac{_6C_3 \times _1C_1}{_8C_5} = \frac{5}{14},$$

이므로 X의 확률분포를 표로 나타내면 다음과 같다.

X	4	5	6	7	합계
$P(X=x)$	$\frac{1}{14}$	$\frac{3}{14}$	$\frac{5}{14}$	$\frac{5}{14}$	1

STEP3 $E(X)$ 구하기 [2점]

$$E(X) = 4 \times \frac{1}{14} + 5 \times \frac{3}{14} + 6 \times \frac{5}{14} + 7 \times \frac{5}{14} = 6$$

1162 답 (1) $\frac{3}{5}$ (2) $\frac{1}{10}$ (3) $\frac{1}{5}$ (4) 5 (5) 1 (6) 4

STEP1 상수 a, b의 값 구하기 [2점]

확률의 총합은 1이므로

$$a + \frac{3}{10} + b + \frac{1}{10} = 1$$

$$\therefore a + b = \boxed{\frac{3}{5}} \cdots\cdots ㉠$$

$E(X) = 2$이므로

$$1 \times a + 2 \times \frac{3}{10} + 3 \times b + 4 \times \boxed{\frac{1}{10}} = 2$$

$$\therefore a + 3b = 1 \cdots\cdots ㉡$$

㉠, ㉡을 연립하여 풀면

$$a = \frac{2}{5}, \ b = \boxed{\frac{1}{5}}$$

STEP2 $V(X)$ 구하기 [2점]

$$E(X^2) = 1^2 \times \frac{2}{5} + 2^2 \times \frac{3}{10} + 3^2 \times \frac{1}{5} + 4^2 \times \frac{1}{10} = \boxed{5}$$이므로

$$V(X) = E(X^2) - \{E(X)\}^2$$

$$= 5 - 2^2 = \boxed{1}$$

STEP3 $V(2X+3)$ 구하기 [2점]

$$V(2X+3) = 2^2 V(X) = \boxed{4}$$

(i) $a+b=\dfrac{6}{10}=\dfrac{3}{5}$

(ii) $a+\dfrac{6}{10}+3b+\dfrac{4}{10}=2$, $a+3b=1$

위의 두 식을 연립하여 풀면

$b=\dfrac{1}{5}$, $a=\dfrac{2}{5}$ ··· 2점

$\mathrm{E}(X^2)=\dfrac{2}{5}+\dfrac{12}{10}+\dfrac{9}{5}+\dfrac{16}{10}$

$=\dfrac{50}{10}=5$

$\mathrm{V}(X)=5-2^2=1$ ··· 2점

$\therefore \mathrm{V}(2X+3)=2\times1=2$

$\longrightarrow$ $\mathrm{V}(2X+3)=2^2\mathrm{V}(X)$로 구해야 하는데 $\mathrm{V}(2X+3)=2\mathrm{V}(X)$로 잘못 구함

▶ 6점 중 4점 얻음.

확률변수 $aX+b$의 분산 $\mathrm{V}(aX+b)=a^2\mathrm{V}(X)$임을 이용하여 계산 과정에서 실수하지 않도록 주의한다.

1163 답 35

STEP1 상수 a, b의 값 구하기 [2점]

확률의 총합은 1이므로

$a+\dfrac{1}{10}+\dfrac{1}{5}+b=1$

$\therefore a+b=\dfrac{7}{10}$ ······ ㉠ ····· ⓐ

$\mathrm{E}(X)=1$이므로

$(-1)\times a+0\times\dfrac{1}{10}+1\times\dfrac{1}{5}+2\times b=1$

$\therefore -a+2b=\dfrac{4}{5}$ ······ ㉡ ····· ⓐ

㉠, ㉡을 연립하여 풀면

$a=\dfrac{1}{5}$, $b=\dfrac{1}{2}$

STEP2 $\mathrm{V}(X)$ 구하기 [2점]

$\mathrm{E}(X^2)=(-1)^2\times\dfrac{1}{5}+0^2\times\dfrac{1}{10}+1^2\times\dfrac{1}{5}+2^2\times\dfrac{1}{2}=\dfrac{12}{5}$ ····· ⓑ

이므로

$\mathrm{V}(X)=\mathrm{E}(X^2)-\{\mathrm{E}(X)\}^2$

$=\dfrac{12}{5}-1^2=\dfrac{7}{5}$

STEP3 $\mathrm{V}(5X-2)$ 구하기 [2점]

$\mathrm{V}(5X-2)=5^2\mathrm{V}(X)=25\times\dfrac{7}{5}=35$

부분점수표	
ⓐ ㉠, ㉡ 중에서 하나만 구한 경우	1점
ⓑ $\mathrm{E}(X^2)$을 구한 경우	1점

1164 답 2

STEP1 상수 a, b의 값 구하기 [3점]

확률변수 X의 확률분포를 표로 나타내면 다음과 같다.

X	0	1	2	3	합계
$\mathrm{P}(X=x)$	$\dfrac{b}{10}$	$\dfrac{a+b}{10}$	$\dfrac{2a+b}{10}$	$\dfrac{3a+b}{10}$	1

확률의 총합은 1이므로

$\dfrac{b}{10}+\dfrac{a+b}{10}+\dfrac{2a+b}{10}+\dfrac{3a+b}{10}=1$

$\therefore 3a+2b=5$ ·················· ㉠ ····· ⓐ

$\mathrm{E}(X)=2$이므로

$0\times\dfrac{b}{10}+1\times\dfrac{a+b}{10}+2\times\dfrac{2a+b}{10}+3\times\dfrac{3a+b}{10}=2$

$\therefore 7a+3b=10$ ················ ㉡ ····· ⓐ

㉠, ㉡을 연립하여 풀면

$a=1$, $b=1$

STEP2 $\sigma(X)$ 구하기 [2점]

$\mathrm{E}(X^2)=0^2\times\dfrac{1}{10}+1^2\times\dfrac{1}{5}+2^2\times\dfrac{3}{10}+3^2\times\dfrac{2}{5}=5$이므로 ······ ⓑ

$\mathrm{V}(X)=\mathrm{E}(X^2)-\{\mathrm{E}(X)\}^2$

$=5-2^2=1$

$\therefore \sigma(X)=\sqrt{\mathrm{V}(X)}=\sqrt{1}=1$

STEP3 $\sigma((a+b)X)$ 구하기 [2점]

$\sigma((a+b)X)=\sigma(2X)=2\sigma(X)=2\times1=2$

부분점수표	
ⓐ ㉠, ㉡ 중에서 하나만 구한 경우	1점
ⓑ $\mathrm{E}(X^2)$을 구한 경우	1점

1165 답 20

STEP1 상수 a, b의 값 구하기 [2점]

확률의 총합은 1이므로

$a+b+a+b=1$

$\therefore a+b=\dfrac{1}{2}$ ·················· ㉠ ····· ⓐ

$\mathrm{E}(X)=\dfrac{8}{3}$이므로

$1\times a+2\times b+3\times a+4\times b=\dfrac{8}{3}$

$\therefore 2a+3b=\dfrac{4}{3}$ ················ ㉡ ····· ⓐ

㉠, ㉡을 연립하여 풀면

$a=\dfrac{1}{6}$, $b=\dfrac{1}{3}$

STEP2 $\mathrm{E}(Y)$ 구하기 [4점]

확률변수 X의 확률분포를 표로 나타내면 다음과 같다.

X	1	2	3	4	합계
$\mathrm{P}(X=x)$	$\dfrac{1}{6}$	$\dfrac{1}{3}$	$\dfrac{1}{6}$	$\dfrac{1}{3}$	1

이때 $\mathrm{P}(Y=k)=2\mathrm{P}(X=k)-\dfrac{1}{4}$ $(k=1, 2, 3, 4)$이므로

확률변수 Y의 확률분포를 표로 나타내면 다음과 같다.

Y	1	2	3	4	합계
$\mathrm{P}(Y=k)$	$\dfrac{1}{12}$	$\dfrac{5}{12}$	$\dfrac{1}{12}$	$\dfrac{5}{12}$	1

$\therefore \mathrm{E}(Y)=1\times\dfrac{1}{12}+2\times\dfrac{5}{12}+3\times\dfrac{1}{12}+4\times\dfrac{5}{12}$

$=\dfrac{17}{6}$

05

STEP 3 $E\left(\dfrac{1}{a}Y+\dfrac{1}{b}\right)$ 구하기 [2점]

$$E\left(\dfrac{1}{a}Y+\dfrac{1}{b}\right)=E(6Y+3)=6E(Y)+3$$
$$=6\times\dfrac{17}{6}+3=20$$

부분점수표	
ⓐ ㉠, ㉡ 중에서 하나만 구한 경우	1점

1166 🖩 (1) 10　(2) $\dfrac{1}{2}$　(3) $\dfrac{1}{2}$　(4) $\dfrac{21}{2}$

STEP 1 $P(X=2)=10P(X=1)$을 p에 대한 식으로 나타내기 [2점]

확률변수 X가 이항분포 $B(21,\ p)$를 따르므로 X의 확률질량함수는

$P(X=x)={}_{21}C_x\,p^x(1-p)^{21-x}$ (단, $x=0,\ 1,\ 2,\ \cdots,\ 21$)

$P(X=2)=10P(X=1)$이므로

${}_{21}C_2\,p^2(1-p)^{19}=\boxed{10}\times{}_{21}C_1\,p^1(1-p)^{20}$

STEP 2 p의 값 구하기 [2점]

$\dfrac{21\times 20}{2}\times p^2(1-p)^{19}=10\times 21\times p(1-p)^{20}$

$p^2(1-p)^{19}=p(1-p)^{20}$

$0<p<1$이므로 $p=1-p$

$\therefore p=\boxed{\dfrac{1}{2}}$

STEP 3 $E(X)$ 구하기 [2점]

확률변수 X가 이항분포 $B\left(21,\ \dfrac{1}{2}\right)$을 따르므로

$E(X)=21\times\boxed{\dfrac{1}{2}}=\boxed{\dfrac{21}{2}}$

실제 답안 예시

${}_{21}C_2\,p^2(1-p)^{19}=10\times{}_{21}C_1\,p^1(1-p)^{20}$

$\dfrac{21\times 20}{2}\times p=10\times 21\times(1-p)$

$p=1-p$　$\therefore p=\dfrac{1}{2}$

$\therefore E(X)=21\times\dfrac{1}{2}=\dfrac{21}{2}$

1167 🖩 4

STEP 1 $P(X=2)=\dfrac{11}{4}P(X=1)$을 n에 대한 식으로 나타내기 [2점]

확률변수 X가 이항분포 $B\left(n,\ \dfrac{1}{3}\right)$을 따르므로 X의 확률질량함수는

$P(X=x)={}_nC_x\left(\dfrac{1}{3}\right)^x\left(\dfrac{2}{3}\right)^{n-x}$

$={}_nC_x\,\dfrac{2^{n-x}}{3^n}$ (단, $x=0,\ 1,\ 2,\ \cdots,\ n$)　……ⓐ

$P(X=2)=\dfrac{11}{4}P(X=1)$이므로

${}_nC_2\,\dfrac{2^{n-2}}{3^n}=\dfrac{11}{4}\times{}_nC_1\,\dfrac{2^{n-1}}{3^n}$

STEP 2 n의 값 구하기 [2점]

$\dfrac{n(n-1)}{2}\times\dfrac{2^{n-2}}{3^n}=\dfrac{11}{4}\times n\times\dfrac{2^{n-1}}{3^n}$

$n(n-1)\times\dfrac{2^{n-3}}{3^n}=11\times n\times\dfrac{2^{n-3}}{3^n}$

$n(n-1)=11n$

$n(n-12)=0$　$\therefore n=12$ ($\because n$은 자연수)

STEP 3 $E(X)$ 구하기 [2점]

확률변수 X가 이항분포 $B\left(12,\ \dfrac{1}{3}\right)$을 따르므로　……ⓑ

$E(X)=12\times\dfrac{1}{3}=4$

부분점수표	
ⓐ X의 확률질량함수를 구한 경우	1점
ⓑ 확률변수 X가 따르는 이항분포를 구한 경우	1점

1168 🖩 7

STEP 1 $P(X=3)=\dfrac{8}{3}P(X=2)$를 n에 대한 식으로 나타내기 [2점]

확률변수 X가 이항분포 $B\left(n,\ \dfrac{1}{2}\right)$을 따르므로

X의 확률질량함수는

$P(X=x)={}_nC_x\left(\dfrac{1}{2}\right)^x\left(\dfrac{1}{2}\right)^{n-x}={}_nC_x\,\dfrac{1}{2^n}$ (단, $x=0,\ 1,\ 2,\ \cdots,\ n$)

……ⓐ

$P(X=3)=\dfrac{8}{3}P(X=2)$이므로

${}_nC_3\,\dfrac{1}{2^n}=\dfrac{8}{3}\times{}_nC_2\,\dfrac{1}{2^n}$

STEP 2 n의 값 구하기 [2점]

$\dfrac{n(n-1)(n-2)}{3\times 2\times 1}\times\dfrac{1}{2^n}=\dfrac{8}{3}\times\dfrac{n(n-1)}{2}\times\dfrac{1}{2^n}$

$n-2=8$　$\therefore n=10$

STEP 3 $E(X)$ 구하기 [2점]

확률변수 X가 이항분포 $B\left(10,\ \dfrac{1}{2}\right)$을 따르므로　……ⓑ

$E(X)=10\times\dfrac{1}{2}=5$

STEP 4 $\displaystyle\sum_{x=0}^{n}\{(2x-3)\times P(X=x)\}$의 값 구하기 [2점]

$\displaystyle\sum_{x=0}^{n}\{(2x-3)\times P(X=x)\}=E(2X-3)$
$=2E(X)-3$
$=2\times 5-3=7$

부분점수표	
ⓐ X의 확률질량함수를 구한 경우	1점
ⓑ 확률변수 X가 따르는 이항분포를 구한 경우	1점

1169 🖩 160

STEP 1 불량품으로 판정되는 확률 구하기 [4점]

이 공장에서 생산한 제품 A 중에서 임의로 한 개를 택했을 때, 정상 제품인 사건을 A, 불량품으로 판정되는 사건을 B라 하면

$P(A^C)=\dfrac{1}{5}$, $P(B^C\,|\,A)=\dfrac{9}{10}$, $P(B\,|\,A^C)=\dfrac{9}{10}$,

$P(A)=\dfrac{4}{5}$, $\underline{P(B\,|\,A)=\dfrac{1}{10}}$이므로 $\longrightarrow 1-P(B^C\,|\,A)$

$P(B)=P(A\cap B)+P(A^C\cap B)$

$$= P(B|A)P(A) + P(B|A^C)P(A^C)$$
$$= \frac{1}{10} \times \frac{4}{5} + \frac{9}{10} \times \frac{1}{5} = \frac{13}{50}$$

STEP2 제품 A가 불량품으로 판정되었을 때, 이 제품이 실제로 정상 제품일 확률 구하기 [4점]

제품 A가 불량품으로 판정되었을 때, 이 제품이 실제로 정상 제품일 확률은

$$P(A|B) = \frac{P(A \cap B)}{P(B)} = \frac{\dfrac{4}{50}}{\dfrac{13}{50}} = \frac{4}{13}$$

STEP3 $E(X)$ 구하기 [2점]

확률변수 X가 이항분포 $B\left(520, \dfrac{4}{13}\right)$를 따르므로

$$E(X) = 520 \times \frac{4}{13} = 160$$

실력 check **실전 마무리하기** 1회   250쪽~255쪽

1 1170   답 ③   유형 1

출제의도 | 확률분포가 표로 주어질 때, 확률을 구할 수 있는지 확인한다.

확률의 총합은 1임을 이용하여 a의 값을 구해 보자.

확률의 총합은 1이므로
$$\frac{1}{6} + a + a + \frac{1}{3} = 1$$
$$2a = \frac{1}{2} \qquad \therefore a = \frac{1}{4}$$
$$\therefore P(X \le 1) = P(X=0) + P(X=1)$$
$$= \frac{1}{6} + \frac{1}{4} = \frac{5}{12}$$

2 1171   답 ⑤   유형 7

출제의도 | 주어진 관계식을 이용하여 $E(X^2)$을 구할 수 있는지 확인한다.

$V(X) = E(X^2) - \{E(X)\}^2$임을 이용해 보자.

$\sigma(X) = 2$이므로
$$V(X) = \{\sigma(X)\}^2 = 2^2 = 4$$
$E(X) = 1$이고, $V(X) = E(X^2) - \{E(X)\}^2$이므로
$$E(X^2) = V(X) + \{E(X)\}^2$$
$$= 4 + 1^2 = 5$$

3 1172   답 ②   유형 13

출제의도 | 확률변수가 이항분포를 따를 때, 확률을 구할 수 있는지 확인한다.

확률질량함수가 $P(X=x) = {}_5C_x \left(\dfrac{1}{2}\right)^x \left(\dfrac{1}{2}\right)^{5-x}$
$(x = 0, 1, 2, 3, 4, 5)$임을 이용해 보자.

확률변수 X가 이항분포 $B\left(5, \dfrac{1}{2}\right)$을 따르므로

X의 확률질량함수는
$$P(X=x) = {}_5C_x \left(\frac{1}{2}\right)^x \left(\frac{1}{2}\right)^{5-x} \text{ (단, } x = 0, 1, 2, 3, 4, 5)$$
$$\therefore P(X=3) = {}_5C_3 \left(\frac{1}{2}\right)^3 \left(\frac{1}{2}\right)^2 = \frac{10}{32} = \frac{5}{16}$$

4 1173   답 ⑤   유형 14

출제의도 | 이항분포 $B(n, p)$가 주어질 때, $E(X)$를 구할 수 있는지 확인한다.

확률변수 X가 이항분포 $B(n, p)$를 따르면 $E(X) = np$임을 이용해 보자.

확률변수 X가 이항분포 $B\left(15, \dfrac{1}{3}\right)$을 따르므로
$$E(X) = 15 \times \frac{1}{3} = 5$$

5 1174   답 ⑤   유형 2

출제의도 | 확률질량함수가 주어질 때, 확률을 구할 수 있는지 확인한다.

확률의 총합은 1임을 이용하여 k의 값을 구해 보자.

확률의 총합은 1이므로
$$P(X=1) + P(X=2) + P(X=3) + \cdots + P(X=9) = 1$$
$$\frac{k}{1 \times 2} + \frac{k}{2 \times 3} + \frac{k}{3 \times 4} + \cdots + \frac{k}{9 \times 10} = 1$$
$$k\left\{\left(1 - \frac{1}{2}\right) + \left(\frac{1}{2} - \frac{1}{3}\right) + \left(\frac{1}{3} - \frac{1}{4}\right) + \cdots + \left(\frac{1}{9} - \frac{1}{10}\right)\right\} = 1$$
$$k\left(1 - \frac{1}{10}\right) = 1$$
$$\therefore k = \frac{10}{9}$$
$$\therefore P(X=3) = \frac{\dfrac{10}{9}}{3 \times 4} = \frac{5}{54}$$

6 1175   답 ②   유형 3

출제의도 | 확률변수가 정의되어 있을 때, 확률을 구할 수 있는지 확인한다.

확률변수 X가 가질 수 있는 값을 구해 보자.

확률변수 X가 가질 수 있는 값은 0, 1, 2, 3이고,

확률질량함수는 $P(X=x) = \dfrac{{}_3C_x \times {}_4C_{3-x}}{{}_7C_3}$ $(x = 0, 1, 2, 3)$이므로
$$P(X \ge 2) = P(X=2) + P(X=3)$$
$$= \frac{{}_3C_2 \times {}_4C_1}{{}_7C_3} + \frac{{}_3C_3 \times {}_4C_0}{{}_7C_3}$$
$$= \frac{12}{35} + \frac{1}{35} = \frac{13}{35}$$

7 1176   답 ③   유형 3

출제의도 | 확률변수가 정의되어 있을 때, 확률을 구할 수 있는지 확인한다.

주사위를 던져서 나온 두 눈의 수의 평균이 3 미만인 경우의 수를 구해 보자.

서로 다른 2개의 주사위를 던져서 나오는 두 눈의 수를 각각 a, b
라 하면 모든 순서쌍 (a, b)의 개수는
$$6^2=36$$
(i) 두 눈의 수의 평균이 1인 경우

　$(1, 1)$의 1가지이므로 $\mathrm{P}(X=1)=\dfrac{1}{36}$

(ii) 두 눈의 수의 평균이 $\dfrac{3}{2}$인 경우

　$(1, 2)$, $(2, 1)$의 2가지이므로 $\mathrm{P}\left(X=\dfrac{3}{2}\right)=\dfrac{2}{36}=\dfrac{1}{18}$

(iii) 두 눈의 수의 평균이 2인 경우

　$(1, 3)$, $(2, 2)$, $(3, 1)$의 3가지이므로 $\mathrm{P}(X=2)=\dfrac{3}{36}=\dfrac{1}{12}$

(iv) 두 눈의 수의 평균이 $\dfrac{5}{2}$인 경우

　$(1, 4)$, $(2, 3)$, $(3, 2)$, $(4, 1)$의 4가지이므로

　$\mathrm{P}\left(X=\dfrac{5}{2}\right)=\dfrac{4}{36}=\dfrac{1}{9}$

따라서 구하는 확률은
$$\mathrm{P}(X<3)=\mathrm{P}(X=1)+\mathrm{P}\left(X=\dfrac{3}{2}\right)+\mathrm{P}(X=2)+\mathrm{P}\left(X=\dfrac{5}{2}\right)$$
$$=\dfrac{1}{36}+\dfrac{1}{18}+\dfrac{1}{12}+\dfrac{1}{9}$$
$$=\dfrac{10}{36}=\dfrac{5}{18}$$

8 1177　답 ④　유형 4

출제의도 | 확률분포를 나타낸 표가 주어질 때, $\mathrm{E}(X)$를 구할 수 있는지 확인한다.

> 확률의 총합이 1이고, $\mathrm{E}(X)=5$임을 이용하여 식을 세우고, a와 b의 값을 구해 보자.

확률의 총합은 1이므로
$$b+\dfrac{1}{4}+\dfrac{7}{12}=1 \qquad \therefore b=\dfrac{1}{6}$$
$\mathrm{E}(X)=5$이므로
$$1\times\dfrac{1}{6}+3\times\dfrac{1}{4}+a\times\dfrac{7}{12}=5$$
$$\dfrac{7}{12}a=\dfrac{49}{12} \qquad \therefore a=7$$
$$\therefore ab=7\times\dfrac{1}{6}=\dfrac{7}{6}$$

9 1178　답 ③　유형 5

출제의도 | X의 확률질량함수가 주어질 때, $\mathrm{E}(X)$를 구할 수 있는지 확인한다.

> $\mathrm{E}(X)$를 구하려면 $\mathrm{P}(X=x)$를 구해야 하므로 확률변수 X의 확률분포를 표로 나타내 보자.

확률의 총합은 1이므로
$$\mathrm{P}(X=1)+\mathrm{P}(X=2)+\mathrm{P}(X=3)+\mathrm{P}(X=4)=1$$
$$a+4a+9a+16a=1$$
$$30a=1 \qquad \therefore a=\dfrac{1}{30}$$

따라서 확률변수 X의 확률분포를 표로 나타내면 다음과 같다.

X	1	2	3	4	합계
$\mathrm{P}(X=x)$	$\dfrac{1}{30}$	$\dfrac{2}{15}$	$\dfrac{3}{10}$	$\dfrac{8}{15}$	1

$$\therefore \mathrm{E}(X)=1\times\dfrac{1}{30}+2\times\dfrac{2}{15}+3\times\dfrac{3}{10}+4\times\dfrac{8}{15}$$
$$=\dfrac{100}{30}=\dfrac{10}{3}$$

10 1179　답 ③　유형 5

출제의도 | X의 확률질량함수가 주어질 때, $\sigma(X)$를 구할 수 있는지 확인한다.

> $\sigma(X)$를 구하려면 $\mathrm{V}(X)$를 구해야 하므로 확률변수 X의 확률질량함수를 이용하여 확률분포를 표로 나타내 보자.

확률의 총합은 1이므로
$$\mathrm{P}(X=0)+\mathrm{P}(X=1)+\mathrm{P}(X=2)+\mathrm{P}(X=3)=1$$
$$\dfrac{{}_3\mathrm{C}_0}{k}+\dfrac{{}_3\mathrm{C}_1}{k}+\dfrac{{}_3\mathrm{C}_2}{k}+\dfrac{{}_3\mathrm{C}_3}{k}=1$$
$$\dfrac{1}{k}+\dfrac{3}{k}+\dfrac{3}{k}+\dfrac{1}{k}=1$$
$$\dfrac{8}{k}=1 \qquad \therefore k=8$$

따라서 확률변수 X의 확률분포를 표로 나타내면 다음과 같다.

X	0	1	2	3	합계
$\mathrm{P}(X=x)$	$\dfrac{1}{8}$	$\dfrac{3}{8}$	$\dfrac{3}{8}$	$\dfrac{1}{8}$	1

$$\mathrm{E}(X)=0\times\dfrac{1}{8}+1\times\dfrac{3}{8}+2\times\dfrac{3}{8}+3\times\dfrac{1}{8}=\dfrac{3}{2},$$
$$\mathrm{E}(X^2)=0^2\times\dfrac{1}{8}+1^2\times\dfrac{3}{8}+2^2\times\dfrac{3}{8}+3^2\times\dfrac{1}{8}=3$$
이므로
$$\mathrm{V}(X)=\mathrm{E}(X^2)-\{\mathrm{E}(X)\}^2$$
$$=3-\left(\dfrac{3}{2}\right)^2=\dfrac{3}{4}$$
$$\therefore \sigma(X)=\sqrt{\mathrm{V}(X)}=\sqrt{\dfrac{3}{4}}=\dfrac{\sqrt{3}}{2}$$

11 1180　답 ③　유형 6

출제의도 | 확률변수가 정의될 때, $\mathrm{E}(X)$를 구할 수 있는지 확인한다.

> 주사위의 눈의 수를 4로 나눈 나머지를 구하고, 확률변수 X의 확률분포를 표로 나타내 보자.

1, 2, 3, 4, 5, 6을 4로 나눈 나머지는 각각 1, 2, 3, 0, 1, 2이므로
확률변수 X의 확률분포를 표로 나타내면 다음과 같다.

X	0	1	2	3	합계
$\mathrm{P}(X=x)$	$\dfrac{1}{6}$	$\dfrac{1}{3}$	$\dfrac{1}{3}$	$\dfrac{1}{6}$	1

$$\therefore \mathrm{E}(X)=0\times\dfrac{1}{6}+1\times\dfrac{1}{3}+2\times\dfrac{1}{3}+3\times\dfrac{1}{6}$$
$$=\dfrac{9}{6}=\dfrac{3}{2}$$

12 1181 답 ⑤ 유형 9

출제의도 | $E(X)$, $E(X^2)$이 주어질 때, $E(aX+b)$, $V(aX+b)$를 구할 수 있는지 확인한다.

> $E(aX+b)=aE(X)+b$, $V(aX+b)=a^2V(X)$임을 이용해 보자.

$E(X)=2$, $E(X^2)=5$이므로

$V(X)=E(X^2)-\{E(X)\}^2=5-2^2=1$

$E(aX+b)=5$에서

$E(aX+b)=aE(X)+b=2a+b=5$ ························· ㉠

$V(aX+b)=9$에서

$V(aX+b)=a^2V(X)=a^2=9$

$a>0$이므로 $a=3$

이것을 ㉠에 대입하면 $b=-1$

$\therefore a+b=3+(-1)=2$

13 1182 답 ① 유형 9

출제의도 | $E(X)$, $E(X^2)$이 주어질 때, $V(aX+b)$를 구할 수 있는지 확인한다.

> $\sum_{i=1}^{n}(2x_i+1)p_i=E(2X+1)$,
> $\sum_{i=1}^{n}(x_i-3)^2p_i=E((X-m)^2)=V(X)$로 변형해 보자.

조건 ㈎에서 $\sum_{i=1}^{n}(2x_i+1)p_i=7$이므로

$E(2X+1)=7$, $2E(X)+1=7$ $\therefore E(X)=3$

조건 ㈏에서 $\sum_{i=1}^{n}(x_i-3)^2p_i=4$이므로

$m=E(X)=3$이라 하면

$E((X-3)^2)=E((X-m)^2)=V(X)=4$

$\therefore V(2X-1)=2^2V(X)=4\times4=16$

14 1183 답 ④ 유형 10

출제의도 | 확률분포를 나타낸 표와 $E(aX+b)$가 주어졌을 때, 각 변량의 확률을 구할 수 있는지를 확인한다.

> $E(aX+b)=aE(X)+b$임을 이용해 보자.

확률의 총합은 1이므로

$\frac{1}{4}+a+b+\frac{1}{6}=1$

$\therefore a+b=\frac{7}{12}$ ························· ㉠

$E(4X-3)=10$이므로

$4E(X)-3=10$ $\therefore E(X)=\frac{13}{4}$

이때

$E(X)=1\times\frac{1}{4}+2\times a+4\times b+8\times\frac{1}{6}$

$\qquad=2a+4b+\frac{19}{12}$

이므로

$2a+4b+\frac{19}{12}=\frac{13}{4}$

$\therefore 2a+4b=\frac{5}{3}$ ························· ㉡

㉠, ㉡을 연립하여 풀면

$a=\frac{1}{3}$, $b=\frac{1}{4}$

$\therefore a-b=\frac{1}{12}$

15 1184 답 ④ 유형 10

출제의도 | X의 확률분포를 나타낸 표가 주어질 때, $V(aX+b)$를 구할 수 있는지를 확인한다.

> $V(aX+b)=a^2V(X)$임을 이용해 보자.

확률의 총합은 1이므로

$2a+a+2a+5a=1$, $10a=1$

$\therefore a=\frac{1}{10}$

$E(X)=(-5)\times\frac{1}{5}+0\times\frac{1}{10}+5\times\frac{1}{5}+10\times\frac{1}{2}=5$,

$E(X^2)=(-5)^2\times\frac{1}{5}+0^2\times\frac{1}{10}+5^2\times\frac{1}{5}+10^2\times\frac{1}{2}=60$

이므로

$V(X)=E(X^2)-\{E(X)\}^2$

$\qquad=60-5^2=35$

$\therefore V(2X+3)=2^2V(X)=4\times35=140$

16 1185 답 ⑤ 유형 11

출제의도 | X의 확률질량함수가 주어질 때, $V(aX+b)$를 구할 수 있는지 확인한다.

> X의 확률질량함수를 이용하여 확률분포를 표로 나타내고,
> $V(aX+b)=a^2V(X)$임을 이용해 보자.

$P(X=0)=\frac{{}_2C_2\times{}_3C_0}{{}_5C_2}=\frac{1}{10}$

$P(X=1)=\frac{{}_2C_1\times{}_3C_1}{{}_5C_2}=\frac{3}{5}$

$P(X=2)=\frac{{}_2C_0\times{}_3C_2}{{}_5C_2}=\frac{3}{10}$

이므로 확률변수 X의 확률분포를 표로 나타내면 다음과 같다.

X	0	1	2	합계
$P(X=x)$	$\frac{1}{10}$	$\frac{3}{5}$	$\frac{3}{10}$	1

$E(X)=0\times\frac{1}{10}+1\times\frac{3}{5}+2\times\frac{3}{10}=\frac{6}{5}$,

$E(X^2)=0^2\times\frac{1}{10}+1^2\times\frac{3}{5}+2^2\times\frac{3}{10}=\frac{9}{5}$

이므로

$V(X)=E(X^2)-\{E(X)\}^2$

$\qquad=\frac{9}{5}-\left(\frac{6}{5}\right)^2=\frac{9}{25}$

$\therefore V(5X-3)=5^2V(X)=25\times\frac{9}{25}=9$

17 1186 답 ②

유형 13 + 유형 14

출제의도 | 확률변수가 이항분포를 따를 때, 확률과 $E(aX+b)$를 구할 수 있는지 확인한다.

> 확률질량함수가 $P(X=x)={}_nC_x\left(\frac{1}{2}\right)^x\left(\frac{1}{2}\right)^{n-x}$ $(x=0,\ 1,\ 2,\ \cdots,\ n)$
> 임을 이용하여 n의 값을 구해 보자.

확률변수 X가 이항분포 $B\left(n,\ \frac{1}{2}\right)$을 따르므로

X의 확률질량함수는

$P(X=x)={}_nC_x\left(\frac{1}{2}\right)^x\left(\frac{1}{2}\right)^{n-x}$

$={}_nC_x\left(\frac{1}{2}\right)^n$ (단, $x=0,\ 1,\ 2,\ \cdots,\ n$)

$P(X=2)=8P(X=1)$이므로

${}_nC_2\left(\frac{1}{2}\right)^n=8\times{}_nC_1\left(\frac{1}{2}\right)^n$

$\frac{n(n-1)}{2}=8\times n,\ n(n-17)=0$

$\therefore n=17$ ($\because n$은 자연수)

따라서 $E(X)=n\times\frac{1}{2}=17\times\frac{1}{2}=\frac{17}{2}$이므로

$n+E(2X)=17+2E(X)$

$=17+2\times\frac{17}{2}=34$

18 1187 답 ①

출제의도 | 이항분포를 따르는 확률변수 X의 확률질량함수가 주어질 때, $\sigma(aX+b)$를 구할 수 있는지 확인한다.

> 확률변수 X의 확률질량함수에서 X는 이항분포 $B\left(36,\ \frac{1}{2}\right)$을 따름을 이용해 보자.

확률변수 X의 확률질량함수가

$P(X=x)={}_{36}C_x\left(\frac{1}{2}\right)^{36}={}_{36}C_x\left(\frac{1}{2}\right)^x\left(\frac{1}{2}\right)^{36-x}$ $(x=0,\ 1,\ 2,\ \cdots,\ 36)$

이므로 확률변수 X는 이항분포 $B\left(36,\ \frac{1}{2}\right)$을 따른다.

$V(X)=36\times\frac{1}{2}\times\frac{1}{2}=9$이므로

$\sigma(X)=\sqrt{V(X)}=\sqrt{9}=3$

$\therefore \sigma(2X+1)=2\sigma(X)=2\times3=6$

19 1188 답 ⑤

출제의도 | 이항분포를 따르는 확률변수 X가 정의될 때, $E(aX+b)$를 구할 수 있는지 확인한다.

> 1회의 시행에서 모두 같은 색의 공이 나올 확률이 p이면 n회의 시행에서 확률변수 X는 이항분포 $B(n,\ p)$를 따름을 이용해 보자.

1회의 시행에서 같은 색의 공이 나올 확률은

$\frac{{}_3C_2+{}_2C_2}{{}_5C_2}=\frac{3+1}{10}=\frac{2}{5}$

이므로 확률변수 X는 이항분포 $B\left(n,\ \frac{2}{5}\right)$를 따른다.

$\therefore E(X)=n\times\frac{2}{5}=\frac{2}{5}n$

$E(2X+3)=19$이므로

$E(2X+3)=2E(X)+3$

$=2\times\frac{2}{5}n+3$

$=\frac{4}{5}n+3=19$

$\therefore n=20$

20 1189 답 ④

출제의도 | 이항분포를 따르는 확률변수의 평균과 분산이 주어질 때, 확률을 구할 수 있는지 확인한다.

> 확률변수 X가 이항분포 $B(n,\ p)$를 따르면 $E(X)=np$, $V(X)=np(1-p)$임을 이용해 보자.

$E(X)=\frac{5}{2}$, $V(X)=\frac{5}{4}$이고,

확률변수 X가 이항분포 $B(n,\ p)$를 따르므로

$E(X)=np=\frac{5}{2}$ ······························· ㉠

$V(X)=np(1-p)=\frac{5}{4}$ ······················· ㉡

㉠을 ㉡에 대입하면 $\frac{5}{2}(1-p)=\frac{5}{4}$

$1-p=\frac{1}{2}$ $\therefore p=\frac{1}{2}$

이 값을 ㉠에 대입하면

$n=5$

따라서 확률변수 X는 이항분포 $B\left(5,\ \frac{1}{2}\right)$을 따르므로 확률질량함수는

$P(X=x)={}_5C_x\left(\frac{1}{2}\right)^x\left(\frac{1}{2}\right)^{5-x}$

$={}_5C_x\left(\frac{1}{2}\right)^5$ (단, $x=0,\ 1,\ 2,\ \cdots,\ 5$)

$\therefore P(X\geq2)=1-\{P(X=0)+P(X=1)\}$

$=1-\left\{{}_5C_0\left(\frac{1}{2}\right)^5+{}_5C_1\left(\frac{1}{2}\right)^5\right\}$

$=1-\left(\frac{1}{32}+\frac{5}{32}\right)$

$=\frac{13}{16}$

21 1190 답 ①

출제의도 | 이항분포를 따르는 확률변수가 정의될 때, 평균을 이용하여 새로 정의된 확률변수의 평균을 구할 수 있는지 확인한다.

> 3개의 동전을 동시에 던져서 모두 앞면이 나오거나 모두 뒷면이 나오는 사건 A가 일어날 확률이 p이면 32번의 시행 중 사건 A가 일어나는 횟수는 이항분포 $B(32,\ p)$를 따름을 이용하여 평균을 구해 보자.

3개의 동전을 동시에 던져서 모두 앞면이 나오거나 모두 뒷면이 나오는 사건을 A라 하면

→ 독립시행의 확률을 이용한 것이다.

$P(A)={}_3C_0\left(\frac{1}{2}\right)^0\left(\frac{1}{2}\right)^3+{}_3C_3\left(\frac{1}{2}\right)^3\left(\frac{1}{2}\right)^0=\frac{1}{4}$

32번의 시행 중 사건 A가 일어나는 횟수를 확률변수 Y라 하면

확률변수 Y는 이항분포 $B\left(32, \dfrac{1}{4}\right)$을 따르므로

$$E(Y)=32\times\dfrac{1}{4}=8$$

확률변수 X가 점 P의 좌표이고, 사건 A가 Y번 일어나면 사건 A^C은 $(32-Y)$번 일어나므로

$$X=3Y-2\times(32-Y)=5Y-64$$

$$\begin{aligned}\therefore E(X)&=E(5Y-64)\\&=5E(Y)-64\\&=5\times8-64=-24\end{aligned}$$

22 1191　$\boxed{\text{답}}\ \dfrac{11}{12}$　유형 4

출제의도 ｜ X의 확률분포가 표로 주어질 때, $V(X)$를 구할 수 있는지 확인한다.

STEP1 상수 a의 값 구하기 [2점]

확률의 총합은 1이므로

$$\dfrac{1}{6}+\dfrac{1}{3}+2a+a=1$$

$$3a=\dfrac{1}{2} \qquad \therefore a=\dfrac{1}{6}$$

STEP2 $E(X)$ 구하기 [2점]

$$E(X)=0\times\dfrac{1}{6}+1\times\dfrac{1}{3}+2\times\dfrac{1}{3}+3\times\dfrac{1}{6}=\dfrac{3}{2}$$

STEP3 $V(X)$ 구하기 [2점]

$$E(X^2)=0^2\times\dfrac{1}{6}+1^2\times\dfrac{1}{3}+2^2\times\dfrac{1}{3}+3^2\times\dfrac{1}{6}=\dfrac{19}{6}$$이므로

$$\begin{aligned}V(X)&=E(X^2)-\{E(X)\}^2\\&=\dfrac{19}{6}-\left(\dfrac{3}{2}\right)^2\\&=\dfrac{11}{12}\end{aligned}$$

23 1192　$\boxed{\text{답}}\ 920$　유형 15

출제의도 ｜ 이항분포를 따르는 확률변수 X의 확률질량함수가 주어질 때, $\displaystyle\sum_{x=0}^{90}\{x^2\times P(X=x)\}=E(X^2)$을 구할 수 있는지 확인한다.

STEP1 $E(X),V(X)$ 구하기 [3점]

확률변수 X의 확률질량함수가

$$P(X=x)={}_{90}C_x\left(\dfrac{1}{3}\right)^x\left(\dfrac{2}{3}\right)^{90-x} \ (x=0,\ 1,\ 2,\ \cdots,\ 90)$$

이므로 확률변수 X는 이항분포 $B\left(90, \dfrac{1}{3}\right)$을 따른다.

$$\therefore E(X)=90\times\dfrac{1}{3}=30,\ V(X)=90\times\dfrac{1}{3}\times\dfrac{2}{3}=20$$

STEP2 $\displaystyle\sum_{x=0}^{90}\{x^2\times P(X=x)\}$의 값 구하기 [3점]

$V(X)=E(X^2)-\{E(X)\}^2$이므로

$$20=E(X^2)-30^2 \qquad \therefore E(X^2)=920$$

$$\therefore \sum_{x=0}^{90}\{x^2\times P(X=x)\}=E(X^2)=920$$

24 1193　$\boxed{\text{답}}\ 9$　유형 12

출제의도 ｜ 확률변수 X가 정의될 때, $V(aX+b)$를 구할 수 있는지 확인한다.

STEP1 확률변수 X의 확률분포를 표로 나타내기 [4점]

5개의 숫자를 일렬로 나열하는 경우의 수는 5!

(i) $X=0$인 경우

　　두 개의 숫자 1, 2를 하나로 보고 4개의 수를 일렬로 나열하는 경우의 수는 4!

　　1과 2의 자리를 바꾸는 경우의 수는 2!

　　$\therefore P(X=0)=\dfrac{4!\times 2!}{5!}=\dfrac{2}{5}$

(ii) $X=1$인 경우

　　1과 2 사이에 올 1개의 숫자를 선택하는 경우의 수는 ${}_3C_1=3$

　　1, 2와 그 사이에 있는 숫자들을 하나로 보고, 3개의 숫자를 일렬로 나열하는 경우의 수는 3!

　　1과 2의 자리를 바꾸는 경우의 수는 2!

　　$\therefore P(X=1)=\dfrac{3\times 3!\times 2!}{5!}=\dfrac{3}{10}$

(iii) $X=2$인 경우

　　1과 2 사이에 올 2개의 숫자를 선택하는 경우의 수는 ${}_3C_2=3$

　　1, 2와 그 사이에 있는 숫자들을 하나로 보고, 2개의 숫자를 일렬로 나열하는 경우의 수는 2!

　　1과 2의 자리를 바꾸는 경우의 수는 2!

　　1과 2 사이에 있는 두 숫자의 자리를 바꾸는 경우의 수는 2!

　　$\therefore P(X=2)=\dfrac{3\times 2!\times 2!\times 2!}{5!}=\dfrac{1}{5}$

(iv) $X=3$인 경우

　　1과 2를 양 끝에 놓고 사이에 2, 3, 4를 나열하는 경우의 수는 3!

　　1과 2의 자리를 바꾸는 경우의 수는 2!

　　$\therefore P(X=3)=\dfrac{3!\times 2!}{5!}=\dfrac{1}{10}$

따라서 확률변수 X의 확률분포를 표로 나타내면 다음과 같다.

X	0	1	2	3	합계
$P(X=x)$	$\dfrac{2}{5}$	$\dfrac{3}{10}$	$\dfrac{1}{5}$	$\dfrac{1}{10}$	1

STEP2 $E(X),V(X)$ 구하기 [2점]

$$E(X)=0\times\dfrac{2}{5}+1\times\dfrac{3}{10}+2\times\dfrac{1}{5}+3\times\dfrac{1}{10}=1,$$

$$V(X)=0^2\times\dfrac{2}{5}+1^2\times\dfrac{3}{10}+2^2\times\dfrac{1}{5}+3^2\times\dfrac{1}{10}-1^2=1$$

STEP3 $V(3X+2)$ 구하기 [1점]

$$V(3X+2)=3^2V(X)=9\times1=9$$

25 1194　$\boxed{\text{답}}\ 12$　유형 16

출제의도 ｜ 이항분포를 따르는 확률변수 X가 정의될 때, $V(X)$를 구할 수 있는지 확인한다.

STEP1 1회의 시행에서 $\dfrac{b}{a}$가 이차방정식 $2x^2-3x+1=0$의 근이 될 확률 구하기 [4점]

두 개의 주사위를 던져서 나오는 모든 순서쌍 $(a,\ b)$의 개수는

$6^2=36$

$2x^2-3x+1=0$에서

$(2x-1)(x-1)=0$ $\therefore x=\dfrac{1}{2}$ 또는 $x=1$

(i) $\dfrac{b}{a}=\dfrac{1}{2}$인 경우

$(2, 1)$, $(4, 2)$, $(6, 3)$의 3가지

(ii) $\dfrac{b}{a}=1$인 경우

$(1, 1)$, $(2, 2)$, $(3, 3)$, $(4, 4)$, $(5, 5)$, $(6, 6)$의 6가지

(i), (ii)에서 1회의 시행에서 $\dfrac{b}{a}$가 이차방정식 $2x^2-3x+1=0$의

근이 될 확률은

$\dfrac{3+6}{36}=\dfrac{1}{4}$

STEP 2 $V(X)$ 구하기 [3점]

확률변수 X는 이항분포 $B\left(64, \dfrac{1}{4}\right)$을 따르므로

$V(X)=64\times\dfrac{1}{4}\times\dfrac{3}{4}=12$

실력 check 실전 마무리하기 **2회**   256쪽~261쪽

1 1195 답 ②   유형 1

출제의도 | 확률분포가 표로 주어질 때, 확률을 구할 수 있는지 확인한다.

확률의 총합이 1임을 이용해 보자.

확률의 총합은 1이므로

$\dfrac{1}{4}+a+\dfrac{1}{8}+b=1$

$\therefore a+b=\dfrac{5}{8}$ .... ㉠

$P(X<2)=\dfrac{5}{8}$이므로

$P(X<2)=P(X=0)+P(X=1)$

$=\dfrac{1}{4}+a=\dfrac{5}{8}$

$\therefore a=\dfrac{3}{8}$

이 값을 ㉠에 대입하여 정리하면 $b=\dfrac{1}{4}$

$\therefore a-b=\dfrac{3}{8}-\dfrac{1}{4}=\dfrac{1}{8}$

2 1196 답 ⑤   유형 4

출제의도 | 확률분포가 표로 주어질 때, $E(X)$를 구할 수 있는지 확인한다.

$E(X)=x_1p_1+x_2p_2+x_3p_3+\cdots+x_np_n$임을 이용해 보자.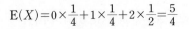

$E(X)=0\times\dfrac{1}{4}+1\times\dfrac{1}{4}+2\times\dfrac{1}{2}=\dfrac{5}{4}$

3 1197 답 ③   유형 7

출제의도 | 관계식을 이용하여 $V(X)$를 구할 수 있는지 확인한다.

$E(X)=1$이므로 $E((X-1)^2)$은 편차의 제곱의 평균, 즉 $V(X)$임을
이용해 보자.

$E(X)=1$이므로

$E((X-1)^2)=V(X)$

$=E(X^2)-\{E(X)\}^2$

$=4-1^2=3$

4 1198 답 ②   유형 9

출제의도 | $E(X)$, $E(X^2)$이 주어질 때, $E(aX+b)$, $\sigma(aX+b)$를 구할
수 있는지 확인한다.

$E(aX+b)=aE(X)+b$, $\sigma(aX+b)=|a|\sigma(X)$임을 이용해 보자.

$E(X)=3$이고, $E(X^2)=10$이므로

$V(X)=E(X^2)-\{E(X)\}^2$

$=10-3^2=1$

$\sigma(X)=\sqrt{V(X)}=\sqrt{1}=1$

$\therefore E(2X-1)+\sigma(2X-1)=2E(X)-1+2\sigma(X)$

$=2\times3-1+2\times1=7$

5 1199 답 ②   유형 10

출제의도 | X의 확률분포가 표로 주어질 때, $\sigma(aX+b)$를 구할 수 있는지
확인한다.

$\sigma(aX+b)=|a|\sigma(X)$임을 이용해 보자.

$E(X)=1\times\dfrac{2}{7}+2\times\dfrac{3}{7}+3\times\dfrac{2}{7}=2$,

$E(X^2)=1^2\times\dfrac{2}{7}+2^2\times\dfrac{3}{7}+3^2\times\dfrac{2}{7}=\dfrac{32}{7}$

이므로

$V(X)=E(X^2)-\{E(X)\}^2$

$=\dfrac{32}{7}-2^2=\dfrac{4}{7}$

$\sigma(X)=\sqrt{V(X)}=\sqrt{\dfrac{4}{7}}=\dfrac{2\sqrt{7}}{7}$

$\therefore \sigma(7X+2)=7\sigma(X)=7\times\dfrac{2\sqrt{7}}{7}=2\sqrt{7}$

6 1200 답 ③   유형 14

출제의도 | 이항분포 $B(n, p)$가 주어질 때, $V(aX+b)$를 구할 수 있는지
확인한다.

확률변수 X가 이항분포 $B(n, p)$를 따르면 $E(X)=np$,
$V(X)=np(1-p)$임을 이용해 보자.

확률변수 X가 이항분포 $B(20, p)$를 따르고, $E(X)=5$이므로

$E(X)=20p=5$

$\therefore p=\dfrac{1}{4}$

$$\mathrm{V}(X)=20\times\frac{1}{4}\times\frac{3}{4}=\frac{15}{4}$$이므로

$$\mathrm{V}(2X+3)=2^2\mathrm{V}(X)=4\times\frac{15}{4}=15$$

7 1201 답 ③

유형 14

출제의도 | 이항분포 $\mathrm{B}(n,\,p)$가 주어질 때, $\mathrm{E}(X)$를 구할 수 있는지 확인한다.

이항분포 $\mathrm{B}(3,\,p)$에서 확률질량함수가
$\mathrm{P}(X=x)={}_3\mathrm{C}_x\,p^x(1-p)^{3-x}$ $(x=0,\,1,\,2,\,3)$임을 이용하여 p의 값을 구해 보자.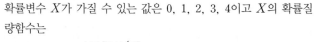

확률변수 X가 이항분포 $\mathrm{B}(3,\,p)$를 따르므로
X의 확률질량함수는
$$\mathrm{P}(X=x)={}_3\mathrm{C}_x\,p^x(1-p)^{3-x}\ (x=0,\,1,\,2,\,3)$$
이고, $\mathrm{P}(X<1)=\dfrac{1}{27}$이므로

$$\begin{aligned}\mathrm{P}(X<1)&=\mathrm{P}(X=0)\\&={}_3\mathrm{C}_0\,p^0(1-p)^3\\&=(1-p)^3=\frac{1}{27}=\left(\frac{1}{3}\right)^3\end{aligned}$$

따라서 $p=\dfrac{2}{3}$이므로

$$\mathrm{E}(X)=3\times\frac{2}{3}=2$$

8 1202 답 ③

유형 3

출제의도 | 확률변수가 정의될 때, 확률을 구할 수 있는지 확인한다.

X가 가질 수 있는 값을 구하여 $\mathrm{P}(X>2)$를 구해 보자.

확률변수 X가 가질 수 있는 값은 $0,\,1,\,2,\,3,\,4$이고 X의 확률질량함수는

$$\mathrm{P}(X=x)={}_4\mathrm{C}_x\left(\frac{1}{2}\right)^x\left(\frac{1}{2}\right)^{4-x}\ (x=0,\,1,\,2,\,3,\,4)$$

이므로

$$\begin{aligned}\mathrm{P}(X>2)&=\mathrm{P}(X=3)+\mathrm{P}(X=4)\\&={}_4\mathrm{C}_3\left(\frac{1}{2}\right)^3\left(\frac{1}{2}\right)^1+{}_4\mathrm{C}_4\left(\frac{1}{2}\right)^4\left(\frac{1}{2}\right)^0\\&=4\times\frac{1}{16}+\frac{1}{16}=\frac{5}{16}\end{aligned}$$

9 1203 답 ⑤

유형 5

출제의도 | X의 확률질량함수가 주어질 때, $\mathrm{E}(X)$를 구할 수 있는지 확인한다.

확률의 총합이 1임을 이용하여 k의 값을 구해 보자.

확률변수 X의 확률분포를 표로 나타내면 다음과 같다.

X	1	2	3	4	합계
$\mathrm{P}(X=x)$	k	$\dfrac{1}{2}$	$\dfrac{1}{3}$	k	1

확률의 총합은 1이므로

$$k+\frac{1}{2}+\frac{1}{3}+k=1$$

$$\therefore k=\frac{1}{12}$$

$$\therefore \mathrm{E}(X)=1\times\frac{1}{12}+2\times\frac{1}{2}+3\times\frac{1}{3}+4\times\frac{1}{12}=\frac{29}{12}$$

10 1204 답 ①

유형 5

출제의도 | X의 확률질량함수가 주어질 때, $\mathrm{V}(X)$를 구할 수 있는지 확인한다.

확률의 총합이 1임을 이용하여 a의 값을 구해 보자.

확률변수 X의 확률분포를 표로 나타내면 다음과 같다.

X	-1	0	1	2	합계
$\mathrm{P}(X=x)$	$\dfrac{-a+2}{10}$	$\dfrac{1}{5}$	$\dfrac{a+2}{10}$	$\dfrac{a+1}{5}$	1

확률의 총합은 1이므로

$$\mathrm{P}(X=-1)+\mathrm{P}(X=0)+\mathrm{P}(X=1)+\mathrm{P}(X=2)=1$$

$$\frac{-a+2}{10}+\frac{1}{5}+\frac{a+2}{10}+\frac{a+1}{5}=1$$

$$2a+8=10$$

$$\therefore a=1$$

$$\mathrm{E}(X)=(-1)\times\frac{1}{10}+0\times\frac{1}{5}+1\times\frac{3}{10}+2\times\frac{2}{5}=1,$$

$$\mathrm{E}(X^2)=(-1)^2\times\frac{1}{10}+0^2\times\frac{1}{5}+1^2\times\frac{3}{10}+2^2\times\frac{2}{5}=2$$

이므로

$$\begin{aligned}\mathrm{V}(X)&=\mathrm{E}(X^2)-\{\mathrm{E}(X)\}^2\\&=2-1^2\\&=1\end{aligned}$$

11 1205 답 ③

유형 6

출제의도 | 확률변수 X가 정의될 때, $\mathrm{E}(X)$를 구할 수 있는지 확인한다.

확률변수 X의 확률분포를 표로 나타내 보자.

2개의 주사위를 던져서 나온 눈의 수를 각각 $a,\,b$라 하면 모든 순서쌍 $(a,\,b)$의 개수는
$$6^2=36$$
(i) 두 수 $a,\,b$의 차가 0인 경우
$(1,\,1),\,(2,\,2),\,(3,\,3),\,(4,\,4),\,(5,\,5),\,(6,\,6)$의 6가지
(ii) 두 수 $a,\,b$의 차가 1인 경우
$(1,\,2),\,(2,\,1),\,(2,\,3),\,(3,\,2),\,(3,\,4),\,(4,\,3),$
$(4,\,5),\,(5,\,4),\,(5,\,6),\,(6,\,5)$의 10가지
(iii) 두 수 $a,\,b$의 차가 2인 경우
$(1,\,3),\,(2,\,4),\,(3,\,1),\,(3,\,5),\,(4,\,2),\,(4,\,6),\,(5,\,3),$
$(6,\,4)$의 8가지
(iv) 두 수 $a,\,b$의 차가 3인 경우
$(1,\,4),\,(2,\,5),\,(3,\,6),\,(4,\,1),\,(5,\,2),\,(6,\,3)$의 6가지

(v) 두 수 a, b의 차가 4인 경우

  $(1, 5)$, $(2, 6)$, $(5, 1)$, $(6, 2)$의 4가지

(vi) 두 수 a, b의 차가 5인 경우

  $(1, 6)$, $(6, 1)$의 2가지

따라서 확률변수 X의 확률분포를 표로 나타내면 다음과 같다.

X	0	1	2	3	4	5	합계
$P(X=x)$	$\dfrac{1}{6}$	$\dfrac{5}{18}$	$\dfrac{2}{9}$	$\dfrac{1}{6}$	$\dfrac{1}{9}$	$\dfrac{1}{18}$	1

$$\therefore E(X)=0\times\frac{1}{6}+1\times\frac{5}{18}+2\times\frac{2}{9}+3\times\frac{1}{6}+4\times\frac{1}{9}+5\times\frac{1}{18}$$
$$=\frac{35}{18}$$

12 1206 답 ③ 유형 10

출제의도 | 두 확률변수 X, Y의 관계를 알고, 관계식을 이용하여 $E(X)$, $\sigma(X)$를 구할 수 있는지 확인한다.

$\sigma(Y)$를 구하고, $E(aY+b)=aE(Y)+b$, $V(aY+b)=a^2V(Y)$ 임을 이용해 보자.

$E(Y)=2$, $E(Y^2)=5$이므로

$V(Y)=E(Y^2)-\{E(Y)\}^2=5-2^2=1$

$\sigma(Y)=\sqrt{V(Y)}=\sqrt{1}=1$

이때 $Y=2X-1$이므로 $X=\dfrac{1}{2}Y+\dfrac{1}{2}$

$\therefore E(X)=E\left(\dfrac{1}{2}Y+\dfrac{1}{2}\right)=\dfrac{1}{2}E(Y)+\dfrac{1}{2}=\dfrac{1}{2}\times2+\dfrac{1}{2}=\dfrac{3}{2}$,

$\sigma(X)=\sigma\left(\dfrac{1}{2}Y+\dfrac{1}{2}\right)=\dfrac{1}{2}\sigma(Y)=\dfrac{1}{2}\times1=\dfrac{1}{2}$

$\therefore E(X)+\sigma(X)=\dfrac{3}{2}+\dfrac{1}{2}=2$

13 1207 답 ⑤ 유형 10

출제의도 | X의 확률분포가 표로 주어질 때, $E(aX+b)$를 구할 수 있는지 확인한다.

$E(aX+b)=aE(X)+b$임을 이용해 보자.

확률의 총합은 1이므로

$\dfrac{2}{5}+a+b=1$

$\therefore a+b=\dfrac{3}{5}$ ··· ㉠

$E(X)=2$이므로

$0\times\dfrac{2}{5}+2\times a+4\times b=2$

$\therefore a+2b=1$ ··· ㉡

㉠, ㉡을 연립하여 풀면

$a=\dfrac{1}{5}$, $b=\dfrac{2}{5}$

$\therefore E\left(\dfrac{b}{a}X+3a+b\right)=E(2X+1)$
$=2E(X)+1$
$=2\times2+1=5$

14 1208 답 ③ 유형 13

출제의도 | 확률변수가 이항분포를 따를 때, 확률을 구할 수 있는지 확인한다.

확률변수 X의 확률분포와 확률질량함수를 구해 보자.

한 개의 주사위를 한 번 던져서 소수의 눈이 나올 확률이 $\dfrac{1}{2}$이므로

확률변수 X는 이항분포 $B\left(8, \dfrac{1}{2}\right)$을 따른다.

따라서 X의 확률질량함수는

$P(X=x)={}_8C_x\left(\dfrac{1}{2}\right)^x\left(\dfrac{1}{2}\right)^{8-x}$
$={}_8C_x\left(\dfrac{1}{2}\right)^8$ (단, $x=0, 1, 2, \cdots, 8$)

이므로

$P(X\geq3)=1-P(X\leq2)$
$=1-\{P(X=0)+P(X=1)+P(X=2)\}$
$=1-\left\{{}_8C_0\left(\dfrac{1}{2}\right)^8+{}_8C_1\left(\dfrac{1}{2}\right)^8+{}_8C_2\left(\dfrac{1}{2}\right)^8\right\}$
$=1-\dfrac{1+8+28}{2^8}$
$=\dfrac{219}{256}$

15 1209 답 ① 유형 15

출제의도 | 주어진 식에서 ${}_{50}C_x\left(\dfrac{1}{5}\right)^x\left(\dfrac{4}{5}\right)^{50-x}$은 이항분포를 따르는 확률변수 X의 확률질량함수임을 알고, $E(aX+b)$를 구할 수 있는지 확인한다.

확률변수 X가 이항분포 $B\left(50, \dfrac{1}{5}\right)$을 따르면

$\displaystyle\sum_{x=0}^{50}(2x+1){}_{50}C_x\left(\dfrac{1}{5}\right)^x\left(\dfrac{4}{5}\right)^{50-x}=E(2X+1)$임을 이용해 보자.

확률변수 X에 대하여

$P(X=k)={}_{50}C_k\left(\dfrac{1}{5}\right)^k\left(\dfrac{4}{5}\right)^{50-k}$ $(k=0, 1, 2, \cdots, 50)$

이라 하면 확률변수 X는 이항분포 $B\left(50, \dfrac{1}{5}\right)$을 따르므로

$E(X)=50\times\dfrac{1}{5}=10$

$\therefore \displaystyle\sum_{x=0}^{50}(2x+1){}_{50}C_x\left(\dfrac{1}{5}\right)^x\left(\dfrac{4}{5}\right)^{50-x}=E(2X+1)$
$=2E(X)+1$
$=2\times10+1=21$

16 1210 답 ④ 유형 16

출제의도 | 이항분포를 따르는 확률변수 X가 정의될 때, $E(X)$를 구할 수 있는지 확인한다.

확률변수 X는 이항분포를 따르므로 1회의 시행에서의 확률을 구하여 확률분포를 나타내 보자.

한 번의 시행에서 흰 공이 나오는 확률은 $\dfrac{{}_3C_1}{n+3}=\dfrac{3}{n+3}$이므로

확률변수 X는 이항분포 $B\left(48, \dfrac{3}{n+3}\right)$을 따른다.

$E(X)=12$이므로

$E(X)=48\times\dfrac{3}{n+3}=12$

$\dfrac{1}{n+3}=\dfrac{1}{12}$

$\therefore n=9$

17 1211 답 ① 유형 3

출제의도 | 확률변수가 정의될 때, 확률을 구할 수 있는지 확인한다.

> $P(X=5)$는 3번의 시행에서 나오는 눈의 수의 최댓값이 5가 될 확률이므로 $P(X\le5)$, $P(X\le4)$를 이용하여 확률을 구해 보자.

확률변수 X가 가질 수 있는 값은 1, 2, 3, 4, 5, 6이고, 주사위를 3번 던지는 시행에서 나오는 눈의 수의 최댓값을 $X=n$ ($n=1$, 2, 3, 4, 5, 6)이라 하면 3개의 주사위에서 n 이하의 눈의 수가 나와야 한다.

따라서 $X=5$인 사건은 3번 모두 5 이하의 눈이 나오는 사건에서 3번 모두 4 이하의 눈이 나오는 사건을 제외하면 된다.

이때 주사위에서 n 이하인 눈의 수가 나올 확률은 $\dfrac{n}{6}$이므로

$P(X\le5)=\left(\dfrac{5}{6}\right)^3$, $P(X\le4)=\left(\dfrac{4}{6}\right)^3$

$\therefore P(X=5)=P(X\le5)-P(X\le4)=\left(\dfrac{5}{6}\right)^3-\left(\dfrac{4}{6}\right)^3=\dfrac{61}{216}$

18 1212 답 ③ 유형 7

출제의도 | 관계식을 이용하여 $\sigma(X)$를 구할 수 있는지 확인한다.

> 주어진 조건에서 $E(X)=1$, $E(X^2)=4$임을 이용해 보자.

조건 (가)에서 $E(X)=1$이고, 조건 (나)에서 $E(X^2)=4$이므로

$V(X)=E(X^2)-\{E(X)\}^2$
$=4-1^2=3$

$\therefore \sigma(X)=\sqrt{V(X)}=\sqrt{3}$

19 1213 답 ② 유형 15

출제의도 | 이항분포를 따르는 확률변수 X의 확률질량함수가 주어질 때, $E(X)$를 구할 수 있는지 확인한다.

> $\left(\dfrac{1}{3}x+\dfrac{2}{3}\right)^{45}$의 전개식에서 일반항을 먼저 구해 보자.

$\left(\dfrac{1}{3}x+\dfrac{2}{3}\right)^{45}$의 전개식에서 일반항은

${}_{45}C_r\left(\dfrac{1}{3}x\right)^r\left(\dfrac{2}{3}\right)^{45-r}={}_{45}C_r\left(\dfrac{1}{3}\right)^r\left(\dfrac{2}{3}\right)^{45-r}x^r$ (단, $r=0$, 1, 2, $\cdots$, 45)

즉, x^n의 계수는 ${}_{45}C_n\left(\dfrac{1}{3}\right)^n\left(\dfrac{2}{3}\right)^{45-n}$이므로

$f(n)={}_{45}C_n\left(\dfrac{1}{3}\right)^n\left(\dfrac{2}{3}\right)^{45-n}$ (단, $n=0$, 1, 2, $\cdots$, 45)

따라서 확률변수 X는 이항분포 $B\left(45,\dfrac{1}{3}\right)$을 따르므로

$E(X)=45\times\dfrac{1}{3}=15$

20 1214 답 ⑤ 유형 16

출제의도 | 이항분포를 따르는 확률변수가 정의될 때, $E(X^2)$를 구할 수 있는지 확인한다.

> 확률변수 X는 이항분포를 따르므로 1회의 시행에서의 확률을 구하여 확률분포를 나타내 보자.

임의로 선택한 볼펜 1개가 불량품일 확률이 $\dfrac{1}{10}$이므로

확률변수 X는 이항분포 $B\left(100,\dfrac{1}{10}\right)$을 따른다.

$E(X)=100\times\dfrac{1}{10}=10$,

$V(X)=100\times\dfrac{1}{10}\times\dfrac{9}{10}=9$이고

$V(X)=E(X^2)-\{E(X)\}^2$이므로

$E(X^2)=V(X)+\{E(X)\}^2$
$=9+10^2=109$

21 1215 답 ④ 유형 2 + 유형 5

출제의도 | 확률질량함수가 주어질 때, 확률을 구할 수 있는지 확인한다.

> $P(X=1)=a$, $P(X=2)=b$라 하고, 확률변수 X의 확률분포를 표로 나타내 보자.

$P(X=-1)=a$, $P(X=-2)=b$라 하면 조건 (가)에서
$P(X=1)=a$, $P(X=2)=b$이므로 확률변수 X의 확률분포를 표로 나타내면 다음과 같다.

X	-2	-1	1	2	합계
$P(X=x)$	b	a	a	b	1

확률의 총합은 1이므로

$b+a+a+b=1$

$\therefore a+b=\dfrac{1}{2}$ $\cdots\cdots\cdots$ ㉠

$E(X)=-2b-a+a+2b=0$,

$E(X^2)=(-2)^2\times b+(-1)^2\times a+1^2\times a+2^2\times b$
$=2a+8b$

이고, 조건 (나)에서

$V(X)=\dfrac{13}{4}$이므로 $V(X)=E(X^2)-\{E(X)\}^2$에서

$\dfrac{13}{4}=(2a+8b)-0^2$

$\therefore a+4b=\dfrac{13}{8}$ $\cdots\cdots\cdots$ ㉡

㉠, ㉡을 연립하여 풀면

$a=\dfrac{1}{8}$, $b=\dfrac{3}{8}$

$\therefore P(X=2)-P(X=1)=b-a$

$=\dfrac{3}{8}-\dfrac{1}{8}=\dfrac{1}{4}$

22 1216 답 $\dfrac{3}{8}$ 유형 2

출제의도 | 확률질량함수가 주어질 때, 확률을 구할 수 있는지 확인한다.

STEP 1 상수 k의 값 구하기 [3점]

확률의 총합은 1이므로

$P(X=-2)+P(X=-1)+P(X=0)+P(X=1)+P(X=2)$
$=1$

$\left(k+\dfrac{1}{8}\right)+\left(k+\dfrac{1}{16}\right)+k+\left(k+\dfrac{1}{16}\right)+\left(k+\dfrac{1}{8}\right)=1$

$5k+\dfrac{3}{8}=1$ $\therefore k=\dfrac{1}{8}$

STEP2 $P(|X|=1)$ 구하기 [3점]

확률변수 X의 확률분포를 표로 나타내면 다음과 같다.

X	-2	-1	0	1	2	합계
$P(X=x)$	$\dfrac{1}{4}$	$\dfrac{3}{16}$	$\dfrac{1}{8}$	$\dfrac{3}{16}$	$\dfrac{1}{4}$	1

$\therefore P(|X|=1)=P(X=-1)+P(X=1)$
$=\dfrac{3}{16}+\dfrac{3}{16}=\dfrac{3}{8}$

23 1217 답 $\sqrt{17}$ 　　　　　유형 12

출제의도 | 확률변수 X가 정의될 때, $\sigma(aX+b)$를 구할 수 있는지 확인한다.

STEP1 확률변수 X의 확률분포를 표로 나타내기 [1점]

공의 전체 개수는 $2+3+n=n+5$이므로 확률변수 X의 확률분포를 표로 나타내면 다음과 같다.

X	1	2	3	합계
$P(X=x)$	$\dfrac{2}{n+5}$	$\dfrac{3}{n+5}$	$\dfrac{n}{n+5}$	1

STEP2 n의 값 구하기 [2점]

$E(X)=1\times\dfrac{2}{n+5}+2\times\dfrac{3}{n+5}+3\times\dfrac{n}{n+5}$
$=\dfrac{3n+8}{n+5}$

$E(X)=\dfrac{11}{6}$이므로

$\dfrac{3n+8}{n+5}=\dfrac{11}{6}$

$18n+48=11n+55$

$\therefore n=1$

STEP3 $\sigma(X)$ 구하기 [2점]

확률변수 X의 확률분포를 표로 나타내면 다음과 같다.

X	1	2	3	합계
$P(X=x)$	$\dfrac{1}{3}$	$\dfrac{1}{2}$	$\dfrac{1}{6}$	1

$V(X)=E(X^2)-\{E(X)\}^2$
$=1^2\times\dfrac{1}{3}+2^2\times\dfrac{1}{2}+3^2\times\dfrac{1}{6}-\left(\dfrac{11}{6}\right)^2$
$=\dfrac{23}{6}-\dfrac{121}{36}=\dfrac{17}{36}$

$\sigma(X)=\sqrt{V(X)}=\sqrt{\dfrac{17}{36}}=\dfrac{\sqrt{17}}{6}$

STEP4 $\sigma(-6X+3)$ 구하기 [1점]

$\sigma(-6X+3)=|-6|\sigma(X)=6\times\dfrac{\sqrt{17}}{6}=\sqrt{17}$

24 1218 답 $\dfrac{5}{7}$ 　　　　　유형 13

출제의도 | 확률변수가 이항분포를 따를 때, 확률을 구할 수 있는지 확인한다.

STEP1 X의 확률질량함수 구하기 [2점]

확률변수 X가 이항분포 $B(10, p)$를 따르므로
X의 확률질량함수는
$P(X=x)={}_{10}C_x p^x (1-p)^{10-x}$ (단, $x=0, 1, 2, \cdots, 10$)

STEP2 $P(X=4)=\dfrac{1}{3}P(X=5)$를 p에 대한 식으로 나타내기 [2점]

$P(X=4)=\dfrac{1}{3}P(X=5)$이므로

${}_{10}C_4 p^4(1-p)^6=\dfrac{1}{3}\times{}_{10}C_5 p^5(1-p)^5$

STEP3 p의 값 구하기 [2점]

${}_{10}C_4\times(1-p)=\dfrac{1}{3}\times{}_{10}C_5\times p$

$\dfrac{10!}{4!\times6!}\times(1-p)=\dfrac{1}{3}\times\dfrac{10!}{5!\times5!}\times p$

$\dfrac{1}{6}(1-p)=\dfrac{1}{3}\times\dfrac{1}{5}p$

$5-5p=2p$

$\therefore p=\dfrac{5}{7}$

25 1219 답 90 　　　　　유형 16

출제의도 | 이항분포를 따르는 확률변수 X가 정의될 때, $V(X)$를 구할 수 있는지 확인한다.

STEP1 서로 다른 두 개의 주사위를 동시에 던져서 나온 눈의 수의 합이 10 이상일 확률 구하기 [3점]

두 개의 주사위를 동시에 던져서 나온 눈의 수를 각각 a, b라 하면 모든 순서쌍 (a, b)의 개수는
$6^2=36$
(i) 두 눈의 수의 합이 10인 경우
　$(4, 6), (5, 5), (6, 4)$의 3가지
(ii) 두 눈의 수의 합이 11인 경우
　$(5, 6), (6, 5)$의 2가지
(iii) 두 눈의 수의 합이 12인 경우
　$(6, 6)$의 1가지
(i), (ii), (iii)에서 서로 다른 두 개의 주사위를 동시에 던져서 나온 눈의 수의 합이 10 이상일 확률은
$\dfrac{3+2+1}{36}=\dfrac{1}{6}$

STEP2 이 게임을 72번 했을 때의 확률분포 구하기 [2점]

이 게임을 72번 하여 두 주사위의 눈의 수의 합이 10 이상인 횟수를 확률변수 Y라 하면 확률변수 Y는 이항분포 $B\left(72, \dfrac{1}{6}\right)$을 따른다.

STEP3 $V(X)$ 구하기 [4점]

10 이상인 눈이 Y번 나오면 9 이하의 눈은 $(72-Y)$번 나오므로
$X=2\times Y-(72-Y)=3Y-72$
$\therefore V(X)=V(3Y-72)$
$=3^2V(Y)$
$=9\times\left(72\times\dfrac{1}{6}\times\dfrac{5}{6}\right)=90$

06 확률분포(2)

핵심 개념   266쪽~267쪽

1220 답 $\dfrac{5}{16}$

$P\left(1 \le X \le \dfrac{3}{2}\right)$은 그림과 같이
$y=f(x)$의 그래프와 x축 및 두 직선
$x=1$, $x=\dfrac{3}{2}$으로 둘러싸인 도형의 넓
이와 같으므로

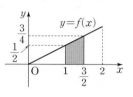

$$P\left(1 \le X \le \dfrac{3}{2}\right) = \dfrac{1}{2} \times \left(\dfrac{1}{2} + \dfrac{3}{4}\right) \times \dfrac{1}{2} = \dfrac{5}{16}$$

1221 답 $\dfrac{1}{2}$

$y=f(x)$의 그래프와 x축으로 둘러
싸인 도형의 넓이가 1이어야 하므로

$$\dfrac{1}{2} \times 4 \times k = 1 \quad \therefore k = \dfrac{1}{2}$$

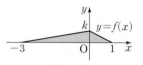

1222 답 $\dfrac{1}{4}$

$P(0 \le X \le 1)$은 그림의 색칠한 부분
의 넓이와 같으므로

$$P(0 \le X \le 1) = \dfrac{1}{2} \times 1 \times \dfrac{1}{2} = \dfrac{1}{4}$$

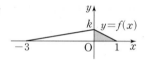

1223 답 $N(8, 3^2)$

1224 답 $N(50, 5^2)$

1225 답 (1) ○   (2) ○   (3) ○   (4) ×

(4) m의 값이 일정할 때, σ의 값이 작을수록 그래프의 폭은 좁아진다.

1226 답 0.1359

$$\begin{aligned} P(1 \le Z \le 2) &= P(0 \le Z \le 2) - P(0 \le Z \le 1) \\ &= 0.4772 - 0.3413 \\ &= 0.1359 \end{aligned}$$

1227 답 0.0668

$$\begin{aligned} P(Z \le -1.5) &= P(Z \ge 1.5) \\ &= P(Z \ge 0) - P(0 \le Z \le 1.5) \\ &= 0.5 - 0.4332 \\ &= 0.0668 \end{aligned}$$

1228 답 0.2119

확률변수 X가 정규분포 $N(50, 10^2)$을 따르므로 $Z = \dfrac{X-50}{10}$으
로 놓으면 Z는 표준정규분포 $N(0, 1)$을 따른다.

$$\begin{aligned} P(X \ge 58) &= P\left(Z \ge \dfrac{58-50}{10}\right) \\ &= P(Z \ge 0.8) \\ &= P(Z \ge 0) - P(0 \le Z \le 0.8) \\ &= 0.5 - 0.2881 \\ &= 0.2119 \end{aligned}$$

1229 답 0.383

확률변수 X가 정규분포 $N(50, 10^2)$을 따르므로 $Z = \dfrac{X-50}{10}$으
로 놓으면 Z는 표준정규분포 $N(0, 1)$을 따른다.

$$\begin{aligned} P(45 \le X \le 55) &= P\left(\dfrac{45-50}{10} \le Z \le \dfrac{55-50}{10}\right) \\ &= P(-0.5 \le Z \le 0.5) \\ &= 2P(0 \le Z \le 0.5) \\ &= 2 \times 0.1915 \\ &= 0.383 \end{aligned}$$

1230 답 $N(20, 4^2)$

$$E(X) = 100 \times \dfrac{1}{5} = 20$$

$$V(X) = 100 \times \dfrac{1}{5} \times \dfrac{4}{5} = 16 = 4^2$$

이때 $n=100$은 충분히 큰 수이므로 X는 근사적으로 정규분포
$N(20, 4^2)$을 따른다.

1231 답 $N(150, 5^2)$

$$E(X) = 180 \times \dfrac{5}{6} = 150$$

$$V(X) = 180 \times \dfrac{5}{6} \times \dfrac{1}{6} = 25 = 5^2$$

이때 $n=180$은 충분히 큰 수이므로 X는 근사적으로 정규분포
$N(150, 5^2)$을 따른다.

1232 답 0.8185

확률변수 X가 이항분포 $B\left(450, \dfrac{1}{3}\right)$을 따르므로

$$E(X) = 450 \times \dfrac{1}{3} = 150$$

$$V(X) = 450 \times \dfrac{1}{3} \times \dfrac{2}{3} = 100$$

이때 $n=450$은 충분히 큰 수이므로 확률변수 X는 근사적으로 정
규분포 $N(150, 10^2)$을 따른다.

$Z = \dfrac{X-150}{10}$으로 놓으면 확률변수 Z는 표준정규분포 $N(0, 1)$
을 따른다.

$$\begin{aligned} \therefore P(140 \le X \le 170) &= \left(\dfrac{140-150}{10} \le Z \le \dfrac{170-150}{10}\right) \\ &= P(-1 \le Z \le 2) \\ &= P(-1 \le Z \le 0) + P(0 \le Z \le 2) \\ &= P(0 \le Z \le 1) + P(0 \le Z \le 2) \\ &= 0.3413 + 0.4772 \\ &= 0.8185 \end{aligned}$$

1233 답 $\dfrac{1}{2}$ | 유형1

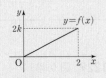

$0 \leq x \leq 2$에서 정의된 연속확률변수 X의 확 [단서1]
률밀도함수 $f(x)$의 그래프가 그림과 같을
때, 상수 k의 값을 구하시오.

[단서1] $y=f(x)$의 그래프와 x축 및 직선 $x=2$로 둘러싸인 부분의 넓이는 1

STEP1 확률밀도함수의 성질 알기

함수 $y=f(x)$의 그래프와 x축 및 직선
$x=2$로 둘러싸인 도형의 넓이가 1이므로

$\dfrac{1}{2} \times 2 \times 2k = 1$

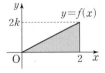

STEP2 상수 k의 값 구하기

$2k=1 \qquad \therefore k=\dfrac{1}{2}$

1234 답 2

함수 $y=f(x)$의 그래프는 그림과 같다.
함수 $y=f(x)$의 그래프와 x축 및 직선
$x=a$로 둘러싸인 도형의 넓이가 1이므로

$\dfrac{1}{2} \times a \times \dfrac{a^2}{4} = 1$, $a^3=8$

$\therefore a=2$

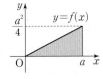

1235 답 ⑤

① 함수 $y=f(x)$의 그래프와 x축으로 둘러싸인 도형의 넓이가 $\dfrac{1}{2}$
  이므로 확률밀도함수가 아니다.
② 함수 $y=f(x)$의 그래프와 x축 및 직선 $x=2$로 둘러싸인 도형
  의 넓이가 2이므로 확률밀도함수가 아니다.
③ $0 \leq x < 1$에서 $f(x) < 0$이므로 확률밀도함수가 아니다.
④ 함수 $y=f(x)$의 그래프와 x축 및 두 직선 $x=0$, $x=2$로 둘러
  싸인 도형의 넓이가 2이므로 확률밀도함수가 아니다.
⑤ $0 \leq x \leq 2$에서 $f(x) \geq 0$이고, 함수 $y=f(x)$의 그래프와 x축 및
  직선 $x=0$으로 둘러싸인 도형의 넓이가 1이므로 확률밀도함수
  이다.
따라서 연속확률변수 X의 확률밀도함수 $y=f(x)$의 그래프가 될
수 있는 것은 ⑤이다.

1236 답 ③

함수 $y=f(x)$의 그래프는 그림과 같다.
함수 $y=f(x)$의 그래프와 x축 및 두 직선
$x=0$, $x=2$로 둘러싸인 도형의 넓이가 1
이므로

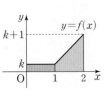

$1 \times k + \dfrac{1}{2} \times (k+k+1) \times 1 = 1$

$2k + \dfrac{1}{2} = 1 \qquad \therefore k=\dfrac{1}{4}$

→ 윗변의 길이가 k, 아랫변의 길이가 $k+1$,
  높이가 1인 사다리꼴의 넓이이다.

1237 답 ③

주어진 확률밀도함수의 그래프와 x축 및
y축으로 둘러싸인 도형의 넓이가 1이므
로

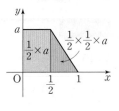

$\dfrac{1}{2} \times a + \dfrac{1}{2} \times \dfrac{1}{2} \times a = 1$, $\dfrac{3}{4}a = 1$

$\therefore a = \dfrac{4}{3}$

1238 답 ② | 유형2

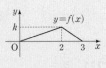

$0 \leq x \leq 3$에서 정의된 연속확률변수 X의 확 [단서1]
률밀도함수 $f(x)$의 그래프가 그림과 같을
때, $kP(2 \leq X \leq 3)$의 값은? [단서2]
(단, k는 상수이다.)

① $\dfrac{1}{9}$ ② $\dfrac{2}{9}$ ③ $\dfrac{1}{3}$

④ $\dfrac{4}{9}$ ⑤ $\dfrac{5}{9}$

[단서1] $y=f(x)$의 그래프와 x축으로 둘러싸인 도형의 넓이는 1
[단서2] $y=f(x)$의 그래프와 x축 및 직선 $x=2$로 둘러싸인 부분의 넓이

STEP1 상수 k의 값 구하기

함수 $y=f(x)$의 그래프와 x축으로 둘러싸인 도형의 넓이가 1이므
로

$\dfrac{1}{2} \times 3 \times k = 1$

$\therefore k = \dfrac{2}{3}$

STEP2 $P(2 \leq X \leq 3)$ 구하기

$P(2 \leq X \leq 3)$은 그림의 색칠한 부분의
넓이와 같으므로

$P(2 \leq X \leq 3) = \dfrac{1}{2} \times 1 \times \dfrac{2}{3} = \dfrac{1}{3}$

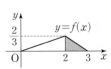

STEP3 $kP(2 \leq X \leq 3)$의 값 구하기

$kP(2 \leq X \leq 3) = \dfrac{2}{3} \times \dfrac{1}{3} = \dfrac{2}{9}$

1239 답 ⑤

함수 $y=f(x)$의 그래프와 x축으로 둘러싸인 도형의 넓이가 1이므
로

$\dfrac{1}{2} \times b \times \dfrac{2}{3} = 1$

$\therefore b = 3$

$P(a \leq X \leq b)$는 그림의 색칠한 부분
의 넓이와 같고,

$P(a \leq X \leq b) = \dfrac{1}{6}$이므로

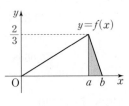

$\dfrac{1}{2} \times (3-a) \times \dfrac{2}{3} = \dfrac{1}{6}$

$\therefore a = \dfrac{5}{2}$

$\therefore 2ab = 2 \times \dfrac{5}{2} \times 3 = 15$

1240 답 ③

함수 $y=f(x)$의 그래프와 x축으로 둘러싸인 도형의 넓이가 1이므로

$\frac{1}{2} \times \{(a-2)+(a+2)\} \times k = 1$

$\therefore ak = 1$ ·· ㉠

$\mathrm{P}(2 \leq X \leq a-2)$는 함수 $y=f(x)$의 그래프와 x축 및 두 직선 $x=2$, $x=a-2$로 둘러싸인 도형의 넓이와 같고,

$\mathrm{P}(2 \leq X \leq a-2) = \frac{1}{2}$이므로

$\{(a-2)-2\} \times k = \frac{1}{2}$, $(a-4) \times k = \frac{1}{2}$

$\therefore ak - 4k = \frac{1}{2}$ ·· ㉡

㉠을 ㉡에 대입하여 풀면

$1 - 4k = \frac{1}{2}$

$\therefore k = \frac{1}{8}$

이것을 ㉠에 대입하면 $a=8$

$\therefore a + 8k = 8 + 8 \times \frac{1}{8} = 9$

1241 답 7

함수 $y=f(x)$의 그래프와 x축 및 두 직선 $x=0$, $x=6$으로 둘러싸인 도형의 넓이가 1이므로

$2 \times a + \frac{1}{2} \times (a+3a) \times (6-2) = 1$

$10a = 1$

$\therefore a = \frac{1}{10}$

따라서 X의 확률밀도함수는

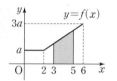

$f(x) = \begin{cases} \dfrac{1}{10} & (0 \leq x \leq 2) \\ \dfrac{1}{20}x & (2 \leq x \leq 6) \end{cases}$

두 점 $\left(2, \dfrac{1}{10}\right)$, $\left(6, \dfrac{3}{10}\right)$을 지나는 직선의 방정식은

$y - \dfrac{1}{10} = \dfrac{\frac{3}{10} - \frac{1}{10}}{6-2}(x-2)$이다.

$\mathrm{P}(3 \leq X \leq 5)$는 그림의 색칠한 부분의 넓이와 같으므로

$\mathrm{P}(3 \leq X \leq 5) = \frac{1}{2} \times \left(\frac{3}{20} + \frac{5}{20}\right) \times (5-3)$

$\qquad\qquad\qquad = \frac{2}{5}$

따라서 $p=5$, $q=2$이므로

$p+q = 5+2 = 7$

개념 Check

서로 다른 두 점 (x_1, y_1), (x_2, y_2)를 지나는 직선의 방정식은

(1) $x_1 \neq x_2$일 때, $y - y_1 = \dfrac{y_2 - y_1}{x_2 - x_1}(x - x_1)$

(2) $x_1 = x_2$일 때, $x = x_1$

1242 답 ④

함수 $y=f(x)$의 그래프와 x축 및 두 직선 $x=0$, $x=6$으로 둘러싸인 도형의 넓이가 1이므로

$\mathrm{P}(0 \leq X \leq a) + \mathrm{P}(a \leq X \leq 6) = 1$ ·············· ㉠

$\frac{1}{2} \times a \times b + \frac{1}{2} \times (6-a) \times b = 1$

$3b = 1$

$\therefore b = \frac{1}{3}$

또, $2\mathrm{P}(0 \leq X \leq a) = \mathrm{P}(a \leq X \leq 6)$이므로 ············ ㉡

㉡을 ㉠에 대입하면

$\mathrm{P}(0 \leq X \leq a) + 2\mathrm{P}(0 \leq X \leq a) = 1$

$3\mathrm{P}(0 \leq X \leq a) = 1$

$\therefore \mathrm{P}(0 \leq X \leq a) = \frac{1}{3}$

즉, $\mathrm{P}(0 \leq X \leq a) = \frac{1}{2} \times a \times b = \frac{1}{3}$

$b = \frac{1}{3}$을 대입하면 $a=2$

$\therefore a+b = 2 + \frac{1}{3} = \frac{7}{3}$

1243 답 ④

확률밀도함수의 그래프와 x축으로 둘러싸인 도형의 넓이가 1이므로

$\frac{1}{2} \times \left\{\left(a - \frac{1}{3}\right) + 2\right\} \times \frac{3}{4} = 1$

$a + \frac{5}{3} = \frac{8}{3}$

$\therefore a = 1$

따라서 $\mathrm{P}\left(\frac{1}{3} \leq X \leq a\right) = \mathrm{P}\left(\frac{1}{3} \leq X \leq 1\right)$이고, 이 값은 확률밀도함수의 그래프와 x축 및 두 직선 $x = \frac{1}{3}$, $x=1$로 둘러싸인 도형의 넓이와 같으므로

$\mathrm{P}\left(\frac{1}{3} \leq X \leq 1\right) = \left(1 - \frac{1}{3}\right) \times \frac{3}{4} = \frac{1}{2}$

1244 답 5

확률밀도함수의 그래프와 x축 및 두 직선 $x=0$, $x=3$으로 둘러싸인 도형의 넓이가 1이므로

$\frac{1}{2} \times 3 \times (3k-k) + 3 \times k = 1$

$6k = 1$

$\therefore k = \frac{1}{6}$

$\mathrm{P}(0 \leq X \leq 2)$는 확률밀도함수의 그래프와 x축 및 두 직선 $x=0$, $x=2$로 둘러싸인 도형의 넓이와 같으므로

$\mathrm{P}(0 \leq X \leq 2) = \frac{1}{2} \times 2 \times (3k-k) + 2 \times k$

$\qquad\qquad\qquad = 4k$

$\qquad\qquad\qquad = 4 \times \frac{1}{6} = \frac{2}{3}$

따라서 $p=3$, $q=2$이므로

$p+q = 3+2 = 5$

1245 답 31

$0 \leq x \leq 6$인 모든 x에 대하여 $f(x)+g(x)=k$이므로

$g(x) = k - f(x)$

이때 $0 \leq Y \leq 6$이고 확률밀도함수의 정의에 의하여

$g(x) = k - f(x) \geq 0$

즉, $f(x) \leq k$이다.

따라서 그림과 같이 세 직선 $x=0$, $x=6$, $y=k$ 및 함수 $y=f(x)$의 그래프로 둘러싸인 도형의 넓이는 1이고, $0 \leq x \leq 6$에서 함수 $y=f(x)$의 그래프와 x축으로 둘러싸인 도형의 넓이도 1이므로

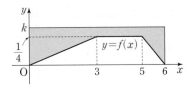

$$6 \times k = 2$$
$$\therefore k = \frac{1}{3}$$

이때 $\mathrm{P}(6k \leq Y \leq 15k) = \mathrm{P}(2 \leq Y \leq 5)$이고,

이 값은 그림과 같이 세 직선 $x=2$, $x=5$, $y=\frac{1}{3}$ 및 함수 $y=f(x)$의 그래프로 둘러싸인 도형의 넓이와 같다.

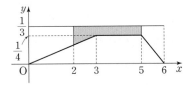

$0 \leq x \leq 3$에서 $f(x) = \frac{1}{12}x$이므로

$\mathrm{P}(6k \leq Y \leq 15k)$ → 두 점 $(0, 0)$, $\left(3, \frac{1}{4}\right)$을 지나는 직선의

$=\mathrm{P}(2 \leq Y \leq 5)$ 방정식은 $y = \dfrac{\frac{1}{4}}{3}x$이다.

$=\mathrm{P}(2 \leq Y \leq 3) + \mathrm{P}(3 \leq Y \leq 5)$

$=\left[1 \times \frac{1}{3} - \frac{1}{2} \times \{f(2) + f(3)\} \times 1\right] + (5-3) \times \left(\frac{1}{3} - \frac{1}{4}\right)$

$=\left\{\frac{1}{3} - \frac{1}{2} \times \left(\frac{1}{6} + \frac{1}{4}\right)\right\} + 2 \times \frac{1}{12}$

$=\frac{3}{24} + \frac{1}{6}$

$=\frac{7}{24}$

따라서 $p=24$, $q=7$이므로

$p+q = 24+7 = 31$

실수 Check

$g(x) = k - f(x)$에서 $g(x)$가 확률변수 Y의 확률밀도함수이므로 $g(x) \geq 0$임을 확인해야 한다.

$g(x) = k - f(x) \geq 0$이므로 $f(x) \leq k$

즉, $y=f(x)$의 치역의 모든 원소는 k보다 작아야 한다.

Plus 문제

1245-1

두 연속확률변수 X와 Y가 갖는 값의 범위는 $0 \leq X \leq 4$, $0 \leq Y \leq 4$이고, X와 Y의 확률밀도함수는 각각 $f(x)$, $g(x)$이다. 확률변수 X의 확률밀도함수 $f(x)$의 그래프는 그림과 같다.

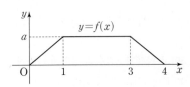

$0 \leq x \leq 4$인 모든 x에 대하여

$$f(x) + g(x) = b$$

를 만족시킬 때, $\mathrm{P}\left(\frac{3}{2}a \leq Y \leq 4b\right)$를 구하시오.

(단, a와 b는 상수이다.)

함수 $y=f(x)$의 그래프와 x축으로 둘러싸인 도형의 넓이는 1이므로

$$\frac{1}{2} \times (2+4) \times a = 1$$

$$3a = 1 \quad \therefore a = \frac{1}{3}$$

$0 \leq x \leq 4$인 모든 x에 대하여 $f(x) + g(x) = b$이므로

$g(x) = b - f(x)$

이때 $0 \leq Y \leq 4$이고 확률밀도함수의 정의에 의하여

$g(x) = b - f(x) \geq 0$

즉, $f(x) \leq b$이다.

따라서 그림과 같이 세 직선 $x=0$, $x=4$, $y=b$ 및 함수 $y=f(x)$의 그래프로 둘러싸인 도형의 넓이는 1이고, $0 \leq x \leq 4$에서 함수 $y=f(x)$의 그래프와 x축으로 둘러싸인 도형의 넓이도 1이므로

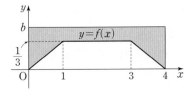

$$4 \times b = 2 \quad \therefore b = \frac{1}{2}$$

이때 $\mathrm{P}\left(\frac{3}{2}a \leq Y \leq 4b\right) = \mathrm{P}\left(\frac{1}{2} \leq Y \leq 2\right)$이고,

이 값은 그림과 같이 세 직선 $x=\frac{1}{2}$, $x=2$, $y=\frac{1}{2}$ 및 함수 $y=f(x)$의 그래프로 둘러싸인 도형의 넓이와 같다.

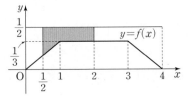

$0 \leq x \leq 1$에서 $f(x) = \frac{1}{3}x$이므로

$\mathrm{P}\left(\frac{3}{2}a \leq Y \leq 4b\right)$

$=\mathrm{P}\left(\frac{1}{2} \leq Y \leq 2\right)$

$=\mathrm{P}\left(\frac{1}{2} \leq Y \leq 1\right) + \mathrm{P}(1 \leq Y \leq 2)$

$=\left[\frac{1}{2} \times \frac{1}{2} - \frac{1}{2} \times \left\{f\left(\frac{1}{2}\right) + f(1)\right\} \times \frac{1}{2}\right] + (2-1) \times \left(\frac{1}{2} - \frac{1}{3}\right)$

$=\left\{\frac{1}{4} - \frac{1}{2} \times \left(\frac{1}{6} + \frac{1}{3}\right) \times \frac{1}{2}\right\} + \frac{1}{6}$

$=\frac{1}{8} + \frac{1}{6}$

$=\frac{7}{24}$

답 $\dfrac{7}{24}$

1246 답 ④

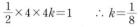 유형3

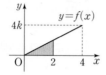

STEP1 상수 k의 값 구하기

함수 $y=f(x)$의 그래프와 x축 및 직선
$x=4$로 둘러싸인 도형의 넓이가 1이므로

$\frac{1}{2} \times 4 \times 4k = 1$ ∴ $k=\frac{1}{8}$

STEP2 $P(0 \le X \le 2)$ 구하기

$P(0 \le X \le 2)$는 그림의 색칠한 부분의 넓이와 같으므로

$$P(0 \le X \le 2) = \frac{1}{2} \times 2 \times 2k$$
$$= 2k$$
$$= 2 \times \frac{1}{8} = \frac{1}{4}$$

1247 답 ④

$P(0 \le X \le 1)$은 그림의 색칠한 부분의
넓이와 같으므로

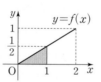

$$P(0 \le X \le 1) = \frac{1}{2} \times 1 \times \frac{1}{2} = \frac{1}{4}$$

1248 답 ④

함수 $y=f(x)$의 그래프와 x축 및 두 직선
$x=0$, $x=3$으로 둘러싸인 도형의 넓이가 1
이므로

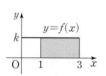

$3 \times k = 1$ ∴ $k=\frac{1}{3}$

$P(X \ge 1)$은 그림의 색칠한 부분의 넓이와 같으므로

$$P(X \ge 1) = (3-1) \times \frac{1}{3} = \frac{2}{3}$$

1249 답 ②

$f(x) = ax + b$이고, $f(1) = \frac{3}{4}$이므로

$a + b = \frac{3}{4}$ ············· ㉠

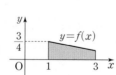

함수 $y=f(x)$의 그래프와 x축 및 두 직
선 $x=1$, $x=3$으로 둘러싸인 도형의 넓이가 1이므로

$\frac{1}{2} \times \{f(1) + f(3)\} \times (3-1) = 1$

즉, $f(1) + f(3) = 1$이므로

$\frac{3}{4} + (3a+b) = 1$

∴ $3a + b = \frac{1}{4}$ ············· ㉡

㉠, ㉡을 연립하여 풀면

$a = -\frac{1}{4}$, $b = 1$

따라서 연속확률변수 X의 확률밀도함수는

$$f(x) = -\frac{1}{4}x + 1$$

이고, $P(1 \le X \le 2)$는 함수 $y=f(x)$의 그래프와 x축 및 두 직선
$x=1$, $x=2$로 둘러싸인 도형의 넓이와 같으므로

$$P(1 \le X \le 2) = \frac{1}{2} \times \{f(1) + f(2)\} \times 1$$
$$= \frac{1}{2} \times \left(\frac{3}{4} + \frac{1}{2}\right) = \frac{5}{8}$$

1250 답 23

함수 $y=f(x)$의 그래프는 그림과 같이 직선
$x=1$에 대하여 대칭이다.

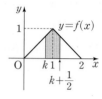

$P\left(k \le X \le k+\frac{1}{2}\right)$의 값이 최대가 되려면
두 점 $(k, 0)$, $\left(k+\frac{1}{2}, 0\right)$이 직선 $x=1$에
대하여 대칭이 되어야 한다.

즉, 두 점 $(k, 0)$, $\left(k+\frac{1}{2}, 0\right)$을 잇는 선분의 중점의 x좌표가 1이
므로

$\frac{k+k+\frac{1}{2}}{2} = 1$, $2k + \frac{1}{2} = 2$ ∴ $k = \frac{3}{4}$

따라서 $P\left(k \le X \le k+\frac{1}{2}\right)$의 최댓값은 $k=\frac{3}{4}$일 때이므로

$$P\left(\frac{3}{4} \le X \le \frac{5}{4}\right) = 2P\left(\frac{3}{4} \le X \le 1\right)$$
$$= 2 \times \left\{\frac{1}{2} - P\left(0 \le X \le \frac{3}{4}\right)\right\}$$
$$= 2 \times \left(\frac{1}{2} - \frac{1}{2} \times \frac{3}{4} \times \frac{3}{4}\right) = \frac{7}{16}$$

따라서 $p=16$, $q=7$이므로
$p+q = 16+7 = 23$

개념 Check

좌표평면 위의 두 점 $A(x_1, y_1)$, $B(x_2, y_2)$에 대하여 선분 AB의 중점
M의 좌표는
$$M\left(\frac{x_1+x_2}{2}, \frac{y_1+y_2}{2}\right)$$

1251 답 ③

조건 (나)에서 함수 $y=f(x)$의 그래프는 y축에 대하여 대칭이므로
함수 $y=f(x)$의 그래프는 그림과 같다.

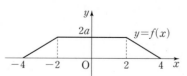

함수 $y=f(x)$의 그래프와 x축으로 둘러싸인 도형의 넓이는 1이므로

$\frac{1}{2} \times (4+8) \times 2a = 1$

$12a = 1$ ∴ $a = \frac{1}{12}$

$P(1 \le X \le 3)$은 그림의 색칠한 부분의 넓이와 같으므로

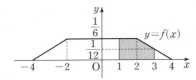

$$P(1 \le X \le 3) = P(1 \le X \le 2) + P(2 \le X \le 3)$$
$$= 1 \times \frac{1}{6} + \frac{1}{2} \times \left(\frac{1}{6} + \frac{1}{12}\right) \times 1$$
$$= \frac{7}{24} \qquad 2 \le x \le 4일 \ 때, \ f(x) = -\frac{1}{12}x + \frac{1}{3}이므로$$
$$f(3) = -\frac{1}{4} + \frac{1}{3} = \frac{1}{12}$$

1252 답 11

연속확률변수 X가 갖는 값의 범위가 $0 \le X \le 3$이므로

$P(0 \le X \le 3) = 1$

$P(x \le X \le 3) = a(3-x)$에 $x = 0$을 대입하면

$P(0 \le X \le 3) = 3a = 1$

$\therefore a = \frac{1}{3}$

$\therefore P(0 \le X \le 2a) = P\left(0 \le X \le \frac{2}{3}\right)$
$$= 1 - P\left(\frac{2}{3} \le X \le 3\right)$$
$$= 1 - \frac{1}{3} \times \left(3 - \frac{2}{3}\right)$$
$$= \frac{2}{9} \qquad \longrightarrow P(x \le X \le 3) = \frac{1}{3}(3-x)의 \ x에$$
$$\qquad\qquad \frac{2}{3}를 \ 대입한다.$$

따라서 $p = 9$, $q = 2$이므로

$p + q = 9 + 2 = 11$

Tip 확률변수 X의 확률밀도함수 $f(x)$ $(\alpha \le x \le \beta)$에 대하여
➡ $P(a \le X \le b) = P(\alpha \le x \le b) - P(\alpha \le x \le a)$ (단, $\alpha \le a \le b \le \beta$)

1253 답 ③

연속확률변수 X가 갖는 값의 범위가 $0 \le X \le 8$이고, 함수 $f(x)$의 그래프가 직선 $x = 4$에 대하여 대칭이므로

$$P(0 \le X \le 4) = P(4 \le X \le 8) = \frac{1}{2}$$

이고,

$P(0 \le X \le 2) = P(6 \le X \le 8)$,

$P(2 \le X \le 4) = P(4 \le X \le 6)$

이때 $P(0 \le X \le 2) = a$, $P(2 \le X \le 4) = b$라 하면

$P(0 \le X \le 4) = P(0 \le X \le 2) + P(2 \le X \le 4)$
$$= a + b = \frac{1}{2} \ \cdots\cdots\cdots\cdots \ \bigcirc$$

$3P(2 \le X \le 4) = 4P(6 \le X \le 8)$에서

$3b = 4a \ \cdots\cdots\cdots\cdots\cdots\cdots\cdots\cdots \ \bigcirc$

$\bigcirc$, $\bigcirc$을 연립하여 풀면

$a = \frac{3}{14}$, $b = \frac{2}{7}$

$\therefore P(2 \le X \le 6) = P(2 \le X \le 4) + P(4 \le X \le 6)$
$$= 2P(2 \le X \le 4)$$
$$= 2b$$
$$= 2 \times \frac{2}{7} = \frac{4}{7}$$

1254 답 ⑤ | 유형 4

정규분포 $N(m, \sigma^2)$을 따르는 확률변수 X가 다음 조건을 만족시킬 때, $P(X \le 63)$은?

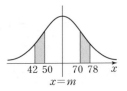

(개) $P(42 \le X \le 50) = P(70 \le X \le 78)$ 〔단서1〕
(내) $P(m-3 \le X \le m+3) = 0.68$ 〔단서2〕

① 0.52 ② 0.60 ③ 0.68
④ 0.76 ⑤ 0.84

단서1 $50 - 42 = 78 - 70$
단서2 $P(0 \le X \le m+3) = 0.34$

STEP 1 평균 m의 값 구하기

조건 (개)에서

$P(42 \le X \le 50) = P(70 \le X \le 78)$이고, $50 - 42 = 78 - 70$이므로

$m = \frac{42+78}{2} = \frac{50+70}{2} = 60$

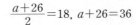

STEP 2 $P(60 \le X \le 63)$ 구하기

조건 (내)에서 $P(m-3 \le X \le m+3) = 0.68$이므로

$P(57 \le X \le 63) = 0.68$

이때 $P(57 \le X \le 60) = P(60 \le X \le 63)$이므로

$2P(60 \le X \le 63) = 0.68$

$\therefore P(60 \le X \le 63) = 0.34$

STEP 3 $P(X \le 63)$ 구하기

$P(X \le 63) = P(X \le 60) + P(60 \le X \le 63)$
$$= 0.5 + 0.34$$
$$= 0.84$$

1255 답 ④

$m = 20$이므로

$P(X < 20) = 0.5 = \frac{1}{2}$

1256 답 ③

확률변수 X가 정규분포 $N(m, 5^2)$을 따르고,

$P(X \ge 8) = P(X \le 12)$이므로

$m = \frac{8+12}{2} = 10$

1257 답 ⑤

정규분포 곡선은 직선 $x = 18$에 대하여 대칭이고, $P(X \le a) = P(X \ge 26)$이므로

$\frac{a+26}{2} = 18$, $a + 26 = 36$

$\therefore a = 10$

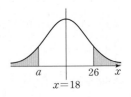

1258 답 ⑤

확률변수 X의 평균이 5이므로 X의 확률밀도함수는 $x=5$에서 최댓값을 갖고, 정규분포 곡선은 직선 $x=5$에 대하여 대칭이다.

따라서 $\mathrm{P}(a-4 \leq X \leq a+2)$가 최대가 되려면

$$\frac{(a-4)+(a+2)}{2}=5,\ 2a-2=10$$

$$\therefore a=6$$

Tip $\mathrm{P}(a-4 \leq X \leq a+2)$에서

$(a+2)-(a-4)=6$으로 일정하므로

그림과 같이 $\dfrac{(a-4)+(a+2)}{2}=m$일 때

$\mathrm{P}(a-4 \leq X \leq a+2)$가 최대이다.

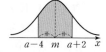

1259 답 25

조건 ㈏에서 $f(4-x)=f(4+x)$이므로

$m=\mathrm{E}(X)=4$

조건 ㈎에서 $\sigma(X)=3$이므로

$\mathrm{V}(X)=\{\sigma(X)\}^2=3^2=9$

$\mathrm{V}(X)=\mathrm{E}(X^2)-\{\mathrm{E}(X)\}^2$이므로

$9=\mathrm{E}(X^2)-4^2$

$\therefore \mathrm{E}(X^2)=25$

1260 답 ②

조건 ㈎에서 $\mathrm{P}(X \leq m-3)=\mathrm{P}(X \geq 3m+5)$이므로

$m=\dfrac{(m-3)+(3m+5)}{2}$

$m=2m+1$

$\therefore m=-1$

조건 ㈏에서 $\mathrm{P}(X \geq -3)=\mathrm{P}(X \leq m+\sigma)$이므로

$m=\dfrac{-3+(m+\sigma)}{2}$

$2m=-3+m+\sigma \quad \therefore \sigma=m+3$

$m=-1$이므로

$\sigma=2$

$\therefore m\sigma=(-1)\times 2=-2$

1261 답 ②

$\mathrm{P}(X<a-3)=\mathrm{P}(X>b+2)$이므로

$m=\dfrac{(a-3)+(b+2)}{2}$

$\therefore m=\dfrac{a+b-1}{2}$ ⋯⋯⋯⋯⋯⋯⋯⋯⋯ ㉠

$\mathrm{E}(2X+1)=51$이므로

$2\mathrm{E}(X)+1=51$

$\therefore \mathrm{E}(X)=m=25$ ⋯⋯⋯⋯⋯⋯⋯⋯⋯ ㉡

㉡을 ㉠에 대입하면

$25=\dfrac{a+b-1}{2}$

$\therefore a+b=51$

$\mathrm{V}(2X+1)=4$이므로

$2^2\mathrm{V}(X)=4,\ \mathrm{V}(X)=\sigma^2=1 \quad \therefore \sigma=1\ (\because \sigma>0)$

$\therefore a+b+\sigma=51+1=52$

1262 답 ②

$m=50$에서 $\mathrm{P}(X \geq 50)=0.5$이고,

$\mathrm{P}(50 \leq X \leq 58)=0.41$이므로

$\mathrm{P}(X \geq 58)=0.5-\mathrm{P}(50 \leq X \leq 58)$

$\qquad\qquad =0.5-0.41=0.09$

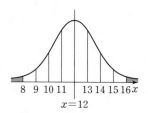

$\mathrm{P}(50 \leq X \leq 58)=\mathrm{P}(42 \leq X \leq 50)=0.41$이고,

$\mathrm{P}(42 \leq X \leq 46)=0.18$이므로

$\mathrm{P}(46 \leq X \leq 50)=\mathrm{P}(42 \leq X \leq 50)-\mathrm{P}(42 \leq X \leq 46)$

$\qquad\qquad =0.41-0.18=0.23$

$\therefore \mathrm{P}(X \leq 46)=0.5-\mathrm{P}(46 \leq X \leq 50)$

$\qquad\qquad =0.5-0.23=0.27$

$\therefore \mathrm{P}(X \leq 46)+\mathrm{P}(X \geq 58)=0.27+0.09=0.36$

1263 답 ②

조건 ㈎에서 $\mathrm{P}(X \leq 8)=\mathrm{P}(X \geq 16)$이므로

$m=\dfrac{8+16}{2}=12$

따라서 확률변수 X의 확률밀도함수의 그래프의 개형은 그림과 같다.

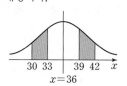

$\therefore \mathrm{P}(X \leq 12)=\mathrm{P}(X \geq 12)=0.5$

조건 ㈏에서 $\mathrm{P}(X \leq 11)=b$이므로

$\mathrm{P}(11 \leq X \leq 12)=0.5-b$

또, $\mathrm{P}(10 \leq X \leq 13)=a$이므로

$a=\mathrm{P}(10 \leq X \leq 13)$

$\ =\mathrm{P}(10 \leq X \leq 11)+\mathrm{P}(11 \leq X \leq 13)$

$\ =\mathrm{P}(10 \leq X \leq 11)+2\mathrm{P}(11 \leq X \leq 12)$

$\ =\mathrm{P}(10 \leq X \leq 11)+2\times(0.5-b)$

$\ =\mathrm{P}(10 \leq X \leq 11)+1-2b$

$\therefore \mathrm{P}(10 \leq X \leq 11)=a+2b-1$

$\therefore \mathrm{P}(13 \leq X \leq 14)=\mathrm{P}(10 \leq X \leq 11)$

$\qquad\qquad =a+2b-1$

1264 답 36

확률변수 X의 평균이 36이므로 X의 확률밀도함수의 그래프는 직선 $x=36$에 대하여 대칭이다.

$\therefore \mathrm{P}(30 \leq X \leq 33)=\mathrm{P}(39 \leq X \leq 42)$

$\mathrm{P}(30 \leq X \leq 33)<\mathrm{P}(30+n \leq X \leq 33+n)$에서

$33-30=(33+n)-(30+n)$이므로

$30<30+n<39$

$\therefore 0<n<9$

따라서 자연수 n은 1, 2, …, 8이므로 모든 자연수 n의 값의 합은

$1+2+\cdots+8=36$

1265 답 ⑤ | 유형5

정규분포를 따르는 두 확률변수 X, Y의 확률밀도함수를 각각 $f(x)$, $g(x)$라 할 때, 두 함수 $y=f(x)$, $y=g(x)$의 그래프는 그림과 같다.

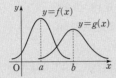

〈보기〉에서 옳은 것만을 있는 대로 고른 것은?
(단, 곡선 $y=f(x)$, $y=g(x)$는 각각 직선 $x=a$, $x=b$에 대하여 대칭이다.) **단서1**

〈보기〉
ㄱ. $E(X)<E(Y)$
ㄴ. $V(X)<V(Y)$
ㄷ. $P(X\le a)+P(Y\ge b)=1$

① ㄱ
② ㄱ, ㄴ
③ ㄱ, ㄷ
④ ㄴ, ㄷ
⑤ ㄱ, ㄴ, ㄷ

단서1 $E(X)=a$, $E(Y)=b$

STEP1 정규분포 곡선의 성질을 이용하여 옳은 것 찾기

ㄱ. 확률변수 X, Y의 정규분포 곡선이 각각 직선 $x=a$, $x=b$에 대하여 대칭이므로
$E(X)=a$, $E(Y)=b$
이때 $a<b$이므로
$E(X)<E(Y)$ (참)

ㄴ. 확률변수 X의 정규분포 곡선이 확률변수 Y의 정규분포 곡선보다 가운데 부분이 더 높고 폭이 좁으므로
$V(X)<V(Y)$ (참)

ㄷ. $P(X\le a)=0.5$, $P(Y\ge b)=0.5$이므로
$P(X\le a)+P(Y\ge b)=1$ (참)

따라서 옳은 것은 ㄱ, ㄴ, ㄷ이다.

1266 답 ①

두 정규분포 곡선 A, B가 각각 직선 $x=m_A$, 직선 $x=m_B$에 대하여 대칭이므로
$m_A<m_B$

표준편차가 클수록 정규분포 곡선의 가운데 부분의 높이는 낮아지고 옆으로 퍼지므로
$\sigma_A<\sigma_B$

1267 답 ②

ㄱ. 정규분포 곡선은 직선 $x=m$에 대하여 대칭이다. (참)

ㄴ. σ의 값이 일정할 때, m의 값이 클수록 곡선은 오른쪽으로 평행이동한다. (참)

ㄷ. m의 값이 일정할 때, σ의 값이 클수록 곡선의 가운데 부분이 낮아지면서 옆으로 퍼진다. (거짓)

따라서 옳은 것은 ㄱ, ㄴ이다.

1268 답 ⑤

ㄱ. 두 확률밀도함수 $y=f(x)$, $y=g(x)$의 그래프가 각각 직선 $x=1$, $x=k$에 대하여 대칭이므로
$E(X)=1$, $E(Y)=k$
이때 $1<k$이므로 $1<E(Y)$ (참)

ㄴ. 함수 $y=f(x)$의 그래프가 함수 $y=g(x)$의 그래프보다 가운데 부분이 더 높고 폭이 좁으므로
$V(X)<V(Y)$ (참)

ㄷ. $V(X)=E(X^2)-\{E(X)\}^2$, $V(Y)=E(Y^2)-\{E(Y)\}^2$이므로
$E(X^2)=V(X)+\{E(X)\}^2$,
$E(Y^2)=V(Y)+\{E(Y)\}^2$
ㄱ에서 $1=E(X)<E(Y)$이므로 $\{E(X)\}^2<\{E(Y)\}^2$이고,
ㄴ에서 $V(X)<V(Y)$이므로
$E(X^2)<E(Y^2)$ (참)

따라서 옳은 것은 ㄱ, ㄴ, ㄷ이다.

1269 답 8

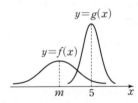

(i) $m<5$이므로 가능한 자연수 m은 1, 2, 3, 4의 4개
(ii) $\sigma<3$이므로 가능한 자연수 σ는 1, 2의 2개
(i), (ii)에서 자연수 m, σ의 값으로 가능한 순서쌍 (m, σ)의 개수는
$4\times2=8$

1270 답 ②

$E(X)<E(Z)$, $V(X)<V(Z)$이므로 두 함수 $y=f(x)$,
$y=h(x)$의 그래프는 각각 B, C이다.

$E(X)<E(Y)$, $V(X)=V(Y)$이므로 함수 $y=g(x)$의 그래프는 D이다.

1271 답 ⑤

ㄱ. A, C 두 고등학교의 수학 성적의 평균은 같지만 표준편차가 A 고등학교가 더 작으므로 성적이 우수한 학생은 C 고등학교에 더 많이 있다. (참)

ㄴ. B, C 두 고등학교 학생의 수학 성적의 평균은 각각 k_2, k_1이고 $k_2>k_1$이므로 B 고등학교 학생의 수학 성적이 C 고등학교 학생의 수학 성적보다 평균적으로 더 우수하다. (참)

ㄷ. 함수 $y=f(x)$의 그래프가 함수 $y=g(x)$의 그래프보다 가운데 부분이 더 높고 폭이 좁으므로 A 고등학교 학생의 수학 성적의 표준편차가 B 고등학교 학생의 수학 성적의 표준편차보

다 작다. 그러므로 A 고등학교 학생의 수학 성적이 B 고등학교 학생의 수학 성적보다 더 고른 편이다. (참)

따라서 옳은 것은 ㄱ, ㄴ, ㄷ이다.

1272 目 ③

│ 유형 6

정규분포 $N(m, \sigma^2)$을 따르는 확률변수 X에 대하여
$\underline{P(X \le m+\sigma)=0.84}$일 때, $\underline{P(m-\sigma \le X \le m+\sigma)}$는?
단서1   **단서2**

① 0.60   ② 0.64   ③ 0.68
④ 0.72   ⑤ 0.76

단서1 $P(X \le m+\sigma)=P(X \le m)+P(m \le X \le m+\sigma)=0.84$
단서2 $P(m-\sigma \le X \le m+\sigma)=2P(m \le X \le m+\sigma)$

STEP1 $P(m \le X \le m+\sigma)$ 구하기

$P(X \le m+\sigma)=0.84$에서

$P(X \le m)+P(m \le X \le m+\sigma)=0.84$

$0.5+P(m \le X \le m+\sigma)=0.84$

$\therefore P(m \le X \le m+\sigma)=0.34$

STEP2 $P(m-\sigma \le X \le m+\sigma)$ 구하기

$P(m-\sigma \le X \le m+\sigma)=2P(m \le X \le m+\sigma)$
$\qquad\qquad\qquad\qquad\qquad =2 \times 0.34$
$\qquad\qquad\qquad\qquad\qquad =0.68$

1273 目 ⑤

$P(m-2\sigma \le X \le m+2\sigma)=0.96$에서

$2P(m \le X \le m+2\sigma)=0.96$

$\therefore P(m \le X \le m+2\sigma)=0.48$

$\therefore P(X \ge m-2\sigma)=P(m-2\sigma \le X \le m)+P(X \ge m)$
$\qquad\qquad\qquad\quad =P(m \le X \le m+2\sigma)+0.5$
$\qquad\qquad\qquad\quad =0.48+0.5$
$\qquad\qquad\qquad\quad =0.98$

1274 目 ③

$P(m-\sigma \le X \le m+2\sigma)$
$=P(m-\sigma \le X \le m)+P(m \le X \le m+2\sigma)$
$=P(m \le X \le m+\sigma)+P(m \le X \le m+2\sigma)$
$=0.3413+0.4772$
$=0.8185$

1275 目 ④

$m=30$, $\sigma=2$이므로

$P(30 \le X \le 33)=P\left(30 \le X \le 30+\dfrac{3}{2} \times 2\right)$
$\qquad\qquad\qquad =P(m \le X \le m+1.5\sigma)$
$\qquad\qquad\qquad =0.4332$

1276 目 ③

$m=50$, $\sigma=3$이므로

$P(47 \le X \le 56)$
$=P(50-3 \le X \le 50+2 \times 3)$
$=P(m-\sigma \le X \le m+2\sigma)$
$=P(m-\sigma \le X \le m)+P(m \le X \le m+2\sigma)$
$=P(m \le X \le m+\sigma)+P(m \le X \le m+2\sigma)$
$=0.3413+0.4772$
$=0.8185$

1277 目 39

$\underline{P(X \le k)=0.0013}$에서 $\longrightarrow$ 확률이 0.5보다 작으므로 $k < m$이다.

$P(X \le m)-P(k \le X \le m)=0.0013$

$0.5-P(k \le X \le m)=0.0013$

$\therefore P(k \le X \le m)=0.4987$

이때 $P(m \le X \le m+3\sigma)=0.4987$이므로

$P(m-3\sigma \le X \le m)=0.4987$

$\therefore k=m-3\sigma$
$\qquad =48-3 \times 3=39$

1278 目 ③

조건 ㈎에서 $f(40-x)=f(40+x)$이므로 확률밀도함수 $f(x)$의 그래프는 직선 $x=40$에 대하여 대칭이다.

$\therefore m=40$

조건 ㈏에서

$P(40 \le X \le 43)=P(m \le X \le 43)=0.4332$

이때 $P(m \le X \le m+1.5\sigma)=0.4332$이므로

$43=40+1.5\sigma$

$\therefore \sigma=2$

$\therefore P(42 \le X \le 44)$
$=P(40+2 \le X \le 40+2 \times 2)$
$=P(m+\sigma \le X \le m+2\sigma)$
$=P(m \le X \le m+2\sigma)-P(m \le X \le m+\sigma)$
$=0.4772-0.3413$
$=0.1359$

1279 目 ②

$P(m-\sigma \le X \le m+\sigma)=a$에서

$2P(m \le X \le m+\sigma)=a$

$\therefore P(m \le X \le m+\sigma)=\dfrac{a}{2}$

또, $P(m-2\sigma \le X \le m+2\sigma)=b$에서

$2P(m \le X \le m+2\sigma)=b$

$\therefore P(m \le X \le m+2\sigma)=\dfrac{b}{2}$

$\therefore P(m+\sigma \le X \le m+2\sigma)$
$=P(m \le X \le m+2\sigma)-P(m \le X \le m+\sigma)$
$=\dfrac{b}{2}-\dfrac{a}{2}$
$=\dfrac{b-a}{2}$

1280 답 ①

$P(m+2\sigma \le X \le m+3\sigma)=a$에서

$P(m+2\sigma \le X \le m+3\sigma)$
$=P(m \le X \le m+3\sigma)-P(m \le X \le m+2\sigma)=a$ ············ ㉠

또, $P(m-3\sigma \le X \le m+3\sigma)=b$에서

$P(m-3\sigma \le X \le m+3\sigma)$
$=P(m-3\sigma \le X \le m)+P(m \le X \le m+3\sigma)$
$=2P(m \le X \le m+3\sigma)=b$

$\therefore P(m \le X \le m+3\sigma)=\dfrac{b}{2}$ ············ ㉡

㉡을 ㉠에 대입하면

$\dfrac{b}{2}-P(m \le X \le m+2\sigma)=a$

$\therefore P(m \le X \le m+2\sigma)=\dfrac{b}{2}-a$

$\therefore P(m-2\sigma \le X \le m+2\sigma)$
$\quad =P(m-2\sigma \le X \le m)+P(m \le X \le m+2\sigma)$
$\quad =2P(m \le X \le m+2\sigma)$
$\quad =2 \times \left(\dfrac{b}{2}-a\right)=b-2a$

1281 답 ④

조건 ㈎에서 $E(X)=m=\dfrac{64+56}{2}=60$

조건 ㈏에서 $E(X^2)=3616$이므로

$V(X)=E(X^2)-\{E(X)\}^2$
$\qquad =3616-60^2=16$

$\therefore \sigma=\sqrt{V(X)}=4$

$\therefore P(X \le 68)=P(X \le 60+2 \times 4)$
$\qquad\qquad\quad =P(X \le m+2\sigma)$
$\qquad\qquad\quad =P(X \le m)+P(m \le X \le m+2\sigma)$
$\qquad\qquad\quad =0.5+0.4772$
$\qquad\qquad\quad =0.9772$

1282 답 ③

| 유형 7

> 두 확률변수 X, Y가 각각 정규분포 $N(72, 12^2)$, $N(50, \sigma^2)$을 따른다. <u>$P(X \ge 60)=P(Y \le 60)$</u>일 때, 양수 σ의 값은?
>
> 단서1
>
> ① 8　　　　② 9　　　　③ 10
> ④ 11　　　　⑤ 12
>
> 단서1 서로 다른 두 확률변수의 확률을 구할 때는 정규분포의 표준화를 이용

STEP1 확률변수 X, Y를 각각 표준화하기

확률변수 X가 정규분포 $N(72, 12^2)$을 따르므로

$Z_X=\dfrac{X-72}{12}$로 놓으면 확률변수 Z_X는 표준정규분포 $N(0, 1)$을 따른다. 확률변수 Y가 정규분포 $N(50, \sigma^2)$을 따르므로

$Z_Y=\dfrac{X-50}{\sigma}$으로 놓으면 확률변수 Z_Y는 표준정규분포 $N(0, 1)$을 따른다.

$\therefore P(X \ge 60)=P\left(Z_X \ge \dfrac{60-72}{12}\right)=P(Z_X \ge -1)$,

$P(Y \le 60)=P\left(Z_Y \le \dfrac{60-50}{\sigma}\right)=P\left(Z_Y \le \dfrac{10}{\sigma}\right)$

STEP2 양수 σ의 값 구하기

$P(X \ge 60)=P(Y \le 60)$이므로

$P(Z_X \ge -1)=P\left(Z_Y \le \dfrac{10}{\sigma}\right)$에서

$\dfrac{10}{\sigma}=1$　　$\therefore \sigma=10$

Tip (1) $P(Z \ge a)=P(Z \ge b)$이면 $a=b$
(2) $P(Z \ge a)=P(Z \le b)$이면 $a=-b$

1283 답 ②

확률변수 X가 정규분포 $N(50, 4^2)$을 따르므로

$Z_X=\dfrac{X-50}{4}$으로 놓으면 확률변수 Z_X는 표준정규분포 $N(0, 1)$을 따른다.

$\therefore P(X \le 54)=P\left(Z_X \le \dfrac{54-50}{4}\right)=P(Z_X \le 1)$

또, $\underline{P(Y \le k)=P(Z \le k)}$ ⟶ 확률변수 Y는 표준정규분포를 따르므로 변수만 Z로 바꾸면 된다.
이때 $P(X \le 54)=P(Y \le k)$이므로

$P(Z_X \le 1)=P(Z \le k)$에서

$k=1$

1284 답 ①

확률변수 X가 정규분포 $N(25, 3^2)$을 따르므로

$Z_X=\dfrac{X-25}{3}$로 놓으면 확률변수 Z_X는 표준정규분포 $N(0, 1)$을 따른다.

$\therefore P(22 \le X \le 31)=P\left(\dfrac{22-25}{3} \le Z_X \le \dfrac{31-25}{3}\right)$
$\qquad\qquad\qquad\quad =P(-1 \le Z_X \le 2)=P(-2 \le Z_X \le 1)$

또, $P(a \le Y \le b)=P(a \le Z \le b)$
이때 $P(22 \le X \le 31)=P(a \le Y \le b)$이므로

$P(-1 \le Z_X \le 2)=P(-2 \le Z_X \le 1)=P(a \le Z \le b)$에서

$a=-1$, $b=2$ 또는 $a=-2$, $b=1$

$\therefore ab=-2$

1285 답 ②

확률변수 X가 정규분포 $N(m, 3^2)$을 따르므로

$Z_X=\dfrac{X-m}{3}$으로 놓으면 확률변수 Z_X는 표준정규분포 $N(0, 1)$을 따른다.

확률변수 Y가 정규분포 $N(5, 2^2)$을 따르므로

$Z_Y=\dfrac{Y-5}{2}$로 놓으면 확률변수 Z_Y는 표준정규분포 $N(0, 1)$을 따른다.

$P(X \ge 38)=\left(Z_X \ge \dfrac{38-m}{3}\right)$

$P(Y \ge 15)=\left(Z_Y \ge \dfrac{15-5}{2}\right)=P(Z_Y \ge 5)$

$P(X \ge 38)=P(Y \ge 15)$이므로

$$P\left(Z_X \geq \frac{38-m}{3}\right) = P(Z_Y \geq 5)\text{에서}$$

$$\frac{38-m}{3} = 5 \qquad \therefore m = 23$$

1286 🔁 40

확률변수 X가 정규분포 $N(2, \sigma^2)$을 따르므로

$Z_X = \dfrac{X-2}{\sigma}$로 놓으면 확률변수 Z_X는 표준정규분포 $N(0, 1)$을

따른다.

$$\therefore P(-1 \leq X \leq 5) = P\left(\frac{-1-2}{\sigma} \leq Z_X \leq \frac{5-2}{\sigma}\right)$$

$$= P\left(-\frac{3}{\sigma} \leq Z_X \leq \frac{3}{\sigma}\right)$$

또, $P(-0.5 \leq Y \leq 0.5) = P(-0.5 \leq Z \leq 0.5)$

이때 $P(-1 \leq X \leq 5) = P(-0.5 \leq Y \leq 0.5)$이므로

$$P\left(-\frac{3}{\sigma} \leq Z_X \leq \frac{3}{\sigma}\right) = P(-0.5 \leq Z \leq 0.5)\text{에서}$$

$$\frac{3}{\sigma} = 0.5 \qquad \therefore \sigma = 6$$

$V(X) = E(X^2) - \{E(X)\}^2$이므로

$6^2 = E(X^2) - 2^2$

$\therefore E(X^2) = 6^2 + 2^2 = 40$

1287 🔁 ④ 　　　　　　　　　　　　 | 유형 8

STEP 1 $Z = \dfrac{X-m}{\sigma}$으로 표준화하기

확률변수 X가 정규분포 $N(30, 3^2)$을 따르므로

$Z = \dfrac{X-30}{3}$으로 놓으면 Z는 표준정규분포 $N(0, 1)$을 따른다.

STEP 2 주어진 확률을 Z에 대한 확률로 나타낸 후 확률 구하기

$$P(24 \leq X \leq 27) = P\left(\frac{24-30}{3} \leq Z \leq \frac{27-30}{3}\right)$$

$$= P(-2 \leq Z \leq -1)$$

$$= P(1 \leq Z \leq 2)$$

$$= P(0 \leq Z \leq 2) - P(0 \leq Z \leq 1)$$

$$= 0.4772 - 0.3413 = 0.1359$$

1288 🔁 ③

$$P(-2 \leq Z \leq 1) = P(-2 \leq Z \leq 0) + P(0 \leq Z \leq 1)$$

$$= P(0 \leq Z \leq 2) + P(0 \leq Z \leq 1)$$

$$= 0.4772 + 0.3413 = 0.8185$$

1289 🔁 0.1587

$$P(Z \geq 1) = 0.5 - P(0 \leq Z \leq 1)$$

$$= 0.5 - 0.3413 = 0.1587$$

1290 🔁 ①

확률변수 X가 정규분포 $N(50, 2^2)$을 따르므로

$Z = \dfrac{X-50}{2}$으로 놓으면 Z는 표준정규분포 $N(0, 1)$을 따른다.

$$\therefore P(46 \leq X \leq 47) = P\left(\frac{46-50}{2} \leq Z \leq \frac{47-50}{2}\right)$$

$$= P(-2 \leq Z \leq -1.5)$$

$$= P(1.5 \leq Z \leq 2)$$

$$= P(0 \leq Z \leq 2) - P(0 \leq Z \leq 1.5)$$

$$= 0.4772 - 0.4332 = 0.0440$$

1291 🔁 ①

확률변수 X가 정규분포 $N(65, 4^2)$을 따르므로

$Z = \dfrac{X-65}{4}$로 놓으면 Z는 표준정규분포 $N(0, 1)$을 따른다.

$$\therefore P(X \geq 73) = P\left(Z \geq \frac{73-65}{4}\right)$$

$$= P(Z \geq 2)$$

$$= 0.5 - P(0 \leq Z \leq 2)$$

$$= 0.5 - 0.4772 = 0.0228$$

1292 🔁 ⑤

확률변수 X가 정규분포 $N(32, 5^2)$을 따르므로

$Z = \dfrac{X-32}{5}$로 놓으면 Z는 표준정규분포 $N(0, 1)$을 따른다.

$$\therefore P(X \leq 37) = P\left(Z \leq \frac{37-32}{5}\right)$$

$$= P(Z \leq 1)$$

$$= P(Z \leq 0) + P(0 \leq Z \leq 1)$$

$$= 0.5 + 0.3413 = 0.8413$$

1293 🔁 0.2743

확률변수 X가 정규분포 $N(26, 5^2)$을 따르므로

$Z = \dfrac{X-26}{5}$으로 놓으면 Z는 표준정규분포 $N(0, 1)$을 따른다.

$P(23 \leq X \leq 29) = 0.4514$에서

$$P\left(\frac{23-26}{5} \leq Z \leq \frac{29-26}{5}\right) = 0.4514$$

$P(-0.6 \leq Z \leq 0.6) = 0.4514$

$2P(0 \leq Z \leq 0.6) = 0.4514$

$\therefore P(0 \leq Z \leq 0.6) = 0.2257$

$$\therefore P(X \geq 29) = P\left(Z \geq \frac{29-26}{5}\right)$$

$$= P(Z \geq 0.6)$$

$$= 0.5 - P(0 \leq Z \leq 0.6)$$

$$= 0.5 - 0.2257 = 0.2743$$

$m=26$, $\sigma=5$이므로

$P(23 \leq X \leq 29) = P(26-3 \leq X \leq 26+3)$
$= 2P(26 \leq X \leq 29) = 0.4514$

$\therefore P(26 \leq X \leq 29) = 0.2257$

$\therefore P(X \geq 29) = 0.5 - P(26 \leq X \leq 29)$
$= 0.5 - 0.2257 = 0.2743$

1294 답 ③

확률변수 X가 정규분포 $N(4, 3^2)$을 따르므로

$Z = \dfrac{X-4}{3}$로 놓으면 Z는 표준정규분포 $N(0, 1)$을 따른다.

$\therefore \displaystyle\sum_{n=1}^{7} P(X \leq n)$

$= \displaystyle\sum_{n=1}^{7} P\left(Z \leq \dfrac{n-4}{3}\right)$

$= P(Z \leq -1) + P\left(Z \leq -\dfrac{2}{3}\right) + P\left(Z \leq -\dfrac{1}{3}\right) + P(Z \leq 0)$

$\qquad\qquad + P\left(Z \leq \dfrac{1}{3}\right) + P\left(Z \leq \dfrac{2}{3}\right) + P(Z \leq 1)$

$= P(Z \geq 1) + P\left(Z \geq \dfrac{2}{3}\right) + P\left(Z \geq \dfrac{1}{3}\right) + P(Z \leq 0)$

$\qquad\qquad + P\left(Z \leq \dfrac{1}{3}\right) + P\left(Z \leq \dfrac{2}{3}\right) + P(Z \leq 1)$

$= \{P(Z \geq 1) + P(Z \leq 1)\} + \left\{P\left(Z \geq \dfrac{2}{3}\right) + P\left(Z \leq \dfrac{2}{3}\right)\right\}$

$\qquad + \left\{P\left(Z \geq \dfrac{1}{3}\right) + P\left(Z \leq \dfrac{1}{3}\right)\right\} + P(Z \leq 0)$

$= 1 + 1 + 1 + 0.5 = 3.5$

실수 Check

표준정규분포 곡선의 성질과 확률의 성질을 수학적 표현으로 나타낼 수 있어야 실수없이 복잡한 식을 간단히 할 수 있다.

즉, 표준정규분포에서 $P(Z \leq -a) = P(Z \geq a)$ $(a > 0)$이고, 확률의 합은 1이므로 $P(Z \geq b) + P(Z \leq b) = 1$임을 기억해 두도록 한다.

Plus 문제

1294-1

확률변수 X가 정규분포 $N(5, \sigma^2)$을 따를 때,
$\displaystyle\sum_{n=1}^{9} P(X \leq n)$의 값을 구하시오. (단, $\sigma > 0$)

확률변수 X가 정규분포 $N(5, \sigma^2)$을 따르므로 $Z = \dfrac{X-5}{\sigma}$로 놓으면 Z는 표준정규분포 $N(0, 1)$을 따른다.

$\therefore \displaystyle\sum_{n=1}^{9} P(X \leq n)$

$= \displaystyle\sum_{n=1}^{9} P\left(Z \leq \dfrac{n-5}{\sigma}\right)$

$= P\left(Z \leq -\dfrac{4}{\sigma}\right) + P\left(Z \leq -\dfrac{3}{\sigma}\right) + P\left(Z \leq -\dfrac{2}{\sigma}\right)$

$\qquad + P\left(Z \leq -\dfrac{1}{\sigma}\right) + P(Z \leq 0) + P\left(Z \leq \dfrac{1}{\sigma}\right)$

$\qquad + P\left(Z \leq \dfrac{2}{\sigma}\right) + P\left(Z \leq \dfrac{3}{\sigma}\right) + P\left(Z \leq \dfrac{4}{\sigma}\right)$

$= P\left(Z \geq \dfrac{4}{\sigma}\right) + P\left(Z \geq \dfrac{3}{\sigma}\right) + P\left(Z \geq \dfrac{2}{\sigma}\right) + P\left(Z \geq \dfrac{1}{\sigma}\right)$

$\qquad + P(Z \leq 0) + P\left(Z \leq \dfrac{1}{\sigma}\right) + P\left(Z \leq \dfrac{2}{\sigma}\right)$

$\qquad + P\left(Z \leq \dfrac{3}{\sigma}\right) + P\left(Z \leq \dfrac{4}{\sigma}\right)$

$= \left\{P\left(Z \geq \dfrac{4}{\sigma}\right) + P\left(Z \leq \dfrac{4}{\sigma}\right)\right\} + \left\{P\left(Z \geq \dfrac{3}{\sigma}\right) + P\left(Z \leq \dfrac{3}{\sigma}\right)\right\}$

$\qquad + \left\{P\left(Z \geq \dfrac{2}{\sigma}\right) + P\left(Z \leq \dfrac{2}{\sigma}\right)\right\}$

$\qquad + \left\{P\left(Z \geq \dfrac{1}{\sigma}\right) + P\left(Z \leq \dfrac{1}{\sigma}\right)\right\} + P(Z \leq 0)$

$= 1 + 1 + 1 + 1 + 0.5 = 4.5$

답 4.5

1295 답 ①

두 확률변수 X와 Y는 모두 정규분포를 따르고 표준편차가 같으므로 함수 $y = f(x)$의 그래프를 x축의 방향으로 4만큼 평행이동하면 함수 $y = g(x)$의 그래프와 일치한다.

$\therefore g(x) = f(x-4)$

두 함수 $y = f(x)$, $y = g(x)$의 그래프가 만나는 점의 x좌표가 a이므로

$f(a) = g(a) = f(a-4)$

이때 함수 $y = f(x)$의 그래프는 직선 $x=8$에 대하여 대칭이므로

$\dfrac{a + (a-4)}{2} = 8$ → 확률밀도함수의 그래프는 직선 $x = m$에 대하여 대칭이다.

$\therefore a = 10$

확률변수 Y가 정규분포 $N(12, 2^2)$을 따르므로 $Z = \dfrac{Y-12}{2}$로 놓으면 Z는 표준정규분포 $N(0, 1)$을 따른다.

$\therefore P(8 \leq Y \leq a) = P(8 \leq Y \leq 10)$

$= P\left(\dfrac{8-12}{2} \leq Z \leq \dfrac{10-12}{2}\right)$

$= P(-2 \leq Z \leq -1)$

$= P(1 \leq Z \leq 2)$

$= P(0 \leq Z \leq 2) - P(0 \leq Z \leq 1)$

$= 0.4772 - 0.3413$

$= 0.1359$

개념 Check

방정식 $f(x, y) = 0$이 나타내는 도형을 x축의 방향으로 a만큼, y축의 방향으로 b만큼 평행이동한 도형의 방정식은

$f(x-a, y-b) = 0$

1296 답 ④

확률변수 X의 확률밀도함수의 그래프는 직선 $x=5$에 대하여 대칭이므로

$P(X \leq 9-2a) = P(X \geq 3a-3)$에서

$\dfrac{(9-2a) + (3a-3)}{2} = 5$

$a + 6 = 10$

$$\therefore a=4$$

확률변수 X가 정규분포 $N(5, 2^2)$을 따르므로 $Z=\dfrac{X-5}{2}$로 놓으면 Z는 표준정규분포 $N(0, 1)$을 따른다.

$$\therefore P(9-2a \le X \le 3a-3)$$
$$= P(1 \le X \le 9)$$
$$= P\left(\dfrac{1-5}{2} \le Z \le \dfrac{9-5}{2}\right)$$
$$= P(-2 \le Z \le 2)$$
$$= 2P(0 \le Z \le 2)$$
$$= 2 \times 0.4772$$
$$= 0.9544$$

1297 답 53

| 유형 9

확률변수 X가 정규분포 $N(48, 5^2)$을 따를 때, 오른쪽 표준정규분포표를 이용하여 $P(43 \le X \le a)=0.6826$을 만족시키는 상수 a의 값을 구하시오.

z	$P(0 \le Z \le z)$
1.0	0.3413
1.5	0.4332
2.0	0.4772
2.5	0.4938

단서1 표준정규분포 $N(0, 1)$을 따르는 $Z=\dfrac{X-48}{5}$

STEP1 $Z=\dfrac{X-m}{\sigma}$으로 표준화하기

확률변수 X가 정규분포 $N(48, 5^2)$을 따르므로 $Z=\dfrac{X-48}{5}$로 놓으면 Z는 표준정규분포 $N(0, 1)$을 따른다.

STEP2 주어진 확률을 Z에 대한 확률로 나타내기

$P(43 \le X \le a)=0.6826$에서

$$P\left(\dfrac{43-48}{5} \le Z \le \dfrac{a-48}{5}\right)=0.6826$$

$$P\left(-1 \le Z \le \dfrac{a-48}{5}\right)=0.6826 \quad\longrightarrow\quad \text{확률이 0.5보다 크므로 } \dfrac{a-48}{5}>0 \text{이다.}$$

$$P(-1 \le Z \le 0)+P\left(0 \le Z \le \dfrac{a-48}{5}\right)=0.6826$$

$$P(0 \le Z \le 1)+P\left(0 \le Z \le \dfrac{a-48}{5}\right)=0.6826$$

$$0.3413+P\left(0 \le Z \le \dfrac{a-48}{5}\right)=0.6826$$

$$\therefore P\left(0 \le Z \le \dfrac{a-48}{5}\right)=0.3413$$

STEP3 표준정규분포표를 이용하여 상수 a의 값 구하기

표준정규분포표에서 $P(0 \le Z \le 1)=0.3413$이므로

$$\dfrac{a-48}{5}=1$$

$$\therefore a=53$$

1298 답 ⑤

확률변수 X가 정규분포 $N(20, 3^2)$을 따르므로 $Z=\dfrac{X-20}{3}$으로 놓으면 Z는 표준정규분포 $N(0, 1)$을 따른다.

$P(X \ge k)=0.02$에서

$$P\left(Z \ge \dfrac{k-20}{3}\right)=0.02 \quad\cdots\cdots\cdots\cdots\cdots\cdots\cdots\cdots\cdots ⊙$$

표준정규분포표에서 $P(0 \le Z \le 2)=0.48$이므로

$$P(Z \ge 2)=P(Z \ge 0)-P(0 \le Z \le 2)$$
$$=0.5-0.48$$
$$=0.02 \quad\cdots\cdots\cdots\cdots\cdots\cdots\cdots\cdots ⓒ$$

⊙, ⓒ에서

$$\dfrac{k-20}{3}=2$$

$$\therefore k=26$$

1299 답 ⑤

확률변수 X가 정규분포 $N(55, \sigma^2)$을 따르므로 $Z=\dfrac{X-55}{\sigma}$로 놓으면 Z는 표준정규분포 $N(0, 1)$을 따른다.

$P(X \ge 45)=0.9772$에서

$$P\left(Z \ge \dfrac{45-55}{\sigma}\right)=0.9772$$

$$P\left(Z \ge -\dfrac{10}{\sigma}\right)=0.9772 \quad\cdots\cdots\cdots\cdots\cdots ⊙$$

표준정규분포표에서 $P(0 \le Z \le 2)=0.4772$이므로

$$P(Z \ge -2)=P(-2 \le Z \le 0)+P(Z \ge 0)$$
$$=P(0 \le Z \le 2)+0.5$$
$$=0.4772+0.5$$
$$=0.9772 \quad\cdots\cdots\cdots\cdots\cdots\cdots ⓒ$$

⊙, ⓒ에서

$$-\dfrac{10}{\sigma}=-2$$

$$\therefore \sigma=5$$

1300 답 ③

확률변수 X가 정규분포 $N(m, \sigma^2)$을 따르므로 $Z=\dfrac{X-m}{\sigma}$으로 놓으면 Z는 표준정규분포 $N(0, 1)$을 따른다.

$P(m \le X \le m+12)-P(X \le m-12)=0.3664$에서

$$P\left(\dfrac{m-m}{\sigma} \le Z \le \dfrac{(m+12)-m}{\sigma}\right)-P\left(Z \le \dfrac{(m-12)-m}{\sigma}\right)=0.3664$$

$$P\left(0 \le Z \le \dfrac{12}{\sigma}\right)-P\left(Z \le -\dfrac{12}{\sigma}\right)=0.3664$$

$$P\left(0 \le Z \le \dfrac{12}{\sigma}\right)-P\left(Z \ge \dfrac{12}{\sigma}\right)=0.3664$$

$$P\left(0 \le Z \le \dfrac{12}{\sigma}\right)-\left\{0.5-P\left(0 \le Z \le \dfrac{12}{\sigma}\right)\right\}=0.3664$$

$$2P\left(0 \le Z \le \dfrac{12}{\sigma}\right)-0.5=0.3664$$

$$2P\left(0 \le Z \le \dfrac{12}{\sigma}\right)=0.8664$$

$$\therefore P\left(0 \le Z \le \dfrac{12}{\sigma}\right)=0.4332$$

이때 $P(0 \le Z \le 1.5)=0.4332$이므로

$$\dfrac{12}{\sigma}=1.5$$

$$\therefore \sigma=8$$

1301 답 ④

확률변수 X가 정규분포 $N\left(m, \left(\frac{m}{3}\right)^2\right)$을 따르므로

$Z=\dfrac{X-m}{\dfrac{m}{3}}$으로 놓으면 Z는 표준정규분포 $N(0, 1)$을 따른다.

$P\left(X\leq\dfrac{9}{2}\right)=0.9987$에서

$P\left(Z\leq\dfrac{\dfrac{9}{2}-m}{\dfrac{m}{3}}\right)=0.9987$

$P\left(Z\leq\dfrac{27-6m}{2m}\right)=0.9987$ ······································ ㉠

표준정규분포표에서 $P(0\leq Z\leq 3)=0.4987$이므로

$P(Z\leq 3)=P(Z\leq 0)+P(0\leq Z\leq 3)$

　　　　　　$=0.5+0.4987$

　　　　　　$=0.9987$ ······································ ㉡

㉠, ㉡에서

$\dfrac{27-6m}{2m}=3$

$27-6m=6m$, $12m=27$

$\therefore m=\dfrac{9}{4}$

1302 답 59

두 확률변수 X, Y는 각각 정규분포 $N(50, \sigma^2)$, $N(65, (2\sigma)^2)$을 따르므로 $Z_X=\dfrac{X-50}{\sigma}$, $Z_Y=\dfrac{Y-65}{2\sigma}$로 놓으면 Z_X, Z_Y는 모두 표준정규분포 $N(0, 1)$을 따른다.

$P(X\geq k)=P\left(Z_X\geq\dfrac{k-50}{\sigma}\right)$

$P(Y\leq k)=P\left(Z_Y\leq\dfrac{k-65}{2\sigma}\right)$

$P(X\geq k)=P(Y\leq k)$이므로

$P\left(Z_X\geq\dfrac{k-50}{\sigma}\right)=P\left(Z_Y\leq\dfrac{k-65}{2\sigma}\right)$

즉, $\dfrac{k-50}{\sigma}=-\dfrac{k-65}{2\sigma}$이므로

$k=55$

$P(Y\leq k)=0.1056$에서

$P\left(Z_Y\leq\dfrac{55-65}{2\sigma}\right)=0.1056$

$P\left(Z_Y\leq-\dfrac{5}{\sigma}\right)=0.1056$

$P\left(Z_Y\geq\dfrac{5}{\sigma}\right)=0.1056$

$0.5-P\left(0\leq Z_Y\leq\dfrac{5}{\sigma}\right)=0.1056$

$\therefore P\left(0\leq Z\leq\dfrac{5}{\sigma}\right)=0.3944$

표준정규분포표에서 $P(0\leq Z\leq 1.25)=0.3944$이므로

$\dfrac{5}{\sigma}=1.25$

$\therefore \sigma=4$

$\therefore k+\sigma=55+4$

　　　　　$=59$

1303 답 ⑤

조건 ㈎에서 $P(X\leq k)+P(X\leq 100+k)=1$이므로

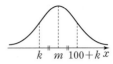

$P(X\leq k)=P(X\geq 100+k)$

즉, $m=\dfrac{k+(100+k)}{2}$이므로

$k=m-50$

확률변수 X가 정규분포 $N(m, 8^2)$을 따르므로 $Z=\dfrac{X-m}{8}$으로 놓으면 Z는 표준정규분포 $N(0, 1)$을 따른다.

조건 ㈏에서 $P(X\geq 2k)=0.0668$이므로

$P\left(Z\geq\dfrac{2k-m}{8}\right)=0.0668$

$P\left(Z\geq\dfrac{2(m-50)-m}{8}\right)=0.0668$

$P\left(Z\geq\dfrac{m-100}{8}\right)=0.0668$ ······················ ㉠

표준정규분포표에서 $P(0\leq Z\leq 1.5)=0.4332$이므로

$P(Z\geq 1.5)=0.5-P(0\leq Z\leq 1.5)$

　　　　　　$=0.5-0.4332$

　　　　　　$=0.0668$ ······························ ㉡

㉠, ㉡에서

$\dfrac{m-100}{8}=1.5$

$\therefore m=112$

Tip 확률변수 X가 정규분포 $N(m, \sigma^2)$을 따를 때,

$P(X\leq a)=P(X\geq b)$이면

$m=\dfrac{a+b}{2}$

1304 답 8

확률변수 X가 정규분포 $N(m, \sigma^2)$을 따르므로 $Z=\dfrac{X-m}{\sigma}$으로 놓으면 Z는 표준정규분포 $N(0, 1)$을 따른다.

$\therefore F(x)=P(X\leq x)$

　　　　$=P\left(Z\leq\dfrac{x-m}{\sigma}\right)$

(i) $F\left(\dfrac{13}{2}\right)=0.8413$에서

$P\left(Z\leq\dfrac{\dfrac{13}{2}-m}{\sigma}\right)=0.8413$ ······················ ㉠

표준정규분포표에서 $P(0\leq Z\leq 1)=0.3413$이므로

$P(Z\leq 1)=0.5+P(0\leq Z\leq 1)$

　　　　　$=0.5+0.3413$

　　　　　$=0.8413$ ······························ ㉡

㉠, ㉡에서

$\dfrac{\dfrac{13}{2}-m}{\sigma}=1$

$\therefore \sigma=\dfrac{13}{2}-m$ ······························ ㉢

(ii) $0.5 \le F\left(\dfrac{11}{2}\right) \le 0.6915$에서

$$0.5 \le P\left(Z \le \dfrac{\dfrac{11}{2}-m}{\sigma}\right) \le 0.6915 \quad\cdots\cdots \text{㉣}$$

표준정규분포표에서 $P(0 \le Z \le 0.5)=0.1915$이므로

$$\begin{aligned} P(Z \le 0.5) &= 0.5 + P(0 \le Z \le 0.5) \\ &= 0.5 + 0.1915 \\ &= 0.6915 \quad\cdots\cdots \text{㉤} \end{aligned}$$

㉣, ㉤에서

$$0 \le \dfrac{\dfrac{11}{2}-m}{\sigma} \le 0.5 \quad\cdots\cdots \text{㉥}$$

㉢을 ㉥에 대입하여 정리하면

$$0 \le \dfrac{\dfrac{11}{2}-m}{\dfrac{13}{2}-m} \le 0.5$$

$$0 \le \dfrac{11-2m}{13-2m} \le \dfrac{1}{2}$$

$$\therefore \dfrac{9}{2} \le m \le \dfrac{11}{2}$$

이때 m은 자연수이므로 $m=5$

이 값을 ㉢에 대입하면

$$\sigma = \dfrac{3}{2}$$

(iii) $F(k)=0.9772$에서

$$P\left(Z \le \dfrac{k-m}{\sigma}\right) = 0.9772 \quad\cdots\cdots \text{㉦}$$

표준정규분포표에서 $P(0 \le Z \le 2)=0.4772$이므로

$$\begin{aligned} P(Z \le 2) &= 0.5 + P(0 \le Z \le 2) \\ &= 0.5 + 0.4772 \\ &= 0.9772 \quad\cdots\cdots \text{㉧} \end{aligned}$$

㉦, ㉧에서

$$\dfrac{k-m}{\sigma} = 2$$

즉, $\dfrac{k-5}{\dfrac{3}{2}}=2$이므로 $k=8$

실수 Check

$F(x)=P(X \le x)$는 확률을 함수로 나타낸 것이므로 확률변수 X를 표준화하고, x의 값에 $\dfrac{13}{2}$, $\dfrac{11}{2}$을 각각 대입하면 된다. 이때 분수 계산이 복잡하므로 실수하지 않도록 주의한다.

Plus 문제

1304-1

확률변수 X는 평균이 m, 표준편차가 σ인 정규분포를 따르고 $F(x)=P(X \ge x)$라 하자.
σ가 자연수이고

$$0.5 < F(9) < 0.8413,$$
$$F(13)=0.0668$$

일 때, $F(k)=0.6915$를 만족시키는 상수 k의 값을 위의 표준정규분포표를 이용하여 구하시오.

z	$P(0 \le Z \le z)$
0.5	0.1915
1.0	0.3413
1.5	0.4332
2.0	0.4772

확률변수 X가 정규분포 $N(m, \sigma^2)$을 따르므로 $Z=\dfrac{X-m}{\sigma}$으로 놓으면 Z는 표준정규분포 $N(0, 1)$을 따른다.

$$F(x)=P(X \ge x)=P\left(Z \ge \dfrac{x-m}{\sigma}\right)$$

(i) $F(13)=0.0668$에서

$$P\left(Z \ge \dfrac{13-m}{\sigma}\right)=0.0668 \quad\cdots\cdots \text{㉠}$$

표준정규분포표에서 $P(0 \le Z \le 1.5)=0.4332$이므로

$$\begin{aligned} P(Z \ge 1.5) &= 0.5 - P(0 \le Z \le 1.5) \\ &= 0.5 - 0.4332 \\ &= 0.0668 \quad\cdots\cdots \text{㉡} \end{aligned}$$

㉠, ㉡에서

$$\dfrac{13-m}{\sigma}=1.5$$

$$\therefore m=13-\dfrac{3}{2}\sigma \quad\cdots\cdots \text{㉢}$$

(ii) $0.5 < F(9) < 0.8413$에서

$$0.5 < P\left(Z \ge \dfrac{9-m}{\sigma}\right) < 0.8413 \quad\cdots\cdots \text{㉣}$$

표준정규분포표에서 $P(0 \le Z \le 1)=0.3413$이므로

$$\begin{aligned} P(Z \ge -1) &= P(Z \le 1) \\ &= 0.5 + P(0 \le Z \le 1) \\ &= 0.5 + 0.3413 \\ &= 0.8413 \quad\cdots\cdots \text{㉤} \end{aligned}$$

㉣, ㉤에서

$$-1 < \dfrac{9-m}{\sigma} < 0$$

$$-\sigma < 9-m < 0 \quad\cdots\cdots \text{㉥}$$

㉢을 ㉥에 대입하여 정리하면

$$-\sigma < 9-\left(13-\dfrac{3}{2}\sigma\right) < 0$$

$$-\sigma < \dfrac{3}{2}\sigma-4 < 0 \qquad \therefore \dfrac{8}{5} < \sigma < \dfrac{8}{3}$$

이때 σ는 자연수이므로

$$\sigma=2$$

이 값을 ㉢에 대입하면

$$m=10$$

(iii) $F(k)=0.6915$에서

$$P\left(Z \ge \dfrac{k-m}{\sigma}\right)=0.6915 \quad\cdots\cdots \text{㉦}$$

표준정규분포표에서 $P(0 \le Z \le 0.5)=0.1915$이므로

$$\begin{aligned} P(Z \ge -0.5) &= P(Z \le 0.5) \\ &= 0.5 + P(0 \le Z \le 0.5) \\ &= 0.5 + 0.1915 \\ &= 0.6915 \quad\cdots\cdots \text{㉧} \end{aligned}$$

㉦, ㉧에서

$$\dfrac{k-m}{\sigma}=-0.5$$

즉, $\dfrac{k-10}{2}=-0.5$이므로

$$k=9$$

답 9

1305 답 ③

z	P($0 \leq Z \leq z$)
0.5	0.1915
1.0	0.3413
1.5	0.4332
2.0	0.4772

확률변수 X가 정규분포 $N(m, 2^2)$을 따르고 ᴗ단서1ᴗ $P(X \leq 45) = P(X \geq 55)$일 때, 오른쪽 표준정규분포표를 이용하여 ᴗ단서2ᴗ $P(48 \leq X \leq 54)$를 구한 것은?

① 0.6826 ② 0.7745
③ 0.8185 ④ 0.9104
⑤ 0.9710

단서1 표준정규분포 $N(0, 1)$을 따르는 $Z = \dfrac{X-m}{2}$

단서2 $m = \dfrac{45+55}{2}$

STEP 1 m의 값 구하기

$P(X \leq 45) = P(X \geq 55)$이므로

$$m = \frac{45+55}{2} = 50$$

STEP 2 $Z = \dfrac{X-m}{\sigma}$으로 표준화하기

확률변수 X가 정규분포 $N(50, 2^2)$을 따르므로 $Z = \dfrac{X-50}{2}$으로 놓으면 Z는 표준정규분포 $N(0, 1)$을 따른다.

STEP 3 주어진 확률을 Z에 대한 확률로 나타낸 후 확률 구하기

$$\begin{aligned}
P(48 \leq X \leq 54) &= P\left(\frac{48-50}{2} \leq Z \leq \frac{54-50}{2}\right) \\
&= P(-1 \leq Z \leq 2) \\
&= P(-1 \leq Z \leq 0) + P(0 \leq Z \leq 2) \\
&= P(0 \leq Z \leq 1) + P(0 \leq Z \leq 2) \\
&= 0.3413 + 0.4772 \\
&= 0.8185
\end{aligned}$$

1306 답 ⑤

$P(X \geq 36) = 0.5$이므로

$m = 36$

확률변수 X가 정규분포 $N(36, 4^2)$을 따르므로 $Z = \dfrac{X-36}{4}$으로 놓으면 Z는 표준정규분포 $N(0, 1)$을 따른다.

$$\begin{aligned}
\therefore P(38 \leq X \leq 42) &= P\left(\frac{38-36}{4} \leq Z \leq \frac{42-36}{4}\right) \\
&= P(0.5 \leq Z \leq 1.5) \\
&= P(0 \leq Z \leq 1.5) - P(0 \leq Z \leq 0.5) \\
&= 0.4332 - 0.1915 \\
&= 0.2417
\end{aligned}$$

1307 답 ①

확률변수 X가 정규분포 $N(48, \sigma^2)$을 따르므로 $Z = \dfrac{X-48}{\sigma}$로 놓으면 Z는 표준정규분포 $N(0, 1)$을 따른다.

$$P(X \leq 56) = P\left(Z \leq \frac{56-48}{\sigma}\right) = P\left(Z \leq \frac{8}{\sigma}\right)$$

$$\therefore P\left(Z \leq \frac{8}{\sigma}\right) = 0.8413 \quad \cdots\cdots \text{㉠}$$

표준정규분포표에서 $P(0 \leq Z \leq 1) = 0.3413$이므로

$$P(Z \leq 1) = 0.5 + P(0 \leq Z \leq 1) = 0.8413 \quad \cdots\cdots \text{㉡}$$

㉠, ㉡에서

$$\frac{8}{\sigma} = 1 \quad \therefore \sigma = 8$$

따라서 확률변수 X가 정규분포 $N(48, 8^2)$을 따르므로

$$\begin{aligned}
P(32 \leq X \leq 36) &= P\left(\frac{32-48}{8} \leq Z \leq \frac{36-48}{8}\right) \\
&= P(-2 \leq Z \leq -1.5) \\
&= P(1.5 \leq Z \leq 2) \\
&= P(0 \leq Z \leq 2) - P(0 \leq Z \leq 1.5) \\
&= 0.4772 - 0.4332 \\
&= 0.0440
\end{aligned}$$

1308 답 ②

확률변수 X가 정규분포 $N(m, 6^2)$을 따르므로 $Z = \dfrac{X-m}{6}$으로 놓으면 Z는 표준정규분포 $N(0, 1)$을 따른다.

$P(X \leq a) = 0.8413$이므로

$$P(X \leq a) = P\left(Z \leq \frac{a-m}{6}\right) = 0.8413 \quad \cdots\cdots \text{㉠}$$

표준정규분포표에서 $P(0 \leq Z \leq 1) = 0.3413$이므로

$$P(Z \leq 1) = 0.5 + P(0 \leq Z \leq 1) = 0.8413 \quad \cdots\cdots \text{㉡}$$

㉠, ㉡에서

$$\frac{a-m}{6} = 1 \quad \therefore a = m+6$$

$$\begin{aligned}
\therefore P(X \geq a+3) &= P(X \geq m+9) \\
&= P\left(Z \geq \frac{(m+9)-m}{6}\right) \\
&= P(Z \geq 1.5) \\
&= 0.5 - P(0 \leq Z \leq 1.5) \\
&= 0.5 - 0.4332 \\
&= 0.0668
\end{aligned}$$

1309 답 ⑤

$f(12-x) = f(12+x)$이므로 $m = 12$

따라서 확률변수 X는 정규분포 $N(12, 1^2)$을 따르므로

$Z = \dfrac{X-12}{1}$로 놓으면 Z는 표준정규분포 $N(0, 1)$을 따른다.

$$\begin{aligned}
\therefore P(X \leq 13) &= P\left(Z \leq \frac{13-12}{1}\right) \\
&= P(Z \leq 1) \\
&= P(Z \leq 0) + P(0 \leq Z \leq 1) \\
&= 0.5 + 0.3413 \\
&= 0.8413
\end{aligned}$$

참고 임의의 실수 x에 대하여 $f(m-x) = f(m+x)$이면 함수 $y = f(x)$의 그래프는 직선 $x = m$에 대하여 대칭이다. 이때 $f(x)$가 확률변수 X의 확률밀도함수이면 $E(X) = m$이다.

1310 답 0.9772

$E(X) = 2$, $E(X^2) = 5$이므로

$$\begin{aligned}
V(X) &= E(X^2) - \{E(X)\}^2 \\
&= 5 - 2^2 = 1
\end{aligned}$$

따라서 확률변수 X가 정규분포 $N(2, 1^2)$을 따르므로

$Z = \dfrac{X-2}{1}$로 놓으면 Z는 표준정규분포 $N(0, 1)$을 따른다.

$$\begin{aligned} \therefore P(X \leq 4) &= P\left(Z \leq \dfrac{4-2}{1}\right) \\ &= P(Z \leq 2) \\ &= P(Z \leq 0) + P(0 \leq Z \leq 2) \\ &= 0.5 + 0.4772 \\ &= 0.9772 \end{aligned}$$

1311 답 ⑤

확률변수 X가 정규분포 $N(20, \sigma^2)$을 따르므로 $Z = \dfrac{X-20}{\sigma}$으로

놓으면 Z는 표준정규분포 $N(0, 1)$을 따른다.

$$\begin{aligned} P(|X-20| \leq 3) &= P(-3 \leq X-20 \leq 3) \\ &= P(17 \leq X \leq 23) \\ &= P\left(\dfrac{17-20}{\sigma} \leq Z \leq \dfrac{23-20}{\sigma}\right) \\ &= P\left(-\dfrac{3}{\sigma} \leq Z \leq \dfrac{3}{\sigma}\right) \\ &= 2P\left(0 \leq Z \leq \dfrac{3}{\sigma}\right) \end{aligned}$$

이므로 $2P\left(0 \leq Z \leq \dfrac{3}{\sigma}\right) = 0.6826$

$$\therefore P\left(0 \leq Z \leq \dfrac{3}{\sigma}\right) = 0.3413$$

표준정규분포표에서 $P(0 \leq Z \leq 1) = 0.3413$이므로

$$\dfrac{3}{\sigma} = 1$$

$$\therefore \sigma = 3$$

따라서 확률변수 X가 정규분포 $N(20, 3^2)$을 따르므로

$$\begin{aligned} P(X \leq 17) &= P\left(Z \leq \dfrac{17-20}{3}\right) \\ &= P(Z \leq -1) \\ &= P(Z \geq 1) \\ &= 0.5 - P(0 \leq Z \leq 1) \\ &= 0.5 - 0.3413 \\ &= 0.1587 \end{aligned}$$

1312 답 0.9332

$$\begin{aligned} E(Y) &= E(2X-4) = 2E(X) - 4 \\ &= 2 \times 15 - 4 = 26 \end{aligned}$$

$$\begin{aligned} \sigma(Y) &= \sigma(2X-4) = 2\sigma(X) \\ &= 2 \times 10 = 20 \end{aligned}$$

따라서 확률변수 Y는 정규분포 $N(26, 20^2)$을 따르므로

$Z = \dfrac{Y-26}{20}$으로 놓으면 Z는 표준정규분포 $N(0, 1)$을 따른다.

$$\begin{aligned} \therefore P(Y \leq 56) &= P\left(Z \leq \dfrac{56-26}{20}\right) \\ &= P(Z \leq 1.5) \\ &= P(Z \leq 0) + P(0 \leq Z \leq 1.5) \\ &= 0.5 + 0.4332 \\ &= 0.9332 \end{aligned}$$

1313 답 ⑤

조건 ㈎에서 $Y = 3X - a$이므로

$$\begin{aligned} E(Y) &= E(3X-a) \\ &= 3E(X) - a \\ &= 3m - a \end{aligned}$$

즉, $m = 3m - a$이므로 $a = 2m$

$$\begin{aligned} \sigma(Y) &= \sigma(3X-a) \\ &= 3\sigma(X) \\ &= 3 \times 2 = 6 \end{aligned}$$

따라서 두 확률변수 X, Y가 각각 정규분포 $N(m, 2^2)$,

$N(m, 6^2)$을 따르므로 $Z_X = \dfrac{X-m}{2}$, $Z_Y = \dfrac{Y-m}{6}$으로 놓으면

확률변수 Z_X, Z_Y는 모두 표준정규분포 $N(0, 1)$을 따른다.

$$\therefore P(X \leq 4) = P\left(Z_X \leq \dfrac{4-m}{2}\right),$$

$$\begin{aligned} P(Y \geq a) &= P(Y \geq 2m) \\ &= P\left(Z_Y \geq \dfrac{2m-m}{6}\right) \\ &= P\left(Z_Y \geq \dfrac{m}{6}\right) \\ &= P\left(Z_Y \geq -\dfrac{m}{6}\right) \end{aligned}$$

조건 ㈏에서 $P(X \leq 4) = P(Y \geq a)$이므로

$$\dfrac{4-m}{2} = -\dfrac{m}{6}$$

$$24 - 6m = -2m$$

$$\therefore m = 6$$

따라서 확률변수 Y는 정규분포 $N(6, 6^2)$을 따르므로

$$\begin{aligned} P(Y \geq 9) &= P\left(Z \geq \dfrac{9-6}{6}\right) \\ &= P(Z \geq 0.5) \\ &= 0.5 - P(0 \leq Z \leq 0.5) \\ &= 0.5 - 0.1915 \\ &= 0.3085 \end{aligned}$$

1314 답 ④

두 확률변수 X, Y가 각각 정규분포 $N(8, 3^2)$, $N(m, \sigma^2)$을 따르

므로 $Z_X = \dfrac{X-8}{3}$, $Z_Y = \dfrac{Y-m}{\sigma}$으로 놓으면 확률변수 Z_X, Z_Y

는 모두 표준정규분포 $N(0, 1)$을 따른다.

$$\begin{aligned} \therefore P(4 &\leq X \leq 8) + P(Y \geq 8) \\ &= P\left(\dfrac{4-8}{3} \leq Z_X \leq \dfrac{8-8}{3}\right) + P\left(Z_Y \geq \dfrac{8-m}{\sigma}\right) \\ &= P\left(-\dfrac{4}{3} \leq Z_X \leq 0\right) + P\left(Z_Y \geq \dfrac{8-m}{\sigma}\right) \\ &= P\left(0 \leq Z_X \leq \dfrac{4}{3}\right) + P\left(Z_Y \geq \dfrac{8-m}{\sigma}\right) \end{aligned}$$

$P(4 \leq X \leq 8) + P(Y \geq 8) = \dfrac{1}{2}$이므로

$$\dfrac{8-m}{\sigma} = \dfrac{4}{3}$$

$$\therefore m = 8 - \dfrac{4}{3}\sigma$$

따라서 확률변수 Y는 정규분포 $N\left(8 - \dfrac{4}{3}\sigma, \sigma^2\right)$을 따르므로

$$P\left(Y \le 8 + \frac{2\sigma}{3}\right) = P\left(Z \le \frac{8 + \frac{2\sigma}{3} - \left(8 - \frac{4\sigma}{3}\right)}{\sigma}\right)$$
$$= P(Z \le 2)$$
$$= 0.5 + P(0 \le Z \le 2)$$
$$= 0.5 + 0.4772$$
$$= 0.9772$$

1315 답 ④

두 확률변수 X, Y가 각각 정규분포 $N(m, 2^2)$, $N(2m, \sigma^2)$을 따르므로 $Z_X = \dfrac{X-m}{2}$, $Z_Y = \dfrac{Y-2m}{\sigma}$으로 놓으면 확률변수 Z_X, Z_Y는 모두 표준정규분포 $N(0, 1)$을 따른다.

$P(Y \le m+4) = 0.3085$이므로

$$P\left(Z_Y \le \frac{(m+4)-2m}{\sigma}\right) = 0.3085$$

$$\therefore P\left(Z_Y \le \frac{4-m}{\sigma}\right) = 0.3085 \quad \cdots\cdots\cdots \text{㉠}$$

표준정규분포표에서 $P(0 \le Z \le 0.5) = 0.1915$이므로

$$P(Z \le -0.5) = P(Z \le 0) - P(-0.5 \le Z \le 0)$$
$$= 0.5 - P(0 \le Z \le 0.5)$$
$$= 0.5 - 0.1915$$
$$= 0.3085 \quad \cdots\cdots\cdots \text{㉡}$$

㉠, ㉡에서

$$\frac{4-m}{\sigma} = -0.5$$

$$\therefore \sigma = 2m - 8 \quad \cdots\cdots\cdots \text{㉢}$$

$P(X \le 8) + P(Y \le 8) = 1$이므로

$$P\left(Z_X \le \frac{8-m}{2}\right) + P\left(Z_Y \le \frac{8-2m}{\sigma}\right) = 1$$

$$P\left(Z_X \le \frac{8-m}{2}\right) + P\left(Z_Y \le \frac{8-2m}{2m-8}\right) = 1 \ (\because \text{㉢})$$

$$P\left(Z_X \le \frac{8-m}{2}\right) + P(Z_Y \le -1) = 1$$

$$P\left(Z_X \ge \frac{m-8}{2}\right) + P(Z_Y \le -1) = 1$$

즉, $\dfrac{m-8}{2} = -1$이므로

$m = 6$

이것을 ㉢에 대입하면 $\sigma = 4$

따라서 확률변수 X는 정규분포 $N(6, 2^2)$을 따르므로

$$P(X \le \sigma) = P(X \le 4)$$
$$= P\left(Z \le \frac{4-6}{2}\right)$$
$$= P(Z \le -1)$$
$$= P(Z \le 0) - P(-1 \le Z \le 0)$$
$$= 0.5 - P(0 \le Z \le 1)$$
$$= 0.5 - 0.3413$$
$$= 0.1587$$

Plus 문제

1315-1

확률변수 X는 정규분포 $N(m, \sigma^2)$, 확률변수 Y는 정규분포 $N(2m, (3\sigma)^2)$을 따른다. 다음 조건을 만족시키는 m과 σ에 대하여 $P\left(X \le \dfrac{\sigma}{2}\right)$를 오른쪽 표준정규분포표를 이용하여 구하시오.

z	$P(0 \le Z \le z)$
0.5	0.1915
1.0	0.3413
1.5	0.4332
2.0	0.4772

> ㈎ $P(X \le 15) + P(Y \le 15) = 1$
> ㈏ $P(Y \ge m - 6) = 0.8413$

두 확률변수 X, Y가 각각 정규분포 $N(m, \sigma^2)$, $N(2m, (3\sigma)^2)$을 따르므로 $Z_X = \dfrac{X-m}{\sigma}$, $Z_Y = \dfrac{Y-2m}{3\sigma}$으로 놓으면 확률변수 Z_X, Z_Y는 모두 표준정규분포 $N(0, 1)$을 따른다.

조건 ㈏에서 $P(Y \ge m-6) = 0.8413$이므로

$$P\left(Z_Y \ge \frac{(m-6)-2m}{3\sigma}\right) = 0.8413$$

$$\therefore P\left(Z_Y \ge \frac{-6-m}{3\sigma}\right) = 0.8413 \quad \cdots\cdots\cdots \text{㉠}$$

표준정규분포표에서 $P(0 \le Z \le 1) = 0.3413$이므로

$$P(Z \ge -1) = P(-1 \le Z \le 0) + P(Z \ge 0)$$
$$= P(0 \le Z \le 1) + 0.5$$
$$= 0.3413 + 0.5$$
$$= 0.8413 \quad \cdots\cdots\cdots \text{㉡}$$

㉠, ㉡에서

$$\frac{-6-m}{3\sigma} = -1$$

$$\therefore m + 6 = 3\sigma \quad \cdots\cdots\cdots \text{㉢}$$

조건 ㈎에서 $P(X \le 15) + P(Y \le 15) = 1$이므로

$$P\left(Z_X \le \frac{15-m}{\sigma}\right) + P\left(Z_Y \le \frac{15-2m}{3\sigma}\right) = 1$$

$$P\left(Z_X \ge \frac{m-15}{\sigma}\right) + P\left(Z_Y \le \frac{15-2m}{3\sigma}\right) = 1$$

즉, $\dfrac{m-15}{\sigma} = \dfrac{15-2m}{3\sigma}$이므로

$3m - 45 = 15 - 2m$ $\qquad \therefore m = 12$

이것을 ㉢에 대입하면 $\sigma = 6$

따라서 확률변수 X는 정규분포 $N(12, 6^2)$을 따르므로

$$P\left(X \le \frac{\sigma}{2}\right) = P(X \le 3)$$
$$= P\left(Z \le \frac{3-12}{6}\right)$$
$$= P(Z \le -1.5)$$
$$= P(Z \ge 1.5)$$
$$= 0.5 - P(0 \le Z \le 1.5)$$
$$= 0.5 - 0.4332$$
$$= 0.0668$$

답 0.0668

1316 🔲 ④ | 유형 11

어느 고등학교 전체 학생의 국어, 수학, 영어 성적은 각각 정규분포를 따르고 각 과목의 평균, 표준편차는 다음 표와 같다.

	국어	수학	영어
평균	68점	72점	84점
표준편차	28점	12점	8점

국어, 수학, 영어의 점수가 96점 이상인 학생 수를 각각 a, b, c라 할 때, a, b, c의 대소 관계는? **단서1**

① $a < b < c$ ② $a < c < b$ ③ $b < a < c$

④ $b < c < a$ ⑤ $c < a < b$

단서1 국어, 수학, 영어 성적을 각각 확률변수 A, B, C라 할 때, $P(A \geq 96)$, $P(B \geq 96)$, $P(C \geq 96)$의 대소를 비교

STEP1 국어, 수학, 영어 성적을 각각 확률변수로 정하고 표준화하기

국어, 수학, 영어 성적을 각각 확률변수 A, B, C라 하면
A, B, C는 각각 정규분포 $N(68, 28^2)$, $N(72, 12^2)$, $N(84, 8^2)$을 따르므로

$$Z_A = \frac{A-68}{28}, \quad Z_B = \frac{B-72}{12}, \quad Z_C = \frac{C-84}{8}$$로 놓으면

확률변수 Z_A, Z_B, Z_C는 모두 표준정규분포 $N(0, 1)$을 따른다.

STEP2 주어진 조건을 이용하여 Z에 대한 확률로 나타내기

전체 학생 수를 n이라 하면

$$\frac{a}{n} = P(A \geq 96) = P\left(Z_A \geq \frac{96-68}{28}\right) = P(Z_A \geq 1)$$

$$\frac{b}{n} = P(B \geq 96) = P\left(Z_B \geq \frac{96-72}{12}\right) = P(Z_B \geq 2)$$

$$\frac{c}{n} = P(C \geq 96) = P\left(Z_C \geq \frac{96-84}{8}\right) = P(Z_C \geq 1.5)$$

STEP3 a, b, c의 대소 비교하기

$P(Z_A \geq 1) > P(Z_C \geq 1.5) > P(Z_B \geq 2)$이므로
$$b < c < a$$

Tip 표준정규분포 곡선에서 $0 < a < b$이면
➡ $P(Z \geq a) > P(Z \geq b)$

1317 🔲 ①

세 확률변수 A, B, C는 각각 정규분포 $N(10, 2^2)$, $N(20, 4^2)$, $N(30, 6^2)$을 따르므로

$$Z_A = \frac{A-10}{2}, \quad Z_B = \frac{B-20}{4}, \quad Z_C = \frac{C-30}{6}$$으로 놓으면

확률변수 Z_A, Z_B, Z_C는 모두 표준정규분포 $N(0, 1)$을 따른다.

$$a = P(A \geq 8) = P\left(Z_A \geq \frac{8-10}{2}\right)$$
$$= P(Z_A \geq -1) = P(Z_A \leq 1)$$

$$b = P(B \geq 14) = P\left(Z_B \geq \frac{14-20}{4}\right)$$
$$= P(Z_B \geq -1.5) = P(Z_B \leq 1.5)$$

$$c = P(C \leq 42) = P\left(Z_C \leq \frac{42-30}{6}\right) = P(Z_C \leq 2)$$

따라서 $P(Z_A \leq 1) < P(Z_B \leq 1.5) < P(Z_C \leq 2)$이므로
$$a < b < c$$

1318 🔲 165

남학생의 키와 여학생의 키를 각각 확률변수 X, Y라 하면
X, Y는 각각 정규분포 $N(174, 6^2)$, $N(161, 4^2)$을 따르므로

$$Z_X = \frac{X-174}{6}, \quad Z_Y = \frac{Y-161}{4}$$로 놓으면

확률변수 Z_X, Z_Y는 모두 표준정규분포 $N(0, 1)$을 따른다.
남학생 중에서 A의 상대적인 키와 여학생 중에서 B의 상대적인 키가 같으므로

$$\underline{P(X \geq 180)} = \underline{P(Y \geq a)} \quad \rightarrow \begin{array}{l} P(X \leq 180) = P(Y \leq a)\text{로 놓고} \\ \text{풀어도 된다.} \end{array}$$

즉, $P\left(Z_X \geq \dfrac{180-174}{6}\right) = P\left(Z_Y \geq \dfrac{a-161}{4}\right)$이므로

$$\frac{a-161}{4} = \frac{180-174}{6}$$

$$\frac{a-161}{4} = 1 \quad \therefore a = 165$$

1319 🔲 ⑤

국어, 수학, 영어 영역의 성적을 각각 확률변수 A, B, C라 하면
A, B, C는 각각 정규분포 $N(60, 10^2)$, $N(50, 24^2)$, $N(55, 30^2)$을 따르므로

$$Z_A = \frac{A-60}{10}, \quad Z_B = \frac{B-50}{24}, \quad Z_C = \frac{C-55}{30}$$로 놓으면

확률변수 Z_A, Z_B, Z_C는 모두 표준정규분포 $N(0, 1)$을 따른다.

$$\frac{a}{100} = P(A \leq 80) = P\left(Z_A \leq \frac{80-60}{10}\right) = P(Z_A \leq 2)$$

$$\frac{b}{100} = P(B \leq 86) = P\left(Z_B \leq \frac{86-50}{24}\right) = P(Z_B \leq 1.5)$$

$$\frac{c}{100} = P(C \leq 85) = P\left(Z_C \leq \frac{85-55}{30}\right) = P(Z_C \leq 1)$$

따라서 $P(Z_C \leq 1) < P(Z_B \leq 1.5) < P(Z_A \leq 2)$이므로
$$c < b < a$$

1320 🔲 F, D, E

이 해의 세 나라 A, B, C의 연간 근로 소득을 각각 확률변수 A, B, C라 하면 A, B, C는 각각 정규분포 $N(3800, a^2)$, $N(4000, b^2)$, $N(3500, c^2)$을 따르므로

$$Z_A = \frac{A-3800}{a}, \quad Z_B = \frac{B-4000}{b}, \quad Z_C = \frac{C-3500}{c}$$으로 놓으면

확률변수 Z_A, Z_B, Z_C는 모두 표준정규분포 $N(0, 1)$을 따른다.
이때 각 나라에서 연간 근로 소득이 D, E, F의 근로 소득보다 높거나 같은 근로자의 비율을 각각 p, q, r라 하면

$$p = P(A \geq 4100) = P\left(Z_A \geq \frac{4100-3800}{a}\right) = P\left(Z_A \geq \frac{300}{a}\right)$$

$$q = P(B \geq 4200) = P\left(Z_B \geq \frac{4200-4000}{b}\right) = P\left(Z_B \geq \frac{200}{b}\right)$$

$$r = P(C \geq 3800) = P\left(Z_C \geq \frac{3800-3500}{c}\right) = P\left(Z_C \geq \frac{300}{c}\right)$$

이때 $a = b > c > 0$이므로

$$0 < \frac{200}{b} < \frac{300}{a} < \frac{300}{c}$$

$$\therefore P\left(Z_B \geq \frac{200}{b}\right) > P\left(Z_A \geq \frac{300}{a}\right) > P\left(Z_C \geq \frac{300}{c}\right)$$

따라서 $q > p > r$이므로 근로 소득이 상대적으로 높은 사람부터 차례로 나열하면 F, D, E이다.

1321 답 ①

유형 12

어느 카페에서 판매하는 생과일 주스 한 잔의 열량은 평균이 200 kcal, 표준편차 [단서1] 가 8 kcal인 정규분포를 따른다고 한다. 이 카페에서 구매한 생과일 주스 한 잔의 열량이 206 kcal 이하일 확률을 오른쪽 [단서2] 표준정규분포표를 이용하여 구한 것은?	z	$P(0 \le Z \le z)$
	0.75	0.2734
	1.0	0.3413
	1.25	0.3944
	1.5	0.4332

① 0.7734 ② 0.8185 ③ 0.8413
④ 0.8944 ⑤ 0.9332

[단서1] 생과일 주스 한 잔의 열량을 확률변수 X라 하면 X는 정규분포 $N(200, 8^2)$을 따름을 이용

[단서2] $P(X \le 206)$

STEP1 정규분포를 따르는 확률변수 X 정하기

이 카페에서 판매하는 생과일 주스 한 잔의 열량을 확률변수 X라 하면 X는 정규분포 $N(200, 8^2)$을 따른다.

STEP2 $Z = \dfrac{X-m}{\sigma}$으로 표준화하기

$Z = \dfrac{X-200}{8}$으로 놓으면 Z는 표준정규분포 $N(0, 1)$을 따른다.

STEP3 Z에 대한 확률로 나타낸 후 확률 구하기

이 카페에서 구매한 생과일 주스 한 잔의 열량이 206 kcal 이하일 확률은

$$
\begin{aligned}
P(X \le 206) &= P\left(Z \le \frac{206-200}{8}\right) \\
&= P(Z \le 0.75) \\
&= 0.5 + P(0 \le Z \le 0.75) \\
&= 0.5 + 0.2734 \\
&= 0.7734
\end{aligned}
$$

1322 답 ①

이 제과 회사에서 만든 과자 한 개의 무게를 확률변수 X라 하면 X는 정규분포 $N(16, 0.3^2)$을 따르므로 $Z = \dfrac{X-16}{0.3}$으로 놓으면 Z는 표준정규분포 $N(0, 1)$을 따른다.

따라서 이 제과 회사에서 만든 과자 한 개의 무게가 15.25 이하일 확률은

$$
\begin{aligned}
P(X \le 15.25) &= P\left(Z \le \frac{15.25-16}{0.3}\right) \\
&= P(Z \le -2.5) \\
&= P(Z \ge 2.5) \\
&= 0.5 - P(0 \le Z \le 2.5) \\
&= 0.5 - 0.49 \\
&= 0.01
\end{aligned}
$$

1323 답 ⑤

이 마트의 고객의 이용 시간을 확률변수 X라 하면 X는 정규분포 $N(30, 2^2)$을 따르므로 $Z = \dfrac{X-30}{2}$으로 놓으면 Z는 표준정규분포 $N(0, 1)$을 따른다.

따라서 이 마트의 고객 중에서 임의로 선택한 고객 한 명의 이용 시간이 26분 이상이고 29분 이하일 확률은

$$
\begin{aligned}
P(26 \le X \le 29) &= P\left(\frac{26-30}{2} \le Z \le \frac{29-30}{2}\right) \\
&= P(-2 \le Z \le -0.5) \\
&= P(0.5 \le Z \le 2) \\
&= P(0 \le Z \le 2) - P(0 \le Z \le 0.5) \\
&= 0.4772 - 0.1915 \\
&= 0.2857
\end{aligned}
$$

1324 답 ②

이 지역에 거주하는 사람이 지난 일주일 동안 TV를 시청한 시간을 확률변수 X라 하면 X는 정규분포 $N(480, 16^2)$을 따르므로 $Z = \dfrac{X-480}{16}$으로 놓으면 Z는 표준정규분포 $N(0, 1)$을 따른다.

따라서 이 지역에 거주하는 사람들 중에서 임의로 선택한 한 명이 지난 일주일 동안 TV를 시청한 시간이 500분 이상일 확률은

$$
\begin{aligned}
P(X \ge 500) &= P\left(Z \ge \frac{500-480}{16}\right) \\
&= P(Z \ge 1.25) \\
&= 0.5 - P(0 \le Z \le 1.25) \\
&= 0.5 - 0.3944 \\
&= 0.1056
\end{aligned}
$$

1325 답 0.8185

이 실험실의 연구원이 하루 동안 추출하는 호르몬의 양을 확률변수 X라 하면 X는 정규분포 $N(30.2, 0.6^2)$을 따르므로 $Z = \dfrac{X-30.2}{0.6}$로 놓으면 Z는 표준정규분포 $N(0, 1)$을 따른다.

따라서 이 실험실의 연구원이 하루 동안 추출하는 호르몬의 양이 29.0 mg 이상이고 30.8 mg 이하일 확률은

$$
\begin{aligned}
P(29.0 \le X \le 30.8) &= P\left(\frac{29.0-30.2}{0.6} \le Z \le \frac{30.8-30.2}{0.6}\right) \\
&= P(-2 \le Z \le 1) \\
&= P(-2 \le Z \le 0) + P(0 \le Z \le 1) \\
&= P(0 \le Z \le 2) + P(0 \le Z \le 1) \\
&= 0.4772 + 0.3413 \\
&= 0.8185
\end{aligned}
$$

1326 답 0.6826

이 공항에서 처리되는 수하물의 무게를 확률변수 X라 하면 X는 정규분포 $N(18, 2^2)$을 따르므로 $Z = \dfrac{X-18}{2}$로 놓으면 Z는 표준정규분포 $N(0, 1)$을 따른다.

따라서 공항에서 처리되는 수하물 중에서 임의로 선택한 한 개의 수하물의 무게가 16 kg 이상이고 20 kg 이하일 확률은

$$
\begin{aligned}
P(16 \le X \le 20) &= P\left(\frac{16-18}{2} \le Z \le \frac{20-18}{2}\right) \\
&= P(-1 \le Z \le 1) \\
&= P(-1 \le Z \le 0) + P(0 \le Z \le 1) \\
&= 2P(0 \le Z \le 1)
\end{aligned}
$$

$$= 2 \times 0.3413$$
$$= 0.6826$$

1327 답 ⑤

이 농장에서 수확하는 파프리카 1개의 무게를 확률변수 X라 하면 X는 정규분포 $N(180, 20^2)$을 따르므로 $Z = \dfrac{X - 180}{20}$으로 놓으면 Z는 표준정규분포 $N(0, 1)$을 따른다.

따라서 이 농장에서 수확한 파프리카 중에서 임의로 선택한 파프리카 1개의 무게가 190 g 이상이고 210 g 이하일 확률은

$$P(190 \leq X \leq 210) = P\left(\dfrac{190-180}{20} \leq Z \leq \dfrac{210-180}{20}\right)$$
$$= P(0.5 \leq Z \leq 1.5)$$
$$= P(0 \leq Z \leq 1.5) - P(0 \leq Z \leq 0.5)$$
$$= 0.4332 - 0.1915$$
$$= 0.2417$$

1328 답 ②

이 공장에서 생산하는 전기 자동차 배터리 1개의 용량을 확률변수 X라 하면 X는 정규분포 $N(64.2, 0.4^2)$을 따르므로 $Z = \dfrac{X - 64.2}{0.4}$로 놓으면 Z는 표준정규분포 $N(0, 1)$을 따른다.

따라서 이 공장에서 생산하는 전기 자동차 배터리 중에서 임의로 선택한 배터리 1개의 용량이 65 이상일 확률은

$$P(X \geq 65) = P\left(Z \geq \dfrac{65 - 64.2}{0.4}\right)$$
$$= P(Z \geq 2)$$
$$= 0.5 - P(0 \leq Z \leq 2)$$
$$= 0.5 - 0.4772$$
$$= 0.0228$$

1329 답 ③

이 공장에서 생산하는 축구공 1개의 무게를 확률변수 X라 하면 X는 정규분포 $N(430, 14^2)$을 따르므로 $Z = \dfrac{X - 430}{14}$으로 놓으면 Z는 표준정규분포 $N(0, 1)$을 따른다.

따라서 이 공장에서 생산하는 축구공 중에서 임의로 선택한 축구공 1개의 무게가 409 g 이상일 확률은

$$P(X \geq 409) = P\left(Z \geq \dfrac{409 - 430}{14}\right)$$
$$= P(Z \geq -1.5)$$
$$= P(Z \leq 1.5)$$
$$= 0.5 + P(0 \leq Z \leq 1.5)$$
$$= 0.5 + 0.4332$$
$$= 0.9332$$

1330 답 ④

이 양계장에서 생산하는 계란 1개의 무게를 확률변수 X라 하면 X는 정규분포 $N(52, 8^2)$을 따르므로 $Z = \dfrac{X - 52}{8}$로 놓으면 Z는 표준정규분포 $N(0, 1)$을 따른다.

따라서 이 양계장에서 생산하는 계란 중에서 임의로 선택한 계란 1개의 무게가 60 g 이상이고 68 g 이하일 확률은

$$P(60 \leq X \leq 68) = P\left(\dfrac{60-52}{8} \leq Z \leq \dfrac{68-52}{8}\right)$$
$$= P(1 \leq Z \leq 2)$$
$$= P(0 \leq Z \leq 2) - P(0 \leq Z \leq 1)$$
$$= 0.4772 - 0.3413$$
$$= 0.1359$$

1331 답 ②

| 유형 13

어느 고등학교 학생 500명의 수학 성적은 평균이 65점, 표준편차가 5점인 정규분포 **단서1** 를 따른다고 한다. 이 고등학교 학생 중에서 수학 성적이 60점 이상이고 80점 이하 **단서2** 인 학생 수를 오른쪽 표준정규분포표를 이용하여 구한 것은?

z	$P(0 \leq Z \leq z)$
1.0	0.3413
1.5	0.4332
2.0	0.4772
2.5	0.4938
3.0	0.4987

① 405　　② 420　　③ 435
④ 450　　⑤ 465

단서1 수학 성적을 확률변수 X라 하면 확률변수 X는 정규분포 $N(65, 5^2)$을 따름을 이용
단서2 $500 \times P(60 \leq X \leq 80)$

STEP1 정규분포를 따르는 확률변수 X 정하기

이 고등학교 학생 500명의 수학 성적을 확률변수 X라 하면 X는 정규분포 $N(65, 5^2)$을 따른다.

STEP2 $Z = \dfrac{X - m}{\sigma}$으로 표준화하기

$Z = \dfrac{X - 65}{5}$로 놓으면 Z는 표준정규분포 $N(0, 1)$을 따른다.

STEP3 X가 주어진 범위에 속할 확률 구하기

$$P(60 \leq X \leq 80) = P\left(\dfrac{60-65}{5} \leq Z \leq \dfrac{80-65}{5}\right)$$
$$= P(-1 \leq Z \leq 3)$$
$$= P(-1 \leq Z \leq 0) + P(0 \leq Z \leq 3)$$
$$= P(0 \leq Z \leq 1) + P(0 \leq Z \leq 3)$$
$$= 0.3413 + 0.4987$$
$$= 0.84$$

STEP4 수학 성적이 60점 이상이고 80점 이하인 학생 수 구하기

수학 성적이 60점 이상이고 80점 이하인 학생 수는
$$500 \times 0.84 = 420$$

1332 답 30

이 공장에서 생산되는 과자의 무게를 확률변수 X라 하면 X는 정규분포 $N(20, 0.6^2)$을 따르므로 $Z = \dfrac{X - 20}{0.6}$으로 놓으면 Z는 표준정규분포 $N(0, 1)$을 따른다.

$$\therefore P(X \leq 18.5) = P\left(Z \leq \dfrac{18.5-20}{0.6}\right)$$
$$= P(Z \leq -2.5)$$
$$= P(Z \geq 2.5)$$

$$=0.5-P(0 \leq Z \leq 2.5)$$
$$=0.5-0.49$$
$$=0.01$$

따라서 불량품으로 분류되는 과자의 개수는

$$3000 \times 0.01 = 30$$

1333 답 ①

이 농장에서 수확한 딸기 한 개의 무게를 확률변수 X라 하면 X는 정규분포 $N(19, 2^2)$을 따르므로 $Z = \dfrac{X-19}{2}$로 놓으면 Z는 표준정규분포 $N(0, 1)$을 따른다.

$$\therefore P(X \geq 24) = P\left(Z \geq \frac{24-19}{2}\right)$$
$$= P(Z \geq 2.5)$$
$$= 0.5 - P(0 \leq Z \leq 2.5)$$
$$= 0.5 - 0.4938$$
$$= 0.0062$$

따라서 '특' 등급으로 분류되는 딸기의 개수는

$$10000 \times 0.0062 = 62$$

1334 답 ②

이 회사에서 만든 로봇청소기가 한 번 충전으로 청소할 수 있는 시간을 확률변수 X라 하면 X는 정규분포 $N(100, 5^2)$을 따르므로 $Z = \dfrac{X-100}{5}$으로 놓으면 Z는 표준정규분포 $N(0, 1)$을 따른다.

$$\therefore P(X \leq 90) = P\left(Z \leq \frac{90-100}{5}\right)$$
$$= P(Z \leq -2)$$
$$= P(Z \geq 2)$$
$$= 0.5 - P(0 \leq Z \leq 2)$$
$$= 0.5 - 0.48$$
$$= 0.02$$

따라서 폐기처분되는 로봇청소기의 개수는

$$500 \times 0.02 = 10$$

1335 답 ④

이 지역 고등학교 3학년 학생의 수학 영역의 표준점수를 확률변수 X라 하면 X는 정규분포 $N(100, 20^2)$을 따르므로 $Z = \dfrac{X-100}{20}$으로 놓으면 Z는 표준정규분포 $N(0, 1)$을 따른다.

$$\therefore P(120 \leq X \leq 140) = P\left(\frac{120-100}{20} \leq Z \leq \frac{140-100}{20}\right)$$
$$= P(1 \leq Z \leq 2)$$
$$= P(0 \leq Z \leq 2) - P(0 \leq Z \leq 1)$$
$$= 0.48 - 0.34$$
$$= 0.14$$

따라서 수학 영역의 표준점수가 120점 이상이고 140점 이하인 학생 수는

$$3000 \times 0.14 = 420$$

1336 답 ③

이 고등학교 학생의 키를 확률변수 X라 하면 X는 정규분포 $N(170, 5^2)$을 따르므로 $Z = \dfrac{X-170}{5}$으로 놓으면 Z는 표준정규분포 $N(0, 1)$을 따른다.

$$\therefore P(165 \leq X \leq 175) = P\left(\frac{165-170}{5} \leq Z \leq \frac{175-170}{5}\right)$$
$$= P(-1 \leq Z \leq 1)$$
$$= 2P(0 \leq Z \leq 1)$$
$$= 2 \times 0.34$$
$$= 0.68$$

따라서 키가 165 cm 이상이고 175 cm 이하인 학생 수는

$$400 \times 0.68 = 272$$

1337 답 46

A 모종을 심은 지 3주가 지났을 때의 줄기의 길이를 확률변수 X라 하면 X는 정규분포 $N(40, 4^2)$을 따르므로 $Z = \dfrac{X-40}{4}$으로 놓으면 Z는 표준정규분포 $N(0, 1)$을 따른다.

이 연구소에서 심은 지 3주가 지난 A 모종 1000개 중에서 줄기의 길이가 a cm 이상인 모종이 70개이므로

$$P(X \geq a) = \frac{70}{1000}$$

$$P\left(Z \geq \frac{a-40}{4}\right) = 0.07$$이므로

$$0.5 - P\left(0 \leq Z \leq \frac{a-40}{4}\right) = 0.07$$

$$\therefore P\left(0 \leq Z \leq \frac{a-40}{4}\right) = 0.43$$

표준정규분포표에서 $P(0 \leq Z \leq 1.5) = 0.43$이므로

$$\frac{a-40}{4} = 1.5$$

$$\therefore a = 46$$

1338 답 ⑤

이 대학의 논술 전형 응시자의 논술 점수를 확률변수 X라 하면 X는 정규분포 $N(60, 20^2)$을 따르므로 $Z = \dfrac{X-60}{20}$으로 놓으면 Z는 표준정규분포 $N(0, 1)$을 따른다.

이 대학의 논술 전형 응시자 n명 중에서 논술 점수가 90점 이상인 학생이 70명이므로

$$P(X \geq 90) = \frac{70}{n}$$

$$P(X \geq 90) = P\left(Z \geq \frac{90-60}{20}\right)$$
$$= P(Z \geq 1.5)$$
$$= 0.5 - P(0 \leq Z \leq 1.5)$$
$$= 0.5 - 0.43$$
$$= 0.07$$

즉, $\dfrac{70}{n} = 0.07$이므로

$$n = 1000$$

1339 답 ①

두 과수원 A, B에서 수확한 사과의 당도를 각각 확률변수 X, Y라 하면 X는 정규분포 $N(14, 1^2)$을 따르고, Y는 정규분포 $N(13, 4^2)$을 따른다.

$Z_X = \dfrac{X-14}{1}$로 놓으면 Z_X는 표준정규분포 $N(0, 1)$을 따르므로 과수원 A에서 수확한 사과의 당도가 15 Brix 이상일 확률은

$$P(X \geq 15) = P\left(Z_X \geq \dfrac{15-14}{1}\right)$$
$$= P(Z_X \geq 1)$$
$$= 0.5 - P(0 \leq Z_X \leq 1)$$
$$= 0.5 - 0.34$$
$$= 0.16$$

따라서 과수원 A에서 수확한 사과 300개 중에서 당도가 15 Brix 이상인 사과의 개수는

$$300 \times 0.16 = 48$$

$Z_Y = \dfrac{Y-13}{4}$으로 놓으면 Z_Y는 표준정규분포 $N(0, 1)$을 따르므로 과수원 B에서 수확한 사과의 당도가 15 Brix 이상일 확률은

$$P(Y \geq 15) = P\left(Z_Y \geq \dfrac{15-13}{4}\right)$$
$$= P(Z_Y \geq 0.5)$$
$$= 0.5 - P(0 \leq Z_Y \leq 0.5)$$
$$= 0.5 - 0.20$$
$$= 0.30$$

따라서 과수원 B에서 수확한 사과 n개 중에서 당도가 15 Brix 이상인 사과의 개수는

$$n \times 0.3 = 0.3n$$

즉, $0.3n = 48$이므로 $n = 160$

실수 Check

두 과수원 A, B에서 수확한 사과의 당도가 따르는 정규분포가 다르므로 확률변수 X, Y라 하고 각각 표준화한 후, 표준정규분포표를 이용하여 확률을 구한다. 이때 두 확률을 비교하는 것이 아니라 사과의 개수를 비교해야 함에 주의한다.

1340 답 ④

이 공장에서 생산되는 음료수 한 병의 무게를 확률변수 X라 하면 X는 정규분포 $N(997, \sigma^2)$을 따르므로 $Z = \dfrac{X-997}{\sigma}$로 놓으면 Z는 표준정규분포 $N(0, 1)$을 따른다.

이 공장에서 생산되는 음료수 10000병 중에서 무게가 991 g 이하인 것이 228병이므로

$$P(X \leq 991) = \dfrac{228}{10000}$$
$$P\left(Z \leq \dfrac{991-997}{\sigma}\right) = 0.0228$$
$$P\left(Z \leq -\dfrac{6}{\sigma}\right) = 0.0228$$
$$P\left(Z \geq \dfrac{6}{\sigma}\right) = 0.0228 \quad \cdots\cdots \text{㉠}$$

표준정규분포표에서 $P(0 \leq Z \leq 2) = 0.4772$이므로

$$P(Z \geq 2) = 0.5 - P(0 \leq Z \leq 2)$$
$$= 0.0228 \quad \cdots\cdots \text{㉡}$$

㉠, ㉡에서

$$\dfrac{6}{\sigma} = 2 \quad \therefore \sigma = 3$$

$$\therefore P(X \geq 1000) = P\left(Z \geq \dfrac{1000-997}{3}\right)$$
$$= P(Z \geq 1)$$
$$= 0.5 - P(0 \leq Z \leq 1)$$
$$= 0.5 - 0.3413$$
$$= 0.1587$$

따라서 한 병의 무게가 1 kg 이상인 병의 개수는

$$10000 \times 0.1587 = 1587$$

실수 Check

다른 문제와 달리 σ의 값이 주어지지 않았지만 주어진 조건에서 특정 범위에 속하는 확률이 주어졌으므로 이를 이용하면 된다. 이때 주어진 조건에서의 확률을 $P(X \leq 991) = 228$로 나타내지 않도록 주의한다.

Plus 문제

1340-1

어느 OTT 플랫폼 가입자의 지난 주말 서비스 이용 시간은 평균이 m분, 표준편차가 20분인 정규분포를 따른다고 한다. 이 플랫폼 가입자 3000명 중에서 지난 주말 서비스 이용 시간이 180분 이상인 가입자가 210명일 때, 지난 주말 서비스 이용 시간이 140분 이상이고 170분 이하인 가입자의 수를 위의 표준정규분포표를 이용하여 구하시오.

z	$P(0 \leq Z \leq z)$
0.5	0.19
1.0	0.34
1.5	0.43
2.0	0.48

이 플랫폼 가입자의 지난 주말 서비스 이용 시간을 확률변수 X라 하면 X는 정규분포 $N(m, 20^2)$을 따르므로 $Z = \dfrac{X-m}{20}$으로 놓으면 Z는 표준정규분포 $N(0, 1)$을 따른다.

이 플랫폼 가입자 3000명 중에서 지난 주말 서비스 이용 시간이 180분 이상인 가입자가 210명이므로

$$P(X \geq 180) = \dfrac{210}{3000}$$
$$P\left(Z \geq \dfrac{180-m}{20}\right) = 0.07 \quad \cdots\cdots \text{㉠}$$

표준정규분포표에서 $P(0 \leq Z \leq 1.5) = 0.43$이므로

$$P(Z \geq 1.5) = 0.5 - P(0 \leq Z \leq 1.5)$$
$$= 0.07 \quad \cdots\cdots \text{㉡}$$

㉠, ㉡에서

$$\dfrac{180-m}{20} = 1.5 \quad \therefore m = 150$$

$$\therefore P(140 \leq X \leq 170) = P\left(\dfrac{140-150}{20} \leq Z \leq \dfrac{170-150}{20}\right)$$
$$= P(-0.5 \leq Z \leq 1)$$
$$= P(-0.5 \leq Z \leq 0) + P(0 \leq Z \leq 1)$$

$$= \mathrm{P}(0 \le Z \le 0.5) + \mathrm{P}(0 \le Z \le 1)$$
$$= 0.19 + 0.34 = 0.53$$

따라서 지난 주말 서비스 이용 시간이 140분 이상이고 170분 이하인 가입자의 수는

$$3000 \times 0.53 = 1590$$

답 1590

1341 답 ④ | 유형 14

모집 정원이 20명인 어느 회사의 입사 시험에 **단서1** 1000명이 응시하였다. 응시생의 시험 점수는 평균이 82점, 표준편차가 4점인 **단서2** 정규분포를 따른다고 할 때, 합격자의 최저 점수를 오른쪽 표준정규분포표를 이용하여 구한 것은?

z	P(0≤Z≤z)
0.5	0.19
1.0	0.34
1.5	0.43
2.0	0.48

① 84점 ② 86점 ③ 88점
④ 90점 ⑤ 92점

단서1 합격할 확률은 $\dfrac{20}{1000}$

단서2 응시생의 점수를 확률변수 X라 하면 확률변수 X는 정규분포 $\mathrm{N}(82,\,4^2)$을 따름을 이용

STEP1 정규분포를 따르는 확률변수 X를 정하고 표준화하기

응시생의 점수를 확률변수 X라 하면 X는 정규분포 $\mathrm{N}(82,\,4^2)$을 따르므로 $Z = \dfrac{X-82}{4}$로 놓으면 Z는 표준정규분포 $\mathrm{N}(0,\,1)$을 따른다.

STEP2 합격자의 최저 점수에 대한 식 세우기

합격자의 최저 점수를 a점이라 하면 모집 정원이 20명이고, 응시자가 1000명이므로

$$\mathrm{P}(X \ge a) = \frac{20}{1000} = 0.02$$

STEP3 합격자의 최저 점수 구하기

$$\mathrm{P}\!\left(Z \ge \frac{a-82}{4}\right) = 0.02 \quad \cdots\cdots\cdots\ \text{㉠}$$

표준정규분포표에서 $\mathrm{P}(0 \le Z \le 2) = 0.48$이므로

$$\mathrm{P}(Z \ge 2) = 0.5 - \mathrm{P}(0 \le Z \le 2)$$
$$= 0.5 - 0.48$$
$$= 0.02 \quad \cdots\cdots\cdots\ \text{㉡}$$

㉠, ㉡에서

$$\frac{a-82}{4} = 2$$

$$\therefore a = 90$$

따라서 합격자의 최저 점수는 90점이다.

1342 답 ⑤

확률변수 X가 정규분포 $\mathrm{N}(20,\,3^2)$을 따르므로 $Z = \dfrac{X-20}{3}$으로 놓으면 Z는 표준정규분포 $\mathrm{N}(0,\,1)$을 따른다.

$\mathrm{P}(X \ge k) \ge 0.02$이므로

$$\mathrm{P}\!\left(Z \ge \frac{k-20}{3}\right) \ge 0.02 \quad \cdots\cdots\cdots\ \text{㉠}$$

표준정규분포표에서 $\mathrm{P}(0 \le Z \le 2) = 0.48$이므로

$$\mathrm{P}(Z \ge 2) = 0.5 - \mathrm{P}(0 \le Z \le 2)$$
$$= 0.5 - 0.48$$
$$= 0.02 \quad \cdots\cdots\cdots\ \text{㉡}$$

㉠, ㉡에서

$$\frac{k-20}{3} \le 2 \qquad \therefore k \le 26$$

따라서 k의 최댓값은 26이다.

1343 답 ⑤

확률변수 X가 정규분포 $\mathrm{N}(100,\,20^2)$을 따르므로 $Z = \dfrac{X-100}{20}$으로 놓으면 Z는 표준정규분포 $\mathrm{N}(0,\,1)$을 따른다.

$\mathrm{P}(X \ge k) \le 0.07$이므로

$$\mathrm{P}\!\left(Z \ge \frac{k-100}{20}\right) \le 0.07 \quad \cdots\cdots\cdots\ \text{㉠}$$

표준정규분포표에서 $\mathrm{P}(0 \le Z \le 1.5) = 0.43$이므로

$$\mathrm{P}(Z \ge 1.5) = 0.5 - \mathrm{P}(0 \le Z \le 1.5)$$
$$= 0.5 - 0.43$$
$$= 0.07 \quad \cdots\cdots\cdots\ \text{㉡}$$

㉠, ㉡에서

$$\frac{k-100}{20} \ge 1.5 \qquad \therefore k \ge 130$$

따라서 k의 최솟값은 130이다.

1344 답 ④

이 농장의 돼지의 무게를 확률변수 X라 하면 X는 정규분포 $\mathrm{N}(110,\,10^2)$을 따르므로 $Z = \dfrac{X-110}{10}$으로 놓으면 Z는 표준정규분포 $\mathrm{N}(0,\,1)$을 따른다.

선발 대회에 내보낼 돼지의 최소 무게를 $a \,\mathrm{kg}$이라 하면

$$\mathrm{P}(X \ge a) = \frac{6}{400} = 0.015$$

$$\mathrm{P}\!\left(Z \ge \frac{a-110}{10}\right) = 0.015 \quad \cdots\cdots\cdots\ \text{㉠}$$

표준정규분포표에서 $\mathrm{P}(0 \le Z \le 2.17) = 0.485$이므로

$$\mathrm{P}(Z \ge 2.17) = 0.5 - \mathrm{P}(0 \le Z \le 2.17)$$
$$= 0.5 - 0.485$$
$$= 0.015 \quad \cdots\cdots\cdots\ \text{㉡}$$

㉠, ㉡에서

$$\frac{a-110}{10} = 2.17 \qquad \therefore a = 131.7$$

따라서 우량 돼지 선발 대회에 내보낼 돼지의 최소 무게는 131.7 kg이다.

1345 답 98

A와 B 두 과수원에서 수확하는 귤의 무게를 각각 확률변수 X, Y라 하면 X, Y는 각각 정규분포 $\mathrm{N}(86,\,15^2)$, $\mathrm{N}(88,\,10^2)$을 따르므로 $Z_X = \dfrac{X-86}{15}$, $Z_Y = \dfrac{Y-88}{10}$로 놓으면 Z_X, Z_Y는 모두 표준정규분포 $\mathrm{N}(0,\,1)$을 따른다.

A 과수원에서 임의로 선택한 귤의 무게가 a 이하일 확률은

$$P(X \leq a) = P\left(Z_X \leq \frac{a-86}{15}\right) \cdots\cdots\cdots ⊙$$

B 과수원에서 임의로 선택한 귤의 무게가 96 이하일 확률은

$$P(Y \leq 96) = P\left(Z_Y \leq \frac{96-88}{10}\right)$$
$$= P\left(Z_Y \leq \frac{4}{5}\right) \cdots\cdots\cdots ⓛ$$

⊙과 ⓛ이 서로 같으므로

$$\frac{a-86}{15} = \frac{4}{5} \qquad \therefore a = 98$$

1346 답 15

이 식당을 이용하는 고객의 식사 시간을 확률변수 X라 하면 X는 정규분포 $N(12, 2^2)$을 따르므로 $Z = \frac{X-12}{2}$로 놓으면 Z는 표준 정규분포 $N(0, 1)$을 따른다.

이 식당을 이용하는 고객 중에서 임의로 선택한 한 명의 식사 시간이 a분 이상일 확률이 0.0668이므로

$$P(X \geq a) = P\left(Z \geq \frac{a-12}{2}\right) = 0.0668 \cdots\cdots\cdots ⊙$$

표준정규분포표에서 $P(0 \leq Z \leq 1.5) = 0.4332$이므로

$$P(Z \geq 1.5) = 0.5 - P(0 \leq Z \leq 1.5)$$
$$= 0.5 - 0.4332$$
$$= 0.0668 \cdots\cdots\cdots ⓛ$$

⊙, ⓛ에서

$$\frac{a-12}{2} = 1.5 \qquad \therefore a = 15$$

1347 답 ③

이 동물의 특정 자극에 대한 반응 시간을 확률변수 X라 하면 X는 정규분포 $N(m, 1^2)$을 따르므로 $Z = \frac{X-m}{1}$으로 놓으면 Z는 표준정규분포 $N(0, 1)$을 따른다.

반응 시간이 3 미만일 확률이 0.1003이므로

$$P(X < 3) = P\left(Z < \frac{3-m}{1}\right)$$
$$= P(Z < 3-m)$$
$$= P(Z > m-3) = 0.1003 \cdots\cdots\cdots ⊙$$

표준정규분포표에서 $P(0 \leq Z \leq 1.28) = 0.3997$이므로

$$P(Z > 1.28) = 0.5 - P(0 \leq Z \leq 1.28)$$
$$= 0.5 - 0.3997$$
$$= 0.1003 \cdots\cdots\cdots ⓛ$$

⊙, ⓛ에서

$$m-3 = 1.28 \qquad \therefore m = 4.28$$

1348 답 ③

이 고등학교 학생의 수학 성적을 확률변수 X라 하면 X는 정규분포 $N(70, \sigma^2)$을 따르므로 $Z = \frac{X-70}{\sigma}$으로 놓으면 Z는 표준정규분포 $N(0, 1)$을 따른다.

수학 성적이 28등인 학생의 점수가 85점이므로

$$P(X \geq 85) = \frac{28}{400} = 0.07$$

$$P\left(Z \geq \frac{85-70}{\sigma}\right) = 0.07$$
$$P\left(Z \geq \frac{15}{\sigma}\right) = 0.07 \cdots\cdots\cdots ⊙$$

표준정규분포표에서 $P(0 \leq Z \leq 1.5) = 0.43$이므로

$$P(Z \geq 1.5) = 0.5 - P(0 \leq Z \leq 1.5)$$
$$= 0.5 - 0.43$$
$$= 0.07 \cdots\cdots\cdots ⓛ$$

⊙, ⓛ에서

$$\frac{15}{\sigma} = 1.5 \qquad \therefore \sigma = 10$$

1349 답 ④

이 공장에서 생산되는 제품 A의 수명을 확률변수 X라 하면 X는 정규분포 $N(m, 50^2)$을 따르므로 $Z = \frac{X-m}{50}$으로 놓으면 Z는 표준정규분포 $N(0, 1)$을 따른다.

5000개의 제품 A 중에서 불량품으로 분류된 제품이 100개였으므로

$$P(X < 900) = \frac{100}{5000} = 0.02$$

$$P\left(Z < \frac{900-m}{50}\right) = 0.02 \cdots\cdots\cdots ⊙$$

표준정규분포표에서 $P(0 \leq Z \leq 2) = 0.48$이므로

$$P(Z < -2) = P(Z > 2)$$
$$= 0.5 - P(0 \leq Z \leq 2)$$
$$= 0.5 - 0.48$$
$$= 0.02 \cdots\cdots\cdots ⓛ$$

⊙, ⓛ에서

$$\frac{900-m}{50} = -2 \qquad \therefore m = 1000$$

1350 답 ⑤

이 회사 신입사원의 입사 시험 점수를 확률변수 X라 하고 X는 정규분포 $N(m, \sigma^2)$을 따른다고 하자.

$Z = \frac{X-m}{\sigma}$으로 놓으면 Z는 표준정규분포 $N(0, 1)$을 따른다.

입사 시험 점수가 90점 이상인 신입사원이 67명이므로

$$P(X \geq 90) = \frac{67}{1000} = 0.067$$

$$P\left(Z \geq \frac{90-m}{\sigma}\right) = 0.067 \cdots\cdots\cdots ⊙$$

표준정규분포표에서 $P(0 \leq Z \leq 1.5) = 0.433$이므로

$$P(Z \geq 1.5) = 0.5 - P(0 \leq Z \leq 1.5)$$
$$= 0.5 - 0.433$$
$$= 0.067 \cdots\cdots\cdots ⓛ$$

⊙, ⓛ에서 $\frac{90-m}{\sigma} = 1.5 \cdots\cdots\cdots ⓒ$

입사 시험 점수가 80점 이상인 신입사원이 $92 + 67 = 159$(명)이므로

$$P(X \geq 80) = \frac{159}{1000} = 0.159$$

$$P\left(Z \geq \frac{80-m}{\sigma}\right) = 0.159 \cdots\cdots\cdots ⓔ$$

표준정규분포표에서 $P(0 \leq Z \leq 1) = 0.341$이므로

$$P(Z \geq 1) = 0.5 - P(0 \leq Z \leq 1)$$

$$=0.5-0.341$$
$$=0.159 \quad \cdots\cdots\cdots\cdots\cdots\cdots ㉤$$

㉣, ㉤에서 $\dfrac{80-m}{\sigma}=1 \quad \cdots\cdots\cdots ㉥$

㉢, ㉥을 연립하여 풀면

$$m=60, \ \sigma=20$$

입사 시험 점수가 a점 이상인 신입사원이 40명이므로

$$P(X \geq a)=\dfrac{40}{1000}=0.04$$

$$P\left(Z \geq \dfrac{a-60}{20}\right)=0.04 \quad \cdots\cdots\cdots ㉦$$

표준정규분포표에서 $P(0 \leq Z \leq 1.75)=0.460$이므로

$$P(Z \geq 1.75)=0.5-P(0 \leq Z \leq 1.75)$$
$$=0.5-0.460$$
$$=0.04 \quad \cdots\cdots\cdots\cdots ㉧$$

㉦, ㉧에서

$$\dfrac{a-60}{20}=1.75$$

$$\therefore a=95$$

실수 Check

입사 시험 점수가 80점 이상인 신입사원의 수는 80점 이상 90점 미만인 92명과 90점 이상인 67명의 합임에 주의한다.

Plus 문제

1350-1

어느 고등학교 전체 학생 400명의 지난 일주일 동안의 독서 시간은 정규분포를 따른다고 한다. 이 고등학교 학생 중에서 지난 일주일 동안의 독서 시간이 120분 이상인 학생과 60분 이하인 학생이 28명으로 같을 때, 지난 일주일 동안 독

z	$P(0 \leq Z \leq z)$
0.5	0.20
1.0	0.34
1.5	0.43
2.0	0.48

서 시간이 70분 이상이고 110분 이하인 학생 수를 위의 표준정규분포표를 이용하여 구하시오.

이 고등학교 학생의 지난 일주일 동안의 독서 시간을 확률변수 X라 하고 X는 정규분포 $N(m, \sigma^2)$을 따른다고 하자.

$Z=\dfrac{X-m}{\sigma}$으로 놓으면 Z는 표준정규분포 $N(0, 1)$을 따른다.

지난 일주일 동안의 독서 시간이 120분 이상인 학생과 60분 이하인 학생이 28명으로 같으므로

$$m=\dfrac{120+60}{2}=90 \quad \cdots\cdots\cdots ㉠$$

$P(X \geq 120)=P(X \leq 60)=\dfrac{28}{400}=0.07$에서

$$P\left(Z \geq \dfrac{120-m}{\sigma}\right)=P\left(Z \leq \dfrac{60-m}{\sigma}\right)$$
$$=0.07 \quad \cdots\cdots\cdots ㉡$$

표준정규분포표에서 $P(0 \leq Z \leq 1.5)=0.43$이므로

$$P(Z \geq 1.5)=0.5-P(0 \leq Z \leq 1.5)$$
$$=0.5-0.43$$
$$=0.07 \quad \cdots\cdots\cdots ㉢$$

㉡, ㉢에서

$$\dfrac{120-m}{\sigma}=1.5 \quad \cdots\cdots\cdots ㉣$$

㉠을 ㉣에 대입하면

$$\sigma=20$$

지난 일주일 동안 독서 시간이 70분 이상이고 110분 이하일 확률은

$$P(70 \leq X \leq 110)=P\left(\dfrac{70-90}{20} \leq Z \leq \dfrac{110-90}{20}\right)$$
$$=P(-1 \leq Z \leq 1)$$
$$=2P(0 \leq Z \leq 1)$$
$$=2 \times 0.34$$
$$=0.68$$

따라서 지난 일주일 동안 독서 시간이 70분 이상이고 110분 이하인 학생 수는

$$400 \times 0.68=272$$

답 272

1351 **답** ③ | 유형 15

확률변수 X가 이항분포 $B\left(180, \dfrac{1}{6}\right)$을 따 **단서1** 를 때, 오른쪽 표준정규분포표를 이용하여 $P(X \geq 25)$를 구한 것은?		z	$P(0 \leq Z \leq z)$
		1.0	0.3413
		1.5	0.4332
		2.0	0.4772
① 0.0668 ② 0.1587		2.5	0.4938
③ 0.8413 ④ 0.9332			
⑤ 0.9772			

단서1 $E(X)=180 \times \dfrac{1}{6}=30$, $V(X)=180 \times \dfrac{1}{6} \times \dfrac{5}{6}=25$

STEP1 X의 평균과 분산 구하기

확률변수 X가 이항분포 $B\left(180, \dfrac{1}{6}\right)$을 따르므로

$$E(X)=180 \times \dfrac{1}{6}$$
$$=30$$
$$V(X)=180 \times \dfrac{1}{6} \times \dfrac{5}{6}$$
$$=25$$

STEP2 X가 근사적으로 따르는 정규분포 구하기

$n=180$은 충분히 큰 수이므로 X는 근사적으로 정규분포 $N(30, 5^2)$을 따른다.

STEP3 $P(X \geq 25)$ 구하기

$Z=\dfrac{X-30}{5}$으로 놓으면 Z는 표준정규분포 $N(0, 1)$을 따르므로

$$P(X \geq 25)=P\left(Z \geq \dfrac{25-30}{5}\right)$$
$$=P(Z \geq -1)$$
$$=P(-1 \leq Z \leq 0)+P(Z \geq 0)$$
$$=P(0 \leq Z \leq 1)+0.5$$
$$=0.3413+0.5$$
$$=0.8413$$

1352 답 ③

확률변수 X가 이항분포 $B\left(100, \dfrac{1}{10}\right)$을 따르므로

$E(X)=100\times\dfrac{1}{10}=10$

$V(X)=100\times\dfrac{1}{10}\times\dfrac{9}{10}=9$

이때 $n=100$은 충분히 큰 수이므로 X는 근사적으로 정규분포 $N(10, 3^2)$을 따른다.

따라서 $m=10$, $\sigma=3$이므로

$m+\sigma=10+3=13$

1353 답 10

확률변수 X가 이항분포 $B(180, p)$를 따르고 근사적으로 정규분포 $N(30, \sigma^2)$을 따르므로

$E(X)=180\times p=30$

$\therefore p=\dfrac{1}{6}$

$V(X)=180\times\dfrac{1}{6}\times\dfrac{5}{6}=25$

$\therefore \sigma=\sqrt{V(X)}=\sqrt{25}=5$

$\therefore 12p\sigma=12\times\dfrac{1}{6}\times5=10$

1354 답 ②

확률변수 X가 이항분포 $B\left(150, \dfrac{3}{5}\right)$을 따르므로

$E(X)=150\times\dfrac{3}{5}=90$

$V(X)=150\times\dfrac{3}{5}\times\dfrac{2}{5}=36$

이때 $n=150$은 충분히 큰 수이므로 X는 근사적으로 정규분포 $N(90, 6^2)$을 따른다.

$Z=\dfrac{X-90}{6}$으로 놓으면 Z는 표준정규분포 $N(0, 1)$을 따르므로

$P(X>81)=P(Z>a)$에서

$P\left(Z>\dfrac{81-90}{6}\right)=P(Z>a)$

$P(Z>-1.5)=P(Z>a)$

$\therefore a=-1.5$

1355 답 ①

확률변수 X의 확률질량함수가

$P(X=x)={}_{150}C_x\left(\dfrac{2}{5}\right)^x\left(\dfrac{3}{5}\right)^{150-x}$ $(x=0, 1, 2, \cdots, 150)$

이므로 확률변수 X는 이항분포 $B\left(150, \dfrac{2}{5}\right)$를 따른다.

$\therefore E(X)=150\times\dfrac{2}{5}=60$

$V(X)=150\times\dfrac{2}{5}\times\dfrac{3}{5}=36$

이때 $n=150$은 충분히 큰 수이므로 X는 근사적으로 정규분포 $N(60, 6^2)$을 따른다.

$Z=\dfrac{X-60}{6}$으로 놓으면 Z는 표준정규분포 $N(0, 1)$을 따르므로

$P(72\le X\le75)=P\left(\dfrac{72-60}{6}\le Z\le\dfrac{75-60}{6}\right)$

$\qquad\qquad\qquad=P(2\le Z\le2.5)$

$\qquad\qquad\qquad=P(0\le Z\le2.5)-P(0\le Z\le2)$

$\qquad\qquad\qquad=0.4938-0.4772$

$\qquad\qquad\qquad=0.0166$

개념 Check

이항분포 $B(n, p)$를 따르는 확률변수 X의 확률질량함수는
$\quad P(X=x)={}_nC_x p^x q^{n-x}$ (단, $x=0, 1, 2, \cdots, n$, $q=1-p$)

1356 답 ⑤

확률변수 X의 확률질량함수 $P(X=x)$가

$P(X=x)={}_{100}C_x\left(\dfrac{1}{2}\right)^x\left(\dfrac{1}{2}\right)^{100-x}$ $(x=0, 1, 2, \cdots, 100)$

이므로 확률변수 X는 이항분포 $B\left(100, \dfrac{1}{2}\right)$을 따른다.

$\therefore E(X)=100\times\dfrac{1}{2}=50$

$\quad V(X)=100\times\dfrac{1}{2}\times\dfrac{1}{2}=25$

이때 $n=100$은 충분히 큰 수이므로 X는 근사적으로 정규분포 $N(50, 5^2)$을 따른다.

$Z=\dfrac{X-50}{5}$으로 놓으면 Z는 표준정규분포 $N(0, 1)$을 따르므로

$P(45\le X\le60)=P\left(\dfrac{45-50}{5}\le Z\le\dfrac{60-50}{5}\right)$

$\qquad\qquad\qquad=P(-1\le Z\le2)$

$\qquad\qquad\qquad=P(-1\le Z\le0)+P(0\le Z\le2)$

$\qquad\qquad\qquad=P(0\le Z\le1)+P(0\le Z\le2)$

$\qquad\qquad\qquad=0.3413+0.4772$

$\qquad\qquad\qquad=0.8185$

1357 답 ②

확률변수 X가 이항분포 $B\left(n, \dfrac{1}{2}\right)$을 따르므로

$E(X)=n\times\dfrac{1}{2}=\dfrac{n}{2}$, $V(X)=n\times\dfrac{1}{2}\times\dfrac{1}{2}=\dfrac{n}{4}$

이때 n $(n\ge100)$은 충분히 큰 수이므로 X는 근사적으로 정규분포 $N\left(\dfrac{n}{2}, \dfrac{n}{4}\right)$을 따른다.

$Z=\dfrac{X-\dfrac{n}{2}}{\dfrac{\sqrt{n}}{2}}$으로 놓으면 Z는 표준정규분포 $N(0, 1)$을 따르므로

$P(X\ge84)=P\left(Z\ge\dfrac{84-\dfrac{n}{2}}{\dfrac{\sqrt{n}}{2}}\right)=0.02$ ·············· ㉠

표준정규분포표에서 $P(0\le Z\le2)=0.48$이므로

$P(Z\ge2)=0.5-P(0\le Z\le2)$

$\qquad\qquad=0.5-0.48$

$\qquad\qquad=0.02$ ·············· ㉡

㉠, ㉡에서

$$\dfrac{84-\dfrac{n}{2}}{\dfrac{\sqrt{n}}{2}}=2$$

$$84-\dfrac{n}{2}=\sqrt{n}, \quad n+2\sqrt{n}-168=0$$

$\sqrt{n}=t$로 놓으면

$$t^2+2t-168=0, \quad (t+14)(t-12)=0$$

$$\therefore t=12 \ (\because t>0)$$

$$\therefore n=12^2=144$$

1358 답 ③

주어진 식의 값은 확률질량함수 $\mathrm{P}(X=x)$가

$$\mathrm{P}(X=x)={}_{100}\mathrm{C}_x\left(\dfrac{1}{5}\right)^x\left(\dfrac{4}{5}\right)^{100-x} \ (x=0,\ 1,\ 2,\ \cdots,\ 100)$$

인 확률변수 X에 대하여 $\mathrm{P}(16\le X\le 24)$를 의미한다.

따라서 확률변수 X는 이항분포 $\mathrm{B}\left(100,\ \dfrac{1}{5}\right)$을 따르므로

$$\mathrm{E}(X)=100\times\dfrac{1}{5}=20$$

$$\mathrm{V}(X)=100\times\dfrac{1}{5}\times\dfrac{4}{5}=16$$

이때 $n=100$은 충분히 큰 수이므로 X는 근사적으로 정규분포 $\mathrm{N}(20,\ 4^2)$을 따른다.

$Z=\dfrac{X-20}{4}$으로 놓으면 Z는 표준정규분포 $\mathrm{N}(0,\ 1)$을 따르므로 구하는 확률은

$$\begin{aligned}\mathrm{P}(16\le X\le 24)&=\mathrm{P}\left(\dfrac{16-20}{4}\le Z\le\dfrac{24-20}{4}\right)\\&=\mathrm{P}(-1\le Z\le 1)\\&=2\mathrm{P}(0\le Z\le 1)\\&=2\times 0.3413\\&=0.6826\end{aligned}$$

실수 Check

$${}_{100}\mathrm{C}_{16}\left(\dfrac{1}{5}\right)^{16}\left(\dfrac{4}{5}\right)^{84}+{}_{100}\mathrm{C}_{17}\left(\dfrac{1}{5}\right)^{17}\left(\dfrac{4}{5}\right)^{83}+\cdots$$
$$+{}_{100}\mathrm{C}_{23}\left(\dfrac{1}{5}\right)^{23}\left(\dfrac{4}{5}\right)^{77}+{}_{100}\mathrm{C}_{24}\left(\dfrac{1}{5}\right)^{24}\left(\dfrac{4}{5}\right)^{76}$$
$$=\mathrm{P}(16\le X\le 24)$$

를 의미함을 알고 확률변수 X가 근사적으로 따르는 정규분포를 찾을 수 있어야 한다.

1359 답 ④

$$\sum_{k=351}^{400}{}_{400}\mathrm{C}_k\left(\dfrac{9}{10}\right)^k\left(\dfrac{1}{10}\right)^{400-k}$$

의 값은 확률질량함수 $\mathrm{P}(X=x)$가

$$\mathrm{P}(X=x)={}_{400}\mathrm{C}_x\left(\dfrac{9}{10}\right)^x\left(\dfrac{1}{10}\right)^{400-x} \ (x=0,\ 1,\ 2,\ \cdots,\ 400)$$

인 확률변수 X에 대하여 $\mathrm{P}(351\le X\le 400)=\mathrm{P}(X\ge 351)$을 의미한다.

따라서 확률변수 X는 이항분포 $\mathrm{B}\left(400,\ \dfrac{9}{10}\right)$를 따르므로

$$\mathrm{E}(X)=400\times\dfrac{9}{10}=360, \ \mathrm{V}(X)=400\times\dfrac{9}{10}\times\dfrac{1}{10}=36$$

이때 $n=400$은 충분히 큰 수이므로 X는 근사적으로 정규분포 $\mathrm{N}(360,\ 6^2)$을 따른다.

$Z=\dfrac{X-360}{6}$으로 놓으면 Z는 표준정규분포 $\mathrm{N}(0,\ 1)$을 따르므로 구하는 확률은

$$\begin{aligned}\mathrm{P}(X\ge 351)&=\mathrm{P}\left(Z\ge\dfrac{351-360}{6}\right)\\&=\mathrm{P}(Z\ge -1.5)\\&=\mathrm{P}(Z\le 1.5)\\&=\mathrm{P}(Z\le 0)+\mathrm{P}(0\le Z\le 1.5)\\&=0.5+\mathrm{P}(0\le Z\le 1.5)\\&=0.5+0.4332\\&=0.9332\end{aligned}$$

실수 Check

$$\sum_{k=351}^{400}{}_{400}\mathrm{C}_k\left(\dfrac{9}{10}\right)^k\left(\dfrac{1}{10}\right)^{400-k}$$
$$={}_{400}\mathrm{C}_{351}\left(\dfrac{9}{10}\right)^{351}\left(\dfrac{1}{10}\right)^{49}+{}_{400}\mathrm{C}_{352}\left(\dfrac{9}{10}\right)^{352}\left(\dfrac{1}{10}\right)^{48}+\cdots$$
$$+{}_{400}\mathrm{C}_{399}\left(\dfrac{9}{10}\right)^{399}\left(\dfrac{1}{10}\right)^{1}+{}_{400}\mathrm{C}_{400}\left(\dfrac{9}{10}\right)^{400}$$
$$=\mathrm{P}(351\le X\le 400)$$

이때 $n=400$이므로 간단히 $\mathrm{P}(X\ge 351)$로 나타낼 수 있음에 주의한다.

1360 답 126

확률변수 X는 이항분포 $\mathrm{B}\left(432,\ \dfrac{1}{4}\right)$을 따르므로

$$\mathrm{E}(X)=432\times\dfrac{1}{4}=108$$

$$\mathrm{V}(X)=432\times\dfrac{1}{4}\times\dfrac{3}{4}=81$$

이때 $n=432$는 충분히 큰 수이므로 X는 근사적으로 정규분포 $\mathrm{N}(108,\ 9^2)$을 따른다.

따라서 ${}_{432}\mathrm{C}_x\left(\dfrac{1}{4}\right)^x\left(\dfrac{3}{4}\right)^{432-x} \ (x=0,\ 1,\ 2,\ \cdots,\ 432)$은 이항분포 $\mathrm{B}\left(432,\ \dfrac{1}{4}\right)$을 따르는 확률변수 X의 확률질량함수

$\mathrm{P}(X=x)$를 의미하고, $Z=\dfrac{X-108}{9}$로 놓으면 Z는 표준정규분포 $\mathrm{N}(0,\ 1)$을 따르므로

$$\begin{aligned}&\sum_{x=90}^{a}{}_{432}\mathrm{C}_x\left(\dfrac{1}{4}\right)^x\left(\dfrac{3}{4}\right)^{432-x}\\&=\sum_{x=90}^{a}\mathrm{P}(X=x)\\&=\mathrm{P}(90\le X\le a)\\&=\mathrm{P}\left(\dfrac{90-108}{9}\le Z\le\dfrac{a-108}{9}\right)\\&=\mathrm{P}\left(-2\le Z\le\dfrac{a-108}{9}\right)\\&=\mathrm{P}(-2\le Z\le 0)+\mathrm{P}\left(0\le Z\le\dfrac{a-108}{9}\right)\\&=\mathrm{P}(0\le Z\le 2)+\mathrm{P}\left(0\le Z\le\dfrac{a-108}{9}\right)\end{aligned}$$

$\displaystyle\sum_{x=90}^{a}{}_{432}\mathrm{C}_x\left(\dfrac{1}{4}\right)^x\left(\dfrac{3}{4}\right)^{432-x}\le 0.96$이므로

$$0.48+\mathrm{P}\left(0\le Z\le\dfrac{a-108}{9}\right)\le 0.96$$

$$\therefore P\left(0\le Z\le \frac{a-108}{9}\right)\le 0.48$$

표준정규분포표에서 $P(0\le Z\le 2)=0.48$이므로

$$\frac{a-108}{9}\le 2$$

$$\therefore a\le 126$$

따라서 자연수 a의 최댓값은 126이다.

실수 Check

확률의 계산 과정에서

$$P\left(-2\le Z\le \frac{a-108}{9}\right)=P(-2\le Z\le 0)-P\left(\frac{a-108}{9}\le Z\le 0\right)$$

으로 나타내지 않도록 주의한다.

a의 최댓값을 구하는 것이므로 $P\left(-2\le Z\le \frac{a-108}{9}\right)\le 0.96$에서

$$\frac{a-108}{9}>0$$으로 생각하여

$$P\left(-2\le Z\le \frac{a-108}{9}\right)=P(-2\le Z\le 0)+P\left(0\le Z\le \frac{a-108}{9}\right)$$

로 나타낸다.

Plus 문제

1360-1

이항분포 $B\left(400,\ \frac{1}{2}\right)$을 따르는 확률변수 X에 대하여

$$\sum_{x=a}^{400} {}_{400}C_x \left(\frac{1}{2}\right)^{400}\ge 0.07$$

을 만족시키는 자연수 a의 최댓값을 오른쪽 표준정규분포표를 이용하여 구하시오.

z	$P(0\le Z\le z)$
1.0	0.34
1.5	0.43
2.0	0.48
2.5	0.49

확률변수 X는 이항분포 $B\left(400,\ \frac{1}{2}\right)$을 따르므로

$$E(X)=400\times \frac{1}{2}=200$$

$$V(X)=400\times \frac{1}{2}\times \frac{1}{2}=100$$

이때 $n=400$은 충분히 큰 수이므로 X는 근사적으로 정규분포 $N(200,\ 10^2)$을 따른다.

따라서

$${}_{400}C_x\left(\frac{1}{2}\right)^{400}={}_{400}C_x\left(\frac{1}{2}\right)^{x}\left(\frac{1}{2}\right)^{400-x}\ (x=0,\ 1,\ 2,\ \cdots,\ 400)$$

은 이항분포 $B\left(400,\ \frac{1}{2}\right)$을 따르는 확률변수 X의 확률질량함수 $P(X=x)$를 의미하고, $Z=\frac{X-200}{10}$으로 놓으면 Z는 표준정규분포 $N(0,\ 1)$을 따르므로

$$\sum_{x=a}^{400} {}_{400}C_x\left(\frac{1}{2}\right)^{400}=\sum_{x=a}^{400} P(X=x)$$
$$=P(X\ge a)$$
$$=P\left(Z\ge \frac{a-200}{10}\right)$$

$$\sum_{x=a}^{400} {}_{400}C_x\left(\frac{1}{2}\right)^{400}\ge 0.07$$이므로

$$P\left(Z\ge \frac{a-200}{10}\right)\ge 0.07 \quad\cdots\cdots\cdots\cdots\cdots \text{㉠}$$

표준정규분포표에서 $P(0\le Z\le 1.5)=0.43$이므로

$$P(Z\ge 1.5)=0.5-P(0\le Z\le 1.5)$$
$$=0.5-0.43$$
$$=0.07 \quad\cdots\cdots\cdots\cdots \text{㉡}$$

㉠, ㉡에서

$$\frac{a-200}{10}\le 1.5 \quad \therefore a\le 215$$

따라서 자연수 a의 최댓값은 215이다.

답 215

1361 **답** ③ |유형 16

한 개의 주사위를 720번 던질 때, 1의 눈이 나오는 횟수가 130 이하일 확률을 오른쪽 표준정규분포표를 이용하여 구한 것은?

단서1

① 0.7745 ② 0.8185
③ 0.8413 ④ 0.9104
⑤ 0.9332

z	$P(0\le Z\le z)$
0.5	0.1915
1.0	0.3413
1.5	0.4332
2.0	0.4772

단서1 1의 눈이 나오는 횟수를 확률변수 X라 하고 X가 따르는 이항분포를 $B(n,\ p)$라 하면 $n=720,\ p=\frac{1}{6}$

STEP 1 확률변수 X를 정하고, X가 따르는 이항분포 $B(n,\ p)$ 구하기

1의 눈이 나오는 횟수를 확률변수 X라 하면 X는 이항분포 $B\left(720,\ \frac{1}{6}\right)$을 따른다.

STEP 2 $E(X),\ V(X)$ 구하기

$$E(X)=720\times \frac{1}{6}=120$$

$$V(X)=720\times \frac{1}{6}\times \frac{5}{6}=100$$

STEP 3 X가 근사적으로 따르는 정규분포 구하기

이때 $n=720$은 충분히 큰 수이므로 X는 근사적으로 정규분포 $N(120,\ 10^2)$을 따른다.

STEP 4 X를 표준화하여 확률 구하기

$Z=\frac{X-120}{10}$으로 놓으면 Z는 표준정규분포 $N(0,\ 1)$을 따르므로 구하는 확률은

$$P(X\le 130)=P\left(Z\le \frac{130-120}{10}\right)$$
$$=P(Z\le 1)$$
$$=0.5+P(0\le Z\le 1)$$
$$=0.5+0.3413$$
$$=0.8413$$

1362 **답** 0.8185

둥근 면이 나오는 횟수를 확률변수 X라 하면 X는 이항분포 $B\left(450,\ \frac{2}{3}\right)$를 따르므로

$$E(X)=450\times \frac{2}{3}=300$$

$$V(X) = 450 \times \frac{2}{3} \times \frac{1}{3} = 100$$

이때 $n=450$은 충분히 큰 수이므로 X는 근사적으로 정규분포 $N(300, 10^2)$을 따른다.

$Z = \dfrac{X-300}{10}$으로 놓으면 Z는 표준정규분포 $N(0, 1)$을 따르므로 구하는 확률은

$$\begin{aligned} P(290 \leq X \leq 320) &= P\left(\frac{290-300}{10} \leq Z \leq \frac{320-300}{10}\right) \\ &= P(-1 \leq Z \leq 2) \\ &= P(-1 \leq Z \leq 0) + P(0 \leq Z \leq 2) \\ &= P(0 \leq Z \leq 1) + P(0 \leq Z \leq 2) \\ &= 0.3413 + 0.4772 \\ &= 0.8185 \end{aligned}$$

1363 답 ②

소수의 눈이 나오는 횟수를 확률변수 X라 하면 X는 이항분포 $B\left(144, \dfrac{1}{2}\right)$을 따르므로 → 주사위에서 소수는 2, 3, 5이므로

$$E(X) = 144 \times \frac{1}{2} = 72 \quad \text{확률은 } \frac{3}{6} = \frac{1}{2}\text{이다.}$$

$$V(X) = 144 \times \frac{1}{2} \times \frac{1}{2} = 36$$

이때 $n=144$는 충분히 큰 수이므로 X는 근사적으로 정규분포 $N(72, 6^2)$을 따른다.

$Z = \dfrac{X-72}{6}$로 놓으면 Z는 표준정규분포 $N(0, 1)$을 따르므로 구하는 확률은

$$\begin{aligned} P(60 \leq X \leq 78) &= P\left(\frac{60-72}{6} \leq Z \leq \frac{78-72}{6}\right) \\ &= P(-2 \leq Z \leq 1) \\ &= P(-2 \leq Z \leq 0) + P(0 \leq Z \leq 1) \\ &= P(0 \leq Z \leq 2) + P(0 \leq Z \leq 1) \\ &= 0.4772 + 0.3413 \\ &= 0.8185 \end{aligned}$$

1364 답 ①

항체가 생성되는 사람의 수를 확률변수 X라 하면 X는 이항분포 $B(10000, 0.9)$를 따르므로

$$E(X) = 10000 \times 0.9 = 9000$$
$$V(X) = 10000 \times 0.9 \times 0.1 = 900$$

이때 $n=10000$은 충분히 큰 수이므로 X는 근사적으로 정규분포 $N(9000, 30^2)$을 따른다.

$Z = \dfrac{X-9000}{30}$으로 놓으면 Z는 표준정규분포 $N(0, 1)$을 따르므로 구하는 확률은

$$\begin{aligned} P(X \geq 9030) &= P\left(Z \geq \frac{9030-9000}{30}\right) \\ &= P(Z \geq 1) \\ &= P(Z \geq 0) - P(0 \leq Z \leq 1) \\ &= 0.5 - 0.34 \\ &= 0.16 \end{aligned}$$

1365 답 ②

사건 A가 일어날 확률은 2개의 정사면체에서 바닥에 닿은 면에 적혀 있는 두 수가 모두 홀수일 확률이므로

$$P(A) = \frac{1}{2} \times \frac{1}{2} = \frac{1}{4}$$

따라서 사건 A가 일어나는 횟수를 확률변수 X라 하면 X는 이항분포 $B\left(1200, \dfrac{1}{4}\right)$을 따른다.

$$\therefore E(X) = 1200 \times \frac{1}{4} = 300$$
$$V(X) = 1200 \times \frac{1}{4} \times \frac{3}{4} = 225$$

이때 $n=1200$은 충분히 큰 수이므로 X는 근사적으로 정규분포 $N(300, 15^2)$을 따른다.

$Z = \dfrac{X-300}{15}$으로 놓으면 Z는 표준정규분포 $N(0, 1)$을 따르므로 구하는 확률은

$$\begin{aligned} &P(270 \leq X \leq 315) \\ &= P\left(\frac{270-300}{15} \leq Z \leq \frac{315-300}{15}\right) \\ &= P(-2 \leq Z \leq 1) \\ &= P(-2 \leq Z \leq 0) + P(0 \leq Z \leq 1) \\ &= P(0 \leq Z \leq 2) + P(0 \leq Z \leq 1) \\ &= 0.4772 + 0.3413 \\ &= 0.8185 \end{aligned}$$

1366 답 2

448번의 시행 중 동전 3개가 모두 앞면이 나오는 횟수를 확률변수 X라 하면 서로 다른 동전 3개를 동시에 던져서 3개 모두 앞면이 나올 확률은

$$_3C_3 \left(\frac{1}{2}\right)^3 \left(\frac{1}{2}\right)^0 = \frac{1}{8}$$

이므로 X는 이항분포 $B\left(448, \dfrac{1}{8}\right)$을 따른다.

$$\therefore E(X) = 448 \times \frac{1}{8} = 56$$
$$V(X) = 448 \times \frac{1}{8} \times \frac{7}{8} = 49$$

이때 $n=448$은 충분히 큰 수이므로 X는 근사적으로 정규분포 $N(56, 7^2)$을 따른다.

$Z = \dfrac{X-56}{7}$으로 놓으면 Z는 표준정규분포 $N(0, 1)$을 따르므로 구하는 확률은

$$\begin{aligned} P(X \leq 42) &= P\left(Z \leq \frac{42-56}{7}\right) \\ &= P(Z \leq -2) \\ &= P(Z \geq 2) \\ &= P(Z \geq 0) - P(0 \leq Z \leq 2) \\ &= 0.5 - 0.48 \\ &= 0.02 \end{aligned}$$

$$\therefore 100p = 100 \times 0.02 = 2$$

1367 답 ③

192명의 고객 중에서 A 회사 태블릿 PC를 구매한 고객의 수를

확률변수 X라 하면 X는 이항분포 $B\left(192, \dfrac{1}{4}\right)$을 따르므로

$E(X)=192\times\dfrac{1}{4}=48$ 　　　A 회사의 판매 비율이 25 %이므로 $\dfrac{25}{100}=\dfrac{1}{4}$이다.

$V(X)=192\times\dfrac{1}{4}\times\dfrac{3}{4}=36$

이때 $n=192$는 충분히 큰 수이므로 X는 근사적으로 정규분포 $N(48,\ 6^2)$을 따른다.

$Z=\dfrac{X-48}{6}$로 놓으면 Z는 표준정규분포 $N(0,\ 1)$을 따르므로 구하는 확률은

$$
\begin{aligned}
P(X\geq42) &=P\left(Z\geq\dfrac{42-48}{6}\right)\\
&=P(Z\geq-1)\\
&=P(-1\leq Z\leq0)+P(Z\geq0)\\
&=P(0\leq Z\leq1)+0.5\\
&=0.3413+0.5\\
&=0.8413
\end{aligned}
$$

1368 답 ①

사과의 무게를 확률변수 X라 하면 X는 정규분포 $N(400,\ 50^2)$을 따르므로 $Z_X=\dfrac{X-400}{50}$으로 놓으면 Z_X는 표준정규분포 $N(0,\ 1)$을 따른다.

따라서 수확한 사과 1개가 1등급 상품일 확률은

$$
\begin{aligned}
P(X\geq442) &=P\left(Z_X\geq\dfrac{442-400}{50}\right)\\
&=P(Z_X\geq0.84)\\
&=0.5-P(0\leq Z_X\leq0.84)\\
&=0.5-0.3\\
&=0.2
\end{aligned}
$$

수확한 사과 1개가 1등급 상품일 확률이 0.2이므로 임의로 선택한 사과 100개 중 1등급 상품의 개수를 확률변수 Y라 하면 Y는 이항분포 $B(100,\ 0.2)$를 따른다.

$\therefore E(Y)=100\times0.2=20$

　$V(Y)=100\times0.2\times0.8=16$

이때 $n=100$은 충분히 큰 수이므로 Y는 근사적으로 정규분포 $N(20,\ 4^2)$을 따른다.

$Z_Y=\dfrac{Y-20}{4}$으로 놓으면 Z_Y는 표준정규분포 $N(0,\ 1)$을 따르므로 구하는 확률은

$$
\begin{aligned}
P(Y\geq26) &=P\left(Z_Y\geq\dfrac{26-20}{4}\right)\\
&=P(Z_Y\geq1.5)\\
&=0.5-P(0\leq Z_Y\leq1.5)\\
&=0.5-0.43\\
&=0.07
\end{aligned}
$$

1369 답 ⑤

이 항공사의 예약 고객 중 예약을 취소하는 사람의 수를 확률변수 X라 하면 X는 이항분포 $B\left(400,\ \dfrac{1}{5}\right)$을 따르므로

$E(X)=400\times\dfrac{1}{5}=80$

$V(X)=400\times\dfrac{1}{5}\times\dfrac{4}{5}=64$

이때 $n=400$은 충분히 큰 수이므로 X는 근사적으로 정규분포 $N(80,\ 8^2)$을 따른다.

이 비행기의 좌석이 부족하지 않으려면 취소하는 사람의 수가 60명 이상이어야 하고, $Z=\dfrac{X-80}{8}$으로 놓으면 Z는 표준정규분포 $N(0,\ 1)$을 따르므로 구하는 확률은

$$
\begin{aligned}
P(X\geq60) &=P\left(Z\geq\dfrac{60-80}{8}\right)\\
&=P(Z\geq-2.5)\\
&=P(-2.5\leq Z\leq0)+P(Z\geq0)\\
&=P(0\leq Z\leq2.5)+0.5\\
&=0.4938+0.5\\
&=0.9938
\end{aligned}
$$

실수 Check

좌석이 부족하지 않는다는 것은 정원 340명 이하로 고객을 탑승시켜야 하므로 취소하는 고객이 $400-340=60$(명)보다 많거나 같아야 한다는 것에 주의한다.

1370 답 ⑤

서로 다른 2개의 동전을 던져서 서로 다른 면이 나올 확률은

$_2C_1\times\dfrac{1}{2}\times\dfrac{1}{2}=\dfrac{1}{2}$

이므로 400번의 게임을 하여 2개의 동전이 서로 다른 면이 나오는 횟수를 확률변수 X라 하면 X는 이항분포 $B\left(400,\ \dfrac{1}{2}\right)$을 따른다.

$\therefore E(X)=400\times\dfrac{1}{2}=200$

　$V(X)=400\times\dfrac{1}{2}\times\dfrac{1}{2}=100$

이때 $n=400$은 충분히 큰 수이므로 X는 근사적으로 정규분포 $N(200,\ 10^2)$을 따른다.

또, 얻은 점수의 합은

$2X-(400-X)=3X-400$

이고 점수의 합이 155점 이상이어야 하므로

$3X-400\geq155$

$\therefore X\geq185$

$Z=\dfrac{X-200}{10}$으로 놓으면 Z는 표준정규분포 $N(0,\ 1)$을 따르므로 구하는 확률은

$$
\begin{aligned}
P(X\geq185) &=P\left(Z\geq\dfrac{185-200}{10}\right)\\
&=P(Z\geq-1.5)\\
&=P(-1.5\leq Z\leq0)+P(Z\geq0)\\
&=P(0\leq Z\leq1.5)+0.5\\
&=0.4332+0.5\\
&=0.9332
\end{aligned}
$$

실수 Check

얻은 점수의 합이 155점 이상일 확률은 $P(X\geq155)$가 아닌 $P(X\geq185)$임에 주의한다.

1370-1

z	P($0 \leq Z \leq z$)
0.5	0.1915
1.0	0.3413
1.5	0.4332
2.0	0.4772

서로 다른 두 개의 주사위를 던져서 나오는 눈의 수의 합이 9 이하이면 3점을 얻고, 10 이상이면 2점을 잃는 게임을 한다. 이 게임을 180번 하여 얻은 점수의 합이 365점 이상이고 440점 이하일 확률을 오른쪽 표준정규분포표를 이용하여 구하시오.

서로 다른 두 개의 주사위를 던져서 나오는 눈의 수의 합이 10 이상인 경우를 순서쌍으로 나타내면
$(4, 6), (5, 5), (5, 6), (6, 4), (6, 5), (6, 6)$의 6가지
따라서 눈의 수의 합이 9 이하인 경우의 수는 $36-6=30$이므로 확률은 $\dfrac{30}{36}=\dfrac{5}{6}$

이 게임을 180번 하여 나오는 눈의 수의 합이 9 이하인 횟수를 확률변수 X라 하면 X는 이항분포 $B\left(180, \dfrac{5}{6}\right)$를 따른다.

$$\therefore E(X)=180 \times \dfrac{5}{6}=150$$
$$V(X)=180 \times \dfrac{5}{6} \times \dfrac{1}{6}=25$$

이때 $n=180$은 충분히 큰 수이므로 X는 근사적으로 정규분포 $N(150, 5^2)$을 따른다.
또, 얻은 점수의 합은
$3X-2(180-X)=5X-360$
이고, 점수의 합이 365점 이상이고 440점 이하이어야 하므로
$365 \leq 5X-360 \leq 440$ $\therefore 145 \leq X \leq 160$

$Z=\dfrac{X-150}{5}$으로 놓으면 Z는 표준정규분포 $N(0, 1)$을 따르므로 구하는 확률은
$$\begin{aligned} P(145 \leq X \leq 160) &= P\left(\dfrac{145-150}{5} \leq Z \leq \dfrac{160-150}{5}\right) \\ &= P(-1 \leq Z \leq 2) \\ &= P(-1 \leq Z \leq 0)+P(0 \leq Z \leq 2) \\ &= P(0 \leq Z \leq 1)+P(0 \leq Z \leq 2) \\ &= 0.3413+0.4772 \\ &= 0.8185 \end{aligned}$$

답 0.8185

1371 **답** ② 　　　　　　　　　　　　　| 유형 17

○×에 대한 문제 100개에 대하여 각각 임
단서1
의로 답할 때, 맞힌 문제의 개수가 a 이상일 확률이 0.02이다. a의 값을 오른쪽 표준정규분포표를 이용하여 구한 것은?

z	P($0 \leq Z \leq z$)
0.5	0.19
1.0	0.34
1.5	0.43
2.0	0.48

① 55　　② 60　　③ 65
④ 70　　⑤ 75

단서1 맞힌 문제의 개수를 확률변수 X라 하면 X는 이항분포 $B\left(100, \dfrac{1}{2}\right)$을 따름을 이용

STEP 1 확률변수 X를 정하고, X가 따르는 이항분포 구하기

한 문제에 임의로 답할 때, 정답을 맞힐 확률은 $\dfrac{1}{2}$이므로 맞힌 문제의 개수를 확률변수 X라 하면 X는 이항분포 $B\left(100, \dfrac{1}{2}\right)$을 따른다.

STEP 2 확률변수 X가 근사적으로 따르는 정규분포 구하기

$$E(X)=100 \times \dfrac{1}{2}=50$$
$$V(X)=100 \times \dfrac{1}{2} \times \dfrac{1}{2}=25$$

이때 $n=100$은 충분히 큰 수이므로 X는 근사적으로 정규분포 $N(50, 5^2)$을 따른다.

STEP 3 확률변수 X를 표준화하여 a에 대한 식 세우기

$Z=\dfrac{X-50}{5}$으로 놓으면 Z는 표준정규분포 $N(0, 1)$을 따르므로
$P(X \geq a)=0.02$에서
$$P\left(Z \geq \dfrac{a-50}{5}\right)=0.02 \quad\cdots\cdots ㉠$$

STEP 4 a의 값 구하기
표준정규분포표에서 $P(0 \leq Z \leq 2)=0.48$이므로
$$\begin{aligned} P(Z \geq 2) &= 0.5-P(0 \leq Z \leq 2) \\ &= 0.5-0.48 \\ &= 0.02 \quad\cdots\cdots ㉡ \end{aligned}$$

㉠, ㉡에서
$$\dfrac{a-50}{5}=2 \quad \therefore a=60$$

1372 **답** ②

확률변수 X가 이항분포 $B\left(1200, \dfrac{3}{4}\right)$을 따르므로
$$E(X)=1200 \times \dfrac{3}{4}=900$$
$$V(X)=1200 \times \dfrac{3}{4} \times \dfrac{1}{4}=225$$

이때 $n=1200$은 충분히 큰 수이므로 X는 근사적으로 정규분포 $N(900, 15^2)$을 따른다.

$Z=\dfrac{X-900}{15}$으로 놓으면 Z는 표준정규분포 $N(0, 1)$을 따르므로
$P(X \leq a)=0.84$에서
$$P\left(Z \leq \dfrac{a-900}{15}\right)=0.84 \quad\cdots\cdots ㉠$$

표준정규분포표에서 $P(0 \leq Z \leq 1)=0.34$이므로
$$\begin{aligned} P(Z \leq 1) &= P(Z \leq 0)+P(0 \leq Z \leq 1) \\ &= 0.5+0.34 \\ &= 0.84 \quad\cdots\cdots ㉡ \end{aligned}$$

㉠, ㉡에서
$$\dfrac{a-900}{15}=1 \quad \therefore a=915$$

1373 **답** ②

한 개의 동전을 던져서 앞면이 나올 확률이 $\dfrac{1}{2}$이므로 확률변수 X

는 이항분포 $B\left(400, \dfrac{1}{2}\right)$을 따른다.

$\therefore \mathrm{E}(X)=400\times\dfrac{1}{2}=200$

$\quad \mathrm{V}(X)=400\times\dfrac{1}{2}\times\dfrac{1}{2}=100$

이때 $n=400$은 충분히 큰 수이므로 X는 근사적으로 정규분포 $\mathrm{N}(200,\ 10^2)$을 따른다.

$Z=\dfrac{X-200}{10}$으로 놓으면 Z는 표준정규분포 $\mathrm{N}(0,\ 1)$을 따르므로

$\mathrm{P}(X\leq k)=0.9772$에서

$\mathrm{P}\left(Z\leq\dfrac{k-200}{10}\right)=0.9772$ ┄┄┄┄┄┄┄┄┄┄ ㉠

표준정규분포표에서 $\mathrm{P}(0\leq Z\leq 2)=0.4772$이므로

$\mathrm{P}(Z\leq 2)=\mathrm{P}(Z\leq 0)+\mathrm{P}(0\leq Z\leq 2)$

$\qquad\qquad =0.5+0.4772$

$\qquad\qquad =0.9772$ ┄┄┄┄┄┄┄┄┄┄ ㉡

㉠, ㉡에서

$\dfrac{k-200}{10}=2$

$\therefore k=220$

1374 🗒 ①

450번 중 3점 슛을 성공시키는 횟수를 확률변수 X라 하면 X는 이항분포 $B\left(450, \dfrac{1}{3}\right)$을 따르므로

$\mathrm{E}(X)=450\times\dfrac{1}{3}=150$

$\mathrm{V}(X)=450\times\dfrac{1}{3}\times\dfrac{2}{3}=100$

이때 $n=450$은 충분히 큰 수이므로 X는 근사적으로 정규분포 $\mathrm{N}(150,\ 10^2)$을 따른다.

$Z=\dfrac{X-150}{10}$으로 놓으면 Z는 표준정규분포 $\mathrm{N}(0,\ 1)$을 따르므로

$\mathrm{P}(X\geq a)=0.16$에서

$\mathrm{P}\left(Z\geq\dfrac{a-150}{10}\right)=0.16$ ┄┄┄┄┄┄┄┄┄┄ ㉠

표준정규분포표에서 $\mathrm{P}(0\leq Z\leq 1)=0.34$이므로

$\mathrm{P}(Z\geq 1)=0.5-\mathrm{P}(0\leq Z\leq 1)$

$\qquad\qquad =0.5-0.34$

$\qquad\qquad =0.16$ ┄┄┄┄┄┄┄┄┄┄ ㉡

㉠, ㉡에서

$\dfrac{a-150}{10}=1$

$\therefore a=160$

1375 🗒 ②

오지선다형 한 문제에 임의로 답할 때 정답을 맞힐 확률은 $\dfrac{1}{5}$이므로 맞힌 문제의 개수를 확률변수 X라 하면 X는 이항분포 $B\left(225, \dfrac{1}{5}\right)$을 따른다.

$\therefore \mathrm{E}(X)=225\times\dfrac{1}{5}=45$

$\quad \mathrm{V}(X)=225\times\dfrac{1}{5}\times\dfrac{4}{5}=36$

이때 $n=225$는 충분히 큰 수이므로 X는 근사적으로 정규분포 $\mathrm{N}(45,\ 6^2)$을 따른다.

$Z=\dfrac{X-45}{6}$로 놓으면 Z는 표준정규분포 $\mathrm{N}(0,\ 1)$을 따르므로

$\mathrm{P}(39\leq X\leq a)=0.8185$에서

$\mathrm{P}\left(\dfrac{39-45}{6}\leq Z\leq\dfrac{a-45}{6}\right)=0.8185$

$\mathrm{P}\left(-1\leq Z\leq\dfrac{a-45}{6}\right)=0.8185$

$\mathrm{P}(-1\leq Z\leq 0)+\mathrm{P}\left(0\leq Z\leq\dfrac{a-45}{6}\right)=0.8185$

$\mathrm{P}(0\leq Z\leq 1)+\mathrm{P}\left(0\leq Z\leq\dfrac{a-45}{6}\right)=0.8185$

$0.3413+\mathrm{P}\left(0\leq Z\leq\dfrac{a-45}{6}\right)=0.8185$

$\therefore \mathrm{P}\left(0\leq Z\leq\dfrac{a-45}{6}\right)=0.8185-0.3413=0.4772$

표준정규분포표에서 $\mathrm{P}(0\leq Z\leq 2)=0.4772$이므로

$\dfrac{a-45}{6}=2$

$\therefore a=57$

1376 🗒 ③

이 회사에서 생산한 2500개의 제품 중에서 불량품의 개수를 확률변수 X라 하면 X는 이항분포 $B(2500,\ 0.02)$를 따르므로

$\mathrm{E}(X)=2500\times 0.02=50$

$\mathrm{V}(X)=2500\times 0.02\times 0.98=49$

이때 $n=2500$은 충분히 큰 수이므로 X는 근사적으로 정규분포 $\mathrm{N}(50,\ 7^2)$을 따른다.

$Z=\dfrac{X-50}{7}$으로 놓으면 Z는 표준정규분포 $\mathrm{N}(0,\ 1)$을 따르므로

$\mathrm{P}(a\leq X\leq 57)=0.6826$에서

$\mathrm{P}\left(\dfrac{a-50}{7}\leq Z\leq\dfrac{57-50}{7}\right)=0.6826$

$\mathrm{P}\left(\dfrac{a-50}{7}\leq Z\leq 1\right)=0.6826$

$\mathrm{P}\left(\dfrac{a-50}{7}\leq Z\leq 0\right)+\mathrm{P}(0\leq Z\leq 1)=0.6826$

$\mathrm{P}\left(0\leq Z\leq-\dfrac{a-50}{7}\right)+0.3413=0.6826$

$\therefore \mathrm{P}\left(0\leq Z\leq-\dfrac{a-50}{7}\right)=0.6826-0.3413=0.3413$

표준정규분포표에서 $\mathrm{P}(0\leq Z\leq 1)=0.3413$이므로

$-\dfrac{a-50}{7}=1$

$\therefore a=43$

1377 🗒 14

합격자 중 등록하지 않은 사람의 수를 확률변수 X라 하면 X는 이항분포 $B\left(100, \dfrac{1}{5}\right)$을 따르므로

$\mathrm{E}(X)=100\times\dfrac{1}{5}=20$

$\mathrm{V}(X)=100\times\dfrac{1}{5}\times\dfrac{4}{5}=16$

이때 $n=100$은 충분히 큰 수이므로 X는 근사적으로 정규분포
$N(20,\ 4^2)$을 따른다.

$Z=\dfrac{X-20}{4}$으로 놓으면 Z는 표준정규분포 $N(0,\ 1)$을 따르므로

$P(X\ge k)=0.93$에서

$P\left(Z\ge\dfrac{k-20}{4}\right)=0.93$ ·· ㉠

표준정규분포표에서 $P(0\le Z\le1.5)=0.43$이므로

$$P(Z\ge-1.5)=P(-1.5\le Z\le0)+P(Z\ge0)$$
$$=P(0\le Z\le1.5)+0.5$$
$$=0.43+0.5$$
$$=0.93$$ ··· ㉡

㉠, ㉡에서

$\dfrac{k-20}{4}=-1.5$

$\therefore k=14$

1378 📖 100

확률변수 X가 이항분포 $B\left(n,\ \dfrac{1}{10}\right)$을 따르므로

$E(X)=n\times\dfrac{1}{10}=\dfrac{n}{10}$

$V(X)=n\times\dfrac{1}{10}\times\dfrac{9}{10}=\dfrac{9n}{100}$

이때 n은 충분히 큰 수이므로 X는 근사적으로 정규분포

$N\left(\dfrac{n}{10},\ \left(\dfrac{3\sqrt{n}}{10}\right)^2\right)$을 따른다.

$Z=\dfrac{X-\dfrac{n}{10}}{\dfrac{3\sqrt{n}}{10}}$으로 놓으면 Z는 표준정규분포 $N(0,\ 1)$을 따르므로

$P\left(\left|X-\dfrac{n}{10}\right|\le6\right)\ge0.96$에서

$P\left(-6\le X-\dfrac{n}{10}\le6\right)\ge0.96$

$P\left(-\dfrac{6}{\dfrac{3\sqrt{n}}{10}}\le Z\le\dfrac{6}{\dfrac{3\sqrt{n}}{10}}\right)\ge0.96$

$2P\left(0\le Z\le\dfrac{6}{\dfrac{3\sqrt{n}}{10}}\right)\ge0.96$

$\therefore P\left(0\le Z\le\dfrac{6}{\dfrac{3\sqrt{n}}{10}}\right)\ge0.48$

표준정규분포표에서 $P(0\le Z\le2)=0.48$이므로

$\dfrac{6}{\dfrac{3\sqrt{n}}{10}}\ge2,\ \dfrac{20}{\sqrt{n}}\ge2$

$\sqrt{n}\le10$

$\therefore n\le100$

따라서 구하는 자연수 n의 최댓값은 100이다.

실수 Check

절댓값의 성질을 이용하여 $\left|X-\dfrac{n}{10}\right|\le6$은 $-6\le X-\dfrac{n}{10}\le6$으로 나타낸다. 이 부등식의 각 변을 $\dfrac{3\sqrt{n}}{10}$으로 나누어 표준화할 수 있어야 한다.

1378-1

어느 여행지를 방문한 사람의 75 %는 이 여행지를 재방문한 사람이라고 한다. 어느 날 이 여행지를 방문한 사람 n명 중 재방문한 사람의 수를 확률변수 X라 할 때,

z	$P(0\le Z\le z)$
0.5	0.19
1.0	0.34
1.5	0.43
2.0	0.48

$P\left(\left|X-\dfrac{3}{4}n\right|\ge15\right)\le0.14$를 만족시키는 자연수 n의 최댓값을 위의 표준정규분포표를 이용하여 구하시오. (단, n은 충분히 큰 수이다.)

확률변수 X가 이항분포 $B\left(n,\ \dfrac{3}{4}\right)$을 따르므로

$E(X)=n\times\dfrac{3}{4}=\dfrac{3}{4}n$

$V(X)=n\times\dfrac{3}{4}\times\dfrac{1}{4}=\dfrac{3}{16}n$

이때 n은 충분히 큰 수이므로 X는 근사적으로 정규분포

$N\left(\dfrac{3}{4}n,\ \left(\dfrac{\sqrt{3n}}{4}\right)^2\right)$을 따른다.

$Z=\dfrac{X-\dfrac{3}{4}n}{\dfrac{\sqrt{3n}}{4}}$으로 놓으면 Z는 표준정규분포 $N(0,\ 1)$을 따르므로

$P\left(\left|X-\dfrac{3}{4}n\right|\ge15\right)\le0.14$에서

$P\left(\left|X-\dfrac{3}{4}n\right|\le15\right)\ge0.86$

$P\left(-15\le X-\dfrac{3}{4}n\le15\right)\ge0.86$

$P\left(-\dfrac{15}{\dfrac{\sqrt{3n}}{4}}\le Z\le\dfrac{15}{\dfrac{\sqrt{3n}}{4}}\right)\ge0.86$

$2P\left(0\le Z\le\dfrac{15}{\dfrac{\sqrt{3n}}{4}}\right)\ge0.86$

$\therefore P\left(0\le Z\le\dfrac{15}{\dfrac{\sqrt{3n}}{4}}\right)\ge0.43$

표준정규분포표에서 $P(0\le Z\le1.5)=0.43$이므로

$\dfrac{15}{\dfrac{\sqrt{3n}}{4}}\ge1.5,\ \dfrac{60}{\sqrt{3n}}\ge\dfrac{3}{2}$

$\sqrt{3n}\le40$

$\therefore n\le\dfrac{1600}{3}=533.3\times\times\times$

따라서 구하는 자연수 n의 최댓값은 533이다.

📖 533

1379 📖 57

이 지역의 대학수학능력시험 응시자의 수학 영역의 점수를 확률변수 X라 하면 X는 정규분포 $N(60,\ 15^2)$을 따른다.

$Z_X=\dfrac{X-60}{15}$으로 놓으면 Z_X는 표준정규분포 $N(0,\ 1)$을 따르므로

이 지역 응시자의 수학 영역의 점수가 90점 이상일 확률은

$$P(X \geq 90) = P\left(Z_X \geq \frac{90-60}{15}\right)$$
$$= P(Z_X \geq 2)$$
$$= 0.5 - P(0 \leq Z_X \leq 2)$$
$$= 0.5 - 0.48$$
$$= 0.02$$

따라서 임의로 택한 2500명 중에서 수학 영역의 점수가 90점 이상인 학생 수를 확률변수 Y라 하면 Y는 이항분포 $B\left(2500, \frac{1}{50}\right)$을 따른다.

$$\therefore E(Y) = 2500 \times \frac{1}{50} = 50$$
$$V(Y) = 2500 \times \frac{1}{50} \times \frac{49}{50} = 49$$

이때 $n = 2500$은 충분히 큰 수이므로 Y는 근사적으로 정규분포 $N(50, 7^2)$을 따른다.

$Z_Y = \frac{Y-50}{7}$으로 놓으면 Z_Y는 표준정규분포 $N(0, 1)$을 따르므로

$P(Y \geq a) = 0.16$에서

$$P\left(Z_Y \geq \frac{a-50}{7}\right) = 0.16 \quad\text{·············· ㉠}$$

표준정규분포표에서 $P(0 \leq Z \leq 1) = 0.34$이므로

$$P(Z \geq 1) = 0.5 - P(0 \leq Z \leq 1)$$
$$= 0.5 - 0.34$$
$$= 0.16 \quad\text{·············· ㉡}$$

㉠, ㉡에서

$$\frac{a-50}{7} = 1$$
$$\therefore a = 57$$

실수 Check

2500명 중에서 수학 영역 점수가 90점 이상인 학생 수가 a 이상일 확률을 $P(X \geq 90) = 0.16$으로 나타내지 않도록 주의한다. 확률변수 X는 수학 영역의 점수의 정규분포를 따르는 것이므로 점수가 90점 이상일 확률을 구하는 경우에 이용해야 한다. 따라서 구하는 확률은 X와 다른 확률변수 Y를 사용하여 학생 수가 따르는 확률분포를 찾아야 한다.

1380 답 ②

주사위를 한 번 던져서 홀수의 눈이 나올 확률은 $\frac{1}{2}$이므로

홀수의 눈이 나오는 횟수를 확률변수 X라 하면 X는 이항분포 $B\left(400, \frac{1}{2}\right)$을 따른다.

$$\therefore E(X) = 400 \times \frac{1}{2} = 200$$
$$V(X) = 400 \times \frac{1}{2} \times \frac{1}{2} = 100$$

이때 $n = 400$은 충분히 큰 수이므로 X는 근사적으로 정규분포 $N(200, 10^2)$을 따른다.

$Z = \frac{X-200}{10}$으로 놓으면 Z는 표준정규분포 $N(0, 1)$을 따른다.

또, 얻은 점수의 합은 $5X - 3(400-X) = 8X - 1200$이고, 얻은 점수가 a점 이상일 확률이 0.0668이므로

$P(8X - 1200 \geq a) = 0.0668$에서

$$P\left(X \geq \frac{a+1200}{8}\right) = 0.0668$$

$$P\left(Z \geq \frac{\frac{a+1200}{8} - 200}{10}\right) = 0.0668 \quad\text{·············· ㉠}$$

표준정규분포표에서 $P(0 \leq Z \leq 1.5) = 0.4332$이므로

$$P(Z \geq 1.5) = 0.5 - P(0 \leq Z \leq 1.5)$$
$$= 0.5 - 0.4332$$
$$= 0.0668 \quad\text{·············· ㉡}$$

㉠, ㉡에서

$$\frac{\frac{a+1200}{8} - 200}{10} = 1.5$$

$$\therefore a = 520$$

실수 Check

얻은 점수의 합이 a점 이상일 확률은 $P(X \geq a) = 0.0668$이 아닌 $P\left(X \geq \frac{a+1200}{8}\right) = 0.0668$임에 주의한다.

서술형 유형 익히기 302쪽~305쪽

1381 답 (1) 1 (2) $\frac{1}{3}$ (3) $\frac{2}{9}$ (4) $\frac{11}{12}$

STEP 1 상수 k의 값 구하기 [2점]

확률밀도함수 $y = f(x)$의 그래프와 x축으로 둘러싸인 도형의 넓이가 1이므로

$$\frac{1}{2} \times (2+4) \times k = \boxed{1} \qquad \therefore k = \frac{1}{3}$$

STEP 2 $0 \leq x \leq 4$에서 $f(x)$ 구하기 [2점]

$$f(x) = \begin{cases} \frac{2}{3}x & \left(0 \leq x \leq \frac{1}{2}\right) \\ \boxed{\dfrac{1}{3}} & \left(\frac{1}{2} \leq x \leq \frac{5}{2}\right) \\ -\frac{2}{9}x + \frac{8}{9} & \left(\frac{5}{2} \leq x \leq 4\right) \end{cases}$$

STEP 3 $\frac{1}{k}P(2 \leq X \leq 3)$의 값 구하기 [2점]

$P(2 \leq X \leq 3)$은 그림의 색칠한 부분의 넓이이므로

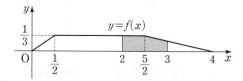

$$P(2 \leq X \leq 3) = P\left(2 \leq X \leq \frac{5}{2}\right) + P\left(\frac{5}{2} \leq X \leq 3\right)$$
$$= \frac{1}{2} \times \frac{1}{3} + \frac{1}{2} \times \left(\frac{1}{3} + \boxed{\frac{2}{9}}\right) \times \frac{1}{2}$$
$$= \frac{11}{36}$$

$$\therefore \frac{1}{k}P(2 \leq X \leq 3) = 3 \times \frac{11}{36} = \boxed{\frac{11}{12}}$$

$\dfrac{1}{2}\times(2+4)\times k=1$이므로 $k=\dfrac{1}{3}$

$\therefore f(x)=\begin{cases}\dfrac{2}{3}x & \left(0\le x\le\dfrac{1}{2}\right)\\[2mm]\dfrac{1}{3} & \left(\dfrac{1}{2}\le x\le\dfrac{5}{2}\right)\\[2mm]-\dfrac{2}{9}x+\dfrac{8}{9} & \left(\dfrac{5}{2}\le x\le4\right)\end{cases}$

$P\left(2\le x\le\dfrac{5}{2}\right)=\dfrac{1}{2}\times\dfrac{1}{3}=\dfrac{1}{6}$

$P\left(\dfrac{5}{2}\le x\le3\right)=\dfrac{1}{2}\times\left(\dfrac{1}{3}+\dfrac{2}{9}\right)\times\dfrac{1}{2}=\dfrac{5}{36}$

$\therefore 3\times\left(\dfrac{1}{6}+\dfrac{5}{36}\right)=\dfrac{11}{12}$

1382 🖋 $\dfrac{43}{24}$

STEP 1 상수 k의 값 구하기 [2점]

확률밀도함수 $y=f(x)$의 그래프와 x축 및 직선 $x=0$으로 둘러싸인 도형의 넓이가 1이므로

$\dfrac{1}{2}\times\left(\dfrac{1}{2}k+k\right)\times2+\dfrac{1}{2}\times6\times k=1$

$\dfrac{3}{2}k+3k=1$

$\therefore k=\dfrac{2}{9}$

STEP 2 $0\le x\le8$에서 $f(x)$ 구하기 [2점]

$f(x)=\begin{cases}\dfrac{1}{18}x+\dfrac{1}{9} & (0\le x\le2)\\[2mm]-\dfrac{1}{27}x+\dfrac{8}{27} & (2\le x\le8)\end{cases}$

STEP 3 $\dfrac{1}{k}P(1\le X\le3)$의 값 구하기 [2점]

$P(1\le X\le3)$은 그림의 색칠한 부분의 넓이이므로

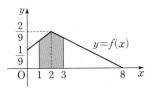

$P(1\le X\le3)=P(1\le X\le2)+P(2\le X\le3)$

$=\dfrac{1}{2}\times\left(\dfrac{1}{6}+\dfrac{2}{9}\right)\times1+\dfrac{1}{2}\times\left(\dfrac{2}{9}+\dfrac{5}{27}\right)\times1$

$\underset{f(1)}{}\qquad\underset{f(2)}{}$

$=\dfrac{7}{36}+\dfrac{11}{54}=\dfrac{43}{108}$ $f(3)=-\dfrac{1}{27}\times3+\dfrac{8}{27}$

$\therefore \dfrac{1}{k}P(1\le X\le3)=\dfrac{9}{2}\times\dfrac{43}{108}=\dfrac{43}{24}$ $=\dfrac{5}{27}$

1383 🖋 $\dfrac{1}{16}$

STEP 1 $P(0\le X\le4)=1$임을 이용하여 상수 k의 값 구하기 [3점]

연속확률변수 X가 갖는 값의 범위가 $0\le X\le4$이므로

$P(0\le X\le4)=1$

$P(x\le X\le4)=k(4-x)$에 $x=0$을 대입하면

$P(0\le X\le4)=4k=1$

$\therefore k=\dfrac{1}{4}$

STEP 2 $P(0\le X\le k)$ 구하기 [3점]

$P(0\le X\le k)=P\left(0\le X\le\dfrac{1}{4}\right)$

$=P(0\le X\le4)-P\left(\dfrac{1}{4}\le X\le4\right)$

$=1-\dfrac{1}{4}\times\left(4-\dfrac{1}{4}\right)$

$=1-\dfrac{15}{16}=\dfrac{1}{16}$ $\longrightarrow$ $P(x\le X\le4)=\dfrac{1}{4}(4-x)$의 x에 $\dfrac{1}{4}$을 대입한다.

1384 🖋 (1) 72 (2) 84 (3) 0.5 (4) 0.0228 (5) 0.0228

STEP 1 정규분포를 따르는 확률변수 X 정하기 [2점]

배터리를 한 번 충전한 후 완전히 방전되는 데 걸리는 시간을 확률변수 X라 하면 X는 정규분포 $N(72,\,6^2)$을 따른다.

STEP 2 $Z=\dfrac{X-m}{\sigma}$으로 표준화하기 [1점]

$Z=\dfrac{X-\boxed{72}}{6}$로 놓으면 Z는 표준정규분포 $N(0,\,1)$을 따른다.

STEP 3 구하는 확률을 Z에 대한 확률로 나타내기 [2점]

한 번 충전한 후 완전히 방전되는 데 걸리는 시간이 84시간 이상일 확률은

$P(X\ge84)=P\left(Z\ge\dfrac{\boxed{84}-72}{6}\right)$

$=P(Z\ge2)$

STEP 4 표준정규분포표를 이용하여 확률 구하기 [3점]

$P(Z\ge2)=P(Z\ge0)-P(0\le Z\le2)$

$=\boxed{0.5}-0.4772$

$=\boxed{0.0228}$

따라서 구하는 확률은 $\boxed{0.0228}$이다.

휴대폰 배터리를 한 번 충전한 후 완전히 방전되는 데 걸리는 시간 :

$X\to N(72,\,6^2)$

$Z=\dfrac{X-72}{6}\to N(0,\,1)$

$\therefore P(X\ge84)=P\left(Z\ge\dfrac{84-72}{6}\right)$

$=P(Z\ge2)$

$=0.5-P(0\le Z\le2)$

$=0.5-0.4772$

$=0.0228$

1385 🖋 0.0668

STEP 1 정규분포를 따르는 확률변수 X 정하기 [2점]

지난 일주일 동안 수학 공부를 한 시간을 확률변수 X라 하면 X는 정규분포 $N(10,\,2^2)$을 따른다.

STEP 2 $Z=\dfrac{X-m}{\sigma}$으로 표준화하기 [1점]

$Z=\dfrac{X-10}{2}$으로 놓으면 Z는 표준정규분포 $N(0,\,1)$을 따른다.

STEP 3 구하는 확률을 Z에 대한 확률로 나타내기 [2점]

지난 일주일 동안 수학 공부를 한 시간이 7시간 이하일 확률은

$$P(X \leq 7) = P\left(Z \leq \frac{7-10}{2}\right)$$
$$= P(Z \leq -1.5)$$

STEP4 표준정규분포표를 이용하여 확률 구하기 [3점]

$$P(Z \leq -1.5) = P(Z \geq 1.5)$$
$$= 0.5 - P(0 \leq Z \leq 1.5)$$
$$= 0.5 - 0.4332$$
$$= 0.0668$$

따라서 구하는 확률은 0.0668이다.

1386 답 60

STEP1 정규분포를 따르는 확률변수 X 정하기 [2점]

이 앱을 이용하여 고객이 음식을 주문하고 받기까지 기다리는 시간을 확률변수 X라 하면 X는 정규분포 $N(40, 8^2)$을 따른다.

STEP2 $Z = \dfrac{X-m}{\sigma}$으로 표준화하기 [1점]

$Z = \dfrac{X-40}{8}$으로 놓으면 Z는 표준정규분포 $N(0, 1)$을 따른다.

STEP3 이 고객이 음식을 주문하고 받기까지 기다린 시간이 a분 이하일 확률이 0.99임을 Z, a에 대한 식으로 나타내기 [2점]

$P(X \leq a) = 0.99$에서

$$P\left(Z \leq \frac{a-40}{8}\right) = 0.99 \quad\cdots\cdots\cdots\cdots ㉠$$

STEP4 표준정규분포표를 이용하여 a의 값 구하기 [3점]

표준정규분포표에서 $P(0 \leq Z \leq 2.5) = 0.49$이므로

$$P(Z \leq 2.5) = P(Z \leq 0) + P(0 \leq Z \leq 2.5)$$
$$= 0.5 + 0.49$$
$$= 0.99 \quad\cdots\cdots ㉡ \quad\cdots\cdots ⓐ$$

㉠, ㉡에서

$$\frac{a-40}{8} = 2.5$$

$$\therefore a = 60$$

부분점수표	
ⓐ $P(Z \leq 2.5) = 0.99$임을 구한 경우	2점

1387 답 0.1

STEP1 정규분포를 따르는 확률변수 X를 정하고, $Z = \dfrac{X-m}{\sigma}$으로 표준화하기 [2점]

이 고등학교 학생의 키를 확률변수 X라 하면 X는 정규분포 $N(m, 10^2)$을 따르므로 $Z = \dfrac{X-m}{10}$으로 놓으면 Z는 표준정규분포 $N(0, 1)$을 따른다.

STEP2 키가 170.4 이상인 학생이 150명임을 Z, m에 대한 식으로 나타내기 [2점]

이 고등학교 학생 1000명 중에서 키가 170.4 이상인 학생이 150명이므로

$$P(X \geq 170.4) = \frac{150}{1000} = 0.15 \quad\cdots\cdots ⓐ$$

$$\therefore P\left(Z \geq \frac{170.4-m}{10}\right) = 0.15 \quad\cdots\cdots\cdots\cdots ㉠$$

STEP3 표준정규분포표를 이용하여 m의 값 구하기 [3점]

표준정규분포표에서 $P(0 \leq Z \leq 1.04) = 0.35$이므로

$$P(Z \geq 1.04) = 0.5 - P(0 \leq Z \leq 1.04)$$
$$= 0.5 - 0.35$$
$$= 0.15 \quad\cdots\cdots\cdots\cdots ㉡ \quad\cdots\cdots ⓑ$$

㉠, ㉡에서

$$\frac{170.4-m}{10} = 1.04$$

$$\therefore m = 160$$

STEP4 표준정규분포표를 이용하여 확률 구하기 [3점]

구하는 확률은

$$P(168.4 \leq X \leq 172.8)$$
$$= P\left(\frac{168.4-160}{10} \leq Z \leq \frac{172.8-160}{10}\right)$$
$$= P(0.84 \leq Z \leq 1.28) \quad\cdots\cdots ⓒ$$
$$= P(0 \leq Z \leq 1.28) - P(0 \leq Z \leq 0.84)$$
$$= 0.40 - 0.30$$
$$= 0.1$$

부분점수표	
ⓐ $P(X \geq 170.4) = 0.15$임을 구한 경우	1점
ⓑ $P(Z \geq 1.04) = 0.15$임을 구한 경우	2점
ⓒ $P(168.4 \leq X \leq 172.8)$을 표준화한 경우	1점

1388 답 (1) $\dfrac{9}{10}$ (2) 9 (3) 90 (4) 1 (5) 0.8185

STEP1 확률변수 X가 따르는 이항분포 구하기 [2점]

확률변수 X의 확률질량함수가

$$P(X=x) = {}_{100}C_x \left(\frac{9}{10}\right)^x \left(\frac{1}{10}\right)^{100-x} \quad (x=0, 1, 2, \cdots, 100)$$

이므로 X는 이항분포 $B\left(100, \boxed{\dfrac{9}{10}}\right)$를 따른다.

STEP2 확률변수 X가 근사적으로 따르는 정규분포 구하기 [2점]

$$E(X) = 100 \times \frac{9}{10} = 90$$

$$V(X) = 100 \times \frac{9}{10} \times \frac{1}{10} = \boxed{9}$$

이때 $n = 100$은 충분히 큰 수이므로 X는 근사적으로 정규분포 $N(90, 3^2)$을 따른다.

STEP3 표준화하여 $\displaystyle\sum_{k=87}^{96} P(X=k)$의 값 구하기 [4점]

$Z = \dfrac{X - \boxed{90}}{3}$으로 놓으면 Z는 표준정규분포 $N(0, 1)$을 따르므로 구하는 확률은

$$\sum_{k=87}^{96} P(X=k) = P(87 \leq X \leq 96)$$
$$= P\left(\frac{87-90}{3} \leq Z \leq \frac{96-90}{3}\right)$$
$$= P(-1 \leq Z \leq 2)$$
$$= P(-1 \leq Z \leq 0) + P(0 \leq Z \leq 2)$$
$$= P(0 \leq Z \leq \boxed{1}) + P(0 \leq Z \leq 2)$$
$$= 0.3413 + 0.4772$$
$$= \boxed{0.8185}$$

$$X : B\left(100, \frac{9}{10}\right) \rightarrow N(90, 3^2)$$

$$\therefore \sum_{k=87}^{96} P(X=k) = P(87 \le X \le 96)$$

$$= P(-1 \le Z \le 2)$$

$$= P(-1 \le Z \le 0) + P(0 \le Z \le 2)$$

$$= 0.3413 + 0.4772$$

$$= 0.8185$$

1389 📖 0.29

STEP 1 확률변수 X가 따르는 이항분포 구하기 [2점]

확률변수 X의 확률질량함수가

$$P(X=x) = {}_{400}C_x \left(\frac{1}{5}\right)^x \left(\frac{4}{5}\right)^{400-x} \quad (x=0, 1, 2, \cdots, 400)$$

이므로 X는 이항분포 $B\left(400, \frac{1}{5}\right)$을 따른다.

STEP 2 확률변수 X가 근사적으로 따르는 정규분포 구하기 [2점]

$$E(X) = 400 \times \frac{1}{5} = 80$$

$$V(X) = 400 \times \frac{1}{5} \times \frac{4}{5} = 64 \qquad \cdots\cdots ⓐ$$

이때 $n=400$은 충분히 큰 수이므로 X는 근사적으로 정규분포 $N(80, 8^2)$을 따른다.

STEP 3 표준화하여 $\sum_{k=84}^{96} P(X=k)$의 값 구하기 [4점]

$Z = \dfrac{X-80}{8}$으로 놓으면 Z는 표준정규분포 $N(0, 1)$을 따르므로

$$\sum_{k=84}^{96} P(X=k) = P(84 \le X \le 96)$$

$$= P\left(\frac{84-80}{8} \le Z \le \frac{96-80}{8}\right)$$

$$= P(0.5 \le Z \le 2) \qquad \cdots\cdots ⓑ$$

$$= P(0 \le Z \le 2) - P(0 \le Z \le 0.5)$$

$$= 0.48 - 0.19$$

$$= 0.29$$

부분점수표	
ⓐ $E(X)$, $V(X)$를 구한 경우	1점
ⓑ $\sum_{k=84}^{96} P(X=k)$를 $P(0.5 \le Z \le 2)$로 표준화한 경우	2점

1390 📖 0.11

STEP 1 확률변수 X를 정하고, X가 따르는 이항분포 구하기 [2점]

항체가 생성되는 사람의 수를 확률변수 X라 하면 X는 이항분포 $B\left(1600, \frac{4}{5}\right)$를 따른다.

STEP 2 확률변수 X가 근사적으로 따르는 정규분포 구하기 [2점]

$$E(X) = 1600 \times \frac{4}{5} = 1280$$

$$V(X) = 1600 \times \frac{4}{5} \times \frac{1}{5} = 256 \qquad \cdots\cdots ⓐ$$

이때 $n=1600$은 충분히 큰 수이므로 X는 근사적으로 정규분포 $N(1280, 16^2)$을 따른다.

STEP 3 표준화하여 확률 구하기 [4점]

$Z = \dfrac{X-1280}{16}$으로 놓으면 Z는 표준정규분포 $N(0, 1)$을 따르므로 구하는 확률은

$$P(X \ge 1300) = P\left(Z \ge \frac{1300-1280}{16}\right)$$

$$= P(Z \ge 1.25) \qquad \cdots\cdots ⓑ$$

$$= P(Z \ge 0) - P(0 \le Z \le 1.25)$$

$$= 0.5 - 0.39$$

$$= 0.11$$

부분점수표	
ⓐ $E(X)$, $V(X)$를 구한 경우	1점
ⓑ $P(X \ge 1300)$을 표준화한 경우	2점

1391 📖 0.84

STEP 1 수확한 거봉 1송이가 '특' 등급으로 분류될 확률 구하기 [3점]

거봉의 당도를 확률변수 X라 하면 X는 정규분포 $N(15, 1^2)$을 따르므로 $Z_X = \dfrac{X-15}{1}$로 놓으면 Z_X는 표준정규분포 $N(0, 1)$을 따른다.

따라서 수확한 거봉 1송이가 '특' 등급으로 분류될 확률은

$$P(X \ge 17) = P\left(Z_X \ge \frac{17-15}{1}\right)$$

$$= P(Z_X \ge 2) \qquad \cdots\cdots ⓐ$$

$$= P(Z_X \ge 0) - P(0 \le Z_X \le 2)$$

$$= 0.5 - 0.48$$

$$= 0.02$$

STEP 2 확률변수 Y를 정하고, Y가 따르는 이항분포 구하기 [2점]

수확한 거봉 1송이가 '특' 등급으로 분류될 확률이 0.02이므로 수확한 거봉 2500송이 중에서 '특' 등급으로 분류된 거봉의 수를 확률변수 Y라 하면 Y는 이항분포 $B\left(2500, \frac{1}{50}\right)$을 따른다.

STEP 3 확률변수 Y가 근사적으로 따르는 정규분포 구하기 [2점]

$$E(Y) = 2500 \times \frac{1}{50} = 50$$

$$= 50$$

$$V(Y) = 2500 \times \frac{1}{50} \times \frac{49}{50}$$

$$= 49 \qquad \cdots\cdots ⓑ$$

이때 $n=2500$은 충분히 큰 수이므로 Y는 근사적으로 정규분포 $N(50, 7^2)$을 따른다.

STEP 4 표준화하여 확률 구하기 [3점]

$Z_Y = \dfrac{Y-50}{7}$으로 놓으면 Z_Y는 표준정규분포 $N(0, 1)$을 따르므로 구하는 확률은

$$P(Y \ge 43) = P\left(Z_Y \ge \frac{43-50}{7}\right)$$

$$= P(Z_Y \ge -1) \qquad \cdots\cdots ⓒ$$

$$= P(-1 \le Z_Y \le 0) + P(Z_Y \ge 0)$$

$$= P(0 \le Z_Y \le 1) + 0.5$$

$$= 0.34 + 0.5$$

$$= 0.84$$

부분점수표	
➋ $P(X \geq 17)$을 표준화한 경우	1점
➌ $E(Y)$, $V(Y)$를 구한 경우	1점
➍ $P(Y \geq 43)$을 표준화한 경우	1점

실력 check 실전 마무리하기 1회   306쪽~311쪽

306쪽~311쪽

1 1392 답 ①   유형 2

출제의도 | 확률밀도함수의 그래프를 이용하여 확률을 구할 수 있는지 확인한다.

> 확률밀도함수의 그래프와 x축으로 둘러싸인 도형의 넓이가 1임을 이용하여 b의 값을 구해 보자.

$0 \leq x \leq 12$에서 확률밀도함수의 그래프와 x축으로 둘러싸인 도형의 넓이는 1이므로

$$\frac{1}{2} \times 12 \times b = 1$$

$$\therefore b = \frac{1}{6}$$

$P(0 \leq X \leq a) = \frac{5}{12}$이므로

$$\frac{1}{2} \times a \times \frac{1}{6} = \frac{5}{12}$$

$$\therefore a = 5$$

$$\therefore a + b = 5 + \frac{1}{6} = \frac{31}{6}$$

2 1393 답 ③   유형 2

출제의도 | 확률밀도함수의 그래프를 이용하여 확률을 구할 수 있는지 확인한다.

> 확률밀도함수의 그래프와 x축으로 둘러싸인 도형의 넓이가 1임을 이용하여 a의 값을 구해 보자. 이때 b의 값의 범위는 주어져 있지 않으므로 3보다 작은 경우와 큰 경우로 나누어 생각해 보자.

$0 \leq x \leq 8a$에서 확률밀도함수의 그래프와 x축으로 둘러싸인 도형의 넓이가 1이므로

$$\frac{1}{2} \times 8a \times a = 1, \quad 4a^2 = 1$$

$$\therefore a = \frac{1}{2} \ (\because a > 0)$$

$$\therefore f(x) = \begin{cases} \frac{1}{6}x & (0 \leq x \leq 3) \\ -\frac{1}{2}x + 2 & (3 \leq x \leq 4) \end{cases}$$

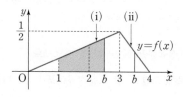

(i) $2 < b \leq 3$일 때

$$P(2a \leq X \leq b) = P(1 \leq X \leq b)$$
$$= \frac{1}{2} \times b \times \frac{b}{6} - \frac{1}{2} \times 1 \times \frac{1}{6}$$
$$= \frac{b^2}{12} - \frac{1}{12}$$

이때 $P(2a \leq X \leq b) = \frac{2}{3}$이므로

$$\frac{b^2}{12} - \frac{1}{12} = \frac{2}{3}$$

$$\therefore b = 3 \ (\because 2 < b \leq 3)$$

(ii) $3 < b \leq 4$일 때

$$P(2a \leq X \leq b) = P(1 \leq X \leq b)$$
$$= P(1 \leq X \leq 3) + P(3 \leq X \leq b)$$
$$= \frac{1}{2} \times 3 \times \frac{1}{2} - \frac{1}{2} \times 1 \times \frac{1}{6} + P(3 \leq X \leq b)$$
$$= \frac{2}{3} + P(3 \leq X \leq b)$$

이때 $P(2a \leq X \leq b) = \frac{2}{3}$이므로

$$\frac{2}{3} + P(3 \leq X \leq b) = \frac{2}{3}$$

$$P(3 \leq X \leq b) = 0$$

이때 $3 < b \leq 4$에서 $P(3 \leq X \leq b) = 0$을 만족시키는 b의 값은 없다.

(i), (ii)에서 $a = \frac{1}{2}$, $b = 3$이므로

$$\frac{b}{a} = \frac{3}{\frac{1}{2}} = 6$$

3 1394 답 ①   유형 3

출제의도 | 확률밀도함수가 주어질 때, 확률을 구할 수 있는지 확인한다.

> 구간이 나누어진 확률밀도함수 $y = f(x)$의 그래프를 그린 다음, 함수 $y = f(x)$의 그래프와 x축 및 직선 $x = 4$로 둘러싸인 도형의 넓이가 1임을 이용해 보자.

확률변수 X의 확률밀도함수 $y = f(x)$의 그래프를 그리면 그림과 같다.

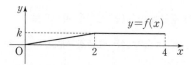

함수 $y = f(x)$의 그래프와 x축 및 직선 $x = 4$로 둘러싸인 도형의 넓이가 1이므로

$$\frac{1}{2} \times 2 \times k + 2 \times k = 1$$

$$\therefore k = \frac{1}{3}$$

4 1395 답 ①   유형 4

출제의도 | 정규분포 곡선의 성질을 이해하고 있는지 확인한다.

> $P(X \geq 6) = P(X \leq 10)$이므로 평균 $m = \frac{6 + 10}{2}$임을 이용하여 $E(X^2)$의 값을 구해 보자.

확률변수 X가 정규분포 $N(m, 1)$을 따르므로
$E(X)=m$, $V(X)=1$
이때 $P(X\geq 6)=P(X\leq 10)$이므로
$$m=\frac{6+10}{2}=8$$
$V(X)=E(X^2)-\{E(X)\}^2$에서
$E(X^2)=V(X)+\{E(X)\}^2$이므로
$E(X^2)=1+8^2=65$

5 1396 답 ①
유형 5

출제의도 | 정규분포 곡선의 성질을 이용하여 두 확률변수의 평균, 분산, 확률을 비교할 수 있는지 확인한다.

> 평균은 정규분포 곡선의 대칭축의 위치로, 분산은 정규분포 곡선의 가운데 부분의 높이로 비교해 보자.

ㄱ. 곡선 $y=f(x)$의 대칭축이 곡선 $y=g(x)$의 대칭축보다 더 왼쪽에 있으므로
　　$E(X)<E(Y)$ (참)

ㄴ. 곡선 $y=f(x)$의 가운데 부분이 곡선 $y=g(x)$의 가운데 부분보다 더 높고 폭이 좁으므로
　　$V(X)<V(Y)$ (거짓)

ㄷ. $f(a)=g(a)$이면 a는 두 곡선 $y=f(x)$, $y=g(x)$의 교점의 x좌표이다. 두 곡선 $y=f(x)$, $y=g(x)$가 직선 $x=a$에 대하여 대칭이 아니므로 $P(X\leq a)$와 $P(Y\geq a)$가 같다고 할 수 없다.
　　　　　　　　　　　　　　　　　　　　　(거짓)

따라서 옳은 것은 ㄱ이다.

6 1397 답 ①
유형 8

출제의도 | 평균과 표준편차가 주어졌을 때, 표준화하여 확률을 구할 수 있는지 확인한다.

> $P(18\leq X\leq 22)=P\left(\dfrac{18-m}{\sigma}\leq Z\leq\dfrac{22-m}{\sigma}\right)$에 m, σ의 값을 대입해 보자.

확률변수 X가 정규분포 $N(20, 2^2)$을 따르므로
$Z=\dfrac{X-20}{2}$으로 놓으면 Z는 표준정규분포 $N(0, 1)$을 따른다.
$\therefore P(18\leq X\leq 22)=P\left(\dfrac{18-20}{2}\leq Z\leq\dfrac{22-20}{2}\right)$
　　　　　　　　　　$=P(-1\leq Z\leq 1)$
　　　　　　　　　　$=2P(0\leq Z\leq 1)$
　　　　　　　　　　$=2\times 0.3413$
　　　　　　　　　　$=0.6826$

7 1398 답 ③
유형 4

출제의도 | 정규분포 곡선의 성질을 이해하고 있는지 확인한다.

> $P(X\geq 35)=P(X\leq k)$이면 $\dfrac{35+k}{2}=m$임을 이용해 보자.

$P(X\leq 35)=0.84$이므로
$P(X\geq 35)=1-P(X\leq 35)$
　　　　　　$=1-0.84$
　　　　　　$=0.16$
또, $P(X\leq k)=0.16$에서
$P(X\geq 35)=P(X\leq k)$이므로
$$\frac{35+k}{2}=32$$
$\therefore k=29$

8 1399 답 ⑤
유형 5

출제의도 | 정규분포 곡선의 성질을 이용하여 두 확률변수의 평균, 분산을 비교할 수 있는지 확인한다.

> 확률밀도함수의 그래프를 평행이동, 대칭이동하면 평균은 변하지만 분산은 변하지 않는다는 것을 이용해 보자.

ㄱ. 함수 $y=f(x)$의 그래프는 함수 $y=g(x)$의 그래프를 x축의 방향으로 2만큼 평행이동한 그래프이므로
　　$E(X)=E(Y)+2$ (거짓)

ㄴ. 그래프를 평행이동하여도 분산은 변하지 않으므로
　　$V(X)=V(Y)$ (참)

ㄷ. 함수 $y=f(x)$의 그래프와 함수 $y=g(x)$의 그래프는 y축에 대하여 대칭이므로
　　$E(Y)=-E(X)$
　　$\therefore E(X)+E(Y)=0$ (참)

따라서 옳은 것은 ㄴ, ㄷ이다.

9 1400 답 ⑤
유형 6

출제의도 | 확률변수가 정규분포를 따를 때, 확률을 구할 수 있는지 확인한다.

> 주어진 확률은 $P(m\leq X\leq m+k\sigma)$이므로 $P(32\leq X\leq 34)$에서 32와 34를 $m=30$, $\sigma=4$를 이용하여 나타내 보자.

$m=30$, $\sigma=4$이므로
$P(32\leq X\leq 34)=P(30+2\leq X\leq 30+4)$
　　　　　　　　　$=P(m+0.5\sigma\leq X\leq m+\sigma)$
　　　　　　　　　$=P(m\leq X\leq m+\sigma)-P(m\leq X\leq m+0.5\sigma)$
　　　　　　　　　$=0.3413-0.1915$
　　　　　　　　　$=0.1498$

10 1401 답 ②
유형 7

출제의도 | 정규분포의 표준화를 이용하여 평균을 구할 수 있는지 확인한다.

> $P(X\geq -1)$, $P(Y\leq 15)$를 각각 Z에 대한 확률로 나타내고, 정규분포의 성질을 이용하여 비교해 보자.

확률변수 X가 정규분포 $N(5, 4^2)$을 따르므로
$Z_X=\dfrac{X-5}{4}$로 놓으면 Z_X는 표준정규분포 $N(0, 1)$을 따른다.

$$\therefore \mathrm{P}(X \geq -1) = \mathrm{P}\left(Z_X \geq \frac{-1-5}{4}\right)$$
$$= \mathrm{P}(Z_X \geq -1.5)$$
$$= \mathrm{P}(Z_X \leq 1.5)$$
$$= 0.5 + \mathrm{P}(0 \leq Z_X \leq 1.5)$$

또, 확률변수 Y가 정규분포 $\mathrm{N}(m, 2^2)$을 따르므로 $Z_Y = \dfrac{Y-m}{2}$

으로 놓으면 Z_Y는 표준정규분포 $\mathrm{N}(0, 1)$을 따른다.

$$\therefore \mathrm{P}(Y \leq 15) = \mathrm{P}\left(Z_Y \leq \frac{15-m}{2}\right) \xrightarrow{\begin{array}{c}\mathrm{P}(Y \leq 15) > 0.50\text{이므로}\\ \frac{15-m}{2} > 0\end{array}}$$
$$= 0.5 + \mathrm{P}\left(0 \leq Z_Y \leq \frac{15-m}{2}\right)$$

$\mathrm{P}(X \geq -1) = \mathrm{P}(Y \leq 15)$이므로

$$\mathrm{P}(0 \leq Z_X \leq 1.5) = \mathrm{P}\left(0 \leq Z_Y \leq \frac{15-m}{2}\right)$$

$$\frac{15-m}{2} = 1.5 \qquad \therefore m = 12$$

11 1402 답 ③
유형 9

출제의도 | 표준화하여 미지수의 값을 구할 수 있는지 확인한다.

> $\mathrm{P}(|X - m| \leq k\sigma) = \mathrm{P}\left(\left|\dfrac{X-m}{\sigma}\right| \leq k\right)$이므로 Z에 대한 확률로 나타내 보자.

확률변수 X가 정규분포 $\mathrm{N}(m, \sigma^2)$을 따르므로

$Z = \dfrac{X-m}{\sigma}$으로 놓으면 Z는 표준정규분포 $\mathrm{N}(0, 1)$을 따른다.

$\mathrm{P}(|X - m| \leq k\sigma) = 0.8904$에서

$$\mathrm{P}\left(\left|\frac{X-m}{\sigma}\right| \leq k\right) = 0.8904$$
$$\mathrm{P}(|Z| \leq k) = 0.8904$$
$$\mathrm{P}(-k \leq Z \leq k) = 0.8904$$
$$2\mathrm{P}(0 \leq Z \leq k) = 0.8904$$
$$\therefore \mathrm{P}(0 \leq Z \leq k) = 0.4452$$

표준정규분포표에서 $\mathrm{P}(0 \leq Z \leq 1.6) = 0.4452$이므로

$$k = 1.6$$

12 1403 답 ③
유형 11

출제의도 | 두 개의 확률변수를 표준화하여 확률을 비교할 수 있는지 확인한다.

> $Z_X = \dfrac{X - m_X}{\sigma_X}$, $Z_Y = \dfrac{Y - m_Y}{\sigma_Y}$임을 이용하여 표준화하고, 각 확률은 Z에 대한 확률로 나타내 보자.

확률변수 X가 정규분포 $\mathrm{N}(5, 1^2)$을 따르므로 $Z_X = \dfrac{X-5}{1}$로 놓

으면 Z_X는 표준정규분포 $\mathrm{N}(0, 1)$을 따른다.

$$\therefore a = \mathrm{P}(4 \leq X \leq 6)$$
$$= \mathrm{P}\left(\frac{4-5}{1} \leq Z_X \leq \frac{6-5}{1}\right)$$
$$= \mathrm{P}(-1 \leq Z_X \leq 1)$$
$$= 2\mathrm{P}(0 \leq Z_X \leq 1)$$

$$b = \mathrm{P}(3 \leq X \leq 5)$$
$$= \mathrm{P}\left(\frac{3-5}{1} \leq Z_X \leq \frac{5-5}{1}\right)$$
$$= \mathrm{P}(-2 \leq Z_X \leq 0)$$
$$= \mathrm{P}(0 \leq Z_X \leq 2)$$

확률변수 Y가 정규분포 $\mathrm{N}(10, 2^2)$을 따르므로 $Z_Y = \dfrac{Y-10}{2}$으

로 놓으면 Z_Y는 표준정규분포 $\mathrm{N}(0, 1)$을 따른다.

$$\therefore c = 2\mathrm{P}(10 \leq Y \leq 12)$$
$$= 2\mathrm{P}\left(\frac{10-10}{2} \leq Z_Y \leq \frac{12-10}{2}\right)$$
$$= 2\mathrm{P}(0 \leq Z_Y \leq 1)$$
$$\therefore a = c$$

또한, $a = \mathrm{P}(0 \leq Z_X \leq 1) + \mathrm{P}(0 \leq Z_X \leq 1)$,

$b = \mathrm{P}(0 \leq Z_X \leq 1) + \mathrm{P}(1 \leq Z_X \leq 2)$이고,

$\mathrm{P}(0 \leq Z_X \leq 1) > \mathrm{P}(1 \leq Z_X \leq 2)$이므로

$a > b$

$$\therefore a = c > b$$

13 1404 답 ②
유형 12

출제의도 | 확률변수가 정규분포를 따를 때, 확률을 구할 수 있는지 확인한다.

> 빵의 무게를 확률변수 X라 하면 X는 정규분포 $\mathrm{N}(50, 3^2)$을 따르고, 구하는 확률은 $\mathrm{P}(47 \leq X \leq 56)$이므로 표준화하여 확률을 구해 보자.

이 제과점에서 판매하는 빵 한 개의 무게를 확률변수 X라 하면

X는 정규분포 $\mathrm{N}(50, 3^2)$을 따르므로 $Z = \dfrac{X-50}{3}$으로 놓으면 Z

는 표준정규분포 $\mathrm{N}(0, 1)$을 따른다.

따라서 이 제과점에서 판매하는 빵 중에서 임의로 선택한 한 개의

빵의 무게가 47 g 이상이고 56 g 이하일 확률은

$$\mathrm{P}(47 \leq X \leq 56) = \mathrm{P}\left(\frac{47-50}{3} \leq Z \leq \frac{56-50}{3}\right)$$
$$= \mathrm{P}(-1 \leq Z \leq 2)$$
$$= \mathrm{P}(-1 \leq Z \leq 0) + \mathrm{P}(0 \leq Z \leq 2)$$
$$= \mathrm{P}(0 \leq Z \leq 1) + \mathrm{P}(0 \leq Z \leq 2)$$
$$= 0.34 + 0.48$$
$$= 0.82$$

14 1405 답 ②
유형 14

출제의도 | 확률변수가 정규분포를 따를 때, 최저 점수를 구할 수 있는지 확인한다.

> 수학과에 합격하기 위한 최저 점수를 k로 놓고,
> $\mathrm{P}(X \geq k) = \mathrm{P}\left(Z \geq \dfrac{k-m}{\sigma}\right)$을 이용해 보자.

이 대학의 수학과 응시생의 점수를 확률변수 X라 하면 X는 정규

분포 $\mathrm{N}(500, 30^2)$을 따르므로 $Z = \dfrac{X-500}{30}$으로 놓으면 Z는 표

준정규분포 $\mathrm{N}(0, 1)$을 따른다.

이 대학의 수학과에 합격하기 위한 최저 점수를 k라 하면

$P(X \geq k) = \dfrac{40}{250} = 0.16$ → 수학과 정원은 40명이므로 40등 안에 들어야 한다.

$\therefore P\left(Z \geq \dfrac{k-500}{30}\right) = 0.16$ ┈┈┈┈┈ ㉠

표준정규분포표에서 $P(0 \leq Z \leq 1) = 0.34$이므로

$P(Z \geq 1) = P(Z \geq 0) - P(0 \leq Z \leq 1)$

$\qquad\qquad = 0.5 - 0.34$

$\qquad\qquad = 0.16$ ┈┈┈┈┈ ㉡

㉠, ㉡에서

$\dfrac{k-500}{30} = 1$

$\therefore k = 530$

15 1406 답 ②

유형 14

출제의도 | 확률변수가 정규분포를 따를 때, 미지수의 값을 구할 수 있는지 확인한다.

> 두 제품 A, B의 무게를 각각 확률변수 X, Y로 놓고, $P(X \geq k)$, $P(Y \leq k)$를 각각 Z에 대한 확률로 나타내고, 정규분포의 성질을 이용하여 비교해 보자.

두 제품 A, B의 무게를 각각 확률변수 X, Y라 하면 X, Y는 각각 정규분포 $N(30, 1^2)$, $N(60, 2^2)$을 따르므로 $Z_X = \dfrac{X-30}{1}$, $Z_Y = \dfrac{Y-60}{2}$로 놓으면 Z_X, Z_Y는 모두 표준정규분포 $N(0, 1)$을 따른다.

$P(X \geq k) = P(Y \leq k)$이므로

$P\left(Z_X \geq \dfrac{k-30}{1}\right) = P\left(Z_Y \leq \dfrac{k-60}{2}\right)$

즉, $k-30 = -\dfrac{k-60}{2}$이므로

$k = 40$

16 1407 답 ⑤

유형 15

출제의도 | 이항분포와 정규분포의 관계를 이용하여 확률을 구할 수 있는지 확인한다.

> 확률변수 X가 이항분포 $B(n, p)$를 따르면 X는 근사적으로 정규분포 $N(np, (\sqrt{npq})^2)$을 따름을 이용해 보자. (단, $q = 1-p$)

확률변수 X가 이항분포 $B\left(400, \dfrac{1}{5}\right)$을 따르므로

$E(X) = 400 \times \dfrac{1}{5}$

$\qquad\quad = 80$

$V(X) = 400 \times \dfrac{1}{5} \times \dfrac{4}{5}$

$\qquad\quad = 64$

이때 $n = 400$은 충분히 큰 수이므로 X는 근사적으로 정규분포 $N(80, 8^2)$을 따른다.

$Z = \dfrac{X-80}{8}$으로 놓으면 Z는 표준정규분포 $N(0, 1)$을 따르므로

$P(84 \leq X \leq 96)$

$= P\left(\dfrac{84-80}{8} \leq Z \leq \dfrac{96-80}{8}\right)$

$= P(0.5 \leq Z \leq 2)$

$= P(0 \leq Z \leq 2) - P(0 \leq Z \leq 0.5)$

$= 0.48 - 0.19$

$= 0.29$

17 1408 답 ③

유형 7

출제의도 | 정규분포의 표준화를 이용하여 확률을 비교할 수 있는지 확인한다.

> 먼저 $f(t) = P(3t \leq X_t \leq 3t+3)$을 Z에 대한 확률로 나타내 보자.

확률변수 X_t가 정규분포 $N(3, t^2)$을 따르므로 $Z = \dfrac{X_t - 3}{t}$으로 놓으면 Z는 표준정규분포 $N(0, 1)$을 따른다.

$\therefore f(t) = P(3t \leq X_t \leq 3t+3)$

$\qquad\quad = P\left(\dfrac{3t-3}{t} \leq Z \leq \dfrac{3t}{t}\right)$

$\qquad\quad = P\left(3 - \dfrac{3}{t} \leq Z \leq 3\right)$

ㄱ. $f\left(\dfrac{1}{2}\right) = P(-3 \leq Z \leq 3)$

$\qquad\qquad = 2P(0 \leq Z \leq 3)$

$f(1) = P(0 \leq Z \leq 3)$이므로

$\dfrac{1}{2} f\left(\dfrac{1}{2}\right) = f(1)$ (참)

ㄴ. $f(t) = P\left(3 - \dfrac{3}{t} \leq Z \leq 3\right)$에서

$0 < t_1 < t_2$이면 $3 - \dfrac{3}{t_1} < 3 - \dfrac{3}{t_2} < 3$이므로

$P\left(3 - \dfrac{3}{t_1} \leq Z \leq 3\right) > P\left(3 - \dfrac{3}{t_2} \leq Z \leq 3\right)$

$\therefore f(t_1) > f(t_2)$ (거짓)

ㄷ. $\lim\limits_{t \to 0+} f(t) = \lim\limits_{t \to 0+} P\left(3 - \dfrac{3}{t} \leq Z \leq 3\right)$ → $\lim\limits_{t \to 0+}\left(3 - \dfrac{3}{t}\right) = -\infty$

$\qquad\qquad = P(Z \leq 3)$

$\qquad\qquad = P(Z \leq 0) + P(0 \leq Z \leq 3)$

$\qquad\qquad = 0.5 + f(1)$ (참)

따라서 옳은 것은 ㄱ, ㄷ이다.

18 1409 답 ③

유형 13

출제의도 | 확률변수가 정규분포를 따를 때, 전체 도수를 구할 수 있는지 확인한다.

> 이 공장에서 생산된 제품 A의 무게를 확률변수 X라 하면 제품 A가 불량품으로 처리될 확률은 $P(|X-240| \geq 4.5)$임을 이해하여 전체 도수를 구해 보자.

이 공장에서 생산된 제품 A의 무게를 확률변수 X라 하면 X는 정규분포 $N(240, 3^2)$을 따르므로 $Z = \dfrac{X-240}{3}$으로 놓으면 Z는 표준정규분포 $N(0, 1)$을 따른다.

제품 A가 불량품으로 처리될 확률은

$$\begin{aligned}P(|X-240|\geq 4.5)&=P\left(\left|\frac{X-240}{3}\right|\geq\frac{4.5}{3}\right)\\&=P(|Z|\geq 1.5)\\&=2\times\{P(Z\geq 0)-P(0\leq Z\leq 1.5)\}\\&=2\times(0.5-0.43)\\&=0.14\end{aligned}$$

따라서 n개의 제품 A 중에서 불량품의 개수는

$n\times 0.14=0.14n$

이때 불량품의 개수가 336이므로

$0.14n=336$

$\therefore n=2400$

19 1410 답 ③

유형 15

출제의도 | 이항분포와 정규분포의 관계를 이용하여 확률을 구할 수 있는지 확인한다.

> $P(X=k)={}_{100}C_k\left(\frac{1}{2}\right)^{100}={}_{100}C_k\left(\frac{1}{2}\right)^k\left(\frac{1}{2}\right)^{100-k}$ 이므로 확률변수 X가 따르는 확률분포를 구해 보자.

확률변수 X의 확률질량함수가

$$P(X=k)={}_{100}C_k\left(\frac{1}{2}\right)^{100}={}_{100}C_k\left(\frac{1}{2}\right)^k\left(\frac{1}{2}\right)^{100-k}$$

$$(k=0,\ 1,\ 2,\ \cdots,\ 100)$$

이므로 확률변수 X는 이항분포 $B\left(100,\ \frac{1}{2}\right)$을 따른다.

$$\begin{aligned}\therefore E(X)&=100\times\frac{1}{2}\\&=50\\V(X)&=100\times\frac{1}{2}\times\frac{1}{2}\\&=25\end{aligned}$$

이때 $n=100$은 충분히 큰 수이므로 X는 근사적으로 정규분포 $N(50,\ 5^2)$을 따른다.

$Z=\dfrac{X-50}{5}$으로 놓으면 Z는 표준정규분포 $N(0,\ 1)$을 따르므로

$$\begin{aligned}\sum_{k=40}^{55}P(X=k)&=P(40\leq X\leq 55)\\&=P\left(\frac{40-50}{5}\leq Z\leq\frac{55-50}{5}\right)\\&=P(-2\leq Z\leq 1)\\&=P(-2\leq Z\leq 0)+P(0\leq Z\leq 1)\\&=P(0\leq Z\leq 2)+P(0\leq Z\leq 1)\\&=0.48+0.34\\&=0.82\end{aligned}$$

20 1411 답 ②

유형 10

출제의도 | $m,\ \sigma$가 주어지지 않은 경우 확률변수를 표준화하여 확률을 구할 수 있는지 확인한다.

> $f(a)+f(b)=P(X\geq a)+P(X\geq b)=1$이므로 $P(X\leq a)=P(X\geq b)$임을 이용해 보자.

$P(X\geq a)+P(X\leq a)=1$이고

조건 ㈎에서 $f(a)+f(b)=P(X\geq a)+P(X\geq b)=1$이므로

$\underline{P(X\leq a)}=\underline{P(X\geq b)}$ → 확률의 합은 1보다 클 수 없다.

$Z=\dfrac{X-m}{\sigma}$으로 놓으면 Z는 표준정규분포 $N(0,\ 1)$을 따르므로

$$P\left(Z\leq\frac{a-m}{\sigma}\right)=P\left(Z\geq\frac{b-m}{\sigma}\right)$$

$$\frac{a-m}{\sigma}=-\frac{b-m}{\sigma}\ \cdots\cdots\cdots\ \ominus$$

$$\therefore\frac{a+b}{2}=m\ \cdots\cdots\cdots\ \Box$$

조건 ㈏에서 $f(a)-f(b)=0.68$이므로

$$P(X\geq a)-P(X\geq b)=0.68$$

$$P(a\leq X\leq b)=0.68$$

$$P\left(\frac{a-m}{\sigma}\leq Z\leq\frac{b-m}{\sigma}\right)=0.68$$

$$P\left(-\frac{b-m}{\sigma}\leq Z\leq\frac{b-m}{\sigma}\right)=0.68\ (\because\ \ominus)$$

$$2P\left(0\leq Z\leq\frac{b-m}{\sigma}\right)=0.68$$

$$\therefore P\left(0\leq Z\leq\frac{b-m}{\sigma}\right)=0.34$$

표준정규분포표에서 $P(0\leq Z\leq 1)=0.34$이므로

$$\frac{b-m}{\sigma}=1\ \cdots\cdots\cdots\ \boxdot$$

$\Box$, $\boxdot$을 연립하여 풀면

$$a=m-\sigma,\ b=m+\sigma$$

$$\begin{aligned}\therefore f\left(\frac{3b-a}{2}\right)&=P\left(X\geq\frac{3b-a}{2}\right)\\&=P\left(X\geq\frac{3(m+\sigma)-(m-\sigma)}{2}\right)\\&=P(X\geq m+2\sigma)\\&=P\left(Z\geq\frac{(m+2\sigma)-m}{\sigma}\right)\\&=P(Z\geq 2)\\&=P(Z\geq 0)-P(0\leq Z\leq 2)\\&=0.5-0.48\\&=0.02\end{aligned}$$

21 1412 답 ③

유형 16

출제의도 | 이항분포와 정규분포의 관계를 활용하여 확률을 구할 수 있는지 확인한다.

> 이 공장에서 생산되는 배터리의 수명을 확률변수 X라 하고 배터리의 수명이 4700시간 미만일 확률은 $P(X<4700)$로 구해 보자.

이 공장에서 생산되는 배터리의 수명을 확률변수 X라 하면 X는 정규분포 $N(4800,\ 50^2)$을 따르므로 $Z_X=\dfrac{X-4800}{50}$으로 놓으면 Z_X는 표준정규분포 $N(0,\ 1)$을 따른다.

이 공장에서 생산된 배터리의 수명이 4700시간 미만일 확률은

$$\begin{aligned}P(X<4700)&=P\left(Z_X<\frac{4700-4800}{50}\right)\\&=P(Z_X<-2)\\&=P(Z_X>2)\\&=P(Z_X\geq 0)-P(0\leq Z_X\leq 2)\end{aligned}$$

$$=0.5-0.48$$
$$=0.02$$

이 공장에서 생산된 배터리 2500개 중에서 수명이 4700시간 미만인 배터리의 개수를 확률변수 Y라 하면 Y는 이항분포 $B\left(2500, \dfrac{1}{50}\right)$을 따른다.

$$\therefore E(Y)=2500\times\dfrac{1}{50}$$
$$=50$$
$$V(Y)=2500\times\dfrac{1}{50}\times\dfrac{49}{50}$$
$$=49$$

이때 $n=2500$은 충분히 큰 수이므로 Y는 근사적으로 정규분포 $N(50, 7^2)$을 따른다.

$Z_Y=\dfrac{Y-50}{7}$으로 놓으면 Z_Y는 표준정규분포 $N(0, 1)$을 따르므로 구하는 확률은

$$P(57\leq Y\leq 64)=P\left(\dfrac{57-50}{7}\leq Z_Y\leq\dfrac{64-50}{7}\right)$$
$$=P(1\leq Z_Y\leq 2)$$
$$=P(0\leq Z_Y\leq 2)-P(0\leq Z_Y\leq 1)$$
$$=0.48-0.34$$
$$=0.14$$

22 1413 📖 228 　　　　유형 13

출제의도 | 확률변수가 정규분포를 따를 때, 도수를 구할 수 있는지 확인한다.

STEP1 정규분포를 따르는 확률변수 X를 정하고 표준화하기 [1점]

이 공장에서 생산되는 탄산음료 한 병에 들어가는 탄산음료의 양을 확률변수 X라 하면 X는 정규분포 $N(500, 0.5^2)$을 따르므로 $Z=\dfrac{X-500}{0.5}$으로 놓으면 Z는 표준정규분포 $N(0, 1)$을 따른다.

STEP2 한 병에 담긴 탄산음료의 양이 $499\,mL$ 이하일 확률 구하기 [3점]

한 병에 담긴 탄산음료의 양이 $499\,mL$ 이하일 확률은

$$P(X\leq 499)=P\left(Z\leq\dfrac{499-500}{0.5}\right)$$
$$=P(Z\leq -2)$$
$$=P(Z\geq 2)$$
$$=P(Z\geq 0)-P(0\leq Z\leq 2)$$
$$=0.5-0.4772$$
$$=0.0228$$

STEP3 한 병에 담긴 탄산음료의 양이 $499\,mL$ 이하인 병의 개수 구하기 [2점]

한 병에 담긴 탄산음료의 양이 $499\,mL$ 이하인 병의 개수는

$$10000\times 0.0228=228$$

23 1414 📖 42 　　　　유형 17

출제의도 | 이항분포와 정규분포의 관계를 이용하여 미지수의 값을 구할 수 있는지 확인한다.

STEP1 p를 표준화하여 Z에 대한 식으로 나타내기 [2점]

주사위를 던지는 180회의 시행 중에서 1의 눈이 나오는 횟수를 확률변수 X라 하면 X는 이항분포 $B\left(180, \dfrac{1}{6}\right)$을 따른다.

$$\therefore E(X)=180\times\dfrac{1}{6}$$
$$=30$$
$$V(X)=180\times\dfrac{1}{6}\times\dfrac{5}{6}$$
$$=25$$

이때 $n=180$은 충분히 큰 수이므로 X는 근사적으로 정규분포 $N(30, 5^2)$을 따른다.

$Z_X=\dfrac{X-30}{5}$으로 놓으면 Z_X는 표준정규분포 $N(0, 1)$을 따르므로

$$p=P(X\geq 35)$$
$$=P\left(Z_X\geq\dfrac{35-30}{5}\right)$$
$$=P(Z_X\geq 1)$$

STEP2 q를 표준화하여 Z에 대한 식으로 나타내기 [3점]

서로 다른 동전 두 개를 동시에 던지는 192회의 시행 중에서 모두 앞면이 나오는 횟수를 확률변수 Y라 하면 Y는 이항분포 $B\left(192, \dfrac{1}{4}\right)$을 따른다.

$$\therefore E(Y)=192\times\dfrac{1}{4}$$
$$=48$$
$$V(Y)=192\times\dfrac{1}{4}\times\dfrac{3}{4}$$
$$=36$$

이때 $n=192$는 충분히 큰 수이므로 Y는 근사적으로 정규분포 $N(48, 6^2)$을 따른다.

$Z_Y=\dfrac{Y-48}{6}$로 놓으면 Z_Y는 표준정규분포 $N(0, 1)$을 따르므로

$$q=P(Y\leq k)$$
$$=P\left(Z_Y\leq\dfrac{k-48}{6}\right)$$

STEP3 k의 값 구하기 [1점]

$p=q$이므로

$$\dfrac{k-48}{6}=-1$$
$$\therefore k=42$$

24 1415 📖 200 　　　　유형 9

출제의도 | 표준화를 이용하여 σ를 구할 수 있는지 확인한다.

STEP1 $Z=\dfrac{X-m}{\sigma}$으로 표준화하기 [1점]

확률변수 X가 정규분포 $N(10, \sigma^2)$을 따르므로 $Z=\dfrac{X-10}{\sigma}$으로 놓으면 Z는 표준정규분포 $N(0, 1)$을 따른다.

STEP2 σ의 값 구하기 [4점]

$P(10\leq X\leq 20)-P(X\leq 0)=0.1826$이므로

$$P\left(\dfrac{10-10}{\sigma}\leq Z\leq\dfrac{20-10}{\sigma}\right)-P\left(Z\leq\dfrac{0-10}{\sigma}\right)=0.1826$$

$$P\left(0\leq Z\leq\dfrac{10}{\sigma}\right)-P\left(Z\leq -\dfrac{10}{\sigma}\right)=0.1826 \quad\cdots\cdots\cdots\cdots ㉠$$

이때 $P\left(Z\leq -\dfrac{10}{\sigma}\right)=P\left(Z\geq\dfrac{10}{\sigma}\right)$이고,

$$P\left(0\leq Z\leq\dfrac{10}{\sigma}\right)+P\left(Z\geq\dfrac{10}{\sigma}\right)=0.5$$이므로

$$P\left(0\leq Z\leq\frac{10}{\sigma}\right)+P\left(Z\leq-\frac{10}{\sigma}\right)=0.5 \cdots\cdots\cdots ㉡$$

㉠+㉡을 하면

$$2P\left(0\leq Z\leq\frac{10}{\sigma}\right)=0.1826+0.5$$
$$=0.6826$$
$$\therefore P\left(0\leq Z\leq\frac{10}{\sigma}\right)=0.3413$$

표준정규분포표에서 $P(0\leq Z\leq 1)=0.3413$이므로

$$\frac{10}{\sigma}=1$$
$$\therefore \sigma=10$$

STEP 3 $E(X^2)$ 구하기 [2점]

$V(X)=E(X^2)-\{E(X)\}^2$이므로

$$10^2=E(X^2)-10^2$$
$$\therefore E(X^2)=10^2+10^2$$
$$=200$$

25 1416 답 $\frac{1}{16}$ 유형12

출제의도 | 확률변수가 정규분포를 따를 때, 확률을 구할 수 있는지 확인한다.

STEP 1 정규분포를 따르는 확률변수 X를 정하고 표준화하기 [1점]

이 고등학교 3학년 학생들의 대학수학능력시험 수학 영역 점수를 확률변수 X라 하면 X는 정규분포 $N(72, 8^2)$을 따르므로 $Z=\dfrac{X-72}{8}$로 놓으면 Z는 표준정규분포 $N(0, 1)$을 따른다.

STEP 2 수학 영역 점수가 80점 이상일 확률과 92점 이상일 확률 구하기 [4점]

이 고등학교 3학년 학생 중에서 임의로 선택한 한 명의 대학수학능력시험 수학 영역 점수가 80점 이상인 사건을 A, 92점 이상인 사건을 B라 하면

$$P(A)=P(X\geq 80)$$
$$=P\left(Z\geq\frac{80-72}{8}\right)$$
$$=P(Z\geq 1)$$
$$=P(Z\geq 0)-P(0\leq Z\leq 1)$$
$$=0.5-0.34$$
$$=0.16$$
$$P(B)=P(X\geq 92)$$
$$=P\left(Z\geq\frac{92-72}{8}\right)$$
$$=P(Z\geq 2.5)$$
$$=P(Z\geq 0)-P(0\leq Z\leq 2.5)$$
$$=0.5-0.49$$
$$=0.01$$

STEP 3 $P(B|A)$ 구하기 [2점]

구하는 확률은

$$P(B|A)=\frac{P(A\cap B)}{P(A)}$$
$$=\frac{P(B)}{P(A)}$$
$$=\frac{0.01}{0.16}=\frac{1}{16}$$

1 1417 답 ① 유형1

출제의도 | 확률밀도함수의 성질을 이용하여 미지수의 값을 구할 수 있는지 확인한다.

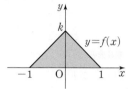

확률밀도함수 $y=f(x)$의 그래프를 그린 다음, 함수 $y=f(x)$의 그래프와 x축으로 둘러싸인 도형의 넓이가 1임을 이용해 보자.

$-1\leq x\leq 1$에서 확률밀도함수 $y=f(x)$의 그래프는 그림과 같다. 함수 $y=f(x)$의 그래프와 x축으로 둘러싸인 도형의 넓이가 1이므로

$$\frac{1}{2}\times 2\times k=1$$
$$\therefore k=1$$

2 1418 답 ① 유형2

출제의도 | 확률밀도함수의 그래프를 이용하여 확률을 구할 수 있는지 확인한다.

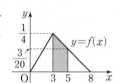

확률밀도함수의 그래프와 x축으로 둘러싸인 도형의 넓이가 1임을 이용하여 k의 값을 구해 보자.

$0\leq x\leq 8$에서 확률밀도함수 $y=f(x)$의 그래프와 x축으로 둘러싸인 도형의 넓이가 1이므로

$$\frac{1}{2}\times 8\times k=1$$
$$\therefore k=\frac{1}{4}$$

$3\leq x\leq 8$에서 $f(x)=-\dfrac{x}{20}+\dfrac{2}{5}$이고, ← 두 점 $\left(3, \dfrac{1}{4}\right)$, $(8, 0)$을 지나는 직선의 방정식이다.

$P(3\leq X\leq 5)$는 그림의 색칠한 부분의 넓이와 같으므로

$$P(3\leq X\leq 5)=\frac{1}{2}\times\left(\frac{1}{4}+\frac{3}{20}\right)\times 2$$
$$=\frac{2}{5}$$

3 1419 답 ④ 유형3

출제의도 | 구간이 나누어진 확률밀도함수가 주어질 때, 확률을 구할 수 있는지 확인한다.

확률밀도함수 $y=f(x)$의 그래프를 그린 다음, 함수 $y=f(x)$의 그래프와 x축으로 둘러싸인 도형의 넓이가 1임을 이용해 보자.

함수 $y=f(x)$의 그래프는 그림과 같다. 함수 $y=f(x)$의 그래프와 x축으로 둘러싸인 도형의 넓이가 1이므로

$$\frac{1}{2}\times 4\times k=1$$
$$\therefore k=\frac{1}{2}$$

이때 $P(|X|\le 1)=P(-1\le X\le 1)$은 그림의 색칠한 부분의 넓이와 같으므로

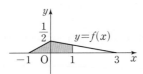

$$P(|X|\le 1)=P(-1\le X\le 1)$$
$$=1-P(1\le X\le 3)$$
$$=1-\frac{1}{2}\times(3-1)\times\frac{1}{3}$$
$$=\frac{2}{3}$$

$0\le x\le 3$에서 $f(x)=-\frac{1}{6}(x-3)$이므로
$x=1$을 대입하면 $-\frac{1}{6}\times(-2)=\frac{1}{3}$

다른 풀이

$$P(|X|\le 1)=P(-1\le X\le 1)$$
$$=P(-1\le X\le 0)+P(0\le X\le 1)$$
$$=\frac{1}{2}\times 1\times\frac{1}{2}+\frac{1}{2}\times\left(\frac{1}{2}+\frac{1}{3}\right)\times 1$$
$$=\frac{1}{4}+\frac{5}{12}$$
$$=\frac{2}{3}$$

4 1420 답 ② 유형 4

출제의도 | 정규분포 곡선의 성질을 이해하는지 확인한다.

$f(m-x)=f(m+x)$이면 $y=f(x)$의 그래프는 직선 $x=m$에 대하여 대칭임을 이용해 보자.

조건 ㈎에서 $f(10-x)=f(10+x)$이므로
$m=10$
조건 ㈏에서 $P(X\ge 8)=P(X\le m+\sigma)$이므로
$$\frac{8+(m+\sigma)}{2}=m$$
$$\frac{8+(10+\sigma)}{2}=10$$
$\therefore \sigma=2$
$\therefore m+\sigma=10+2=12$

5 1421 답 ② 유형 4

출제의도 | 정규분포 곡선의 성질을 이해하는지 확인한다.

확률변수 X의 확률밀도함수의 그래프는 직선 $x=m$에 대하여 대칭임을 이용해 보자.

확률변수 X의 확률밀도함수를 $f(x)$라 하면 $m=110$이므로 함수 $y=f(x)$의 그래프는 직선 $x=110$에 대하여 대칭이다.

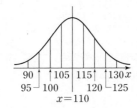

즉, $P(100\le X\le 110)=P(110\le X\le 120)$,
$P(90\le X\le 110)=P(110\le X\le 130)$이므로

$$P(100\le X\le 130)=P(100\le X\le 110)+P(110\le X\le 130)$$
$$=P(110\le X\le 120)+P(90\le X\le 110)$$
$$=P(90\le X\le 120)$$
$$=P(90\le X\le 105)+P(105\le X\le 120)$$
$$=b+c$$

6 1422 답 ⑤ 유형 8

출제의도 | 확률변수가 정규분포를 따를 때, 표준화하여 확률을 구할 수 있는지 확인한다.

$Z=\dfrac{X-20}{3}$을 이용하여 확률변수 X를 표준화해 보자.

확률변수 X가 정규분포 $N(20,\ 3^2)$을 따르므로

$$P(X\le 17)=P\left(Z\le\frac{17-20}{3}\right)$$
$$=P(Z\le -1)$$
$$=P(Z\ge 1)$$
$$=0.5-P(0\le Z\le 1)$$
$$=0.5-0.3413$$
$$=0.1587$$

7 1423 답 ③ 유형 5

출제의도 | 정규분포 곡선의 성질을 이용하여 두 확률변수의 평균, 분산, 확률을 비교할 수 있는지 확인한다.

평균은 정규분포 곡선의 대칭축의 위치로, 분산은 정규분포 곡선의 가운데 부분의 높이로 비교해 보자.

ㄱ. 정규분포 곡선에서 $E(X)=1$, $E(Y)=2$이므로
$$E(3X+2)=3E(X)+2$$
$$=3\times 1+2=5$$
$$E(2Y+1)=2E(Y)+1$$
$$=2\times 2+1=5$$
$\therefore E(3X+2)=E(2Y+1)$ (참)

ㄴ. 곡선 $y=g(x)$의 가운데 부분이 곡선 $y=f(x)$의 가운데 부분보다 더 높고 폭이 좁으므로
$V(X)>V(Y)$ (거짓)

ㄷ. 두 확률변수 X, Y가 각각 $N(1,\ (\sigma(X))^2)$, $N(2,\ (\sigma(Y))^2)$인 정규분포를 따르므로 $Z_X=\dfrac{X-1}{\sigma(X)}$, $Z_Y=\dfrac{Y-2}{\sigma(Y)}$로 놓으면 Z_X, Z_Y는 모두 표준정규분포 $N(0,\ 1)$을 따른다.
$$P(1\le X\le 2)=P\left(\frac{1-1}{\sigma(X)}\le Z_X\le\frac{2-1}{\sigma(X)}\right)$$
$$=P\left(0\le Z_X\le\frac{1}{\sigma(X)}\right)$$
$$P(2\le Y\le 3)=P\left(\frac{2-2}{\sigma(Y)}\le Z_Y\le\frac{3-2}{\sigma(Y)}\right)$$
$$=P\left(0\le Z_Y\le\frac{1}{\sigma(Y)}\right)$$
ㄴ에서 $V(X)>V(Y)$이므로 $\sigma(X)>\sigma(Y)$
즉, $\dfrac{1}{\sigma(X)}<\dfrac{1}{\sigma(Y)}$에서

$$P\left(0\leq Z_X\leq\frac{1}{\sigma(X)}\right)<P\left(0\leq Z_Y\leq\frac{1}{\sigma(Y)}\right)$$이므로

$$P(1\leq X\leq 2)<P(2\leq Y\leq 3) \ (\text{참})$$

따라서 옳은 것은 ㄱ, ㄷ이다.

---

8 1424 답 ⑤ 유형 6

출제의도 | 확률변수가 정규분포를 따를 때, 확률을 구할 수 있는지 확인한다.

> $P(m-\sigma\leq X\leq m)=P(m\leq X\leq m+\sigma)$,
> $P(m-2\sigma\leq X\leq m)=P(m\leq X\leq m+2\sigma)$임을 이용해 보자.

확률변수 X의 확률밀도함수 $y=f(x)$의 그래프는 직선 $x=m$에 대하여 대칭이다.

$P(m-\sigma\leq X\leq m+\sigma)=a$이므로

$$P(m-\sigma\leq X\leq m)=P(m\leq X\leq m+\sigma)=\frac{a}{2}$$

$P(m-2\sigma\leq X\leq m+2\sigma)=b$이므로

$$P(m-2\sigma\leq X\leq m)=P(m\leq X\leq m+2\sigma)=\frac{b}{2}$$

따라서

$$P(m+\sigma\leq X\leq m+2\sigma)$$
$$=P(m\leq X\leq m+2\sigma)-P(m\leq X\leq m+\sigma)$$
$$=\frac{b}{2}-\frac{a}{2}$$

이고,

$$P(X<m-\sigma)=P(X\leq m)-P(m-\sigma\leq X\leq m)=\frac{1}{2}-\frac{a}{2}$$

이므로

$$P(m+\sigma\leq X\leq m+2\sigma)+P(X<m-\sigma)$$
$$=\left(\frac{b}{2}-\frac{a}{2}\right)+\left(\frac{1}{2}-\frac{a}{2}\right)$$
$$=\frac{1-2a+b}{2}$$

---

9 1425 답 ② 유형 6

출제의도 | 확률변수가 정규분포를 따를 때, 확률을 이용하여 미지수의 값을 구할 수 있는지 확인한다.

> $E(X)=m=\dfrac{17+23}{2}=20$, $V(X)=E(X^2)-\{E(X)\}^2$임을 이용해 보자.

조건 ㈎에서 $E(X)=m=\dfrac{17+23}{2}=20$

조건 ㈏에서 $V(X)=E(X^2)-\{E(X)\}^2$이므로

$$V(X)=404-20^2=4$$

$$\therefore \sigma=\sqrt{V(X)}=\sqrt{4}=2$$

이때 $P(m\leq X\leq m+1.5\sigma)=0.4332$이므로

$$P(X\leq m-1.5\sigma)=P(X\leq m)-P(m-1.5\sigma\leq X\leq m)$$
$$=0.5-P(m\leq X\leq m+1.5\sigma)$$
$$=0.5-0.4332$$
$$=0.0668$$

이때 $m-1.5\sigma=20-1.5\times 2=17$이므로

$$P(X\leq 17)=0.0668$$

$P(X\leq k)\geq 0.0668$이므로 $k\geq 17$

따라서 실수 k의 최솟값은 17이다.

---

10 1426 답 ② 유형 9

출제의도 | 확률변수가 정규분포를 따를 때, 주어진 확률을 이용하여 평균을 구할 수 있는지 확인한다.

> $P(X\leq 42)=0.0228$에서 $P\left(Z\leq\dfrac{42-m}{6}\right)=0.0228$임을 이용해 보자.

확률변수 X가 정규분포 $N(m, 6^2)$을 따르므로 $Z=\dfrac{X-m}{6}$으로 놓으면 Z는 표준정규분포 $N(0, 1)$을 따른다.

$P(X\leq 42)=0.0228$에서

$$P\left(Z\leq\frac{42-m}{6}\right)=0.0228 \quad\cdots\cdots\text{㉠}$$

표준정규분포표에서 $P(0\leq Z\leq 2)=0.4772$이므로

$$P(Z\leq -2)=P(Z\geq 2)$$
$$=P(Z\geq 0)-P(0\leq Z\leq 2)$$
$$=0.5-0.4772$$
$$=0.0228 \quad\cdots\cdots\text{㉡}$$

㉠, ㉡에서

$$\frac{42-m}{6}=-2$$

$$\therefore m=54$$

---

11 1427 답 ② 유형 10

출제의도 | 평균과 표준편차가 주어지지 않은 정규분포를 따르는 확률변수를 표준화하여 확률을 구할 수 있는지 확인한다.

> $P(|X-m|\leq a)=P(-a\leq X-m\leq a)$
> $\qquad\qquad\qquad =P\left(-\dfrac{a}{\sigma}\leq Z\leq\dfrac{a}{\sigma}\right)$
> $\qquad\qquad\qquad =2P\left(0\leq Z\leq\dfrac{a}{\sigma}\right)$
> 임을 이용하여 확률을 구해 보자.

확률변수 X가 정규분포 $N(m, \sigma^2)$을 따르므로 $Z=\dfrac{X-m}{\sigma}$으로 놓으면 Z는 표준정규분포 $N(0, 1)$을 따른다.

$P(|X-m|\leq a)=0.5762$이므로

$$P(-a\leq X-m\leq a)=0.5762$$

$$P\left(-\frac{a}{\sigma}\leq Z\leq\frac{a}{\sigma}\right)=0.5762$$

$$2P\left(0\leq Z\leq\frac{a}{\sigma}\right)=0.5762$$

$$\therefore P\left(0\leq Z\leq\frac{a}{\sigma}\right)=0.2881$$

표준정규분포표에서 $P(0\leq Z\leq 0.8)=0.2881$이므로

$$\frac{a}{\sigma}=0.8$$

$$\therefore \mathrm{P}\left(|X-m|\le\frac{a}{2}\right)=\mathrm{P}\left(-\frac{a}{2}\le X-m\le\frac{a}{2}\right)$$
$$=\mathrm{P}\left(-\frac{\frac{a}{2}}{\sigma}\le Z\le\frac{\frac{a}{2}}{\sigma}\right)$$
$$=\mathrm{P}\left(-\frac{a}{2\sigma}\le Z\le\frac{a}{2\sigma}\right)$$
$$=\mathrm{P}(-0.4\le Z\le0.4)$$
$$=2\mathrm{P}(0\le Z\le0.4)$$
$$=2\times0.1554$$
$$=0.3108$$

12 1428 답 ① 유형 12

출제의도 | 확률변수가 정규분포를 따를 때, 확률을 구할 수 있는지 확인한다.

> 전구 1개의 수명을 확률변수 X라 하면 X는 정규분포 $\mathrm{N}(6000,\ 50^2)$을 따르고, 구하는 확률은 $\mathrm{P}(X\le5875)$임을 이용해 보자.

이 공장에서 생산되는 전구 1개의 수명을 확률변수 X라 하면 X는 정규분포 $\mathrm{N}(6000,\ 50^2)$을 따르므로 $Z=\dfrac{X-6000}{50}$으로 놓으면 Z는 표준정규분포 $\mathrm{N}(0,\ 1)$을 따른다.
따라서 전구의 수명이 5875시간 이하일 확률은

$$\mathrm{P}(X\le5875)=\mathrm{P}\left(Z\le\frac{5875-6000}{50}\right)$$
$$=\mathrm{P}(Z\le-2.5)$$
$$=\mathrm{P}(Z\ge2.5)$$
$$=\mathrm{P}(Z\ge0)-\mathrm{P}(0\le Z\le2.5)$$
$$=0.5-0.49$$
$$=0.01$$

13 1429 답 ③ 유형 12

출제의도 | 확률변수가 정규분포를 따를 때, 확률을 구할 수 있는지 확인한다.

> 사과 1개의 무게를 확률변수 X라 하면 X는 정규분포 $\mathrm{N}(m,\ 10^2)$을 따르고, $\mathrm{P}(X\le k)=0.1587$임을 이용해 보자.

이 농장에서 수확하는 사과 1개의 무게를 확률변수 X라 하면 X는 정규분포 $\mathrm{N}(m,\ 10^2)$을 따르므로 $Z=\dfrac{X-m}{10}$으로 놓으면 Z는 표준정규분포 $\mathrm{N}(0,\ 1)$을 따른다.
임의로 선택한 사과 1개의 무게가 k g 이하일 확률이 0.1587이므로 $\mathrm{P}(X\le k)=0.1587$에서

$$\mathrm{P}\left(Z\le\frac{k-m}{10}\right)=0.1587 \quad\cdots\cdots\cdots \ㄱ$$

표준정규분포표에서 $\mathrm{P}(0\le Z\le1)=0.3413$이므로
$$\mathrm{P}(Z\le-1)=\mathrm{P}(Z\ge1)$$
$$=\mathrm{P}(Z\ge0)-\mathrm{P}(0\le Z\le1)$$
$$=0.5-0.3413$$
$$=0.1587 \quad\cdots\cdots\cdots \ㄴ$$

ㄱ, ㄴ에서
$$\frac{k-m}{10}=-1$$

따라서 사과 1개의 무게가 $(k+5)$ g 이상일 확률은
$$\mathrm{P}(X\ge k+5)=\mathrm{P}\left(Z\ge\frac{(k+5)-m}{10}\right)$$
$$=\mathrm{P}\left(Z\ge\frac{k-m}{10}+\frac{5}{10}\right)$$
$$=\mathrm{P}\left(Z\ge-1+\frac{1}{2}\right)$$
$$=\mathrm{P}(Z\ge-0.5)$$
$$=\mathrm{P}(Z\le0.5)$$
$$=\mathrm{P}(Z\le0)+\mathrm{P}(0\le Z\le0.5)$$
$$=0.5+0.1915$$
$$=0.6915$$

14 1430 답 ② 유형 13

출제의도 | 확률변수가 정규분포를 따를 때, 도수를 구할 수 있는지 확인한다.

> 직원의 키를 확률변수 X라 하면 X는 정규분포 $\mathrm{N}(170,\ 8^2)$을 따르고, 직원의 키가 180 cm 이상일 확률은 $\mathrm{P}(X\ge180)$으로 구해 보자.

이 회사의 직원의 키를 확률변수 X라 하면 X는 정규분포 $\mathrm{N}(170,\ 8^2)$을 따르므로 $Z=\dfrac{X-170}{8}$으로 놓으면 Z는 표준정규분포 $\mathrm{N}(0,\ 1)$을 따른다.
직원의 키가 180 cm 이상일 확률은

$$\mathrm{P}(X\ge180)=\mathrm{P}\left(Z\ge\frac{180-170}{8}\right)$$
$$=\mathrm{P}(Z\ge1.25)$$
$$=\mathrm{P}(Z\ge0)-\mathrm{P}(0\le Z\le1.25)$$
$$=0.5-0.39$$
$$=0.11$$

따라서 이 회사의 직원 1000명 중에서 키가 180 cm 이상인 직원의 수는
$$1000\times0.11=110$$

15 1431 답 ③ 유형 14

출제의도 | 확률변수가 정규분포를 따를 때, 최저 점수를 구할 수 있는지 확인한다.

> 확률과 통계 기말 점수를 확률변수 X라 하면 X는 정규분포 $\mathrm{N}(64,\ 16^2)$을 따르고, 1등급을 받기 위한 최저 점수를 k점이라 하면 $\mathrm{P}(X\ge k)=0.04$임을 이용하여 최저 점수를 구해 보자.

이 고등학교 학생의 확률과 통계 기말 점수를 확률변수 X라 하면 X는 정규분포 $\mathrm{N}(64,\ 16^2)$을 따르므로 $Z=\dfrac{X-64}{16}$로 놓으면 Z는 표준정규분포 $\mathrm{N}(0,\ 1)$을 따른다.
1등급을 받기 위한 최저 점수를 k점이라 하면
$\mathrm{P}(X\ge k)=0.04$이므로
$$\mathrm{P}\left(Z\ge\frac{k-64}{16}\right)=0.04 \quad\cdots\cdots\cdots \ㄱ$$
표준정규분포표에서 $\mathrm{P}(0\le Z\le1.75)=0.46$이므로

$$P(Z \geq 1.75) = P(Z \geq 0) - P(0 \leq Z \leq 1.75)$$
$$= 0.5 - 0.46$$
$$= 0.04 \quad \cdots\cdots\cdots\cdots\cdots\cdots\cdots \text{ⓛ}$$

㉠, ㉡에서

$$\frac{k-64}{16} = 1.75$$

$$\therefore k = 92$$

따라서 1등급을 받기 위한 최저 점수는 92점이다.

16 1432 답 ④ 유형 15

출제의도 | 이항분포와 정규분포의 관계를 이용하여 확률을 구할 수 있는지 확인한다.

> 확률변수 X가 이항분포 $B(n, p)$를 따르면 X는 근사적으로 정규분포 $N(np, (\sqrt{npq})^2)$을 따름을 이용해 보자. (단, $q = 1-p$)

확률변수 X는 이항분포 $B\left(1200, \dfrac{1}{4}\right)$을 따르므로

$$E(X) = 1200 \times \frac{1}{4}$$
$$= 300$$

$$V(X) = 1200 \times \frac{1}{4} \times \frac{3}{4}$$
$$= 225$$

이때 $n = 1200$은 충분히 큰 수이므로 X는 근사적으로 정규분포 $N(300, 15^2)$을 따른다.

$Z = \dfrac{X-300}{15}$으로 놓으면 Z는 표준정규분포 $N(0, 1)$을 따르므로

$$P(|X-300| < 30) = P(-30 < X-300 < 30)$$
$$= P(-2 < Z < 2)$$
$$= 2P(0 \leq Z \leq 2)$$
$$= 2 \times 0.4772$$
$$= 0.9544$$

17 1433 답 ⑤ 유형 16

출제의도 | 이항분포와 정규분포의 관계를 이용하여 확률을 구할 수 있는지 확인한다.

> 자유투를 성공한 횟수를 확률변수 X라 하면 X는 이항분포 $B\left(600, \dfrac{3}{5}\right)$을 따르므로 X는 근사적으로 정규분포 $N(360, 12^2)$을 따름을 이용해 보자.

자유투를 성공한 횟수를 확률변수 X라 하면 X는 이항분포 $B\left(600, \dfrac{3}{5}\right)$을 따르므로

$$E(X) = 600 \times \frac{3}{5}$$
$$= 360$$

$$V(X) = 600 \times \frac{3}{5} \times \frac{2}{5}$$
$$= 144$$

이때 $n = 600$은 충분히 큰 수이므로 X는 근사적으로 정규분포 $N(360, 12^2)$을 따른다.

$Z = \dfrac{X-360}{12}$으로 놓으면 Z는 표준정규분포 $N(0, 1)$을 따르므로 구하는 확률은

$$P(X \geq 336) = P\left(Z \geq \frac{336-360}{12}\right)$$
$$= P(Z \geq -2)$$
$$= P(-2 \leq Z \leq 0) + P(Z \geq 0)$$
$$= P(0 \leq Z \leq 2) + 0.5$$
$$= 0.48 + 0.5$$
$$= 0.98$$

18 1434 답 ② 유형 17

출제의도 | 이항분포와 정규분포의 관계를 이용하여 미지수의 값을 구할 수 있는지 확인한다.

> 2500대의 스마트폰 중에서 판매된 지 1개월 안에 AS에 접수된 스마트폰의 개수를 확률변수 X라 하면 X는 이항분포 $B\left(2500, \dfrac{1}{10}\right)$을 따름을 이용해 보자.

이 회사에서 판매한 2500대의 스마트폰 중에서 판매된 지 1개월 안에 AS에 접수된 스마트폰의 개수를 확률변수 X라 하면 X는 이항분포 $B\left(2500, \dfrac{1}{10}\right)$을 따른다.

$$\therefore E(X) = 2500 \times \frac{1}{10}$$
$$= 250$$

$$V(X) = 2500 \times \frac{1}{10} \times \frac{9}{10}$$
$$= 225$$

이때 $n = 2500$은 충분히 큰 수이므로 X는 근사적으로 정규분포 $N(250, 15^2)$을 따른다.

$Z = \dfrac{X-250}{15}$으로 놓으면 Z는 표준정규분포 $N(0, 1)$을 따르고, $P(X \leq a) = 0.0228$에서

$$P\left(Z \leq \frac{a-250}{15}\right) = 0.0228 \quad \cdots\cdots \text{㉠}$$

표준정규분포표에서 $P(0 \leq Z \leq 2) = 0.4772$이므로

$$P(Z \leq -2) = P(Z \geq 2)$$
$$= P(Z \geq 0) - P(0 \leq Z \leq 2)$$
$$= 0.5 - 0.4772$$
$$= 0.0228 \quad \cdots\cdots \text{㉡}$$

㉠, ㉡에서

$$\frac{a-250}{15} = -2$$

$$\therefore a = 220$$

19 1435 답 ⑤ 유형 7

출제의도 | 정규분포의 표준화를 이용하여 확률을 비교할 수 있는지 확인한다.

> $f(t) = P(X \geq 0)$을 Z에 대한 확률로 나타내고, 보기의 t의 값을 대입해 보자.

확률변수 X가 정규분포 $N(t, 3^2)$을 따르므로 $Z=\dfrac{X-t}{3}$로 놓으면 Z는 표준정규분포 $N(0, 1)$을 따른다.

$\therefore f(t)=P(X\geq 0)$

$\qquad =P\left(Z\geq\dfrac{0-t}{3}\right)$

$\qquad =P\left(Z\geq-\dfrac{t}{3}\right)$

ㄱ. $f(0)=P(Z\geq 0)=\dfrac{1}{2}$ (참)

ㄴ. $f(3)=P(Z\geq-1)$, $f(-3)=P(Z\geq 1)$이고,
$\quad P(Z\geq-1)=P(Z\leq 1)$이므로
$\qquad f(3)+f(-3)=P(Z\geq-1)+P(Z\geq 1)$
$\qquad\qquad\qquad\quad =P(Z\leq 1)+P(Z\geq 1)$
$\qquad\qquad\qquad\quad =1$ (참)

ㄷ. 임의의 실수 t_1, t_2에 대하여 $t_1<t_2$이면 $-\dfrac{t_1}{3}>-\dfrac{t_2}{3}$이므로

$\qquad P\left(Z\geq-\dfrac{t_1}{3}\right)<P\left(Z\geq-\dfrac{t_2}{3}\right)$

$\quad \therefore f(t_1)<f(t_2)$

그러므로 함수 $f(t)$는 증가함수이다. (참)

따라서 옳은 것은 ㄱ, ㄴ, ㄷ이다.

20 1436 답 ⑤ 유형 4

출제의도 | 정규분포 곡선의 성질을 이해하고 있는지 확인한다.

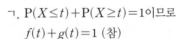
정규분포 곡선이 직선 $x=m$에 대하여 대칭임을 이용해 보자.

ㄱ. $P(X\leq t)+P(X\geq t)=1$이므로
$\quad f(t)+g(t)=1$ (참)

ㄴ. ㄱ에 $t=b$를 대입하면 $f(b)+g(b)=1$이고,
$\quad f(a)+f(b)=1$이므로
$\quad f(a)=g(b)$

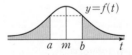

따라서 $P(X\leq a)=P(X\geq b)$이므로
$m=\dfrac{a+b}{2}$ (참)

ㄷ. $f(a)=P(X\leq a)$, $g(b)=P(X\geq b)$이고,
$\quad f(a)>\dfrac{1}{2}$에서 $a>m$, $g(b)>\dfrac{1}{2}$에서 $b<m$

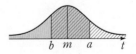

이때 $f(a)>g(b)$이면 $m<\dfrac{a+b}{2}$ (참)

따라서 옳은 것은 ㄱ, ㄴ, ㄷ이다.

21 1437 답 ① 유형 10

출제의도 | 확률변수가 정규분포를 따를 때, 주어진 비율을 이용하여 평균과 표준편차를 구할 수 있는지 확인한다.

두 대학 A, B의 신입생이 입학 성적을 각각 확률변수 X, Y라 하면 X, Y는 각각 정규분포 $N(m, \sigma^2)$, $N(m-5, \sigma^2)$을 따르고, $P(X\geq 200)=0.31$, $P(Y\geq 200)=0.23$임을 이용해 보자.

두 대학 A, B의 신입생의 입학 성적을 각각 확률변수 X, Y라 하면 X, Y는 각각 정규분포 $N(m, \sigma^2)$, $N(m-5, \sigma^2)$을 따르므로 $Z_X=\dfrac{X-m}{\sigma}$, $Z_Y=\dfrac{Y-(m-5)}{\sigma}$로 놓으면 Z_X, Z_Y는 모두 표준정규분포 $N(0, 1)$을 따른다.

대학 A의 신입생 중 '성적 우수 장학생'으로 선발되는 학생의 비율은 31 %이므로

$P(X\geq 200)=0.31$에서

$P\left(Z_X\geq\dfrac{200-m}{\sigma}\right)=0.31$ ············· ㉠

표준정규분포표에서 $P(0\leq Z\leq 0.5)=0.19$이므로

$P(Z\geq 0.5)=P(Z\geq 0)-P(0\leq Z\leq 0.5)$
$\qquad\qquad =0.5-0.19$
$\qquad\qquad =0.31$ ············· ㉡

㉠, ㉡에서

$\dfrac{200-m}{\sigma}=0.5$

$\therefore m+\dfrac{1}{2}\sigma=200$ ············· ㉢

대학 B의 신입생 중 '성적 우수 장학생'으로 선발되는 학생의 비율은 23 %이므로

$P(Y\geq 200)=0.23$에서

$P(Y\geq 200)=P\left(Z_Y\geq\dfrac{200-(m-5)}{\sigma}\right)$
$\qquad\qquad\quad =P\left(Z_Y\geq\dfrac{205-m}{\sigma}\right)$
$\qquad\qquad\quad =0.23$ ············· ㉣

표준정규분포표에서 $P(0\leq Z\leq 0.75)=0.27$이므로

$P(Z\geq 0.75)=P(Z\geq 0)-P(0\leq Z\leq 0.75)$
$\qquad\qquad\quad =0.5-0.27$
$\qquad\qquad\quad =0.23$ ············· ㉤

㉣, ㉤에서

$\dfrac{205-m}{\sigma}=0.75$

$\therefore m+\dfrac{3}{4}\sigma=205$ ············· ㉥

㉢, ㉥을 연립하여 풀면

$m=190$, $\sigma=20$

$\therefore m+\sigma=190+20$
$\qquad\qquad =210$

22 1438 답 0.1525 유형 10

출제의도 | 확률변수가 정규분포를 따를 때, 표준화하여 확률을 구할 수 있는지 확인한다.

STEP 1 m의 값 구하기 [1점]

$f(50-x)=f(50+x)$이므로 함수 $y=f(x)$의 그래프는 직선 $x=50$에 대하여 대칭이다.

$\therefore m=50$

STEP2 σ의 값 구하기 [3점]

$P(m \leq X \leq m+3)=0.4332$이므로

$P(50 \leq X \leq 53)=0.4332$

확률변수 X가 정규분포 $N(50, \sigma^2)$을 따르므로 $Z=\dfrac{X-50}{\sigma}$으로

놓으면 Z는 표준정규분포 $N(0, 1)$을 따른다.

$$\therefore P(50 \leq X \leq 53)=P\left(\dfrac{50-50}{\sigma} \leq Z \leq \dfrac{53-50}{\sigma}\right)$$
$$=P\left(0 \leq Z \leq \dfrac{3}{\sigma}\right)$$
$$=0.4332$$

표준정규분포표에서 $P(0 \leq Z \leq 1.5)=0.4332$이므로

$$\dfrac{3}{\sigma}=1.5$$

$$\therefore \sigma=2$$

STEP3 $P(52 \leq X \leq 55)$ 구하기 [2점]

$$P(52 \leq X \leq 55)=P\left(\dfrac{52-50}{2} \leq Z \leq \dfrac{55-50}{2}\right)$$
$$=P(1 \leq Z \leq 2.5)$$
$$=P(0 \leq Z \leq 2.5)-P(0 \leq Z \leq 1)$$
$$=0.4938-0.3413$$
$$=0.1525$$

---

23 1439   📄 0.2408   **유형 12**

출제의도 | 확률변수가 정규분포를 따를 때, 확률을 구할 수 있는지 확인한다.

STEP1 정규분포를 따르는 확률변수 정하기 [1점]

이 공장에서 생산되는 축구공의 무게를 확률변수 X라 하면 X는

정규분포 $N(425, 10^2)$을 따르므로 $Z=\dfrac{X-425}{10}$로 놓으면 Z는

표준정규분포 $N(0, 1)$을 따른다.

STEP2 이 공장에서 생산된 축구공 1개가 불량품으로 판정될 확률 구하기
[4점]

이 공장에서 생산된 축구공 1개가 불량품으로 판정될 확률은
$P(X \leq 410)+P(X \geq 440)$

$$=P\left(Z \leq \dfrac{410-425}{10}\right)+P\left(Z \geq \dfrac{440-425}{10}\right)$$
$$=P(Z \leq -1.5)+P(Z \geq 1.5)$$
$$=2P(Z \geq 1.5)$$
$$=2\{0.5-P(0 \leq Z \leq 1.5)\}$$
$$=2 \times (0.5-0.43)$$
$$=0.14$$

STEP3 2개의 축구공 중에서 1개만 불량품으로 판정될 확률 구하기 [2점]

임의로 뽑은 2개의 축구공 중에서 1개만 불량품으로 판정될 확률은
$_2C_1 \times 0.14 \times 0.86=0.2408$

---

24 1440   📄 60   **유형 13**

출제의도 | 확률변수가 정규분포를 따를 때, 조건을 만족시키는 도수를 구할 수 있는지 확인한다.

STEP1 정규분포를 따르는 확률변수 정하기 [1점]

이 대학의 수시 전형에 응시한 수험생의 성적을 확률변수 X라 하

면 X는 정규분포 $N(880, 10^2)$을 따르므로 $Z=\dfrac{X-880}{10}$으로 놓

으면 Z는 표준정규분포 $N(0, 1)$을 따른다.

STEP2 수시 전형에 합격할 확률 구하기 [3점]

합격자 중 최저 점수가 900점이므로 이 대학 수시 전형에 합격할
확률은

$$P(X \geq 900)=P\left(Z \geq \dfrac{900-880}{10}\right)$$
$$=P(Z \geq 2)$$
$$=0.5-P(0 \leq Z \leq 2)$$
$$=0.5-0.48$$
$$=0.02$$

STEP3 합격한 수험생의 수 구하기 [2점]

이 대학의 수시 전형에 응시한 5000명의 수험생 중에서 합격한 수
험생의 수는

$5000 \times 0.02=100$

STEP4 합격한 여학생 수 구하기 [1점]

남학생 합격자의 수와 여학생 합격자의 수의 비가 $2:3$이므로 합
격한 여학생 수는

$100 \times \dfrac{3}{5}=60$

---

25 1441   📄 0.9332   **유형 16**

출제의도 | 이항분포와 정규분포의 관계를 이용하여 확률을 구할 수 있는
지 확인한다.

STEP1 확률변수 X를 정하고, X가 따르는 이항분포 구하기 [2점]

주머니에서 꺼낸 2개의 공의 색이 서로 같을 확률은

$$\dfrac{_3C_2+_2C_2}{_5C_2}=\dfrac{4}{10}=\dfrac{2}{5}$$

이므로 150번의 시행 중에서 서로 같은 색의 공이 나오는 횟수를

확률변수 X라 하면 X는 이항분포 $B\left(150, \dfrac{2}{5}\right)$를 따른다.

STEP2 확률변수 X가 근사적으로 따르는 정규분포 구하기 [2점]

$E(X)=150 \times \dfrac{2}{5}=60$

$V(X)=150 \times \dfrac{2}{5} \times \dfrac{3}{5}=36$

이때 $n=150$은 충분히 큰 수이므로 X는 근사적으로 정규분포
$N(60, 6^2)$을 따른다.

STEP3 점 P의 좌표가 57 이하일 확률 구하기 [3점]

점 P의 좌표는 $2X-(150-X)=3X-150$이고,

$Z=\dfrac{X-60}{6}$으로 놓으면 Z는 표준정규분포 $N(0, 1)$을 따르므로

구하는 확률은

$$P(3X-150 \leq 57)=P(X \leq 69)$$
$$=P\left(Z \leq \dfrac{69-60}{6}\right)$$
$$=P(Z \leq 1.5)$$
$$=P(Z \leq 0)+P(0 \leq Z \leq 1.5)$$
$$=0.5+0.4332$$
$$=0.9332$$

07 통계적 추정

1442 답 ㄱ, ㄷ

1443 답 25

5개의 구슬 중에서 2개를 뽑는 중복순열의 수와 같으므로

$_5\Pi_2 = 5^2 = 25$

1444 답 20

5개의 구슬 중에서 2개를 뽑는 순열의 수와 같으므로

$_5P_2 = 5 \times 4 = 20$

1445 답 $\dfrac{3}{16}$

모집단 $\{1, 3, 5, 7\}$에서 크기가 2인 표본을 복원추출하는 경우의 수는 $_4\Pi_2 = 4^2 = 16$

$\overline{X} = 3$인 경우는 $(1, 5), (3, 3), (5, 1)$의 3가지이므로

$P(\overline{X} = 3) = \dfrac{3}{16}$

1446 답 $\dfrac{1}{16}$

모집단 $\{1, 3, 5, 7\}$에서 크기가 2인 표본을 복원추출하는 경우의 수는 $_4\Pi_2 = 4^2 = 16$

$\overline{X} = 7$인 경우는 $(7, 7)$의 1가지이므로

$P(\overline{X} = 7) = \dfrac{1}{16}$

1447 답 $\dfrac{1}{3}, \dfrac{2}{9}, \dfrac{1}{9}$

3장의 카드 중에서 2장의 카드를 복원추출하는 경우의 수는

$_3\Pi_2 = 3^2 = 9$

(i) $\overline{X} = 4$인 경우

$(2, 6), (4, 4), (6, 2)$의 3가지이므로

$P(\overline{X} = 4) = \dfrac{3}{9} = \dfrac{1}{3}$

(ii) $\overline{X} = 5$인 경우

$(4, 6), (6, 4)$의 2가지이므로

$P(\overline{X} = 5) = \dfrac{2}{9}$

(iii) $\overline{X} = 6$인 경우

$(6, 6)$의 1가지이므로

$P(\overline{X} = 6) = \dfrac{1}{9}$

따라서 $\overline{X}$의 확률분포를 표로 나타내면 다음과 같다.

$\overline{X}$	2	3	4	5	6	합계
$P(\overline{X}=\overline{x})$	$\dfrac{1}{9}$	$\dfrac{2}{9}$	$\dfrac{1}{3}$	$\dfrac{2}{9}$	$\dfrac{1}{9}$	1

1448 답 $E(\overline{X}) = 4$, $V(\overline{X}) = \dfrac{4}{3}$, $\sigma(\overline{X}) = \dfrac{2\sqrt{3}}{3}$

$E(\overline{X}) = 2 \times \dfrac{1}{9} + 3 \times \dfrac{2}{9} + 4 \times \dfrac{1}{3} + 5 \times \dfrac{2}{9} + 6 \times \dfrac{1}{9} = 4$

$V(\overline{X}) = 2^2 \times \dfrac{1}{9} + 3^2 \times \dfrac{2}{9} + 4^2 \times \dfrac{1}{3} + 5^2 \times \dfrac{2}{9} + 6^2 \times \dfrac{1}{9} - 4^2 = \dfrac{4}{3}$

$\sigma(\overline{X}) = \sqrt{\dfrac{4}{3}} = \dfrac{2\sqrt{3}}{3}$

1449 답 20

모평균이 20이므로 $E(\overline{X}) = 20$

1450 답 4

모분산이 16, 표본의 크기가 4이므로 $V(\overline{X}) = \dfrac{16}{4} = 4$

1451 답 2

모표준편차가 4, 표본의 크기가 4이므로 $\sigma(\overline{X}) = \dfrac{4}{\sqrt{4}} = 2$

1452 답 $E(\overline{X}) = 2$, $V(\overline{X}) = \dfrac{1}{4}$, $\sigma(\overline{X}) = \dfrac{1}{2}$

$E(X) = 1 \times \dfrac{2}{5} + 2 \times \dfrac{3}{10} + 3 \times \dfrac{1}{5} + 4 \times \dfrac{1}{10} = 2$

$V(X) = 1^2 \times \dfrac{2}{5} + 2^2 \times \dfrac{3}{10} + 3^2 \times \dfrac{1}{5} + 4^2 \times \dfrac{1}{10} - 2^2 = 1$

이때 표본의 크기가 4이므로

$E(\overline{X}) = 2$, $V(\overline{X}) = \dfrac{1}{4}$, $\sigma(\overline{X}) = \dfrac{1}{\sqrt{4}} = \dfrac{1}{2}$

1453 답 $392.16 \leq m \leq 407.84$

모평균 m에 대한 신뢰도 95 %의 신뢰구간은

$400 - 1.96 \times \dfrac{40}{\sqrt{100}} \leq m \leq 400 + 1.96 \times \dfrac{40}{\sqrt{100}}$

$\therefore 392.16 \leq m \leq 407.84$

1454 답 $389.68 \leq m \leq 410.32$

모평균 m에 대한 신뢰도 99 %의 신뢰구간은

$400 - 2.58 \times \dfrac{40}{\sqrt{100}} \leq m \leq 400 + 2.58 \times \dfrac{40}{\sqrt{100}}$

$\therefore 389.68 \leq m \leq 410.32$

1455 답 1.96

모평균 m에 대한 신뢰도 95 %의 신뢰구간의 길이는

$2 \times 1.96 \times \dfrac{15}{\sqrt{900}} = 1.96$

1456 답 2.58

모평균 m에 대한 신뢰도 99 %의 신뢰구간의 길이는

$2 \times 2.58 \times \dfrac{15}{\sqrt{900}} = 2.58$

1457 답 ①

유형1

1이 적힌 카드가 1장, 3이 적힌 카드가 2장, 5가 적힌 카드가 1장, 7이 적힌 카드가 2장 있다. 이 6장의 카드 중에서 임의로 한 장을 뽑아 카드에 적힌 수를 확인한 후 돌려놓는 시행을 2회 반복하여 뽑힌 카드에 적힌 수의 평균을 $\overline{X}$라 할 때, $\mathrm{P}(3 \leq \overline{X} < 5)$는?

① $\dfrac{7}{18}$ ② $\dfrac{4}{9}$ ③ $\dfrac{1}{2}$

④ $\dfrac{5}{9}$ ⑤ $\dfrac{11}{18}$

단서1 $\mathrm{P}(X=1)=\dfrac{1}{6}$, $\mathrm{P}(X=3)=\dfrac{1}{3}$, $\mathrm{P}(X=5)=\dfrac{1}{6}$, $\mathrm{P}(X=7)=\dfrac{1}{3}$

단서2 $\mathrm{P}(3 \leq \overline{X} < 5)=\mathrm{P}(\overline{X}=3)+\mathrm{P}(\overline{X}=4)$

STEP1 확률변수 X를 정하고 X의 확률분포를 표로 나타내기

한 번의 시행에서 카드에 적힌 수를 확률변수 X라 하고 X의 확률분포를 표로 나타내면 다음과 같다.

X	1	3	5	7	합계
$\mathrm{P}(X=x)$	$\dfrac{1}{6}$	$\dfrac{1}{3}$	$\dfrac{1}{6}$	$\dfrac{1}{3}$	1

STEP2 $\overline{X}$가 가질 수 있는 값을 구하고, $\overline{X}=3$, $\overline{X}=4$인 경우의 확률 구하기

확률변수 $\overline{X}$가 가질 수 있는 값은 1, 2, 3, 4, 5, 6, 7이므로
$\mathrm{P}(3 \leq \overline{X} < 5)=\mathrm{P}(\overline{X}=3)+\mathrm{P}(\overline{X}=4)$ → $\dfrac{1+1}{2}$ → $\dfrac{7+7}{2}$

첫 번째 뽑은 카드에 적힌 수를 X_1, 두 번째 뽑은 카드에 적힌 수를 X_2라 하면

(i) $\overline{X}=3$인 경우

$\dfrac{X_1+X_2}{2}=3$에서 $X_1+X_2=6$을 만족시키는 X_1, X_2의 순서쌍 (X_1, X_2)는 $(1, 5)$, $(3, 3)$, $(5, 1)$이므로

$\mathrm{P}(\overline{X}=3)=\dfrac{1}{6} \times \dfrac{1}{6}+\dfrac{1}{3} \times \dfrac{1}{3}+\dfrac{1}{6} \times \dfrac{1}{6}$

$=\dfrac{6}{36}=\dfrac{1}{6}$

(ii) $\overline{X}=4$인 경우

$\dfrac{X_1+X_2}{2}=4$에서 $X_1+X_2=8$을 만족시키는 X_1, X_2의 순서쌍 (X_1, X_2)는 $(1, 7)$, $(3, 5)$, $(5, 3)$, $(7, 1)$이므로

$\mathrm{P}(\overline{X}=4)=\dfrac{1}{6} \times \dfrac{1}{3}+\dfrac{1}{3} \times \dfrac{1}{6}+\dfrac{1}{6} \times \dfrac{1}{3}+\dfrac{1}{3} \times \dfrac{1}{6}$

$=\dfrac{4}{18}=\dfrac{2}{9}$

STEP3 $\mathrm{P}(3 \leq \overline{X} < 5)$ 구하기

(i), (ii)에서

$\mathrm{P}(3 \leq \overline{X} < 5)=\mathrm{P}(\overline{X}=3)+\mathrm{P}(\overline{X}=4)$

$=\dfrac{1}{6}+\dfrac{2}{9}=\dfrac{7}{18}$

1458 답 20

표본의 크기가 4이므로

$\overline{X}=\dfrac{1}{4} \times (10+15+25+30)=20$

1459 답 ④

표본의 크기가 3이므로

$\overline{X}=\dfrac{1}{3} \times (1+3+5)=3$

$\therefore S^2=\dfrac{1}{3-1} \times \{(1-3)^2+(3-3)^2+(5-3)^2\}=4$

1460 답 ①

확률변수 $\overline{X}$가 가질 수 있는 값은 0, 1, 2, 3, 4이므로
$\mathrm{P}(\overline{X}<2)=\mathrm{P}(\overline{X}=0)+\mathrm{P}(\overline{X}=1)$ → $\dfrac{0+0}{2}$ → $\dfrac{4+4}{2}$

모집단에서 임의추출한 크기가 2인 표본을 X_1, X_2라 하면

(i) $\overline{X}=0$인 경우

$\dfrac{X_1+X_2}{2}=0$에서 $X_1+X_2=0$을 만족시키는 X_1, X_2의 순서쌍 (X_1, X_2)는 $(0, 0)$이므로

$\mathrm{P}(\overline{X}=0)=\dfrac{1}{6} \times \dfrac{1}{6}=\dfrac{1}{36}$

(ii) $\overline{X}=1$인 경우

$\dfrac{X_1+X_2}{2}=1$에서 $X_1+X_2=2$를 만족시키는 X_1, X_2의 순서쌍 (X_1, X_2)는 $(0, 2)$, $(2, 0)$이므로

$\mathrm{P}(\overline{X}=1)=\dfrac{1}{6} \times \dfrac{1}{3}+\dfrac{1}{3} \times \dfrac{1}{6}=\dfrac{1}{9}$

(i), (ii)에서 구하는 확률은

$\mathrm{P}(\overline{X}<2)=\mathrm{P}(\overline{X}=0)+\mathrm{P}(\overline{X}=1)$

$=\dfrac{1}{36}+\dfrac{1}{9}$

$=\dfrac{5}{36}$

1461 답 ①

모집단에서 임의추출한 크기가 3인 표본을 X_1, X_2, X_3이라 하면

$\overline{X}=\dfrac{X_1+X_2+X_3}{3}$이고 $X_i \geq 1$ $(i=1, 2, 3)$이므로 $\overline{X}$의 최솟값은 1이다.

즉, $\mathrm{P}(\overline{X} \leq 1)=\mathrm{P}(\overline{X}=1)$이고

$\overline{X}=1$인 경우는 $X_1=X_2=X_3=1$일 때뿐이므로

$\mathrm{P}(\overline{X} \leq 1)=\mathrm{P}(\overline{X}=1)$

$=\dfrac{1}{4} \times \dfrac{1}{4} \times \dfrac{1}{4}=\dfrac{1}{64}$

1462 답 ⑤

확률의 총합은 1이므로

$a+a+b=1$

$\therefore 2a+b=1$ ·········· ㉠

모집단에서 임의추출한 크기가 2인 표본을 X_1, X_2라 하면

$\overline{X}=\dfrac{X_1+X_2}{2}=5$에서 $X_1+X_2=10$을 만족시키는 X_1, X_2의 순서쌍 (X_1, X_2)는 $(4, 6)$, $(6, 4)$이므로

$\mathrm{P}(\overline{X}=5)=a \times b+b \times a=\dfrac{1}{4}$

$\therefore ab=\dfrac{1}{8}$ ·········· ㉡

㉠에서 $b=1-2a$를 ㉡에 대입하면

$$a(1-2a)=\frac{1}{8}$$

$$16a^2-8a+1=0,\ (4a-1)^2=0$$

$$\therefore a=\frac{1}{4} \quad\text{————————————} ⓒ$$

ⓒ을 ⓛ에 대입하면

$$b=\frac{1}{2}$$

$$\therefore a+b=\frac{1}{4}+\frac{1}{2}$$

$$=\frac{3}{4}$$

1463 답 ①

확률의 총합은 1이므로

$$\frac{1}{8}+\frac{1}{8}+a+b=1$$

$$\therefore a+b=\frac{3}{4} \quad\text{————————————————} ㉠$$

모집단에서 임의추출한 크기가 2인 표본을 X_1, X_2라 하면

$$\overline{X}=\frac{X_1+X_2}{2}=2$$에서 $X_1+X_2=4$를 만족시키는 X_1, X_2의 순서쌍 $(X_1,\ X_2)$는 $(1,\ 3)$, $(2,\ 2)$, $(3,\ 1)$이므로

$$P(\overline{X}=2)=\frac{1}{8}\times a+\frac{1}{8}\times\frac{1}{8}+a\times\frac{1}{8}=\frac{5}{64}$$

$$\therefore a=\frac{1}{4} \quad\text{————————————————} ㉡$$

㉡을 ㉠에 대입하면

$$b=\frac{1}{2}$$

$$\therefore a-b=\frac{1}{4}-\frac{1}{2}$$

$$=-\frac{1}{4}$$

1464 답 ②

모집단 $\{2,\ 4,\ 6\}$에서 크기가 2인 표본을 복원추출하는 경우의 수는 $_3\Pi_2=3^2=9$

확률의 총합은 1이므로

$$a+\frac{2}{9}+\frac{1}{3}+b+\frac{1}{9}=1$$

$$\therefore a+b=\frac{1}{3} \quad\text{————————————————} ㉠$$

$\overline{X}=2$인 경우는 $(2,\ 2)$일 때뿐이므로

$$a=\frac{1}{9} \quad\text{————————————————} ㉡$$

㉡을 ㉠에 대입하면

$$b=\frac{2}{9}$$

$$\therefore a-b=\frac{1}{9}-\frac{2}{9}$$

$$=-\frac{1}{9}$$

참고 $\overline{X}$의 확률분포를 표로 나타내면 다음과 같다.

$\overline{X}$	2	3	4	5	6	합계
$P(\overline{X}=\overline{x})$	$\frac{1}{9}$	$\frac{2}{9}$	$\frac{1}{3}$	$\frac{2}{9}$	$\frac{1}{9}$	1

1465 답 2

한 번의 시행에서 꺼낸 공에 적힌 수를 확률변수 X라 하고 X의 확률분포를 표로 나타내면 다음과 같다.

X	0	2	합계
$P(X=x)$	$\frac{3}{n+3}$	$\frac{n}{n+3}$	1

첫 번째 꺼낸 공에 적힌 수를 X_1, 두 번째 꺼낸 공에 적힌 수를 X_2라 하면

$$\overline{X}=\frac{X_1+X_2}{2}=1$$에서 $\underset{\longrightarrow\ 0+2=2+0}{X_1+X_2=2}$를 만족시키는 X_1, X_2의 순서쌍 $(X_1,\ X_2)$는 $(0,\ 2)$, $(2,\ 0)$이므로

$$P(\overline{X}=1)=\frac{3}{n+3}\times\frac{n}{n+3}+\frac{n}{n+3}\times\frac{3}{n+3}=\frac{12}{25}$$

$$\frac{6n}{(n+3)^2}=\frac{12}{25}$$

$$2n^2-13n+18=0$$

$$(n-2)(2n-9)=0$$

$$\therefore n=2 \ (\because n\text{은 자연수})$$

1466 답 ⑤

한 번의 시행에서 꺼낸 공에 적힌 수를 확률변수 X라 하고 X의 확률분포를 표로 나타내면 다음과 같다.

X	1	2	3	합계
$P(X=x)$	$\frac{1}{8}$	$\frac{1}{4}$	$\frac{5}{8}$	1

첫 번째 꺼낸 공에 적힌 수를 X_1, 두 번째 꺼낸 공에 적힌 수를 X_2라 하면

$$\overline{X}=\frac{X_1+X_2}{2}=2$$에서 $\underset{\longrightarrow\ 1+3=2+2=3+1}{X_1+X_2=4}$를 만족시키는 X_1, X_2의 순서쌍 $(X_1,\ X_2)$는 $(1,\ 3)$, $(2,\ 2)$, $(3,\ 1)$이므로

$$P(\overline{X}=2)=\frac{1}{8}\times\frac{5}{8}+\frac{1}{4}\times\frac{1}{4}+\frac{5}{8}\times\frac{1}{8}$$

$$=\frac{5}{64}+\frac{1}{16}+\frac{5}{64}=\frac{7}{32}$$

1467 답 ⑤ | 유형 2

모평균이 4, 모표준편차가 12인 모집단에서 크기가 16인 표본을 임 **단서1**
의추출할 때, 표본평균 $\overline{X}$에 대하여 $E(\overline{X^2})$은?

① 1   ② 4   ③ 9

④ 16   ⑤ 25

단서1 $m=4,\ \sigma=12,\ n=16$

STEP1 $E(X)=4$임을 이용하여 $E(\overline{X})$ 구하기

모평균 $m=4$이므로

$$E(\overline{X})=4$$

STEP2 $V(\overline{X})=\frac{\sigma^2}{n}$을 이용하여 $V(\overline{X})$ 구하기

모분산 $\sigma^2=12^2$, 표본의 크기 $n=16$이므로

$$V(\overline{X})=\frac{12^2}{16}=9$$

$V(\overline{X})=E(\overline{X}^2)-\{E(\overline{X})\}^2$ 이므로

$9=E(\overline{X}^2)-4^2$

$\therefore E(\overline{X}^2)=25$

1468 답 ①

모평균 $m=6$ 이므로

$E(\overline{X})=6$

1469 답 9

모분산 $\sigma^2=6^2$, 표본의 크기 $n=4$ 이므로

$V(\overline{X})=\dfrac{6^2}{4}=9$

1470 답 ③

모평균 $m=10$, 모표준편차 $\sigma=4$, 표본의 크기 $n=4$ 이므로

$E(\overline{X})=10$, $\sigma(\overline{X})=\dfrac{4}{\sqrt{4}}=2$

$\therefore E(3\overline{X}+2)+\sigma(3\overline{X}+2)$

$=3E(\overline{X})+2+3\sigma(\overline{X})$

$=3\times10+2+3\times2$

$=38$

개념 Check

확률변수 X와 두 상수 $a, b\,(a\neq0)$에 대하여

(1) $E(aX+b)=aE(X)+b$

(2) $V(aX+b)=a^2V(X)$

(3) $\sigma(aX+b)=|a|\sigma(X)$

1471 답 ②

$V(X)=E(X^2)-\{E(X)\}^2$ 이므로

$V(X)=32-4^2=16$

이때 표본의 크기 $n=8$ 이므로

$V(\overline{X})=\dfrac{16}{8}=2$

1472 답 400

모표준편차가 4, 표본의 크기가 n 이므로

$\sigma(\overline{X})=\dfrac{4}{\sqrt{n}}$

이때 $\sigma(\overline{X})\leq0.2$ 이므로 $\dfrac{4}{\sqrt{n}}\leq0.2$

$\sqrt{n}\geq20$ $\therefore n\geq400$

따라서 자연수 n의 최솟값은 400이다.

1473 답 ①

모평균 $m=15$ 이므로

$E(\overline{X})=\dfrac{n}{4}=15$ $\therefore n=60$

따라서 모분산이 σ^2, 표본의 크기 $n=60$ 이므로

$V(\overline{X})=\dfrac{\sigma^2}{60}=\dfrac{1}{10}$

$\sigma^2=6$

$\therefore \sigma=\sqrt{6}\,(\because \sigma>0)$

1474 답 ②

$E(X)=4$ 이므로 $E(\overline{X})=4$

$V(X)=E(X^2)-\{E(X)\}^2$ 이므로

$V(X)=25-4^2$

$\quad\quad=9$

이때 표본의 크기가 n 이므로

$V(\overline{X})=\dfrac{9}{n}$

$V(\overline{X})=E(\overline{X}^2)-\{E(\overline{X})\}^2$ 에서

$E(\overline{X}^2)=V(\overline{X})+\{E(\overline{X})\}^2$

$\quad\quad\quad=\dfrac{9}{n}+4^2$

$E(\overline{X}^2)\geq19$ 이므로

$\dfrac{9}{n}+16\geq19$

$\dfrac{9}{n}\geq3$ $\therefore n\leq3$

이때 $n\geq2$ 이므로 $2\leq n\leq3$

따라서 자연수 n의 개수는 2, 3의 2이다.

1475 답 ④

모평균이 20, 모표준편차가 5, 표본의 크기가 16이므로

$E(\overline{X})+\sigma(\overline{X})=20+\dfrac{5}{\sqrt{16}}=\dfrac{85}{4}$

1476 답 ⑤

모표준편차가 14, 표본의 크기가 n 이므로

$\sigma(\overline{X})=\dfrac{14}{\sqrt{n}}=2$

$\sqrt{n}=7$

$\therefore n=49$

1477 답 ③ | 유형 3

모집단의 확률변수 X의 확률분포를 표로 나타내면 다음과 같다.

X	2	a	8	합계
$P(X=x)$	$\dfrac{1}{3}$	b	$\dfrac{1}{6}$	1

이 모집단에서 크기가 5인 표본을 임의추출할 때, 표본평균 $\overline{X}$에 대하여 $E(\overline{X})=5$이다. 이때 $abV(\overline{X})$의 값은?

(단, a와 b는 상수이다.)

① 2　　　② $\dfrac{5}{2}$　　　③ 3

④ $\dfrac{7}{2}$　　　⑤ 4

단서1 $\dfrac{1}{3}+b+\dfrac{1}{6}=1$

단서2 $E(X)=E(\overline{X})=5$

STEP1 확률의 총합이 1임을 이용하여 상수 b의 값 구하기

확률의 총합은 1이므로

$$\frac{1}{3}+b+\frac{1}{6}=1 \quad \therefore b=\frac{1}{2}$$

STEP2 상수 a의 값 구하기

$\mathrm{E}(X)=\mathrm{E}(\overline{X})=5$이므로

$$2\times\frac{1}{3}+a\times\frac{1}{2}+8\times\frac{1}{6}=5 \quad \therefore a=6$$

STEP3 $\mathrm{V}(\overline{X})$ 구하기

모분산 $\mathrm{V}(X)=2^2\times\frac{1}{3}+6^2\times\frac{1}{2}+8^2\times\frac{1}{6}-5^2=5$

이때 표본의 크기가 5이므로

$$\mathrm{V}(\overline{X})=\frac{5}{5}=1$$

STEP4 $ab\mathrm{V}(\overline{X})$의 값 구하기

$$ab\mathrm{V}(\overline{X})=6\times\frac{1}{2}\times1=3$$

1478 답 2

모평균 $\mathrm{E}(X)=1\times\frac{1}{4}+2\times\frac{1}{2}+3\times\frac{1}{4}=2$이므로

표본평균 $\overline{X}$의 평균은 $\mathrm{E}(\overline{X})=\mathrm{E}(X)=2$

1479 답 ⑤

모평균 $\mathrm{E}(X)=1\times\frac{1}{7}+2\times\frac{3}{14}+3\times\frac{2}{7}+4\times\frac{5}{14}=\frac{20}{7}$

모분산 $\mathrm{V}(X)=1^2\times\frac{1}{7}+2^2\times\frac{3}{14}+3^2\times\frac{2}{7}+4^2\times\frac{5}{14}-\left(\frac{20}{7}\right)^2$

$$=\frac{55}{49}$$

표본의 크기가 5이므로 표본평균 $\overline{X}$의 분산은

$$\mathrm{V}(\overline{X})=\frac{\frac{55}{49}}{5}=\frac{11}{49}$$

1480 답 ③

확률의 총합은 1이므로

$$\frac{1}{10}+a+\frac{3}{10}+\frac{2}{5}=1 \quad \therefore a=\frac{1}{5}$$

모평균 $\mathrm{E}(X)=1\times\frac{1}{10}+2\times\frac{1}{5}+3\times\frac{3}{10}+4\times\frac{2}{5}=3$이므로

표본평균 $\overline{X}$의 평균은

$\mathrm{E}(\overline{X})=\mathrm{E}(X)=3$

1481 답 ②

확률의 총합은 1이므로

$$\frac{1}{3}+\frac{1}{6}+a=1 \quad \therefore a=\frac{1}{2}$$

모평균 $\mathrm{E}(X)=2\times\frac{1}{3}+4\times\frac{1}{6}+6\times\frac{1}{2}=\frac{13}{3}$이므로

표본평균 $\overline{X}$의 평균은

$\mathrm{E}(\overline{X})=\mathrm{E}(X)=\frac{13}{3}$

$$\therefore \mathrm{E}(a\overline{X})=\mathrm{E}\left(\frac{1}{2}\overline{X}\right)$$

$$=\frac{1}{2}\mathrm{E}(\overline{X})$$

$$=\frac{1}{2}\times\frac{13}{3}$$

$$=\frac{13}{6}$$

1482 답 ③

모평균 $\mathrm{E}(X)=1\times\frac{1}{3}+2\times\frac{1}{2}+3\times\frac{1}{6}=\frac{11}{6}$

모분산 $\mathrm{V}(X)=1^2\times\frac{1}{3}+2^2\times\frac{1}{2}+3^2\times\frac{1}{6}-\left(\frac{11}{6}\right)^2$

$$=\frac{17}{36}$$

이때 표본의 크기가 3이므로

$$\mathrm{E}(\overline{X})=\mathrm{E}(X)=\frac{11}{6},\ \mathrm{V}(\overline{X})=\frac{\frac{17}{36}}{3}=\frac{17}{108}$$

$\mathrm{V}(\overline{X})=\mathrm{E}(\overline{X}^2)-\{\mathrm{E}(\overline{X})\}^2$에서

$\mathrm{E}(\overline{X}^2)=\mathrm{V}(\overline{X})+\{\mathrm{E}(\overline{X})\}^2$

$$=\frac{17}{108}+\left(\frac{11}{6}\right)^2$$

$$=\frac{95}{27}$$

1483 답 3

모평균 $\mathrm{E}(X)=1\times\frac{1}{4}+3\times\frac{1}{4}+5\times\frac{1}{2}=\frac{7}{2}$이므로

$$\mathrm{E}(\overline{X})=\frac{7}{2}$$

모분산 $\mathrm{V}(X)=1^2\times\frac{1}{4}+3^2\times\frac{1}{4}+5^2\times\frac{1}{2}-\left(\frac{7}{2}\right)^2$

$$=\frac{11}{4}$$

$\mathrm{E}(\overline{X})+\mathrm{V}(\overline{X})=\frac{53}{12}$에서

$$\frac{7}{2}+\mathrm{V}(\overline{X})=\frac{53}{12}$$

$$\therefore \mathrm{V}(\overline{X})=\frac{11}{12}$$

이때 표본의 크기가 n이므로

$$\mathrm{V}(\overline{X})=\frac{\frac{11}{4}}{n}=\frac{11}{12}$$

$$\therefore n=3$$

1484 답 ②

모평균 $\mathrm{E}(X)=1\times a+2\times\left(\frac{3}{5}-a\right)+3\times\frac{2}{5}=\frac{12}{5}-a$

모분산 $\mathrm{V}(X)=1^2\times a+2^2\times\left(\frac{3}{5}-a\right)+3^2\times\frac{2}{5}-\left(\frac{12}{5}-a\right)^2$

$$=(6-3a)-\left(a^2-\frac{24}{5}a+\frac{144}{25}\right)$$

$$=-a^2+\frac{9}{5}a+\frac{6}{25}$$

이때 표본의 크기가 2이므로

$$V(\overline{X}) = \frac{-a^2 + \frac{9}{5}a + \frac{6}{25}}{2} = \frac{7}{25}$$

$$-a^2 + \frac{9}{5}a + \frac{6}{25} = \frac{14}{25}$$

$$25a^2 - 45a + 8 = 0$$

$$(5a-1)(5a-8) = 0$$

이때 $0 \le a \le \frac{3}{5}$이므로 $a = \frac{1}{5}$

실수 Check

확률의 성질에 의하여 $0 \le a \le 1$, $0 \le \frac{3}{5} - a \le 1$이므로 $0 \le a \le \frac{3}{5}$임에 주의한다.

1485 답 ⑤

모평균 $E(X) = 0 \times \frac{1}{3} + 1 \times a + 2 \times b = a + 2b$

이때 $E(\overline{X}) = \frac{5}{6}$이고 $E(\overline{X}) = a + 2b$이므로

$$a + 2b = \frac{5}{6}$$

1486 답 ④

확률의 총합은 1이므로

$$\frac{1}{6} + a + b = 1$$

$$\therefore a + b = \frac{5}{6} \quad \cdots\cdots\cdots\cdots\cdots\cdots\cdots\cdots\cdots\cdots\cdots\cdots ㉠$$

$E(X^2) = \frac{16}{3}$이므로

$$E(X^2) = 0^2 \times \frac{1}{6} + 2^2 \times a + 4^2 \times b = \frac{16}{3}$$

$$\therefore a + 4b = \frac{4}{3} \quad \cdots\cdots\cdots\cdots\cdots\cdots\cdots\cdots\cdots\cdots ㉡$$

㉠, ㉡을 연립하여 풀면

$$a = \frac{2}{3}, \ b = \frac{1}{6} \quad \xrightarrow{㉡-㉠을 \ 하면 \ 3b = \frac{1}{2}}$$

따라서 확률변수 X의 확률분포를 표로 나타내면 다음과 같다.

X	0	2	4	합계
$P(X=x)$	$\frac{1}{6}$	$\frac{2}{3}$	$\frac{1}{6}$	1

모평균 $E(X) = 0 \times \frac{1}{6} + 2 \times \frac{2}{3} + 4 \times \frac{1}{6} = 2$

모분산 $V(X) = 0^2 \times \frac{1}{6} + 2^2 \times \frac{2}{3} + 4^2 \times \frac{1}{6} - 2^2 = \frac{4}{3}$

표본의 크기가 20이므로

$$V(\overline{X}) = \frac{\frac{4}{3}}{20} = \frac{1}{15}$$

다른 풀이

$E(X^2) = \frac{16}{3}$이므로

$$V(X) = E(X^2) - \{E(X)\}^2$$

$$= \frac{16}{3} - 2^2$$

$$= \frac{4}{3}$$

1487 답 ②

| 유형 4

숫자 1이 적힌 공 3개, 숫자 2가 적힌 공 1개, 숫자 3이 적힌 공 1개 [단서1] 가 들어 있는 주머니에서 임의로 한 개의 공을 꺼내어 공에 적힌 수를 확인한 후 다시 넣는다. 이와 같은 시행을 4번 반복할 때, 꺼낸 공에 [단서2] 적힌 수의 평균을 $\overline{X}$라 하자. $E(\overline{X}) + \sigma(\overline{X})$의 값은?

① 1   ② 2   ③ 3
④ 4   ⑤ 5

단서1 $P(X=1) = \frac{3}{5}$, $P(X=2) = \frac{1}{5}$, $P(X=3) = \frac{1}{5}$

단서2 $n=4$

STEP 1 확률변수 X를 정하고, X의 확률분포를 표로 나타내기

주머니에서 임의로 한 개의 공을 꺼낼 때, 공에 적힌 수를 확률변수 X라 하고 확률변수 X의 확률분포를 표로 나타내면 다음과 같다.

X	1	2	3	합계
$P(X=x)$	$\frac{3}{5}$	$\frac{1}{5}$	$\frac{1}{5}$	1

STEP 2 모평균, 모표준편차 구하기

$$E(X) = 1 \times \frac{3}{5} + 2 \times \frac{1}{5} + 3 \times \frac{1}{5} = \frac{8}{5}$$

$$V(X) = 1^2 \times \frac{3}{5} + 2^2 \times \frac{1}{5} + 3^2 \times \frac{1}{5} - \left(\frac{8}{5}\right)^2 = \frac{16}{25}$$

$$\therefore \sigma(X) = \frac{4}{5}$$

STEP 3 $E(\overline{X}) + \sigma(\overline{X})$의 값 구하기

표본의 크기가 4이므로

$$E(\overline{X}) = \frac{8}{5}, \ \sigma(\overline{X}) = \frac{\frac{4}{5}}{\sqrt{4}} = \frac{2}{5}$$

$$\therefore E(\overline{X}) + \sigma(\overline{X}) = \frac{8}{5} + \frac{2}{5} = 2$$

1488 답 ③

4개의 숫자 1, 2, 3, 4에서 임의로 택한 한 개의 수를 확률변수 X라 하고 확률변수 X의 확률분포를 표로 나타내면 다음과 같다.

X	1	2	3	4	합계
$P(X=x)$	$\frac{1}{4}$	$\frac{1}{4}$	$\frac{1}{4}$	$\frac{1}{4}$	1

$E(X) = 1 \times \frac{1}{4} + 2 \times \frac{1}{4} + 3 \times \frac{1}{4} + 4 \times \frac{1}{4} = \frac{5}{2}$이므로

표본평균 $\overline{X}$의 평균은

$$E(\overline{X}) = \frac{5}{2}$$

1489 답 ①

상자에서 임의로 한 장의 카드를 꺼낼 때, 카드에 적힌 수를 확률변수 X라 하고 확률변수 X의 확률분포를 표로 나타내면 다음과 같다.

X	1	2	3	4	합계
$P(X=x)$	$\frac{1}{6}$	$\frac{1}{3}$	$\frac{1}{3}$	$\frac{1}{6}$	1

$$\mathrm{E}(X)=1\times\frac{1}{6}+2\times\frac{1}{3}+3\times\frac{1}{3}+4\times\frac{1}{6}=\frac{5}{2}$$

$$\mathrm{V}(X)=1^2\times\frac{1}{6}+2^2\times\frac{1}{3}+3^2\times\frac{1}{3}+4^2\times\frac{1}{6}-\left(\frac{5}{2}\right)^2=\frac{11}{12}$$

이때 표본의 크기가 3이므로

$$\mathrm{V}(\overline{X})=\frac{\frac{11}{12}}{3}=\frac{11}{36}$$

1490 답 ⑤

한 개의 주사위를 한 번 던져서 나온 눈의 수를 확률변수 X라 하고 X의 확률분포를 표로 나타내면 다음과 같다.

X	1	2	3	4	5	6	합계
$\mathrm{P}(X=x)$	$\frac{1}{6}$	$\frac{1}{6}$	$\frac{1}{6}$	$\frac{1}{6}$	$\frac{1}{6}$	$\frac{1}{6}$	1

$$\mathrm{E}(X)=1\times\frac{1}{6}+2\times\frac{1}{6}+3\times\frac{1}{6}+4\times\frac{1}{6}+5\times\frac{1}{6}+6\times\frac{1}{6}=\frac{7}{2}$$

$$\mathrm{V}(X)$$
$$=1^2\times\frac{1}{6}+2^2\times\frac{1}{6}+3^2\times\frac{1}{6}+4^2\times\frac{1}{6}+5^2\times\frac{1}{6}+6^2\times\frac{1}{6}-\left(\frac{7}{2}\right)^2$$
$$=\frac{35}{12}$$

이때 표본의 크기가 2이므로

$$\mathrm{V}(\overline{X})=\frac{\frac{35}{12}}{2}=\frac{35}{24}$$

$$\therefore \mathrm{V}(2\overline{X}+3)=2^2\mathrm{V}(\overline{X})=4\times\frac{35}{24}=\frac{35}{6}$$

1491 답 ③

정십이면체 모양의 주사위를 한 번 던질 때, 바닥에 닿은 면에 적힌 수를 확률변수 X라 하고 X의 확률분포를 표로 나타내면 다음과 같다.

X	1	2	3	합계
$\mathrm{P}(X=x)$	$\frac{1}{6}$	$\frac{1}{3}$	$\frac{1}{2}$	1

$$\mathrm{E}(X)=1\times\frac{1}{6}+2\times\frac{1}{3}+3\times\frac{1}{2}=\frac{7}{3}$$

$$\mathrm{V}(X)=1^2\times\frac{1}{6}+2^2\times\frac{1}{3}+3^2\times\frac{1}{2}-\left(\frac{7}{3}\right)^2=\frac{5}{9}$$

이때 표본의 크기가 20이므로

$$\mathrm{E}(\overline{X})=\frac{7}{3},\ \mathrm{V}(\overline{X})=\frac{\frac{5}{9}}{20}=\frac{1}{36}$$

$$\therefore \mathrm{E}(6\overline{X}-7)+\mathrm{V}(6\overline{X}-7)=6\mathrm{E}(\overline{X})-7+6^2\mathrm{V}(\overline{X})$$
$$=6\times\frac{7}{3}-7+36\times\frac{1}{36}=8$$

실수 Check

> 1부터 6까지의 자연수가 적힌 정육면체 모양의 주사위가 아닌 정십이면체 모양의 주사위임에 주의한다.

1492 답 30

주머니에서 임의로 한 개의 구슬을 꺼낼 때, 구슬에 적힌 수를 확

률변수 X라 하고 X의 확률분포를 표로 나타내면 다음과 같다.

X	1	3	5	7	합계
$\mathrm{P}(X=x)$	$\frac{1}{4}$	$\frac{1}{4}$	$\frac{1}{4}$	$\frac{1}{4}$	1

$$\mathrm{E}(X)=1\times\frac{1}{4}+3\times\frac{1}{4}+5\times\frac{1}{4}+7\times\frac{1}{4}=4$$

$$\mathrm{V}(X)=1^2\times\frac{1}{4}+3^2\times\frac{1}{4}+5^2\times\frac{1}{4}+7^2\times\frac{1}{4}-4^2=5$$

이때 표본의 크기가 n이고 $\mathrm{V}(\overline{X})=\frac{1}{6}$이므로

$$\frac{5}{n}=\frac{1}{6}\qquad \therefore n=30$$

1493 답 ④

상자에서 임의로 한 장의 카드를 꺼낼 때, 카드에 적힌 수를 확률변수 X라 하고 확률변수 X의 확률분포를 표로 나타내면 다음과 같다.

X	-1	0	2	합계
$\mathrm{P}(X=x)$	$\frac{2}{n+6}$	$\frac{4}{n+6}$	$\frac{n}{n+6}$	1

$$\mathrm{E}(X)=(-1)\times\frac{2}{n+6}+0\times\frac{4}{n+6}+2\times\frac{n}{n+6}$$
$$=\frac{2n-2}{n+6}$$

이때 $\mathrm{E}(\overline{X})=\frac{3}{5}$이므로

$$\frac{2n-2}{n+6}=\frac{3}{5}$$

$$\therefore n=4$$

따라서 확률변수 X의 확률분포를 표로 나타내면 다음과 같다.

X	-1	0	2	합계
$\mathrm{P}(X=x)$	$\frac{1}{5}$	$\frac{2}{5}$	$\frac{2}{5}$	1

$$\mathrm{V}(X)=(-1)^2\times\frac{1}{5}+0^2\times\frac{2}{5}+2^2\times\frac{2}{5}-\left(\frac{3}{5}\right)^2=\frac{36}{25}$$

$$\therefore \sigma(X)=\frac{6}{5}$$

이때 표본의 크기가 4이므로

$$\sigma(\overline{X})=\frac{\frac{6}{5}}{\sqrt{4}}=\frac{3}{5}$$

$$\therefore \sigma(15\overline{X}-3)=15\sigma(\overline{X})=15\times\frac{3}{5}=9$$

1494 답 3

정사면체 모양의 주사위를 한 번 던질 때, 바닥에 닿은 면에 적힌 수를 확률변수 X라 하고 확률변수 X의 확률분포를 표로 나타내면 다음과 같다.

X	-2	0	1	n	합계
$\mathrm{P}(X=x)$	$\frac{1}{4}$	$\frac{1}{4}$	$\frac{1}{4}$	$\frac{1}{4}$	1

$$\mathrm{E}(X)=(-2)\times\frac{1}{4}+0\times\frac{1}{4}+1\times\frac{1}{4}+n\times\frac{1}{4}=\frac{n-1}{4}$$

$$\text{V}(X)=(-2)^2 \times \frac{1}{4}+0^2 \times \frac{1}{4}+1^2 \times \frac{1}{4}+n^2 \times \frac{1}{4}-\left(\frac{n-1}{4}\right)^2$$
$$=\frac{n^2+5}{4}-\frac{n^2-2n+1}{16}$$
$$=\frac{3n^2+2n+19}{16}$$

이때 표본의 크기가 9이므로

$$\text{V}(\overline{X})=\frac{\dfrac{3n^2+2n+19}{16}}{9}=\frac{3n^2+2n+19}{144} \quad \cdots\cdots \text{㉠}$$

$\text{V}(2\overline{X}+3)=\dfrac{13}{9}$에서

$2^2\text{V}(\overline{X})=\dfrac{13}{9}$이므로 $\text{V}(\overline{X})=\dfrac{13}{36}$ $\quad \cdots\cdots \text{㉡}$

㉠, ㉡에서

$$\frac{3n^2+2n+19}{144}=\frac{13}{36}$$
$$3n^2+2n-33=0$$
$$(n-3)(3n+11)=0$$

n은 자연수이므로 $n=3$

1495 답 ⑤

상자에서 임의로 한 개의 공을 꺼낼 때, 공에 적힌 수를 확률변수 X라 하고 X의 확률분포를 표로 나타내면 다음과 같다.

X	1	2	4	합계
$\text{P}(X=x)$	$\dfrac{1}{3}$	$\dfrac{1}{2}$	$\dfrac{1}{6}$	1

$$\text{E}(X)=1 \times \frac{1}{3}+2 \times \frac{1}{2}+4 \times \frac{1}{6}=2$$
$$\text{V}(X)=1^2 \times \frac{1}{3}+2^2 \times \frac{1}{2}+4^2 \times \frac{1}{6}-2^2=1$$
$$\therefore \sigma(X)=1$$

이때 표본의 크기가 n이므로

$$\text{E}(\overline{X})=2,\ \sigma(\overline{X})=\frac{1}{\sqrt{n}}$$

$\text{E}(2\overline{X}-1)+\sigma(2\overline{X}-1)=\dfrac{10}{3}$에서

$$2\text{E}(\overline{X})-1+2\sigma(\overline{X})=\frac{10}{3}$$
$$2 \times 2-1+2 \times \frac{1}{\sqrt{n}}=\frac{10}{3}$$
$$\frac{1}{\sqrt{n}}=\frac{1}{6}$$
$$\therefore n=36$$

1496 답 ②

6개의 숫자 1, 1, 2, 2, a, b에서 임의로 택한 한 개의 수를 확률변수 X라 하고 확률변수 X의 확률분포를 표로 나타내면 다음과 같다.

X	1	2	a	b	합계
$\text{P}(X=x)$	$\dfrac{1}{3}$	$\dfrac{1}{3}$	$\dfrac{1}{6}$	$\dfrac{1}{6}$	1

$$\text{E}(X)=1 \times \frac{1}{3}+2 \times \frac{1}{3}+a \times \frac{1}{6}+b \times \frac{1}{6}=\frac{a+b+6}{6}$$

이때 $\text{E}(\overline{X})=3$이므로

$$\frac{a+b+6}{6}=3 \qquad \therefore a+b=12 \quad \cdots\cdots \text{㉠}$$
$$\text{V}(X)=1^2 \times \frac{1}{3}+2^2 \times \frac{1}{3}+a^2 \times \frac{1}{6}+b^2 \times \frac{1}{6}-3^2$$
$$=\frac{a^2+b^2-44}{6}$$

이때 표본의 크기가 3이므로

$$\text{V}(\overline{X})=\frac{\dfrac{a^2+b^2-44}{6}}{3}=\frac{a^2+b^2-44}{18} \quad \cdots\cdots \text{㉡}$$

$\text{E}(\overline{X})=3$, $\text{E}(\overline{X}^2)=\dfrac{32}{3}$이고

$\text{V}(\overline{X})=\text{E}(\overline{X}^2)-\{\text{E}(\overline{X})\}^2$이므로

$$\text{V}(\overline{X})=\frac{32}{3}-3^2=\frac{5}{3} \quad \cdots\cdots \text{㉢}$$

㉡, ㉢에서

$$\frac{a^2+b^2-44}{18}=\frac{5}{3}$$
$$\therefore a^2+b^2=74 \quad \cdots\cdots \text{㉣}$$

㉠, ㉣을 연립하여 풀면

$a=5$, $b=7$ $(\because a<b)$ $\quad\to\ \begin{array}{l} a^2+(12-a)^2=74 \\ a^2-12a+35=0 \\ (a-5)(a-7)=0 \end{array}$

$$\therefore \frac{b}{a}=\frac{7}{5}$$

실수 Check

$a<b$이므로 $a=7$, $b=5$가 아님에 주의한다.

Plus 문제

1496-1

6개의 숫자 1, 2, 2, 2, a, b에서 크기가 3인 표본을 임의추출할 때, 세 수의 평균을 $\overline{X}$라 하자. $\text{E}(\overline{X})=4$, $\text{E}(\overline{X}^2)=\dfrac{175}{9}$일 때, $\dfrac{b}{a}$의 값을 구하시오. (단, $2<a<b$)

6개의 숫자 1, 2, 2, 2, a, b에서 임의로 택한 한 개의 수를 확률변수 X라 하고 확률변수 X의 확률분포를 표로 나타내면 다음과 같다.

X	1	2	a	b	합계
$\text{P}(X=x)$	$\dfrac{1}{6}$	$\dfrac{1}{2}$	$\dfrac{1}{6}$	$\dfrac{1}{6}$	1

$$\text{E}(X)=1 \times \frac{1}{6}+2 \times \frac{1}{2}+a \times \frac{1}{6}+b \times \frac{1}{6}=\frac{a+b+7}{6}$$

이때 $\text{E}(\overline{X})=4$이므로

$$\frac{a+b+7}{6}=4 \qquad \therefore a+b=17 \quad \cdots\cdots \text{㉠}$$
$$\text{V}(X)=1^2 \times \frac{1}{6}+2^2 \times \frac{1}{2}+a^2 \times \frac{1}{6}+b^2 \times \frac{1}{6}-4^2$$
$$=\frac{a^2+b^2-83}{6}$$

이때 표본의 크기가 3이므로

$$\text{V}(\overline{X})=\frac{\dfrac{a^2+b^2-83}{6}}{3}=\frac{a^2+b^2-83}{18} \quad \cdots\cdots \text{㉡}$$

$\text{E}(\overline{X})=4$, $\text{E}(\overline{X}^2)=\dfrac{175}{9}$이고

$V(\overline{X})=E(\overline{X}^2)-\{E(\overline{X})\}^2$이므로

$V(\overline{X})=\dfrac{175}{9}-4^2=\dfrac{31}{9}$ ⟶⟶⟶⟶⟶⟶⟶⟶⟶⟶ ㉢

㉡, ㉢에서

$\dfrac{a^2+b^2-83}{18}=\dfrac{31}{9}$

$\therefore a^2+b^2=145$ ⟶⟶⟶⟶⟶⟶⟶⟶⟶ ㉣

㉠, ㉣을 연립하여 풀면

$a=8,\ b=9\ (\because a<b)$

$\therefore \dfrac{b}{a}=\dfrac{9}{8}$

$\boxed{\text{답}}\ \dfrac{9}{8}$

1497 답 ① | 유형 5

모집단의 확률변수 X의 확률질량함수가

$$P(X=x)=\dfrac{1}{6}(x+1)\ (x=0,\,1,\,2)$$
단서1

이다. 이 모집단에서 크기가 5인 표본을 임의추출할 때, 표본평균 $\overline{X}$
단서2

에 대하여 $V(-3\overline{X}+1)$은?

① 1   ② 3   ③ 5
④ 7   ⑤ 9

단서1 $P(X=0)=\dfrac{1}{6}$, $P(X=1)=\dfrac{1}{3}$, $P(X=2)=\dfrac{1}{2}$

단서2 $n=5$

STEP 1 확률변수 X의 확률분포를 표로 나타내기

확률변수 X의 확률분포를 표로 나타내면 다음과 같다.

X	0	1	2	합계
$P(X=x)$	$\dfrac{1}{6}$	$\dfrac{1}{3}$	$\dfrac{1}{2}$	1

STEP 2 모평균과 모분산 구하기

$E(X)=0\times\dfrac{1}{6}+1\times\dfrac{1}{3}+2\times\dfrac{1}{2}=\dfrac{4}{3}$

$V(X)=0^2\times\dfrac{1}{6}+1^2\times\dfrac{1}{3}+2^2\times\dfrac{1}{2}-\left(\dfrac{4}{3}\right)^2=\dfrac{5}{9}$

STEP 3 $V(\overline{X})$ 구하기

표본의 크기가 5이므로

$V(\overline{X})=\dfrac{\frac{5}{9}}{5}=\dfrac{1}{9}$

STEP 4 $V(-3\overline{X}+1)$ 구하기

$V(-3\overline{X}+1)=(-3)^2V(\overline{X})=9\times\dfrac{1}{9}=1$

1498 답 ②

확률변수 X는 이항분포 $B\left(64,\dfrac{1}{4}\right)$을 따르므로

$V(X)=64\times\dfrac{1}{4}\times\dfrac{3}{4}=12$ ⟶ 확률변수 X의 확률질량함수가

$P(X=x)={}_{64}C_x\left(\dfrac{1}{4}\right)^x\left(\dfrac{3}{4}\right)^{64-x}$

이때 표본의 크기가 4이므로

$(x=0,\,1,\,2,\,\cdots,\,64)$이기 때문이다.

$V(\overline{X})=\dfrac{12}{4}=3$

확률변수 X가 이항분포 $B(n,p)$를 따를 때, X의 확률질량함수는

$$P(X=x)={}_nC_x\,p^x(1-p)^{n-x}\ (x=0,\,1,\,2,\,\cdots,\,n)$$

이고

$$E(X)=np,\ V(X)=npq\ (\text{단},\ q=1-p)$$

1499 답 ③

확률변수 X는 이항분포 $B\left(72,\dfrac{1}{3}\right)$을 따르므로

$V(X)=72\times\dfrac{1}{3}\times\dfrac{2}{3}=16$

이때 표본의 크기가 n이고 $V(\overline{X})=4$이므로

$\dfrac{16}{n}=4$ $\therefore n=4$

1500 답 ③

확률변수 X의 확률분포를 표로 나타내면 다음과 같다.

X	3	6	9	합계
$P(X=x)$	k	$2k$	$3k$	1

확률의 총합은 1이므로

$k+2k+3k=1$ $\therefore k=\dfrac{1}{6}$

따라서 확률변수 X의 확률분포를 표로 나타내면 다음과 같다.

X	3	6	9	합계
$P(X=x)$	$\dfrac{1}{6}$	$\dfrac{1}{3}$	$\dfrac{1}{2}$	1

$E(X)=3\times\dfrac{1}{6}+6\times\dfrac{1}{3}+9\times\dfrac{1}{2}=7$

$V(X)=3^2\times\dfrac{1}{6}+6^2\times\dfrac{1}{3}+9^2\times\dfrac{1}{2}-7^2=5$

이때 표본의 크기가 5이므로

$E(\overline{X})=7$, $V(\overline{X})=\dfrac{5}{5}=1$

$\therefore E(\overline{X})+V(\overline{X})=7+1=8$

1501 답 ②

확률변수 X의 확률분포를 표로 나타내면 다음과 같다.

X	-2	-1	0	1	2	합계
$P(X=x)$	k	k	k	k	k	1

확률의 총합은 1이므로

$k+k+k+k+k=1$ $\therefore k=\dfrac{1}{5}$

따라서 확률변수 X의 확률분포를 표로 나타내면 다음과 같다.

X	-2	-1	0	1	2	합계
$P(X=x)$	$\dfrac{1}{5}$	$\dfrac{1}{5}$	$\dfrac{1}{5}$	$\dfrac{1}{5}$	$\dfrac{1}{5}$	1

$E(X)=(-2)\times\dfrac{1}{5}+(-1)\times\dfrac{1}{5}+0\times\dfrac{1}{5}+1\times\dfrac{1}{5}+2\times\dfrac{1}{5}=0$

$V(X)=(-2)^2\times\dfrac{1}{5}+(-1)^2\times\dfrac{1}{5}+0^2\times\dfrac{1}{5}+1^2\times\dfrac{1}{5}+2^2\times\dfrac{1}{5}-0^2$

$=2$

이때 표본의 크기가 25이므로

$$V(\overline{X})=\frac{2}{25}$$

$$\therefore V\left(\frac{1}{k}\overline{X}\right)=V(5\overline{X})=5^2V(\overline{X})$$

$$=25\times\frac{2}{25}=2$$

1502 답 ④

확률변수 X의 확률분포를 표로 나타내면 다음과 같다.

X	-2	-1	1	2	합계
$P(X=x)$	$\frac{1}{8}$	$\frac{3}{8}$	$\frac{3}{8}$	$\frac{1}{8}$	1

$$E(X)=(-2)\times\frac{1}{8}+(-1)\times\frac{3}{8}+1\times\frac{3}{8}+2\times\frac{1}{8}=0$$

$$V(X)=(-2)^2\times\frac{1}{8}+(-1)^2\times\frac{3}{8}+1^2\times\frac{3}{8}+2^2\times\frac{1}{8}-0^2=\frac{7}{4}$$

이때 표본의 크기가 3이므로

$$E(\overline{X})=0, \ V(\overline{X})=\frac{\frac{7}{4}}{3}=\frac{7}{12}$$

$V(\overline{X})=E(\overline{X}^2)-\{E(\overline{X})\}^2$이므로

$$E(\overline{X}^2)=V(\overline{X})+\{E(\overline{X})\}^2$$

$$=\frac{7}{12}+0^2$$

$$=\frac{7}{12}$$

1503 답 ②

확률변수 X는 이항분포 $B\left(a, \frac{1}{2}\right)$을 따르므로

$$E(X)=a\times\frac{1}{2}=\frac{a}{2}$$

$$V(X)=a\times\frac{1}{2}\times\frac{1}{2}=\frac{a}{4}$$

$$\therefore E(\overline{X})=\frac{a}{2}$$

$E(2\overline{X})=400$에서

$$2E(\overline{X})=400, \ 2\times\frac{a}{2}=400$$

$$\therefore a=400$$

이때 표본의 크기가 20이므로

$$V(\overline{X})=\frac{\frac{a}{4}}{20}=\frac{\frac{400}{4}}{20}=5$$

$$\therefore V(2\overline{X})=2^2V(\overline{X})$$

$$=4\times5=20$$

1504 답 4

확률변수 X는 이항분포 $B(100, p)$를 따르므로

$$E(X)=100p, \ V(X)=100p(1-p)$$

이때 표본의 크기가 8이므로

$V(\overline{X})=2$에서

$$V(\overline{X})=\frac{100p(1-p)}{8}=2$$

$$p(1-p)=\frac{4}{25}$$

$$25p^2-25p+4=0$$

$$(5p-1)(5p-4)=0$$

$0<p<\frac{1}{2}$이므로 $p=\frac{1}{5}$

$E(\overline{X})=100p=100\times\frac{1}{5}=20$이므로

$$E(p\overline{X})=E\left(\frac{1}{5}\overline{X}\right)=\frac{1}{5}E(\overline{X})$$

$$=\frac{1}{5}\times20=4$$

1505 답 9

확률변수 X의 확률분포를 표로 나타내면 다음과 같다.

X	1	3	5	7	합계
$P(X=x)$	$\frac{1}{16}$	$\frac{3}{16}$	$\frac{5}{16}$	$\frac{7}{16}$	1

$$E(X)=1\times\frac{1}{16}+3\times\frac{3}{16}+5\times\frac{5}{16}+7\times\frac{7}{16}=\frac{21}{4}$$

$$V(X)=1^2\times\frac{1}{16}+3^2\times\frac{3}{16}+5^2\times\frac{5}{16}+7^2\times\frac{7}{16}-\left(\frac{21}{4}\right)^2$$

$$=\frac{55}{16}$$

이때 표본의 크기가 n이므로

$$V(\overline{X})=\frac{\frac{55}{16}}{n}=\frac{55}{16n}$$

$V(12\overline{X})=55$에서

$$12^2V(\overline{X})=55, \ 144\times\frac{55}{16n}=55$$

$$\therefore n=9$$

1506 답 ②

확률변수 X의 확률분포를 표로 나타내면 다음과 같다.

X	1	2	3	합계
$P(X=x)$	$\frac{1}{4}$	k	$\frac{1}{4}$	1

확률의 총합은 1이므로

$$\frac{1}{4}+k+\frac{1}{4}=1 \qquad \therefore k=\frac{1}{2}$$

따라서 확률변수 X의 확률분포를 표로 나타내면 다음과 같다.

X	1	2	3	합계
$P(X=x)$	$\frac{1}{4}$	$\frac{1}{2}$	$\frac{1}{4}$	1

$$E(X)=1\times\frac{1}{4}+2\times\frac{1}{2}+3\times\frac{1}{4}=2$$

$$V(X)=1^2\times\frac{1}{4}+2^2\times\frac{1}{2}+3^2\times\frac{1}{4}-2^2=\frac{1}{2}$$

이때 표본의 크기가 n이므로

$V(\overline{X})=\frac{1}{10}$에서

$$V(\overline{X})=\frac{\frac{1}{2}}{n}=\frac{1}{2n}=\frac{1}{10}$$

$$\therefore n=5$$

1507 답 ③

| 유형 6

어느 고등학교 학생들의 일주일 동안 스마트폰 사용 시간은 평균이 6시간, 표준편차가 2시간인 정규분포를 따른다고 한다. 이 고등학교 학생 중 임의추출한 36명의 일주일 동안 스마트폰 사용 시간의 평균이 6시간 30분 이하일 확률을 위의 표준정규분포표를 이용하여 구한 것은?

z	$P(0 \leq Z \leq z)$
0.5	0.1915
1.0	0.3413
1.5	0.4332
2.0	0.4772

① 0.6915 ② 0.8413 ③ 0.9332
④ 0.9772 ⑤ 0.9938

단서1 $m=6, \sigma=2$
단서2 $n=36$
단서3 $P\left(\overline{X} \leq \dfrac{13}{2}\right)$

STEP1 확률변수 X를 정하고 X의 분포 구하기

학생들의 일주일 동안 스마트폰 사용 시간을 확률변수 X라 하면 X는 정규분포 $N(6, 2^2)$을 따른다.

STEP2 표본평균의 분포 구하기

36명의 일주일 동안 스마트폰 사용 시간의 표본평균을 $\overline{X}$라 하면 표본의 크기가 36이므로

$E(\overline{X})=6, \sigma(\overline{X})=\dfrac{2}{\sqrt{36}}=\dfrac{1}{3}$

즉, 표본평균 $\overline{X}$는 정규분포 $N\left(6, \left(\dfrac{1}{3}\right)^2\right)$을 따른다.

STEP3 확률 구하기

$Z=\dfrac{\overline{X}-6}{\dfrac{1}{3}}$으로 놓으면 Z는 표준정규분포 $N(0, 1)$을 따르므로 구하는 확률은

$$P\left(\overline{X} \leq \dfrac{13}{2}\right)=P\left(Z \leq \dfrac{\dfrac{13}{2}-6}{\dfrac{1}{3}}\right)$$
$$=P(Z \leq 1.5)$$
$$=P(Z \leq 0)+P(0 \leq Z \leq 1.5)$$
$$=0.5+0.4332$$
$$=0.9332$$

1508 답 ③

모집단이 정규분포 $N(52, 6^2)$을 따르고 표본의 크기가 9이므로

$E(\overline{X})=52, \sigma(\overline{X})=\dfrac{6}{\sqrt{9}}=2$

즉, 확률변수 $\overline{X}$는 정규분포 $N(52, 2^2)$을 따른다.

$Z=\dfrac{\overline{X}-52}{2}$로 놓으면 Z는 표준정규분포 $N(0, 1)$을 따르므로

$$P(51 \leq \overline{X} \leq 56)=P\left(\dfrac{51-52}{2} \leq Z \leq \dfrac{56-52}{2}\right)$$
$$=P(-0.5 \leq Z \leq 2)$$
$$=P(-0.5 \leq Z \leq 0)+P(0 \leq Z \leq 2)$$
$$=P(0 \leq Z \leq 0.5)+P(0 \leq Z \leq 2)$$
$$=0.1915+0.4772$$
$$=0.6687$$

1509 답 ④

모집단이 정규분포 $N(250, 10^2)$을 따르고 표본의 크기가 25이므로

$E(\overline{X})=250, \sigma(\overline{X})=\dfrac{10}{\sqrt{25}}=2$

즉, 확률변수 $\overline{X}$는 정규분포 $N(250, 2^2)$을 따른다.

$Z=\dfrac{\overline{X}-250}{2}$으로 놓으면 Z는 표준정규분포 $N(0, 1)$을 따르므로

$$P(251 \leq \overline{X} \leq 253)=P\left(\dfrac{251-250}{2} \leq Z \leq \dfrac{253-250}{2}\right)$$
$$=P(0.5 \leq Z \leq 1.5)$$
$$=P(0 \leq Z \leq 1.5)-P(0 \leq Z \leq 0.5)$$
$$=0.4332-0.1915=0.2417$$

1510 답 9

모집단이 정규분포 $N(32, 8^2)$을 따르고 표본의 크기가 16이므로 표본평균 $\overline{X}$는 정규분포 $N\left(32, \dfrac{8^2}{16}\right)$, 즉 $N(32, 2^2)$을 따른다.

$Z_{\overline{X}}=\dfrac{\overline{X}-32}{2}$로 놓으면 $Z_{\overline{X}}$는 표준정규분포 $N(0, 1)$을 따르므로

$$P(\overline{X} \leq 35)=P\left(Z_{\overline{X}} \leq \dfrac{35-32}{2}\right)$$
$$=P(Z_{\overline{X}} \leq 1.5)$$
$$=P(Z_{\overline{X}} \leq 0)+P(0 \leq Z_{\overline{X}} \leq 1.5)$$
$$=0.5+0.43$$
$$=0.93 \quad\cdots\cdots\cdots ㉠$$

모집단이 정규분포 $N(31, 20^2)$을 따르고 표본의 크기가 25이므로 표본평균 $\overline{Y}$는 정규분포 $N\left(31, \dfrac{20^2}{25}\right)$, 즉 $N(31, 4^2)$을 따른다.

$Z_{\overline{Y}}=\dfrac{\overline{Y}-31}{4}$로 놓으면 $Z_{\overline{Y}}$는 표준정규분포 $N(0, 1)$을 따르므로

$$P(\overline{Y} \leq 35)=P\left(Z_{\overline{Y}} \leq \dfrac{35-31}{4}\right)$$
$$=P(Z_{\overline{Y}} \leq 1)$$
$$=P(Z_{\overline{Y}} \leq 0)+P(0 \leq Z_{\overline{Y}} \leq 1)$$
$$=0.5+0.34$$
$$=0.84 \quad\cdots\cdots\cdots ㉡$$

㉠, ㉡에서 $p=0.93-0.84=0.09$이므로
$100p=100 \times 0.09=9$

1511 답 ⑤

이 지역의 4인 가구의 월 통신비를 확률변수 X라 하면 X는 정규분포 $N(22, 6^2)$을 따른다.

9가구의 월 통신비의 표본평균을 $\overline{X}$라 하면 표본의 크기가 9이므로 표본평균 $\overline{X}$는 정규분포 $N\left(22, \dfrac{6^2}{9}\right)$, 즉 $N(22, 2^2)$을 따른다.

$Z=\dfrac{\overline{X}-22}{2}$로 놓으면 Z는 표준정규분포 $N(0, 1)$을 따르므로 구하는 확률은

$$P(23 \leq \overline{X} \leq 26)=P\left(\dfrac{23-22}{2} \leq Z \leq \dfrac{26-22}{2}\right)$$
$$=P(0.5 \leq Z \leq 2)$$
$$=P(0 \leq Z \leq 2)-P(0 \leq Z \leq 0.5)$$
$$=0.4772-0.1915=0.2857$$

1512 달 ②

생수 한 병의 무게를 확률변수 X라 하면 X는 정규분포 $N(500,\ 10^2)$을 따른다.

생수 25병의 무게의 표본평균을 $\overline{X}$라 하면 표본의 크기가 25이므로 표본평균 $\overline{X}$는 정규분포 $N\!\left(500,\ \dfrac{10^2}{25}\right)$, 즉 $N(500,\ 2^2)$을 따른다.

$Z=\dfrac{\overline{X}-500}{2}$으로 놓으면 Z는 표준정규분포 $N(0,\ 1)$을 따르므로 구하는 확률은

$$
\begin{aligned}
P(25\overline{X}\ge 12600)&=P(\overline{X}\ge 504)\\
&=P\!\left(Z\ge \frac{504-500}{2}\right)\\
&=P(Z\ge 2)\\
&=P(Z\ge 0)-P(0\le Z\le 2)\\
&=0.5-0.4772\\
&=0.0228
\end{aligned}
$$

실수 Check

생수 한 세트는 25병이므로 표본의 크기는 25이고, 생수 한 세트의 무게의 표본평균이 $\overline{X}$이므로 한 세트의 무게가 12600 이상일 확률은 $P(\overline{X}\ge 12600)$이 아닌 $P(25\overline{X}\ge 12600)$임에 주의한다.

1513 달 0.8413

이 공장에서 생산하는 제품 A 한 개의 무게를 확률변수 X라 하면 X는 정규분포 $N(8,\ 1^2)$을 따른다.

제품 9개의 무게의 표본평균을 $\overline{X}$라 하면 표본의 크기가 9이므로 표본평균 $\overline{X}$는 정규분포 $N\!\left(8,\ \dfrac{1^2}{9}\right)$, 즉 $N\!\left(8,\ \left(\dfrac{1}{3}\right)^2\right)$을 따른다.

$Z=\dfrac{\overline{X}-8}{\frac{1}{3}}$로 놓으면 Z는 표준정규분포 $N(0,\ 1)$을 따르므로 구하는 확률은

$$
\begin{aligned}
P(9\overline{X}\ge 69)&=P\!\left(\overline{X}\ge \frac{23}{3}\right)\\
&=P\!\left(Z\ge \frac{\frac{23}{3}-8}{\frac{1}{3}}\right)\\
&=P(Z\ge -1)\\
&=P(-1\le Z\le 0)+P(Z\ge 0)\\
&=P(0\le Z\le 1)+P(Z\ge 0)\\
&=0.3413+0.5\\
&=0.8413
\end{aligned}
$$

한 상자에 9개의 제품이 들어 있으므로 정상 제품일 확률은 $P(\overline{X}\ge 69)$가 아니라 $P(9\overline{X}\ge 69)$이다.

1514 달 ⑤

화장품 1개의 내용량을 확률변수 X라 하면 X는 정규분포 $N(201.5,\ 1.8^2)$을 따른다.

화장품 9개의 내용량의 표본평균을 $\overline{X}$라 하면 표본의 크기가 9이므로 표본평균 $\overline{X}$는 정규분포 $N\!\left(201.5,\ \dfrac{1.8^2}{9}\right)$, 즉 $N(201.5,\ 0.6^2)$을 따른다.

$Z=\dfrac{\overline{X}-201.5}{0.6}$로 놓으면 Z는 표준정규분포 $N(0,\ 1)$을 따르므로 구하는 확률은

$$
\begin{aligned}
P(\overline{X}\ge 200)&=P\!\left(Z\ge \frac{200-201.5}{0.6}\right)\\
&=P(Z\ge -2.5)\\
&=P(-2.5\le Z\le 0)+P(Z\ge 0)\\
&=P(0\le Z\le 2.5)+P(Z\ge 0)\\
&=0.4938+0.5\\
&=0.9938
\end{aligned}
$$

1515 달 ③

이 지역 신생아의 출생 시 몸무게 X가 따르는 정규분포를 $N(m,\ \sigma^2)$으로 놓으면

$P(X\ge 3.4)=\dfrac{1}{2}$이므로 $m=3.4$

$P(X\le 3.9)+P(Z\le -1)=1$이므로

$$
\begin{aligned}
P(X\le 3.9)&=1-P(Z\le -1)\\
&=P(Z\ge -1)\\
&=P(Z\le 1) \quad\cdots\cdots\cdots\cdots\cdots\cdots ㉠
\end{aligned}
$$

$Z=\dfrac{X-3.4}{\sigma}$로 놓으면 Z는 표준정규분포 $N(0,\ 1)$을 따르므로

$$
P(X\le 3.9)=P\!\left(Z\le \frac{3.9-3.4}{\sigma}\right) \quad\cdots\cdots ㉡
$$

㉠, ㉡에서

$$
\frac{3.9-3.4}{\sigma}=1
$$

$$
\therefore\ \sigma=0.5
$$

이때 표본의 크기가 25이므로

$$
E(\overline{X})=3.4,\ \sigma(\overline{X})=\frac{0.5}{\sqrt{25}}=0.1
$$

따라서 표본평균 $\overline{X}$는 정규분포 $N(3.4,\ 0.1^2)$을 따르므로

$Z_{\overline{X}}=\dfrac{\overline{X}-3.4}{0.1}$로 놓으면 $Z_{\overline{X}}$는 표준정규분포 $N(0,\ 1)$을 따른다.

$$
\begin{aligned}
\therefore\ P(\overline{X}\ge 3.55)&=P\!\left(Z_{\overline{X}}\ge \frac{3.55-3.4}{0.1}\right)\\
&=P(Z_{\overline{X}}\ge 1.5)\\
&=P(Z_{\overline{X}}\ge 0)-P(0\le Z_{\overline{X}}\le 1.5)\\
&=0.5-0.4332\\
&=0.0668
\end{aligned}
$$

개념 Check

정규분포 $N(m,\ \sigma^2)$을 따르는 확률변수 X에 대하여

(1) $P(X\ge m)=P(X\le m)=\dfrac{1}{2}$

(2) $P(X\le a)+P(X\ge a)=1$

(3) $P(X\le a)=P(X\ge b)$이면 $m=\dfrac{a+b}{2}$

실수 Check

$P(X\le 3.9)+P(Z\le -1)=1$에서 $P(Z\le -1)$을 $P(X\le -1)$로 착각하여 표준화하지 않도록 주의한다.

$P(X\le 3.9)+P(Z\le -1)=1$에서 $P(X\le 3.9)$만 Z에 대한 식으로 표준화하여 σ의 값을 구한다.

1515-1

어느 통신사의 무제한 요금제를 사용하는 고객들의 월 데이터 사용량 X는 정규분포를 따르고 다음 조건을 만족시킨다.

> (가) $P(X<15)=P(X>25)$
> (나) $P(X\geq17)+P(Z\geq1.5)=1$

이 통신사의 무제한 요금제를 사용하는 고객 중에서 임의추출한 16명의 데이터 사용량의 표본평균을 $\overline{X}$라 할 때, $P(\overline{X}\geq21)$을 오른쪽 표준정규분포표를 이용하여 구하시오. (단, 데이터 사용량의 단위는 GB이고, Z는 표준정규분포를 따르는 확률변수이다.)

z	$P(0\leq Z\leq z)$
1.0	0.3413
1.5	0.4332
2.0	0.4772
2.5	0.4938

이 통신사의 무제한 요금제를 사용하는 고객의 월 데이터 사용량 X가 따르는 정규분포를 $N(m,\sigma^2)$으로 놓으면
조건 (가)에서 $P(X<15)=P(X>25)$이므로

$$m=\frac{15+25}{2}=20$$

조건 (나)에서 $P(X\geq17)+P(Z\geq1.5)=1$이므로

$$P(X\geq17)=1-P(Z\geq1.5)$$
$$=P(Z\leq1.5)$$
$$=P(Z\geq-1.5)$$

$Z=\dfrac{X-20}{\sigma}$으로 놓으면 Z는 표준정규분포 $N(0,1)$을 따르므로

$$P(X\geq17)=P\left(Z\geq\frac{17-20}{\sigma}\right)$$

즉, $\dfrac{17-20}{\sigma}=-1.5$

$$\therefore \sigma=2$$

이때 표본의 크기가 16이므로

$$E(\overline{X})=20,\ \sigma(\overline{X})=\frac{2}{\sqrt{16}}=0.5$$

따라서 표본평균 $\overline{X}$는 정규분포 $N(20,0.5^2)$을 따르므로 $Z_{\overline{X}}=\dfrac{\overline{X}-20}{0.5}$으로 놓으면 $Z_{\overline{X}}$는 표준정규분포 $N(0,1)$을 따른다.

$$\therefore P(\overline{X}\geq21)=P\left(Z_{\overline{X}}\geq\frac{21-20}{0.5}\right)$$
$$=P(Z_{\overline{X}}\geq2)$$
$$=P(Z_{\overline{X}}\geq0)-P(0\leq Z_{\overline{X}}\leq2)$$
$$=0.5-0.4772$$
$$=0.0228$$

📖 0.0228

1516 📖 ⑤

확률변수 X의 표준편차를 $\sigma\ (\sigma>0)$라 하면 확률변수 X는 정규

분포 $N(220,\sigma^2)$을 따르고 표본의 크기가 n이므로 표본평균 $\overline{X}$는 정규분포 $N\left(220,\left(\dfrac{\sigma}{\sqrt{n}}\right)^2\right)$을 따른다.

$Z_{\overline{X}}=\dfrac{\overline{X}-220}{\dfrac{\sigma}{\sqrt{n}}}$으로 놓으면 $Z_{\overline{X}}$는 표준정규분포 $N(0,1)$을 따르므로

$$P(\overline{X}\leq215)=P\left(Z_{\overline{X}}\leq\frac{215-220}{\dfrac{\sigma}{\sqrt{n}}}\right)$$
$$=P\left(Z_{\overline{X}}\leq-\frac{5\sqrt{n}}{\sigma}\right)$$
$$=P\left(Z_{\overline{X}}\geq\frac{5\sqrt{n}}{\sigma}\right)$$
$$=0.5-P\left(0\leq Z_{\overline{X}}\leq\frac{5\sqrt{n}}{\sigma}\right)$$

이때 $P(\overline{X}\leq215)=0.1587$이므로

$$0.5-P\left(0\leq Z_{\overline{X}}\leq\frac{5\sqrt{n}}{\sigma}\right)=0.1587$$

$$\therefore P\left(0\leq Z_{\overline{X}}\leq\frac{5\sqrt{n}}{\sigma}\right)=0.3413$$

표준정규분포표에서 $P(0\leq Z\leq1.0)=0.3413$이므로

$$\frac{5\sqrt{n}}{\sigma}=1$$

$$\therefore \frac{\sigma}{\sqrt{n}}=5 \quad\cdots\cdots\cdots\cdots\cdots\cdots\cdots\cdots\cdots ⊙$$

조건 (나)에서 확률변수 Y의 표준편차는 $\dfrac{3\sigma}{2}$이므로 확률변수 Y는 정규분포 $N\left(240,\left(\dfrac{3\sigma}{2}\right)^2\right)$을 따르고 표본의 크기가 $9n$이므로

표본평균 $\overline{Y}$는 정규분포 $N\left(240,\dfrac{\left(\dfrac{3\sigma}{2}\right)^2}{9n}\right)$, 즉 $N\left(240,\left(\dfrac{\dfrac{3\sigma}{2}}{3\sqrt{n}}\right)^2\right)$

을 따른다.
⊙에서

$$\frac{\dfrac{3\sigma}{2}}{3\sqrt{n}}=\frac{1}{2}\times\frac{\sigma}{\sqrt{n}}=\frac{5}{2}$$

$Z_{\overline{Y}}=\dfrac{\overline{Y}-240}{\dfrac{5}{2}}$으로 놓으면 $Z_{\overline{Y}}$는 표준정규분포 $N(0,1)$을 따르므로

$$P(\overline{Y}\geq235)=P\left(Z_{\overline{Y}}\geq\frac{235-240}{\dfrac{5}{2}}\right)$$
$$=P(Z_{\overline{Y}}\geq-2)$$
$$=P(Z_{\overline{Y}}\leq2)$$
$$=P(Z_{\overline{Y}}\leq0)+P(0\leq Z_{\overline{Y}}\leq2)$$
$$=0.5+0.4772$$
$$=0.9772$$

실수 Check

표본평균 $\overline{X}$는 정규분포 $N\left(220,\left(\dfrac{\sigma}{\sqrt{n}}\right)^2\right)$을 따르고 표본평균 $\overline{Y}$는 정규분포 $N\left(240,\left(\dfrac{\sigma}{2\sqrt{n}}\right)^2\right)$을 따르므로 각각 표준화하여 확률을 구해야 한다. 이때 확률변수 $X,\ Y$와 표본평균 $\overline{X},\ \overline{Y}$가 따르는 정규분포를 헷갈려 표준화하는 과정에서 실수하지 않도록 주의한다.

어느 농장에서 수확하는 귤 한 개의 당
도는 평균이 12 Brix, 표준편차가
단서1
1 Brix인 정규분포를 따른다고 한다.
이 농장에서 수확한 귤 중에서 임의추출
한 n개의 당도의 평균이 11 Brix 이상
단서2
이고 13 Brix 이하일 확률이 0.96이 되
도록 하는 n의 값을 위의 표준정규분포표를 이용하여 구한 것은?

z	$P(0 \leq Z \leq z)$
0.5	0.19
1.0	0.34
1.5	0.43
2.0	0.48

① 4　　　　　　② 9　　　　　　③ 16

④ 25　　　　　　⑤ 36

단서1 $m=12$, $\sigma=1$
단서2 $P(11 \leq \overline{X} \leq 13)=0.96$

STEP 1 확률변수를 정하고 확률분포 구하기

이 농장에서 수확한 귤 한 개의 당도를 확률변수 X라 하면 X는
정규분포 $N(12, 1^2)$을 따른다.

STEP 2 표본평균의 분포 구하기

n개의 당도의 표본평균을 $\overline{X}$라 하면 표본의 크기가 n이므로 표본

평균 $\overline{X}$는 정규분포 $N\left(12, \dfrac{1^2}{n}\right)$, 즉 $N\left(12, \left(\dfrac{1}{\sqrt{n}}\right)^2\right)$을 따른다.

$Z=\dfrac{\overline{X}-12}{\dfrac{1}{\sqrt{n}}}$로 놓으면 Z는 표준정규분포 $N(0, 1)$을 따른다.

STEP 3 주어진 확률을 이용하여 n에 대한 관계식 세우기

$P(11 \leq \overline{X} \leq 13)=0.96$에서

$P\left(\dfrac{11-12}{\dfrac{1}{\sqrt{n}}} \leq Z \leq \dfrac{13-12}{\dfrac{1}{\sqrt{n}}}\right)=0.96$

$P(-\sqrt{n} \leq Z \leq \sqrt{n})=0.96$

$2P(0 \leq Z \leq \sqrt{n})=0.96$

$\therefore P(0 \leq Z \leq \sqrt{n})=0.48$ ················· ㉠

STEP 4 표준정규분포표를 이용하여 n의 값 구하기

표준정규분포표에서 $P(0 \leq Z \leq 2)=0.48$이므로 ············· ㉡

㉠, ㉡에서

$\sqrt{n}=2$

$\therefore n=4$

개념 Check

확률변수 Z가 표준정규분포를 따를 때
$$P(-a \leq Z \leq a)=2P(0 \leq Z \leq a) \text{ (단, } a>0)$$

1518 답 ①

모집단이 정규분포 $N(50, 3^2)$을 따르고 표본의 크기가 n이므로
표본평균 $\overline{X}$는 정규분포 $N\left(50, \dfrac{3^2}{n}\right)$, 즉 $N\left(50, \left(\dfrac{3}{\sqrt{n}}\right)^2\right)$을 따른
다.

$Z=\dfrac{\overline{X}-50}{\dfrac{3}{\sqrt{n}}}$으로 놓으면 Z는 표준정규분포 $N(0, 1)$을 따른다.

$P(\overline{X} \geq 49)=0.8413$에서

$P\left(Z \geq \dfrac{49-50}{\dfrac{3}{\sqrt{n}}}\right)=0.8413$

$P\left(Z \geq -\dfrac{\sqrt{n}}{3}\right)=0.8413$

$P\left(Z \leq \dfrac{\sqrt{n}}{3}\right)=0.8413$ ⟶ $0.5+0.3413=P(Z \leq 0)+0.3413$

$P(Z \leq 0)+P\left(0 \leq Z \leq \dfrac{\sqrt{n}}{3}\right)=0.8413$

$0.5+P\left(0 \leq Z \leq \dfrac{\sqrt{n}}{3}\right)=0.8413$

$\therefore P\left(0 \leq Z \leq \dfrac{\sqrt{n}}{3}\right)=0.3413$

표준정규분포표에서 $P(0 \leq Z \leq 1)=0.3413$이므로

$\dfrac{\sqrt{n}}{3}=1$　　$\therefore n=9$

1519 답 ②

모집단이 정규분포 $N(100, 4^2)$을 따르고 표본의 크기가 n이므로

표본평균 $\overline{X}$는 정규분포 $N\left(100, \dfrac{4^2}{n}\right)$, 즉 $N\left(100, \left(\dfrac{4}{\sqrt{n}}\right)^2\right)$을 따

른다.

$Z=\dfrac{\overline{X}-100}{\dfrac{4}{\sqrt{n}}}$으로 놓으면 Z는 표준정규분포 $N(0, 1)$을 따른다.

$P(98 \leq \overline{X} \leq 102)=0.9544$에서

$P\left(\dfrac{98-100}{\dfrac{4}{\sqrt{n}}} \leq Z \leq \dfrac{102-100}{\dfrac{4}{\sqrt{n}}}\right)=0.9544$

$P\left(-\dfrac{\sqrt{n}}{2} \leq Z \leq \dfrac{\sqrt{n}}{2}\right)=0.9544$

$2P\left(0 \leq Z \leq \dfrac{\sqrt{n}}{2}\right)=0.9544$

$\therefore P\left(0 \leq Z \leq \dfrac{\sqrt{n}}{2}\right)=0.4772$

표준정규분포표에서 $P(0 \leq Z \leq 2)=0.4772$이므로

$\dfrac{\sqrt{n}}{2}=2$　　$\therefore n=16$

1520 답 ②

학생들의 하루 스마트폰 사용 시간을 확률변수 X라 하면 X는 정
규분포 $N(50, 16^2)$을 따른다.

표본의 크기가 n이므로 표본평균 $\overline{X}$는 정규분포 $N\left(50, \dfrac{16^2}{n}\right)$, 즉

$N\left(50, \left(\dfrac{16}{\sqrt{n}}\right)^2\right)$을 따른다.

$Z=\dfrac{\overline{X}-50}{\dfrac{16}{\sqrt{n}}}$으로 놓으면 Z는 표준정규분포 $N(0, 1)$을 따른다.

$P(50 \leq \overline{X} \leq 56)=0.4332$에서

$P\left(\dfrac{50-50}{\dfrac{16}{\sqrt{n}}} \leq Z \leq \dfrac{56-50}{\dfrac{16}{\sqrt{n}}}\right)=0.4332$

$P\left(0 \leq Z \leq \dfrac{3\sqrt{n}}{8}\right)=0.4332$

표준정규분포표에서 $P(0 \leq Z \leq 1.5)=0.4332$이므로

$\dfrac{3\sqrt{n}}{8}=1.5$　　$\therefore n=16$

07

1521 답 ③

모집단이 정규분포 $N(100, 10^2)$을 따르고 표본의 크기가 n이므로 표본평균 $\overline{X}$는 정규분포 $N\left(100, \dfrac{10^2}{n}\right)$, 즉 $N\left(100, \left(\dfrac{10}{\sqrt{n}}\right)^2\right)$을 따른다.

$Z = \dfrac{\overline{X} - 100}{\dfrac{10}{\sqrt{n}}}$ 으로 놓으면 Z는 표준정규분포 $N(0, 1)$을 따른다.

$P(\overline{X} \leq 96) = 0.0228$에서

$P\left(Z \leq \dfrac{96 - 100}{\dfrac{10}{\sqrt{n}}}\right) = 0.0228$

$P\left(Z \leq -\dfrac{2\sqrt{n}}{5}\right) = 0.0228$

$P\left(Z \geq \dfrac{2\sqrt{n}}{5}\right) = \underline{0.0228}$ ⟶ 0.5−0.4772이므로 표준정규분포표에서 $P(0 \leq Z \leq z) = 0.4772$인 z의 값을 찾는다.

$P(Z \geq 0) - P\left(0 \leq Z \leq \dfrac{2\sqrt{n}}{5}\right) = 0.0228$

$0.5 - P\left(0 \leq Z \leq \dfrac{2\sqrt{n}}{5}\right) = 0.0228$

$\therefore P\left(0 \leq Z \leq \dfrac{2\sqrt{n}}{5}\right) = 0.4772$

표준정규분포표에서 $P(0 \leq Z \leq 2) = 0.4772$이므로

$\dfrac{2\sqrt{n}}{5} = 2 \qquad \therefore n = 25$

1522 답 ②

이 공장에서 생산된 제품 A 한 개의 무게를 확률변수 X라 하면 X는 정규분포 $N(20, 2^2)$을 따른다.

표본의 크기가 n이므로 표본평균 $\overline{X}$는 정규분포 $N\left(20, \dfrac{2^2}{n}\right)$, 즉 $N\left(20, \left(\dfrac{2}{\sqrt{n}}\right)^2\right)$을 따른다.

$Z = \dfrac{\overline{X} - 20}{\dfrac{2}{\sqrt{n}}}$ 으로 놓으면 Z는 표준정규분포 $N(0, 1)$을 따른다.

$P(\overline{X} \geq 19) = 0.9332$에서

$P\left(Z \geq \dfrac{19 - 20}{\dfrac{2}{\sqrt{n}}}\right) = 0.9332$

$P\left(Z \geq -\dfrac{\sqrt{n}}{2}\right) = 0.9332$

$P\left(Z \leq \dfrac{\sqrt{n}}{2}\right) = \underline{0.9332}$ ⟶ 0.5+0.4332이므로 표준정규분포표에서 $P(0 \leq Z \leq z) = 0.4332$인 z의 값을 찾는다.

$P(Z \leq 0) + P\left(0 \leq Z \leq \dfrac{\sqrt{n}}{2}\right) = 0.9332$

$0.5 + P\left(0 \leq Z \leq \dfrac{\sqrt{n}}{2}\right) = 0.9332$

$\therefore P\left(0 \leq Z \leq \dfrac{\sqrt{n}}{2}\right) = 0.4332$

표준정규분포표에서 $P(0 \leq Z \leq 1.5) = 0.4332$이므로

$\dfrac{\sqrt{n}}{2} = 1.5 \qquad \therefore n = 9$

1523 답 361

이 공장에서 생산되는 샤프심의 길이를 확률변수 X라 하면 X는 정규분포 $N(70, 0.1^2)$을 따른다.

n개의 샤프심의 길이의 표본평균을 $\overline{X}$라 하면 표본의 크기가 n이므로 표본평균 $\overline{X}$는 정규분포 $N\left(70, \dfrac{0.1^2}{n}\right)$, 즉 $N\left(70, \left(\dfrac{1}{10\sqrt{n}}\right)^2\right)$을 따른다.

$Z = \dfrac{\overline{X} - 70}{\dfrac{1}{10\sqrt{n}}}$ 으로 놓으면 Z는 표준정규분포 $N(0, 1)$을 따른다.

$P(69.99 \leq \overline{X} \leq 70.01) = 0.9426$에서

$P\left(\dfrac{69.99 - 70}{\dfrac{1}{10\sqrt{n}}} \leq Z \leq \dfrac{70.01 - 70}{\dfrac{1}{10\sqrt{n}}}\right) = 0.9426$

$P\left(-\dfrac{\sqrt{n}}{10} \leq Z \leq \dfrac{\sqrt{n}}{10}\right) = 0.9426$

$2P\left(0 \leq Z \leq \dfrac{\sqrt{n}}{10}\right) = 0.9426$

$\therefore P\left(0 \leq Z \leq \dfrac{\sqrt{n}}{10}\right) = 0.4713$

표준정규분포표에서 $P(0 \leq Z \leq 1.9) = 0.4713$이므로

$\dfrac{\sqrt{n}}{10} = 1.9 \qquad \therefore n = 361$

1524 답 ③

이 회사에서 생산한 커피 음료 한 병의 용량을 확률변수 X라 하면 X는 정규분포 $N(250, 18^2)$을 따른다.

n병의 용량의 표본평균을 $\overline{X}$라 하면 표본의 크기가 n이므로 표본평균 $\overline{X}$는 정규분포 $N\left(250, \dfrac{18^2}{n}\right)$, 즉 $N\left(250, \left(\dfrac{18}{\sqrt{n}}\right)^2\right)$을 따른다.

$Z = \dfrac{\overline{X} - 250}{\dfrac{18}{\sqrt{n}}}$ 으로 놓으면 Z는 표준정규분포 $N(0, 1)$을 따른다.

$P(\overline{X} \geq 253) = 0.0668$에서

$P\left(Z \geq \dfrac{253 - 250}{\dfrac{18}{\sqrt{n}}}\right) = 0.0668$

$\therefore P\left(Z \geq \dfrac{\sqrt{n}}{6}\right) = \underline{0.0668}$ ⟶ 0.5−0.4332이므로 표준정규분포표에서 $P(0 \leq Z \leq z) = 0.4332$인 z의 값을 찾는다.

$P(Z \geq 0) - P\left(0 \leq Z \leq \dfrac{\sqrt{n}}{6}\right) = 0.0668$

$0.5 - P\left(0 \leq Z \leq \dfrac{\sqrt{n}}{6}\right) = 0.0668$

$\therefore P\left(0 \leq Z \leq \dfrac{\sqrt{n}}{6}\right) = 0.4332$

표준정규분포표에서 $P(0 \leq Z \leq 1.5) = 0.4332$이므로

$\dfrac{\sqrt{n}}{6} = 1.5 \qquad \therefore n = 81$

1525 답 6

모집단이 정규분포 $N(30, 5^2)$을 따르고 표본의 크기가 n이므로 표본평균 $\overline{X}$는 정규분포 $N\left(30, \dfrac{5^2}{n}\right)$, 즉 $N\left(30, \left(\dfrac{5}{\sqrt{n}}\right)^2\right)$을 따른다.

$Z = \dfrac{\overline{X} - 30}{\dfrac{5}{\sqrt{n}}}$ 으로 놓으면 Z는 표준정규분포 $N(0, 1)$을 따른다.

$P(29 \leq \overline{X} \leq 31) \leq 0.38$에서

$$P\left(\frac{29-30}{\frac{5}{\sqrt{n}}} \leq Z \leq \frac{31-30}{\frac{5}{\sqrt{n}}}\right) \leq 0.38$$

$$P\left(-\frac{\sqrt{n}}{5} \leq Z \leq \frac{\sqrt{n}}{5}\right) \leq 0.38$$

$$2P\left(0 \leq Z \leq \frac{\sqrt{n}}{5}\right) \leq 0.38$$

$$\therefore P\left(0 \leq Z \leq \frac{\sqrt{n}}{5}\right) \leq 0.19$$

표준정규분포표에서 $P(0 \leq Z \leq 0.5)=0.19$이므로

$$\frac{\sqrt{n}}{5} \leq 0.5, \ \sqrt{n} \leq 2.5 \qquad \therefore n \leq 6.25$$

따라서 구하는 자연수 n의 최댓값은 6이다.

실수 Check

$P\left(0 \leq Z \leq \frac{\sqrt{n}}{5}\right) \leq 0.19$에서 $\frac{\sqrt{n}}{5} \geq 0.5$로 착각하지 않도록 주의한다.

표준정규분포표에서 $P(0 \leq Z \leq z)$는 z의 값이 커질수록 확률이 커지고, z의 값이 작아질수록 확률은 작아진다.

따라서 $P\left(0 \leq Z \leq \frac{\sqrt{n}}{5}\right) \leq 0.19$이려면 $\frac{\sqrt{n}}{5} \leq 0.5$이어야 한다.

Plus 문제

1525-1

모평균이 24, 모표준편차가 6인 정규분포를 따르는 모집단에서 크기가 n인 표본을 임의추출할 때, 표본평균 $\overline{X}$에 대하여 $P(22 \leq \overline{X} \leq 26) \geq 0.86$을 만족시키는 n의 최솟값을 오른쪽 표준정규분포표를 이용하여 구하시오.

z	$P(0 \leq Z \leq z)$
0.5	0.19
1.0	0.34
1.5	0.43
2.0	0.48

모집단이 정규분포 $N(24, 6^2)$을 따르고 표본의 크기가 n이므로 표본평균 $\overline{X}$는 정규분포 $N\left(24, \frac{6^2}{n}\right)$, 즉 $N\left(24, \left(\frac{6}{\sqrt{n}}\right)^2\right)$을 따른다.

$Z=\dfrac{\overline{X}-24}{\frac{6}{\sqrt{n}}}$로 놓으면 Z는 표준정규분포 $N(0, 1)$을 따른다.

$P(22 \leq \overline{X} \leq 26) \geq 0.86$에서

$$P\left(\frac{22-24}{\frac{6}{\sqrt{n}}} \leq Z \leq \frac{26-24}{\frac{6}{\sqrt{n}}}\right) \geq 0.86$$

$$P\left(-\frac{\sqrt{n}}{3} \leq Z \leq \frac{\sqrt{n}}{3}\right) \geq 0.86$$

$$2P\left(0 \leq Z \leq \frac{\sqrt{n}}{3}\right) \geq 0.86$$

$$\therefore P\left(0 \leq Z \leq \frac{\sqrt{n}}{3}\right) \geq 0.43$$

표준정규분포표에서 $P(0 \leq Z \leq 1.5)=0.43$이므로

$$\frac{\sqrt{n}}{3} \geq 1.5, \ \sqrt{n} \geq 4.5$$

$$\therefore n \geq 20.25$$

따라서 구하는 자연수 n의 최솟값은 21이다.

目 21

1526 目 25

이 지역 직장인의 월 교통비를 확률변수 X라 하면 X는 정규분포 $N(8, 1.2^2)$을 따른다.

표본의 크기가 n이므로 표본평균 $\overline{X}$는 정규분포 $N\left(8, \frac{1.2^2}{n}\right)$, 즉 $N\left(8, \left(\frac{1.2}{\sqrt{n}}\right)^2\right)$을 따른다.

$Z=\dfrac{\overline{X}-8}{\frac{1.2}{\sqrt{n}}}$로 놓으면 Z는 표준정규분포 $N(0, 1)$을 따른다.

$P(7.76 \leq \overline{X} \leq 8.24) \geq 0.6826$에서

$$P\left(\frac{7.76-8}{\frac{1.2}{\sqrt{n}}} \leq Z \leq \frac{8.24-8}{\frac{1.2}{\sqrt{n}}}\right) \geq 0.6826$$

$$P\left(-\frac{\sqrt{n}}{5} \leq Z \leq \frac{\sqrt{n}}{5}\right) \geq 0.6826$$

$$2P\left(0 \leq Z \leq \frac{\sqrt{n}}{5}\right) \geq 0.6826$$

$$\therefore P\left(0 \leq Z \leq \frac{\sqrt{n}}{5}\right) \geq 0.3413$$

표준정규분포표에서 $P(0 \leq Z \leq 1)=0.3413$이므로

$$\frac{\sqrt{n}}{5} \geq 1 \qquad \therefore n \geq 25$$

따라서 구하는 n의 최솟값은 25이다.

실수 Check

$P\left(0 \leq Z \leq \frac{\sqrt{n}}{5}\right) \geq 0.3413$에서 $\frac{\sqrt{n}}{5} \leq 1$로 착각하지 않도록 주의한다.

표준정규분포표에서 $P(0 \leq Z \leq z)$는 z의 값이 커질수록 확률이 커지고, z의 값이 작아질수록 확률은 작아진다.

따라서 $P\left(0 \leq Z \leq \frac{\sqrt{n}}{5}\right) \geq 0.3413$이려면 $\frac{\sqrt{n}}{5} \geq 1$이어야 한다.

Plus 문제

1526-1

어느 강판을 만드는 공장에서 생산된 강판 한 개의 두께는 평균이 30이고 표준편차가 1인 정규분포를 따른다고 한다. 이 공장에서 생산된 강판 중 임의추출한 n개의 강판의 두께의 표본평균을 $\overline{X}$라 할 때,

z	$P(0 \leq Z \leq z)$
0.5	0.1915
1.0	0.3413
1.5	0.4332
2.0	0.4772

$P(\overline{X} \geq 29.8) \geq 0.9772$가 되기 위한 n의 최솟값을 위의 표준정규분포표를 이용하여 구하시오.

(단, 두께의 단위는 mm이다.)

이 공장에서 생산된 강판 한 개의 두께를 확률변수 X라 하면 X는 정규분포 $N(30, 1^2)$을 따른다.

표본의 크기가 n이므로 표본평균 $\overline{X}$는 정규분포 $N\left(30, \frac{1^2}{n}\right)$, 즉 $N\left(30, \left(\frac{1}{\sqrt{n}}\right)^2\right)$을 따른다.

$Z=\dfrac{\overline{X}-30}{\frac{1}{\sqrt{n}}}$으로 놓으면 Z는 표준정규분포 $N(0, 1)$을 따른다.

$P(\overline{X} \ge 29.8) \ge 0.9772$에서

$$P\left(Z \ge \dfrac{29.8-30}{\frac{1}{\sqrt{n}}}\right) \ge 0.9772$$

$$P\left(Z \ge -\dfrac{\sqrt{n}}{5}\right) \ge 0.9772$$

$$P\left(Z \le \dfrac{\sqrt{n}}{5}\right) \ge 0.9772$$

$$0.5 + P\left(0 \le Z \le \dfrac{\sqrt{n}}{5}\right) \ge 0.9772$$

$$\therefore \ P\left(0 \le Z \le \dfrac{\sqrt{n}}{5}\right) \ge 0.4772$$

표준정규분포표에서 $P(0 \le Z \le 2) = 0.4772$이므로

$$\dfrac{\sqrt{n}}{5} \ge 2 \quad \therefore \ n \ge 100$$

따라서 구하는 n의 최솟값은 100이다.

🔖 100

1527 🔖 ④

유형8

모평균이 800, 모표준편차가 40인 정규 단서1 분포를 따르는 모집단에서 크기가 64인 단서2 표본을 임의추출할 때, 표본평균 $\overline{X}$에 대 하여 $P(\overline{X} \le a) = 0.0228$을 만족시키는 상수 a의 값을 오른쪽 표준정규분포표를 이용하여 구한 것은?	z	$P(0 \le Z \le z)$
	0.5	0.1915
	1.0	0.3413
	1.5	0.4332
	2.0	0.4772

① 775 　② 780 　③ 785
④ 790 　⑤ 795

단서1 $m = 800$, $\sigma = 40$
단서2 $n = 64$

STEP1 표본평균 $\overline{X}$의 분포 구하기

모집단이 정규분포 $N(800, 40^2)$을 따르고 표본의 크기가 64이므로 표본평균 $\overline{X}$는 정규분포 $N\left(800, \dfrac{40^2}{64}\right)$, 즉 $N(800, 5^2)$을 따른다.

STEP2 주어진 확률을 이용하여 a에 대한 관계식 세우기

$Z = \dfrac{\overline{X}-800}{5}$으로 놓으면 Z는 표준정규분포 $N(0, 1)$을 따른다.

$P(\overline{X} \le a) = 0.0228$에서

$$P\left(Z \le \dfrac{a-800}{5}\right) = 0.0228$$

STEP3 표준정규분포표를 이용하여 상수 a의 값 구하기

$$P\left(Z \ge \dfrac{800-a}{5}\right) = 0.0228$$

$$P(Z \ge 0) - P\left(0 \le Z \le \dfrac{800-a}{5}\right) = 0.0228$$

$$0.5 - P\left(0 \le Z \le \dfrac{800-a}{5}\right) = 0.0228$$

$$\therefore \ P\left(0 \le Z \le \dfrac{800-a}{5}\right) = 0.4772$$

표준정규분포표에서 $P(0 \le Z \le 2) = 0.4772$이므로

$$\dfrac{800-a}{5} = 2 \quad \therefore \ a = 790$$

1528 🔖 30

모집단이 정규분포 $N(32, 8^2)$을 따르고 표본의 크기가 16이므로 표본평균 $\overline{X}$는 정규분포 $N\left(32, \dfrac{8^2}{16}\right)$, 즉 $N(32, 2^2)$을 따른다.

$Z = \dfrac{\overline{X}-32}{2}$로 놓으면 Z는 표준정규분포 $N(0, 1)$을 따른다.

$P(\overline{X} \ge a) = P(Z \le 1)$에서

$$P\left(Z \ge \dfrac{a-32}{2}\right) = P(Z \le 1) \longrightarrow \text{ Z는 표준정규분포를 따르는 확률변수} \atop \text{이므로 $P(\overline{X} \ge a)$만 표준화한다.}$$

$$\therefore \ P\left(Z \ge \dfrac{a-32}{2}\right) = P(Z \ge -1)$$

즉, $\dfrac{a-32}{2} = -1$이므로 $a = 30$

> **개념 Check**
>
> 확률변수 Z가 표준정규분포를 따를 때
> (1) $P(Z \ge a) = P(Z \le -a)$
> (2) $P(Z \ge a) + P(Z \le a) = 1$

1529 🔖 ④

모집단이 정규분포 $N(25, \sigma^2)$을 따르고 표본의 크기가 9이므로 표본평균 $\overline{X}$는 정규분포 $N\left(25, \dfrac{\sigma^2}{9}\right)$, 즉 $N\left(25, \left(\dfrac{\sigma}{3}\right)^2\right)$을 따른다.

$Z = \dfrac{\overline{X}-25}{\frac{\sigma}{3}}$로 놓으면 Z는 표준정규분포 $N(0, 1)$을 따른다.

$P(\overline{X} \ge 28) + P(Z \le 1) = 1$에서

$$P\left(Z \ge \dfrac{28-25}{\frac{\sigma}{3}}\right) + P(Z \le 1) = 1$$

즉, $P\left(Z \ge \dfrac{9}{\sigma}\right) + P(Z \le 1) = 1$이므로 $\dfrac{9}{\sigma} = 1$

$$\therefore \ \sigma = 9$$

1530 🔖 ③

모집단이 정규분포 $N(50, 2^2)$을 따르고 표본의 크기가 4이므로 표본평균 $\overline{X}$는 정규분포 $N\left(50, \dfrac{2^2}{4}\right)$, 즉 $N(50, 1^2)$을 따른다.

$Z = \dfrac{\overline{X}-50}{1}$으로 놓으면 Z는 표준정규분포 $N(0, 1)$을 따른다.

$P(\overline{X} \le k) = 0.9772$에서

$$P\left(Z \le \dfrac{k-50}{1}\right) = 0.9772 \longrightarrow \text{0.9772 > 0.5이므로 $k - 50 > 0$}$$

$$P(Z \le 0) + P(0 \le Z \le k-50) = 0.9772$$

$$0.5 + P(0 \le Z \le k-50) = 0.9772$$

$$\therefore \ P(0 \le Z \le k-50) = 0.4772$$

표준정규분포표에서 $P(0 \le Z \le 2) = 0.4772$이므로

$$k - 50 = 2 \quad \therefore \ k = 52$$

1531 🔖 ③

이 학교 학생들의 통학 시간을 확률변수 X라 하면 X는 정규분포 $N(50, \sigma^2)$을 따른다. 표본의 크기가 16이므로 표본평균 $\overline{X}$는 정규분포 $N\left(50, \dfrac{\sigma^2}{16}\right)$, 즉 $N\left(50, \left(\dfrac{\sigma}{4}\right)^2\right)$을 따른다.

$Z=\dfrac{\overline{X}-50}{\frac{\sigma}{4}}$으로 놓으면 Z는 표준정규분포 $N(0,1)$을 따른다.

$P(50\le\overline{X}\le56)=0.4332$에서

$P\left(\dfrac{50-50}{\frac{\sigma}{4}}\le Z\le\dfrac{56-50}{\frac{\sigma}{4}}\right)=0.4332$

$P\left(0\le Z\le\dfrac{24}{\sigma}\right)=0.4332$

표준정규분포표에서 $P(0\le Z\le1.5)=0.4332$이므로

$\dfrac{24}{\sigma}=1.5$　∴ $\sigma=16$

1532　답 ③

모집단이 정규분포 $N(35,\sigma^2)$을 따르고 표본의 크기가 4이므로 표본평균 $\overline{X}$는 정규분포 $N\left(35,\dfrac{\sigma^2}{4}\right)$, 즉 $N\left(35,\left(\dfrac{\sigma}{2}\right)^2\right)$을 따른다.

$Z=\dfrac{\overline{X}-35}{\frac{\sigma}{2}}$로 놓으면 Z는 표준정규분포 $N(0,1)$을 따른다.

$P(32\le\overline{X}\le38)=0.7698$에서

$P\left(\dfrac{32-35}{\frac{\sigma}{2}}\le Z\le\dfrac{38-35}{\frac{\sigma}{2}}\right)=0.7698$

$P\left(-\dfrac{6}{\sigma}\le Z\le\dfrac{6}{\sigma}\right)=0.7698$

$2P\left(0\le Z\le\dfrac{6}{\sigma}\right)=0.7698$

∴ $P\left(0\le Z\le\dfrac{6}{\sigma}\right)=0.3849$

표준정규분포표에서 $P(0\le Z\le1.2)=0.3849$이므로

$\dfrac{6}{\sigma}=1.2$　∴ $\sigma=5$

1533　답 102

모집단이 정규분포 $N(m,2^2)$을 따르고 표본의 크기가 16이므로 표본평균 $\overline{X}$는 정규분포 $N\left(m,\dfrac{2^2}{16}\right)$, 즉 $N\left(m,\left(\dfrac{1}{2}\right)^2\right)$을 따른다.

$Z=\dfrac{\overline{X}-m}{\frac{1}{2}}$으로 놓으면 Z는 표준정규분포 $N(0,1)$을 따른다.

$P(\overline{X}\le101)=0.0228$에서

$P\left(Z\le\dfrac{101-m}{\frac{1}{2}}\right)=0.0228$

$P(Z\le202-2m)=0.0228$

$P(Z\ge2m-202)=0.0228$

$0.5-P(0\le Z\le2m-202)=0.0228$

∴ $P(0\le Z\le2m-202)=0.4772$

표준정규분포표에서 $P(0\le Z\le2)=0.4772$이므로

$2m-202=2$　∴ $m=102$

1534　답 ⑤

이 공장에서 생산한 과자 1상자의 무게를 확률변수 X라 하면 X는 정규분포 $N(104,4^2)$을 따른다.

4상자의 무게의 표본평균을 $\overline{X}$라 하면 표본의 크기가 4이므로 표본평균 $\overline{X}$는 정규분포 $N\left(104,\dfrac{4^2}{4}\right)$, 즉 $N(104,2^2)$을 따른다.

$Z=\dfrac{\overline{X}-104}{2}$로 놓으면 Z는 표준정규분포 $N(0,1)$을 따른다.

$P(a\le\overline{X}\le106)=0.5328$에서

$P\left(\dfrac{a-104}{2}\le Z\le\dfrac{106-104}{2}\right)=0.5328$

∴ $P\left(\dfrac{a-104}{2}\le Z\le1\right)=0.5328$

$P\left(\dfrac{a-104}{2}\le Z\le0\right)+P(0\le Z\le1)=0.5328$

$P\left(\dfrac{a-104}{2}\le Z\le0\right)+0.3413=0.5328$

∴ $P\left(\dfrac{a-104}{2}\le Z\le0\right)=0.1915$

표준정규분포표에서 $P(0\le Z\le0.5)=0.1915$이므로

$\dfrac{104-a}{2}=0.5$　∴ $a=103$

1535　답 ③

이 회사 플랫폼 근로자의 일주일 근무 시간을 확률변수 X라 하면 X는 정규분포 $N(m,5^2)$을 따른다.

36명의 일주일 근무 시간의 표본평균을 $\overline{X}$라 하면 표본의 크기가 36이므로 표본평균 $\overline{X}$는 정규분포 $N\left(m,\dfrac{5^2}{36}\right)$, 즉 $N\left(m,\left(\dfrac{5}{6}\right)^2\right)$을 따른다.

$Z=\dfrac{\overline{X}-m}{\frac{5}{6}}$으로 놓으면 Z는 표준정규분포 $N(0,1)$을 따른다.

$P(\overline{X}\ge38)=0.9332$에서

$P\left(Z\ge\dfrac{38-m}{\frac{5}{6}}\right)=0.9332$

$P\left(Z\le\dfrac{m-38}{\frac{5}{6}}\right)=0.9332$　┌→ $0.5+0.4332$이므로 표준정규분포표에서 $P(0\le Z\le z)=0.4332$인 z의 값을 찾는다.

$P(Z\le0)+P\left(0\le Z\le\dfrac{m-38}{\frac{5}{6}}\right)=0.9332$

$0.5+P\left(0\le Z\le\dfrac{m-38}{\frac{5}{6}}\right)=0.9332$

∴ $P\left(0\le Z\le\dfrac{m-38}{\frac{5}{6}}\right)=0.4332$

표준정규분포표에서 $P(0\le Z\le1.5)=0.4332$이므로

$\dfrac{m-38}{\frac{5}{6}}=1.5$　∴ $m=39.25$

1536　답 ③

모집단이 정규분포 $N(0,4^2)$을 따르고 표본의 크기가 9이므로 표본평균 $\overline{X}$는 정규분포 $N\left(0,\dfrac{4^2}{9}\right)$, 즉 $N\left(0,\left(\dfrac{4}{3}\right)^2\right)$을 따른다.

$Z_{\overline{X}}=\dfrac{\overline{X}-0}{\frac{4}{3}}$으로 놓으면 $Z_{\overline{X}}$는 표준정규분포 $N(0,1)$을 따르므로

$$P(\overline{X} \geq 1) = \left(Z_{\overline{X}} \geq \dfrac{1-0}{\dfrac{4}{3}}\right)$$

$$= P\left(Z_{\overline{X}} \geq \dfrac{3}{4}\right)$$

모집단이 정규분포 $N(3, 2^2)$을 따르고 표본의 크기가 16이므로 표본평균 $\overline{Y}$는 정규분포 $N\left(3, \dfrac{2^2}{16}\right)$, 즉 $N\left(3, \left(\dfrac{1}{2}\right)^2\right)$을 따른다.

$Z_{\overline{Y}} = \dfrac{\overline{Y}-3}{\dfrac{1}{2}}$으로 놓으면 $Z_{\overline{Y}}$는 표준정규분포 $N(0, 1)$을 따르므로

$$P(\overline{Y} \leq a) = \left(Z_{\overline{Y}} \leq \dfrac{a-3}{\dfrac{1}{2}}\right)$$

$$= P(Z_{\overline{Y}} \leq 2a-6)$$

이때 $P(\overline{X} \geq 1) = P(\overline{Y} \leq a)$이므로

$$P\left(Z_{\overline{X}} \geq \dfrac{3}{4}\right) = P(Z_{\overline{Y}} \leq 2a-6)$$

$$P\left(Z \leq -\dfrac{3}{4}\right) = P(Z \leq 2a-6)$$

즉, $-\dfrac{3}{4} = 2a-6$이므로

$$a = \dfrac{21}{8}$$

실수 Check

$P\left(Z_{\overline{X}} \geq \dfrac{3}{4}\right) = P(Z_{\overline{Y}} \leq 2a-6)$에서 Z_X, Z_Y는 모두 표준정규분포를 따르므로 구분하지 않고 Z로 쓸 수 있다. 따라서 $P\left(Z \leq -\dfrac{3}{4}\right) = P(Z \leq 2a-6)$으로 나타내어 상수 a의 값을 구한다.

Plus 문제

1536-1

정규분포 $N(50, 8^2)$을 따르는 모집단에서 크기가 16인 표본을 임의추출하여 구한 표본평균을 $\overline{X}$, 정규분포 $N(75, \sigma^2)$을 따르는 모집단에서 크기가 25인 표본을 임의추출하여 구한 표본평균을 $\overline{Y}$라 하자. $P(\overline{X} \leq 54) + P(\overline{Y} \leq 67) = 1$일 때, σ의 값을 구하시오.

모집단이 정규분포 $N(50, 8^2)$을 따르고 표본의 크기가 16이므로 표본평균 $\overline{X}$는 정규분포 $N\left(50, \dfrac{8^2}{16}\right)$, 즉 $N(50, 2^2)$을 따른다.

$Z_{\overline{X}} = \dfrac{\overline{X}-50}{2}$으로 놓으면 $Z_{\overline{X}}$는 표준정규분포 $N(0, 1)$을 따르므로

$$P(\overline{X} \leq 54) = P\left(Z_{\overline{X}} \leq \dfrac{54-50}{2}\right)$$

$$= P(Z_{\overline{X}} \leq 2)$$

모집단이 정규분포 $N(75, \sigma^2)$을 따르고 표본의 크기가 25이므로 표본평균 $\overline{Y}$는 정규분포 $N\left(75, \dfrac{\sigma^2}{25}\right)$, 즉 $N\left(75, \left(\dfrac{\sigma}{5}\right)^2\right)$을 따른다.

$Z_{\overline{Y}} = \dfrac{\overline{Y}-75}{\dfrac{\sigma}{5}}$로 놓으면 $Z_{\overline{Y}}$는 표준정규분포 $N(0, 1)$을 따르므로

$$P(\overline{Y} \leq 67) = P\left(Z_{\overline{Y}} \leq \dfrac{67-75}{\dfrac{\sigma}{5}}\right)$$

$$= P\left(Z_{\overline{Y}} \leq -\dfrac{40}{\sigma}\right)$$

$$= P\left(Z_{\overline{Y}} \geq \dfrac{40}{\sigma}\right)$$

이때 $P(\overline{X} \leq 54) + P(\overline{Y} \leq 67) = 1$이므로

$$P(Z \leq 2) + P\left(Z \geq \dfrac{40}{\sigma}\right) = 1$$

즉, $2 = \dfrac{40}{\sigma}$이므로

$$\sigma = 20$$

目 20

1537 目 $294.4 \leq m \leq 305.6$　　　| 유형9

어느 고등학교 학생들의 한 달 독서 시간은 평균이 m, 표준편차가 20 〔단서1〕인 정규분포를 따른다고 한다. 이 학교 학생 중에서 49명을 임의추출 〔단서2〕하여 구한 한 달 독서 시간의 표본평균이 300이었다. 이 결과를 이용 〔단서3〕하여 구한 모평균 m에 대한 신뢰도 95 %의 신뢰구간을 구하시오.
(단, 시간의 단위는 분이고, $P(0 \leq Z \leq 1.96) = 0.475$로 계산한다.)

〔단서1〕 $\sigma = 20$
〔단서2〕 $n = 49$
〔단서3〕 $\overline{x} = 300$

STEP 1 표본평균, 모표준편차, 표본의 크기 파악하기

표본평균이 300, 모표준편차가 20, 표본의 크기가 49이다.

STEP 2 신뢰구간 구하기

모평균 m에 대한 신뢰도 95 %의 신뢰구간은

$$300 - 1.96 \times \dfrac{20}{\sqrt{49}} \leq m \leq 300 + 1.96 \times \dfrac{20}{\sqrt{49}}$$

$$\therefore\ 294.4 \leq m \leq 305.6$$

1538 目 ②

표본평균이 50, 모표준편차가 5, 표본의 크기가 25이므로 모평균 m에 대한 신뢰도 95 %의 신뢰구간은

$$50 - 1.96 \times \dfrac{5}{\sqrt{25}} \leq m \leq 50 + 1.96 \times \dfrac{5}{\sqrt{25}}$$

$$\therefore\ 48.04 \leq m \leq 51.96$$

1539 目 ②

표본평균이 100, 모표준편차가 6, 표본의 크기가 144이므로 모평균 m에 대한 신뢰도 99 %의 신뢰구간은

$$100 - 2.58 \times \dfrac{6}{\sqrt{144}} \leq m \leq 100 + 2.58 \times \dfrac{6}{\sqrt{144}}$$

$$\therefore\ 98.71 \leq m \leq 101.29$$

1540 目 ②

표본평균이 200, 모표준편차가 3, 표본의 크기가 36이므로 모평균

m에 대한 신뢰도 95 %의 신뢰구간은

$$200-2\times\frac{3}{\sqrt{36}}\leq m\leq200+2\times\frac{3}{\sqrt{36}}$$

$$\therefore 199\leq m\leq201$$

이때 $a\leq m\leq b$이므로

$$b=201$$

1541 달 12

표본평균이 72, 모표준편차가 12, 표본의 크기는 36이다.

(i) 신뢰도 90 %로 추정한 신뢰구간

표준정규분포표에서

$$P(-1.6\leq Z\leq1.6)=2P(0\leq Z\leq1.6)$$
$$=2\times0.45=0.90$$

이므로 모평균 m에 대한 신뢰도 90 %의 신뢰구간은

$$72-1.6\times\frac{12}{\sqrt{36}}\leq m\leq72+1.6\times\frac{12}{\sqrt{36}}$$

$$68.8\leq m\leq75.2$$

$$\therefore a=68.8,\ b=75.2$$

(ii) 신뢰도 98 %로 추정한 신뢰구간

표준정규분포표에서

$$P(-2.2\leq Z\leq2.2)=2P(0\leq Z\leq2.2)$$
$$=2\times0.49=0.98$$

이므로 모평균 m에 대한 신뢰도 98 %의 신뢰구간은

$$72-2.2\times\frac{12}{\sqrt{36}}\leq m\leq72+2.2\times\frac{12}{\sqrt{36}}$$

$$67.6\leq m\leq76.4$$

$$\therefore c=67.6,\ d=76.4$$

따라서 $l=a-c=68.8-67.6=1.2$이므로

$$10l=10\times1.2=12$$

1542 달 33

임의추출한 키위 9개의 당도의 표본평균을 $\overline{X}$라 하면

$$\overline{X}=\frac{9\times1+10\times2+11\times3+12\times2+13\times1}{9}=11$$

표본평균이 11, 모표준편차가 1.5, 표본의 크기가 9이므로 모평균 m에 대한 신뢰도 95 %의 신뢰구간은

$$11-2\times\frac{1.5}{\sqrt{9}}\leq m\leq11+2\times\frac{1.5}{\sqrt{9}}$$

$$\therefore 10\leq m\leq12$$

따라서 구하는 정수의 합은

$$10+11+12=33$$

개념 Check

$$(평균)=\frac{(변량의\ 총합)}{(변량의\ 개수)}$$

1543 달 ⑤

표본평균을 $\overline{x}$라 하면 모표준편차가 $\frac{1}{2}$, 표본의 크기가 25,

$P(|Z|\leq c)=0.95$이므로 모평균 m에 대한 신뢰도 95 %의 신뢰구간은

$$\overline{x}-c\times\frac{\frac{1}{2}}{\sqrt{25}}\leq m\leq\overline{x}+c\times\frac{\frac{1}{2}}{\sqrt{25}},\ \overline{x}-c\times\frac{1}{10}\leq m\leq\overline{x}+c\times\frac{1}{10}$$

이때 $a\leq m\leq b$이므로

$$a=\overline{x}-c\times\frac{1}{10}\quad\cdots\cdots\cdots\cdots\cdots\cdots\cdots\cdots\ \text{㉠}$$

$$b=\overline{x}+c\times\frac{1}{10}\quad\cdots\cdots\cdots\cdots\cdots\cdots\cdots\cdots\ \text{㉡}$$

㉡$-$㉠에서 $b-a=2\times c\times\frac{1}{10}$이므로

$$c=5(b-a)\qquad\therefore k=5$$

1544 달 ⑤

표본평균을 $\overline{x}$라 하면 모표준편차가 σ, 표본의 크기가 n이므로 모평균 m에 대한 신뢰도 95 %의 신뢰구간은

$$\overline{x}-1.96\times\frac{\sigma}{\sqrt{n}}\leq m\leq\overline{x}+1.96\times\frac{\sigma}{\sqrt{n}}$$

이때 $100.4\leq m\leq139.6$이므로

$$\overline{x}-1.96\times\frac{\sigma}{\sqrt{n}}=100.4\quad\cdots\cdots\cdots\cdots\cdots\cdots\ \text{㉠}$$

$$\overline{x}+1.96\times\frac{\sigma}{\sqrt{n}}=139.6\quad\cdots\cdots\cdots\cdots\cdots\cdots\ \text{㉡}$$

㉠, ㉡을 연립하여 풀면 ⟶ ㉠$+$㉡에서 $2\overline{x}=240$

$$\overline{x}=120,\ \frac{\sigma}{\sqrt{n}}=10\qquad \text{㉡}-\text{㉠에서 }2\times1.96\times\frac{\sigma}{\sqrt{n}}=39.2$$

모평균 m에 대한 신뢰도 99 %의 신뢰구간은

$$\overline{x}-2.58\times\frac{\sigma}{\sqrt{n}}\leq m\leq\overline{x}+2.58\times\frac{\sigma}{\sqrt{n}}$$이므로

$$120-2.58\times10\leq m\leq120+2.58\times10$$

즉, $94.2\leq m\leq145.8$이므로 $M=145,\ N=95$

$$\therefore M+N=145+95=240$$

1545 달 ④

모표준편차가 1.4, 표본의 크기가 49이므로 표본평균을 $\overline{x}$라 하면 모평균 m에 대한 신뢰도 95 %의 신뢰구간은

$$\overline{x}-1.96\times\frac{1.4}{\sqrt{49}}\leq m\leq\overline{x}+1.96\times\frac{1.4}{\sqrt{49}}$$

$$\therefore \overline{x}-1.96\times0.2\leq m\leq\overline{x}+1.96\times0.2$$

이때 $a\leq m\leq7.992$이므로

$$\overline{x}+1.96\times0.2=7.992\qquad\therefore \overline{x}=7.6$$

$$\therefore a=\overline{x}-1.96\times0.2$$
$$=7.6-1.96\times0.2=7.208$$

1546 달 ②

표본평균이 $\overline{x}$, 모표준편차가 40, 표본의 크기가 64이므로 모평균 m에 대한 신뢰도 99 %의 신뢰구간은

$$\overline{x}-2.58\times\frac{40}{\sqrt{64}}\leq m\leq\overline{x}+2.58\times\frac{40}{\sqrt{64}}$$

이때 $\overline{x}-c\leq m\leq\overline{x}+c$이므로

$$c=2.58\times\frac{40}{\sqrt{64}}=12.9$$

1547 답 ④ 유형10

어느 지역 고등학생들의 키는 정규분포를 따른다고 한다. 이 지역 고등학생 중에서 64명을 임의추출하여 키를 조사하였더니 평균이 168, 표준편차가 24이었다. 이 지역 고등학생들의 키의 모평균 m에 대한 신뢰도 95 %의 신뢰구간에 속하는 자연수의 개수는?
(단, 키의 단위는 cm이고, $P(0 \leq Z \leq 1.96)=0.475$로 계산한다.)

① 8 　　② 9 　　③ 10
④ 11 　　⑤ 12

단서1 $n=64$, $\bar{x}=168$, $S=24$

STEP1 표본평균, 표본표준편차, 표본의 크기 파악하기

표본평균이 168, 표본의 크기가 64이고, 표본의 크기 64는 충분히 크므로 모표준편차 대신 표본표준편차 24를 이용하여 신뢰구간을 구할 수 있다.

STEP2 신뢰구간 구하기

모평균 m에 대한 신뢰도 95 %의 신뢰구간은

$$168-1.96 \times \frac{24}{\sqrt{64}} \leq m \leq 168+1.96 \times \frac{24}{\sqrt{64}}$$

$$\therefore 162.12 \leq m \leq 173.88$$

STEP3 신뢰구간에 속하는 자연수의 개수 구하기

구하는 자연수의 개수는 163, 164, $\cdots$, 173의 11이다.

1548 답 ③

표본평균이 30, 표본의 크기가 100이고, 표본의 크기 100은 충분히 크므로 모표준편차 대신 표본표준편차 10을 이용하여 신뢰구간을 구할 수 있다.

따라서 모평균 m에 대한 신뢰도 95 %의 신뢰구간은

$$30-1.96 \times \frac{10}{\sqrt{100}} \leq m \leq 30+1.96 \times \frac{10}{\sqrt{100}}$$

$$\therefore 28.04 \leq m \leq 31.96$$

1549 답 $58.04 \leq m \leq 61.96$

표본평균이 60, 표본의 크기가 64이고, 표본의 크기 64는 충분히 크므로 모표준편차 대신 표본표준편차 8을 이용하여 신뢰구간을 구할 수 있다.

따라서 모평균 m에 대한 신뢰도 95 %의 신뢰구간은

$$60-1.96 \times \frac{8}{\sqrt{64}} \leq m \leq 60+1.96 \times \frac{8}{\sqrt{64}}$$

$$\therefore 58.04 \leq m \leq 61.96$$

1550 답 ①

표본평균이 300, 표본의 크기가 64이고, 표본의 크기 64는 충분히 크므로 모표준편차 대신 표본표준편차 3을 이용하여 신뢰구간을 구할 수 있다.

따라서 모평균 m에 대한 신뢰도 90 %의 신뢰구간은

$$300-1.6 \times \frac{3}{\sqrt{64}} \leq m \leq 300+1.6 \times \frac{3}{\sqrt{64}}$$

$$\therefore 299.4 \leq m \leq 300.6$$

1551 답 ⑤

표본평균이 600, 표본의 크기가 49이고, 표본의 크기 49는 충분히 크므로 모표준편차 대신 표본표준편차 20을 이용하여 신뢰구간을 구할 수 있다.

모평균 m에 대한 신뢰도 95 %의 신뢰구간은

$$600-1.96 \times \frac{20}{\sqrt{49}} \leq m \leq 600+1.96 \times \frac{20}{\sqrt{49}}$$

$$\therefore 594.4 \leq m \leq 605.6$$

따라서 $a=594.4$, $b=605.6$이므로
$2b-a=2 \times 605.6-594.4=616.8$

1552 답 ②

표본평균이 12.5, 표본의 크기가 49이고, 표본의 크기 49는 충분히 크므로 모표준편차 대신 표본표준편차 2를 이용하여 신뢰구간을 구할 수 있다.

모평균 m에 대한 신뢰도 95 %의 신뢰구간은

$$12.5-1.96 \times \frac{2}{\sqrt{49}} \leq m \leq 12.5+1.96 \times \frac{2}{\sqrt{49}}$$

$$\therefore 11.94 \leq m \leq 13.06$$

따라서 $a=11.94$, $b=13.06$이므로
$2a-b=2 \times 11.94-13.06$
$\quad\quad\quad =10.82$

1553 답 40

표본평균이 $\bar{x}$, 표본의 크기가 144이고, 표본의 크기 144는 충분히 크므로 모표준편차 대신 표본표준편차 8을 이용하여 신뢰구간을 구할 수 있다.

모평균 m에 대한 신뢰도 95 %의 신뢰구간은

$$\bar{x}-2 \times \frac{8}{\sqrt{144}} \leq m \leq \bar{x}+2 \times \frac{8}{\sqrt{144}}$$

$$\therefore \bar{x}-\frac{4}{3} \leq m \leq \bar{x}+\frac{4}{3}$$

따라서 $k=\frac{4}{3}$이므로

$$30k=30 \times \frac{4}{3}=40$$

1554 답 ④

표본평균이 $\bar{x}$, 표본의 크기가 100이고, 표본의 크기 100은 충분히 크므로 모표준편차 대신 표본표준편차 100을 이용하여 신뢰구간을 구할 수 있다.

모평균 m에 대한 신뢰도 95 %의 신뢰구간은

$$\bar{x}-1.96 \times \frac{100}{\sqrt{100}} \leq m \leq \bar{x}+1.96 \times \frac{100}{\sqrt{100}}$$

$$\therefore \bar{x}-19.6 \leq m \leq \bar{x}+19.6$$

따라서 $c=19.6$이므로
$10c=10 \times 19.6=196$

1555 답 ①

표본평균이 60, 표본의 크기가 400이고, 표본의 크기 400은 충분히 크므로 모표준편차 대신 표본표준편차 20을 이용하여 신뢰구간

을 구할 수 있다.

모평균 m에 대한 신뢰도 99 %의 신뢰구간은

$$60-2.6\times\frac{20}{\sqrt{400}}\le m\le 60+2.6\times\frac{20}{\sqrt{400}}$$

$$\therefore\ 57.4\le m\le 62.6$$

따라서 $M=62$, $N=58$이므로

$M-N=62-58=4$

1556 답 ②

$\sum\limits_{i=1}^{100}x_i=2000$이므로 표본평균 $\overline{x}$는

$$\overline{x}=\frac{1}{100}\sum_{i=1}^{100}x_i$$

$$=\frac{1}{100}\times 2000=20$$

$\sum\limits_{i=1}^{100}(x_i-20)^2=2475$이므로 표본표준편차를 s라 하면

$$s^2=\frac{1}{100-1}\sum_{i=1}^{100}(x_i-20)^2 \longrightarrow \text{평균이 20이므로 편차의}$$
제곱의 합이 된다.

$$=\frac{1}{99}\times 2475=25$$

$$\therefore\ s=5$$

표본평균이 20, 표본의 크기가 100이고, 표본의 크기 100이 충분히 크므로 모표준편차 대신 표본표준편차 5를 이용하여 신뢰구간을 구할 수 있다.

모평균 m에 대한 신뢰도 96 %의 신뢰구간은

$$20-2\times\frac{5}{\sqrt{100}}\le m\le 20+2\times\frac{5}{\sqrt{100}}$$

$$\therefore\ 19\le m\le 21 \qquad \longrightarrow \text{P}(-2\le Z\le 2)=2\text{P}(0\le Z\le 2)$$
$$=2\times 0.48=0.96$$

따라서 $\alpha=19$, $\beta=21$이므로

$2\alpha-\beta=2\times 19-21=17$

참고 집단에서 임의추출한 크기가 n인 표본을 X_1, X_2, $\cdots$, X_n이라 할 때

(1) 표본평균 $\overline{X}=\frac{1}{n}\sum\limits_{i=1}^{n}X_i$

(2) 표본분산 $S^2=\frac{1}{n-1}\sum\limits_{i=1}^{n}(X_i-\overline{X})^2$

실수 Check

표본표준편차 s를 구할 때, 100이 아닌 100-1로 나누어야 하는 것에 주의한다. 이와 같이 n이 아닌 $n-1$로 나누는 것은 표본분산과 모분산의 차이를 줄이기 위한 것임을 기억해 두도록 한다.

Plus 문제

1556-1

어느 통신사를 이용하는 고객의 월 통화 시간은 정규분포를 따른다고 한다. 이 통신사를 이용하는 고객 중에서 임의추출한 50명의 월 통화 시간을 각각 x_1, x_2, $\cdots$, x_{50}이라 할 때, 다음을 만족시킨다.

$$\sum_{i=1}^{50}x_i=4000,\ \sum_{i=1}^{50}(x_i-80)^2=9800$$

이 통신사를 이용하는 고객의 월 통화 시간의 모평균 m에 대한 신뢰도 99 %의 신뢰구간이 $\alpha\le m\le\beta$일 때, $\alpha+2\beta$의 값을 구하시오. (단, 통화 시간의 단위는 분이고,

$\text{P}(|Z|\le 2.6)=0.99$로 계산한다.)

$\sum\limits_{i=1}^{50}x_i=4000$이므로 표본평균 $\overline{x}$는

$$\overline{x}=\frac{1}{50}\sum_{i=1}^{50}x_i=\frac{1}{50}\times 4000=80$$

$\sum\limits_{i=1}^{50}(x_i-80)^2=9800$이므로 표본표준편차를 s라 하면

$$s^2=\frac{1}{50-1}\sum_{i=1}^{50}(x_i-80)^2$$

$$=\frac{1}{49}\times 9800=200$$

$$\therefore\ s=10\sqrt{2}$$

표본평균이 80, 표본의 크기가 50이고, 표본의 크기 50은 충분히 크므로 모표준편차 대신 표본표준편차 $10\sqrt{2}$를 이용하여 신뢰구간을 구할 수 있다.

모평균 m에 대한 신뢰도 99 %의 신뢰구간은

$$80-2.6\times\frac{10\sqrt{2}}{\sqrt{50}}\le m\le 80+2.6\times\frac{10\sqrt{2}}{\sqrt{50}}$$

$$\therefore\ 74.8\le m\le 85.2$$

따라서 $\alpha=74.8$, $\beta=85.2$이므로

$\alpha+2\beta=74.8+2\times 85.2=245.2$

답 245.2

1557 답 ③ | 유형 11

어느 가게에서 판매하는 샌드위치 한 개의 열량은 평균이 m, 표준편차가 12인 정규분포를 따른다고 한다. 이 가게에서 판매하는 샌드위 [단서1] 치 중에서 n개를 임의추출하여 조사하였더니 열량의 평균이 300이었 [단서2] 다. 이 가게에서 판매하는 샌드위치 한 개의 열량의 모평균 m에 대한 신뢰도 95 %의 신뢰구간이 $296.08\le m\le 303.92$일 때, n의 값은? (단, 열량의 단위는 kcal이고, $\text{P}(|Z|\le 1.96)=0.95$로 계산한다.)

① 16 　　② 25 　　③ 36
④ 49 　　⑤ 64

단서1 $\sigma=12$
단서2 $\overline{x}=300$

STEP 1 신뢰구간을 n의 식으로 나타내기

표본평균이 300, 모표준편차가 12이므로 모평균 m에 대한 신뢰도 95 %의 신뢰구간은

$$300-1.96\times\frac{12}{\sqrt{n}}\le m\le 300+1.96\times\frac{12}{\sqrt{n}}$$

STEP 2 주어진 신뢰구간과 구한 신뢰구간 비교하기

$296.08\le m\le 303.92$이므로

$$300-1.96\times\frac{12}{\sqrt{n}}=296.08$$

$$300+1.96\times\frac{12}{\sqrt{n}}=303.92$$

STEP 3 n의 값 구하기

$1.96\times\frac{12}{\sqrt{n}}=3.92$이므로 $\sqrt{n}=6$

$\therefore\ n=36$

1558 답 100

표본평균이 110, 모표준편차가 15이므로 모평균 m에 대한 신뢰도 95 %의 신뢰구간은

$$110-2\times\frac{15}{\sqrt{n}}\leq m\leq 110+2\times\frac{15}{\sqrt{n}}$$

이때 $107\leq m\leq 113$이므로

$$110-2\times\frac{15}{\sqrt{n}}=107$$

$$110+2\times\frac{15}{\sqrt{n}}=113$$

따라서 $2\times\frac{15}{\sqrt{n}}=3$이므로 $\sqrt{n}=10$

$$\therefore n=100$$

1559 답 ①

표본평균이 172, 모표준편차가 6이므로 모평균 m에 대한 신뢰도 99 %의 신뢰구간은

$$172-2.58\times\frac{6}{\sqrt{n}}\leq m\leq 172+2.58\times\frac{6}{\sqrt{n}}$$

이때 $169.42\leq m\leq 174.58$이므로

$$172-2.58\times\frac{6}{\sqrt{n}}=169.42$$

$$172+2.58\times\frac{6}{\sqrt{n}}=174.58$$

따라서 $2.58\times\frac{6}{\sqrt{n}}=2.58$이므로 $\sqrt{n}=6$

$$\therefore n=36$$

1560 답 ⑤

표본평균이 $\overline{x}$, 모표준편차가 18이므로 모평균 m에 대한 신뢰도 99 %의 신뢰구간은

$$\overline{x}-2.58\times\frac{18}{\sqrt{n}}\leq m\leq \overline{x}+2.58\times\frac{18}{\sqrt{n}}$$

이때 $\overline{x}-5.16\leq m\leq \overline{x}+5.16$이므로

$$2.58\times\frac{18}{\sqrt{n}}=5.16$$

따라서 $\sqrt{n}=9$이므로 $n=81$

1561 답 ③

표본평균이 75, 모표준편차가 12이므로 모평균 m에 대한 신뢰도 95 %의 신뢰구간은

$$75-1.96\times\frac{12}{\sqrt{n}}\leq m\leq 75+1.96\times\frac{12}{\sqrt{n}}$$

이때 $69.12\leq m\leq 80.88$이므로

$$75-1.96\times\frac{12}{\sqrt{n}}=69.12$$

$$75+1.96\times\frac{12}{\sqrt{n}}=80.88$$

따라서 $1.96\times\frac{12}{\sqrt{n}}=5.88$이므로 $\sqrt{n}=4$

$$\therefore n=16$$

1562 답 ⑤

표본평균이 $\overline{x}$, 모표준편차가 2이므로 모평균 m에 대한 신뢰도

95 %의 신뢰구간은

$$\overline{x}-1.96\times\frac{2}{\sqrt{n}}\leq m\leq \overline{x}+1.96\times\frac{2}{\sqrt{n}}$$

이때 $29.44\leq m\leq 30.56$이므로

$$\overline{x}-1.96\times\frac{2}{\sqrt{n}}=29.44 \quad\cdots\cdots\cdots\cdots\cdots\cdots ㉠$$

$$\overline{x}+1.96\times\frac{2}{\sqrt{n}}=30.56 \quad\cdots\cdots\cdots\cdots\cdots\cdots ㉡$$

㉠+㉡에서 $2\overline{x}=60$이므로 $\overline{x}=30$

㉡-㉠에서 $2\times1.96\times\frac{2}{\sqrt{n}}=1.12$이므로

$$\sqrt{n}=7 \qquad \therefore n=49$$

$$\therefore \overline{x}+n=30+49=79$$

1563 답 81

표본평균이 $\overline{x}$, 모표준편차가 σ이고,

표준정규분포표에서 $2P(0\leq Z\leq 1.8)=2\times0.46=0.92$이므로

모평균 m에 대한 신뢰도 92 %의 신뢰구간은

$$\overline{x}-1.8\times\frac{\sigma}{\sqrt{n}}\leq m\leq \overline{x}+1.8\times\frac{\sigma}{\sqrt{n}}$$

이때 $\overline{x}-\frac{1}{5}\sigma\leq m\leq \overline{x}+\frac{1}{5}\sigma$이므로

$$1.8\times\frac{\sigma}{\sqrt{n}}=\frac{1}{5}\sigma$$

따라서 $\sqrt{n}=9$이므로 $n=81$

1564 답 ④

표본평균이 150, 모표준편차가 20이므로 모평균 m에 대한 신뢰도 95 %의 신뢰구간은

$$150-2\times\frac{20}{\sqrt{n}}\leq m\leq 150+2\times\frac{20}{\sqrt{n}}$$

이때 이 구간에 속하는 정수의 개수가 7이므로

$$3\leq 2\times\frac{20}{\sqrt{n}}<4$$

$$10<\sqrt{n}\leq\frac{40}{3} \longrightarrow \frac{1}{4}<\frac{\sqrt{n}}{40}\leq\frac{1}{3}$$

$$\therefore 100<n\leq\frac{1600}{9}=177.7\cdots$$

따라서 구하는 자연수 n의 개수는 101, 102, 103, $\cdots$, 177의 77이다.

실수 Check

주어진 구간에 속하는 정수의 개수가 7일 때, 부등호를 잘못 생각하여

$3\leq 2\times\frac{20}{\sqrt{n}}\leq4$로 구하지 않도록 주의한다.

$2\times\frac{20}{\sqrt{n}}=4$이면 $146\leq m\leq 154$가 되어 정수의 개수가 9가 되므로

$3\leq 2\times\frac{20}{\sqrt{n}}<4$이어야 한다.

Plus 문제

1564-1

어느 고등학교 2학년 전체 학생의 확률과 통계 점수는 평균이 m점, 표준편차가 10점인 정규분포를 따른다고 한다. 이 고등학교 2학년 학생 중에서 n명을 임의추출하여 구한 확률과 통

계 점수의 평균은 70점이었다. 이 고등학교 2학년 전체 학생의 확률과 통계 점수의 모평균 m에 대한 신뢰도 86 %의 신뢰구간에 속하는 정수의 개수가 1이 되도록 하는 자연수 n의 최솟값을 구하시오. (단, $P(0\le Z\le 1.5)=0.43$으로 계산한다.)

표본평균이 70점, 모표준편차가 10점이므로 모평균 m에 대한 신뢰도 86 %의 신뢰구간은

$$70-1.5\times\frac{10}{\sqrt{n}}\le m\le 70+1.5\times\frac{10}{\sqrt{n}}$$

$\rightarrow P(-1.5\le Z\le 1.5)$
$=2P(0\le Z\le 1.5)$
$=2\times 0.43=0.86$

이때 이 구간에 속하는 정수의 개수가 1이므로

$$1.5\times\frac{10}{\sqrt{n}}<1$$

$\sqrt{n}>15$　　$\therefore n>225$

따라서 구하는 자연수 n의 최솟값은 226이다.

🔲 226

1565 🔲 ③

표본평균이 $\overline{x}$, 모표준편차가 6, 표본의 크기가 n이므로 모평균 m에 대한

(i) 신뢰도 95 %의 신뢰구간은

$$\overline{x}-2\times\frac{6}{\sqrt{n}}\le m\le \overline{x}+2\times\frac{6}{\sqrt{n}}$$

이때 $a\le m\le 52$이므로

$$\overline{x}+2\times\frac{6}{\sqrt{n}}=52 \quad\cdots\cdots \text{㉠}$$

(ii) 신뢰도 99 %의 신뢰구간은

$$\overline{x}-3\times\frac{6}{\sqrt{n}}\le m\le \overline{x}+3\times\frac{6}{\sqrt{n}}$$

이때 $47\le m\le b$이므로

$$\overline{x}-3\times\frac{6}{\sqrt{n}}=47 \quad\cdots\cdots \text{㉡}$$

㉠-㉡에서 $5\times\frac{6}{\sqrt{n}}=5$이므로 $\sqrt{n}=6$

$\therefore n=36$

이 값을 ㉠에 대입하면 $\overline{x}=50$

$$a=\overline{x}-2\times\frac{6}{\sqrt{n}}=50-2\times\frac{6}{\sqrt{36}}=48$$

$$b=\overline{x}+3\times\frac{6}{\sqrt{n}}=50+3\times\frac{6}{\sqrt{36}}=53$$

$\therefore n+a+b=36+48+53=137$

실수 Check

모평균 m에 대한 신뢰도 95 %의 신뢰구간과 신뢰도 99 %의 신뢰구간이 각각 주어졌으므로 이로부터 ㉠, ㉡을 이끌어낼 수 있어야 한다. 주어진 신뢰구간과 구한 신뢰구간을 비교할 때 비교 대상이 서로 바뀌지 않도록 주의한다.

Plus 문제

1565-1

어느 고등학교 학생들의 1개월 인터넷 강의 학습 시간은 평균이 m, 표준편차가 6인 정규분포를 따른다고 한다. 이 고등학교 학생 중에서 n명을 임의추출하여 구한 1개월 인터넷 강의

학습 시간의 평균이 $\overline{x}$일 때, 모평균 m에 대한 신뢰도 95 %의 신뢰구간이 $a\le m\le 33$이었다. 또, 이 고등학교 학생 중에서 $4n$명을 임의추출하여 구한 1개월 인터넷 강의 학습 시간의 평균이 $\overline{x}$일 때, 모평균 m에 대한 신뢰도 95 %의 신뢰구간이 $b\le m\le 31.5$이었다. 이때 $\overline{x}+n$의 값을 구하시오.
(단, 학습 시간의 단위는 시간이고, $P(-2\le Z\le 2)=0.95$로 계산한다.)

표본평균이 $\overline{x}$, 모표준편차가 6이므로

(i) 표본의 크기가 n일 때, 모평균 m에 대한 신뢰도 95 %의 신뢰구간은

$$\overline{x}-2\times\frac{6}{\sqrt{n}}\le m\le \overline{x}+2\times\frac{6}{\sqrt{n}}$$

이때 $a\le m\le 33$이므로

$$\overline{x}+2\times\frac{6}{\sqrt{n}}=33 \quad\cdots\cdots \text{㉠}$$

(ii) 표본의 크기가 $4n$일 때, 모평균 m에 대한 신뢰도 95 %의 신뢰구간은

$$\overline{x}-2\times\frac{6}{\sqrt{4n}}\le m\le \overline{x}+2\times\frac{6}{\sqrt{4n}}$$

이때 $b\le m\le 31.5$이므로

$$\overline{x}+2\times\frac{6}{\sqrt{4n}}=31.5 \quad\cdots\cdots \text{㉡}$$

㉠-㉡에서 $12\times\left(\frac{1}{\sqrt{n}}-\frac{1}{2\sqrt{n}}\right)=1.5$

$\frac{6}{\sqrt{n}}=1.5$　　$\therefore n=16$

이 값을 ㉠에 대입하면 $\overline{x}=30$

$\therefore \overline{x}+n=30+16=46$

🔲 46

1566 🔲 ②

(i) 이 고등학교 학생 25명을 임의추출하여 1개월 자율학습실 이용 시간을 조사한 표본평균이 $\overline{x_1}$, 모표준편차가 5이므로 모평균 m에 대한 신뢰도 95 %의 신뢰구간은

$$\overline{x_1}-1.96\times\frac{5}{\sqrt{25}}\le m\le \overline{x_1}+1.96\times\frac{5}{\sqrt{25}}$$

$$\therefore \overline{x_1}-1.96\le m\le \overline{x_1}+1.96$$

이때 $80-a\le m\le 80+a$이므로

$$\overline{x_1}-1.96=80-a \quad\cdots\cdots \text{㉠}$$

$$\overline{x_1}+1.96=80+a \quad\cdots\cdots \text{㉡}$$

㉠, ㉡을 연립하여 풀면

$$\overline{x_1}=80,\ a=1.96$$

(ii) 이 고등학교 학생 n명을 임의추출하여 1개월 자율학습실 이용 시간을 조사한 표본평균이 $\overline{x_2}$, 모표준편차가 5이므로 모평균 m에 대한 신뢰도 95 %의 신뢰구간은

$$\overline{x_2}-1.96\times\frac{5}{\sqrt{n}}\le m\le \overline{x_2}+1.96\times\frac{5}{\sqrt{n}}$$

이때 $\frac{15}{16}\overline{x_1}-\frac{5}{7}a\le m\le \frac{15}{16}\overline{x_1}+\frac{5}{7}a$이므로

$$\overline{x_2}-1.96\times\frac{5}{\sqrt{n}}=\frac{15}{16}\overline{x_1}-\frac{5}{7}a \quad\cdots\cdots \text{㉢}$$

$$\overline{x_2}+1.96\times\frac{5}{\sqrt{n}}=\frac{15}{16}\overline{x_1}+\frac{5}{7}a \quad\text{………………………………} ⓔ$$

ⓒ+ⓔ에서 $\overline{x_2}=\frac{15}{16}\overline{x_1}$이므로

$$\overline{x_2}=\frac{15}{16}\times80=75$$

ⓔ−ⓒ에서 $1.96\times\frac{5}{\sqrt{n}}=\frac{5}{7}a$이므로

$$n=49$$

$$\therefore n+\overline{x_2}=49+75=124$$

실수 Check

ⓒ, ⓔ에서 $\overline{x_1}=80$, $a=1.96$을 대입하여 $\overline{x_2}$, n을 구하려고 했다면 식이 복잡하여 계산 과정에서 실수하기 쉽다. 따라서 먼저 두 식을 연립하여 간단히 한 후 $\overline{x_1}=80$, $a=1.96$을 대입하도록 한다.

1567 답 ②
유형 12

> 평균이 m, 표준편차가 σ인 정규분포를 따르는 모집단에서 크기가 64인 표본을 임의추출하여 구한 평균이 $\overline{x}$이었다. 모평균 m에 대한 신뢰도 95 %의 신뢰구간이 $18.75\leq m\leq43.25$일 때, $\overline{x}+\sigma$의 값은?
> 단서1
> 단서2
> (단, $\mathrm{P}(|Z|\leq1.96)=0.95$로 계산한다.)
>
> ① 79 ② 81 ③ 83
> ④ 85 ⑤ 87
>
> 단서1 $n=64$
> 단서2 $\overline{x}-1.96\times\frac{\sigma}{\sqrt{64}}=18.75$, $\overline{x}+1.96\times\frac{\sigma}{\sqrt{64}}=43.25$

STEP1 신뢰구간을 σ의 식으로 나타내기

표본평균이 $\overline{x}$, 모표준편차가 σ, 표본의 크기가 64이므로 모평균 m에 대한 신뢰도 95 %의 신뢰구간은

$$\overline{x}-1.96\times\frac{\sigma}{\sqrt{64}}\leq m\leq\overline{x}+1.96\times\frac{\sigma}{\sqrt{64}}$$

STEP2 주어진 신뢰구간과 구한 신뢰구간 비교하기

이때 $18.75\leq m\leq43.25$이므로

$$\overline{x}-1.96\times\frac{\sigma}{\sqrt{64}}=18.75 \quad\text{…………………………} ⓐ$$

$$\overline{x}+1.96\times\frac{\sigma}{\sqrt{64}}=43.25 \quad\text{…………………………} ⓑ$$

STEP3 $\overline{x}$, σ의 값 구하기

ⓐ+ⓑ에서 $2\overline{x}=62$이므로 $\overline{x}=31$

$\overline{x}=31$을 ⓐ에 대입하면

$$31-1.96\times\frac{\sigma}{\sqrt{64}}=18.75$$

$$1.96\times\frac{\sigma}{\sqrt{64}}=12.25$$

$$\therefore \sigma=50$$

STEP4 $\overline{x}+\sigma$의 값 구하기

$$\overline{x}+\sigma=31+50=81$$

1568 답 ②

표본평균이 40, 모표준편차가 σ, 표본의 크기가 49이므로 모평균

---

m에 대한 신뢰도 95 %의 신뢰구간은

$$40-1.96\times\frac{\sigma}{\sqrt{49}}\leq m\leq40+1.96\times\frac{\sigma}{\sqrt{49}}$$

이때 $39.44\leq m\leq40.56$이므로

$$40-1.96\times\frac{\sigma}{\sqrt{49}}=39.44 \quad\text{…………………………} ⓐ$$

$$40+1.96\times\frac{\sigma}{\sqrt{49}}=40.56 \quad\text{…………………………} ⓑ$$

ⓑ−ⓐ에서 $2\times1.96\times\frac{\sigma}{\sqrt{49}}=1.12$

$$\therefore \sigma=2$$

1569 답 ③

표본평균이 30, 표본의 크기가 100이고, 표본의 크기 100은 충분히 크므로 모표준편차 대신 표본표준편차 s를 이용하여 신뢰구간을 구할 수 있다.

따라서 모평균 m에 대한 신뢰도 99 %의 신뢰구간은

$$30-2.58\times\frac{s}{\sqrt{100}}\leq m\leq30+2.58\times\frac{s}{\sqrt{100}}$$

이때 $28.71\leq m\leq k$이므로

$$30-2.58\times\frac{s}{\sqrt{100}}=28.71$$

$$\therefore s=5$$

참고 모평균을 추정할 때 모표준편차 σ의 값을 모르는 경우에는 표본의 크기 $n\,(n\geq30)$이 충분히 크면 표본표준편차 S의 값 s를 σ 대신 이용하여 모평균의 신뢰구간을 구할 수 있다.

1570 답 ④

표본평균을 $\overline{x}$라 하면 모표준편차가 σ, 표본의 크기가 36이므로 모평균 m에 대한 신뢰도 95 %의 신뢰구간은

$$\overline{x}-1.96\times\frac{\sigma}{\sqrt{36}}\leq m\leq\overline{x}+1.96\times\frac{\sigma}{\sqrt{36}}$$

이때 $21.06\leq m\leq26.94$이므로

$$\overline{x}-1.96\times\frac{\sigma}{\sqrt{36}}=21.06 \quad\text{…………………………} ⓐ$$

$$\overline{x}+1.96\times\frac{\sigma}{\sqrt{36}}=26.94 \quad\text{…………………………} ⓑ$$

ⓑ−ⓐ에서 $2\times1.96\times\frac{\sigma}{\sqrt{36}}=5.88$

$$\therefore \sigma=9$$

1571 답 ⑤

표본평균이 168, 표본의 크기가 64이고, 표본의 크기 64는 충분히 크므로 모표준편차 대신 표본표준편차 s를 이용하여 신뢰구간을 구할 수 있다.

따라서 모평균 m에 대한 신뢰도 95 %의 신뢰구간은

$$168-1.96\times\frac{s}{\sqrt{64}}\leq m\leq168+1.96\times\frac{s}{\sqrt{64}}$$

이때 $a\leq m\leq173.88$이므로

$$168+1.96\times\frac{s}{\sqrt{64}}=173.88$$

$$\therefore s=24$$

1572 답 ③

표본평균이 173, 모표준편차가 σ, 표본의 크기가 36이므로 모평균 m에 대한 신뢰도 99 %의 신뢰구간은

$$173-2.58\times\frac{\sigma}{\sqrt{36}}\leq m\leq 173+2.58\times\frac{\sigma}{\sqrt{36}}$$

$$\therefore\ 173-0.43\sigma\leq m\leq 173+0.43\sigma$$

이때 $170.85\leq m\leq a$이므로

$$173-0.43\sigma=170.85 \quad\cdots\cdots\cdots\cdots\cdots\cdots\ \text{㉠}$$

$$173+0.43\sigma=a \quad\cdots\cdots\cdots\cdots\cdots\cdots\cdots\ \text{㉡}$$

㉠에서 $\sigma=5$

이 값을 ㉡에 대입하면

$$a=173+0.43\times5=175.15$$

$$\therefore\ a+\sigma=175.15+5$$

$$=180.15$$

1573 답 119.44

표본평균이 100, 표본의 크기가 4900이고, 표본의 크기 4900은 충분히 크므로 모표준편차 대신 표본표준편차 s를 이용하여 신뢰구간을 구할 수 있다.

따라서 모평균 m에 대한 신뢰도 95 %의 신뢰구간은

$$100-1.96\times\frac{s}{\sqrt{4900}}\leq m\leq 100+1.96\times\frac{s}{\sqrt{4900}}$$

이때 $a\leq m\leq 100.56$이므로

$$100-1.96\times\frac{s}{\sqrt{4900}}=a \quad\cdots\cdots\cdots\cdots\ \text{㉠}$$

$$100+1.96\times\frac{s}{\sqrt{4900}}=100.56 \quad\cdots\cdots\ \text{㉡}$$

㉡에서 $s=20$

이 값을 ㉠에 대입하면

$$a=100-1.96\times\frac{20}{\sqrt{4900}}=99.44$$

$$\therefore\ a+s=99.44+20=119.44$$

1574 답 ④

(i) 표본평균이 $\overline{x}$, 모표준편차가 σ, 표본의 크기가 36일 때, 모평균 m에 대한 신뢰도 95 %의 신뢰구간은

$$\overline{x}-2\times\frac{\sigma}{\sqrt{36}}\leq m\leq\overline{x}+2\times\frac{\sigma}{\sqrt{36}}$$

이때 $a\leq m\leq 34$이므로

$$\overline{x}-2\times\frac{\sigma}{\sqrt{36}}=a \quad\cdots\cdots\cdots\cdots\cdots\ \text{㉠}$$

$$\overline{x}+2\times\frac{\sigma}{\sqrt{36}}=34 \quad\cdots\cdots\cdots\cdots\cdots\ \text{㉡}$$

(ii) 표본평균이 $\overline{x}+1$, 모표준편차가 σ, 표본의 크기가 64일 때, 모평균 m에 대한 신뢰도 95 %의 신뢰구간은

$$(\overline{x}+1)-2\times\frac{\sigma}{\sqrt{64}}\leq m\leq(\overline{x}+1)+2\times\frac{\sigma}{\sqrt{64}}$$

이때 $b\leq m\leq 34$이므로

$$(\overline{x}+1)-2\times\frac{\sigma}{\sqrt{64}}=b \quad\cdots\cdots\cdots\cdots\ \text{㉢}$$

$$(\overline{x}+1)+2\times\frac{\sigma}{\sqrt{64}}=34 \quad\cdots\cdots\cdots\ \text{㉣}$$

㉡, ㉣에서

$$\overline{x}+2\times\frac{\sigma}{\sqrt{36}}=(\overline{x}+1)+2\times\frac{\sigma}{\sqrt{64}}$$

$$\frac{\sigma}{3}=1+\frac{\sigma}{4}$$

$$\therefore\ \sigma=12$$

이 값을 ㉡에 대입하면 $\overline{x}=30$

㉠, ㉢에서

$$a=\overline{x}-2\times\frac{\sigma}{\sqrt{36}}=30-2\times\frac{12}{\sqrt{36}}=26$$

$$b=(\overline{x}+1)-2\times\frac{\sigma}{\sqrt{64}}=30+1-2\times\frac{12}{\sqrt{64}}=28$$

$$\therefore\ a+b=26+28=54$$

실수 Check

표본평균이 $\overline{x}+1$, 모표준편차가 σ, 표본의 크기가 64일 때, 모평균 m에 대한 신뢰도 95 %의 신뢰구간을 구하는 과정에서
$$\overline{x}-2\times\frac{\sigma}{\sqrt{64}}\leq m\leq\overline{x}+2\times\frac{\sigma}{\sqrt{64}}$$로 실수하지 않도록 주의한다.

Plus 문제

1574-1

정규분포 $N(m,\ \sigma^2)$을 따르는 모집단에서 크기가 100인 표본을 임의추출하여 얻은 표본평균이 $\overline{x_1}$일 때, 모평균 m에 대한 신뢰도 86 %의 신뢰구간이 $a\leq m\leq 53$이었다. 같은 모집단에서 크기가 225인 표본을 임의추출하여 얻은 표본평균이 $\overline{x_2}$일 때, 모평균 m에 대한 신뢰도 86 %의 신뢰구간이 $53\leq m\leq b$이었다. $\overline{x_2}-\overline{x_1}=5$일 때, $b-a$의 값을 구하시오.

(단, $P(0\leq Z\leq 1.5)=0.43$으로 계산한다.)

(i) 표본평균이 $\overline{x_1}$, 모표준편차가 σ, 표본의 크기가 100일 때, 모평균 m에 대한 신뢰도 86 %의 신뢰구간은

$$\overline{x_1}-1.5\times\frac{\sigma}{\sqrt{100}}\leq m\leq\overline{x_1}+1.5\times\frac{\sigma}{\sqrt{100}}$$

이때 $a\leq m\leq 53$이므로 $P(-1.5\leq Z\leq 1.5)=2P(0\leq Z\leq 1.5)$
$$=2\times0.43=0.86$$

$$\overline{x_1}-1.5\times\frac{\sigma}{\sqrt{100}}=a \quad\cdots\cdots\cdots\ \text{㉠}$$

$$\overline{x_1}+1.5\times\frac{\sigma}{\sqrt{100}}=53 \quad\cdots\cdots\cdots\ \text{㉡}$$

(ii) 표본평균이 $\overline{x_2}$, 모표준편차가 σ, 표본의 크기가 225일 때, 모평균 m에 대한 신뢰도 86 %의 신뢰구간은

$$\overline{x_2}-1.5\times\frac{\sigma}{\sqrt{225}}\leq m\leq\overline{x_2}+1.5\times\frac{\sigma}{\sqrt{225}}$$

이때 $53\leq m\leq b$이므로

$$\overline{x_2}-1.5\times\frac{\sigma}{\sqrt{225}}=53 \quad\cdots\cdots\cdots\ \text{㉢}$$

$$\overline{x_2}+1.5\times\frac{\sigma}{\sqrt{225}}=b \quad\cdots\cdots\cdots\ \text{㉣}$$

㉡, ㉢에서

$$\overline{x_1}+1.5\times\frac{\sigma}{\sqrt{100}}=\overline{x_2}-1.5\times\frac{\sigma}{\sqrt{225}}$$

$$\overline{x_2}-\overline{x_1}=1.5\times\frac{\sigma}{\sqrt{100}}+1.5\times\frac{\sigma}{\sqrt{225}}$$

$$=1.5\sigma\left(\frac{1}{10}+\frac{1}{15}\right)$$

$$=\frac{1}{4}\sigma$$

이때 $\overline{x_2}-\overline{x_1}=5$이므로

$\dfrac{1}{4}\sigma=5$ $\therefore \sigma=20$

이 값을 ㉡, ㉢에 대입하면

$\overline{x_1}+1.5\times\dfrac{20}{\sqrt{100}}=53$에서 $\overline{x_1}=50$

$\overline{x_2}-1.5\times\dfrac{20}{\sqrt{225}}=53$에서 $\overline{x_2}=55$

㉠, ㉣에서

$a=\overline{x_1}-1.5\times\dfrac{\sigma}{\sqrt{100}}=50-1.5\times\dfrac{20}{\sqrt{100}}=47$

$b=\overline{x_2}+1.5\times\dfrac{\sigma}{\sqrt{225}}=55+1.5\times\dfrac{20}{\sqrt{225}}=57$

$\therefore b-a=57-47=10$

目 10

1575   目 12

(ⅰ) 표본평균이 75, 모표준편차가 σ, 표본의 크기가 16일 때, 모평균 m에 대한 신뢰도 95 %의 신뢰구간은

$75-1.96\times\dfrac{\sigma}{\sqrt{16}}\le m\le 75+1.96\times\dfrac{\sigma}{\sqrt{16}}$

이때 $a\le m\le b$이므로

$b=75+1.96\times\dfrac{\sigma}{\sqrt{16}}$

(ⅱ) 표본평균이 77, 모표준편차가 σ, 표본의 크기가 16일 때, 모평균 m에 대한 신뢰도 99 %의 신뢰구간은

$77-2.58\times\dfrac{\sigma}{\sqrt{16}}\le m\le 77+2.58\times\dfrac{\sigma}{\sqrt{16}}$

이때 $c\le m\le d$이므로

$d=77+2.58\times\dfrac{\sigma}{\sqrt{16}}$

이때 $d-b=3.86$이므로

$\left(77+2.58\times\dfrac{\sigma}{\sqrt{16}}\right)-\left(75+1.96\times\dfrac{\sigma}{\sqrt{16}}\right)=3.86$

$2+0.62\times\dfrac{\sigma}{\sqrt{16}}=3.86$ $\therefore \sigma=12$

1576   目 25

표본평균이 $\overline{x}$, 모표준편차가 σ, 표본의 크기가 49이므로 모평균 m에 대한 신뢰도 95 %의 신뢰구간은

$\overline{x}-1.96\times\dfrac{\sigma}{\sqrt{49}}\le m\le \overline{x}+1.96\times\dfrac{\sigma}{\sqrt{49}}$

이때 $1.73\le m\le 1.87$이므로

$\overline{x}-1.96\times\dfrac{\sigma}{\sqrt{49}}=1.73$ ㉠

$\overline{x}+1.96\times\dfrac{\sigma}{\sqrt{49}}=1.87$ ㉡

㉠+㉡에서 $2\overline{x}=3.6$이므로 $\overline{x}=1.8$

㉡-㉠에서

$2\times1.96\times\dfrac{\sigma}{\sqrt{49}}=0.14$

$\therefore \sigma=\dfrac{1}{4}$

따라서 $k=\dfrac{\sigma}{\overline{x}}=\dfrac{\dfrac{1}{4}}{1.8}=\dfrac{\dfrac{1}{4}}{\dfrac{9}{5}}=\dfrac{5}{36}$이므로

$180k=180\times\dfrac{5}{36}$

    $=25$

1577   目 ⑤   **| 유형 13**

어느 가게에서 판매하는 피자 한 판의 열량은 <u>표준편차가 20인 정규</u>

단서1

분포를 따른다고 한다. 이 가게에서 판매하는 피자 중에서 <u>16판을 임</u>

단서2

의추출하여 전체 피자의 열량의 평균을 신뢰도 99 %로 추정할 때, 신뢰구간의 길이는?

(단, 열량의 단위는 kcal이고, $P(|Z|\le 2.58)=0.99$로 계산한다.)

① 21.8   ② 22.8   ③ 23.8

④ 24.8   ⑤ 25.8

단서1 $\sigma=20$
단서2 $n=16$

STEP 1 모표준편차, 표본의 크기 파악하기

모표준편차가 20, 표본의 크기가 16이다.

STEP 2 신뢰구간의 길이 구하기

신뢰도 99 %로 추정한 신뢰구간의 길이는

$2\times2.58\times\dfrac{20}{\sqrt{16}}=25.8$

1578   目 ⑤

모표준편차가 4, 표본의 크기가 256이므로 신뢰도 95 %로 추정한 신뢰구간의 길이는

$2\times1.96\times\dfrac{4}{\sqrt{256}}=0.98$

1579   目 392

표본평균이 $\overline{x}$, 모표준편차가 12, 표본의 크기가 144이므로 모평균 m에 대한 신뢰도 95 %의 신뢰구간은

$\overline{x}-1.96\times\dfrac{12}{\sqrt{144}}\le m\le \overline{x}+1.96\times\dfrac{12}{\sqrt{144}}$

$\therefore \overline{x}-1.96\le m\le \overline{x}+1.96$

이때 $a\le m\le b$이므로

$a=\overline{x}-1.96$

$b=\overline{x}+1.96$

$\therefore l=b-a$

   $=3.92$

$\therefore 100l=100\times3.92$

     $=392$

참고 $l=b-a$는 신뢰도 95 %로 추정한 모평균에 대한 신뢰구간의 길이이 므로 $l=2\times1.96\times\dfrac{12}{\sqrt{144}}$이다.

1580 답 ②

양수 k에 대하여 $P(|Z| \le k) = 0.95$라 하면

$A = L(5, 25) = 2 \times k \times \dfrac{5}{\sqrt{25}} = 2k$

$B = L(10, 50) = 2 \times k \times \dfrac{10}{\sqrt{50}} = 2\sqrt{2}k$

$C = L(15, 200) = 2 \times k \times \dfrac{15}{\sqrt{200}} = \dfrac{3\sqrt{2}}{2}k$

$\therefore A < C < B$

1581 답 54

표준정규분포표에서

$P(|Z| \le 1.8) = 2P(0 \le Z \le 1.8) = 2 \times 0.46 = 0.92$

모표준편차가 21, 표본의 크기가 196이므로 신뢰도 92 %로 추정한 신뢰구간의 길이는

$l = 2 \times 1.8 \times \dfrac{21}{\sqrt{196}} = 5.4$

$\therefore 10l = 10 \times 5.4$
$\qquad = 54$

1582 답 ①

$b - a = 1.96$은 모표준편차가 σ, 표본의 크기가 100일 때, 신뢰도 95 %로 추정한 신뢰구간의 길이를 의미하므로

$b - a = 2 \times 1.96 \times \dfrac{\sigma}{\sqrt{100}} = 1.96$

$\therefore \sigma = 5$

$d - c$의 값은 모표준편차 5, 표본의 크기가 900일 때, 신뢰도 99 %로 추정한 신뢰구간의 길이를 의미하므로

$d - c = 2 \times 2.58 \times \dfrac{5}{\sqrt{900}} = 0.86$

$\therefore 100(d - c) = 100 \times 0.86$
$\qquad\qquad\quad = 86$

Tip 신뢰구간이 $a \le m \le b$로 주어지면 신뢰구간의 길이는 $b - a$이다.

1583 답 ②

$b - a$는 모표준편차가 σ, 표본의 크기가 225일 때, 신뢰도 95 %로 추정한 신뢰구간의 길이를 의미하므로

$b - a = 2 \times 1.96 \times \dfrac{\sigma}{\sqrt{225}}$

$d - c$는 모표준편차가 σ, 표본의 크기가 625일 때, 신뢰도 95 %로 추정한 신뢰구간의 길이를 의미하므로

$d - c = 2 \times 1.96 \times \dfrac{\sigma}{\sqrt{625}}$

$\therefore \dfrac{d - c}{b - a} = \dfrac{2 \times 1.96 \times \dfrac{\sigma}{\sqrt{625}}}{2 \times 1.96 \times \dfrac{\sigma}{\sqrt{225}}}$

$\qquad\quad = \dfrac{\sqrt{225}}{\sqrt{625}} = \dfrac{15}{25} = \dfrac{3}{5}$

1584 답 ②

모표준편차를 σ라 하면

(i) 표준정규분포표에서

$P(|Z| \le 1.6) = 2P(0 \le Z \le 1.6) = 2 \times 0.45 = 0.90$이므로 표본의 크기가 n_1일 때, 신뢰도 90 %로 추정한 신뢰구간의 길이는

$l_1 = 2 \times 1.6 \times \dfrac{\sigma}{\sqrt{n_1}}$ ·············· ㉠

(ii) 표준정규분포표에서

$P(|Z| \le 2.0) = 2P(0 \le Z \le 2.0) = 2 \times 0.48 = 0.96$이므로 표본의 크기가 n_2일 때, 신뢰도 96 %로 추정한 신뢰구간의 길이는

$l_2 = 2 \times 2 \times \dfrac{\sigma}{\sqrt{n_2}}$ ·············· ㉡

㉠, ㉡에서

$\dfrac{l_2}{l_1} = \dfrac{2 \times 2 \times \dfrac{\sigma}{\sqrt{n_2}}}{2 \times 1.6 \times \dfrac{\sigma}{\sqrt{n_1}}}$

$\quad = \dfrac{5}{4} \sqrt{\dfrac{n_1}{n_2}}$

$\quad = \dfrac{5}{4} \sqrt{\dfrac{1}{25}} \left(\because \dfrac{n_2}{n_1} = 25 \right)$

$\quad = \dfrac{1}{4}$

1585 답 10

$b - a = 4.9$는 모표준편차가 σ, 표본의 크기가 64일 때, 신뢰도 95 %로 추정한 신뢰구간의 길이를 의미하므로

$b - a = 2 \times 1.96 \times \dfrac{\sigma}{\sqrt{64}} = 4.9$

$\therefore \sigma = 10$

1586 답 ②

모표준편차가 σ이므로

전기 자동차 100대를 임의추출하여 얻은 1회 충전 주행 거리의 표본평균이 $\overline{x_1}$일 때, 모평균 m에 대한 신뢰도 95 %의 신뢰구간은

$\overline{x_1} - 1.96 \times \dfrac{\sigma}{\sqrt{100}} \le m \le \overline{x_1} + 1.96 \times \dfrac{\sigma}{\sqrt{100}}$

이때 $a \le m \le b$이므로

$a = \overline{x_1} - 1.96 \times \dfrac{\sigma}{\sqrt{100}}$

$b = \overline{x_1} + 1.96 \times \dfrac{\sigma}{\sqrt{100}}$

전기 자동차 400대를 임의추출하여 얻은 1회 충전 주행 거리의 표본평균이 $\overline{x_2}$일 때, 모평균 m에 대한 신뢰도 99 %의 신뢰구간은

$\overline{x_2} - 2.58 \times \dfrac{\sigma}{\sqrt{400}} \le m \le \overline{x_2} + 2.58 \times \dfrac{\sigma}{\sqrt{400}}$

이때 $c \le m \le d$이므로

$c = \overline{x_2} - 2.58 \times \dfrac{\sigma}{\sqrt{400}}$

$d = \overline{x_2} + 2.58 \times \dfrac{\sigma}{\sqrt{400}}$

$a = c$이므로

$\overline{x_1} - 1.96 \times \dfrac{\sigma}{\sqrt{100}} = \overline{x_2} - 2.58 \times \dfrac{\sigma}{\sqrt{400}}$

$$\overline{x_1}-\overline{x_2}=1.96\times\frac{\sigma}{\sqrt{100}}-2.58\times\frac{\sigma}{\sqrt{400}}$$
$$=0.196\sigma-0.129\sigma$$
$$=0.067\sigma$$

이때 $\overline{x_1}-\overline{x_2}=1.34$이므로

$$0.067\sigma=1.34$$

$$\therefore\ \sigma=20$$

$$\therefore\ b-a=2\times1.96\times\frac{\sigma}{\sqrt{100}}$$

$$=2\times1.96\times\frac{20}{\sqrt{100}}=7.84$$

모표준편차는 σ로 같지만 표본의 크기와 신뢰도가 다르므로 모평균 m에 대한 신뢰구간을 구할 때 주의해야 한다.

1586-1

어느 고등학교 전체 학생의 인터넷 강의 월 수강 시간은 평균이 m이고 표준편차가 σ인 정규분포를 따른다고 한다. 이 고등학교 학생 중 25명을 임의추출하여 얻은 인터넷 강의 월 수강 시간의 표본평균이 $\overline{x_1}$일 때, 모평균 m에 대한 신뢰도 86 %의 신뢰구간이 $a\leq m\leq b$이다. 이 고등학교 학생 중 64명을 임의추출하여 얻은 인터넷 강의 월 수강 시간의 표본평균이 $\overline{x_2}$일 때, 모평균 m에 대한 신뢰도 96 %의 신뢰구간이 $c\leq m\leq d$이다. $\overline{x_2}-\overline{x_1}=2$, $c-a=3$일 때, $d-c$의 값을 구하시오. (단, 시간의 단위는 분이고, $\mathrm{P}(0\leq Z\leq1.5)=0.43$, $\mathrm{P}(0\leq Z\leq2)=0.48$로 계산한다.)

모표준편차가 σ이므로
이 고등학교 학생 중 25명을 임의추출하여 얻은 인터넷 강의 월 수강 시간의 표본평균이 $\overline{x_1}$일 때, 모평균 m에 대한 신뢰도 86 %의 신뢰구간은

$$\overline{x_1}-1.5\times\frac{\sigma}{\sqrt{25}}\leq m\leq \overline{x_1}+1.5\times\frac{\sigma}{\sqrt{25}}$$

이때 $a\leq m\leq b$이므로

$$a=\overline{x_1}-1.5\times\frac{\sigma}{\sqrt{25}}$$

$\rightarrow \mathrm{P}(-1.5\leq Z\leq1.5)$
$=2\mathrm{P}(0\leq Z\leq1.5)$
$=2\times0.43=0.86$

$$b=\overline{x_1}+1.5\times\frac{\sigma}{\sqrt{25}}$$

이 고등학교 학생 중 64명을 임의추출하여 얻은 인터넷 강의 월 수강 시간의 표본평균이 $\overline{x_2}$일 때, 모평균 m에 대한 신뢰도 96 %의 신뢰구간은

$$\overline{x_2}-2\times\frac{\sigma}{\sqrt{64}}\leq m\leq \overline{x_2}+2\times\frac{\sigma}{\sqrt{64}}$$

이때 $c\leq m\leq d$이므로

$$c=\overline{x_2}-2\times\frac{\sigma}{\sqrt{64}}$$

$\rightarrow \mathrm{P}(-2\leq Z\leq2)$
$=2\mathrm{P}(0\leq Z\leq2)$
$=2\times0.48=0.96$

$$d=\overline{x_2}+2\times\frac{\sigma}{\sqrt{64}}$$

$\overline{x_2}-\overline{x_1}=2$, $c-a=3$이므로

$$c-a=\left(\overline{x_2}-2\times\frac{\sigma}{\sqrt{64}}\right)-\left(\overline{x_1}-1.5\times\frac{\sigma}{\sqrt{25}}\right)$$

$$=(\overline{x_2}-\overline{x_1})+(0.3-0.25)\sigma$$
$$=2+0.05\sigma=3$$

$$\therefore\ \sigma=20$$

$$\therefore\ d-c=2\times2\times\frac{\sigma}{\sqrt{64}}$$

$$=2\times2\times\frac{20}{\sqrt{64}}=10$$

답 10

1587 답 ③ | 유형 14

정규분포 $\mathrm{N}(m,\ \sigma^2)$을 따르는 모집단에서 크기가 n인 표본을 임의추출하여 모평균 m을 신뢰도 α %로 추정한 신뢰구간의 길이에 대하여 〈보기〉에서 옳은 것만을 있는 대로 고른 것은? 단서1

〈 보기 〉

ㄱ. n의 값이 같을 때, α의 값을 작게 하면 신뢰구간의 길이는 짧아진다.
ㄴ. α의 값이 같을 때, n의 값을 크게 하면 신뢰구간의 길이는 길어진다.
ㄷ. α의 값을 크게 하고, n의 값을 작게 하면 신뢰구간의 길이는 길어진다.

① ㄱ 　　　　② ㄱ, ㄴ 　　　　③ ㄱ, ㄷ
④ ㄴ, ㄷ 　　　　⑤ ㄱ, ㄴ, ㄷ

단서1 (신뢰구간의 길이)$=2\times k\times\frac{\sigma}{\sqrt{n}}\left(\text{단},\ \mathrm{P}(|Z|\leq k)=\frac{\alpha}{100}\right)$

STEP 1 신뢰구간의 길이를 구하는 식 세우기

정규분포 $\mathrm{N}(m,\ \sigma^2)$을 따르는 모집단에서 크기가 n인 표본을 임의추출하여 모평균을 신뢰도 α %로 추정한 신뢰구간의 길이는

$$2\times k\times\frac{\sigma}{\sqrt{n}}\left(\text{단},\ \mathrm{P}(|Z|\leq k)=\frac{\alpha}{100}\right)$$

STEP 2 옳은 것 찾기

ㄱ. n의 값이 같을 때, α의 값을 작게 하면 k의 값이 작아지므로 신뢰구간의 길이는 짧아진다. (참)
ㄴ. α의 값이 같을 때, n의 값을 크게 하면 $\sqrt{n}$의 값이 커지므로 신뢰구간의 길이는 짧아진다. (거짓)
ㄷ. α의 값을 크게 하면 k의 값이 커지고, n의 값을 작게 하면 $\sqrt{n}$의 값이 작아지므로 신뢰구간의 길이는 길어진다. (참)

따라서 옳은 것은 ㄱ, ㄷ이다.　$\rightarrow \frac{1}{\sqrt{n}}$의 값은 커진다.

1588 답 $\frac{1}{4}$

양수 k에 대하여 $\mathrm{P}(|Z|\leq k)=\frac{\alpha}{100}$라 하면

모표준편차가 σ이므로
표본의 크기가 n_1일 때, 신뢰도 α %로 추정한 신뢰구간의 길이는

$$l_1=2\times k\times\frac{\sigma}{\sqrt{n_1}}$$

표본의 크기가 n_2일 때, 신뢰도 α %로 추정한 신뢰구간의 길이는

$$l_2=2\times k\times\frac{\sigma}{\sqrt{n_2}}$$

$l_2=2l_1$이므로

$$2 \times k \times \frac{\sigma}{\sqrt{n_2}} = 2 \times \left(2 \times k \times \frac{\sigma}{\sqrt{n_1}} \right)$$

$$\frac{\sqrt{n_2}}{\sqrt{n_1}} = \frac{1}{2} \quad \therefore \frac{n_2}{n_1} = \frac{1}{4}$$

1589 답 ④

두 양수 k_1, k_2 $(k_1 < k_2)$에 대하여 $P(|Z| \leq k_1) = 0.95$,
$P(|Z| \leq k_2) = 0.99$라 하면

모표준편차가 σ이므로

$$A = L(81, 95) = 2 \times k_1 \times \frac{\sigma}{\sqrt{81}} = \frac{2k_1}{9}\sigma$$

$$B = L(81, 99) = 2 \times k_2 \times \frac{\sigma}{\sqrt{81}} = \frac{2k_2}{9}\sigma$$

$$C = L(100, 95) = 2 \times k_1 \times \frac{\sigma}{\sqrt{100}} = \frac{k_1}{5}\sigma$$

$\frac{1}{5} < \frac{2}{9}$이고 $k_1 < k_2$이므로

$$\frac{k_1}{5}\sigma < \frac{2k_1}{9}\sigma < \frac{2k_2}{9}\sigma$$

$$\therefore C < A < B$$

다른 풀이

(i) 표본의 크기가 일정할 때
신뢰도가 높을수록 신뢰구간의 길이가 길어지므로
$A < B$

(ii) 신뢰도가 일정할 때
표본의 크기가 커질수록 신뢰구간의 길이는 짧아지므로
$C < A$

(i), (ii)에서 $C < A < B$

1590 답 ②

모평균 m에 대한 신뢰도 α %의 신뢰구간이 $a \leq m \leq b$이므로

양수 k에 대하여 $P(|Z| \leq k) = \frac{\alpha}{100}$라 하면

$$L(n, \alpha) = b - a = 2 \times k \times \frac{\sigma}{\sqrt{n}}$$

ㄱ. $L(16n, \alpha) = 2 \times k \times \frac{\sigma}{\sqrt{16n}}$

$$= 2 \times k \times \frac{\sigma}{4\sqrt{n}}$$

$$= \frac{1}{4} \times 2 \times k \times \frac{\sigma}{\sqrt{n}}$$

$$= \frac{1}{4} L(n, \alpha) \text{ (참)}$$

ㄴ. 표본의 크기가 일정할 때, 신뢰도가 높아지면 k의 값이 커지므로 신뢰구간의 길이는 길어진다.
$$\therefore L(n, \alpha) < L(n, \beta) \text{ (참)}$$

ㄷ. 두 양수 k_1, k_2에 대하여

$$P(|Z| \leq k_1) = \frac{\alpha}{100}, \ P(|Z| \leq k_2) = \frac{\beta}{100}$$라 하면

$$L(n_1, \alpha) = L(n_2, \beta)$$이므로

$$2 \times k_1 \times \frac{\sigma}{\sqrt{n_1}} = 2 \times k_2 \times \frac{\sigma}{\sqrt{n_2}}$$

$$\frac{k_1}{\sqrt{n_1}} = \frac{k_2}{\sqrt{n_2}}$$

이때 $\underline{n_1 < n_2$이므로 $k_1 < k_2}$ ⟶ $\frac{1}{\sqrt{n_1}} > \frac{1}{\sqrt{n_2}}$이므로 $\frac{\sqrt{n_2}}{\sqrt{n_1}} = \frac{k_2}{k_1} > 1$

$\therefore \alpha < \beta$ (거짓)

따라서 옳은 것은 ㄱ, ㄴ이다.

1591 답 ②

두 양수 k_1, k_2에 대하여

$$P(|Z| \leq k_1) = \frac{\alpha}{100}, \ P(|Z| \leq k_2) = \frac{\beta}{100}$$라 하자.

정규분포 $N(m, \sigma^2)$을 따르는 모집단에서 크기가 n_1인 표본을 임의추출하여 구한 표본평균을 $\overline{x_1}$이라 하면 모평균 m에 대한 신뢰도 α %의 신뢰구간은

$$\overline{x_1} - k_1 \times \frac{\sigma}{\sqrt{n_1}} \leq m \leq \overline{x_1} + k_1 \times \frac{\sigma}{\sqrt{n_1}}$$

이때 $a \leq m \leq b$이므로

$$a = \overline{x_1} - k_1 \times \frac{\sigma}{\sqrt{n_1}}$$

$$b = \overline{x_1} + k_1 \times \frac{\sigma}{\sqrt{n_1}}$$

이고, 신뢰구간의 길이는

$$b - a = 2 \times k_1 \times \frac{\sigma}{\sqrt{n_1}}$$

정규분포 $N(m, \sigma^2)$을 따르는 모집단에서 크기가 n_2인 표본을 임의추출하여 구한 표본평균을 $\overline{x_2}$라 하면 모평균 m에 대한 신뢰도 β %의 신뢰구간은

$$\overline{x_2} - k_2 \times \frac{\sigma}{\sqrt{n_2}} \leq m \leq \overline{x_2} + k_2 \times \frac{\sigma}{\sqrt{n_2}}$$

이때 $c \leq m \leq d$이므로

$$c = \overline{x_2} - k_2 \times \frac{\sigma}{\sqrt{n_2}}$$

$$d = \overline{x_2} + k_2 \times \frac{\sigma}{\sqrt{n_2}}$$

이고, 신뢰구간의 길이는

$$d - c = 2 \times k_2 \times \frac{\sigma}{\sqrt{n_2}}$$

ㄱ. $n_1 = n_2$, $\alpha = \beta$이면 $\sqrt{n_1} = \sqrt{n_2}$, $k_1 = k_2$이므로
$b - a = d - c$이지만 $\overline{x_1}$의 값과 $\overline{x_2}$의 값에 따라
$\{m | a \leq m \leq b\} \neq \{m | c \leq m \leq d\}$일 수 있다. (거짓)

ㄴ. $n_1 = n_2$, $\alpha < \beta$이면 $k_1 < k_2$이므로 $b - a < d - c$이지만 $\overline{x_1}$의 값과 $\overline{x_2}$의 값에 따라 $\{m | a \leq m \leq b\} \not\subset \{m | c \leq m \leq d\}$일 수 있다. (거짓)

ㄷ. $n_1 < n_2$, $\alpha > \beta$이면 $\frac{1}{\sqrt{n_1}} > \frac{1}{\sqrt{n_2}}$, $k_1 > k_2$이므로

$$2 \times k_1 \times \frac{\sigma}{\sqrt{n_1}} > 2 \times k_2 \times \frac{\sigma}{\sqrt{n_2}}$$

즉, $b - a > d - c$이므로
$a + d < b + c$ (참)

따라서 옳은 것은 ㄷ이다.

1592 답 ⑤

ㄱ. (표본 A의 표준편차) > (표본 B의 표준편차)이므로 표본 A
보다 표본 B의 분포가 더 고르다. (참)

ㄴ. 모표준편차를 σ, 양수 k에 대하여 $P(|Z| \leq k) = \frac{\alpha}{100}$라 하면

표본 A에서 α %로 추정한 신뢰구간의 길이는

$$243-237=2\times k\times\frac{\sigma}{\sqrt{n_1}}$$

$$\therefore\sqrt{n_1}=\frac{k\sigma}{3}\ \cdots\cdots\cdots\cdots\cdots\cdots\ \bigcirc$$

표본 B에서 α %로 추정한 신뢰구간의 길이는

$$232-228=2\times k\times\frac{\sigma}{\sqrt{n_2}}$$

$$\therefore\sqrt{n_2}=\frac{k\sigma}{2}\ \cdots\cdots\cdots\cdots\cdots\cdots\ \bigcirc$$

$\bigcirc$, $\bigcirc$에서 $\dfrac{k\sigma}{3}<\dfrac{k\sigma}{2}$이므로

$$\sqrt{n_1}<\sqrt{n_2}\quad\therefore n_1<n_2\ (참)$$

ㄷ. $\mathrm{P}(|Z|\leq k)=\dfrac{\alpha}{100}$이므로 신뢰도 α가 클수록 k의 값이 커지므로 신뢰구간의 길이도 커진다. (참)

따라서 옳은 것은 ㄱ, ㄴ, ㄷ이다.

참고 표준편차가 작을수록 자료의 분포 상태가 더 고르다.

1593 답 ②
| 유형 **15**

> 어느 공장에서 생산하는 제품 한 개의 무게는 정규분포를 따른다고 한다. 이 공장에서 생산하는 제품 중에서 25개를 임의추출하여 모평균 m을 신뢰도 95 %로 추정한 신뢰구간의 길이가 16, 이 공장에서 **단서1** 생산하는 제품 중에서 n개를 임의추출하여 모평균 m을 신뢰도 **단서2** 99 %로 추정한 신뢰구간의 길이가 13일 때, n의 값은?
> (단, $\mathrm{P}(|Z|\leq 2)=0.95$, $\mathrm{P}(|Z|\leq 2.6)=0.99$로 계산한다.)
>
> ① 49　　　② 64　　　③ 81
> ④ 100　　　⑤ 121
>
> **단서1** $2\times 2\times\dfrac{\sigma}{\sqrt{25}}=16$
> **단서2** $2\times 2.6\times\dfrac{\sigma}{\sqrt{n}}=13$

STEP1 모표준편차 구하기

모표준편차를 σ라 하면 제품 25개를 임의추출하여 모평균 m을 신뢰도 95 %로 추정한 신뢰구간의 길이가 16이므로

$$2\times 2\times\frac{\sigma}{\sqrt{25}}=16$$

$$\therefore\sigma=20$$

STEP2 n의 값 구하기

제품 n개를 임의추출하여 모평균 m을 신뢰도 99 %로 추정한 신뢰구간의 길이가 13이므로

$$2\times 2.6\times\frac{20}{\sqrt{n}}=13$$

$$\sqrt{n}=8\quad\therefore n=64$$

1594 답 ③

모표준편차가 8이고, 표본의 크기가 n이므로 모평균 m을 신뢰도 95 %로 추정한 신뢰구간의 길이는

$$2\times 1.96\times\frac{8}{\sqrt{n}}$$

이때 신뢰구간의 길이가 7.84이므로

$$2\times 1.96\times\frac{8}{\sqrt{n}}=7.84$$

$$\sqrt{n}=4\quad\therefore n=16$$

1595 답 ③

모표준편차가 3이고, 표본의 크기가 n이므로 모평균 m을 신뢰도 99 %로 추정한 신뢰구간의 길이는

$$2\times 2.58\times\frac{3}{\sqrt{n}}$$

이때 신뢰구간의 길이가 1.72이므로

$$2\times 2.58\times\frac{3}{\sqrt{n}}=1.72$$

$$\sqrt{n}=9\quad\therefore n=81$$

1596 답 ⑤

모표준편차가 σ, 표본의 크기가 36이므로 모평균 m을 신뢰도 99 %로 추정한 신뢰구간의 길이는

$$2\times 2.58\times\frac{\sigma}{\sqrt{36}}$$

이때 신뢰구간의 길이가 6.88이므로

$$2\times 2.58\times\frac{\sigma}{\sqrt{36}}=6.88$$

$$\therefore\sigma=8$$

1597 답 ②

모표준편차가 0.6, 표본의 크기가 n이므로 모평균 m을 신뢰도 95 %로 추정한 신뢰구간의 길이가 0.196 이하가 되려면

$$2\times 1.96\times\frac{0.6}{\sqrt{n}}\leq 0.196,\ \sqrt{n}\geq 12$$

$$\therefore n\geq 144$$

따라서 n의 최솟값은 144이다.

1598 답 ④

모표준편차가 σ, 표본의 크기가 16이므로 모평균 m을 신뢰도 99 %로 추정한 신뢰구간의 길이는

$$2\times 2.58\times\frac{\sigma}{\sqrt{16}}$$

이때 $a\leq m\leq a+7.74$에서 신뢰구간의 길이는

$a+7.74-a=7.74$이므로

$$2\times 2.58\times\frac{\sigma}{\sqrt{16}}=7.74$$

$$\therefore\sigma=6$$

1599 답 ②

양수 k에 대하여 $\mathrm{P}(|Z|\leq k)=\dfrac{\alpha}{100}$라 하면 모표준편차가 σ이고, 크기가 64인 표본을 임의추출하여 구한 모평균 m에 대한 신뢰도 α %의 신뢰구간이 $\underline{a\leq m\leq b}$이므로

→ 신뢰구간의 길이는 $b-a$이다.

$$b-a=2\times k\times\frac{\sigma}{\sqrt{64}}$$

크기가 n인 표본을 임의추출하여 구한 모평균 m에 대한 신뢰도 α %의 신뢰구간이 $\underline{c\leq m\leq d}$이므로

→ 신뢰구간의 길이는 $d-c$이다.

$$d-c=2\times k\times\frac{\sigma}{\sqrt{n}}$$

이때 $d-c=2(b-a)$이므로

$2 \times k \times \dfrac{\sigma}{\sqrt{n}} = 2 \times \left(2 \times k \times \dfrac{\sigma}{\sqrt{64}}\right), \ \sqrt{n}=4$

$\therefore n=16$

1600 답 ③

모표준편차가 σ, 표본의 크기가 36이므로

모평균 m을 신뢰도 95 %로 추정한 신뢰구간의 길이는

$2 \times 2 \times \dfrac{\sigma}{\sqrt{36}}$

이때 $a-(a-2)=2$에서 신뢰구간의 길이는 2이므로

$2 \times 2 \times \dfrac{\sigma}{\sqrt{36}} = 2$

$\therefore \sigma=3$

따라서 모표준편차가 3이고 표본의 크기가 n이므로 모평균 m을 신뢰도 99 %로 추정한 신뢰구간의 길이가 0.26 이하가 되려면

$2 \times 2.6 \times \dfrac{3}{\sqrt{n}} \leq 0.26, \ \sqrt{n} \geq 60$

$\therefore n \geq 3600$

따라서 n의 최솟값은 3600이다.

1601 답 100

모표준편차가 σ, 표본의 크기가 64이고,

표준정규분포표에서

$\begin{aligned} \text{P}(|Z| \leq 1.6) &= 2\text{P}(0 \leq Z \leq 1.6) \\ &= 2 \times 0.45 \\ &= 0.90 \end{aligned}$

이므로 모평균 m을 신뢰도 90 %로 추정한 신뢰구간의 길이는

$l_1 = 2 \times 1.6 \times \dfrac{\sigma}{\sqrt{64}} = \dfrac{2}{5}\sigma$

모표준편차가 σ, 표본의 크기가 n이고,

표준정규분포표에서

$\begin{aligned} \text{P}(|Z| \leq 2.0) &= 2\text{P}(0 \leq Z \leq 2.0) \\ &= 2 \times 0.48 \\ &= 0.96 \end{aligned}$

이므로 모평균 m을 신뢰도 96 %로 추정한 신뢰구간의 길이는

$l_2 = 2 \times 2 \times \dfrac{\sigma}{\sqrt{n}} = \dfrac{4}{\sqrt{n}}\sigma$

$l_1 \leq l_2$이므로 $\dfrac{2}{5}\sigma \leq \dfrac{4}{\sqrt{n}}\sigma$

$\sqrt{n} \leq 10$

$\therefore n \leq 100$

따라서 n의 최댓값은 100이다.

개념 Check

확률변수 Z가 표준정규분포를 따를 때

$\begin{aligned} \rightarrow \text{P}(|Z| \leq a) &= \text{P}(-a \leq Z \leq a) \\ &= 2\text{P}(0 \leq Z \leq a) \ (단, a > 0) \end{aligned}$

1602 답 64

모표준편차가 1, 표본의 크기가 n인 모평균 m에 대한 신뢰도

---

95 %의 신뢰구간이 $a \leq m \leq b$이므로 신뢰구간의 길이는

$b-a = 2 \times 1.96 \times \dfrac{1}{\sqrt{n}}$

$100(b-a)=49$이므로

$100 \times 2 \times 1.96 \times \dfrac{1}{\sqrt{n}} = 49$

$\sqrt{n}=8$

$\therefore n=64$

1603 답 ③　　　　　　　　　|유형 16

표준편차가 21인 정규분포를 따르는 모집단에서 크기가 49인 표본을
〔단서1〕
임의추출하여 모평균을 신뢰도 α %로 추정한 신뢰구간의 길이가
〔단서2〕
11.76일 때, α의 값은?
(단, $\text{P}(0 \leq Z \leq 1.96)=0.475$, $\text{P}(0 \leq Z \leq 2.58)=0.495$로 계산한다.)

① 91　　　　② 93　　　　③ 95
④ 97　　　　⑤ 99

〔단서1〕 $\sigma=21, \ n=49$
〔단서2〕 $2 \times k \times \dfrac{21}{\sqrt{49}} = 11.76 \left(단, \text{P}(|Z| \leq k) = \dfrac{\alpha}{100}\right)$

STEP 1 신뢰구간의 길이를 구하는 식 세우기

모표준편차가 21, 표본의 크기가 49이므로

$\text{P}(|Z| \leq k) = \dfrac{\alpha}{100}$라 하면 모평균을 신뢰도 α %로 추정한 신뢰구간의 길이는

$2 \times k \times \dfrac{21}{\sqrt{49}}$

STEP 2 주어진 신뢰구간의 길이를 이용하여 k의 값 구하기

신뢰구간의 길이가 11.76이므로

$2 \times k \times \dfrac{21}{\sqrt{49}} = 11.76, \ 6k=11.76$

$\therefore k=1.96$

STEP 3 α의 값 구하기

$\text{P}(0 \leq Z \leq 1.96)=0.475$이므로

$\begin{aligned} \text{P}(|Z| \leq 1.96) &= \text{P}(-1.96 \leq Z \leq 1.96) \\ &= 2\text{P}(0 \leq Z \leq 1.96) \\ &= 2 \times 0.475 \\ &= 0.95 \\ &= \dfrac{95}{100} \end{aligned}$

$\therefore \alpha=95$

1604 답 ③

모표준편차가 5, 표본의 크기가 64이므로

$\text{P}(|Z| \leq k) = \dfrac{\alpha}{100}$라 하면 모평균 m을 신뢰도 α %로 추정한 신뢰구간의 길이는

$2 \times k \times \dfrac{5}{\sqrt{64}}$

이때 신뢰구간의 길이가 2.35이므로

$$2 \times k \times \frac{5}{\sqrt{64}} = 2.35, \ 5k = 9.4$$

$$\therefore k = 1.88$$

표준정규분포표에서 $P(0 \le Z \le 1.88) = 0.470$이므로

$$\begin{aligned}
P(|Z| \le 1.88) &= P(-1.88 \le Z \le 1.88) \\
&= 2P(0 \le Z \le 1.88) \\
&= 2 \times 0.470 \\
&= 0.94 \\
&= \frac{94}{100}
\end{aligned}$$

$$\therefore \alpha = 94$$

1605 답 ④

모표준편차가 20, 표본의 크기가 64이므로

$P(|Z| \le k) = \dfrac{\alpha}{100}$라 하면 모평균 m을 신뢰도 α %로 추정한 신뢰구간의 길이는

$$2 \times k \times \frac{20}{\sqrt{64}}$$

이때 신뢰구간의 길이가 10이므로

$$2 \times k \times \frac{20}{\sqrt{64}} = 10, \ 5k = 10$$

$$\therefore k = 2$$

$P(0 \le Z \le 2) = 0.48$이므로

$$\begin{aligned}
P(|Z| \le 2) &= P(-2 \le Z \le 2) \\
&= 2P(0 \le Z \le 2) \\
&= 2 \times 0.48 \\
&= 0.96 \\
&= \frac{96}{100}
\end{aligned}$$

$$\therefore \alpha = 96$$

1606 답 ③

모표준편차가 18, 표본의 크기가 225이므로

$P(|Z| \le k) = \dfrac{\alpha}{100}$라 하면 모평균 m을 신뢰도 α %로 추정한 신뢰구간의 길이는

$$2 \times k \times \frac{18}{\sqrt{225}}$$

이때 신뢰구간의 길이가 4.32이므로

$$2 \times k \times \frac{18}{\sqrt{225}} = 4.32, \ 12k = 21.6$$

$$\therefore k = 1.8$$

표준정규분포표에서 $P(0 \le Z \le 1.8) = 0.46$이므로

$$\begin{aligned}
P(|Z| \le 1.8) &= P(-1.8 \le Z \le 1.8) \\
&= 2P(0 \le Z \le 1.8) \\
&= 2 \times 0.46 \\
&= 0.92 \\
&= \frac{92}{100}
\end{aligned}$$

$$\therefore \alpha = 92$$

1607 답 ③

모표준편차가 40, 표본의 크기가 25이고, 모평균 m을 신뢰도 α %로 추정한 신뢰구간의 길이가 30.08이므로

$P(|Z| \le k) = \dfrac{\alpha}{100}$라 하면

$$2 \times k \times \frac{40}{\sqrt{25}} = 30.08 \qquad \therefore k = 1.88$$

표준정규분포표에서 $P(0 \le Z \le 1.88) = 0.470$이므로

$$\begin{aligned}
P(|Z| \le 1.88) &= P(-1.88 \le Z \le 1.88) \\
&= 2P(0 \le Z \le 1.88) \\
&= 2 \times 0.470 \\
&= 0.94 \\
&= \frac{94}{100}
\end{aligned}$$

$$\therefore \alpha = 94$$

1608 답 ③

모표준편차가 2, 표본의 크기가 64이고, 모평균 m을 신뢰도 α %로 추정한 신뢰구간의 길이가 0.9 이하이려면

$P(|Z| \le k) = \dfrac{\alpha}{100}$라 할 때,

$$2 \times k \times \frac{2}{\sqrt{64}} \le 0.9$$

$$\frac{k}{2} \le 0.9 \qquad \therefore k \le 1.8$$

표준정규분포표에서 $P(0 \le Z \le 1.8) = 0.46$이므로

$$\begin{aligned}
P(|Z| \le 1.8) &= P(-1.8 \le Z \le 1.8) \\
&= 2P(0 \le Z \le 1.8) \\
&= 2 \times 0.46 \\
&= 0.92 \\
&= \frac{92}{100}
\end{aligned}$$

이므로 $\alpha \le 92$

따라서 α의 최댓값은 92이다.

1609 답 68

모표준편차가 15, 표본의 크기가 900이고, 표준정규분포표에서

$$P(|Z| \le 2) = 2P(0 \le Z \le 2) = 2 \times 0.475 = \frac{95}{100}$$이므로

모평균 m을 신뢰도 95 %로 추정한 신뢰구간의 길이는

$$l = 2 \times 2 \times \frac{15}{\sqrt{900}} = 2$$

이때 모평균 m을 신뢰도 α %로 추정한 신뢰구간의 길이가

$\dfrac{l}{2} = \dfrac{2}{2} = 1$이므로 $P(|Z| \le k) = \dfrac{\alpha}{100}$라 하면

$$2 \times k \times \frac{15}{\sqrt{900}} = 1 \qquad \therefore k = 1$$

표준정규분포표에서 $P(0 \le Z \le 1) = 0.340$이므로

$$\begin{aligned}
P(|Z| \le 1) &= P(-1 \le Z \le 1) \\
&= 2P(0 \le Z \le 1) \\
&= 2 \times 0.340 \\
&= 0.68
\end{aligned}$$

$$= \frac{68}{100}$$

$$\therefore \alpha = 68$$

1610 답 ③

모표준편차가 12, 표본의 크기가 36이고, 모평균을 신뢰도 α %로

추정한 신뢰구간의 길이가 6.4이므로 $P(|Z| \le k) = \dfrac{\alpha}{100}$라 하면

$$2 \times k \times \frac{12}{\sqrt{36}} = 6.4 \qquad \therefore k = 1.6$$

$P(0 \le Z \le 1.6) = 0.45$이므로

$$\begin{aligned} P(|Z| \le 1.6) &= P(-1.6 \le Z \le 1.6) \\ &= 2P(0 \le Z \le 1.6) \\ &= 2 \times 0.45 \\ &= 0.90 \\ &= \frac{90}{100} \end{aligned}$$

$$\therefore \alpha = 90$$

즉, $\dfrac{1}{2}\alpha + 47 = \dfrac{1}{2} \times 90 + 47 = 92$이고, 표준정규분포표에서

$$\begin{aligned} P(|Z| \le 1.8) &= 2P(0 \le Z \le 1.8) \\ &= 2 \times 0.46 \\ &= \frac{92}{100} \end{aligned}$$

이므로 모평균을 신뢰도 92 %로 추정한 신뢰구간의 길이는

$$l = 2 \times 1.8 \times \frac{12}{\sqrt{36}} = 7.2$$

$$\therefore 10l = 10 \times 7.2 = 72$$

1611 답 ③

모표준편차가 2, 표본의 크기가 144이고, 모평균 m을 신뢰도
α %로 추정한 신뢰구간의 길이가 0.2이므로

$P(|Z| \le k) = \dfrac{\alpha}{100}$라 하면

$$2 \times k \times \frac{2}{\sqrt{144}} = 0.2 \qquad \therefore k = 0.6$$

표준정규분포표에서 $P(0 \le Z \le 0.6) = 0.23$이므로

$$\begin{aligned} P(|Z| \le 0.6) &= P(-0.6 \le Z \le 0.6) \\ &= 2P(0 \le Z \le 0.6) \\ &= 2 \times 0.23 \\ &= 0.46 \\ &= \frac{46}{100} \end{aligned}$$

$$\therefore \alpha = 46$$

$P(|Z| \le k') = \dfrac{2\alpha}{100} = 0.92$라 하면

$2P(0 \le Z \le k') = 0.92$이므로

$P(0 \le Z \le k') = 0.46$

표준정규분포표에서 $P(0 \le Z \le 1.8) = 0.46$이므로

$k' = 1.8$

따라서 모평균 m을 신뢰도 2α %로 추정한 신뢰구간의 길이는

$$l = 2 \times 1.8 \times \frac{2}{\sqrt{144}} = 0.6$$

$$\therefore 10l = 10 \times 0.6 = 6$$

1612 답 98

표준정규분포표에서 $P(0 \le Z \le 1.5) = 0.43$이므로

$$\begin{aligned} P(|Z| \le 1.5) &= P(-1.5 \le Z \le 1.5) \\ &= 2P(0 \le Z \le 1.5) \\ &= 2 \times 0.43 \\ &= \frac{86}{100} \end{aligned}$$

$l(90, 86)$은 크기가 90인 표본을 임의추출하여 모평균 m을 신뢰
도 86 %로 추정한 신뢰구간의 길이이므로

$$l(90, 86) = 2 \times 1.5 \times \frac{\sigma}{\sqrt{90}}$$

$P(|Z| \le k) = \dfrac{x}{100}$라 하면 $l(250, x)$는 크기가 250인 표본을 임

의추출하여 모평균 m을 신뢰도 x %로 추정한 신뢰구간의 길이이
므로

$$l(250, x) = 2 \times k \times \frac{\sigma}{\sqrt{250}}$$

이때 $l(90, 86) = l(250, x)$이므로

$$2 \times 1.5 \times \frac{\sigma}{\sqrt{90}} = 2 \times k \times \frac{\sigma}{\sqrt{250}}$$

$$\therefore k = 2.5$$

표준정규분포표에서 $P(0 \le Z \le 2.5) = 0.49$이므로

$$\begin{aligned} P(|Z| \le 2.5) &= P(-2.5 \le Z \le 2.5) \\ &= 2P(0 \le Z \le 2.5) \\ &= 2 \times 0.49 \\ &= 0.98 \\ &= \frac{98}{100} \end{aligned}$$

$$\therefore x = 98$$

실수 Check

표준정규분포표에서 $P(0 \le Z \le 1.5) = 0.43$이므로 모평균 m을 신뢰도
43 %로 추정하여 신뢰구간의 길이를 구하지 않도록 주의한다.

Plus 문제

1612-1

정규분포 $N(m, \sigma^2)$을 따르는
모집단에서 크기가 64인 표본을
임의추출하여 구한 모평균 m에
대한 신뢰도 96 %, α %의 신뢰
구간은 각각 $a \le m \le b$,
$c \le m \le d$이다.
$(b-a) : (d-c) = 4 : 3$일 때,
α의 값을 오른쪽 표준정규분포
표를 이용하여 구하시오.

z	$P(0 \le Z \le z)$
0.5	0.19
1.0	0.34
1.5	0.43
2.0	0.48
2.5	0.49

표준정규분포표에서 $P(0 \le Z \le 2) = 0.48$이므로

$$\begin{aligned} P(|Z| \le 2) &= P(-2 \le Z \le 2) \\ &= 2P(0 \le Z \le 2) \\ &= 2 \times 0.48 \\ &= \frac{96}{100} \end{aligned}$$

표본의 크기가 64일 때, 모평균 m에 대한 신뢰도 96 %의 신뢰구간이 $\underline{a\leq m\leq b}$이므로

→ 신뢰구간의 길이는 $b-a$이다.

$$b-a=2\times 2\times \frac{\sigma}{\sqrt{64}}$$

$$=\frac{\sigma}{2}$$

$P(|Z|\leq k)=\dfrac{\alpha}{100}$라 하면 표본의 크기가 64일 때, 모평균 m에 대한 신뢰도 α %의 신뢰구간이 $\underline{c\leq m\leq d}$이므로

→ 신뢰구간의 길이는 $d-c$이다.

$$d-c=2\times k\times \frac{\sigma}{\sqrt{64}}$$

$$=\frac{k\sigma}{4}$$

이때 $(b-a):(d-c)=4:3$이므로

$$\frac{\sigma}{2}:\frac{k\sigma}{4}=4:3$$

$$k\sigma=\frac{3}{2}\sigma \qquad \therefore k=1.5$$

표준정규분포표에서 $P(0\leq Z\leq 1.5)=0.43$이므로

$$\begin{aligned}P(|Z|\leq 1.5)&=P(-1.5\leq Z\leq 1.5)\\&=2P(0\leq Z\leq 1.5)\\&=2\times 0.43\\&=\frac{86}{100}\end{aligned}$$

$$\therefore \alpha=86$$

답 86

1613 답 ③ | 유형 17

표준편차가 20인 정규분포를 따르는 모집단에서 크기가 n인 표본을
단서1
임의추출하여 모평균 m을 신뢰도 95 %로 추정할 때, 표본평균 $\overline{x}$에
단서2
대하여 $|m-\overline{x}|\leq 5$가 되도록 하는 n의 최솟값은?

(단, $P(0\leq Z\leq 2)=0.475$로 계산한다.)

① 36   ② 49   ③ 64

④ 81   ⑤ 100

단서1 $\sigma=20$
단서2 $\overline{x}-2\times\dfrac{20}{\sqrt{n}}\leq m\leq \overline{x}+2\times\dfrac{20}{\sqrt{n}}$

STEP1 신뢰구간의 식을 $|m-\overline{x}|\leq k\times\dfrac{\sigma}{\sqrt{n}}$로 나타내기

표본평균이 $\overline{x}$, 모표준편차가 20, 표본의 크기가 n이므로 모평균 m을 신뢰도 95 %로 추정한 신뢰구간은

$$\overline{x}-2\times\frac{20}{\sqrt{n}}\leq m\leq \overline{x}+2\times\frac{20}{\sqrt{n}}$$

$$-2\times\frac{20}{\sqrt{n}}\leq m-\overline{x}\leq 2\times\frac{20}{\sqrt{n}}$$

$$\therefore |m-\overline{x}|\leq 2\times\frac{20}{\sqrt{n}}$$

STEP2 $|m-\overline{x}|\leq 5$를 만족시키는 n의 최솟값 구하기

$|m-\overline{x}|\leq 5$가 되려면

$$2\times\frac{20}{\sqrt{n}}\leq 5$$

$$\sqrt{n}\geq 8 \qquad \therefore n\geq 64$$

따라서 n의 최솟값은 64이다.

1614 답 ①

표본평균을 $\overline{x}$라 하면 모표준편차가 4, 표본의 크기가 64이므로 모평균 m을 신뢰도 95 %로 추정한 신뢰구간은

$$\overline{x}-2\times\frac{4}{\sqrt{64}}\leq m\leq \overline{x}+2\times\frac{4}{\sqrt{64}}$$

$$-2\times\frac{4}{\sqrt{64}}\leq m-\overline{x}\leq 2\times\frac{4}{\sqrt{64}}$$

$$\therefore |m-\overline{x}|\leq 1$$

따라서 모평균과 표본평균의 차의 최댓값은 1이다.

1615 답 ④

표본평균이 $\overline{x}$, 모표준편차가 30, 표본의 크기가 n이므로 모평균 m을 신뢰도 99 %로 추정한 신뢰구간은

$$\overline{x}-3\times\frac{30}{\sqrt{n}}\leq m\leq \overline{x}+3\times\frac{30}{\sqrt{n}}$$

$$-3\times\frac{30}{\sqrt{n}}\leq m-\overline{x}\leq 3\times\frac{30}{\sqrt{n}}$$

$$\therefore |m-\overline{x}|\leq 3\times\frac{30}{\sqrt{n}}$$

이때 $|m-\overline{x}|\leq 10$이 되려면

$$3\times\frac{30}{\sqrt{n}}\leq 10$$

$$\sqrt{n}\geq 9 \qquad \therefore n\geq 81$$

따라서 n의 최솟값은 81이다.

1616 답 ⑤

표본평균을 $\overline{x}$라 하면 모표준편차가 10, 표본의 크기가 n이므로 모평균 m을 신뢰도 95 %로 추정한 신뢰구간은

$$\overline{x}-2\times\frac{10}{\sqrt{n}}\leq m\leq \overline{x}+2\times\frac{10}{\sqrt{n}}$$

$$-2\times\frac{10}{\sqrt{n}}\leq m-\overline{x}\leq 2\times\frac{10}{\sqrt{n}}$$

$$\therefore |m-\overline{x}|\leq 2\times\frac{10}{\sqrt{n}}$$

이때 모평균과 표본평균의 차가 2 이하가 되려면

$$2\times\frac{10}{\sqrt{n}}\leq 2$$

$$\sqrt{n}\geq 10 \qquad \therefore n\geq 100$$

따라서 n의 최솟값은 100이다.

1617 답 ④

표본평균을 $\overline{x}$라 하면 모표준편차가 1시간, 표본의 크기가 n이므로 모평균 m을 신뢰도 99 %로 추정한 신뢰구간은

$$\overline{x}-3\times\frac{1}{\sqrt{n}}\leq m\leq \overline{x}+3\times\frac{1}{\sqrt{n}}$$

$$-3\times\frac{1}{\sqrt{n}}\leq m-\overline{x}\leq 3\times\frac{1}{\sqrt{n}}$$

$$\therefore |m-\overline{x}|\leq 3\times\frac{1}{\sqrt{n}}$$

이때 모평균과 표본평균의 차가 20분 이하가 되려면

$$3\times\frac{1}{\sqrt{n}}\leq \frac{1}{3}$$

$$\sqrt{n}\geq 9 \qquad \therefore n\geq 81$$

따라서 n의 최솟값은 81이다.

1618 답 9

표본평균을 $\overline{x}$라 하면 모표준편차가 15, 표본의 크기가 n이므로 모평균 m을 신뢰도 95 %로 추정한 신뢰구간은

$$\overline{x}-2\times\dfrac{15}{\sqrt{n}}\le m\le\overline{x}+2\times\dfrac{15}{\sqrt{n}}$$

$$-2\times\dfrac{15}{\sqrt{n}}\le m-\overline{x}\le 2\times\dfrac{15}{\sqrt{n}}$$

$$\therefore |m-\overline{x}|\le 2\times\dfrac{15}{\sqrt{n}}$$

이때 모평균과 표본평균의 차가 10 이하가 되려면

$$2\times\dfrac{15}{\sqrt{n}}\le 10$$

$$\sqrt{n}\ge 3 \qquad \therefore n\ge 9$$

따라서 n의 최솟값은 9이다.

1619 답 ③

표본평균을 $\overline{x}$라 하면 모표준편차가 σ, 표본의 크기가 n이므로 모평균 m을 신뢰도 95 %로 추정한 신뢰구간은

$$\overline{x}-2\times\dfrac{\sigma}{\sqrt{n}}\le m\le\overline{x}+2\times\dfrac{\sigma}{\sqrt{n}}$$

$$-2\times\dfrac{\sigma}{\sqrt{n}}\le m-\overline{x}\le 2\times\dfrac{\sigma}{\sqrt{n}}$$

$$\therefore |m-\overline{x}|\le 2\times\dfrac{\sigma}{\sqrt{n}}$$

이때 모평균과 표본평균의 차가 $\dfrac{1}{4}\sigma$ 이하가 되려면

$$2\times\dfrac{\sigma}{\sqrt{n}}\le\dfrac{1}{4}\sigma$$

$$\sqrt{n}\ge 8 \qquad \therefore n\ge 64$$

따라서 n의 최솟값은 64이다.

1620 답 ①

표본평균이 $\overline{x}$, 모표준편차가 5, 표본의 크기가 n이므로 모평균 m을 신뢰도 95 %로 추정한 신뢰구간은

$$\overline{x}-1.96\times\dfrac{5}{\sqrt{n}}\le m\le\overline{x}+1.96\times\dfrac{5}{\sqrt{n}}$$

$$-1.96\times\dfrac{5}{\sqrt{n}}\le m-\overline{x}\le 1.96\times\dfrac{5}{\sqrt{n}}$$

$$\therefore |m-\overline{x}|\le 1.96\times\dfrac{5}{\sqrt{n}}$$

이때 $|m-\overline{x}|\le 1$이 되려면

$$1.96\times\dfrac{5}{\sqrt{n}}\le 1$$

$$\sqrt{n}\ge 9.8 \qquad \therefore n\ge 96.04$$

따라서 두 자리 자연수 n의 개수는 97, 98, 99의 3이다.

1621 답 ⑤

이 농장의 귤의 무게를 확률변수 X라 하면 X는 정규분포

$\mathrm{N}(70,\,6^2)$을 따른다.

귤 16개를 임의추출하여 조사한 무게의 표본평균 $\overline{X}$에 대하여

$$\mathrm{E}(\overline{X})=70,\ \sigma(\overline{X})=\dfrac{6}{\sqrt{16}}=\dfrac{3}{2}$$
$$\longmapsto \mathrm{E}(\overline{X})=\mathrm{E}(X)$$

이므로 $\overline{X}$는 정규분포 $\mathrm{N}\!\left(70,\,\left(\dfrac{3}{2}\right)^2\right)$을 따른다.

$Z=\dfrac{\overline{X}-70}{\frac{3}{2}}$으로 놓으면 Z는 표준정규분포 $\mathrm{N}(0,\,1)$을 따른다.

$\mathrm{P}(|\overline{X}-70|\le a)=0.8664$이므로

$$\mathrm{P}\!\left(\left|\dfrac{\overline{X}-70}{\frac{3}{2}}\right|\le\dfrac{a}{\frac{3}{2}}\right)=0.8664$$

$$\therefore \mathrm{P}\!\left(|Z|\le\dfrac{2}{3}a\right)=0.8664$$

표준정규분포표에서 $\mathrm{P}(0\le Z\le 1.5)=0.4332$이므로

$$\begin{aligned}\mathrm{P}(|Z|\le 1.5)&=\mathrm{P}(-1.5\le Z\le 1.5)\\&=2\mathrm{P}(0\le Z\le 1.5)\\&=2\times 0.4332\\&=0.8664\end{aligned}$$

따라서 $\dfrac{2}{3}a=1.5$이므로

$$a=2.25$$

Plus 문제

1621-1

정규분포 $\mathrm{N}(m,\,5^2)$을 따르는 모집단에서 크기가 n인 표본을 임의추출하여 구한 표본평균을 $\overline{X}$라 하자. $\mathrm{P}(|\overline{X}-m|\ge 2)=0.1$을 만족시키는 n의 값을 오른쪽 표준정규분포표를 이용하여 구하시오.

z	$\mathrm{P}(0\le Z\le z)$
0.8	0.29
1.0	0.34
1.2	0.38
1.4	0.42
1.6	0.45

$\mathrm{E}(\overline{X})=m,\ \sigma(\overline{X})=\dfrac{5}{\sqrt{n}}$이므로 $\overline{X}$는 정규분포

$\mathrm{N}\!\left(m,\,\left(\dfrac{5}{\sqrt{n}}\right)^2\right)$을 따른다.

$Z=\dfrac{\overline{X}-m}{\frac{5}{\sqrt{n}}}$으로 놓으면 Z는 표준정규분포 $\mathrm{N}(0,\,1)$을 따른다.

$\mathrm{P}(|\overline{X}-m|\ge 2)=0.1$이므로

$$\mathrm{P}\!\left(\left|\dfrac{\overline{X}-m}{\frac{5}{\sqrt{n}}}\right|\ge\dfrac{2}{\frac{5}{\sqrt{n}}}\right)=0.1$$

$$\mathrm{P}\!\left(|Z|\ge\dfrac{2\sqrt{n}}{5}\right)=0.1$$

$$1-\mathrm{P}\!\left(|Z|\le\dfrac{2\sqrt{n}}{5}\right)=0.1$$

$$1-2\mathrm{P}\left(0\le Z\le \frac{2\sqrt{n}}{5}\right)=0.1$$

$$\therefore \mathrm{P}\left(0\le Z\le \frac{2\sqrt{n}}{5}\right)=0.45$$

표준정규분포표에서 $\mathrm{P}(0\le Z\le 1.6)=0.45$이므로

$$\frac{2\sqrt{n}}{5}=1.6,\ \sqrt{n}=4$$

$$\therefore n=16$$

冒 16

1622 冒 31

이 공장에서 생산하는 스마트폰의 수명을 확률변수 X라 하면 X는 정규분포 $\mathrm{N}(m,\ 500^2)$을 따른다.

스마트폰 n개를 임의추출하여 조사한 수명의 표본평균 $\overline{X}$에 대하여

$$\mathrm{E}(\overline{X})=m,\ \sigma(\overline{X})=\frac{500}{\sqrt{n}}$$

이므로 $\overline{X}$는 정규분포 $\mathrm{N}\left(m,\ \left(\dfrac{500}{\sqrt{n}}\right)^2\right)$을 따른다.

$Z=\dfrac{\overline{X}-m}{\dfrac{500}{\sqrt{n}}}$으로 놓으면 Z는 표준정규분포 $\mathrm{N}(0,\ 1)$을 따른다.

$\mathrm{P}(|\overline{X}-m|\le 200)\ge 0.98$이므로

$$\mathrm{P}\left(\left|\frac{\overline{X}-m}{\frac{500}{\sqrt{n}}}\right|\le \frac{200}{\frac{500}{\sqrt{n}}}\right)\ge 0.98$$

$$\mathrm{P}\left(|Z|\le \frac{2\sqrt{n}}{5}\right)\ge 0.98$$

$\mathrm{P}(0\le Z\le 2.2)=0.49$이므로

$$\mathrm{P}(|Z|\le 2.2)=\mathrm{P}(-2.2\le Z\le 2.2)$$
$$=2\mathrm{P}(0\le Z\le 2.2)$$
$$=2\times 0.49$$
$$=0.98$$

즉, $\dfrac{2\sqrt{n}}{5}\ge 2.2,\ \sqrt{n}\ge 5.5$

$$\therefore n\ge 30.25$$

따라서 n의 최솟값은 31이다.

실수 Check

n의 값은 표본의 크기이므로 자연수임에 주의한다.

Plus 문제

1622-1

어느 제과점에서 판매하는 쿠키의 무게는 평균이 m, 표준편차가 10인 정규분포를 따른다고 한다. 이 제과점에서 판매하는 쿠키 중에서 n개를 임의추출하여 구한 표본평균 $\overline{X}$에 대하여 $\mathrm{P}(|\overline{X}-m|\le 2.5)\le 0.86$을 만족시키는 n의 최댓값을 구하시오. (단, 무게의 단위는 g이고, $\mathrm{P}(0\le Z\le 1.5)=0.43$으로 계산한다.)

이 제과점에서 판매하는 쿠키의 무게를 확률변수 X라 하면 X는 정규분포 $\mathrm{N}(m,\ 10^2)$을 따른다.

쿠키 n개를 임의추출하여 조사한 무게의 표본평균 $\overline{X}$에 대하여

$$\mathrm{E}(\overline{X})=m,\ \sigma(\overline{X})=\frac{10}{\sqrt{n}}$$

이므로 $\overline{X}$는 정규분포 $\mathrm{N}\left(m,\ \left(\dfrac{10}{\sqrt{n}}\right)^2\right)$을 따른다.

$Z=\dfrac{\overline{X}-m}{\dfrac{10}{\sqrt{n}}}$으로 놓으면 Z는 표준정규분포 $\mathrm{N}(0,\ 1)$을 따른다.

$\mathrm{P}(|\overline{X}-m|\le 2.5)\le 0.86$이므로

$$\mathrm{P}\left(\left|\frac{\overline{X}-m}{\frac{10}{\sqrt{n}}}\right|\le \frac{\frac{5}{2}}{\frac{10}{\sqrt{n}}}\right)\le 0.86$$

$$\mathrm{P}\left(|Z|\le \frac{\sqrt{n}}{4}\right)\le 0.86$$

$\mathrm{P}(0\le Z\le 1.5)=0.43$이므로

$$\mathrm{P}(|Z|\le 1.5)=\mathrm{P}(-1.5\le Z\le 1.5)$$
$$=2\mathrm{P}(0\le Z\le 1.5)$$
$$=2\times 0.43$$
$$=0.86$$

즉, $\dfrac{\sqrt{n}}{4}\le 1.5,\ \sqrt{n}\le 6$

$$\therefore n\le 36$$

따라서 n의 최댓값은 36이다.

冒 36

서술형 유형 익히기 364쪽~367쪽

1623 冒 (1) 4^2 또는 16 (2) 2 (3) 1 (4) 1 (5) 17

STEP 1 $m,\ \sigma^2$ 구하기 [2점]

$$m=\mathrm{E}(X)=2\times \frac{1}{4}+4\times \frac{1}{2}+6\times \frac{1}{4}$$
$$=4$$

$$\sigma^2=\mathrm{V}(X)$$
$$=2^2\times \frac{1}{4}+4^2\times \frac{1}{2}+6^2\times \frac{1}{4}-\boxed{4^2}$$
$$=\boxed{2}$$

STEP 2 $\mathrm{E}(\overline{X}),\ \mathrm{V}(\overline{X})$ 구하기 [2점]

모평균 $m=4$, 모분산 $\sigma^2=2$, 표본의 크기 $n=2$이므로

$$\mathrm{E}(\overline{X})=m=4,\ \mathrm{V}(\overline{X})=\frac{\sigma^2}{n}=\boxed{1}$$

STEP 3 $\mathrm{E}(\overline{X}^2)$ 구하기 [2점]

$\mathrm{V}(\overline{X})=\mathrm{E}(\overline{X}^2)-\{\mathrm{E}(\overline{X})\}^2$에서

$$\mathrm{E}(\overline{X}^2)=\mathrm{V}(\overline{X})+\{\mathrm{E}(\overline{X})\}^2$$
$$=\boxed{1}+4^2=\boxed{17}$$

$E(X)=\dfrac{1}{2}+2+\dfrac{3}{2}=4$

$E(X^2)=1+8+9=18$

$V(X)=18-4^2=2$

$E(\overline{X})=4$

$V(\overline{X})=\dfrac{2}{2}=1$

$1=E(\overline{X}^2)-4^2$

$\therefore E(\overline{X}^2)=17$

1624 답 104

STEP1 m, σ^2 구하기 [2점]

$m=E(X)=0\times\dfrac{2}{5}+10\times\dfrac{3}{10}+20\times\dfrac{1}{5}+30\times\dfrac{1}{10}$

$\qquad =10$ ······ ⓐ

$\sigma^2=V(X)$

$\quad =0^2\times\dfrac{2}{5}+10^2\times\dfrac{3}{10}+20^2\times\dfrac{1}{5}+30^2\times\dfrac{1}{10}-10^2$

$\quad =100$ ······ ⓐ

STEP2 $E(\overline{X})$, $V(\overline{X})$ 구하기 [2점]

모평균 $m=10$, 모분산 $\sigma^2=100$, 표본의 크기 $n=25$이므로

$E(\overline{X})=m=10$, $V(\overline{X})=\dfrac{\sigma^2}{n}=\dfrac{100}{25}=4$ ······ ⓑ

STEP3 $E(\overline{X}^2)$ 구하기 [2점]

$V(\overline{X})=E(\overline{X}^2)-\{E(\overline{X})\}^2$에서

$E(\overline{X}^2)=V(\overline{X})+\{E(\overline{X})\}^2$

$\qquad =4+10^2=104$

부분점수표	
ⓐ m, σ^2 중에서 하나만 구한 경우	1점
ⓑ $E(\overline{X})$, $V(\overline{X})$ 중에서 하나만 구한 경우	1점

1625 답 $\dfrac{89}{108}$

STEP1 상수 a, b의 값 구하기 [3점]

확률의 총합은 1이므로

$a+\dfrac{1}{3}+\dfrac{1}{6}+b=1$

$\therefore a+b=\dfrac{1}{2}$ ······ ㉠ ······ ⓐ

$E(X)=E(\overline{X})$이므로

$(-2)\times a+(-1)\times\dfrac{1}{3}+1\times\dfrac{1}{6}+2\times b=\dfrac{1}{6}$

$\therefore a-b=-\dfrac{1}{6}$ ······ ㉡ ······ ⓐ

㉠, ㉡을 연립하여 풀면

$a=\dfrac{1}{6}$, $b=\dfrac{1}{3}$

STEP2 σ^2 구하기 [1점]

$\sigma^2=V(X)$

$\quad =(-2)^2\times\dfrac{1}{6}+(-1)^2\times\dfrac{1}{3}+1^2\times\dfrac{1}{6}+2^2\times\dfrac{1}{3}-\left(\dfrac{1}{6}\right)^2$

$\quad =\dfrac{89}{36}$

STEP3 $V(\overline{X})$ 구하기 [2점]

모분산 $\sigma^2=\dfrac{89}{36}$, 표본의 크기 $n=3$이므로

$V(\overline{X})=\dfrac{\sigma^2}{n}=\dfrac{\frac{89}{36}}{3}=\dfrac{89}{108}$

부분점수표	
ⓐ ㉠, ㉡ 중에서 하나만 구한 경우	1점

1626 답 (1) 4 (2) 36 (3) 50 (4) 6 (5) 1 (6) 0.8185

STEP1 표본평균 $\overline{X}$의 분포 구하기 [3점]

모집단이 정규분포 $N(50, 12^2)$을 따르고 표본의 크기가 4이므로

$E(\overline{X})=50$, $V(\overline{X})=\dfrac{12^2}{\boxed{4}}=\boxed{36}$

즉, 확률변수 $\overline{X}$는 정규분포 $N(50, 6^2)$을 따른다.

STEP2 $P(44\le \overline{X}\le 62)$ 구하기 [3점]

$Z=\dfrac{\overline{X}-\boxed{50}}{\boxed{6}}$으로 놓으면 확률변수 Z는 표준정규분포

$N(0, 1)$을 따르므로

$P(44\le \overline{X}\le 62)=P\left(\dfrac{44-50}{6}\le Z\le\dfrac{62-50}{6}\right)$

$\qquad =P(-1\le Z\le 2)$

$\qquad =P(-1\le Z\le 0)+P(0\le Z\le 2)$

$\qquad =P(0\le Z\le\boxed{1})+P(0\le Z\le 2)$

$\qquad =0.3413+0.4772$

$\qquad =\boxed{0.8185}$

$E(\overline{X})=50$ ┐ 1점

$V(\overline{X})=12^2$ ┘ → $\dfrac{\sigma^2}{n}$으로 구해야 하는데 σ^2으로 잘못 구함

$\overline{X}:N(50, 12^2)$

$\therefore P(44\le \overline{X}\le 62)=P\left(\dfrac{44-50}{12}\le Z\le\dfrac{62-50}{12}\right)$

$\qquad =P(-0.5\le Z\le 1)$

$\qquad =0.1915+0.3413$

$\qquad =0.5328$

▶ 6점 중 1점 얻음.
  정규분포 $N(m, \sigma^2)$을 따르는 모집단에서 크기가 n인 표본을 임의
  추출할 때, 표본평균 $\overline{X}$는 정규분포 $N\left(m, \dfrac{\sigma^2}{n}\right)$을 따른다. 따라서 $\overline{X}$
  를 Z로 표준화할 때, $Z=\dfrac{\overline{X}-m}{\frac{\sigma}{\sqrt{n}}}$으로 표준화하여 확률을 구해야
  한다.

1627 답 0.7333

STEP1 표본평균 $\overline{X}$의 분포 구하기 [3점]

모집단이 정규분포 $N(20, 5^2)$을 따르고 표본의 크기가 16이므로

$E(\overline{X})=20$, $V(\overline{X})=\dfrac{5^2}{16}=\dfrac{25}{16}$ ······ ⓐ

즉, 확률변수 $\overline{X}$는 정규분포 $N\left(20, \left(\dfrac{5}{4}\right)^2\right)$을 따른다.

STEP 2 $\mathrm{P}(19\leq\overline{X}\leq22)$ 구하기 [3점]

$Z=\dfrac{\overline{X}-20}{\frac{5}{4}}$으로 놓으면 확률변수 Z는 표준정규분포 $\mathrm{N}(0,\ 1)$을 따르므로

$$\begin{aligned}\mathrm{P}(19\leq\overline{X}\leq22)&=\mathrm{P}\!\left(\dfrac{19-20}{\frac{5}{4}}\leq Z\leq\dfrac{22-20}{\frac{5}{4}}\right)\\&=\mathrm{P}(-0.8\leq Z\leq1.6)\quad\cdots\cdots\ \text{ⓑ}\\&=\mathrm{P}(-0.8\leq Z\leq0)+\mathrm{P}(0\leq Z\leq1.6)\\&=\mathrm{P}(0\leq Z\leq0.8)+\mathrm{P}(0\leq Z\leq1.6)\\&=0.2881+0.4452\\&=0.7333\end{aligned}$$

부분점수표	
ⓐ $\mathrm{E}(\overline{X})$, $\mathrm{V}(\overline{X})$ 중에서 하나만 구한 경우	1점
ⓑ $\mathrm{P}(19\leq\overline{X}\leq22)$를 표준화한 경우	1점

1628 답 0.9772

STEP 1 확률변수 X를 정하고 X의 분포 구하기 [1점]

이 공장에서 생산하는 컵라면 한 상자의 무게를 확률변수 X라 하면 X는 정규분포 $\mathrm{N}(824,\ 16^2)$을 따른다.

STEP 2 표본평균 $\overline{X}$의 분포 구하기 [3점]

표본의 크기가 64이므로

$\mathrm{E}(\overline{X})=824,\ \sigma(\overline{X})=\dfrac{16}{\sqrt{64}}=2\quad\cdots\cdots\ \text{ⓐ}$

즉, 표본평균 $\overline{X}$는 정규분포 $\mathrm{N}(824,\ 2^2)$을 따른다.

STEP 3 확률 구하기 [3점]

$Z=\dfrac{\overline{X}-824}{2}$로 놓으면 확률변수 Z는 표준정규분포 $\mathrm{N}(0,\ 1)$을 따르므로 구하는 확률은

$$\begin{aligned}\mathrm{P}(\overline{X}\geq820)&=\mathrm{P}\!\left(Z\geq\dfrac{820-824}{2}\right)\\&=\mathrm{P}(Z\geq-2)\quad\cdots\cdots\ \text{ⓑ}\\&=\mathrm{P}(-2\leq Z\leq0)+\mathrm{P}(Z\geq0)\\&=\mathrm{P}(0\leq Z\leq2)+\mathrm{P}(Z\geq0)\\&=0.4772+0.5\\&=0.9772\end{aligned}$$

부분점수표	
ⓐ $\mathrm{E}(\overline{X})$, $\sigma(\overline{X})$ 중에서 하나만 구한 경우	1점
ⓑ $\mathrm{P}(\overline{X}\geq820)$을 표준화한 경우	1점

1629 답 0.8413

STEP 1 확률변수 X를 정하고 X의 분포 구하기 [1점]

이 회사에서 판매하는 음료 A 한 병의 용량을 확률변수 X라 하면 X는 정규분포 $\mathrm{N}(500,\ 1^2)$을 따른다.

STEP 2 표본평균 $\overline{X}$의 분포 구하기 [3점]

한 상자에 담긴 음료 A 4병의 용량의 표본평균을 $\overline{X}$라 하면

$\mathrm{E}(\overline{X})=500,\ \sigma(\overline{X})=\dfrac{1}{\sqrt{4}}=\dfrac{1}{2}\quad\cdots\cdots\ \text{ⓐ}$

즉, 표본평균 $\overline{X}$는 정규분포 $\mathrm{N}\!\left(500,\ \left(\dfrac{1}{2}\right)^2\right)$을 따른다.

STEP 3 확률 구하기 [3점]

$Z=\dfrac{\overline{X}-500}{\frac{1}{2}}$으로 놓으면 확률변수 Z는 표준정규분포 $\mathrm{N}(0,\ 1)$을 따른다.

따라서 임의추출한 한 상자가 정상 제품일 확률은

$$\begin{aligned}\mathrm{P}(4\overline{X}\geq1998)&=\mathrm{P}(\overline{X}\geq499.5)\\&=\mathrm{P}\!\left(Z\geq\dfrac{499.5-500}{\frac{1}{2}}\right)\\&=\mathrm{P}(Z\geq-1)\quad\cdots\cdots\ \text{ⓑ}\\&=\mathrm{P}(-1\leq Z\leq0)+\mathrm{P}(Z\geq0)\\&=\mathrm{P}(0\leq Z\leq1)+\mathrm{P}(Z\geq0)\\&=0.3413+0.5\\&=0.8413\end{aligned}$$

부분점수표	
ⓐ $\mathrm{E}(\overline{X})$, $\sigma(\overline{X})$ 중에서 하나만 구한 경우	1점
ⓑ $\mathrm{P}(\overline{X}\geq499.5)$를 표준화한 경우	1점

1630 답 (1) 5 (2) 2 (3) 5 (4) 21 (5) 3

STEP 1 표본평균, 모표준편차, 표본의 크기 파악하기 [2점]

표본평균은 20, 모표준편차는 $\boxed{5}$, 표본의 크기는 100이다.

STEP 2 신뢰구간 구하기 [3점]

모평균 m에 대한 신뢰도 95 %의 신뢰구간은

$20-\boxed{2}\times\dfrac{5}{\sqrt{100}}\leq m\leq20+2\times\dfrac{\boxed{5}}{\sqrt{100}}$

$\therefore 19\leq m\leq\boxed{21}$

STEP 3 신뢰구간에 속하는 자연수의 개수 구하기 [1점]

신뢰구간에 속하는 자연수의 개수는 19, 20, 21의 $\boxed{3}$이다.

실제 답안 예시

$\sigma=5,\ n=100,\ \overline{x}=20$

신뢰구간 : $20-2\times\dfrac{5}{\sqrt{100}}\leq m\leq20+2\times\dfrac{5}{\sqrt{100}}$

$19\leq m\leq21$

$\therefore\ 3$개

1631 답 11

STEP 1 표본평균, 모표준편차, 표본의 크기 파악하기 [2점]

표본평균은 60, 모표준편차는 10, 표본의 크기는 25이다.

STEP 2 신뢰구간 구하기 [3점]

모평균 m에 대한 신뢰도 99 %의 신뢰구간은

$60-2.6\times\dfrac{10}{\sqrt{25}}\leq m\leq60+2.6\times\dfrac{10}{\sqrt{25}}$

$\therefore 54.8\leq m\leq65.2$

STEP 3 신뢰구간에 속하는 자연수의 개수 구하기 [1점]

신뢰구간에 속하는 자연수의 개수는
55, 56, 57, $\cdots$, 65의 11이다.

308 정답 및 풀이

1632 답 16

STEP 1 $P(-k \leq Z \leq k)=0.9$인 상수 k의 값 구하기 [2점]

$P(|Z| \leq k)=\dfrac{90}{100}$이라 하면 표준정규분포표에서

$P(0 \leq Z \leq 1.6)=0.45$이므로

$P(-1.6 \leq Z \leq 1.6)=P(|Z| \leq 1.6)=0.9$

$\therefore k=1.6$

STEP 2 신뢰구간을 n의 식으로 나타내기 [2점]

표본평균이 80, 모표준편차가 20, 표본의 크기가 n이므로 모평균 m에 대한 신뢰도 90 %의 신뢰구간은

$80-1.6 \times \dfrac{20}{\sqrt{n}} \leq m \leq 80+1.6 \times \dfrac{20}{\sqrt{n}}$

STEP 3 n의 값 구하기 [2점]

$72 \leq m \leq 88$이므로

$80-1.6 \times \dfrac{20}{\sqrt{n}}=72$

$80+1.6 \times \dfrac{20}{\sqrt{n}}=88$

즉, $1.6 \times \dfrac{20}{\sqrt{n}}=8$이므로

$\sqrt{n}=4 \qquad \therefore n=16$

1633 답 $297 \leq m \leq 303$

STEP 1 $P(-k \leq Z \leq k)=0.68$인 상수 k의 값 구하기 [1점]

$P(|Z| \leq k)=\dfrac{68}{100}$이라 하면 표준정규분포표에서

$P(0 \leq Z \leq 1.0)=0.34$이므로

$P(-1 \leq Z \leq 1)=P(|Z| \leq 1)=0.68$

$\therefore k=1$

STEP 2 모평균 m에 대한 신뢰도 68 %의 신뢰구간을 n의 식으로 나타내기 [2점]

표본평균을 $\bar{x}$라 하면 모표준편차가 6, 표본의 크기가 n이므로 모평균 m에 대한 신뢰도 68 %의 신뢰구간은

$\bar{x}-1 \times \dfrac{6}{\sqrt{n}} \leq m \leq \bar{x}+1 \times \dfrac{6}{\sqrt{n}}$

STEP 3 $\bar{x}, n$의 값 구하기 [2점]

$298 \leq m \leq 302$이므로

$\bar{x}-1 \times \dfrac{6}{\sqrt{n}}=298$ ⋯⋯⋯ ㉠

$\bar{x}+1 \times \dfrac{6}{\sqrt{n}}=302$ ⋯⋯⋯ ㉡

㉠+㉡에서 $2\bar{x}=600$

$\therefore \bar{x}=300$ ⋯⋯⋯ ⓐ

이 값을 ㉠에 대입하면

$\dfrac{6}{\sqrt{n}}=2 \qquad \therefore n=9$ ⋯⋯⋯ ⓐ

STEP 4 $P(-k' \leq Z \leq k')=0.86$인 상수 k'의 값 구하기 [1점]

$P(|Z| \leq k')=\dfrac{86}{100}$이라 하면 표준정규분포표에서

$P(0 \leq Z \leq 1.5)=0.43$이므로

$P(-1.5 \leq Z \leq 1.5)=P(|Z| \leq 1.5)=0.86$

$\therefore k'=1.5$

STEP 5 모평균 m에 대한 신뢰도 86 %의 신뢰구간 구하기 [2점]

$\bar{x}=300$, $\sigma=6$, $n=9$이므로

모평균 m에 대한 신뢰도 86 %의 신뢰구간은

$300-1.5 \times \dfrac{6}{\sqrt{9}} \leq m \leq 300+1.5 \times \dfrac{6}{\sqrt{9}}$

$\therefore 297 \leq m \leq 303$

부분점수표	
ⓐ $\bar{x}, n$의 값 중에서 하나만 구한 경우	1점

실력 check 실전 마무리하기 1회   368쪽~373쪽

1 1634 답 ②

유형 1

출제의도 | 표본평균이 특정한 값을 가질 확률을 구할 수 있는지 확인한다.

$\bar{X}=\dfrac{X_1+X_2}{2}=2$를 만족시키는 X_1, X_2를 찾아보자.

모집단에서 임의추출한 크기가 2인 표본을 X_1, X_2라 하면 $\bar{X}=2$, 즉 $X_1+X_2=4$를 만족시키는 X_1, X_2의 순서쌍 (X_1, X_2)는 $(1, 3), (2, 2), (3, 1)$이므로

$P(\bar{X}=2)=\dfrac{1}{6} \times \dfrac{1}{3}+\dfrac{1}{2} \times \dfrac{1}{2}+\dfrac{1}{3} \times \dfrac{1}{6}=\dfrac{13}{36}$

2 1635 답 ④

유형 2

출제의도 | 모평균, 모표준편차가 주어졌을 때, $E(\bar{X}), V(\bar{X})$를 구할 수 있는지 확인한다.

$E(\bar{X})=E(X)$이고 $V(\bar{X})=\dfrac{\sigma^2}{n}$임을 이용해 보자.

모평균 $m=20$, 모표준편차 $\sigma=10$, 표본의 크기 $n=25$이므로

$E(\bar{X})=20$, $V(\bar{X})=\dfrac{10^2}{25}=4$

$V(\bar{X})=E(\bar{X}^2)-\{E(\bar{X})\}^2$에서

$E(\bar{X}^2)=V(\bar{X})+\{E(\bar{X})\}^2$

$\qquad\quad =4+20^2=404$

3 1636 답 ④

유형 3

출제의도 | 모집단의 확률분포가 표로 주어졌을 때, 미지수의 값을 구할 수 있는지 확인한다.

확률의 총합은 1이고, $E(X)=E(\bar{X})$임을 이용해 보자.

확률의 총합은 1이므로 $\dfrac{1}{4}+a+b=1$

$\therefore a+b=\dfrac{3}{4}$ ⋯⋯⋯ ㉠

모평균 $E(X)=0 \times \dfrac{1}{4}+1 \times a+2 \times b=a+2b$이고,

$E(X)=E(\bar{X})=\dfrac{7}{8}$이므로

$a + 2b = \dfrac{7}{8}$ ·· ㉡

㉠, ㉡을 연립하여 풀면 $a = \dfrac{5}{8}$, $b = \dfrac{1}{8}$

$\therefore a - b = \dfrac{5}{8} - \dfrac{1}{8} = \dfrac{1}{2}$

4 1637 답 ③

유형 6

출제의도 | 표본평균의 확률을 구할 수 있는지 확인한다.

> $m = 52$, $\sigma = 8$, $n = 16$이므로 $\mathrm{E}(\overline{X}) = m$, $\sigma(\overline{X}) = \dfrac{\sigma}{\sqrt{n}}$임을 이용하여 $\overline{X}$의 분포를 구해 보자.

모집단이 정규분포 $\mathrm{N}(52, 8^2)$을 따르고 표본의 크기가 16이므로

$\mathrm{E}(\overline{X}) = 52$, $\sigma(\overline{X}) = \dfrac{8}{\sqrt{16}} = 2$

즉, 확률변수 $\overline{X}$는 정규분포 $\mathrm{N}(52, 2^2)$을 따른다.

$Z = \dfrac{\overline{X} - 52}{2}$로 놓으면 Z는 표준정규분포 $\mathrm{N}(0, 1)$을 따르므로

$$
\begin{aligned}
\mathrm{P}(\overline{X} \geq 54) &= \mathrm{P}\left(Z \geq \dfrac{54 - 52}{2}\right) \\
&= \mathrm{P}(Z \geq 1) \\
&= \mathrm{P}(Z \geq 0) - \mathrm{P}(0 \leq Z \leq 1) \\
&= 0.5 - 0.3413 \\
&= 0.1587
\end{aligned}
$$

5 1638 답 ①

유형 9

출제의도 | 모표준편차가 주어졌을 때, 신뢰구간을 구할 수 있는지 확인한다.

> 모평균 m에 대한 신뢰도 95 %의 신뢰구간은
> $\overline{x} - 1.96 \times \dfrac{\sigma}{\sqrt{n}} \leq m \leq \overline{x} + 1.96 \times \dfrac{\sigma}{\sqrt{n}}$이므로 각 문자에 알맞은 값을 대입해 보자.

표본평균이 200, 모표준편차가 40, 표본의 크기가 100이므로 모평균 m에 대한 신뢰도 95 %의 신뢰구간은

$200 - 1.96 \times \dfrac{40}{\sqrt{100}} \leq m \leq 200 + 1.96 \times \dfrac{40}{\sqrt{100}}$

$\therefore 192.16 \leq m \leq 207.84$

이때 $a \leq m \leq b$이므로

$a = 192.16$

6 1639 답 ④

유형 14

출제의도 | 신뢰구간의 성질을 이해하는지 확인한다.

> 신뢰도가 일정할 때, n의 값을 크게 하면 $\sqrt{n}$의 값이 커지므로 신뢰구간의 길이는 짧아짐을 이용해 보자.

정규분포 $\mathrm{N}(m, \sigma^2)$을 따르는 모집단에서 크기가 n인 표본을 임의추출하여 모평균을 추정할 때 신뢰구간의 길이는

$2 \times k \times \dfrac{\sigma}{\sqrt{n}}$ (단, k는 신뢰도에 따른 상수)

표본의 크기가 a배일 때,

신뢰구간의 길이가 $\dfrac{1}{3}$배가 되어야 하므로

$\dfrac{1}{3} \times \left(2 \times k \times \dfrac{\sigma}{\sqrt{n}}\right) = 2 \times k \times \dfrac{\sigma}{\sqrt{an}}$, $\sqrt{a} = 3$

$\therefore a = 9$

7 1640 답 ①

유형 1

출제의도 | 표본평균이 특정한 값을 가질 확률을 이용하여 미지수의 값을 구할 수 있는지 확인한다.

> 확률변수 X를 정하고 X의 분포를 나타낸 후 $\overline{X} = 3$을 만족시키는 두 수를 찾아보자.

한 번의 시행에서 뽑은 카드에 적힌 수를 확률변수 X라 하고 X의 확률분포를 표로 나타내면 다음과 같다.

X	1	3	5	합계
$\mathrm{P}(X=x)$	$\dfrac{1}{n+4}$	$\dfrac{3}{n+4}$	$\dfrac{n}{n+4}$	1

모집단에서 임의추출한 크기가 2인 표본을 X_1, X_2라 하면 $\overline{X} = 3$, 즉 $X_1 + X_2 = 6$을 만족시키는 X_1, X_2의 순서쌍 (X_1, X_2)는

$(1, 5)$, $(3, 3)$, $(5, 1)$

이므로

$$
\begin{aligned}
\mathrm{P}(\overline{X} = 3) &= \dfrac{1}{n+4} \times \dfrac{n}{n+4} + \dfrac{3}{n+4} \times \dfrac{3}{n+4} + \dfrac{n}{n+4} \times \dfrac{1}{n+4} \\
&= \dfrac{11}{25}
\end{aligned}
$$

$\dfrac{2n+9}{(n+4)^2} = \dfrac{11}{25}$

$11n^2 + 38n - 49 = 0$

$(n-1)(11n + 49) = 0$

이때 n은 자연수이므로 $n = 1$

8 1641 답 ⑤

유형 4

출제의도 | 모집단이 주어질 때, 표본의 크기를 구할 수 있는지 확인한다.

> $\mathrm{V}(X)$를 구한 후 $\mathrm{V}(\overline{X}) = \dfrac{\mathrm{V}(X)}{n}$임을 이용해 보자.

한 개의 주사위를 던져서 나온 눈의 수를 확률변수 X라 하고 X의 확률분포를 표로 나타내면 다음과 같다.

X	1	2	3	4	5	6	합계
$\mathrm{P}(X=x)$	$\dfrac{1}{6}$	$\dfrac{1}{6}$	$\dfrac{1}{6}$	$\dfrac{1}{6}$	$\dfrac{1}{6}$	$\dfrac{1}{6}$	1

$$
\begin{aligned}
\mathrm{E}(X) &= 1 \times \dfrac{1}{6} + 2 \times \dfrac{1}{6} + 3 \times \dfrac{1}{6} + 4 \times \dfrac{1}{6} + 5 \times \dfrac{1}{6} + 6 \times \dfrac{1}{6} \\
&= \dfrac{7}{2}
\end{aligned}
$$

$$
\begin{aligned}
\mathrm{V}(X) &= 1^2 \times \dfrac{1}{6} + 2^2 \times \dfrac{1}{6} + 3^2 \times \dfrac{1}{6} + 4^2 \times \dfrac{1}{6} + 5^2 \times \dfrac{1}{6} + 6^2 \times \dfrac{1}{6} - \left(\dfrac{7}{2}\right)^2 \\
&= \dfrac{35}{12}
\end{aligned}
$$

이때 표본의 크기가 n이므로

$\mathrm{V}(\overline{X}) = \dfrac{5}{12}$에서

$$V(\overline{X})=\frac{\frac{35}{12}}{n}=\frac{5}{12}, \ \frac{35}{12n}=\frac{5}{12}$$

$$\therefore n=7$$

9 1642 답 ② 유형 5

출제의도 | 모집단의 확률변수의 확률질량함수가 주어졌을 때, 표본의 크기를 구할 수 있는지 확인한다.

> 이항분포 $B(n, p)$에서 $\sigma(X)=\sqrt{np(1-p)}$를 구한 후 $\sigma(\overline{X})=\frac{\sigma}{\sqrt{n}}$ 임을 이용해 보자.

확률변수 X는 이항분포 $B\left(100, \frac{1}{5}\right)$을 따르므로

$V(X)=100\times\frac{1}{5}\times\frac{4}{5}=16$ → 확률변수 X의 확률질량함수가 ${}_{100}C_x\left(\frac{1}{5}\right)^x\left(\frac{4}{5}\right)^{100-x}$

$\sigma(X)=\sqrt{16}=4$ $(x=0, 1, 2, \cdots, 100)$이기 때문이다.

이때 표본의 크기가 n이므로

$\sigma(\overline{X})=\frac{4}{3}$에서

$\sigma(\overline{X})=\frac{4}{\sqrt{n}}=\frac{4}{3}$

$\therefore n=9$

10 1643 답 ④ 유형 6

출제의도 | 표본평균의 확률을 구할 수 있는지 확인한다.

> $m=90$, $\sigma=15$, $n=9$이므로 $E(\overline{X})=m$, $\sigma(\overline{X})=\frac{15}{\sqrt{9}}$임을 이용하여 $\overline{X}$의 분포를 구해 보자.

카페의 손님이 카페에 머무는 시간을 확률변수 X라 하면 X는 정규분포 $N(90, 15^2)$을 따르고 표본의 크기가 9이므로 표본평균 $\overline{X}$는 정규분포 $N\left(90, \frac{15^2}{9}\right)$, 즉 $N(90, 5^2)$을 따른다.

$Z=\frac{\overline{X}-90}{5}$으로 놓으면 Z는 표준정규분포 $N(0, 1)$을 따르므로 구하는 확률은

$$P(80\leq\overline{X}\leq100)=P\left(\frac{80-90}{5}\leq Z\leq\frac{100-90}{5}\right)$$
$$=P(-2\leq Z\leq2)$$
$$=2P(0\leq Z\leq2)$$
$$=2\times0.4772$$
$$=0.9544$$

11 1644 답 ② 유형 7

출제의도 | 표본평균의 분포를 이용하여 표본의 크기를 구할 수 있는지 확인한다.

> 모평균이 3.2, 모표준편차가 0.6, 표본의 크기가 n이므로 $E(\overline{X})=3.2$, $\sigma(\overline{X})=\frac{0.6}{\sqrt{n}}$임을 이용하여 $\overline{X}$의 분포를 구해 보자.

이 공장에서 생산한 컴퓨터 부품 A의 무게를 확률변수 X라 하면 X는 정규분포 $N(3.2, 0.6^2)$을 따르고,

표본의 크기가 n이므로 표본평균 $\overline{X}$는 정규분포 $N\left(3.2, \frac{0.6^2}{n}\right)$, 즉 $N\left(3.2, \left(\frac{3}{5\sqrt{n}}\right)^2\right)$을 따른다. → $\left(\frac{0.6}{\sqrt{n}}\right)^2=\left(\frac{6}{10\sqrt{n}}\right)^2=\left(\frac{3}{5\sqrt{n}}\right)^2$

$Z=\frac{\overline{X}-3.2}{\frac{3}{5\sqrt{n}}}$로 놓으면 Z는 표준정규분포 $N(0, 1)$을 따른다.

$P(\overline{X}\geq3.0)=0.8413$에서

$$P\left(Z\geq\frac{3.0-3.2}{\frac{3}{5\sqrt{n}}}\right)=0.8413$$

$$P\left(Z\geq-\frac{\sqrt{n}}{3}\right)=0.8413$$

$$P\left(Z\leq\frac{\sqrt{n}}{3}\right)=0.8413$$

$$P(Z\leq0)+P\left(0\leq Z\leq\frac{\sqrt{n}}{3}\right)=0.8413$$

$$0.5+P\left(0\leq Z\leq\frac{\sqrt{n}}{3}\right)=0.8413$$

$$\therefore P\left(0\leq Z\leq\frac{\sqrt{n}}{3}\right)=0.3413$$

표준정규분포표에서 $P(0\leq Z\leq1)=0.3413$이므로

$$\frac{\sqrt{n}}{3}=1 \quad \therefore n=9$$

12 1645 답 ④ 유형 8

출제의도 | 표본평균의 분포를 이용하여 모평균을 구할 수 있는지 확인한다.

> 모평균이 m, 모표준편차가 10, 표본의 크기가 25이므로 $E(\overline{X})=m$, $\sigma(\overline{X})=\frac{10}{\sqrt{25}}$임을 이용하여 $\overline{X}$의 분포를 구해 보자.

모집단이 정규분포 $N(m, 10^2)$을 따르고 표본의 크기가 25이므로 표본평균 $\overline{X}$는 정규분포 $N\left(m, \frac{10^2}{25}\right)$, 즉 $N(m, 2^2)$을 따른다.

$Z=\frac{\overline{X}-m}{2}$으로 놓으면 Z는 표준정규분포 $N(0, 1)$을 따른다.

$P(\overline{X}\geq2000)=0.9772$에서

$$P\left(Z\geq\frac{2000-m}{2}\right)=0.9772$$

$$P\left(Z\leq\frac{m-2000}{2}\right)=0.9772$$

$$P(Z\leq0)+P\left(0\leq Z\leq\frac{m-2000}{2}\right)=0.9772$$

$$0.5+P\left(0\leq Z\leq\frac{m-2000}{2}\right)=0.9772$$

$$\therefore P\left(0\leq Z\leq\frac{m-2000}{2}\right)=0.4772$$

표준정규분포표에서 $P(0\leq Z\leq2)=0.4772$이므로

$$\frac{m-2000}{2}=2 \quad \therefore m=2004$$

13 1646 답 ① 유형 9

출제의도 | 모표준편차가 주어진 경우 신뢰구간을 구할 수 있는지 확인한다.

> 모평균 m에 대한 신뢰도 α %의 신뢰구간은 $\overline{x}-k\times\frac{\sigma}{\sqrt{n}}\leq m\leq\overline{x}+k\times\frac{\sigma}{\sqrt{n}}$ $\left(P(|Z|\leq k)=\frac{\alpha}{100}\right)$이므로 각 문자에 맞는 값을 대입해 보자.

표본평균이 80, 모표준편차가 12, 표본의 크기가 16이므로 모평균 m에 대한 신뢰도 95 %의 신뢰구간은

$$80 - 1.96 \times \frac{12}{\sqrt{16}} \leq m \leq 80 + 1.96 \times \frac{12}{\sqrt{16}}$$

$$\therefore 74.12 \leq m \leq 85.88$$

따라서 구하는 자연수의 개수는 75, 76, $\cdots$, 85의 11이다.

14 1647 답 ⑤ 유형 9

출제의도 | 모표준편차와 신뢰구간의 양 끝 값의 합이 주어졌을 때, 미지수의 값을 구할 수 있는지 확인한다.

> 모평균 m에 대한 신뢰구간이 $a \leq m \leq b$이면 표본평균 $\overline{x}$에 대하여 $\overline{x} = \dfrac{a+b}{2}$임을 이용해 보자.

표본평균이 $\overline{x}$, 모표준편차가 2, 표본의 크기가 36이므로 모평균 m에 대한 신뢰도 99 %의 신뢰구간은

$$\overline{x} - 2.58 \times \frac{2}{\sqrt{36}} \leq m \leq \overline{x} + 2.58 \times \frac{2}{\sqrt{36}}$$

이때 $a \leq m \leq b$이므로

$$\overline{x} - 2.58 \times \frac{2}{\sqrt{36}} = a \quad \cdots\cdots\cdots\cdots ㉠$$

$$\overline{x} + 2.58 \times \frac{2}{\sqrt{36}} = b \quad \cdots\cdots\cdots\cdots ㉡$$

㉠+㉡에서 $2\overline{x} = a + b = 30$이므로

$$\overline{x} = 15$$

$\overline{x} = 15$를 ㉠에 대입하면

$$a = 15 - 2.58 \times \frac{1}{3} = 14.14$$

15 1648 답 ① 유형 10

출제의도 | 표본표준편차가 주어진 모집단의 모평균을 추정할 수 있는지 확인한다.

> 표본의 크기가 충분히 크므로 모표준편차 대신 표본표준편차를 이용하여 신뢰구간을 구해 보자.

표본평균이 1200, 표본의 크기가 400이고, 표본의 크기 400은 충분히 크므로 모표준편차 대신 표본표준편차 60을 이용하여 신뢰구간을 구할 수 있다.
따라서 모평균 m에 대한 신뢰도 95 %의 신뢰구간은

$$1200 - 1.96 \times \frac{60}{\sqrt{400}} \leq m \leq 1200 + 1.96 \times \frac{60}{\sqrt{400}}$$

$$\therefore 1194.12 \leq m \leq 1205.88$$

$$\therefore a + b = 1194.12 + 1205.88 = 2400$$

다른 풀이

표본평균이 $\overline{x}$이고 신뢰구간이 $a \leq m \leq b$이면 $\dfrac{a+b}{2} = \overline{x}$이므로

$$a + b = 2 \times \overline{x} = 2 \times 1200 = 2400$$

16 1649 답 ④ 유형 11

출제의도 | 신뢰구간이 주어졌을 때, 표본의 크기를 구할 수 있는지 확인한다.

> 신뢰구간을 구하고, 주어진 신뢰구간과 비교해 보자.

표본평균이 $\overline{x}$, 모표준편차가 6, 표본의 크기가 n이므로 모평균 m에 대한 신뢰도 95 %의 신뢰구간은

$$\overline{x} - 1.96 \times \frac{6}{\sqrt{n}} \leq m \leq \overline{x} + 1.96 \times \frac{6}{\sqrt{n}}$$

이때 $170.53 \leq m \leq 173.47$이므로

$$\overline{x} - 1.96 \times \frac{6}{\sqrt{n}} = 170.53 \quad \cdots\cdots\cdots ㉠$$

$$\overline{x} + 1.96 \times \frac{6}{\sqrt{n}} = 173.47 \quad \cdots\cdots\cdots ㉡$$

㉠+㉡에서 $2\overline{x} = 344$이므로

$$\overline{x} = 172$$

㉡-㉠에서 $2 \times 1.96 \times \dfrac{6}{\sqrt{n}} = 2.94$이므로

$$\sqrt{n} = 8 \quad \therefore n = 64$$

$$\therefore \overline{x} + n = 172 + 64 = 236$$

17 1650 답 ⑤ 유형 12

출제의도 | 신뢰구간이 주어졌을 때, 미지수의 값을 구할 수 있는지 확인한다.

> 신뢰구간을 구하고, 주어진 신뢰구간과 비교해 보자.

표본평균이 $\overline{x}$, 모표준편차가 σ, 표본의 크기가 16이므로 모평균 m에 대한 신뢰도 95 %의 신뢰구간은

$$\overline{x} - 1.96 \times \frac{\sigma}{\sqrt{16}} \leq m \leq \overline{x} + 1.96 \times \frac{\sigma}{\sqrt{16}}$$

이때 $20.53 \leq m \leq 23.47$이므로

$$\overline{x} - 1.96 \times \frac{\sigma}{\sqrt{16}} = 20.53 \quad \cdots\cdots\cdots ㉠$$

$$\overline{x} + 1.96 \times \frac{\sigma}{\sqrt{16}} = 23.47 \quad \cdots\cdots\cdots ㉡$$

㉠+㉡에서 $2\overline{x} = 44$이므로

$$\overline{x} = 22$$

$\overline{x} = 22$를 ㉠에 대입하면

$$22 - 1.96 \times \frac{\sigma}{\sqrt{16}} = 20.53$$

$$\therefore \sigma = 3$$

$$\therefore \overline{x} + \sigma = 22 + 3 = 25$$

18 1651 답 ① 유형 13

출제의도 | 신뢰구간의 길이를 구할 수 있는지 확인한다.

> 신뢰도 α %로 추정한 신뢰구간의 길이는 $2 \times k \times \dfrac{\sigma}{\sqrt{n}} \left(\mathrm{P}(|Z| \leq k) = \dfrac{\alpha}{100} \right)$임을 이용해 보자.

모표준편차가 10, 표본의 크기가 25이므로 신뢰도 92 %로 추정한 신뢰구간의 길이는

$$2 \times 1.8 \times \frac{10}{\sqrt{25}} = 7.2$$

19 1652 답 ① 유형 15

출제의도 | 신뢰구간의 길이가 주어졌을 때, 표본의 크기를 구할 수 있는지 확인한다.

$$-2\times\frac{5}{\sqrt{n}}\leq m-\overline{x}\leq 2\times\frac{5}{\sqrt{n}}$$

$$\therefore |m-\overline{x}|\leq 2\times\frac{5}{\sqrt{n}}$$

이때 모평균과 표본평균의 차가 $\frac{1}{2}$ 이하가 되려면

$$2\times\frac{5}{\sqrt{n}}\leq\frac{1}{2}$$

$$\sqrt{n}\geq 20 \quad \therefore n\geq 400$$

따라서 n의 최솟값은 400이다.

---

22 1655 目 $\frac{1}{24}$ 유형 3

출제의도 │ 모평균을 이용하여 표본평균이 특정한 값을 가질 확률을 구할 수 있는지 확인한다.

STEP1 상수 a, b의 값 구하기 [2점]

확률의 총합은 1이므로

$$\frac{1}{3}+a+\frac{1}{6}+b=1$$

$$\therefore a+b=\frac{1}{2} \quad\cdots\cdots\cdots\cdots\cdots\cdots\cdots\cdots\cdots\cdots\cdots ㉠$$

$E(X)=\frac{13}{6}$이므로

$$1\times\frac{1}{3}+2\times a+3\times\frac{1}{6}+4\times b=\frac{13}{6}$$

$$\therefore a+2b=\frac{2}{3} \quad\cdots\cdots\cdots\cdots\cdots\cdots\cdots\cdots\cdots\cdots ㉡$$

㉠, ㉡을 연립하여 풀면

$$a=\frac{1}{3}, \ b=\frac{1}{6}$$

STEP2 $\overline{X}=\frac{10}{3}$을 만족시키는 X_1, X_2, X_3의 순서쌍 (X_1, X_2, X_3) 구하기 [2점]

모집단에서 임의추출한 크기가 3인 표본을 X_1, X_2, X_3이라 하면 $\overline{X}=\frac{10}{3}$, 즉 $X_1+X_2+X_3=10$을 만족시키는 X_1, X_2, X_3의 순서쌍 (X_1, X_2, X_3)은 $(2, 4, 4)$, $(4, 2, 4)$, $(4, 4, 2)$, $(3, 3, 4)$, $(3, 4, 3)$, $(4, 3, 3)$이다.

STEP3 $P\left(\overline{X}=\frac{10}{3}\right)$ 구하기 [2점]

$$P\left(\overline{X}=\frac{10}{3}\right)=3\times\frac{1}{3}\times\left(\frac{1}{6}\right)^2+3\times\left(\frac{1}{6}\right)^3=\frac{1}{24}$$

---

23 1656 目 0.8413 유형 6

출제의도 │ 표본평균의 확률을 구할 수 있는지 확인한다.

STEP1 확률변수 X를 정하고 X의 분포 구하기 [1점]

이 회사 직원의 통근 시간을 확률변수 X라 하면 X는 정규분포 $N(60, 10^2)$을 따른다.

STEP2 확률변수 $\overline{X}$의 분포 구하기 [3점]

4명의 통근 시간의 평균을 $\overline{X}$라 하면

$$E(\overline{X})=m=60, \ \sigma(\overline{X})=\frac{10}{\sqrt{4}}=5$$

즉, 표본평균 $\overline{X}$는 정규분포 $N(60, 5^2)$을 따른다.

STEP3 4명의 통근 시간의 합이 220분 이상일 확률 구하기 [3점]

왼쪽 단:

$b-a$의 값은 모표준편차가 σ, 표본의 크기가 400일 때, 신뢰도 96 %로 추정한 신뢰구간의 길이이고 $d-c$의 값은 모표준편차가 σ, 표본의 크기가 n일 때, 신뢰도 90 %로 추정한 신뢰구간의 길이를 의미함을 알고 표본의 크기를 구해 보자.

모표준편차를 σ라 하면 표본의 크기가 400이고, 표준정규분포표에서 $P(|Z|\leq 2)=2P(0\leq Z\leq 2)=2\times 0.48=0.96$이므로

$$b-a=2\times 2\times\frac{\sigma}{\sqrt{400}}=\frac{\sigma}{5} \quad\cdots\cdots\cdots\cdots ㉠$$

모표준편차가 σ, 표본의 크기가 n이고, 표준정규분포표에서 $P(|Z|\leq 1.6)=2P(0\leq Z\leq 1.6)=2\times 0.45=0.90$이므로

$$d-c=2\times 1.6\times\frac{\sigma}{\sqrt{n}}=\frac{3.2\sigma}{\sqrt{n}} \quad\cdots\cdots\cdots\cdots ㉡$$

$\frac{d-c}{b-a}=1$이므로 $b-a=d-c$

㉠, ㉡에서

$$\frac{\sigma}{5}=\frac{3.2\sigma}{\sqrt{n}}, \ \sqrt{n}=16$$

$$\therefore n=256$$

---

20 1653 目 ④ 유형 16

출제의도 │ 신뢰구간의 길이가 주어졌을 때, 신뢰도를 구할 수 있는지 확인한다.

$b-a=0.98\sigma$는 모표준편차가 σ, 표본의 크기가 16일 때, 신뢰도 α %로 추정한 신뢰구간의 길이를 의미해. 이때 신뢰도 α %로 추정한 신뢰구간의 길이는 $2\times k\times\frac{\sigma}{\sqrt{16}}\left(P(|Z|\leq k)=\frac{\alpha}{100}\right)$임을 이용해 보자.

모표준편차가 σ, 표본의 크기가 16이므로 $P(|Z|\leq k)=\frac{\alpha}{100}$라 하면

$$b-a=2\times k\times\frac{\sigma}{\sqrt{16}}=0.98\sigma$$

$$\therefore k=1.96$$

표준정규분포표에서 $P(0\leq Z\leq 1.96)=0.475$이므로

$$P(|Z|\leq 1.96)=P(-1.96\leq Z\leq 1.96)$$
$$=2P(0\leq Z\leq 1.96)$$
$$=2\times 0.475$$
$$=\frac{95}{100}$$

$$\therefore \alpha=95$$

---

21 1654 目 ① 유형 17

출제의도 │ 모평균과 표본평균의 차를 이용하여 표본의 크기를 구할 수 있는지 확인한다.

모평균 m과 표본평균 $\overline{x}$의 차는 $|m-\overline{x}|$이므로 신뢰구간의 식을 변형해 보자.

표본평균이 $\overline{x}$, 모표준편차가 5, 표본의 크기가 n이므로 모평균 m에 대한 신뢰도 96 %의 신뢰구간은

$$\overline{x}-2\times\frac{5}{\sqrt{n}}\leq m\leq\overline{x}+2\times\frac{5}{\sqrt{n}}$$

$Z=\dfrac{\overline{X}-60}{5}$으로 놓으면 Z는 표준정규분포 $N(0, 1)$을 따르므로
구하는 확률은
$$
\begin{aligned}
P(4\overline{X}\geq220)&=P(\overline{X}\geq55)\\
&=P\Big(Z\geq\dfrac{55-60}{5}\Big)\\
&=P(Z\geq-1)\\
&=P(-1\leq Z\leq0)+P(Z\geq0)\\
&=P(0\leq Z\leq1)+P(Z\geq0)\\
&=0.3413+0.5\\
&=0.8413
\end{aligned}
$$

24 1657　目 27　　　　　　　　　　　　유형 15

출제의도 | 두 신뢰구간의 길이를 이용하여 표본의 크기의 최솟값을 구할 수 있는지 확인한다.

STEP1 l_1의 값 구하기 [2점]

모표준편차가 20, 표본의 크기가 16일 때, 모평균 m을 신뢰도 80 %로 추정한 신뢰구간의 길이는
$$
l_1=2\times1.28\times\dfrac{20}{\sqrt{16}}=12.8
$$

STEP2 l_2의 값 구하기 [2점]

모표준편차가 20, 표본의 크기가 n일 때, 모평균을 신뢰도 90 %로 추정한 신뢰구간의 길이는
$$
l_2=2\times1.64\times\dfrac{20}{\sqrt{n}}=\dfrac{65.6}{\sqrt{n}}
$$

STEP3 n의 최솟값 구하기 [3점]

$l_1>l_2$이므로 $12.8>\dfrac{65.6}{\sqrt{n}}$
$$
\sqrt{n}>\dfrac{41}{8}\qquad\therefore n>\Big(\dfrac{41}{8}\Big)^2=26.2\cdots
$$
따라서 n의 최솟값은 27이다.

25 1658　目 34　　　　　　　　　　　　유형 8

출제의도 | 표본평균의 분포를 이용하여 미지수의 값을 구할 수 있는지 확인한다.

STEP1 표본평균 $\overline{X}$의 분포 구하기 [2점]

모집단이 정규분포 $N(50, 10^2)$을 따르고 표본의 크기가 25이므로
표본평균 $\overline{X}$는 정규분포 $N\Big(50, \dfrac{10^2}{25}\Big)$, 즉 $N(50, 2^2)$을 따른다.

$Z_{\overline{X}}=\dfrac{\overline{X}-50}{2}$으로 놓으면 $Z_{\overline{X}}$는 표준정규분포 $N(0, 1)$을 따른다.

STEP2 표본평균 $\overline{Y}$의 분포 구하기 [2점]

모집단이 정규분포 $N(36, 4^2)$을 따르고 표본의 크기가 16이므로
표본평균 $\overline{Y}$는 정규분포 $N\Big(36, \dfrac{4^2}{16}\Big)$, 즉 $N(36, 1)$을 따른다.

$Z_{\overline{Y}}=\dfrac{\overline{Y}-36}{1}$으로 놓으면 $Z_{\overline{Y}}$는 표준정규분포 $N(0, 1)$을 따른다.

STEP3 상수 a의 값 구하기 [4점]

$P(\overline{X}\leq54)+P(\overline{Y}\leq a)=1$에서
$$
P\Big(Z_{\overline{X}}\leq\dfrac{54-50}{2}\Big)+P\Big(Z_{\overline{Y}}\leq\dfrac{a-36}{1}\Big)=1
$$

$$
\begin{aligned}
&P(Z\leq2)+P(Z\leq a-36)=1
\end{aligned}
$$
이때 $P(Z\leq2)=P(Z\geq-2)$이므로
$$
P(Z\geq-2)+P(Z\leq a-36)=1
$$
즉, $-2=a-36$이므로
$$
a=34
$$

실력 check 실전 마무리하기 2회　　　　374쪽~379쪽

1 1659　目 ②　　　　　　　　　　　유형 2

출제의도 | 모평균, 표본표준편차가 주어졌을 때, σ, $E(\overline{X})$를 구할 수 있는지 확인한다.

> $E(\overline{X})=m$, $\sigma(\overline{X})=\dfrac{\sigma}{\sqrt{n}}=2$임을 이용해 보자.

모평균 $m=48$, 모표준편차 σ, 표본의 크기 $n=9$이므로
$$
E(\overline{X})=48, \quad \sigma(\overline{X})=\dfrac{\sigma}{\sqrt{9}}
$$
$\sigma(\overline{X})=2$이므로
$$
\dfrac{\sigma}{\sqrt{9}}=2\qquad\therefore \sigma=6
$$
$$
\therefore \sigma+E(\overline{X})=6+48=54
$$

2 1660　目 ③　　　　　　　　　　　유형 2

출제의도 | 모표준편차가 주어졌을 때, 주어진 조건을 이용하여 표본의 크기를 구할 수 있는지 확인한다.

> $\sigma(\overline{X})=\dfrac{\sigma}{\sqrt{n}}\leq4$임을 이용해 보자.

모표준편차가 25, 표본의 크기가 n이므로
$$
\sigma(\overline{X})=\dfrac{25}{\sqrt{n}}
$$
$\sigma(\overline{X})\leq4$이므로 $\dfrac{25}{\sqrt{n}}\leq4$
$$
\sqrt{n}\geq\dfrac{25}{4}\qquad\therefore n\geq\dfrac{625}{16}=39.0625
$$
따라서 자연수 n의 최솟값은 40이다.

3 1661　目 ③　　　　　　　　　　　유형 3

출제의도 | 모집단의 확률분포가 표로 주어졌을 때, $V(\overline{X})$를 구할 수 있는지 확인한다.

> 확률의 총합은 1이고, $E(X)=0$임을 이용하여 $V(X)$를 구한 후 $V(\overline{X})=\dfrac{\sigma^2}{n}$임을 이용해 보자.

확률의 총합은 1이므로
$$
\dfrac{1}{4}+b+\dfrac{1}{2}=1\qquad\therefore b=\dfrac{1}{4}
$$
$E(X)=0$이므로
$$
a\times\dfrac{1}{4}+0\times\dfrac{1}{4}+1\times\dfrac{1}{2}=0
$$

$$\frac{a}{4}=-\frac{1}{2}$$

$$\therefore a=-2$$

$$V(X)=(-2)^2\times\frac{1}{4}+0^2\times\frac{1}{4}+1^2\times\frac{1}{2}-0^2$$

$$=\frac{3}{2}$$

이때 표본의 크기가 25이므로

$$V(\overline{X})=\frac{\frac{3}{2}}{25}=\frac{3}{50}$$

4 1662 답 ②
유형 5

출제의도 | 모집단의 확률변수의 확률질량함수가 주어졌을 때, $V(\overline{X})$를 구할 수 있는지 확인한다.

> $V(X)$를 구한 후 $V(\overline{X})=\dfrac{\sigma^2}{n}$임을 이용해 보자.

확률변수 X의 확률분포를 표로 나타내면 다음과 같다.

X	0	1	2	3	합계
$P(X=x)$	$\frac{1}{a}$	$\frac{2}{a}$	$\frac{3}{a}$	$\frac{4}{a}$	1

확률의 총합은 1이므로

$$\frac{1}{a}+\frac{2}{a}+\frac{3}{a}+\frac{4}{a}=1$$

$$\frac{10}{a}=1 \quad \therefore a=10$$

따라서 확률변수 X의 확률분포를 표로 나타내면 다음과 같다.

X	0	1	2	3	합계
$P(X=x)$	$\frac{1}{10}$	$\frac{2}{10}$	$\frac{3}{10}$	$\frac{4}{10}$	1

$$E(X)=0\times\frac{1}{10}+1\times\frac{2}{10}+2\times\frac{3}{10}+3\times\frac{4}{10}=2$$

$$V(X)=0^2\times\frac{1}{10}+1^2\times\frac{2}{10}+2^2\times\frac{3}{10}+3^2\times\frac{4}{10}-2^2$$

$$=1$$

이때 표본의 크기가 5이므로

$$V(\overline{X})=\frac{1}{5}$$

$$\therefore aV(\overline{X})=10\times\frac{1}{5}=2$$

5 1663 답 ②
유형 6

출제의도 | 표본평균의 확률을 구할 수 있는지 확인한다.

> $m=34$, $\sigma=4$, $n=4$이므로 $E(\overline{X})=m$, $\sigma(\overline{X})=\dfrac{\sigma}{\sqrt{n}}$임을 이용하여 $\overline{X}$의 분포를 구해 보자.

모집단이 정규분포 $N(34, 4^2)$을 따르고 표본의 크기가 4이므로

$$E(\overline{X})=34, \quad \sigma(\overline{X})=\frac{4}{\sqrt{4}}=2$$

즉, 확률변수 $\overline{X}$는 정규분포 $N(34, 2^2)$을 따른다.

$Z=\dfrac{\overline{X}-34}{2}$로 놓으면 Z는 표준정규분포 $N(0, 1)$을 따르므로

$$P(\overline{X}\leq31)=P\left(Z\leq\frac{31-34}{2}\right)$$

$$=P(Z\leq-1.5)$$

$$=P(Z\geq1.5)$$

$$=P(Z\geq0)-P(0\leq Z\leq1.5)$$

$$=0.5-0.4332$$

$$=0.0668$$

6 1664 답 ③
유형 9

출제의도 | 모표준편차가 주어졌을 때, 신뢰구간에 속하는 자연수의 최솟값을 구할 수 있는지 확인한다.

> 모평균 m에 대한 신뢰도 α %의 신뢰구간은
> $$\overline{x}-k\times\frac{\sigma}{\sqrt{n}}\leq m\leq\overline{x}+k\times\frac{\sigma}{\sqrt{n}}\left(P(|Z|\leq k)=\frac{\alpha}{100}\right)$$
> 이므로 각 문자에 알맞은 값을 대입해 보자.

표본평균이 680, 모표준편차가 6, 표본의 크기가 25이므로 모평균 m에 대한 신뢰도 96 %의 신뢰구간은

$$680-2\times\frac{6}{\sqrt{25}}\leq m\leq680+2\times\frac{6}{\sqrt{25}}$$

$$\therefore 677.6\leq m\leq682.4$$

따라서 신뢰구간에 속하는 자연수의 최솟값은 678이다.

7 1665 답 ③
유형 10

출제의도 | 표본표준편차가 주어졌을 때, 모평균을 추정할 수 있는지 확인한다.

> 표본의 크기 $n (n\geq30)$이 충분히 크므로 표본표준편차를 모표준편차 대신 이용하여 모평균의 신뢰구간을 구해 보자.

표본평균이 8, 표본의 크기가 100이고, 표본의 크기 100은 충분히 크므로 모표준편차 대신 표본표준편차를 이용하여 신뢰구간을 구할 수 있다.

따라서 모평균 m에 대한 신뢰도 95 %의 신뢰구간은

$$8-2\times\frac{2}{\sqrt{100}}\leq m\leq8+2\times\frac{2}{\sqrt{100}}$$

$$\therefore 7.6\leq m\leq8.4$$

8 1666 답 ④
유형 1

출제의도 | 표본평균의 확률이 주어졌을 때, 미지수의 값을 구할 수 있는지 확인한다.

> $\overline{X}>0$인 경우를 구하려면 먼저 $\overline{X}$가 가질 수 있는 값을 구해야 해.
> 이때 $\overline{X}$는 크기가 2인 표본의 평균이므로 $\dfrac{X_1+X_2}{2}$의 값을 구해 보자.

확률의 총합은 1이므로

$$a+\frac{1}{6}+b=1$$

$$\therefore a+b=\frac{5}{6} \quad\cdots\cdots\cdots ⊙$$

확률변수 $\overline{X}$가 가질 수 있는 값은 $-1, -\frac{1}{2}, 0, \frac{1}{2}, 1$이므로

$$P(\overline{X}>0)=P\left(\overline{X}=\frac{1}{2}\right)+P(\overline{X}=1)$$

모집단에서 임의추출한 크기가 2인 표본을 X_1, X_2라 하면

(i) $\overline{X}=\frac{1}{2}$인 경우

$\dfrac{X_1+X_2}{2}=\dfrac{1}{2}$에서 $X_1+X_2=1$을 만족시키는 X_1, X_2의 순서

쌍 (X_1, X_2)는 $(0, 1)$, $(1, 0)$이므로

$$P\left(\overline{X}=\frac{1}{2}\right)=\frac{1}{6}\times b+b\times\frac{1}{6}=\frac{1}{3}b$$

(ii) $\overline{X}=1$인 경우

$\dfrac{X_1+X_2}{2}=1$에서 $X_1+X_2=2$를 만족시키는 X_1, X_2의 순서

쌍 (X_1, X_2)는 $(1, 1)$이므로

$$P(\overline{X}=1)=b\times b=b^2$$

이때 $P(\overline{X}>0)=\dfrac{7}{48}$이므로

$$b^2+\frac{1}{3}b=\frac{7}{48}$$

$$48b^2+16b-7=0$$

$$(4b-1)(12b+7)=0$$

$$\therefore b=\frac{1}{4}\ (\because 0\le b\le 1)$$

이 값을 ㉠에 대입하면 $a=\dfrac{7}{12}$

$$\therefore a-b=\frac{7}{12}-\frac{1}{4}=\frac{1}{3}$$

9 1667 답 ②

유형 3

출제의도 | 모집단의 확률분포가 표로 주어졌을 때, 표본의 크기를 구할 수 있는지 확인한다.

> $V(X)$를 구한 후 $V(\overline{X})=\dfrac{\sigma^2}{n}$임을 이용해 보자. 🙂

확률의 총합은 1이므로

$$\frac{1}{8}+a+b=1$$

$$\therefore a+b=\frac{7}{8}\ \cdots\cdots\cdots\cdots\cdots\cdots\cdots ㉠$$

$E(\overline{X})=\dfrac{17}{4}$이고 $E(\overline{X})=E(X)$이므로

$$1\times\frac{1}{8}+3\times a+6\times b=\frac{17}{4}$$

$$\therefore a+2b=\frac{11}{8}\ \cdots\cdots\cdots\cdots\cdots\cdots ㉡$$

㉠, ㉡을 연립하여 풀면

$$a=\frac{3}{8},\ b=\frac{1}{2}$$

$$\therefore V(X)=1^2\times\frac{1}{8}+3^2\times\frac{3}{8}+6^2\times\frac{1}{2}-\left(\frac{17}{4}\right)^2$$

$$=\frac{55}{16}$$

이때 표본의 크기가 n이므로

$$V(\overline{X})=\frac{\frac{55}{16}}{n}=\frac{55}{16n}$$

$V(\overline{X})\le\dfrac{1}{2}$이므로

$$\frac{55}{16n}\le\frac{1}{2}\qquad\therefore n\ge\frac{55}{8}=6.875$$

따라서 자연수 n의 최솟값은 7이다.

10 1668 답 ②

유형 6

출제의도 | 표본평균의 확률을 구할 수 있는지 확인한다.

> $m=34$, $\sigma=6$, $n=9$이므로 $E(\overline{X})=m$, $\sigma(\overline{X})=\dfrac{6}{\sqrt{9}}$임을 이용하여 $\overline{X}$의 분포를 구해 보자. 🙂

이 가게에서 판매하는 초콜릿 한 개의 무게를 확률변수 X라 하면 X는 정규분포 $N(34, 6^2)$을 따르고 표본의 크기가 9이므로 표본평균 $\overline{X}$는 정규분포 $N\left(34, \dfrac{6^2}{9}\right)$, 즉 $N(34, 2^2)$을 따른다.

$Z=\dfrac{\overline{X}-34}{2}$로 놓으면 Z는 표준정규분포 $N(0, 1)$을 따르므로 구하는 확률은

$$P(9\overline{X}\ge 333)=P(\overline{X}\ge 37)$$

$$=P\left(Z\ge\frac{37-34}{2}\right)$$

$$=P(Z\ge 1.5)$$

$$=P(Z\ge 0)-P(0\le Z\le 1.5)$$

$$=0.5-0.4332=0.0668$$

11 1669 답 ③

유형 7

출제의도 | 모집단의 분포와 표본평균의 분포를 이용하여 표본의 크기를 구할 수 있는지 확인한다.

> 모집단이 정규분포 $N(100, 6^2)$을 따르고 표본의 크기가 n이므로 $E(\overline{X})=100$, $\sigma(\overline{X})=\dfrac{6}{\sqrt{n}}$임을 이용하여 $\overline{X}$의 분포를 구해 보자. 🙂

확률변수 X는 정규분포 $N(100, 6^2)$을 따르므로

$Z_X=\dfrac{X-100}{6}$으로 놓으면 Z_X는 표준정규분포 $N(0, 1)$을 따른다.

$$\therefore P(X\le 88)=P\left(Z_X\le\frac{88-100}{6}\right)$$

$$=P(Z_X\le -2)$$

표본의 크기가 n이므로 표본평균 $\overline{X}$는 정규분포 $N\left(100, \dfrac{6^2}{n}\right)$, 즉 $N\left(100, \left(\dfrac{6}{\sqrt{n}}\right)^2\right)$을 따른다.

$Z_{\overline{X}}=\dfrac{\overline{X}-100}{\dfrac{6}{\sqrt{n}}}$으로 놓으면 $Z_{\overline{X}}$는 표준정규분포 $N(0, 1)$을 따른다.

$$\therefore P(\overline{X}\ge 102)=P\left(Z_{\overline{X}}\ge\frac{102-100}{\dfrac{6}{\sqrt{n}}}\right)$$

$$=P\left(Z_{\overline{X}}\ge\frac{\sqrt{n}}{3}\right)$$

$P(X\le 88)=P(\overline{X}\ge 102)$이므로

$$P(Z\le -2)=P\left(Z\ge\frac{\sqrt{n}}{3}\right)$$

이때 $P(Z\le -2)=P(Z\ge 2)$이므로

$$\frac{\sqrt{n}}{3}=2\qquad\therefore n=36$$

12 1670 답 ④

출제의도 | 표본평균의 분포를 이용하여 미지수의 값을 구할 수 있는지 확인한다.

> 모평균이 320, 모표준편차가 28, 표본의 크기가 49이므로
> $E(\overline{X})=320$, $\sigma(\overline{X})=\dfrac{28}{\sqrt{49}}$임을 이용하여 $\overline{X}$의 분포를 구해 보자.

모집단이 정규분포 $N(320,\ 28^2)$을 따르고 표본의 크기가 49이므로 표본평균 $\overline{X}$는 정규분포 $N\left(320,\ \dfrac{28^2}{49}\right)$, 즉 $N(320,\ 4^2)$을 따른다.

$Z=\dfrac{\overline{X}-320}{4}$으로 놓으면 Z는 표준정규분포 $N(0,\ 1)$을 따른다.

$P(\overline{X}\geq k)=0.0228$에서

$P\left(Z\geq\dfrac{k-320}{4}\right)=0.0228$

$P(Z\geq0)-P\left(0\leq Z\leq\dfrac{k-320}{4}\right)=0.0228$

$0.5-P\left(0\leq Z\leq\dfrac{k-320}{4}\right)=0.0228$

$\therefore\ P\left(0\leq Z\leq\dfrac{k-320}{4}\right)=0.4772$

표준정규분포표에서 $P(0\leq Z\leq2)=0.4772$이므로

$\dfrac{k-320}{4}=2$ $\therefore\ k=328$

13 1671 답 ①

유형 9

출제의도 | 모표준편차가 주어졌을 때, 신뢰구간을 구할 수 있는지 확인한다.

> 표본평균 $\overline{x}$가 직접 주어지지 않았지만 표본에서 구한 값들의 합 205를 표본의 크기 25로 나누어 $\overline{x}$를 구해 보자.

25명의 50 m 달리기 기록의 평균을 $\overline{x}$라 하면

$\overline{x}=\dfrac{205}{25}=8.2$

이고, 모표준편차가 1, 표본의 크기가 25이므로 모평균 m에 대한 신뢰도 96 %의 신뢰구간은

$8.2-2\times\dfrac{1}{\sqrt{25}}\leq m\leq8.2+2\times\dfrac{1}{\sqrt{25}}$

$\therefore\ 7.8\leq m\leq8.6$

이때 $\alpha\leq m\leq\beta$이므로

$\alpha=7.8$

14 1672 답 ①

유형 11

출제의도 | 신뢰구간이 주어졌을 때, 표본의 크기를 구할 수 있는지 확인한다.

> 신뢰구간을 구하고, 주어진 신뢰구간과 비교해 보자.

표본평균이 $\overline{x}$, 모표준편차가 5, 표본의 크기가 n이므로 모평균 m에 대한 신뢰도 95 %의 신뢰구간은

$\overline{x}-1.96\times\dfrac{5}{\sqrt{n}}\leq m\leq\overline{x}+1.96\times\dfrac{5}{\sqrt{n}}$

이때 $14.02\leq m\leq15.98$이므로

$\overline{x}-1.96\times\dfrac{5}{\sqrt{n}}=14.02$ $\cdots\cdots\cdots$ ㉠

$\overline{x}+1.96\times\dfrac{5}{\sqrt{n}}=15.98$ $\cdots\cdots\cdots$ ㉡

㉠+㉡에서 $2\overline{x}=30$ $\therefore\ \overline{x}=15$

$\overline{x}=15$를 ㉠에 대입하면

$15-1.96\times\dfrac{5}{\sqrt{n}}=14.02$

$\sqrt{n}=10$ $\therefore\ n=100$

15 1673 답 ③

유형 12 + 유형 13

출제의도 | 신뢰구간이 주어졌을 때, 미지수의 값을 구할 수 있는지 확인한다.

> 모평균 m에 대한 신뢰도 a %의 신뢰구간이 $a\leq m\leq b$일 때,
> $b-a=2\times k\times\dfrac{\sigma}{\sqrt{n}}$ $\left(P(|Z|\leq k)=\dfrac{\alpha}{100}\right)$임을 이용해 보자.

모표준편차가 σ, 표본의 크기가 16이고, 모평균 m을 신뢰도 99 %로 추정한 신뢰구간의 길이가 $55.58-50.42=5.16$이므로

$2\times2.58\times\dfrac{\sigma}{\sqrt{16}}=5.16$

$\therefore\ \sigma=4$

모표준편차가 4, 표본의 크기가 n이고, 모평균 m을 신뢰도 95 %로 추정한 신뢰구간의 길이가 $54.72-52.76=1.96$이므로

$2\times1.96\times\dfrac{4}{\sqrt{n}}=1.96$

$\therefore\ n=64$

$\therefore\ n+\sigma=64+4=68$

16 1674 답 ④

유형 13

출제의도 | 함수로 주어진 신뢰구간의 길이를 이용하여 조건을 만족시키는 표본의 크기를 구할 수 있는지 확인한다.

> $f(n)=b-a=2\times k\times\dfrac{\sigma}{\sqrt{n}}$ $\left(P(|Z|\leq k)=\dfrac{\alpha}{100}\right)$임을 이용해 보자.

함수 $f(n)$은 크기가 n인 표본을 임의추출하여 모평균 m을 신뢰도 α %로 추정한 신뢰구간의 길이이므로

$P(|Z|\leq k)=\dfrac{\alpha}{100}$라 하면

$f(n)=2\times k\times\dfrac{\sigma}{\sqrt{n}}$

$\dfrac{f(n_1)}{f(n_2)}=\dfrac{1}{2}$이므로

$\dfrac{2\times k\times\dfrac{\sigma}{\sqrt{n_1}}}{2\times k\times\dfrac{\sigma}{\sqrt{n_2}}}=\dfrac{1}{2}$

$\dfrac{\sqrt{n_2}}{\sqrt{n_1}}=\dfrac{1}{2}$

$\therefore\ n_1=4n_2$

따라서 ④ $n_1=80$, $n_2=20$일 때, $\dfrac{f(n_1)}{f(n_2)}=\dfrac{1}{2}$을 만족시킨다.

17 1675 답 ④

유형 15

출제의도 | 신뢰구간의 길이가 주어졌을 때, 표본의 크기를 구할 수 있는지 확인한다.

모표준편차가 60이므로 모평균 m을 신뢰도 96 %로 추정한 신뢰구간의 길이가 20 이하가 되려면

$2 \times 2 \times \dfrac{60}{\sqrt{n}} \leq 20$

$\sqrt{n} \geq 12$ $\therefore n \geq 144$

따라서 n의 최솟값은 144이다.

18 1676 답 ③

유형 7

출제의도 | 표본평균의 분포를 이용하여 표본의 크기를 구할 수 있는지 확인한다.

모집단이 정규분포 $\text{N}(3, 4^2)$을 따르고 표본의 크기가 n이므로 표본평균 $\overline{X}$는 정규분포 $\text{N}\!\left(3, \dfrac{4^2}{n}\right)$, 즉 $\text{N}\!\left(3, \left(\dfrac{4}{\sqrt{n}}\right)^2\right)$을 따른다.

$Z = \dfrac{\overline{X} - 3}{\dfrac{4}{\sqrt{n}}}$으로 놓으면 Z는 표준정규분포 $\text{N}(0, 1)$을 따른다.

$\text{P}\!\left(\overline{X} \leq \dfrac{4}{\sqrt{n}}\right) \leq 0.04$에서

$\text{P}\!\left(Z \leq \dfrac{\dfrac{4}{\sqrt{n}} - 3}{\dfrac{4}{\sqrt{n}}}\right) \leq 0.04$

$\text{P}\!\left(Z \leq 1 - \dfrac{3\sqrt{n}}{4}\right) \leq 0.04$

$\underline{\text{P}\!\left(Z \geq \dfrac{3\sqrt{n}}{4} - 1\right) \leq 0.04} \longrightarrow \text{P}(X \geq a) = \text{P}(X \leq -a)$

$0.5 - \text{P}\!\left(0 \leq Z \leq \dfrac{3\sqrt{n}}{4} - 1\right) \leq 0.04$

$\therefore \text{P}\!\left(0 \leq Z \leq \dfrac{3\sqrt{n}}{4} - 1\right) \geq 0.46$

표준정규분포표에서 $\text{P}(0 \leq Z \leq 1.7) = 0.46$이므로

$\dfrac{3\sqrt{n}}{4} - 1 \geq 1.7$, $\sqrt{n} \geq 3.6$

$\therefore n \geq 12.96$

따라서 n의 최솟값은 13이다.

19 1677 답 ③

유형 15

출제의도 | 신뢰구간의 길이가 주어졌을 때, 표본의 크기를 구할 수 있는지 확인한다.

모표준편차가 100, 표본의 크기가 n인 표본을 임의추출하여 구한 모평균 m에 대한 신뢰도 95 %의 신뢰구간이 $a \leq m \leq b$이므로

$b - a = 2 \times 1.96 \times \dfrac{100}{\sqrt{n}} = \dfrac{392}{\sqrt{n}}$

$20 \leq b - a \leq 40$이므로

$20 \leq \dfrac{392}{\sqrt{n}} \leq 40$

$9.8 \leq \sqrt{n} \leq 19.6$

$\therefore 96.04 \leq n \leq 384.16$

따라서 자연수 n의 개수는 97, 98, $\cdots$, 384의 288이다.

20 1678 답 ①

유형 16

출제의도 | 신뢰구간의 길이를 이용하여 신뢰도를 구할 수 있는지 확인한다.

표본의 크기 36은 충분히 크므로 모표준편차 대신 표본표준편차 18을 이용할 수 있다.

$\text{P}(|Z| \leq k) = \dfrac{\alpha}{100}$라 하면 크기가 36인 표본을 임의추출하여 모평균 m을 신뢰도 α %로 추정한 신뢰구간의 길이는

$2 \times k \times \dfrac{18}{\sqrt{36}} = 6k$

이때 $61.6 \leq m \leq 66.4$에서 신뢰구간의 길이가

$66.4 - 61.6 = 4.8$이므로

$6k = 4.8$ $\therefore k = 0.8$

표준정규분포표에서 $\text{P}(0 \leq Z \leq 0.8) = 0.29$이므로

$\text{P}(|Z| \leq 0.8) = 2\text{P}(0 \leq Z \leq 0.8)$

$= 2 \times 0.29$

$= \dfrac{58}{100}$

$\therefore \alpha = 58$

21 1679 답 ⑤

유형 17

출제의도 | 모평균과 표본평균의 차를 이용하여 표본의 크기를 구할 수 있는지 확인한다.

표본평균을 $\overline{x}$라 하면 모표준편차가 σ, 표본의 크기가 n이므로 모평균 m을 신뢰도 95 %로 추정한 신뢰구간은

$\overline{x} - 2 \times \dfrac{\sigma}{\sqrt{n}} \leq m \leq \overline{x} + 2 \times \dfrac{\sigma}{\sqrt{n}}$

$-2 \times \dfrac{\sigma}{\sqrt{n}} \leq m - \overline{x} \leq 2 \times \dfrac{\sigma}{\sqrt{n}}$

$\therefore |m - \overline{x}| \leq 2 \times \dfrac{\sigma}{\sqrt{n}}$

이때 모평균과 표본평균의 차가 $\dfrac{1}{8}\sigma$ 이하가 되려면

$2 \times \dfrac{\sigma}{\sqrt{n}} \leq \dfrac{1}{8}\sigma$

$\sqrt{n} \geq 16$ $\therefore n \geq 256$

따라서 n의 최솟값은 256이다.

22 1680 답 500

출제의도 | 신뢰구간이 주어졌을 때, 주어진 조건을 이용하여 표본의 크기를 구할 수 있는지 확인한다.

STEP 1 신뢰구간 구하기 [2점]

표본의 크기 n이 충분히 크므로 모표준편차 σ 대신 표본표준편차 30을 이용할 수 있다.

표본평균이 300, 표본표준편차가 30이므로 모평균 m에 대한 신뢰도 96 %의 신뢰구간은

$$300-2\times\frac{30}{\sqrt{n}}\leq m\leq 300+2\times\frac{30}{\sqrt{n}}$$

STEP 2 n의 값의 범위 구하기 [3점]

신뢰구간에 속하는 정수의 개수가 5이려면

$$2\leq 2\times\frac{30}{\sqrt{n}}<3 \quad\rightarrow\quad \text{3이 포함되면 신뢰구간에 속하는}$$
$$\text{정수의 개수는 7이다.}$$
$$20<\sqrt{n}\leq 30$$
$$\therefore 400<n\leq 900$$

STEP 3 자연수 n의 개수 구하기 [1점]

자연수 n의 개수는 401, 402, 403, …, 900의 500이다.

23 1681 답 $\frac{67}{12}$

출제의도 | 모집단이 주어졌을 때, $\mathrm{E}(\overline{X}^2)$의 값을 구할 수 있는지 확인한다.

STEP 1 모평균, 모분산 구하기 [3점]

상자에서 임의로 한 장의 카드를 꺼낼 때, 카드에 적힌 수를 확률변수 X라 하고 X의 확률분포를 표로 나타내면 다음과 같다.

X	1	2	3	합계
$\mathrm{P}(X=x)$	$\frac{1}{6}$	$\frac{1}{3}$	$\frac{1}{2}$	1

$$\mathrm{E}(X)=1\times\frac{1}{6}+2\times\frac{1}{3}+3\times\frac{1}{2}$$
$$=\frac{7}{3}$$
$$\mathrm{V}(X)=1^2\times\frac{1}{6}+2^2\times\frac{1}{3}+3^2\times\frac{1}{2}-\left(\frac{7}{3}\right)^2$$
$$=\frac{5}{9}$$

STEP 2 $\mathrm{E}(\overline{X}^2)$ 구하기 [4점]

표본의 크기가 4이므로

$$\mathrm{E}(\overline{X})=\frac{7}{3},\ \mathrm{V}(\overline{X})=\frac{\frac{5}{9}}{4}=\frac{5}{36}$$
$$\mathrm{V}(\overline{X})=\mathrm{E}(\overline{X}^2)-\{\mathrm{E}(\overline{X})\}^2\text{에서}$$
$$\mathrm{E}(\overline{X}^2)=\mathrm{V}(\overline{X})+\{\mathrm{E}(\overline{X})\}^2$$
$$=\frac{5}{36}+\left(\frac{7}{3}\right)^2=\frac{67}{12}$$

24 1682 답 90

출제의도 | 신뢰구간의 길이가 주어졌을 때, 신뢰도를 구할 수 있는지 확인한다.

STEP 1 신뢰도 α %로 추정한 신뢰구간의 길이를 k의 식으로 나타내기 [2점]

표본표준편차 30, 표본의 크기가 36이고 n의 값이 충분히 크므로 모표준편차 대신 표본표준편차 30을 이용할 수 있다.

$\mathrm{P}(|Z|\leq k)=\dfrac{\alpha}{100}$라 하면 신뢰도 α %로 추정한 신뢰구간의 길이는

$$2\times k\times\frac{30}{\sqrt{36}}=10k$$

STEP 2 k의 값의 범위 구하기 [2점]

$10k\geq 16$에서

$$k\geq 1.6$$

STEP 3 α의 최솟값 구하기 [3점]

표준정규분포표에서 $\mathrm{P}(0\leq Z\leq 1.6)=0.45$이므로

$$\mathrm{P}(|Z|\leq 1.6)=\mathrm{P}(-1.6\leq Z\leq 1.6)$$
$$=2\mathrm{P}(0\leq Z\leq 1.6)$$
$$=2\times 0.45$$
$$=\frac{90}{100}$$
$$\therefore \alpha\geq 90$$

따라서 α의 최솟값은 90이다.

25 1683 답 0.14

출제의도 | 확률변수 X의 확률과 표본평균 $\overline{X}$의 확률을 구할 수 있는지 확인한다.

STEP 1 p_1의 값 구하기 [3점]

이 공장에서 생산되는 제품의 무게를 확률변수 X라 하면 X는 정규분포 $\mathrm{N}(200,\ 4^2)$을 따르므로 $Z_X=\dfrac{X-200}{4}$으로 놓으면 Z_X는 표준정규분포 $\mathrm{N}(0,\ 1)$을 따른다.

$$\therefore p_1=\mathrm{P}(X\geq 204)$$
$$=\mathrm{P}\left(Z_X\geq\frac{204-200}{4}\right)$$
$$=\mathrm{P}(Z_X\geq 1)$$
$$=\mathrm{P}(Z\geq 0)-\mathrm{P}(0\leq Z\leq 1)$$
$$=0.5-0.34$$
$$=0.16$$

STEP 2 p_2의 값 구하기 [4점]

임의추출한 제품 4개의 무게의 평균을 확률변수 $\overline{X}$라 하면

$$\mathrm{E}(\overline{X})=200,\ \sigma(\overline{X})=\frac{4}{\sqrt{4}}=2$$

이므로 $\overline{X}$는 정규분포 $\mathrm{N}(200,\ 2^2)$을 따른다.

$Z_{\overline{X}}=\dfrac{\overline{X}-200}{2}$으로 놓으면 $Z_{\overline{X}}$는 표준정규분포 $\mathrm{N}(0,\ 1)$을 따르므로

$$p_2=\mathrm{P}(\overline{X}\geq 204)$$
$$=\mathrm{P}\left(Z_{\overline{X}}\geq\frac{204-200}{2}\right)$$
$$=\mathrm{P}(Z_{\overline{X}}\geq 2)$$
$$=\mathrm{P}(Z\geq 0)-\mathrm{P}(0\leq Z\leq 2)$$
$$=0.5-0.48$$
$$=0.02$$

STEP 3 p_1-p_2의 값 구하기 [1점]

$$p_1-p_2=0.16-0.02$$
$$=0.14$$

MEMO